Das

# Buch der Erfindungen, Gewerbe
und
# Industrien.

Pracht-Ausgabe.

II.

Das neue

# Buch der Erfindungen, Gewerbe

und

# Industrien.

## Rundschau auf allen Gebieten der gewerblichen Arbeit.


Herausgegeben in Verbindung

mit

Professor L. Bobrik, Professor C. Böttger, Oekonomie-Rath R. Glass, Fr. Kohl, Fr. Luckenbacher, R. Ludwig, Dr. Oscar Mothes, W. von Ploennies, K. de Roth, Hermann Wagner u. A.


## Zweiter Band.

### Die Kräfte der Natur und ihre Benutzung.

Eine physikalische Technologie.

Mit vielen Ton-, zahlreichen Titelbildern, nebst mehrern tausend Text-Illustrationen.

Nach Originalzeichnungen

von L. Burger, H. Leutemann, D. O. Mothes und Anderen.


Springer-Verlag Berlin Heidelberg GmbH

1865.

BENJAMIN FRANKLIN
ALESSANDRO VOLTA
CARL AUG. STEINHEIL
C. FRIEDR. GAUSS
L. BURGER

# Die Kräfte
# der Natur und ihre Benutzung.

## Eine physikalische Technologie.

Inhalt: Geschichte der Physik.

Windmühle und Schiffsschraube. Hebel und Flaschenzug. Pendel und Centrifugalmaschine.
Die Wage. Das Barometer. Der Luftballon.
Die Luftpumpe. Pumpen und hydraulische Maschinen.
Das Licht. Spiegel und Spiegelapparate. Prisma und Spektralanalyse. Die Camera obscura.
Auge und Stereoskop. Das Mikroskop. Das Fernrohr.
Die Elektrisirmaschine. Der Blitzableiter. Die galvanische Batterie.
Der Telegraph. Der Kompaß.
Die Welt der Töne. Das Sprachrohr. Die musikalischen Instrumente.
Das Thermometer. Der Dampf und die Dampfmaschine.

Von

**Julius Zöllner.**

Mit drei Tonbildern, über 450 Text-Illustrationen, sowie einem Titelbilde.

Springer-Verlag Berlin Heidelberg GmbH

1865.

ISBN 978-3-662-24067-0 ISBN 978-3-662-26179-8 (eBook)
DOI 10.1007/978-3-662-26179-8
Softcover reprint of the hardcover 1st edition 1865

# Vorwort.

Wie aus dem Plane des ganzen Werkes hervorgeht, beschäftigt sich der vorliegende Band ausschließlich mit denjenigen Erfindungen, welche sich auf die eigenthümlichen Aeußerungen der Naturkräfte beziehen. Die besondere Beschaffenheit des Stoffes, der Materie, kommt dabei zunächst nicht in Betracht. Denn aus welchem Metall beispielsweise eine Dampfmaschine gebaut ist, hat auf das ihr zu Grunde liegende Prinzip durchaus keinen Einfluß, wenn nur das Material genügende Festigkeit und Widerstandskraft der Hitze gegenüber besitzt; silberne Blitzableiter würden eben so zweckmäßig unsere Häuser schützen wie eiserne, und wenn der Diamant so bequem zu erlangen wäre wie Glas, so würden die optischen Instrumente sogar eine wesentlich vollkommnere Beschaffenheit haben können, als es jetzt der Fall ist. In den genannten Fällen sind die Wärme, die Elektrizität, das Licht das allein Bedeutende, und die Erkenntniß ihrer gesetzmäßigen Wirkungsweise ist die Wurzel, aus denen jene so überaus wichtigen Erfindungen hervorgegangen sind. Jede ernsthafte Betrachtung dieser Art muß daher immer den Blick zurückführen bis zu dem Wesen der Kräfte selbst, und auch die chemischen Prozesse werden sich schließlich als abhängig von denselben Ursachen, als Ergebniß ähnlicher Zusammenwirkungen ergeben, wie sie in verschiedener Weise in den Licht-, Wärme- und Elektrizitätserscheinungen zu Tage treten. Bisher freilich hat man die Chemie noch nicht auf diese ihre letzte Wurzel zurückzuführen vermocht, man betrachtet sie noch als Lehre von den Veränderungen des Stoffes und scheidet sie von der Physik, welche die Lehre von den Naturkräften umfaßt, — einer späteren Erkenntniß bleibt es vorbehalten, beide Gebiete wieder zu vereinigen, wie sie in der Kindheit der Naturwissenschaften vereinigt waren. Und die endlich resultirende Wissenschaft wird die Physik bleiben, dieselbe im Grunde, wie sie heute ist, nur eine in ihrer Sprache und in ihren Sätzen noch um Vieles vereinfachte Wissenschaft.

Wenn nun auch die praktische Behandlungsweise das Gesammtgebiet der natürlichen Erscheinungen noch nicht von einem einzigen Gesichtspunkte aus auffaßt, so sollte man doch glauben, daß bei der ungemeinen Mannichfaltigkeit wichtiger Erscheinungen und bei den großartigen Anwendungen, welche davon gemacht worden sind, physikalische Grundbegriffe zu den verbreitetsten Kenntnissen gehören, und daß ihre Erwerbung mindestens für eben so wichtig gehalten werden müßte, als die Ausbildung in den chemischen Disziplinen. Dem ist indeß nicht so. Denn während der Chemie in allen Kreisen des gebildeten Publikums eine fast zärtliche Aufmerksamkeit geschenkt wird, so daß zum Beispiel nicht nur Seifensieder, Brauer und Färber mit Recht bemüht sind, sich mit der wissenschaftlichen Grundlage ihres Gewerbes bestmöglich vertraut zu machen, sondern wir auch allgemein eine ziemliche Bekanntschaft mit den chemischen Vorgängen der organischen und anorganischen Natur verbreitet finden, so ist die Physik noch dem größten Theile des Volkes eine völlig abstrakte Wissenschaft geblieben. Wie hätte sonst der Fall vorkommen können, daß vor kurzer Zeit ein Fabrikant von Blitzableitern als Prüfungsmittel für die Vortrefflichkeit seiner Erzeugnisse den Versuch vorschlug, bei einem heranziehenden Gewitter die Ableitung des Blitzableiters nach der Erde zu unterbrechen und aus der Länge des herausfahrenden Funkens einen Schluß auf die ausgezeichnete Wirksamkeit seiner Konstruktionsweise zu machen. Hätte der Mann auch nur die oberflächlichsten Begriffe von dem Wesen der Elektrizität und von der Natur des Gewitters gehabt, so würde er nie ein Experiment angerathen haben, das von der größten Gefahr begleitet ist.

Eine solche Unkenntniß der physikalischen Gesetze ist aber fast allgemein. Worin der Grund liegt? Zum allergrößten Theile in der unfruchtbaren Art, in welcher diese für das praktische Leben allerwichtigste Wissenschaft behandelt worden ist. Allerdings bildet die „Naturlehre" einen Lektionsgegenstand unserer Schulen, und die populäre Literatur zieht auch die physikalischen Disziplinen in den Kreis ihrer Betrachtung, aber wie nun einmal die Sachen stehen, es bleibt im ersten Falle die Physik immer eine Wissenschaft, welche in ihren Hauptsätzen zwar Veranlassung zu einigen merkwürdigen Experimenten giebt, deren fruchtbare Beziehungen zum Leben aber meist gar nicht einmal geahnt werden. Die schematische Darstellung, die blutlose mathematische Gesetzmäßigkeit kann den am Konkreten sich bildenden Geist der Jugend und des Laien nicht begeistern. In dem andern Falle, wo zwar von naheliegenden Erscheinungen ausgegangen wird, macht sich gewöhnlich zu deren vollständigem Verständniß die Entwickelung eines so komplizirten Apparates nothwendig, daß Mühe und Erfolg dem Lernenden gegeneinander im Mißverhältniß zu sein scheinen. Denn das einzelne Phänomen so zu verstehen, daß daran keine Frage und kein Zweifel mehr haftet, dazu bedarf es den Besitz aller Begriffe, welche dem ganzen Gebiete zu Grunde liegen.

Es ist natürlich, daß, wenn es zum Beispiel gelänge, alle merkwürdigen, vom Lichte abhängigen Erscheinungen, welche wir in der Natur beobachten können, und eben so alle die Einrichtungen, welche die Menschen auf das Wesen und die Wirkungen des Lichtes gegründet haben, — wenn es gelänge, alle diese tausend - und abertausend Thatsachen zu einem einzigen übersichtlichen Gemälde zu vereinigen, in welchem das Zusammengehörige neben einander steht, sich gegenseitig ergänzend und alle Zwischenräume zwischen dem Verschiedenen ausfüllend, daß dann jedem Beschauer aus der aufmerksamen Betrachtung die ganze Gesetzmäßigkeit auf das Klarste hervortreten und ein einziger Grundbegriff als Schlüssel zum Verständniß der großen Gruppe sich herausschälen müßte.

In dieser Weise ordnet sich aber dem Forscher die gesammte natürliche Welt zuletzt zu einem Ganzen, dessen innerer Bezug in der einfachsten Weise sich ergiebt. Wenn es nun auch unmöglich ist, ein derartiges vollständiges Gemälde zu entwerfen, so kann dennoch der Versuch gemacht werden, die Hauptzüge dafür an ihren Platz zu setzen, an ihrem Verlaufe die gegenseitige Abhängigkeit zu zeigen und daraus auf die dahinter liegende Grundursache und ihr Gesetz schließen zu lassen. Alles Fehlende fügt sich von selbst dem Gegebenen ein.

Und dies ist der Gesichtspunkt, welcher bei der Darstellung und Anordnung der in dem vorliegenden Bande behandelten Materien maßgebend gewesen ist. Dem Zwecke, die interessantesten Erfindungen physikalischer Natur neben einander zu stellen, gesellte sich der andere hinzu, damit zugleich einen geordneten Ueberblick über das große Reich der Physik und einen Einblick in seine Gliederung und Gesetze zu geben. Es erschien deshalb bisweilen zweckmäßig, von einer gegebenen Erfindung ausgehend, die Theorie derselben so weit zu entwickeln, daß darin die hauptsächlichsten Sätze der Physik zur Erklärung gelangten, bisweilen aber auch den umgekehrten Weg einzuschlagen und an der Hand der Geschichte die Entwickelung fundamentaler wissenschaftlicher Begriffe zu verfolgen und ihre Bedeutung durch die Uebereinstimmung mit der Wirklichkeit oder durch die davon gemachte Anwendung zu erhärten.

Wenn man daher in einem Buche der Erfindungen zunächst nicht erwartet, zum Beispiel auf einen Abschnitt über das Wesen des Lichtes oder über Akustik zu stoßen, so wird man dies erklärlich finden, sobald man sieht, daß sich auf die klare Erkenntniß dieser Begriffe erst das Verständniß der Einrichtung eines Mikroskops oder der Konstruktion musikalischer Instrumente stützt. Jedenfalls aber wird man es nicht tadeln können, wenn daraus die Absicht spricht, den Blick von der Oberfläche der äußeren Erscheinung in die Tiefe der letzten Gründe und der ursachlichen Zusammenhänge zu führen und die Liebe zu dem bedeutsamsten Zweige der naturwissenschaftlichen Fächer zu erwecken, dadurch, daß direkt an dem grünen Baume des Lebens deren Fruchtbarkeit gezeigt wurde.

**Der Verfasser.**

## Berichtigung.

Durch ein Versehen sind die beiden Unterschriften der Figuren 40 und 41 (Seite 40) verwechselt worden. Es muß heißen Fig. 40 Lose Rolle, und Fig. 41 Feste Rolle.

# Inhaltsverzeichniß

zu

# Die Kräfte der Natur und ihre Benutzung.

---



## Das Licht.

## Die Elektrizität.

## Die Welt der Töne.



---

## Tonbilder,

### welche an den nachstehend bezeichneten Stellen in den Text einzuheften sind.



Das auf dem Umschlage für diesen Band versprochene Tonbild „Stephenson, seinen ersten Eisenbahnbau leitend“, ist hier ausgefallen und wird dem VI. Bande beigegeben werden.

Zweiter Band.
Die Kräfte der Natur und ihre
Benutzung.

— — Im stillen Gemach entwirft bedeutende Zirkel
Sinnend der Weise, beschleicht forschend den schaffenden Geist,
Prüft der Stoffe Gewalt, der Magnete Hassen und Lieben,
Folgt durch die Lüfte dem Klang, folgt durch den Aether dem Strahl,
Sucht das vertraute Gesetz in des Zufalls grausenden Wundern,
Sucht den ruhenden Pol in der Erscheinungen Flucht.

Schiller.

# Einleitung.

Betrachten wir eine Dampfmaschine, wie sie die Schnellpressen der Druckereien oder die Stühle in den mechanischen Webereien oder die Dreh- und Hobelbänke einer Maschinenbauwerkstätte in Bewegung setzt, oder wie wir sie zu betrachten Gelegenheit haben, wenn uns der blaue Sommerhimmel in die Ferne gelockt hat und das schnelle Dampfschiff mit uns die Fluten eines jener zauberischen Schweizerseen durchschneidet, dann werden wir, wenn uns die innere Einrichtung des scheinbar so komplizirten Mechanismus bekannt geworden ist, billig erstaunen über die ungemeine Einfachheit der Grundideen, nach denen das bewunderungswürdige Werk entstanden ist. Wir sehen einen Kessel, in welchem Wasser durch untergelegtes Feuer in fortwährendem Kochen erhalten wird. Die daraus sich entwickelnden Dämpfe treten in einen Cylinder, einmal unterhalb, dann wieder oberhalb eines Kolbens, der dadurch abwechselnd auf- und abwärts getrieben wird. In ähnlicher Weise wie bei den gewöhnlichen Spinnrädern wird die geradlinig vor- und rückwärts gehende Bewegung der Kolbenstange in eine drehende verwandelt und durch Zahnräder und Getriebe in der mannichfachsten Weise für den Gang der anhängenden Maschinen, seien dies Webstühle oder Dampfhämmer, Druckapparate, Schaufelrad oder Schraube eines Schiffes, verwendet. Wir finden an den einzelnen Theilen, an den Gliedern dieses Maschinenorganismus, durchaus nichts Besonderes, — keine neue Kraft, kein räthselhaftes Uhrwerk. Zahnräder, Hebel und Schrauben, in scharfsinniger Zusammenstellung, bringen jene wunderbaren Leistungen hervor, die in solcher Genauigkeit und Gleichmäßigkeit die menschliche Hand, welche doch erst die Maschine herstellte, nicht zu erzeugen im Stande ist. Aber alle diese Theile arbeiten immer nur in derselben Art und alle nach denselben einfachen Gesetzen, welche uns bei dem gewöhnlichen Nußknacker, bei Messer und Schere schon als Gesetze des Hebels und der schiefen Ebene entgegentreten. Das große Schwungrad, bestimmt den Gang der Maschine zu regeln, nimmt die einzelnen Kraftüberschüsse auf, wenn der Kolben zu rasch geht, und giebt sie wieder ab, wenn er langsamer werden will. Jeder Anfänger in der

Mechanik sieht darin die bei jedem Steinwurfe, bei jedem Hammerschlage zu beobachtenden Vorgänge der Trägheit und der sogenannten lebendigen Kraft. Und jene beiden Kugeln, eigentlich die geistreichste Idee der ganzen Dampfmaschine, die bald rascher, bald langsamer sich drehen und an ihrer Führung demgemäß auf und ab sich bewegen —, sie hängen mit der Kolbenstange zusammen, und die Geschwindigkeit ihrer Drehung ist abhängig von der Geschwindigkeit, mit welcher diese ihren Gang im Dampfcylinder macht. Es ist der Regulator, dessen Spiel die Centrifugalkraft bedingt, und die wir eben sowol im Laufe und in der Umdrehung der Gestirne wiederfinden, als in dem Wurfe, mit welchem der Knabe den Kiesel aus seiner Schleuder sendet.

Und wenn wir eine Säemaschine, oder ein Göpelwerk, oder eine Uhr, oder ein Münzprägewerk ansehen und es zerlegen, so stoßen wir wieder auf dieselben Gesetze und dieselben Vorgänge, höchstens mit dem Unterschiede, daß bei dem einen die Muskelkraft des Menschen oder eines Zugthieres, bei dem andern die Elastizität einer gespannten Feder anstatt der Elastizität des Dampfes als Kraftquelle in Betracht kommt, und daß, wenn die Uhr eine Pendeluhr ist, uns jene regelmäßigen Schwingungen eines aufgehangenen schweren Körpers entgegentreten, welche Jahrtausende lang fortwährend und überall von den Menschen beobachtet worden waren, deren Gesetzmäßigkeit aber erst Galilei erkannte, als er, mehr Forscher als Gläubiger, in der Kirche die hin und her gehenden Bewegungen der von dem Gewölbe herabhängenden Kronleuchter verfolgte. —

Nehmen wir ein Mikroskop zur Hand und bewundern wir die völlig neue Welt, die sich uns entzaubert. Der kleinste Splitter eines Feuersteines, ein Pülverchen abgeriebener Kreide, ein Stückchen Kieselguhr zeigt uns Tausende und aber Tausende der zierlichsten Kalk- und Kieselpanzer und Skelette, welche Millionen Jahre vordem lebenden und lustig sich bewegenden Geschöpfen angehörten, bis der Tod sie erraffte, Fäulniß und Verwesung die organischen Theile zerstörten, die kleinen Knochengerippe sich aber auf einander häuften und zu allmälig erhärtenden Steinmassen verkitteten. Die einfache Eigenschaft des Lichtstrahles, von seinem graden Wege abzulenken, wenn er durch durchsichtige Körper, wie Glas, Wasser, Bergkrystall oder dergleichen geht, die sogenannte Brechbarkeit, vertausendfacht in den Gläsern des Mikroskops die Schärfe unseres Gesichtssinnes. Sie malt den leuchtenden Regenbogen auf die dunkle Wolkenwand, sie giebt dem Diamant sein prächtiges Farbenspiel, wie sie uns im Thautropfen, der am feuchten Halme hängt, entzückt. Ohne sie wäre die Photographie in ihrer heutigen Gestalt nicht denkbar, die Astronomie würde sich wenig nur über die Stufe, welche sie bei den alten Aegyptern einnahm, erhoben oder sich höchstens in vagen Hypothesen und Spekulationen ausgebreitet haben; denn im Fernrohr wie im Mikroskop ist auch wieder die Brechbarkeit des Lichtes und die auf ihr beruhende Konstruktion linsenförmiger Gläser die Seele, um die sich Alles dreht. Selbst unser Auge enthält jenen einfachen Apparat einer vergrößernden Linse und stellt sich damit in die bedeutende Reihe der optischen Instrumente, deren Grundprinzip in einer so simpeln Eigenschaft des Lichtstrahles besteht.

So könnten wir in ähnlicher Weise uns durch den elektromagnetischen Telegraphen belehren lassen, daß ein einziges Gesetz alle Erscheinungen umfaßt, die wir als elektrische oder als magnetische bezeichnen, den Blitz sowol, der verderbenbringend aus der Wolke zuckt, als die beständige Richtung der Magnetnadel, welche den Schiffer auf hohem Meere den Kiel lenken läßt; — die den in höheren Breitengraden Reisenden wunderbar ergreifende Pracht des Nordlichtes wie die merkwürdigen Scheidungen in den Werkstätten der Galvanoplastik, welche auf stille, rastlose Weise ganze Heere von Bildhauern, Erzgießern, Kupferstechern, Holzschneidern, Vergoldern ersetzen.

Und während du am Klavier ein Lied begleitest, durch das Anschlagen der Hämmer an die Saiten und den Klang deiner Stimme erschöpfest du alle jene Erscheinungen und Gesetze, welche dem unendlich wechselvollen Reiche der Töne zu Grunde liegen.

Die ganze Welt, wie sie unsern Sinnen gegenübertritt, ist nicht anders als wie ein Schachspiel: ein gesetz- und regelmäßig eingetheiltes Feld, auf welchem nur wenige von einander verschiedene Massen sich bewegen, deren jede in ihrem eigenen, fest bestimmten Laufe eine eigenthümliche Kraft darstellt — und doch giebt es der Möglichkeiten unendlich viele, wie diese Kräfte gegen einander und mit einander in Wirkung treten und die Massen ordnen und stellen, so daß doch jedesmal eine besondere und immerhin dem Verständigen bedeutende Idee dadurch Ausdruck findet. —

Es muß dem oberflächlich Blickenden schon einleuchten und durch die im Vorigen gegebenen Beispiele wird es Bestätigung finden, daß eine genaue Erforschung dieser Grundzüge der Schöpfung von dem fruchtbarsten Einfluß auf alle menschliche Thätigkeit sein muß, nicht nur in so weit diese die äußere Natur zu den besonderen Zwecken des Nutzens und des Bedarfes heranzieht, sondern auch in so fern dieselbe die Vorgänge des inneren Menschen zum Gegenstande ihrer Pflege macht. Dieser offenbare Nutzen ist also eine Frucht der Naturforschung und der Naturwissenschaften, wie wir die Gesammtheit der bereits erlangten Resultate und die Methoden, dieselben zu vermehren, zu läutern und in gegenseitigen organischen Zusammenhang zu bringen, im großen Ganzen nennen.

Wie die Natur ein schöner untheilbarer Organismus ist, so müßten eigentlich auch die Naturwissenschaften ein ungetrenntes Ganze ausmachen. Bei dem unermeßlichen Reichthume aber und der unfaßbaren Fülle der Natur ergiebt sich, daß selbst der schärfste Verstand und der beharrlichste Fleiß den einzelnen Menschen nicht in den Stand setzen, mit allen diesen Gegenständen genauer bekannt zu werden. Es haben sich demgemäß im Laufe der Zeiten auf dem großen Gebiete einzelne Provinzen gesondert, welche, so viel als möglich begrenzt, eine selbständige Bearbeitung finden.

Namentlich gilt dies von den beiden großen Disziplinen, die man früher mit den Namen der **Naturlehre**, welche philosophisch auf das Innere, das Gesetzmäßige der Erscheinungen eingeht, und der **Naturgeschichte** bezeichnet, welche letztere historisch die Thatsachen sammelt und zur leichteren Uebersicht ordnet. Die Neuzeit hat diese Trennungen mehr oder weniger wieder verwischt, indem sie von höheren Gesichtspunkten aus auch sogleich die Thatsachen der Naturgeschichte in Bezug auf ihre Entstehung und die Art und Weise ihrer Veränderung mit behandelt. **Botanik** und **Zoologie** sind durch die **Physiologie** in das Reich der Naturlehre hinübergezogen worden, die **Mineralogie** baut auf chemischem und physikalischem Fundament und erfährt in den Lehren der **Krystallographie** sogar eine durchweg mathematische Behandlung.

Das Weltall wird mehr und mehr als Ganzes aufgefaßt, und es bildet sich die **Astronomie** zu einem Zweige der Physik, eben so wie die **Geographie**, welche ihren Schwerpunkt nicht mehr in der willkürlichen politischen Abgrenzung der Reiche, sondern in der geognostischen und klimatischen Theilung erblickt.

Alle Disziplinen der Naturwissenschaften ragen in einander über, keine von ihnen kann mehr gesondert behandelt werden, und wenn auch von anderm Gesichtspunkte aus als früher, so gehen wir doch mehr wieder dem Ziele einer einheitlichen Naturauffassung näher, wie sie sich in den Anschauungen der ersten Bildungsgrade der Völker spiegelt. —

Unterschied man früher diejenigen Theile der Naturlehre, welche sich mit den Kräften der Natur befaßten, von denjenigen, welche die Eigenschaften der Stoffe und die Art und Weise ihrer Verbindungen zu ihrem Gegenstande hatten, und nannte man die ersteren zusammen **Physik**, die letztere Wissenschaft aber die **Chemie**, so ist jetzt eine solche Trennung bereits ganz illusorisch geworden. Denn Alles, was wir Eigenschaften der Körper nennen, ist nichts Anderes, als die verschiedenartige Aeußerung bestimmter Kräftewirkungen. Ein Stück Gold ist fest, weil sich seine Theilchen unter einander anziehen; es ist schwer, weil zwischen ihm und der Erde anziehende Kräfte thätig sind; es ist sichtbar und hat Farbe, weil das Licht in gewisser Weise zurückstrahlt, seine Temperatur empfängt es von außen; kurz, wir können keine seiner Eigenschaften ausfindig machen, die sich nicht als die Folge irgend einer Kraftäußerung herausstellte. Und dazu hat neuerdings die Entdeckung des Gesetzes von der Erhaltung der Kraft es zur Gewißheit erhoben, daß der sogenannte chemische Prozeß nichts Anderes ist als eine besondere Erscheinungsweise derselben Urkraft, welche unsere Muskeln als mechanische Kraft ausüben, die uns von der Sonne als Licht und Wärme zugestrahlt wird, die je nach Befinden auch als Elektrizität und Magnetismus in Wirkung tritt. Es dürfte daher hier am Platze sein, mit einigen Worten auf dies großartige Gesetz, dessen Erkennung und klare Darlegung wir zwei deutschen Forschern, dem Arzte J. R. Mayer in Heilbronn und dem berühmten Physiker und Physiologen Helmholtz in Heidelberg verdanken, einzugehen.

**Gesetz von der Erhaltung der Kraft.** Wenn wir mit unseren Händen rasch über eine rauhe Fläche streichen, so haben wir ein Gefühl der Wärme; die Achse eines Wagenrades erhitzt sich bei ihren Umdrehungen in den Naben, und manche Mühle ist schon dadurch ein Raub der Flammen geworden, daß die Zapfen der Mühlsteine nicht genug geschmiert worden waren und ihre Erhitzung sich so weit steigerte, um den hölzernen Mantel entzünden zu können. Woher kommt diese Wärme? Sie entsteht unter unsern Händen, denn sie war vorher nicht da. Aus nichts? — gewiß nicht, denn dann wäre auf diesem Wege längst die Herstellung eines Perpetuum mobile, eine fortwährende, nie versiegende Kraftquelle, gefunden worden.

Der Sachverhalt ist, daß sich die mechanische Kraft unserer Armmuskeln, die mechanische Kraft, welche das Wagenrad und den Mühlstein umtreibt, verwandelt; sie verschwindet in ihrer ersten Form und erscheint als Wärme wieder. Wir können durch lange fortgesetztes rasches Hämmern einen Eisenkeil glühend machen; durch Schlagen eines Feuersteines gegen Stahl entlocken wir diesem Funken — und doch war diese Wärme weder im Stein noch im Stahl, sie ist ebenfalls in Folge der raschen Bewegung beider gegen einander aus der mechanischen Kraft entstanden. Dafür lassen sich Hunderte von Beispielen am Wege auflesen. Umgekehrt ist es aber auch möglich, die Wärme wieder in mechanische Kraft umzusetzen, wie es thatsächlich in unseren Dampfmaschinen ja fortwährend geschieht.

Die Wärme hat die Eigenschaft, die Körper auszudehnen. Im Conservatoire des arts zu Paris hatte eine Mauer einen bedeutenden Riß erhalten, so daß man den Einsturz derselben fürchtete. Um dem Schaden vorzubeugen, zog man in die von einander weichenden Theile große Schraubenmuttern und verband diese mit langen, dicken Eisenstangen, welche man glühend gemacht hatte. Beim Erkalten verkürzten sich dieselben und übten dabei eine solche Gewalt aus, daß sie die Mauerstücke einander wieder näherten und der Riß verschwand. Die Kraft lag hier in nichts Anderem als in der Wärme, welche man vorher den Eisenstangen beigebracht hatte, und die sich nun in eine mechanische Arbeitsleistung umsetzte. — Die Wärme verdunstet das Wasser von der Oberfläche unserer Flüsse und Meere und hebt es auf die Kämme der Gebirge; wenn wir daher durch das Gefälle der Bäche unsere Mühlen treiben lassen, so benutzen wir eigentlich nichts Anderes als die Sonnenwärme, welche sich früher demselben mittheilte, und analog ist es mit der Kraft des Windes, der ja lediglich durch ungleiche Erwärmung der Erde und der Luft hervorgerufen wird.

Daß die Wärme Lichterscheinungen bewirken kann, zeigt jeder glühende Eisenstab und demgemäß auch, daß wir die Muskelkraft zur Hervorbringung von Licht benutzen oder sie in Licht verwandeln können. Schwieriger ist der entgegengesetzte Fall, daß Licht sich in mechanische Kraft umsetzen könne, durch direkte Versuche zu beweisen, wir dürfen ihn aber als ausgemacht ansehen, denn es giebt eine Anzahl chemischer Prozesse, welche mit großer Kraftentwickelung vor sich gehen und die, wenn sie auch nicht blos durch das Licht unterhalten werden, so doch wenigstens durch diese Kraft den ersten Anstoß erlangen. Ferner aber wachsen die Pflanzen und entwickeln ihre Organe nur im belebenden Strahl der Sonne; ihre Gebilde, mit denen sie Menschen und Thieren zur Nahrung dienen oder welche verbrennbare Produkte darstellen, sind eben so gut ein Erzeugniß des Lichtes als der Wärme, durch welche die chemische Verbindung der Stoffe erfolgte; und wenn wir Brot essen oder Holz verbrennen, so genießen wir das darin verwandelte Sonnenlicht mit, oder wir werfen es mit in unseren Ofen und stärken damit die Kraft unserer Muskeln oder die Spannung des Dampfes.

Die elektrischen Erscheinungen lassen sich wie die Wärmeerscheinungen durch Reiben hervorrufen, aber auch die Wärme erzeugt elektrische Spannungen in den Metallen, im Turmalin; ja, wahrscheinlicherweise sind die gewaltigen Elektrizitätsmassen der Gewitter nichts Anderes als Sonnenwärme, die sich uns unter gewissen Bedingungen in dieser eigenthümlichen Form zeigt. Da es nun ausgemacht ist, daß Elektrizität und Magnetismus auf dieselbe Kraft zurückzuführen sind, und die Praxis davon ja in den Elektromagneten einerseits und in den Rotationsapparaten andererseits wirkliche und nützliche Anwendung macht, so erscheint uns die ganze große Macht der natürlichen Kräfte: mechanische Kraft, Wärme, Licht, Elektrizität und Magnetismus, in sich auf das Engste zusammenhängend. Allen diesen liegt eine einzige Naturkraft zu Grunde, denn es steht in unserer Macht, sie beliebig in einander überzuführen und, je nachdem wir es wünschen, ihre verschiedenartigen Erscheinungsweisen in's Leben zu rufen.

Ja, es wird sich der ganze Reichthum des wechselnden äußeren Lebens mit all' seinen Formen und Veränderungen als die Folge einer einzigen Kraft erkennen lassen, wenn die chemischen Prozesse, die sogenannten chemischen Spannungskräfte, sich gesetzmäßig demselben Gesichtspunkte unterordnen lassen. Und daß dies in der That der Fall ist, das beweisen zahllose Vorgänge von der einfachen Vereinigung von Wasserstoff und Chlor zu Salzsäure an, welche plötzlich geschieht, sobald das helle Sonnenlicht auf ein Gemisch der beiden Stoffe fällt, bis zu dem Wachsthum der Pflanze und dem wunderbaren Kreislauf der Stoffe in den belebten Organismen, bei welchem Licht und Wärme und Elektrizität nachweisbar die bedeutendste Rolle spielen.

Nun wäre allerdings mit der bloßen Erkenntniß dieser Verwandtschaft der Kräfte für die Naturauffassung ein bedeutender Gesichtspunkt gewonnen, viel bedeutender aber und von einer großartig erhebenden Macht wird derselbe dadurch, daß von ihm der Blick in die Oekonomie des Universums dringen kann, und daß diesem sich die durch unzweifelhafte Rechnung erschlossene und durch die Methoden der Physik in der mannichfachsten Weise bestätigte Wahrheit eröffnet: daß, wie kein Theilchen des in der Welt vorhandenen Stoffes verloren und gänzlich zu nichte gemacht werden kann, so auch keine Spur jener Kraft verschwindet. Die Natur wird nicht ärmer und nicht reicher, außer an Formen, in deren Hervorbringung und Veränderung sie eine unendliche Mannichfaltigkeit an den Tag legt.

Dieselben Stoffe, welche vor Hunderttausenden von Jahren bereits die Welt der Gesteine, Gewässer, Pflanzen und Thiere bildeten, setzen sie auch heute noch zusammen, und dieselbe Kraftmenge, durch welche damals die Erscheinungen in's Leben traten, ist heute noch in der Welt vorhanden. Es ist natürlich, daß wir, wenn wir von der Natur reden, nicht blos die irdischen Verhältnisse im Auge haben. Es zählt dazu die ganze bestehende Welt, der ferne Sirius so gut wie unser eigener Körper, denn wir stehen mit den entlegensten Räumen des Weltalls in fortwährendem Kräfteaustausch, sei es auch nur, daß die Erde einen Theil ihrer Wärme ausstrahlt und dadurch die Temperatur des Weltraumes mit erhöhen hilft, oder daß uns von einem Nebelfleck schwache Lichtstrahlen zukommen.

Die Frage liegt nahe: werden diese Verhältnisse für immer dieselben bleiben, und kann die Naturwissenschaft jetzt schon unternehmen, darauf zu antworten? Mit anderen Worten: haben wir Gründe, an einen Untergang der Welt zu glauben, und welcher Art wird derselbe sein?

Nach den vorausgegangenen Betrachtungen ist die Antwort darauf eine wesentlich erleichterte. Denn da wir gesehen haben, daß weder von Stoff noch von Kraft irgend ein Theil verloren gehen kann, so wird schon Niemand mehr dem Gedanken Raum geben, daß, wenn von einem Untergange der Welt die Rede ist, damit eine völlige Vernichtung, das Entstehen einer großen Leere, eines Nichts gemeint sein kann. Es wird vielmehr nur an einen Untergang der Formen, an ein Aufhören der verändernden Kräfte gedacht werden können. Und da auch die Kräfte nicht verschwinden können, so bleibt nur noch der Fall eines Weltunterganges übrig, daß ihnen die Gelegenheit sich zu äußern durch die Umstände genommen wird.

Dieser Fall aber muß, wenn wir den erkannten Gesetzen eine Dauer über die Zeit zugestehen dürfen, einst nothwendig eintreten, und jeder Tag, der an uns vorübergeht, hat die Zeit, die zwischen heute und dem großen Tode liegt, verringert.

Alle Kräfte nämlich wirken nur, wenn sie Gelegenheit haben, sich auszugleichen. Der Wärme steht die Kälte gegenüber. Nur wenn ein Körper in seiner Temperatur erhöht wird, wenn seine Kälte sich mit der zugeführten Wärme ausgleicht, verändert er sein Volumen und kann mechanische oder elektrische oder Lichterscheinungen hervorrufen. Ein Gleiches ist es mit dem Licht, das nur Veränderungen und Erscheinungen hervorrufen kann, so lange es noch Dunkelheit giebt. Die Elektrizität bringt ihre Effekte hervor, wenn sich positive und negative vereinigen, und im Magnetismus tritt uns derselbe Fall im Gegensatz der Pole unter die Augen.

Wollen wir uns also einmal alle diese Kräfte der Welt zusammengenommen in Wärme verwandelt denken, so wird alle Bewegung und alle Veränderung, alles Leben aufhören, wenn durch den ganzen Weltraum eine gleiche Temperatur herrscht, wenn es keinen wärmeren und keinen kälteren Raum mehr giebt. Die gegenseitige Anziehung der Himmelskörper ist geschwunden — denn sie ist zu Wärme geworden — die Bewegung der Gestirne hat längst aufgehört, eben so die Anziehung der kleinsten Theilchen, durch welche die Körper Festigkeit haben. Der Stoff hat seine Form aufgegeben — er ist ein atomistischer Staub geworden. Kein Lichtstrahl zittert durch die dunkle Nacht — alles Licht ist Wärme, und selbst diese ist unwirksam geworden. Ihr letzter Effekt ist der gewesen, im ganzen Raume die Gegensätze auszugleichen; es herrscht ein vollständiger Frieden, eine ewige Ruhe in der Welt.

Diesen endlichen Ausgang alles körperlichen Lebens können wir vorhersagen, denn wie die Erde bisher immer mehr und mehr von ihrer eigenthümlichen Wärme verloren und in den Weltraum ausgestrahlt hat, wie sie jetzt sich in ihrem Zustande nur durch die Zustrahlung von der Sonne erhält, so wird auch diese ihre Lebensquelle nach und nach versiegen, denn die fortdauernde Ausgabe muß auch den Wärmevorrath der Sonne endlich erschöpfen. Wir können aber nicht, auch nur entfernt, den Zeitraum bestimmen, der uns von diesem endlichen Tode noch trennt. Ist es durch Thatsachen erwiesen, daß sich seit mehr als 2000 Jahren die Wärmeverhältnisse der Erde nicht um $^1/_{100}$ Grad geändert haben, so muß die wahrscheinliche Dauer der Welt für uns eine ganz unbegreifliche bleiben; und der Blick in die ferne Zukunft, welche doch dem Forscher den sichern Tod zeigt, kehrt nicht niedergeschlagen, vielmehr erhoben zurück, denn ein großes Weltgesetz zeigt sich ihm erschlossen. —

Wir haben unsere Leser diesen Gedankengang deshalb unternehmen lassen, um ihnen die Fruchtbarkeit und hohe Bedeutung der Wissenschaft zu zeigen, deren Anwendungen auf das Leben uns in diesem Bande beschäftigen werden.

Die Physik ist die Grundwissenschaft der ganzen sichtbaren Welt; sie führt unseren Geist in ungeahnte Fernen des Raumes und der Zeit, und giebt mit derselben Gewissenhaftigkeit dem Handwerker das Gesetz der Schraube oder des Hebels in die Hand. Die größten Fortschritte der letzten 100 Jahre verdanken wir ihr.

**Geschichte der Physik.** Ist die Veranlassung zur Beobachtung von Naturerscheinungen auch eine fortwährende, so daß sie schon den Blick der frühesten Geschlechter auf sich gelenkt haben muß, so gehört doch ein ziemlicher Grad von Ausbildung des Geistes dazu, um das Beobachtete nach Regeln zu ordnen, und noch mehr, um aus den Erscheinungen auf ihre Ursachen zu schließen. Bereits die ältesten Menschen haben von physikalischen Gesetzen bei der Konstruktion ihrer einfachen Maschinen unbewußt Gebrauch gemacht, Spätere haben einen großen Reichthum von Thatsachen gesammelt, aber die ersten Anfänge einer wissenschaftlichen Verwerthung dieses Materiales reichen nicht so sehr weit in die Vergangenheit zurück.

Erst bei den Aegyptern treffen wir auf Anzeichen, die uns dieses Land, wie es die Wiege der Kultur für Griechenland überhaupt war, auch namentlich als die Heimat der ersten wissenschaftlichen Bildung in Bezug auf Mathematik, Physik, Astronomie und Chemie ansehen lassen. Indessen scheinen diese Keime der Naturwissenschaften bei den meisten mit den Aegyptern hauptsächlich in Berührung gekommenen Nationen keinen oder nur wenig günstigen Boden gefunden zu haben. Die handeltreibenden asiatischen Völker hatten zunächst andere Zwecke; als indessen die Schiffahrt der Phönizier sich vervollkommnete und ihre Kolonien und Handelsexpeditionen die genauere Kenntniß entlegener Länder, namentlich der Nordküste Afrika's, vermittelte (Karthago), mögen auch hier Fortschritte in der Naturkunde nicht ausgeblieben sein. Mancherlei Kenntnisse und Erfindungen aber, die man diesem betriebsamen Volke zuschreibt (Salpeter, Glas, Bernstein u. s. w.), dürfen wir nicht als auf wissenschaftlichem Wege erlangte betrachten — sie waren das Ergebniß des Zufalls und geben als solche gar keinen Maßstab für die Beurtheilung der Stufe, auf welcher die Naturwissenschaften gestanden haben könnten. —

Daß die Hebräer aus Aegypten eine große Menge von Kenntnissen mitbrachten, lehrt uns die Geschichte von Moses; allein die politisch unruhigen Verhältnisse dieses Völkerstammes ließen der Naturkunde keine fruchtbare Pflege angedeihen. Mehr scheint der ernste Sinn der Etrusker der Erforschung des geheimnißvollen Wesens der Welt sich zugewandt zu haben. Die eigentlichen Erben der Aegypter waren aber erst das geistreiche Volk der Griechen. Die bedeutendsten Männer vervollständigten ihre Erziehung in Aegypten, weitere Reisen brachten ihnen eine Fülle direkter Beobachtungen zu, und die Regsamkeit des griechischen Geistes drang auf selbständige Beantwortung der auftauchenden Fragen. Wenn also auch Aegypten mächtige Impulse der ersten Entwickelung gab, so muß man doch eine originelle und ursprüngliche Ausbildung — wie aller Wissenschaften so namentlich auch der Naturkunde — den Griechen zugestehen.

Zuerst übte sich der philosophische Sinn in der Erklärung der Weltentstehung (Kosmogenien), dies führte zu der Annahme von Urbestandtheilen (Elementen).

Empedokles (460 v. Chr.) beseitigte mit seiner Lehre von den vier Grundelementen: Feuer Wasser, Luft und Erde, alle früher aufgetauchten Theorien, und merkwürdiger Weise hat sich dieses Dogma bis in die Zeit der neueren Chemie heran in Geltung zu erhalten gewußt. Leider aber hatte man in der an tiefen Köpfen so reichen Zeit um 500 v. Chr. noch nicht den Werth der Beobachtung erkannt; eine geistreiche Idee und einige zufällige Uebereinstimmungen genügten, Fleiß und Genie in Bewegung zu setzen, um ein System der Welt zu schaffen. Bedeutende und kenntnißreiche Männer haben deshalb auch nicht jenen Nutzen gestiftet, den sie ihren Fähigkeiten nach hätten erreichen können (Pythagoras). — Erst mit Demokrit von Abdera (starb 404 v. Chr.), Sokrates und Aristoteles begann eine neue Periode. Wenn durch die Erstern auch direkt keine Bereicherungen des naturwissenschaftlichen Materiales gemacht wurden, so war doch die richtigere Methode, welche sie der Sophistik gegenüber aufstellten, von der größten Fruchtbarkeit; der Philosoph aus Stagira dagegen, durch seinen großen Schüler Alexander mit unermeßlichen Hülfsmitteln versehen, erweiterte die Kenntniß von Thatsachen auf das Großartigste und machte eigentlich erst die Naturkunde zu einer selbständigen Wissenschaft, welche sie vorher nicht gewesen war.

Was speziell die Physik anbelangt, so waren es zunächst die Bewegungserscheinungen der Gestirne, welche zur Erforschung aufforderten; mit der sich entwickelnden Astronomie ging die physische Geographie Hand in Hand, Eratosthenes aus Cyrene (228 v. Chr.) versuchte die erste Messung des Erdumfanges. Bei den Erscheinungen des Lichtes, der Elektrizität, welche die Griechen am Bernstein (elektron) beobachteten, bei der anziehenden und abstoßenden Kraft des Magnetes, die ihnen ebenfalls bekannt war, begnügten sie sich noch mit symbolisirenden Deutungen; und wenn der Versuch, den Schweigger gemacht hat, die ganze Götterlehre als eine symbolisirte Naturauffassung anzusehen, in dieser Weise nicht zu gewagt ist, so müssen wir allerdings den in jene Lehren Eingeweihten eine große Kenntniß naturwissenschaftlicher Thatsachen zugestehen.

Die Römer entnahmen, wie überhaupt ihre geistige Bildung, so auch ihre Naturerkenntniß dem von den Göttern geliebten Griechenland. Es ist aber bereits an anderer Stelle hervorgehoben worden, daß und warum unter diesem Volke eine eigenthümliche Ausbildung der Wissenschaften überhaupt nicht statthaben konnte. Nur etwa die Mathematik und einzelne verwandte Zweige der Kriegswissenschaften (Befestigungswesen, Baukunst) erhielten Förderung, im Uebrigen wurden einzelne Fragen der Naturkunde zwar Gegenstand merkwürdiger poetischer Darstellung, — ein eigentlicher Forschungstrieb aber fehlte. Selbst die beiden Plinius und der verdienstvolle Strabo hatten mehr Sammlereifer als Bedürfniß nach Erkenntniß der Gesetzmäßigkeit der Erscheinungen.

Erst die Araber treten als wirkliche Beförderer der Naturwissenschaften auf, durch ihre Lebensweise im Freien bereits mit einigen Zweigen derselben, Astronomie und Meteorologie, ziemlich vertraut. Es waren daher auch zuerst die mathematischen Disziplinen, denen man eine aufmerksame Pflege angedeihen ließ; sodann aber treffen wir hier auf die Anfänge der Chemie, welche nach Spanien und durch die Kreuzfahrer dem westlichen Europa zugeführt wurden.

Es lag in den Verhältnissen, daß hier diese Wissenschaften eine eigenthümliche Anschauung erfuhren. Jahrhunderte lang hatten fast alle Gebiete geistiger Forschung öde gelegen, und die Folgen einer dadurch entarteten Denkweise verkümmerten noch die Anfänge der eintretenden Läuterung. Die Astronomie wurde als Astrologie gemißbraucht, und erst Keppler vermochte sie aus diesen unwürdigen Fesseln ganz zu befreien; die Chemie wurde zur Alchemie; aber trotz alledem zeigte sich ihre ewig frische Kraft darin wirksam, daß sie den befangenen Sinn wieder auf die Natur hinlenkte; das

Vertrautwerden mit ihren Erscheinungen und Gesetzen machte endlich die Gedanken frei, die durch Galilei und Kopernikus den ersten Riß in jene furchtbare Decke der Dummheit und Lüge rissen, welche die Hierarchie über die Völker gebreitet hatte.

Albertus Magnus (starb 1280), Roger Baco (1294), der Optiker Vitellion (1280), Konrad von Meyenberg (1349), Raymannus Lullus (st. 1315), Thomas von Aquino (1274), Johann von Gmünden (1442), Georg von Peurbach (1461) und Johannes Müller Regiomontanus (geb. 1436, gest. 1476) sind Namen, welche alle Zeiten mit hoher Verehrung nennen. Bereits um das Jahr 1300 gab Theodoricus von Apolda eine Erklärung des Regenbogens, Alexander von Spina erfand 1313 die Brillen, einige Jahre früher (um 1300) hatte Flavio Gioga aus Amalfi die Magnetnadel erfunden.

Die erste große That, nachdem Kopernikus (starb 1543) bereits sein System aufgerichtet hatte, geschah durch Keppler, dessen Bewegungsgesetze der Gestirne, sowie die von seinem nicht minder hervorragenden Zeitgenossen Galilei entdeckten Pendelgesetze eine völlig neue Epoche einleiteten, seit welcher die Naturforschung allein genaue Beobachtungen und unmittelbar daraus abzuleitende, klar aufzufassende Schlüsse als einzige untrügliche Autoritäten betrachtet. Die Erfindung des Fernrohrs, des Mikroskops und des Barometers fällt in diese Zeit, welche dadurch plötzlich die Fundamentalinstrumente exakter Forschung erhielt.

Hatte der geniale Bacon von Verulam (geb. 1560, gest. 1626) den durch Keppler und Galilei begründeten Umschwung der Physik bereits durch das Ueberzeugende seines Styles vorbereitet, so geschah durch Huyghens, dem Erfinder des Sekundenpendels und dessen Anwendung zur Zeitmessung, ganz besonders aber durch Isaak Newton aus Woolstrope (geb. 1642, gest. 1727), eine so entschiedene Feststellung der mathematischen Methode, daß dieselbe für alle Zeiten scheint Richtschnur bleiben zu wollen. Die früher für unglaublich komplizirt gehaltenen Erscheinungen ließen sich in der einfachsten Art ausdrücken und die erkannte Gesetzmäßigkeit dadurch in der ergiebigsten Weise verwenden. Außer daß Newton die Astronomie und den ganzen mechanischen Theil der Physik wesentlich ausbildete (Entdeckung des Gesetzes der Schwere), begründete er die Lehre vom Licht, indem er alle Lichterscheinungen auf Wellenbewegungen eines eigenthümlichen Fluidums, des Lichtäthers, zurückführte.

Noch vor ihm und gleichzeitig mit ihm arbeiteten Otto von Guericke (geb. 1602, gest. 1686), Robert Boyle (geb. 1626, gest. 1691) und Mariotte (gest. 1686), deren Entdeckungen die verschiedensten Gebiete erhellten (Luftpumpen, Magdeburger Halbkugeln, Elektrisirmaschine, Gesetz von der Verminderung des Luftdrucks, Barometer, Manometer, Nonius, Thermometer u. s. w.).

Wir müßten im achtzehnten Jahrhundert und bis heute eine große Reihe von Namen und von Entdeckungen anführen, wenn wir nur einigermaßen den Stand der Wissenschaft zu den verschiedenen Zeiten charakterisiren wollten. Rüstig ging es auf dem eingeschlagenen Wege weiter, und wenn wir heute die bedeutsamsten weltbewegenden Erfindungen ansehen und auf ihre Wurzel verfolgen, so finden wir die meisten derselben nicht weit über das vorige, viele aber kaum über die Anfänge des letzten Jahrhunderts zurückgehend.

Die Dampfmaschine, welche mehr als alle vorhergegangenen Errungenschaften, mehr als der Zug Alexander's des Großen nach Indien, mehr als die Entdeckung Amerika's, die Verhältnisse der Menschheit umgestaltet hat, welche die Entfernungen zwischen den Völkern verwischt, die Grenzen der Politik und Nationalitäten aufgehoben, die Kräfte für unsere Bauten oder für die Verarbeitung der Rohstoffe zu Gegenständen des Nutzens und des Vergnügens tausendfach vermehrt und wohlfeiler gemacht, welche die Armuth vertrieben hat, denn sie wirkt nivellirend, indem sie jeden Ueberfluß nach den Orten des Mangels wendet, welche das kostbarste Gut unseres kurzen Lebens, die Zeit, vermehrt und die den Menschen auf höhere Stufen hebt, indem sie ihm die niedrigen mechanischen Kraftleistungen abnimmt, zu denen er mit dem Thiere verdammt war, die Dampfmaschine ist noch nicht hundert Jahre alt. 1769 wurde sie von James Watt erfunden — nicht durch Zufall, wie der stumpfe Neger in den Diamantdistrikten Brasiliens den edeln Stein im Sande glänzen sieht — sondern durch scharfes, emsiges Nachdenken über die Natur des Dampfes. Fast 2000 Jahre früher schon hatte Hero von Alexandrien eigenthümliche Wirkungen des Wasserdampfes beobachtet und darauf einen merkwürdigen Apparat gegründet. Schon damals lag Alles so nahe, aber weder der Dampfcylinder mit seinem beweglichen Kolben, noch auch andrerseits die Turbine, deren Prinzip sich ebenfalls in jenem alten Apparate zuerst aussprach, gingen damals hervor. — Wenig älter nur als die Dampfmaschine ist der Blitzableiter (1752). Obwol Manche den alten Griechen gern eine genaue Kenntniß der Elektrizität zuschreiben möchten und behaupten, daß diese, um die verderblichen Blitze von den Tempeln ihrer Götter abzulenken, hohe Bäume um dieselben gepflanzt hätten, so gebührt doch das unbestreitbare Verdienst dem großen amerikanischen Bürger Benjamin Franklin. Zu Anfange des 18. Jahrhunderts wurde der innere ursachliche Zusammenhang der elektrischen Erscheinungen aufgedeckt, und erst auf Grund dieser Wissenschaft wurde es möglich, die Natur des Gewitters zu erkennen und Mittel zur Abwendung seiner schädlichen Wirkungen zu erfinden. Alle anderen Erfindungen auf dem Gebiete der Elektrizität und des Magnetismus fallen in eine spätere Zeit; denn es ist nothwendig, daß die fundamentalen Wahrheiten vorher ausgesprochen sein müssen, ehe die darauf sich stützenden Anwendungen und Schlüsse gemacht werden können. Man hat seit dem grauesten Alterthum schon die verschiedenartigsten Versuche gemacht zu telegraphiren, der Fall Troja's wurde von Agamemnon an seine Gemahlin Klytämnestra noch in derselben Nacht auf eine Entfernung über 70 Meilen durch verabredete Feuerzeichen gemeldet; aber trotzdem, daß das Bedürfniß nach raschester Mittheilung in die Ferne zu allen Zeiten ein höchst dringliches geblieben ist, konnte die Telegraphie ihre heutige wunderbare Ausbildung erst dann erlangen, nachdem der Elektromagnetismus entdeckt (Anfang dieses Jahrhunderts durch Romagnosi in Innsbruck), nachdem Ampère, Gauß und Weber ihre bewundernswürdigen Untersuchungen über diesen Gegenstand gemacht, und Männer wie Steinheil, Morse u. A. durch zahlreiche neue Beobachtungen oder sinnreiche Anwendungen die praktische Verwendung erleichtert hatten.

Fast alle die Instrumente und Apparate, welche bestimmt sind, gewisse Erscheinungen, Kräfte, zu messen, um die Wirkungen dieser mit einander vergleichen zu können, sind erst seit dem 17. Jahrhundert erfunden worden: Thermometer, um die Wärme, Barometer, um den Luftdruck, Manometer, um die Dampfspannung, Elektrometer, um die Elektrizitätsmengen zu messen u. s. w. Nur die Wagen sind eine alte Erfindung, sie haben aber dafür eine solche Vervollkommnung und Erweiterung der Anwendung erfahren, daß wir ihre zweite Erfindung als physikalisches Instrument in die Zeit der französischen Revolution setzen können.

In der Methode, alle Erscheinungen auf ihr Maß zu untersuchen, liegt aber der Kern der neueren Physik. Alle ihre Erfahrungen erhalten dadurch eine von unseren unsicheren Sinneswahrnehmungen unabhängige, absolute Bedeutung, die einzig und allein der mathematischen Behandlung zugänglich ist. Wir können allein auf diesem Wege die Erscheinungen, welche uns zu beobachten von Werth ist, in genau derselben Weise wieder hervorrufen (Experimente). Oder wäre es möglich, auch nur die

Behauptung aufzustellen, daß das Wasser stets bei derselben Temperatur gefriert oder aufthaut, wenn wir keinen anderen Maßstab für die Wärme hätten, als das Gefühl unserer Nerven?

Die Meßinstrumente und die Meßmethoden allein vermögen die Antwort auf die an die Natur gestellten Fragen uns verständlich zu machen, sie in eine allgemeine Sprache zu übersetzen. Ein Gleiches vermag keine Naturphilosophie mit all' ihren Definitionen und Erklärungen, welche das kräftige, materielle Leben durch leere Redensarten ausdrücken wollen. Mit all' dem Bombast ganzer Herden sogenannter Philosophen ist kein einziges Gesetz entdeckt, keine einzige Erscheinung erklärt, keine dem Leben nutzbringende Anwendung gemacht worden.

Der wahre Naturforscher ist ein Feind der Worte — oft umfassen wenige Zeilen die Resultate jahrelangen, mühseligen Arbeitens, aber diese wenigen Zeilen schreiben sich unauslöschlich in das Buch der Welt und werden zu Bausteinen für das Gebäude, in welchem die Menschheit glücklich neben einander wohnen soll.

**Die allgemeinen Eigenschaften der Körper.** Wenn ein Bildhauer einen Marmorblock bearbeitet und dem ungestalteten Steine Form und Seele giebt, so hilft ihm zur Erreichung seines Zweckes ein physikalischer Vorgang; wir nennen nämlich im engeren Sinne alle diejenigen Veränderungen und Erscheinungen, bei denen die innere Zusammensetzung der Körper keine Aenderung erleidet, physikalische im Gegensatz zu den chemischen, bei denen eine solche Umwandlung des Stoffes, eine Veränderung der inneren Zusammensetzung, gerade das Wesentliche ist. Die abgeschlagenen Marmorstückchen sind aber ihrer inneren Natur nach genau dasselbe, was der Marmorblock ist; anders wäre es freilich, wenn wir uns anstatt des Meisels und des Schlägels einer ätzenden Säure bedienen wollten, um Ueberflüssiges zu entfernen. Denn diese löst den Marmor auf, und indem sie die darin enthaltene Kohlensäure austreibt, verändert sie die innere Zusammensetzung und wirkt also auf chemische Weise. Obwol wir oben schon erörtert haben, daß eigentlich die Chemie nichts Anderes als ein Zweig der Physik sei, so wollen wir doch von nun an, der leichteren Uebersichtlichkeit wegen, welche eine derartige Eintheilung gewährt, uns derselben Unterscheidung anbequemen, welche das gewöhnliche Leben zwischen chemischen und physikalischen Vorgängen macht. — Die Einwirkung der mechanischen Kraft, welche den Marmorblock nach dem Sinne des Künstlers ummodelte, zeigt sich zunächst in nichts Anderem als in der Lostrennung einzelner Theile von der großen Hauptmasse. Wäre der Marmor nicht „theilbar", so würde seine Verwendung zu Werken der Bildnerei nicht möglich sein.

Die Theilbarkeit, welche allen in der Natur vorhandenen Körpern eigen ist und die wir deshalb eine allgemeine Eigenschaft derselben nennen, hat für unsere Sinne eigentlich keine Grenzen. Wir vermögen einen kleinen Marmorsplitter mit dem Hammer in noch kleinere zu zerschlagen, diese in einem Mörser zu einem ganz feinen Pulver zu zerstoßen, und trotzdem, wenn wir ein Stäubchen dieses Pulvers unter ein stark vergrößerndes Mikroskop bringen, werden wir es von Dimensionen erblicken, welche sich noch weiter verringern lassen. Mit der Verfeinerung der Instrumente können wir die Verkleinerung immer weiter treiben, allein die Körper auf diese Weise in ihre kleinsten Urbestandtheile aufzulösen, wird uns nie gelingen.

Es müßte, wenn uns genügend feine mechanische Hülfsmittel zu Gebote stünden, für die Theilbarkeit da eine Grenze geben, wo ein zusammengesetzter Körper nicht anders mehr zu verkleinern wäre, als daß seine Urbestandtheile aus einander fielen, daß sich also aus dem Marmor das Calciummetall, der Kohlenstoff und der Sauerstoff endlich sonderten, denn aus diesen Urbestandtheilen, Elementen, besteht seine Masse. Auf dem eingeschlagenen mechanischen Wege ist dies aber nicht erreichbar, wir können die kleinsten Theile, aus denen jeder Körper bestehen muß, und die in der Sprache der Wissenschaft Atome, Moleküle genannt werden, nicht gesondert darstellen.

Wie die Atome mit einander verbunden sind, können wir, da uns unsere Sinne hierbei im Stich lassen, uns nicht vorstellen. Jedenfalls müssen aber anziehende Kräfte thätig sein, welche das Vereinigtbleiben bewirken. Diese Kräfte, in ihrer Gesammtheit Molekularkräfte genannt, äußern sich nach der Natur der Körper verschieden. Zeigen sie bei einigen eine solche Energie, daß sich der Trennung der einzelnen Theile ein bedeutender Widerstand entgegensetzt (Diamant, Stahl, Granit, Elfenbein u. s. w.), so sind sie bei anderen dagegen sehr schwach (Wasser, Quecksilber), ja in manchen Stoffen haben die kleinsten Theilchen sogar das fortwährende Bestreben, sich von einander zu entfernen, sich in's Unendliche auszudehnen, und werden daran nur durch die Einwirkung anderer Kräfte gehindert. Die Luft würde in den unendlichen Raum verstieben und nicht wie ein 10 Meilen dicker Mantel sich um die Erde lagern, wenn sie nicht von derselben durch die Alles verbindende Schwerkraft festgehalten würde. Hieraus ergiebt sich die Eintheilung der Körper in feste, flüssige und luftförmige. Wir vermögen in vielen Fällen diese Zustände, die Aggregatzustände, in einander überzuführen und machen davon Anwendung beim Schmelzen der Metalle und beim Guß geformter Gegenstände, beim Destilliren, in den Trockenstuben der Färbereien und Druckereien, wo wir das dem Zeuge anhaftende Wasser als Dampf verjagen; auf dem flüssigen Wasser schwimmen unsere Schiffe, und die Bewegung der Luft treibt die Flügel der Windmühlen. Auf die näheren Verhältnisse blicken wir später, wenn wir die Wärme, welche hier eine Hauptrolle spielt, in's Auge fassen.

Die luftförmigen Körper sind gestaltlos. Die flüssigen ändern ihre Form mit den Gefäßen, in denen sie sich befinden, und haben nur eine einzige, durch die Wirkung der Schwere bestimmte Fläche, das ist ihr Spiegel. Derselbe breitet sich stets in einer horizontalen Ebene aus, oder vielmehr in einer Fläche, welche dieselbe Krümmung hat wie die Erdoberfläche. Auf dem weiten Meeresspiegel bemerken wir an dem allmäligen Auftauchen der von fern herankommenden Schiffe diese Rundung, welche an den kleinen Wassermassen auf dem Lande uns nicht auffällt. Die festen Körper besitzen Gestalt und Form, welche ihnen dauernd anhaftet. Erfolgt ihre Bildung in eigenthümlicher Weise wie das Wachsen eines Thieres, das Hervorschießen einer Pflanze aus dem Keime, oder wie die Ausscheidung von Stoffen mit bestimmter chemischer Zusammensetzung aus flüssigen Lösungen, so ist die Form eine gesetzmäßige, die in derselben Art immer wieder aus denselben Bedingungen hervorgeht. Bei der Bildung von Pflanzen und Thieren sind die in Wechselwirkung tretenden Kräfte zu mannichfacher Art, als daß wir aus ihnen das Geheimniß der Gestaltung ohne Weiteres herauslesen könnten. Einfacher sind die Verhältnisse bei den unorganischen Individuen, die wir Krystalle nennen. Sie haben einen rein geometrischen Grundcharakter, und ihre allmälige Ausbildung vermag dem Beobachter ein hohes geistiges Vergnügen zu gewähren.

Wer hat sich nicht an den zierlichen Schneesternen und Eisnadeln schon erfreut, welche ein Schneefall zu Millionen herunterwirft? wer hat nicht die regelmäßigen Bildungen bewundert, die aus den verschiedenartigen Lösungen der chemischen Fabriken anschießen? Den kleinsten Stofftheilchen scheint fast eine Seele innezuwohnen, welche sie zwingt, in mathematischer Gesetzmäßigkeit sich zu gruppiren und zur Ausbildung eines ringsum von ebenen, glatten Flächen eingeschlossenen Körpers sich aneinander zu legen. Man hat es ganz in seiner Gewalt, die Vorgänge dabei verfolgen zu können, wenn man sich eine konzentrirte Lösung irgend eines leicht krystallisirenden Salzes

(Alaun, Kupfervitriol oder dergleichen) bereitet und in diese einen an ein Haar oder einen Kokonfaden gebundenen kleinen Krystall desselben Salzes hineinhängt, wie solche sich auf dem Boden des Gefäßes zuerst ausscheiden (Fig. 3).

Die festen Körper zeigen unter sich aber wieder, was die innere Anordnung ihrer Theile anbelangt, eine große Verschiedenheit. Keiner von ihnen bildet nämlich eine vollständig in sich zusammenhängende Masse, sondern es finden sich Zwischenräume, die wir mit dem Namen Poren bezeichnen. Alle Körper sind porös. Ein Häutchen fein geschlagenes Gold, gegen das Licht gehalten, ist nicht undurchsichtig. In Folge seiner Porosität läßt es einzelne Lichtstrahlen durchdringen und erscheint von einer grünlich violetten Farbe. Elfenbein und Marmor lassen sich färben, das heißt ihre Poren lassen den aufgelösten Farbstoff eindringen und halten ihn zurück, wenn das Auflösungsmittel daraus verdunstet ist. Augenscheinlicher aber wird diese allgemeine Eigenschaft der Körper, und häufig angewendet, bei dem Filtriren (Fig. 4). Zeugstoffe, Kiesel, Kohle, ungeleimtes Papier dienen dazu, um Flüssigkeiten von darin schwimmenden Unreinigkeiten zu trennen, indem sie die ersteren durchsickern lassen, während die festen Körperchen von ihnen zurückgehalten werden.

Fig. 3. Alaun-Krystall im Wachsen.

Die Elastizität oder Federkraft ist ebenfalls eine allen Körpern gemeinsame Eigenschaft. Sie hängt mit der Festigkeit nur in geringem Grade zusammen, denn gerade die luftförmigen Körper gehören zu den am vollkommensten elastischen, während viele feste Körper, wie Blei, nur in unvollkommenem Grade elastisch sind. Bekanntlich äußert sich diese Eigenschaft in dem Bestreben, die einmal innehabende Form beizubehalten und sie wieder einzunehmen, sobald der Zug oder Druck aufhört, welcher eine Aenderung bewirkte. Ein ausgedehntes Stück Gummi zieht sich wieder zusammen, sobald es freigelassen wird. Ein Gummiball springt in die Höhe, wenn er fallen gelassen wird; seine Theilchen, welche zuerst auf den Boden auftreffen, werden gewissermaßen in das Innere hineingetrieben, und die Kugelgestalt erhält an der Berührungsstelle eine Abplattung. Es läßt sich dies beobachten, wenn man, wie es Fig. 5 zeigt, eine Elfenbeinkugel auf eine etwas angeölte Platte fallen läßt und sie beim In-die-Höhe-springen auffängt. Die Berührungsstelle nämlich, wo die Kugel aufgefallen ist, erscheint als eine kleine kreisförmige Fläche; eine solche momentane Abplattung muß die Kugel erfahren haben. Das Bestreben, ihre erste abgerundete Form wieder einzunehmen, schnellte aber die Theilchen sogleich wieder in ihre erste Lage zurück, und die Kugel flog in Folge dessen von der Fläche wieder ab.

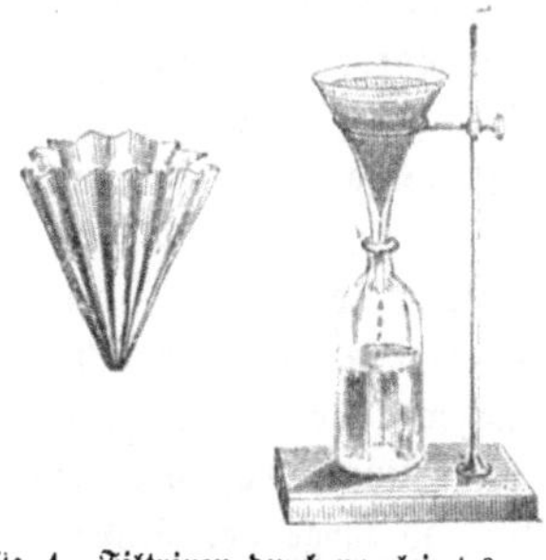

Fig. 4. Filtriren durch ungeleimtes Papier und Filter.

Wie es keinen vollkommen unelastischen Körper giebt, so giebt es auch keinen vollkommen elastischen. Material und Form, sowie die Einwirkung äußerer Kräfte (Zug, Druck, Erwärmung), sind auf die Elastizitätsverhältnisse eines Körpers von Einfluß. Man nimmt daher überall, wo man Anwendung von der Elastizität machen will, auf diese Umstände Rücksicht.

Mit der Elastizität und Porosität hängt die Zusammendrückbarkeit, die Kompressibilität eng zusammen; es ist dies diejenige Eigenschaft, in Folge deren die Körper unter gewissen Verhältnissen des Druckes ein geringeres Volumen als gewöhnlich einzunehmen vermögen. Am ausgezeichnetsten in dieser Hinsicht sind die Gase und Dämpfe. Bei ihnen hat die Zusammendrückbarkeit eigentlich keine Grenze, nur gehen einige, wie die Kohlensäure, die schweflige Säure u. s. w., bei einem gewissen Grade des Druckes in den flüssigen Zustand über, den sie wieder aufgeben, wenn der Druck nachläßt.

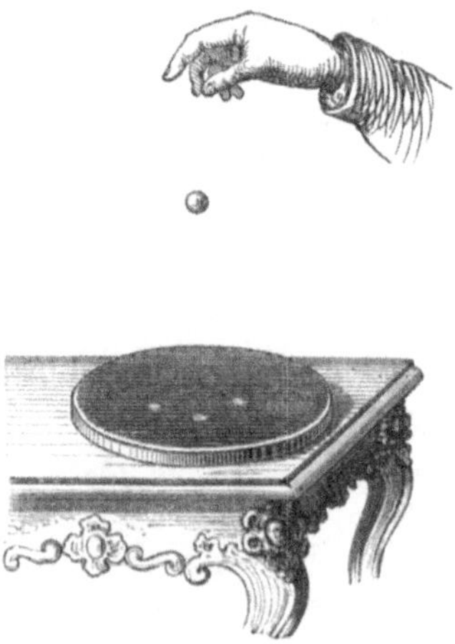

Fig. 5. Wirkung der Elastizität.

**Kraftwirkung.** In den kurzen Betrachtungen, welche wir angestellt haben, wurden die Körper von uns in ruhendem Zustande angenommen. Ganz besondere Erscheinungen aber treten ein, wenn wir dieselben einem äußeren Anstoße folgen und in Bewegung treten sehen.

Wenn ein schwerbeladener Wagen angezogen werden soll, so erfordert dies bekanntlich viel größere Anstrengung von Seiten der Pferde, als ihn weiter zu ziehen, wenn er einmal im Gange ist. Wer jemals in einem Kahn gefahren ist, weiß, daß, wenn derselbe plötzlich an das Land stößt, alle darin Sitzenden nach vorwärts schieben; ein Sprung von einem sich rasch bewegenden Wagen muß ganz besonders geschickt ausgeführt werden, wenn er nicht schlecht ablaufen soll. Ein Stein, aus der Hand geschleudert, eine Flintenkugel, aus dem Rohre geschossen, am Himmelsgewölbe die leuchtenden Gestirne — sie alle bewegen sich dauernd während kürzerer oder längerer Zeit, jedenfalls aber länger, als der Kraftanstoß währte, durch welchen sie in Bewegung gesetzt wurden. Es mußte auch in der That ein besonderer Grund vorhanden sein, welcher einen einmal frei sich bewegenden Körper zwingen soll, diese Bewegung aufzugeben. Dies Bestreben der Körper, in demselben Zustande — sei es Ruhe, wie beim Lastwagen, sei es Bewegung, wie bei den Gestirnen — zu beharren, nennen wir die **Trägheit** oder das **Beharrungsvermögen**.

Die Kraft, welche einem Körper mitgetheilt wird und durch die derselbe in Bewegung gesetzt wird, geht nicht verloren, sondern wird wieder abgegeben, wenn der Körper in Ruhe geräth. Daher die Wirkung des Stoßes, welche durch rollende oder fliegende Körper ausgeübt wird; die mörderische Kanonenkugel vollbringt ihr blutiges Werk nur durch die Abgabe der ihr innewohnenden Kraft, die man deswegen, weil sie, so lange der Körper in Bewegung ist, gewissermaßen disponibel, frei darin liegt und jeden Augenblick einem Widerstande gegenüber in Wirkung treten kann, **lebendige Kraft** nennt. Man hat in der jüngsten Zeit in Amerika von dieser lebendigen Kraft eine belehrende Anwendung gemacht. Um nämlich den Pferden das Anziehen der Wagen zu erleichtern, was vorzüglich bei schwerbeladenen Fuhrwerken, welche häufig halten müssen, von Wichtigkeit ist, hat man Konstruktionen von elastischen Stahlfedern angebracht, so daß dieselben, wenn der Wagen hält, durch die lebendige Kraft sich spannen, beim Anziehen aber sich auslösen und ihre Kraft zur Unterstützung der Pferde wieder abgeben.

Es kommt aber bei der lebendigen Kraft noch Zweierlei in Betracht: das Gewicht des Körpers und die Geschwindigkeit, mit welcher er sich bewegt. Ich vermag eine Bleikugel von 1 Loth weiter und mit größerer Geschwindigkeit durch die Muskelkraft zu werfen als ein Viertelzentnergewicht, und doch giebt das letztere, wenn es gegen einen Widerstand trifft, eine größere Kraftleistung zu erkennen als die erstere. Der eigentliche

Krafteffekt ergiebt sich nämlich aus dem Produkte der Masse (Gewicht) und der Geschwindigkeit. Man mißt mechanische Kräfte auf die Weise, daß man untersucht, welches Gewicht (Pfund, Kilogramm) sie in einer bestimmten Geschwindigkeit (1 Fuß oder Meter in der Sekunde) in vertikaler Richtung bewegen können (Fußpfunde, Meterkilogramm). Die Schwungräder der Dampfmaschinen, welche bestimmt sind, die Kraftüberschüsse des Kolbens, wenn derselbe zu rasch geht, aufzunehmen als lebendige Kraft, und sie wieder abzugeben, wenn er zu langsam geht, welche also auf einen gleichmäßigen Gang hinwirken, sind deshalb auch sehr schwere Eisenmassen. Sie sind gewissermaßen Sparbüchsen der Kraft.

**Parallelogramm der Kräfte.** Wir haben jetzt unter Kraft immer nur die mechanische Kraft verstanden, und werden auch noch in dem Folgenden uns dieses Ausdrucks bedienen. — Wenn auf einen festen Körper eine einzige Kraft wirkt, so bewegt sich derselbe, falls er durch Nichts daran gehindert wird, genau in der Richtung dieser Kraft.

Fig. 6. Wirkungsweise zweier Kräfte auf einen Körper.

Wie aber, wenn mehrere Kräfte gleichzeitig auf ihn einwirken, wenn z. B., wie es Fig. 6 zeigt, zwei Männer von den beiden Ufern eines Flusses aus einen schwimmenden Kahn weiterziehen? Der Kahn schwimmt weder in der einen Direktion, noch in der andern, sondern er nimmt seinen Lauf zwischen beiden, gerade als ob er von einer einzigen, in der Richtung AD wirkenden Kraft bewegt würde. Denselben Fall, welcher als Repräsentant aller angesehen werden kann, drückt die folgende Fig. 7 aus. A sei der Kahn, AB und AC sollen die Zugkräfte der beiden Männer, nach ihrer Richtung sowol als auch nach dem Verhältniß der gegenseitigen Stärke, bedeuten. Die Linie AD ist dann die Richtung des wirklichen Effektes, das heißt: der Kahn bewegt sich unter dem Einfluß der ebengenannten beiden Kräfte AB und AC genau so, als ob auf ihn eine einzige nur, von der Stärke und in der Richtung AD, einwirkte. Da diese eine Kraft gewissermaßen als aus den beiden vorhandenen hervorgehend gedacht werden kann, so hat man sie die Resultirende oder die Resultante genannt.

Man findet ihre Richtung und Größe sehr leicht; sie wird ausgedrückt durch die Diagonale eines Parallelogramms, dessen Seiten die beiden Kräfte bilden (Fig. 7). Von dieser Konstruktion hat das Gesetz den Namen Parallelogramm der Kräfte erhalten. Es umfaßt dasselbe auch alle Fälle, wo drei oder mehr Kräfte gleichzeitig wirken, und man findet hier die Resultirende, indem man sie zunächst für zwei dieser Kräfte sucht, dann die so gefundenen Mittelkräfte selbst mit einander in gleicher Weise kombinirt, bis endlich nur eine einzige Kraft noch übrig bleibt; diese drückt dann die Gesammtstärke und Richtung aller aus. Umgekehrt kann man jede einzeln wirkende Kraft als Resultante zweier andern betrachten, es kommt diese Zerlegung in der wissenschaftlichen Mechanik sehr häufig vor, und wir werden selbst Gelegenheit haben, davon Gebrauch zu machen.

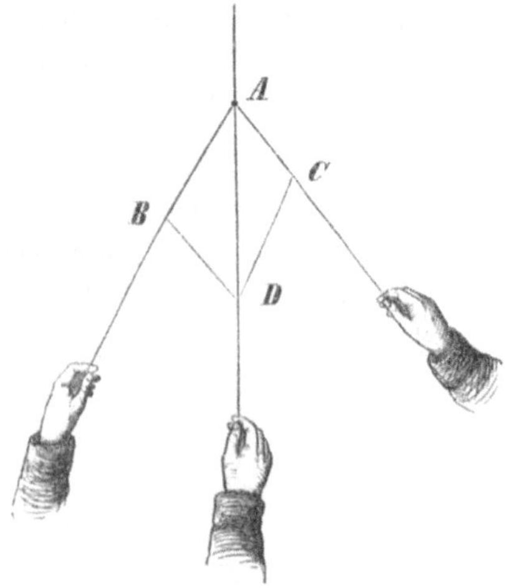

Fig. 7. Parallelogramm der Kräfte.

Eins der interessantesten Beispiele von Kräftezusammensetzung hat die Neuzeit in der lange für wunderbar ausgeschrieenen Erscheinung des **Tischrückens** geliefert. Niemand kann leugnen, daß der Tisch sich wirklich bewegt, wenn eine Anzahl von Menschen ihre Hände eine Zeit lang auf die obere Platte gelegt haben; es ist aber daran durchaus nichts Räthselhaftes. Durch die auf einen Punkt gerichtete Aufmerksamkeit der Betheiligten nämlich verlieren diese allmälig bei der steifen Haltung ihrer Arme und Hände die sichere Kontrole über die Thätigkeit ihrer Muskeln und über die Empfindungen ihrer Nerven. Die ersteren erschlaffen und werden wieder angespannt, dadurch entsteht ein Zittern, welches sich in lauter kleinen Stößen auf das Tischblatt äußert, die letzteren aber stumpfen ab und verlieren das Gefühl für feine Unterschiede des Druckes. Der Tischrücker meint die Hand ganz leise aufgelegt zu haben, während sie in der That mit großer Wucht auf dem Tische lastet und die kleinen Stöße des Zitterns noch durch einen Druck, der vom Körper abwärts gerichtet ist, in ihrer Wirkung verstärkt werden. Es addirt sich hieraus für Jeden der Betheiligten ein ähnlicher Effekt, wie bei dem kleinen Kinde, welches eine große Glocke in Schwingungen zu setzen vermag, und alle diese Kräfte vereinigen sich zu einer einzigen Resultirenden, welche, da sie in fast allen Fällen außerhalb des Schwerpunktes des Tisches zum Angriff gelangen wird, eine drehende Bewegung hervorbringen.

Analoge Erscheinungen treten bei der Wünschelruthe auf, deren Spiel schon häufig selbst Vorurtheilsfreie getäuscht hat. Die eigenthümliche Ursache der Kraftäußerung liegt liegt nicht so offen am Tage, und da nun derartige seltsame Phänomene besonders in den Händen Solcher glücken, welche, leicht erregbaren Temperaments, die ruhige Beherrschung ihrer Sinne unter den Eindrücken der Phantasie und Erwartung bald, wenigstens in gewissem Grade verlieren, während der kalte, nüchterne Mensch, der jeden Augenblick Herr seines Willens und seiner Organe bleibt, vergeblich an ihre Pforte klopft; so hat sich unter jenen eine ganz besondere Lehre von der Sensibilität gebildet, welche nichts Anderes ist als das Evangelium der Hysterie, Dummheit und Schwächlichkeit; Od und Psychographie und Geisterklopfen und Tischschreiben und was noch dazu gehört, sind die ergötzlichen Ueberschriften seiner einzelnen Kapitel.

Die historische Tabaksmühle. (Schlacht bei Leipzig.)

## Windmühle und Schraubenschiff.

Bewegungsapparat der Dampfschiffe. Die schiefe Ebene. Kraftwirkung an derselben. Anwendungen. Der Keil. Die Schraube. Ihr Gesetz und ihre Verwendung. Der Flieger. Die Schiffsschraube und ihre Geschichte. Du Quet. Bernoulli. Paucton. Delisle. Sauvage. Joseph Ressel. Ausführung der Schiffsschraube. Der Windmühlflügel. Wirkung des Windes auf denselben. Geschichte der Windmühlen.

---

Im Jahre 1808 baute Robert Fulton in Newyork das erste Dampfschiff. Dieses Jahr wird in der Geschichte der Menschheit ewig denkwürdig bleiben dadurch, daß aus der hemmenden Fessel, welche die Entfernung der Völker für deren gegenseitige Entwickelung ist, das spannendste Glied herausfiel. Die Ueberschreitung des vermittelnden Ozeans wurde eine freie, willkürliche, von Wind und Meeresströmungen unabhängige. Fulton wurde mit seinem genialen Gedanken verlacht von der Menge, die ihn heute, — wenn sie geneigt wäre, sich seine Verdienste zu vergegenwärtigen, — unter ihre höchsten Wohlthäter zählen müßte. Nicht dem Auswanderer allein, oder dem Schiffsrheder, oder dem Kaufmann oder dem Reisenden blos kommen die Vortheile der neuen Schiffahrt zu Gute, dem Geringsten aus dem Volke, dem armen Heidebewohner, der scheinbar völlig unberührt von der Außenwelt sein eng umgrenztes Leben durchlebt, wurde sie ebenso nützend wie dem Reichen, der sich mit den Erzeugnissen aller Erdtheile zu umgeben vermag.

Die erste Idee zu dem Bewegungsapparat der Dampfschiffe war dem alten

Ruderboote entnommen. Es sollte eine Anzahl nach einander regelmäßig eintauchender Schaufeln durch den Widerstand, den ihnen das Wasser entgegensetzt, den Schiffskörper weiterschieben. Diese Idee erwies sich, indem man die Schaufeln radförmig an einer leicht durch das Spiel der Dampfmaschine zu bewegenden Welle anbrachte, als durchaus zweckentsprechend, und so kam es, daß sie, mit geringen Abänderungen in der Form der Schaufeln, bis auf den heutigen Tag sich in Ausführung erhielt. Mancherlei Uebelstände, die sich wol herausstellten, schienen entweder nicht so wesentlich oder nicht zu umgehen, so daß man sie ruhig mit in den Kauf nahm. Die Erschütterung, welche das schlagartige Eintauchen der Radschaufeln in das Wasser verursachte, war weder für die Dauerhaftigkeit und den sichern Gang der Maschine von Nutzen, noch auch für die Bemannung des Schiffes besonders angenehm; bei bewegter See konnten die auf beiden Seiten des Schiffes angebrachten Schaufelräder nicht gleichmäßig arbeiten, indem bald das eine, bald das andere ungleich hoch aus dem Wasser herausgehoben oder tief hinein begraben wurde; endlich war durch Sturm und andere äußere Zufälle das Rad selbst der Beschädigung sehr leicht ausgesetzt, ein Umstand, der besonders für Kriegsschiffe von allergrößter Bedeutung sein mußte.

Wenn auch die in Bezug auf den Bewegungsapparat hieran sich knüpfenden Wünsche, welche auf einen ganz gleichmäßigen ruhigen Gang und auf eine Lage, die ihn den Einwirkungen der Wellen und feindlichen Geschütze entrückte, hinausliefen, wenn auch diese das Gros der Schiffahrer und Schiffsbauer weniger berührten, weil der Gedanke an eine glückliche Lösung nur wenig Aussicht auf Erfüllung hatte, so gab es doch einzelne Köpfe, die ihn sehr zeitig ergriffen und unausgesetzt verfolgten. Und im Jahre 1837, an einem trüben, stürmischen Septembertage, durchschnitt ein Dampfschiff zum ersten Male die aufgeregten Wellen der See und wagte die Fahrt von Blackwell über Dover und Falkstone nach Hyte, welches an den Seiten keine Radkästen trug, welches nicht die Schaufelschläge der Räder hören, nicht den aufspritzenden Schaum bemerken ließ, sondern in ruhigem Gange dahinschoß und statt der gewöhnlichen, weithin sich ausdehnenden Wasserfurche, die den bisherigen Dampfschiffen zu folgen pflegte, nur einen langen, kreiselnden Wasserstrang nach sich zog, der seinen Ursprung offenbar dem verborgenen Bewegungsapparate verdankte.

Dieses neue Dampfschiff, „Infant Royal", war von dem Engländer Smith erbaut worden, der sich die Idee, anstatt der hebelartig wirkenden Schaufelräder die Schraube zur Fortbewegung anzuwenden, das Jahr vorher hatte patentiren lassen. Wir sehen also in dem „Infant Royal" das erste Schraubenboot vor uns.

Wie an sich alles Neue mit Vorurtheil betrachtet wird von der leicht bestimmbaren, aber schwer zu überzeugenden Menge — und zu dieser großen Menge gehören auch jene sogenannten Fachleute und Sachverständigen, welche aus Faulheit, Unkenntniß, Mißgunst und andern verächtlichen Gründen der Voreingenommenheit Alles von sich weisen, was ihnen oft blos seines Urhebers wegen nicht bequem erscheint — so erging es auch dem „neuen Propeller", der Schraube, und so war es ihm ergangen, denn er hatte bereits eine Geschichte hinter sich, wie deren in den Annalen des Fortschrittes leider viele aufgezeichnet sind.

Indessen wird es an dieser Stelle nothwendig, um das Folgende leicht verständlich zu machen, auf das Wesen und die Einrichtung des Haupttheiles der neuen Erfindung, auf die Schraube selbst, etwas näher einzugehen, und wir bitten den Leser deshalb, uns auf einem kurzen Gange durch ein physikalisches Gebiet zu begleiten. Wenn wir über die Wirkungsweise der gewöhnlichen Schraube, die wir in unzählig verschiedener Anwendung an vielen unserer Geräthe und Maschinen zu beobachten Gelegenheit haben, im Klaren sind, so sind wir es auch über das Prinzip der Schiffsschraube, denn diese ist nur in der Art und Weise der Anwendung etwas Neues. Aber wiederum ist auch die gewöhnliche Schraube nicht das letzte Fundament der in Frage kommenden Erscheinungen, vielmehr liegt allen diesen eine noch einfachere Maschine zu Grunde.

**Die schiefe Ebene.** Bekanntlich führt in der Eisenbahntechnik den Namen „schiefe Ebene" diejenige Anlage, in Folge deren der Schienenweg über eine bedeutende Bodenerhebung hinweggeführt wird. Sie besteht darin, daß die Höhe durch eine möglichst gleichmäßige Steigung überwunden wird, daß also die Oberfläche des Bahnkörpers in eine Ebene gelegt wird, welche gegen den Horizont geneigt ist. Die schiefe Ebene steht der Horizontalebene gegenüber. Während die letztere aber immer dieselbe ist, kann die erstere sehr variiren, je nachdem sie mehr oder weniger Neigung hat, je nachdem der Winkel, den sie mit der Horizontalebene bildet, ein größerer oder geringerer ist.

Jedermann weiß, daß auf der Straße ein Wagen um so schwieriger zu ziehen ist, je steiler der Weg geht, um so leichter aber, je weniger derselbe geneigt ist oder je größer die Länge ist, auf die sich die zu überwindende Steigung vertheilt. Man kann deshalb, weil die Leistungsfähigkeit der Thiere sowol wie die der Lokomotiven eine Grenze hat, nur bis zu einem gewissen Winkelgrade Straßen und Eisenbahnen ansteigen lassen, und wird, wenn die Erhebung eine steilere ist, gezwungen, entweder durch Führung in Schlangenlinien (Serpenten, Fig. 9) die Neigung auf eine größere Länge zu vertheilen oder zu andern Hülfsmitteln zu greifen, wie zum Aufziehen der Wagenzüge mittels starker Seile, welche durch eine auf der Höhe stehende Dampfmaschine auf große Trommeln gewickelt werden.

Fig. 9. Schiefe Ebene (Chaussee).

Wird die Steigung immer größer, so geht die Fläche endlich in eine senkrechte über, und in diesem Falle erfordert die Aufgabe, eine Last emporzuheben, die größtmögliche Anstrengung, was zur Genüge schon durch das verzweiflungsvolle Wort des Dichters ausgedrückt wird:

„Es ist um das Haar sich auszuraufen,
Und an den Wänden hinaufzulaufen."

Man kann die Größe des Widerstandes, welchen die verschiedene Neigung schiefer Ebenen der Fortbewegung einer Last entgegensetzt, sehr leicht bestimmen. Bedeutet nämlich das Dreieck ABC in Fig. 10 eine schiefe Ebene im Durchschnitt, deren Basis die Linie BC, deren Höhe AC, deren Länge AB ist, und deren Steigung durch das Verhältniß ihrer Höhe zu ihrer Länge AC : AB ausgedrückt wird, so können wir uns die zu bewegende Last in G und die Größe ihres Gewichtes durch die Länge der Linie GD ausgedrückt denken. Die Schwere strebt die Last in der Lothlinie GD nach der Erde zu ziehen; die schiefe Ebene AB aber gestattet ein direktes

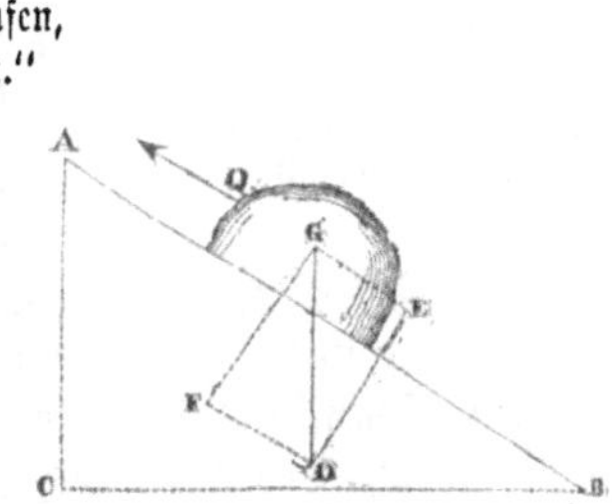


Fig. 10. Wirkungsweise der Kraft an der schiefen Ebene.

Herabfallen nicht, die Last ruht auf ihr. Dadurch wird ein Theil der Schwere als Bewegungskraft wirkungslos, und das Herabgleiten kann nur mit dem noch übrigbleibenden Reste der Kraft geschehen. Dieser Rest muß von der Zugkraft der Pferde oder der Lokomotive oder sonst einer bewegenden Kraft, die wir uns in der Richtung der Linie Q wirkend denken, überwunden werden.

Es fragt sich, wie groß dieser Theil ist. Erinnern wir uns aus dem Gesetz vom Parallelogramm der Kräfte des Satzes, daß jede Kraft als das Produkt, die Resultirende, zweier andern im gleichen Punkte angreifenden Kräfte gedacht werden kann, so brauchen wir die Linie GD nur als die Diagonale eines Parallelogramms DEFG anzusehen, um in den beiden Seitenlinien GE und GF gesuchte Werthe zu finden. Es zerlegt sich nämlich die Kraft GD in einen senkrechten Druck GF auf die schiefe Ebene, und in die Zugkraft GE, mit welcher die Last auf der schiefen Ebene herabgleiten möchte. Will man also das Letztere verhindern, so muß man eine gleich große Kraft GE in der entgegengesetzten Richtung wirken lassen. Ist die Kraft größer, so folgt ihr die Last und bewegt sich nach der Höhe A hin. Schon ein Blick auf unsre Figur zeigt, daß die Zugkraft nicht so groß zu sein braucht, als das ursprüngliche Gewicht der Last, und wenn wir in gleichem Sinne die Fig. 11 betrachten, so sehen wir, daß mit der Steigung sich das Bestreben der Last, herabzurollen, vermindert, dagegen umgekehrt der Druck auf die schiefe Ebene vermehrt.

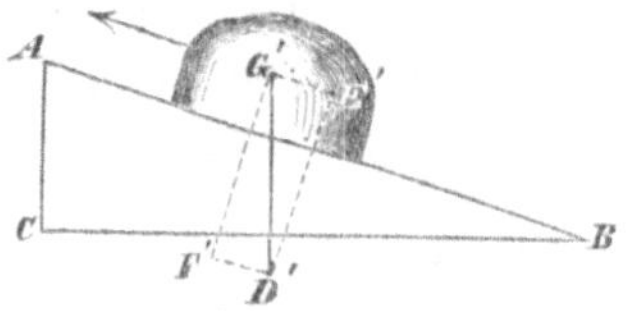

Fig. 11. Wirkungsweise der Kraft an der schiefen Ebene.

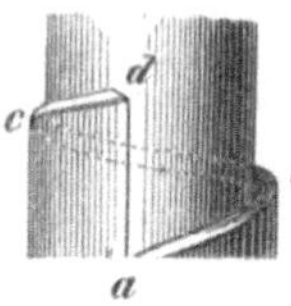

Fig. 12. Die Schraube.

Ruht eine Last auf einer horizontalen Fläche, so wirkt ihr ganzes Gewicht als Druck auf die Unterlage, und es bleibt Nichts für eine Bewegung nach der Seite übrig. Wir können das Gesetz in die Worte zusammenfassen: **es verhält sich die Kraft, mit welcher ein Körper auf einer schiefen Ebene herabzugleiten bestrebt ist, zu seinem Gewichte wie die Höhe der schiefen Ebene zu ihrer Länge.** Ist also in Fig. 10 dieses Verhältniß doppelt so groß wie in Fig. 11, so wird auch die Zugkraft das erste Mal das Doppelte von derjenigen betragen müssen, welche in Fig. 11 die Last von B nach A zu schaffen vermöchte.

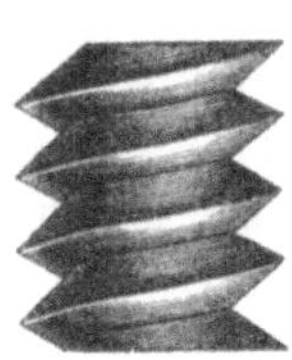
Fig. 13. Schraube mit dreiseitigem Querschnitt.

Wir dürfen nur unsere Augen um uns gehen lassen, um fortwährend neue Bestätigungen dieser Regel und die mannichfachsten Erscheinungsweisen dieser Wahrheiten zu erblicken. Jedes Flußbett ist eine schiefe Ebene, auf der das Wasser je nach der Neigung (Gefälle) mit größerer oder geringerer Geschwindigkeit von höheren zu tieferen Punkten herabfällt; nichts Anderes sind die Gleitbahnen, Holzriesen, die Schrotleiter, welche die Fuhrleute anwenden u. s. w., und zwar sind dies Alles unbewegliche schiefe Ebenen.

Im Gegensatz zu ihnen kennt die Praxis auch eine Menge Anwendungen, bei denen die schiefe Ebene beweglich ist. Ob ich nämlich eine Last eine schiefe Ebene hinaufziehe, oder ob ich die schiefe Ebene, wie es beim Keil, bei der Keilpresse u. s. w. geschieht, unter die Last treibe und diese dadurch hebe, das muß sich gleich bleiben; und ferner ändert es auch nicht das Prinzip, ob ich mit Hülfe des Keiles eine widerstehende Last hebe, oder sie, wie es wol am häufigsten geschieht, dadurch in dem Zusammenhange ihrer Masse zu trennen suche. Beil und Hacke, Messer, Meisel, Spaten, Pflugschar, Schere, ja die Nadel, der Pfriemen, der Grabstichel, kurz Alles, was schneidet oder sticht, sind Anwendungen des Keiles, und ihre Wirkung gründet sich mit diesem auf das Gesetz der schiefen Ebene. Je allmäliger die Neigung, das heißt, je dünner die Schneide ausläuft, je schärfer das Instrument ist, um so leichter wirkt es.

**Die Schraube.** Die beweglichen schiefen Ebenen führen uns nun unserm eigentlichen Gegenstande näher. Denken wir uns einen langen, schmalen Keil aus einem biegsamen Material, etwa aus Horn dargestellt, den man um einen Cylinder wickeln kann, so haben wir in dieser durch die Fig. 12 dargestellten Form Dasjenige, was wir eine Schraube nennen. Die durch die Oberfläche der schiefen Ebene auf dem Mantel des Cylinders sich abzeichnende Linie abcd heißt eine Schraubenlinie, der einmalige Umgang von a bis d ein Schraubengang; ad ist die Höhe desselben, und die Steigung drückt man ebenso wie bei der schiefen Ebene durch das Verhältniß der Höhe zur Länge oder durch den Winkel an der Basis aus.

Fig. 14. Schraube mit vierseitigem Querschnitt.

Die praktische Ausführung der Schraube ist eine sehr verschiedene. Zunächst wollen wir nur erwähnen, daß man die Gänge sowol von dreiseitigem als auch von vierseitigem Querschnitt darstellt (siehe Fig. 13 u. 14), und daß man da, wo es die größere Steigung erlaubt, zwei und mehrere derselben parallel neben einander laufend anbringt, wie es Fig. 15, in welcher vier Schraubengänge für sich dargestellt sind, zeigt.

Die mannichfachen Anwendungen der Schraube, obwol sie ihrem ersten Anschein nach von den gewöhnlichen Verwendungsarten der schiefen Ebene abweichen, lassen den verwandtschaftlichen Zusammenhang beider leicht erkennen. Die Richtung, in welcher die Kraft bei der Schraube wirkt, liegt stets in der Achse des Cylinders. Man kann die Schraube wie einen Keil in die Masse fester Körper allmälig einschieben (Bohrer, Korkzieher), sie rückt dann in der Richtung ihrer Achse darin weiter, und zwar genau bei jeder Umdrehung um die Höhe eines Schraubenganges.

Fig. 15. Viergängige Schraube.

Um diese Fortbewegung gleichmäßig sicher und ohne große Reibung zu bewerkstelligen, stellt man aus einem festen Material eine Führung dar, eine sogenannte Schraubenmutter, welche die erhabenen Schraubengänge der Spindel vertieft zeigt (Fig. 16). Je nachdem man die Schraubenmutter fest, d. h. unbeweglich macht, oder der Spindel blos die Bewegung der Umdrehung der Mutter, dafür aber die fortschreitende Bewegung gestattet, erhält man Gelegenheit zu den mannichfachsten Vorrichtungen, welche einen Zug oder einen Druck auszuüben bestimmt sind (Schraubenpressen, Buchdruckerpressen, Weinpressen, Reliefpressen, Münzapparate u. s. w.). Bei ihnen ist bald die Spindel beweglich (Fig. 17), bald übt, wie in den Buchbinderpressen, Kartenpressen u. s. w. mit feststehenden Spindeln, die Drehung der Mutter, einer sogenannten Flügelschraube, den Druck aus.

Fig. 16. Schraubenmutter.

Es geht aus dem Erwähnten hervor, daß die Kraft, um einen Effekt auszuüben, abgesehen von der Reibung, sich auch bei der Schraube zu der Last oder dem Widerstande verhalten muß, wie die Höhe der Windung zu der Länge (dem Umfange) derselben. Eine Schraubenspindel, deren Gänge auf zehn Zoll Umfang um einen Zoll ansteigen, gestattet mit Hülfe der Kraft von 1 Pfund eine Last von 10 Pfund zu heben oder einen Druck von 10 Pfund auszuüben. Je geringer die Steigung ist, um so größer kann der Widerstand sein, den eine gegebene Kraft überwindet. Freilich wird, was man auf der einen Seite an Kraft gewinnt, auf der andern an Zeit verloren, und der endliche Effekt bleibt immer ein bestimmter.

Die Schraube ist auch durch ihre langsame, gleichmäßige Vorwärtsbewegung ein geeignetes Mittel, um außerordentlich kleine Stellungsänderungen, z. B. bei astronomischen und physikalischen Instrumenten, Wasserwagen, Mikroskopen u. s. w., hervorzubringen, da sich die bei weitem größern Bewegungen der Umdrehung leichter taxiren lassen. Markirt man die Umdrehung in einem getheilten Kreise, so lassen sich, wie es in der That bei dem Support der Drehbänke und den Theilmaschinen geschicht, die allergenauesten Theilungen ausführen, die bei exakter Herstellung der Apparate eine Grenze für unser Auge fast nicht mehr haben und denen die Messung von Schmetterlingsstaub und Blutkügelchen eine leichte Aufgabe ist (*Mikrometerschraube*).

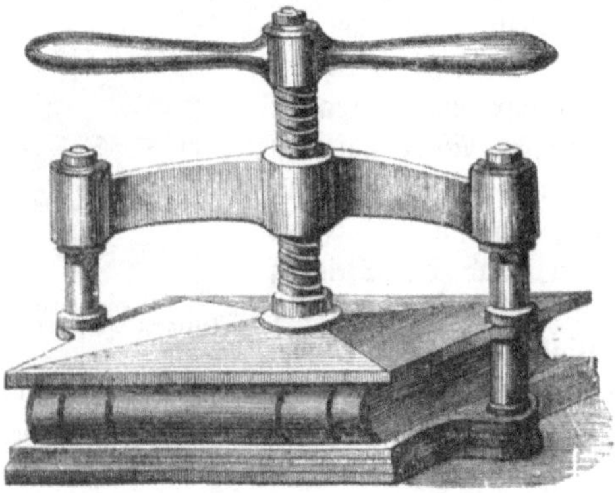

Fig. 17. Schraubenpresse.

Wir übergehen hier eine weitere interessante Anwendung der Schraube zu Zwecken der Maschinentechnik, der sogenannten Schraube ohne Ende, auf welche wir bei den Zahnrädern zurückkommen, und wenden uns wieder unserm Gegenstande, der *Schiffsschraube*, und den Windmühlenflügeln zu.

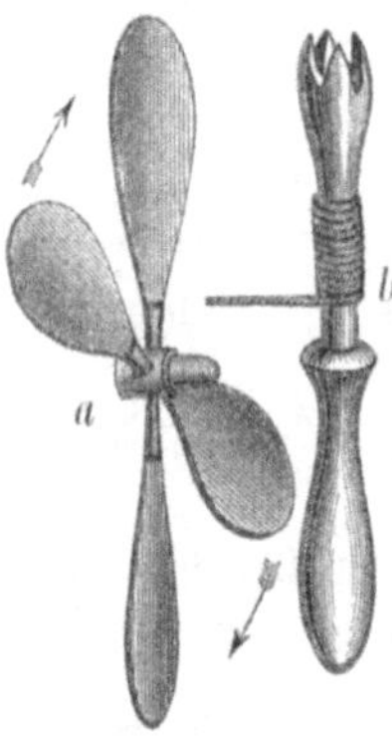


Fig. 18. Der Flieger.

**Die Schiffsschraube.** Sehen wir uns das Prinzip beider an, so beruht das erstere lediglich darauf, daß das Wasser genug Widerstand leistet, um einer sehr rasch um ihre Achse sich drehenden Schraube gegenüber sich wie eine feststehende Schraubenmutter zu verhalten. Die Schraubenspindel schraubt sich in dasselbe, wie ein Korkzieher in den Kork, hinein und bewegt sich darin in der Richtung ihrer Achse weiter.

Wer kennt nicht das Kinderspielzeug, den sogenannten *Flieger*, der durch seine schnellen Umdrehungen sich hoch in die Luft hinaufwirbelt? Wie es Fig. 18 veranschaulicht, besteht derselbe aus vier Flügeln, welche in etwas schiefer Lage um einen Dorn angebracht sind. Jeder derselben stellt vermöge seiner Neigung ein Stück einer Schraubenfläche dar. Die Vorrichtung a wird mit dem Dorn in die gabelförmige Oeffnung des Rotationsapparats b gelegt, und die letztere durch die umgewickelte Schnur, wie der bekannte Mönch, in sehr rasche Umdrehung versetzt, welche sich natürlich auch dem Flieger mittheilt und in Folge deren sich der letztere in der Luft in die Höhe schraubt, bis er matter wird und sein Gewicht ihn wieder herabzieht. Wie hier die Luft, so wirkt bei der Schiffsschraube der Widerstand des Wassers; da derselbe aber viel größer, die Fortbewegung eines Körpers in horizontaler Richtung außerdem leichter als die in vertikaler Richtung ist, so wird ein ähnlicher Apparat, wie beim Flieger, der natürlicherweise entsprechend groß und in der Längsrichtung des Schiffs angebracht sein muß, wenn er genügend rasch sich dreht, auch einen schweren Schiffskörper in Bewegung setzen können.

Nach vielen Versuchen ist das Problem in zweckmäßiger Weise gelöst worden. Die dazu unternommenen Anstrengungen datiren aus sehr alter Zeit. Bereits im Jahre 1731 schlug ein Franzose, Du Quet, einen Apparat zur Schiffsbewegung gegen den Strom vor, der sich auf die Wirkung der Schraube gründete. Nur ging Du Quet von demselben Prinzip aus, nach welchem die Flügel der Windmühle konstruirt sind und welches wir später entwickeln werden. Er wollte nämlich die Strömung des Wassers, wie bei den Mühlen die Kraft des Windes benutzt wird, zur Umdrehung einer an einer Welle angebrachten Flügelvorrichtung angewandt wissen. Die Welle sollte eine Trommel tragen, auf die sich ein von einem stromaufwärts gelegenen Punkte des Ufers ausgehendes Seil aufwickeln und dadurch das Schiff heraufziehen sollte.

Dieser Vorschlag, der wol nie in Ausführung gekommen ist, hat nur ein wissenschaftlich historisches Interesse; für die Praxis der Schiffsmaschinen ist er von keinem fördernden Einfluß gewesen. Hätte auch der berühmte Physiker Daniel Bernoulli davon Kenntniß gehabt, so beweist doch die Denkschrift desselben, 1752 bei der französischen Akademie eingereicht, daß er von der Du Quet'schen Idee nichts benutzt hat.

Bernoulli stellte die Sache auf den Kopf und ging von dem völlig originellen Gedanken aus, die windmühlflügelartige Vorrichtung, welche er unterhalb des Schiffes angebracht wissen wollte, nicht durch die Strömung des Wassers bewegen zu lassen, sondern sie durch eine im Schiffe befindliche Kraft in Umdrehung zu versetzen und dadurch eine Bewegung des Schiffes, gewissermaßen eine entgegengesetzte Strömung hervorzurufen. Mit diesem Gedanken hatte er die Schiffsschraube, wie wir sie heute noch anwenden, erfunden, und es gebührt dem genialen Schweizer die Ehre der Priorität. Der Preis, welchen Bernoulli für seine Denkschrift von der Akademie erhielt, war ein wohlverdienter, trotzdem blieb die Sache selbst außer dem Kreise der Gelehrten ziemlich unbeachtet, und Paucton, der Nächste, der darauf zurückkam, that in seinem Werke „Theorie der Archimedes'schen Schraube" (Paris 1768) nichts Anderes, als den bereits gemachten Vorschlag zu wiederholen. In Bezug auf die praktische Ausführung gab er aber einige Winke, von denen es nur merkwürdig ist, daß sie fast hundert Jahre unbeachtet und vergessen blieben, so daß die Neuzeit sie als neu erfunden hinstellen konnte. Um nämlich den Uebelstand des großen Tiefganges eines Schraubenschiffes zu vermeiden, schlug Paucton vor, statt einer Schraube unterhalb des Schiffes deren zwei, eine an jeder Seite angebracht, oder eine einzige am Vordertheile wirken zu lassen. Die damals noch bestehende große Unvollkommenheit der Maschineneinrichtungen ist jedenfalls der Grund, daß der erste Gedanke so spurlos vorüberging. Er erklärte ferner, die Schraube könne theilweise aus dem Wasser emporragen; die Dimensionen der Flügel, die Geschwindigkeit der Umdrehungen hätten sich nach der Größe des Kahnes zu richten u. s. w.

Die Kraft, welche die Bewegung der Schraube hervorbringen sollte, konnte damals noch keine andere als die mechanische Kraft von Thieren oder Menschen sein. Wenige Jahre vorher erst hatte Watt seine Umgestaltung der Dampfmaschine begonnen, und es war an eine Einführung derselben unter die Schiffsmotoren noch nicht zu denken. Als aber zu Anfang dieses Jahrhunderts Fulton seine ersten Dampfschiffe gebaut, deren Erfolge auch die ärgsten Zweifler verstummen gemacht hatten, wäre es an der Zeit gewesen, die Bernoulli'schen und Paucton'schen Vorschläge hervorzusuchen. Merkwürdigerweise geschah sobald nichts Derartiges.

Der Erste, welcher seine Augen wieder auf die Schraube warf und die praktische Bedeutung derselben erkannte, war der französische Genie-Kapitän Delisle, der 1823 der Regierung eine bezügliche Vorlage machte. Indessen auch seine Bemühungen blieben ohne Erfolg, die große Menge hatte keine Sympathien für eine weitere Vervollkommnung der Dampfschiffahrt, deren Leistungen für Manche noch den Schein des Wunderbaren hatten.

Erst als der Verkehr Dimensionen annahm, welche den Werth der Zeit ganz anders beurtheilen ließen, als die Triumphe der Eisenbahnen und Telegraphen mahnend an die Ohren der Seefahrer schlugen, da war der Boden vorbereitet für eine günstige Entwickelung der Schrauben-Idee. Es ist eigenthümlich, daß das Urtheil des Publikums auch erst in diese Zeit die Anfänge der ganzen Erfindung verlegt und die bei weitem früher erworbenen großen Verdienste Bernoulli's und Paucton's gänzlich übergeht. Die englische Regierung setzte 1825 einen Preis auf die Verbesserung der Schiffstriebmaschinen, weil sich für die Schaufelräder große Nachtheile vorzüglich durch den starken Wellenschlag im Kanale herausstellten. Obwol Samuel Brown diesen Preis gewann, so ist doch seine Erfindung zu keiner praktischen Bedeutung gelangt. Aber das Bedürfniß war erkannt und ausgesprochen und in dieser Erkenntniß, in der Fragstellung lagen die günstigen Bedingungen der Reife für die bereits lange vorher gemachte Erfindung.

Vorzüglich sind es drei Persönlichkeiten, denen der Patriotismus ihrer Mitbürger gern die Ehre der ersten Idee vindiziren möchte: der Engländer Smith, der Franzose Sauvage und der Deutsche Ressel. Nehmen wir die Sache streng, so hat eben Keiner von ihnen, am allerwenigsten aber Smith ein Recht, den ersten Anspruch zu erheben. Es ist möglich, daß Ressel und Sauvage die Arbeiten ihrer Vorgänger unbekannt geblieben sind, und daß sich ihre Ideen auch in derselben Weise entwickelt haben würden, wenn Bernoulli und Paucton gar nicht gelebt hätten, allein da das Frühere einmal bestand, so ist seinen Urhebern auch der Ruhm nicht zu schmälern. Es konnte sich nach Bernoulli nur um den durch ein großartiges Experiment zu bestätigenden Beweis der praktischen Verwendbarkeit der Schiffsschraube, um ihre thatsächliche Einführung in die Schiffsbaukunst handeln. Dies darzuthun war mehr Sache der Energie und reicher Mittel als einer besondern Erfindermission.

Es liegt das Wesen der Erfindung entweder in einer gänzlich neuen Erfahrung, auf dem Gebiete der natürlichen Gesetze gemacht, oder, wie es meistens der Fall ist, in dem Nachweis einer neuen Verwendbarkeit bekannter Thatsachen. Die Schraube an sich war längst bekannt, ihre Fortbewegung im Wasser oder die Wirkung des Wassers als Schraubenmutter war von Bernoulli entdeckt; alle spätern Namen, die uns in dieser Angelegenheit auftauchen, sind daher mehr durch ihren kraftvollen Kampf gegen die Theilnahmlosigkeit des Publikums und das ablehnende Verhalten der Marinebehörden zu ihrem Ruhme gekommen, als durch wirklich neue Gedanken, durch welche Wissenschaft und Technik eine bedeutsame Förderung erfahren hätten.

Es heißt einer Nation einen übeln Dienst erweisen, wenn man, wie es von vielen Seiten auch in Deutschland gern geschieht, womöglich Alles, was die Menschheit besitzt, als von ihr erfunden, von ihr ausgegangen, von ihr erdacht hinzustellen sich Mühe giebt. Früher oder später erweist sich die der großen Menge abgeschwindelte Anerkennung als grundlos, und leicht verfällt dann auch das wirkliche Verdienst einer verdächtigenden Beurtheilung.

Frédéric Sauvage, zu Boulogne sur mer am 19. September 1785 geboren, wurde frühzeitig schon dem Ingenieurcorps seiner Vaterstadt eingereiht, indessen gab er 1811 diese Laufbahn auf und wurde Schiffsbauer. Er mochte aber auch auf diesem Wege nicht die geträumten Erfolge so rasch, wie er bei seinem hastigen Temperament gedacht hatte, realisirt sehen; denn wir finden ihn in nicht zu langer Zeit mit ganz andern Unternehmungen beschäftigt. In den Brüchen von Ellinger bei Marquise begründete er 1821 eine Anstalt zum Zersägen und Poliren des Marmors, in welcher er eine Windmühle mit horizontalen Flügeln als Motor anwandte. Diese von ihm gemachte Neuerung trug ihm die goldne Denkmünze als Anerkennung ein. Er erfand ferner für plastische Zwecke einige zweckmäßige Instrumente, von denen namentlich der Reduktor, eine Anwendung des Pantographen auf Werke der Bildhauerkunst, um dieselben in verjüngtem Maßstabe darzustellen, eine rühmende Erwähnung verdient; denn ihm verdanken wir zumeist die zahllosen guten Kopien antiker Kunstwerke, welche wir um so geringen Preis bei den Gypsfigurenhändlern kaufen. Außerdem rührt von Sauvage ein hydraulischer Blasebalg her, vermittelst dessen man eine Wassersäule zu einer großen, von ihrem Gewicht abhängigen Höhe emportreiben kann. Aber keine dieser verschiedenartigen Erfindungen war im Stande, seinen immer tiefer verfallenden Vermögensverhältnissen aufzuhelfen, und auch seine bedeutendste Unternehmung, die praktische Verwendung der Schiffsschraube, vermochte nicht den Mangel von seiner Schwelle zu scheuchen. 1832 hatte Friedrich Sauvage darauf ein Patent genommen, allein seine Mittellosigkeit erlaubte ihm nicht, seine Ideen überzeugend in's Werk zu setzen. Hatte er doch schließlich nicht so viel, um eine geringfügige Schuld zu bezahlen, die ihn in's Gefängniß warf, und wo er in dem Augenblick noch saß, als (1843) in Havre ein Schiff vom Stapel lief, welches nach einem Modell seines schon erwähnten englischen Nebenbuhlers Smith auf Rechnung der französischen Regierung gebaut worden war. Jetzt erst, zwölf Jahre nach seinen ersten Versuchen, wurde die Bedeutung des nun von England herübergebrachten Motors eingesehen. Schon bei den ersten Probefahrten des „Napoleon", welchen eine dazu beorderte und aus den Notabilitäten des Marineministeriums bestehende Kommission beiwohnte, blieb kein Zweifel an dem Erfolge mehr stehen. Die Journale ergriffen lebhaft die Angelegenheit, man gedachte des unglücklichen Sauvage und brachte vorwurfsvoll sein Schicksal in Erinnerung, so daß selbst in England eine schöne Theilnahme für den bedauernswerthen Mann sich regte. Seine Schuld wurde bezahlt, er erhielt Unterstützung und eine kleine Pension, aber zu spät — denn seine letzte Aufgabe war ohne ihn von einem Fremden erfüllt worden. Nach einem erbärmlichen Lebensabende starb er in gänzlicher Hoffnungslosigkeit, da keine seiner zahlreichen Erfindungen den ersehnten Nutzen für seine Familie bringen wollte, am 17. Juli 1857 in dem Krankenhause zu Picpus.

Joseph Ressel wurde 1793 zu Chrudim in Böhmen geboren. Er verlebte hier seine erste Jugend, bis er aus dem elterlichen Hause nach Linz gebracht wurde. Auf dem dortigen Gymnasium vorgebildet, bezog er, nachdem er in Budweis noch Artilleriewissenschaften studirt hatte, 1812 die Universität Wien, um sich der Medizin zu widmen. Namentlich waren es aber die Naturwissenschaften im Allgemeinen, welche ihn fesselten und ihn zu einer Aenderung seines Lebensplanes veranlaßten. 1814 ging er an das k. k. Forstinstitut zu Mariabrunn; 1816 wurde er zum Forstagenten in Unterkrain ernannt. In die Zeit seines akademischen Studiums fällt Ressel's erster Versuch, die Schraube als Schiffsmotor anzuwenden; er soll bereits 1812 die Zeichnung einer Dampfschraube angefertigt und von glücklichem Erfolge begleitete Versuche angestellt haben. Das wäre denn in der That die erste Verwirklichung jener bedeutsamen Erfindung. Aber erst 1826 brachte er seine Ideen so weit zur Reife, daß Ausführbarkeit und Nachweis der Zweckmäßigkeit für entschieden gelten konnten. Ressel selbst, davon auf das Vollste überzeugt, nahm 1827 ein Patent, fünf Jahre früher als Sauvage und zehn Jahre früher als der Engländer Smith, der schließlich allen Beiden den Erfolg vorwegnehmen sollte. Schon 1829 fanden, unter Ressel's Leitung und unter enthusiastischer Theilnahme der Bevölkerung, im Triester Hafen Prüfungsversuche mit einem nach seiner Angabe gebauten Schraubendampfer statt. Trotzdem der Erfolg ein eklatanter gewesen war, wurde die Sache doch wieder ver-

4*

gessen, bis sie das Ausland wieder in energische Anregung brachte. Den Namen Ressel übersahen und verleugneten die Schiffstechniker, und erst die Ueberlebenden gaben ihm den verdienten Ruhm, indem sie dem am 9. Oktober 1857 zu Laibach als k. k. Marine-Forst-Intendanten Verstorbenen in der Stadt Triest, wo die Schiffsschraube die ersten Triumphe gefeiert hatte, ein Denkmal setzten.

Später als Ressel und Sauvage trat Smith auf und baute, geschützt durch ein Patent vom Jahre 1835, nach denselben Prinzipien in den Jahren 1837 seinen schon erwähnten „Infant Royal". Es war dies ein Schiff von 31 Fuß Länge, 6 Tonnen Tragfähigkeit, und hatte nur eine 6 Pferdekraft-Maschine. Die Probefahrt gelang, aber das Mißtrauen und Phlegma der konservativen Marinebehörden trat der Neuerung als zähes Hemmniß entgegen. Erst im Mai 1838 ließ die Admiralität die Erfindung prüfen. Darauf hin bildete sich eine Gesellschaft „für die Fortbewegung mittels Dampfes", welche die Smith'schen Projekte in möglichster Ausdehnung ausführen wollte.

Fig. 19. Frédéric Sauvage.

Das erste größere Schiff, der „Archimedes" (1838), hatte 240 Tonnen Tragfähigkeit. Die Probefahrten fielen auch hierbei wieder auf das Günstigste aus, und der Marinekapitän Chapell, welcher zur Begutachtung beordert war, mußte die Bedingungen der Admiralität (4—5 Knoten, engl. Meilen, oder 1 geographische Meile in der Stunde) als übertroffen anerkennen; denn der „Archimedes" legte 10 Knoten zurück und stellte sich mit dieser Leistung bereits den besten Dampfschiffen an die Seite. Er machte späterhin sogar viele Fahrten in noch kürzerer Zeit als diese. Im Juni 1840 ging er von Dover nach Calais, von Portsmouth nach Oporto, 800 engl. Meilen; zu diesem Wege brauchte er kaum 70 Stunden. Er umschiffte ganz England, und diese Fahrt war für Smith ein Triumphzug, denn in allen bedeutenderen Häfen legte er an, und eine große Anzahl der hervorragendsten Ingenieure und Gelehrten erhielt so Gelegenheit, sich von der Vortrefflichkeit des Schraubenpropellers durch den Augenschein zu überzeugen.

In demselben Jahre lief das erste englische Schraubenschiff in den Triester Hafen ein und bereitete Ressel die Genugthuung, alle seine Voraussagungen bestätigt zu sehen. Wie schon erwähnt, wurde darauf 1843 das erste französische Schraubenboot, der „Napoleon", gebaut, und nun ging es rasch vorwärts. Bereits 1845 wagte man eins der größten Dampfschiffe, den „Great Britain", mit einer Maschine von 1200 Pferdekraft, durch eine Schraube in Bewegung setzen zu lassen. Nachdem die Schraube sich unzweifelhaft als gutes Triebmittel für Schiffe bewährt hatte, kam sie endlich auch bei Kriegsschiffen, für welche die gesicherte Lage dieses wesentlichsten Maschinentheiles von ganz besonderer Wichtigkeit ist, in Aufnahme. Sie gewährt aber hier auch noch den besonderen Vortheil, daß an den besten Plätzen, welche sonst von den Räderkasten weggenommen wurden, jetzt Kanonen stehen können. —

Nach dieser geschichtlichen Betrachtung der Erfindung im großen Ganzen scheint es nicht überflüssig, in einigen Worten auf die Entwickelung der Schraubenkonstruktion einzugehen.

Aus dem über die Schraube Gesagten ergeben sich als hauptsächliche Bedingungen einer möglichst großen Wirksamkeit: 1) eine breite Fläche, oder ein großer Durchmesser, welche den Widerstand einer großen Wassermasse zu überwinden hat und deswegen eher sich in derselben vorwärts bewegen soll, als daß sie dieselbe verdrängt; 2) eine angemessene Höhe der Schraubengänge, damit jede Drehung eine zur aufgewandten Kraft verhältnißmäßig möglichst große Vorwärtsbewegung bewirke; und 3) eine entsprechende Zahl von Umdrehungen. Alle diese Verhältnisse sind, weil sie in sich durch einander bedingt werden, zumeist und am sichersten durch Versuche zu bestimmen.

Fig. 20. Johann Ressel's Denkmal in Triest.

Man gab dem Propeller beim „Archimedes" die Form eines breitflächigen Schraubenganges, wie Fig. 21 zeigt. Seine Höhe ab betrug 7½ Fuß, der Durchmesser cd der Schraube 6½ Fuß, so daß die Fläche selbst bis an die Achse über 3 Fuß breit war. Durch einen Zufall verkürzte sich aber die Schraube. Das Schiff fuhr nämlich an einer seichten Stelle auf den Grund und es büßte die Hälfte des Schraubenganges ein, so daß es nur noch ein Stück wie cdef behielt. Siehe da — es ging jetzt rascher als vorher!

Auf diese Erfahrung gestützt, gab man auch von nun an der Schraube nicht mehr einen vollen Umlauf, dafür aber zwei Gänge (Fig. 22 und 23). Sie lag am Hintertheil des Schiffes, vor dem Steuerruder, im sogenannten todten Holze, welches stets, wenn das Schiff schwimmt, unter Wasser ist. Die Welle wird durch die Dampfmaschine in rasche Umdrehung gesetzt. Beträgt das Vorwärtsgehen im Wasser auch nicht bei jeder Umdrehung so viel, als die Höhe eines Schraubenganges ausmacht, denn das Wasser ist nachgiebig und weicht dem Drucke der Schraubenflächen sowol nach hinten als nach den Seiten aus, so wird doch immer etwas Fortrückung erreicht, und wenn man die Welle recht rasch gehen läßt, so summirt sich aus den vielen kleinen Wirkungen eine ansehnliche Gesammtwirkung. Die Schiffsschraube macht daher auch 100, 150 und selbst noch mehr Umgänge in der Minute.

Weitere Versuche und Betrachtungen ließen es wahrscheinlich finden, daß auch nicht einmal ein halber Schraubengang nothwendig sei. Man brachte daher neben einander vier Viertelumgänge an (Fig. 24 und 25), und bei der Schraube am „Great Britain" erschienen dieselben nicht anders als vier in derselben Richtung gebogene Flügel, die auf einer gemeinschaftlichen Welle befestigt sind. Mannichfache Vorschläge und Verbesserungen sind noch gemacht worden, auf die ausführlich hier einzugehen uns zu weit führen würde; sie beziehen sich sämmtlich auf nichts weiter, als auf verschiedene Neigung oder Größenverhältnisse der Flügel, und geben in ihrem Prinzip durchaus nichts Neues. Nur des Napier'schen Transversalpropellers sei vorübergehend gedacht, weil derselbe von den übrigen Konstruktionen insofern abweicht, als er in zwei großen räderförmigen Schrauben besteht, die neben einander oder hinter einander liegen und das Eigenthümliche haben, daß sie zum Theil aus dem Wasser herausragen. Wir können eben so wenig auf die Details der praktischen Ausführung eingehen, bevor wir nicht die Dampfmaschine betrachtet haben. Zunächst ist unsre Aufgabe gewesen, das Geschichtliche darzulegen und die Theorie der Erfindung deutlich zu machen, und dafür möge das Gesagte genügen.

**Der Windmühlflügel.** Wir wenden uns zu dem zweiten Gegenstande, dem nächsten Verwandten des Schraubenschiffes: der Windmühle. Wer die beiden Apparate nur oberflächlich betrachtet, dem werden sich jedenfalls viel eher die scheinbaren Gegensätze in ihrem Wesen aufdrängen, als die Uebereinstimmung, die in der That in dem Prinzip herrscht, auf welches sich beide gründen. Tief unten im Wasser verborgen, und andererseits hoch und frei in den Lüften sich bewegend — rasch von Küste zu Küste durch alle Räume der Meere fliegend das Eine, und festgebannt dagegen an einen Ort, unverrückbar das Andere, von innen bewegt im ruhenden Elemente und dann wieder von dem strömenden Winde herumgetrieben, hier Bewegung empfangend und dort Bewegung ertheilend — das Alles scheint sich zu widersprechen, und doch einigt sich das Entgegengesetzte unter demselben Gesetz.

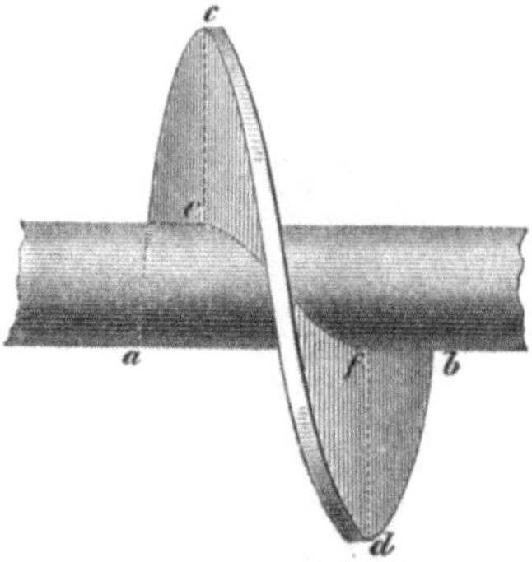

Fig. 21. Erste Form der Schiffsschraube.

Wer hat eine Schiffsmühle gesehen? Man kann sie ungefähr einem Dampfschiff mit Schaufelrädern vergleichen, welches in einem heftig strömenden Flusse vor Anker liegt und dessen Räder durch den Anprall der Wassermassen in Umdrehung versetzt werden. Auf dem festen Lande würden wir statt der Wasserkraft die Kraft des Windes in ähnlicher Weise wirken lassen können, vorausgesetzt, daß man die eine — entweder die obere oder die untere Hälfte — der Schaufeln in einem Gehäuse vor dem Winde schützte, weil sonst die auf entgegengesetzte Drehung hinarbeitende Bewegung der Schaufeln sich aufheben und keinen Effekt weiter hervorbringen würde.

Eine solche Windmühle, die wol auch hier und da ausgeführt worden ist, würde sich nun zu den gebräuchlichen Windmühlen genau so verhalten, wie ein Raddampfer zu einem Schraubendampfer. Der Bewegungsapparat der letzteren liegt nicht mehr blos bis zur Hälfte im Elemente (bei dem einen Wasser, bei dem andern Luft), sondern ganz, dafür aber wirkt die Kraft nicht senkrecht auf die Fläche der Flügel, sondern in geneigter Richtung, schief, nach dem Gesetze der schiefen Ebene.

Legt man ein Schraubenschiff in einer starken Strömung vor Anker, so will der Stoß des Wassers die Schraube drehen, und so dreht auch der Wind die Flügel unserer Windmühlen, denn diese sind nichts Anderes als Theile von Schraubengängen, um die Welle gelegt, welche die Bewegung den Mühlsteinen übermittelt.

Wenn ein Windstoß senkrecht auf eine ihm gegenüberstehende Fläche trifft, wie das Wasser auf die Radschaufeln der Schiffsmühlen, so wird seine ganze Kraft eine Fortbewegung, Umdrehung, in seiner Richtung zu bewirken streben. Trifft er aber schief auf eine Fläche, so wird zum Theil seine Kraft abgleiten und nur ein je nach der Neigung mehr oder weniger großes Prozent davon einen senkrechten Druck auf die Fläche ausüben und, wenn dieselbe an einer Welle angebracht ist, auf Drehung hinwirken. Es läßt sich dies leicht durch eine Zeichnung, wie Fig. 26, welcher das Gesetz vom Parallelogramm der Kräfte zu Grunde liegt, nachweisen. AB soll, von oben gesehen, einen der Windmühlflügel bedeuten, welche an der Welle ab befestigt sind. Die letztere — nehmen wir an — sei in der Richtung des Windes, wie es ja gewöhnlich der Fall ist, gestellt, und es drücke ca also die Kraft des Windes aus. Diese Kraft können wir uns aus zwei andern zusammengesetzt denken, von denen die eine senkrecht auf den Flügel, die andere aber in der Richtung seiner Fläche wirkt.

Fig. 22. Doppeltgängige Schiffsschraube.

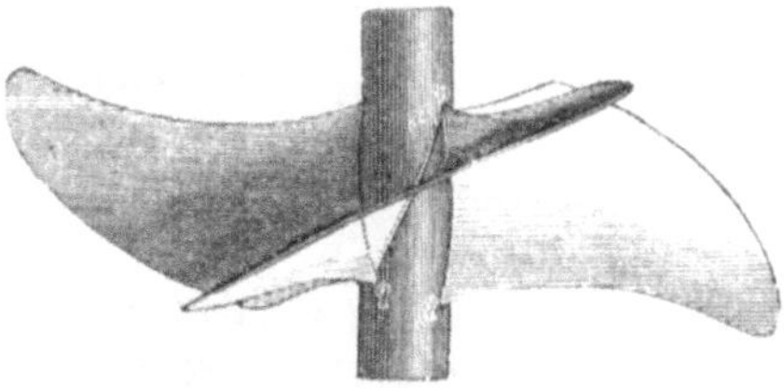

Fig. 24. Viergängige Schiffsschraube.

Fig. 23. Doppeltgängige Schiffsschraube. Rennie's Fischschwanzform.

Fig. 25. Viergängige Schraube des „Great Britain."

Beziehentlich werden diese beiden Kräfte in Richtung und Größe durch die Seitenlinien des Parallelogramms, durch da und cd dargestellt. Die letztere ist für die Windmühle ganz wirkungslos. Die erstere aber dreht den Flügel; zwar nicht mit der vollen Kraft, sondern wieder nur mit einem Theile, den wir auf dieselbe Weise der Zerlegung in seiner Größe bestimmen können, wenn wir das Parallelogramm acf konstruiren, worin ae = ac ist. Es drückt in demselben die Linie af denjenigen Theil der Kraft des Windes ac aus, mit welchem diese die Drehung des Flügels um die Welle hervorzubringen strebt, während die andere darauf senkrechte ae den Druck, die Stauchung bedeutet, welche die Welle der Mühle durch die vom Winde zurückgedrückten Flügel erleidet.

Es leuchtet ein, daß man einen um so größern nutzbaren Effekt erreichen wird, je größer die Masse des Windes ist, den man zu arbeiten zwingt. Man hat daher frühzeitig schon die Einrichtung getroffen, die Fläche der Flügel aus mehreren Theilen zusammenzusetzen, welche sich herausnehmen und nach Belieben wieder einsetzen lassen.

Häufig sind diese Fächer, Verkleidungen, aus Segeltuch hergestellt, öfters aber auch nur aus leichtem Spanwerk oder dichtem Ruthengeflecht. Die Windmühlen, um auch schwache Luftströmungen möglichst ausnutzen zu können, sind derart gebaut, daß sie sich mit der Stirnseite dem Winde — er mag herkommen, woher er will — entgegenstellen lassen. Bei den ältern Konstruktionen wußte man dies nur dadurch zu erreichen, daß man das ganze Gebäude um einen Zapfen in der Mitte drehbar einrichtete. Es wurde dabei natürlich eine möglichst leichte Herstellung Bedingung, daher auch die frühern Windmühlen meist aus Holz gebaut sind. Erst bei den sogenannten holländischen Windmühlen, welche seit etwa 1650 gebaut werden, ist man von dem Prinzip ausgegangen, nur den obern Theil, welcher die Welle trägt, beweglich zu machen. Dadurch hat man den Vortheil erlangt, einen bei weitem dauerhafteren und zweckmäßigeren Mantel aus Mauerwerk um den inneren Apparat führen zu können. Die Zahl der Flügel beträgt gewöhnlich vier, bisweilen fünf, auch sechs oder sogar acht, indessen soll die größere Flügelzahl keine besonderen Vortheile gewähren.

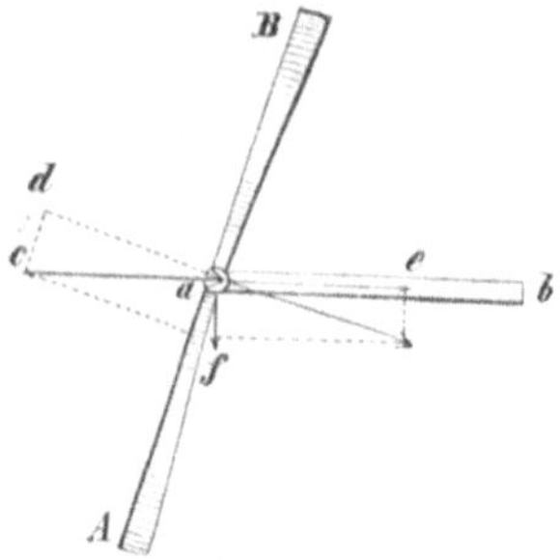

Fig. 26. Wirkung des Windes auf den Flügel der Windmühle.

Die Geschichte der Windmühlen ist, als die einer sehr alten Erfindung, die wol in verschiedenen Gegenden auf ursprüngliche Weise gemacht worden sein kann, nicht sehr durchsichtig. Die Meisten glauben, daß sie aus dem Morgenlande zu uns gekommen sind, wo der Mangel nutzbarer Wasserkräfte die Augen der Menschen auf den Wind als Kraftquelle hinlenken mußte. Hier waren sie schon im 9. Jahrhundert bekannt, und ein arabischer Reisender, Ibn Haukal, erwähnt ihrer, als in Sedschestan, am Ostrande des iranischen Hochlandes, in häufigem Gebrauch. So viel scheint gewiß, daß die alten Römer, trotz ihrer Beziehungen zu Kleinasien, noch keine Windmühlen gekannt haben und daß daher auch in dem Mutterlande diese Erfindung erst in eine spätere Zeit fallen muß.

Daß die Windmühlen durch die Kreuzfahrer nach Europa, 1040 nach Frankreich, gekommen seien, ist eine bloße Vermuthung, die zwar manches Wahrscheinliche, aber nichts Erwiesenes hat. Erwähnt wird zum ersten Male eine Windmühle in einem Diplom vom Jahre 1105; vor dieser Zeit müssen sie demnach also doch schon in Frankreich bekannt gewesen sein. Von Frankreich kamen sie nach England, und es lassen sich hier die ältesten Spuren bis zum Jahre 1143 verfolgen. Im Jahre 1332 schlug Bartolomeo Verde den Venetianern die Errichtung einer Windmühle vor. 1393 soll in Spanien die erste gebaut worden sein. Die holländischen Windmühlen mit beweglichen Achsen und festem Gebäude wurden, wie gesagt, um die Mitte des 17. Jahrhunderts erfunden. Vor und nach dieser Zeit sind mancherlei Aenderungen in der Anlage dieser Apparate gemacht worden, die uns hier, wo wir es zunächst nur mit der Theorie der Windmühlflügel zu thun haben, nicht weiter berühren.

Im Hafen von Brest.

(Hebelwirkungen.)



Leipzig: Verlag von Otto Spamer.

Anwendungen des Hebels.

Ewig wechselt der Wille, der Zweck und die Regel, in ewig
Wiederholter Gestalt wälzen die Thaten sich um.
Aber jugendlich immer, in immer veränderter Schöne
Ehrst du, fromme Natur, züchtig das alte Gesetz.

Schiller.

# Hebel und Flaschenzug.

Werke ägyptischer Baukunst. Der Hebel. Einarmiger, zweiarmiger Hebel. Anwendung und Wirkungsweise. Geschichte. Hebelade. Haspel. Rad an der Welle. Zahnräder und Getriebe. Schraube ohne Ende. Die Reibung. Rolle und Flaschenzug. Feste Rolle. Bewegliche Rolle. Flasche.

---

„Von diesem Steine kostet jedes Pfund vier Franken," pflegten die Pariser zu Ende der dreißiger Jahre zu sagen, wenn sie einem Fremden den in der Mitte des Concordienplatzes aufgestellten Obelisken von Luxor zeigten.

Und diese vier Franken waren lediglich Transportkosten, denn der Obelisk selbst war ein Geschenk, das der Pascha Mehemed Ali der französischen Regierung gemacht hatte.

Der Obelisk ist ein Monolith von mehr als 70 Fuß Höhe, dessen viereckige Basis eine Breite von 7 Fuß 6 Zoll hat. Nach oben hin verjüngt sich das Ganze, so daß die Grundfläche der kleinen Endpyramide nur noch 5 Fuß 4 Zoll breit ist. Das Gewicht beträgt gegen 500,000 Pfund und die Uebersiedelung von Aegypten bis in den Hafen von Cherbourg (1831—1833), und von hier bis Paris und dann die Aufstellung, welche der mühsamen Vorarbeiten wegen erst 1836 erfolgen konnte, kosteten nicht weniger als 2 Millionen Franken. Solche Mühe machte der Transport eines einzigen Steines im neunzehnten Jahrhunderte, wo man bereits die mechanischen Künste auf die höchste Stufe der Vollkommenheit gebracht hatte; in dem alten Aegypten aber sind von den Ptolomäern deren Hunderte errichtet worden. Der Obelisk von Luxor ist auch lange nicht der höchste, denn vor der Kirche des heiligen Johannes vom Lateran in Rom steht einer, der unter dem Kaiser Constantius II. aus Aegypten geholt worden ist, dessen Höhe 179 Fuß und dessen Gewicht 13,000 Centner beträgt.

Die meisten Obelisken schwanken in ihrer Höhe von 50 — 100 Fuß. Jeder ist aus einem einzigen Stück hergestellt, das seine Bearbeitung in dem Steinbruche erhielt und von da oft viele Meilen weit bis zu dem Aufstellungsorte transportirt wurde.

Fig. 28. Zweiarmiger Hebel.

Und wenn wir die Pyramiden betrachten, deren eine, die des Königs Chufu, einen Inhalt von 114,643,245 Kubikfuß und danach ein Gesammtgewicht von ungefähr 23,000 Millionen Pfund hat, und bedenken, daß sie aus Werkstücken aufgebaut worden sind, deren jedes mehrere hundert Centner wiegt und daß diese Kolossalblöcke bis auf eine Höhe von gegen 500 Fuß gehoben werden mußten, um die Spitze herzurichten — und uns fragen: auf welche Weise ist es möglich gewesen, vor nunmehr 5000 Jahren derartige Bauwerke zu errichten? so scheint uns auch die größte Zahl der Arbeiter und die längste Zeitdauer keine befriedigende Antwort darauf zu geben.

Die Kräfte von Menschen und Thieren vermögen vereinigt viel zu leisten, zu solchen Arbeiten aber war nicht nur eine große Kraftmasse nöthig, sondern auch eine zweckmäßige Verwendung derselben.

Es haben daher Viele geglaubt und es ist oft behauptet worden, daß der wunderbare Bildungsstand des alten Aegyptens auch im Besitze ganz besonderer und seitdem verloren gegangener mechanischer Kenntnisse gewesen sei. Das ist sicher nicht der Fall und die mechanischen Apparate und Vorrichtungen, welche von den Erbauern der Pyramiden benutzt wurden, sind keine anderen, als die auch uns bekannten, und wunderbarerweise gerade die allereinfachsten, welche es überhaupt giebt.

Fig. 29. Einarmiger Hebel.

Wir finden bei den Pyramiden von Gizeh noch Andeutungen des schiefen Dammes, auf welchem die in den östlichen Bergen gebrochenen Steine auf die 140 Fuß hohe Felsterrasse geschafft wurden. Die ägyptischen Techniker benutzten die Gesetze der schiefen Ebene in ihrem Interesse. Weiterhin hatten sie Seile, Hebebäume, Rollen, weiter nichts, wenn wir nicht die absichtliche Benutzung der Reibung als etwas Besonderes ansehen wollen.

Alle die Maschinen, durch welche so wunderbare Werke hervorgebracht worden sind, vereinigen sich aber schließlich in einem einzigen Grundgesetze, in dem des Hebels, wie die zahlreichen Anwendungen der Schraube, die wir im vorigen Kapitel betrachtet haben, auf dem Gesetz der schiefen Ebene beruhen.

**Der Hebel.** Ein Hebel ist nichts Anderes, als ein um einen festen Punkt beweglicher Stab, welchen zwei Kräfte nach verschiedenen Richtungen um jenen Punkt zu drehen streben. Die eine (die bewegende) wollen wir kurzweg Kraft, die andere (die bewegte) Last nennen; dann stellt sich die Frage: unter welchen Verhältnissen sind Kraft und Last im Gleichgewicht? Die scheinbar nahe liegende Antwort: wenn beide gleich groß sind, würde in hundert Fällen kaum einmal richtig sein; denn es kommt nicht nur auf die Größe, sondern auch auf den Angriffspunkt, das heißt darauf an, wie weit dieser von dem Drehpunkte (oder dem festen Punkte) entfernt ist. Die Längen des Hebels, welche zwischen dem Drehpunkte und den Angriffspunkten der Kräfte liegen, heißen Hebelarme.

Ein Arbeiter will einen Stein um ein Stück vom Boden emporheben. Er schiebt eine eiserne Stange unter, welcher er durch den Klotz a (Fig. 28) eine Auflagerung giebt. Je näher er den Klotz an den Stein bringt, je näher der Drehpunkt des Hebels an der Last liegt, um so leichter wird die Bewältigung der letzteren werden. Ueber einen gefällten Baumstamm liegt ein Balken mit seinen beiden Enden gleich weit herüber:

Fig. 30. Zweiarmiger Hebel (Schere).

Fig. 31. Einarmiger Hebel der ersten Art.

eine herrliche Schaukel, die denn auch ohne Weiteres von zwei ziemlich gleich großen Knaben bestiegen und herzhaft getummelt wird. Es bedarf für jeden nur eines geringen Stoßes, um hoch in die Luft empor zu fliegen, denn das niedergehende Gewicht des andern hebt ihn. Da setzt sich aber auf das eine Ende noch ein Genosse und — Beide bleiben am Boden, der Dritte schwebt hoch in der Luft, wenn sie nicht gescheidt genug sind, den Balken über den Stamm hinaus dem Einzelnen zuzuschieben, so daß dieser nun, viel weiter vom Drehpunkt entfernt, mit seinem Gewichte wirkt. Er wird dann allerdings jene Beiden auch noch in die Höhe schnellen, aber was sie so scheinbar gewonnen haben, das setzen sie an Vergnügen wieder zu, denn indem sie ihrer Zwei sich von einem Einzigen schaukeln lassen, müssen sie dafür diesen bei jedem Hube doppelt so hoch emporschleudern.

Fig. 32. Einarmiger Hebel der zweiten Art.

Diese Schaukel ist ein Hebel und zwar liegen hier wie bei der Brechstange die Angriffspunkte der Kräfte nach entgegengesetzten Seiten vom Drehpunkte. Derartige Hebel nennt man zweiarmige, zum Unterschied von denen, wo, wie in Fig. 29, Kraft und Last (a) auf derselben Seite vom Drehpunkte (b) aus liegen und welche deshalb einarmige Hebel heißen. Die letzteren sind unter sich wieder verschieden, je nachdem die zu überwindende Last oder die bewegende Kraft zunächst am Drehpunkte ihren Angriff hat. Die Abbildungen Fig. 30, 31 und 32 geben zu dem Gesagten erläuternde Beispiele. Schubkarren, Ruder, Siedeschneiden, Korkpressen und ähnliche Vorrichtungen erweisen sich sämmtlich bei genauerer Betrachtung als einarmige Hebel, bei denen die Last zwischen dem Drehpunkte und der Kraft liegt, während der Trittschemel des Spinnrades oder der Drehbank den Fall veraugenscheinlicht, wo die Kraft näher am Drehpunkte wirkt als die Last. Wir könnten Hunderte von Beispielen aus dem täglichen Leben nennen, die alle mehr oder weniger einfache Anwendungen des Hebels sind; wir begnügen uns aber, die Augen der Leser auf die Anfangsvignette zu lenken, die das scheinbar Verschiedenartigste als Ausdruck desselben Gesetzes zeigt.

Im Grunde basiren sämmtliche Hebel auf einem ungemein einfachen Gesetze, das sich folgendermaßen aussprechen läßt: Die an einem Hebel wirkenden Kräfte sind im Gleichgewicht, wenn die Produkte aus der Größe der Kraft und der Entfernung ihres Angriffspunktes vom Drehpunkte (der Länge des Hebelarmes) gleich sind. Wenn also an einem Hebel, wie er durch die Linie A B in Fig. 33 angedeutet wird, eine Last von 6 Pfund wirkt in der Entfernung von 3 (Fuß, Zoll oder dergl.), und es soll ihr auf der andern Seite durch eine Kraft von 3 Pfund das Gleichgewicht gehalten werden, so muß diese in einer Entfernung von 6 (Fuß, Zoll oder dergl.) angreifen, denn 3mal 6 ist 18, und 6mal 3 ist auch 18.

Es ist dabei ganz gleichgültig, ob wir einen zweiarmigen oder einen einarmigen Hebel annehmen, denn die Kraft von 3 Pfund könnte der in a wirkenden Last von 6 Pfund auch auf derselben Seite (nach B hin) das Gleichgewicht halten, und sie würde dann ebenfalls in der Entfernung von 6 (Fuß, Zoll oder dergl.) in b′ anzugreifen haben, nur müßte sie dann im entgegengesetzten Sinne wirken.

Soll nun der Hebel nicht nur im Gleichgewicht gehalten, sondern soll noch dazu eine Bewegung veranlaßt werden, so muß auf der Seite der Kraft ein Ueberschuß stattfinden. Es kann dann der ganz analoge Fall wie bei Anwendung der schiefen Ebene, des Keils, der Schraube u. s. w. eintreten, daß eine kleinere Kraft eine größere Last zwar bewegt; es wird aber dann die Bahn, welche die letztere zurücklegt, um so kleiner, je größer die Last selbst und je kürzer der Hebelarm ist, an welchem sie wirkt.

Fig. 33. Gesetz des Hebels.

Diese Wirkungsweise des Hebels wurde schon von Archimedes erkannt; derselbe versuchte auch, sie auf mathematische Art zu beweisen. Indessen ist dies in voller Strenge weder ihm noch Denjenigen, welche sich nachher mit dem Problem beschäftigt haben, gelungen. Erst der Mathematiker de la Hire und unabhängig von ihm Kästner haben den Beweis mit der nöthigen Schärfe geführt. — Die Zeit, zu welcher die Gesetzmäßigkeit der Wirkung und deren mathematische Begründung erkannt worden ist, das ist fast das Einzige, wonach die Geschichte bei einer Maschine fragen kann, welche, wie den Hebel, jedes Kind bereits unbewußt in Gebrauch nimmt. Erst die komplizirteren Einrichtungen verlangen ein gewisses Nachdenken, und wenn sie uns auch jetzt noch so nahe liegend scheinen, so gewähren doch in der Kindheit der Völker Sage und Mythe ihren Urhebern eine dankbare Erinnerung.

Die Griechen hielten dafür, daß Kinyras, ein König auf der Insel Cypern zur Zeit des trojanischen Krieges, den Hebebaum erfunden habe. Zur Zeit des Thukydides also hätten sie nur den einfachen Hebel gekannt. Indessen ist dies cum grano salis zu verstehen. Man wird im Alterthum unbewußt so gut wie jetzt eine Menge der verschiedensten Anwendungen gemacht haben. — Von Archimedes wird erzählt, daß er dem König Hieron eine Vorrichtung gezeigt habe, vermittelst welcher ein großes Schiff durch einen einzigen Druck der Hand von der Stelle bewegt werden konnte. Als der König über diese wunderbare Wirkung sein großes Erstaunen äußerte, ging Archimedes noch einen Schritt weiter und that die viel citirte Aeußerung: „Gieb mir einen Standpunkt und ich will die Erde aus ihren Angeln heben.“ Ob er dies mittelst Hebelvorrichtungen zu bewirken gedachte, wie sie jedenfalls, wenn die ganze Geschichte wahr ist, seiner Maschine zu Grunde lagen, das wollen wir dahingestellt sein lassen.

So viel ist gewiß, daß fast keine Kraftäußerung hervorgebracht werden kann, ohne daß damit das Gesetz vom Hebel auf irgend eine Weise illustrirt würde. Was wir auch immer thun wollen, wir gebrauchen dazu unsere Muskeln und diese wirken an Fingern, Zehen, Händen, Füßen, Armen, Beinen und allen andern Organen wie Kräfte, die bald an einem einarmigen, bald an einem zweiarmigen Hebel angreifen. Selbst im Innern unseres Ohres vermittelt eine wunderbar feine und — wenn das Wort erlaubt ist — über Alles geistreiche Hebelvorrichtung die Bewegungen, welche das Trommelfell durch die Schallschwingungen erleidet, der Gehörflüssigkeit, in welcher die Gehörnerven endigen.

Der Hebel ist die Elementarmaschine, alle andern gründen sich fast ausschließlich auf ihn und das Gesetz vom Hebel ist das Grundgesetz der ganzen Mechanik.

Wir haben bisher stillschweigend angenommen, die Richtungen der an einem Hebel wirkenden Kräfte seien senkrecht auf die Richtung der Hebelarme. In diesem Falle kommt es dann nicht darauf an, daß die beiden Arme des Hebels eine gerade Linie bilden; sie können wie in Fig. 34 gebogen, gebrochen sein, ein solcher Hebel heißt dann ein Winkelhebel.

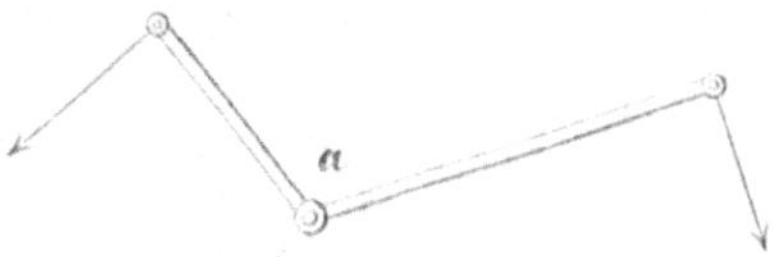


Fig. 34. Winkelhebel.

Geht die Kraftrichtung nicht senkrecht auf den Hebelarm, so kommt nur derjenige Theil der Kraft zum wirklichen Effekt, welcher sich durch das Parallelogramm der Kräfte als der rechtwinkelig auf den Hebelarm wirkende erweist.

In seiner einfachsten Form wirkt der Hebel nur mit Unterbrechungen, nicht stetig. Man kann zwar große Lasten mit ihm bewegen, aber immer nur auf geringe Entfernungen, und muß dann entweder dem Drehpunkte eine andere Lage geben oder für den Hebel selbst einen neuen Angriffspunkt suchen. In den sogenannten Hebeladen geschieht dies auf mannichfach verschiedene Weise.

Fig. 35. Hebe-Lade.

Wie alt diese Vorrichtungen sind, von denen uns Fig. 35 eine vor Augen führt, läßt sich eben so schwierig bestimmen, wie die Erfindungszeit anderer so einfacher Maschinen. Sie werden zuerst von französischen Schriftstellern um das Jahr 1634 unter dem Namen Levier sans fin erwähnt, dürften aber zu derselben Zeit wol auch schon in Deutschland bekannt gewesen sein, wenigstens ist in einem Buche von 1651 (Mathematische Erquickstunden) bereits eine Abbildung davon enthalten.

Man kann eine kontinuirliche Wirkung des Hebels erreichen, wenn man denselben an einer drehbaren Welle anbringt; Göpel, Haspel u. s. w. zeigen eine solche Anordnung. Jede Kaffeemühle hat in ihrer Kurbel einen kontinuirlich wirkenden Hebel. Legt man statt eines Armes deren mehrere an die Welle, so entstehen Vorrichtungen, wie die Hornhaspel und die Winden sind, welche in der Praxis eine ausgedehnte Verwendung finden.

**Rad an der Welle.** Das ausgezeichnetste Beispiel eines kontinuirlichen Hebels aber ist das Rad an der Welle oder das Wellrad, welches uns die Figuren 36 und 37 in seiner einfachsten Form darstellen. Es besteht aus weiter nichts als aus einer drehbaren Welle und einer daran befestigten Scheibe, welche zusammen sich um ihre Achse in Zapfenlagern (b) drehen. Um den Umfang der Scheibe oder des Rades ist ein mit dem Ende festgemachtes Seil geschlungen, ein anderes ist an der Welle befestigt. Das erstere dient der bewegenden Kraft zum Angriff und wickelt sich von dem Rade ab, während das letztere die Last trägt, und indem es sich auf die Welle aufwickelt, dieselbe in die Höhe hebt. In Bezug auf die Leistung tritt nun hier genau derselbe Fall ein, als ob Kraft und Last an einem zweiarmigen Hebel wirkten, dessen beide Arme beziehentlich die Länge der Halbmesser b a und b c hätten. Soll das Gewicht w an der Welle durch die Kraft p am Rade im Gleichgewicht gehalten werden, so kann die letztere um so viel kleiner sein, um wie viel der Halbmesser der Welle kleiner ist als der Halbmesser des Rades. Gesetzt, a b wäre viermal so groß wie b c, so würde p nur $1/4$ von w sein dürfen, um Gleichgewicht hervorzurufen. Wäre p größer als $1/4$ w, so hält es nicht nur der Last das Gleichgewicht, sondern es bewegt dann dieselbe, hebt sie dann empor.

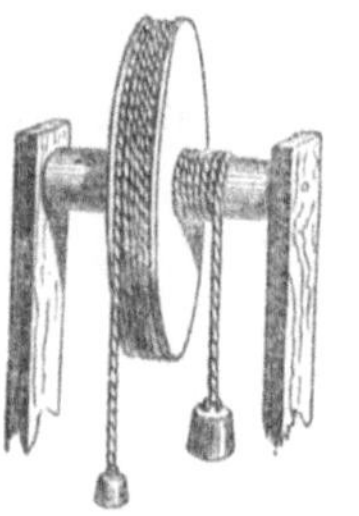

Fig. 36.
Rad an der Welle.

Wenn wir die Seillängen vergleichen, von denen dabei die eine sich vom Rade ab-, die andere auf die Welle aufwickelt, so finden wir einen großen Unterschied und zwar hat die Last einen kleineren Weg zurückgelegt als die Kraft. Die Wege, oder die Seillängen, verhalten sich umgekehrt genau wie Kraft und Widerstand. Das Gesetz von dem umgekehrten Verhältniß der Kräfte zu ihren Hebelarmen läßt sich daher auch aussprechen: an den einfachen Maschinen sind die Produkte aus den wirkenden Kräften und den von ihnen zurückgelegten Wegen gleich. Ein Gewicht von 10 Pfund wird mittelst des Wellrades durch ein Gewicht von 1 Pfund gehoben, es muß dann das kleinere also 10 Ellen fallen oder 10 Ellen Seil abwickeln, wenn das größere um eine Elle steigen soll. Diese gesetzmäßige Abhängigkeit begründet uns die Wirkungsweise aller mechanischen Vorrichtungen. Nicht nur in den einfachen Maschinen des Hebels, der schiefen Ebene — denn auch auf diese läßt sich das Gesetz erläuternd zurückbeziehen — des Rades an der Welle und, wie wir gleich sehen werden, der Rolle und des Flaschenzuges u. s. w. treffen wir dasselbe in erster Reihe geltend; es wird uns ebensowol ein Schlüssel sein, der uns das Gebiet der Hydraulik eröffnet, ja in weitester Anwendung vermag er uns überall einzuführen, wo Bewegung herrscht, und die reizvollen Wirkungen anmuthiger Musik wie der Lauf der Gestirne spiegeln dieselbe Regel.

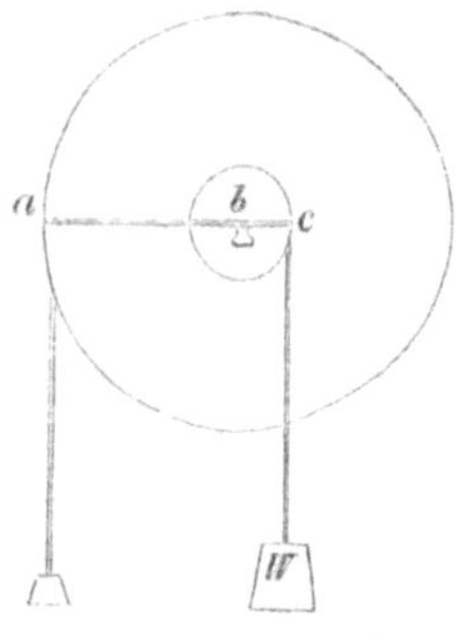


Fig. 37. Rad an der Welle. (Seitenansicht.)

Deswegen schien es uns geboten, das Gesetz mit einer Ausführlichkeit zu besprechen, die nur den Kurzsichtigen ermüdet. Man sehe eine der komplizirten Maschinen an, ein Uhrwerk, einen Automaten oder dergleichen, die Kraft, mag sie durch Wärme in einem Dampfcylinder entwickelt werden, oder mag sie von einer gespannten elastischen Feder ausgehen, muß durch zahlreiche in einander greifende Maschinentheile übertragen werden, damit ihre ursprüngliche und sich immer wiederholende gradlinige oder kreisförmige Bewegungsweise den planmäßigen Gang der Maschine hervorrufe. Der Kolben einer Schiffsmaschine geht auf und nieder, aber das durch ihn bewegte Boot geht wie ein vernünftiges Wesen zwischen Klippen und Sandbänken seinen sichern Lauf — das Steuerruder ist nichts Anderes als ein großer einarmiger Hebel. Auf der Londoner Ausstellung von 1862 war eine Maschine ausgestellt, mit der man den millionsten Theil eines Zolles messen konnte. Ein Herr Peters hatte sie konstruirt, um mikroskopische Schrift auszuführen, welche vorzüglich bei der Herstellung von Werthpapieren Anwendung finden sollte. Das Prinzip des Storchschnabels oder Pantographen, welches sich lediglich auf die Hebelwirkung gründet, war hier in einer Art ausgebeutet, daß, wie der Erfinder berechnet hatte, mittelst eines von dieser Maschine regierten Stiftes die ganze Bibel 22mal auf den Raum eines Quadratzolles geschrieben werden konnte. In einer Maschinenwerkstätte werden Bohrmaschinen, Hobelbänke, Nuthmaschinen, Blechscheren, gewichtige Hämmer, Pumpen, Aufzüge, kurz alle Vorrichtungen, welche Bewegung verlangen, durch ein einziges Wasserrad oder eine einzige Dampfmaschine in Betrieb gesetzt und alle die unzähligen, verschiedenen Effekte hervorgerufen durch scharfsinnige Anwendungen und Kombinationen von Hebeln, die in der verschiedensten Form bald in ihrer einfachsten Gestalt als Gestänge, bald als Zahnräder oder Excentriken auftreten.

Zwei ineinander greifende Zahnräder oder Getriebe sind wie ein Rad an der Welle und die Umsetzung der Kraft und Geschwindigkeit folgt bei beiden demselben Gesetz. In Fig. 38 sei das linke Rad direkt durch eine Kraft bewegt, welche durch die eingreifenden Getriebe die andern beiden Räder in Umdrehung versetzen soll. Da die kleinen Getriebe nur acht Zähne haben, während der größere Radumfang deren immer 48 hat, so wird das mittlere Rad sechs Umdrehungen, das rechte 36 und das letzte kleine Getriebe gar 216 Umdrehungen machen, wenn das linke einmal umläuft. Allein abgesehen von dem Verlust, den die Reibung bereitet, würde diese gesteigerte Geschwindigkeit nur mit dem 216ten Theile derjenigen Kraft wirken, die das Hauptrad besitzt. Die früher schon erwähnte Verbindung der Schraube mit dem Zahnrade zeigt uns Fig. 39; es ist dies die sogenannte Schraube ohne Ende.

Fig. 38. Umsetzung durch Zahnräder.

Wird nämlich die Schraube gedreht, wie es die Kurbel andeutet, so greifen die einzelnen Gänge, welche genau den Abstand zweier Zähne zu ihrer Höhe haben, zwischen diese Zähne ein und es erfolgt dadurch ein allmäliges Fortschieben derselben und ein langsamer, sehr regelmäßiger und ruhiger Gang des Rades. Bei jeder Umdrehung faßt die Schraube einen neuen Zahn. Aus dieser langsamen und stetigen Uebertragung ersieht man, daß man mitelst dieser Vorrichtung mit einer sehr geringen Kraft einen bedeutenden Effekt müßte erzielen können. Indessen ist die Reibung zwischen den einzelnen Theilen so groß, daß man, wo es sich um bedeutende Kraftleistungen handelt, lieber zu andern Einrichtungen greift, und die Schraube ohne Ende lieber da anwendet, wo eine Geschwindigkeit in eine bedeutend langsamere, dafür aber sehr regelmäßige umgesetzt werden soll.

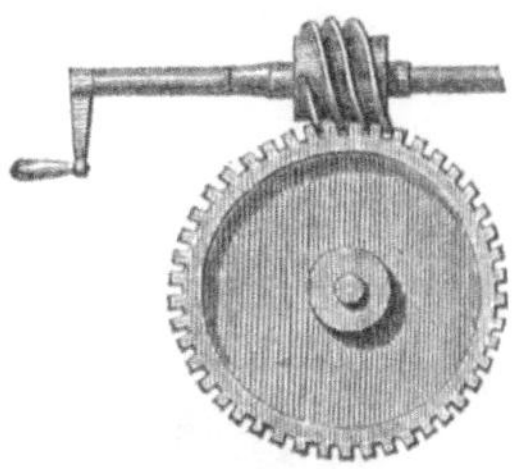

Fig. 39. Schraube ohne Ende.

**Die Reibung** spielt in allen diesen Maschinen und überall da, wo in der Natur Bewegung herrscht, eine so große Rolle, daß es wol hier am Platze wäre, an ihre Betrachtung einige Worte zu knüpfen. Sie ist ein Widerstand, den jeder bewegte Körper zu überwinden hat. In den am häufigsten vorkommenden Fällen kann man sich die Vorstellung machen, daß die kleinen Unebenheiten, Erhöhungen und Vertiefungen zweier durch die Schwere oder sonst durch einen Druck an einander gepreßten Körper zahnartig in einander greifen und das Gleiten der Oberflächen auf einander hindern.

Entweder müssen nämlich die Hähnchen dabei abgebrochen oder verbogen werden, oder aber der gleitende Körper muß gewissermaßen über sie hinweg gehoben werden. Je größer daher der Druck, das Gewicht ist, um so bemerklicher wird dieser Widerstand. Durch die Schmiermittel werden die Furchen, welche der bestgeglättete Körper besitzt, ausgefüllt und die Oberflächen nähern sich vollkommen ebenen Flächen, deren Gleitung auf einander natürlich den geringsten Widerstand findet. Auf den Verlust durch die Reibung hat die Größe der gleitenden Fläche keinen Einfluß. Die sogenannte rollende Reibung, der eben betrachtenden gleitenden gegenübergestellt, wie sie ein über eine Fläche laufendes Rad erfährt, ist bei weitem geringer, weil hier die kleinen, feilenartigen Unebenheiten nicht abgeschliffen zu werden brauchen, der Körper sich ihretwegen auch nicht höher hebt, denn sie greifen nur wie die Zähne zweier Räder in einander und verlassen einander wieder durch die eigene Rotirung der Körper.

Luft und Wasser leisten Reibungswiderstand und verursachen den darin sich bewegenden Körpern Reibung, weil sie in ihrem Zusammenhange gestört und verdrängt werden, und selbst der durch den Weltraum vertheilte überaus feine Aether macht sich in dieser Weise durch die Einflüsse, welche er auf die Bahn und Geschwindigkeiten der wenig dichten, aber großen Raum ausfüllenden Kometen ausübt.

Fig. 40. Feste Rolle.

Fig. 41. Lose Rolle.

Die Rolle und der Flaschenzug sind die nächsten Beispiele, an denen uns die fruchtbare Anwendung der entwickelten Gesetze gegenüber tritt. Die Rolle ist eine kreisförmige Scheibe, durch deren Mitte ein Zapfen geht. Dieser Zapfen kann entweder fest mit der Rolle verbunden sein, und er dreht sich dann zugleich mit ihr in einem Lager, oder aber die Rolle sitzt locker auf ihm. Die Rolle dient in ihrer einfachsten Gestalt, wo sie mit ihrem Lager fest an einem unbeweglichen Ort angebracht ist, dazu, um einer Kraft eine zweckmäßigere Richtung zu geben. Ein Arbeiter kann eine Last, wenn er sie an ein Seil befestigt und mit Hülfe einer Rolle, über welche dasselbe gelegt wird, in die Höhe windet, viel bequemer auf die Höhe eines Gerüstes befördern, als wenn er von oben die Baustücke heraufziehen oder sie gar die Leiter hinauftragen soll. Zur Aufnahme des Seiles hat die Rolle an ihrem Umfange eine Auskehlung. Wenn die Last W in Fig. 40 von d nach c gehoben werden soll, so muß die ganze Seillänge dc, welche genau so groß ist, wie jener Weg, durch die an a wirkende Kraft abgewickelt werden. Die Kraft, welche an einer **festen Rolle** wirkt, muß also eben so groß sein, wie die Last, der sie das Gleichgewicht halten soll. Anders ist es mit den **beweglichen Rollen**. Dieselben sind nicht mit dem Aufhängepunkte, sondern mit der Last fest verbunden und nehmen an der Bewegung der letztern Theil (Fig. 41). Die Schnur hängt mit ihrem einen Ende fest bei c, während ihr anderes a von dem Arbeiter heraufgezogen und dabei die Last W mit bewegt wird. Wenn dieselbe bis zur Höhe a gehoben werden soll, so hat der Arbeiter bei a die ganze Seillänge abc heraufzuziehen, die Kraft hat also einen doppelt so langen Weg zurückzulegen wie die Last. Daraus folgt, daß eine gewisse Kraft mittelst einer losen Rolle zwar eine doppelt so große Last bewegen kann, daß sie dafür aber auch doppelt so viel Zeit braucht, als wenn sie mit derselben Geschwindigkeit an einer festen Rolle wirkte. Wenn die beiden Seilrichtungen nicht eine parallele, sondern gegen einander geneigte Lage haben, so ändert sich dies Verhältniß, wie leicht einzusehen ist, dahin, daß die aufzuwendende Kraft um so größer werden muß, je flacher der Winkel wird, in welchem die beiden Richtungen auf einander stoßen.

Fig. 42. Flaschenzug mit drei festen und drei beweglichen Rollen.

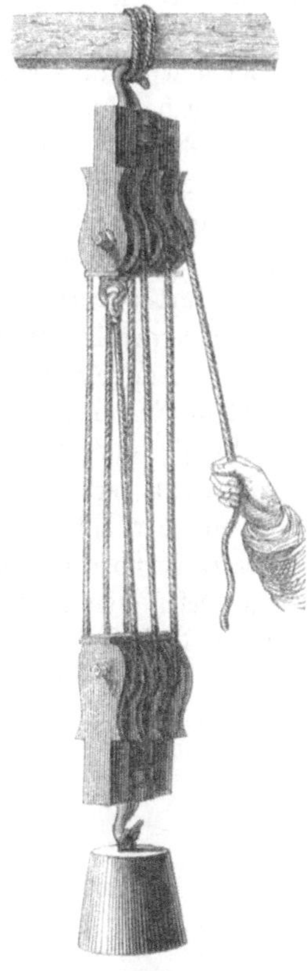

Fig. 43. Flaschenzug mit nebeneinander stehenden Flaschen.

Durch zweckmäßige Kombination beweglicher und fester Rollen kann die mechanische Wirksamkeit sehr bedeutend gesteigert werden; derartige Vorrichtungen sind die sogenannten **Flaschenzüge**. Man nennt nämlich „Flasche“ eine Vereinigung zweier oder mehrerer Rollen in einem Gehäuse. Eine der einfachsten Formen des Flaschenzuges ist in Fig. 42 dargestellt. Bei demselben sind zweimal je drei Rollen mit einander fest verbunden, allein nur das eine System ist unbeweglich an dem Aufhängungspunkte befestigt, während das andere als unter einander zusammenhängende, lose Rollen sich mit der Last bewegt, die an der untersten der Rollen hängt. Wenn die Last von b nach a gehoben werden soll, so muß, wie aus der Betrachtung der Zeichnung leicht hervorgeht, eine Seillänge abgewickelt werden, welche genau so lang ist, wie die sechs zwischen den punktirten Linien sa und sb liegenden Seilstücke; es stößt s an s, b an a u. s. w. Durch diese ganze Länge wirkt die Kraft; sie hat einen sechsmal größeren Weg zurückzulegen, als der ist, um welchen die Last gehoben wird, man muß also mit dem sechsten Theile von dieser letzteren auskommen. Ein anderes Arrangement eines zweiten genau in derselben Weise wirkenden Flaschenzuges zeigt Fig. 43.

Damit haben wir die Grundprinzipien der Mechanik in einfachem Zusammenhange betrachtet. Andere Vorrichtungen zur Umsetzung mechanischer Kräfte als die genannten oder solche, die mit den entwickelten Gesetzen in dem genauesten Zusammenhange stehen, kannten die Alten nicht; ja viele ihrer großartigsten Bauwerke sind sogar ohne die Anwendung der wirkungsvollen Flaschenzüge ausgeführt worden, deren Erfindung Einige dem Archimedes zuschreiben wollen. Auch die neuere Mechanik hat den einfachen Maschinen nichts hinzufügen können, aber in der klaren Erkenntniß der Gesetze, welche den mechanischen Kraftleistungen zu Grunde liegen, hat sie vermocht weiter zu gehen. Beschäftigte noch im vorigen Jahrhundert der Gedanke des Perpetuum mobile die Mechaniker, sah man in der Herstellung mechanischer Kunstwerke, welche die Bewegungen belebter Wesen auszuführen vermochten, eine nützliche Aufgabe, weil man hoffte auf demselben Wege auch dahin zu gelangen, nicht nur die Kraft ohne Verlust zu fortdauernder Wirkung zu bringen, sondern sie aus sich selbst erzeugen zu lassen, so hat gerade die Untersuchung der Hebelgesetze darauf hingeführt, das Verhältniß der zurückgelegten Wege bei der Beurtheilung einer Kraftwirkung an erster Stelle mit in Rechnung zu ziehen. Damit zeigten sich alle mechanischen Vorrichtungen, welcher Art sie auch sein mögen, lediglich als Umsetzungsapparate, die zwar neue Bewegungsarten, neue Richtungen der Kraftwirkung gestatten, nie und nirgends aber durch die Art der Umsetzung eine wirkliche Vermehrung der Kraft, unbeschadet der Geschwindigkeit, hervorrufen können.

Das Gesetz von der Erhaltung der Kraft, welches wir schon Eingangs besprochen haben, krönt diese Erfahrungen in schönster abschließender Weise, indem es mit scharfen Umrissen die Grenze zeigt, über welche hinaus alle mechanischen Versuche zu Thorheiten werden.

Fig. 44. Haspel mit aufrechtstehender Welle.

Newton, den fallenden Apfel beobachtend.

— Allherrschend waltet Schwere,
Nicht verdammt zu Tod und Ruh'.
Vom lebend'gen Gott lebendig,
Durch den Geist, der Alles regt,
Wechselt sie nicht unbeständig,
Immer in sich selbst bewegt.

Goethe.

# Wagen und Aräometer.

Bedeutung der Maßbestimmungen. Anziehung der Körper. Die Schwere und ihr Gesetz. Isaak Newton. Abweichung des Bleiloths. Wirkung der Schwere auf andern Weltkörpern. Gewicht. Schwerpunkt. Unterstützung desselben. Wagen und ihre Geschichte. Ausführung der Wagen. Schnellwage. Briefwage. Brückenwage und ihre Einrichtung. Die chemische Wage. — Das spezifische Gewicht und seine Bestimmung bei festen und flüssigen Körpern. Vom Schwimmen. Aräometer, verschiedene Arten und verschiedene Systeme der Eintheilung.

---

Der 8. Mai des Jahres 1790 ist in der Geschichte der Menschheit einer der interessantesten und bedeutungsvollsten Tage.

Die französische Revolution, jene furchtbare Abrechnung mit dem Vergangenen, hatte in ihrem sittlichen Grundgedanken, alle hemmenden Schranken der Menschheit zu zerstören und die Glieder zu einer weisen und glücklichen Masse zu verschmelzen, das Uebel bis zu seinen Wurzeln verfolgt. — Es mag gegenüber den blutigen Umwälzungen, welche die Gleichstellung der Stände herbeiführen sollte, Manchem gering und kleinlich erscheinen, wenn er erfährt, daß im Jahre 1789 die Städte Paris, Lyon, Rheims, Dünkirchen, Rouen, Rennes, Orleans, St. Quentin, Metz, Chalons u. s. w. auf Abschaffung der vielerlei verschiedenen Maße antrugen, die nur zu Mißbrauch und

Betrügerei Anlaß gäben; daß in Folge hiervon Talleyrand-Perigord die Sache vor die Konstituirende Versammlung brachte, am 6. Mai de Bonnai seinen Bericht darüber vorlegte und zwei Tage darauf, eben an jenem 8. Mai, der Beschluß gefaßt wurde, den König zu ersuchen, daß er in Gemeinschaft mit dem Könige von England dieses Geschäft durch Kommissarien aus der französischen Akademie und der königlichen Sozietät der Wissenschaften in London besorgen lassen möchte.

Indessen ist dieser Beschluß bedeutungsvoller für die Welt geworden, als die das Jahr vorher ausgeführte That der Erstürmung der Bastille. — —

Oft haben große und edle Männer davon geträumt, um die ganze Menschheit ein Band zu schlingen, durch welches sich alle Völker als zu einem großen hülfreichen Ganzen verbunden fühlen sollten. Weil dieser schöne Wunsch sich aber durch eine Universalsprache realisiren sollte, durch den übereinstimmenden Ausdruck von Begriffen und Folgerungen, und doch diese nie mit voller Schärfe bestimmbar und unter einander mit aller Strenge zu vergleichen sind, denn Klima, Temperament und Lebensweise rufen sie verschieden hervor und lassen sie auf verschiedene Weise sich entwickeln und verbinden — deswegen wird diese Idee immer ein Traum bleiben, dem selbst der ausschweifendste Phantast sich entringen muß. Läßt sich aber das Qualitative der Menschengedanken, als von temporären und lokalen Einflüssen bedingt und modifizirt, nicht durch dieselben Laute überall ausdrücken, und werden auch die Sprachen immer verschieden bleiben, wie es die klimatischen Verhältnisse sind, so bleibt das Quantitative von allem Zufälligen unabhängig, es beruht nicht auf wechselnden Anschauungen, sondern auf der unwandelbaren, festen Bestimmtheit der Zahl, und ist somit eines gemeinsamen Ausdrucks fähig. Durch die Ausführung des Beschlusses vom 8. Mai und durch die daran geknüpfte Einführung eines einzigen, allgemeinen, natürlichen Maßes ist ein solches Band gewebt worden; freilich aber haben kleinliche Gedanken, Eifersüchteleien, Bequemlichkeit und Unkenntniß — leider eine oft zu mächtige Masse — vielfach die Hände der Verständigen zurückzuhalten vermocht, welche danach faßten.

Das französische Maßsystem ist in seiner konsequenten Durchführung außerhalb Frankreichs nur von wenigen Staaten angenommen worden. Man hält jetzt noch eben in vielen Köpfen die Idee eines gemeinschaftlichen Maßes für eine unnöthige Schrulle und die Wahl der demselben zu Grunde liegenden Einheit für etwas ganz Unwesentliches. Damit steht man aber noch genau auf demselben Standpunkte, den die viele Jahrhunderte zurückliegende „gute alte Zeit“ einnahm, wo man ein gemüthliches Genügen darin fand, den Fuß des gerade regierenden Landesherrn oder die Länge seines Armes oder etwas Aehnliches zur Basis der Maßbestimmungen zu machen; ja man bezeigt dadurch noch viel kindlichere Anschauungen, weil man heute noch wagt, alle jene erhebenden Näherungen der Völker, die von allen Richtungen her und nach allen Seiten hin stattgefunden, zu ignoriren.

Die Naturwissenschaften, die förderndsten Mächte für die Entwickelung der Menschheit in den letzten zwei Jahrhunderten, haben ihre großartigen Erfolge fast lediglich der Anwendung richtiger Maßmethoden zu verdanken. Nicht Begeisterung, nicht berauschende Bilder der Phantasie, nicht die Gewährung überreicher Mittel, die überraschende Anschauung fremder, üppiger Landschaften, haben einen gleichen Theil an den Triumphen der exakten Forschung, wie ihn der verständige Gebrauch von Maßstab und Zirkel, Wage und Gewicht sich zuschreiben darf.

Die genauesten Winkelmessungen erst geben dem Astronomen das Fundament für seine wunderbaren Berechnungen; der Physiker mißt, daß der Lichtstrahl in der Sekunde einen Raum von gegen 41,000 Meilen durchläuft, und doch auch sind seine Apparate und Methoden genau genug, um die kleinsten Entfernungen sicher bestimmen zu lassen;

er mißt noch die Länge der Lichtwellen und bestimmt ihre Unterschiede, welche nicht den millionsten Theil eines Zolles betragen. Die Luft, die du athmest, wiegt der Chemiker; er wiegt sie wieder, wenn du sie ausathmest, und sagt dir, um wie viel du während der Zeit Stoff zum Leben verbraucht hast. Wie viel Sauerstoff im Rosthauch des Stahles enthalten ist, zeigt seine Wage. Sie ist das Instrument, dessen Ausbildung und zweckmäßige Anwendung den alten verkehrten Theorien den Todesstoß versetzt hat. Während bis zu Ende des vorigen Jahrhunderts das sogenannte Phlogiston, ein beliebig angenommenes, durch Nichts erwiesenes Wesen, das beim Verbrennen der Körper entweichen sollte, den Thron inne hatte und Recht über Leben und Tod jeder chemischen Anschauung sprechen durfte, wog Lavoisier die Produkte der Verbrennung und fand, daß sie zusammengenommen genau um so viel schwerer geworden waren, wie die Luft, in der sie verbrannt wurden, an Gewicht verloren hatte. Er sah zuerst klar, daß beim Verbrennen und Oxydiren überhaupt Nichts abgeschieden, im Gegentheil Etwas (Sauerstoff) aufgenommen würde, und warf damit einen Strahl auf die Natur der chemischen Verbindungen, der bald zur herrlichsten Leuchte wurde. Die Revolution aber, welche ihr eigenes schreckliches Symbol blutig entweihte, zertrat auch den großen Mann, der ihre erste bedeutsame Schöpfung, Maß und Gewicht, in der segensreichsten Weise für die Menschheit geführt hatte. Lavoisier starb durch die Guillotine am 8. Mai 1794.

**Schwere.** Die Wage dient bekanntlich, das Gewicht der Körper zu bestimmen. Es ist eine allgemeine Eigenschaft der Körper, nicht nur der irdischen, sondern, wie wir aus unzähligen und unwiderleglichen Beobachtungen schließen können, aller körperlichen Bestandtheile der Welt überhaupt, daß sich die kleinsten Theilchen ihrer Materie, die Atome, gegenseitig anziehen. Dies Bestreben nähert die Atome einander, es erhält die festen Körper in ihrer Form und ist die Ursache der kugelförmigen Gestalt, welche wir an jedem Tropfen beobachten, in welchem sich die Theilchen ungehindert gruppiren können. Denn da die Anziehung nach allen Seiten hin eine gleich große ist, so ist es natürlich, daß die Anordnung in völlig gleicher Weise um denjenigen Punkt stattfinden muß, von welchem aus wir die aus den einzelnen Kräften zusammengesetzte Resultirende wirkend denken können. Dieser Punkt wird stets zum Mittelpunkt der sich bildenden Kugel werden.

Unsere Erde hat, wie wahrscheinlich alle Weltkörper, im Laufe ihrer Bildung eine Periode durchzumachen gehabt, wo sie ebenfalls sich in flüssigem Zustande, als eine feurig geschmolzene Masse, durch den ewigen Raum bewegte. Aus dieser Zeit ist ihr die Kugelgestalt geblieben.

Die Anziehung, die von den kleinsten Theilchen ihrer Materie ausgeht, wirkt daher auch als eine gewaltige resultirende Kraft vom Mittelpunkte aus. Wir nennen sie die *Schwerkraft* oder die *Schwere*. Alles, was im Weltall Körperliches existirt, ist dieser Kraft unterworfen, übt sie aber auch ebenso selbständig aus. Die Schwere ist der untrennbare Geist der Materie. Wie sie den ersten Keim des Lebens beeinflußt, so hält sie die letzte Wache am Bette des Todes. Ueber alle Grenzen irdischen Seins hinaus schuf sie den harmonischen Gang der Welten; sie ist es, die ihn erhält. Wenn die Schwere aufhört, wenn die Materie ihre anziehende Kraft verloren hat, ist der große Tod, die allgemeine Gleichheit in der Welt, nichts außer Raum und Zeit, Grenzenloses und Ewiges.

Wie das Kind nicht darüber nachdenkt, daß es Tag und Nacht wird, und der rohe Mensch die Sonne als ein selbstverständlich Ding betrachtet, so hatte bis in das 17. Jahrhundert die Menschheit in dem unerschöpflichen Reichthum von Erscheinungen, welche die Schwerkraft hervorruft, noch keine Veranlassung gefunden, über die allgemeine Ursache nachzudenken. Zwar hatte schon im 15. Jahrhundert **Vincenz von Beauvais** behauptet, daß, wenn ein senkrechter Schacht durch den Mittelpunkt der Erde bis zur Oberfläche der andern Hemisphäre reiche, jeder hineingeworfene Stein im Centrum zur Ruhe kommen müsse und nicht seinen Fall zu den Antipoden fortsetzen könne; aber erst Newton brachte vollkommene Klarheit. Sein großartiges Genie knüpfte die Gedanken an den fallenden Apfel, der neben ihm auf den Boden aufschlug, und ging mit seinen Schlüssen zurück, weiter und weiter, bis er, der Erste der Sterblichen, endlich der letzten Ursache, der Schwere, gegenüberstand. Hatte Galilei bereits den sinn- und verstandeslosen Nachbetern der aristotelischen Naturlehre durch die unbezweifelbaren Ergebnisse seiner Experimente mit frei fallenden Körpern einen tödtlichen Stoß versetzt, so warf Newton das alte morsche Gebäude vollends über den Haufen. Mit seinem großen Vorgänger, dessen Gesichtszüge in der Porträtgruppe zum I. Bande den seinigen an die Seite gestellt sind, mit Galilei, theilt er daher den Ruhm, die neuere mathematische Physik begründet zu haben.

Isaak **Newton** ist zu Woolstorp in der Grafschaft Lincoln (England) am Weihnachtstage 1642 geboren. Seine mathematische Bildung erhielt er auf der Universität Cambridge, welche er 18 Jahre alt bezog und wo sich der gründliche Barrow seiner annahm. Hier schon machte er die Erfindung der Differential- und Integral-Rechnung, und kurze Zeit darauf, als ihn die Pest vertrieben und er zu einem ländlichen Aufenthalte nach Woolstorp zurückgegangen war, fand er 1665 das Gesetz der allgemeinen Anziehung der Körper, welches auf der Erde uns am augenscheinlichsten in der Schwere entgegentritt. Die Zerlegung des weißen Sonnenlichtes in die prismatischen Farben folgte, und als er 1669 den Lehrstuhl seines Lehrers Barrow bestieg, hatte er der Welt drei der eminentesten Gedanken, die je gedacht worden sind, bereits geschenkt. Wir können von dem großen Manne, dessen Leben übrigens weniger reich an hervortretenden Ereignissen als an bedeutenden Thaten war, an dieser Stelle keine ausführliche Biographie geben; es muß uns genügen, die Blicke der dankverpflichteten Nachwelt auf einen ihrer edelsten Vorläufer zurückzulenken.

Hochbetagt starb Newton an 20. März 1727, nachdem er die letzte Zeit seines Lebens sich fern von jeder wissenschaftlichen Arbeit gehalten hatte. Er hatte aber Leistungen hinter sich, zu denen sich ganze Generationen von Mittelmäßigkeiten nicht aufzuschwingen vermögen. —

Newton fand aus der Anwendung seiner Schlußfolgerungen auf die Keppler'schen Gesetze, daß die Bewegungsart der Planeten der Einwirkung der Sonne, ihrer Anziehung, zuzuschreiben sei. Er fand ferner, daß die Schwerkraft mit der Entfernung abnimmt; je näher dem Centrum, um so stärker wird ihr Einfluß, je weiter davon entfernt, um so mehr schwächt sich derselbe. Für unsere gewöhnlichen Beobachtungen freilich ist der Unterschied, den die Entfernung hervorbringt, so gut wie nicht vorhanden, er zeigt sich aber dem Astronomen in den Störungen, welche die Annäherung der Gestirne an einander, und so auch die Annäherung der Erde an Planeten und Kometen, hervorruft.

Derartige Störungen durch die Massenanziehung, welche in einer wenn auch noch so geringen Hinneigung der Bahnen zu einander, in einer Verzögerung oder Beschleunigung ihrer Geschwindigkeiten erkannt werden, haben ja Leverier die Mittel an die Hand gegeben, einen vorher noch gar nicht bekannten Planeten, den Neptun, durch Rechnung am Himmel zu finden, ja seinen Ort und seine Größe zu bestimmen, ehe ihn ein menschliches Auge gesehen hatte.

Die Anziehung in Folge der Schwere nimmt umgekehrt mit dem Quadrate der

Entfernung ab, so daß sie bei doppelter Entfernung zweier anziehenden Massen nur noch den vierten Theil beträgt.

Die **Richtung** der Schwerkraft nach dem Mittelpunkt der Erde deutet das herabhängende Bleiloth, jeder fallende Körper an. Auch sie ist für uns so gut wie unveränderlich, so daß bei der großen Oberfläche und der geringen Krümmung der Erde die Pendelrichtungen unter einander als parallele Linien angesehen werden, wenn sie nicht zu weit von einander abstehen. Feineren Beobachtungsmethoden entgeht jedoch der Einfluß nicht, den die Unregelmäßigkeit der Erdoberfläche auf die Richtung der Schwere ausübt. Da die Körper unter einander dieselbe Anziehung gegenseitig ausüben, so haben sie auch das Bestreben gegenseitiger Annäherung. Der fallende Regentropfen zieht die Erde mit derselben Kraft an, wie die Erde ihn. Allein mit dieser Kraft vermag wol die ungeheure Masse unsers Planeten die kleine flüssige Kugel in Bewegung zu setzen, nicht aber umgekehrt, und daher kommt es, daß alle zur Erde in ungleichem Größenverhältniß stehenden Körper dieser zufallen, während sie selbst den von allen Seiten einwirkenden minutiösen Schwerkräften eine unerschütterliche Ruhe entgegensetzt. Nur große, isolirt stehende Berge, welche mit ihrer Masse allein und von einer einzigen Seite auf das Loth einwirken können, vermögen eine merkbare Abweichung in der Richtung desselben herbeizuführen. In solchen Fällen zeigt dann der Faden nicht genau die Senkrechte; allein es bedarf immerhin der genauesten Meßmethoden, um die Größe des Abweichungswinkels zu bestimmen.

Fig. 46. Vertikale Richtung des Bleiloths.

In der physischen Geographie hat der Berg Shehalien in Schottland eine Berühmtheit dadurch erlangt, daß seine Einwirkung auf die Abweichung des Bleiloths genau gemessen und danach das Gewicht der Erde bestimmt wurde. Denn dadurch, daß man die Masse jenes regelmäßigen Berges sehr genau festsetzen konnte, daß man seine Dichtheit aus der gleichmäßigen Beschaffenheit seines Gesteines zu berechnen vermochte, konnte man zunächst sein Gewicht in Centnern und Pfunden angeben, und da der sichtbare Einfluß auf die Richtung der Schwerkraft das Verhältniß der beiden anziehenden Massen, Berg und Erde, zu berechnen erlaubte, so mußte sich zuletzt das Gewicht der Erde durch ein einfaches Regeldetri-Exempel ergeben.

Die Sonne mit einem Volumen, welches anderthalbmillionenmal größer ist als das der Erde, wirkt auf alle Körper auch mit entsprechend größerer Anziehung. Ein silberner Thaler würde dort, um in die Höhe gehoben zu werden, eine Kraft verlangen, mit welcher wir auf der Erde ein Pfundgewicht heben, denn die Schwere zieht auf der Sonne über 28mal stärker als bei uns. Falls daher auf einem so großen Weltkörper organisirte Wesen leben sollten, müßten dieselben ganz anders eingerichtet sein als die irdischen Kreaturen. Eine Last von 40 Centnern würde hier den stärksten Mann zerquetschen, auf der Sonne dagegen trüge jeder einigermaßen ausgewachsene Mensch in seinem eigenen Körper ein so großes Gewicht mit herum. Wer nicht im Stande wäre, mit jedem Fußaufheben mehr als fünf Centner in die Höhe zu ziehen, der könnte dort keinen Schritt gehen. Dagegen würde auf dem Monde auch dem allerschwächsten der Menschen das Gehen ein leichtes Tänzeln sein, weil die viel geringere Masse dieses Trabanten nur eine Anziehung ausübt, welche kaum den sechsten Theil von der Schwerkraft der Erde beträgt.

**Der Schwerpunkt.** Wie bei der großen Erde sich die kleinen anziehenden Kräfte der Atome zu einer großen Gesammtkraft addirten, und diese Resultirende von einem einzigen Punkte ihre Wirkung ausübte, so auch bei jedem andern Körper, mag derselbe dem Zuge folgen können oder nicht. Wir nennen diesen Punkt der vereinigten Anziehungskräfte den Schwerpunkt. Er liegt bei allen regelmäßig geformten Körpern, wenn sie eine gleichmäßige Beschaffenheit ihrer Substanz besitzen, in dem eigentlichen Mittelpunkte, zu dessen Auffindung einfache geometrische Konstruktionen führen (Fig. 47). Bei komplizirten, unregelmäßigen Körpern oder solchen, welche im Innern Partien von verschiedener Dichtigkeit haben, läßt er sich durch Probiren herausfinden; ein an einem Faden aufgehangener Körper richtet sich so, daß sein Schwerpunkt genau unter den Aufhängungspunkt zu liegen kommt.

Fig. 47. Schwerpunkt einer regelmäßigen viereckigen Tafel.

Unterstützung. Der Knabe, welcher einen Stab auf seiner Fingerspitze balancirt, unterstützt den Schwerpunkt in einem einzigen Punkte. Das fortwährende Schwanken beweist aber, daß diese Unterstützung eine ziemlich unzureichende ist, weil der geringste Stoß, ein Luftzug und dergleichen ein Fallen bewirken kann. Mehr Sicherheit hat schon der Mensch, der auf seinen zwei Füßen die schwere Last des Körpers trägt; aber daß auch eine Unterstützung von zwei Punkten nicht immer genügend ist, fühlen wir, wenn wir Stelzen unter unsre Füße schnallen; dadurch verlegen wir den Schwerpunkt des Ganzen weiter in die Höhe, und zugleich nimmt uns die geringere Grundfläche der Stelzenstangen die Standfestigkeit; das Stehen ist erschwert und nur durch fortwährendes Balanciren im Gehen erhalten wir uns oben. Um einen Körper ganz fest zu stellen, müssen wir denselben mindestens an drei Punkten, zwischen denen die Schwerlinie herabgeht, unterstützen. Der Schuster sitzt auf seinem Dreibein sicher.

Drei Unterstützungspunkte geben einem Körper einen eben so festen Halt, wie ihn eine Dreiecksfläche gewähren würde, welche durch jene drei Punkte bestimmt wird. So lange die Schwerlinie, die Senkrechte vom Schwerpunkt, diese Fläche trifft, befindet sich der Körper in stabilem Gleichgewicht, und seine Stellung ist gewahrt, mag er auch scheinbar noch so schief und wankelmüthig erscheinen.

Wer hat nicht von den schiefen Thürmen zu Pisa und Bologna reden hören, jenen merkwürdigen Gebäuden, welche man zu kuriosen steinernen Einfällen mittelalterlicher Baukünstler hat machen wollen, die mit der Schwerkraft spielten, ehe die Welt einen Einblick in das volle Wesen derselben hatte? Unsere Abbildung Fig. 48 giebt uns eine Ansicht der beiden Bologneser Thürme, von denen der kleinere, nach seinem Erbauer Garisenda (1112) genannt, eine Höhe von 140 Fuß und eine Abweichung von der Senkrechten um 8 Fuß zeigt; der größere, Asinelli, 310 Fuß hoch, hängt um $3^1/_2$ Fuß über. Wahrscheinlich ist aber, wie wir nach der Art ihrer Konstruktion annehmen dürfen, die schiefe Stellung dieser, sowie die ihres aus sieben Stockwerken bestehenden und 168 Fuß hohen Nebenbuhlers zu Pisa, nicht eine ursprüngliche Absicht jener Architekten, sondern vielmehr nur die Folge lokaler Bodensenkungen, denen die ausgezeichnete Festigkeit des Baues Widerstand zu leisten vermochte.

Wenn die Thürme nicht mitten auseinander brechen, so können sie sich noch bei weitem mehr neigen, ehe sie in Gefahr kommen, zu fallen. Ein Wagen (Fig. 49) kann sehr schief sich stellen, ohne daß er umwirft; dies geschieht erst, wenn die Schwerlinie nicht mehr die durch die Räder bezeichnete Unterstützungsfläche trifft.

**Gewicht und Wage.** Wenn die Schwerkraft freibewegliche Körper nach dem Mittelpunkt der Erde zu bewegt, dieselben zum Fallen bringt, so wirkt sie nicht minder auch auf alle andern, welche diesem Zuge nicht Folge leisten können. Ein Stein, der vorher von einem Thurme herabfiel, ist dadurch, daß er nun ruhig auf dem Boden liegt, nicht der Anziehung entrückt. Er wird vielmehr noch genau mit derselben Stärke von ihr erfaßt, und die Unterlage, welche seine Weiterbewegung hindert, empfindet dies als einen Druck, den er auf sie ausübt.

Wir nennen die Größe dieses Druckes der Körper auf ihre Unterlagen, oder, was gleichbedeutend ist, die Größe des Zuges an ihren Aufhängungen, das Gewicht der Körper. Dasselbe ist bei den verschiedenen Körpern ganz verschieden, denn da dasselbe aus der Zusammensetzung der anziehenden kleinen Kräfte der Atome hervorgeht, so muß es um so größer sein, je größer die Anzahl der letztern ist.

Fig. 48. Die schiefen Thürme Bologna's.

Diese Beziehungen haben in den frühesten Zeiten bereits dahin geführt, das Gewicht der Körper als einen Maßstab zur Beurtheilung der Menge ihrer Substanz anzusehen und Instrumente und Methoden zu erfinden, um dieses Gewicht bestimmen zu können. Die darauf bezüglichen Apparate heißen Wagen. Wer ihr erster Erfinder gewesen sei — diese Frage aufzuwerfen wäre thöricht. Sie bieten sich in ihrer ursprünglichen Einfachheit so selbst und ohne Weiteres dem Bedürfniß dar, daß die Anwendung ihres Prinzipes mehr als das Ergebniß eines allgemeinen Bildungszustandes, einer gewissen Verkehrsausdehnung anzusehen ist, denn als die glückliche, vorausgreifende Idee eines Einzelnen. Bei den Griechen wurde zwar der Archiver Phidon für den Erfinder der Gewichte gehalten, während Gellius den Palamedes nennt und die Chinesen als solchen Hiene-Juene verehren; allein wenn dies auch wörtlich verstanden werden könnte, so würde davon die Erfindung der Wage selbst zu trennen sein.

Da jede Art von Handel nothwendigerweise Messen und Wägen voraussetzt, so hat man von manchen Seiten auch dem ältesten Handelsvolke, den Phöniziern, die Erfindung der Wage und der Gewichte vindiziren wollen, indessen ohne alle andern als jene äußerlichen Gründe, welche in dem ausgebreiteten Verkehre der ersten Kauffahrer liegen. Aus der Bibel ist bekannt, daß Abraham (1 Mos. 23, 16) bereits das Silber abwog und Moses mehrerer Gattungen der Maße und Gewichte gedenkt. Im Buch Hiob ist von Wagschalen die Rede; und wenn wir eine Wage aus jener Zeit uns verschaffen könnten, so würden wir zwischen ihr und unsern heutigen Krämerwagen wahrscheinlich keinen großen Unterschied bemerken. In der Iliade finden sich mehrere Stellen, welche beweisen, daß zu Zeiten des räthselhaften Homer die Wage ein allbekanntes Instrument war.

Fig. 49. Genügende Unterstützung des Schwerpunktes.

**Ausführung der Wagen.** Die Wagen wurden von Anfang her nach denselben Grundprinzipien ausgeführt, die auch heute noch den feinsten Instrumenten in den Laboratorien der Chemiker unterliegen. Es sind dies die uns bereits bekannten Gesetze des Hebels. Indem man an den beiden Enden eines in der Mitte drehbaren Stabes Schalen anbrachte, zur Aufnahme der zu wägenden Körper bestimmt, hatte man die einfachste Wage hergerichtet, der wir in wenig veränderter Gestalt noch häufig begegnen, die sogenannte Krämerwage (Fig. 50). Die Zunge macht durch ihre Ausweichungen selbst geringere Ausschläge bemerklich und zeigt durch ihr Einspielen auf einen bestimmten Punkt die Gleichgewichtslage genau an.

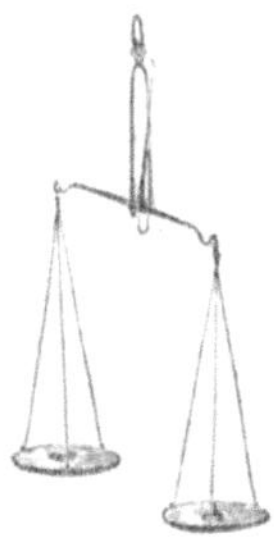
Fig. 50. Krämerwage.

Fig. 51 giebt uns die Ansicht einer andern Wage, bei welcher die Schalen nach oben auf den Hebelarmen liegen.

**Schnellwage.** Erst später mag man auf die Konstruktion der ungleicharmigen Hebelwagen, der sogenannten Schnellwagen, gekommen sein. Die raschere Art und Weise der Wägung hat ihnen den Namen gegeben. Sie unterscheiden sich nämlich in ihrem Prinzip von den vorgenannten Krämerwagen und deren Verwandten dadurch, daß bei ihnen die beiden Hebelarme nicht gleich, sondern verschieden sind. Den zu wägenden Körper hängt man in einer bestimmten Entfernung vom Drehpunkte an; das Gegengewicht Q (Fig. 52) ist von bekannter Schwere und wird an dem andern Hebelarme so weit hingeschoben, bis Gleichgewicht hervorgebracht ist. Aus der Entfernung A vom Drehpunkte C läßt sich nun das gesuchte Gewicht finden, und es sind diese Wagen derart eingerichtet, daß der längere Wagebalken gleich mit einer auf das Laufgewicht bezüglichen Eintheilung versehen ist, welche ein direktes Ablesen des betreffenden Gewichts gestattet. Die Schnellwage heißt auch **römische Wage**, Statera romana, jedenfalls mit Unrecht, denn obwol sie bei den alten Römern in häufigem Gebrauche war, so ist sie doch weder von denselben erfunden, noch von ihnen uns zugebracht worden. Wahrscheinlich klingt es, wenn erzählt wird, daß das Laufgewicht die Form eines Granatapfels hatte, welcher bei den Hebräern Rimmon, bei den Arabern Romman heißt; die Araber nannten dann die ganze Wage Romman, und dieser Name hat sich bei ihnen bis jetzt erhalten. Bei den Franzosen finden wir noch den Namen la romaine zur Bezeichnung des Gewichtes, und es kann sehr wohl sein, daß uns diese Art Wagen von den Arabern

Fig. 51. Tafelwage.

überkommen sind und der Name „römische Wagen" nur von der ursprünglichen Benennung eines ihrer Theile herrührt.

Eine sehr große Genauigkeit kann man natürlich bei Apparaten so einfacher Konstruktion nicht voraussetzen, indessen bieten sie für viele Fälle ihrer leichten Handhabung wegen ein bequemes Mittel. Schon die Römer kannten — wie antike Wagen, aus den Ruinen von Pompeji hervorgegraben, zeigen — den Vortheil, zwei verschiedene Aufhängungspunkte, wie auch deren an der in Fig. 52 dargestellten Wage zwei zu beobachten sind, je nach Bedürfniß zu gebrauchen. Gewöhnlich lag der eine dann der Last um die Hälfte, um ein Viertel oder dergleichen näher als der andere. Dadurch wurde erreicht, daß mit demselben Laufgewicht und derselben Länge des Hebelarmes ganz verschiedene, sowol kleinere als größere Lasten gewogen werden konnten. Lag zum Beispiel der eine Drehpunkt um 4 Zoll, der andere nur um 1 Zoll von dem Aufhängungspunkte der Last entfernt, und war der längere Arm 40 Zoll lang, so konnten mit einem Laufgewicht von 1 Pfund bei der größern Entfernung nur Gegenstände bis zu 10 Pfund, bei der kleinern dagegen bis zu 40 Pfund gewogen werden.

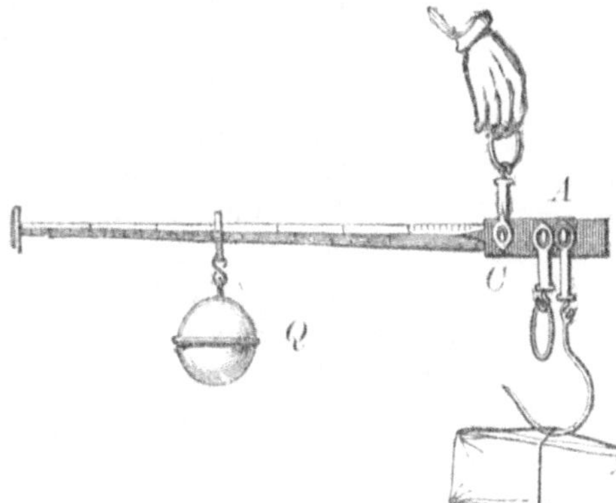


Fig. 52. Schnellwage.

Fig. 53. Briefwage.

In den **Briefwagen** und ähnlichen Einrichtungen finden wir die Wage mit ungleichen Hebelarmen in einer andern Gestalt. Es ist nämlich das Laufgewicht hier durch einen schweren Zeiger vertreten, der bei dem Niedergange der belasteten Schale aufwärts gehoben wird und dadurch mit seinem Schwerpunkte einen um den Drehpunkt liegenden Kreisbogen beschreibt. Je weiter er ausschlägt, um so größer wird der Hebelarm, an welchem sein Gewicht wirkt, während der Hebelarm der Last sich gleichzeitig verkleinert. Eine durch Probiren gefundene und auf einem Kreisbogen verzeichnete Skala läßt das Gewicht mit ziemlicher Genauigkeit ablesen.

**Die Brückenwage** oder **Dezimalwage** ist in ihrer Einrichtung die komplizirteste aller Wagen, wenigstens dem äußeren Anscheine nach, indessen läßt sich aus der Betrachtung der beiden Abbildungen Fig. 54 und 55 die Zusammensetzung und Wirkungsweise des nützlichen Apparates leicht deutlich machen. In beiden Zeichnungen sind dieselben Theile mit denselben Buchstaben bezeichnet, und wir können daher die Beschreibung zugleich auf beide beziehen.

Die wesentlichsten Bestandtheile der Wage erblicken wir auch hier: die beiden Wagschalen: P für die Gewichte, und die Platte AB, die **Brücke**, für die Last Q; ferner der mehrfach gekrümmte Wagbalken LN, welcher bei M seine Auflagerung oder seinen Drehpunkt hat. Aber schon ein flüchtiger Ueberblick zeigt uns eine große Verschiedenheit von den bisherigen Wagen; wir finden nämlich, daß die Last Q nicht an einem einzigen Punkte des Hebelarmes LM hängt, sondern daß die

Platte AB nur zum Theil auf der Schneide E ruht, welche ihrerseits auf den einarmigen Hebel FG drückt und durch diesen bei L am Wagebalken hängt; zum andern Theile aber drückt die Platte AB das Gestänge CD nieder und hängt mittels dessen bei K an dem Hebelarme. ABCD bilden ein festverbundenes Ganze.

Diese beiden Angriffspunkte der Last bei K und L machen uns die Sache nur scheinbar komplizirt, in der That ist die Wirkung ganz dieselbe, als ob die Last direkt und allein bei K angehängt wäre; alles über K hinaus Liegende ist nur dazu da, um ein bequemes Instrument, ein egales Auf- und Niedergehen der Wagschale und die ebene Form der letztern zu erlangen, welche beim Wägen großer Lasten Erleichterungen gewährt. Es ist bei der angegebenen Einrichtung völlig gleichgültig, wo die Lasten aufgelegt werden, denn da die ganze Auflagerung lose ist, so kann kein Theil des Druckes, mag derselbe nun bei E oder vorn bei B lasten, anders als an dem Hebelarme LM wirken. Zwischen den Hebellängen EF und GF muß aber freilich — das ist die Grundbedingung der ganzen Einrichtung — genau dasselbe Verhältniß bestehen, wie zwischen KM und LM. Ist also KM der fünfte Theil zum Beispiel von LM, so muß auch EF ein Fünftel von GF sein. Dadurch wird erreicht, daß, mag der Körper auf einem Punkte der Brücke liegen, auf welchem er immer wolle, der Druck in ganz gleicher Weise auf den Hebelarm sich vertheilt. Der Theil, welcher bei E auf den Hebel GF wirkt, kommt zwar in dem angenommenen Falle bei G nur mit dem fünften Theile zur Geltung, dafür aber ist die Länge des Hebelarmes LM fünfmal größer als KM, wo der auf B lastende Theil einen Niedergang bewirkt; und im schließlichen Effekt wird also der Hebelarm LM so affizirt, als ob die ganze Last an K angehangen wäre.

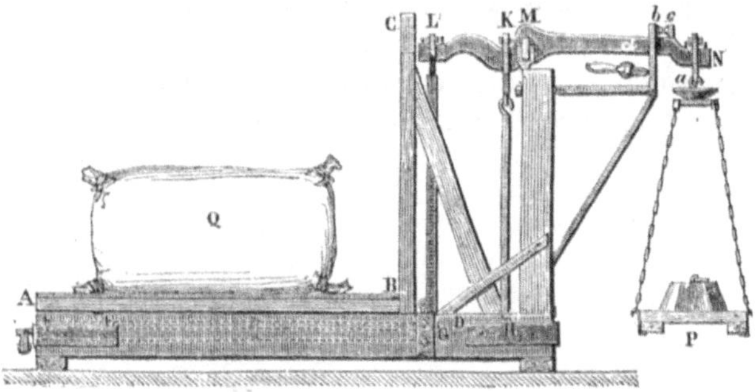


Fig. 54. Brückenwage.

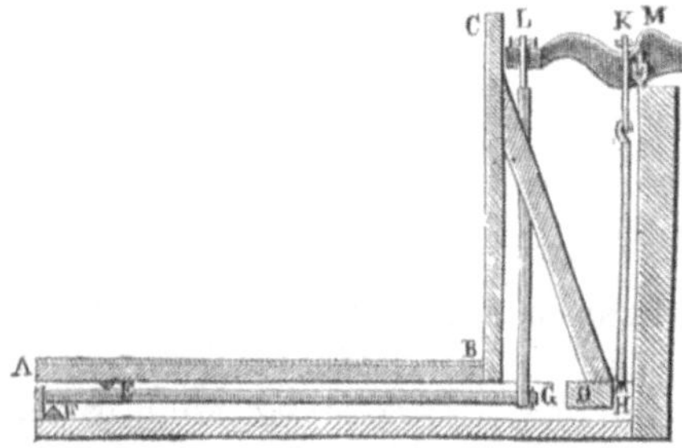


Fig. 55. Innere Einrichtung der Brückenwage.

Die Verhältnisse der Hebellängen KM und LM und entsprechend EF und FG können beliebig groß, nur müssen sie unter einander gleich sein. Der Name Dezimalwage schreibt sich nicht davon her, daß bei Wagen dieser Art etwa jenes Verhältniß gerade 1 : 10 wäre, vielmehr kommt er davon, daß der andere Hebelarm MN, welcher die Gewichte trägt, gewöhnlich um zehnmal länger gemacht wird als die Entfernung MK, und daß daher ein Gewicht P einer zehnfach so schweren Last Q das Gleichgewicht hält. Ein Pfund, auf die Wagschale P gelegt, bewirkt dann, daß die beiden Schneiden b und c einspielen, wenn die Last Q 10 Pfund schwer ist.

Auf ähnlichem Prinzipe beruhen die großen Lastwagen, auf denen man Ladungen von Hunderten von Centnern auf einmal zur Wägung bringt. Die Hebelwerke liegen gewöhnlich unter der Erde in ausgemauerten Gruben, während die Brücke mit dem Boden verläuft, so daß der größte Frachtwagen ohne Weiteres darauf gefahren und nach seinem Gewicht bestimmt wird. Dabei sind dann die Längen der Hebel oft so zu einander gewählt, daß jedes in die Wagschale gelegte Gewicht das Hundertfache der Last aufwiegt.

**Die chemische Wage.** Es ist leicht einzusehen, daß die gewöhnlichen Konstruktionen der Wagen, wie wir sie bisher betrachtet haben, keinen Anspruch auf große Genauigkeit machen konnten. Mögen auch die kleinen Wagen der Apotheker und Goldarbeiter, welche von der in Fig. 50 dargestellten Krämerwage nur in der Feinheit der Ausführung abweichen, für die von ihnen verlangten Zwecke genügen, so kommen doch schon in der gewöhnlichen Praxis andere Fälle vor, wo dieselben durch feinere Apparate ersetzt werden müssen.

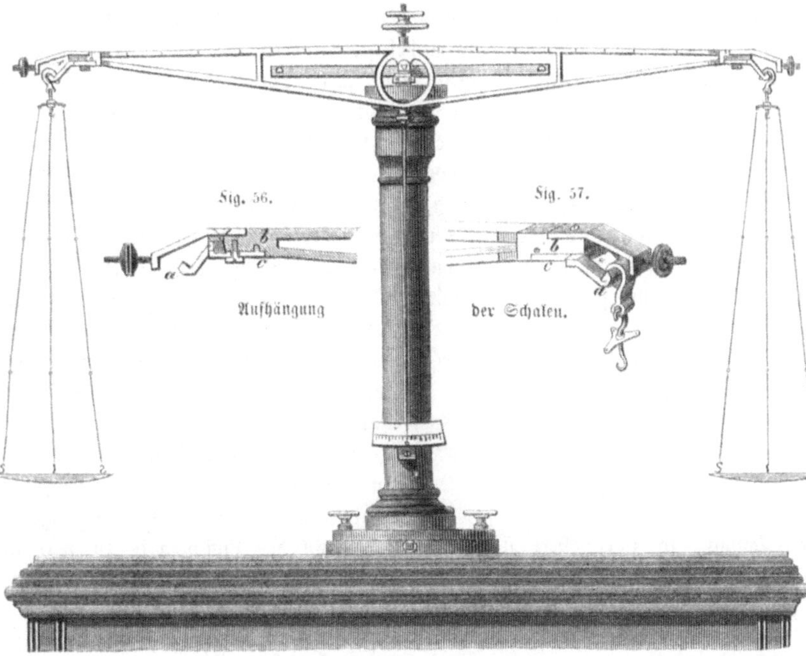


Fig. 58. Chemische Wage.

In Städten zum Beispiel, wo große Seidenindustrie herrscht, Crefeld, Lyon u. s. w., giebt es besondere Anstalten, in denen die Seide, wie sie roh aus Italien und den übrigen Produktionsländern ankommt, auf ihren Wassergehalt, der sehr bedeutend sein kann, geprüft wird, weil der Käufer denselben natürlich nicht als Seide theuer mit bezahlen will. Nun ist es aber nicht möglich, große Quantitäten, ganze Ballen, vollständig zu entwässern und den Verlust dabei genau zu bestimmen. Man begnügt sich daher mit der Untersuchung kleiner Proben, die auf das Genaueste wiederholt gewogen werden, bis sie durch Trocknen keinen Verlust mehr zeigen, und berechnet daraus für ganze Ballen den Werth. Bei einem so kostbaren Materiale können kleine Irrthümer sehr empfindlich für den einen oder den andern Theil werden, darum wird von den Beamten der Untersuchung die größte Sorgfalt gewidmet, und nur die ausgezeichnetsten Wagen, wie sie für wissenschaftliche Zwecke gebaut werden, kommen in Anwendung.

Es ist eine ganz besondere Pflicht für uns, der chemischen Wage eine eingehendere Betrachtung zu widmen, und wir begleiten unsre Beschreibung daher mit einigen Abbildungen (Fig. 56—58), welche zur Erläuterung des Hauptsächlichsten dienen werden.

Eine gute Wage besteht im Wesentlichen aus drei Theilen, aus einer festen Unterlage für die Drehachse des Wagebalkens, aus dem Wagebalken selbst und aus den Wagschalen. Der hauptsächlichste dieser Bestandtheile ist der Wagebalken, dessen Konstruktion eine eigene Theorie zu Grunde liegt.

Der **Wagebalken** ist, wie schon bemerkt, ein doppelarmiger, und zwar ein gleicharmiger Hebel. Die Wagschalen sind gleich weit vom Drehpunkt angehangen. Der Drehpunkt liegt etwas oberhalb des Schwerpunktes, und in Folge dessen stellt sich der Wagebalken immer in derselben horizontalen Richtung ein, wenn er entweder gar nicht oder auf beiden Seiten gleich viel belastet ist.

Daß Drehpunkt und Schwerpunkt nicht zusammenfallen dürfen, noch auch der letztere höher liegen darf als der erstere, wird bei Betrachtung der Fig. 59 sich erklären lassen. Dieselbe stellt den Wagebalken vor; a ist der Aufhängungspunkt oder Drehpunkt, b der Schwerpunkt des unbelasteten Balkens. Wenn aber die Gewichte Q und Q' angehangen sind, so bleibt der Schwerpunkt des ganzen Systems nicht mehr b, sondern derselbe rückt, da die Gewichte in derselben Horizontallinie mit a angreifen, in dieser also auch ihr gemeinschaftlicher Schwerpunkt liegt, weiter hinauf nach a zu. Wird nun Q' etwas schwerer als Q, so verlegt sich ihr gemeinschaftlicher Schwerpunkt nach Q' hin, etwa nach d, und der des ganzen Systems, den Wagebalken mit eingeschlossen, zwischen d und b, nehmen wir an in den Punkt c. Dieser Punkt c muß aber senkrecht unter dem Unterstützungspunkte liegen, wenn der Wagebalken in Ruhe sein soll, es wird also der letztere sich um den Winkel b a c drehen. Auf der Größe dieses Winkels a b c beruht die Empfindlichkeit der Wage. Es liegt nun in der Hand des geschickten Mechanikers, diesen Zweck auf verschiedenartige Weise zu erreichen. Richtet er es nämlich so ein, daß der Schwerpunkt des Wagebalkens b recht nahe unter den Aufhängungspunkt zu liegen kommt, so vergrößert sich das Verhältniß der Linien a b zu a d und der Winkel b a c muß ein stumpferer werden. Der gleiche Fall tritt aber auch ein, wenn die Arme des Wagebalkens möglichst lang und leicht gemacht werden.

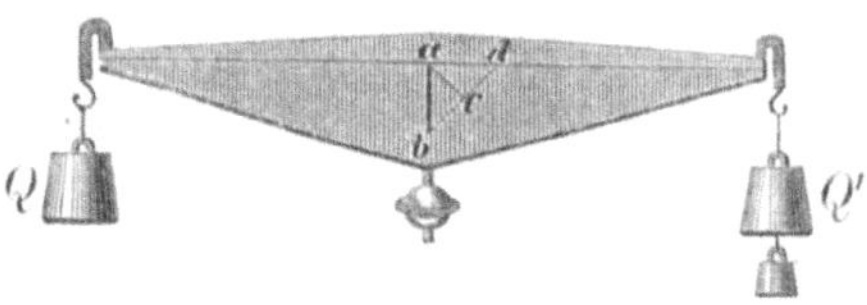

Fig. 59. Theorie des Wagebalkens.

Anstatt daher den Wagebalken aus dem Ganzen zu machen, giebt man ihm eine durchbrochene Form, wie es Fig. 58 zeigt; er verliert dadurch nichts an Festigkeit. Ja, man hat sogar die Theile des Wagebalkens ausgehöhlt und sie in Form zweier spitz zulaufender, der Länge nach mitten auseinander geschnittener Kegelhüllen dargestellt, wodurch allerdings ein sehr hoher Grad von Leichtigkeit erreicht wird. Indessen darf man die Empfindlichkeit nicht zu weit treiben wollen. Eine starke Belastung des Wagebalkens kann dann dahin führen, daß der allgemeine Schwerpunkt mit dem Aufhängungspunkte zusammenfällt und die Wage, anstatt blos einen Ausschlag zu geben, gleich ganz umschlägt. Selbst wenn dies nicht eintritt, so werden dann die Schwingungen so langsam, die ganze Wage wird so unruhig, daß es vieler Zeit und Geduld bedarf, um eine gute Wägung zu Stande zu bringen.

Um die Ausschläge beurtheilen und danach die Größe des Uebergewichtes auf der einen oder der andern Seite genau bestimmen zu können, befindet sich am Wagebalken eine lange Zunge angebracht, welche sich mit ihrer feinen Spitze über einen getheilten Kreisbogen hinbewegt. Im Zustande der Ruhe und bei unbelasteten Wagschalen muß sie genau die Mitte der Theilung, den Nullpunkt, zeigen; man erreicht dies durch Stellung der am Fuße befindlichen zwei oder drei Schrauben, und ein hinter der Säule hängendes Bleiloth, welches bei senkrechter Stellung an einer bestimmten Marke einspielt.

Da aber bei starker Belastung des Wagebalkens dieser sich leicht biegen kann, wodurch der Schwerpunkt dann zu tief herabgezogen und die Empfindlichkeit beeinträchtigt werden würde, und weil ferner diese Biegung eine ungleichmäßige sein wird, in Folge deren dann der Schwerpunkt nicht mehr senkrecht unter den Aufhängungspunkt zu liegen kommt, so hat man an den Enden des Wagebalkens sowol als in der Mitte desselben Regulirungsschrauben angebracht. An denselben befinden sich metallene Scheiben oder Kugeln, durch deren Näherung oder Entfernung vom Mittelpunkte des Wagebalkens sich die Lage seines Schwerpunktes leicht korrigiren läßt.

Im Nothfalle kann man sogar mit Wagen, deren Balken ungleich lang sind, noch genaue Resultate erlangen, wenn nur sonst alle Theile sich in gutem Stande befinden. Man braucht nämlich nur zwei Wägungen nach einander auszuführen, so daß man einmal die Last auf die eine, dann auf die andere Schale legt und aus beiden Gewichtsangaben das Mittel nimmt. Wiegt der Körper im erstern Falle z. B. 5 Gramm, im zweiten 7 Gramm, so ist sein wahres Gewicht $\frac{5+7}{2} = 6$ Gramm.

Schließlich bemerkt man noch an der obern Stange des Wagebalkens eine Eintheilung, gewöhnlich bis 10, weil feinere Wägungen ausschließlich mit dem einzig vernünftigen und nach dem Dezimalsystem gegliederten französischen Gewicht ausgeführt werden. Dieselbe dient zur Ausgleichung der kleinsten Gewichtsdifferenzen, welche mit Auflegen von Gewichten auf die Wagschalen nicht allemal zu erreichen sind. Man wendet daher statt des gewöhnlichen Gewichts sogenannte Reiter an, das sind aus feinstem Golddraht gebogene  förmige Häkchen, welche auf den Wagebalken aufgesetzt werden. Diese Häkchen haben die Schwere des kleinsten Gewichtes. Der Ort am Wagebalken, wo das Reiterchen sitzen muß, wenn Gleichgewicht herrschen soll, giebt dann den Zuwachs, welchen die Gewichte erfahren, beziehentlich den Abzug, wenn das Reiterchen auf Seiten der Last ausgesetzt war. In Bezug auf dies Reiterchen wirkt also dann die Wage als ein ungleicharmiger Hebel. Gesetzt, die Wage wäre ein Gleichgewicht, wenn die Schale 3,246 Gramm trüge und der Reiter auf derselben Seite genau zwischen dem vierten und fünften Theilstriche, von der Mitte aus gerechnet, aufgesetzt wäre, so würde das Gesammtgewicht 3,24645 Gramm betragen. Denn da der Reiter selbst 1 Milligramm schwer ist, so wirkt er am fünften Theilstriche nur so viel, wie 0,0005, und in der Mitte zwischen dem vierten und fünften Theilstrich wie 0,00045 Gramm.

Um die Reibung so viel wie möglich zu verringern, hat man allen den Punkten, an denen eine Drehung stattfindet, die Form scharfer stählener Schneiden gegeben, die sich auf ganz glatt polirten Achatplatten oder ebenfalls wieder auf fein polirtem Stahl bewegen. Diese Punkte sind außer dem Drehpunkte oder dem Aufhängungspunkte des Wagebalkens die Aufhängungspunkte der beiden Schalen. Für den ersteren vorzüglich ist eine kantige Schneide schon um deswillen erforderlich, weil bei einem runden Stifte, einer Walze, jede Aenderung der Balkenlage auch allemal den Drehpunkt verlegen würde und von einer Genauigkeit gar keine Rede sein könnte.

Die Figuren 56 und 57 zeigen uns eine Aufhängungsart der Schalen im Detail. Um die Schneiden genau einstellen zu können, so daß sie unter sich parallel, rechtwinklig gegen die Richtung des Wagebalkens und alle drei in derselben Horizontalebene liegen, sind an den beiden Aufhängungen verschiedene Schrauben angebracht, mittels deren die, die Schneide a tragende, Platte c verschiedentlich gerichtet werden kann. Außerdem aber läßt man, um die Abnutzung der mittelsten Schneide möglichst zu verhindern, den Wagebalken nicht fortwährend auf derselben ruhen und hin und her schwingen, sondern man hebt ihn, wenn die Wage außer Gebrauch gesetzt wird, von seiner Unterlage ab und hängt ihn durch Eingreifen zweier Arme gewissermaßen auf, man arretirt ihn. In unserer Zeichnung ist diese Arretirung einmal durch den kurzen horizontalen Stab, welcher durch den Wagebalken hindurch sichtbar wird, das anderemal durch den kleinen viereckigen Zapfen im Fuße des Gestelles angedeutet. Der kleine Zapfen wird mit Hülfe eines Schlüssels gedreht und bewirkt durch ein Excentricum ein Auf- oder Heruntergehen jenes Armes, wodurch der Wagebalken abgehoben oder wieder aufgesetzt wird. Bei genauen Wägungen arretirt man nicht nur, wenn man überhaupt die Wage außer Gebrauch setzt, sondern auch jedesmal, wenn man Gewichte hinzufügt oder deren von den Schalen wegnimmt.

Eine der interessantesten Wagen, welche durch ihre merkwürdigen Leistungen der ganzen gebildeten Welt bekannt geworden, ist die sogenannte Cotton-Wage in der Königlichen Münze zu London. Wir stehen in einem langen Gemache — sagt Schlesinger in seinen „Wanderungen durch London" — mit mehreren Fenstern in der Fronte; in der Mitte der vordern Wand, beinahe in der Vertiefung des Mittelfensters steht eine kleine niedliche Dampfmaschine, die im Boudoir einer Dame Platz hätte, etwa um einen kleinen Springbrunnen in einem Goldfischbassin in die Höhe zu treiben; vor den Fenstern, der Länge nach, mehrere zierlich gearbeitete Maschinen aus Mahagoniholz, deren messingenes, ziemlich komplizirtes Räderwerk vermittelst der tapfer darauf losarbeitenden kleinen Dampfmaschine in Bewegung versetzt ist; der Mittelraum des Saales aber wird zumeist von einem langen massiven Tische eingenommen, auf dem in einander laufende Berge von goldenen Sovereigns eine sehr interessante kalifornische Landschaft bilden. Mehrere Beamte wühlen mit Schaufeln in diesem goldenen Hügelterrain.

„Hier werden die Sovereigns gewogen," lispelt unser Führer und wir haben Gelegenheit, dem sinnreichen Prozeß eine Weile zuzusehen. Je weniger man die Maschinerie versteht — und dies ist bei allen Besuchern der Fall — desto märchenhafter erscheint ihre Thätigkeit.

Außer dem eigentlichen Räderwerk zeigt uns jedes dieser lieben Wunderwerke einen nach oben offenen Kasten; gegen diesen, unter einem Winkel von 30 Graden, neigen sich zwei Halbröhren oder Rinnen, deren Konkavität ebenfalls nach oben steht. Legt man eine Rolle in eine dieser geneigten Röhren, deren Durchmesser dem eines englischen Sovereign entspricht, so gleitet die Rolle vermöge der Neigung der Röhre nach abwärts, wo dann ein Goldstück nach dem andern in den offenen Kasten fällt. Die Beamten haben nur die langen Halbröhren zu füllen; am untern Ende der Röhre geschieht das blaue Wunder. Wenn nämlich ein Sovereign angerückt kommt, der nur um einen halben Gran leichter ist, als er sein soll, flugs kommt ein naseweises Messingplättchen aus einer versteckten Spalte herausgesprungen und schnellt den leichten Patron in ein links liegendes Fach des Kastens, während alle vollwichtigen nach rechts abfallen. Dieses Messingplättchen, wie es in seinem Verstecke lauert und nur herausspringt, um einen mangelhaften Sovereign mit einem Ruck bei Seite zu schnellen, hat etwas Schnippisches, Ironisches, Malitiöses, ich möchte sagen Republikanisches in seiner Physiognomie. Was aber die Genauigkeit der Kritik über regierende Häupter anbetrifft, so wird es kaum ein Republikaner mit diesem Messingplättchen aufnehmen können. Welcher Mensch wollte die Tugend seines Nebenmenschen nach Granen messen!

Wir können uns an den rührigen Maschinen gar nicht satt sehen. Die Messingplättchen lassen sich oft sehen, wenn stark abgenutzte Sovereigns in der Röhre liegen; sie übersehen nicht einen und dabei handeln sie so sicher, so ruhig, so ganz ohne Lärm und Prätention. Einer der Beamten ist so freundlich, uns den Zweck dieses Scheidungsprozesses zu erklären. „Die Bank sondirt die vollwichtigen von den unvollwichtigen blos deshalb ab, weil sie nur vollwichtige Goldstücke ausgiebt." „Und was geschieht mit den andern?" „Die kommen in die Münze, um umgeprägt zu werden; vorher aber nehmen wir uns die Freiheit, sie in der Bank zu zeichnen. Wollen Sie sehen, wie?" Und er nimmt mehrere Handvoll von den Verurtheilten und wirft sie in ein Kästchen, das unserer Beachtung bisher entgangen war und etwa wie eine kleine Drehorgel aussieht. Er setzt eine Kurbel in Bewegung oder drückt an einer Feder — wer kann auch auf jede Handbewegung so genau Acht geben! — und aus dem Innern des Kästchens hört man ein Klingen und Rauschen und unten aus einer Spalte fallen die Sovereigns wieder heraus. Aber du lieber Himmel, wie verstümmelt! Jeder ist zur Hälfte mitten durchschnitten wie ein Kartenblatt. Die Viktoria und der Wilhelm und der Georg liegen da, hundertmal durch den Hals geschnitten, förmlich geköpft. Es wird uns ganz unheimlich. Wir empfehlen uns eilig: „Good morning, Sir!" „Good bye, gentlemen!"

Den Namen Cotton-Wage hat das wundervolle Instrument nach seinem Erfinder William Cotton, einem der Direktoren der Bank. Eben solche Wagen sind in der Münze in Thätigkeit, um die Metallscheiben zu wägen, ehe sie den Stempel aufgedrückt erhalten. In einer Minute werden 20 Stück gewogen oder 1200 in der Stunde, indessen können bis 30 die Wage passiren, ohne daß der Genauigkeit Eintrag geschieht. Durch die fünf Wagen, welche in der Münze in Thätigkeit sind, werden täglich 48,000 blanke Metallstücke nach dem durch Parlamentsakte vorgeschriebenen Standard-Gewicht geprüft. Die Gewichte selbst sind aus Bergkrystall und können weder durch Temperaturwechsel noch durch Rosten oder Abnutzung sich verändern.

**Das spezifische Gewicht.** Es wird erzählt, daß man dem Archimedes eine kostbare Arbeit aus Gold übergeben habe, damit er untersuche, ob der Künstler, von welchem sie verfertigt worden war, redlich zu Werke gegangen sei und reines Gold, wie ihm aufgetragen, dazu verwendet oder ob er das Innere aus einer minder edlen Mischung als die Oberfläche hergestellt habe. Bei dieser Untersuchung aber sollte selbstverständlich die schöne Form nicht zerstört werden.

Archimedes fand beim Baden den Schlüssel zu dem Räthsel. Er sah, daß manche Körper von dem Wasser getragen wurden, wie das Holz; andere aber, wie Metalle und Steine, darin untersanken bis auf den Boden. Sein eigner Körper wurde in dem flüssigen Elemente viel leichter, es bedurfte nur geringer Anstrengung, um sich vom Boden in die Höhe zu heben, während in der Luft jeder derartige Versuch einen bedeutenden Kraftaufwand nöthig macht. Archimedes entdeckte das Gesetz, nach welchem alle Körper im Wasser leichter werden, indem ihre Gewichtsverminderung gerade so viel beträgt, wie die Wassermasse wiegt, welche sie durch ihr Eintauchen verdrängen. Ein Stein, ein gleich großes Stück Eisen, ein ebenso großes Stück Holz werden, unter das Wasser gebracht, alle um dasselbe Gewicht leichter, so daß vielleicht der Stein, wenn er vorher 2 Pfund wog, jetzt nur noch 1 Pfund wiegt, das Stück Eisen nur noch $6\frac{1}{2}$ Pfund, während sein Gewicht vorher $7\frac{1}{2}$ Pfund war. Das Holz aber, das doch in der Luft $\frac{3}{4}$ Pfund gewogen hatte, zeigt jetzt gar keine Schwere mehr, es hat im Gegentheil das Bestreben, in die Höhe zu steigen, und wird damit selbst noch eine Last von $\frac{1}{4}$ Pfund heben können. Kann es sich frei bewegen, so steigt es bis an die Oberfläche und ragt über diese mit dem vierten Theile seines Volumens heraus. Denn erst in dieser Lage ist der von unten wirkende Druck des verdrängten Wassers gleich dem Gewicht des eintauchenden Körpers.

Ein Körper, der, wenn er sich völlig frei bewegen kann, nicht ganz in das Wasser eintaucht, sondern von demselben getragen wird und zum Theil über die Oberfläche herausragt, schwimmt. Es schwimmen alle Körper, deren Gewicht geringer ist als dasjenige einer dem Volumen nach ebenso großen Wassermasse; fette Personen daher leichter als magere, bei denen die ungleich schwerern Knochen den wesentlichsten Theil ausmachen. Im Ganzen ist der menschliche Körper leichter als das Wasser und der Grund des Ertrinkens ist daher nicht das Untergehen an sich, sondern die Angst und Unruhe, welche die richtige Lage, in der das Athmen möglich bleibt, nicht finden und innehalten läßt. Ist der eintauchende Körper genau so schwer wie das ihn umgebende Wasser, so wird er in demselben nicht über die Oberfläche herausragen, er wird von selbst weder in die Höhe steigen noch herabsinken; er übt gar keinen Druck nach unten mehr aus, sondern wird in jeder Lage vom Wasser getragen.

Fig. 60. Frei schwimmender Körper.

Bekanntlich nennt man das Verhältniß des Gewichtes zum Volumen die Dichtigkeit oder das spezifische Gewicht der Körper und man drückt dasselbe durch eine Zahl aus, welche anzeigt, wie sich das Gewicht eines Körpers zum Gewicht einer gleich großen Wassermasse, als Einheit genommen, verhält. Wenn es also heißt, Eisen hat ein spezifisches Gewicht von 7,5, so bedeutet dies, ein Kubikfuß Eisen wiegt genau sieben- und ein halbmal so viel wie ein Kubikfuß Wasser.

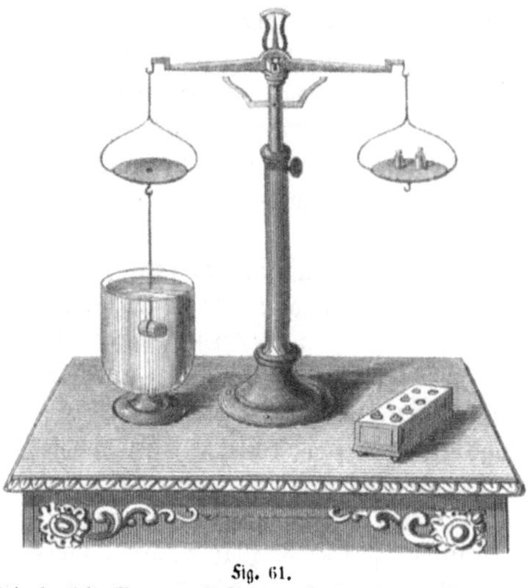

Fig. 61.
Hydrostatische Wage zur Bestimmung des spezifischen Gewichtes.

Zurückbeziehend können wir also sagen: alle Körper, deren spezifisches Gewicht größer ist als das Wasser, gehen in demselben zu Boden; alle anderen dagegen, deren spezifisches Gewicht kleiner ist, schwimmen und tauchen gerade um so viel ihres Volumens ein, als ihr spezifisches Gewicht beträgt.

Man findet das spezifische Gewicht eines festen Körpers sehr leicht, wenn man ihn das eine Mal auf gewöhnliche Art wägt, das andere Mal aber im Wasser, und die sich dabei herausstellende Gewichtsdifferenz, das Gewicht der verdrängten Wassermasse, in Verhältniß setzt zu der erst gefundenen Zahl, zu dem absoluten Gewicht. Gesetzt, ein 25 Gramm schweres Goldstück wiege im Wasser nur 23,5 Gramm, so wäre das Gewicht des verdrängten Wassers also gleich 1,5 Gramm und das spezifische Gewicht des Goldstückes demnach $= \frac{25}{1{,}5}$ oder $= 16{,}666$. Nun hat aber reines Gold ein spezifisches Gewicht von 19,3; unser Goldstück muß also Zusätze von leichteren Körpern erhalten haben, durch die es zugleich in seinem Werthe verringert worden ist. Sobald diese Zusätze ihrer Natur nach bekannt sind, kann man aus dem spezifischen Gewicht auch mit Sicherheit auf ihre Menge bestimmen, und dies ist das Prinzip, für dessen Entdeckung Archimedes den Göttern ein Hekatombe opferte. Hundert Ochsen! —

deswegen — sagt Lessing — zittern jetzt noch so Viele, wenn eine neue Wahrheit gefunden wird.

Jeder, der sich auf ein schwimmendes Bret setzt oder mit einem Korkgürtel um den Leib in's Wasser springt, wendet das Archimedes'sche Prinzip an, ja die ganze Schiffahrt beruht auf denselben Grundsätzen, denn dadurch, daß man einen Körper aushöhlt, kann man ihn zwingen, eine Wassermasse zu verdrängen, deren Gewicht das seinige bei weitem übersteigt, wodurch er in den Stand gesetzt wird, spezifisch viel schwerere Körper zu tragen.

Das Wägen in Wasser hat keine großen Schwierigkeiten; man kann jede Wage dazu benutzen, an der man die eine Wagschale abgehangen und den Balken auf andere Art ausgeglichen hat (Fig. 61). Der zu wägende Körper wird mittelst eines feinen Metalldrahtes an einem Häkchen befestigt, so daß er gerade in die Mitte des mit Wasser gefüllten Gefäßes zu hängen kommt.

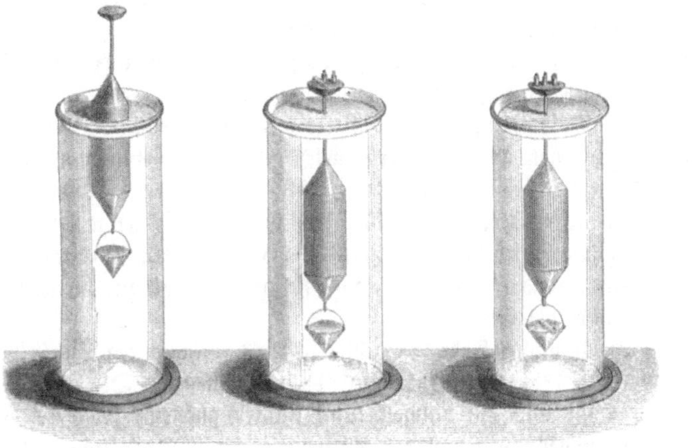

Fig. 62. Fig. 63. Fig. 64.
Nicholson's Aräometer und seine Anwendung zur Bestimmung des spezifischen Gewichtes.

Eine andere Methode, das spezifische Gewicht fester Körper zu bestimmen, ist die, daß man sie *in ein Gläschen mit Wasser bringt*, das bis an den obersten Rand gefüllt und gewogen worden ist. Durch das Zuschütten eines neuen Körpers wird Wasser verdrängt, welches man wägen und dadurch die Gewichtsdifferenz bestimmen kann. Eine dritte Methode ermöglichen die

**Aräometer.** Diesen kleinen Apparaten liegt dasselbe Prinzip zu Grunde wie der hydrostatischen Wage, nämlich daß der fragliche Körper das eine Mal in der Luft, das andere Mal im Wasser gewogen wird; indessen sind sie in anderer Art eingerichtet. Das bekannteste dieser Instrumente ist das sogenannte Nicholson'sche Aräometer, nach seinem Erfinder, einem englischen Physiker, der in der zweiten Hälfte des vorigen Jahrhunderts lebte, so genannt. Es besteht aus einem hohlen Cylinder von Messingblech, der nach beiden Seiten konisch verläuft, an seiner unteren Spitze eine schwere Schale a trägt, welche den Zweck hat, den zu wägenden Körper aufzunehmen, sodann aber auch den Schwerpunkt möglichst tief nach unten zu verlegen. Obenhin geht der Messingkörper in einen schwachen Draht aus, der ebenfalls eine Schale b oder eine Platte trägt und an einer gewissen Stelle mit einer Marke c versehen ist. Bis an diese Marke muß der Apparat allemal zum Eintauchen gebracht werden. Da der Körper des Aräometers im Innern hohl ist, so taucht derselbe in unbelastetem Zustande nur theilweise ein (Fig. 62); um das Niedergehen bis zur Marke c zu bewirken, muß daher auf die obere Schale eine gewisse Anzahl Gewichte gelegt werden. Bringt man einen Körper, z. B. einen geschliffenen Edelstein, auf die obere Schale, so werden natürlich, um ein Eintauchen bis zur Marke zu bewirken, weniger Gewichte auf b aufzulegen sein, und dieses Mindergewicht giebt rasch und sicher das absolute Gewicht des Körpers an. Eine dritte Wägung ist aber noch nöthig, um den Gewichtsverlust des zu untersuchenden Körpers im Wasser zu bestimmen. Sie erfolgt ebenso bequem, indem man den Stein, oder was es sonst ist, in die untere Schale a legt und durch Gewichte wieder ein Einspielen der Marke hervorruft.

Hätte man z. B., um das Aräometer bis zur Marke in das Wasser zu versenken, das erste Mal 20 Gramm nöthig gehabt, im zweiten Falle, mit dem geschliffenen Steine, aber blos 14,8 Gramm, so muß der letztere 5,2 Gramm wiegen. Das dritte Mal aber, wo er im Wasser gewogen wurde, wären auf die Schale b 16,8 Gramm zu legen nöthig gewesen. Es hat dann also der Edelstein nur noch mit einem Gewicht von 20 weniger 16,8 oder von 3,2 Gramm gewirkt, und er hat im Ganzen 5,2 — 3,2 oder 2 Gramm an Gewicht verloren: soviel beträgt die von ihm verdrängte Wassermasse; sein spezifisches Gewicht ergiebt sich aus dem Verhältniß von 5,2:2 und ist durch die Zahl 2,6 ausgedrückt.

Fig. 65. Senkwage.

**Alkoholometer, Saccharometer, Bierwage u. s. w.** Eine ganz besondere Wichtigkeit hat aber das Aräometer in seiner Anwendung zur Bestimmung des spezifischen Gewichtes von Flüssigkeiten erlangt. Wo es sich um Auflösungen fester Körper in flüssigen oder um Gemenge verschiedener Flüssigkeiten handelt, ist die Ermittelung des spezifischen Gewichtes nicht nur das bequemste, sondern oft auch das sicherste Mittel zur Erkenntniß ihres Gehaltes und Werthes.

In chemischen Fabriken richtet sich das Gelingen der Darstellung vieler Präparate nach dem Konzentrationsgrade der Lösungen. Der Gehalt an krystallisirbaren Salzen in den Laugen muß immer auf eine bequeme Weise ermittelt werden können, weil von der Konzentration der Auflösungen, die sich während der Abdampfung fortwährend ändert, der Gang der Behandlung abhängt. Dies geschieht durch Ausmittelung des spezifischen Gewichtes. Alle Salzlösungen, Säuren, Ammoniakflüssigkeit, Chlorkalklösung, Wasserglas und dergleichen lassen sich nach ihrem spezifischen Gewichte auf ihren Gehalt an wirklich werthvollen Stoffen und auf den Wasserzusatz prüfen; unzählige flüssige Produkte des Handels werden daher unter Angabe des spezifischen Gewichtes gekauft und verwendet. Die ausgebreitetste Anwendung findet daher das Aräometer oder die Senkwage in der Brennerei und für die Werthbestimmung alkoholhaltiger Präparate, Branntwein und Spiritus (Alkoholometer, Spirituswage u. s. w.).

Um das spezifische Gewicht von Flüssigkeiten zu bestimmen, kann man ohne Weiteres und mit der größten Genauigkeit auch das Nicholson'sche Aräometer anwenden. Wenn zum Eintauchen bis an die Marke in Wasser z. B. 20 Gramm aufgelegt werden mußten, in verdünnter Schwefelsäure aber 25 Gramm, so wird von dieser letztern also ein gleich großes Volumen $1^1/_4$mal so viel wiegen, oder, wenn wir das spezifische Gewicht des Wassers auch für Flüssigkeiten als Einheit annehmen, so wird die Schwefelsäure ein spezifisches Gewicht = 1,25 haben. Ganz reine englische Schwefelsäure wiegt 1,84; durch Versuche für jede Zwischenstufe zwischen 1 und 1,84 ist der Prozentgehalt an Wasser und Schwefelsäure festgestellt worden, so daß man später nur in einer danach angefertigten Tabelle nachzusehen braucht, um den Gehalt jeder verdünnten Säure zu erfahren. Für den praktischen Bedarf aber hat das Nicholson'sche

Aräometer sich einige Abänderungen gefallen lassen müssen, die es den jedesmaligen Zwecken bequemer gestaltet haben. Das Instrument, die Senkwage (Fig. 65), besteht noch aus einem langen hohlen Cylinder, derselbe ist aber ohne Wagschalen, gewöhnlich von Glas, damit man die innen angebrachte Skala durchlesen kann, oben und unten zugeschmolzen und im untern Theile mit einigen Tropfen Quecksilber oder einer Anzahl Schrotkörner versehen, welche das aufrechte Schwimmen bewirken sollen.

Je leichter eine Flüssigkeit ist, um so tiefer wird ein derartiges Instrument, dessen Gewicht immer gleich bleibt, in dieselbe eintauchen. Eine Skala giebt die bezüglichen spezifischen Gewichte an und Tabellen helfen dann weiter. Der Bequemlichkeit wegen hat man für die verschiedenen Arten der Flüssigkeiten besondere Instrumente hergerichtet, deren Skalen dann sich nur innerhalb gewisser Grenzen zu bewegen brauchen, und welche den Vortheil bieten, daß man auf denselben anstatt des spezifischen Gewichtes gleich den Prozentgehalt verzeichnet findet (Prozent-Aräometer). In dieser Weise hat man demnach Alkoholometer, Saccharometer zur Ausmittelung des Zuckergehaltes, Milchmesser (Laktometer), Bierwagen und dergleichen hergestellt. Leider hat sich in der Einrichtung der Tabellen die liebe Eitelkeit der „Erfinder“ und „Verbesserer“ wieder einmal zum Unsegen des ganzen Publikums recht breit gemacht. Es giebt z. B. eine ganze Anzahl von Senkwagen, die sich durch nichts weiter von einander unterscheiden als durch die Albernheit, daß meinetwegen die eine Baume'sche (für Flüssigkeiten leichter als Wasser) das spezifische Gewicht des Wassers einmal mit 10, das andere Mal (für schwere Flüssigkeiten) mit 1 bezeichnet, oder daß die einzelnen Angaben wie bei den Spirituswagen unter sich ohne Sinn und Verstand um halbe und ganze Prozente abweichen, je nachdem sie mit Stopani-, Richter-, Cartier-, Beck- oder Baumé-Instrumenten gemacht worden sind.

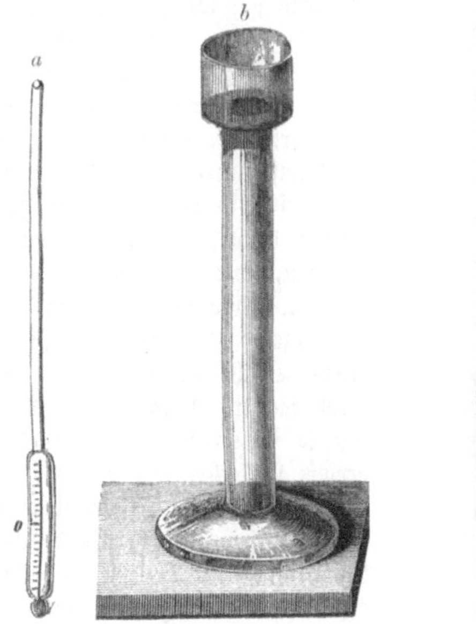


Fig. 66.
a. Senkwage mit Thermometer. b. Standglas.

Das Gay-Lussac'sche **Volumeter** ist derart eingerichtet, daß seine Skala direkt angiebt, um wie viel Volumentheile es in die Flüssigkeit eintaucht. Da sich die spezifischen Gewichte umgekehrt verhalten wie die verdrängten Flüssigkeitsmassen, so sind sie leicht zu berechnen und es verdient dies Instrument daher das rationellste genannt zu werden.

Die äußere Ausstattung der Alkoholometer wird gewöhnlich durch ein hohes Standglas vervollständigt, in welches der zu prüfende Spiritus gethan wird. Dasselbe darf nicht zu eng sein, damit nicht das Aräometer durch das Hinaufziehen der Flüssigkeit an den Wandungen in seinen Angaben beeinflußt wird. Außerdem auch kommt bei derartigen Messungen viel auf die Temperatur an und damit diese sich nicht während der Untersuchung zu rasch ändere, sind Gefäße von etwas größerem Inhalt immer vorzuziehen. Je wärmer nämlich, um so leichter ist die Flüssigkeit und bei Spiritus kann eine geringe Differenz schon zu beträchtlichen Abweichungen im spezifischen Gewicht führen. Es wird dies berücksichtigt, indem man an der Senkwage gleich ein Thermometer mit anbringt, dessen Angaben man mit Hülfe bezüglicher Tabellen in Rechnung bringt.

Bei gehöriger Benutzung sind die Aräometer ganz ausgezeichnet nützliche Apparate. Wo es sich indessen um Mischungen von mehr als zwei Stoffen handelt, werden sie als Gütemesser ganz unzuverlässig, denn sie vermögen ja eben nichts als die durchschnittliche Dichtigkeit der sämmtlichen Stoffe anzugeben, nicht aber, wie viel jeder einzelne dazu beigetragen hat, und die Werthe, die sie zeigen, werden ganz unbrauchbar, wenn ein Bestandtheil schwerer, der andere wieder leichter als Wasser ist. Bier z. B. besteht der Hauptsache nach aus Wasser, dann aus Alkohol, welcher das spezifische Gewicht der Mischung vermindert, und endlich aus Zucker, Salzen und Extraktstoffen, welche sämmtlich auf eine Vergrößerung des spezifischen Gewichtes hinarbeiten. Es können also zwei Biere genau dasselbe spezifische Gewicht haben und doch in ihrem Gehalt himmelweit verschieden sein, wenn mit der Zunahme des Alkoholgehaltes auch die Menge der festen Bestandtheile entsprechend gestiegen ist. Bei Milch tritt derselbe Fall ein, hier sind es einestheils die Fettbestandtheile, anderntheils Milchzucker und Salze, welche einander in ihrer Wirkung auf das Aräometer neutralisiren. Bierwagen und Milchwagen sind daher, wenn sie sich lediglich auf Ausmittelung des spezifischen Gewichts gründen, ein Unsinn.

In Bezug auf die Erfindung der Aräometer herrscht unter den Historikern eine Sage, auf die wir wenigstens hinweisen müssen, wenn wir damit auch keineswegs irgend eine Bürgschaft übernehmen wollen. Es gedenkt nämlich der Bischof Synesius von Cyrene in einem Briefe an seine Lehrerin, die berühmte Hypatia in Alexandrien, eines Instrumentes, welches er sich in Alexandrien will anfertigen oder kaufen lassen. Die Beschreibung, die er der Hypatia von dem Instrumente giebt, damit sie ihm kein falsches besorge, ebensowol der Zweck (Synesius will es wie ein Hydroskopium gebrauchen, weil er krank ist) lassen allerdings den Gedanken aufkommen, es könne damit ein Aräometer gemeint sein. Die Hypatia kann aber die Erfinderin nicht sein, wie einzelne Erklärer geschlossen haben, denn ihr würde der Bischof nicht eine so genaue Beschreibung zu geben nöthig gehabt haben. Daß auch vor 400 n. Chr. die Senkwage in Alexandrien noch wenig bekannt war, würde daraus hervorgehen, daß eine so unterrichtete Frau wie die Hypatia (sie wurde 415 ermordet) nichts davon gewußt zu haben scheint.

Die wirkliche Beschreibung einer Senkwage findet sich in einem lateinischen Gedicht des 6. Jahrhunderts, als dessen Urheber man den Grammatiker Priscianus ansieht. In Deutschland bediente man sich schon in sehr frühen Zeiten solcher Instrumente zur Prüfung der Salzsoolen, und in einem 1603 erschienenen Buche „Halographia" von Joh. Thölden steht Beschreibung und Gebrauch ausführlich angegeben.

Ihre jetzige Form, aus Glas und mit Skala, dürften die Senkwagen aber erst ungefähr seit 1675 haben, wo sie der bekannte Physiker Boyle als Goldwagen vorschlug. In derselben Zeit wol auch wurden sie von Robert Boyle und Cornelius Mayer zuerst zur Bestimmung des spezifischen Gewichts angewandt. Nicholson beschrieb sein Aräometer mit Gewichten 1787. Das Jahr darauf konstruirte ein gewisser Richardson eine Bierwage. Vallet, ein Franzose, erfand eine Liqueur- und Branntweinwage und von dieser Zeit an häufen sich die Veränderungen, über deren Werth wir uns schon ausgesprochen haben.

Der Foucault'sche Versuch zum Beweis für die Achsendrehung der Erde.

Wie das Gestirn
Ohne Hast,
Aber ohne Rast,
Drehe sich Jeder
Um die eigne Last.

Goethe.

# Pendel und Centrifugalmaschine.

Galileo Galilei. Entdeckung der Pendelgesetze. Fallgesetze. Gleichmäßig verzögerte und beschleunigte Bewegung. Anwendung des Pendels. Pendeluhr. Sekundenpendel. Das zusammengesetzte Pendel. Mälzel's Metronom. Reversionspendel. Foucault's Versuch. Verschiedenheit des Sekundenpendels auf der Erde. Abplattung. Die Centrifugalkraft. Plateau's Versuch über die Saturnbildung. Der Centrifugal-Regulator. Die Centrifugal-Trockenmaschine.

Am 18. Februar 1864 wurde eins der bedeutsamsten Jubiläen gefeiert, welche zu begehen die Menschheit überhaupt Veranlassung haben kann. An diesem Tage waren es dreihundert Jahre, daß Galileo Galilei geboren wurde.

Nicht die einzelnen Entdeckungen allein, welche sich diesem Genie aufthaten, mögen sie noch so groß, so weitleuchtend und bahneröffnend gewesen sein, nicht diese sind es, welche auf seinen Geburtstag als auf einen heiligen Tag der Welt zurückblicken lassen — es ist das Zerreißen des Nebelvorhangs überhaupt, der um Geister und Köpfe lag und der selbst die Begabtesten an alten Anschauungen festhalten ließ, blos weil ihr Ursprung einige Jahrtausende zurücklag und vielleicht an den unantastbaren Namen eines Aristoteles anknüpfte. Galilei stürzte das alte Gebäude aber nicht, ohne den Baugrund zu ebnen und zu festigen, und Wage und Richtscheit den neuen Arbeitern in die Hand zu geben.

In der That ist er der Erste, — der Wendepunkt. Wenn wir aber eine einzelne und die schönste Blüte Galilei'schen Geistes aufbrechen sehen wollen, so versetzen wir uns in das Halbdunkel des Domes zu Pisa.

Es ist ein hohes Kirchenfest. Von dem Chore erklingen melodische Wogen durch den kühlen Raum; Hunderte von Kerzen flimmern durch die Weihrauchwolken, welche stummbewegte Ministranten um den Hauptaltar verbreiten; eine Menschenmasse füllt das Schiff, kommend und gehend und kniebeugend in altgewohnter, unverstandener Weise. Durch hohe Fenster sucht das klare Himmelslicht hineinzudringen, doch kann kein Strahl sich frei auch nur auf einer Stirne niedersenken; in diesen Raum darf die Sonne nur scheinen, um reizend bunt zusammengesetzte Glasscherben zu erhellen.

In einem Geiste aber geht eine andere Helle auf. Ein junger Student, der neunzehnjährige Galilei, lehnt an einer Säule. — Sein Vater, einem edeln Geschlechte zu Pisa entsprossen, hatte den Sohn für den Kaufmannsstand bestimmt, und, selbst den Wissenschaften geneigt, ihm eine ausgezeichnete Erziehung geben lassen. Allein der früh erwachte Geist des Knaben erkannte bald, daß seine Aufgabe eine andere sei, als um Seide oder Gewürze zu handeln. Er bezog die Universität seines Geburtsortes und widmete sich hier der Medizin und der Philosophie des Aristoteles. Aber wo die Andern gläubig nachbeteten, trat ihm die Versuchung entgegen, zu prüfen. Ueberall ist für ihn Ordnung und Gesetzmäßigkeit; kein ander Gesetz, sagt er sich, als das, was die Natur selbst offenbart, kann das Wesen der Dinge zusammenhalten. Den Deutungen der Menschen giebt er keinen Werth, wo sie nicht der klare Ausdruck der Natur geblieben sind. Und das sind sie selten. Galilei hat sich bald gewöhnen müssen und leicht gewöhnt, die Bahn der Andern zu verlassen. Er hat seine eigenen Gedanken, und mit solchen steht er auch im Dome, mitten im strudelnden Menschengewühl allein.

An ihm zieht das sinnberauschende Geflute wirkungslos vorüber; seine Augen immer nach derselben Richtung, verfolgt er die langsamen Bewegungen eines von dem hohen Gewölbe niederhängenden Kronleuchters, in dessen Schwingungen er eine gesetzmäßige Regel ahnt. Immer in gleichen Zeitabständen macht der Leuchter seinen Bogen gleich weit nach beiden Seiten; wenn der Schwung seine Kraft verloren hat, kehrt er um, erst langsam, dann mit steigender Geschwindigkeit bis zur Mitte, dann wieder mehr und mehr sich verzögernd, bis er endlich auch auf der andern Seite wieder umkehrt und die gleiche Bahn in gleicher Weise zurückgeht. Und hinter ihm schwingt ein anderer Leuchter, für sich eben so regelmäßig, aber rascher, und doch haben beide gleiche Form und gleiche Größe und befinden sich sonst unter gleichen Verhältnissen, nur ist der erstere an einem höheren Punkte des Gewölbes befestigt, als die rascher schwingende Ampel.

Sollte auf die sonst mathematisch strengen Bewegungen die Länge des Seiles Einfluß haben? An diese Beobachtungen und das Auftauchen dieser Fragen knüpft sich, wie die Sage will, die erste Galilei'sche Entdeckung, die der Pendelgesetze, welche in ihrer lediglich auf direkte Beobachtung gestützten Entstehung und in ihrem durchsichtig geometrischen Charakter die epochemachende Richtung der Galilei'schen Forschungen überhaupt begründete.

**Das Pendel.** Ein Pendel ist jede schwere Masse, die an einem Punkte derart leichtbeweglich aufgehangen ist, daß sie unter dem Einfluß einer anziehenden Kraft um denselben schwingen kann. Bei den gewöhnlichen Pendeln ist diese Kraft die Schwerkraft, es darf aber, wie wir schon bei der Wage sahen, wenn Bewegung stattfinden soll, der Aufhängungspunkt nicht mit dem Schwerpunkt zusammenfallen.

Denken wir uns die schwere Masse nur als einen schweren Punkt und die Aufhängung als eine gewichtslose Linie, so haben wir ein mathematisches Pendel vor uns. In der Natur kommt ein solches nicht vor, indessen erleichtert die Vorstellung davon die Entwickelung der Gesetze. Selbst das einfachste Pendel, welches wir uns konstruiren können, indem wir eine kleine metallene Kugel an einem Kokonfaden aufhängen, ist Einflüssen der Reibung, des Luftwiderstandes u. s. w. unterworfen, welche, wenn auch noch so gering, doch in einem merklichen Grade auf die Bewegung Einfluß haben.

Ist in Fig. 68 a der Aufhängungspunkt, e der schwere Punkt, so ist ae die Ruhelage. Bewegt man die Kugel nach c und läßt sie dann los, so wird sie in Folge ihrer Schwere sich dem Mittelpunkte der Erde zu nähern, zu fallen suchen. Für ihre Bewegung gelten dieselben Gesetze, die wir beim Fall freier Körper beobachten können.

Fallbewegung. Während im freien Weltraume ein Körper, der sich einmal mit einer gewissen Geschwindigkeit bewegt, in Ewigkeit sich in derselben gradlinigen Richtung und mit immer gleichbleibender Geschwindigkeit fortbewegen würde — denn es ist kein Widerstand da, der seine Kraft aufzehrt, und keine andere Kraft, deren Einwirkung die einmal eingeschlagene Richtung verändern sollte — sind alle Bewegungen in der Nähe anderer Körper durch die von diesen ausgehende Anziehung beeinflußt. Ein schief in die Höhe geworfener Stein vermag nicht in seiner ursprünglichen gradlinigen Richtung fortzufliegen, die Schwere zieht ihn zur Erde herab, und da diese ununterbrochen wirkt, so setzt sich aus diesen beiden Bewegungen eine krumme, und zwar eine parabelförmige Flugbahn zusammen. Die Geschwindigkeit ändert sich, denn die Kraft, welche den Stein von der Erde entfernen will, wird durch die Schwere aufgezehrt, die Bewegung nach oben verlangsamt allmälig, bis sie gleich Null wird (gleichmäßig verzögerte Bewegung); von dem Augenblick an tritt das Herabfallen ein.

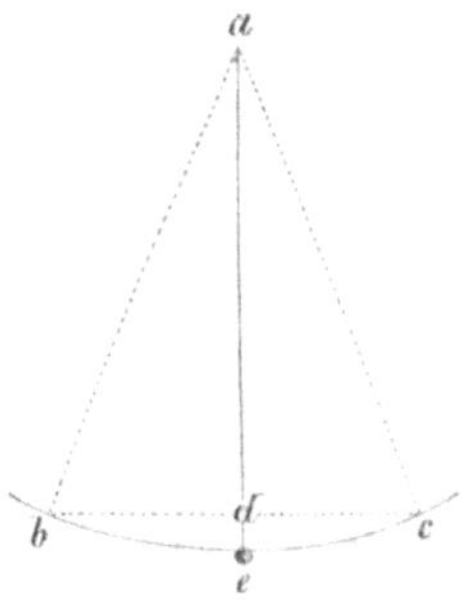

Fig. 68. Einfaches Pendel.

Läßt man den Stein frei von einem erhöhten Punkte herunterfallen, so daß er nur der Anziehung der Erde folgt, so ist seine Bewegung auch keine gleichbleibende. Er durchfällt, wie die Erfahrung lehrt, in der ersten Sekunde einen Raum von 15 Fuß, in der zweiten $3 \times 15 = 45$ Fuß, in der dritten $5 \times 15 = 75$ Fuß, in der vierten $7 \times 15 = 105$ Fuß u. s. f., so daß er nach Ablauf von 4 Sekunden eine Höhe von $105 + 75 + 45 + 15 = 240$ Fuß durchfallen hat, und zu Ende der vierten Sekunde mit einer Geschwindigkeit von 120 Fuß unten ankommt, während er zu Ende der dritten Sekunde eine Geschwindigkeit von 90, zu Ende der zweiten von 60, zu Ende der ersten Sekunde von 30 Fuß erlangt hatte (gleichförmig beschleunigte Bewegung). Diese Zahlen — welche in ihrer angeführten Größe natürlich nur für die Erde gelten; auf der Sonne würden sie, da dort die Schwere eine bedeutend größere ist, auch viel größer, auf dem Mond dagegen viel kleiner sein — lassen sich durch folgende Gesetze, die für alle Welträume Gültigkeit haben, allgemein ausdrücken:

Fallgesetze: 1. Die erlangten Geschwindigkeiten verhalten sich wie die Zeiten (1 . 30; 2 . 30; 3 . 30; 4 . 30 u. s. f.).

2. Die zurückgelegten Fallräume jeder folgenden Sekunde wachsen wie die ungeraden Zahlen (1 . 15; 3 . 15; 5 . 15; 7 . 15 u. s. f.).

3. Die im Ganzen durchfallenen Räume verhalten sich wie die Quadrate der Zeiten (1 . 15; 4 . 15; 9 . 15; 16 . 15).

Galilei entdeckte diese Gesetze gleichförmig beschleunigter Bewegung, indem er schwere Körper von dem Glockenthurm in Pisa herabfallen ließ, und er erläuterte sie zuerst 1638 in seinem Traktat über Mechanik. Er gab damals zugleich auch die schiefe Ebene als ein bequemes Mittel an, um sie durch den Versuch nachzuweisen, denn es zeigt eine auf einer geneigten Fläche herabrollende Kugel nicht die Geschwindigkeit einer frei fallenden, während doch immer das Verhältniß der Endgeschwindigkeiten, der Zeiten und der durchlaufenen Wege dasselbe bleibt. Die viel später von dem Engländer Atwood erfundene Fallmaschine läßt freilich auf noch bequemere Weise die Beobachtung dieser Gesetze zu.

Die Fallgesetze treten nun, wie gesagt, auch in den Bewegungserscheinungen des Pendels zu Tage. Es ist nämlich die Bewegung desselben nichts Anderes, als ein Herabfallen von einem höhern Punkte nach einem niedriger gelegenen, und ein Wiederaufsteigen in Folge der Trägheit oder der lebendigen Kraft, welche die schwere Masse des Pendels während des Fallens aufgenommen hat.

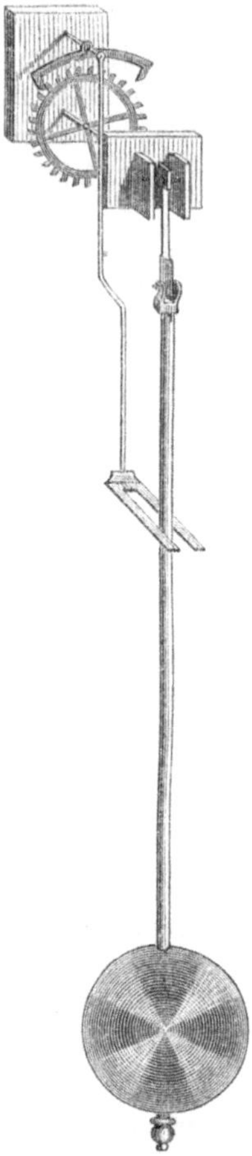
Fig. 69. Pendeluhr.

Wird in der ersten Hälfte der Bewegung während des Fallens die Geschwindigkeit stetig beschleunigt, so verzögert sie sich eben so gleichmäßig in der zweiten. In der Mitte, da wo der schwere Punkt seinen tiefsten Stand hat, hat er auch die größte Geschwindigkeit, und zwar ist dieselbe genau so groß, als sie auch sein würde, wenn er nicht von c nach e (Fig. 68) im Bogen, sondern von der Höhe d nach e frei gefallen wäre.

Auf die Schwingungszeit, das heißt die Dauer, welche zwischen dem Hin- und Hergange vergeht, hat die Substanz, aus welcher das Pendel besteht, keinen Einfluß; ebenso ist es — für nicht zu große Ausweichungen — gleichgültig, wie groß der Ausschlag ist. Es kommt lediglich die Entfernung des Schwerpunktes e vom Schwingungspunkte, die Pendellänge, in Betracht. Je kürzer die Pendellänge ist, um so rascher schwingt das Pendel, und zwar verhalten sich die Schwingungsdauern zweier verschieden langer Pendel umgekehrt wie die Quadrate ihrer Längen. Ein Pendel von 1 Fuß Länge macht vier Schwingungen, während ein andres von 2 Fuß Länge nur eine einzige ausführt.

**Anwendungen des Pendels.** Diese Gleichmäßigkeit der Schwingungsdauer mußte sehr bald als ein geeignetes Mittel zu genauen Zeitmessungen erscheinen, und es ist in der That bereits von Galilei das Pendel zu diesem Zwecke vorgeschlagen worden. In einem Briefe vom 5. Juli 1639 an Lorenzo Realis, Admiral und Gouverneur der Holländisch-ostindischen Kompagnie, mit dem er in Unterhandlung wegen Uebersiedelung nach Holland stand, schreibt er:

„Zur Zeitmessung bediene ich mich eines Pendels, von Messing oder Kupfer, welchem ich die Form eines Sektors von 12 bis 15 Graden gebe, dessen Radius 4 Spannen lang ist. Den Sektor verdicke ich im mittlern Radius und verdünne ihn sehr scharf auf beiden Seiten, damit ihm, so weit möglich, die Luft nicht widerstehe. An seinem Mittelpunkte hat er eine Oeffnung, durch welche ein Eisen geht, wie jenes, um welches sich eine Wage bewegt. Dieses Eisen endigt sich unten in eine scharfe Ecke und ruht auf zwei erzenen Stützen."

„Wenn nun", sagt er weiter, „der Sektor weit vom bleirechten Stande entfernt und seinem eigenen Fall überlassen wird, so legt er eine Menge Schwingungen zurück, ehe er still steht. Damit er aber diese Schwingungen fortsetze und immer weit aushole, so muß Derjenige, der ihm beistehet, ihm von Zeit zu Zeit einen starken Stoß geben."

Die Schwingungen zu zählen, dazu schlug Galilei ein kleines Stirnrad vor, welches beizufügen wäre und sich bei jeder Schwingung um einen Zahn fortbewegte. Ob der frühere Zeitmesser des Galilei, dessen er in einem Briefe an seinen Freund Micanzio Erwähnung thut (5. November 1637), auch in dieser Weise eingerichtet war, wissen wir nicht. Es soll aber derselbe, wie Galilei schreibt, nicht nur Stunden, sondern auch Minuten und Sekunden angezeigt haben. Trotzdem aber kann man nach der spätern Beschreibung nicht anders als das Instrument doch noch für ein sehr mangelhaftes und unvollkommenes halten. Man würde aber sehr unrecht thun, wenn man die Erinnerung daran ohne Weiteres in die Rumpelkammer werfen wollte, wie es von Denen geschieht, welche die Erfindung der Pendeluhr einzig und allein dem Mathematiker Huyghens zuschreiben möchten. Die wesentlichste Vervollkommnung, hauptsächlich die Ankerhemmung und die Zufügung schwerer Gewichte, durch welche der Gang erhalten wird, stammt allerdings von diesem (1657), die erste Idee aber, mit welcher er von seinem Vater bekannt gemacht worden war, gehört Galilei.

In welcher Art Huyghens das Pendel anwandte, um das Werk der Uhren in Gang zu setzen, zeigt die Abbildung (Fig. 69). Das Pendel L schwingt in seiner Aufhängung a hin und her, bei jeder Schwingung die Klammer AB mitnehmend, welche sich an ihrem obersten Ende um die horizontale Achse O dreht. An derselben Achse befindet sich eine nach zwei Seiten mit den Haken m und n in die Zähne des Rades R eingreifende Sperrklinge (ihrer Form wegen Anker genannt). Das Rad selbst wird durch ein daran hängendes Gewicht in Umdrehung versetzt; es kann aber nicht ohne Unterbrechung umlaufen, weil stets der Anker mit einem der Haken als Hemmung vorliegt. Durch die Schwingungen des Pendels erst erfolgt jedesmal eine Auslösung, das Rad rückt um einen Zahn, und durch den kleinen Stoß, welchen dabei der Ankerhaken von dem verlassenen Zahne erleidet und welcher auf die Pendelstange T übertragen wird, behält das Pendel immer die gleiche Weite seiner Ausschläge.

Die Eintheilung der Zahnräder richtet sich ganz nach der Zeitdauer, welche das Pendel zu einer Schwingung braucht. Verkürzt man daher oder verlängert man das Pendel einer Uhr, so wird dieselbe von dem Augenblick an anders gehen; im erstern Falle rascher, im zweiten langsamer.

**Sekundenpendel.** Zu physikalischen Zwecken benutzt man als Zeitmaß sehr häufig das einfache Sekundenpendel, das ist ein solches Pendel, dessen Schwingungsdauer genau eine Sekunde beträgt. Die wahre Länge eines solchen Pendels zu bestimmen, und damit zu jeder Zeit dasselbe wieder herstellen zu können, ist nicht so leicht. Denn da es zunächst nur durch Versuche gefunden werden kann, so müssen die Vorrichtungen mit ganz besonderer Akkuratesse gearbeitet werden, damit die Schwingungen auch genügend lange Zeit sich fortsetzen. Dazu ist die möglichste Verminderung aller Reibung erste Bedingung. Hat man aber auch eine große Anzahl von Schwingungen beobachtet und ist man im Stande gewesen, daraus ganz genau die Zeitdauer einer einzelnen zu berechnen, so bedarf es doch noch der Bestimmung der Entfernung des Schwerpunktes vom Schwingungspunkte, und diese Arbeit stößt auf nicht minder große Schwierigkeiten.

Es ist nämlich ein großer Unterschied, ob der schwingende schwere Körper an einem gewichtslosen oder doch so gut wie gewichtslosen Faden aufgehangen ist, oder ob die Stange selbst eine verhältnißmäßige Schwere besitzt. Und die an sich so einfachen Pendelgesetze erleiden eine noch weiter gehende Komplizirung, wenn der Schwingungspunkt des Pendels sich gar innerhalb der schweren Stange befindet, so daß schwere Massen oberhalb und unterhalb des Schwingungspunktes in Bewegung gesetzt werden müssen.

Einem solchen Falle begegnen wir in dem durch Abbildung (Fig. 70) dargestellten Metronom, welches nach seinem Erfinder den Namen des Mälzel'schen Metronoms erhalten hat. Es ist dies bekanntlich jener kleine Apparat, dessen man sich in der Musik bedient, um das Tempo der Musikstücke, die richtige Taktdauer, danach zu bestimmen. Die Hauptbestandtheile des Metronoms sind: eine schwere Bleikugel, an einem Stabe angebracht, welcher um eine horizontale Achse schwingt. Dieser Stab verlängert sich über den Schwingungspunkt nach oben und trägt an dieser übrigens mit einer Skala versehenen Verlängerung ein verschiebbares Gegengewicht. Alles Andere ist Nebenwerk; das Uhrwerk dient dazu, den Apparat lange Zeit in Gang zu erhalten. Die untere schwere Kugel wirkt immer an demselben Abstande, und sie würde, wenn sie allein schwingen könnte, auch ihre Oscillationen immer mit derselben Geschwindigkeit vollbringen. So aber muß sie das Gegengewicht, welches immer das Bestreben hat, eine Bewegung im entgegengesetzten Sinne zu vollbringen, mitbewegen und dadurch verlangsamen sich ihre Schwingungen, je nachdem das Gegengewicht mehr oder weniger nahe gerückt ist. Sie können endlich ganz aufhören, wenn es so weit an dem Stabe in die Höhe geschoben würde, daß die Entfernung des Schwerpunktes vom Drehungspunkte sich zu der Entfernung des Schwerpunktes der untern Masse umgekehrt verhielte wie die Größen der beiden Gewichte. Wir hätten dann einen zweiarmigen, im Gleichgewicht befindlichen Hebel vor uns, der in jeder Stellung in Ruhe sein würde. Je näher man daher das obere Gegengewicht dem Drehungspunkte schiebt, um so geringer wird sein verzögernder Einfluß, und die Schwingungsdauer nähert sich um so mehr derjenigen Schwingungsdauer, welche der untern Kugel allein zukommt. Es versteht sich, daß das Verhältniß der beiden Gewichtsmassen von dem größten Einfluß ist.

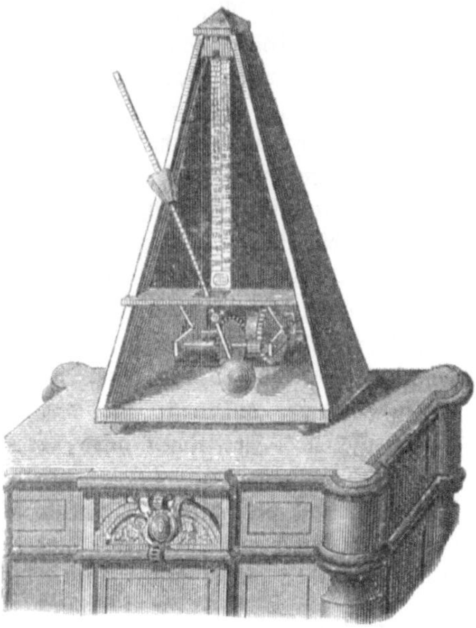

Fig. 70. Metronom von Mälzel.

Das Mälzel'sche Metronom ist ein sogenanntes zusammengesetztes Pendel, das heißt ein solches, dessen Masse nicht als ein einziger materieller Punkt betrachtet werden kann. Wenn man von der Länge eines solchen spricht — und streng genommen sind alle schwingenden Körper der Natur zusammengesetzte Pendel — so versteht man darunter diejenige Länge, welche ein einfaches Pendel haben müßte, wenn dasselbe gleich schnell schwingen sollte. Der Punkt, der die Länge des zusammengesetzten Pendels von der Drehachse angiebt, heißt der Schwingungspunkt; er braucht gar nicht in der Masse selbst zu liegen, sondern kann, wie manchmal beim Metronom, weit darüber hinausfallen.

Die Entfernung des Schwingungspunktes vom Drehpunkte genau zu finden ist man nun durch das sogenannte **Reversionspendel** im Stande. Wenn man nämlich in dem Schwingungspunkte eines zusammengesetzten Pendels, etwa einer gleichmäßig gearbeiteten vierseitigen Eisenstange, eine Messerschneide anbringt und das Pendel um diese schwingen läßt, so wird der frühere Drehpunkt jetzt zum Schwingungspunkte; man probirt so lange, bis das Pendel auf beiden Seiten genau dieselbe Schwingungsdauer zeigt; die Entfernung der beiden Schneiden giebt dann die Länge. Beträgt die Schwingungsdauer auf beiden Schneiden genau eine Sekunde, so ist die Länge des Sekundenpendels leicht abzunehmen. Von der Verwechselung, Umkehrung der beiden Punkte hat diese Vorrichtung den Namen Reversionspendel erhalten. Seine Erfindung stammt von dem deutschen Physiker **Bohnenberger**, indessen hat es erst der Engländer **Kater**, der von Bohnenberger's Vorschlag nichts wußte, zu dem für die physische Geographie so folgenreichen Zwecke angewandt.

Fig. 71. Reversionspendel.

**Der Foucault'sche Versuch.** Wie das Pendel bereits durch seine Abweichung in der Nähe großer Bergmassen ein Mittel geworden ist, die Dichtigkeit und das Gewicht der Erde zu bestimmen, wie es ferner deren äußere Gestalt förmlich im Bilde zeigt, so vermag es auch die Rotation, die tägliche Drehung der Erde um ihre Achse, nachzuweisen, und es ist in dieser Beziehung zuerst von Foucault 1850 jener augenscheinliche Beweis angestellt worden, welcher lauter als alle scheinbare Bewegung der Gestirne und überzeugender zu dem Beobachter spricht, weil man hier an einem nächstliegenden Gegenstande gleichsam ein sich Fortstehlen des Bodens unter dem Fuße bemerken kann.

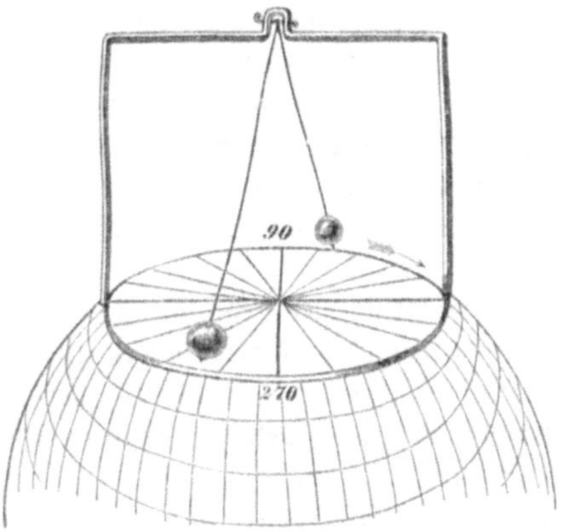

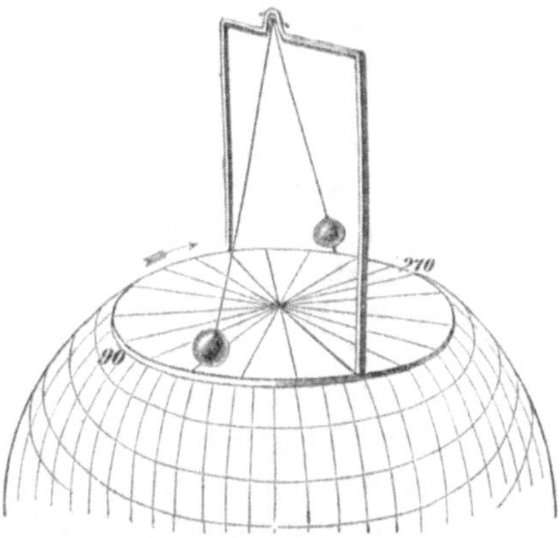


Fig. 72. Unveränderlichkeit der Schwingungsebene. Fig. 73.

Der Foucault'sche Versuch geht von der Erfahrung aus, daß ein schwingendes Pendel seine Bahn, die Schwingungsebene, unter allen Umständen beizubehalten bestrebt ist; es ist dies eine Folge der Trägheit. Wird z. B. an dem Haken a der Faden eines schweren Bleiloths befestigt und dasselbe in Schwingungen versetzt, so daß es meinetwegen seine Ausschläge in der Richtung a b c macht, so wird es diese Richtung immer beibehalten, wenn auch das Gestell, der unterliegende Kreis mit dem Stativ, welches die Aufhängung trägt, um seine Achse gedreht wird, so daß es aus der Lage 1 (Fig. 72) durch die Lage 2 (Fig. 73) hindurch den ganzen Kreis durchläuft.

Könnte man also genau über dem Nordpol in der Erdachse ein Pendel aufhängen, so würde dasselbe scheinbar nicht in seiner Schwingungsebene verharren, sondern bei jedem Hin- und Hergange eine kleine Abweichung zeigen und endlich wie der Zeiger einer Uhr in 24 Stunden einmal den Kreis durchschwungen haben. Es wäre dies scheinbar, denn in der That würde es nach dieser Zeit noch genau dieselbe Schwingungsebene — in der Richtung gegen die Sterne — haben; was sich gedreht hat, ist der Horizont selber gewesen und mit ihm die Erdkugel.

Man kann nun zwar das Experiment nicht über dem Pole selbst vornehmen, indessen ist dies auch durchaus nicht nothwendig. Die Erscheinung, daß der Horizont unter einem schwingenden Pendel förmlich im Kreise sich verschiebt, tritt auch unter allen Längengraden, bis hinab an den Aequator, ein; wir haben den Fall mit dem Nordpol, als den einfachsten, nur der Erklärung wegen herausgegriffen. Ueberall wird das Pendel seine Abweichungen zeigen; nur genau unter dem Aequator erleidet es keine solche scheinbare Aenderung der Schwingungsebene. Bis an diese Grenze aber durchläuft das schwingende Pendel seinen vollständigen Kreis. Freilich braucht es dazu um so mehr Zeit, je näher der Ort dem Aequator liegt, und um so weniger, je näher an einem der Pole das Pendel schwingt, und während es über dem Pole selbst genau in 24 Stunden einmal den Umkreis durchschwingt, kommt es damit in Königsberg (54° 42′ nördl. Br.) erst in 28 Stunden 3 Minuten, in München (48° 8′) in 31 Stunden 45 Minuten, in Rom (41° 54′) in 35 Stunden 33 Minuten, in Mexiko (19° 25′) erst in 71 Stunden 26 Minuten, in Cayenne (4° 56′) gar erst in 11 Tagen 11 Stunden 35 Minuten und bei Quito am Aequator wie gesagt nie oder erst in unendlich langer Zeit zu Stande.

Bedingung, um mit voller Sicherheit die Beobachtung machen zu können, ist, daß man ein sehr schweres Pendel von sehr großer Schwingungsdauer anwendet, dasselbe also an einem möglichst hohen Punkte aufhängen läßt. Je schwerer die schwingende Kugel nämlich ist und je langsamer die Bewegung, um so geringer können die zufälligen störenden Einflüsse einwirken, welche den regelmäßigen Gang verändern könnten. Man hat daher 1850, wo man den kurz vorher bekannt gewordenen Versuch Foucault's an vielen Orten wiederholte, gewöhnlich die hohen Gewölbe der Kirchen und Dome zu diesem Experiment benutzt, und namentlich sind im Kölner und im Speyerer Dome durch Genauigkeit der erlangten Resultate ausgezeichnete Wiederholungen gemacht worden.

**Abplattung der Erde.** Man wußte schon seit Aristoteles, daß die Form unserer Erde in der That nicht im Geringsten den phantastischen Vorstellungen entspreche, welche die ältesten Kosmologen von ihr hatten. Pythagoras sprach es zuerst aus, aber der große Philosoph aus Stagyra brachte die ersten Beweise dafür, daß der Weltkörper, welchen wir bewohnen, die Gestalt einer Kugel habe.

Nach dieser Ansicht müßte die Anziehung vom Mittelpunkte auf allen Theilen der Oberfläche eine gleich große, ebenso die beschleunigende Kraft der Schwere überall dieselbe sein und demzufolge auch das Sekundenpendel, gleichviel ob es unter dem Aequator oder unter dem Pole schwinge, immer genau dieselbe Länge haben. Man nahm dies auch bis zum Jahre 1672 als ausgemacht an, obgleich Newton schon früher die regelmäßige Kugelform der Erde bezweifelt und ihr aus Gründen, auf die wir bald zu sprechen kommen, eine Ausbauchung um den Aequator oder eine Abplattung an den Polen zugeschrieben hatte, wie sich eine solche aus den späteren Erdmessungen auch mit Evidenz erwiesen hat.

In dem genannten Jahre aber unternahm der Astronom Richer eine wissenschaftliche Reise nach Cayenne. Als er hier seine Pendeluhr aufstellte, fand er, daß dieselbe, obgleich sie vor seiner Abreise genau regulirt worden war, täglich um $2\frac{1}{2}$ Minute nachging. Wenn auch alle die Einflüsse, welche die verschiedene Temperatur und andere klimatische Verhältnisse ausüben konnten, auf das Gewissenhafteste in Berücksichtigung gezogen wurden, so blieben doch die Schwingungen des Pendels zu langsam, und die Uhr ging erst wieder richtig, nachdem man das Sekundenpendel um 5/4 Linie verkürzt hatte. Es stellte sich durch die genauesten Untersuchungen heraus, daß das Sekundenpendel in Paris 5/4 Linie länger war als in Cayenne, und daraus folgte, daß die beschleunigende Kraft der Schwere nach dem Aequator hin an Stärke abnahm, nach den Polen hin aber an Stärke zunahm. Die Ursache davon konnte nur die schon von Newton behauptete Unregelmäßigkeit in der Gestaltung der Erde sein, welcher zu Folge der Aequator einen größeren Durchmesser haben sollte als die Pole.

Uns ist jetzt durch die seit jener Zeit häufig wiederholten und mit dem größten Aufwande von Scharfsinn und Gewissenhaftigkeit ausgeführten Gradmessungen bekannt, daß jener längste (Aequatorial=) Durchmesser der Erde ungefähr um sechs Meilen den kürzesten (Polardurchmesser) übertrifft, indem der eine ungefähr 1719, der andere nur 1713 Meilen hat. Die Zwischenwerthe innerhalb dieser beiden Grenzen kommen denjenigen Punkten zu, welche vom Aequator nach den Polen hin auf demselben Meridian liegen; und es variirt mit ihnen gleichmäßig die Länge des Sekundenpendels an den verschiedenen Orten der Erde. Es beträgt z. B. diese Länge nach Sabine für

| | | | |
|---|---|---|---|
| St. Thomas | unter $0^0\ 24'\ 41''$: | 39,012 | Pariser Zoll, |
| Jamaika | = $17^0\ 56'\ 7''$ N: | 39,035 | = = |
| London | = $51^0\ 31'\ 8''$ N: | 39,139 | = = |
| Spitzbergen | = $79^0\ 49'\ 58''$ N: | 39,215 | = = |

Die Erde hat, um einen grobsinnlichen Vergleich zu gebrauchen, die Form einer Orange, sie ist ein Sphäroid, ein Rotationssphäroid. Dasselbe Pendel, dessen Abweichung am schottischen Berge Shehalien uns früher die Erde zu wägen lehrte, dasselbe Pendel könnte es sein, welches uns Form und Gestalt der Erde beschrieben hat. Einer der allereinfachsten Apparate, die wir zu denken im Stande sind, — und doch hat seine geistreiche Anwendung und die verständige Lesung seiner scheinbar armen Sprache uns mit den wunderbarsten Kenntnissen bereichert. Und nicht nur das Bestehende und Tausende von Meilen Entfernte stellt es zum Vergleich neben einander, Pol und Aequator, wie er uns heute erscheint; es führt wie ein fabelhaftes Fernrohr unsern Blick zurück durch ungemessene Zeiten und läßt uns Zuschauer werden an dem Entstehungsakt unserer Erde und der mit ihr kreisenden Gestirne. Denn gehen wir von der gewonnenen Kenntniß der Erdgestalt weiter und fragen wir nach den Umständen, unter welchen sich die Masse unsers Planeten in so merkwürdiger Weise rundete, so bestätigt sich auch hieran wieder die Annahme eines feurig=flüssigen Zustandes der Erdmasse als eines frühern Bildungsstadiums.

Fig. 74. Wirkung der Centrifugalkraft.

Die wirkende Kraft, welche die Abweichung von der vollkommen kugeligen Gestalt des geschmolzenen Welttropfens hervorbrachte, war keine andere als die sogenannte

**Centrifugalkraft.** Bekanntlich bezeichnet man mit diesem Namen diejenige Kraft, welche einen Körper, der sich in stetiger Weise um einen Punkt bewegt, von diesem Punkte zu entfernen strebt. Man vermag ein offenes Gefäß mit Wasser derart herumzuschleudern, daß die Flüssigkeit, selbst wenn die Oeffnung nach unten gekehrt ist, doch nicht herausfällt, sie wird im Gegentheil auf den Boden des Gefäßes einen um so stärkern Druck ausüben, je rascher die Bewegung ist. Legt man einen Ball lose auf eine Scheibe, wie es Fig. 74 zeigt, und schwingt diese im Kreise herum, so wird der Ball nicht herunterfallen, sondern im Gegentheil fest an die Scheibe angepreßt werden. Ein Stein, an eine Schnur gebunden und um den Kopf geschwungen, kann den Faden zerreißen; durch ihre schnelle Umdrehung sind gewaltige Mühlsteine und Schwungräder der Dampfmaschinen mitten auseinander geschleudert worden; David sowol als die alten Römer, welche, mit der Wirkung explodirender Körper noch unbekannt, aus großartigen Wurfmaschinen (Fig. 75) viele centnerschwere Steine oder Zündstoffe in die belagerten Orte schleuderten, sie benutzten beide dieselbe Kraftwirkung.

Fig. 75. Römische Wurfmaschine in der Belagerung von Agrigent.

Die Centrifugalkraft ist aber durchaus nicht, wie man aus dem Bisherigen schließen mochte, eine besondere, eigenthümliche Kraft, die in einer bestimmten Kraftquelle einen direkten Ursprung hätte. Sie ist vielmehr nur eine Erscheinungsweise der Trägheit, der Beharrung, eine Folge der lebendigen Kraft, welche durch irgend einen Impuls oder durch die stetige Wirkung einer Kraft dem sich bewegenden Körper mitgetheilt worden ist. Ebenso ist der Name Centripetalkraft, welcher die Kraft bedeuten soll, die von dem Bewegungsmittelpunkte auf den Körper ausgeübt wird und das Fortfliegen nach der Seite hindert, im Grunde nichtsbedeutend: bei der Schleuder die Festigkeit des Fadens, bei dem Ball auf der Scheibe der Widerstand, welchen die Scheibe der Fortbewegung des Balles entgegensetzt u. s. w. Wir haben es nur mit derjenigen Kraft zu thun, welche die kreisende oder schleudernde Bewegung hervorruft, sei diese die Kraft unsrer Arme, welche die Schleuder schwingt, sei es die Elastizität der gespannten Seile bei der Wurfmaschine, Wind- oder Wasserkraft beim Mühlstein, die Expansion des Dampfes beim Schwungrade oder — wie in der Bewegung der Gestirne — ein noch unerforschter Impuls.

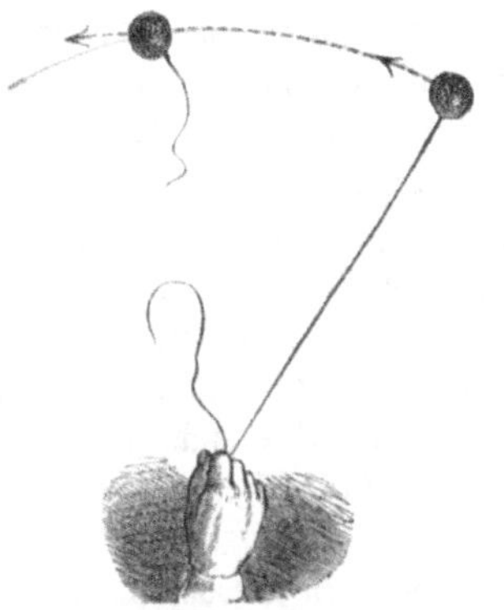

Fig. 76. Bewegung in tangentialer Richtung.

Wenn ein Körper nur einer einzigen Kraft ausgesetzt wäre, so würde ihm diese eine geradlinige Bahn vorschreiben. In der ganzen Natur kommt aber dieser Fall nie vor. Immer treten mehrere Kräfte mit einander in Wechselwirkung, und wenn von diesen die eine stetig aus einem Punkte wirkt, so zwingt sie die Bewegung zu gekrümmten Bahnen, zu deren Mittelpunkt sie wird.

Allgemein wird diese Kraft die Centripetalkraft genannt; sie ist in der bei weitem größten Zahl von natürlichen Erscheinungen die Schwere. Der Mond dreht sich um die Erde, er folgt dem ihm gewordenen Impulse eigener Bewegung, aber die allherrschende Schwere hält ihn an einem unsichtbaren Faden und zwingt ihn jeden Augenblick zum Mutterkörper zurück. Um die Sonne wandelt in gleicher Weise die Erde und mit ihr ein zahlreiches Heer großer Planeten und ein zahlloses kleiner Planetoiden. Und die Sonne selbst steht nicht im ruhenden Pol der Welt, sie rückt im All und endlich folgt das ganze Gestirn des Himmels einem Triebe, der die ewige Bewegung vielleicht an einen einzigen nichtigen Punkt des Raumes knüpft.

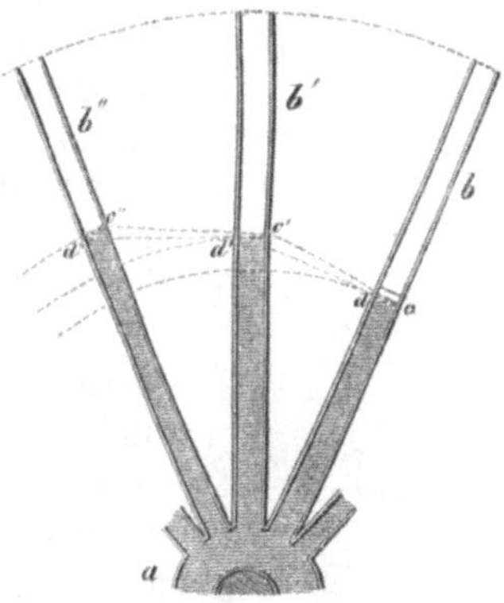


Fig. 77. Bewegung in radialer Richtung.

Sobald die Anziehung aufhört und der bewegte Körper seiner ihm innewohnenden Geschwindigkeit folgen kann, schlägt er einen geraden Weg ein, welcher stets in der Richtung der letzten Tangente (Fig. 76) liegen muß. Er strebt aus dem Kreise heraus. Daß er natürlich unter Umständen auch in radialer Richtung nach außen drängt, erfolgt aus der Betrachtung der nächsten Figur (Fig. 77). Eine mit Wasser gefüllte Röhre b werde im Kreise um den Punkt a herumgeschleudert, so daß sie mit der durch die Pfeile angedeuteten Geschwindigkeit nach b′, b″ u. s. w. gelangt. In b haben nun die Theilchen c und d der Oberfläche Richtung und Geschwindigkeit der punktirten Pfeile, sie wollen in diesem Sinne weiterfliegen und müssen daher in der Lage b′ nach c′ und d′ gelangt sein. Was für zwei Theilchen gilt, das gilt für die ganze in der Röhre befindliche Wassermasse. Dieselbe steigt darum nach außen, sie flieht vom Mittelpunkte, und aus dieser Erscheinung hat man den Namen Centrifugalkraft gebildet.

Je größer die Geschwindigkeit ist, um so größer wird auch das Bestreben, in der Tangentialrichtung vorwärts zu fliegen. Es muß daher ein weicher Körper da seine größte Ausdehnung zeigen, wo seine Rotationsgeschwindigkeit am bedeutendsten ist, weil dort die Masse mit der größten Energie sich vom Mittelpunkte zu entfernen strebte.

An der Ausbauchung am Aequator sehen wir diese Kräftewirkung erhärtet, im wahren Sinne des Wortes. Frappanter aber noch ist die äußere Form des Saturn, bei welchem Planeten in Folge der viel rascheren Drehung die Zone des Aequators so weit nach außen hin getrieben wurde, daß sie endlich von der Mutterkugel sich lostrennte und jetzt als ein in der Aequatorialebene freischwebendes Ringsystem, mit dem Kerne durch das Band der Schwere eng verbunden, ihre Bahn durchläuft. Plateau hat die Bildung des Saturn auf künstliche Weise nachgeahmt, indem er große flüssige Tropfen aus Terpentin, Wachs und dergleichen, welche genau das spezifische Gewicht des Wassers haben, in ein Gefäß mit Wasser brachte und dieses um seine Achse in rasche Rotation versetzte. Gelingt es, einen solchen Tropfen genau in die Mitte zu dirigiren, so daß er bei der Drehung mit seiner Mittelachse unverrückt fest bleibt, so plattet er sich erst an den Polen ab, der Aequator schwillt an, bei weitergehender Beschleunigung löst sich die Aequatorialzone ab und umgiebt wie der Saturnring den Kern; ist die Bewegung aber nicht ganz regelmäßig oder verrückt sich die Achse nur in Etwas, so verliert der Ring seine regelmäßige Form, er verdickt sich an derjenigen Stelle, die am weitesten schwingt, mehr und mehr, und alle Masse zieht sich schließlich dahin; an der gegenüberliegenden zerreißt er endlich, indem sich aus dem Ringe ein kugelförmiger Mond bildet. Wahrscheinlich sind die Trabanten der Planeten alle auf ähnliche Weise entstanden, und die Meteorsteine vielleicht Rudera jener Zerreißung, also kleine Erdmonde.

**Die Anwendungen der Centrifugalkraft**, die man in der Technik gemacht hat, sind nicht minder interessant, als die natürlichen Erscheinungen, sie liegen auf den verschiedenartigsten Gebieten. Mit Hülfe rasch rotirender Räder schleudert man das Wasser bis zu bedeutenden Höhen empor oder über weite Flächen hinweg. Centrifugalpumpen und Centrifugalspritzen sind in mannichfacher Einrichtung konstruirt worden. Denn sogar die Luft folgt, wie jeder andere schwere Körper, der Tangentialkraft und drängt nach außen, wenn sie zwischen zwei hohlen Scheiben, die in rasche Umdrehung versetzt werden, mit im Kreise herumbewegt wird. Dadurch ist es möglich geworden, jene großartigen Luftpumpen herzustellen, wie sie zum Betriebe der pneumatischen Packetbeförderung in London jetzt in Gebrauch sind und auf die wir in einem der nächsten Kapitel zu sprechen kommen.

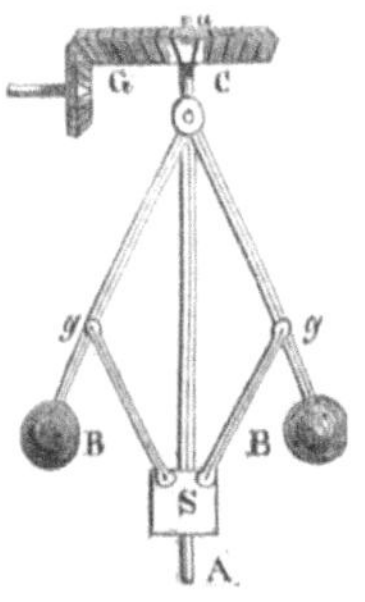


Fig. 78. Centrifugalregulator.

Die Wirkung der Centrifugalkraft ist in der Maschinenbaukunst ein ausgezeichnetes Mittel geworden, um die Geschwindigkeit des Ganges der Maschinen zu reguliren. Die sogenannten Centrifugalregulatoren bestehen aus zwei schweren Kugeln BB (Fig. 78), welche mittels zweier Schenkel an einer Welle A befestigt sind. Diese Welle wird durch die Maschinenkraft, Dampf- oder Wasserkraft, in Umdrehung versetzt, und zwar in um so raschere, je rascher die Maschine arbeitet. In der Abbildung vermitteln die gezähnten Räder G und C diese Bewegung. An der Umdrehung nehmen natürlich die Kugeln Theil, in Folge der Centrifugalkraft schleudern sie nun bald mehr bald weniger nach außen und ziehen dadurch den Schieber S an der Welle A auf oder nieder, je nachdem der Gang der Maschine sich beschleunigt oder verlangsamt.

Denkt man sich nun, daß mit dem Schieberkasten S direkt ein Hebel in Verbindung steht, durch dessen Auf- und Niedergang ein Hahn gedreht wird, welcher den Dampfstrahl aus dem Dampfkessel treten läßt, so sieht man leicht ein, daß jede Aenderung in der Schnelligkeit des Ganges der Maschine sich augenblicklich selbst korrigiren muß. Denn wenn die Kraft zu langsam wirkt, so fallen die Kugeln, der Schieber geht herab und öffnet das Dampfrohr weiter; fängt die Maschine an, zu rasch zu gehen, so wird der Hahn durch den mit den Kugeln aufwärts gezogenen Schieber zum Theil zugedreht und der Dampfzufluß dadurch beschränkt.

Die **Centrifugaltrockenmaschine** benutzt die Centrifugalkraft in noch direkterer Weise. Man denke sich einen nassen Lappen, den man trocknen will. Wird derselbe nicht einen großen Theil seiner Feuchtigkeit schon dadurch verlieren, daß man ihn heftig im Kreise herumschleudert, ihn schüttelt, wie man von dem beregneten Hute das Wasser durch Abschleudern entfernt? Nun, die Centrifugalmaschine, welche in der bei weitem größten Zahl von Fällen als Trockenmaschine gebraucht wird, wirkt in ganz derselben Weise, wie dort das Schleudern mit dem Arme, nur etwas regelmäßiger und mit größerer Kraft und Geschwindigkeit, wodurch selbstverständlich auch ein viel vollständigerer Effekt erreicht wird. Sie besteht im Wesentlichen aus nichts weiter als aus einer hohlen Trommel AA (Fig. 79), welche mittels Zahnräder und Getriebe um ihre Achse B in ungemein rasch rotirende Bewegung versetzt werden kann. In unsrer Zeichnung sind die übertragenden Maschinentheile durch die Riemenscheibe D D′D″, welche je eine mit einem der Zahnräder E E′E″ in Verbindung steht, angedeutet. Die Umsetzung kann in der mannichfachsten Art geschehen, da die eingreifenden Räder F F′F″ ebenso in ihrer Zähnezahl verschieden sind wie E E′E″. G ist eine lose gehende Rolle, auf welcher der Riemen läuft, wenn die Trommel stehen soll; H die Führung des Treibriemens. Die Wände der Trommel sind, je nachdem gewebte Stoffe, Wolle, gefärbte Garne, Leder oder dergleichen darin getrocknet werden sollen, entweder aus durchlöchertem Kupferblech oder, wie in der Zuckerfabrikation, wo es sich um die Reinigung des körnigen Rohzuckers von der beigemengten Melasse handelt, aus einem feinen siebartigen Gewebe hergestellt.

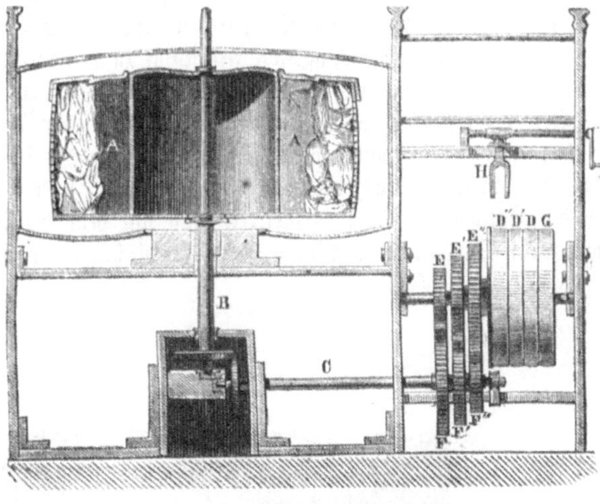

Fig. 79. Centrifugaltrockenmaschine.

Man hat nun nichts weiter zu thun, als die nassen Stoffe möglichst gleichmäßig an den Wänden der Trommel zu vertheilen und diese hierauf in schnelle Umdrehung zu versetzen. Die Feuchtigkeit drängt sich nach außen und wird durch die Oeffnungen in der Trommelwand fortgeschleudert, während sich der zurückbleibende Inhalt zu einer derben Masse zusammenpreßt. Die Arbeit dieser Maschinen ist so vollständig, daß man mit ihnen denselben Effekt, wozu man auf dem gewöhnlichen Wege des Trocknens viele Stunden gebraucht haben würde, in eben so viel Minuten erreicht.

Ist diese Maschine nun auch an sich kein so wichtiger Apparat, daß ihre Erfindung einen Abschnitt in der wissenschaftlichen oder technischen Entwickelung überhaupt bezeichnet hätte, so ist sie uns an dieser Stelle um deswillen von ganz besonderer Bedeutung gewesen, weil sie uns Veranlassung geboten hat, ein weites Gebiet natürlicher Erscheinungen und merkwürdiger Kraftäußerungen zu überschauen und uns auf's Neue des wunderbaren Zusammenhangs bewußt zu werden, welcher alles Natürliche in ein einziges Ganze harmonisch verknüpft. Die Anziehung der kleinsten Atome addirt sich in der großen Erdmasse zur gewaltigen Schwerkraft, deren Einwirkung auf die verschiedenen Stoffe messen zu können das wesentlichste Förderungsmittel der chemischen Wissenschaften geworden ist. Wie die Schwere den Fall der Körper in regelmäßiger Weise beschleunigt, so schreibt sie dem Pendel seine Bewegung vor, und die Erde verräth die Unregelmäßigkeit ihrer Gestalt dem Forscher durch die Anzahl von Schwingungen, welche dasselbe Pendel an den verschiedenen Punkten der Erdoberfläche macht. In dieser Abweichung von der Kugelform aber zeigt sich die eigenthümliche Wirkung der Trägheit, denn die fälschlich als besondere Kraft betrachtete Centrifugalkraft ist nichts Anderes als die Tangentialkraft, welche selbst auf dem Bestreben bewegter Körper, in der einmal eingeschlagenen Richtung zu verharren, beruht. Mit der eigenen Rotation verknüpft sich die fortschreitende Bewegung der Weltkörper.

Der einmalige excentrische Impuls, welcher vor Aeonen den Flug der Gestirne bewirkte, und die fortwährend waltende Anziehung der kleinsten Theilchen — sie sind es, welche die Erde zur ausgebauchten Kugel formten, welche Wärme und Licht verschieden über die Länder der Erde vertheilten und mit dem beglückenden Spiele von Tag und Nacht, von Sommer und Winter, dem fröhlichen Leben seine Bedingungen gaben.

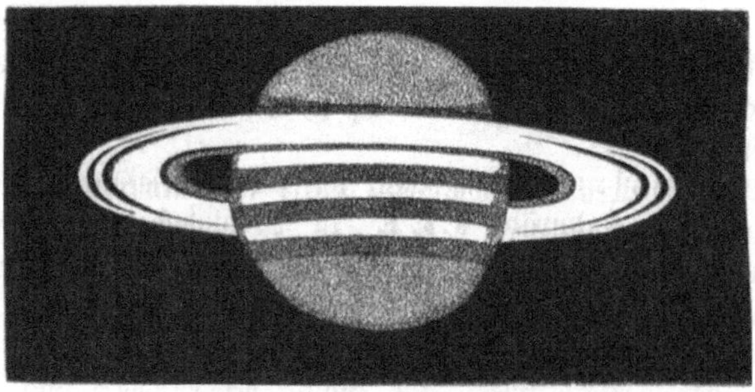

Der Saturn mit seinem Ringsystem.

Barometrische Höhenbeobachtung.

Seht nur hin — ihr werdet's fassen:
Wenn Merkur sich hebt und neigt,
Wird im Anziehn, im Entlassen
Atmosphäre schwer und leicht.

Goethe.

# Barometer und Manometer.

Beobachtung der Florentiner Brunnenmacher. Horror vacui. Torricelli's Versuch. Der Luftdruck und seine Gesetze. Die Atmosphäre. Höhenmessungen am Puy de Dôme. Barometer. Gefäß- und Heberbarometer. Aneroïdbarometer. Manometer. Mariotte'sches Gesetz. Barometrische Beobachtungen.

---

Es geht die Erzählung: die Brunnenmacher in Florenz hätten einst eine Pumpe zu bauen gehabt, mittelst welcher durch ein Saugrohr das Wasser auf eine sehr bedeutende Höhe gehoben werden sollte. Die Apparate wurden auf die gewöhnliche und sorgfältige Weise hergestellt, aber als sie aufgestellt waren und ihren Dienst verrichten sollten, zeigte es sich, daß das Wasser in dem Rohre nur eine Kleinigkeit über 30 Fuß stieg. Höher hinauf war es nicht zu bewegen, und diese Eigenthümlichkeit wiederholte sich in allen ähnlichen Fällen, so daß man zu der Annahme gezwungen wurde, man habe es hier nicht mit einer durch mangelhafte Einrichtung bewirkten Erscheinung, sondern mit einer gesetzmäßigen Thatsache zu thun.

Galilei, welchen der Ruhm damals als den größten Naturkundigen anerkannte, wurde um die Aufklärung des merkwürdigen Phänomens ersucht, und Manche sagen, er habe die richtige Ursache erkannt; Andere dagegen lassen ihn die Brunnenmacher mit der seinem logischen Geiste durchaus nicht entsprechenden Antwort abfertigen: „der Horror vacui habe auch seine Grenzen". — Horror vacui? — Es war den alten Physikern eine große Anzahl ähnlicher Erscheinungen bekannt, wie das Aufsaugen von

Flüssigkeiten mittelst eines Strohhalmes, das Verhalten des Weines im Stechheber, wenn die obere Oeffnung mit dem Finger geschlossen wird, und andere, zu deren Erklärung man kurzweg ein allgemeines Bestreben, einen förmlichen Willen der ganzen Natur annahm. Die Natur habe einen Abscheu vor jedem leeren Raume, auf Lateinisch einen Horror vacui, in Folge dessen sie fortwährend und überall darauf hinarbeite, jede Leere auszufüllen mit irgend einem Stoffe, der gerade zur Hand sei; Luft und Flüssigkeiten dienten ihr am häufigsten dazu.

Dieser Popanz, der sich ganz im Sinne der alten Naturphilosophie auf nichts als auf einen menschlichen Einfall gründete, hatte lange geherrscht, ohne daß es Jemandem eingefallen wäre, an der Berechtigung seiner unumschränkten Gewalt zu zweifeln. Man darf, wenn man sich jetzt darüber wundert, jedoch nicht außer Acht lassen, daß er nicht allein stand, sondern eingeflochten war in einen Kranz gleichwerthiger Strohblumen, von denen eine die andere hielt. Man kannte ja noch keine richtig angestellte Beobachtung.

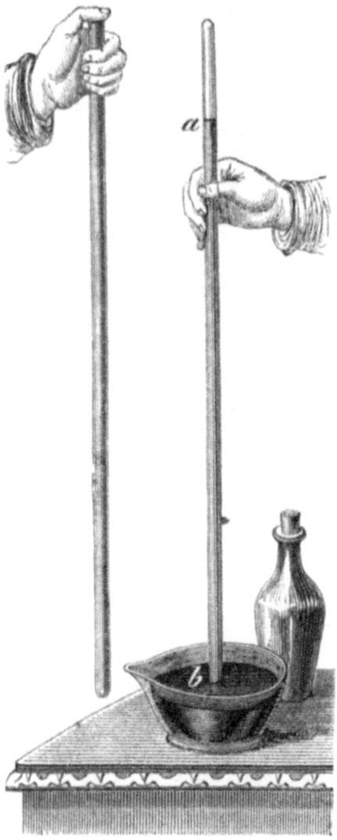

Fig. 82. Der Torricelli'sche Versuch.

Mögen nun die Brunnenmacher belehrt oder nur getröstet von Galilei weggegangen sein, das ist gewiß und das würde selbst aus jener Aeußerung herauszulesen sein, für den großen Pisaner bestand jener Glaube an den Horror vacui nicht; ungewiß aber ist, ob er selbst bereits dafür die richtige Erkenntniß der Ursachen gewonnen hatte. Man sagt und namentlich bemühen sich die Franzosen, die ihren Ruhm nur um so heller durch Worte zu vergolden suchen, je dürftiger die Unterlage ist, es zur Ueberzeugung zu machen, daß der Philosoph **Descartes** zuerst den wahren Grund jener Erscheinung bei den Pumpen nicht in einem Horror vacui, sondern im **Druck der Luft** gesehen habe, daß er somit Derjenige gewesen sei, welchem die Physik eine ihrer werthvollsten Entdeckungen verdanke.

Das steht aber fest, daß **Torricelli**, der bedeutendste Schüler des Galilei, zuerst und mit unumstößlicher Gewißheit durch das Experiment den Beweis für die Wirkung des Luftdrucks lieferte, und daß ihn die dankbare Wissenschaft daher mit Recht — mögen auch Galilei oder Descartes den Gedanken schon früher gehabt haben — als den Begründer einer neuen Disziplin feiert.

Im Jahre 1643 oder 44 machte Torricelli in Florenz den Versuch, welcher jetzt noch von den Physikern in derselben Weise angestellt wird. Er nahm eine starke Glasröhre von drei bis vier Fuß Länge, die an einem Ende zugeschmolzen und so weit war, daß die untere Oeffnung mit dem Daumen verschlossen werden konnte. Diese Röhre füllte er bis obenhin mit Quecksilber, drückte den Daumen auf die Oeffnung, sodaß beim Umkehren kein Quecksilber herauslaufen konnte, und brachte so das untere Ende in ein mit Quecksilber angefülltes Gefäß, unter den Spiegel der Flüssigkeit. Jetzt zog er den Finger von der Oeffnung. Der Zutritt der Luft zu dem Innern war durch das Quecksilber in dem größeren Gefäße vollständig abgeschlossen. Stellte er nun die Röhre senkrecht (Fig. 82), so sah er das Quecksilber darin sich senken, aber nicht bis völlig hinab, sondern es blieb auf einem gewissen Punkte bei a stehen, und so oft er auch das Experiment wiederholte, dieser Punkt lag über dem Spiegel b immer gleich hoch. Die Röhre mochte drei oder fünf Fuß lang sein, die Quecksilbersäule hatte immer eine vertikale Höhe von ungefähr 28 Zoll oder 76 Centimeter. Der obere Raum der Röhre war vollständig leer, Quecksilber war nicht darin und die Luft hatte keinen Zutritt gehabt. Noch jetzt heißt dieser leere Raum nach seinem Entdecker die Torricelli'sche Leere. Es war ein vacuum, wo war der Horror der Natur davor? Er hatte seine Grenze gefunden.

Torricelli schloß, da das Wasser in den Pumpenröhren bis zu etwa 32 Fuß, das Quecksilber in seiner Glasröhre aber nur bis zu 28 Zoll oder $2^1/_3$ Fuß durch Aussaugen der Luft gestiegen war, das spezifische Gewicht des Wassers sich aber zu dem des Quecksilbers gerade umgekehrt verhielt, wie jene Höhen $1:13{,}7 = 2{,}33:32$, daß in beiden Fällen äußerer Druck die Ursache der Erscheinung wäre, und ferner, daß dieser Druck ganz genau gemessen werde durch den Druck einer Wassersäule von 32 Fuß oder einer Quecksilbersäule von 28 Zoll Höhe. „Die Atmosphäre ist es, welche den Druck hervorbringt", sagte Torricelli; „die Luft ist ein schwerer Körper, sie hat Gewicht und lastet mit diesem Gewicht auf der Erde, wie das Wasser des Meeres schwer auf dem Grunde seines Beckens ruht."

Diese Versuche machten ungeheures Aufsehen in der Welt und vorzüglich nahm der berühmte französische Mathematiker Pascal ein großes Interesse daran. Er ließ 1648 zu Rouen im großen Maßstabe eine lange Reihe von Experimenten mit Flüssigkeiten von ganz verschiedenem spezifischen Gewichte, wie Wein, Oel u. s. w., ausführen, und alle bestätigten die Torricelli'schen Folgerungen auf das Glänzendste. Seine Erfahrungen erschienen 1667 im Druck und in den beiden Abhandlungen „Ueber das Gleichgewicht der Flüssigkeiten" und „Vom Drucke der Luft" sind bereits alle Grundwahrheiten dieses Gegenstandes mit der unwiderstehlichen Beweiskraft des großen Mathematikers auseinander gelegt. Die Bemerkung, daß die Luft ein schwerer Körper sei, war übrigens nicht ganz neu, denn schon Aristoteles hatte erwähnt, daß Lederschläuche ein größeres Gewicht zeigten, wenn sie mit Luft aufgeblasen wären, als wenn sie leer gewogen würden. Indessen für die Physiker war jene übrigens nicht ganz richtige Behauptung gänzlich fruchtlos geblieben.

Wollen wir die Gesammterfahrungen, die aus der Wiederholung und Erläuterung des Torricelli'schen Versuches der Hauptsache nach an uns vorübergehen lassen, so treten die folgenden Punkte als die bedeutendsten Wahrheiten heraus: Jedes Lufttheilchen hat Gewicht, daher muß die ganze Atmosphäre schwer sein, und weil ihre Ausdehnung eine bestimmt begrenzte ist, so ist auch ihr Gewicht ein fest bestimmtes. Sie drückt mit diesem Gewichte auf alle Punkte der Oberfläche der festen Erde. Die Atmosphäre ist ein Luftmeer, dessen Oberfläche hoch über uns liegt und wie des Ozeans Spiegel um den Erdmittelpunkt gekrümmt ist; wir leben auf seinem Grunde und sind in dieser Beziehung dem Krebse zu vergleichen, der auf dem Boden eines See's herumkriecht; — nur ist der Spiegel dieses Luftmeers ein ununterbrochener, die höchsten Berge des Himalaya ragen nicht darüber hinaus, sie sind immer nur tief gelegene Riffe, an denen sich die Strömung der Winde bricht. Der Druck des Wassers wirkt von allen Seiten auf die darin schwimmenden Körper, gerade so der Druck der Luft; aber wie die Fische, welche im Wasser schwimmen, von diesem Druck nichts merken, so merken auch wir nichts von der großen Last, die von allen Seiten auf uns ruht.

Wie der Boden eines mit Wasser gefüllten Gefäßes einen größeren Druck auszuhalten hat, als ein Punkt in der Mitte, über welchem nur die Hälfte der Wassermasse lastet, ebenso drückt die Atmosphäre mit minder großer Last auf den Spitzen der Berge als in den tiefgelegenen Thälern. Wenn wir eine große Masse Wolle über einander häufen könnten, thurmhoch, einen ganzen Berg, so würden wir bemerken, daß die unteren Schichten durch das eigene Gewicht der darüber liegenden Massen derb zusammengedrückt werden; je höher hinauf, um so loser wird der Zusammenhang; nur ganz oben liegt die loseste Wolle, welche durch gar keinen Druck in der Elastizität ihrer Fasern beschränkt wird. Genau so verhält sich die Luft. Sie ist elastisch und sehr zusammendrückbar, an der Oberfläche der Erde hat sie daher unter dem Drucke der darüber lastenden Massen die größte Dichtigkeit; dieselbe nimmt aber ab, je höher wir uns erheben, die Luft wird dünner. Wollten wir aus den niedersten Schichten der zusammengepreßten Wolle einen Theil herausnehmen und zu oberst legen, so würde die natürliche Elastizität ein Aufschwellen bewirken, bis der gewöhnliche Zustand wieder erreicht wäre. So verhält sich die Luft auch; sie dehnt sich, wenn sie in höhere Regionen kommt, aus, aber ihr Ausdehnen scheint keine Grenze zu haben, selbst auf das Aeußerste verdünnte Luft wird immer noch, wenn man ihr einen größern Raum darbietet, diesen vollständig ausfüllen können.

**Die Atmosphäre.** Kehren wir dahin zurück, die um die Erde gelagerte Luftmasse als ein Ganzes aufzufassen, so fällt uns zuerst die Frage nach der Höhe, bis zu welcher die Atmosphäre sich über unsern Häuptern aufbaut, in den Sinn. Hätte die Luft durchgängig eine gleiche Dichtigkeit wie das nicht oder nur sehr wenig zusammendrückbare Wasser, so würde aus dem leicht zu ermittelnden Drucke die Entfernung des obersten Luftspiegels rasch zu berechnen sein. Indessen da dies nicht der Fall ist, vielmehr die atmosphärische Luft wie alle Gase eine Ausdehnbarkeit über alle Grenzen hinaus zu haben scheint und da das Mariotte'sche Gesetz (die Volumina der Gase verhalten sich umgekehrt wie die Drucke, denen sie ausgesetzt sind) eine unbeschränkte Anwendung wol nicht gestattet, so kann man über die äußersten Grenzen der Atmosphäre auch nur ungefähre Vermuthungen aufstellen, welche je nach der Zulässigkeit ihrer Voraussetzungen Anspruch auf größere oder geringere Näherung an die Wahrheit haben. Eine scharfe Begrenzung erleidet der Luftkreis übrigens in Folge der großen Expansibilität wahrscheinlich gar nicht, sondern es erfolgt da, wo sich dies elastische Bestreben mit der anziehenden Wirkung der Schwere das Gleichgewicht hält, ein allmäliger Uebergang in die allgemeine Leere. Auf Grund sorgfältiger Berechnung glaubt man der Atmosphäre eine Höhe von ungefähr 10—12 Meilen geben zu dürfen, das ist ungefähr so viel, als wenn man sich um eine große Kegelkugel eine Schicht von der Dicke eines schwachen Federmesserrückens gelegt denkt.

Eine Quecksilbersäule von 28 Zoll Höhe und mit einem Querschnitt von 1 Quadratzoll hat ein Gewicht von nahezu 15 Pfund, genau eben so viel wiegt eine 32 Fuß hohe Wassersäule von gleichem Querschnitt, und da die Luft, welche auf diesen Querschnitt drückt, einem solchen Gewichte das Gleichgewicht hält, so muß demnach eine Luftsäule, welche von der Erdoberfläche bis an die äußerste Grenze der Atmosphäre reicht und die ebenfalls einen Quadratzoll Querschnitt hat, auch 15 Pfund wiegen. Auf die Fläche eines Quadratfußes drückt die Luft mit 2160 Pfund Gewicht, auf dem Raume einer Quadratmeile lasten 13,500 Millionen Centner und das Gewicht des ganzen Luftozeans beträgt zusammengenommen die Kleinigkeit von 124,741″755,000′000,000 Centnern. Da, wie wir gesehen haben, es von wesentlichem Einfluß ist, in welcher Höhe der Druck der Atmosphäre gemessen wird, so hat man als Ausgangspunkt für Vergleichungen denjenigen Druck angenommen, welchen die Atmosphäre am Spiegel des Meeres oder an den Küsten ausübt. Auf diesen Stand reduzirt man dann auch gewöhnlich die Beobachtungen.

**Höhenmessungen.** Schon gegen das Ende des Jahres 1647 veranlaßte Pascal, um seine eigenen Untersuchungen zu prüfen und zu erweitern, einen Verwandten von sich, Perier, Beobachtungen des Luftdrucks mittelst der Torricelli'schen Röhre auf dem nahe der Stadt Clermont in der Auvergne gelegenen Puy de Dôme, einem über 4500 Fuß hohen Berge, anzustellen. Die Umständlichkeit, mit welcher damals noch diese Experimente behaftet waren, ließ diesen ziemlich hohen Berg, welcher in der Nähe einer belebten Stadt lag, ganz besonders dazu geeignet erscheinen. Allein die Versuche konnten erst im September des Jahres 1648 unternommen werden. An diesem Tage wurde im Garten des Franziskanerklosters auf die Torricelli'sche Weise der Luftdruck durch die Höhe der Quecksilbersäule gemessen. Périer fand dieselbe zu 26 Zoll 3½ Linien, und zwar, wie natürlich, in zwei verschiedenen Röhren genau gleich hoch. Eine von diesen Röhren blieb nun in dem Garten zurück und wurde fortwährend beobachtet, um jedes etwa eintretende Sinken oder Steigen der Quecksilbersäule der Zeit nach bestimmen zu können. Die andere wurde von Périer mit auf den Gipfel des Puy de Dôme genommen. Hier wurde das Experiment wiederholt und siehe da, der obere Spiegel des Quecksilbers lag nicht mehr 26 Zoll 3½ Linie, sondern nur noch 23 Zoll 2 Linien über dem untern Spiegel. „Dieses Experiment", sagt Périer darüber, „setzte uns Alle in Verwunderung und Erstaunen; wir wurden förmlich verblüfft von einem solchen Ausgang, den sofort zu wiederholen wir unserer eigenen Genugthuung wegen unternahmen; noch fünfmal repetirten wir das Experiment unter den abweichendsten Verhältnissen auf dem Gipfel des Berges, bald den Apparat bedeckt, bald frei, bei verschiedenem Wetter, frei vor dem Wind und dann wieder geschützt — immer mit demselben Resultat." Beim Herabsteigen vom Berge wurde zwischen dem Gipfel und dem Klostergarten noch eine Station gemacht; hier fand sich die Höhe der Quecksilbersäule in der Röhre 25 Zoll. Als die Expedition wieder an den Ausgangspunkt zurückkam und man das dort zurückgelassene Instrument beobachtete, fand man, daß es genau den alten Stand von 26 Zoll 3½ Linie Quecksilberhöhe behalten hatte, und daß ebenso die zweite vom Puy de Dôme wieder mit herabgebrachte Röhre ihren früheren Stand zeigte. Die veränderte Höhe der Säule mußte also eine Folge der Erhebung über den früheren Stand, und, wie es die Physiker bereits richtig erkannt hatten, eine Folge des verminderten Luftdrucks in jenen größeren Höhen sein.

Am folgenden Tage machte Périer neue Experimente; zuerst in einem im höchsten Stadttheil gelegenen Privathause, nahe der Notre-Dame-Kirche, der zweite Versuch wurde auf dem Thurme jener Kirche angestellt. Selbst bei diesen verhältnißmäßig geringen Erhebungen war die Verminderung des Luftdrucks an der geringeren Höhe der Quecksilbersäule merkbar und alle die Beobachtungen in Clermont bestätigten die von Torricelli und Pascal gemachten Schlüsse auf das Vollständigste. Man hatte gefunden, daß bei einer Erhebung um 7 Toisen die Quecksilbersäule um ½ Linie, bei 27 Toisen Höhe um 2½ Linie, bei 150 Toisen um 15½ Linie und bei 500 Toisen um 37½ Linie gefallen war.

Wir haben mit einiger Ausführlichkeit diese Versuche behandelt, weil sie ein schönes Beispiel geben von dem klaren Blick ihrer Urheber, welcher Resultate herbeiführte, die einer neuentdeckten Wahrheit sogleich den Triumph vollendeten Sieges verschafften.

Die Schlüsse, welche Périer an seine wohlgeglückte Unternehmung knüpfte, sind nicht minder interessant als diese selbst. Er bemerkte gleich, daß die Abnahme der Quecksilberhöhe mit einer Regelmäßigkeit erfolge, die sie der mathematischen Berechnung zugänglich machte. „Ich zweifle nicht", schreibt er in seinem Berichte an Pascal, „daß ich so glücklich sein werde, Ihnen eines Tages eine Tabelle überreichen zu können, welche mit Genauigkeit die Höhendifferenzen der Quecksilbersäule für je 100 Toisen Erhebung angiebt." — Pascal brachte die Abhängigkeit des Luftdrucks von der Höhe über die Meeresoberfläche oder die Barometerhöhe von der Höhe des Beobachtungsortes in eine mathematische Formel, welche auf die eleganteste Weise den Zusammenhang zeigt und jedes dieser Verhältnisse aus dem andern berechnen läßt.

Damit war der physischen Geographie ein neues und wichtiges Werkzeug in die Hand gegeben. Bisher hatte man die Erhebung der Erdoberfläche über den Meeresspiegel oder ihren gegenseitigen Höhenabstand nicht anders zu bestimmen vermocht, als durch sehr komplizirte und deswegen nur schwierig, ja häufig gar nicht ausführbare, trigonometrische Aufnahmen, abgesehen von einigen anderen, ganz unvollkommenen Methoden. Jetzt vermochte jeder Reisende, jeder Bergbesteiger mit größter Leichtigkeit durch Anstellung des Torricelli'schen Versuches die erreichte Höhe zu messen. Der Nutzen lag auf der Hand und mußte ganz besonders für die Entwickelung der physischen Geographie, der Geologie, der Pflanzengeographie, kurz für alle Disziplinen der Erdkunde von dem wichtigsten Einflusse werden. Man durchschaue jetzt die hypsometrischen Tafeln der Erde, welche die Höhe der einzelnen Punkte über dem Meeresspiegel angeben, und man wird eine Vollständigkeit der Angaben finden, in Folge deren es dem Mechaniker möglich ist, von Gebirgszügen auf der andern Halbkugel, die er nie mit eigenen Augen gesehen hat, die genauesten plastischen Darstellungen anzufertigen. Und die bei weitem größte Zahl jener Höhenangaben ist mit Hülfe der Quecksilbersäule gemacht worden.

Wir sagten, jeder Tourist konnte von nun an mit Leichtigkeit dergleichen Beobachtungen machen, — dies ist nur bedingungsweise zu verstehen. Leicht und leicht ist in der Welt sehr Zweierlei, und die Schwierigkeiten genauer naturwissenschaftlicher Beobachtungen liegen in einer Sphäre, die mit netten, glänzenden, allerliebsten Apparaten oft so umstellt ist, daß der Laie eine angenehme Unterhaltung da zu ersehen meint, wo dem Geist und dem Scharfsinn die wirksamsten Aufgaben gestellt sind.

Es ist auch mit dem eben beschriebenen Torricelli'schen Verfahren nicht anders. Will man sichere Beobachtungen damit machen — und solche können der Wissenschaft nur von Nutzen sein — so sind eine Menge von Vorsichtsmaßregeln nothwendig, eine Menge von Rücksichten zu nehmen und Faktoren in Rechnung zu bringen, an deren Vorhandensein nur der mit allen Verhältnissen Vertraute denkt, deren Vernachlässigung aber den Werth des endlichen Resultates sehr beeinträchtigen würde.

Um nur Einiges zu erwähnen. Die Luft ist auf dem Wege, welchen wir der kürzeren Darstellung wegen angenommen haben, nämlich daß man einfach die Glasröhre mit Quecksilber füllt und dann umkehrt, nicht vollständig aus dem Innern zu entfernen. Sie hat die Eigenthümlichkeit, an der Oberfläche der Körper und also auch an der Oberfläche der innern Glaswand mit großer Entschiedenheit festzuhaften. Wenn also Quecksilber in die Röhre gegossen wird, so bleibt zwischen dem Glase und dem Metall immer noch eine dünne Schicht Luft, die sich, wenn das Quecksilber sinkt, im Torricelli'schen leeren Raume ausbreitet und dadurch einen geringen Druck auf das Quecksilber ausübt; die Quecksilbersäule wird zu niedrig. Man muß daher, um von diesem schädlichen Einfluß befreit zu werden, die Glasröhre vor dem Versuch gut ausglühen, dadurch wird die Luft entfernt, und dann gleich mit der untern Oeffnung in das Quecksilber tauchen, so daß keine neuen Lufttheilchen anhaften können.

Ferner müssen, wenn nun solchergestalt auch der Apparat auf das Beste hergestellt ist, seine Angaben doch noch korrigirt werden, denn die verschiedene Temperatur der Luft wirkt auf das Quecksilbervolumen verändernd und es ist einleuchtend, daß Quecksilber von 20 Grad Wärme leichter sein und höher in der Torricelli'schen Röhre stehen wird, als Quecksilber von 0°, bei übrigens ganz gleichem Drucke. Außerdem aber wirkt die Feuchtigkeit der Luft, die Dampfspannung, auf den Druck ein und man muß auch ihren Einfluß abzüglich in Rechnung bringen. Den genauesten Beobachtungen ist es aber gelungen, die Gesetzmäßigkeit dieser Einflüsse aufzudecken und ebenso in mathematischen Formeln auszudrücken, wie es mit der Grunderscheinung der Fall war.

Und was die Wissenschaft auf der einen Seite durchforscht und in ihrem Wesen erklärt hat, das hat auf der andern Seite die Mechanik benutzt und damit Schritt haltend die Genauigkeit der Resultate durch Vervollkommnung der dazu nothwendigen Apparate erhöht und der Wahrheit immer näher gebracht.

**Barometer.** Man hat sehr zeitig begonnen, der Anstellung des Torricelli'schen Versuches diejenige Bequemlichkeit zu verschaffen, welche ihn auch in der Hand von Laien gelingen läßt, und zu diesem Behufe ist der Apparat in zusammenhängender Form hergestellt worden, die er ein- für allemal behält. Ein solcher Apparat heißt ein Barometer (Schweremesser der Luft). Seine Bekanntschaft hat gewiß Jeder unserer Leser bereits gemacht, da das Barometer unter dem populären Namen Wetterglas fast zu einem Bestandtheile häuslicher Einrichtungen geworden ist.

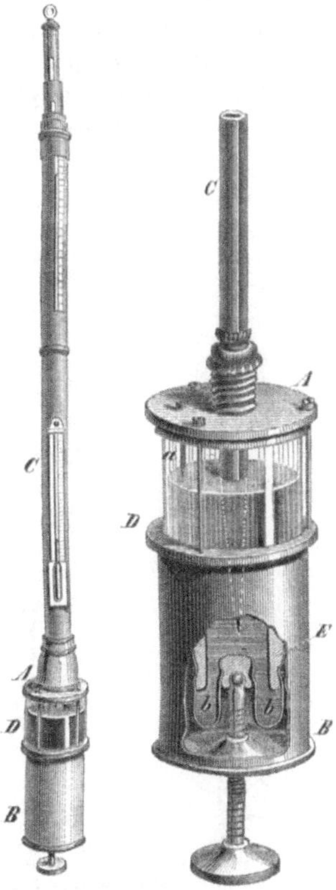

Fig. 83.
Fortin's Gefäßbarometer.

Eins der ersten Barometer dürfte dasjenige gewesen sein, welches der berühmte Bürgermeister von Magdeburg, Otto von Guericke, dessen physikalische Entdeckungen ihn seinem Zeitgenossen Torricelli würdig an die Seite stellen, ausgeführt haben soll. Dieses Instrument bestand aus einem langen, oben geschlossenen Glasrohr, in welchem Wasser die Stelle von Quecksilber vertrat. Auf dem obern Spiegel schwamm eine menschliche Figur, die mit der Hand auf einer Skala den jedesmaligen Stand angab.

Im Ganzen ist das Barometer ein so einfaches Instrument, daß seine Einrichtung in allen den verschiedenen Arten nur geringe Abweichungen zeigt. Die bei weitem größte Zahl gründet sich, wie gesagt, auf die Torricelli'sche Röhre, und erst in der letzten Zeit ist man in den sogenannten Aneroïdbarometern einem andern Grundgedanken gefolgt. Am nächsten dem Torricelli'schen Apparat verwandt und jedenfalls auch in seiner Form sehr alt ist das sogenannte Gefäßbarometer. Dasselbe ist im Grunde nichts weiter als die Vereinigung der Torricelli'schen Röhre ab aus Fig. 82 und des Quecksilbergefäßes auf einem Stativ, entweder in einer metallenen Kapsel oder auf einem Bret, welchem man durch Aufhängen eine genau vertikale Lage geben kann. Das untere Quecksilbergefäß hat gewöhnlich die Form einer weiten Flasche, in deren Hals die Röhre fest eingefügt ist. Eine kleine Oeffnung an der Oberfläche gestattet ein Hinzugießen von Quecksilber. Das Stativ trägt eine Skala, an welcher man die Entfernung des oberen Quecksilberspiegels von dem unteren ablesen kann. Bei genaueren Instrumenten ist an dem Stativ gewöhnlich auch noch ein Thermometer sowie ein Feuchtigkeitsmesser angebracht, um die Unterlagen für die Korrekturen der Beobachtung sich verschaffen zu können. So zweckmäßig diese Einrichtung auch für solche Instrumente sich erweist, welche einen festen Stand innebehalten, so hat sie doch für andere, die man transportiren will, um auf Reisen Beobachtungen damit anzustellen, in dem unteren Gefäße einen großen Uebelstand. Es kommt ja bei jeder Beobachtung auf die Entfernung des oberen Quecksilberspiegels über der unteren Oberfläche an. Da nun aber, wenn sich die Höhe der Säule in der Röhre verringert, durch das Austreten von Quecksilber in das Gefäß der untere Spiegel in die Höhe gehoben wird, so kann man eine Skala ein- für allemal nicht gut anbringen, es sei denn, daß der Durchmesser des unteren Gefäßes so groß gemacht wurde, daß durch das Sinken oder Steigen des Quecksilbers in der Röhre sein Quecksilberniveau nur in so geringem Grade beeinflußt wird, daß man die Aenderung ganz vernachlässigen könnte. So große Gefäße, wie man dazu nöthig hätte, sind aber für Instrumente, welche transportirt werden sollen, nicht anwendbar.

Es hat zwar Fortin durch eine interessante Einrichtung, die er dem untern Gefäße gegeben hat, dem Uebelstande einigermaßen abgeholfen. Er stellt nämlich, wie es Fig. 83 zeigt, den Boden b aus dickem Hirschleder beweglich her. Durch die Drehung einer von unten dagegen treffenden Schraube kann er dann das Quecksilber in dem gläsernen Gefäße DD entweder in die Höhe pressen oder herabziehen, so daß er jedenfalls das untere Niveau immer auf dieselbe Höhe a wieder bringen kann. Die Röhre ragt so tief in das Gefäß, daß sie immer mit ihrer feinen Oeffnung sich unter dem Spiegel des Quecksilbers befindet. Wenn das Barometer transportirt werden soll, wird die Schraube so weit angezogen, daß das Quecksilber die Röhre C sowol als das Gefäß bis an die obere Wandung A erfüllt. Allein je komplizirter eine Einrichtung ist, um so mißlicher ist ihr Gebrauch.

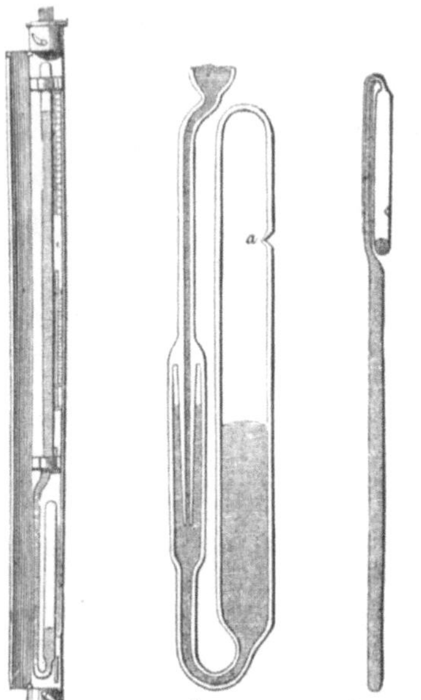


Fig. 85. Fig. 86.

Fig. 84. Gay-Lussac'sches Heberbarometer.

Man hat daher sehr bald für besser gefunden, von einem konstanten untern Niveau abzusehen und lieber die Differenz der Quecksilberhöhen zu messen. Die Barometer dieser Art führen den Namen Heberbarometer wegen des heberförmig gekrümmten untern Theils; sie sind mit zwei Skalen versehen, mit einer an dem obern und einer an dem untern Spiegel.

Die gewöhnlichen Heberbarometer sind an ihrem untern Ende umgebogene Glasröhren von durchgängig gleicher Weite. Dadurch steigt der Spiegel des Quecksilbers in dem offenen Schenkel genau so viel, als er in dem geschlossenen fällt, und umgekehrt. Instrumente jedoch, welche zu feineren Messungen gebraucht werden sollen, werden mit gewissen Einrichtungen versehen, die je nach ihrem besondern Zwecke mannichfach von einander abweichen. Ein Heberbarometer, wie es für Beobachtungen auf Reisen ausgeführt wird, zeigt Fig. 84; es ist in einer starken Kapsel eingeschlossen, welche die Röhre während des Transports vor dem Zerbrechen schützt. Das untere heberförmige Stück ist gesondert und in etwas vergrößertem Maßstabe in Fig. 85 abgebildet. Man bemerkt dabei, daß die Röhre an denjenigen Theilen, wohin die Schwankungen der Quecksilbersäule nicht mehr reichen, einen viel geringeren Durchmesser hat; diese Einrichtung ist von Gay-Lussac getroffen worden, um zu verhindern, daß beim Transport des Instruments Luft in den obern Raum der langen Röhre eintrete. Die Menge des Quecksilbers im Instrument ist nämlich so bemessen, daß auch dann, wenn die Röhre auf den Kopf gestellt wird, der enge Theil davon erfüllt wird. Um indessen auch den ungünstigen Zufall, daß durch einen Stoß der feine Quecksilberfaden darin zerreißen und Luftbläschen aufnehmen könnte, unschädlich zu machen, hat Bunten an dem Gay-Lussac'schen Barometer noch die Abänderung angebracht, daß er die enge

Röhre in eine ganz feine Spitze ausgezogen hat und diese, wie Fortin beim Gefäßbarometer, in das Quecksilber im Uförmigen Theile eintauchen läßt. Sollte sich nun noch eine Luftblase fangen, so muß dieselbe in dem untern Theile bleiben, woraus sie leichter entfernt werden und wo sie übrigens auch keinen wesentlich nachtheiligen Einfluß ausüben kann. Die Verengerung der Röhre ist auf den Gang des Instruments von keinem Einfluß.

Der kürzere Schenkel ist nach oben gleichfalls geschlossen, jedoch befindet sich an der Seite bei a eine feine Oeffnung, ein Luftweg, so fein, daß er zwar den Zutritt der Luft in das Innere und damit die Einwirkungen des wechselnden Druckes auf das Quecksilber nicht hindert, daß er jedoch das konsistentere Quecksilber nicht hindurchläßt. Das Instrument läßt sich deshalb leicht umdrehen, so daß der ganze lange Schenkel vom Quecksilber erfüllt und in die für den Transport viel zweckmäßigere Lage (Fig. 86) gebracht wird.

Bei der Herstellung der Barometer sowol als bei der Anwendung derselben zur Beobachtung des Luftdrucks sind indessen einige wichtige Rücksichten zu nehmen, auf welche wir in der Kürze hier eingehen wollen. Zuerst darf nur das reinste Quecksilber zur Füllung angewendet werden. Unreines, Blei oder andere Metalle enthaltendes, ist einerseits nicht beweglich genug, um den geringsten Schwankungen nachzugeben, es haftet träge an den Wandungen der Röhre; anderntheils verunreinigt es dieselbe, indem sich im Laufe der Zeit Absätze bilden, welche die Beobachtung erschweren. Da selbst bei dem besten Quecksilber aber sich die Stelle des Glases, welche dem gewöhnlichen durchschnittlichen Stande der Säule entspricht, schließlich noch trübt und hier das Quecksilber eine gewisse Adhäsion an das Glas endlich zeigt, die nicht wünschenswerth ist, so befolgt man bei guten Instrumenten die Vorsicht, sie wie feine Wagen, für die Zeit, wo keine Beobachtungen vorgenommen werden sollen, zu arretiren. Das heißt, man bringt sie aus ihrer vertikalen Lage und läßt, indem man sie geneigt hängt, das Quecksilber bis in's obere Ende der Röhre treten.

Fig. 87. Meniskus.

Je weiter die Barometerröhre im Innern ist, um so genauere Beobachtungen lassen die Instrumente zu. Einige Röhren, sogenannte Haarröhrchen, üben auf darin stehende Flüssigkeiten, je nach der Substanz der Röhren und der Flüssigkeiten, eine verschiedene Einwirkung, die Kapillarität, Haarröhrchenwirkung. Dieselbe zeigt sich bei Stoffen, die sich gegenseitig benetzen, als eine Aufsaugung (Wasser in reinen Glas-, Metallröhrchen, Pflanzenzellen u. s. w.); bei solchen, die sich nicht benetzen, als eine Herabdrückung, Depression (Wasser in fettigen, Oel in mit Wasser benetzten Röhren u. s. w.), und die Niveauveränderung durch diese Haarröhrchenwirkung ist um so größer, je enger die Röhren sind.

Das Quecksilber haftet am Glase nicht; es erleidet daher in engen Röhren eine Depression, die seine Oberfläche als eine gekrümmte Kuppe (Meniskus) erscheinen läßt (Fig. 87). Wächst der Luftdruck, so wird dieselbe steiler, und sie flacht sich ab, wenn er fällt; es ist daher, wenn man die wirkliche Barometerhöhe beobachten will, nothwendig, daß man die höchsten Spitzen dieser Wölbung an der Skala mißt und den Einfluß der engen Röhre in Rechnung bringt, wozu für bekannte Durchmesser mathematische, aus zahlreichen Beobachtungen geschöpfte Formeln das Mittel an die Hand geben.

Zu den sogenannten Normalbarometern werden sehr weite Röhren genommen, bei denen die Kapillarität so gut wie ganz verschwindet.

Man darf nicht glauben, daß bei den Heberbarometern der Einfluß der Kapillarität nicht berücksichtigt zu werden brauchte, weil die Schenkel der Röhre gleich weit sind; es geht gerade aus dem oben angegebenen Verhalten des Quecksilbers hervor, daß die Schwankungen auf die Steilheit der beiden Kuppen eine ganz entgegengesetzte Wirkung ausüben müssen, so daß der eine praller wird, während der andere zusammenfällt, und diese Unterschiede sind für genaue Messungen wohl zu beachten.

Im gewöhnlichen Gebrauch der Barometer, wie sie ihn als sogenannte Wettergläser erleiden, hat man indeß so ängstliche Rücksichten nicht zu nehmen. Es genügen hierbei ungefähre Beobachtungen, und diese Bequemlichkeit hat zu einigen eigenthümlichen Konstruktionen geführt, denen man bisweilen begegnet.

Eine der bekanntesten davon ist das Radbarometer (Fig. 88). Es ist dies ein Heberbarometer, dessen Stand durch die Quecksilberhöhe im kürzern offenen Schenkel gemessen und mittels eines Zeigers auf einer in ziemlich großem Maßstabe ausgeführten, kreisförmigen und in Grade eingetheilten Scheibe angegeben wird. Die Drehung auf der Skala wird in folgender Weise vermittelt. Auf der Welle des Zeigers sitzt eine leichte Schnurrolle, um welche ein Faden sich schwingt, der an jedem seiner beiden Enden ein Gewichtchen trägt. Das eine davon, das schwerere, hängt in den kurzen Barometerschenkel hinein und steht schwimmend auf dem Quecksilber. Wächst nun der Luftdruck, so wird diese kürzere Quecksilbersäule herabgedrückt, das Gewichtchen sinkt mit und das kleinere auf der andern Seite wird gehoben; das Röllchen und der Zeiger erhalten dadurch eine Drehung in der einen Richtung; tritt der umgekehrte Fall ein, so wird das größere Gewicht vom Quecksilber wieder emporgeschoben und das kleinere dadurch in den Stand gesetzt, die Drehung nach der andern Seite zu bewirken.

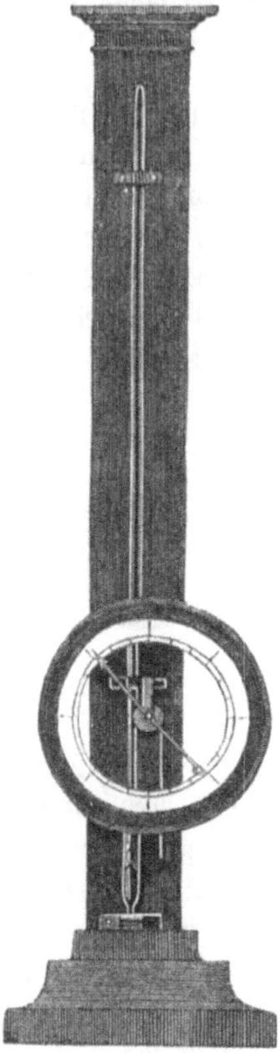

Fig. 88. Radbarometer.

Andere, sogenannte Doppelbarometer, messen den Druck der Luft durch den Stand der kürzern Säule auf eine andre Weise, welche schon von Huyghens angegeben worden ist. Der kürzere Theil des Schenkels läuft nämlich nach oben hin in eine feine gleichmäßige Röhre aus, und der Raum über dem Quecksilber wird mit einer gefärbten Flüssigkeit ausgefüllt, die bis zu einer gewissen Höhe in dieser engern Röhre hinaufreicht. Vermehrt sich nun der Druck der Luft, steigt das Quecksilber in der längern Röhre in die Höhe, so sinkt es in der kürzeren und die gefärbte Flüssigkeit geht wegen des geringeren Durchmessers um ein beträchtliches Stück herab. Umgekehrt steigt sie aber auch viel bemerklicher, wenn mehr Quecksilber aus dem langen Schenkel in den kürzern tritt. Barometer dieser Art müssen daher eine Skala mit entgegengesetzter Bezeichnung haben.

Die am häufigsten angewandte Eintheilung der Skalen ist die nach Pariser Zollen und Linien, wogegen Barometer, die zu wissenschaftlichen Zwecken dienen sollen, jetzt gewöhnlich in Centimeter und Millimeter getheilt sind. 76 Centimeter werden als mittlerer Stand in der Höhe der Meeresfläche angenommen, das entspricht etwa 28 Zoll.

**Aneroïdbarometer.** Ein Pariser Mechaniker, Bourdon, hat ein Barometer konstruirt, welches gar kein Quecksilber enthält und in allen seinen Theilen aus Metall hergestellt ist; es nimmt einen viel geringern Raum ein, und wird dadurch, und weil es nicht so zerbrechlich ist, viel leichter transportabel. Die Idee, welche diesem

Apparate zu Grunde liegt, ist ungemein geistreich, und sie wird am besten aus der Beschreibung des in Fig. 89 abgebildeten Instruments hervortreten. Der Hauptbestandtheil dieses Metallbarometers ist ein hohler Messingring A, der nicht ganz einen vollen Kreis ausfüllt und mit seiner Mitte in einer Dose einen festen Stützpunkt hat. Er ist aus dünnem, elastischem Messingblech hergestellt, seine Grenzflächen bei a und b sind luftdicht verlöthet, und der innere Raum ist so viel wie möglich luftleer gemacht. Wirkt nun auf diesen Ring ein vergrößerter Luftdruck, so muß seine äußere Oberfläche stärker davon ergriffen werden als seine innere, weil jene offenbar größer ist als diese; die Folge davon wird sein, daß der elastische Ring sich etwas verengt. Bei verringertem Luftdruck wird er sich in Folge seiner Elastizität wieder um einen entsprechenden Theil erweitern. Das Verengern und Erweitern aber überträgt sich bei a und b mit Hülfe einer Hebelvorrichtung und einer elastischen Feder c auf einen Zeiger, welcher die zu Grunde liegenden Druckänderungen auf einen eingetheilten und nach einem Normalbarometer angefertigten Kreisbogen anzeigt. Die ersten Aneroïdbarometer wurden von **Vidi** angefertigt, er begnügte sich aber mit einer hohlen Dose, welche er luftleer machte und deren elastischen Deckel der sich vergrößernde oder vermindernde Luftdruck mehr oder weniger nach innen bog; ein Hebelwerk machte diese Abweichungen auf einer Skala erkennbar.

Fig. 89.
Bourdon's Aneroïdbarometer.

**Manometer.** Wenn wir einen geringelten Darm aufblasen, so streckt sich derselbe gerade. Dabei ist dieselbe Wirkung im Spiele, auf welche sich das Aneroïdbarometer stützt; nur in entgegengesetztem Sinne. Der größere Druck wirkt hier von innen, und er verursacht daher anstatt einer Krümmung eine Streckung. **Bourdon** hat seine Idee demgemäß aber auch auf Messung solcher Drucke angewandt, welche größer sind als der Druck der Atmosphäre. Auf derartigen oft sehr bedeutenden Spannungen beruht ja die ganze Wirkung der Dampfmaschinen, und es hat ihre genaue Messung daher eine um so größere Wichtigkeit, als von ihrer Kenntniß nicht nur der regelmäßige Gang der Maschine, also Geld und Gut, sondern selbst das Leben der Arbeiter mit abhängt.

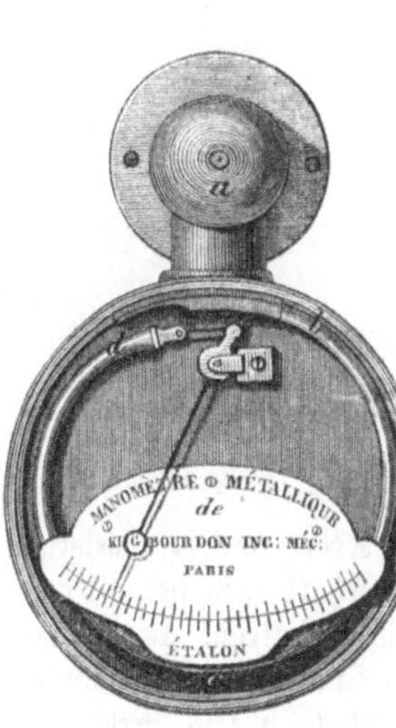


Fig. 90.
Bourdon's Metallmanometer.

Die Instrumente, welche zur Messung größerer Spannungen angewandt werden, heißen Manometer, und es ist das Bourdon'sche nach dem Gesagten fast ohne jede weitere Erläuterung der Fig. 90 verständlich. Es ist eine eben solche Röhre, wie sie das Metallbarometer zeigte, in einer Kapsel bcd angebracht. Dieselbe ist ebenfalls völlig luftdicht, aber nicht luftleer, sondern steht mit dem Innern des

Dampfkessels durch eine Röhre a in Verbindung, so daß durch die Stellung eines Hahnes der Dampf in die dünne Röhre Zutritt erlangt oder abgeschlossen wird. Da nun hier die Spannungsveränderungen von innen heraus auf die Röhre wirken, so muß sich dieselbe auch umgekehrt bewegen, d. h. sie streckt sich, wenn die Dampfspannung größer wird, in eine weniger gekrümmte Form, und ringelt sich mehr, wenn der innere Druck abnimmt. Diesem Spiele folgt der Zeiger, indem er auf größere Zahlen geht, wenn der Druck sich vermehrt, auf kleinere, wenn er sich vermindert.

Nun mißt man größere Dampfspannungen, indem man den Druck der Atmosphäre (15 Pfund auf einen Quadratzoll) als Einheit unterlegt, und spricht daher von 2, 3, 6, 8 Atmosphären Druck, je nachdem der Dampf auf jeden Quadratzoll der Kesselwand einen Druck von 30, 45, 90 oder 120 Pfund ausübt; nach diesem Gesichtspunkte ist die Skala eingetheilt worden. Es ist leicht zu sehen, welche enorme Spannung selbst ein mittelmäßiger Dampfkessel bei einem Druck von 5 oder 6 Atmosphären auszuhalten hat. —

Fig. 91. Quecksilber-Manometer.

Wir haben gelegentlich schon des Mariotte'schen Gesetzes erwähnt. Dasselbe drückt den Zusammenhang zwischen dem Volumen von Gasarten und der Größe des auf dieselben einwirkenden Druckes aus. In einer an einem Ende geschlossenen Röhre kann man die Luft oder jedes andere Gas durch einen luftdicht gehenden Stempel zusammenpressen. Man muß außer dem gewöhnlichen atmosphärischen Druck noch einen Druck von 15 Pfund auf den Quadratzoll der Stempelfläche wirken lassen, wenn man gewöhnliche Luft auf die Hälfte zusammenpressen will, zusammen also 2 Atmosphären; will man die Verdichtung noch einmal so weit treiben (bis auf ein Viertel), so hat man die doppelte Kraft von der vorigen nöthig, also 4 Atmosphären u. s. w.

Innerhalb gewisser Grenzen gilt dies Gesetz mit großer Genauigkeit und es erlaubt eine praktische Anwendung zu einer andern Art von Manometern. Wenn nämlich das Innere eines Dampfkessels mit dem kürzern Schenkel einer gebogenen, oben offenen Glasröhre in Verbindung gesetzt wird und der Dampf bei offenem Hahne auf das in derselben befindliche Quecksilber drückt, so muß bei 1 Atmosphäre Spannung der Spiegel des Metalles in beiden Schenkeln gleich hoch stehen; denn eben so viel Druck, wie der Dampf auf der einen Seite ausübt, übt auf der andern die atmosphärische Luft aus. Steigt aber die Spannung im Kessel, so treibt sie das Quecksilber in der langen Röhre in die Höhe und zwar so, daß die Höhendifferenz für jede Atmosphäre um 28 Zoll wächst; bei 2 Atmosphären Dampfspannung steht also der obere Spiegel der Quecksilbersäule um 28 Zoll, bei 3 um 56, bei 4 um 84 Zoll u. s. w. höher als der untere. Nun sei aber die Röhre überhaupt nur 28 Zoll lang, oben geschlossen und mit Luft gefüllt, so bleiben die beiden Quecksilberspiegel bei 1 Atmosphäre Druck in gleicher Höhe, bei 2 Atmosphären aber drückt das Quecksilber die Luft dann nur auf die Hälfte zusammen, es steht also in einer Höhe von 14 Zoll, bei 4 Atmosphären 21 Zoll, bei 8 Atmosphären 24½ Zoll hoch u. s. w. Die Zwischenräume sind durch Rechnung leicht zu theilen. Weil man nun sehr lange, oben offene Röhren der ersten Art zu Manometern nicht gut anwenden kann, so hat man der kompendiösern Form wegen kürzere, geschlossene und mit Luft gefüllte der letztern Sorte zu gleichem Zwecke benutzt, und Fig. 91 stellt ein solches in Verbindung mit dem Dampfkessel dar. Indessen sind dieselben des großen Druckes wegen, welchen hier das Glas auszuhalten hat, ziemlich gefährlich.

**Barometrische Beobachtungen.** Wenden wir uns nun mit einigen Worten noch zu den barometrischen Beobachtungen im Allgemeinen, so haben wir zunächst in Bezug auf die Höhenmessungen noch einige Erläuterungen zu geben.

Wenn an der Meeresoberfläche nämlich der Barometerstand zu 76 Centimeter oder 760 Millimeter gefunden worden ist, so ist derselbe in einer Höhe von 10,5 Meter nur noch 759 Millimeter oder entsprechend in einer Höhe von 70 Fuß um 1 Linie gefallen. Nach dem Mariotte'schen Gesetze sind nun die untern Luftschichten dichter als die obern, daher wird man, um ein zweites Fallen von 1 Millimeter zu bemerken, in der schon etwas dünnern Luft auch eine etwas größere Höhe als wieder 10,5 Meter erreichen müssen, und so weiter. Auf mathematischem Wege hat man die Formel entwickelt, welche diese Korrektionen berücksichtigt, und nach dieser ist der mittlere Barometerstand in einer Höhe von

| | | | | |
|---|---|---|---|---|
| 1500 | Pariser Fuß über dem Meere | 715 Millimeter | oder 26″ 5‴ | Pariser Maß, |
| 3000 | = = = = = | 673 = | = 24″ 10‴ | = = |
| 6000 | = = = = = | 595 = | = 22″ 0‴ | = = |
| 9000 | = = = = = | 527 = | = 19″ 6‴ | = = |
| 18000 | = = = = = | 365 = | = 13″ 6‴ | = = |
| 27000 | = = = = = | 252 = | = 8″ 5‴ | = = |

Der mittlere Barometerstand, das heißt derjenige, welcher von dem, durch nichts weiter als durch die Schwere beeinflußten, Druck der Atmosphäre hervorgerufen wird, ist, wie weiter oben schon beiläufig bemerkt wurde, selten oder nie in der Natur direkt zu beobachten, sondern wir haben es hier mit sehr verschiedenen Einwirkungen zu thun, welche in mannichfacher Art auf die Quecksilberhöhe einwirken. An jedem Orte der Erde treiben dieselben die Quecksilberhöhe bald höher, bald lassen sie das Niveau unter die mittlere Höhe herabgehen. Das Barometer zeigt Schwankungen, und darauf beruht seine populäre Anwendung als Wetterglas. Aus zahlreichen, lange Zeit hindurch angestellten Beobachtungen hat man eine freilich sehr vage und wenig zuverlässige Skala herausgebildet, welche an den käuflichen Instrumenten anstatt der Angabe in Zollen und Linien oder in Millimetern folgende Hauptmarken trägt: „Veränderlich“, dann nach aufwärts „Schön“, „Beständig“, „Sehr trocken“, nach abwärts aber „Regen oder Wind“, „Viel Regen“, „Sturm“ und wol gar noch die Möglichkeit gräßlicher „Erdbeben“ in Aussicht stellt.

Der Punkt des mittlern Barometerstandes eines Ortes ist mit der dehnbaren Bezeichnung „Veränderlich“ versehen.

Hinge die Witterung allein vom Luftdruck ab, so würde das Barometer ein untrüglicher Wetterprophet sein; so aber sind Wärme und Feuchtigkeit zwei Hauptfaktoren der Witterungsveränderung, und ihren Antheil kann das Instrument nicht unfehlbar deuten. Wir werden später (im III. Bande) sehen, auf welche Weise die Winde entstehen, wie aufsteigende und von oben herunter kommende Luftströmungen durch ihre Vermischung die atmosphärischen Niederschläge und durch ihren Kampf Winde und Stürme hervorrufen. Nun muß zwar ein von oben nach unten sich bewegender Luftstrom den Druck der Atmosphäre auf die unter ihm liegenden Punkte vergrößern, und umgekehrt eine aufsteigende Luftmasse eine Erleichterung gewähren und die Quecksilbersäule sinken lassen, aber bald ist der obere Wind der wärmere, feuchtere, bald ist er der kältere, bald herrscht der eine allein, bald der andere, bald befinden wir uns in der Region ihrer wirbelnden Vermischung, und die verschiedensten Ursachen können somit auf gleiche Barometerangaben hinwirken.

In dieser Unregelmäßigkeit haben fleißige Forschungen aber doch eine große merkwürdige Regel erkennen lassen. Tägliche, ja stündliche Aufzeichnungen der Schwankungen sind gemacht worden, und sie zeigen in ihrer Zusammenstellung ein regelmäßiges Wiederkehren eines höchsten und eines tiefsten Standes, eines Maximums und eines Minimums des Luftdrucks. Wenn man die Höhen der Barometersäule graphisch stündlich neben einander stellt oder, wie es in der That geschieht, das Auf- und Niedergehen des Meniskus auf einem sich hinter dem Quecksilber fortbewegenden, photographisch präparirten Papiere durch das Licht verzeichnen läßt, so bekommt man die Bilder von Wellen, deren Verlauf die großen Bewegungen des Luftozeans verräth. Freilich genügen zu dieser Erkenntniß nicht die Beobachtungen einiger Tage oder einiger Wochen; erst aus großen Reihen läßt sich die Existenz solcher Perioden erweisen. Es werden daher jetzt an allen Knotenpunkten des Netzes von meteorologischen Stationen, welches auf Humboldt's Anregung über die ganze Erde verbreitet worden ist, täglich die Barometerstände zu verschiedenen Zeiten, früh, gegen Mittag und Abends, beobachtet und notirt und die Zusammenstellung dieser Angaben von Zeit zu Zeit veröffentlicht.

Daraus haben sich denn nun einmal eine tägliche Welle und dann jährliche Maxima und Minima ergeben. Dieselben sind nicht für alle Punkte der Erde genau dieselben, aber aus allen geht übereinstimmend hervor, daß das Barometer seinen höchsten Stand ungefähr Abends gegen 10 Uhr, seinen tiefsten früh gegen 4 Uhr einnimmt. Von diesem tiefsten Stande erhebt es sich bis in die elfte Stunde, geht dann wieder herab bis Nachmittag 4 Uhr, wo es ein zweites Minimum erreicht, und steigt dann ziemlich rasch bis gegen Abend. Die tägliche Welle zeigt also zwei Berge und zwei Thäler. In den Tropen ist diese Regelmäßigkeit so groß, daß man, wie Humboldt sagt, die Zeit nach der Höhe der Quecksilbersäule bestimmen kann, ohne sich im Durchschnitt mehr als um 15—17 Minuten zu irren. Bei uns verrücken sich die Wendepunkte mit dem Wechsel der Jahreszeiten etwas.

Die jährliche Welle hat ihren höchsten Punkt im Winter, ihren tiefsten im Sommer. Als die Ursachen beider läßt sich ohne Schwierigkeit die ungleiche Erwärmung der Luft durch die Sonne und die in Folge davon bewirkte auf- und absteigende Luftströmung erkennen, und so reflektirt der einfache Torricelli'sche Versuch uns nicht nur die Wirkung der Erdanziehung, er ist nicht blos ein Maßstab, um unsre Entfernung vom Mittelpunkte unsers heimatlichen Gestirnes zu zeigen, er macht uns auch das Ebben und Fluten des Luftmeeres sichtbar und wird unsern Gedanken eine Brücke, die Erde und Sonne verbindet.

Der erste Luftballon.

Du sehnst Dich, weit hinaus zu wandern
Bereitest Dich zu raschem Flug.
Dir selbst sei treu und treu den Andern
Dann ist die Enge weit genug.
Goethe.

## Der Luftballon und die Luftschiffahrt.

Fliegversuche. Der Luftballon. Die Montgolfiers. 1783 steigt ihr erster Ballon. Charles' Ballon auf dem Marsfelde. Konkurrenz der Montgolfièren und der Charlièren. Die erste Luftreise von Pilâtre de Rozier und Marquis d'Arlande, Charles und Robert. Blanchard's Reise über den Kanal. Der Fallschirm. Green's Reise von England bis in's Nassauische. Die interessantesten Unternehmungen späterer Luftschiffer. Arban. Coxwell. Gypson. Nadar und der Géant. Nutzen und Aussichten der Luftschiffahrt. Gay-Lussac und Biot's Expedition. Steuerungsversuche.

---

„Wenn ich ein Vöglein wär'" — in unzähligen Variationen klingt dieser Wunsch durch die sentimentale Dichtung aller modernen Völker. Die Völker des Alterthums, welche in ihrer Naivetät überhaupt seltener in Konflikt geriethen mit Wünschen und Erreichen, haben auch der bestimmten und unbestimmten Sehnsucht, welche die Brust unserer Amanten schwellt, weniger Quartier gegeben. Wie sie sich nicht das höchste Glück darin denken konnten, als maßlos schmachtendes Gänseblümchen von den Füßen der Geliebten zertreten zu werden, so fanden sie es auch überflüssig, mit Sperling und Sperber in Konkurrenz treten zu wollen. Das Beispiel des Ikarus, der sich Flügel mit Wachs an die Schultern geheftet hatte, um der Sonne zuzufliegen, indessen als er derselben schon ziemlich nahe gekommen war, von seinem unzweckmäßigen Mechanismus schmählich im Stiche gelassen wurde — hielt sie von ähnlichen Versuchen ab. Ihre Geschäfte waren ja auch nicht der Art, daß die Schnelligkeit der landesüblichen Beförderungsmittel nicht mehr zugereicht hätte.

Die eigentlichen Versuche der Luftschiffahrt gehören daher der Neuzeit an, und vorzüglich haben sich die Franzosen mit aller Gewalt darauf geworfen, diese großartige Spielerei, welche es von Anfang war, zu treiben und zu vervollkommnen.

**Die Flugmaschine.** Die ersten Anstrengungen, welche gemacht wurden, den Flug der Vögel nachzuahmen, suchten auch die Mittel derselben anzuwenden und Vorrichtungen zu erfinden, die ihrem Flugapparate vollkommen entsprechen sollten. Man baute, wie die Schiffsbauer zu Zeiten wieder den Fischkörper als das beste Schiffsmodell sich gedacht haben, nach der Einrichtung des Vogelkörpers Maschinen, die man — wol um die Aehnlichkeit möglichst vollständig zu machen — mit Flügeln aus wirklichen Federn versah. Das in den ersten Jahren des achtzehnten Jahrhunderts von Laurent vorgeschlagene Luftschiff (Fig. 93) zeigt dies recht augenscheinlich. Andere, von dem Gedanken ausgehend, daß der Mensch mehr der Fledermaus als dem Adler seiner Organisation nach verwandt sei, setzten an Stelle der Flugfedern Häute von dünnen, festen Substanzen. Aber alle zusammen scheiterten an der betrübenden Wahrnehmung, daß die menschliche Muskelkraft nicht ausreiche, den eigenen Körper in die Höhe zu heben und dauernd in derselben zu halten, zumal da die Luft ein so dünnes Element ist, daß sie den Bewegungen des Apparates nur einen geringen Widerstand entgegensetzt. Es würde eine ungeheure Geschwindigkeit der Bewegung erforderlich sein, wenn der Körper nicht zwischen den (möglicherweise durch die einzelnen Schläge erreichten) Aufschwüngen wieder zurückfallen sollte. Und welche Kraft in den Armen oder Beinen müßte aufgewandt werden für die jedesmalige Hebung der sehr weiten, als lange Hebelarme wirkenden Flügel! Wäre das Problem lösbar, so dürfte der Weg, welchen der früher betrachtete Flieger (siehe Seite 24) andeutet, der einzige sein, dessen Betreten Aussicht zur Erreichung des Zieles böte.

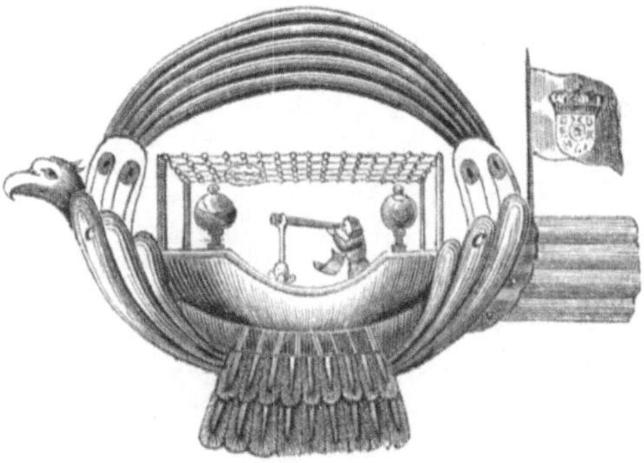

Fig. 93. Laurent's Luftschiff nach einer Zeichnung von 1709.

Fig. 94. Der fliegende Besnier.

Es ist hier nicht der Ort, die zahlreichen und verschiedenen Ausführungen und die noch zahlreicheren und noch verschiedeneren Prospekte und Entwürfe, die aus Mangel an Geld nicht zur Ausführung gelangt sind, zu betrachten. Wie das Perpetuum mobile taucht auch die Fliegmaschine immer und immer wieder auf. Die Zahl der Menschen, denen Kenntniß und Urtheil mangelt, rekrutirt sich ja mit jedem neugeborenen Kinde immer auf's Neue und es bedarf immer wiederholter Anstrengung, um das Niveau klarer Ansichten in der Welt nur gleich zu halten.

Es ist merkwürdig, aber es ist eine Thatsache, die sich aus zahlreichen Beobachtungen ergeben hat: während auf das Perpetuum mobile hauptsächlich Schuster, bankerotte Kaufleute, vorzüglich wenn sie ihr Geld „unterirdisch“ angelegt haben, und pensionirte Hauptleute gerathen, entspringen die Erfinder der Fliegmaschine zum bei weitem größten Theile dem Schneiderstande oder es sind Advokatenschreiber, die in der selbständigen Führung von Bagatellklagen sich über ihren Beruf zu etwas „Höherem“

Luftschiffahrt zu Dijon am 25. April 1784.

klar geworden sind, oder Mechaniker, denen nichts unmöglich ist. Ein solcher Flieger war nun auch, um aus vielen Beispielen nur eins zu geben, der junge Besnier, ein Schlosser aus Sablé in Frankreich. Dieser junge Mann erregte 1786 die allgemeine Aufmerksamkeit. Seine Maschine bestand aus einer Vorrichtung, welche er gleich einer Trage auf den Schultern befestigt hatte. Zwei Stangen bildeten die Haupttheile derselben. Sie bewegten sich in der Mitte auf den Achseln in Gelenken; die Hälfte jedes Stangenarmes diente einem Flügel von Taffet als Grundlage. Die vorderen Flügel wurden von den Händen, die hinteren von den Füßen bewegt und zwar so, daß sich stets gleichzeitig der rechte Vorder- und der linke Hinterflügel hob oder senkte. Doch soll sich der Erfinder nur von Höhen in schräger Richtung herabzulassen vermocht haben, nicht aber sich zu erheben. Nachdem er dies bei kleinen Höhen mehrere Male mit glücklichem Erfolg versucht hatte, wagte er sich auch an etwas größere; ja man sagt, er habe auf diese Weise sogar Flüsse überschritten. Wenigstens verlautet nicht, daß er den Hals gebrochen, und sohin war er glücklicher als der Dädalos des Alterthums und verschiedene seiner Nachfolger.

Fig. 95. Die Degen'sche Flugmaschine.

Selbst in verhältnißmäßig neuer Zeit, um 1808 bis 1809, machte ein Flugkünstler noch viel Redens von sich, der Uhrmacher Degen in Wien, also ein Mann, dem man doch mechanische Kenntnisse zutrauen muß. So viel man weiß, flog Degen mit seiner Maschine (Fig. 95) nur in einer Reitbahn in Wien herum, doch nicht ganz frei, sondern im Zusammenhang mit einer Leitung von Stangen, die im Raume hin- und hergeführt war. Als er seine Kunst in Paris auf öffentlichem Platze zeigen wollte, mißglückte es ihm gänzlich und der Arme mußte hohnbeladen abziehen. Uebrigens wollte Degen in Paris nicht wie ein Vogel, sondern mit einem lenkbaren Ballon fliegen. Seine Maschine war gleichsam die Verbindung eines Ballons und eines Luftdrachen.

Daß die Muskelkraft des Menschen bei weitem nicht ausreicht, auch nur für ganz kurze Zeit seine Schwere zu überwinden, ist jetzt freilich nicht mehr schwer zu beweisen. Da man aber zu derselben Ueberzeugung auch durch alle wirklich ausgeführten Maschinen kam, so griff man sehr zeitig zu ganz absonderlichen Hülfsmitteln und suchte Kräfte zu Hülfe zu nehmen, über deren Wesen und Wirkungsweise man nur die allerungenügendsten Vorstellungen hatte. Elektrizität und Magnetismus sollten helfen und je zusammengesetzter und unverständlicher die Vorrichtungen waren, um so mehr Hoffnung setzte man auf sie. Die fliegende Barke, welche der Jesuit Lana um 1680 vorschlug, sollte von vier großen Ballons aus höchst dünnem Kupferblech getragen werden, nachdem diese mittelst der Luftpumpe entleert worden wären. Ist auch die Grundidee, einen Körper leichter als Luft herzustellen, nicht ganz sinnlos, so verräth sie doch, daß der gute Jesuit von der Wirkung des Luftdrucks eine ganz falsche

Meinung hatte, welche natürlich der erste Versuch bestrafen mußte. Es ist aber dieser Apparat um deswillen interessant, weil er zuerst den Gedanken illustrirt, welcher dem Luftballon zu Grunde liegt, dessen Betrachtung uns hier besonders beschäftigt.

**Geschichte des Luftballons.** Im Jahre 1736 — erzählt die Chronik — stieg ein portugiesischer Physiker, Don Guzman, in Gegenwart des Königs Johann V. mittelst eines mit Papier überzogenen Holzgeflechtes empor, unter welchem Feuer brannte. Die Maschine stieß aber an das Gesims des königlichen Palastes, nahm Schaden und fiel herab, glücklicherweise langsam genug, daß der Luftschiffer mit heiler Haut davon kam. Einem zweiten Versuche kam jedoch die Inquisition zuvor; sie steckte den „Zauberer" ein und nur das Machtwort des Königs konnte ihn vom Scheiterhaufen retten. Dies wäre denn der erste Luftballon, eine Montgolfière vor Montgolfier; damit uns aber auch bei dieser Erfindungsgeschichte die Chinesen nicht fehlen, so liegt ein Bericht des französischen Missionärs Vassou vor, der 1694, also 100 Jahre früher geschrieben ist, als man in Europa von Luftballons Etwas wußte; derselbe erzählt auf Grund offizieller Aktenstücke, daß schon 1306, bei der Thronbesteigung des Kaisers Fo-Kien, das Aufsteigen eines Ballons zu Peking einen Theil der Festlichkeiten gebildet habe.

Dem sei nun wie ihm wolle; die wirkliche Ausführung von Luftballons gehört ganz unbestritten Frankreich an und knüpft sich an das Brüderpaar Joseph und Etienne Montgolfier, Söhne eines Papierfabrikanten in dem Städtchen Annonay. Ihre Familie stammt aus der Stadt Ambert in der Auvergne. Die Voreltern waren eifrige Anhänger der Reformation und als solche erlagen sie den grausamen Verfolgungen, welche in der Bartholomäusnacht sich gipfelten. Ihre Güter wurden konfiszirt, ihre Papiermühle, ein Familienerbe, zerstört und sie selbst mußten sich flüchten. Die neuen Etablissements aber, welche sie später zu Annonay gründeten, blühten bald empor und zu Anfang des 18. Jahrhunderts hatten die Montgolfier'schen Fabrikate einen bedeutenden Ruf. In der Familie war ein lebhaftes Streben heimisch und die Wissenschaften wurden mit Liebe gepflegt.

Etienne Montgolfier ging denn auch seiner Ausbildung wegen nach Paris, wo er sich der Baukunst widmete und eine große mathematische Befähigung an den Tag legte. Zurückgerufen von seinem Vater, um an dem Betriebe der Fabrik theilzunehmen, erwarb er sich in dieser Thätigkeit bald durch ausgezeichnete Erfindungen und Verbesserungen einen bedeutenden Namen. Sein Bruder Joseph, nicht minder begabt als er, war aber weniger dem strengen systematischen Gange, welcher Etienne bei seinen Arbeiten charakterisirte, befreundet. Mit einem feinen Instinkte fühlte er das Richtige und war nie um rasche Auskunftsmittel da verlegen, wo dem Gelehrten die einzig benutzbare Zeit oft während seiner strengen Untersuchungen verstreicht. Was er that, that er auf eigne Weise, rasch, mit Enthusiasmus. Was ihn nicht anmuthete, das lernte er nie. Er war eine ursprüngliche, feurige Natur, eine jener Erfinderseelen, für welche damals noch Zeit und Boden war. Die physikalischen und chemischen Wissenschaften, noch in der Kindheit ihrer neuen Entwickelung, fingen ja eben erst an, sich im grünen Leben zu verzweigen, und deshalb darf man mancherlei Versuche und Unternehmungen, die uns jetzt thöricht erscheinen, nicht so obenhin belächeln. Vieles Verkehrte entsprach vollkommen dem höchsten Stande der damaligen Gelehrtenweisheit, von Vielem hatte man gar keine oder höchst mangelhafte Kenntniß, und wie jede Zeit nur in sich ihren eigenen Maßstab hat, so muß man deswegen auch die ersten Versuche der Gebrüder Montgolfier nicht mit unsern Anschauungen und Kenntnissen in Vergleich setzen wollen. Die übrigen Erfindungen, welche sich an den Namen Montgolfier knüpfen und unter denen wir nur des hydraulischen Widders als einer der geistreichsten Erwähnung thun wollen, zeigen uns zur Genüge, daß die beiden Brüder am allerwenigsten unter die Klasse halbgebildeter Phantasten zu zählen sind.

Die Idee, sich in die Luft zu erheben, mag wol zuerst den lebhaften Geist Joseph's zur Ausführung angeregt haben, so sehr entspricht sie seinem Naturell. Die täglich an den Gebirgen ihrer Heimat aufsteigenden Wolken — erzählt ein französischer Autor — brachten die Brüder zuerst auf die Idee, künstliche Wolken zu machen. Sie sperrten daher Wasserdampf in leichte Umhüllungen ein: der Apparat hob sich, um alsbald wieder zu fallen. Sie nahmen nun Rauch und die Sache ging nicht viel besser. Da lernten sie das damals neue Werk Priestley's über die verschiedenen Luftarten kennen, das eine Menge wichtiger Entdeckungen über bis dahin noch unbekannte Gase enthielt. Die Idee lag nahe, daß besonders mit dem so leichten Wasserstoffgas Erfolge zu erzielen sein müßten; doch ihre papiernen Ballons ließen es zu schnell entschlüpfen, und zudem war seine Bereitung damals kostspielig und seine Eigenschaften waren noch zu wenig bekannt, weshalb sie die Versuche damit wieder fallen ließen. Sie kehrten zur Dampferzeugung zurück, diesmal aber von der sonderbaren Idee ausgehend, daß, wenn sie feuchtes Stroh und gehackte Wolle mit einander verbrennten, sich ein „elektrischer" Dampf bilden werde, der vielleicht eine größere Triebkraft besitze. Sie fingen denselben in hohlen Taffetballons, die sie mit der untern Oeffnung über das angezündete Feuer hielten, und jetzt stiegen ihre Apparate wirklich, jedenfalls aber nur deshalb, weil sie Hüllen von größerer Dichtigkeit genommen hatten.

Das Prinzip des Luftballons ist dasselbe, welches die Luftblase im Wasser emporsteigen läßt: die Verschiedenheit des spezifischen Gewichts. Wenn man aus Wasserstoffgas, welches 14mal leichter als die atmosphärische Luft ist, eine Blase bildet, indem man es in einen hohlen, nach oben geschlossenen Ballon füllt, so wird dieselbe von der Erde ganz natürlich aufsteigen. Denselben Effekt aber erreicht man auch, wenn man die Luft im Ballon selbst leichter macht, was durch Erhitzen derselben ausführbar ist. Wärme dehnt die Körper aus, und diese Thatsache, wenn auch nicht ihre genaue Erkenntniß, ermöglichte den Montgolfiers das Gelingen ihrer Versuche. Durch Gelehrte wurden sie darauf aufmerksam gemacht, daß ihre Ansicht vom elektrischen Rauch ein Irrthum sei und daß die Triebkraft lediglich in der durch Wärme verdünnten Luft liege. Saussure bewies ihnen dies, indem er in das Innere des Ballons vorsichtig einen rothglühenden Eisenstab brachte; der Ballon stieg dadurch auch, obgleich von einem ähnlichen „elektrischen" Rauch keine Rede sein konnte; trotzdem behielten sie eine Anhänglichkeit an ihr erstes, gelungenes Experiment, und verbrannten auch bei späteren Versuchen immer noch Etwas von jenem Gemisch, was natürlich ohne Qualm nicht abging.

Ihr erster öffentlicher Versuch fand in ihrem Wohnorte am 4. Juni 1783 statt. Der Ball bestand aus Leinwand, mit Papier gefüttert, hatte 39 Fuß Durchmesser, wog 430 Pfund, und konnte eine Last von 400 Pfund tragen. Er erhob sich in 10 Minuten bis zu einer beträchtlichen Höhe und fiel 7200 Fuß vom Orte des Aufsteigens nieder.

Tausende von Zuschauern waren zu diesem noch nie gesehenen Schauspiele zusammengeströmt und mit unermeßlichem Jubel wurde die neue Erfindung begrüßt. Ein Bericht wurde der Pariser Akademie überschickt, von welcher eine Kommission, bestehend aus Larochier, Cadet, Condorcet, Desmarets, Bossut, Brisson, Leroy und Villet, zur Prüfung niedergesetzt wurde. Die Wundermähr verbreitete sich rasch über Frankreich und weiter und natürlich wollten nun die Pariser auch das neue Schauspiel genießen. Ohne auf die Schritte der Akademie der Wissenschaften zu warten, brachte man auf Privatwegen über 10,000 Franken zusammen, ein Vorstand wurde erwählt, der zwei geschickten Mechanikern, den Gebrüder Robert, die Ausführung des Ballons und dem berühmten Professor der Physik Charles die Leitung des Unternehmens übertrug.

Nun hatte man zwar von Annonay ein Protokoll mit allen Einzelheiten des Hergangs, aber keine Kenntniß über das von den Montgolfiers angewandte Gas, weil diese hieraus ein Geheimniß machten. Da entschloß sich denn Charles kurz und gut, das Wasserstoffgas anzuwenden. Ein Stoff, der 14 Mal leichter ist als die atmosphärische Luft, mußte ja bedeutend mehr wirken als jenes unbekannte Gas, das angeblich halb so schwer gewesen als diese. Aber die Bereitung des Wasserstoffgases hatte damals noch ihre großen Schwierigkeiten. Man kannte es kaum. Bisher hatte man es nur im Kleinen dargestellt, und jetzt sollte eine Masse von mehr als 40 Kubikmeter in einen Ballon gefaßt werden. Selbst die Gelehrten fürchteten seine große Entzündlichkeit. Indeß Charles drang durch. Es mußte erst ein Erzeugungsapparat ersonnen werden, und man blieb nach vielem Deliberiren endlich bei folgender Einrichtung stehen. In ein Faß wurden Eisenfeilspäne und Wasser gethan; der obere Boden desselben hatte zwei Löcher; im ersten stak ein lederner Schlauch, der in den Ballon ging, im andern ein Kork. Durch letzteres Loch ließ man nach und nach Schwefelsäure in das Faß laufen. Aber bald zeigten sich die Mängel: die Erhitzung wurde so groß, daß eine Menge mit Säure geschwängerte Wasserdämpfe mit übergerissen wurden, welche den aus Taffet gefertigten Ballon zu zerfressen drohten; die Dämpfe verdichteten sich in letzterem zu Wasser, das fortwährend abgelassen werden mußte, und außerdem mußte der Ballon der Hitze halber unausgesetzt mit ein paar Spritzen bearbeitet werden. So ging eine große Menge Gas verloren und man brauchte zu der ganzen Arbeit vier volle Tage sowie 1000 Pfund Eisen und 500 Pfund Schwefelsäure zur Füllung eines Ballons, der kaum 18 Pfund wog. Man lernte aber die Uebelstände bald dadurch beseitigen, daß man das erzeugte Gas vorher durch ein großes Gefäß mit Wasser leitete, welches die sauern Dämpfe zurückhielt und das Gas förmlich wusch (Fig. 96).

Fig. 96. Das Füllen des Luftballons mit Wasserstoffgas.

Am vierten Tage schwebte der zu zwei Dritteln gefüllte Ballon, an Seilen gehalten, frei in Robert's Werkstätte, und es galt nun, die ganze Maschine auf das Marsfeld zu bringen, wo die Auffsteigung stattfinden sollte. Der Transport erfolgte in der Stille der Nacht vom 27. auf den 28. August 1783; auf eine Tragbahre gebunden, von Fackelträgern und einer Abtheilung Scharwache begleitet, bewegte sich die Maschine langsam durch die Straßen dahin. Das nächtliche Schauspiel hatte etwas so Absonderliches und Geheimnißvolles, daß man Leute aus dem Volke, die auf Arbeit gingen, vor dem Zuge auf die Kniee fallen sah.

Auf dem Platze angekommen, verbrachte man den größten Theil des Tages mit der vollständigen Füllung des Ballons; endlich gegen 5 Uhr gab ein Kanonenschuß das Zeichen zur Abfahrt. Der Ballon schoß so rasch empor, daß er in wenigen Minuten mehrere Wolkenschichten durchdrang. Der Jubel von mehr als 200,000 Menschen begleitete ihn, bis er sich den bewundernden Blicken gänzlich entzog. Drei Viertelstunden später kam er fünf Stunden von Paris zur Erde nieder, ohne seine ganze Bahn zurückgelegt zu haben, die er hätte durchlaufen können. Die Roberts hatten ihm nämlich, gegen den Rath Charles', so viel Gas gegeben, als er nur fassen konnte, um ihn recht rund erscheinen zu lassen. Diese Gasmasse dehnte sich nun in den dünnern Luftschichten so aus, daß der Ballon am oberen Theile einen langen Riß bekam; das Gas bekam dadurch einen weiten Ausgang, und ein rasches Fallen erfolgte. Er fiel unter einen Haufen Bauern aus dem Dorfe Gonesse, die natürlich von dem Wesen einer solchen Erscheinung nicht die geringste Idee hatten und in nicht geringe Angst geriethen. Die Meisten waren der Meinung, der Mond falle vom Himmel herab. Als aber das runde Ding sich machtlos vor ihnen herumwälzte, kamen sie von ihrem Schreck bald zurück und beeilten sich, ihm mit Mistgabeln, Dreschflegeln und andern ländlichen Waffen vollends den Garaus zu machen. Der schöne Ballon, welcher so viel Kopfzerbrechen, Mühe und Geld gekostet, ward jämmerlich zerstochen und zerrissen, zuletzt noch an den Schweif eines Pferdes gebunden und über eine Stunde Weges querfeldein über Aecker, Wege und Gräben geschleift. Als Charles von Paris eintraf, fand er von dem kostbaren Geräth nur noch einige Lumpen. Die Regierung erließ in Folge dieses Streiches, der ungeheures Aufsehen erregte, eine belehrende und beruhigende Bekanntmachung.

Fig. 97. Die Brüder Montgolfier.

Dies war die Lebens- und Sterbensgeschichte des ersten mit Wasserstoffgas gefüllten Luftballons. Man hat diese Art Ballons Charlièren genannt, zum Unterschiede von den mit erhitzter Luft gefüllten, denen der Name Montgolfière verblieben ist, und damit den beiden in der Geschichte des Luftballons hervorragendsten Namen ein bleibendes Denkmal gesetzt.

Etienne Montgolfier war Augenzeuge des gelungenen Charles'schen Versuchs gewesen. Er fand sich dadurch noch mehr angefeuert, nun auch seinerseits eine neue Probe abzulegen, während Charles und seine Genossen sich an die Ausführung eines größern und vollkommneren Ballons machten. Montgolfier's Probe fand am 19. September zu Versailles vor dem Könige und einer zahllosen Zuschauermenge statt, nachdem wenige Tage vorher ein seltsam geformter länglicher Ballon (Fig. 98) durch Sturm und Regen zerstört worden war. Der Ballon wurde diesmal in fünf Tagen gefertigt. Er war aus festem Stoff, ganz rund, auswendig mit Malerei bedeckt, blau mit Gold, und trug in einem Weidenkäfig die ersten lebendigen Luftreisenden: ein Schaf, einen Hahn und eine Ente. Majestätisch hob er sich in die Höhe, sehr hoch, sank aber, da er durch einen Windstoß einen Riß bekommen, schon nach 10 Minuten eine Stunde abwärts in einem Gehölz nieder und zwar so sanft, daß die Thiere unbeschädigt blieben. Der erste Mensch, welcher herbeikam und den Ballon aus den Zweigen löste, war Pilâtre de Rozier. Er folgte von Stund an allen solchen Versuchen mit der glühenden Leidenschaft eines Enthusiasten, ohne zu ahnen, welches Schicksal seinen Namen an die Geschichte dieser neuen Erfindung knüpfen werde. Nach dem gelungenen Versuche, lebende Thiere mit dem Luftballon aufsteigen zu lassen, machte sich Etienne Montgolfier mit Eifer an den Bau eines Ballons, der einige Menschen würde tragen können; Pilâtre brannte vor Begierde, denselben zu besteigen.

Das langersehnte erste Aufsteigen von Menschen fand am 21. Oktober 1783 vom Schlosse La Muette bei Paris statt; der prächtige Ballon (Fig. 99) hatte eine Eiform und maß 70 Fuß in der Höhe, 46 im Durchmesser. Unter dem Ballon befand sich die Gallerie, in welcher die Luftschiffer (nämlich Pilâtre de Rozier und der Marquis d'Arlande) sich aufhielten, neben ihnen stand die Glutpfanne zu beständiger Unterhaltung des Feuers.

Fig. 98. Die am 11. Sept. zerstörte Montgolfière.

Fig. 99. Pilâtre de Rozier's und Marquis d'Arlande's erste Luftreise.

Merkwürdig sind die Unterhandlungen, welche man viele Tage vorher über die Erlaubniß zum Aufsteigen pflog. Man war schon viele Male höchstens bis zu 300 Fuß über den Boden aufgestiegen, ließ aber jedesmal den Ballon an Seilen halten und sodann herniederziehen; da beschloß Pilâtre de Rozier sich nun höher, und ohne daß der Ballon gehalten würde, in die Lüfte zu erheben. Selbst Montgolfier zögerte; er wollte erst neue Untersuchungen anstellen, und eine von der Akademie der Wissenschaften zur Prüfung der Möglichkeit ernannte Kommission sprach sich gar nicht aus. Dem Herzhaftesten bangte vor einer solchen Reise, und der König Ludwig XVI., an welchen man sich wegen der Erlaubniß dazu wandte, verweigerte dieselbe, versprach aber zwei zum Tode verurtheilte Verbrecher zu begnadigen, wenn sie die Reise machen wollten. Dieser letzte Vorschlag erregte den lauten Unwillen des kühnen Luftschiffers. „Warum", sprach er, „sollen gemeine, aus der menschlichen Gesellschaft gestoßene Verbrecher den Ruhm haben, die Ersten gewesen zu sein, welche sich in die Lüfte erhoben?" Er wandte sich an die einflußreichsten Personen am Hofe, der Marquis d'Arlande unterstützte sein Gesuch und erbot sich vor dem Könige, um diesen von der Ungefährlichkeit des Unternehmens zu überzeugen, selbst die Luftfahrt mitzumachen. Von allen Seiten bestürmt, gab Ludwig XVI. endlich die Erlaubniß dazu, und am 21. Oktober 1783 stiegen denn die Beiden, Pilâtre de Rozier und der Marquis d'Arlande, auf.

Der Ballon hob sich, trotz eines heftigen Windes, mit großer Schnelligkeit. Als die kühnen Reisenden eine ziemliche Höhe erreicht hatten und über den Köpfen von mehreren Hunderttausenden dahinschwebten, schwenkten sie die Hüte und nahmen von der staunenden und für sie fürchtenden Menge Abschied. Immer höher und höher stieg der Ballon, bald konnte man die beiden Figuren nicht mehr erkennen, und das Fahrzeug selbst wurde den Beobachtern kleiner und immer kleiner. Es folgte dem Laufe der Seine bis zur Schwaneninsel, dann überschritt es den Fluß und zog sich über Paris hin, aber nur in solcher Höhe, daß man es selbst in den engsten Gäßchen noch zu sehen vermochte. Die Thürme der Kirche von Notre-Dame waren mit Schaulustigen ganz bedeckt. Als der Ballon in gerader Linie zwischen ihnen und der Sonne stand, bedeckte er dieselbe und hüllte die Zuschauer auf kurze Zeit in seinen Schatten, — eine neue, eigenthümliche Art Sonnenfinsterniß. Der Ballon hatte jetzt eine sehr beträchtliche Höhe erreicht, die sich vermehrte oder verminderte, je nachdem die Reisenden das Feuer anschürten oder nicht. Schon hatte man das Invalidenhotel, die Militärschule passirt, da rief d'Arlande: „Es ist genug, nun zur Erde!" Das Feuer ward nicht weiter angefacht, der Ballon senkte sich langsam und ließ sich nach 25 Minuten etwa $1\frac{1}{2}$ Meile von La Muette nieder. D'Arlande bestieg sofort ein Pferd und eilte zu der noch immer am Abfahrtsorte stehenden staunenden Menge zurück. In zehn Minuten hatte man den Ballon eingepackt, auf einen Wagen geladen und nach der Stadt gefahren, wohin ihn der kühne Pilâtre de Rozier begleitete. Unter den Zuschauern bemerkte man auch den berühmten Benjamin Franklin, welcher Zeuge einer neuen Eroberung des menschlichen Geistes über die Elemente sein wollte. Man frug ihn, von welcher Tragweite er die neue Erfindung halte, aber vorsichtig vermied er eine bestimmte Erklärung. „Es ist ein neugebornes Kind!" sagte er.

Kurze Zeit nachher sollte Paris das Schauspiel einer zweiten Luftreise haben, welche Charles und Robert in einem mit Wasserstoffgas gefüllten und auf allgemeine Subskription hergestellten Ballon zum Zwecke physikalischer Untersuchungen, wie sie ankündigten, ausführten. Dies war kein so waghalsiges Unternehmen mehr als das erste; der geistreiche Charles hatte für Alles gesorgt, mit einem Male Alles erfunden, was wir noch heute als nothwendige Stücke am Luftballon sehen: die Klappe, die Gondel mit dem Netz, den Ballast, den mit Gummi elasticum überzogenen Stoff, den Anker, Anwendung barometrischer Höhenmessungen, das Waschen des Gases u. s. w. Ein Monat hatte genügt, alle diese Vorkehrungen zu erdenken und auszuführen; am 1. Dezember 1783 sollten sie ihre Probe bestehen. Die Hälfte von Paris drängte sich um die Tuilerien, von wo die Auffahrt stattfinden sollte, und wo der gefüllte, aber noch an langen Seilen gehaltene Ballon sich schon weich in den Lüften schwenkte; da erhielt Charles plötzlich Ordre vom König, die Luftfahrt zu unterlassen; es sei zu gefährlich. Dieselbe Bestürzung, wie bei Pilâtre de Rozier; dieselbe Aufregung im Publikum, welches von der Partei der Montgolfier's eifrig gehetzt und gestachelt wurde, Audienzen, Beschwörungen; da ertönt schließlich auch hier der Signalschuß: die Luftschiffer nehmen in ihrer Gondel Platz, ein zweiter: die Seile werden gelöst und der Ballon schwingt sich mit majestätischer Ruhe empor.

Die Reisenden erhoben sich 1500—1800 Fuß und ließen sich neun Stunden von Paris in der Ebene bei Nesle nieder. Robert stieg zuerst aus, aber der dadurch um 130 Pfund erleichterte Ballon erhob sich mit größter Schnelligkeit mit dem zurückgebliebenen Charles bis zu einer Höhe von 9000 Fuß. Die beim Herabsteigen der beiden Reisenden gesehene und eben untergehende Sonne ward von dieser Höhe von Charles noch einmal erblickt, bis sie ihm an diesem Tage zum zweiten Male unterging; er selbst aber gelangte nach 15 Minuten wieder glücklich zur Erde.

Am 5. Januar 1784 stiegen Pilâtre de Rozier und der ältere Montgolfier in einem Riesenballon von 126 Fuß Höhe und 102 Fuß Durchmesser zu Lyon mit noch fünf Personen auf. Der Ballon erhob sich 5000 Fuß, sank aber nach 15 Minuten in Folge eines durch die zu große Belastung verursachten Risses zu Boden. Ursprünglich waren nur sechs Theilnehmer zu der Fahrt bestimmt; außer den schon Genannten noch der Prinz Ligne, die Grafen Laurencin, Dampierre und Laport d'Anglefort; in dem Augenblick aber, als sich der Ballon vom Boden erhob, schwang sich ein junger Mann aus Lyon, welcher bei den Vorbereitungen einige Hülfe geleistet hatte, hinein und stand plötzlich mitten in der Gondel.

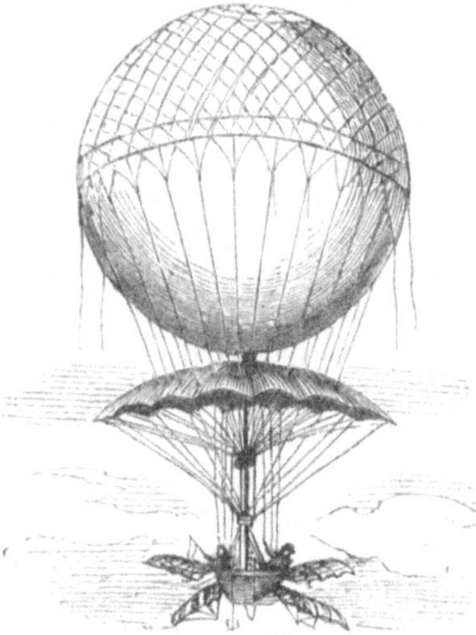

Fig. 100. Blanchard's Luftballon mit Fallvorrichtung.

Fig. 101. Robertson's Fallschirm.

Pilâtre de Rozier hatte schon vorher gegen die große Zahl der Mitreisenden protestirt, seine Voraussagungen bestätigten sich jetzt um so mehr, und Montgolfier gerade, der ihnen am wenigsten geglaubt, hatte die Gewalt des Aufprallens auf die Erde am unangenehmsten zu empfinden. Trotz dieses halben Mißlingens schwamm Lyon in einem Taumel von Enthusiasmus, und die Luftfahrer berauschten sich förmlich in den Huldigungen, welche ihnen von allen Seiten gebracht wurden.

Auch in andern Ländern machte man die Luftfahrten nach, zuerst in Italien, wo der Chevalier Andréani aufstieg.

Im März desselben Jahres (1784) unternahm **Blanchard**, der sich schon lange vor den Montgolfiers mit der Konstruktion von Luftschiffen und Fliegmaschinen beschäftigt hatte, seine erste Luftreise. Sein Ballon war mit Rudern und Steuerungen (siehe Fig. 100) versehen, von deren nützlichem Einfluß Blanchard nach seinem Herabkommen — er behauptete 2000 Fuß höher als alle Luftfahrer vor ihm gestiegen zu sein — fest überzeugt schien. Auch eine Madame **Thible**, die erste Frau, welche das gefahrvolle Unternehmen wagte, stieg zu Ehren des Königs von Schweden am 4. Juni 1784 in Lyon auf u. s. w. u. s. w.

Die meisten dieser Fahrten gewähren kein besonderes Interesse. Dagegen ist zu verzeichnen die erste wirkliche **Luftreise**, das heißt eine Reise in bestimmter, beabsichtigter Richtung und über eine beträchtliche Entfernung.

Das Meer trennt bekanntlich England von Frankreich in einer Breite von sechs Meilen. Calais in Frankreich und Dover in England sind die beiden nächsten Punkte. Von letztgenanntem Orte aus versuchte Blanchard in Begleitung des Amerikaners Jefferys den 7. Januar 1785 nach Frankreich zu reisen, und sein Unternehmen gelang ihm vollkommen, denn nach einer Zeit von 2 Stunden 32 Minuten kamen sie glücklich eine französische Meile von Calais, am Walde von Guines, auf dem Festlande an. So glücklich die Reise auch abgelaufen war, so war sie doch nicht ohne Gefahren, indem der Ballon gegen das Ende derselben ziemlich tief ging. Die Luftschiffer waren genöthigt, zu seiner Erleichterung den letzten Ballast, ihre Bücher, Lebensmittel, die Kleider, selbst den Anker in's Meer zu werfen; ja sie waren bereits entschlossen, sich im Strickwerke anzuklammern und auch die Gondel noch abzuschneiden.

Fig. 102. Cocking's Sturz.

Fig. 103 Testu-Brissy's Luftritt.

Doch diese Nothwendigkeit trat nicht ein; sie langten wohlbehalten auf französischem Boden an, nachdem die Bewohner von Calais sie schon, nicht ohne große Besorgniß, bereits seit langer Zeit, erst mit Ferngläsern, später mit bloßen Augen, über dem Kanale schwebend gesehen hatten. Man empfing sie mit der größten Theilnahme, reiche Geschenke an Geld belohnten den muthigen, in Frankreich bisher noch nicht gehörig beachteten Blanchard, und eine Ehrensäule in der Nähe von Calais, da wo er wieder den festen Boden betreten hatte, bewahrt das Gedächtniß an diese kühne That.

Leider wurde der günstige Erfolg dieser gewagten Unternehmung die Ursache zu einem der traurigsten Ereignisse, welches die Geschichte der Luftschiffahrt kennt. Als Pilâtre de Rozier die Kunde von Blanchard's Reise erhielt, beschloß er, angestachelt vom Ehrgeiz, von Frankreich nach England zu fahren. Der nach seinen eignen Ideen gebaute Ballon bestand aus einer höchst gefährlichen Verbindung der Montgolfière und Charlière, indem unter einem mit Wasserstoff gefüllten großen Ballon ein cylinderförmiger Theil sich befand, in welchem Luft durch Feuer verdünnt werden sollte. Vergebens warnte man ihn von allen Seiten, auch Charles sagte ihm: „Freund, Sie hängen ein Pulverfaß über Feuer“; aber sein Verhängniß riß ihn hin. Bei sehr ungünstigen Witterungsverhältnissen stieg die Doppelmaschine am 13. Juni 1785 in Calais auf. Bald schwebte sie über dem Meere, aber ein Windstoß warf sie nach der Küste zurück, und der Luftschiffer, der bei so stürmischem Wetter die Reise nicht fortsetzen zu wollen schien, bereitete sich schon zum Herabgehen, indem er die unvollkommen eingerichtete Klappe zog. Die Luft strömte aus, die Klappe schloß sich nicht wieder, und mit furchtbarer Schnelligkeit stürzte der Ballon zur Erde nieder. Eine gräßliche Ironie des Zufalls ließ den Sturz wenige Schritte von der Stelle geschehen, wo die dem glücklichern Blanchard vor kurzer Zeit erst errichtete Triumphsäule stand. Pilâtre de Rozier ward im Auffallen getödtet, sein unglücklicher Begleiter, ein junger Physiker von Boulogne, Namens Romain, lebte noch, endete aber zehn Minuten später gleichfalls. Dies waren die ersten Opfer der Luftschiffahrt.

**Der Fallschirm.** Die ungünstigen Ausgänge mancher Luftfahrten führten zu mancherlei Vorschlägen, durch deren Ausführung man im schlimmsten Falle eines unvorhergesehenen Niedergehens die Gewalt des Sturzes unschädlich zu machen hoffte. Sehr bald nach der Erfindung des Luftballons kam man daher auf die Anwendung einer Vorrichtung, welche den letztern Zweck erreicht scheinen ließ. Dies war der Fallschirm, ein Apparat, welcher mit einem Regenschirm die größte Aehnlichkeit hat. Es ist nämlich ein solcher Fallschirm weiter nichts, als ein zusammengefalteter, aus starkem Taffet hergestellter Schirm, dessen oberer Theil beim Herabgehen sich ausbreitet und die Luft fängt; er hat einen ziemlich bedeutenden Durchmesser, 20 und mehr Fuß, und trägt eine herabhängende Gondel, welche den gefährdeten Luftschiffer aufnimmt und, indem sie den Schwerpunkt tief nach unten hält, einem Umschlagen vorbeugt.

Die Idee des Fallschirms ist eine sehr alte. Ausgeführt wurde sie wol zuerst von dem Professor Lenormand, der sich am 26. November 1783 aus der ersten Etage eines Hauses in Montpellier herabließ, in jeder Hand zwei Regenschirme haltend. Der Stoß war sehr gering, er wiederholte die Versuche und kam zu dem Resultate, daß ein Schirm von 14 Fuß Durchmesser einen Menschen ganz sanft herabtragen müsse.

Der Luftschiffer Blanchard fing damit an, lebende Thiere aus der Höhe im Fallschirme herabzulassen; mit seiner eigenen Person mochte er das Experiment nicht wagen. Dies that später sein Rival Garnerin, der, in den Revolutionskriegen von den Oesterreichern gefangen und in Ofen festgehalten, schon hier einen Schirm heimlich anfertigte, um damit aus der Festung zu flüchten, aber abgefaßt wurde. Ganz dasselbe unternahm auf der Festung Spielberg ein anderer Gefangener, Drouet, der sich wirklich herabließ, aber dabei ein Bein brach und liegen bleiben mußte. Gleich nach seiner Freilassung ging Garnerin daran, sein Fallschirmexperiment von einem Ballon herunter auszuführen (Paris, den 22. Oktober 1797). Er kam ziemlich unsanft herab, denn sein Schirm machte sehr bedenkliche und heftige Schwankungen. Man erkannte nun, daß ein Fallschirm, um stetig zu sinken, oben ein kleines Loch oder Abzugrohr haben mußte, was von da ab keinem solchen Instrumente mehr fehlte. Garnerin's Beispiel wurde oft genug nachgeahmt, so daß man sagen kann, es sei bei gehöriger Einrichtung des Fallschirms keine besondere Gefahr damit verbunden; aber gerettet hat sich merkwürdiger Weise noch nie ein in Bedrängniß gerathener Luftschiffer damit. Die waghalsige Frau Garnerin schloß oft ihre Luftfahrten damit, daß sie den Ballon verließ und mit dem Fallschirme herabkam. Augenzeugen versichern, es habe sie wie ein Blitz durchzuckt, wenn die Frau mit dem noch zugeklappten Schirm einem Pfeile gleich aus den Lüften herabschoß; aber immer öffnete sich der Schirm noch zeitig genug, um sie sanft auf die Erde abzusetzen.

Robertson suchte den Fallschirm zu verbessern, indem er ihm die Gestalt eines doppelten Regenschirmes gab, von denen der eine sich auf-, der andere abwärts entfaltete (Fig. 101). Allein dies war ein Irrthum, welcher mit einem Menschenleben bezahlt ward. Noch naturwidriger war der Fallschirm des Engländers Cocking eingerichtet. Cocking war mit Green mehrmals aufgestiegen und hatte sich eingebildet, die Welt mit einem vorzüglichen Fallschirm beglücken zu können, indem er demselben die Form eines umgekehrten Regenschirms gab, da er bemerkt hatte, daß jeder Regenschirm beim Herabfallen von einer angemessenen Höhe sich sogleich umdreht. Der Mann hatte nicht überlegt, daß dies nur in Folge des Widerstandes der Luft geschieht, und daß die dann abwärts gekehrte Wölbung das Abgleiten der Luft begünstigt, wodurch der Schirm schneller der Richtung der Schwere folgen kann. Für alle Warnungen taub, bestand Cocking darauf, seinen verkehrten Fallschirm zu probiren, und Green war leichtsinnig genug, der Thorheit nachzugeben. Am 27. September 1836 stiegen Beide zu Vauxhall in London auf, wobei der unglückliche Fallschirm unter der Gondel befestigt war, Cocking aber sich in einem darunter befindlichen Korbe befand. Nachdem man eine Höhe von ungefähr 3500 Fuß erreicht hatte, warnte ihn Green noch einmal, allein Cocking durchschnitt das Seil, welches ihn bis jetzt mit dem Ballon verbunden hatte, und ehe es Green an dem außerordentlich schnellen Aufsteigen seines Ballons bemerken konnte, erblickte er ihn nur noch schwach, wie er die Lüfte in großer Schnelligkeit durchschnitt, so daß er in der letzten Sekunde beinahe 60 Fuß Raum durchschnitten, jene 3500 Fuß aber in $1^1/_2$ Minute zurückgelegt hat. Man eilte nach der Stelle, wo der Schirm gefallen war, und fand den verwegenen Mann gänzlich zerschmettert. —

Die Zahl der Luftfahrer mehrte sich von Tage zu Tage, und zählte man bereits im März 1785 an 35 ausgeführte Unternehmungen dieser Art, so häuften sie sich noch in der Folge durch den aufregenden Reiz, den ein Aufsteigen in die Wolken darbieten muß, auf ganz merkwürdige Weise. Es entstanden Luftschiffer von Fach, welche einen Gelderwerb aus dem Aufsteigen machten und immer durch neue Abwechselungen die Neugierde des Publikums rege zu halten sich bemühten. Testu-Brissy nahm gar ein Pferd mit in die Gondel, auf welchem reitend er emporschwebte (Fig. 103). In den öffentlichen Gärten zu Paris ließ man als Surrogat Luftballons steigen, denen man die Form von mythologischen Persönlichkeiten gab, oder die als Pegasus gestaltet waren, und eine dergleichen Albernheiten wurde immer wieder durch eine andere verdrängt. Einen wirklichen Fortschritt, eine neue Erfindung bemerken wir nirgends; und was unsre Bewunderung erregt, ist mehr die Kühnheit, mit welcher viele Luftschiffer ihre Fahrten unter oft sehr ungünstigen Verhältnissen ausführten, als die Eroberungen, welche sie dadurch für die Kultur der Menschheit gemacht hätten.

Wir wollen deswegen auch nicht mit einer chronistischen Aufzählung der verschiedenen Luftfahrten, die in aller Herren Ländern unternommen wurden, ermüden, sondern nur einige wenige herausgreifen, die durch den besondern Verlauf, den sie nahmen, oder durch einige Resultate, die sie gebracht, bemerkenswerth sind.

Nach dem Tode des berühmten Blanchard setzte seine Frau die Luftschiffahrten fort, erwarb sich ein beträchtliches Vermögen, bewies aber auch bei ihren außerordentlich zahlreichen Auffahrten nicht selten die größte Verwegenheit. Es ist manchmal vorgekommen, daß sie, gegen Abend aufgefahren, die ganze Nacht in ihrem Ballon zubrachte und in der Gondel ruhig schlief, um erst am andern Morgen wieder auf die Erde herabzusteigen. Schon 1817 wäre sie bei einer zu Nantes veranstalteten Luftreise beinahe verunglückt; sie stürzte in einen Morast, der Ballon blieb jedoch noch in den Aesten eines Baumes hängen, so daß sie sich so lange in der Höhe erhalten konnte, bis man ihr zu Hülfe kam. Ihr Unglück ereilte sie aber kaum zwei Jahre darauf. Den 6. Juli 1819 stieg sie im Tivoligarten zu Paris auf und gedachte den Zuschauern das prachtvolle Schauspiel eines Luftfeuerwerks zu geben. Als sie eine beträchtliche Höhe erreicht hatte, versuchte sie eine am Fallschirm befestigte

Flammenkrone von bengalischem Feuer anzuzünden, wobei sie sich einer Lunte bediente. Allein durch eine unglückliche Wendung des Ballons gerieth sie damit in die Nähe der untern Ballonöffnung, und das im Ballon befindliche Wasserstoffgas entzündete sich. Man bemerkte deutlich, wie die muthige Luftschifferin bemüht war, durch Zusammendrücken des Ballonschlauchs das Feuer zu ersticken, dann aber, als sie die Vergeblichkeit ihrer Bemühungen erkannte, sich in die Gondel setzte und den Ausgang erwartete. Gleich einem Meteor leuchtete das verbrennende Gas, der Ballon sank ziemlich langsam, und wäre die Luft ruhig geblieben, so wäre Madame Blanchard vielleicht noch glücklich auf dem Erdboden angelangt, allein plötzlich erhob sich ein etwas stärkerer Luftzug und trieb den Ballon nach Paris zu. Er stürzte auf ein Dach, die Gondel glitt am Abhange desselben herunter, Madame Blanchard stürzte heraus und der Ruf um Hülfe war das Letzte, was man von ihr vernahm. Man hob sie mit zerschmettertem Schädel von dem Straßenpflaster zu Paris auf. Der Ballon war leer und beinahe unbeschädigt, das darin enthaltene Gas fast gänzlich verzehrt.

Fig. 104. Green's Luftballon.

Neben dem Namen Blanchard steht eine große Anzahl Anderer, welche sich durch zahlreiche Luftfahrten bekannt gemacht haben, die Garnerin's, Jacob und Elise, seine Nichte, Robertson, Margat Coxwell, vor Allen aber die beiden Green, Charles Green, Vater, und George Green, Sohn, und in neuerer Zeit die Gebrüder Godard. Ihre Erlebnisse dürften für Romanschriftsteller manche spannende Episode darbieten, uns können sie nur ein geringes Interesse einflößen.

**Green's Luftfahrt über den Kanal.** Die Luftfahrten der Green sind nach Hunderten zu zählen; vor allen interessant aber ist die Reise, welche Charles Green im November 1836 von London aus unternahm. Die Reise über den Kanal war seit dem unglücklichen Pilâtre de Rozier zu wiederholten Malen, theils von England, theils von Frankreich aus, gemacht worden, als am 7. November 1836 Green mit noch zwei Gefährten in London aufstieg. Sein großer Ballon war statt des theuern Wasserstoffgases mit dem viel wohlfeilern, aber nicht so leichten Kohlengas (Leuchtgas) gefüllt. Die Reisenden hatten noch englischen Boden unter sich, als schon der Abend anbrach, doch bewegte sich der Ballon unzweifelhaft nach der französischen Küste zu. Es ward Nacht. Die Schiffer schwebten über der stürmischen Nordsee, sie erkannten dieselbe am Gebrause der Wellen, während der Ballon sich rastlos in den obern Regionen fortbewegte. Da erblickten sie in der Ferne ein Lichtmeer;

es ist die Hafenstadt Calais; aber der Ballon fliegt, nicht fern von ihr, hoch in den Lüften weiter. Mitternacht ist gekommen, da gewahrt man in der Ferne, außer vielen andern bisher ununterbrochen auf einander folgenden Orten, einen neuen von ganz besonderm Umfange. Man geht fast über das von Gasflammen erleuchtete Lüttich hinweg, aber auch diese Lichter erlöschen und die Luftschiffer sind die einzigen Wesen, die, in die Dunkelheit der Nacht gehüllt, den etwas leuchtenden Ballon über sich, den Luftraum durchsegeln. Die Reise geht über Belgien und die preußischen Rheinlande hinweg; schon sehen sie in den Morgenstunden wieder überall aufflammende Lichter, bis der Tag sie endlich begrüßt und die Sonne sich über die Erde erhebt. Ein schönes Hügelland liegt unter ihnen, die Morgennebel weichen und nunmehr gedenken sie sich niederzulassen. Der Anker fällt, bereits sind Landleute auf dem Felde, man hat sie bemerkt, und so befremdlich auch immer ihr Erscheinen ist, so leistet man gern thätige Hülfe. Die Ankömmlinge erfahren zu ihrem Erstaunen, daß sie in der Gegend des Mittelrheins, bei Weilburg im Nassauischen, sich befinden und beinahe 90 deutsche Meilen in 19 Stunden zurückgelegt haben.

Fig. 105. Die unfreiwillige Luftfahrt des jungen Guérin.

**Guérin's unfreiwillige Erhebung.** Daß es auch unfreiwillige Luftfahrer geben könne, ersehen wir aus einem Falle, der sich 1843 zu Nantes ereignete. Dort hatte der Luftschiffer Kirsch eine große Aufsteigung angekündigt. Eine ungeheure Zuschauermenge drängte sich in und um die Promenade von La Fosse. Schon war der Ballon gefüllt und Alles zur Abfahrt bereit, als plötzlich eines der Seile, womit er an zwei Masten befestigt war, zerriß. Das andere war nun nicht mehr ausreichend, um ihn zurückzuhalten, und der Ballon hob sich, das Schiffchen, welches nur erst an einer Seite festgeknüpft war, sowie das Rettungsseil, woran der Anker hing, mit sich fortreißend. Eine ziemliche Strecke schleift der Anker auf dem Pflaster hin und erfaßt einen zwölfjährigen Knaben, Namens Guérin, einen Stellmacherlehrling, hakt sich an dessen Beinkleidern fest, reißt sie vom linken Knie bis zur Hüfte auf und bleibt dort in schräger Richtung über dem Unterleibe hängen, so daß die eine Ankerspitze über der linken Hüfte aus den Beinkleidern hervordringt. So festgehakt wird der Knabe, der noch keine Ahnung hat, welch' eine gefährliche

Luftfahrt ihm bevorsteht, ein Stück mit fortgeschleift, ehe seine Füße den Boden verlassen. Von einem unbewußten Instinkt geleitet, klammert er sich mit beiden Händen an das Ankerseil an, als wollte er sich mit klarem Bewußtsein zur Fahrt vorbereiten und durch diese Stellung sichern, und wird nun, zum großen Entsetzen der versammelten Menschenmenge, mehr als 300 Fuß hoch in die Lüfte emporgetragen. Eine furchtbare Katastrophe schien Allen unvermeidlich; allein wie durch ein Wunder senkt sich der Ballon in kurzer Entfernung von der Stadt, fällt langsam auf einer Wiese nieder und der Knabe geht gesund und unversehrt aus dieser gräßlichen Prüfung seines jugendlichen Muthes hervor.

**Arban's Auffahrt in Triest.** Der Franzose Arban hatte 1846 den Triestinern mehrmals eine Luftfahrt angekündigt, mußte aber solche wegen eingetretenen schlechten Wetters zweimal aufschieben. Am 8. September hatte man endlich im Hofe der großen Kaserne den Ballon mit Gas zu füllen angefangen und einen kleinen Ballon steigen lassen, um die Richtung des Windes zu erkennen; damals ging der Wind von Südwest gegen Nordost. Durch ein Versehen bei Bereitung des Gases wurde davon nicht die nöthige Menge erzeugt, um den Ballon damit so zu füllen, daß er geeignet gewesen wäre, den Luftfahrer und die mit verschiedenen Geräthen angefüllte Gondel zu tragen. Es schlug bereits 6 Uhr, ohne daß die versprochene Fahrt, welche auf 4 Uhr angesagt worden war, stattfinden konnte, und die Menge fing an unruhig zu werden. Nun faßte Arban, in der Voraussetzung, daß man glauben werde, er wolle das Publikum hintergehen, den tollkühnen Entschluß, ohne die Gondel, sich nur an dem dünnen Seile festhaltend, in die Luft zu fahren. Er entfernte unter schicklichem Vorwande sowol den Polizeikommissar als seine eigene Frau, die mit ihm die Luftfahrt unternehmen sollte, wie sie es bereits früher in Mailand und Vicenza gethan hatte, löste die Gondel ab, schürzte die Seile, an die sie befestigt war, in einen Knoten, setzte sich darauf, ließ den Luftballon los, und indem er sich mit der linken Hand an die Seile hielt und mit der rechten das Volk grüßte, erhob er sich zum Erstaunen aller Anwesenden in die Lüfte. Mit Bewunderung sah man dem verwegenen Luftfahrer nach, welcher lieber sterben als sich eines Wortbruchs schuldig machen wollte. Der Ballon stieg majestätisch gerade aufwärts, bis er die Höhe von etwa 1200 Fuß erreichte, und schien sodann die Richtung gegen die Berge von Carso zu nehmen; plötzlich aber änderte er seinen Weg und wurde mit außerordentlicher Schnelligkeit in der entgegengesetzten Richtung und zwar gegen den Golf von Triest dahingetragen. Eine Stunde lang sah man ihn immer in der nämlichen Richtung, bis er in den Wolken verschwand. Man gab Arban verloren, bedauerte ihn aber aufrichtig, um so mehr, da die Verzweiflung seiner Gemahlin, welche die ganze Nacht am äußersten Ende des Molo San Carlo zubrachte, jeden fühlenden Menschen tief rühren mußte. Eine große Anzahl Barken wurden sogleich ausgeschickt, um dem ungefähren Laufe des Luftballons zu folgen, allein die ganze Nacht verstrich, und immer noch blieb Arban's Schicksal unbekannt.

Am folgenden Morgen endlich erschien bei Sanitàd marittima ein Fischerkahn, worauf sich der Luftschiffer befand. Der Kahnführer und sein Sohn gaben an, sie seien am vorigen Montag von Chioggia abgefahren, um in den Gewässern von Grao auf den Fischfang auszugehen. Als sie sich eben zur Arbeit anschickten, sahen sie den kaum noch zur Hälfte gefüllten Luftballon mit Arban auf den Wellen schwimmen, der, bis an die Schultern im Wasser, sich nur mühsam über demselben erhalten konnte; sie steuerten auf ihn los, erreichten ihn etwa zwei italienische Meilen entfernt von dem Felsen von Grao und retteten ihn vom sichern Tode. Dies geschah gegen 11 Uhr Abends. Nach Aussage Arban's war er schon vor 8 Uhr herabgekommen; er hatte demnach drei volle Stunden im Meere zugebracht und, da er das Spiel der Wellen wurde, eine Menge Meerwasser schlucken müssen. Indessen kam er doch noch wohlfeilen Kaufs davon und es hatte, mit Ausnahme eines Fiebers, dieser halsbrecherische Versuch keine weitern Folgen für ihn.

**Coxwell's und Gypson's mißglückte Luftfahrt bei Nacht.** Der unglückliche Ausgang vieler Luftfahrten ist nicht immer einer und derselben Ursache zuzuschreiben. Es können eine Menge Umstände eintreten und zwar so plötzlich, daß die Umsicht des Erfahrensten nicht hinreicht, im rechten Augenblicke allemal das entscheidende Gegenmittel anzuwenden, denn in Folge der bedeutenden Größe der Maschine sind die einzelnen Theile nicht anders zugänglich als durch Schnurwerk, das sich leicht verfitzt, und was noch schlimmer ist, sie sind für die Luftschiffer selbst zum größten Theil unsichtbar und die Diagnose ist oft nicht so rasch zu machen, als das Unglück schon geschehen ist. Das Schicksal selbst geübter Physiker und erfahrener Luftschiffer beweist dies. Der Ballon, in welchem Carlo Brioschi, königlicher Astronom zu Neapel, und Signor Andreani aufstiegen, zerplatzte in den höheren dünnen Luftschichten; das Versagen des Ventiles kostete Coxwell und seiner Gesellschaft beinahe das Leben.

Am 9. Juli 1847 wollten Coxwell und Gypson in Begleitung mehrerer Anderer Abends in den Gärten des Vauxhall aufsteigen und vom Ballon aus ein Feuerwerk abbrennen. Es war ungewöhnlich dunkel und nebelig, kaum wehte ein Lüftchen, aber ein Gewitter war im Anzuge. „Endlich", erzählt der Berichterstatter, „waren alle Vorbereitungen getroffen. Wir nahmen einige Vorräthe mit, da Herr Gypson beabsichtigte, die ganze Nacht oben zu bleiben, und nachdem noch sechs oder acht Säcke Sand als Ballast eingeladen waren, gab er den Befehl, den Ballon loszulassen. Die Musik spielte, das Volk jubelte und der Ballon stieg mit außerordentlicher Schnelligkeit auf, drehte sich aber im Aufsteigen herum. Der erste Versuch, das Feuerwerk mittelst eines Schusses in Brand zu bringen, schlug fehl, der zweite gelang besser und Kaskaden von farbigem Feuer schossen durch die Lüfte, was eine herrliche Wirkung gemacht und von Vauxhall aus vortrefflich ausgesehen haben muß. „Inzwischen begann auch das Feuerwerk in Vauxhall und wir sahen sowol den Lichtglanz um den Garten herum, als auch das Steigen der Raketen; dann und wann erhellte ein Blitz das ganze Panorama, doch in zu flüchtiger Weise, um die Einzelheiten desselben unterscheiden zu können. Ueber uns war der Himmel sichtbar und mit unzähligen Sternen besäet.

„Wir stiegen immer höher und höher, bis uns Herr Gypson sagte, wir hätten die Höhe von 7000 Fuß erreicht; in diesem Augenblick benachrichtigte Herr Coxwell, welcher die Ventilleine zu halten hatte und auf dem Ringe des Netzwerkes über uns saß, Herrn Gypson, daß der Ballon infolge der außerordentlichen Verdünnung der Luft sehr straff werde. Es wurde sofort Befehl gegeben, den Ballon zu sichern, indem durch das obere Ventil etwas Gas herausgelassen werden sollte. Herr Coxwell zog an der Leine und gleich darauf hörten wir ein Geräusch, ähnlich, aber nicht so laut wie das, wenn man den überflüssigen Dampf einer Lokomotive ausströmen läßt; der untere Theil des Ballons sank rasch zusammen und zog sich gegen den obern Theil ein. Herr Gypson rief sogleich: „Guter Himmel, was ist los?" — worauf Herr Coxwell erwiderte: „Das Ventil! Wir sind Alle des Todes!" und in demselben Augenblicke fing der Ballon an mit erschrecklicher Schnelligkeit zu fallen. Zwei von unserer Gesellschaft brachen sofort in Ausrufe der Furcht und des Schreckens aus; inmittelst wurde Alles über Bord geworfen, um den Ballon zu erleichtern, doch es half nichts. Der Wind raste noch immer furchtbar über unsere Köpfe hin, und um das Maß des Schreckens dieser wenigen Augenblicke voll zu machen, kamen wir mitten in das Feuerwerk hinein, welches durch die Lüfte zischte, so daß sich einige ausgebrannte Raketen und noch glimmende Pappe an das Seilwerk des Ballons anhängten und dort in Funken zerstoben. Die Blitze zuckten ohne Unterbrechung um uns herum und die ganze Maschine fing bald an zu zittern und zu beben.

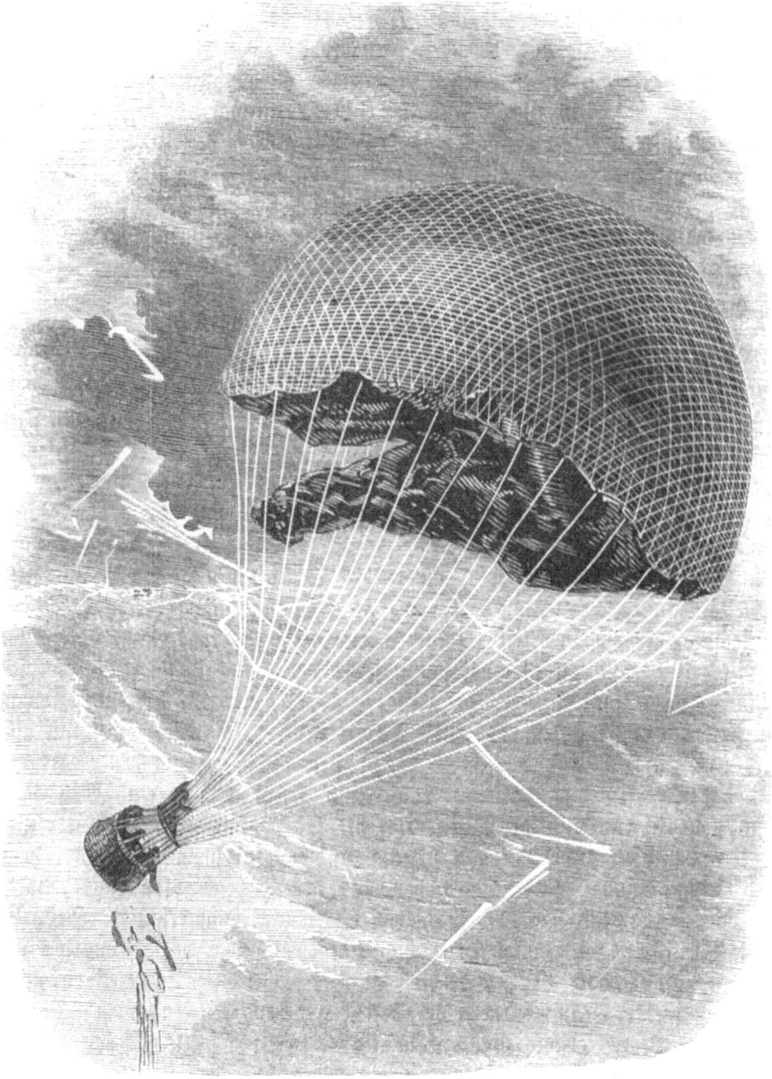

Fig. 106. Coxwell's und Gypson's mißglückte Luftfahrt bei Nacht.

„Wie lange Zeit wir zum Fallen brauchten, kann ich mir gar nicht denken, doch müssen es wenigstens zwei Minuten gewesen sein. Unsere Rettung schreibe ich allein dem Umstande zu, daß das obere Netzwerk des Ballons nicht zerriß und die luftleere Seide in Form eines Sonnenschirms festhielt, der uns als Fallschirm diente. Wir sahen nun die Häuser von London, deren Dächer auf uns zuzukommen schienen, und in dem nächsten Augenblicke, als wir an einem Dachfirst vorübersausten, riefen wir Alle zugleich: „Festgehalten!" Der Anprall, als wir in der Quere zur Erde niederkamen, war furchtbar heftig, wir wurden sammt und sonders aus unserer Gondel geschleudert und fielen in das Netzwerk und die Seide des Ballons, welches erstere uns so umgarnte, daß wir uns anfangs gar nicht regen konnten, und wären wir in die Themse gefallen, so würde das unser Tod gewesen sein. Es hatte sich sogleich eine große Menschenmasse um uns versammelt, die uns aus unserer Haft befreite und uns herzlich Glück zu unserer Rettung wünschte. So unbegreiflich es scheinen mag, so war doch Niemand ernstlich verletzt: zerrissene Kleider, zerknitterte Hüte und einige Schmarren und Quetschungen, das waren die schlimmen Folgen unseres Falles durch die Strecke einer englischen Meile."

Fig. 107. Coxwell's Aufsteigen in Leipzig.

**Coxwell's Luftreise von Leipzig aus.** Es ist bezeichnend für die ganze Luftschiffahrt, daß sich unser Interesse an ihre Geschichte von dem Augenblicke an, wo das Aufsteigen von Menschen überhaupt gezeigt und dann, als zum ersten Male eine bedeutendere Entfernung im Ballon zurückgelegt worden war, lediglich durch die Unglücksfälle nährt, welche den Aëronauten hier und da zugestoßen sind. Alle glücklich zurückgelegten Luftreisen außer der ersten und außer der längsten haben für die Nichtbetheiligten wenig Anziehendes. Das Schauspiel des Aufsteigens selbst ist höchst einfach und vermag dem Verständigen keinen Genuß zu gewähren; die Menge fühlt sich durch den Gedanken an die Möglichkeit eines Unfalles, von dem sie Zeuge sein könnte, gekitzelt —

und betrachtet die Luftschiffer nicht anders als die Seiltänzer: — Beide könnten doch einmal den Hals brechen.

Anders muß der Eindruck freilich auf Diejenigen sein, welche sich der seidenen Blase anvertrauen und mit der Gondel in dem Luftozeane emporsteigen. Wir wollen zum Belege die charakteristische Schilderung einer Fahrt folgen lassen, welche unter Coxwell's Leitung 1851 von Leipzig aus unternommen wurde.

Der Ballon (Fig. 106) hatte 65 Fuß Höhe, 125 Fuß Umfang, 35,000 Kubikfuß Raumgehalt, mit einer für vier Personen Sitz gewährenden Gondel, und ward im Hofe der Gasbereitungsanstalt mit ungefähr 25,000 Kubikfuß Leuchtgas gefüllt. Nach sorgfältiger Abwägung des Verhältnisses des Ballastes zur Tragkraft des Ballons öffnete Herr Coxwell kurz nach 5 Uhr die Haltklammer und der Ballon stieg schnell und sicher in der Richtung von Nordost gegen Südwest über den westlichen Theil der Stadt empor, wo er nach wenigen Minuten in der dichten Regenwolkenmasse verschwand, die den Himmel überall gleichmäßig bedeckte. Mit Eintritt in die Wolkengrenze, gegen 4000 Fuß über der Stadt, überflorte zuerst leichtes Nebelgewebe das interessante Bild des bewegten Meßplatzes und entzog es, dichter und dichter werdend, sehr schnell dem Auge vollständig.

In demselben Momente bildete das Nebelgrau der Wolken mit der ihm als Folie dienenden Farbe der Erde ein nächtiges Dunkel unterhalb der Gondel, während neben und über ihr sich ein überall gleich trübes Hellgrau zeigte. Schnell jedoch verschwand dieses Nachtdunkel wieder und mit ihm das letzte sichtbare Zeichen der Erdnähe. Die Geräusche drangen nur verworren und dumpf zum Ohr; das Auge vermochte seine Kraft an keinem Gegenstande zu messen; schweres Athmen und leichte Kopfbeklemmung erinnerten lebhaft an die dicksten, aber geruchlosen Herbstnebel, deren Dichtigkeit hier übertroffen ward. Die Temperatur war merklich gesunken und feuchtkalt. Tropfbar flüssiger Niederschlag war nicht bemerkbar. Dieses für das Auge unergiebige Terrain ward benutzt, den Anker an's Tau zu knüpfen und herabzulassen. Neue Ballastverminderung beschleunigte den Flug des Ballons und mit freierer Kraft schwang er sich, ohne merkliche Bewegung wahrnehmen zu lassen, zur obern Grenze der wol 3000 Fuß im Durchmesser haltenden Wolkenschicht.

Ueberrascht durch die Schnelligkeit der Scenenveränderung und bewundernd streifte das Auge über ein ungeahntes Panorama. Unter riesigem Nebelgewölke breitete sich ein unabsehbares Wolkenmeer wunderschön von Horizont zu Horizont. Die reinste Atmosphäre gestattete zwischen den beiden Wolkenlagen den fernsten Blick innerhalb der scheinbaren Wolkenbegrenzung. Die bald malerisch zarten, bald seltsamen Gebilde schienen die Formen der Erdoberfläche in allen Farbenverbindungen von Weiß und Blau zu Grau und in magisch matter Beleuchtung nachbilden zu wollen. Die sich anscheinend neigenden Grenzen und die Wölbung des wol über 2000 Fuß entfernten Nebelhimmels gaben dem Ganzen die Gestalt einer riesigen Zauberhöhle, und verriethen die gleichmäßige Ausbreitung der gewaltigen Wolkenlagen über der Erde. Von letzterer herauf drang in die lautlose Ruhe dieser abgeschlossenen Luftwelt, in deren Mitte der Ballon geräuschlos schwebte, nur noch leise der Ton des rollenden Dampfwagens. Wie für das Auge, so hatten sich die Wahrnehmungen auch für das Gefühl und die Athmung geändert: die Luft war trocken und deshalb angenehmer kühl, die Respiration leicht und frei, die Benommenheit des Kopfes verschwand. Das unbeschreibliche Wohlbehagen glich dem, welches die Fahrt in ungetrübtem Sonnenlichte selbst dem Körper unvergeßlich macht. Aber der Genuß trieb aufwärts zu neuen Genüssen: etwas Ballast weniger und das Log des Luftschiffes, der leichte Papierstreif, sank pfeilschnell neben der Gondel hinab. Der Ballon, bereits an der Grenze der zweiten Wolkenschicht schwebend, mußte wiederum gegen 2000 Fuß höher, ehe er dieselbe völlig durchmessen. Ein unbemerkt gebliebener Mitreisender, eine große Mücke, verließ den Ballon. Sie schwirrte kurze Zeit nebenher und war plötzlich — wahrscheinlich bald erstarrt — nicht mehr zu sehen. Die Hoffnung, jetzt schon zu dunstfreiem Aether zu gelangen, bestätigte sich nicht; aber der Ersatz für diese Täuschung war überreich. Mit dem Austritt des Ballons aus der zweiten Wolkenlage zeigte sich dasselbe Gebäude einer abgeschlossenen Luftwelt, wie zwischen den untersten Schichten: das Bild einer riesigen Wolkenhöhle, erfüllt mit Aetherreinheit, umgrenzt von oben herab durch ein silbergrau strahlendes Dunstfirmament und von unten herauf von tropfsteinähnlicher Wolkenschöpfung, mit derselben Wölbung der Horizonte, denselben idealen Gebilden, aber überall erhabeneren Formen, krystallähnlich leuchtend, starr und dennoch weich in einander gewoben, von zauberischem Zwielicht, voll reizender Reflexe und mit einer geisterhaften Ruhe übergossen, zu der kein Erdengetöse auch nur den leisesten Boten zu senden vermochte. Nirgends Leben und dennoch kein Grabgefühl! Ueber die fernen Silberströme vor tiefblauen Buchtungen, über die strahlende Trümmerwüste, begrenzt von erstarrten Meereswogen, über die Hünengräber am Strande, die malerische Hügelwelt des unabsehbaren Nebellandes führte die entfesselte Phantasie unwillkürlich die Geister Ossian's.

„Ist das nicht wundervoll?“ rief Coxwell tiefbewegt; aber der Ton seiner Stimme war metalllos, sein Hauch streifte winterlichweiß vorüber. Ein Zug am Ventil: der sonst so laute Schall war matt. Das Glutlicht des Gases im Ballon war dunkler, und dieser, vorher nur unvollständig gefüllt, völlig gespannt. Er stand dicht an der Grenze der dritten Wolkenzone, ungefähr 11,000 Fuß hoch. Es war 18 Minuten nach 5 Uhr.

Der Zweck der Reise war erfüllt: der Blick in die Wolkenschleier des Himmels gethan. Die Zahl der Nebelgewölbe, welche noch höher schwebend jeglichen Sonnenstrahl aufhielten, blieb unbekannt; das Herz sehnte sich nach so hoher Dämmerungspracht nicht nach der Tageshelle; darum grüßte scheidend der Blick noch einmal die Wunderwelt; die sichere Hand zog das Ventil und — urplötzlich zeigte der Druck auf's Gehirn die Schnelle der Rückfahrt. Bald war die zweite Wolkenschicht wieder durchschnitten; langsam glitt der Ballon durch die Schönheit des untern Zwischengewölbes herab: die feste Hand an der Schnur des Ventils, das sichere Auge voll Befriedigung bald auf die flatternden Papierstreifen, bald auf die Spannung der Seide gerichtet, Ballast und Gas gemessen verwendend, führte Coxwell sein Schiff gefahrlos heimwärts. Schon nahm es derselbe Nebel wieder auf, der es aufwärts zuerst empfangen. Die Nebelmassen wurden dunkler in der Mitte der Schicht; selbst der nur 130 Fuß unter der Gondel schwebende Anker war kaum erkennbar. Auf den Ballon schlug der Regen, den Coxwell schon oben in den reinen Zonen vorherverkündet. Wieder tönte das Rollen des Dampfwagens, drang Hundegebell herauf. Das Grau unter der Gondel ward wiederum nachtdunkel wie nach dem Verschwinden des Anblicks der Erde; mitunter schienen hellere Stellen bemerkbar und plötzlich entschleierte sich das frische Bild von Wäldern und Auen mit einzelnen Dörfern, zwischen welchen das Silberband eines Flusses (der Saale) sich hinzog. Der Ballon ging über denselben hinweg, einer in der Ferne liegenden Stadt (Lützen) zu. Aber der Wind trieb linkwärts von ihr ab, und so galt es, in der Nähe eines der größern Dörfer zu ankern.

Ueber zwei Dörfer strich das Schiff hinweg, ohne daß die Frage nach dem Namen der Gegend unten gehört ward; aus dem dritten Dorfe drang der Freudenruf: „Ein Ballon! Ein Ballon!“ herauf. Das bewog, herabzugehen. Coxwell bestimmte ein hochliegendes Stoppelfeld, ungefähr eine Viertelstunde entfernt, zwischen den Salinen

Dürrenberg und Kötschau, zum Landungsplatz und ließ sich $6^1/_4$ Uhr — mittelst Gas und Ballast (der herabfallende und sich senkrecht unter dem Fahrzeuge ausbreitende Sand konnte schwebend 34 Sekunden lang wahrgenommen werden) die Visirlinie sicher innehaltend — so ruhig und sanft am Rande des bezeichneten Feldes nieder, daß selbst der leiseste Rückprall der Gondel vermieden ward.

**Große amerikanische Luftfahrt.** Am 1. Juli 1859 unternahmen vier Amerikaner, der Professor Lamountain, Wise, Gayer und Hyde, von St. Louis aus eine Fahrt zu dem Zwecke, den Weg bis Newyork, ungefähr 600 Stunden, in der Luft zurückzulegen. Ihr Ballon war 150 Fuß hoch und hatte 60 Fuß im Durchmesser; sie erhoben sich wechselnd zu ziemlich bedeutenden Höhen und schilderten den Eindruck, den die tiefliegenden Landschaften mit ihren Strömen, Wäldern und Prairien in der nächtlichen Beleuchtung machten, als ganz zauberisch. Eigentlich finster wurde es während der ganzen Nacht nicht. Selbst in einer Höhe von 10,000 Fuß waren die Reisenden immer im Stande, die Prairien von den Wäldern zu unterscheiden. „Wir schwammen in einer Art von durchsichtigem Duft, welcher, ohne einen wahrnehmbaren Körper zu besitzen, dennoch aus Lichttheilchen zusammengesetzt schien. Die Wirkung dieses Lichtes war sehr eigenthümlich. Es gab dem Ballon einen phosphorescirenden Schein, als wenn er mit Feuer geladen wäre. Derselbe war so stark, daß jede Linie des Netzes, jede Falte der Seide, jede Schnur und jeder Knoten deutlich sichtbar wurden.

Der Sonnenaufgang bot ein noch wunderbareres Schauspiel, aber bald änderte sich die Scenerie. Der Himmel umzog sich mit kohlschwarzen Wolken und schließlich wurde der Ballon — aus was für Ursachen verschweigt der Bericht — in den Ontariosee geschleudert. Man mußte den Nachen und alles überflüssige Netzwerk abhauen, um den Ballon zu erleichtern. Dadurch erhob sich derselbe wieder mit den vier im Korbe sitzenden Männern und blieb endlich in einem Urwalde des Staates Newyork hängen. Ueber die Staaten Illinois, Indiana, Ohio hinweg, hatte er nach 10 Stunden vom Auffsteigen an bereits den Eriesee erreicht, um Mittag war er gerade über den Wasserfällen des Niagara; dann flog er nach Canada hinüber, trieb aber schließlich, von einem Wirbelwinde gepackt, über den Ontariosee zurück, bis ihn hier Lamountain's Geistesgegenwart rettete und um 2 Uhr Nachmittags bei Adams unweit Sacketts Harbour ein Baum festhielt.

Seit jener Reise ist viel die Rede gewesen von einer noch weit größern, von einer Fahrt von Amerika über das Weltmeer nach Europa. Man hat sogar den hierzu bestimmten Ballon mit seinem vielerlei Zubehör in Newyork für Geld gezeigt und vielleicht war dies gerade das Geschäft, das beabsichtigt worden ist, denn von der Luftreise selbst ist es wieder ganz still geworden. Daß eine nahe Verwandtschaft besteht zwischen Luftballon und Windbeutel, hat sich schon bei vielen Gelegenheiten gezeigt.

Man sollte glauben, eine solche Reise, wie die eben beschriebene, könnte nur in Amerika vorkommen, indessen giebt die jüngste bedeutende Luftfahrt, welche in Europa unternommen worden ist, derselben nicht viel nach.

**Nadar's Luftreise von Paris aus.** Vor einiger Zeit bereits hatte ein Dr. Roth, der auch eine Rechenmaschine erfunden hatte, den Plan zu einem neuen Luftschiff entworfen. Der Kostspieligkeit wegen fand derselbe aber keine Verwirklichung, bis sich endlich Nadar, der bekannte Journalist, Mediziner, Freiheitskämpfer, früher auch Führer einer polnischen Legion, Photograph und was nicht noch, der Sache annahm. Mit Hülfe der Presse und jeglicher Art von Reklame wußte er die Pariser zu einer Aktiengesellschaft zu begeistern, welche die Mittel der Veranstaltung zu beschaffen übernahm.

Es wurde zunächst ein riesenmäßiger Luftballon gebaut, „Le géant", mit welchem

Reisen gemacht und Ausstellungen veranstaltet werden sollten, um auf diese Weise das nöthige Geld für die große Maschine zu beschaffen. Der Géant bedurfte über 200,000 Kubikfuß Gas zu seiner Füllung. Die Gondel (Fig. 108) war das Interessanteste an der ganzen Maschine. Aus spanischem Rohr hergestellt, dessen Festigkeit sich ausgezeichnet bewährt hat, bestand sie aus zwei Stockwerken und hatte das äußere Ansehen eines Eisenbahnwaggons. Sie enthielt alle Bequemlichkeiten, die man bei einer Reise von mehrern Tagen etwa brauchen kann, als Betten, Toilettentische, photographische Apparate, eine Presse, physikalische Instrumente, Nahrungsmittel u. s. w.

Die erste Luftfahrt, bei welcher sich wie zu Zeiten der Montgolfiers halb Paris als Zuschauer eingefunden hatte, war von kurzer Ausdehnung. Der Ballon stieg ungefähr 6000 Fuß hoch; kam aber schon bald wieder zurück. In Meaux, vor den Thoren von Paris, fiel Nadar mit seiner Gesellschaft ziemlich unsanft nieder, was nach dem pomphaften Programm den spottlustigen Parisern überreichen Stoff zu Witz- und Stachelreden gab. Die Journale übernahmen seine Rechtfertigung, und als die zweite Abfahrt Sonntag am 18. Oktober stattfinden sollte, hatte das Publikum wieder eine mildere Gesinnung gewonnen.

Wo möglich noch mehr Zuschauer als das erste Mal hatten sich auf dem Marsfelde eingefunden und geriethen in neues Entzücken, als kurz vor dem Einbrechen der Dunkelheit der Géant mit seinen Insassen sich in die Lüfte erhob. Wie früher, so war auch diesmal der bekannte Godard als Kondukteur mit im Waggon, im Ganzen eine Gesellschaft von neun Personen. Das Ereigniß war Tagesgespräch, Nadar in Aller Munde und die Montags-Zeitungen wurden mit der größten Hast nach Berichten über die Aëronauten durchflogen. Sie ließen aber lange warten. Am dritten Tage kam die Nachricht, der Géant sei in Deutschland an der Weser zur Erde gelangt, Nadar und dessen muthige junge Frau schwer verwundet, die meisten Theilnehmer verletzt.

Dem war in der That so. Nach einer ziemlich unerquicklichen Fahrt die Nacht hindurch, wo man den Ballon sich niedrig halten ließ, fand man sich am nächsten Morgen über einer weiten, mit Nebel bedeckten Fläche, welche man für holländischen Boden hielt, und da Nadar hier die Nähe des Meeres fürchtete, gab er das Signal zum Niederlassen. Durch den Thau und Nebel der Nacht waren aber die Stricke, welche das Ventil öffnen sollten, so zähe und schlüpfrig geworden, daß sie beinahe den Dienst versagten. Das Gas entströmte nicht in hinreichender Menge, um ein vollständiges Herabgehen zu erreichen. Dazu gesellte sich ein heftiger Wind, welcher den voluminösen Géant mit aller Macht vor sich herjagte.

Man hatte in nordöstlicher Richtung einen Weg von über 360 Lieues in 14 Stunden zurückgelegt und in der Nacht eine Route verfolgt, welche auf der Karte ungefähr durch die Punkte Compiègne, St. Quentin, Brüssel, Mecheln, den Bosch Arnheim, Nienburg, Rethem bezeichnet wird. Schon bei Nienburg beschlossen die Reisenden niederzugehen, allein der Ausfluß des Gases war so unvollständig, daß die Gondel nur den Boden berührte. Sobald aber der Ballon dadurch sich erleichtert fühlte, hob er sich und zog den Waggon wieder mit in die Höhe. Auf diese Weise war die weitere Reise ein fortwährendes Springen in weiten Bogen über Felder und Hecken, Felsen und Bäume. Die Anker hatte man in Nienburg schon eingebüßt. Als man hier auf dem Bahnhofe die Erscheinung des Ballons bemerkt hatte, war eine disponible Maschine mit einem Wagen herausgefahren, um das Wunder näher in Augenschein zu nehmen. Die Maschine war zur rechten Zeit da, aber Hülfe konnte nicht geleistet werden. Das Ungethüm passirte die Bahn, riß mit der Gondel ein Stück Damm ein und war, nachdem es die starken Telegraphendrähte zerrissen, wozu beiläufig ein

Druck von hundert Centnern gehört, mit einem Ruck wieder darüber hinweggesetzt. Immer weiter ging die gefährliche Reise. Im Innern der Gondel herrschte die größte Verwirrung. Die Insassen wurden nach allen Richtungen umhergeschleudert. Endlich gelingt es, durch Ballastauswerfen den Ballon wieder zum Steigen zu bringen. Der muthige Jules Godard steigt an den Stricken in die Höhe und öffnet die Luftklappe. Es ist gelungen, der Ballon fällt gänzlich. Leider aber treibt ihn der heftig wehende Wind noch in das etwa eine Stunde von Nethem entfernte Frankenfelder Holz, wo er endlich in den Bäumen hängen bleibt.

Fig. 108. Die Gondel des Nadar'schen Ballons nach der Zerstörung.

Sobald die Gondel sich der Erde nähert, springen die halbwegs noch Gesunden heraus. Die Frau Nadar's verwickelt sich dabei und wird von dem gegen 25 Centner schweren Waggon bedeckt. Mehr als eine halbe Stunde verging, bis es gelang, die unglückliche Frau unter der entsetzlichen Last hervorzuholen. — Ungeschädigt hatte Keiner der Gesellschaft die Fahrt mitgemacht, Einige waren ganz bedenklich verwundet, Frau Nadar hatte außer den schlimmsten Quetschungen auch noch den Bruch des Schlüsselbeins zu beklagen, Einer hatte den Arm gebrochen, Nadar selbst war auf die verschiedenartigste Weise blessirt. Und dazu in einem fremden Lande, dessen Bewohnern man sich nicht verständlich machen konnte. Die Leiden der Bedauernswürdigen verlängerten sich durch die ungünstigsten Umstände auf traurige Weise, indessen hatten sie den Muth Nadar's nicht gebrochen, und die Vorbereitungen zu der großen Luftreise wurden nach der Rückkunft in Paris wieder auf das Eifrigste betrieben. Neben Nadar ist nun eben jetzt auch Godard im Begriff, in einem Riesenballon von 120 Fuß Höhe (ohne das Schiff), 100 Fuß Durchmesser und mehr als einer halben Million Kubikfuß Inhalt aufzusteigen. Der Ballon „l'Aigle" soll durch erwärmte Luft zum Steigen gebracht werden; allein da Godard bereits mehr als fünfhundert Luftfahrten unternommen hat, ohne irgend ein bemerkbares Resultat erreicht zu haben, so dürfen wir auch von diesen neuen französischen Unternehmungen nicht viel erwarten.

Die Luftschiffahrt überhaupt hat dem öffentlichen Verkehre noch nicht jene Vortheile gebracht, von denen man in ihrer ersten Zeit träumte, und die Aussichten, als ob dies jemals noch der Fall sein könnte, sind auf das Aeußerste zusammengeschrumpft. Indessen ist die physische Geographie ihr Dank schuldig für die Beantwortung einiger Fragen, welche nicht wohl anders Erledigung finden konnten, als durch die Anstellung von geregelten Versuchen in verschiedenen Höhen des Luftkreises. Wir kehren daher mit einigen Worten zurück zu der bedeutendsten der in Zwecken der Wissenschaft veranstalteten Unternehmung dieser Art, zu der

**Luftreise von Gay-Lussac und Biot.** Robertson und sein Landsmann L'holst hatten 1803, als sie am 18. Juli in Hamburg aufgestiegen waren, die größte Höhe erreicht, bis zu welcher damals Luftschiffer gedrungen waren. Nach ihrer Berechnung hatten sie sich 7400 Meter oder mehr als 24,000 Fuß über den Erdboden erhoben, und sie glaubten aus ihren Beobachtungen unter Anderm schließen zu können, daß entsprechend mit der größern Höhe die Intensität der Wirkungen des Erdmagnetismus sich abschwäche, ebenso daß die elektrischen Erscheinungen merkwürdigen Abweichungen unterlägen. Als nun auch von Petersburg, wohin Robertson gegangen war und wo er in Gemeinschaft mit einem russischen Gelehrten Saccharoff eine Wiederholung seiner Versuche vornahm, über das früher von ihm Behauptete bestätigende Berichte nach Paris kamen, beantragte Laplace bei der französischen Akademie eine strenge Untersuchung der Fragen durch eine auszurüstende naturwissenschaftliche Expedition in das Reich der Lüfte. Die Physiker Biot und Gay-Lussac, zwei der jüngsten und bedeutendsten Mitglieder, wurden gewählt und mit Instruktionen und den ausgezeichnetsten Instrumenten reichlich versehen.

Am 20. August 1804 erhoben sie sich in dem Garten des Conservatoire des arts et métiers. Der Zweck ihres Aufsteigens erfüllte sich in schönster Weise, denn die mit größter Gewissenhaftigkeit und Genauigkeit vorgenommenen Beobachtungen gaben auf die gestellten Fragen vollständige Antwort. Es bestätigte sich durchaus nicht, daß die Intensität der erdmagnetischen Kraft mit der wachsenden Höhe schwächer werde. Bei 4000 Meter (13,000 Fuß) Höhe stimmten die Schwingungen der Magnetnadel in Geschwindigkeit und Ausschlag genau mit den Schwingungen an der Oberfläche der Erde überein, und die Robertson'sche Behauptung erwies sich als ein Irrthum, zu welchem allerdings die großen Beobachtungs-Schwierigkeiten leicht Veranlassung werden konnten. Denn der Ballon bietet keinen ruhigen Stand. Nicht nur, daß er fortwährend entweder steigt oder fällt, daß er durch den leichtesten Luftstrom weiter getragen wird, geräth derselbe auch noch in eine sehr merkwürdige Rotation um sich selbst, die er bald nach der einen, bald nach der andern Richtung ausführt. Ist diese auch nicht sehr rasch, so werden dadurch doch die Schwingungen der Magnetnadel beeinflußt, und um eine genaue Beobachtung zu machen, muß allemal der Zeitpunkt abgepaßt werden, wo die eine Drehung des Ballons in die andere übergeht und wo ein Moment des Stillstands eintritt. Bei Barometerbeobachtungen ist zu berücksichtigen, daß, wenn der Ballon hinabgeht, die Quecksilbersäule etwas zu hoch in der Röhre stehen bleibt; wenn er rasch steigt, bleibt sie dagegen etwas zurück. Die Luftschiffer können aber ihre eigne Bewegung nicht an benachbarten Gegenständen erkennen; sie werfen daher, um sich darüber zu unterrichten, kleine Papierschnitzel aus. Verschwinden dieselben rasch in die Tiefe, so steigt der Ballon, ziehen sie aber neben demselben in die Höhe, so fällt er selbst, und nach der Geschwindigkeit der kleinen Merkzeichen läßt sich die Schnelligkeit der eigenen Bewegung bemessen. Gay-Lussac und Biot bestätigten ferner, gleichfalls den Robertson'schen Wahrnehmungen entgegen, daß die Wirkungen der Volta'schen Säule und der Elektrisirmaschine durch die größere Höhe keine Veränderung erlitten, und brachten außerdem werthvolle Aufschlüsse über die hygrometrischen (Feuchtigkeits-) und thermometrischen Verhältnisse der höhern Luftschichten mit zurück.

Um eine noch bedeutendere Höhe als diesmal, überhaupt die größtmögliche Höhe zu erreichen, wurde gleich nach dem ersten Aufsteigen ein zweites unternommen, welches der geringern Belastung des Ballons wegen Gay-Lussac allein ausführte. Er stieg bei dieser Gelegenheit gegen 27,000 Fuß und erlangte damit den Ruhm, bis dahin sich unter Allen am weitesten vom Erdmittelpunkte entfernt zu haben. Die Resultate dieser neuen Ascension stimmten in Allem mit den früher gemeinschaftlich mit Biot gemachten Beobachtungen überein. Luft, welche in den entferntesten Regionen gesammelt und in wohlverschlossenen Flaschen mit herabgebracht worden war, erwies sich bei der Analyse vollkommen übereinstimmend in ihrer chemischen Zusammensetzung mit der Luft, welche wir auf der Erdoberfläche einathmen.

Fig. 109. Anwendung von Segel und Ruder bei der Luftschiffahrt.

Außer dieser Biot-Gay-Lussac'schen Luftfahrt hat keine einen nennenswerthen wissenschaftlichen Erfolg gehabt. Neuerdings finden in England von Zeit zu Zeit wissenschaftliche Aufsteigungen statt, und namentlich sind die Unternehmungen von J. Welsh (1852 mit Green) und von Glaisher (1862 und 1863 in Coxwell's Ballon) zu nennen. Der Letztere erreichte dabei am 5. September 1862 eine Höhe von mindestens 29,000 Fuß englisch, wenn nicht gar von 36,000 Fuß, und aus seinen Beobachtungen über die Temperaturabnahme scheint hervorzugehen, daß für sehr große Höhen mehr als 1800 Fuß weitere Steigung nöthig sind, um das Thermometer um 1° C. fallen zu machen.

**Lenkung des Luftballons.** Man ging in frühern Zeiten von der Hoffnung aus, den Luftballon wie ein Schiff auf den Gewässern mit Hülfe von Rudern und Flügeln nach Willkür bewegen und dadurch lenken zu können. Alle Versuche und Vorrichtungen aber, die hierzu ausgeführt worden sind, haben kein anderes als ein negatives Resultat ergeben. Das beigegebene Tonbild zeigt einen solchen vergeblichen Versuch, welcher am 25. April 1784 zu Dijon unternommen wurde.

Später verfiel man darauf, in der Luft allerhand verschieden gerichtete Strömungen über einander anzunehmen; es sei nur nöthig, so weit aufzusteigen, bis man die passende erreicht habe, und man werde mit Sicherheit seinem Ziele zueilen. Ein voraussteigender Probeballon zeigte die Richtung der höhern Winde an; Segel und Ruder vervollständigten die Wirkung (Fig. 109). Nun kann zwar nicht geleugnet werden, daß verschieden gerichtete Strömungen der Luft sehr häufig über einander auftreten; der bekannte Luftschiffer Reichardt erzählte, daß er einstmals in Warschau aufgestiegen und von entgegengesetzten Strömungen in niederen und höheren Luftregionen dreimal um die Stadt herumgetrieben worden sei. Allein dieselben sind nur ausnahmsweise in so großer Anzahl verschieden; in der Regel giebt es nur zwei herrschende stetige Strömungen übereinander, die in ihrer Richtung einander nahezu entgegengesetzt sind und also nur eine beschränkte Benutzung gestatten. Die Praxis führte auch die Luftschiffer allmälig zur Erkenntniß, daß es mit ihrem Projekt der natürlichen Windrichtung Nichts sei, und sie verfielen wieder auf Anwendung mechanischer Motoren.

Fig. 110. Petin's projektirtes Luftschiff.

Petin in Paris schlug ein Luftschiff vor, welches einer großen Anzahl von Personen das Vergnügen einer gleichzeitigen Luftreise gewähren sollte. Vier große Ballons, jeder von 90 Fuß Durchmesser, trugen ein Gerüst von 450 Fuß Länge und 195 Fuß Breite (siehe Fig. 110). Ein großer Theil dieses Raumes war durch stellbare schiefe Flächen eingenommen, von welchen der Erbauer eine lenkende Wirkung erwartete, die sich aber nur beim Auf- und Absteigen hätte äußern können. Petin wirkte so eifrig für sein Projekt, daß er wirklich die Mittel zusammenbrachte, sein Werk in ziemlich großem Maßstabe auszuführen. Die Behörden untersagten aber im Sinne aller Einsichtigen das Aufsteigen, und dieses Verkanntwerden trieb den Erfinder nach Amerika, wo indessen sein abenteuerlicher Plan keinen günstigern Boden gefunden zu haben scheint.

Es würde unmöglich sein, alle die verschiedenen Erfindungen, welche in dieser Richtung gemacht worden sind und die alle zusammen ihrem Zwecke nicht entsprachen, aufzuführen. Der Todeskeim der meisten lag darin, daß sie an der Gondel angebracht waren und, da diese mit dem viel voluminösern Ballon nur durch dünne Seile zusammenhingen, die Kraft sich auf den Ballon gar nicht oder nur zum geringsten Theile übertragen ließ. Eine Steuerungsvorrichtung, wenn sie je von Wirkung werden könnte, muß an dem Hauptkörper des Ballons angebracht sein. Der Natur der Sache nach wird jeder derartige Versuch eher dahin ausschlagen, den Ballon blos um seine Achse zu drehen, als ihm dauernd eine bestimmte Richtung zu geben. Die Maschine des französischen Ingenieurs Giffard bestätigte dies. Es bestand diese in einem walzenförmigen Ballon mit Steuer und archimedischer Schraube, die von einer dreipferdigen Dampfmaschine getrieben wurde. Das erste und letzte Aufsteigen erfolgte am 24. September 1852, und Giffard fand sich sehr befriedigt. Gegen den Wind zu fahren, sagte er, habe gar nicht in seinem Plane gelegen, aber er konnte mit Leichtigkeit seitwärts wenden und Kreise beschreiben.

Seiner Originalität halber erwähnen wir eines andern Vorschlags, dessen vor einigen Jahren in der Zeitschrift „Das Ausland" Erwähnung gethan wurde. Bekanntlich läßt sich das Kohlensäuregas, welches man aus der Kreide durch Uebergießen mit Salzsäure entwickeln kann, unter Umständen in feste Form bringen. Diese feste Kohlensäure hat aber dann ein ungemein großes Bestreben, sich in Dampf zu verwandeln. Sie verflüchtigt sich rascher als jeder andere Körper, und der Dampf zeigt eine sehr große Spannung. Diese Eigenthümlichkeit sollte nun in der Weise zur Lenkung der Aërostaten benutzt werden, daß eine hohle Metallkugel mit fester Kohlensäure an dem Ballon befestigt wird. Wird dieselbe an einer Seite mit einer kleinen Durchbohrung versehen und letztere geöffnet, so strömt die gasförmige Kohlensäure mit großer Gewalt heraus und das Gefäß wird dadurch, wie eine Rakete durch das entströmende Pulvergas, nach der entgegengesetzten Seite getrieben.

Auf diesem Standpunkte der Kindheit befindet sich die Luftschiffahrt noch heute, nachdem 80 Jahre der Erfahrung seit dem ersten jubelbegrüßten Auftreten an der Erfindung vorübergegangen sind. Einen wirklichen Nutzen hat die Luftschiffahrt nur einmal, in den Händen der Naturforscher Gay-Lussac und Biot, gehabt; — die Anwendung des Luftballons als eines strategischen Hülfsmittels im Kriege zur Erforschung feindlicher Positionen ist, wenn man sie eine wirklich nützliche nennen könnte, zu wenig in Anwendung gekommen, um in Betracht gezogen zu werden. Im letzten italienischen Kriege zwar hat Godard die französische Armee begleitet und mittels eines an langen Seilen gehaltenen Ballons Rekognoscirungen angestellt, und ganz in derselben Weise diente der Ballon schon den Franzosen in den Revolutionskriegen in Belgien und am Rhein, wo ihnen von den Oesterreichern einmal ein Ballon zerschossen wurde. Allein der erste Napoleon schon schlug den Vortheil nicht sehr hoch an, denn er ließ die Sache bald einschlafen.

Betrachten wir daher neben der Erfindung des Luftballons die gleichzeitig gemachte Erfindung der Dampfmaschine, oder die der wenig ältern Spinnmaschine, von den neuern der Schnellpresse, des elektrischen Telegraphen und der Photographie gar nicht zu reden; vergleichen wir den Antheil und die Aufmunterung, welche die civilisirte Welt den jungen Sprossen entgegentrug, und die Früchte, welche sie in der Zukunft davon gelesen hat — so entspringt daraus ein fast beschämendes Gefühl, daß immer und immer noch die Welt das Ueberraschende, das Ungeheuerliche jubelnd auf den Händen trägt, während der wahre Fortschritt still und von den Wenigsten erkannt seinen Weg verfolgt.

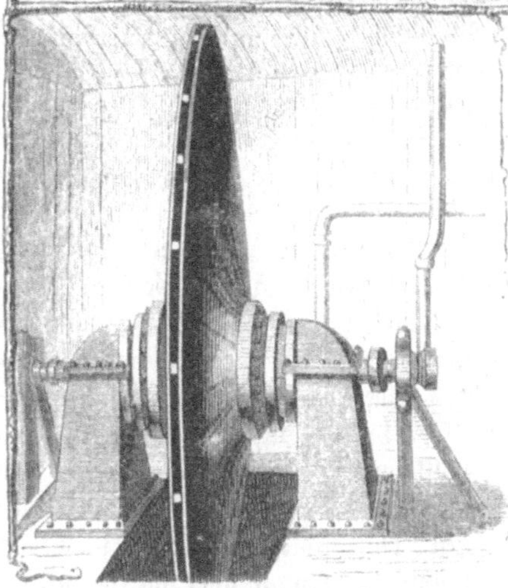

Atmosphärische Briefpost in London.

Weil ich nicht kommen kann, soll, was ich sende,
Mein ungetheiltes Herz hinübertragen
Mit Wonnen, Hoffnungen, Entzücken, Plagen.
Das Alles hat nicht Anfang, hat nicht Ende.

Goethe.

# Die Luftpumpe
und
# die atmosphärische Briefpost.

Otto von Guericke. Die Luftpumpe und ihre Einrichtung. Die Magdeburger Halbkugeln auf dem Reichstage zu Regensburg. Der Sperrhahn. Zweistieflige Luftpumpe. Der schädliche Raum. Unter dem Rezipienten. Die Kompressionspumpe und die Windbüchse. — Die atmosphärische Eisenbahn. Geschichte und Einrichtung. Pneumatische Brief- und Packetbeförderung in London.

Nachdem durch Evangelista Torricelli der Glaube an den Horror vacui der Natur beseitigt und man durch mancherlei Erscheinungen überzeugt worden war, daß auf alle Körper gleichmäßig der sehr bedeutende atmosphärische Druck laste, erwuchs natürlich der Wunsch, das Verhalten der Körper zu untersuchen, wenn jener Druck vermindert oder gar aufgehoben wäre.

Die Mitglieder der Florentiner Akademie waren die Ersten, welche in dieser Richtung experimentirten. Sie hatten noch kein anderes Mittel, um sich einen luftleeren Raum zu verschaffen, als die Torricelli'sche Röhre. Dem oberen verschlossenen Ende derselben gab man die Form eines hohlkugeligen Raumes, indem man denselben aus zwei Hälften darstellte, welche genau auf einander paßten und zusammengefügt wurden, wenn die zu untersuchenden Körper hineingelegt worden waren. Alles zusammen wurde darauf mit Quecksilber gefüllt und, wie in Fig. 82, umgekehrt mit dem offenen Ende in ein Gefäß mit dem gleichen Metall gestellt.

Otto von Guericke, churbrandenburgischer Rath und Bürgermeister von Magdeburg, suchte diesen Uebelständen abzuhelfen. Genau mit dem damaligen Stande der Wissenschaft bekannt, da er in Leyden eifrig Mathematik und Philosophie studirt hatte, richtete er sein Hauptaugenmerk den meteorologischen und astronomischen Erscheinungen zu. Er war der Erste, welcher die Meinung von einer regelmäßigen Wiederkehr der Kometen aufstellte; er erfand die nach ihm sogenannten Guericke'schen Wettermännchen und wiederholte in Deutschland zuerst die Torricelli'schen Versuche. Geboren 1602 zu Magdeburg, starb er in Hamburg 1686, wohin er sich nach einem thätigen Leben zu seinem Sohne begeben hatte.

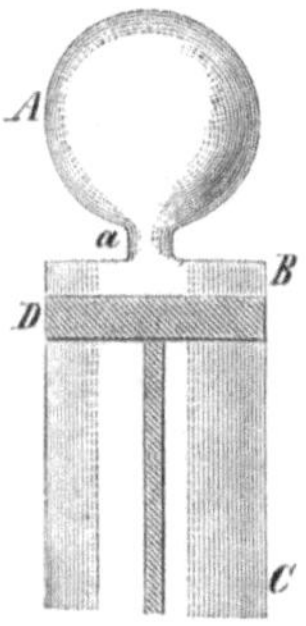


Fig. 112. Prinzip der Luftpumpe.

Die zahlreichen Versuche, welche Guericke anstellte und welche sich besonders auch auf das Studium des luftleeren Raumes bezogen, hat er selbst in einem besondern Werke beschrieben. Zuerst nahm er eine Saugpumpe von sehr großem Inhalt und ließ dieselbe unten an einem Wasserfasse anbringen, so daß der Inhalt dieses letztern bei dem Herabgehen des Kolbens in die Pumpe trat und in dem Fasse ein leerer Raum entstehen mußte. Aber kaum hatte man mit dem Apparate zu arbeiten begonnen, als auch schon die Luft von allen Seiten durch hundert Spalten und Poren in das Innere des Fasses drang mit einem Geräusch, als ob das Wasser in's heftigste Kochen gerathen sei.

Nachdem also sich das Holz als zu porös erwiesen hatte, nahm Guericke zu seinen Versuchen metallene Gefäße, denen er kleinere Dimensionen und die Form von Hohlkugeln gab. Die Saugpumpe behielt er bei, aber von der Hülfe des Wassers ging er ab. Er benutzte nur die Expansibilität der Luft, und das Prinzip nun, welches seiner Vorrichtung und allen spätern Luftpumpen zu Grunde liegt, läßt sich an Fig. 112 erläutern. Wenn BC ein vollkommen cylindrischer Stiefel von Metall ist, in welchem sich der Kolben D luftdicht bewegen kann, so müßte der Raum über diesem luftleer werden, wenn der Kolben herabgeht, vorausgesetzt nämlich, daß durch das Röhrchen a keine Luft über den Kolben treten könnte. Besteht aber zwischen dem Kolben und dem luftdichten Gefäße A, durch das Röhrchen a, eine offene Verbindung, so tritt in den innern Raum des Stiefels, vermöge der Expansibilität der in A befindlichen Luft, aus diesem Luft hinüber; der Stiefel kann daher nicht luftleer werden, sondern über dem Kolben kann nur ein luftverdünnter Raum sich bilden. Und zwar wird, je weiter der Kolben herabgeht, um so weiter auch die Verdünnung gehen, denn dieselbe Menge, welche vorher blos das Gefäß A erfüllte, muß nachher auch noch den Innenraum des Stiefels mit ausfüllen. Falls sich nun das aus A in den Stiefel eingetretene Luftquantum wegschaffen ließe, ohne daß dasselbe in die Kugel zurückträte, und man das Spiel des Kolbens dann wieder in derselben Weise erneuern könnte, so würde die Luft aus A immer mehr und mehr herausgezogen werden. Ganz luftleer aber ist das Gefäß doch nicht zu machen, denn da — wenn beispielsweise Stiefel und Kugel gleich groß sind — die Verdünnung von $1/2$ auf

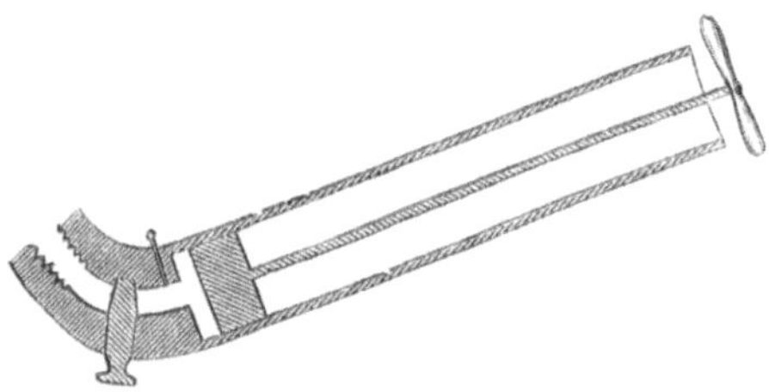

Fig. 113. Otto von Guericke's erste Luftpumpe.

$^1/_4$, $^1/_8$, $^1/_{16}$, $^1/_{32}$ u. s. w. fortschreitet, und hier immer ein Rest bleiben muß, so wird auch bei andern Verhältnissen die Entleerung keine vollständige werden können.

Um den Kolben D an seinen Platz nach B bringen zu können, ohne zugleich die Luft in die Kugel zurückzupressen, erfand Guericke den nach ihm benannten Hahn, welcher geradezu in unzähligen Fällen heute noch in seiner ursprünglichen Gestalt Anwendung findet. Derselbe besteht, wie Jeder weiß, aus einem cylindrischen oder kegelförmigen Metall- oder Holzstück, welches in eine gleich große Oeffnung der Röhre genau eingepaßt und so der Quere nach durchbohrt ist, daß es bei entsprechender Stellung die Flüssigkeit aus der Röhre treten läßt, bei einer Drehung aber um einen Viertelkreis die Röhre ganz dicht verschließt.

Dieses vielbenutzte Instrument wandte Guericke zuerst bei der Luftpumpe an, indem er ein solches an dem Röhrchen a anbrachte und das letztere dadurch allemal verschloß, wenn der Kolben zurück nach B gebracht werden sollte. Die gleichzeitige Entfernung der Luft aus dem Stiefel bewerkstelligte er dadurch, daß er der Fläche B eine kleine Oeffnung gab, die mit einem Stift dicht verschlossen werden konnte, wenn der Kolben die Kugel A aussaugte und der Hahn bei a geöffnet war; die dagegen, wenn a geschlossen war und der Kolben wieder zurückgeschoben werden sollte, geöffnet wurde, um der in dem Stiefel enthaltenen Luft zum Ausgange zu dienen.

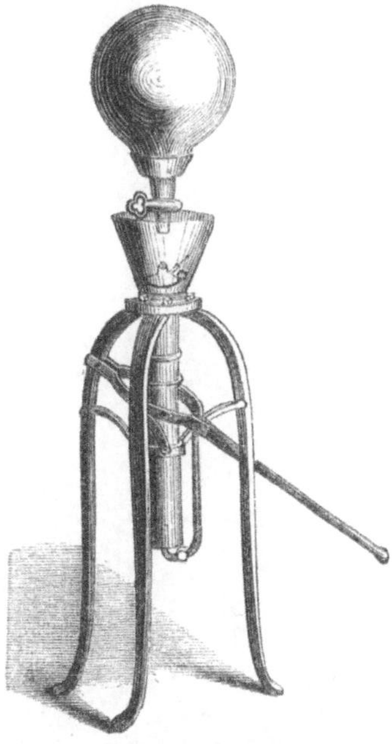

Fig. 114. Verbesserte Form der ersten Luftpumpe.

In dieser Weise also war die älteste Luftpumpe, womit Guericke 1654 seine berühmten Versuche auf dem Reichstage zu Regensburg anstellte, beschaffen. Sie ist noch auf der Berliner Bibliothek vorhanden und besteht aus einem messingenen Stiefel (Fig. 113), der unten in eine Schraube ausgeht, mit welcher er an das auszupumpende Gefäß angeschraubt wird. In demselben wird ein eingeschmirgelter Kolben mittels einer eisernen Stange und eines hölzernen Handgriffes auf und ab bewegt. Die ganze Maschine war ziemlich mangelhaft und roh gearbeitet, und es ist zu verwundern, wie Guericke damit so überraschende Experimente ausführen konnte.

Da bei der ersten Form der Widerstand, den der äußere Luftdruck auf den Kolben ausübt, so groß war, daß kaum zwei Männer zu seiner Ueberwindung hinreichten, so gab Guericke selbst seiner Maschine bald die Form, welche in Fig. 114 dargestellt ist. Der auf drei Füßen ruhende und am Boden festgeschraubte Apparat zeigt einen Schwengel, der seine Drehung um einen Bolzen an einem der Füße hat. An diesem Schwengel hängt eine Zugstange, welche ihrerseits wieder am untern Ende durch ein Gelenk mit der Kolbenstange zusammenhängt. Der untere Ansatz der in unsrer Zeichnung noch nicht aufgesetzten Hohlkugel paßt in die obere Oeffnung des Stiefels; um den Verschluß aber besser zu dichten, wird das umgebende Gefäß mit Wasser gefüllt. Eine ähnliche Wasserabsperrung befindet sich unten zur Dichtung zwischen Stempel und Stiefel. Das obere Gefäß, der Rezipient, ließ sich abschrauben, so daß damit abgesondert Versuche ausgeführt werden konnten.

Guericke's Experimente erregten bei seinen Zeitgenossen ungemeines Aufsehen, besonders nachdem er dieselben auf dem Reichstage zu Regensburg öffentlich dem Kaiser und den versammelten Reichsfürsten vorgeführt hatte. Namentlich erschien das Aufsteigen eines Kolbens in einem weiten Cylinder, aus welchem die Luft ausgepumpt wurde, merkwürdig. Die Kraft vieler Männer war nicht hinreichend, um den Kolben aufzuhalten.

Vor Allem aber interessirten die sogenannten Magdeburger Halbkugeln die Welt. Ein kugelförmiges Hohlgefäß, wie der Rezipient in Fig. 113, war in zwei Hälften zerschnitten, die ganz genau auf einander paßten. Im gewöhnlichen Zustande halten zwei solcher Halbkugeln gar nicht zusammen, wenn sie aber gut auf einander gesetzt sind und die Luft aus dem Innern herausgepumpt wird, dann wirkt von allen Seiten der Druck der äußeren Luft und preßt sie mit um so größerer Gewalt gegen einander, je größer ihre Oberfläche ist, und je weiter die Verdünnung der Luft im Innern getrieben worden ist.

Fig. 115. Versuche mit den Magdeburger Halbkugeln in Regensburg.

Guericke's Halbkugeln, mit denen er in Regensburg experimentirte, hatten eine Elle im Durchmesser und waren mit starken eisernen Ringen versehen. Man kann sich das Erstaunen der Zuschauer denken, als sie sahen, daß 8, 10, 12, ja 20 Pferde, gegen einander gespannt, nicht im Stande waren, die wie durch einen Zauber zusammengehaltenen Halbkugeln auseinander zu reißen, daß vielmehr 24—30 Pferde benöthigt waren, den Widerstand zu überwinden. Das Zerreißen geschah dann allemal mit einem Knall, als ob ein Geschütz abgefeuert würde.

Der Mathematiker Kaspar Schott beschrieb die Guericke'sche Luftpumpe und die damit angestellten Versuche; dadurch wurden sie auch dem englischen Physiker Robert

Boyle bekannt, der sich so eifrig mit der Wiederholung beschäftigte und für die weitere Ausbreitung so viel gethan hat, daß ihm die Engländer die ganze Ehre der Erfindung zugeschrieben haben; sie nannten den luftleeren Raum die Boyle'sche Leere (vacuum Boylianum).

Dadurch nun, daß die Luftpumpe in die Hände vieler Experimentatoren kam, erlitt sie mancherlei Umgestaltungen, wodurch sie den einzelnen Anforderungen entsprechender gemacht wurde.

Fig. 116. Senguerd's doppelt durchbohrter Hahn.

Diese Veränderungen bezogen sich theils auf die Bewegungsvorrichtung des Kolbens, für welche man Fußtritte, Steigbügel, Zugstangen, Zahnräder, Kurbeln und alles Mögliche der Reihe nach angewandt hat, und sind als solche ziemlich uninteressant; theils aber griffen sie in die innere Einrichtung ein, und wenn sie auch an dem ursprünglichen Guericke'schen Prinzipe nichts änderten, so erhielt doch die Ausführung dadurch mancherlei Neues und sehr Zweckmäßiges. Besonders ist der doppelt durchbohrte Hahn von Senguerd namhaft zu machen, weil durch denselben der Stift überflüssig wird, der die Oeffnung, durch welche die Luft herausgepreßt wird, verschließt. Ein solcher Senguerd'scher Hahn ist in Fig. 116 dargestellt. Außer der Durchbohrung, die schon der Guericke'sche Hahn zeigt, hat er noch eine zweite, rechtwinklig gegen die vorige stehend und die Verbindung der innern Röhre mit der äußern Luft vermittelnd. Durch diesen Kanal wird die Luft herausgepreßt, nachdem die Verbindung mit dem Rezipienten unterbrochen ist. — Ferner suchte man die Wirkung der Luftpumpe zu beschleunigen und das Spiel der Kolben zugleich leichter zu machen. Hawksbee und Leupold verbanden zu diesem Zwecke zwei Kolben so mit einander, daß, während der eine sinkt, der andere steigt. Da nun aus beiden Stiefeln Luftkanäle in den Rezipienten einmünden, so wird diesem sowol beim Hin- als beim Hergange der Kurbel Luft entzogen. Der bedeutende Druck der äußern Luft wird dabei gezwungen, mit zu arbeiten, indem dieselbe Kraft, welche die Bewegung des einen Kolbens hindert, die des andern

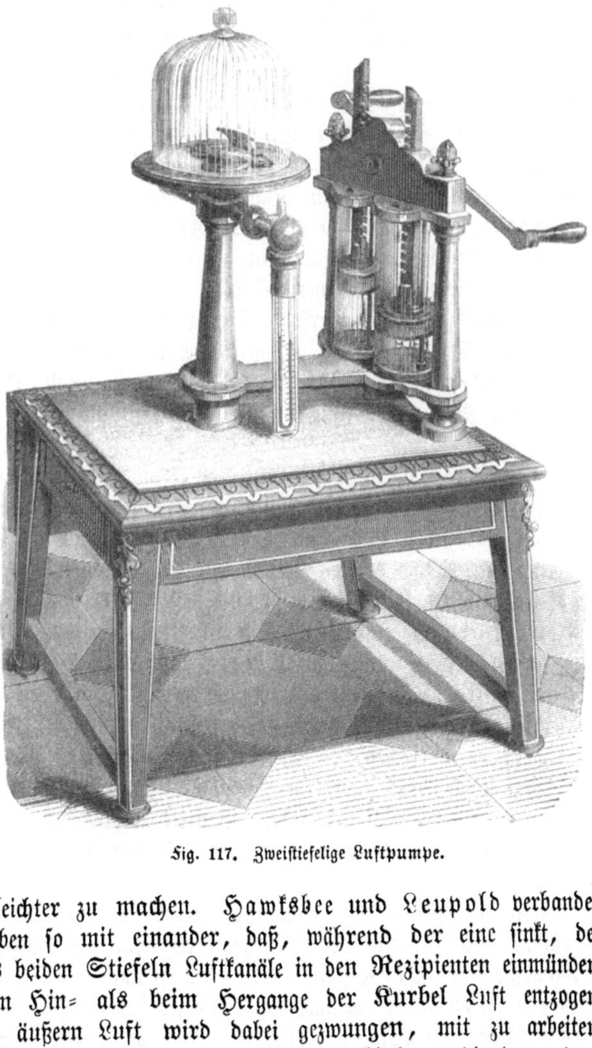

Fig. 117. Zweistiefelige Luftpumpe.

beschleunigen möchte. Die Ueberwindung des Widerstandes wird somit wesentlich erleichtert. Man kann den Vorgang mit einer Wage vergleichen, welche sich unter der stärksten Belastung leicht auf und ab bewegen läßt, sobald nur beide Schalen gleiche Lasten zu tragen haben.

Die Abbildung Fig. 117 giebt uns eine Ansicht von einer solchen doppeltwirkenden Luftpumpe. Wir bemerken die zwei neben einander stehenden Pumpenstiefel, stark in Messing gegossen und durch Vorsprünge noch massiver gemacht; die beiden Kolbenstangen sind gezahnt und greifen in ein auf der zwischen ihnen durchgehenden Welle sitzendes Zahnrad, welches durch den Schwengel in Bewegung gesetzt wird. Vom Boden jedes Stiefels geht ein Luftkanal; beide Luftwege vereinigen sich hinter den Stiefeln zu einem einzigen, der nach der Säule hinübergeführt ist, auf welcher die Glasglocke steht, in derselben aufsteigt und in einem kleinen Loche unter der Glocke ausmündet. Der Standort für die letztere ist eine geschliffene Messingplatte. Der Rand der Glocke ist ebenfalls ganz eben abgeschliffen und indem man ihn vor dem Aufsitzen mit Fett bestreicht, kann man der äußern Luft jeden Zutritt versperren.

Die Einführung dieser Standplatte, des Tellers, verdanken wir Dionysius Papinus (1674). Dieser berühmte Physiker brachte auch zuerst anstatt der Hähne Ventile und zwar Blasenventile im Kolben an; das sind dünne Platten, die sich nur nach einer Seite hin bewegen können und nach dieser der zusammengepreßten Luft den Ausgang gestatten, die dagegen sich wieder luftdicht vor die Oeffnung legen, wenn von der andern Seite, beim Rückgange des Kolbens, der Druck größer wird. Außerdem machten sich Smeaton und Cuthbertson, zwei englische Künstler, um die Vervollkommnung der Luftpumpe verdient, und namentlich hat der Letztere durch eigenthümliche Einrichtung des Kolbens ausgezeichnete Werke hergestellt. Um den Grad der erreichten Verdünnung zu prüfen, erfand Smeaton die sogenannte Birnprobe. Cuthbertson wandte die bei weitem vorzuziehende Barometerprobe an, ein kleines Barometer, dessen geschlossener Schenkel aber nur wenige Zoll hoch ist und in welchem das Quecksilber daher erst sinkt, wenn die Verdünnung der Luft schon einen hohen Grad erreicht hat.

Abgesehen von dem früher schon erwähnten Umstande, daß durch die fortgesetzte Theilung der Luftmasse eine vollständige Entleerung des Rezipienten nicht zu erreichen ist, trat aber den Bestrebungen der Physiker noch der sogenannte schädliche Raum hindernd entgegen. Wenn nämlich der Kolben auch noch so weit heruntergeführt wird, so bleibt zwischen seinem Ventile und der Absperrung des Rezipienten doch immer noch ein Zwischenraum, in welchem sich ein Rest Luft von atmosphärischer Spannung erhält und, wenn der Zugang durch den Hahn wieder geöffnet wird, auf's Neue in den Stiefel einströmt. Seiner Wirkung wegen erhielt dieser Zwischenraum den Namen schädlicher Raum. Seine Größe bestimmt den äußersten Grad der Verdünnung, welcher überhaupt zu erreichen ist. Da er nun bei Blasenventilen ziemlich bedeutend bleibt, so hat man auch bald von einer durchgängigen Anwendung dieser Verschlußvorrichtung abgesehen und zum Theil andere Ventile angebracht, zum Theil auch wieder zu den alten Hähnen zurückgegriffen, die von Vielen in verschiedener Weise wieder verändert worden sind.

Wir übergehen diese allmäligen Vervollkommnungen und wenden uns zu der Betrachtung des Innern einer zweistiefeligen Ventilluftpumpe, wie sie gegenwärtig auf eine zweckmäßige Weise ausgeführt wird. Es ist nach dem bisher Gesagten in den Figuren 118 und 119 Alles leicht verständlich, AB ist der Stiefel, K der Kolben, CD der Teller, aus welchem der Luftgang, der bei a in den Stiefel mündet, bei b austritt. Ueber c befindet sich an einer dünnen Eisenstange ein kleiner Kegel, das Bodenventil, während der Hahn E, vermittelst der uns schon bekannten Durchbohrung, je nach Bedürfniß den Rezipienten mit dem Stiefel oder mit der äußern Luft in Verbindung setzt, oder aber auch von beiden abschließt; d ist die Barometerprobe. Wenn der Kolben gehoben wird, so geht die Stange etwas mit in die Höhe, der abgestumpfte Kegel öffnet die Röhre, und die Luft aus dem Rezipienten tritt in den Stiefel; geht der Kolben zurück, so setzt sich der Kegel in die Oeffnung und verschließt sie luftdicht. Mit seiner obern Fläche liegt er genau in der Bodenfläche des Stiefels, so daß beim tiefsten Stande des Kolbens kein Zwischenraum bleibt und alle Luft durch das im Innern des Kolbens befindliche Ventil in den obern Theil des Stiefels gepreßt wird. Wie dies Ventil eingerichtet ist, wird aus Fig. 119 klar, woraus auch hervorgeht, daß der schädliche Raum sich auf die kleine unter dem Ventil befindliche Röhre reduzirt, welche selbst beim tiefsten Stande des Kolbens mit Luft gefüllt bleibt. Stöhrer in Leipzig und Staudinger in Gießen haben aber den Einfluß desselben neuerdings noch dadurch verringert, daß sie den obern Theil des Stiefels beim Heruntergehen des Kolbens von der äußern Luft abgesperrt haben. Dadurch erhielten sie einen luftverdünnten Raum, welcher die Oeffnung des Ventiles im Kolben wesentlich erleichtert und fernerhin den schädlichen Raum auch nicht mit Luft von atmosphärischer Spannung, sondern nur mit verdünnter Luft sich füllen läßt. Man hat auch Luftpumpen ohne Ventile erfunden und eine vorzüglich scharfsinnige Einrichtung hat Buchanan angegeben.

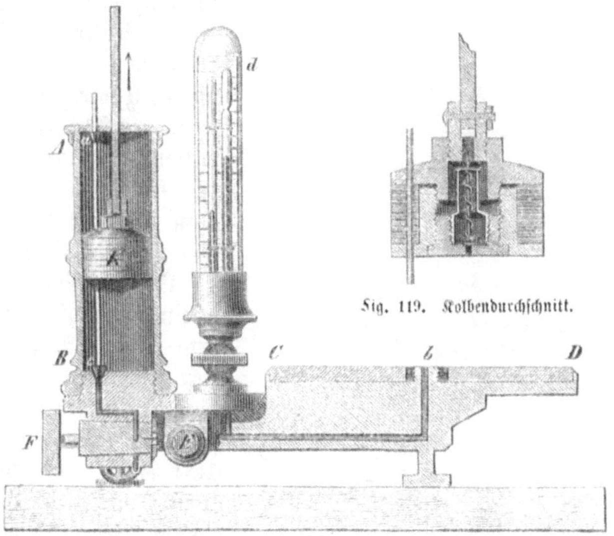



Fig. 119. Kolbendurchschnitt.

Fig. 118. Durchschnitt der Luftpumpe.

**Hydraulische Luftpumpen** sind die alten Vorrichtungen, welche eine Torricelli'sche Leere erzeugen; bei ihnen steht der Rezipient entweder über einer Quecksilberröhre von mindestens 28 Zoll Länge oder er ist mit einem mehr als 32 Fuß langen Wasserrohre in Verbindung gesetzt. Ihre Dienstleistungen sind jedoch so unvollkommen, daß man sich jetzt für alle Fälle der von uns ausführlich beschriebenen Pumpen mit Hähnen oder Ventilen bedient.

**Versuche mit der Luftpumpe.** Wir haben schon bei der Besprechung des Luftballons der Erscheinung gedacht, daß der mit Gas gefüllte Ballon, wenn er in die höhern luftverdünnten Regionen gelangt, aufschwillt, ja daß er sogar zerplatzen kann, wenn dem Gase nicht ein Ausweg geöffnet wird. Dasselbe können wir unter dem Rezipienten der Luftpumpe beobachten. Bringen wir nämlich eine halb mit Luft gefüllte, aber fest zugebundene Blase darunter, so regt sich diese, wenn die Luft unter dem Rezipienten ausgezogen wird, auf eine merkwürdige Weise. Sobald durch die Verdünnung der Druck der äußern Luft aufhört, folgt die Luft in der Blase ihrem Bestreben, sich auszudehnen, sie wird straffer (Fig. 120) und zerplatzt endlich, wenn die Blase die innere Spannung nicht mehr auszuhalten vermag. Eine Traube mit getrockneten

Rosinen bekommt aus demselben Grunde unter dem Rezipienten das Aussehen, als trüge sie lauter saftige, runde Beeren; läßt man aber die Luft wieder zuströmen, so schrumpfen sie augenblicklich wieder zusammen. Eine mit Wasser halbgefüllte und fest verkorkte Flasche, durch deren Kork ein dünnes Röhrchen bis unter den Wasserspiegel hinabgeht, verwandelt sich unter der Glocke in einen Springbrunnen, da die Luft in der Flasche sich ausdehnt, dadurch auf den Wasserspiegel drückt und die Flüssigkeit zu dem Röhrchen hinauspreßt.

Das Bestreben, sich auszudehnen und in Dämpfe zu verwandeln, haben auch viele Flüssigkeiten, wenn auch in viel geringerem Grade als die Gase. An einer raschen Verflüchtigung hindert sie für gewöhnlich aber der Druck der atmosphärischen Luft. Sie kochen erst, wenn durch Erhitzen ihr ursprüngliches Ausdehnungsbestreben verstärkt wird. Auf hohen Bergen, wo der Luftdruck geringer ist, kocht daher das Wasser bei viel niedrigeren Wärmegraden und man kann die Temperatur des Siedepunktes benutzen, um den Luftdruck und die Erhebung über den Meeresspiegel zu messen. In Quito vermag man auf gewöhnliche Weise keine Kartoffeln gar zu machen; das Wasser kocht, ehe es dazu heiß genug wird. Unter der Glocke der Luftpumpe fangen demgemäß auch manche Flüssigkeiten, wenn sie nur ganz wenig erwärmt werden, an zu sieden; ja besonders flüchtige, wie Alkohol, Schwefeläther, bedürfen, um in das heftigste Aufwallen zu gerathen, gar keiner vorhergehenden Erwärmung; natürlich muß man die sich entwickelnden Dämpfe durch fortwährendes Pumpen immer wieder entfernen.

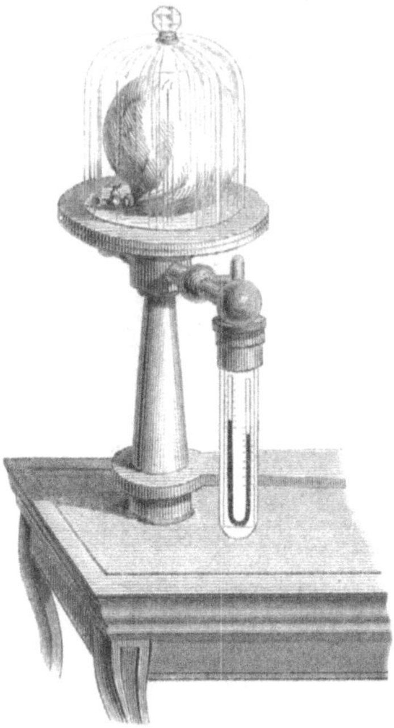

Fig. 120. Unter dem Rezipienten.

In der Praxis macht man von dieser Erscheinung höchst wichtige Anwendung. Die aus dem Rübensafte dargestellte Zuckerlösung zersetzt sich sehr leicht. Sie muß also sehr rasch abgedampft werden, um den festen Zucker auszuscheiden. Da aber eine Erhitzung bis über 100 Grad, wo jene Lösung erst zum Sieden kommt, der Zuckergewinnung insofern wieder nachtheilig wird, als sich bei einer solchen Temperatur sehr viel krystallisirbarer Zucker in minder werthvollen Syrup verwandelt, so erniedrigt man durch Anwendung großer Luftpumpen den Siedepunkt, indem man aus den verschlossenen Gefäßen, in welchen der Zuckersaft abdampfen soll, die sich entwickelnden Dämpfe ohne Unterbrechung rasch entfernt.

Der Mangel an Luft unter dem Rezipienten tödtet darunter gebrachte Thiere bald. Fische sterben selbst, wenn sie im Wasser sich befinden, weil diesem der darin aufgelöste und zum Leben seiner Bewohner nothwendige Sauerstoff entzogen wird. Alle Gasarten, die in Flüssigkeiten aufgelöst oder durch Druck hineingepreßt sind, entweichen als Blasen, Bier und kohlensäurehaltige Getränke schäumen heftig. Die Lichtflamme schrumpft ein und verlöscht.

„Die Luft“, sagt Humboldt, „ist die Trägerin des Schalles, also auch die Trägerin der Sprache, der Mittheilung der Ideen, der Geselligkeit unter den Völkern. Wäre der Erdball der Atmosphäre beraubt, wie unser Mond, so stellte er sich uns in der Phantasie als eine klanglose Einöde dar.“ Das Schlagwerk einer Uhr wird unter der Glocke einer Luftpumpe leiser und leiser, je mehr man die Luft auszieht. Der Ton verstummt endlich ganz und lebt erst wieder auf, wenn neue Luft zugelassen wird.

Ein Stück Papier fällt in der Luft langsamer zur Erde als ein Stein; im luftleeren Raume aber kommen beide Körper gleich rasch herunter, denn der Widerstand, welcher die geringe lebendige Kraft des leichten Papieres rascher aufzehrt als die viel bedeutendere des Steines, ist hier nicht mehr vorhanden, und es wirkt ungehindert die Schwere, welche allen Körpern dieselbe Geschwindigkeit ertheilt.

Setzt man über der Oeffnung der Röhre, auf den Teller anstatt der Glocke einen offenen Cylinder, den man oben mit Blase verbindet, so wird diese, wenn man auspumpt, nach innen getrieben und endlich, wenn sie den Druck der äußern Luft nicht mehr aushalten kann, zersprengt. Ein Holzteller, auf den Cylinder gesetzt, läßt sich zwar nicht zersprengen, aber die Luft dringt durch die feinen Poren des Holzes hindurch und reißt auch Flüssigkeiten, die man auf den Teller gebracht hat, mit hinein. Quecksilber bildet auf diese Weise einen feinen Regen aus lauter zarten Tröpfchen. Wenn man für den Teller ein siebartiges Gefäß in den Cylinder hängt und dasselbe mit Stoffen, welche lösliche Bestandtheile enthalten, vollstampft, so kann man durch den Luftdruck dieselben vollständig ausziehen, man braucht nur Wasser oder Spiritus darüber zu gießen und die Luftpumpe arbeiten zu lassen. In mannichfacher Weise wird dies in Apotheken und Fabriken angewandt und selbst manche Kaffeemaschinen beruhen auf demselben Prinzipe, wenn auch hier der luftverdünnte Raum auf eine andere Art, nämlich, wie bei den Schröpfköpfen, durch Erhitzen erzeugt wird.

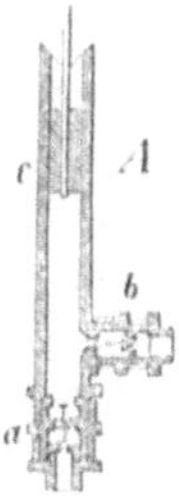

Fig. 122.

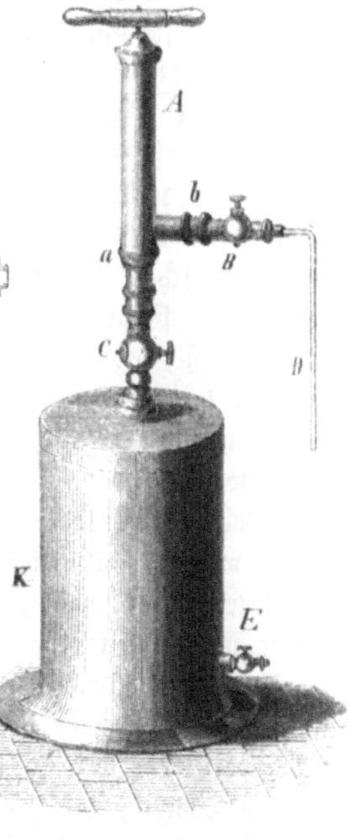

Fig. 121. Kompressionspumpe.

Schließlich sei noch erwähnt, daß man unter dem Rezipienten der Luftpumpe die Luft direkt wägen, das heißt, ihr Gewicht mit Hülfe einer gewöhnlichen Wage und gewöhnlicher Gewichte bestimmen kann. Nimmt man nämlich eine hohle, mit Luft gefüllte und gut verschlossene Glaskugel, hängt diese an dem einen Ende eines sehr empfindlichen Wagebalkens auf, dessen am andern Ende befindliche Schale so viel Gewicht trägt, daß der Balken genau horizontal steht, und bringt sie damit unter die Luftpumpe, so wird, wenn die Luft ausgepumpt wird und die Kugel nicht mehr in dem Luftmeere schwimmt, sich der Arm, woran sie hängt, neigen. Umgekehrt, wenn man dieselbe hohle Kugel luftleer pumpt und wiegt, beträgt ihr Gewicht weniger, als wenn man den Hahn öffnet und die hineingeströmte Luft das zweite Mal mit wiegt. Ein Kubikfuß Luft wiegt ungefähr 26 Gramm; eine Kugel also, die einen Centner Luft in sich fassen sollte, brauchte nur wenig mehr als 15 Fuß Durchmesser haben.

**Kompressionspumpe.** Um Luftverdichtungen herzustellen, die zu manchen wissenschaftlichen wie technischen Zwecken erwünscht sind, kann man fast alle Hahnluftpumpen verwenden. Es ist nichts erforderlich, als eine entgegengesetzte Drehung der Abschlußvorrichtung bei jedem Kolbenzuge. Ventilluftpumpen sind dagegen nicht ohne Weiteres brauchbar, sie müssen eine Abänderung erleiden, damit die Ventile im entgegengesetzten Sinne sich bewegen. In welcher Art dieselben dann eingerichtet sind, kann man aus Fig. 121 und 122 ersehen. In einem Pumpenkörper A von kleinem Durchmesser läßt sich ein Kolben c (Fig. 122) luftdicht auf und ab bewegen. B und C sind Hähne zum Absperren der äußern Luft, sie sind beim Gange der Kompression geöffnet. Bei a und b liegen zwei Ventile, von denen das bei a sich schließt, das bei b aber sich öffnet, wenn der Kolben in die Höhe geht. Während dieser Zeit tritt also die Luft durch die Röhre D von außen in das Innere des Stiefels. Geht der Kolben herab, so preßt er das Ventil b in die Oeffnung und schließt die nach außen führende Röhre ab, durch das Ventil a aber drückt er die vorher eingesaugte Luft in den Raum K, in welchem sie zu der schon vorhandenen gepreßt wird und von wo sie mittelst Röhren bei E weitergeleitet werden kann.

Auf ganz ähnliche Weise sind die Windbüchsen eingerichtet, nur haben die einzelnen Theile eine etwas andere Form, die ein dem Zwecke entsprechendes Hantieren gestattet. Sie sollen von einem Nürnberger Namens Guter um 1430 erfunden worden sein, allein es herrscht über Zeit und Erfinder keine vollständige Gewißheit. Die genannte Jahrzahl dürfte wahrscheinlich zu weit zurückliegen. Zwar soll, nach Muschenbroeck, in der Gewehrkammer eines Herrn von Schmettau eine unvollkommene Windbüchse mit der Jahrzahl 1474 vorhanden gewesen sein, allein dagegen behaupten Nürnberger Chroniken, daß der Apparat erst um 1560 von einem Hans Lobsinger erdacht worden sei. Damit wären nun allen späteren Prätendenten die Ansprüche auf die Priorität abgeschnitten und ebensowenig dürfte auch Otto von Guericke mit seiner sogenannten Magdeburgischen Windbüchse, „aus der man mit der Luft schießt, wie man sie an einem Orte findet", als Erfinder der Windbüchse gelten. Denn in dem Berichte darüber heißt es: „Es wird die ausgepumpte Kugel an den Lauf geschraubt, da denn die Luft, die in den luftleeren Raum hineinfährt, die Kugel, die im Laufe liegt, mit Gewalt heraustreibt", und danach scheint Guericke gerade den entgegengesetzten Gedanken von dem verfolgt zu haben, der den gewöhnlichen Windbüchsen zu Grunde liegt. Ein gewisser Mathei zu Turin soll eine Windbüchse konstruirt haben, die dadurch geladen wurde, daß man 2 Unzen Schießpulver in der hohlen Kugel abbrannte; die entwickelten Gase hatten eine Spannung, die für 18 Schuß auf je 60 Schritt Entfernung und für eine große Zahl minder weite ausreichte.

Unsere Windbüchsen sind Kompressionspumpen. Die komprimirte Luft befindet sich entweder in einer hohlen kupfernen Kugel, wohinein sie durch einen Kolben gepreßt wird, oder aber der ausgehöhlte Schaft dient gleich als Rezipient. Der Drücker öffnet dann ein Ventil, welches der Luft einen Ausweg in den Lauf hinter die Kugel öffnet und diese dadurch mit Gewalt heraustreibt.

Der Luftdruck treibt den Saft in den Zellen der Pflanzen in die Höhe und wenn er es auch nicht allein ist, der die Säftebewegung von den Wurzeln aus bis in die äußersten Gipfel der Hunderte von fußhohen Stämmen vermittelt, so ist seine Mitwirkung jedenfalls von hoher Bedeutung; durch ihn haften die Extremitäten der Menschen und Thiere in ihren Gelenkhöhlen, so daß diese langen Glieder mit dem geringsten Kraftaufwande getragen werden. Ja, alle Funktionen des belebten Organismus sind so durch seine Mitwirkung bedingt, daß unsere Welt eine ganz andere sein würde, wenn dieser wichtige Faktor plötzlich wegfiele. Unter die mannichfachen Anwendungen aber, welche das gewerbliche Leben von seiner Wirkung gemacht hat, wollen wir hauptsächlich zweier Erwähnung thun, der atmosphärischen Eisenbahn und der pneumatischen Packetbeförderung.

**Die atmosphärische Eisenbahn.** Der Gedanke, Frachten und selbst Passagiere durch den Luftdruck zu befördern, ist nicht neu. Bereits vor zwei Jahrhunderten machte Papin auf ihn aufmerksam, indem er vorschlug, auf die zu bewegenden Wagen von hinten komprimirte Luft wirken zu lassen, dieselben also wie die Kugel aus einem Blasrohre durch eine geeignete Tunnelröhre zu blasen. Von einigen Späteren wurde die Idee zeitweilig wieder aufgegriffen, aber es ist nicht bekannt, daß irgendwo Anstalten getroffen worden wären, sie in Ausführung zu bringen. Die Verkehrsverhältnisse hatten noch nicht jene Ausdehnung gewonnen, welcher keine Opfer, selbst für die Prüfung der abenteuerlichen Pläne keine, zu hoch sind.

Erst vor ungefähr 50 Jahren wieder nahm sich ein gewisser Medhurst der Sache mit Ernst an. Er gab eine Darstellung des Planes unter dem Titel: „Eine neue Methode, Briefe und Güter durch Luft zu befördern.“ Den Plan einer atmosphärischen Eisenbahn selbst zur Beförderung von Reisenden war von ihm bis in die Details ausgearbeitet worden, aber es fehlte noch der Boden für solche Ideen. Erst als die Eisenbahnangst vergangen war und sich jene Befürchtungen — daß alles darauf verwandte Geld zum Fenster hinausgeworfen sei, daß es nur noch Menschen auf der Erde geben werde, die durch die Lokomotive in irgend einer Weise unglücklich gemacht worden wären, sei es, daß durch den Luftdruck während der unglaublich schnellen Fahrt einer ihrer lieben Anverwandten getödtet und sehr Viele in Krankheit gestürzt würden, oder daß die Fuhrleute ihre Pferde verhungern lassen müßten und daß alle Gastwirthe an der Heerstraße den gewissen Hungertod vor Augen sähen — als diese und nicht nur Hunderte, nein Tausende von ähnlichen Albernheiten durch den wirklichen Erfolg, durch die rasche, segensreiche Umgestaltung in Folge der neuen Verkehrsmittel glücklich beseitigt waren — da erhob sich an Stelle der früheren philisterhaften Kleinmüthigkeit ein ebenso grenzenloser Eisenbahnenthusiasmus. Derselbe grassirte in den dreißiger und vierziger Jahren. Jetzt erschien nun nichts mehr unausführbar. Wenn Jemand eine Eisenbahn auf den Montblanc hinauf hätte bauen wollen, er hätte Aktionäre gefunden.

Das war nun auch die richtige Zeit, um das atmosphärische Eisenbahnprojekt zu realisiren. Medhurst hatte im großen Ganzen die nächstliegenden Möglichkeiten einer zweckmäßigen Ausführung erschöpft. Ein Wagen sollte an einem vertikalen Stabe befestigt werden, an dessen anderem Ende ein Kolben angebracht war, welcher sich in einer horizontal liegenden Röhre luftdicht bewegte. Die Längsspalte der Röhre, wo der Stab durch die Wandung derselben hindurchging, war mit einer Verschlußvorrichtung versehen, deren Herstellung den Technikern viel Kopfzerbrechen verursachte, weil sie dem Fortrücken des Stabes keine große Schwierigkeiten entgegensetzen und doch auch von dem Innern der Röhre die äußere Luft vollständig abhalten sollte. Alle in der atmosphärischen Eisenbahnfrage gemachten Fortschritte beziehen sich auch fast lediglich auf diesen Verschluß, Prinzip und Ausführung der übrigen Bestandtheile waren einfach und blieben ziemlich ungeändert.

War man in den ersten Projekten noch von der Anwendung komprimirter Luft ausgegangen und hatte man deswegen sehr große Röhren für nöthig gehalten, in deren Innern allenfalls Güterwagen auf einer Eisenbahn durch den Kolben befördert werden konnten, während die Reisenden des Luftdruckes wegen die Wagen in freier Luft benutzen sollten, so drehte Vallance die Sache um. Dieser wollte zur Bewegung des Kolbens und der daran hängenden Lasten lediglich den Druck der atmosphärischen Luft benutzen, und vor dem Kolben deswegen durch Auspumpen einen luftverdünnten Raum erzeugen. Der Kolben sollte herangesaugt werden, wie das Wasser in einem Strohhalme. Zu Brighton wurden Versuche angestellt. Es war die Rede davon, eine Eisenbahn herzustellen. Die Wagen sollten sich in einem Tunnel von Gußstein oder gebranntem Thon bewegen; — aber die Leute lachten, wie es in dem Berichte heißt, über die Unwahrscheinlichkeit, daß sich echte Briten durch eine Röhre wie Kugeln durch eine Schlüsselbüchse würden schießen lassen.

Nach Vallance kam noch ein Amerikaner **Pinkus** mit einem Pneumatic Railway-Patent. Die vorgeschlagene Röhre hatte drei Fuß im Durchmesser und war oben mit einem 1 bis $1^1/_2$ Zoll breiten Schlitz versehen, durch welchen die Einführungsstange ging, ganz wie bei Medhurst. Die Abdichtung der durch die Röhrenwand gehenden Stange gegen das Eindringen der äußern Luft wurde durch ein Klappentau oder eine schwammige und mit einem eisernen Beschlag niedergehaltene Substanz, welche über dem Schlitz zwischen zwei erhabenen Rändern lag, bewirkt. Aber diese Erfindung, welche wirklich in einem Stück Eisenbahn zur Ausführung kam, erwies sich auch als unpraktisch. Trotzdem gab man die Versuche noch nicht auf und 1840 waren die Herren Clegg und Samuda so glücklich, auf der West-London-Eisenbahn ein Stück von $^1/_2$ Meile nach ihrem System einrichten zu können. Ihr System unterschied sich von den früheren in nichts als darin, daß es am allermeisten Leute um das Geld brachte. Denn nachdem die Versuche auf der West-London-Eisenbahn gemacht worden waren und man eine Geschwindigkeit bis zu 60 engl. Meilen in der Stunde erreicht zu haben glaubte, wurden geschwind „atmosphärische Eisenbahnen“ auf der Croydon-, der Dublin- und Kingstown-, der Süd-Devonshire-Route eingerichtet — um nach kurzer Zeit wieder aufgegeben zu werden.

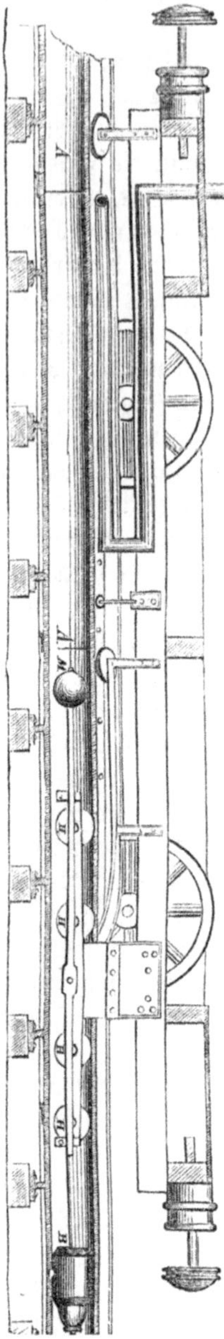

Fig. 123. Die atmosphärische Eisenbahn, Längsdurchschnitt.

Trotzdem nun die atmosphärische Eisenbahn wol zu den überwundenen Gegenständen gehört, erfordert es doch das Interesse für die geschichtliche Entwickelung, daß wir auf einige Spezialitäten der Einrichtung unsere Aufmerksamkeit lenken. Wir legen die Abbildung Fig. 123 zu Grunde. Die Röhre A, in welcher sich der Kolben B bewegt, ist ungefähr 18 Zoll dick, dies ist die als günstigst angenommene Weite. Unsere Abbildung zeigt sie zum Theil durchschnitten, um die innere Einrichtung sehen zu lassen, die hauptsächlich in den Rollen HH, dem Gegengewicht M und dem zwischen den Rollen hinaufgehenden Eisenstück besteht, an welchem die Wagen befestigt sind. Das Gegengewicht M sorgt dafür, daß der Kolben immer eine horizontale Lage behält; die Rollen HH haben verschiedenen Durchmesser und heben vor dem Durchpassiren der Eisenplatte die Klappenventile des Spaltes gerade so hoch, daß der Weg frei wird; dahinter schließen sich die Ventile wieder. Um die Dichtung vollständig zu machen, wird durch eine besondere Vorrichtung eine Fettschicht über die Ventile geschmiert, die ein erwärmtes Bügeleisen von oben zusammenschmilzt. Zugleich werden die Klappen von außen wieder zusammengedrückt. In Fig. 124 besorgt das Bügeleisen eben die Zuschmelzung; die Eisenplatten R, welche während des Durchganges der Eisenplatte C (Fig. 125) offen gehalten werden, fallen dann darauf und pressen den Verschluß zusammen. Fig. 126 stellt die Röhre mit den Rädern der Wagen in kleinerem Maßstabe dar.

Die pneumatische **Brief- und Packetbeförderung** scheint eine bei weitem bessere

Zukunft zu haben. Dicht an der Euston-Ankunftsstation in London steht ein einstöckiges Gebäude mit einem schlanken Schornstein. So unansehnlich das Aeußere dieses Hauses ist, so merkwürdig und interessant ist sein Inneres. Treten wir ein; wir steigen einige Stufen hinab und stehen vor einer großen gußeisernen Röhre mit gewölbter Decke und flachem Boden. „Das ist das Ende der Luftpost", sagt unser Führer. In demselben Augenblick giebt ein elektrischer Telegraph ein Signal, an der Wand hängende Manometer spielen und deuten an, daß in dem Innern des Röhrentunnels, mit welchem sie in Verbindung stehen, der Luftdruck in gewaltsamer Weise sich ändert. Gleich darauf noch ein Signal. Eine Klappe springt auf und aus der Röhre schießt ein kleiner wiegenartig gebauter Wagen, der auf einem Schienenstrange auf dem Fußboden weiter fortrollt, bis er an der entgegengesetzten Wand in einer der Hauptröhre korrespondirenden Mauervertiefung seine Geschwindigkeit verliert. Rasch wird er seines Inhaltes entledigt und mit schon bereitliegenden Packeten und Beuteln wieder beladen; ein Signal geht ab; der Wagen wird wieder in die Röhre geschoben, die Klappe zugemacht, wir hören noch ein kurzes Rollen und im nächsten Augenblick sagt uns der Beamte mit einem Blick auf das Manometer: „Jetzt sind die Briefe in Eversholt-Street". In Eversholt-Street befindet sich das Postamt und dasselbe ist demnach ungefähr 1800 Fuß von dem Punkte entfernt, wo wir jetzt stehen. Zu dieser kleinen Reise, welche einen Fußgänger 10 Minuten beschäftigen würde, braucht der Wagen wenige Sekunden. Nach Bedarf werden an den einen Wagen zwei, drei andere gehängt, ohne daß dadurch die Geschwindigkeit beeinträchtigt würde.

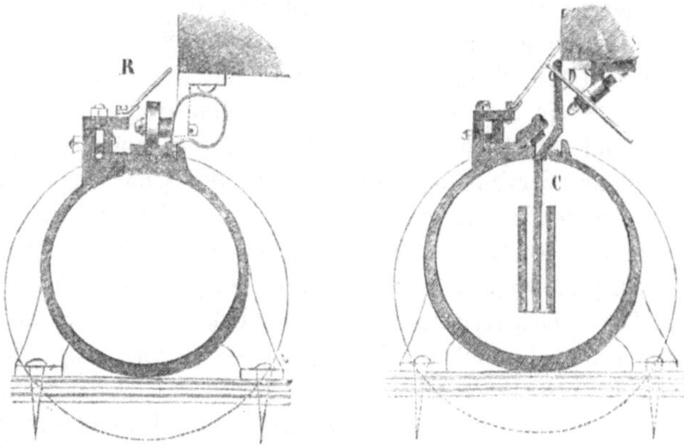


Fig. 124. Querdurchschnitt der Röhre. Fig. 125.

Wir finden nun Zeit, uns den Raum und seine Einrichtung genauer anzusehen. Die Tunnelröhre (siehe die Anfangsvignette) mißt 3 Fuß 9 Zoll in der Höhe; sie ist etwas schmäler als hoch und hat ungefähr den Querschnitt eines Bienenkorbes. Auf ihrem Boden laufen die Schienen für die Wagen. Die Wagen entsprechen in ihrem Querschnitt genau dem Querschnitt der Röhre, nur daß sie um einige Linien kleiner sind und demnach den Raum nicht vollständig abschließen.

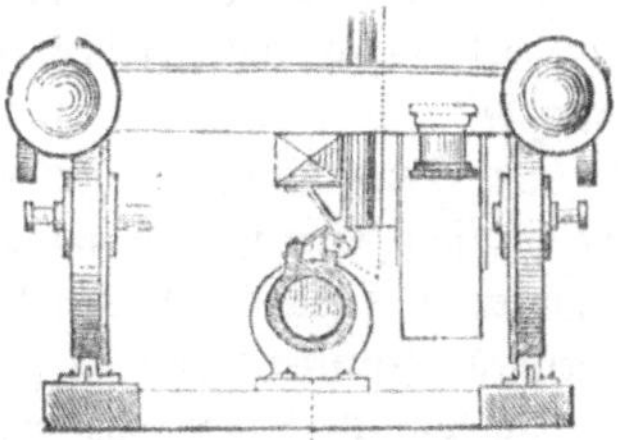

Fig. 126. Ansicht der Eisenbahn.

Außerhalb des Gebäudes geht die Röhre unter Straßen und Häusern fort, unbeirrt von Senkung oder Steigung, die an einer Stelle das Verhältniß von 1 : 80 erreicht. An dem andern Ende im Postamte ist die Einrichtung der Station eine ganz entsprechende wie auf der Euston-Station. Nur den Besitz des einen und zwar gerade des Haupttheils, das ist die Bewegungsmaschinerie, hat die Euston-Station voraus.

Wir haben uns erzählen lassen, daß die Wagen ihre Geschwindigkeit theils durch den Druck der atmosphärischen Luft auf einen luftverdünnten Raum, theils durch die

Wirkung komprimirter Luft erhalten, und suchen die Luftpumpe und die Kompressionspumpe, die wir uns von enormen Dimensionen vorstellen. Allein eine Luftpumpe, wie wir sie bisher kennen gelernt haben, finden wir nicht.

Wir sehen eine große Scheibe von mehr als 20 Fuß im Durchmesser, sie ist aus Kesselblech gefertigt und besteht eigentlich aus zwei dünnen konkaven Scheiben, die einander ihre hohle Seite zukehren (siehe die Anfangsvignette). An ihrem Rande stehen sie etwa um 1 Zoll aus einander. „Das ist die Luftpumpe", der „Pneumatic Ejector". Da englische Beamte nie einen Witz machen, so glauben wir ihm auf's Wort, nur bitten wir um nähere Aufklärung. Diese wird uns und wir erfahren, daß die Welle dieses Ejektors hohl ist und mit dem Innern der Tunnelröhre, sowie durch einen andern Hahn mit der äußern Luft in Verbindung steht. Wird dieselbe in sehr rasche Umdrehung versetzt, so schleudert das scheibenförmige Rad durch die Centrifugalkraft die zwischen den Blechen befindliche Luft wie einen festen Körper nach außen und verdünnt auf diese Weise die Luft im Innern der Tunnelröhre. Am Umfange der Scheiben ist nun ein Gehäuse, welches die fortgeschleuderte Luft aufnimmt, in demselben muß also eine entsprechende Verdichtung entstehen, die ihrerseits ebenso zur Beförderung der Wagen benutzt werden kann, wenn man die benöthigte Luft nicht dem Innern der Röhre, sondern dem äußern Luftkreise entzieht. Eine einfache Stellung des Hahnes läßt die Bewegung der Wagen nach herzu oder nach hinzu beliebig abändern. Diese eigenthümliche Centrifugalluftpumpe wird durch eine kleine Hochdruckmaschine — mit einem Cylinder von 15 Zoll im Durchmesser — in Bewegung gesetzt, dessen Kolben direkt an die Welle des Luftrades angreift. Neben der Maschine liegt ein cylindrischer Kessel mit innerer Feuerung, welcher Dampf von 40 Pfund pro Quadratzoll liefert.

Trotzdem daß der Dampfkonsum noch ein viel zu großer ist, weil die Maschine für eine weiter fortgeführte Röhrenleitung berechnet ist, stellt sich der tägliche Verbrauch an Brennmaterial nur auf 6 Schillinge, so daß die Heizungskosten für eine Doppelfahrt (bei täglich 15 Wagenzügen hin und zurück) auf etwa 4 Silbergroschen zu stehen kommen. Die Unternehmung ist noch neu und von einer Gesellschaft, der Pneumatic Despatch-Company, ausgegangen, schon liegt aber dem Parlamente eine Zahl weitere Projekte theils für Fortführung des bestehenden Unternehmens, theils für neue Errichtungen vor, und es ist vielleicht die Zeit nicht zu fern, wo auch größerer Waarentransport durch unterirdische Röhren von einem Ort zum andern mittelst Luftdruck stattfindet.

In Deutschland ist zur Stunde erst auf einigen Post- und Telegraphenämtern eine ähnliche Einrichtung im Kleinen getroffen worden. Es werden Depeschen, Bestellungen u. s. w. in kleinen hohlen Stempeln verborgen und durch das Gebäude nach entfernten Zimmern oder in andere Etagen geblasen.

In Paris dagegen hat man, um den Engländern nicht nachzustehen, einen Plan zur Reorganisation des Postwesens ausgearbeitet, der dasselbe Beförderungsmittel in weitestem Umfange zur Anwendung bringen will.

Feuerspritze in Thätigkeit.

Denn alle Kraft dringt vorwärts in die Weite,
Zu leben und zu wirken hier und dort.
Dagegen engt und hemmt von jeder Seite
Der Strom der Welt und reißt uns mit sich fort.
Goethe.

# Hydraulische Maschinen, Pumpen und Feuerspritzen.

Hydrostatischer Druck. Horizont. Die Wasserwage und das Nivelliren. Gesetz der kommunizirenden Röhren. Springbrunnen. Wassersäulmaschine. Heber. Stech- und Saugheber. Wasserräder. Segner'sches Wasserrad. Turbinen. Wasserhebungsmaschinen. Schöpfräder. Paternosterwerke. Wasserschnecke. Die Pumpe. Ventile. Saug-, Druck- und gemischte Pumpe. Der hydraulische Widder. Berliner Wasserwerke. Feuerspritzen. Der Windkessel. Spritzflasche und Heronsbrunnen. Innere Einrichtung der Spritze. Repsold'sche Spritze. Dampfspritze. Die hydraulische Presse.

Wenn bei den festen Körpern die kleinsten Theilchen der Materie mit einer gewissen Beständigkeit in ihrer gegenseitigen Lage verbleiben, so daß es einer oft bedeutenden Kraft bedarf, um sie zu trennen, bei den gasförmigen aber, wie uns das Verhalten im luftleeren Raume belehrt, dieselben förmlich von einander abgestoßen werden und immer das Bestreben haben, sich von einander zu entfernen, woran sie nur durch eine von außen auf sie einwirkende Kraft gehindert werden, so stehen bei den Flüssigkeiten die anziehenden und abstoßenden Kräfte der Atome zu einander in ganz anderm Verhältniß. Sie stoßen einander nicht gerade ab, aber ihr Zusammenhang ist ein so loser, daß durch den geringsten äußern Anstoß eine Verschiebung bewirkt wird.

Eine eigenthümliche Gestalt kommt daher auch den flüssigen Körpern nicht zu.

Sie richten sich darin ganz nach der Form ihrer Unterlage, der Gefäße, in denen sie sich befinden. Ihre Oberfläche wird durch die Schwerkraft der Erde geformt. Die Oberfläche der großen Meeresbecken nähert sich daher auch auf das Nächste der idealen Form des Erdsphäroids, wie ein solches als Ergebniß gleichzeitiger Wirkung der Schwerkraft und der Centrifugalkraft entstehen würde.

Wer einen großen See gesehen hat, wird die Krümmung der Wasseroberfläche an dem allmäligen Auftauchen und Verschwinden der Schiffe am Horizont beobachtet haben. Bei Oberflächen von geringerer Ausdehnung macht sich die Krümmung nicht bemerklich, und dieselben sind deshalb als gerade Flächen zu betrachten, welche in einer auf das Bleiloth senkrechten Ebene, der Horizontalebene, liegen. Wasser ist nur dann im Gleichgewicht, wenn es mit seinem Spiegel eine horizontale Ebene bildet.

Bei der Errichtung jeder Art von Bauwerken ist die Ermittelung der horizontalen Fläche von der größten Wichtigkeit. Man bedient sich dazu mit dem besten Erfolge des Wassers als eines Richtmaßes, und es muß die Wasserwage schon den alten Aegyptern bekannt gewesen sein, wie die Anlagen ihrer künstlichen Bewässerungsanstalten zeigen. Der mythische Menes, wahrscheinlich eine und dieselbe Person mit Osyris, leitete den Nil in einen andern Weg. Schleußen und Dämme wurden angelegt und der See Möris als ein großes Wasserreservoir ausgegraben. Weitere Verzweigungen der Nilkanäle nahm Sesostris vor.

Jetzt wird die Wasserwage in verschiedener Weise hergestellt; z. B. als eine gläserne Röhre, welche bis auf eine kleine Luftblase mit Wasser gefüllt ist (Fig. 128).

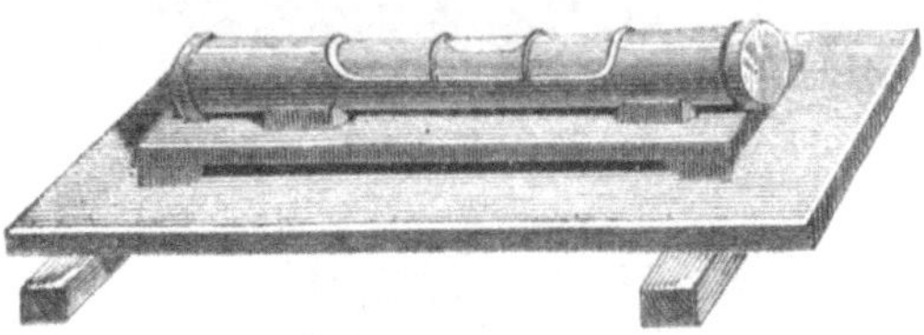

Fig. 128. Wasserwage.

Liegt die Röhre horizontal, so steht die Blase genau in der Mitte an einer Marke. Die geringste Neigung hat ein Verschieben der leicht beweglichen Blase nach der Höhe zu zur Folge. Um mit ihrer Hülfe aber eine Fläche in die Horizontale einzustellen, muß man die Wage nach zwei auf einander rechtwinkligen Richtungen auflegen. Das ist unbequem. Es sind daher dosenförmige Instrumente konstruirt worden (zuerst von Mayer 1777), bei denen die Blase sich unter einer Glasdecke nach allen Richtungen bewegen kann; befindet sie sich gerade in der Mitte, so steht die Unterlage horizontal. Wasserwagen mit beweglicher Blase heißen auch Libellen, ein Name, welcher ihre empfindliche Unruhe sehr entsprechend bezeichnet.

Thevenot hat eine andere Art angegeben. Dieselben bestehen aus einer gebogenen und auf einem horizontalen Fuße aufrecht befestigten Röhre. An beiden Schenkeln befindet sich eine Marke, bis zu welcher der Wasserspiegel reicht, wenn der Apparat mit seinem Fuße horizontal steht. Da aber die beiden Spiegel von einander entfernt sind, so kann man, wenn man darüberhin visirt, einen entlegenen Punkt leicht in ihre Ebene einstellen oder das Höher- und Tieferliegen eines solchen dann mit einem senkrechten Maßstabe bemessen. Picard fügte dieser Einrichtung noch Fernröhre bei, wodurch derartige Wasserwagen besonders für den Gebrauch beim Feldmessen und Nivelliren geschickt gemacht worden sind.

Es bedarf wol keiner besondern Begründung der Erscheinung, daß in einer Uförmig gebogenen Röhre das Wasser in beiden Schenkeln gleich hoch stehen muß. Druck muß stets dem Gegendruck gleich sein, und das Barometer hat uns schon einen ganz speziellen Fall hiervon erläutert. Die Form der Schenkel, der kommunizirenden Röhren, ist durchaus unabhängig, sie können gebogen oder schiefwinklig geneigt immer liegen, wenn die Luft von oben Zutritt hat, die beiden Spiegel in derselben horizontalen Ebene. In dem Strahl eines Springbrunnens sucht das Wasser auf dieselbe Höhe wieder zu steigen, von welcher es die Röhrenleitung herabgeführt hat (Fig. 130), und die artesischen Brunnen (siehe III. Bd. S. 33) sind nichts Anderes als kommunizirende Röhren, deren einer Schenkel durch das Bohrloch, deren anderer durch die Zwischenräume in der wasserführenden Schicht gebildet wird.

**Hydraulische Maschinen.** Der Druck, welcher auf die eine Seite ausgeübt wird, pflanzt sich durch die ganze Masse der Flüssigkeit fort und wirkt gegen alle Punkte der Wandung mit gleicher Stärke. Ein sehr interessantes Beispiel dafür liefert der **hydrostatische Heber.** Man denke sich eine Blase oder einen ledernen Schlauch, zum Theil mit Wasser gefüllt und mit einer nach oben zu offenen, langen Röhre in Verbindung. Für gewöhnlich steht in dieser Röhre das Wasser nicht viel höher, als der höchste Punkt der Blase angiebt. Gießt man nun durch das offene Ende Wasser zu, so daß die Druckhöhe in der Röhre größer wird, dann schwillt die Blase an. Das Wasser will in ihr eben so hoch stehen wie in der Röhre, und es drückt, wenn es dies nicht erreicht, auf alle Punkte der Innenfläche mit einer Kraft, welche der Druckhöhe des Wassers in der Röhre entspricht; diese selbst mag dabei so eng sein, wie sie will. Eine geringe Wassermasse kann sonach einen ungeheuren Druck hervorbringen, große Lasten heben, freilich aber nur um entsprechend geringe Höhen, denn je kleiner der Durchmesser der Röhre ist, um so rascher senkt sich darin die Wassersäule, wenn durch den Hub der Oberfläche das andere Gefäß aus der Röhre Wasser aufnimmt. Die **Wassersäulmaschinen**, welche am häufigsten in Bergwerken, wo sehr hohe Gefälle zur Verfügung stehen, angewandt werden, beruhen auf diesem Prinzip.

Fig. 129. Nivelliren.

Fig. 130. Springbrunnen.

Das Gesetz vom Luftdruck und das von der Fortpflanzung des Druckes in Flüssigkeiten, weiter brauchen wir eigentlich für das Verständniß des Folgenden nichts zu kennen.

Fig. 131. Stechheber.

Die Heber sind unbedingt die einfachsten Apparate, welche uns die hydraulischen Gesetze vor Augen führen können. In dem bekannten Stechheber ist es blos der Druck der äußern Luft, der die Flüssigkeit im Innern erhält. Steckt man das längliche Gefäß mit seiner untern Oeffnung in Wein, Bier oder dergleichen, während die obere Oeffnung frei ist, so füllt es sich bis zur Höhe des äußern Spiegels, und es läuft nichts heraus, wenn man die obere Oeffnung mit dem Daumen verschließt, obgleich man den Heber aus dem Fasse herauszieht.

Der zweischenkelige Heber (Fig. 132) muß angesaugt werden, wenn er sich mit Flüssigkeit füllen soll. Er besteht aus zwei ungleich langen Schenkeln, von denen der längere außerhalb der Flüssigkeit liegt. Wenn man blos so lange saugt, daß in demselben die Flüssigkeit genau bis in das Niveau von h herabsteigt, so sind alle Druckverhältnisse innen und außen im Gleichgewicht, und es wird aus dem offenen Rohre weder Etwas ausfließen, noch auch die Flüssigkeit in das Gefäß zurücktreten. Sobald aber auf der einen oder andern Seite der Druck sich ändert, ändert sich auch das Verhalten der Flüssigkeit. Sie tritt ganz in das Gefäß zurück, wenn sie im äußern Schenkel nicht ganz das Niveau der innern Oberfläche h erreicht; sie fließt aber aus, wenn sie weiter herabreicht. Gesetzt, der Heber wäre bis h gefüllt, so würde alle Flüssigkeit unterhalb des Spiegels h im langen Schenkel frei ihrer Schwere folgen und herabfallen. In dem dadurch entstehenden luftleeren Raum aber drückt die auf h lastende Atmosphäre sogleich das Wasser aus dem Gefäße, und es erfolgt ein unausgesetztes Ausströmen, welches so lange dauert, bis das untere Ende a Luft faßt.

Fig. 132. Zweischenklige Heber.

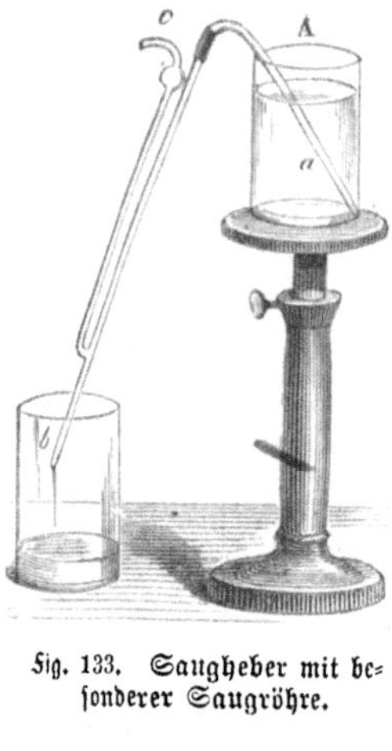


Fig. 133. Saugheber mit besonderer Saugröhre.

Um das Ansaugen zu erleichtern und sich sicher zu stellen, daß man nicht von den oft schädlichen Flüssigkeiten, die mittels des Hebers abzuziehen sind, Partien in den Mund bekommt, hat man durch Anbringung besonderer Saugröhren diesem Instrument mancherlei Abänderungen gegeben, von denen wir die einfachste in Fig. 133 vorführen. Soll Flüssigkeit aus dem Gefäße A mittelst des Hebers zum Ausfließen gebracht werden, so saugt man, indem die Oeffnung b verschlossen wird, so lange bei c, bis die Flüssigkeit aus a in den zweiten Schenkel unter dem Spiegel im Gefäß A steht. Von diesem Augenblicke an kann man die Oeffnung o frei geben und mit Saugen aufhören; das Wasser fließt von selbst, gerade wie aus einem gewöhnlichen, zweischenkligen Heber, dessen längerer Schenkel bis an die Ansatzstelle der Saugröhre reicht.

Mit Hülfe des Hebers kann man Wassermassen über sehr beträchtliche Höhen fließen machen. Es kommt nur darauf an, einen geschlossenen Kanal herzustellen, den das Wasser wie eine Röhre ausfüllt, in welchen also die Luft nicht eindringen kann, und das Ende desselben tiefer zu führen als den auf der andern Seite des Berges liegenden Wasserspiegel.

Gehen wir dem natürlichen Wege nach, den das Wasser unaufhörlich durchläuft, so sehen wir es von der Oberfläche des Meeres und der Flüsse, von den Blättern der Pflanzen, aus den Lungen der athmenden Thierwelt als flüchtiger Dampf sich der Atmosphäre beimischen; in den obern kalten Regionen verdichtet sich derselbe und schlägt sich an den hohen Kämmen der Gebirge in flüssiger Form nieder. Die Tröpfchen rinnen zusammen und fließen abwärts, bis sie das Meer wieder erreichen, wenn sie nicht vorher von den Wurzeln aufgesaugt oder auf sonst eine Weise zurück in die Atmosphäre gehaucht werden. Auf dem langen Wege zum Meere folgt das Wasser lediglich der Schwere und, je nach der Neigung der schiefen Ebene, auf welcher es in dem Bett der Flüsse hinabgleitet, mit größerer oder geringerer Geschwindigkeit. Die Kraft, die es hierbei aufnimmt, und die es, wenn seine Geschwindigkeit plötzlich aufgehoben wird, wieder hergeben muß, benutzen wir in den verschiedenartig eingerichteten Wasserrädern. Je nachdem das Wasser von oben oder in der Mitte in die Schaufeln fällt und dieselben durch sein Gewicht mit hinabzieht, oder je nachdem es blos unten durch die Geschwindigkeit seiner Strömung gegen dieselben stößt, spricht man von ober-, mittel- und unterschlächtigen Wasserrädern. Die Einrichtung dieser Maschinen ist so bekannt, daß wir uns unter Hinweis auf die beiden Figuren 134 und 135 jede weitere Erläuterung ersparen können.

Fig. 134. Oberschlächtiges Wasserrad.

Fig. 135. Unterschlächtiges Wasserrad.

**Turbinen.** Während bei den oberschlächtigen Wasserrädern das Wasser lediglich durch sein Gewicht wirkt, übt es bei den mittelschlächtigen schon ganz besonders — ausschließlich aber bei den unterschlächtigen — durch seine Stoß-Geschwindigkeit, durch seine lebendige Kraft die Wirkung aus. Mit Vortheil läßt sich nun dieser Effekt des Wassers in horizontal liegenden Rädern ausnutzen. Die sogenannten Spritzräder sind alte Vorrichtungen dieser Art. Eine stehende, in Zapfen drehbare Welle hat an ihrem Umfange löffelähnliche Schaufeln, in welche der Wasserstrahl horizontal einströmt. Die Kufenräder entsprechen in ihrer Form ungefähr den Windrädchen, die man zuweilen des Luftwechsels halber in Fenstern anbringt, nur daß bei diesen der Wind von vorn, bei den Kufenrädern dagegen das Wasser von der Seite, und zwar in tangentialer Richtung in das Rad einströmt und die Umdrehung bewirkt, indem es mit der ihm innewohnenden Kraft auf die schief gestellten Flügel drückt. Beide Motoren geben aber sehr geringe Nutzeffekte und sind den Turbinen darin nicht zu vergleichen.

Die erste Idee der Turbinen ist in dem Segner'schen Wasserrade ausgesprochen. Dasselbe gründet sich auf die sogenannte rückwirkende Kraft, das ist eine eigenthümliche einseitige Druckwirkung, deren wir schon gedacht haben, als von dem Projekt die Rede war, den Luftballon durch Ausströmenlassen von stark gespannter Kohlensäure raketenartig fortzutreiben. Ein Geschoß, wenn es abgefeuert wird, übt nach hinten zu einen Stoß aus; Kanonen prallen weit zurück, wenn sie nicht fest angebunden sind. Die Ursache davon liegt darin, daß, wenn ein nach allen Seiten wirkender Druck Gelegenheit findet, nach der einen Richtung sich auszugleichen, nach der entgegengesetzten ein entsprechender Ueberschuß bleiben muß. Derselbe sucht natürlich seinerseits auch einen Effekt auszuüben, welcher der Bewegungsrichtung des Geschosses, der Pulvergase u. s. w. entgegengesetzt gerichtet sein wird. Bei dem Segner'schen Wasserrade tritt Wasser in eine hohle Achse, aus dieser in die innere Höhlung eines dicht anschließenden Radmantels. An dem hohlen Rade befinden sich hörnerartige Vorsprünge, die alle in demselben Sinne horizontal gebogen sind und am äußersten Ende eine Oeffnung senkrecht auf den Durchmesser haben. Aus diesen Oeffnungen fließt in tangentialer Richtung das Wasser aus, welches durch die hohle Achse in den Radkörper und von da in die Hörner eintritt, und der Druck, den es durch sein Gefälle erreicht hat, bewirkt eine Drehung des Rades, die, entgegengesetzt der Richtung des Wassers, um so rascher ist, je rascher dasselbe strömt.

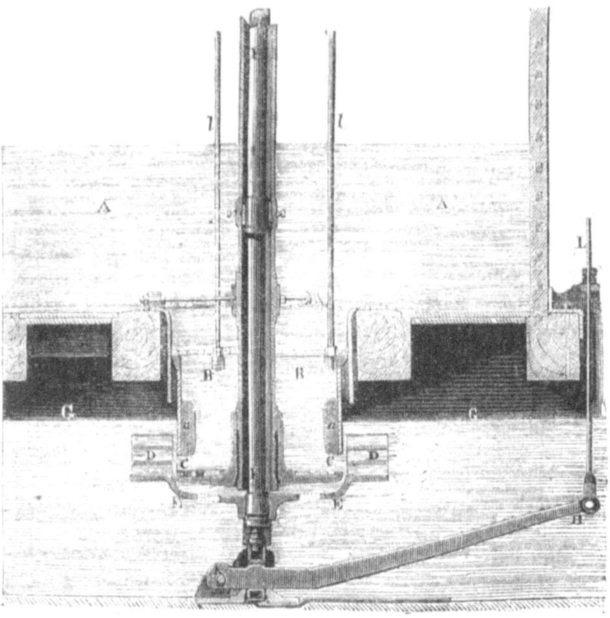

Fig. 136. Vertikaldurchschnitt einer Turbine.

In den schottischen Turbinen, welche seit den dreißiger Jahren in Aufnahme gekommen sind, hat man das Segner'sche Wasserrad, welches sein Erfinder zum Betriebe einer Papiermaschine aufgestellt hatte, mit wenigen Abänderungen beibehalten.

Später erlitt zuerst die Ausflußöffnung mancherlei Modifikationen. Man ließ die herabfallende Wassermasse auf schraubengangförmig gestaltete Flügel drücken, oder brachte eigenthümliche Radkränze an und wies dem Wasser durch besondere Führungen erst einen Weg, der es in der geeignetsten Weise in die Schaufeln einführt und möglichst die ganze Kraft von dem Rade aufnehmen läßt. Die Abbildung Fig. 136 wird das Nähere deutlich machen. AA ist das Betriebswasser, welches nur ein Gefälle bis G besitzt. Es fällt zunächst in den hohlen Cylinder BB, und aus diesem erst durch die Oeffnungen CC in den Abflußraum G. Durch den — mittels Hebelstangen aa stellbaren — Schutz kann der Abfluß regulirt werden. Vor der Oeffnung CC liegt der Radkranz DD, dessen gekrümmte Schaufeln den Stoß des Wassers aufnehmen. Er ist mittels des gebogenen Theiles EE mit der Achse F verbunden; die Drehung derselben setzt die anhängenden Maschinen in Bewegung. LH ist ein Hebel, um die Lagerpfanne der Achse einigermaßen heben oder senken zu können.

Da man die Beobachtung gemacht hat, daß die Kraft der gerade radial herausschießenden Wasserstrahlen nicht so leicht auszunutzen ist, so zwingt man wie gesagt dieselben, in einer mehr tangentialen Richtung aus dem Cylinder gegen die Schaufeln des Laufrades zu stoßen. Wir geben, um auch dies durch eine Abbildung zu erläutern, in Fig. 137 einen Horizontaldurchschnitt des untern Cylindertheils B mit dem Laufrade, welches letztere durch den äußern Schaufelkranz D dargestellt ist.

Der Vortheil der Turbinen liegt darin, daß man durch sie die Kraft einer großen Wassermasse von wenig Gefälle, umgekehrt aber auch bei entsprechend veränderter Einrichtung das hohe Gefälle einer geringen Wassermenge am besten ausnutzen kann. Es bleibt sich ziemlich gleich, ob das Laufrad sich in Wasser oder Luft dreht; dieser Umstand erlaubt das ganze Gefälle zu verbrauchen, außerdem aber auch das Rad tief in's Wasser zu legen und dadurch vor dem Einfrieren zu schützen. Die horizontalen Wasserräder sind da besonders anwendbar, wo es sich um die Erreichung sehr großer Geschwindigkeiten handelt, also vorzüglich in Spinnereien, Webereien, Sägemühlen u. dgl. Die zuletzt betrachteten verdanken ihre Vervollkommnung, in Folge deren sie die schottischen in ihrer Wirksamkeit bedeutend übertreffen, dem Ingenieur Jonval, und führen auch seinen Namen.

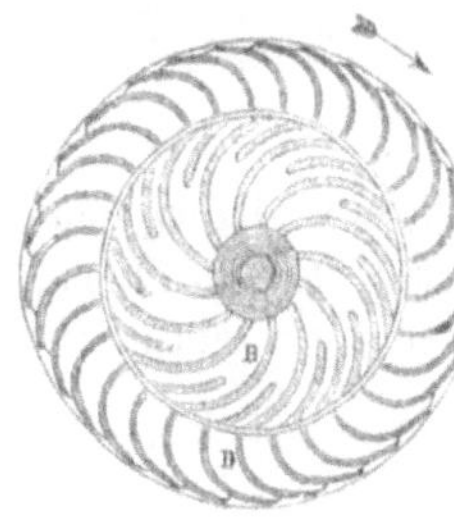

Fig. 137. Horizontaldurchschnitt des Laufrades.

**Wasserhebungsmaschinen.** Betrachten wir nun diejenigen Apparate, welche entgegengesetzt den Wasserrädern nicht durch fallendes Wasser bewegt werden sollen, sondern die mit Hülfe einer angreifenden Kraft Wasser auf einen höher gelegenen Punkt emporheben sollen. Solche Wasserhebemaschinen stammen aus den ältesten Zeiten. Wir sehen den urgeschichtlichen Ziehbrunnen mit Schwengel oder Haspel noch in Anwendung, eigentlich weiter nichts als eine Vorrichtung, welche dem Schöpfenden einen längern Arm leiht; dann ein Sortiment einfacher Maschinen, welche sich als Zusammenstellungen einer größern Zahl von Schöpfgefäßen kennzeichnen und nur auf gewisse beschränkte Höhen brauchbar sind; so die Schöpfräder, die sich vor Jahrtausenden, wie noch heute am Nil, in indischen und andern Flüssen drehten, um die benachbarten Felder zu tränken. Schöpfräder werden häufig auch zum Entwässern benutzt, besonders in den holländischen und deutschen Niederungen, wo sie meistens durch Windmühlen getrieben werden. Die gebräuchlichste Form ist hier nicht eine solche, wo der Radumfang mit schöpfenden Kästen oder Zellen besetzt ist, sondern das Rad hat Schaufeln wie ein unterschlächtiges Wasserrad, hängt auch wol wie dieses vor einem Gerinne, das ein Stück seines Umfangs umgiebt. Aber die Arbeit ist gerade die umgekehrte wie beim eigentlichen Wasserrad; das Wasser ist hier das passive Element; eine fremde Kraft, die des Windes, dreht das Rad und zwar in der umgekehrten Richtung, so daß das Wasser von den Schaufeln erfaßt und in dem Gerinne emporgeschoben, gefegt oder geschleudert wird, je nach der Schnelligkeit der Umdrehung. Von der höchsten Höhe, die hiermit erreicht werden kann, und die immer etwas unter dem Mittelpunkte des Radkreises bleibt, fließt das Wasser dann in seinem angewiesenen Wege fort. Aber auch diese kunstlosen Apparate erhielten schon im Alterthum einen durch höhere Mechanik verfeinerten Verwandten, das Tympanum, eine Trommel, welche mit dem Umfange Wasser schöpft, das dann in gekrümmten Kanälen rückwärts bis in die hohle Achse und aus dieser endlich herausfließt.

Den Schöpfrädern nahe stehen die ebenso alten sogenannten Paternosterwerke mit einer endlosen umlaufenden Kette verschiedener Schöpfgeräthe. Um Wasser mittelst solcher eine schiefe Ebene hinaufzuziehen, bedarf es, wie in Fig. 138, nur einer Rinne von drei Bretern und einer Kette gut hineinpassender Bretchen. Man sieht solche Vorrichtungen bei uns nicht selten bei Wasserbauten, wo sie durch eine Kurbel gedreht werden. Die Chinesen setzen sie lieber mit den Füßen in Bewegung, indem sie an Stelle der Kurbel eine Welle legen, die mit Trittspeichen versehen ist. Damit ein solcher Apparat in senkrechter Stellung arbeiten könne, muß er natürlich einen geschlossenen Schlot aus vier Bretern oder eine runde Röhre haben; im letztern Falle wendet man statt der Bretchen des bessern Schlusses und sanftern Ganges halber lieber kugelförmige, ausgestopfte Lederkissen an. Diese Einrichtung hat dem Paternosterwerk seinen Namen gegeben. Dem senkrecht stehenden Paternosterwerk einigermaßen ähnlich ist auch die sogenannte Seilpumpe, bei welcher ein bloßes Seil ohne Ende einen eben solchen Weg macht, wie hier die Kette, und in einem engen Rohr emporsteigt. Wird das Seil in einem bedeutend schnellen Laufe erhalten, so reißt es, lediglich in Folge der Adhäsion des Wassers an das Seil, eine Quantität Wasser mit in die Höhe, und zwar mehr als man glauben sollte. Besetzt man die endlose Kette mit Schöpfbechern, so kommt eine Steigröhre natürlich gar nicht in Anwendung.

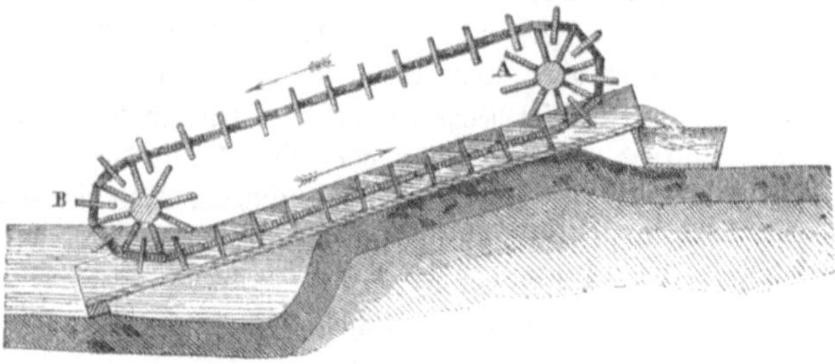


Fig. 138. Paternosterwerk.

Fig. 139. Wasserschnecke.

Ein interessanter, hierher gehöriger Apparat ist die sogenannte Wasserschnecke oder archimedische Schraube, die aber ungeachtet ihres Namens kaum von Archimedes, sondern wol schon früher in Aegypten erfunden wurde. Sie schiebt das Wasser ebenfalls, wie das schräge Paternosterwerk, eine nicht zu steile schiefe Ebene hinauf und besteht in der einfachsten Form aus einer Schraube, die in einem festliegenden halbcylindrischen Troge gedreht wird. Hierbei entschlüpft aber immer mehr oder weniger Wasser wieder nach unten, deswegen giebt man statt des Troges der Schraube eine volle Ummantelung, die überall auf den Kanten des Schraubengewindes fest ansitzt und folglich an der Drehung theilnimmt. Eine solche Einrichtung ist im Durchschnitt in Fig. 139

dargestellt. Die Drehung der Wasserschnecke muß immer in der entgegengesetzten Richtung von der erfolgen, in welcher das Gewinde läuft. Hat das untere im Wasser liegende Ende eine Quantität Wasser geschöpft, so wird dasselbe, wenn das Gewinde unter ihm weggedreht wird, beim ersten Umgange von der übrigen Wassermasse abgeschnitten und bei jedem spätern rückt es in Folge seiner Schwere, die es immer auf dem tiefsten Punkte hält, um einen Gang dem höher gelegenen Ausflusse zu, welchen es denn auch nach so viel Drehungen, als die Schnecke Windungen hat, erreicht. Die Windungen der Schraube bilden einen einzigen Kanal, den das Wasser von unten nach oben zu durchwandern hat; in dem abgebildeten Beispiel ist die Schraube eine doppelgängige. Nun lassen sich aber solche gewundene Kanäle auch so herstellen, daß man eine oder zwei Blechröhren korkzieherartig um eine drehbare Achse windet, und dies giebt denn die dritte ebenfalls gebräuchliche Form der Wasserschnecke.

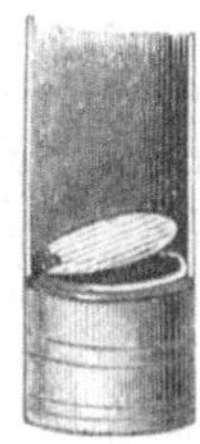

Fig. 140. Klappen-Ventil.

**Pumpen.** Während die eben gemusterten Hebewerke mehr oder weniger die Handarbeit des Schöpfens nachahmen, beruhen die Pumpen zunächst auf einem andern, aber eben so naheliegenden Prinzip, auf dem des Saugens. Die ganze Einrichtung der Wasserpumpen ist, nachdem wir das Wesen der Luftpumpe kennen gelernt haben, uns von selbst verständlich. Wir wissen, daß, wenn wir die Torricelli'sche Röhre (Fig. 82) nicht durch ein zugeschmolzenes Ende, sondern durch einen luftdichten Kolben abschließen wollten, beim Aufzuge desselben darunter ein luftleerer oder, wenn der Kolben nicht auf dem Spiegel des Quecksilbers aufsaß, ein luftverdünnter Raum entstehen müßte. In diesen preßt der äußere Luftdruck das Quecksilber oder Wasser — ersteres aber eben höchstens 28 Zoll, letzteres nicht höher als 32 Fuß — in die Höhe.

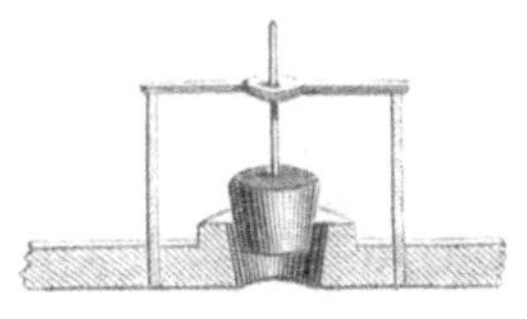

Fig. 141. Kegel-Ventil.

Die Saugpumpen sind nun diejenigen Vorrichtungen, in welchen auf diese Weise die Arbeit des Hebens von Flüssigkeiten bewirkt wird, und zwar, weil dies praktisch nicht anders thunlich ist, in wiederholten kurzen Absätzen. Giebt man dem Wasser, bevor es die Höhe von 32 Fuß erreicht hat, einen Abfluß, so kann man durch fortgesetztes Arbeiten das Wasser so lange zum Aufsteigen im Rohre bewegen, als das untere Ende noch dadurch von der äußern Luft abgeschlossen ist.

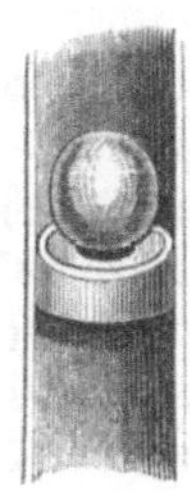

Fig. 142. Kugel-Ventil.

Ventile machen es möglich, daß der Kolben wieder umkehren kann, ohne daß das bereits Gehobene wieder zurücksinkt. Bei der Luftpumpe haben wir diesen Vorrichtungen weiter keine Aufmerksamkeit geschenkt; wir wollen dies hier nachholen und geben deswegen in Fig. 140—142 die Abbildungen einiger der hauptsächlichsten Formen. Die erste (Fig. 140) ist die älteste und bei gewöhnlichen Pumpen meist gebräuchlich. Solche Ventile, Klappenventile, bewegen sich ganz wie eine Fallthür an einem Scharnier, das oft nur aus einem aufgenagelten Lederstreifen besteht. Am häufigsten werden sie aus Metallscheiben gemacht und mit Leder oder Filz gedichtet. Bei weiten Rohren mit hohem Kolbenhub schlagen diese Art Klappen unangenehm auf ihren Sitz auf. Vollkommener wirkt statt dessen eine Doppelklappe, d. h. zwei Klappen, welche mit ihren Scharnieren an einander liegen. Bei den bessern Pumpwerken erscheinen die Ventile und ihre Lager in Metall ausgedreht, sie haben einen solidern

Körper als die Klappen und sind dadurch zu einem sicherern Verschlusse geeignet. Man unterscheidet dann noch Kegel- und Kugelventile, welche uns in Fig. 141 und 142 dargestellt sind. Das erstere (Fig. 141) erinnert an einen Stopfen, der sich in den Hals der Flasche einsenkt und wieder hebt. Damit dieser Körper seinen richtigen Platz nicht verliert, ist ein Bügel vorhanden, der ihm das zu hohe Steigen verwehrt, und ein Führungsstäbchen, das in einer Durchbohrung des Bügels gleitet, sichert vor seitlichen Ausweichungen. Der Bügel und das Stäbchen können auch nach unterwärts gerichtet sein; in diesem Falle ist das Ende des letztern mit einem Knopf versehen, welcher als Aufhalter gegen zu hohes Steigen dient. Dem Kegelventil ganz analog ist das Muschelventil gebaut, nur daß der bewegliche Körper statt der Kegelform einen Kugelabschnitt bildet, nach welcher Form denn auch die der Pfanne sich richtet.

Einen Schritt weiter gelangt man zu der besten Ventilform, dem Kugelventil (Fig. 142). Hier liegt eine gut gedrehte Metallkugel frei in ihrem Lager, hebt sich mit dem steigenden Wasser und sinkt dann wieder in ihr Lager zurück. Welche Drehungen sie unterdeß gemacht hat, ist gleichgiltig, da sie vermöge ihrer Form in allen Lagen gut schließen muß. Sie bedarf aus diesem Grunde auch keiner besondern Führung, sondern es genügt eine Vorrichtung, die sie an zu hohem Steigen hindert, und in der Regel werden ein paar kreuzweis gestellte Bügel angewandt, welche reifenförmig sich über die massive Kugel spannen.

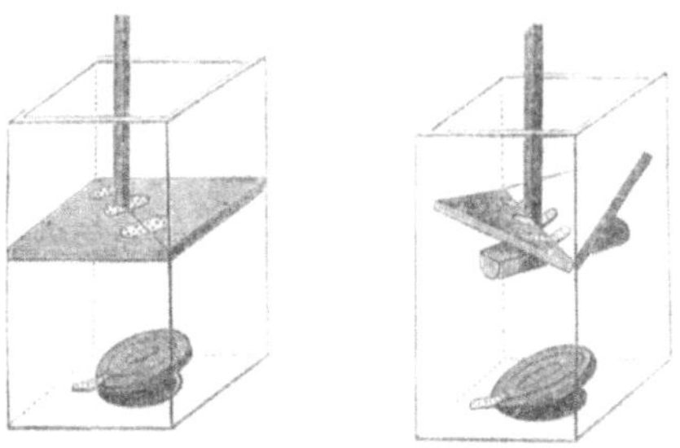

Klappenkolben.
Fig. 143. Aufgang. Fig. 144. Niedergang.

Je feiner die Ventilapparate gearbeitet sind, um so leichter werden sie durch Sand und andere Unreinigkeiten Störungen erleiden. Das Kugelventil hat, da die Kugel sich in der Regel nach dem Heben in veränderter Lage wieder aufsetzen wird, die gute Meinung für sich, daß es sich von etwa dazwischen kommenden fremden Körpern leichter von selbst wieder reinigt. Um sehr unreine Flüssigkeiten, z. B. an Bauten, Miststätten, zu fördern, hat man verschiedene andere, weniger empfindliche Kolbenvorrichtungen. Die Rohre für solche Zwecke werden meistens nicht rund gemacht, sondern aus vier Bohlen zusammengesetzt. Dann ist auch der Kolben eine quadratische Scheibe, der man zuweilen eine größere Anzahl kleiner Durchbohrungen giebt, welche durch größere Lederklappen gedeckt werden. Oder man setzt den Kolben aus vier dreieckig geschnittenen und durchlöcherten Stücken so zusammen, daß er das Ende der Stange in der Gestalt eines Rumpfes umgiebt, auf dessen Innenseite die Lederklappen zu liegen kommen. Kolben dieser Art heißen Trichterkolben. Sehr entsprechend für alltägliche Zwecke ist auch eine in Fig. 143 und 144 in zwei Stellungen abgebildete Einrichtung, die den Vortheil bietet, daß sie ohne alle Kunstfertigkeit sich herstellen läßt. Der Kolben thut hier selbst den Dienst einer Doppelklappe und es bedarf nur eines Querstücks am Ende der Stange, gegen welches die beiden Flügel beim Emporsteigen sich anlegen können.

Ein guter Schluß der Ventile sowol als des Kolbens ist die erste Bedingung einer guten Pumpe. Man dichtet daher den Kolben, wie es Fig. 119 für die Luftpumpe zeigt, durch Umwickelung mit Leder, Hanf- oder Wergzöpfen u. s. w., so daß derselbe mit einiger Elastizität sich an den Rohrwänden auf- und abschiebt. Je ebener und glatter die Wandungen sind, zwischen denen der Kolben spielt, um so besser hält sich seine Liederung. Metallliederung, wie sie bei Dampfmaschinen vorkommt, würde natürlich auch für Pumpen das Beste sein.

An der gewöhnlichen **Saugpumpe**, der am häufigsten vorkommenden Pumpenart, unterscheiden wir das **Saugrohr**, das in's Wasser hinabgeht und unten in eine Art Sieb endigt, welches Unreinigkeiten abhält, und den **Stiefel**, in welchem der Kolben mittelst des Schwengels auf- und abgetrieben wird. Bei geringen Pumpen macht man wenigstens dieses Stück gern aus starkem Blech, und er erscheint dann gegen das übrige Geröhr als der dünnste Theil.

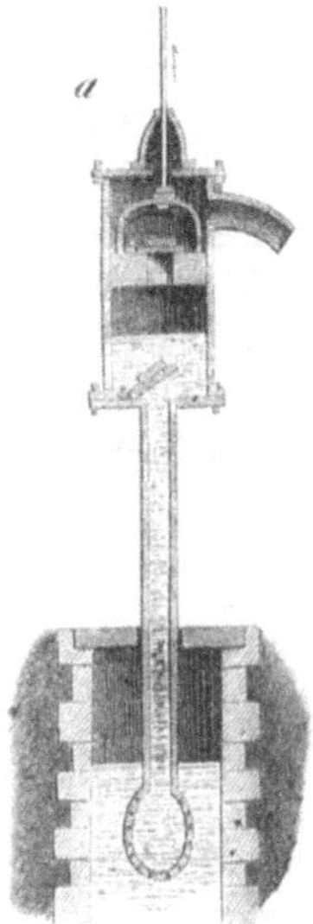


Fig. 145. Saugpumpe.

Um das Spiel der Pumpe zu veranschaulichen, geben wir in den Figuren 145—147 drei Ansichten davon, welche drei verschiedene Momente darstellen. Bei gut gedichtetem Kolben muß die Pumpe ebensowol Luft als Wasser pumpen können, und es hat in diesem Falle nichts auf sich, wenn das Rohr theilweise oder auch ganz wasserleer ist; man pumpt dann zwar anfangs eine Zeit lang leer, aber darum nicht vergebens. Bei jedem Hube wird etwas Luft herausgeschafft und dadurch die Luftmasse im Rohr verdünnt; bei jedem Hube dringt dann so viel Wasser von unten herauf, daß die Differenz zwischen der äußern und innern Luftdichte ausgeglichen wird, und endlich tritt (Fig. 145) bei einem neuen Kolbenaufgange das Wasser durch das untere oder **Saugventil**, bei dem nächsten Kolbenniedergange strömt es (Fig. 146) durch das Kolbenventil und gelangt, wenn der Kolben wieder gehoben wird und sein Ventil sich schließt, zum Auslaufen aus der Röhre (Fig. 147). Befindet sich dieselbe freilich sehr hoch über dem Saugventil, so werden mehr Kolbenzüge erforderlich sein, um so viel Wasser über demselben anzusammeln, daß dasselbe die Ausflußöffnung erreicht. Das Spiel der Ventile ist bei Wasser und Luft ganz das nämliche: hebt sich der Kolben, so schließt sich sein Ventil, weil die Luft oder das über ihm stehende Wasser darauf drückt; gleichzeitig öffnet sich das Saugventil durch den Druck der Luft von unten. In dem Moment, wo der Kolben seinen Niedergang antritt, wird das Saugventil zugedrückt und das Kolbenventil öffnet sich. Die Ventile der Pumpe sind beide also nur beim Stillstand geschlossen; sonst öffnet sich immer das eine, während das andere sich schließt.

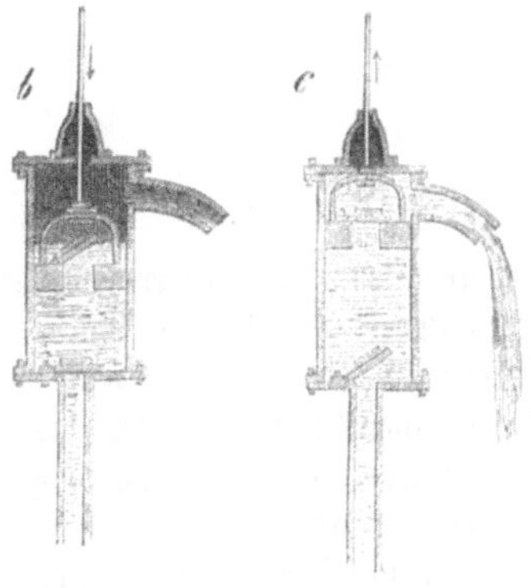


Fig. 146. Fig. 147.
Saugpumpe in den verschiedenen Stadien ihrer Wirksamkeit.

Steht die Pumpe einmal voll Wasser, so kann sie auch bei schlecht schließendem Kolben gebraucht werden, wie das der gewöhnliche Fall bei ordinären Pumpen ist; sie ist dann nur weniger ausgiebig. Die Ventile müssen immer in gutem Stande sein, denn wenn dieses leck wird, so verzieht sich das Wasser bald, und die Pumpe steht trocken. Durch Eingießen von einigen Kannen Wasser oben in die Pumpenöffnung kann man jedoch diesem Uebelstande abhelfen. Das Wasser quellt die eingetrockneten Liederungen auf und stopft, so weit es sich oberhalb des Kolbens erhalten läßt, die Zwischenräume; es wird aber dadurch doch nur momentan ein besserer Verschluß hergestellt.

Die Druckpumpe charakterisirt sich zunächst dadurch, daß ihr Kolben ein solides Stück ohne Klappen bildet. Sie steht in dem Wasser selbst, aus dem sie schöpfen soll, und treibt dasselbe in einem Steigrohr nach oben. Da sie im Wesentlichen vom Luftdruck unabhängig ist, so kann dieses Rohr beliebig hoch sein, sofern nur die Wandungen hinlänglich stark für den Druck der Wassersäule sind und die Maschine Kraft genug hat. Es kommen bei der Druckpumpe, deren einfachste Form Fig. 148 versinnlicht, ebenfalls zwei abwechselnd wirkende Klappen in's Spiel: die Bodenklappe B und die Seitenklappe C. Steigt der Kolben A, so dringt durch B Wasser herein, während die Last der Wassersäule in D die Klappe C zudrückt und sich damit selbst den Zurückfluß abschneidet; beim Niedergang des Kolbens wird B zugedrückt und C muß sich öffnen, um den neuen Schub Wasser in's Rohr treten zu lassen. Wie man sieht, geht es auch bei der Druckpumpe nicht ganz ohne Saugen ab; aber bei der geringen Hubhöhe erfordert dies nicht viel Kraft, sondern die Kraftwirkung erfolgt, im Gegensatz zu den Saugpumpen, hauptsächlich beim Niedergange.

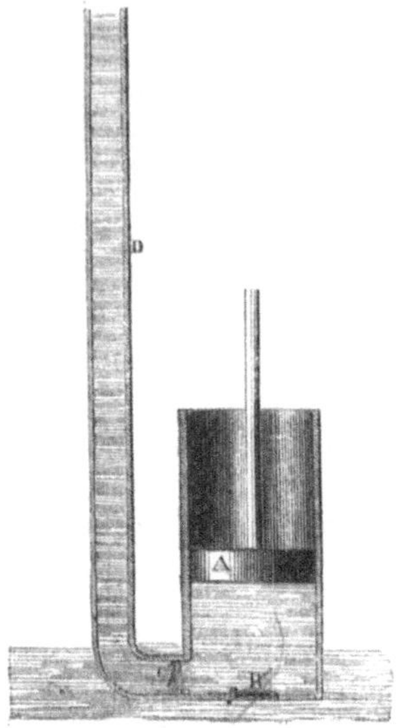

Fig. 148. Druckpumpe.

Endlich läßt sich auch das vorliegende Werk leicht in eine vereinigte Druck- und Saugpumpe verwandeln. Angenommen, das Speisewasser der Pumpe liege noch ein gut Stück weiter unten, so braucht nur aus der Mitte des Cylinderbodens ein Rohr hinabgeführt zu werden, welches dann von der Klappe B geöffnet und geschlossen würde. Diese untere Partie wirkt dann wie eine gewöhnliche Saugpumpe, und es gilt für die Länge des untern Rohres die bekannte Rücksicht, daß der volle Atmosphärendruck nicht über 30 Fuß Steighöhe gehen kann. Die pumpende Kraft wird bei einem solchen System natürlich in beiden Richtungen angestrengt: der Hub des Kolbens muß Wasser aus der Tiefe in den Cylinder heraufziehen, und der Niedergang drückt es im Steigrohr D zu noch größerer Höhe hinauf. Bei Handpumpen kommt nicht selten ein auf diese Art vereinigtes Saug- und Druckwerk vor, namentlich wenn der Brunnen für ein gewöhnliches Saugwerk zu tief ist, oder auch wenn das bis zum Brunnenrande gehobene Wasser noch weiter emporgeschafft werden soll. Im erstern Falle wird der Cylinder oder Stiefel so tief als nöthig in den Brunnenschacht gelegt, die Pumpenstange geht frei bis zu demselben hinab und wird dann gewöhnlich mittels einer Kurbelwelle mit Schwungrad in Bewegung gesetzt, die quer über der Brunnenmündung liegt.

In welcher Weise in der Praxis eine gute Pumpe ausgeführt wird, zeigt die beigegebene Abbildung einer aus Metall konstruirten Haus- oder Straßenpumpe, die sowol als bloße Saugpumpe, wie auch als Saug- und Druckpumpe zu benutzen ist (Fig. 149). Der Schwengel ABC dreht sich um den Zapfen B; an dem kurzen Hebelarm C hängt vermittelst eines Gelenkes eine Zugstange CD, welche unten bei D mit der Kolbenstange, ebenfalls vermittelst Gelenk, verbunden ist. Wird durch Niederdrücken des Schwengels A der Kolben E gehoben, so öffnen sich die zwei Klappen F und G und eine Quantität Wasser steigt durch das Rohr H in den Pumpenstiefel, während gleichzeitig das Wasser, welches sich bereits über dem Kolben befand, noch höher gehoben und durch die Klappe G in das Steigrohr hinaufgetrieben wird. Geht der Kolben nieder, so schließen sich die Klappen F und G, die des Kolbens öffnen sich und eine neue Quantität Wasser tritt über denselben. Der Kolben hat somit beim Aufgange nächst der Reibung das Gewicht der ganzen Wassersäule zu überwinden, welche vom Brunnenspiegel bis zur Mündung des Steigrohres reicht, beim Niedergange dagegen nur die Reibung, die theils zwischen den festen Theilen, theils zwischen dem Kolben und dem durch seine Klappe strömenden Wasser stattfindet. Mündete das Steigrohr mit seiner Klappe zwischen E und F in den Stiefel, wie wir weiter oben annahmen, so dürfte der Kolben E keine Klappe haben und er würde dann beim Aufgange saugen, beim Niedergange drücken; so aber ist die ganze Arbeit in den Aufgang des Kolbens, folglich in den Niederdruck des Schwengels gelegt, und zwar mit Recht, da nur in dieser Richtung, nicht von unten nach oben, die Muskelkraft bequem und vortheilhaft zu verwenden ist. Oeffnet man den Hahn K, so fließt alles gehobene Wasser hier ab und die Pumpe ist nun eine gewöhnliche Saugpumpe, die mit viel geringerer Kraft in Gang gesetzt werden kann.

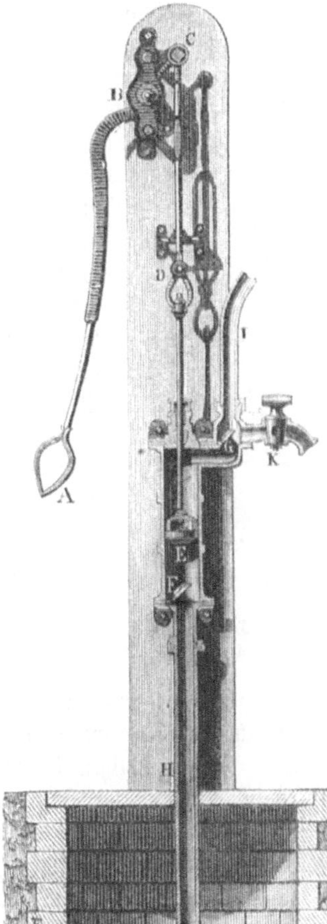

Fig. 149. Hauspumpe.

Braucht man den obern Ausguß nur in mäßiger Höhe, etwa zwei Ellen über dem untern, so kann der Zweck mit einer bloßen Saugpumpe erreicht werden, indem man das Pumpenrohr entsprechend hoch macht. Die Pumpe geht dann bei Benutzung des obern Ausgusses schwerer, weil eine höhere Wassersäule bewegt werden muß. Ueberhaupt ist leicht zu ersehen, daß das Wasser, welches einmal über den Kolben getreten ist, in keiner andern Weise gehoben wird, als würde es in einem Zieheimer heraufgezogen. Daher läßt sich auch dieser obere Theil des Rohres beliebig verlängern, sofern man an Stelle des Handbetriebs eine tüchtige Maschinenkraft setzt. Die praktische Grenze für solche Werke ist in der That nur da, wo das Rohr in Folge des großen Seitendruckes des Wassers platzen oder die Pumpenstange wegen seiner Schwere reißen müßte. So modifizirte Pumpen mit ungeheuer langen Stangen und Oberröhren, bei geringer Höhe des Saugrohrs, sind namentlich im Bergbau in Gebrauch, und sie heißen vorzugsweise Hebepumpen. Sie sind am Platze, wenn die Triebmaschine oberhalb steht, z. B. an der Mündung eines Schachtes; bei der Druckpumpe muß die Maschinerie in der Tiefe angebracht sein. Höhen von mehreren Hundert Fuß können aber, eben wegen der dann nicht mehr zureichenden Festigkeit des Materials, von keiner Art Pumpen in einem Zuge bestritten werden, und man bringt in diesem Falle mehrere Pumpensätze über einander an, von denen jeder höhere das aufnimmt und weiterschafft, was der unter ihm heraufgebracht und in einen Kasten entleert hat.

Bei der Druckpumpe kommt es augenscheinlich auf nichts weiter an, als daß durch die Druckkraft ein mit Wasser angefüllter Raum verengert und dadurch eine der

Raumverkleinerung entsprechende Menge Flüssigkeit gezwungen wird, durch einen dargebotenen Ausweg zu entweichen. Die Form des die Wassermasse verdrängenden festen Körpers ist dabei ganz gleichgültig. Man wendet daher auch nicht immer einen Kolben von der gewöhnlichen Form, sondern statt dessen häufig einen langen glatten, massiven oder auch hohlen Metallcylinder an, der den Pumpenstiefel ziemlich ausfüllt, ohne jedoch seine Wände zu berühren. Die Dichtung zwischen Kolben und Stiefel ist hier nicht an dem erstern, sondern im Deckel des letztern angebracht und besteht aus einer Leder- und Hanfpackung, wie sie an dem Cylinder einer Dampfmaschine für die Kolbenstange gewöhnlich ist. Die Vortheile dieser sogenannten Mönchskolben (Fig. 150, engl. Plunger, Taucher) sind verminderte Reibung, also leichter Gang, und eine vollkommnere Dichtung, die selbst bedeutend hohe Druckgrade aushalten kann.

Eine interessante Modifikation der Saugpumpen sind die sogenannten Sackpumpen, bei denen in der That eine Art Sack ohne Boden von gutem geschmeidigen Leder in's Spiel kommt. Man hat sich vorzustellen, daß die obere Mündung dieses Lederschaftes am Umfange des Kolbens, die untere am Umfange des Saugrohres wasserdicht befestigt ist, so daß die Saugklappe im Innern des solchergestalt gebildeten Hohlraumes arbeitet. Die Höhe des Sackes richtet sich nach der Hubhöhe des Kolbens; beim höchsten Stande des letztern ist der erstere gestreckt und setzt sich beim Niedergange wie ein Blasebalg faltig zusammen; dadurch verringert sich das innere Volumen. Die Förderungsweise des Wassers ist hierbei ganz dieselbe wie bei der gewöhnlichen Pumpe, aber es wird der Vortheil gewonnen, daß die ganze Kolbenreibung wegfällt, weil der Kolben nicht nur keine Dichtung braucht, sondern, um seinen Lederbesatz nicht zu beschädigen, den Rohrwänden entschieden fern bleiben muß.

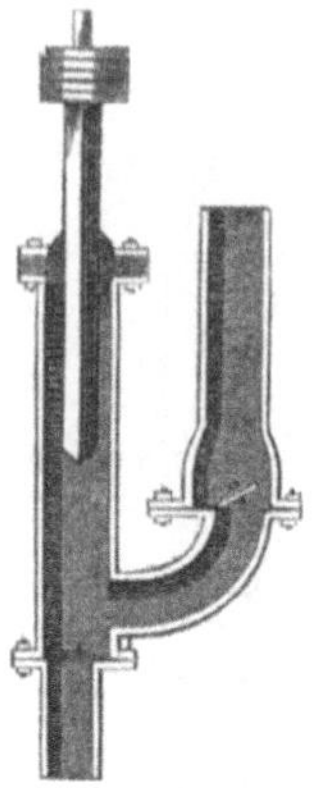

Fig. 150. Druckpumpe mit Mönchskolben.

Außer den Pumpen mit hin- und hergehenden Kolben giebt es auch verschiedene Arten von Centrifugalpumpen. Darunter gehören die sehr wirksamen Kreiselmaschinen, welche, von Dampf getrieben, in norddeutschen Niederungen und anderswo zur Entwässerung dienen. Sie gleichen durchaus den mächtigen Luftsaugemaschinen zur Lüftung von Bergwerken und jener Luftpumpe, welche die Pneumatic Despatch Company aufgestellt hat. Bei dem Bergwerks-Ventilator und der ihm gleichenden Kreiselpumpe befindet sich das hohle Scheibenpaar (vgl. Abbildung Fig. 111) in liegender Stellung. Die obere Scheibe ist natürlich ohne Oeffnung; die untere, welche, wenn es sich um Lüftung handelt, die Mündung des Schachtes vollständig verschließen muß, hat in der Mitte ein Saugloch. In diesem tritt, wenn die Drehung stattfindet, beständig die Luft von unten nach oben, um diejenige Luft zu ersetzen, welche von den Scheiben seitlich fortgetrieben wird. Denken wir uns nun von dem Saugloch ab ein Rohr niedergeführt, das in das Wasser eines Kanals u. dgl. untertaucht und 10, 12, ja 20 Fuß lang sein kann, so wird beim Beginn der Arbeit allerdings blos Luft ausgetrieben; da dieselbe aber von unten keinen Nachschub erhält, so setzt sich die von den Flügeln erzeugte Luftverdünnung auch in das Rohr fort und das Wasser beginnt nun darin aus dem nämlichen Grunde zu steigen, als wenn ein luftdichter Kolben in demselben in die Höhe gezogen würde. Schließlich gelangt es über die Rohrmündung und zwischen die beiden Scheiben, welche öfters mit radialen Schaufeln versehen sind, und von denen es nun hinausgeschleudert wird. Ist solchergestalt die Maschine erst einmal in Gang gekommen, so kann von einer weitern Luftverdünnung nicht mehr die Rede sein;

immer aber ist die einseitige Aufhebung des Luftdrucks auf den untern Wasserspiegel das wirkende Prinzip.

Andere Arten von Kreiselpumpen geben ansehnliche Wirkungen durch ein viel kleineres Rädchen mit schraubenartigen Flügeln von etwa 12 Zoll Durchmesser, das am untern Ende eines Steigrohrs in dem zu hebenden Wasser selbst arbeitet. Durch einen Maschinenriemen oder ein Zahngetriebe in sehr raschen Umlauf gesetzt (7—800 Umgänge in jeder Minute) nimmt es wie die Wasserschnecke Wasser ein und drückt dasselbe in das Rohr hinein. Während die vorerwähnte Maschine also unter die Saugpumpen zu rangiren ist, stellt diese eine Art Druckpumpe vor.

Fig. 151. Der hydraulische Widder.

**Der hydraulische Widder** oder **Stoßheber**, so genannt, weil der Stoß, den eine in ihrer Bewegung plötzlich aufgehaltene Wassermasse ausübt, das Wirkende ist, stellt eine der interessantesten Wasserhebemaschinen dar. **Montgolfier** bemerkte an dem Zuleitungsrohr einer Badeanstalt die heftige Reaktion des in seinem Laufe plötzlich gehemmten Wassers. Wenn er den Hahn des rasch fließenden Rohres schloß, so erzitterte und erdröhnte die ganze Röhrenleitung, und eines Tages wurde sogar der Verschluß gänzlich herausgetrieben. Montgolfier ließ nun hinter dem Hahn ein senkrechtes, oben offenes Rohr einsetzen, um zu sehen, wie hoch wol der Stoß das Wasser in demselben emportreiben würde. Es erreichte eine ansehnliche Höhe, und diese Erfahrung benutzte er zur Konstruktion seines interessanten Apparates, der von großem Vortheil sein kann, wo die Umstände die Anlage gestatten, d. h. wo eine große fließende Wassermasse, etwa ein lebendiger Bach oder der Abfluß aus einem Teiche, zu Gebote steht.

In seiner einfachsten Gestalt besteht der Stoßheber nur aus zwei Rohren und zwei Klappen. Durch ein liegendes Rohr AB (Fig. 151) wird der Wasserstrom aus dem höher gelegenen Reservoir geleitet. Aus einer oben angebrachten Oeffnung a im Rohre fließt das Wasser aus; hier ist eine Klappe aufgehangen, welche von innen an ihren Sitz anschlagen und so den Kanal absperren kann. Diese Klappe ist schwer, so daß sie herabfällt, wenn das Wasser ruhig steht; dadurch aber bekommt dasselbe den Weg frei und es strömt mit mehr und mehr wachsender Geschwindigkeit aus. Hat so das Wasser eine gewisse Schnelligkeit des Laufes erlangt, so wird sein Druck auf die schiefe Ebene der Innenseite der Klappe überwiegend; diese schlägt zu und das gesammte bewegte Wasser stockt plötzlich in seiner Bewegung. Der Druck, der sich hierbei auf die ganze Gewandung des liegenden Rohres äußert, ist je nach der Fallhöhe und der Masse des ausströmenden Wassers ein verschiedener, aber immer ein bedeutender, da alle lebendige Kraft, welche das Wasser aufgenommen hatte, jetzt auf einmal abgegeben wird. Dieser Druck treibt daher auch eine andere nach außen schlagende Klappe b im Rohre auf und jagt das Wasser, wenn dieselbe direkt in ein Steigrohr mündet, in diesem in die Höhe. Das so gehobene Wasser würde von der durch die Last dieser Wassersäule sich gleich wieder schließenden Klappe am Zurückfließen gehindert werden. Sowie der Stoß ausgewirkt hat, öffnet sich die Klappe a wieder, durch ihre Schwere oder durch ein Gegengewicht. Das Wasser fängt also wieder zu fließen an, fließt immer rascher und erlangt in einer gewissen Zeit wieder diejenige Geschwindigkeit, bei welcher es die Klappe mitnehmen und sich so den Weg selbst abschneiden muß. Das Steigrohr nimmt eine neue Quantität Wasser auf, und so arbeitet der Apparat unter abwechselndem Oeffnen und Schließen ganz selbstständig fort. Bei übermäßiger Höhe des Steigrohrs würde natürlich seine Wassersäule endlich so schwer auf dem Sperrventil lasten, daß dieses sich weitern Stößen nicht mehr öffnen könnte; man hat also bei der Ausführung den Abfluß etwas unter dieser äußersten Steighöhe zu halten. Die Hubhöhe kann eine viel bedeutendere sein als das ursprüngliche Gefälle des Wassers, nur ist auch die Menge des gehobenen Wassers eine geringe im Verhältniß zur Menge des überhaupt verbrauchten Quantums.

In unserer Abbildung (Fig. 151) führt die zweite Klappe nicht direkt in ein Steigrohr, sondern erst in einen Windkessel, wo durch das einströmende Wasser die Luft komprimirt wird. Auf diese Weise wird der Druck ein gleichmäßigerer und die Fontaine springt, trotzdem der Zufluß in gewaltsamen Absätzen erfolgt, in gleichmäßiger Weise. Montgolfier selbst hat den Windkessel seiner Erfindung beigefügt und derselben zunächst die in Fig. 152 dargestellte Einrichtung gegeben. Das Wasser fließt hier von rechts her aus einem höher gelegenen Reservoir im Rohre A zu, steigt in einem cylinderförmigen Aufsatz in die Höhe und fließt über dessen Ränder ab. Es umspielt dabei die Scheibe oder das Ventil B, das von einem Bügel gehalten wird und dessen Stiel in einer Hülse verschiebbar ist. Diese Tieflage des Ventils findet statt, wenn das Wasser noch nicht, oder erst mit sehr geringer Geschwindigkeit fließt. Ist die Strömung in vollen Gang gekommen, so nimmt dieselbe das Ventil mit in die Höhe, und dieses versperrt, indem es sich an den einspringenden Kranz anlegt, dem Wasser den Ausweg völlig. Der Stoß öffnet die Klappen EE; eine Portion Wasser dringt durch dieselben in das umgebende Reservoir F ein und wird von hier in der Steigröhre G in die Höhe gepreßt. Ohne den Windkessel würde der zum Oeffnen der Klappen nöthige Druck von unten viel größer sein müssen, da der Stoß dann direkt und ohne elastisches Zwischenmittel auf die Wassersäule des Steigrohrs übertragen werden würde. Indem aber die Kraft zum Theil an die Luft abgegeben wird, wirkt diese auch in den Pausen zwischen den Stößen pressend auf die Wasserfläche, und die Folge davon ist, daß der Ausfluß ein kontinuirlicher wird, während er sonst stoßweise erfolgen würde. Eine ähnliche Einrichtung bringt man auch bei den Pumpen an, und wir werden ihr auch bei der Feuerspritze wieder begegnen; sie dient dort wie hier als Regulator der Bewegung.

Das Wasser verschluckt aber immer eine gewisse Menge der Luft, mit welcher es in Berührung steht, und zwar wird um so mehr Luft aufgenommen, je größer der Druck ist. Es würde sich demnach im vorliegenden Falle die Luft im Windkessel allmälig erschöpfen, wenn nicht für ihren Wiederersatz gesorgt wäre. Derselbe wird bewirkt durch eine horizontale Oeffnung bei H, die mit einer nach innen sich öffnenden Klappe versehen ist. In dem Moment nun, wo durch das Zurücktreten des Wassers nach A eine Luftverdünnung im Innern entsteht, drückt die äußere Luft die Klappe auf, ein wenig Luft dringt ein und mischt sich mit der schon im Kessel C befindlichen. Beim nächstfolgenden Stoße tritt sodann eine entsprechende kleine Luftmenge mit durch die Klappen E und steigt als Ersatz in den Raum F hinauf.

Die Anwendung des hydraulischen Widders erweist sich als ganz besonders praktisch in Fällen, wo man über sehr große Wassermassen, aber nur über geringes Gefälle zu verfügen hat, während es Einem erwünscht wäre, lieber wenig Wasser auf beträchtliche Höhen zu heben. Von einer zu Senlis in Frankreich bestehenden derartigen Anlage lesen wir, daß sie in der Minute 560 Pfund Wasser auf die Höhe von 60 Fuß treibt. Die Anlagekosten einer solchen Maschine sind in gar keinen Betracht zu ziehen, und die trotzdem geringe Verbreitung solcher Vorrichtungen kann darin gewiß kein Hinderniß gefunden haben. Eher möchte der Grund ihrer seltenern Verwendung in der leichten Zerstörbarkeit der Haupttheile, vorzüglich der beiden Ventile liegen, welche selbst bei der sorgfältigsten Herstellung den Stößen, die mit einer solchen Geschwindigkeit sich folgen, daß täglich bis zu 80,000= und mehrmal die Klappen sich öffnen und schließen, auf die Länge nicht widerstehen können.

Fig. 152. Der hydraulische Widder von Montgolfier.

Am meisten leidet das Kopfventil R, welches bisher gegen eine unnachgiebige Metallplatte schlug. Um diesem Uebelstande abzuhelfen, hat der Ingenieur Foex in Marseille demselben die Einrichtung gegeben, daß es nicht gegen ein Metalllager, sondern gegen ein Wasserkissen gepreßt wird und so in demselben Augenblicke, wo der Stoß von unten erfolgt, einen ebenso starken Druck von oben empfängt.

---

Anstalten, wo das Pumpen in's Große getrieben wird, hat es in Bergwerken, auf Salinen u. s. w. immer gegeben; aber eigentlich großartige Werke wurden doch erst möglich durch Anwendung der Dampfkraft, durch Anstellung mehrhundertpferdiger Dampfmaschinen. Erst mit solchem Rüstzeug wurde es thunlich, große Städte mit Wasserwerken zu versehen, welche das wohlthätige Element nicht in hergebrachter spärlicher Weise an ein paar Laufbrunnen u. dgl. vertheilen, sondern reichlich, massenhaft in jedes Haus, jede Küche, ja bis auf den Oberboden liefern; welche Bäder, Waschanstalten u. dgl. versorgen, bei Feuersgefahr Spritzwasser nach Bedarf an allen Ecken abgeben können, außerdem das Abschwemmen der Straßen, das Ausfegen der Rinnen und Schleußen in prompter Weise besorgen. Die wasserreichsten Städte dürften Rom und Newyork sein; beide aber beziehen ihren Bedarf mittels ungeheurer Kanäle weit aus dem Gebirge. Bei vielen Städten dagegen erlaubt das Terrain eine solche

Versorgungsart gar nicht, oder aber es soll nicht blos das Wasser in die Stadt, sondern in dieser bis in die höchsten Etagen der bewohnten Häuser hinaufgeleitet werden, und dies ist nur mit Hülfe großer Pumpwerke zu ermöglichen. Die fruchtbarsten Wasserwerke — wenn man so sagen darf — besitzt Glasgow, denn hier erhält jeder der 380,000 Einwohner täglich durchschnittlich 21 Kubikfuß reines Wasser. In Manchester ist auf den Kopf nur $12\frac{1}{2}$ Kubikfuß gerechnet; immer noch mehr als nothwendig, denn der wirkliche Verbrauch, welcher bei der Einrichtung der Wasserwerke in kontinentalen Städten angenommen wird, beträgt selten mehr als täglich fünf Kubikfuß für die Person. Die Wasserversorgungsanstalten haben erst in den letzten Jahren ihre humane Thätigkeit entfaltet. Seit Kurzem aber sind in Lyon, Bordeaux, Braunschweig, Berlin, Magdeburg, Frankfurt, Dresden, Stuttgart, Karlsruhe, Hamburg, Altona, Wien u. s. w. die großartigsten Institute errichtet worden, in einer bei weitem größeren Zahl von Städten sind dergleichen im Entstehen, und selbst kleinere Orte sehen in der Erzeugung und Darbietung reichlichen und guten Wassers eine Pflicht der Humanität.

Fig. 153. Die Berliner Wasserwerke.

Der Ort, wo das Wasser für eine Stadt aus einem Flusse gefaßt wird, liegt gewöhnlich außerhalb, denn wenn auch der Fluß selbst durch die Stadt geht, so will man doch eben reineres Wasser haben, als er dort bieten kann. Die neuern Anlagen sind in der Regel Druckwerke; das Wasser wird entweder in einem Thurme oder einem bloßen gerüstartigen Bau durch Röhren emporgetrieben und fällt von da in die Röhren, die es nach der Stadt führen; oder man benutzt eine benachbarte Anhöhe zur Anlegung von Bassins, in die es emporgedrückt wird und wo es sich klärt, um dann seiner Bestimmung zugeführt zu werden; oder die Pumpen drücken das Wasser, wie in Berlin, unmittelbar in horizontaler Richtung fort. Die dortigen Wasserwerke, die wir hier im Bilde geben, liegen vor dem Stralauer Thor hart an der Spree und könnten ihrem Aeußern nach eher für einen herrschaftlichen Sitz gehalten werden, wenn nicht die 145 Fuß hohe Dampfesse eine andere Bestimmung andeutete. Wir treten ein und ein höflicher Führer geleitet uns zunächst in's Kesselhaus, das einem großen Saale gleicht. Zwölf riesige Dampfkessel liegen hier in fortwährender Glut und entwickeln die Dämpfe zum Betriebe des ganzen Werkes. Eine Etage höher stehen acht Dampfmaschinen, vier zu 200, vier zu 100 Pferdekraft, und rühren ihre mächtigen eisernen Arme geräuschlos, emsig, unermüdlich und mit einer anscheinenden Leichtigkeit, als sei das Ganze nur ein Spiel. Und doch ist es die vereinigte Kraft von 1200 Pferden, die hier ihr Wesen treibt. Dieser Kraft gehorchen 16 Pumpen, sie nehmen das Wasser größtentheils aus Bassins, wo es sich auf Kieslagern reinigt; einige schöpfen direkt aus dem Flusse. Die ganze großartige Maschinerie, ein Werk aus Borsig's Anstalt, braucht nur sechs Mann zur Bedienung.

Das Hauptrohr der Wasserleitung hat den stattlichen Umfang von fünf Fuß; die Nebenrohre, die das Wasser in alle Theile der großen Stadt verbreiten und in gerader Linie eine Länge von 25 Meilen einnehmen würden, variiren von 30 Zoll bis 2 Zoll Umfang. Alle Theile der Leitung bestehen aus Gußeisen.

Trotz der großen, gewissenhaft geprüften Festigkeit des Materials findet sich doch hier und da eine dicke Wasserröhre, die allmälig durch den ungeheuren, von innen nach außen wirkenden Wasserdruck brüchig wird und einmal plötzlich in Scherben geht. Wo dies vorkommt, wird es ungemüthlich: das Pflaster berstet, die Erde öffnet sich, und aus dem Krater brausen Wassermassen mit Erde und Pflastersteinen gemischt wie rasend empor. Der Berliner versammelt sich bei dem Schauspiel zahlreich; nur ein Mann geht nach einem kurzen Hinblick still wieder weg nach irgend einer Stelle, wo er den betreffenden Haupthahn weiß: eine kurze Drehung und der Krater hört augenblicklich zu speien auf. Aha! sagen nun die Klugen, jetzt ist das Wasser alle geworden.

**Die Feuerspritzen.** Die Feuerspritzen sind auf einen speziellen Zweck eingerichtete Saug- und Druckpumpen, welche, gleich dem Mechanismus der Springbrunnen, einen Wasserstrahl selbst in freier Luft auf eine möglichst große Höhe oder Weite zu treiben bestimmt sind. Das Wasser läßt sich so gut wie gar nicht zusammendrücken. Wirkt daher ein einseitiger Druck auf dasselbe, so kann es demselben nur nachgeben, indem es ihm entgeht. In den gewöhnlichen Handspritzen haben wir dafür das einfachste Beispiel. Wenn der Druck aufhört, hört natürlich auch der Strahl auf; wie in der Druckpumpe erfolgt der Auftrieb stoßweise.

Fig. 154. Spritzflasche.

Wenn man aber (Fig. 154) in das Innere einer gut verschlossenen und halb mit Wasser gefüllten Flasche eine Glasröhre mit feiner Oeffnung bringt, so daß das untere Ende in die Flüssigkeit hineinragt und, durch ein zweites Glasrohr blasend, die Luft über dem Wasser komprimirt, so tritt aus dem obern Ende der ersten Röhre ein kontinuirlicher Strahl, der allmälig seine größte Geschwindigkeit erreicht und wieder abnimmt, wenn man mit Blasen aufhört. In den chemischen Laboratorien bedient man sich solcher Flaschen (Spritzflaschen), um mit ihrem heftigen und feinen Strahle Niederschläge u. dgl. auszuwaschen. Die Luft nimmt vermöge ihrer leichteren Zusammendrückbarkeit die Spannung auf und giebt sie allmälig wieder ab; dadurch vertheilt sie die Wirkung auf eine längere Zeit und macht sie gleichmäßig.

In dem Heronsbrunnen (Fig. 155) benutzt man dieses Vermögen zur Erzeugung eines konstanten Springbrunnens. Eine gebogene Röhre b geht luftdicht durch die Stopfen zweier Flaschen, von denen die obere Wasser enthält, in welches eine zweite zu einer feinen Spitze ausgezogene Röhre hineinragt. Wird nun durch die

Trichterröhre a Wasser gegossen, so preßt dasselbe mit seinem Gefälle die ganze in den beiden untern Flaschen und der Röhre b enthaltene Luft zusammen, und treibt das Wasser aus der Röhre c in einem Strahle, der um so höher steigt, je größer das Gefälle in der Röhre a ist. Wie bei dem hydraulischen Widder sehen wir auch hier wieder ein elastisches Zwischenmittel, dem wir bei der Konstruktion der Feuerspritzen noch öfters begegnen werden.

Die ersten Wagenspritzen sollen 1518 zu Augsburg gebaut worden sein, bis dahin waren nur Handspritzen in Gebrauch; erst in den 1670—80er Jahren erhielt der Apparat durch einen Holländer den Schlauch und durch einen Franzosen den Windkessel. Die neuere Zeit hat keine wesentlichen Aenderungen mehr vorgenommen, dafür aber durch kleinere Verbesserungen und exaktere Herstellung die ausgezeichnetsten Wirkungen zu erzielen vermocht.

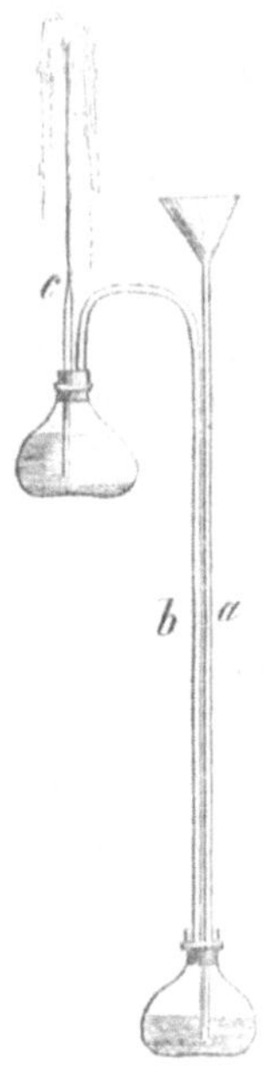

Fig. 155. Heronsbrunnen.

Die meisten Spritzen haben zwei Pumpen, welche durch einen Doppelschwengel dergestalt bewegt werden, daß immer der eine Kolben niederdrückt, während der andere aufsteigt. Die Pumpenstiefel sind bei Feuerspritzen entweder so placirt, daß sie auf der Längsmittellinie des Wagens hinter einander, oder auf einer Querlinie nahe der Hinterachse neben einander stehen. Hiernach modifizirt sich auch das äußere Ansehen der Spritze, denn im ersten Falle liegt der Balancier über die Länge des Wagens hin, im andern querüber. Die erste Form, welche das Passiren enger Gäßchen mehr begünstigt, ist in Deutschland beliebter; die andere, bei welcher mehr Leute neben einander arbeiten können, in England. Unsere Durchschnittzeichnung des Spritzenmechanismus (Fig. 156) bezieht sich auf eine Konstruktion der letztern Art, welche ein nahes Zusammenstehen der beiden Stiefel und des Windkessels bedingt.

Nach dem Vorhergegangenen wird nun das Spiel der Spritze kaum noch der Erklärung bedürfen. Wir sehen im Bilde die beiden abwechselnd steigenden und sinkenden Kolben aa in ihren metallenen, gewöhnlich messingenen, innen sehr fein gebohrten und polirten Cylindern. Sie sind mit Filz oder Leder gut gedichtet. Da die Kolbenstangen in ihrem Zuge und Schube die gerade Linie nicht genau einhalten können, so hängen sie des Nachgebens wegen auch mit dem Kolben nicht starr, sondern scharnierartig zusammen, und man hat zu dieser Gradführung eine große Zahl von Vorrichtungen erdacht. Die Saugventile b und Steigventile c bedürfen keiner Erklärung mehr. Die Saugventile schöpfen das Wasser aus dem Wasserkasten, in welchem das Pumpwerk selbst steht und dessen beständiges Gefülltsein natürlich eine der Hauptaufgaben der Spritzenbedienung bildet. Die Pumpen treiben das Wasser in den mittelständigen gemeinschaftlichen Behälter, den kupfernen Windkessel, der also fortwährend von beiden Seiten frischen Zufluß erhält. Dadurch wird die darin befindliche Luft auf einen immer kleinern Raum zusammengepreßt und drückt ihrerseits auf die Oberfläche des Wassers zurück. Die in der gespannten Luft aufgesammelte Kraft wirkt nun wie ein Regulator und hilft vermöge ihrer Elastizität über die todten Punkte, d. h. die Momente hinweg, wo gar keine Triebkraft entwickelt wird, was bei jeder Umsetzung der Kolbenbewegung der Fall ist. Aus dem Windkessel führt das Steigrohr d, das mit seinem unten offenen Ende bis nahe an den Boden des Kessels herabgeht, in's Freie. Es ist oberhalb umgebogen und mit einem Knopfe zum Anschrauben eines Schlauchs versehen. Auch kann das Steigrohr ganz wegfallen und ein kurzer Kanal mit Hahn gleich unten über dem Boden der Wasserkammer direkt in's Freie geführt werden, in welchem Falle der Schlauch dann an dieser Stelle anzuschrauben ist. Bisweilen wird auch ein drehbares Knierohr ohne Schlauch gebraucht, wenn man dem Brande nahe genug kommen kann, um den Wasserstrahl direkt in's Feuer treiben zu können. Die heutige Löschpraxis giebt aber im Ganzen auf die weithin durch die Luft gesandten Wasserstrahlen nicht viel, sondern die Rohrführer suchen mit langen Schläuchen möglichst weit vor- und emporzudringen, so daß manchmal das Ausspritzen zum Ausgießen wird.

Das Spritzrohr, durch welches das Wasser in die Luft austritt, verengert sich von hinten nach vorn immer mehr, so daß die Mündung selbst immer bedeutend enger ist als der Schlauch oder das Steigrohr. Indem das Wasser sich durch diesen engen Ausgang drängen muß, erlangt es erst den Grad von Geschwindigkeit, den es außerhalb zeigt, während es im Schlauche viel langsamer vorrückt. Ist die Schlauchweite das Zwanzigfache der Rohrmündungsweite, so bewegt sich der Strahl auch 20mal geschwinder als das Schlauchwasser; Geschwindigkeit aber ist gleichbedeutend mit Kraft; der geschwindeste Strahl kommt am weitesten, und der dünnste muß der geschwindeste sein. Aber er wirkt auch das Wenigste, daher man sich der engsten Mundstücke (von etwa fünf Linien Durchmesser) nur in Nothfällen bedient.

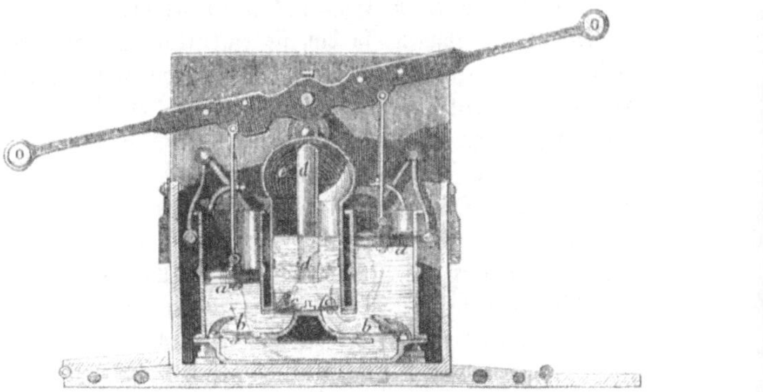

Fig. 156. Feuerspritze im Durchschnitt.

Man kann die saugende Wirkung der Spritzenkolben auch mehr in Anspruch nehmen und die Spritze ihr Speisewasser durch einen Schlauch selbst herbeiziehen lassen. Ferner kann eine Spritze der andern als Zubringer dienen, indem sie ihr Wasser mittelst eines langen Schlauches in den Kasten der andern abgiebt. Es sind auch Spritzen mit einer einzigen doppeltwirkenden Pumpe mit liegendem Cylinder gebaut worden, die recht kompendiös sind und den Vortheil gewähren, daß der frei liegende Cylinder bei starkem Froste durch Kohlenfeuer erwärmt werden kann zur Verhütung des Einfrierens.

Vor mehreren Jahren machte eine Drehspritze von **Repsold** einiges Aufsehen, indessen auch ohne sich in der Gunst des Publikums halten zu können. Sie zeigt einen rundlichen, auf einem Bocke liegenden faßartigen Körper, an dessen beiden Enden Kurbeln stehen. Im Innern drehen sich zwei sogenannte rotirende Kolben gegen einander, zwei Körper nämlich, die so ausgeschnitten sind und so in einander greifen, wie zwei Zahnräder mit sehr tief ausgeschnittener grober Verzahnung, ein Prinzip, das in derselben Form auch zu Gebläsen Anwendung gefunden hat. Indem diese Ausschnitte beständig Wasser zwischen sich nehmen und in den Schlauch hinausdrücken, entsteht dadurch auf der andern Seite beständig Ansaugung, welche mittelst eines Schlauches neues Wasser herbeizieht. Die schwache Seite dieser Maschinerie liegt in der Schwierigkeit, zwischen Kolben und Wandungen eine genügende Dichtung herzustellen, ohne die Beweglichkeit sehr zu beeinträchtigen; außerdem aber verzehrte die große Reibung zu viel Kraft.

Die Kolbendichtung, das wichtigste Moment, ist bei den gewöhnlichen Pumpenspritzen sehr schwierig in gutem Stande zu erhalten, weil der ganze Apparat ja die größte Zeit trocken steht. Man hat daher mit Erfolg eine Dichtungsmethode angewandt, die vorzüglich bei den hydraulischen Pressen in Anwendung gebracht wurde. Der Kolben hat ringsum eine Vertiefung eingeschnitten, in welcher ein lederner Ringkragen eingesetzt ist. Von dem Raume hinter dem Leder führen kleine Kanäle durch den Kolben und münden an seiner Unterseite. Das hierin auftretende Wasser hält den Lederwulst gespannt. Manche Spritzenfabrikanten dichten aber auch ganz ohne Zwischenmittel, indem sie den massiven Metallkolben auf's Genaueste passend im Stiefel gehen lassen; freilich ist hierbei die Verletzung durch eindringenden Sand sehr leicht.

Eine sehr bequeme Form haben die Feuerspritzen des Pariser Pompiercorps, die auch in Deutschland Aufnahme gefunden haben. Bei ihnen scheint die leichte Manövrirfähigkeit auf's Höchste gesteigert; sie sind von kompendiösem Bau, werden auf einem zweirädrigen Karren durch drei oder vier Mann zur Stelle geschafft, zum Gebrauch aber abgehoben und auf den Boden gesetzt, wo sie auf ein paar Kufen, die sie unten an sich haben, noch weiter aus einer Position in die andere geschleift werden können.

Dampfspritzen sind zuerst in Amerika und England gebaut worden, sie haben aber hier wie dort im Ganzen kein Glück gemacht. Obgleich sie bedeutende Mengen Wasser werfen können, so daß sie eigentlich nur an fließendem Wasser brauchbar sind, so ist ihr Nutzen doch durch ihre große Schwerfälligkeit und den Zeitverlust, der durch das Anheizen entsteht, sehr beschränkt. Zudem ist die Anschaffung eines solchen Werks nothwendig sehr kostspielig, und an seinem komplizirten Mechanismus kann beim Gebrauche leichter ein Bruch vorkommen, der die Maschine außer Dienst setzt. Man kann sich die Dampfspritze als eine Vereinigung von Lokomobile und Spritze denken; der Pumpmechanismus ist nicht wesentlich anders beschaffen als bei der gewöhnlichen Spritze, nur daß die Dampfkraft an Stelle der Handarbeit getreten ist.

**Die hydraulische Presse.** Wir wollen im Anschluß an das Vorhergegangene noch ein interessantes Pumpwerk betrachten, das zwar seinem Zwecke nach mit den gewöhnlichen Pumpen und Spritzen nichts gemein hat, aber doch theoretische Vergleichspunkte zuläßt. Die hydraulische Presse pumpt nichts herbei und nichts fort, das Wasser in ihr bildet vielmehr einen Theil der Maschinerie selbst, gleichsam den Körper eines Hebels. Genau betrachtet stellt die Maschine eine umgekehrt zu handhabende Spritze dar. Während der Kolben der Spritze langsam und kräftig vordringt, ertheilt er dem herausfahrenden dünnen Strahle eine verhältnißmäßig viel größere Geschwindigkeit. Die hydraulische Presse dagegen wirkt vom dünnen Ende her, indem sie einen schwachen Strahl auf einem engen Wege in einen weiten Raum eintreibt und hier einen größern Kolben viel langsamer, aber mit um so mehr verstärkter Gewalt aus seiner Stelle verdrängt. Das Prinzip der hydraulischen oder — nach ihrem Erfinder — Bramah-Presse liegt in der hydrostatischen Presse, wovon Fig. 150 eine Idee geben kann. Der Kolben hat einen viel geringeren Querschnitt als das Steigrohr. Nehmen wir an, er sei blos $\frac{1}{4}$ so groß, so wird, wenn er um einen Fuß in den Stiefel niedergeht, so viel Wasser aus diesem heraus und in das Steigrohr gepreßt werden, daß es hier um $\frac{1}{4}$ Fuß steigt. Hindert aber ein Stempel das Aufsteigen, so erfährt dieser einen entsprechenden Druck, und zwar auf jeden Quadratzoll des Querschnitts genau so viel, wie der Druckkolben mit je einem Quadratzoll Querschnitt ausübte. Wenn der letztere demnach einen Quadratzoll Fläche hat, mit einem Gewicht von 10 Pfund belastet wird und der Stempel im Kolben, wie angenommen, vier Quadratzoll Fläche besitzt, so ist der Auftrieb des letztern gleich einem Druck von 40 Pfunden, sein Weg aber nur $\frac{1}{4}$ des Kolbenweges, und die beim Hebel entwickelten Verhältnisse von Weg und

Kraft zeigen sich auch hier wie bei allen hydraulischen Maschinen als fundamentale Gesetze. Durch entsprechende Aenderungen der Kolbendurchmesser kann man daher Leistungen ausführen, die dem Laien geradezu unbegreiflich mächtig erscheinen. Die vorhandene Kraft wird ohne Kraftgewinn nur anders vertheilt oder wie beim mechanischen Hebel auf einen kürzern Weg konzentrirt.

Bei den Wassersäulmaschinen wirkt der Druck einer hohen Wassersäule auf einen Kolben durch eine schieberähnliche Vorrichtung, bald von oben, bald von unten zugeleitet, und dies wechselnde Spiel läßt sich vortheilhaft zur Regierung großer Pumpwerke benutzen. Die hydraulischen Pressen wirken auch durch die gleichmäßige Fortpflanzung des Druckes, aber stetig nach einer Richtung.

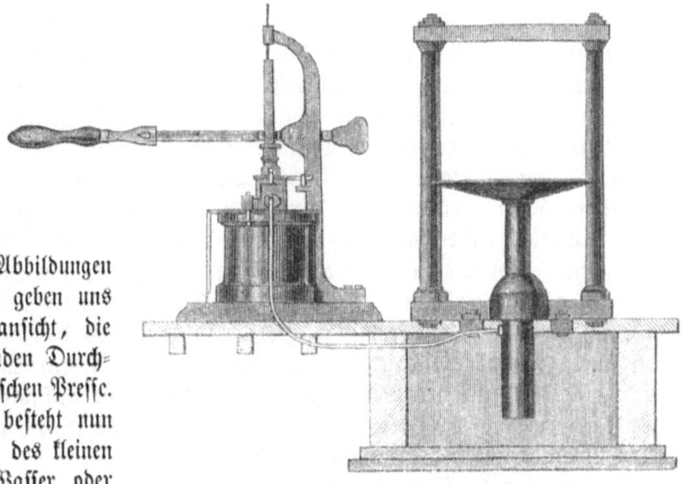

Fig. 157. Vorderansicht der hydraulischen Presse.

Die beiden Abbildungen Fig. 157 und 158 geben uns die eine die Vorderansicht, die andere den erläuternden Durchschnitt einer hydraulischen Presse. Die einfache Arbeit besteht nun darin, daß mittelst des kleinen Pumpenkolbens J Wasser oder Oel in einen starken metallenen Cylinder A gepumpt und dadurch der darin stehende große Kolben B langsam emporgetrieben wird. Das Innere des Pumpenstiefels, in welchem sich der Kolben J bewegt, wird durch zwei Ventile wie jede Druckpumpe abgeschlossen. Das eine über dem Saugrohre M öffnet sich nach innen, wenn der Kolben in die Höhe geht; das andere, N, nach dem Zufuhrrohr L öffnet sich nach außen, wenn der Kolben hinabgeht und das aufgesaugte Wasser durchpreßt. Der große Druck im Innern des Cylinders A schließt es, sobald durch den Aufgang des Kolbens die Saugarbeit wieder beginnt. Auf dem Kopfe des Stempels B liegt die eine Preßplatte, die andere ist oben zwischen starken Säulen befestigt. Die Durchschnittzeichnung belehrt uns, daß beide Kolben die Plungerform haben. Ihre untern Theile stehen also frei in der Flüssigkeit und somit ist es gleichgültig, daß der Wasserstrahl nicht **unter** dem großen Kolben, sondern weiter oben einmündet.

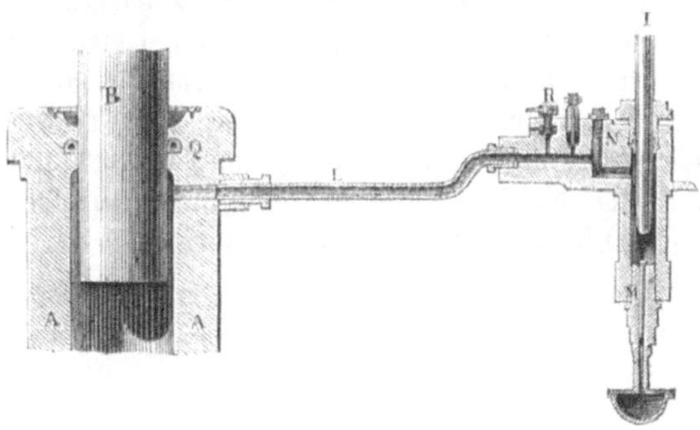


Fig. 158. Durchschnitt der hydraulischen Presse.

Der Druckpumpenstempel J hat nur einen geringen Durchmesser (1—3 Zoll) und das Zuführrohr L ist nicht weiter als $^1/_4$—$^3/_4$ Zoll. Hieraus geht hervor, daß mit jedem Drucke nur eine unbedeutende Menge Wasser in den großen Cylinder herübergeschafft wird. Wäre also zwischen diesem und seinem Kolben kein vollkommen dichter Verschluß, so könnte hier leicht so viel Wasser oben wieder herausspritzen, als zugepumpt wird; die Dichtung am Preßcylinder wird deshalb in folgender Weise eingerichtet. In den Hals des Cylinders ist ringsherum eine Auskehlung eingeschnitten, in welcher eine Liderung (die Manschette) liegt, ein Stück Leder oder Gutta-Percha, welches zu einem flachen Ring Q geschnitten und mit beiden Kanten nach unten gebogen ist. Der Kolben A reibt sich demnach auf seinem ganzen Umfange an der innern Seite dieses Lederkragens. Wird nun der Cylinder mit Wasser vollgepumpt, so treibt dieses jenen hohlen Ring auseinander, so weit die Wände der Hohlung einerseits und der vorbeigehende Kolben andrerseits dies zulassen. Es folgt also daraus, daß, je mehr der Wasserdruck wächst, um so stärker das Leder an den Kolben angepreßt wird, und durch dieses einfache Mittel ist jedem Entweichen von Wasser vorgebeugt. — Die Pressung kann schließlich noch dadurch gesteigert werden, daß man die Bolzen, um welche sich der Druckhebel dreht, in ein zweites Loch versetzt. Hierdurch wird der Hebelarm der Last um die Hälfte verkürzt, während der Krafthebel gleich lang bleibt, und man kann nun mit derselben Kraft den doppelten Druck ausüben. Natürlich würde schließlich bei fortgesetztem Pressen die Maschine irgendwo bersten müssen. Um dies zu vermeiden, ist an einer Stelle zwischen Pumpe und Cylinder (in Fig. 158 zwischen N und R) ein Sicherheitsventil angebracht. Geht der Druck über die höchste zulässige Höhe, so öffnet sich das Ventil und das Wasser spritzt aus. Außerdem ist gewöhnlich noch ein Ventil R vorhanden, um das Wasser aus dem Kolben zurücktreten zu lassen, wenn der Druck aufhören soll. Oeffnet man diesen Ausgang, so sinkt der Kolben A mit seiner Last nieder und das Wasser fließt in den Behälter unter der Pumpe zurück.

Da die innern Theile der Maschine sehr fein gearbeitet sein müssen und schon ein Sandkorn eine Störung verursachen könnte, so muß auch für Reinhaltung des benutzten Wassers gesorgt sein. Es befindet sich daher unter der Pumpe ein feiner Durchschlag, welchen das aufgesaugte Wasser passiren muß.

Die Kraftwirkung an der hydraulischen Presse läßt sich leicht durch Rechnung finden. Es wirke z. B. auf den Druckhebel eine Kraft von 50 Pfund, die Hebellänge bis zum Stützpunkt sei 30 Zoll, der Anhängepunkt der Kolbenstange vom Stützpunkte drei Zoll entfernt, so beträgt die auf letztere wirkende Kraft 500 Pfund. Beträgt nun der Querschnitt des großen Kolbens das 400fache des kleinen, so übt die Presse einen Druck von 20,000 Pfund aus. Für manche Zwecke, z. B. zum Auspressen des Rübensaftes in Zuckerfabriken, ist noch ein bedeutend höherer Druck erforderlich, daher denn hier die kleinen Pumpen nicht mehr von Menschenhand, sondern durch Dampfmaschinenkraft in Bewegung gesetzt werden.

Es lehrt ein großer Physikus
Mit seinen Schulverwandten:
„Nil luce obscurius!“
Ja wohl! für Obskuranten.

Goethe.

# Das Licht.

Ansichten der Alten über dasselbe. Kepler. Cartesius. Huyghens. Newton. Die Undulations- und die Emanationstheorie. Das Licht besteht aus Schwingungen. Fortpflanzung. Messung der Geschwindigkeit durch die Verfinsterung der Jupitersmonde von Cassini und Römer. Aberration. Bradley. Fizeau's Methode. Abnahme der Intensität mit der Entfernung. Rumford'sches Photometer. Polarisirtes und gemeines Licht. Anwendung der Polarisation in der Rübenzuckerfabrikation.

---

Licht und Wärme — die Geschenke, durch welche die Sonne Leben giebt, fördert und bildet — sie sind die Grundbedingungen alles organischen Seins, und wenn die Wärme die Kraft bedeutet, so bedeutet das Licht die Herrlichkeit, Geist und Verstand. Die Nahrung giebt unserm Körper Wärme, unsern Muskeln Spannung, aber wir blieben hülflose Geschöpfe, wenn wir kein Organ für das Licht besäßen, keine Fähigkeit, Bilder von der Außenwelt in uns aufzunehmen. Das Auge bereichert uns mit Erfahrungen, die wir mit keinem unserer übrigen Sinne machen könnten. Darum setzt jede Sprache Licht und Klarheit, Weisheit und Erleuchtung als engverwandte Begriffe nebeneinander. Wenn wir die durch das Licht bedingten natürlichen Erscheinungen einerseits und die davon gemachten Anwendungen, die optischen Instrumente und Methoden zu wissenschaftlichen und praktischen Zwecken andererseits betrachten, und dieselben dann mit den Phänomenen der Wärme und den darauf sich gründenden Apparaten und Maschinen vergleichen, so bemerken wir leicht den Unterschied, welcher uns die sublimere Natur des Lichtes bezeichnet. Es darf uns daher auch nicht Wunder nehmen, wenn die Vorstellungen über die wahre Natur des Lichtes Jahrtausende Zeit brauchten, um sich zu klären und der Wahrheit zu nähern.

Schon das frühe Alterthum hat vom Wesen des Lichts sich seine eigenen Begriffe zu machen gesucht. Allein die Philosophen gingen auf falschen Pfaden. Analog den übrigen körperlichen Empfindungen dachte man sich das Sehen als eine Art Tastenempfindung. Feine Fühler möchten gewissermaßen vom Auge ausgehen und dort, wo sie auf entgegenstehende Körper träfen, Eindrücke empfangen. Die Lichtbewegung sollte also, wie noch in der dem Euklid zugeschriebenen Optik ausgesprochen wird, nicht von dem gesehenen Körper, sondern vom Auge aus stattfinden. „Die Gestalt unserer Augen", heißt es in einem Werke des Heliodor von Larissa, „welche nicht hohl, noch so wie die andern Sinne eingerichtet sind, beweist, daß das Licht aus ihnen ausströmt." Wie eine empfangende Hand, meinte man, müßten die Augen geformt sein, wenn sie etwas von außen Kommendes aufnehmen sollten; und da dies nicht der Fall wäre, da ferner die Augen sehr glänzend seien, und manche Menschen und Thiere selbst bei Nacht sollten sehen können, so gab man bereitwillig einer Ansicht Raum, die einer strengen Untersuchung sehr bald hätte erliegen müssen.

Plato fühlte das Ungenügende dieser Theorie, er vermochte aber doch nicht, sich ihrer ganz zu entschlagen. Nur glaubte er, daß das Licht (die Ursache des Sehens) nicht blos von den Augen, sondern ebenso auch von den gesehenen Körpern ausginge und daß durch das Zusammenstoßen der beiden Strahlen die Empfindung des Sehens hervorgerufen werde. Erst Aristoteles verwarf die langgehegte Anschauung, welche das Auge gewissermaßen mit einer Laterne verglich. Das Auge könne nicht so feuriger Natur sein, vielmehr müsse es im Innern wässerig und durchsichtig sein, weil der Sehnerv an der hintern Wand liege; das Sehen werde durch Bewegungen eines durchsichtigen Mittels zwischen dem gesehenen Gegenstande und dem Auge bewirkt.

Diese Ansicht, welche wir als den Embryo der späteren Theorien über das Licht betrachten können, erhält durch Lucrez in anderer, bestimmter Weise Ausdruck:

> Also sag' ich, es senden die Oberflächen der Körper
> Dünne Figuren von sich, die Ebenbilder der Dinge;
> Häutchen möcht' ich sie nennen, und gleichsam die Hüllen von diesen;
> Dem entflossen umher sie die freien Lüfte durchströmen —

heißt es in dem Gedicht de rerum natura und wenn wir bei Aristoteles gewisse Keime der neuerdings zu vollständigem Siege gelangten Wellentheorie erkennen könnten, so möchten uns diese Lucrezischen Verse einige Aehnlichkeit mit den Sätzen der bis dahin angenommenen Emanationstheorie auszudrücken scheinen.

Daß das Licht von den sichtbaren Körpern ausgehe, hatte sich im Mittelalter zur positiven Wahrheit unter den Philosophen erhoben (Optik des Alhazen, eines gelehrten Arabers). Keiner aber von allen Denen, die sich mit der Erörterung der auf das Licht und die optischen Phänomene bezüglichen Fragen beschäftigten, hatte übrigens eine mathematische Behandlung des Gegenstandes versucht.

Der Erste, welcher auf exaktem, strengem Wege sich an die Erklärung der optischen Phänomene wagte, war **Kepler**. Das Licht selbst hält er für nichts Körperliches. Er spricht sich zwar nicht mit Bestimmtheit über die Natur desselben aus, allein es hindert ihn dies nicht, die physikalischen Erscheinungen der Intensitätsabnahme, Brechung, Spiegelung u. s. w. ihrer Quantität nach zu bestimmen. Da er diese Erscheinungen zunächst mechanischen Gesetzen unterworfen zeigte, und er auf ganz selbstständige Weise ihre Berechnung vornehmen lehrte, so hat man die ersten wirklich nutzbaren Begriffe und Erfahrungen ihm zu danken. Das Wesen des Lichtes blieb dabei ganz aus dem Spiele, aber wären die mechanischen Wissenschaften damals schon so ausgebildet gewesen, wie sie es heute sind, so würde Kepler und ebenso der nach ihm zunächst in der Geschichte der Optik folgende **Cartesius** mit Leichtigkeit diesem Theile der Physik einen Weg haben vorzeichnen können, auf welchem ein langer und bis in die Gegenwart hereinreichender ununterbrochener Streit unter den Anhängern zweier Hypothesen umgangen worden wäre.

Zunächst waren es die merkwürdigen Erscheinungen der Lichtbrechung, welche die Frage nach der innern Natur des Lichtes wieder in den Vordergrund stellte. Wir können hier auf eine detaillirte Untersuchung nicht eingehen und müssen uns begnügen zu erwähnen, daß Cartesius durch die Phänomene der Spiegelung darauf geführt wurde, die Lichtstrahlen als materielle Körperchen anzusehen und sie mit einem geworfenen Balle zu vergleichen, der, auf einen widerstehenden Körper aufschlagend, von demselben unter gleichem Winkel wieder abspringt. Dieser Vergleich würde, um auch für die Erklärung der Brechungserscheinungen zugelassen zu werden, voraussetzen, daß sich das Licht in einem dichteren Körper (Glas, Wasser) rascher bewegt als in einem dünneren (Luft). **Fermat** bestritt dies mit der Behauptung, daß dichtere Mittel der Lichtbewegung einen größern Widerstand entgegensetzen müßten als dünnere, und nahm zu einem besonderen Naturprinzip für die Erklärung der Brechung seine Zuflucht. Dieser Zeitpunkt ist deshalb von ganz besonderer Wichtigkeit, weil jetzt zum ersten Male die Kardinalfrage nach der Geschwindigkeit des Lichtes eine bestimmte Fassung erhielt. War die Geschwindigkeit in dichteren Mitteln wirklich eine größere als in dünneren, so ließen sich die Phänomene der Brechung mit der Annahme kleiner, von dem leuchtenden Körper ausgestoßener Lichtkügelchen erklären (**Emanationstheorie**). Verlangsamte dagegen das Licht in seiner Geschwindigkeit, wenn es in dichten Körpern sich weiter bewegen sollte, so war die Hypothese unzulässig und es mußte nach einer andern Erklärung gesucht werden.

Ich fürchte nicht, daß es unter den Lesern Einen giebt, welcher die Aufwendung großer Mühe und die Anstrengungen der bedeutendsten Geister zur Lösung so sublimer Fragen, wie die eben ausgesprochenen, als überflüssig und spitzfindig ansehen möchte. Aber selbst Derjenige, der den hohen Stand unserer heutigen Kultur in seinem Umfange begreift und mit beglückendem Stolze sich als den Sohn einer Zeit fühlt, die in jeglicher Art des Reichthums weit über allen Zeiten der Vergangenheit steht, richtet den Blick der Dankbarkeit gewöhnlich nicht weit genug zurück und fängt gern da an zu vergessen, wo ihm der Nutzen für das Leben nicht mehr so ohne Weiteres in die Augen springt. Die große Menge feiert die Fruchthändler, sie vergißt aber Derer, welche die Bäume pflanzten. Einem Werke jedoch, welches, wie das unsere, das Volk zu Verständniß und Würdigung seiner Kultur führen soll, gebührt es, auf Jene aufmerksam zu machen, welche den Boden ebneten und den jetzt vom prachtvollen Bau verborgenen Grund legten, ja selbst auf Diejenigen, welche in oft vergeblichem Suchen wenigstens die haltlosen Strecken aufdeckten.

Sehr bald nach Cartesius trat **Hooke** auf (1665) und lehrte: das Licht bestehe in Schwingungsbewegungen, aber erst Huyghens schuf aus demselben Gedanken eine vollständige Theorie.

**Huyghens' Wellentheorie, Undulations- oder Vibrationstheorie.** Wenn wir einen Stein in den ruhigen Spiegel eines Teiches werfen, so sehen wir von dem Punkte des Einfallens aus gleichmäßige Wellenringe nach allen Seiten hin fortschreiten, bis sie, mit der größeren Entfernung immer schwächer werdend, endlich verschwinden. Wie der eine Ring nach außen hin sich fortbewegt hat, folgt ihm ein zweiter und in regelmäßiger Abwechselung sehen wir dieselben Punkte des Wasserspiegels sich zu kleinen Bergen erheben oder als kleine Thäler hinabsenken. Das Wasser selbst geht dabei nicht wesentlich vorwärts, seine Theilchen kehren — das können wir beobachten, wenn wir ein kleines Stückchen Holz darauf werfen — immer wieder zurück; sie machen blos auf- und niedergehende, oder allenfalls elliptisch in sich zurückgehende, Bewegungen, die ganz den Schwingungen eines Pendels zu vergleichen sind. Alle diese Schwingungen und Ausweichungen ergeben als Summe die Welle. Dieselbe verschwindet, wenn durch die Reibung die kleinen Wassertheilchen ihre Kraft verloren haben.

Die Welle selbst ist sonach nichts Körperliches, sie ist nur ein Bewegungszustand. Sie pflanzt sich in gerader Richtung fort, wenn gleich ihre Form die eines Kreises oder strenger genommen einer Kugeloberfläche ist, denn ebenso unsichtbar geht die Bewegung auch auf die über dem Wasser liegende Luft über und in die Wassermasse nach unten. In der letztern freilich muß sie des großen Widerstandes wegen bald ersterben, in der erstern wird sie für unsere Sinne unmerkbar. Die Wasserwelle vermögen wir mit dem Tastsinn zu fühlen. Wer jemals am Strande gelegen und sich von der salzigen Flut bespülen ließ, weiß dies am besten. Luftwellen, die, weil sie nicht wie das Wasser in ein minder dichtes Mittel ausweichen können, in abwechselnden Verdichtungen und Verdünnungen der Luft bestehen müssen, werden uns erst merkbar, wenn sie einander mit großer und regelmäßiger Geschwindigkeit folgen; sie erregen das Trommelfell unserer Ohren und wir nennen sie Schall oder Ton.

Wie die Ursache des Schalles nun nichts als eine Erregung unserer Nerven durch Bewegung ist, so, sagt Huyghens, ist auch die Ursache der Lichtempfindung, schlechtweg das Licht selbst, nichts Anderes als die Wellenbewegung einer besonderen, überaus feinen, durch das ganze Weltall verbreiteten Substanz (Lichtäther), für uns nicht fühlbar, weil sie so dünn sein muß, daß ihre Theilchen noch zwischen den Atomen der durchsichtigen Körper wie Glas und Diamant sich bewegen und die Lichtwellen hindurch tragen können. Gelangen diese in unser Auge, so bewirken sie die Empfindung, die wir „Sehen" nennen, wie die Luftwellen die Empfindung des „Hörens" hervorrufen. Wenn die Elastizität des Lichtäthers nach keiner Seite hin gehemmt ist, so werden die Lichtwellen vom leuchtenden Punkte aus, den wir uns in vibrirender Bewegung vorstellen müssen, nach allen Seiten hin gleichmäßig fortschreiten, und die Hauptwelle wird die Oberfläche einer um den leuchtenden Punkt gelegten Kugel darstellen. Sind aber nach gewissen Richtungen hin die Elastizitätsverhältnisse ungleich, so wird die Wellenoberfläche ihre Kugelform verlieren und dafür eine andere, je nach den Umständen veränderte Gestalt annehmen.

Dies geschieht in Krystallen, die nicht zum regulären Systeme gehören, und die daran beobachteten sehr mannichfachen Erscheinungen sind für die Huyghens'sche Theorie eine wesentliche Stütze geworden.

**Newton und die Emanationstheorie.** Es ist wunderbar, daß sich Newton dieser Theorie, welche nach unsern heutigen Begriffen so einfach ist und, wie wir im Verlaufe späterer Betrachtungen noch sehen werden, die Erscheinungen sämmtlich auf die ungezwungenste Weise erklären läßt, nicht ohne Weiteres vollständig anschloß. Zwar geht aus seinen Werken nicht, wie Viele behaupten wollen, mit Bestimmtheit hervor, daß er geradezu sich gegen die Undulationstheorie ausgesprochen habe, vielmehr lassen einzelne Bemerkungen eher einen beistimmenden Sinn zu. Indessen zu einer entschiedenen Annahme ist er nicht gekommen. Ebensowenig können aber auch die Anhänger der Emanationstheorie, welche sich von den fernsten sichtbaren Weltkörpern leuchtende Punkte zuschießen lassen wollte, Newton zu den Ihrigen zählen. Er ließ — wie Kepler — die Frage, was das Licht sei, in der Schwebe und beschäftigte sich ausschließlich mit der Untersuchung seiner Erscheinungen und mit deren mathematischer Behandlung.

Die Emanationstheorie ist nicht von Newton erfunden, nicht einmal von ihm in ihrem vollen Umfange adoptirt worden. Wie wir gezeigt haben, liegen ihre Wurzeln viel weiter zurück. Daß aber ihre Anhänger sich auf den großen Mathematiker beriefen und auf seine Auctorität hin bis in unsere Zeit, wo Biot und Brewster ihr noch anhingen, die Theorie sich erhalten konnte, hatte seinen Grund in der falschen Auffassung einiger Sätze der Newton'schen Schriften, deren weitere Auseinandersetzung hier nicht Zweck sein kann.

Für die heutige Physik gilt es als ausgemacht, daß das Licht aus Schwingungen besteht, wie es Huyghens gelehrt hat. Durch Fresnel, Young, Cauchy und Andere ist dies durch mathematische Entwickelung sowol als auf experimentale Weise überzeugend dargethan und damit die Möglichkeit eines Zusammenhanges und einer Umwandelbarkeit der physikalischen Kräfte, wie sie die Neuzeit in dem Gesetz von der Wechselwirkung der Naturkräfte bewiesen hat, erst an den Tag gelegt worden.

**Fortpflanzung des Lichtes.** Es läßt sich leicht beobachten, daß sich das Licht in gerader Richtung fortpflanzt, man darf nur in die Linie zwischen das Auge und den leuchtenden Punkt einen undurchsichtigen Körper bringen, augenblicklich wird der Lichteindruck verschwinden (Schatten). Nicht so einfach sind die Beobachtungen anzustellen, mittelst derer wir uns über die Größe der Fortpflanzungsgeschwindigkeit belehren wollen.

Daß das Licht zu Durchlaufung seines Weges Zeit braucht, ist eine Nothwendigkeit, die aus der Undulationstheorie ebenso wie aus der Emissionstheorie hervorgehen würde. Wir haben aber schon erwähnt, daß es nicht blos darauf ankommt, diese Frage überhaupt zu bejahen oder zu verneinen, sondern daß es vielmehr wichtig ist, Mittel und Wege anzugeben, die Geschwindigkeit des Lichtes genau zu messen und ihre Verschiedenheit in verschieden dichten Körpern zu bestimmen. Von allen irdischen Bewegungen ist keine im Stande, uns eine Idee von der Größe dieser Geschwindigkeit zu geben. Zu dem außerordentlichen Zwecke werden daher auch ganz außergewöhnliche Maßmethoden in Anwendung zu bringen sein.

**Messung der Geschwindigkeit.** Es wird gewöhnlich angenommen, daß Olaf Römer, ein dänischer Astronom, zuerst (1675) aus den Beobachtungen der Verfinsterung der Jupitersmonde diese Aufgabe im Allgemeinen gelöst habe.

Der Jupiter ist von vier Monden umgeben. Der erste derselben hat eine Umlaufszeit von 42 Stunden 28 Minuten 42 Sekunden und seine Bahn liegt mit der seines Planeten in einer Ebene, so daß er bei jedem Umlaufe einmal in den Schatten desselben eintreten und eine Verfinsterung erleiden muß. Nun bleibt aber diese Zeit zwischen dem Eintritt zweier solcher Verfinsterungen nicht dieselbe. Wenn die Erde sich auf den Jupiter zu bewegt, erfolgt sie 14 Sekunden früher; wenn sie dagegen sich von ihm entfernt, verzögern sich die Verfinsterungen um dieselbe Zeitdauer von 14 Sekunden.

Ueber dies Phänomen theilte, wie Montucla nachgewiesen hat, Dominic Cassini zuerst am 12. August 1675 den Astronomen eine neue Ansicht mit, nach welcher die Veränderung der Verfinsterung daher rühren sollte, daß das Licht einige Zeit nöthig habe, um von dem Trabanten des Jupiters bis zu uns zu gelangen; da die Erde bei der Hinbewegung sich dem Jupiter in 42½ Stunden um 590,000 Meilen genähert habe, so hätten die Lichtstrahlen auch diesen Weg weniger zurückzulegen. Bei der Entfernung der Erde müßten sie 590,000 Meilen weiter laufen, um die Erde zu treffen, und könnten diese also auch entsprechend später erst einholen. Die damaligen Messungen waren jedoch noch zu ungenau, und die daraus hervorgehende mangelhafte Uebereinstimmung der Resultate ließ Cassini seine Idee später selbst wieder aufgeben. Römer, der von Picard nach Paris berufen worden war, fand aber an dem Cassini'schen Schlusse vielen Reiz und es gelang ihm durch eine große Zahl von Beobachtungen, diese Theorie selbst gegen die späteren Einwendungen Cassini's und seiner Anhänger mit der überzeugendsten Klarheit zu beleuchten. Wenn ihm demzufolge zwar nicht die Ehre der Priorität zuerkannt werden kann, so darf doch die Wissenschaft seine durchgreifende Beweisführung mit nicht minderem Ruhme ehren, als die erste von ihrem Urheber verlassene Idee.

Wenn das Licht, wie Römer fand, 14 Sekunden braucht, um 590,000 Meilen zu durchlaufen, so muß es in einer Sekunde nahezu 42,000 Meilen zurücklegen. Eine Bestätigung der Römer'schen Messung gab 50 Jahre später (1729) der englische Astronom Bradley durch die Entdeckung der kleinen scheinbaren jährlichen Bewegungen, welche die Fixsterne zeigen (Aberration des Lichts). Am genauesten aber und durch ein wirkliches Maßverfahren hat in der Neuzeit (1849) der französische Physiker Fizeau die Geschwindigkeit des Lichtstrahles direkt bestimmt. Es ist die dabei angewandte Methode bei ihrer Einfachheit so scharfsinnig ausgedacht, daß wir es uns nicht versagen können, den Leser mit ihrem Prinzip bekannt zu machen.

**Fizeau's Methode.** Denken wir uns die vier Flügel 1, 2, 3, 4 einer Windmühle genau so breit wie die dazwischen liegenden leeren Räume, und nehmen wir an, daß die Welle zu einem vollen Umgange gerade acht Sekunden braucht, so wird eine gewisse Richtung zwischen den Flügeln hindurch alle Sekunden abwechselnd frei und darauf wieder geschlossen sein. In dieser Richtung nun soll ein Gummiball zwischen den Flügeln 1 und 2 hindurch gegen eine dahinter stehende Wand geworfen werden. Steht die Mühle still, so kommt der Ball zwischen denselben Flügeln 1 und 2 wieder zurück; bewegt sie sich aber, so wird während seines Hin- und Herganges die Stellung der Flügel sich geändert haben und der Ball nicht mehr an derselben Stelle zwischen ihnen zurückkommen. Wenn er bis an die Wand gerade ½ Sekunde Zeit braucht, und eben so viel wieder zurück, so hat die Welle während der Zeit, wo er hin- und herflog, genau ⅛ Umdrehung durchlaufen und der Ball trifft auf seinem Rückwege anstatt des offnen Zwischenraumes den festen Flügel 2, der ihn aufhält. Ist dagegen die Geschwindigkeit des Balles blos halb so groß, daß er also zur Durchlaufung seines ganzen Weges 2 Sekunden braucht, so ist ihm zwar der Durchgang wieder frei geworden, allein er liegt diesmal nicht zwischen den Flügeln 1 und 2, sondern zwischen 2 und 3. Und so wird man umgekehrt, wenn man die Umdrehungsgeschwindigkeit der Flügel und die Entfernung der Mauer von denselben genau kennt, die Geschwindigkeit des Balles zu berechnen vermögen.

Auf ganz dem nämlichen Prinzipe beruht der Fizeau'sche Apparat; nur ist derselbe, der Natur der Sache gemäß, mit außerordentlicher Feinheit konstruirt. Die Abbildung Fig. 160 wird ihn in seinen Grundzügen veranschaulichen. Die ganze Vorrichtung besteht aus zwei Hälften I und II, welche beide nicht zu nahe, in etwa 1 Meile Entfernung von einander, aufgestellt sind. Die röhrenförmigen Hälften werden durch astronomische Fernröhre O und O′ genau einander zugerichtet. Die Beobachtungsstation befindet sich bei I. A ist die Lichtquelle, die eine große Leuchtkraft besitzen muß, B eine unter 45° geneigte fein polirte, ebene Glasplatte, C ein Rad, das an seinem Umfange eine große Zahl gleich weit von einander abstehender Einschnitte besitzt, die gerade in der Mittellinie des Apparates liegen. Diese Einschnitte sind genau so breit wie die stehenbleibenden Zähne. Das Rad läßt sich sehr rasch um seine Achse drehen; die Zahl der Umdrehung und die Geschwindigkeit wird durch ein Uhrwerk fortwährend gezählt und kontrolirt. Auf der andern Station ist ein Spiegel D so aufgestellt, daß er die von I kommenden Lichtstrahlen in derselben Richtung wieder zurückwirft.

Die Strahlen nun, welche von der Lichtquelle ausgehen, werden zum Theil von der Glasplatte B in der Richtung nach II gespiegelt; von dem Spiegel D werden sie wieder reflektirt, so daß der Beschauer in O′ die Lichtquelle A im Spiegelbilde bei D sehen kann. Wenn das Rad C ruhig steht und die Strahlen gerade zwischen zwei Zähnen hindurchgehen, so erscheint dieses Bild als ein kontinuirlich leuchtender Punkt; wird aber das Rad gedreht, so wird das Licht in lauter einzelne Partien zerschnitten, die sich um so rascher folgen, je rascher die Drehung des Rades ist.

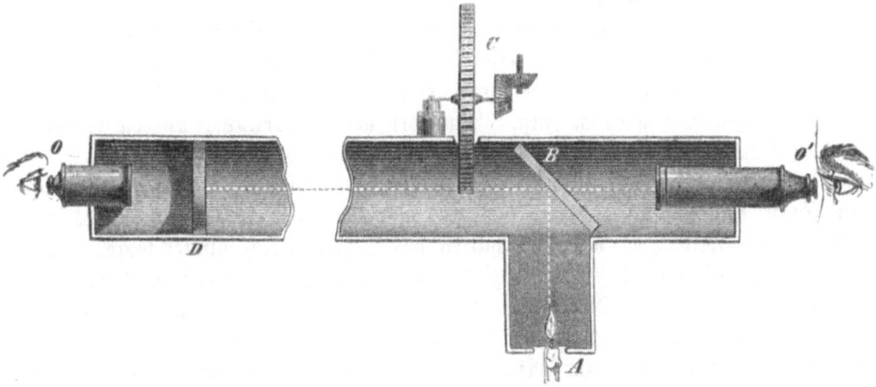

Fig. 160. Fizeau's Methode, die Fortpflanzungsgeschwindigkeit des Lichts zu messen.

Jeder solcher Lichtbüschel durchläuft seinen Weg zum Spiegel hin und zurück zum Beschauer, wie jener Gummiball, den wir durch die Windmühlenflügel warfen. Er wird auch ebenso aufgehalten, wenn sich während seines Weges ein Zahn des Rades in seine Richtung geschoben hat. Kommt der Zahn blos zum Theil dazwischen, so wird von jedem Lichtbüschel auch nur ein Theil vernichtet, das Spiegelbild in D erscheint dem Beschauer schwächer leuchtend. Wenn aber die Geschwindigkeit des Rades so groß ist, daß gerade in derselben Zeit, wo der Strahl hin- und zurückläuft, ein ganzer Zahn an die Stelle kommt, wo vorher ein Einschnitt war, so wird alles Licht aus D auf die Rückseite der Zähne fallen und durch die Einschnitte sieht der Beobachter immer nur die Schatten, welche die Zähne bei ihrem Durchpassiren durch den Lichtstrahl nach D werfen. Das Bild in D verschwindet dann vollständig, es wird dunkel. Die Geschwindigkeit des Rades in diesem Falle werde 1 genannt. Dreht man das Rad noch rascher, so gelangt ein Theil des Lichtes durch den nächsten Einschnitt; wenn die Umdrehung mit der Geschwindigkeit = 2 stattfindet, entsteht wieder ein Maximum der Helligkeit, denn alle Lichtpartien, die durch den einen Zwischenraum hindurch zum Spiegel laufen, gelangen von da durch den nächsten Zwischenraum zurück in's Auge des Beobachters. Bei der Geschwindigkeit 3 ist es wieder ganz dunkel, bei 4 wieder am hellsten u. s. w.

Das Zahnrad, welches Fizeau anwandte, hatte 720 Zähne, jeder Zahn und jeder Einschnitt betrug also $^1/_{1440}$ eines Kreisumfanges; die Entfernung des Spiegels war

1,2 Meile. Bei 12,6 Umdrehungen in der Sekunde erfolgte die erste Verfinsterung, bei 25,2 Umdrehung war wieder vollständige Helle u. s. f. Daraus ergiebt sich, daß das Licht nahezu $^1/_{18000}$ Sekunde braucht, um 2,4 Meilen Weg zurückzulegen, und daß es also sich in der Luft mit einer Geschwindigkeit von gegen 42,000 Meilen in der Sekunde fortpflanzt. In Wasser, Glas und anderen dichteren Mitteln zeigte sich die Geschwindigkeit geringer und mit dieser neuen Bestätigung entzog die Huyghens'sche Theorie der Emanationshypothese die hauptsächlichste Stütze.

Um von der Sonne bis zur Erde zu gelangen, braucht das Licht gegen acht Minuten, von einzelnen Fixsternen mehrere Jahre, und wenn wir den gestirnten Himmel betrachten, so zeigt uns derselbe nicht ein Bild, wie er in diesem Augenblicke wirklich ist, sondern wie er war, vor kürzerer oder längerer Zeit, je nachdem die betrachteten Welten uns näher oder entfernter sind. Ein Stern könnte plötzlich verschwinden und noch Jahre lang würden wir seine Strahlen bemerken; sein Licht durchzittert noch den unendlichen Raum und erhält sein Bild am Firmament, bis die letztausgesandte Welle ihre Schwingungen vollbracht.

**Intensität.** Da sich das Licht nach allen Seiten fortpflanzt, so muß nach einem einfachen mechanischen Gesetz sich seine Intensität mit dem Quadrate der Entfernung vermindern. Eine Kerze leuchtet bei zwei Fuß Entfernung nur ein Viertel so stark, wie bei einem Abstande von einem Fuß. Rumford hat dies benutzt, um die Stärken verschiedener Lichtquellen mit einander zu vergleichen (Photometrie). In nicht zu großem Abstande von den beiden Lichtern stellte er einen undurchsichtigen Körper, einen dünnen, festen Stab auf und suchte durch Nähern oder Entfernen des einen Lichtes diejenige Stellung, bei welcher die beiden Schatten des Stabes gleich dunkel waren. Die Abstände geben, mit sich selbst multiplizirt, das Verhältniß der Leuchtkraft an.

**Polarisirtes Licht.** Die einzelne Lichtwelle schwingt wie ein gespanntes Seil, auf dessen Ende man einen Schlag geführt hat, immer in derselben Ebene, indem die Aethertheilchen rechtwinklig zur Richtung des Strahles bald rechts, bald links ausweichen. Den einfachsten Zustand repräsentirt das Licht demnach auch in dem Falle, wo alle seine Strahlen in gleicher Weise schwingen, wo ihre Schwingungsebenen unter einander parallel sind. Solches Licht heißt polarisirtes Licht, deswegen, weil es nach zwei entgegengesetzten Richtungen besondere Eigenschaften zeigt.

Indessen hat das Licht, wie es in der Natur entsteht, sei es durch Verbrennung oder durch Reibung oder aus Elektrizität, und solches, wie uns von der Sonne und den Fixsternen zugestrahlt wird, nicht diese einfache Eigenschaft. Solch gemeines Licht besteht vielmehr aus Strahlen, von denen der eine nach dieser, der andere nach jener Richtung schwingt. Man kann aber aus diesem Lichtgewirr das gleichförmig schwingende ausscheiden oder die Schwingungsebenen parallel machen; dies Verfahren nennt man die Polarisation des Lichtes, und die dazu dienenden Apparate Polarisationsapparate. Schon Huyghens hatte gesehen, daß ein Lichtstrahl, der durch einen Kalkspathkrystall geht, in zwei Strahlen getheilt wird, welche vom gewöhnlichen Lichte verschiedene Eigenschaften zeigen. Aber erst als Malus 1810 in Paris zufällig bemerkte, daß Sonnenstrahlen, die von gegenüberliegenden Fensterscheiben zurückgeworfen waren, ganz ebenso sich verhielten, wie jenes durch Kalkspath gegangene Licht, wurde die Erscheinung genauer untersucht und von Malus die Polarisation entdeckt. Nörenberg hat, um dieselbe auf einfache Weise nachzuweisen, einen Apparat konstruirt, der sich auf das in Fig. 161 versinnlichte Prinzip stützt.

Das Licht nämlich wird polarisirt, wenn es unter gewissen Winkeln auf die Oberfläche durchsichtiger Körper fällt; für verschiedene Körper ist der Winkel — der Polarisationswinkel — verschieden. Ist ABCD z. B. eine durchsichtige Glasplatte, auf welche das Lichtstrahlenbündel SO unter $35\frac{1}{2}$ Grad auffällt, so geht ein Theil des Lichtes durch das Glas hindurch, der andere wird unter demselben Winkel gespiegelt und geht in der Richtung OO′ weiter. Diese reflektirten Strahlen zeigen jenen Parallelismus der Schwingungsebenen, welchen wir als die charakteristische Eigenschaft polarisirten Lichtes ansehen müssen. Die Schwingungsebene und die Art der Bewegung in ihr ist in der Figur durch die punktirte Wellenlinie und die zwischengezeichneten kleinen Pfeile angedeutet. Die Ebene SOO′ heißt die **Polarisationsebene**, sie steht auf der Schwingungsebene senkrecht. Wenn wir nun das polarisirte Licht auf einen zweiten Spiegel EFGH, der gegen den Strahl um denselben Winkel von $35\frac{1}{2}$ Grad geneigt ist, auffallen lassen, so können wir seine besondere Beschaffenheit beobachten. Wenn dieser zweite Spiegel beweglich ist, so daß er, während seine Neigung gegen den Strahl immer gleich bleibt, sich um denselben im Kreise drehen und in die vier Hauptstellungen EFGH — E′ F′ G′ H′ — E″ F″ G″ H″ — und E‴ F‴ G‴ H‴ bringen läßt, so würde, wäre der von O nach O′ kommende Strahl gewöhnliches Licht, bei dieser Drehung keinerlei Veränderung des Spiegelbildes zu bemerken sein. Das durch den untern Spiegel polarisirte Licht dagegen verhält sich anders, denn es wird nur in den beiden zur Schwingungsebene parallelen Lagen EFGH und E″ F″ G″ H″ vollständig zurückgeworfen, in allen dazwischenliegenden Stellungen aber mehr oder weniger und in den beiden rechtwinklig gegen die Schwingungsebene stehenden Ebenen E′ F′ G′ H′ und E‴ F‴ G‴ H‴ ganz und gar aufgehoben. Dreht man also den obern Spiegel wie den Zeiger einer Uhr aus seiner Stellung EFGH um den ganzen Kreis, so nimmt darin das Spiegelbild an Helligkeit immer mehr ab, bis es nach einer Viertelumdrehung ganz dunkel ist; von da ab wird es wieder heller und erreicht ein Maximum der Beleuchtung bei einer Drehung um den halben Kreis; demnach giebt es zwei Punkte größter Helligkeit und zwei Punkte größter Dunkelheit.

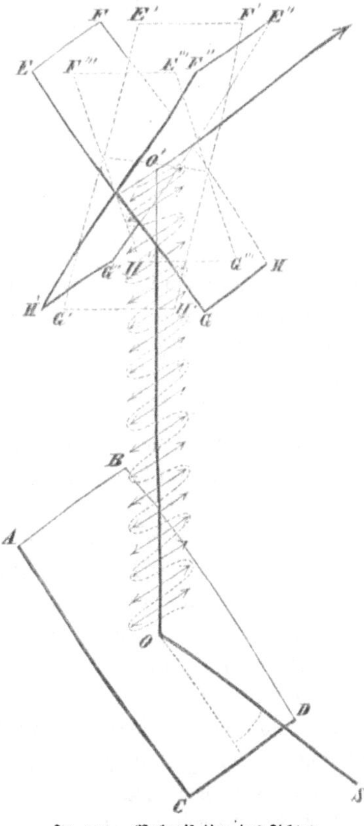

Fig. 161. Polarisation des Lichtes.

Die Wirkung der Spiegelebene bei der Polarisation des Lichtes ist nach dem Gesetz vom Parallelogramm der Kräfte zu beurtheilen; jede der verschiedenen Schwingungen wird in zwei rechtwinklig auf einander stehende zerlegt; die eine davon, welche rechtwinklig auf der Spiegelebene gerichtet ist, wird verschluckt; die andere, der Spiegelebene parallel, reflektirt. Das innere Gefüge gewisser Krystalle — wir haben schon des Kalkspathes in dieser Beziehung Erwähnung gethan — zwingt auch die Lichtstrahlen, in zwei rechtwinklig auf einander stehenden Ebenen zu schwingen; das einfallende Licht wird in zwei Strahlenbündel gespalten, welche beim Heraustreten beide polarisirt sind. **Nikol** hat den Kalkspathkrystall in eigenthümlicher Weise zerschnitten und ein Prisma daraus geschliffen, welches den einen der beiden Strahlen gesondert durchgehen läßt. Ein solches Nikol'sches Prisma ist, wenn es sich darum handelt, polarisirtes Licht zu haben, ein sehr bequemer Apparat und aus seinen mannichfachen Verwendungen wollen wir nur die eine zur Nachweisung und Bestimmung des Zuckergehaltes in Auflösungen herausgreifen.

Eine Zuckerlösung übt nämlich auf die Schwingungen des durch sie hindurchgehenden polarisirten Lichtstrahles einen merkwürdigen Einfluß aus. Sie verändert die Schwingungsebene, so daß diese, je nachdem die Lösung mehr oder weniger konzentrirt oder die durchlaufene Schicht mehr oder weniger dick ist, auch entsprechend nach rechts, wie der Zeiger der Uhr läuft, gedreht wird. Welche Lagen die Schwingungsebene dadurch mit der wachsenden Dicke der Flüssigkeitsschicht einnimmt, zeigt Fig. 162. Bei einer Röhre von bestimmter Länge, vorn und hinten mit durchsichtigen Glasplatten abgeschlossen, richtet sich die Größe des Ablösungswinkels nach dem Zuckergehalte der Lösung. Die Apparate, deren man sich in den Zuckerfabriken bedient, um damit die Zuckerlösung zu prüfen, bestehen aus einer metallenen Röhre, oben mit einer Oeffnung zum Einfüllen der Flüssigkeit versehen und an ihren beiden Enden mit durchsichtigen Glasplatten abgeschlossen. An dem hintern Ende liegt nach außen zu vor der Glasplatte ein Nikol'sches Prisma, welches das eintretende Licht polarisirt. Am vordern Ende befindet sich ein eben solches Prisma, das aber in einer drehbaren Metallhülse sitzt, die ringsum dem Zeigerlauf der Uhr entgegen eingetheilt ist. Geht nun das durch das eine Prisma polarisirte Licht auch durch das zweite, so können durch Drehung der letzteren die bekannten Lichtabstufungen hervorgebracht werden. Bei Zuckerlösung erscheinen sie aber im Kreise um so viel weiter nach rechts verdreht, als die Schwingungsebene abgelehnt worden ist, und die Größe der Drehung, welche ausgeführt werden muß, bis eine bestimmte Abstufung erscheint, läßt den Prozentgehalt erkennen. Man ist übereingekommen, als Nullpunkt der Theilung nicht die Helligkeits- oder Dunkelheitsmaxima anzunehmen. Wie wir später sehen werden, ist das weiße Licht aus vielen verschiedenfarbigen Strahlen zusammengesetzt. Bei dem Durchgange durch Zuckerlösung verlegen sich aber die Schwingungsebenen der verschiedenen Farben auch in verschiedener Weise in der Ordnung des Regenbogens, so daß Roth am wenigsten, dann Gelb, Grün, Blau und endlich Violet am meisten abgelenkt wird. Wenn man also das vordere Prisma dreht, so wird das Gesichtsfeld nicht einfach dunkler, sondern es durchläuft zugleich den eben angegebenen Farbenkreis. In diesen gemischten Farbentönen zeigt sich nun vorwiegend ein tiefes Purpurviolet so leicht erkennbar, daß wer einmal darauf aufmerksam gemacht worden ist, den Punkt mit größter Genauigkeit immer wieder findet. Auf diesen Punkt ist daher die Theilung der Saccharometer bezogen worden, und mit ihm sucht man bei Prüfungen das Instrument einzustellen.

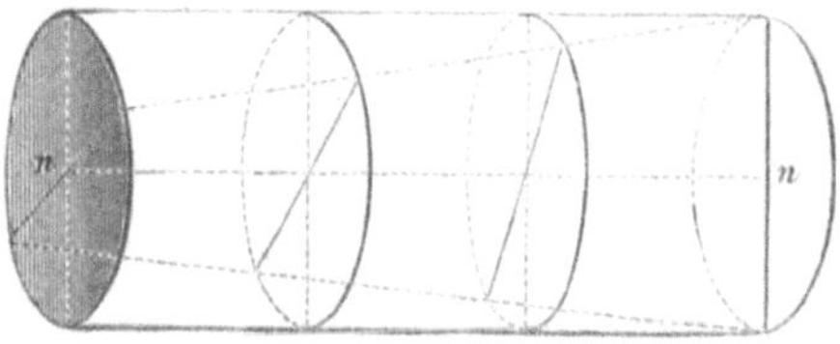

Fig. 162. Drehung der Schwingungsebene.

Geistererscheinung auf der Bühne.

Zwei Spiegel sind, worin sich selber schaut mit Wonne
Die hohe Himmels- und die höchste Geistessonne.
Ein Spiegel ist das Meer, von keinem Sturm empört,
Ein andrer das Gemüth, von keinem Drang verstört.

Rückert.

# Spiegel und Spiegelapparate.

Alles spiegelt sich. Der Spiegel ein Kulturmittel. Antike Spiegel. Gesetze der Reflexion. Das Spiegelbild. Es ist symmetrisch. Gespenstererscheinungen auf der Bühne. Winkelspiegel. Das patentirte Debuskop. Kaleidoskop. Der Spiegelsextant. Reflexionsgoniometer. Heliostat und Heliotrop. Spiegelung gekrümmter Flächen. Konkav- und Konvexspiegel. Brennpunkt und Brennweite. Reelle und virtuelle Bilder.

---

Kein Dichter hat die Reize des wiederkehrenden Lichtes je ausgesungen, kein Auge sie alle gekostet. Alles Sichtbare ist in vollem Sinne des Wortes ein Spiegel, aus welchem die Urquelle des Lichtes uns widerstrahlt. Die rothe Apfelblüte im Frühling, der in der Abendsonne erglühende Gipfel des Eisberges, der sanfte Strahl aus dem Auge der Geliebten — wie sie alle durch ihre eigene Gewalt fesseln, haben sie doch nur ihr Licht geborgt; sie wären für deine Augen unsichtbar, wenn ihnen nicht die Fähigkeit, die auf sie fallenden Strahlen zurückzuwerfen, innewohnte. Wenn die Lichtwellen von jedem Körper, auf den sie auftreffen, verschluckt würden und nicht wiederkämen, wie traurig, wie öde wäre die Welt! Ueberall die tiefste Finsterniß für unser Auge, — und nur wenn wir es direkt der Sonne oder den Fixsternen zurichteten, oder wenn wir zufällig damit einem Blitz, dem Scheine des Nordlichts oder der brennenden Flamme begegneten, würden wir einen um so stärker kontrastirenden Lichteindruck empfangen.

Ein faulendes Stück Holz, weil es vermag mit eignem Lichte zu leuchten, wäre für uns mehr als das schönste Menschenantlitz, denn das könnten wir ja nicht sehen.

Je weniger Unebenheiten eine Fläche zeigt, um so vollkommener wird auch von ihr das Licht zurückgeworfen. Die „von keinem Sturm empörte" Oberfläche des Wassers heißt deshalb auch bezeichnend sein Spiegel. Aus ihm strahlte dem Menschen zuerst sein eigenes Bild entgegen, und mit dem Menschen freut sich die vom Dichter belebte Natur ihres Wiederscheines.

In dem glatten See
Weiden ihr Antlitz
Tausend Gestirne —

singen rühmend die Geister über dem Wasser, und von unten herauf „das feuchte Weib":

Labt sich die liebe Sonne nicht,
Der Mond sich nicht im Meer?
Kehrt wellenathmend ihr Gesicht
Nicht doppelt schöner her?
Lockt dich der tiefe Himmel nicht,
Das feuchtverklärte Blau?
Lockt dich dein eigen Angesicht
Nicht her in ew'gen Thau?

Und wenn mit diesem Gesange ein Mann sich berücken ließ, dürfen wir es jungen Mädchen verdenken, daß sie bei keinem Spiegel vorbeigehen können, ohne mit einem rasch hineingeworfenen Blick sich ihrer anmuthigen Erscheinung zu freuen?

Der Spiegel ist ein universelles Geräth. Obwol zu seiner Erfindung Naturbeobachtung, Nachdenken und mancherlei Kunstfertigkeit gehört, finden wir ihn in verschiedenen Gestalten über die ganze Erde verbreitet. Bunte Glasperlen und kleine Handspiegel sind zwei der wirksamsten Kulturmittel, rohen Naturvölkern gegenüber. Was Gold und alle Kunst nicht vermag, das vermögen diese der Eitelkeit angehängten Stachel — Annäherung, Zutrauen, Tausch, schließlich Gewöhnung an Arbeit, um sich die Mittel zur Befriedigung der wachsenden Bedürfnisse zu verschaffen.

Und anderwärts finden wir in den Gräbern der alten Griechen Spiegel, welche dies höchst gebildete Kulturvolk den gestorbenen Frauen als ein Symbol der Schönheit mitgab.

Die Spiegel der Alten waren meist aus Metall, doch gab es auch schon frühzeitig solche aus Glas, die aus dem durch seine Glashütten berühmten Sidon bezogen wurden, während die Metallspiegel aus Brindisi kamen. Gewöhnlich bestanden diese letzteren aus einer Mischung von Kupfer und Zinn; Plinius erwähnt auch silberner Spiegel, und es wird bemerkt, daß Praxiteles dergleichen unter der Regierung des Pomponius verfertigt habe. Waren die Platten von beträchtlicher Dicke, so konnte mit diesem Geräth ein beträchtlicher Luxus getrieben werden, und in der üppigsten Zeit des Römerthums hatten Einzelne wol Spiegel von Gold. Nero soll einen Spiegel von Smaragd besessen haben, es ist aber zu vermuthen, daß der Edelstein kein Spiegel, sondern vielmehr ein durchsichtiges Glas und vielleicht auf ähnliche Weise wie unsere Brillengläser geschliffen war, denn Nero bediente sich desselben, um in der Arena den Gladiatorenkämpfen zuzusehen. Rubin, Obsidian und andere durchsichtige Steine wurden zu Spiegeln verwendet.

Die antiken Spiegel sind meist klein, rund oder oval, mit einer Handhabe, wie man deren heute noch hat; indessen besaßen nach Quintilius die Frauen auch große, Specula totis paria corporibus, in denen sie ihre ganze Figur beschauen konnten, und Reiche hielten sich besondere Sklaven, die den Spiegel während des Gebrauchs halten mußten. Man kannte in sehr früher Zeit auch bereits die gekrümmten Spiegel, sowol die erhabenen als die Hohlspiegel, und machte Anwendung davon.

Indessen erscheint es zweckmäßig, zunächst die Gesetze der Lichtbewegung, welche bei den Spiegelungserscheinungen eintreten, in der Kürze zu betrachten.

**Reflexion des Lichtes.** Jeder Körper reflektirt Licht, der eine mehr, der andere weniger; am wenigsten die Gasarten, die uns deshalb auch häufig unsichtbar bleiben. Nehmen wir eine glatt polirte ebene Fläche von Metall (Fig. 164), einen Planspiegel, und lassen wir auf diese einen Lichtstrahl v auffallen, so wird derselbe zurückgeworfen, und zwar so, daß der Winkel, unter welchem er von dem Spiegel fortgeht, genau so groß ist wie derjenige, unter welchem er auftraf (der Einfallswinkel vcb ist dem Ausgangswinkel bcv′ gleich), ferner so, daß die einfallenden Strahlen vc mit den reflektirten v′c in einer Ebene liegen, welche auf der spiegelnden Ebene senkrecht steht. Wenn man die Fenster eines Zimmers verschließt und nur eine kleine Oeffnung läßt, durch welche die Sonne hereinscheint, so kann man dadurch, daß man die Sonnenstrahlen mit einer Spiegelscheibe auffängt, sich von der Richtigkeit der ausgesprochenen Gesetze augenscheinlich überzeugen.

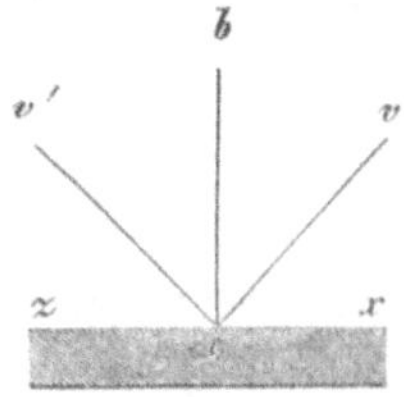

Fig. 164. Reflexion des Lichtes.

Bringen wir unser Auge in die Richtung des reflektirten Strahles, so empfangen wir den Lichteindruck und wir sehen in der Richtung der in unser Auge fallenden Strahlen das Bild des lichtstrahlenden Körpers. Der Ort, an welchem das Spiegelbild auftritt, wechselt nicht, wenn wir auch mit den Augen hin- und hergehen. Er ist ein ganz bestimmter und leicht durch den Versuch zu finden. Man suche nur die Richtungen der reflektirten Strahlen für verschiedene Stellungen des Auges; alle werden von einem Punkte herzukommen scheinen, der hinter der Spiegelfläche in der Verlängerung der Senkrechten liegt, die man von dem leuchtenden Körper darauf ziehen kann; und zwar befindet sich jener Punkt genau so weit hinter der spiegelnden Fläche, als der leuchtende Körper davor steht. Die Betrachtung der Fig. 165, welche dies Verhältniß der Entfernungen des wirklichen Körpers und seines Spiegelbildes von der spiegelnden Fläche wiedergiebt, wird zugleich über den Umstand belehren, daß die Planspiegel das Bild verkehrt zeigen müssen, ein Umstand, von welchem Holzschneider, Kupferstecher, Lithographen u. s. w. fortwährend bei ihren Arbeiten Gebrauch machen.

Fig. 165. Spiegelbild bei Planspiegeln.

Unsere Spiegel werden gewöhnlich aus Glas hergestellt und auf der Rückseite mit einer glatten Metallschicht, Amalgam, versehen, um sie undurchsichtig zu machen. Die Kunst, das Glas zu größern Tafeln zu gießen, erfand Abraham Thewart 1688 in Frankreich; Raimundus Lullus aber hat schon zu Ende des 14. Jahrhunderts das Verfahren, wie man das Glas durch hintergelegtes Blei zum Spiegel machte, beschrieben.

**Geistererscheinung auf der Bühne.** Obwol undurchsichtige Körper am besten das Licht reflektiren, so giebt es doch Zwecke, für welche die Durchsichtigkeit der spiegelnden Flächen erwünscht ist. Ein solcher Fall trat uns schon bei dem Spiegel im Fizeau'schen Apparat zur Bestimmung der Geschwindigkeit des Lichts entgegen, ein anderer ist neuerdings auf vielen Bühnen mit in den Bereich schauspielerischer Thätigkeit gezogen worden. Die Methoden, Geister erscheinen zu lassen, sind durch Anwendung dieser ziemlich einfachen Spiegelvorrichtung um die frappanteste vermehrt worden. Es ist nicht unwahrscheinlich, daß schon die alten Zauberer ähnliche Spiegelvorrichtungen bei ihren Geisterbeschwörungen mitspielen ließen, wie sie bei dem in Rede stehenden Apparate in Anwendung kommen. In größerem Maßstabe und öffentlich wurde die Idee aber erst vor wenig Jahren durch den englischen Physiker Pepper in Ausführung gebracht, welcher lange Zeit allabendlich durch den sogenannten Pepper Ghost in dem Londoner Polytechnikum eine große Zuschauermenge zum Schauern brachte, und seiner patentirten Erfindung auch Eingang auf dem Theater verschaffte.

Versetzen wir uns in den Zuschauerraum eines größeren Theaters. Es wird ein Stück gegeben, dessen Kern besonders auf der Erscheinung eines Geistes beruht. Die Katastrophe ist nahe. Die Lichter brennen matter und matter, das Haus ist ziemlich dunkel, die Bühne selbst sehr wenig beleuchtet; wir ahnen, daß der Zeitpunkt gekommen ist, wo etwas Großes passiren soll. Da erhebt sich an einer Stelle der Bühne ein heller Schein, er wird deutlicher und deutlicher und es entwickeln sich allmälig in ihm sichtbare Kontouren, die Bedeutung und Zusammenhang gewinnen — eine unbeschreibliche Gestalt steht plötzlich vor dem ergriffenen Helden der Tragödie. Er erkennt in ihr das Wesen eines längst schon Todten, und doch ist sie kein Körper, sie ist Luft; sie spricht, ihre Stimme klingt hohl, sie bewegt sich und ihre Bewegungen werden durch keinerlei Gegenstände gehindert; sie geht durch Büsche und Bäume hindurch, ohne daß ein Blatt sich rührt; den umschlingenden Arm läßt sie in's Leere greifen, dem durchbohrenden Degen setzt sie keinen Widerstand entgegen. Endlich verschwindet sie eben so plötzlich und geheimnißvoll vor unsern Augen, wie sie kam, und wir bedenken uns keinen Augenblick, dem Unglücklichen, welchem ihr Besuch gegolten, unser tiefstes Mitgefühl zu schenken; denn fröstelnd fühlen wir, wie schrecklich es sein muß, in solcher Weise und durch solche Boten an gewisse außer Acht gelassene Verbindlichkeiten erinnert zu werden.

Wüßten wir während der Vorstellung schon, daß, sobald der Vorhang gefallen ist, der von uns Bemitleidete Arm in Arm mit dem Geiste seines Vaters oder eines erstochenen Nebenbuhlers in ein Weinhaus geht — wir würden uns einen großen Theil Rührung ersparen. Schließlich erzählt er uns, daß er von der ganzen Erscheinung selbst gar nichts gesehen habe. Das kommt uns nun freilich am allermerkwürdigsten vor. Wir forschen und fragen und richtig, wir allein sind die Getäuschten. Aber wie?

Das Theater hat außer der gewöhnlichen Bühne noch eine zweite, verborgene, die etwas tiefer liegt. Auf ihr spielt der Schauspieler, welcher dem auf der gewöhnlichen Bühne befindlichen Akteur als Geist erscheinen soll, und sie ist deshalb dem Zuschauer durch Arrangements der Versatzstücke, Gebüsch oder eine Bodenerhöhung verdeckt. Das Wesentliche der ganzen Einrichtung besteht aber in einer großen, gut polirten Glaswand, welche gegen den Zuschauerraum etwas geneigt und so aufgestellt ist, daß die verborgene Bühne zwischen ihr und den Zuschauern liegt. Um ein genaueres Verständniß des ganzen Apparates zu geben, verweisen wir auf die Abbildung Fig. 166, welche die Einrichtung, wie sie von Dirks und Pepper an vielen Bühnen ausgeführt worden ist, im Durchschnitt giebt. Die Oeffnung a, welche zu der verborgenen Bühne b führt, kann durch Fallthüren geschlossen werden, damit sich die Schauspieler, wenn der Geist nicht mitzuwirken hat, ungehindert bewegen können; f ist die Glaswand, deren Ränder oder Zusammenfügungsstellen auf irgend eine Weise durch Rahmen, Guirlanden oder dergleichen maskirt sind. Sie wirkt wie ein Spiegel, zwar nicht mit der ganzen Schärfe und Deutlichkeit, welche eine hinten mit Zinnfolie belegte Spiegelplatte ihren Bildern geben würde, allein dies ist bei einer Geistererscheinung auch gar nicht Zweck. Dadurch, daß sie vollständig durchsichtig ist und die hinter ihr befindlichen Schauspieler und Gegenstände scharf und bestimmt erkennen läßt, wird sie selbst dem Zuschauer nicht bemerklich und derselbe vermuthet sie nicht als Ursache des Bildes, das sich ihm zeigt. Wir können uns in einer hellen Fensterscheibe ja auch spiegeln und doch Alles, was dahinter vorgeht, erkennen, wenn nur das Glas einen dunklen Hintergrund hat.

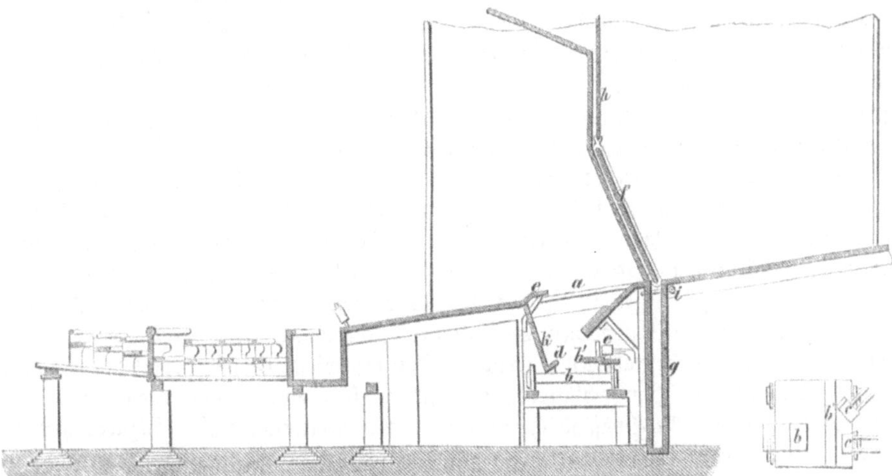

Fig. 167.

Fig. 166. Apparat zur Erzeugung von Geistererscheinungen auf der Bühne.

Um den gewünschten Zweck nun zu erreichen, muß die obere Bühne während der Katastrophe verfinstert werden. Der Geist wird nun von der untern Bühne b aus dargestellt. Hier befindet sich eine Wand k, an welche der entsprechend gekleidete Schauspieler sich anlehnen kann. Das Bild desselben wird, da der ganze untere Raum mit schwarzem Sammet ausgeschlagen ist, bei der hellen Beleuchtung sehr deutlich hervortretend, den Zuschauern durch die Glaswand widergespiegelt und ist eben der Geist. Er scheint, aus dem Zuschauerraume gesehen, hinter der unsichtbaren Glasscheibe sich zu befinden; der mit ihm verkehrende Schauspieler, der ebenfalls hinter f sich bewegt, muß genau den Punkt des Spiegelbildes kennen, weil er natürlich von der Erscheinung nichts sehen kann, aber sein Spiel doch nach den Bewegungen derselben einzurichten hat. Die Wand k ist der Spiegelscheibe genau parallel gerichtet, damit die Figur im Bilde aufrecht erscheint. Die Glasplatte f selbst befindet sich in einem beweglichen Rahmen, den man durch Schrauben oder Seile h und i unter dem richtigen Winkel einstellen kann. Die Einstellung geschieht entweder während des Zwischenaktes oder bei offener Scene zu einer Zeit, wo die Aufmerksamkeit des Publikums anderweit gefesselt ist. Natürlich muß man in diesem Falle den richtigen Neigungswinkel vorher genau ermittelt haben. Da nun der Geistspieler wegen der Neigung der

Spiegelplatte auch in seinem Versteck eine schiefe Lage einnehmen muß, welche jede Bewegung erschweren würde, so ist die Wand k wie ein Wagen auf Rollen und Schienen verschiebbar gemacht. Die Lichtquelle c (Fig. 167) bewegt sich zugleich mit dem Wagen, wenn sie nicht so eingerichtet ist, daß sie den ganzen unteren Raum, innerhalb dessen die Gestalt gestikulirt, erleuchtet. Hat man eine konstante Lichtquelle, wie elektrisches Licht, so kann man die Beleuchtung unterbrechen durch einen Schirm, welcher in gehobenem Zustande die Lichtquelle von der verborgenen Bühne abschneidet. Bei Hydro-Oxygengaslicht ist die Abschwächung und Verstärkung der Helligkeit am bequemsten durch Stellung der Gashähne zu bewirken.

**Das Kaleidoskop.** Die von einem Spiegel zurückgeworfenen Lichtstrahlen können von einem zweiten Spiegel wieder reflektirt werden und sie folgen dann demselben Gesetz der gleichen Winkel wie das erste Mal. Wir wissen, daß wenn wir in der Mitte zwischen zwei Spiegeln stehen, jeder derselben Vorder- und Rückseite unserer Person neben einander zeigt, und zwar nicht nur einmal, sondern, je nach der Stellung der beiden Spiegelflächen zu einander, mehr oder weniger oft wiederholt. Solche gegen einander geneigte Spiegel heißen *Winkelspiegel*. Sie sind Veranlassung zu einigen hübschen und nützlichen Apparaten geworden, weil die Wiederholung der Bilder unter gewissen Verhältnissen sehr regelmäßige symmetrische Figuren erzeugt, die in ihrer Unerschöpflichkeit dem Musterzeichner manchen nützlichen Anhalt geben können.

Schon mit einer Vorrichtung, die man auf die allereinfachste Weise dadurch herstellen kann, daß man zwei kleine viereckige Spiegel unter einem gewissen Winkel zusammenstoßen läßt, kann man sehr schöne Effekte erlangen, wenn man den Winkel genau so groß macht, daß er in dem Umfang des Kreises ohne Rest aufgeht. Je nachdem er $^1/_4$, $^1/_5$, $^1/_6$ u. s. w. des Kreises ausmacht, ordnen sich die Bilder der zwischen den Spiegeln befindlichen Gegenstände, Zeichnungen oder dergleichen zu vier-, fünf-, sechs- und mehrstrahligen Sternen. Das regelloseste Gewirr von bunten Fäden, Perlen, Tintenklexen, Blumenblättern, Glasstücken, kurz was es auch immer sei, erhält dadurch eine schöne Regelmäßigkeit, welche die bewundernswürdigsten Figuren hervorbringt. Vor einigen Jahren wurde ein Apparat unter dem vielklingenden, aber nichtssagenden Namen Debuskop in den Zeitungen ausposaunt und er wird jetzt noch zu ziemlichem Preise verkauft. Derselbe ist *gar nichts weiter als ein ganz einfacher Winkelspiegel*, den sich Jeder, der einen solchen zu seinem Nutzen oder Vergnügen haben möchte, selbst aus zwei kleinen Spiegelscheiben oder noch besser aus zwei blank polirten, versilberten Kupferplatten anfertigen kann. Und zwar bietet diese eigne Anfertigung noch den Vortheil, daß man dann die Spiegelplatten verstellbar einrichten und so nach Belieben fünf-, sechs- oder mehreckige Bilder erzeugen kann, während bei dem „patentirten" Debuskop die Spiegel sich gegeneinander in fester, unverrückbarer Stellung befinden.

Das *Kaleidoskop* (deutsch: das was schöne Bilder zeigt) ist eine 1817 von Brewster gemachte Erfindung, bei welcher bald zwei, bald drei Spiegel unter Winkeln von 60 Grad zusammenstoßen. In dem dadurch gebildeten Dreieck liegen ebenfalls lauter kleine farbige Gegenstände, deren Spiegelbilder sich zu regelmäßigen sechseckigen Figuren zusammensetzen und die man durch Schütteln fortwährend sich verändern lassen kann.

Die wichtigste Anwendung aber von der Spiegelung ebener Flächen ist zur Herstellung einiger Instrumente gemacht worden, unter denen namentlich der Sextant, das Reflexionsgoniometer, der Heliostat und der Heliotrop zu nennen sind.

**Der Sextant** dient, um den Winkel zu bestimmen, den zwei entfernte, sichtbare Punkte mit dem Punkte machen, worauf sich der Beobachter befindet. Er hat seinen

Namen nach einer sehr gebräuchlichen Einrichtung, nach welcher bei diesem Instrument ein Sechstelkreis zur Messung dieser Winkelgrößen angewandt wurde. Die erste Idee dazu stammt von dem bekannten englischen Physiker **Hooke**; Newton hat dieselbe vervollkommnet und Hadley 1731 danach das erste Instrument der Art ausgeführt. In der That war dasselbe aber ein Oktant, denn es betrug sein Bogen nur den achten Theil eines Kreisumfanges.

In Fig. 168 soll AB einen eingetheilten Kreisbogen bezeichnen, um dessen Mittelpunkt C sich der Arm CD drehen läßt. Derselbe trägt an seinem vordern Ende einen auf der Ebene des Kreisbogens senkrechten Planspiegel LG, welcher mittelst kleiner Schrauben befestigt ist. An dem andern Ende des Armes befindet sich ein sogenannter **Nonius**, das ist eine besonders eingerichtete und später zu beschreibende Marke, deren Theilstriche eine genaue Ablesung der ausgeführten Drehung des Armes gestatten. G ist eine kleine Loupe, die, an einem um H drehbaren Stäbchen befestigt, die feine Theilung besser erkennen läßt; J ein Fernrohr mit fester, unveränderlicher Richtung, deshalb auch in eine feste Fassung K eingeschlossen. Es ist genau der obersten Kante eines zweiten senkrechten Planspiegels L zugerichtet, so daß man durch dasselbe nicht nur das Bild aus dem Spiegel empfängt, sondern auch noch ferne Gegenstände sehen kann, welche in der Richtung des Spiegels über diesen wegliegen. Wenn der feststehende Spiegel L mit dem drehbaren bei C genau parallel gestellt ist, so steht die Marke des Nonius auf dem Nullpunkt. Außerdem sehen wir nun in der Abbildung bei M und N noch zwei Partien Blendgläser, um, wenn Sonnenbeobachtungen gemacht werden sollen, den zu grellen Schein des Lichtes abzudämpfen, und bei O den Handgriff, an welchem das Instrument beim Gebrauche gehalten wird. In der Zeichnung Fig. 169 begegnen wir aber allen diesen Theilen in einfacher, schematischer Darstellung, welche gewählt worden ist, um die Wirkungsweise besser zu versinnlichen.

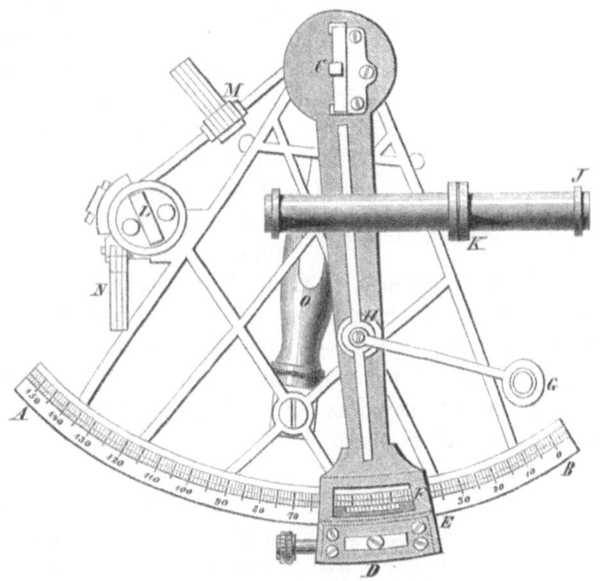

Fig. 168. Der Spiegelsextant.

Sind die beiden Spiegel C und L parallel gerichtet, so werden die Strahlen, welche von C reflektirt nach L, und von diesem wieder zurückgeworfen in das Fernrohr gelangen, aus L in derselben Richtung austreten, in welcher sie auf den Spiegel C auftrafen. Man sieht also mit Hülfe des Fernrohres J denselben Gegenstand, das eine Mal über die obere Kante des Spiegels L hinweg direkt, das andere Mal in dem Spiegel selbst im Bilde. Und man hat demnach in der Uebereinstimmung, in der Deckung der beiden Bilder ein sicheres Mittel, den Parallelismus der Spiegel auf das Genaueste herzustellen. An dieser Stelle spielt dann, wie gesagt, die Marke des Armes CD auf dem Nullpunkte der Theilung ein. Ist der Winkel zu bestimmen, welchen zwei Punkte mit dem Standpunkte des Beschauers machen, so hat man sich so aufzustellen, daß man den einen dieser Punkte zur Rechten, den andern zur Linken sieht. Mit dem Fernrohr sucht man nun den letztern, der in der Richtung der Linie K (Fig. 169) liegt, über den Spiegel L hinweg, und bringt gleichzeitig das Bild des andern, in der Richtung CS liegenden Punktes in das Fernrohr, indem man den Spiegel C so weit dreht, bis er den gesuchten Gegenstand nach L reflektirt, und dieser Spiegel das Bild in das Fernrohr J weiter sendet. Der Winkel, um welchen man hierbei den Arm CB hat drehen müssen, ist genau die Hälfte desjenigen, den die Richtungslinien nach den beiden Punkten bilden, und um ihn gleich zu finden, ist die Theilung so ausgeführt, daß ein Grad derselben einem halben Grade der gewöhnlichen Kreistheilung entspricht.

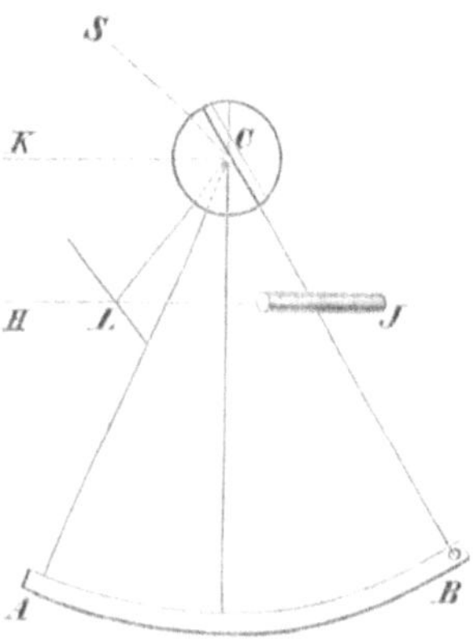

Fig. 169. Prinzip des Sextanten.

Das Reflexionsgoniometer ist ein von Wollaston erfundenes Instrument, um die Winkel, in welchen die Flächen der Krystalle zusammenstoßen, zu messen. Es wird zu diesem Zwecke ebenfalls die Spiegelung der Krystallflächen benutzt, welche dieselben entweder von Natur besitzen oder die man ihnen durch Benetzen oder Aufkleben dünner Plättchen von Spiegelglas geben kann. Das Prinzip ist sehr einfach. Man bringt den Krystall in der Achse eines vertikalen und auf seinem Umfange mit Theilung versehenen Kreises an, so daß die Kante der fraglichen Krystallflächen eine horizontale Linie bildet. An dieser Kante sucht man nun von einem entfernten Gegenstande das Spiegelbild zur Deckung mit einem näher liegenden Gegenstande zu bringen. Wenn man dies zweimal nach einander ausführt, das erste Mal mit der einen, das zweite Mal mit der andern Fläche, so wird die Drehung des Kreises genau den Kantenwinkel des Krystalles anzeigen.

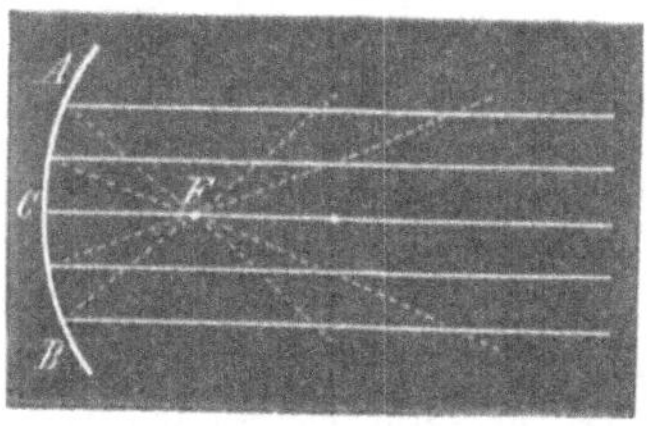

Fig. 170. Hohlspiegel.

Der Heliostat dient dazu, das Sonnenlicht immer nach derselben Richtung zu werfen. Seine Einrichtung wird dadurch, daß die Sonne nicht stillsteht und der Spiegel also fortwährend ihrer Bewegung folgen muß, eine komplizirte. Indessen besteht das Wesentliche nicht in dem Spiegel, sondern vielmehr in dem Uhrwerke, womit die Drehung desselben ausgeführt wird, und deswegen dürfen wir uns einer Besprechung an dieser Stelle enthalten. Der Heliotrop ist eine Spiegelvorrichtung, um das Sonnenlicht bis auf entfernte Punkte zu reflektiren. Da nämlich eine quadratzollgroße Spiegelfläche, wenn sie hell von der Sonne beschienen wird, bis auf mehr als sieben Meilen Entfernung noch sichtbar ist, so können dergleichen Lichtsignale mit großem Nutzen bei Ländervermessungen angewandt werden. Es ist nur nothwendig, daß Derjenige, welcher das Licht der andern Station zuwerfen will, auch sicher ist, daß es dort ankommt und nicht neben einem aufgestellten Beobachtungsfernrohr vorbeigeht. Der von Gauß erfundene Heliotrop läßt diesen Zweck auf höchst scharfsinnig erdachte Weise erreichen. Steinheil in München hat ein anderes Instrument angegeben, das sich durch größere Einfachheit auszeichnet.

Wenn wir hier noch der verschiedenen Spiegelvorrichtungen erwähnen, welche in neuerer Zeit benutzt werden, um innere Körpertheile zu beleuchten und zu beobachten, so geschieht es nur beiläufig; die mannichfachen Augenspiegel, Ohren-, Kehlkopfspiegel u. s. w.

sind meist Hohlspiegel, welche Licht auf die betreffenden Theile werfen und die eine kleine Oeffnung zum gleichzeitigen Hindurchsehen haben.

**Spiegelung gekrümmter Flächen.** Wenn ein Lichtstrahl auf eine gekrümmte Fläche auffällt, so folgt er demselben Gesetz der Zurückwerfung wie bei Ebenen. Der Einfallswinkel ist dem Ausfallswinkel gleich und wir dürfen uns nur den Punkt, wo der Strahl auftrifft, als eine kleine tangentiale Ebene denken, um die Wahrheit dieses Satzes bestätigt zu sehen. Die gekrümmten Flächen sind zweierlei Art, erhabene oder hohle, oder, wie sie in der Sprache der alten Physiker genannt werden, konvexe und konkave. Ein Uhrglas zeigt uns auf seiner äußern Oberfläche ein Beispiel der ersten, auf seiner innern ein Beispiel der zweiten Art. Da nun aber die Natur der Krümmung eine sehr verschiedene sein kann, indem es cylindrische, kegelförmige, kugelförmige, ellipsoidische, parabolische u. s. w. Oberflächen giebt, so werden die Spiegelbilder trotz ihres einfachen Grundgesetzes eine eben so große Mannichfaltigkeit zeigen.

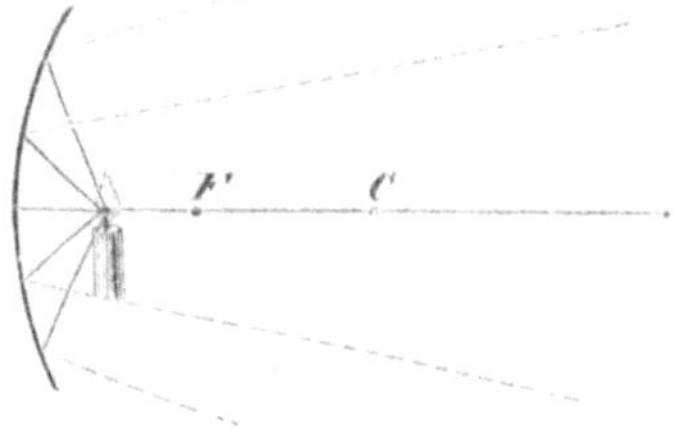

Fig. 171. Divergirende Strahlen.

Bei **Hohlspiegeln** vereinigen sich unter gewissen Verhältnissen alle Strahlen in einem einzigen Punkte F, dem **Brennpunkte**, Focus. Ist die spiegelnde Fläche wie AB in Fig. 170 ein Theil einer innern Kugelfläche und die Lichtquelle so weit entfernt, daß die Strahlen unter sich als parallel gelten können, so liegt dieser Brennpunkt in der Mitte zwischen dem Mittelpunkt und der Spiegelfläche, in der Achse des Spiegels, das ist in der Richtung desjenigen Strahles, der in derselben Richtung, wie er ankommt, auch wieder zurückgeworfen wird (Hauptstrahl). Die Entfernung des Brennpunktes von der Spiegelfläche in dieser Richtung heißt die **Brennweite** des Spiegels. Rückt aber die Lichtquelle näher, so daß ihre Strahlen untereinander nicht mehr parallel sind, so rückt der Brennpunkt weiter vom Spiegel ab, dem Mittelpunkte zu, und fällt endlich mit diesem zusammen, wenn die Lichtquelle in dem Mittelpunkte der Krümmung sich befindet. Kommt sie noch näher, so rückt der Brennpunkt immer mehr nach außen und zwar unendlich weit, wenn die Lichtquelle im Brennpunkte F steht; die reflektirten Strahlen gehen dann parallel fort; sie divergiren endlich, wenn der leuchtende Punkt zwischen Brennpunkt und Spiegelfläche liegt (Fig. 171).

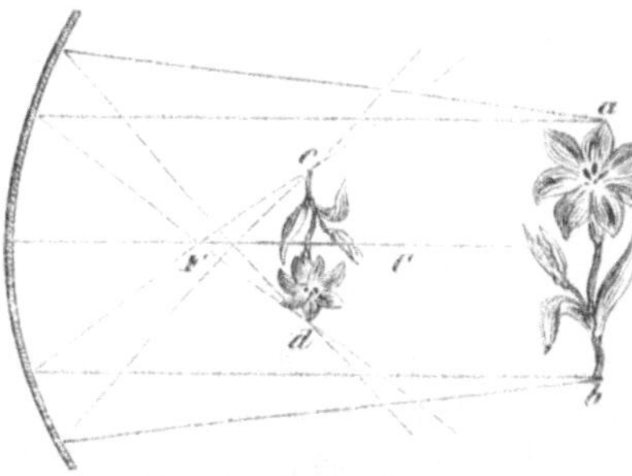

Fig. 172. Reelles Spiegelbild.

Die **Spiegelbilder** sind von zweierlei Art und entstehen auf folgende Weise. Liegt der Gegenstand über den Mittelpunkt hinaus, wie ab in Fig. 172, so gehen z. B. von der Spitze nach allen Punkten der Spiegelfläche Strahlen, die, nachdem sie reflektirt worden sind, sich alle in einem Punkte d der durch den Mittelpunkt c gezogenen Nebenachse treffen. Das Nämliche geschieht mit den vom andern Ende sowie mit allen übrigen von der Oberfläche des Körpers ausgehenden Strahlen. An den Vereinigungspunkten, von denen wir nur zwei dargestellt haben, liegt das Spiegelbild, welches verkehrt und verkleinert erscheinen muß. Man kann es auf einer mattgeschliffenen Glasscheibe auffangen und es heißt deswegen das **reelle Bild**, im Gegensatz zu dem **virtuellen Bilde**, welches nicht in Wirklichkeit existirt, sondern nur in unserm Auge erzeugt wird, wenn der Gegenstand zwischen dem Brennpunkt und der Spiegelfläche liegt. Der Gang der Lichtstrahlen für den letzteren Fall ist in

Fig. 173 angegeben und wir haben in unserm vergrößernden Rasirspiegel einen Apparat, der uns diese Art Bilder auf das Deutlichste vor Augen führt. Das virtuelle Bild erscheint hinter dem Spiegel und vergrößert.

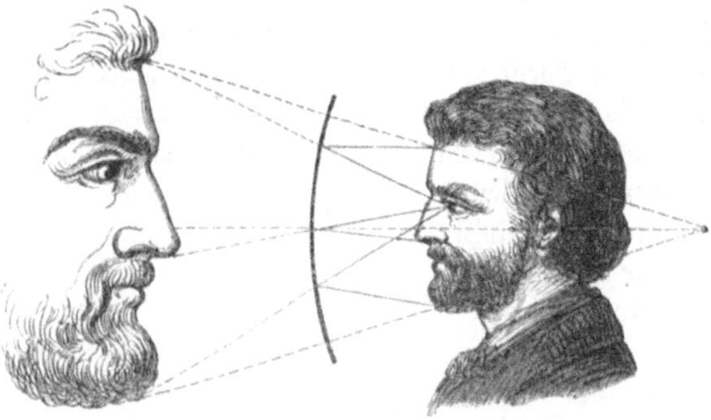

Fig. 173. Virtuelles Licht beim Konkavspiegel.

Die konvexen Spiegel können gar keine reellen Bilder geben, denn die von ihnen reflektirten Strahlen divergiren nach allen Seiten. Die virtuellen Bilder aber erscheinen aufrecht und je nach der Krümmung und der Nähe des gespiegelten Gegenstandes mehr oder weniger verkleinert. Die großen inwendig entweder geschwärzten oder versilberten Kugeln, welche man zum Zierrath in den Gärten aufstellt, lassen angenehme Beobachtungen darüber anstellen und die beigegebene Abbildung Fig. 174 wird, wenn man das für Hohlspiegel Gesagte hier in entsprechender Weise zur Anwendung bringen will, den Erscheinungen eine genügende Erklärung geben.

Dies sind die einfachsten Fälle gekrümmter Spiegel. Die komplizirteren Erscheinungen, welche in unzählig verschiedener Weise uns in der Natur gegenübertreten, lassen sich alle nach den hier entwickelten Gesetzen betrachten und zerlegen. Eine irgendwie wichtige Anwendung wird aber, ausgenommen etwa in den elliptischen und parabolischen Spiegeln, welche zu Beleuchtungszwecken benutzt werden, von ihnen nicht gemacht.

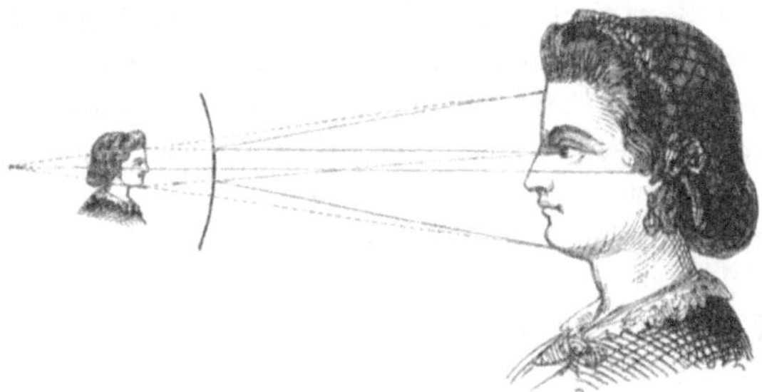

Fig. 174. Virtuelles Bild beim Konvexspiegel.

Weder die verzerrten Bilder, welche in polirten Kegeln oder Cylindern regelmäßige Figuren erkennen lassen und als Kuriositäten vielfach in alten Sammlungen vorkommen, noch die frei schwebenden Bilder der Hohlspiegel, die, auf Rauchwolken oder Vorhängen aufgefangen, bei den Geisterzitationen in früherer Zeit eine große Rolle gespielt haben mögen, können unser Interesse besonders mehr in Anspruch nehmen. Bei dem Spiegelteleskop und einigen anderen Apparaten, in denen sphärische Spiegel eine Rolle spielen, werden wir aber Gelegenheit finden, uns der behandelten Sätze wieder zu erinnern.

Brechung des Lichts.

Ist erst eine dunkle Kammer gemacht
Und finster als eine ägyptische Nacht,
Durch ein gar winzig Löchlein bringe
Den feinsten Sonnenstrahl herein,
Daß er dann durch ein Prisma dringe,
Alsbald wird er gebrochen sein.

Goethe.

# Das Prisma und die Spektralanalyse.

Mythisches. **Brechung** des Lichts. Im Wasser und in der Luft. Fata morgana. Das Prisma. Totale Reflexion. Die Camera lucida. Das Sonnenspektrum. Zerlegung des weißen Lichts in farbige Strahlen. Newton's Farbenlehre und Goethe. Fluorescenz. Fraunhofer'sche Linien. Verschiedenheit der Spektren von verschiedenen Lichtquellen. Helle Linien. Geschichte der Spektralanalyse. Kirchhoff und Bunsen. Ihr Spektroskop. Neuentdeckte Metalle. Aus was besteht die Sonne?

Sieben Jungfrauen vereinigten sich — so lautet eine indische Fabel — um die Ankunft des Krischna zu feiern. Als derselbe ihnen aber erschien und sie aufforderte, vor ihm zu tanzen, mußten sie trauernd gestehen, daß ihnen die Tänzer fehlten. Darauf theilte sich der Gott in sieben Theile, und jede Tänzerin erhielt ihren Krischna.

Diese Mythe hat eine überraschende Sinnverwandtschaft mit einer Erzählung, die uns Pindar überliefert hat: Als die Götter die Erde unter sich getheilt hatten, war der Sonnengott vergessen worden, und es blieb, ihn zu entschädigen, nur eine Insel übrig, welche eben aus dem Meere aufstieg; diese erhielt er denn auch; — es war die Insel Rhodos, nach der Geliebten des Sonnengottes, von welcher dieser sieben wunderbar begabte Söhne erhielt, genannt, — und sie blieb dem Kultus des göttlichen Feuers heilig. — Auf den antiken Abbildungen ist Apoll mit einem aus sieben Lichtpunkten bestehenden Diadem geschmückt, und bei Julian heißt die Gottheit der Sonne „der siebenstrahlige Gott", welche sinnvolle Bezeichnung chaldäischen Ursprungs sein soll.

Diese poetischen Anschauungen längst vergangener Zeiten spiegeln aber auf merkwürdige Weise sich in gewissen streng mathematischen Theorien der neuern Naturforschung wieder. Mag es auch sein, daß die sieben durch Krischna beglückten Jungfrauen und die sieben Söhne der rhodischen Nymphe, wie so vieles Andere, der heiligen Zahl zu Gefallen gedichtet worden sind, und erst nach ihnen aus dem wunderbaren Bilde des Regenbogens sieben Farben herausgesucht wurden, — gleichviel, in jenen Mythen liegt für uns die älteste Wurzel einer Farbenlehre, welche, durch die Newton'schen Entdeckungen wissenschaftlich begründet, einem weiten Gebiete von Erscheinungen als ein jetzt klar erkanntes, sicheres Fundament unterliegt.

**Brechung des Lichts.** Das entzückende Farbenspiel des Diamants, die sinnetäuschende Fata morgana, die das Kleinste und das Fernste auflösende Kraft linsenförmig geschliffener Gläser, die „aus Perlen gebaute Brücke" des Regenbogens — sie beruhen alle auf einer einzigen Eigenthümlichkeit des Lichtstrahls, eine andere Richtung einzuschlagen, wenn er aus gewissen durchsichtigen Körpern in andere übergeht, oder wenn die Dichtigkeit des Körpers, in welchem er sich fortbewegt, innerhalb der verschiedenen durchlaufenen Schichten verschieden groß ist. Dies Vermögen heißt die **Brechbarkeit** des Lichtes. Augenscheinlich wird es zum Beispiel, wenn wir in ein Becken, von welchem wir so weit entfernt stehen, daß sein Boden uns durch den Rand gerade verdeckt ist, ein Geldstück legen.

Fig. 176. Geldstück im Wasser.

Obwol uns dasselbe bei unsrer angenommenen Stellung nicht sichtbar ist, so erscheint sein Bild doch augenblicklich, wenn das Becken mit Wasser gefüllt wird. Die von dem Geldstück reflektirten Lichtstrahlen werden, wenn sie aus dem Wasser in die Luft übergehen, von ihrem Wege abgelenkt, und es können somit jetzt deren in unser Auge gelangen, welche früher vorbeigehen mußten (Fig. 176). Das Bild liegt für uns daher in einer andern Richtung als sein körperlicher Gegenstand, und das ist auch die Ursache, warum man Fische im Wasser nicht treffen kann, wenn man nicht mit dem Gewehr etwas unterhalb der Stelle zielt, wo sie uns zu stehen scheinen (siehe die Anfangsvignette).

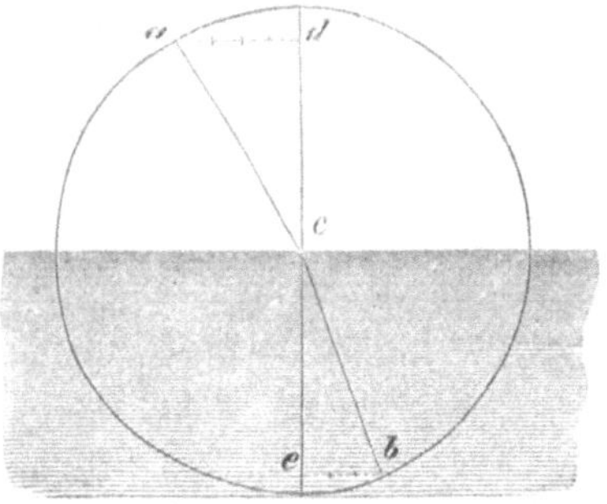


Fig. 177. Brechung des Lichts im Wasser.

Bei seinem Austritt aus Wasser in Luft wird der Lichtstrahl von der Senkrechten (dem Einfallsloth) abgelenkt; umgekehrt wird Licht, welches aus Luft in Wasser übergeht (Fig. 177), dem Einfallsloth zu gebrochen. Der Winkel acd, den der einfallende Lichtstrahl ac mit dem Einfallsloth dc macht, heißt der **Einfallswinkel**; **Brechungswinkel** ist derjenige, welchen der abgelenkte Lichtstrahl bc mit der Verlängerung des Einfallslothes ce macht, also der Winkel bce.

Mit der Größe des Einfallswinkels ändert sich auch der Brechungswinkel, aber in einer ganz bestimmten Weise. Das Verhältniß der beiden Winkel zu einander oder vielmehr ihrer Sinus ad : be heißt der **Brechungsexponent**. Je größer derselbe für zwei Körper ist, um so größer ist der Unterschied ihrer lichtbrechenden Kraft. Wenn das Licht innerhalb der verschieden dichten Schichten eines Körpers gebrochen wird, so steht deren lichtbrechende Kraft in engem Zusammenhange mit der Dichtigkeit selbst. Bei Körpern von verschiedener Substanz darf man aber nicht, wie es häufig geschieht, Dichtigkeit und lichtbrechende Kraft so weit verwechseln, daß man allgemein sagt, der Lichtstrahl wird dem Einfallslothe zugebrochen, wenn er aus einem dünnern in ein dichteres Mittel übergeht. Benzol z. B. bricht das Licht viel stärker als manche Glassorten, obwol es viel weniger dicht ist. Wenn wir aber trotzdem im Verlaufe des Folgenden manchmal die Begriffe dichter und dünner als Gegensatz der lichtbrechenden Kraft gebrauchen, so geschieht dies der Kürze des Ausdrucks wegen, und es sind dann für die beiden Körper immer verschieden dichte Schichten eines und desselben Körpers zu setzen.

Die Fata morgana zeigt uns einen solchen Fall, wo das Licht innerhalb eines einzigen Körpers gebrochen wird. Die ungleichmäßige Erwärmung durch die Sonne und namentlich die Ausstrahlung des Erdbodens dehnt die Luft in den über einander liegenden Schichten verschieden aus, so daß die einzelnen Regionen eine verschiedene lichtbrechende Kraft erhalten. Es kann dann, wie das durch den Rand der Schüssel verdeckte Geldstück, auch eine jenseits des Horizonts liegende Landschaft sichtbar werden. Wechseln gar dünnere und dichtere Schichten regelmäßig mit einander ab, so werden die Zusammenstoßungs-Flächen noch Veranlassung zu Spiegelungen bieten, in deren Folge das Bild wiederholt — aufrecht und verkehrt — erscheint. Es hat nichts Unerklärliches, wenn die Luft der verdurstenden Karawane lachende Oasen vorgaukelt; entrollte sich doch vor Kurzem erst auf dem Pik von Teneriffa den verwunderten Blicken der Besteiger die tausend Meilen entfernte Kette des Alleghany-Gebirges.

Fig. 178. Fata morgana.

Alle Lichtstrahlen, die, aus dem mit dem zarten Lichtäther erfüllten Weltraume kommend, in unsere dichtere Atmosphäre eintreten, werden ebenso abgelenkt, und wir sehen in Folge dessen nur diejenigen Sterne, welche gerade über uns, im Zenith, stehen, an ihrem wirklichen Orte, alle andern aber etwas zu hoch, und zwar um so mehr, je näher sie dem Horizont stehen, eine je dichtere Luftschicht also ihre Strahlen zu durchlaufen haben, ehe sie zu uns kommen. Man bezeichnet dies Phänomen mit dem Namen der atmosphärischen Refraktion.

**Das Prisma**, „jenes Instrument“, wie Goethe sagt, „welches in den Morgenländern so hoch geachtet wird, daß sich der chinesische Kaiser den ausschließlichen Besitz desselben gleichsam als ein Majestätsrecht vorbehält, dessen wunderbare Eigenschaften uns in der ersten Jugend auffallen und in jedem Alter Verwunderung erregen, ein

Instrument, auf dem beinahe allein die bisher angenommene Farbentheorie beruht, ist der Gegenstand, mit dem wir uns zuerst beschäftigen werden." Was ein Prisma ist, das bedarf wol keiner besondern Auseinandersetzung. Glücklicherweise haben für uns die eifersüchtigen Ansprüche des „Sohnes der Sonne" keine bindende Kraft. Das einfache Instrument, ein dreiseitig geschliffener, mit glatten ebenen Flächen versehener, durchsichtiger Glaskörper, ist so verbreitet, daß sich jedes Kind an seinem bunten Farbenspiele erfreuen kann. Für den Physiker bedarf es zum Studium der prismatischen Erscheinungen sogar nur zweier, unter einem spitzen Winkel scharf zusammenstoßender ebener Flächen. Indessen giebt man zu bequemerer Handhabung bei physikalischen Versuchen dem Prisma, welches dann aus durchgängig gleichem Glase auf das Feinste geschliffen wird, eine Fassung von Messing, um es in jeder wünschenswerthen Lage einstellen und befestigen zu können (Fig. 179).

Fig. 179. Prisma mit Fassung.

Wie verhält sich nun ein Lichtstrahl bei seinem Durchgange durch ein Prisma? Dies soll uns Fig. 180, welche in dem Dreieck ABC den Durchschnitt eines gleichseitigen Prisma's zeigt, deutlich machen. Es ist darin RO der einfallende Lichtstrahl; AC und AB heißen die brechenden Flächen, die Kante A die brechende Kante, der von CA und BA bei A eingeschlossene Winkel der brechende Winkel, und die Fläche BC die Basis des Prisma's. Bei seinem Eintritt in das dichtere Mittel wird der Strahl RO dem Einfallslothe zu gebrochen, bei seinem Austritt aus der Fläche AB aber dadurch, daß er nun wieder in die minder dichte Luft gelangt, von der Senkrechten abgelenkt. Anstatt seiner ursprünglichen Richtung zu folgen, geht er daher schließlich nach R' weiter. Halten wir also in der angegebenen Weise ein Prisma vor unser Auge, so werden wir die dahinter befindlichen Gegenstände nicht in ihrer wirklichen Lage in der Richtung MR erblicken, sondern dieselben erscheinen uns von ihrem Platze verrückt, und zwar in dem in Fig. 180 und 181 angenommenen Falle nach der Höhe zu versetzt; denn was für einen Strahl gilt, das gilt auch für alle andern, von einem Gegenstande ausgehenden Strahlen.

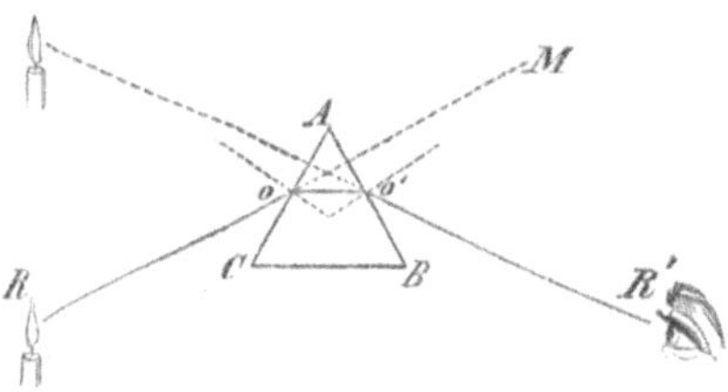


Fig. 180. Brechung des Lichts durch das Prisma.

Die Größe der Ablenkung richtet sich nach der Größe des Winkels an A, nach der brechenden Kraft der Substanz des Prisma's und nach der Größe des Einfallwinkels.

**Die Camera lucida.** Unter gewissen Verhältnissen kann der Strahl aus einem stärker brechenden Mittel in ein solches von geringerer Brechbarkeit gar nicht heraustreten. An dem Punkte nämlich, wo die Strahlen auf die trennende Fläche (b in Fig. 182) so schief auftreffen, daß sie bei der Ablenkung an der Fläche selbst hingleiten würden, gehen die Brechungserscheinungen in Spiegelungserscheinungen über. Alle Strahlen, die noch schiefer gegen die Fläche treffen, werden von dieser reflektirt und zwar vollständiger als von einem gewöhnlichen Metallspiegel, der immer einen großen Theil des Lichtes verschluckt. Da der Strahl in einem dichteren Mittel dem Einfallslothe zu gebrochen wird, so kann er in ein solches immer eintreten; die totale Reflexion findet nur bei dem Austritte statt, und sie hat bei verschiedenen Körpern verschiedene Grenzen; bei Wasser und Luft ist der Grenzwinkel $48\frac{1}{2}$ Grad, beim Diamant noch nicht ganz 24 Grad.

Eine interessante Anwendung von dieser totalen Reflexion, die wir übrigens an jeder geneigten Glasscheibe beobachten können, hat man in der Konstruktion der Camera lucida gemacht. Der Apparat besteht wesentlich aus nichts weiter als aus einem sehr kleinen drei- oder auch vierseitigen Prisma, abcd (Fig. 183). Die Lichtstrahlen, welche senkrecht auf die Fläche ab in dasselbe eintreten, wollen durch die Fläche bc wieder hinaus. Allein sie kommen zu schief dagegen und werden daher reflektirt, so daß sie auf die Fläche cd gelangen, welche sie ganz in derselben Weise von sich abspiegelt. Erst die Fläche ad treffen sie steil genug, um aus ihr austreten zu können. Wenn der Beobachter sein Auge in die Richtung der austretenden Strahlen bringt, so wird er in derselben das Bild der gespiegelten Gegenstände sehen. Und wenn das Prisma kleine Dimensionen hat und man in deutlicher Sehweite unter demselben eine weiße Papierfläche anbringt, so lassen sich auf dieser mittels eines Bleistiftes die Umrisse des gespiegelten Bildes deutlich einreißen, denn man sieht genug nebenbei, um den Lauf der Bleistiftspitze verfolgen zu können. In dieser Form und Anwendung hat eben der Apparat den Namen der Camera lucida.

Fig. 181. Ablenkung durch das Prisma.

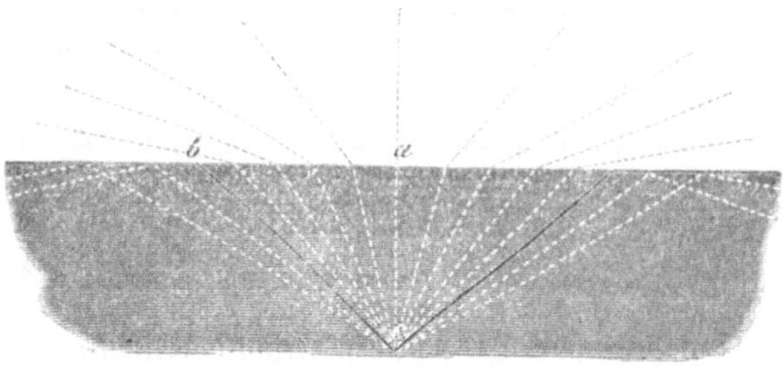


Fig. 182. Totale Reflexion.

**Spektrum.** Wenden wir uns aber zum Prisma zurück. Man sollte erwarten, daß, wenn man anstatt eines einzigen Lichtstrahles, den wir in praxi ja doch nicht isoliren können, ein Strahlenbündel, etwa wie es durch eine kleine kreisförmige Oeffnung in ein sonst verdunkeltes Zimmer fällt, durch ein solches Instrument gehen läßt, daß dann dieses ganze Strahlenbündel in Folge der Brechung gerade so von seinem Wege abgelenkt werde wie der einzelne Strahl, und daß auf der entgegengesetzten Wand ein weißes kreisförmiges Lichtbild, wenn auch an einer andern Stelle als in der geraden Richtung, sich abzeichnen müßte. Dem ist aber nicht so. Wir machen vielmehr, wenn wir den Versuch in der durch Fig. 184 angedeuteten Weise anstellen, die merkwürdige Beobachtung, daß das Bild der Oeffnung durch das Prisma in die Länge verzogen und in regelmäßiger Art gefärbt worden ist. Dieses Bild nennen die Physiker das Spektrum, und wenn es durch Sonnenlicht hervorgerufen worden ist, Sonnenspektrum. Es gleicht einem Stück Regenbogen; wir finden dieselben Farben darin wie dort, und in derselben Aufeinanderfolge von Roth zu Orange, Gelb, Grün, Blau, Indig und Violet. Am schönsten ist die Erscheinung aber zu beobachten, wenn man das Licht durch einen schmalen vertikalen Spalt eindringen und durch ein Flintglasprisma gehen läßt, dessen brechende Kante den Rändern der Spalte parallel gestellt ist, die gebrochenen Strahlen aber durch ein Fernrohr betrachtet.

Fig. 183. Die Camera lucida.

Wollaston hat 1802 die Beobachtung in der angegebenen Weise zuerst gelehrt; der Erste aber, welcher überhaupt das Spektrum im dunkeln Zimmer durch eine kreisförmige Oeffnung darstellte, war Newton. Ihm verdanken wir auch die richtige Deutung der merkwürdigen Erscheinung.

Es unterliegt gar keinem Zweifel, daß die rothen Strahlen des Spektrums durch das Prisma um eine geringere Größe von ihrer direkten Richtung abgelenkt worden sind als die violetten, und daß die dazwischen liegenden verschiedenfarbigen Strahlen eine verschiedene und um so größere Brechbarkeit besitzen, je weiter sie eben von der rothen Grenze des Spektrums entfernt und je näher sie der violetten Grenze zu liegen. Und da nun nirgends etwas Neues zu dem Licht der Sonne hinzugekommen, so können wir nicht anders als annehmen, daß das uns weiß erscheinende gewöhnliche Licht nicht einfach ist, das heißt nicht aus Wellen besteht, die unter sich in jeder Beziehung vollkommen gleich sind, sondern daß in ihm Wellen von verschiedener Brechbarkeit enthalten sind, die eben durch das Prisma auseinander gestreut und nach ihrer Brechbarkeit förmlich sortirt werden. Hier haben wir den siebenmal getheilten Krischna, die sieben Söhne der gottgeliebten Nymphe, die sieben Lichtpunkte um das Haupt des Sonnengottes.

Licht von gleicher Brechbarkeit, welches durch das Prisma nicht weiter zerlegt werden kann und das kein verzogenes oder verschieden gefärbtes Spektrum giebt, heißt homologes Licht. Die einzelnen kleinsten vertikalen Partien des Spektrums bestehen aus solchem homologen Licht.

Es wäre aber ein mangelhaft gerechnetes Exempel, welches keine Probe zuließe. Können wir das weiße Licht in seine verschiedenen Bestandtheile zerlegen, so muß sich nothwendig aus der Wiedervermischung dieser Bestandtheile auch wieder vollkommenes Weiß erzeugen lassen. Und so ist es in der That. Das Mittel dazu hat ebenfalls Newton angegeben. Wenn man nämlich bei richtiger Stellung mittels eines entgegengesetzt gehaltenen Prisma's das Spektrum betrachtet, so werden die verschiedenen Partien desselben wieder zusammengeworfen, und man erblickt ein vollkommen weißes Bild der Oeffnung. Fängt man nicht das ganze Spektrum, sondern nur einzelne Strahlenpartien desselben auf, so kann man die Bestandtheile derselben auch durch ein zweites Prisma mit einander vermischen; nur entsteht dann nicht mehr Weiß, sondern es bildet sich eine Farbe, die ihrerseits mit den ausgeschiedenen Strahlen erst Weiß geben würde. Nehmen wir Roth weg, so geben die noch übrig bleibenden Strahlen Grün; fehlt Blau, so erhalten wir Gelb. Roth und Grün ergänzen sich zu Weiß, wie sich Blau und Gelb und in derselben Art Violet und Orange ergänzen. Jede Farbe hat also eine Ergänzungsfarbe, mit welcher sie Weiß giebt. Zwei solcherart zusammengehörige Farben heißen Komplementärfarben, und eine davon wenigstens ist allemal eine Mischfarbe. Ursprung und innerer Zusammenhang dieser Erscheinungen, welcher sich auf exakte Weise aus dem Spektrum ableitet, macht das Wesentliche der Newton'schen Farbenlehre aus. Die Farben, das heißt selbstverständlich nicht die Farbematerialien, Pigmente, sind danach nichts Anderes als verschiedene Eindrücke auf unsere Sehnerven, durch Lichtstrahlen von verschiedener Brechbarkeit hervorgerufen.

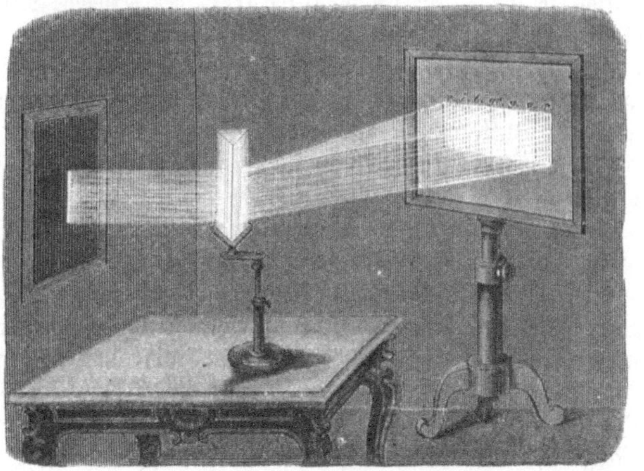

Fig. 184. Zerlegung des Lichts durch das Prisma.

Bekanntlich hat Goethe gegen diese einfachen Newton'schen Sätze eine eigene „Farbenlehre" geltend zu machen gesucht. Es widerstrebte dem großen Dichter, das Licht und die davon bedingten Erscheinungen einer mathematischen Behandlung unterworfen und den allbelebenden Strahl der Sonne gemessen und berechnet zu sehen. Deswegen verschloß er sich auch gegenüber der Beweiskraft experimentaler Untersuchungen und belächelte den Schluß der Anhänger des großen Briten, welche durch das Prisma die einzelnen Bestandtheile des Sonnenstrahles zu sondern sich unterfingen.

Aufgedröselt, bei meiner Ehr'!
Siehst ihn, als ob's ein Stricklein wär',
Siebenfarbig statt weiß, oval statt rund; —
Glaube hiebei des Lehrers Mund,
Was sich hier aus einander reckt,
Das hat Alles in Einem gesteckt.

Dieser Goethe'sche Hohn hat ein ganzes Heer von Nachbetern gefunden. Indessen, so leidenschaftlich auch das Gebahren dieser Adepten sich zeigt, — sie behandeln, ohne jedes Verständniß einer strengen, exakten Methode der Forschung, kritiklos allgemeine Phrasen als Begriffe, Deutungen und Vergleiche als fundamentale Wahrheiten. Wie natürlich, haben all' ihre hitzigen Bestrebungen weder die Wissenschaft noch die Interessen des praktischen Lebens auch nur um eines Haares Breite gefördert — und es ereilt sie mit vollem Rechte das unabweisbare Loos der Vergessenheit.

Außer den farbigen Strahlen des Spektrums giebt es aber im Sonnenlichte auch noch Strahlen, welche auf unser Auge so ohne Weiteres keinen Eindruck hervorbringen. Sie werden vom Prisma ganz in derselben Art wie die andern gebrochen; wie wir aber zu hohe Töne nicht mehr zu hören vermögen, so wirken auf unsre Sehnerven auch die Aetherwellen, deren Brechbarkeit über das Violet des Spektrums hinaus liegt, nicht mehr. Dagegen giebt es gewisse chemische Verbindungen, welche durch sie umgewandelt werden, und dieser Umstand hat darum die sogenannten chemischen Strahlen auch, als Becquerel 1842 das farbige Sonnenspektrum auf einer Daguerreotypplatte abbildete, entdecken lassen. Jetzt wissen wir, daß dieses chemische Licht, welches in der Photographie eine Hauptrolle spielt, auch durch mancherlei andere Substanzen, wie Chininlösung, Abkochung von Kastanienrinde, Uranglas u. dgl., sichtbar gemacht werden kann (Fluorescenz).

**Die Fraunhofer'schen Linien.** Wollaston schon hatte bei seinen Untersuchungen des Sonnenspektrums gefunden, daß dasselbe nicht, wie es auf den ersten Anblick den Anschein hat, aus kontinuirlich in einander übergehenden Partien besteht, sondern daß es in dem hellen Farbenstreifen einzelne rechtwinkelig gegen seine Länge gerichtete dunkle Striche zeigt. Allein erst Fraunhofer, der berühmte Münchener Optiker, beobachtete (1815) diese Erscheinung genauer und fand dabei, daß die dunkeln Streifen immer genau an derselben Stelle des Spektrums erscheinen, und ferner, daß ihre Zahl eine ungemein große sei; wie die Milchstraße in einzelne Sterne, so lösten sich vor seinen schärferen Instrumenten die vorher dunkeln Bänder in immer neue gesonderte Linien. Er selbst bestimmte gegen 600 solcher Linien, welche nach ihm die Fraunhofer'schen Linien genannt worden sind.

Die am deutlichsten hervortretenden bezeichnete Fraunhofer mit Buchstaben, und es sind dieselben besonders dadurch wichtig, daß sie sich mit voller Bestimmtheit immer wieder auffinden lassen, wodurch sie das sicherste Mittel abgeben, die Brechungsverhältnisse der verschiedenen Körper auf das Allergenaueste zu bestimmen. Der Herstellung optischer Instrumente und den davon abhängigen Disziplinen, Astronomie, Mikroskopie, Photographie u. s. w., hat diese Methode unberechenbare Dienste geleistet. Und so wirken wissenschaftliche Erfolge Ungeahntes, wenn sie auch dem Auge der Menge oft als fruchtlos und als spitzfindige theoretische Tifteleien erscheinen. Denn nichts ist in der Natur klein oder groß — Alles gleichbedeutend im großen Ganzen.

Soweit es die Abwesenheit der Farbe gestattet, dürfte Fig. 185 geeignet sein, die Lage der Fraunhofer'schen Linien im Sonnenspektrum zu veranschaulichen. A, B und C liegen im Roth, D in Orange, E auf der Grenze zwischen Gelb und Grün, F zwischen Grün und Blau, G im Indigoblau und H im Violet. Dazwischen vertheilen sich die zahlreichen feineren Linien, von denen nur einige wenige bezeichnet sind.

Der Augenschein lehrt uns also, daß die Eigenschaften der verschiedenen Lichtwellen, welche das weiße Sonnenlicht zusammen bilden, nicht ganz allmälig in einander übergehen, daß vielmehr dem Sonnenlichte, wenn es aus dem Prisma tritt, Strahlen von gewisser Brechbarkeit fehlen, oder daß diese wenigstens in viel geringerer Menge darin enthalten sind als die übrigen. Denn allerdings sind die Linien nicht allemal gänzlich lichtlos, sondern sie können unter Umständen noch eine Verdunkelung erleiden.

**Die Spektralanalyse.** Schon Fraunhofer machte die Bemerkung, daß in Bezug auf diese fehlenden Strahlen sich das Licht der Sonne, des Mondes und der Venus übereinstimmend verhält, daß dagegen in den Spektren mancher Fixsterne, wie des Prokyon, der Capella und des Betalgeus, nur einige Linien, namentlich die Linie D, mit den Linien des Sonnenspektrums identisch sind. Brewster untersuchte 1822 die Frauenhofer'schen Linien verschiedener gefärbter Flammen und beobachtete dabei neue und charakteristische Linien; fünf Jahre später erklärte J. Herschel, der sich viel mit ähnlichen Untersuchungen beschäftigt und besonders die eigenthümlichen Spektren von Flammen analysirt hatte, in denen Chlorstrontium, Chlornatrium und andere Salze verbrannten, daß jene Substanzen ganz bestimmte Linien durch ihre Gegenwart in der Flamme hervorrufen und „daß man in der Verschiedenheit der Spektren ein ungemein scharfes Mittel habe, um äußerst geringe Spuren von gewissen Körpern zu entdecken.“ Eben so bestimmt sprach sich Talbot aus, welcher gefunden hatte, daß im Spektrum der Alkoholflamme Kaliverbindungen einen ganz entschiedenen rothen Streifen hervorbringen; „wenn seine Beobachtungen richtig seien, so werde ein Blick in's Spektrum genügen, um Substanzen zu entdecken, die anders nur durch mühsame chemische Analysen ermittelt werden könnten.“

Fig. 185. Sonnenspektrum mit den Fraunhofer'schen Linien.

Aber trotz der so klar erkannten großen Bedeutung dieses Gegenstandes blieb die Beschäftigung mit ihm noch lange Zeit eine sehr vereinzelte. Es war auch über die Natur der Fraunhofer'schen Linien noch zu viel zu erforschen, als daß eine derartige Bepflanzung des so wenig erkannten Gebietes, wie sie Herschel und Talbot ahnten, der Schritt für Schritt gehenden Gelehrtenwelt schon an der Zeit geschienen hatte.

Woher entstanden die Fraunhofer'schen Linien? Es waren fehlende Lichtstrahlen. Aber waren dieselben schon in der Lichtquelle nicht vorhanden, oder erst bei der Fortpflanzung durch den Aether, in der Atmosphäre u. s. w. verloren worden? Fast schien das Letztere der Fall zu sein, denn Brewster bemerkte 1832 gewisse Linien erst oder wenigstens mit viel größerer Schärfe hervortreten, wenn die Sonne tief am Horizont steht und ihre Strahlen einen längern Weg durch die Luftschichten durchlaufen müssen. Allein die abweichenden Spektren verschiedener Flammen, die Entdeckung Wollaston's (1835), daß der elektrische Funke andere Linien zeige, wenn er von Quecksilber, andere, wenn er von Zink, Zinn, Kadmium und andern Metallen abspringt, welche Linien demnach in der Art der Lichtquelle ihre Ursache haben mußten; ferner der Umstand, daß nur einzelne Linien durch die Atmosphäre sich beeinflußt zeigten, Alles zusammen zwang, wenn man auch gewisse Absorptionslinien annehmen wollte, neben diesen Linien noch ursprüngliche, den Lichtquellen eigenthümliche zu erkennen. Diese ursprünglichen Linien und besonders die hellen Streifen homologen Lichts, welche gewisse Flammen zeigen, in denen Metallsalze verbrennen, sind nun die Grundlage der Spektralanalyse geworden, deren Ausbildung in den letztvergangenen Jahren die Namen der beiden Heidelberger Naturforscher Kirchhoff und Bunsen so berühmt gemacht hat. Wir dürfen bei der geschichtlichen Betrachtung des Verlaufes dieser genialen Entdeckung nicht die Wollaston'sche Beobachtung vergessen, daß, wenn der elektrische Funke zwischen zwei verschiedenen Metallen überspringt, das Spektrum die Linien beider Metalle zugleich zeigt, und eben so wenig, daß Foucault, nachdem Fraunhofer die Uebereinstimmung zweier heller Linien in den gewöhnlichen Flammenspektren dem Orte nach mit der Linie D des Sonnenspektrums dargethan, die Entdeckung gemacht hatte, daß elektrisches Licht, welches ebenfalls jene hellen Linien zeigt, mit Sonnenlicht zusammengemischt nicht nur die dunkeln Linien D nicht zu erhellen vermochte, sondern dieselben sogar noch viel schwärzer hervortreten ließ. Licht wurde hier also durch Licht zerstört. Die Wellen heben sich gegenseitig auf — ein Fall, den wir in entsprechender Weise an zwei Wasserwellen bemerken können, welche so mit einander verlaufen, daß, wenn die Thäler der einen Welle mit den Bergen der andern zusammenfallen, sie sich ausgleichen. Es ist dies der Vorgang, welchen die Physiker „Interferenz“ nennen.

Außerdem aber müssen wir die Arbeiten von van der Willigen, Swan, Stockes und ganz besonders die klassischen Versuche erwähnen, welche Plücker in Bonn über die absorbirende Kraft verschiedener Gasarten veröffentlichte.

Kirchhoff und Bunsen, der Erstere Professor der Physik, der Andere Professor der Chemie in Heidelberg, brachten endlich die zahlreichen Untersuchungen zu einem glänzenden Abschluß, dadurch, daß sie die zerstreuten Beobachtungen sammelten und einem hier und da wol angedeuteten, aber von ihnen nicht streng innegehaltenen Zwecke zulenkten, demgemäß aber ganz neue Versuchsweisen anstellten. Sie untersuchten den Einfluß, welchen die verschiedenartigsten Körper in der Flamme, unter den verschiedensten Verhältnissen, unter geringern sowie unter den höchsten Temperaturen u. s. w., auf das Spektrum ausübten, und die Ergebnisse waren ganz wunderbare und überraschend fruchtbare Thatsachen.

Fig. 186. Das Kirchhoff und Bunsen'sche Spektroskop.

Wir wollen zunächst den Apparat, dessen man sich zu bequemer Beobachtung und Untersuchung der Flammenspektren bedienen kann, beschreiben und beziehen uns dabei auf Fig. 186. Vorn sehen wir die Lichtquelle, einen sogenannten Bunsen'schen Brenner a, in dem untern Theile mischt sich das zugeleitete Leuchtgas mit atmosphärischer Luft. Dieses Gemisch leuchtet wenig, entwickelt aber sehr viel Hitze und läßt die hellen Linien der mittels des Platindrahts b in die Flamme gebrachten Bestandtheile auf das Deutlichste erkennen. Die Strahlen der Flamme dringen durch den engen Spalt des Deckels c, welcher ein inwendig geschwärztes und dem Prisma zugerichtetes Rohr verschließt. Das Spektrum selbst beobachtet man durch das Fernrohr e in dem Prisma d. Das letztere läßt sich mittels eines Hebels f um seine Achse drehen; eine daran angebrachte Vorrichtung erlaubt die Größe dieser Drehung genau zu messen. Ein senkrecht gespannter Faden im Innern des Fernrohrs bildet eine Marke, auf welche die Linien allemal einspielen müssen, und man kann, wenn man für die hauptsächlichsten dunkeln Linien des Sonnenspektrums die Drehungswinkel gemessen hat, die Lage aller Linien eines andern Spektrums in Bezug auf jenes sicher erkennen.

Erscheint also da, wo die Linie A des Sonnenspektrums unter dem Faden liegen müßte, eine hellrothe Linie, so deutet dieselbe auf das Vorhandensein von Kalium in der Flamme, denn nur dieser Körper bringt an bezeichneter Stelle eine einzelne helle

Linie hervor; volle Sicherheit giebt aber erst eine andere Linie, welche blau im violetten Theile des Spektrums kurz vor der Linie H auftritt. Eine glänzend rothe Linie zwischen B und C des Sonnenspektrums und eine schwache gelbe im Orange zwischen C und D können dem Lithium und Strontium angehören, allein das letztere ist außer andern Linien im Roth und Orange besonders durch eine scharfe blaue Linie zwischen F und G gekennzeichnet, so daß es mit dem ersteren nicht verwechselt werden kann. In ähnlicher Weise sind Calcium, Natrium, Eisen u. s. w. leicht zu unterscheiden. Die Reaktionen sind so fein, daß z. B. von Natron der fünfmalhunderttausendste Theil eines Pfundes, in weitere Dreimillionentheile getheilt, noch deutlich die charakteristische Linie erkennen ließ. Wir finden durch das Spektroskop, daß bei Westwind mehr Natron in der Luft sich befindet als bei Nordost, weil dort der Wind über das kochsalzhaltige Meerwasser, hier aus den weiten Länderstrecken Rußlands zu uns kommt.

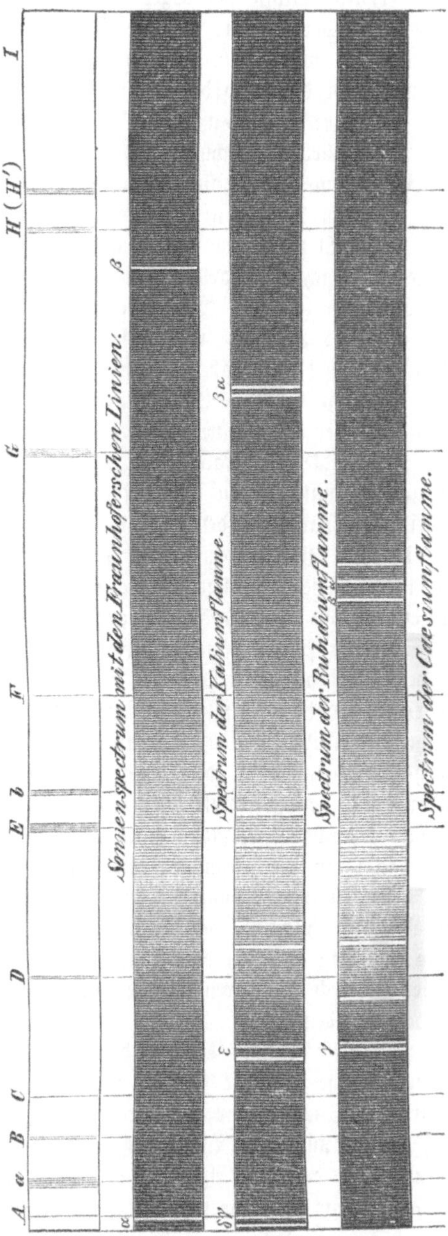


Fig. 187. Zusammenstellung des Sonnenspektrums mit den Spektren von Kalium-, Cäsium- und Rubidiumflammen.

Es mußte nun ganz besonders überraschen, nicht nur daß manche Körper, die man früher für sehr selten in der Natur vorkommend angesehen hatte, sich jetzt plötzlich weitverbreitet und fast in allen Gesteinen und Wässern, wenn auch in ungemein geringer Menge, verriethen, sondern noch mehr, daß manchmal helle Linien im Spektrum erschienen, welche mit den Linien aller übrigen bekannten Stoffe durchaus nicht übereinstimmend waren. So fiel den beiden Forschern zuerst mitunter eine prachtvolle rothe, noch vor der Kaliumlinie auftretende helle Linie auf, und zugleich mit ihr erschienen allemal im Verlaufe des Spektrums einige andere Linien von ganz konstanter Lage; sodann ließ sich bisweilen eine ganz besonders helle und schön gefärbte blaue Linie bemerken, die ebenfalls von bestimmten andern Linien begleitet wurde und mit der blauen Strontiumlinie gar nicht verwechselt werden konnte. Bisweilen kamen die beiden neuen Linien zusammen vor, bisweilen beobachtete man die rothe allein mit ihrem Hofstaate, andremale sah man wieder das System der blauen Linie gesondert, und vorzugsweise waren es gewisse Mineralien, Lepidolith z. B. und die Dürkheimer Soole, welche die Erscheinung in ganz besondrer Schönheit bemerken ließen.

So überraschend diese Entdeckung den Forschern war, so überraschend mußte der ganzen gebildeten Welt das Ergebniß sein, welches daran sich knüpfte. „Die Linien müssen eine Ursache haben; nach allen Erfahrungen muß dieselbe eine den Ursachen andrer heller Linien ähnliche sein; die übrigen hellen Linien werden in der Gasflamme durch fremde Stoffe hervorgebracht; in unserer Flamme muß also ein, oder müssen mehrere Körper glühen, welche mit den uns bis jetzt bekannten eben so wenig übereinstimmen, wie die beiden von ihnen hervorgerufenen hellen Linien mit den bisher bekannten; in dem Lepidolith und in der Dürkheimer Soole müssen ein paar neue Elemente stecken, von denen die Chemiker noch keine Ahnung haben."

So urtheilten Kirchhoff und Bunsen. So urtheilte einst Leverier in Paris, als er die Beobachtungen gewisser Störungen im Laufe der Planeten seiner Rechnung unterwarf und den Neptun herausrechnete. Der Neptun wurde gefunden, und die beiden neuen Elemente wurden auch dargestellt und zwar von ihren Entdeckern selbst, welche sie nach der Farbe ihrer charakteristischen Linien mit den Namen Rubidium und Cäsium belegten. Beides sind Metalle von größerer Verwandtschaft zum Sauerstoff als das Kalium, mit dessen Verbindungen ihre Salze einige Uebereinstimmung erkennen lassen, so daß sie sich in reinem, gediegenem Zustande in der Natur gar nicht erhalten können. Mit Hülfe der galvanischen Batterie gelang ihre Reindarstellung. Später als die beiden genannten Metalle wurden noch zwei neue Elemente ebenfalls durch die Spektralanalyse entdeckt, von denen das eine seiner charakteristischen laubgrünen Linie wegen Thallium, das andere, von Reich in Freiberg entdeckte, Indium genannt worden ist.

Unsere Leser werden gehört haben, daß die beiden Forscher Kirchhoff und Bunsen aus ihren Spektralbeobachtungen einen interessanten Schluß auf die materielle Zusammensetzung des Sonnenkörpers gezogen haben. Die Beobachtungen über die Natur der Spektren führen nämlich zunächst zu dem Schlusse, daß in einer Flamme glühende Körper nicht nur einzelne helle Streifen geben, sondern daß diese glühenden Körper bei einer gewissen Temperatur eine glühende Atmosphäre um sich herum bekommen, welche die Fähigkeit hat, Strahlen von jener Brechbarkeit zu absorbiren. Es geschieht dies in Folge der schon erwähnten Interferenz. Da nun in der Sonnenatmosphäre gewisse dunkle Linien enthalten sind, welche denen entsprechen, die bestimmte irdische Substanzen, namentlich Natrium, Kalium, Magnesium, Eisen, Chrom und Nickel, in dem Flammenspektrum hervorrufen, so schließen Kirchhoff und Bunsen, daß der glühende Sonnenkörper unter anderen auch jene auf der Erde vorkommenden Metalle enthalte, daß diese zunächst helle Linien hervorbringen, welche aber dadurch, daß sie eine um den Sonnenkörper gelagerte glühende Atmosphäre durchdringen müssen, durch Interferenz aufgehoben und in die uns bekannten dunkeln Streifen verwandelt werden.

Ob diese geniale Theorie die einschlagenden natürlichen Thatsachen in der angegebenen Weise für ihre Zwecke richtig benutzt hat oder nicht, das wird die genauere Erforschung, welche nur eine Frage der Zeit ist, entscheiden. Jedenfalls aber zeigt sie uns, welche ungeheure Wirkungssphäre das einfachste Phänomen, welche kosmische Bedeutung der einfachste Apparat erlangen kann, wenn in unbefangener, mathematisch strenger Weise die Untersuchung gehandhabt wird.

In der Camera obscura.

— Sieht man vom Markt in die Kirche hinein,
Da ist alles dunkel und düster;
Und so sieht's auch der Herr Philister. —
— — Kommt aber nur einmal herein!
Begrüßt die heilige Kapelle;
Da ist's auf einmal farbig helle.

Goethe.

# Die Camera obscura.

Die Welt im dunkeln Zimmer. Von den Linsen. Ihre Arten und ihr Prinzip. Sphärische Abweichung. Sammellinsen. Brennpunkt. Brennweite. Linsenbilder, reelle und virtuelle. Achromatische Linsen und ihre Erfindung. Schleifen der Linsen. Das Münchner optische Institut. Die Camera obscura. Sonnenbildchen bei der Sonnenfinsterniß. Laterna magica und Nebelbilder.

---

Kaum irgend ein anderer physikalischer Apparat dürfte eine ähnliche überraschende Wirkung auf jeden Beschauer ausüben, als es die Camera obscura thut.

Auf einer ebenen Fläche weißen Papieres sehen wir die uns umgebende Landschaft mit allem natürlichen Zauber der Perspektive, Färbung und Beleuchtung. Zwischen grünen Auen schlängelt sich ein Fluß hin. Auf seiner klaren Oberfläche spiegelt sich die Sonne, überhängendes Gebüsch oder steilere Ufer werfen dunkle Schatten und die hellbeleuchteten Gebäude an dem Gestade, die darüber gespannten Bogen der Brücke zeigen ihr wiederkehrendes Bild in dem flüssigen Elemente. Darüber hinaus erheben sich waldbewachsene Hügelketten, die sich in duftiger Ferne verlieren. Im Vordergrunde aber blicken wir in die Straßen und Plätze einer großen Stadt und über dem Ganzen schwebt der luftdurchflossene Himmel mit seinem körperlosen Blau, das den Blick in unendliche Tiefen zieht. Wenn der Zeichenstift des Malers auch die Umrisse des Bildes wiederzugeben vermag, so muß der größte Künstler daran verzweifeln, den Reiz der Farbe und des Lichtes, welcher das wunderbare Gemälde erfüllt, erreichen zu wollen. Vor Allem aber überraschend ist die in dem Bilde herrschende Bewegung, durch welche wir in ein ganz neues Gebiet von Empfindungen versetzt werden. Wir sehen nicht die Natur in einem einzelnen Momente fixirt. Die weißen Wolken bleiben nicht stehen, wie sie selbst auf dem vollendetsten Kunstwerke des Malers feststehen bleiben. Wir verfolgen sie mit unsern Augen, wenn sie an dem blauen Himmelsgewölbe vorüberziehen und mit ihrem Schatten die darunter liegende Gegend strichweise verdunkeln. Das Glitzern der Wellen zeigt uns die Bewegung des Wassers; die Wipfel der Bäume schwanken; in matt erkennbaren Wellen wogt das Aehrenfeld und wir glauben den Wind zu fühlen, der die Blätter zittern macht und das Wasser kräuselt.

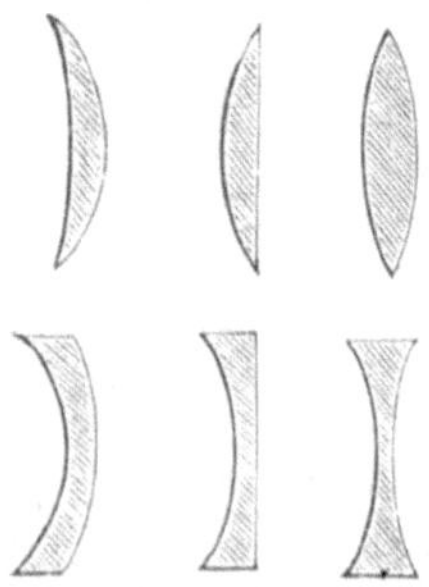

Fig. 189. Konkav- und Konvexlinsen.

Da kommt ein Boot um die Biegung des Flusses, vorn sitzen die Ruderer und führen mit regelmäßigem Taktschlage das leichte Fahrzeug uns näher. Sie legen an. Einige von der Gesellschaft steigen an's Ufer und wandeln zwischen Hecken jenem Gartenhause zu, dessen Thür sich öffnet und wieder schließt. Und näher im Mittelpunkt der zauberischen Tischplatte entwickelt sich jetzt ein wechselreiches, buntes Leben. Die kühler werdenden Stunden des Nachmittags locken eine festlich geschmückte Menge hinaus in's Freie. Buntgekleidete Frauen, schwarzwandelnde Männer, springende Kinder, Hunde, Wagen, Pferde — Alles, was Beine hat, kribbelt mit seinem Schatten über den Plan und verschwindet um Straßenecken, taucht wieder auf, begegnet sich und grüßt sich. Man sieht mit einander sprechen — du hältst den Athem an, weil du glaubst, jeden Augenblick müsse der Schall an dein Ohr schlagen. So kann man stundenlang diesen nimmer wechselnden und unerschöpflichen Reizen der Betrachtung sich hingeben, und der Apparat, durch den sie hervorgebracht werden, ist so einfach, ein Zauberstab könnte nicht einfacher sein. Eine ebene Tischplatte, ein Spiegel, ein paar Linsen. — Was sind Linsen?

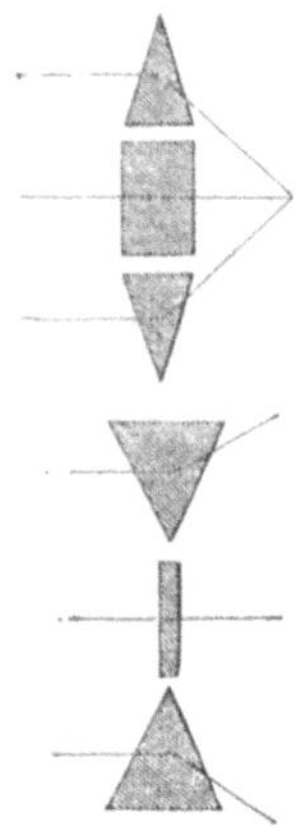

Fig. 190. Prinzip der Linsen.

Richtig, wenn du erfahren sollst, auf welche Weise das reizende Bild in der Camera obscura erzeugt wird, muß ich dich zuvor mit den hauptsächlichsten Bestandtheilen derselben und ihrer Wirkungsweise bekannt machen.

**Die Linsen**, das heißt die optischen Linsen, mit denen wir es hier allein zu thun haben, sind regelmäßig geschliffene Glaskörper von runder Gestalt, deren Oberfläche mindestens auf der einen Seite gekrümmt ist. Die verschiedenen Arten derselben sind in Fig. 189 so dargestellt worden, wie sie im Durchschnitt aussehen würden. Je nachdem beide Oberflächen oder nur die eine gekrümmt ist, und je nachdem die Krümmung nach außen oder nach innen zugeht, unterscheidet man *bikonvexe*, *plankonvexe*, *bikonkave* und *plankonkave* Linsen. Die bikonkaven und bikonvexen Linsen aber sind wieder unter sich verschieden. Die Krümmung kann nach beiden Seiten oder nur nach einer Seite gerichtet sein. Im letzteren Falle heißen die Gläser auch Menisken, und es sind die *bikonvexen* (oder konvergirenden) *Menisken* in der Mitte dicker als am Rande, die *bikonkaven* (divergirenden) *Menisken* dagegen in der Mitte dünner. Die optische Wirkung der Linsen können wir uns am besten veraugenscheinlichen, wenn wir von dem Prisma ausgehen und zu diesem Behufe die Zeichnung Fig. 190 zu Grunde legen. Denken wir uns zwei Prismen und eine kleine ebene Glasplatte so gegeneinander gestellt, wie es der obere Theil der Figur zeigt, so werden diejenigen parallel ankommenden Sonnenstrahlen, welche durch die mittelste Glasplatte hindurchgehen, ungebrochen ihren Weg fortsetzen; diejenigen aber, welche die Prismen treffen, eine Ablenkung nach der Mitte hin erfahren. Sind die Prismen ganz gleich, so treffen sich diese zwei Strahlen an denselben Punkten der Achse, welche durch den Mittelstrahl angedeutet wird. Da auf allen Punkten der Prismenfläche Strahlen einfallen, so werden sie auch, nachdem sie gebrochen sind, über einen größern Raum hin zerstreut. Um daher das Spektrum zu konzentriren, giebt man jedem einfallenden Strahle gewissermaßen seine eigene Prismenfläche, welche ihn demselben Vereinigungspunkte zubricht, wie die andern. Man setzt unendlich viele Prismen zusammen und macht den Uebergang zwischen ihnen ganz allmälig. Die gebrochene Oberfläche geht dadurch in eine gekrümmte, sphärische über; es entsteht die Linse. Ist dieselbe der Art beschaffen, daß in der Mitte die Prismen mit der Basis einander zugekehrt sind, so wird sie die einfallenden Strahlen auf der andern Seite vereinigen und heißt dann eine Sammellinse; die drei ersten Formen der Fig. 189 sind sämmtlich Sammellinsen. Sind aber die brechenden Kanten der Prismen einander zugekehrt, so gehen die einfallenden Strahlen auseinander, sie werden zerstreut, und solche Linsen heißen Zerstreuungslinsen. In Fig. 189 sind diese durch die drei untersten Formen dargestellt.

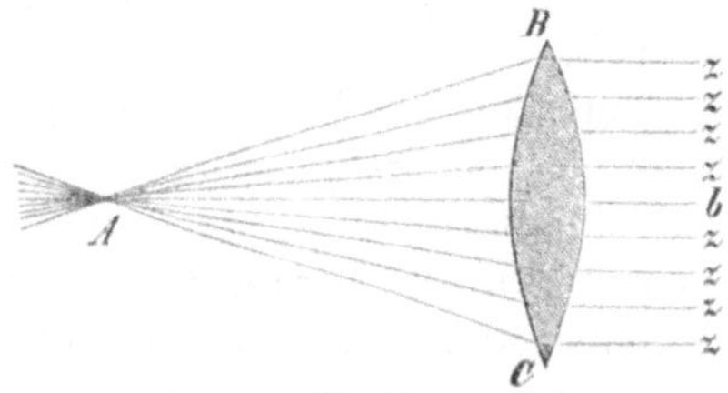

Fig. 191. Die bikonvexe Linse.

Als Vertreter wollen wir im Folgenden einmal die bikonvexen und das andere Mal die bikonkaven Linsen ansehen; die andern verhalten sich entsprechend ebenso.

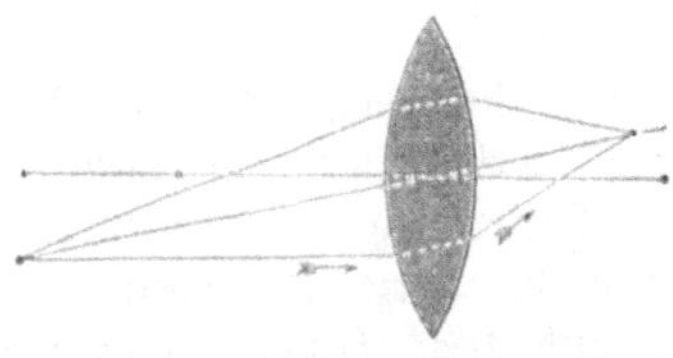
Fig. 192. Vereinigung seitwärts einfallender Strahlen.

Der Punkt, wo bei Sammellinsen die Strahlen vereinigt werden, heißt der Brennpunkt. Wenn die Strahlen parallel und in der Richtung der Achse b ankommen (Fig. 191), so wird dieser Punkt A der Hauptbrennpunkt genannt, seine Entfernung von der äußern Oberfläche der Linse heißt die Brennweite. Die Lage des Brennpunkts ändert sich nicht nur mit der brechenden Kraft der Substanz der Linsen, sondern auch mit der Konvergenz oder Divergenz der einfallenden Strahlen. Er fällt immer weiter hinaus, je mehr die Lichtquelle sich der Linse nähert, je mehr also die Strahlen divergiren, und wenn der leuchtende Punkt in den Hauptbrennpunkt gelangt ist, so gehen die gebrochenen Strahlen dann sämmtlich in paralleler Richtung von der Linse aus weiter. Rückt die Lichtquelle der Linse noch näher, so divergiren hinter derselben ihre Strahlen. Uebrigens werden auch Strahlen, welche von einem Punkte ausgehen, der nicht auf der Hauptachse liegt, durch Sammellinsen einander zugebrochen, wie es Fig. 192 darstellt. Die durchgehenden Mittellinien heißen dann Nebenachsen und der Winkel, den diese Nebenachsen, unbeschadet der Deutlichkeit des Bildes, noch mit einander machen können, das Feld der Linse. Bei bikonvexen Linsen aus gewöhnlichem Glase vom Brechungsexponenten 1,5 liegen die Brennpunkte in den Mittelpunkten der Kreisabschnitte,

Fig. 193. Die bikonkave Linse.

welche die Oberfläche der Linse begrenzen. Für stärker brechende Substanzen liegen sie näher, für schwächer brechende entfernter.

**Hohllinsen** oder Zerstreuungslinsen können nun solche Punkte, in denen sich die einfallenden Lichtstrahlen vereinigen, nicht haben. Wenn man aber die divergirenden Strahlen über die Linse hinaus verlängert, so treffen sie auch sämmtlich in einem Punkte zusammen, den man der Sache gemäß den **Zerstreuungspunkt** nennt (siehe Fig. 193). Er liegt stets mit dem leuchtenden Punkte auf derselben Seite der Linse.

**Linsenbilder.** Mit den angeführten Erscheinungen, die in gewisser Beziehung sich sehr gut mit den Erscheinungen an gekrümmten Spiegeln vergleichen lassen, können wir die Wirkungsweise nicht nur der Camera obscura, sondern der meisten optischen Apparate, vom einfachen Vergrößerungsglase an bis zu den kunstreichsten astronomischen Beobachtungsinstrumenten, uns deutlich machen. Nehmen wir an, durch die in Fig. 194 dargestellte Linse gingen von der Kerze Lichtstrahlen, so werden dieselben in der durch die Linien angedeuteten Weise in gewisser Entfernung hinter der Linse vereinigt, und zwar alle von einem Punkte ausgehenden Strahlen auch in demselben Punkte, der immer in der durch den Mittelpunkt gezogenen Nebenachse liegt. In diesen respektiven Vereinigungspunkten entsteht ein reelles Bild, welches man mit einem Schirme auffangen kann. Es ist verkehrt und je nach der Entfernung des leuchtenden Körpers von der Linse vergrößert oder verkleinert. Steht die Kerze in doppelter Brennweite, so ist das erzeugte Bild gleich groß mit ihr und liegt ebenfalls in doppelter Brennweite; steht die Kerze näher der Linse, so ist das Bild vergrößert und liegt weiter; steht die Kerze aber weiter, so liegt das Bild näher und ist kleiner.

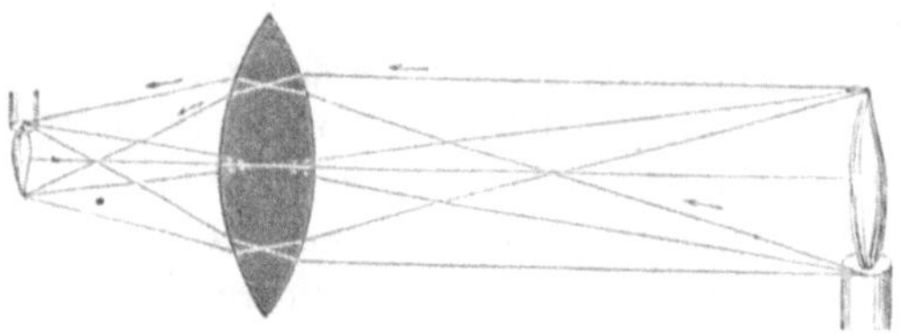
Fig. 194. Reelles Licht der bikonvexen Linse.

Außer diesen wirklichen Bildern geben aber die konvexen Linsen auch, ganz eben so wie Hohlspiegel, **virtuelle Bilder**. Sie entstehen dadurch, daß die Linse die durchgehenden Strahlen konvergirender macht und das Auge daher den Gegenstand, den es in richtige Sehweite verlegt, unter einem größern Sehwinkel zu sehen bekommt. Bei Zerstreuungslinsen kann von reellen Bildern keine Rede sein, die virtuellen müssen verkleinert erscheinen.

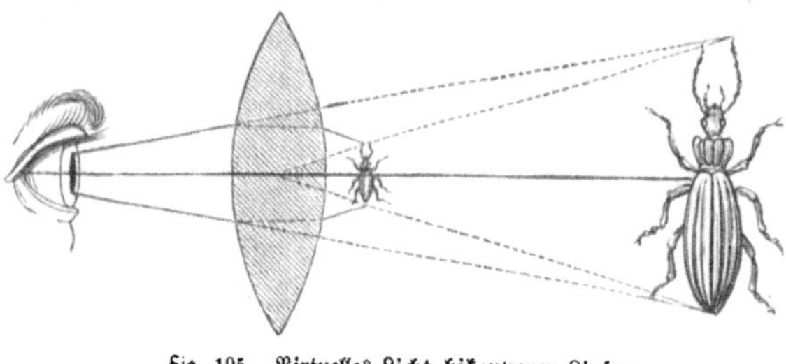
Fig. 195. Virtuelles Licht bikonvexer Linsen.

Von Linsen mit Kugeloberflächen, wie wir sie hier nur im Auge haben können, werden aber die Lichtstrahlen nicht streng in einen Punkt vereinigt, sondern je größer der Winkel ist, den sie mit der Achse machen, um so näher liegt ihr Brennpunkt der Linse selbst. Diese sogenannte **sphärische Aberration** oder **Abweichung durch die Kugelgestalt** ließe sich durch Linsen mit anderer Krümmung umgehen, da aber deren Herstellung sehr schwierig ist, so bedient man sich lieber des Auskunftsmittels, Linsen von großer Brennweite anzuwenden und nur diejenige Mittelregion zu benutzen, auf welche die Strahlen noch unter genügend kleinem Winkel auffallen.

**Achromatische Linsen.** Das von den sichtbaren Gegenständen ausgehende Licht wird ebenso durch das Prisma in farbige Strahlen zerlegt wie das direkte Sonnenlicht. Und eine gleiche Wirkung muß nothwendiger Weise auch eine gewöhnliche Linse ausüben. Denn wenn man eine solche in eine kleine Oeffnung des Fensterladens setzt und durch sie Sonnenlicht in das verdunkelte Zimmer hindurchgehen läßt, so bildet sich auf der entgegenstehenden Wand selbst in der richtigen Brennweite nicht ein völlig weißes Sonnenbild, sondern wir sehen dasselbe mit einem leichten Farbenrande umgeben, und wenn wir den Schirm weiter zurückrücken und den Kreis vergrößern, zerfließt das Bild immer mehr in konzentrische, regenbogenartig gefärbte Ringe. Das kommt daher, weil der Brennpunkt der violetten Strahlen der Linse näher liegt, als derjenige der rothen. In den gewöhnlichen Apparaten kommt nun nicht viel darauf an, ob wir die Gegenstände mit etwas farbigen Rändern sehen oder nicht. In den feineren optischen Apparaten aber, dem Fernrohr, Mikroskop, den photographischen Instrumenten u. s. w., ist es von dem allergrößten Einfluß auf die Schönheit des Bildes, daß diese Abweichung so viel wie möglich verringert und die Konvergenz aller Strahlen auf einen einzigen Punkt geleitet werde.

Wenn man von der lichtbrechenden Eigenschaft durchsichtiger Körper Anwendung machen will, so scheint es auf den ersten Anblick unmöglich, Ablenkung ohne Zerstreuung zu erzeugen, und Newton selbst läugnete die Möglichkeit, „achromatische Linsen“ herzustellen, das heißt solche, welche das vergrößerte resp. verkleinerte Bild nicht mit farbigen Rändern umgeben zeigen. Der große Mathematiker Euler rief daher durch seine Behauptung, daß dies dennoch bewirkt werden könne, einen lebhaften Streit hervor, welcher erst durch Klingenstierna beendet wurde, der in der Newton'schen Beweisführung das Falsche dieser Voraussetzungen nachwies. Newton ging nämlich von der Annahme aus, daß die Farbenzerstreuung, das heißt die Breite des Spektrums, in direktem Verhältniß stehe zu der Größe der Ablenkung. Dies ist aber nicht der Fall, denn es giebt gewisse durchsichtige Körper, die bei geringerer Ablenkung ein eben so breites Spektrum erzeugen, als andere bei größerer Ablenkung. Auf diese Erfahrung hin wurden nun Versuche gemacht, brechende Linsen ohne Farbenzerstreuung herzustellen, eine Aufgabe, die zunächst für die Vervollkommnung der Fernröhre von der größten Bedeutung war.

Es heißt, daß ein gewisser Holles, der sich zu seinem Vergnügen mit physikalischen Studien beschäftigte, in London zuerst das Problem gelöst und schon 1733 achromatische Fernröhre konstruirt, aber Niemandem eine Mittheilung über sein Verfahren gemacht habe. Er ließ sogar, um sich nicht zu verrathen, die einzelnen Bestandtheile seiner Linsen (dieselben werden aus zweierlei Glassorten zusammengesetzt) bei verschiedenen Glasschleifern nach Maßangaben zurichten, aber gerade dieser Umstand führte die Entdeckung herbei. Denn Dollond, der berühmte Optiker, dessen Fernröhre damals weitaus für die besten gelten durften, gab denselben Arbeitern Aufträge und es fiel ihm beim Besuch verschiedener Werkstätten auf, daselbst geschliffene Gläser zu finden, welche gewisse Maßverhältnisse mit einander gemein hatten und die, wie die Nachforschungen ergaben, für einen und denselben Besteller angefertigt wurden. Dahinter ein Geheimniß vermuthend, verglich und untersuchte Dollond die Gläser auf das Genaueste und kam so hinter das Verfahren, welches den optischen Wissenschaften die größten Dienste leisten sollte. Denn es ermöglichte erst, bei Fernröhren und Mikroskopen bedeutende Vergrößerungen anzubringen und dabei doch den Bildern große Deutlichkeit zu bewahren.

Nehmen wir zwei Prismen A und B, das erstere von Crownglas mit einem brechenden Winkel von 25°, das zweite von Flintglas mit einem brechenden Winkel von etwa 12°, und untersuchen wir deren Spektren, so werden wir finden, daß dieselben zwar nicht um gleiche Winkel abgelenkt werden, denn wenn das Crownglasprisma eine Ablenkung von ungefähr 13,65° hervorbringt, so lenkt das Flintglasprisma das Spektrum nur um 8,03° ab, daß aber trotz dieser Verschiedenheit in der brechenden Kraft die Zerstreuung der Farben in beiden Spektren gleich groß ist. Ein Spektrum ist so breit wie das andere. Und wenn wir nun die beiden Prismen in der Art, wie es Fig. 200 zeigt, mit einander kombiniren, daß die brechenden Kanten einander entgegengesetzt sind, so werden die Strahlen des vom Prisma A gebildeten Spektrums von dem Prisma B in entgegengesetzter Richtung wieder abgelenkt, und weil das Prisma B ein eben so breites Spektrum bilden will, die violetten mit den rothen und allen dazwischen liegenden Strahlen wieder auf einen Punkt zusammengebrochen. Die verschiedenen Strahlen vereinigen sich hier und es entsteht vollständiges Weiß. Die Farbenzerstreuung ist aufgehoben, aber — und das ist der große Gewinn — nicht die Ablenkung. Von dem durch das Prisma A bedingten Ablenkungswinkel von fast 14° hat das Prisma B nur 8° unschädlich machen können. Der Rest von 6° kommt dem Optiker, welcher achromatische Linsen herstellen will, zu Gute. Man sieht leicht ein, daß man bei Linsen denselben Effekt wie bei Prismen wird hervorrufen können, wenn man eine Konvexlinse von Crownglas und eine Konkavlinse von Flintglas mit einander vereinigt, und in der That hat sowol Holles dies Verfahren schon eingeschlagen, als es, nachdem es durch Dollond, namentlich aber durch Fraunhofer, auf einen hohen Grad der technischen Vollkommenheit gebracht worden ist, auch jetzt noch ausgeführt wird. Die Verhältnisse der Krümmungshalbmesser sind nach der brechenden Kraft der Glassorten zu berechnen. Die beiden Bestandtheile der Linse haben an der Oberfläche, mittelst welcher sie aneinander gefügt werden, genau dieselbe Krümmung, so daß sie selbst, wenn kein Vereinigungsmittel dazwischen gebracht wird, sich auf allen Punkten berühren. Um sie aber an einander zu befestigen, bringt man eine dünne Schicht kanadischen Balsam dazwischen, der vollständig durchsichtig ist und den Gang der Lichtstrahlen nicht irritirt. Wenn wir also in Zukunft bei der Besprechung neuerer optischer Instrumente von Linsen zu reden haben, so werden wir häufig, ohne dies besonders zu betonen, dergleichen achromatische Linsen, wie sie in Fig. 201 abgebildet sind, im Auge haben.

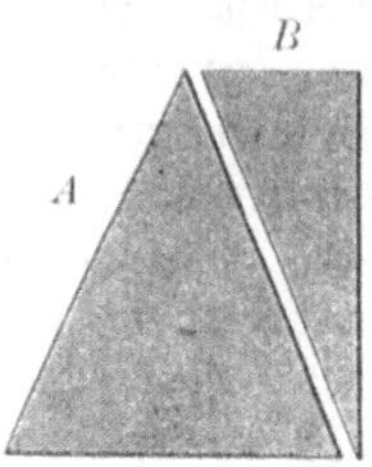

Fig. 196.
Achromatische Prismen.

**Schleifen der Linsen.** Was die praktische Herstellung linsenförmiger Gläser anbelangt, so wollen wir noch mit wenigen Worten hier bei ihr verweilen. Ueber die chemische Zusammensetzung der hauptsächlichsten gebräuchlichen Glassorten erfahren wir das Nähere im IV. Bande dieses Werkes, wo von dem Glase im Allgemeinen die Rede sein wird; hier mag nur die Methode, den Gläsern die richtige Krümmung zu geben, Erwähnung finden, weil dies für die optischen Zwecke die Hauptsache ist. Die Kunst, Linsen aus Glas zu schleifen, wurde zuerst in Holland in ausgedehntem Maße geübt. Ueber die Zeit der Erfindung herrscht aber durchaus keine Klarheit, und wenn auch die Nachricht, daß neuerdings in den Ruinen von Ninive ein antikes optisches Glas, eine plankonvexe Linse von $4^1/_2$″ Brennweite, gefunden worden sei, nur mit großer Vorsicht aufzunehmen ist — denn es liegt durchaus nichts Analoges vor, welches voraussetzen läßt, daß die alten Assyrer mit Bewußtsein jene Kunst geübt hätten — so ist doch so viel gewiß, daß die alten Römer Linsen aus Bergkrystall und Glas kannten.

Stärkere Linsen werden entweder im Rohen erst gegossen oder aus dicken Glasstücken herausgeschliffen; schwächere, wie sie zu Brillengläsern Verwendung finden, schneidet man aus flachen Glastafeln aus. Die weitere Vollendung erhalten sie durch

Schleifen auf den sogenannten **Schleifschalen**; das sind für Konvergläser wirklich vertiefte Schalen von Messing, für Konkavgläser dagegen müssen sie einen nach oben gewölbten Buckel vorstellen. Jede Krümmung verlangt eine besondere Schale und diese werden so dargestellt, daß man zunächst aus Messingblech zwei Schablonen genau nach der Krümmung, welche die verlangte Linse haben soll, anfertigt, von denen die eine die Krümmung nach außen, die andere nach innen erhält. Nach ihnen werden dann auf der Drehbank zwei Schalen gedreht und, nachdem sie gut ausgearbeitet sind, mit feinem Smirgel auf einander abgeschliffen und dadurch sowol geglättet als justirt. Die Schale nun, welche man zum Schleifen benutzen will, befestigt man auf einer gewöhnlich zum Treten eingerichteten Handschleifmühle, welche bei der Arbeit in möglichst raschen horizontalen Umlauf versetzt wird. Das Glasstück wird auf einer Art Handhabe festgepicht, die Schale mit Smirgel und Wasser bestrichen, die Handhabe mit geringem Druck aufgesetzt, und während die Schale umläuft, die Stellung der Linse auf derselben fortwährend geändert, wodurch sie genau die Krümmung der Schale annimmt. Je weiter die Arbeit fortschreitet, desto feinerer Smirgel muß genommen werden. Hat die Linse auf der einen Seite die richtige Form, so wird sie gewendet und nun auf der andern Seite bearbeitet. Schließlich erhält sie auf derselben Schale die Politur; anstatt aber mit Smirgel wird zu diesem Zwecke die Schale mit einer Lage von Pech oder Kolophonium ausgekleidet, der man durch Aufdrücken der Gegenschale die richtige Form gegeben hat. Auf das Pech kommt Polirroth und die Arbeit geht in derselben Art vor sich wie das Schleifen. Obwol das Schleifmittel zumeist das Glas angreift, so erleidet doch auch das Messing eine nicht zu vernachlässigende Abnutzung, in deren Folge die späteren Linsen von den früheren immer größere Abweichungen zeigen müßten. Um dies zu vermeiden, wird von Zeit zu Zeit die Schale mit der Gegenschale ausgesmirgelt.

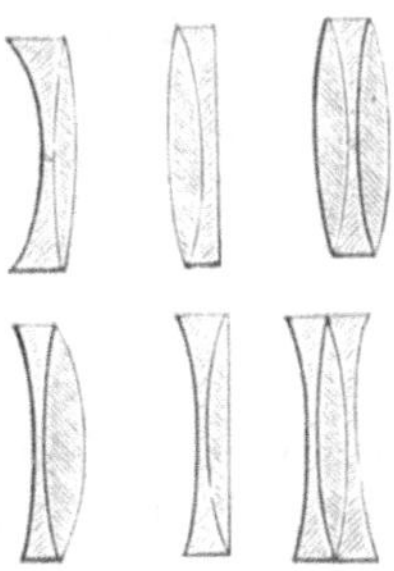

Fig. 197.
Achromatische Linsen.

Lange Zeit haben die Linsen nur eine untergeordnete Verwendung gehabt, sie dienten zu Brenngläsern, Vergrößerungsgläsern, Brillengläsern und einfachen Lupen, und diesen Zwecken genügte eine ziemlich rohe Bearbeitungsweise.

Auch die ihrer bedeutenden Größen wegen merkwürdigen Linsen, welche bisweilen ausgeführt worden sind, und durch welche namentlich der bekannte sächsische Edelmann **Tschirnhausen** sich einst großen Ruf erwarb, konnten wesentliche Fortschritte nicht hervorrufen. Tschirnhausen legte zwar auf einem seiner Güter in der Oberlausitz eine Wassermühle zum Schleifen seiner Gläser an und fertigte mit Hülfe derselben Brenngläser bis zu drei Fuß im Durchmesser und von einer Brennweite bis zu 12 Fuß, aber die Linsen waren eben gut, Fische und Krebse mitten im Wasser durch Sonnenstrahlen zu sieden; einen größeren Nutzen hatten sie nicht. Die damalige Zeit sah natürlich in dem Kuriosum etwas ganz ungemein Werthvolles.

Heutzutage muß der praktische Optiker seine Aufgabe in ganz anderen Punkten sehen und die Maschinen und Vorrichtungen, welche er zur Erreichung seiner Zwecke konstruirt hat, verrathen den größten Scharfsinn und die ängstlichste Genauigkeit. Die vollständige Beschreibung eines Etablissements, wie das Optische Institut in München, das, von **Utzschneider** und **Reichenbach** errichtet, unter **Fraunhofer** und später unter **Steinheil** weltberühmte Instrumente geliefert hat, würde selbst ein Buch für sich bilden. Wir enthalten uns daher an dieser Stelle jedes Versuches, dagegen wollen wir noch einen Apparat in den Kreis unserer Betrachtung ziehen, der mit der Camera obscura in innigster Verwandtschaft steht.

**Die Camera obscura.** Wer von unsern Lesern hätte, wenn er unter einem schattigen Baume saß, durch dessen Blätterlücken die Strahlen der Sonne auf die weiße Fläche eines Tischtuches oder auf den hellen Kiesboden fielen, noch nicht verwundert die Bemerkung gemacht, daß alle die einzelnen Lichtflecke eine kreisrunde Gestalt besitzen, daß sie nicht die Form der unregelmäßigen Oeffnungen abbilden, sondern sämmtlich unter sich gleich gebildet sind? Es sind kleine Sonnenbildchen, in ihrer Form lediglich durch die äußere Form des lichtstrahlenden Sonnenkörpers bedingt; dies wird zur Ueberzeugung, wenn man solche Beobachtungen zur Zeit einer Sonnenfinsterniß anstellt, wo wir das Tagesgestirn nicht mehr als eine runde Scheibe, sondern in sichelförmiger Gestalt am Himmelsgewölbe erblicken. Entsprechend dieser Form sind dann auch die kleinen Sonnenbildchen auf dem Boden keine kreisrunden Flecke mehr, sondern lauter sichelartig gestaltete Lichter.

Fig. 198. Sonnenbilder bei freier Sonne.

Fig. 199. Sonnenbilder bei partialer Sonnenfinsterniß.

Noch viel frappanter ist der folgende leicht anzustellende Versuch. Man verdunkele ein Zimmer vollständig und bringe gegenüber dem Fensterladen, in welchen eine runde Oeffnung von etwa 1 Zoll Durchmesser geschnitten worden ist, eine weiße Fläche an. Dazu kann man ein ausgespanntes weißes Tuch benutzen. Sobald die Durchbohrung des Ladens geöffnet wird, daß durch den engen Kanal Licht einströmen kann, erscheint auf der gegenüberstehenden Wand die ganze äußere Gegend, Häuser und Bäume, Wolken und Menschen, in den natürlichen Farben und in voller

Bewegung, welche sie in Wirklichkeit besitzen, aber Alles verkehrt, auf dem Kopfe stehend. Je kleiner die Oeffnung ist, um so schärfer sind die Umrisse, um so lichtärmer ist aber auch das ganze Bild.

Nehmen wir zur Erläuterung dieses Falles einen einfachen Gegenstand, z. B. ein Gebäude an, von welchem Strahlen durch die enge Oeffnung auf die Hinterwand des Zimmers fallen sollen, so wird aus der Betrachtung der Figur 198 klar, warum das Dach nach unten, die Basis nach oben gerichtet sich abbilden muß. Je näher man den Schirm der Oeffnung bringt, um so kleiner, je weiter man ihn davon entfernt, um so größer, aber auch um so schwächer beleuchtet wird das Bild.

Es ist dies eigentlich schon eine Camera obscura, indessen der Apparat, den wir speziell mit diesem Namen bezeichnet, unterscheidet sich durch die Zugabe von Spiegel und Linsen, wodurch einestheils das Bild in die aufrechte Stellung gebracht und anderntheils in seinen Umrissen schärfer hervortretend gemacht werden kann. In einer besonders anschaulichen Form ist die Camera obscura in der Anfangsvignette dargestellt worden. Der Apparat befindet sich in einem dunkeln Zimmer, damit durch Nebenlicht die Deutlichkeit des Bildes keinen Eintrag erleidet. Die Oeffnung, durch welche die Lichtstrahlen von außen hereinfallen, ist bei weitem größer als in Fig. 200. Ein geneigter Spiegel fängt das Licht auf und wirft es einer Sammellinse zu, die sich in einer verstellbaren Röhre befindet und den Zweck hat, die Strahlen zu einem reellen Bilde, welches sich auf einer weißen Fläche auffangen läßt, zu vereinigen. Ohne die Linse würde bei einer großen Oeffnung, welche man der größeren Lichtstärke wegen nimmt, gar kein Bild zu Stande kommen.

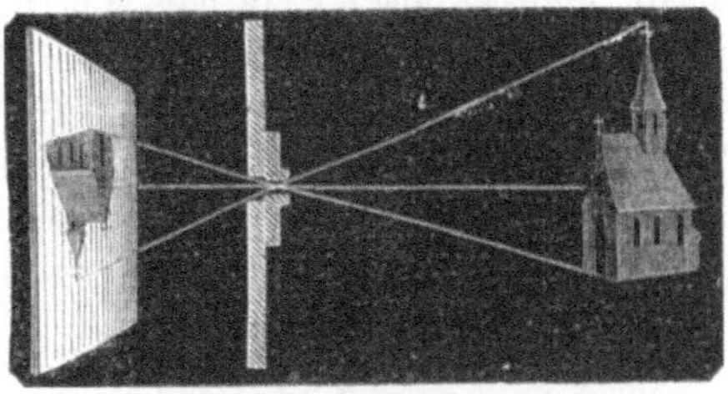

Fig. 200. Prinzip der Camera obscura.

Eine zweite transportable Form der Camera obscura ist in Fig. 201 abgebildet. Sie bildet einen viereckigen, rundum geschlossenen, inwendig schwarz ausgeschlagenen Kasten, und war früher besonders in Gebrauch zur Aufnahme von Landschaften, wozu sie sich deswegen geeignet erwies, weil man das Bild auf die Unterfläche eines gölten oder halb durchsichtigen Papieres werfen und so die deutlich durchscheinenden Contouren auf der Oberfläche leicht nachzeichnen konnte. Die innere Einrichtung ist in umgekehrter Reihenfolge getroffen, wie nach der vorigen Anordnung. Wir sehen, daß die Lichtstrahlen zuerst die Linse zu passiren haben, welche die zusammengehörigen einander zubricht, und dann erst durch den geneigten Spiegel auf die Glasplatte k i geworfen werden. Ist die letztere matt geschliffen, so erscheint auf ihr das Bild, vorausgesetzt daß die Linse richtig eingestellt ist, was durch die Verschiebung des vorderen Rohres sich bewerkstelligen läßt. Wenn die Glasplatte ganz durchsichtig ist, so muß man das Bild mittels eines durchscheinenden Papieres auffangen. Der Deckel dient als Blende, um die seitlich einfallenden Lichtstrahlen abzuschneiden.

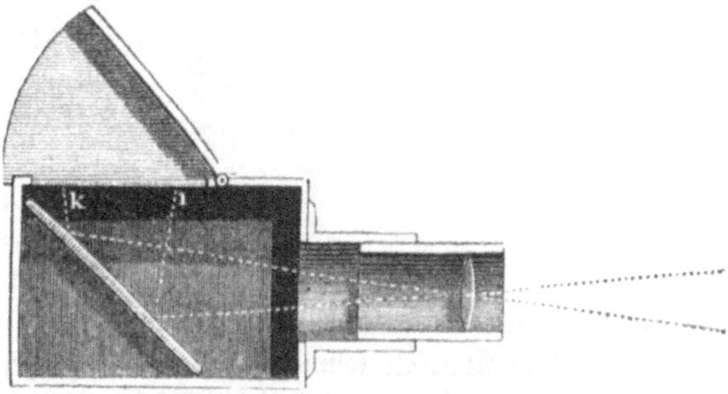


Fig. 201. Transportable Camera obscura.

Die Camera obscura gehört jetzt zu den verbreitetsten optischen Instrumenten, denn jeder der Hunderttausende von Photographen bedient sich ihrer und muß sich ihrer bedienen. Sie ist schon um die Mitte des 16. Jahrhunderts von dem Neapolitaner Porta, welcher sich mit der Untersuchung der Augen beschäftigte, erfunden worden, hat indessen ihre hauptsächlichste Vervollkommnung erst in den letzten Jahrzehnten erfahren, seit sie aus ihrer früheren Rolle eines erheiternden Spielzeugs in die bedeutendere eines praktisch ungemein nützlichen Apparates getreten ist. Die photographischen Apparate haben nicht blos eine einzige Linse, sondern ganze Linsensysteme, um sowol die Wirkung der Kugelabweichung als die bunten Ränder um die Bilder zu beseitigen.

**Die Laterna magica oder Zauberlaterne.** Der Apparat ist schon lange bekannt und jedenfalls von Athanasius Kircher um 1640 erfunden worden, obwol Manche behaupten wollen, Roger Baco habe sich schon vier Jahrhunderte früher derselben Vorrichtung bedient. Er ist in letzterer Zeit wieder dadurch öfters zur Vorführung gelangt, daß man ihn zur Hervorrufung der sogenannten Nebelbilder, Dissolving views, und zur vergrößerten Darstellung mikroskopischer Gegenstände benutzt (Lampenmikroskop). Seinem äußern Ansehen nach besteht er aus einem rundum geschlossenen Kasten mit einem vortretenden Rohr an einer Seite (Fig. 202). Im Innern befindet sich eine hellbrennende Lampe und hinter ihr zur Verstärkung der Beleuchtung ein Hohlspiegel, der alle Lichtstrahlen parallel nach vorn wirft. In dem Rohre stehen zwei konvexe Linsen, am besten eine plankonvexe und eine doppelt konvexe, und zwischen der hintersten Linse und der Flamme, etwas hinter dem gemeinschaftlichen Brennpunkte beider Linsen, befindet sich ein Spalt zum Einschieben von Glasplatten, auf welche die darzustellenden Gegenstände in durchsichtigen Farben gemalt sind. Die das Bild durchdringenden Lichtstrahlen werden von den Linsen gebrochen und gekreuzt, und wenn sie auf einer Fläche aufgefangen werden, entsteht demzufolge ein verkehrtes Abbild des gemalten Bildes, und zwar, weil die gefärbten Strahlen divergirend aus dem Apparate kommen, ein um so größeres, je größer der Abstand zwischen dem Apparat und der auffangenden Fläche ist. Die Glasgemälde müssen umgekehrt eingeschoben werden, weil man die Bilder in aufrechter Stellung braucht. Die letzteren können entweder in einem dichten Rauche oder auf einer weißen Wand aufgefangen werden. Wendet man einen mit durchsichtigem Mousselin bespannten Rahmen dazu an, so sind sie auf beiden Seiten sichtbar.

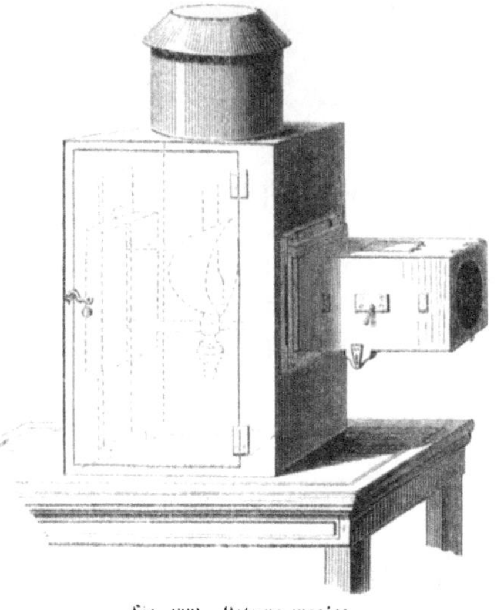

Fig. 202. Laterna magica.

Begreiflicherweise kommt bei den Effekten der Zauberlaterne viel darauf an, wie gut die Darstellungen auf die Gläser gemalt sind. Die Wirkung wird verstärkt, wenn die außerhalb des Bildes liegenden Stellen des Glases dunkel gemacht sind, so daß das Bild hell auf schwarzem Grunde hervortritt. Weiße Bilder, also z. B. Geistererscheinungen, werden in schwarze Deckfarbe einradirt, womit die Glasplatte auf einer Seite überzogen ist.

Der berühmte Physiker und Luftschiffer Robertson gab gegen den Anfang dieses Jahrhunderts Vorstellungen von Geistererscheinungen, die alle Welt in Erstaunen setzten. Kein Gelehrter vermochte zu ergründen, welche Mittel hierbei in Bewegung gesetzt wurden, und es dauerte eine Reihe von Jahren, ehe das Geheimniß, nicht durch Errathen, sondern durch Verrath an den Tag kam. Es war nichts Anderes als die Zauberlaterne, mit einigen mechanischen und theatralischen Zuthaten von Robertson **Phantoskop** genannt. Man hat sich den Zuschauerraum durch eine Zwischenwand gänzlich von dem Raume getrennt zu denken, in welchem der Künstler operirt. Ein inmitten dieser Wand befindlicher Schirm von aufgespanntem Mousselin ist durch Drapirungen verhüllt, die erst dann weggezogen werden, nachdem vor Beginn der Vorstellungen Alles verfinstert worden.

Fig. 203. Robertson's Phantoskop.

Da aber auch hinter der Mousselinwand alles andere Licht beseitigt ist, außer dem, welches aus dem Zauberkasten mit den Bildern selbst kommt, so sieht man das leichte Gewebe nicht, sondern eben nur eine Figur, die frei in der Luft zu schweben scheint, bald dem Zuschauer fast erschreckend nahe rückt, bald sich in weite Ferne verliert. Diese Wandlungen nun werden ebenfalls in höchst einfacher Weise bewirkt. Je weiter der Zauberkasten von der Fläche absteht, auf welcher die Bilder sich niederschlagen, desto größer werden letztere; je näher der Kasten rückt, desto kleiner, bei der allernächsten Stellung natürlich nicht viel größer als die Oeffnung des Linsenrohres. Die kleinen Bilder nimmt aber der Zuschauer auf der andern Seite für entferntere, die großen für nahestehende. Ferner hat das Rohr einen Auszug, vermöge dessen der Abstand der beiden Linsen vergrößert oder verkleinert werden kann. Durch die verschiedene Stellung kann man die Umrisse mehr oder weniger deutlich hervortreten lassen und der Eindruck des Sichentfernens wird dadurch, daß das Bild kleiner gemacht wird, auf diese Weise täuschender. Es bedarf nun, um die Erscheinung natürlicher zu machen, nur noch einer Vorkehrung dahin, daß die Bilder, sowie sie auf einen kleinen Raum zusammenrücken, nicht zugleich an Lichtstärke zu-, sondern vielmehr abnehmen. Dies wird ohne Schwierigkeit durch eine vor den Linsen befindliche bewegliche Blendung bewirkt, die Robertson das Katzenauge nannte, und die man sich wie eine Schere mit breiten halbmondförmigen Blättern vorstellen kann, welche zu beiden Seiten der vordern Linse liegen und sich so über dieselbe zusammenziehen lassen, daß jeder beliebige Grad von Lichtschwächung bis zur völligen Verdunkelung leicht hergestellt werden kann. Durch geschickte Kombination dieser Mittel also, Annäherung und Entfernung des Apparates, Veränderung der Lichtstärke und Verstellung der Linsen, wurden die geisterhaften Erscheinungen hervorgebracht. Eine passende Musik, etwas künstlicher Donner, Sturm oder Regen, diente zur Verstärkung des Eindrucks. Sowol der Künstler wie auch der Apparat gehen natürlich immer auf Socken, indem letzterer auf mit Tuch beschlagenen Rädern unhörbar von einer Stelle zur andern geschafft wird.

**Nebelbilder.** Durch die von England vor einigen Jahren zu uns gekommenen und noch immer gern gesehenen Darstellungen gewann die Zauberlaterne ein erneutes Interesse, denn kein anderer Apparat ist es, wodurch die bekannten, oft so reizenden Effekte hervorgebracht werden. Nur ist der Zauberkasten hier doppelt vorhanden und das Zwillingspaar in eine solche Stellung zu einander gebracht, daß beide mit ihren Oeffnungen nach einem Punkte des Auffang-Schirmes hinsehen, daß also beide Lichtkreise dort in einen zusammenfallen. Schiebt man in den einen Kasten ein Glasbild, während das Licht des andern verdeckt gehalten wird, so sieht man auch nur ein einziges Bild. Dasselbe soll sich aber vor unseren Augen in ein anderes verwandeln, welches in dem noch verdunkelten Kasten schon bereit steht. Es wird dies in einfacher Weise dadurch erzielt, daß man die erste Lampe allmälig blendet und gleichzeitig in demselben Maße das Licht der andern freimacht. Hierdurch fängt das bisher sichtbar gewesene Bild an zu erblassen und undeutlicher zu werden, denn es mischen sich in seine Farben und Kontouren allmälig die Umrisse des neuen Bildes, welche immer kräftiger werden, und, sowie die Reste des ersten Bildes verschwinden, deutlicher hervortreten, bis das neue Bild in voller Klarheit vor uns steht. Wenn man sich keines Katzenauges bedienen kann, so ist der Lichtwechsel auch dadurch schon ganz entsprechend hervorzurufen, daß man durch Auf- oder Niederschrauben der Flamme den beiden Bildern eine verschiedene Helligkeit giebt. Die Verwandlung einer Sommerlandschaft in eine Winterlandschaft mit denselben Gebäuden, Bergen, Bäumen u. s. w. gelingt auf solche Weise fast unmerklich und es ist im höchsten Grade überraschend, die Entwickelung eines völlig fremden Gemäldes zu sehen, dessen Uebergänge wir durchaus nicht wahrzunehmen vermögen und das schon fertig vor unsern Blicken steht, ehe wir uns seiner völlig bewußt geworden sind.

Es giebt noch allerhand kleine Behelfe, um Abwechselung in derartige Vorstellungen zu bringen. So kann man mehrere Gläser hinter einander aufstellen und durch Hin- und Herziehen des einen Bewegung in die Gegend bringen, einen Eisenbahnzug hindurch gehen lassen und dergl. Schneefall wird recht täuschend dadurch hergestellt, daß man vor einer dritten Laterna magica einen langen, mit einer Stecknadel durchstochenen Papierstreifen mittelst einer Kurbel von unten nach oben vorbeizieht. Wenn die Löcher weiterhin immer näher aneinander rücken, so scheinen die Flocken dichter zu fallen, und weil dadurch die Landschaft mehr und mehr Licht bekommt, so glauben wir förmlich den Schnee sich am Boden aufhäufen zu sehen.

Kennst du das Bild auf zartem Grunde?
Es giebt sich selber Licht und Glanz,
Ein andres ist's zu jeder Stunde
Und immer ist es frisch und ganz.

Schiller.

# Das Auge. Panorama, Chromatrop und Stereoskop.

**Das Auge ein optisches Instrument. Seine Einrichtung und Fähigkeit. Sehen mit einem Auge. Das Netzhautbild. Sehwinkel. Scheinbare Größe des Mondes. Perspektive. Hülfsmittel für das perspektivische Zeichnen. Panoramen und Dioramen. Geschwindigkeit der Lichtempfindung. Das Chromatrop. Subjektive Gesichtserscheinungen. Farbenharmonie. Sehen mit zwei Augen. Das Stereoskop und seine Geschichte. Wheatstone. Brewster. Spiegel- und Prismenstereoskop. Das Telestereoskop von Helmholtz.**

---

Wir tragen fortwährend mit uns die vollkommenste Camera obscura herum, die nur gedacht werden kann. Wenn auch die Apparate der Photographen Bilder herzustellen erlauben, welche wir in ihren Einzelheiten nur mit Hülfe des Mikroskops zu betrachten im Stande sind, so ist doch unser Auge ein noch viel feinerer Apparat. Und bei alledem und bei all' den Schwierigkeiten, welche in frühern Zeiten einer richtigen Erklärung des Sehens entgegen zu liegen schienen, fallen bei Anwendung einer richtigen Methode der Untersuchung die Schleier von selbst, und wir fragen uns betroffen, ob wir mehr die Einfachheit der Ursachen und Gesetze oder das Wundervolle der Wirkungen, welche die Natur damit hervorzubringen weiß, anstaunen sollen.

Die Anstrengungen und Spekulationen vieler Jahrhunderte haben uns keinen Einblick in die Thätigkeit des Auges zu verschaffen vermocht. So lange man nicht die innere Werkstätte öffnete, mußte man im Unklaren bleiben, was darin getrieben würde. Viel eher verräth das Zifferblatt einer Thurmuhr den Mechanismus des innern Werkes, als dies das Auge thut. Aber während jeder Lehrling in den Thurm selbst hineinsteigt, um die Ursache der Zeigerbewegung zu finden, standen Jahrtausende lang die Meister draußen vor dem Auge und meinten, glaubten, wähnten, behaupteten — so und so — aber wußten nichts.

Erst als das scharfe Messer der Anatomen mit rasch entschlossenem Schnitt die Hülle zertrennte und die einzelnen Theile auseinander nahm, einzeln auf ihre Fähigkeit und zusammen auf ihre Wirkung prüfte, da ward es Licht. Und einem solchen Anatomen wollen wir uns daher auch anvertrauen.

Er nimmt ein Ochsenauge (denn die Augen der höher organisirten Thiere sind der Hauptsache nach ganz gleich beschaffen) und macht uns zunächst auf dessen kugelige Form (Augapfel) aufmerksam. Der Augapfel ist ringsum mit einer festen Haut OP umgeben; an der vordern Fläche H ist dieselbe durchsichtig, im Uebrigen ist sie trübe. An der hintern Fläche sehen wir den durchschnittenen Schnerv N, welcher den Lichteindruck dem Gehirn übermittelt.

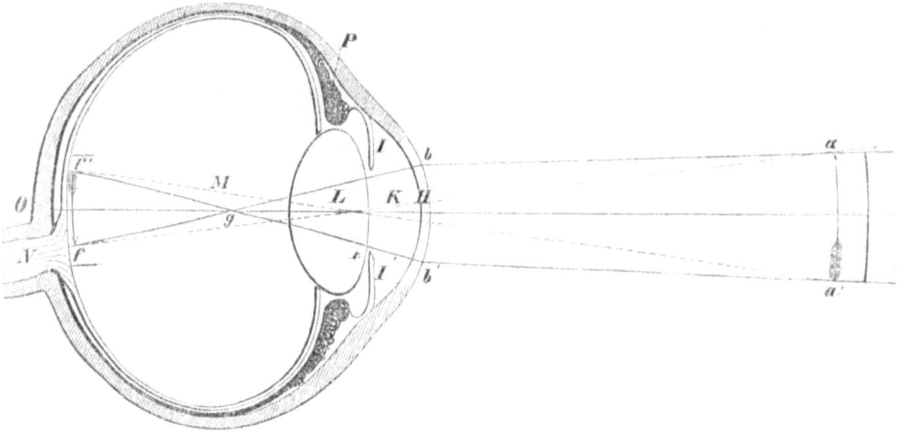


Fig. 205. Das Auge.

Bei einer allmäligen Sektion des Auges treten uns nun die folgenden innern Theile entgegen, die in Fig. 205 im Durchschnitt dargestellt sind. Nicht weit hinter der durchsichtigen Hornhaut H liegt eine gefärbte Haut JJ, die Iris, nach deren Farbe man das Auge ein braunes, blaues u. s. w. nennt. In der Mitte ist sie durchbrochen und durch diese Oeffnung, die Pupille, treten die Lichtstrahlen in die Linse L, von welcher sie gebrochen und zu einem verkleinerten Bilde auf der Hinterwand des Auges auf der Netzhaut oder Retina ff″, vereinigt werden. Der innere Raum M hinter der Linse ist mit einer durchsichtigen, gallertartigen Masse, der Glasflüssigkeit, ausgefüllt, auf dem Grunde aber mit einer schwarzen feinaderigen Haut überzogen, die ihn zu einer wahren Camera obscura macht. Der vordere Raum K zwischen Hornhaut und Linse enthält eine klare, etwas salzige Flüssigkeit. Die Netzhaut selbst ist weiter nichts als die äußerst feine Ausbreitung des Sehnerven.

Treten nun von aa′ Lichtstrahlen in's Auge, so erleiden sie gleich vorn an der durchsichtigen Hornhaut bb′ eine Ablenkung, und zwar die bedeutendste, denn die einzelnen Mittel, welche der Lichtstrahl bis zur Netzhaut passiren muß, sind unter sich in ihren Brechungsverhältnissen nur wenig verschieden. Die Linse ist gewissermaßen nur der Verfeinerungsapparat; sie bewirkt durch ein Vor- und Zurücktreten, sowie durch gewisse Aenderungen in ihren Krümmungsverhältnissen, daß die Strahlen, sie mögen parallel oder mehr oder weniger konvergirend ankommen, sich bei einem normalen Auge immer auf der Netzhaut in ff′ vereinigen, und ermöglicht dadurch also ein deutliches Sehen in ganz verschiedenen Entfernungen. Außerdem aber macht sie wahrscheinlich die Bilder achromatisch.

Fällt der Vereinigungspunkt **vor** die Netzhaut, so erhält diese von den aus der Ferne kommenden Strahlen nur undeutliche Bilder, während die Strahlen von naheliegenden Gegenständen gute Bilder geben; wir nennen solche Augen **kurzsichtige**. Durch entsprechende Zerstreuungslinsen läßt sich diesem Uebelstande begegnen; daher sind auch die Brillengläser für Kurzsichtige bikonkave Linsen. Bei Fernsichtigen gilt das Umgekehrte: das deutliche Bild würde erst hinter der Netzhaut entstehen, die Strahlen müssen also durch Anwendung konvexer Gläser mehr konvergirend gemacht werden.

**Sehen mit einem Auge.** Die Anstrengung, die wir machen, um unser Auge für verschiedene Entfernungen einzurichten, nennen wir die **Akkommodation** des Auges. Wahrscheinlich hat die dazu nothwendige Muskelthätigkeit einen nicht unbedeutenden Einfluß auf unsre Vorstellung; denn wir fühlen auch, wenn wir blos mit einem Auge sehen, deutlich, welcher Punkt von zweien der nähere und welcher der entferntere ist. Es hat jedoch die Entfernung, bis zu welcher ein Gegenstand rücken kann, um noch deutlich gesehen zu werden, ihre Grenze; Geschriebenes zum Beispiel vermögen normale Augen gewöhnlich nur in einem Abstande zwischen 8 und 15 Zoll klar zu erkennen. Diese Entfernung heißt die **Sehweite**. Außerdem auch rufen nicht alle Punkte der Netzhaut gleich scharfe Eindrücke hervor. Wenn wir Etwas genau sehen wollen, richten wir unser Auge so, daß die Strahlen in der Mittellinie (Augenachse) einfallen. Ist sonach das Sehfeld immer nur ein sehr beschränktes, und können wir demzufolge ausgedehntere Bilder nicht auf einmal in allen Theilen gleich scharf unterscheiden, so hebt sich diese scheinbare Unvollkommenheit durch die außerordentliche Beweglichkeit des Auges vollständig auf, die uns gestattet, mit der größten Schnelligkeit diejenigen Punkte uns deutlich zu machen, denen wir gerade unsere Gedanken zurichten. Das von der Linse auf der Netzhaut erzeugte Bild ist verkehrt und sehr verkleinert.

Es ist oftmals Gegenstand weitläufiger Auseinandersetzungen gewesen, und selbst die Physiologen haben sich früher mit der Behandlung der Frage unsägliche Mühe gegeben, warum wir, obgleich das Bild auf der Netzhaut verkehrt erscheint, doch alle Gegenstände in der richtigen Stellung erblicken? Jedes Wort darüber ist unnütz. Die Seele **sieht** das Bild **nicht von außen**, wie wir es auf der Netzhaut des Ochsenauges erblicken können; sie empfängt einen allgemeinen Eindruck, den sie auf ganz eigene Weise deutet. Wem aber dies nicht genügt, wessen Wissensdrang dadurch nicht gestillt werden kann, dem bleibt ja immer noch übrig zu erforschen, ob seine Seele nicht vielleicht auf dem Kopfe steht und das verkehrte Netzhautbild verkehrt betrachtet und dasselbe so zu einem mit der äußern Natur übereinstimmenden zu machen weiß.

Die **scheinbare Größe** eines sichtbaren Gegenstandes richtet sich nach der Größe des **Sehwinkels**, das heißt desjenigen Winkels, welchen die von den äußersten Punkten nach unserm Auge gehenden Strahlen einschließen. Mit diesem Sehwinkel kombiniren wir in Gedanken die Entfernung und können uns, bei richtiger Schätzung derselben, eine Vorstellung von der **wirklichen Größe** machen. Wie viel dabei auf den letztern Umstand ankommt, beweist die immer und immer wieder auftauchende Behauptung, daß der Mond, wenn er tief am Horizont steht, größer erscheine als hoch oben am Himmel. Diese allerdings merkwürdige Täuschung hat ihren Grund nicht in einer Veränderung des Sehwinkels, denn derselbe bleibt für beide Stellungen vollkommen derselbe, sondern sie beruht darauf, daß wir in Folge der verschiedenen Dicke der Luftschichten am Horizont und im Zenith das Himmelsgewölbe, an welchem uns die Gestirne angeheftet erscheinen, nicht als eine Halbkugel, sondern als ein flaches Gewölbe ansehen, und somit dem tiefstehenden Monde in Gedanken eine größere Entfernung zuschreiben, als dem über uns schwebenden.

Auf der Aenderung des Sehwinkels dagegen mit zunehmender Entfernung basirt die

Perspektive, deren richtige Beobachtung den durch die Zeichnung dargestellten Gegenständen eine große Anschaulichkeit geben kann. Die Erkennung und Befolgung der Regeln der Perspektive setzt eine scharfe Naturbeobachtung voraus, daher treffen wir sie auch erst auf höheren Bildungsstadien der Völker; aus dem Mittelalter noch sehen wir Gemälde und Zeichnungen, welche in Bezug auf die Tiefe, das Vor- und Hintereinander der Gegenstände mit den wunderlichen chinesischen Darstellungen große Aehnlichkeit haben. Um Landschaften, Statuen u. dgl. im Bilde auf einer Fläche möglichst so wiederzugeben, wie sie uns erscheinen, hat man verschiedene Hülfsmittel. Am einfachsten würden wir den Zweck erreichen, wenn wir zwischen Auge und dem abzubildenden Gegenstande eine Glastafel aufrichten und auf dieser die Kontouren direkt nach der Natur verzeichnen wollten.

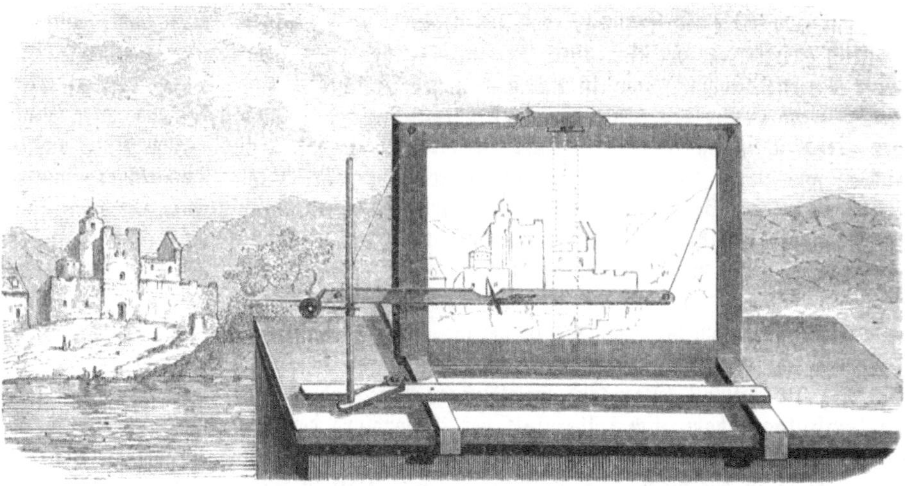

Fig. 206. Wren's Maschine zur Aufnahme von perspektivischen Landschaften.

Aber jede Verrückung des Auges würde auch eine totale Verrückung des Bildes zur Folge haben. Man hat daher in der durch die Fig. 206 versinnlichten Maschine dem Auge einen sichern Stand gegeben, indem mit der Zeichenfläche ein Visir fest verbunden ist, durch dessen kleine Oeffnung der Zeichner die Landschaft betrachtet. Das Bild wird nicht auf einer Glastafel, sondern gleich auf einer weißen Papierfläche entworfen. Es dient dazu ein storchschnabelähnlicher Rahmen, welcher den Bleistift trägt und an dem einen Ende mit einem Zeiger versehen ist, dessen markirtes Ende vor dem Auge des Beschauers über die Umrisse der Landschaft hingeführt wird.

**Das Panorama.** Bis zu welchem Grade der Täuschung aber eine perspektivisch richtige Zeichnung uns führen kann, davon geben die Panoramen den besten Beweis. Es sind dies Gemälde, welche eine Landschaft oder eine Scene so darstellen, daß sich der Beschauer gleichsam mitten darin befindet. Die Leinwand, auf welcher sie aufgetragen sind, ist deshalb auch gewöhnlich in einem runden Gebäude aufgespannt und umgiebt den Zuschauer von allen Seiten. Auf den Standpunkt des Beschauers ist auch die Perspektive des Gemäldes berechnet, und weil das Gemälde auch von demselben Punkte aus, für welchen die Zeichnung entworfen ist, betrachtet werden kann, so ist deshalb für den Beschauer ein besonderes Podium gebaut. Von einem anderen als dem berechneten Punkte aus gesehen, erscheinen die Bilder verzerrt, wie es ungefähr Fig. 207 veranschaulichen kann. Man kann diese kleine Zeichnung auch ohne Verzerrung erblicken, wenn man in ein Kartenblatt ein rundes Loch, ungefähr von der

Größe einer Stecknadelkuppe, schneidet und die Karte so aufstellt, daß sich die runde Oeffnung in drei Zoll Höhe etwa drei Zoll vor der horizontal liegenden Abbildung befindet und dann mit dem Auge sich in geringem Abstande hinter der Karte bewegt, so daß ein Theil nach dem andern durch das Visir betrachtet wird.

In ähnlicher Weise sind nun die Gemälde der Panoramen hergestellt. Da schon von **Albrecht Dürer** die Regeln der Perspektive in ganz ausgezeichneter Weise auseinander gesetzt worden sind, so ist es nicht unwahrscheinlich, daß schon vor langer Zeit kleinere gemalte Panoramen hergestellt worden sind. Indessen sind sie erst 1793, im Großen ausgeführt, zu einem Gegenstande öffentlicher Schaustellung geworden. In diesem Jahre nämlich stellte **Barker** in London ein Panorama auf, welches die Gegend von Portsmouth und die Insel Wight darstellte. Das erste in Deutschland gezeigte war wol das von London (1800). Von dieser Zeit an wurde aber die Vorliebe dafür eine allgemeinere, und namentlich haben die Pariser Panoramen, die ersten von dem Landschaftsmaler **Prevost**, großen Ruf erlangt. Der Name der Passage des Panorames erinnert heute noch daran. Vor 60 Jahren standen hier zwei Rotunden von etwa 45 Fuß, in der Mitte mit einer runden Zuschauerbühne von etwa 18 Fuß Durchmesser. Das war das Prevost'sche Theater. Das Publikum war entzückt von den Darstellungen und sein Beifall rief bald die Erbauung eines größern Gebäudes hervor.

Fig. 207. Perspektivische Landschaft für das Panorama.

Nach Prevost's Tode führte der Oberst **Langlois** den Parisern die Hauptepisoden der kaum beendeten Feldzüge, denen er selbst beigewohnt hatte, vor Augen. Sein Panorama stand in der Rue des Marais du Temple und hatte einen fast dreimal so großen Durchmesser. Das Bild der Seeschlacht bei Navarin, die erste, welche Langlois zur Anschauung brachte, wußte er dadurch sehr täuschend zu machen, daß er der für die Zuschauer bestimmten Bühne die Form des Hinterdecks eines vollständig ausgerüsteten und mit 74 Kanonen besetzten Kriegsschiffes gab. Die das Gebäude stützende Mittelsäule war zu einem Mastbaum gemacht worden, das andre Ende des Schiffes aber nur gemalt. Die Leinwand schloß sich an das Hinterdeck und führte die Blicke gleich auf die bewegte See und die kämpfenden Schiffe über. In den letzten dreißiger Jahren baute Langlois ein neues großes Panorama, in welchem ebenfalls die Schlachten des französischen Heeres die Hauptobjekte der Darstellung waren. Dasselbe mußte aber gelegentlich der großen Ausstellung von 1855 abgebrochen werden, und erst seit 1859 besitzen die Pariser wieder ein Panorama, welches mit seinen überraschenden Effekten dem französischen Sinne eine treffliche Quelle der Unterhaltung bietet.

Das berühmte Panorama von London wurde von **Thomas Horner** aufgenommen, als die Kuppel der Paulskirche reparirt wurde. Es fand in einer ungeheuern

Rotunde im Regents-Park seine Aufstellung. Die Zuschauer sahen gleichsam aus der kleinen durchsichtigen Laterne der Kuppel von St. Paul und mußten in dem Bau herumgehen, da auf diese Weise die Ansicht nur stückweise genossen werden konnte. In Deutschland hat sich besonders der Maler Lexa durch seine Panoramen, mit denen er die Hauptstädte durchzieht, einen Namen gemacht.

Während die Wirkung der Panoramen hauptsächlich auf der Perspektive beruht, ist es bei den von Daguerre, dem Erfinder der Daguerreotypie, zuerst hergestellten Dioramen die eigenthümliche Beleuchtung, welche nicht minder überraschende Effekte hervorbringt. Eine große durchscheinende Seidenfläche wird auf beiden Seiten in verschiedener Weise bemalt. Auf der Vorderseite trägt sie z. B. das Bild einer sonnenbeleuchteten Landschaft, während die Rückseite für dasselbe Bild die Requisiten eines bewölkten Himmels, eines Schneegestöbers oder dergleichen enthält. Die Farben werden in Bezug auf Durchscheinendheit besonders ausgewählt, und man kann, je nachdem das Licht blos auf die Vorder- oder blos auf die Rückseite fällt, diese beiden Effekte gesondert und rasch nach einander zur Darstellung bringen, durch gleichzeitige Wirkung des von vorn auffallenden und des von hinten durchscheinenden Lichtes aber außerdem noch höchst frappante Abwechselungen hervorrufen.

**Geschwindigkeit und Dauer des Lichteindrucks.** Wir sehen nicht in demselben Augenblicke, in welchem das Licht auf die Netzhaut unsrer Augen fällt. Die Nerven brauchen eine gewisse Zeit, um sich in den Zustand hineinzuversetzen, den Eindruck zu empfangen; sie brauchen ferner Zeit, ihn weiter zu leiten bis zum Gehirn, und die Seele braucht wieder Zeit, um daraus die Vorstellung zu bilden. Natürlich sind alle diese Zeiten ungemein kurz, so kurz, daß sie der gewöhnlichen Beobachtung ganz entgehen, aber trotzdem haben die Physiker und Physiologen Methoden erfunden, um diese Gedankenschnelle auf das Genaueste zu messen. Es hat sich dabei ergeben, daß, für verschiedene Menschen verschieden, von dem Einfallen des Lichtstrahles in's Auge bis zum deutlichen Bewußtsein des Gesehenen $1/_{10}$ bis $1/_3$ Sekunde vergeht und daß alle astronomischen Beobachtungen streng genommen um diesen Bruchtheil korrigirt werden mußten, wenn wir sie auf eine absolute Zeit beziehen wollten.

Wie das Auge nun Lichteindrücke nicht so ohne Zeitverlust aufnimmt, so läßt es dieselben auch nicht plötzlich wieder fahren. Wenn wir einen glimmenden Span in einem finstern Zimmer um unsern Kopf schwenken, so dehnt sich der leuchtende Punkt zu einem Schweife aus, der bei genügend rascher Bewegung in einen feurigen Kreis übergeht. Der Blitz ist ein einziger Funke, er erscheint uns aber wie ein zickzackförmiges Band, weil der Eindruck noch einige Zeit nach dem Vergehen des Netzhautbildes sich erhält, das sogenannte Nachbild; und wenn wir auch die Erzählung jenes Reisenden von der Schnelligkeit amerikanischer Eisenbahnfahrten, in Folge deren die Telegraphenstangen so rasch vor den Augen vorüberflögen, daß sie wie eine zusammenhängende Breterplanke aussähen, nicht als aus „ganz guter Quelle" zum Beleg anführen wollen, so stehen eine Menge von Beispielen ähnlicher Art zu Gebote, deren Auffindung wir aber dem Leser selbst überlassen wollen.

**Das Chromatrop.** Eines interessanten optischen Apparats indessen, der sich mit auf die erwähnte Erscheinung gründet, wollen wir gedenken, weil seine blendenden Effekte dem unvorbereiteten Zuschauer durchaus keine Brücke zu den dahinter liegenden Ursachen zu bieten scheinen. Es ist dies das bekannte Chromatrop oder Linienspiel, welches gelegentlich der Betrachtung von Nebelbildern die meisten unsrer Leser wol gesehen haben. Auf einem durchscheinenden Schirme sehen wir plötzlich ein kreisförmiges System bunter leuchtender Linien, guillochenförmig in einander verstrickt; in den verschiedensten hellen und bunten Farben abwechselnd, verstärkt sich der Eindruck durch den eigenthümlichen

Kontrast. Strahlenförmig schießen sie aus dem Mittelpunkte hervor bis an die Peripherie des erleuchteten Feldes, wo sie ebenso geheimnißvoll verschwinden, wie sie sich geheimnißvoll von der Mitte aus in unerschöpflicher Menge wieder erzeugen. Und wenn wir hinter den Schirm treten und uns den Apparat erklären lassen, so überrascht uns die ungemeine Einfachheit der Mittel, mit welchen diese reizenden Effekte hervorgebracht werden.

Wir sehen nichts als eine Camera obscura, bei welcher die schieberförmig einzusetzenden Glasgemälde durch runde, drehbare Glasscheiben ersetzt sind, die in der Art, wie die Fig. 208 und 209, mit Zeichnungen versehen und bunt bemalt sind.

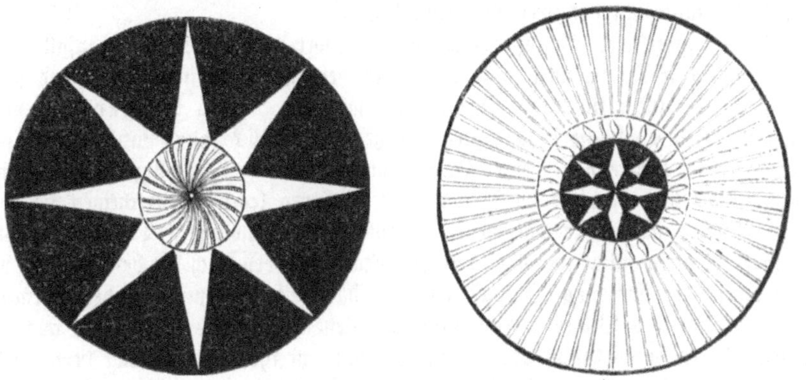

Fig. 208. Chromatropscheiben. Fig. 209.

Zwei dieser Scheiben sind vor einander, so daß sie sich decken, wenn man hindurchsieht, auf einem mit einem kreisförmigen Ausschnitt versehenen Bretchen angebracht und werden durch drei kleine Friktionsröllchen an ihrer Stelle festgehalten. Durch eine Kurbel mit zwei Laufschnuren werden sie gedreht, und da von den beiden Laufschnuren die eine gekreuzt ist, die andre nicht, so laufen auch die Scheiben in entgegengesetzter Richtung um. Dadurch, daß die durchsichtigen Scheiben auf diese Weise in ganz verschiedene Lage zu einander kommen, entstehen die mannichfachen Kombinationen, welche mit den Bildern des Kaleidoskops Aehnlichkeit, in ihrem allmäligen Uebergange in einander aber einen großen Reiz vor diesen voraus haben. Die Camera obscura dient nur dazu, das Bild zu vergrößern und mit möglichster Helligkeit auf einer ausgespannten Fläche sichtbar zu machen. Man kann auch ohne eine solche von der Entstehung der Bilder sich eine Vorstellung machen, wenn man ein paar in entsprechender Weise gemalte oder ausgeschnittene Papierscheiben auf eine Stricknadel steckt und die Drehung mit der Hand bewirkt.

**Subjektive Gesichtserscheinungen.** Die Reizungen der Netzhaut brauchen nicht allemal von Lichtstrahlen auszugehen. Wir empfinden auch andere Einflüsse auf den Sehnerven, und die eigenthümliche Fähigkeit desselben erregt in der Seele dann Lichtvorstellungen, denen in der Außenwelt kein Vorgang entspricht. Hat doch schon Münchhausen, als er den Flintenstein verloren hatte, sich einen Schlag in's Auge versetzt und das aus den Augen springende Feuer benutzt, um sein Gewehr dadurch zum Losgehen zu bringen. Lichtblitze verschiedener Art werden im Auge nicht nur durch Druck, sondern auch durch den elektrischen Strom, Wärmeeinflüsse u. dgl. hervorgerufen, wie Jeder leicht erfahren kann, wenn er bei geschlossenen Augen durch dieselben den Sehnerv reizt. Man nennt diese Erscheinungen subjektive Gesichtserscheinungen. Es bedarf wol keiner besondern Hervorhebung, daß bei ihnen von wirklichem Licht nicht die Rede ist, und daß Erzählungen wie die, nach welcher ein in stockfinstrer Nacht von einem Räuber Angefallener seinen Angreifer deutlich erkannt habe, weil ihm dieser einen solchen Schlag in's Gesicht gegeben habe, daß ihm das Feuer aus den Augen gesprungen sei, in das Reich der Fabeln gehören. Und doch werden dergleichen Dummheiten geglaubt, so wenig sind noch klare Vorstellungen über die gewöhnlichsten natürlichen Vorgänge im Volke verbreitet. Tauchte doch vor einiger Zeit in den Zeitungen die wunderbare Neuigkeit auf, daß sich auf der Netzhaut Solcher, welche mit offnem Auge eines gewaltsamen Todes gestorben wären, die letztaufgenommenen Bilder fixirten, und daß auf diese Weise deutlich die Gesichtszüge eines Mörders, im Auge des Gemordeten förmlich photographirt, erkannt worden wären. Es läßt sich kaum ein größerer Blödsinn denken.

Zu den subjektiven Gesichtserscheinungen gehört auch, weil sie ebenfalls auf der eigenthümlichen Erregungsweise des Sehnerven beruht, die so interessante und praktisch bedeutungsvolle Augenstimmung, welche wir mit dem Namen der Farbenharmonie bezeichnen. Wenn wir zwei ganz gleich große runde Stücke aus Papier, das eine von schwarzer, das andere von weißer Farbe schneiden und das schwarze auf einen weißen Bogen, umgekehrt aber das weiße auf einen schwarzen legen, so erscheinen sie von ungleicher Größe, und zwar das weiße größer als das schwarze. Das helle Licht zieht auf unsrer Netzhaut nicht nur die direkt getroffenen, sondern auch die benachbarten Nerven in den Kreis der Erregung (Irradiation); das Feld der empfindenden Nerven wird größer als das des Bildes. Eine Bildsäule sieht kleiner aus, wenn sie aus Bronce gegossen ist, als wenn Gyps oder weißer Marmor zu ihrer Herstellung verwendet worden wären. Schwarze Handschuhe machen die Hände zierlicher als weiße, und wenn eine Spitzenklöpplerin ihre Kunst zeigen will, wird sie besser thun, schwarze Fäden zu verwenden und das Gewebe auf einer weißen Unterlage auszubreiten, als umgekehrt.

Haben wir die weiße Scheibe auf dem schwarzen Bogen eine Zeit lang scharf fixirt und sehen wir dann von ihr hinweg auf eine weiße Fläche, so erblicken wir immer noch im Auge das frühere Bild, aber merkwürdigerweise jetzt als einen dunkeln, kreisförmigen Fleck. Es ist ein Nachbild entstanden durch ungleiche Reizung und dadurch erfolgte zeitweilige Abstumpfung des Sehnerven. Mit der Zeit verschwindet das Bild wieder — die Nervenausgänge sind auf allen Punkten der Netzhaut wieder gleich empfänglich. Wie nun hier durch das Weiß die Nerven abgestumpft werden, so üben auch die Farben eine merkbare Wirkung; und die Beachtung derselben ist dem Maler, Kattunfabrikanten, Lackirer, Tapezirer, ja allen Künsten und Gewerben, deren Erzeugnisse gesehen werden, von dem allergrößten Vortheil.

Nimmt man statt eines schwarzen ein rothes Stück Papier und betrachtet dies auf einer weißen Fläche, so sieht man nach Entfernung desselben ebenfalls ein Nachbild, welches in diesem Falle aber grün gefärbt ist; gelb erzeugt ein violettes, grün ein rothes Nachbild. Die Nerven der Netzhaut werden durch längere Einwirkung einer Farbe abgestumpft und empfinden dann im weißen Lichte nur noch diejenigen Strahlen, welche nach Abzug jener übrig bleiben, also die Komplementärfarbe.

Es ist bekannt, daß, wenn man mehrere Nüancen derselben Farbe nach einander betrachtet, die folgenden anscheinend immer mehr an Schönheit verlieren, daß dagegen die betreffende Komplementärfarbe gewinnt, wenn das Auge sich vorher an einer Farbe satt gesehen hat. Deswegen suchen auch Zeughändler, um die Lebhaftigkeit ihrer Stoffe zu erhöhen, einer solchen Ermüdung der Augen dadurch vorzubeugen, daß sie die Farben immer in entsprechender Abwechselung in ihren Mustern und Schaufenstern anordnen. — Keine Farbe ist an und für sich häßlich, denn jede kann, in der entsprechenden Weise mit andern zusammengestellt, einen angenehmen Eindruck machen, und die gute Wirkung läßt sich unter Berücksichtigung der Reize, welche die Kontraste der

Helligkeit und der Farbe hervorrufen, vorausberechnen. Wir können keine andere Idee der Schönheit haben als diejenige, welche wir mit unsern Sinnen selbst aus den uns umgebenden Erscheinungen uns allmälig abstrahiren. Die absichtliche Verleugnung dieser Grundwahrheit hat die Welt mit der unglückseligsten Geschmacklosigkeit beglückt, welche Jahrtausende hindurch die freie Bildung des Geistes nach ganzen Richtungen hin gehindert und gehemmt hat. Was in ihrer Naivetät die alten Klassiker unbewußt, nur von dem unverdorbenen Gefühl geleitet, daß es nicht anders sein könnte, Herrliches geschaffen haben, zu dieser Höhe der natürlichen Einfachheit müssen wir uns durch den Wust zopfiger Ueberlieferungen mühsam wieder hindurcharbeiten, indem wir uns aller der Gründe bewußt zu machen haben, daß es gerade so sein muß.

**Sehen mit zwei Augen.** Alle bisher betrachteten Erscheinungen würden wir in der angegebenen Weise wahrnehmen, wenn wir, statt mit zweien, nur mit einem einzigen Auge wie die Cyklopen begabt wären. Anders ist es aber mit gewissen Eindrücken, welche uns die Vorstellung von der Körperlichkeit der Gegenstände verschaffen, und die wir gerade dadurch empfangen, daß wir gleichzeitig mit zwei Augen, binokular, sehen. Weil es zur Kenntniß der Gesichtsempfindungen überhaupt nothwendig ist, und besonders auch, weil sich auf die Kenntniß der Vorgänge die geistreiche Erfindung eines in kurzer Zeit allgemein verbreiteten und ungemein reizenden Apparats gründet, wollen wir dem interessanten Gegenstande einige Aufmerksamkeit schenken.

Auf der Netzhaut unsers Auges entsteht ein flaches Bild. Es ist natürlich, daß dasselbe ganz genau so, wie es durch ein wirkliches Gebäude, einen Baum u. s. w., hervorgerufen wird, auch durch eine Abbildung dieser körperlichen Gegenstände erzeugt werden könnte. Nur müßte die Abbildung alle Verhältnisse der Perspektive, Färbung und Beleuchtung richtig wiedergeben. Mit einem einzigen Auge vermögen wir nur zwei Dimensionen, Breite und Höhe, zu unterscheiden.

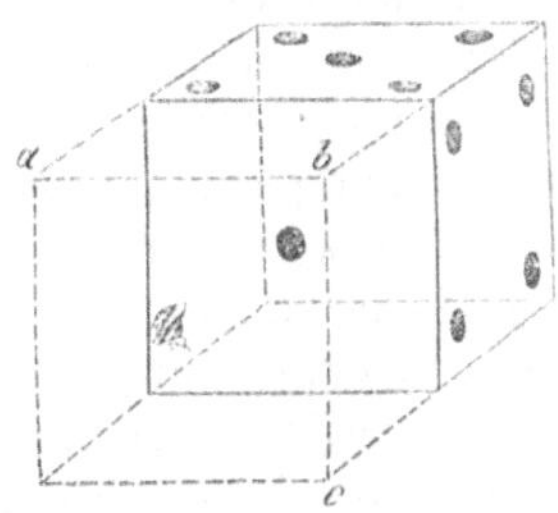

Fig. 210. Würfel von vorn betrachtet.

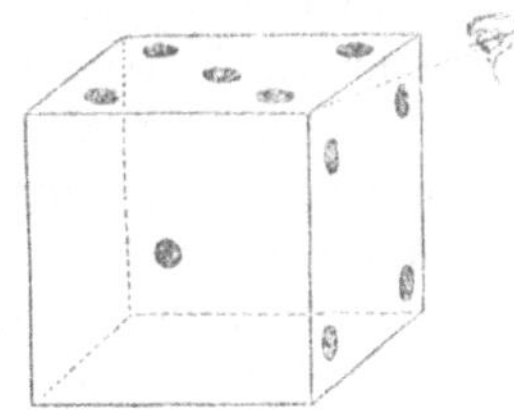
Fig. 211. Würfel von der Seite betrachtet.

Wenn wir damit einen Körper wirklich körperlich und nicht als flache Zeichnung sehen wollen, so müssen wir das Auge in verschiedene Lagen zu demselben bringen. Indem es z. B. den in Fig. 210 dargestellten Würfel das einemal gerade von vorn betrachtet, sieht es nur die quadratische Fläche 1; dagegen werden, wenn es die Stellung von Fig. 211 einnimmt, noch zwei andere Flächen 4 und 5 mit erblickt. Aus der Kombination dieser zweiten Ansicht mit der ersten erhalten wir Belehrung darüber, daß mit der Fläche 1 noch andere zusammenhängen, die, weil sie das erste Mal nicht sichtbar waren, in einer andern Richtung als in der Höhe oder Breite liegen müssen. Wir werden auf die dritte Dimension, die Tiefe, hingewiesen und konstruiren uns in dieser zu den wenigen sichtbaren Flächen die übrigen nach Analogie hinzu.

Da uns eine große Erfahrung mit einem unendlichen Ideenschatz hülfreich zur Seite steht, so vermögen wir aus wenig Elementen uns vollständige Bilder zusammenzustellen. Wir würden also zur Noth auch mit einem Auge die Außenwelt körperlich auffassen lernen; allein dieser Zustand wäre doch ein mangelhafter gegen die bestehende Einrichtung unsrer Sehorgane, welche uns in dem gleichzeitigen Gebrauch zweier Augen die Möglichkeit giebt, auf einmal und vollständig auszuführen, was mit einem Auge nur nach einander und stückweise geschehen könnte.

Unsre beiden Augen geben uns zwei Bilder, wie Fig. 210 und 211 zu gleicher Zeit. Die Seele legt beide zu einer einzigen Vorstellung zusammen, und gerade der Reiz, welcher in der Vereinigung der zwei verschiedenen Sinneseindrücke liegt, ist die Ursache der unbeschreiblichen Empfindung, welche das Körperlichsehen charakterisirt.

**Das Stereoskop.** Daß es beim Körperlichsehen oder dem Stereoskop auf die Vereinigung zweier Bilder ankommt, die unter sich die durch den verschiedenen Standpunkt bedingten Ungleichheiten haben, scheint keine neue Entdeckung zu sein. Brewster will gefunden haben, daß schon Euklid mit diesem Prinzip bekannt gewesen sei und daß Galenus dasselbe bereits vor 1500 Jahren erläutert habe. Baptista Porta soll im Jahre 1599 vollständige Zeichnungen der beiden getrennten, als von beiden Augen gesehenen Gemälde, und ebenso von dem zwischen sie gestellten vereinigten Bilde gegeben haben, worin nicht nur das Prinzip des Stereoskops, sondern sogar die Hauptsache seiner Ausführung enthalten sein würde. Den Malern, welche sich, früher mehr wie jetzt, mit den wissenschaftlichen Grundlagen ihrer Kunst beschäftigten, waren, wie es scheint, die Grundgesetze des Körperlichsehens ebenfalls schon lange bekannt. Denn ebensolche Zeichnungen, wie Porta entworfen hat, sollen von Jacopo da Empoli (geb. 1554, gest. 1640) im Musée Wicar in Lille aufbewahrt werden. Je zwei derselben stellen denselben Gegenstand von zwei wenig verschiedenen Gesichtspunkten dar. Das auf der rechten Seite liegende Bild ist von einem mehr links gefaßten Gesichtspunkte als das auf der linken Seite, genau so, wie es verlangt wird, wenn die Bilder einen stereoskopischen Effekt hervorbringen sollen.

Für die Neuzeit scheinen aber jene Kenntnisse verloren gewesen zu sein, und es ist anzunehmen, daß Wheatstone seine schöne Entdeckung ganz selbständig gemacht hat. Er entwarf zwei Zeichnungen desselben Körpers genau so, wie die Bilder auf den Netzhäuten der beiden Augen sich darstellten müßten, und erfand, um diese zwei Bilder ohne Swierigkeiten den betreffenden Augen gleichzeitig zuzuführen, diejenige Vorrichtung, welche jetzt unter dem Namen stereoskopischer Apparat allgemein bekannt ist und die wir in ihrer Einrichtung bald näher betrachten wollen. Vor der Hand scheint es aber des bessern Verständnisses wegen zweckmäßig, einige Vorbemerkungen zu machen.

Das Auge nimmt alle Lichtstrahlen auf, welche in nicht zu großem Winkel mit der Sehachse einfallen; damit dieselben aber von der Seele zu einem Bilde vereinigt werden, müssen sie auf die sogenannten identischen Stellen der Netzhaut fallen, was nur bei denjenigen eintritt, welche von dem Kreuzungspunkte der Sehachsen ausgehen. Den Sehnerv nämlich haben wir uns als einen Faserstrang zu denken, welcher sich in zwei ganz gleiche, auf der Netzhaut endigende Aeste zertheilt. Die hier symmetrisch angeordneten Faserenden gehören in dem rechten und linken Auge paarweise, wie die Finger der Hände, zusammen. Es bewirkt eine einzige Vorstellung, wenn diese symmetrischen Netzhautstellen in beiden Augen in gleicher Weise erregt werden. Dagegen bleiben die Bilder in unsrer Seele getrennt, wenn die Eindrücke nicht von identischen Punkten der Netzhaut aufgenommen worden sind. Unser Körperlichsehen besteht also darin, daß wir unsre Augen so einstellen und richten, daß die von einem Punkte kommenden Strahlen in beiden Augen jene zu einander gehörigen Stellen der Netzhaut treffen. Es ist dies streng genommen in jedem Augenblick immer auch nur für einen einzigen Punkt möglich, alle andern Punkte sehen wir doppelt; nur achten wir gewöhnlich nicht darauf, da sich die Bilder im großen Ganzen ziemlich decken und die Undeutlichkeit alsbald verschwindet, wenn wir mit Aufmerksamkeit die doppelten Kontouren in's Auge fassen wollen.

Wenn wir in gerader Linie hinter einander zwei brennende Kerzen aufstellen und bald die eine, bald die andere mit unsern Augen fixiren, so bemerken wir, daß wir nur von derjenigen Flamme, auf welche wir gerade unsre Augen richten, die sich im Kreuzungspunkte der Sehachsen befindet, ein einziges Bild erhalten, daß dagegen die andere Flamme immer zwei Bilder hervorruft. Man kann nun neben die eine der beiden Kerzen, gleichviel ob neben die nähere oder neben die entferntere, ein zweites Licht stellen, so daß alle drei mit den Augen in gleicher Horizontalebene liegen, und erhält dann, wenn man das einzeln stehende fixirt, von den beiden andern vier Bilder. Die beiden mittelsten davon können zur Deckung gebracht werden, und zwar auf zweierlei Weise, indem man entweder die fixirte, einzelne Kerze so stellt, daß die verlängerten Sehachsen die beiden andern Kerzen treffen, oder so, daß man jene beiden Flammen in die Richtung der Sehachsen vor deren Kreuzungspunkt aufstellt.

Anstatt der beiden Kerzen können wir nun aber stereoskopisch gezeichnete Bilder vor die Augen bringen, und der Nutzen dieser Augenübung wird uns auf frappante Weise bemerkbar werden. Fig. 212 stellt den Fall dar, wo die Augen a so gerichtet sind, daß sich die Sehachsen in b kreuzen, oder daß der Punkt b von beiden Augen fixirt wird. Wird diese Augenrichtung festgehalten, so müssen zwei stereoskopisch gezeichnete Ansichten auf identische Netzhautstellen fallen und zur Deckung gebracht werden, sowol wenn sie bei c in die Sehrichtung gebracht, als auch wenn sie in d aufgestellt werden. In jedem der beiden Fälle vereinigen sich die beiden Bilder in unserer Vorstellung zu einem einzigen, wir sehen den dargestellten Gegenstand körperlich. Der hervorgebrachte Effekt ist aber für beide Fälle ein verschiedener, denn wenn wir zum Beispiel die beiden, von einer und derselben Pyramide genommenen Ansichten (Fig. 213) in c aufstellen, so nimmt das linke Auge das links liegende, das rechte Auge das rechts liegende Bild auf, und da dieselben genau den Ansichten entsprechen, welche wir in Wirklichkeit von einer mit der Spitze unsern Augen zugerichteten Pyramide haben würden, so rufen sie auch bei der angenommenen Art der Betrachtung den Eindruck einer erhabenen Pyramide hervor. Sollte das linke Auge eine Ansicht haben, wie sie das rechts gezeichnete Bild darstellt, und das rechte Auge eine solche, wie das linke Bild zeigt, so müßten wir in eine hohle, mit der Basis uns zugekehrte Pyramide, eine Matrize der vorigen, hineinblicken. Daher erscheint auch, wenn wir die Sehachsen vor den beiden Bildern sich kreuzen lassen, das vereinigte Bild einer vertieften und mit der Spitze uns abgewandten Pyramide anzugehören. Bemerkenswerth ist dabei die Täuschung, welche wir in Betreff der scheinbaren Tiefe erfahren. Dieselbe sieht in dem zuletzt betrachteten Falle viel bedeutender aus als vorher.

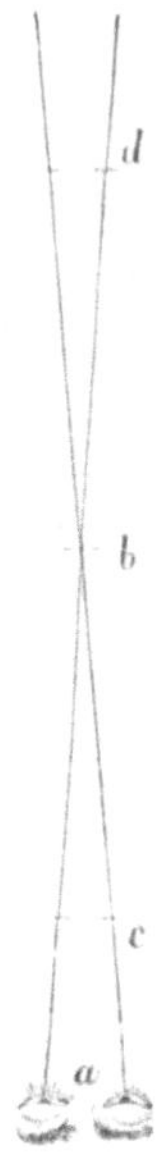

Fig. 212.

Auf diese Weise kann man nach demselben Prinzip entworfene Zeichnungen von Körpern durch geeignete Betrachtung bald zu einem erhabenen oder vertieften Bilde vereinigen. Unsre Figur 214 giebt ein andres Beispiel, dessen Betrachtung für Jeden, der sich die Mühe der ungewohnten Augeneinstellung nicht verdrießen läßt, höchst lehr- und genußreich werden wird. Als ein bequemes Hülfsmittel, die Augen in der erforderlichen Weise zu richten, kann eine Stricknadel dienen, welche man in den durch Probiren leicht zu findenden Kreuzungspunkt der Sehachsen hält; man bewegt sie, indem man sie scharf fixirt, langsam auf die Zeichnung oder die Augen zu, bis die mittelsten der vier Bilder eben zur Deckung gelangen. Die Sehachsen hinter der

Zeichnung erst zu kreuzen, also die Bilder bei ihrer Aufstellung in c (Fig. 212) zu vereinigen, ist schwieriger; indessen kann man sich dadurch helfen, daß man sich vorstellt, als wolle man durch die in richtiger Sehweite gehaltene Zeichnung hindurch einen etwa 20—25 Fuß entfernten Gegenstand in's Auge zu fassen suchen.

In dem schon erwähnten, von Wheatstone erfundenen stereoskopischen Apparate sind alle die Schwierigkeiten, welche ein derartiges gezwungenes Sehen darbietet, umgangen und der überraschende Effekt zeigt sich Jedem, der sich auch der Gründe nicht bewußt ist.

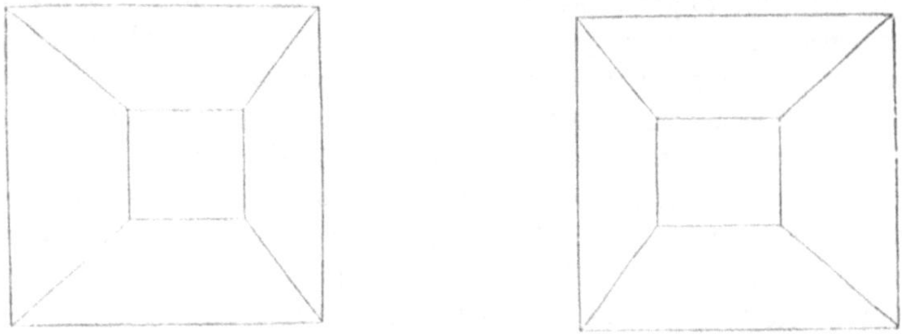

Fig. 213. Stereoskopische Bilder einer Pyramide.

Die Erfindung Wheatstone's ist übrigens schon am 21. Juni 1838 der Königlichen Gesellschaft zu London vorgelegt worden. Der Apparat (Fig. 215) bestand aus zwei ebenen Spiegeln A und B, von etwa vier Quadratzoll Oberfläche, welche mit ihrer Rückseite einen Winkel von 90° bilden.

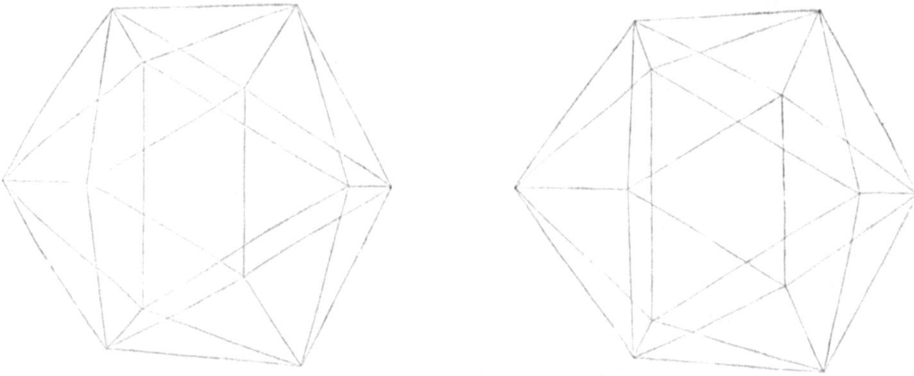

Fig. 214. Stereoskopische Bilder eines Krystallmodells.

Hart vor denselben, in der Zeichnung aber nicht angegeben, befindet sich ein kleines Bretchen mit zwei Oeffnungen für die Augen, die so den Spiegeln sehr nahe gebracht werden. Seitwärts davon sind zwei aufrecht stehende Latten angebracht, an denen die beiden Schieber C und D sich vor- und rückwärts bewegen lassen. Auf diesen Schiebern werden die stereoskopischen Zeichnungen befestigt; ihre Bilder erscheinen in den Spiegeln und werden in diesen von den Augen betrachtet. Da jedes Auge wegen seiner nahen Stellung zu den Spiegeln immer nur ein einziges Bild sieht, so wird es nicht so leicht beirrt; außerdem aber erlaubt diese Vorrichtung viel größere Bilder zu betrachten als mit freien Augen.

Wheatstone selbst ersetzte seinen Apparat bald durch ein anderes Instrument, welches in seiner bequemeren Handhabung große Vorzüge vor jenem hatte. Statt der Spiegel wandte er, um die Bilder in die Augen zu werfen, Prismen an, die er mit den brechenden Kanten einander zugerichtet hatte (Fig. 216).

Die schematische Abbildung Fig. 217 versinnlicht dies Arrangement und seine Wirkungsweise. Von den Bildern a und b gehen die Strahlen f in die Prismen c und d, werden durch dieselben in der Richtung h gebrochen und gelangen so in die Augen, welche die Bilder in der Richtung hi erblicken. Die gebräuchlichste äußere Form dieses Prismenstereoskops zeigt Fig. 218.

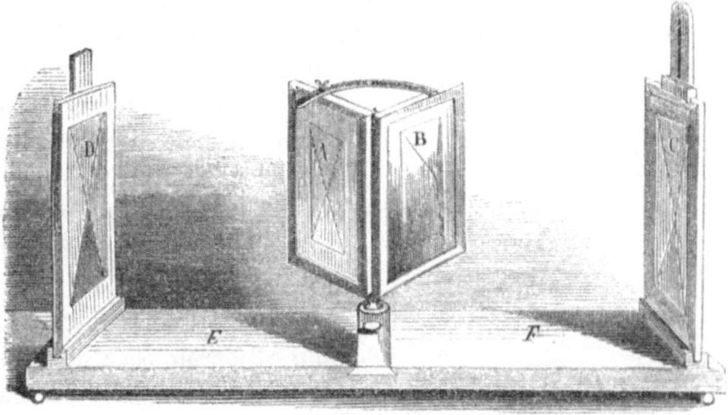

Fig. 215. Wheatstone'sches Spiegelstereoskop.

So zweckentsprechend dieser Apparat auch war, so litt seine Herstellung doch an einer großen Schwierigkeit. Es ist nämlich schwer, zwei völlig gleiche Prismen, wie sie dazu verlangt werden, sich zu verschaffen. Aber auch dieser Uebelstand wurde gehoben, denn der schottische Physiker Brewster kam auf die geniale Idee, eine gewöhnliche Linse mitten auseinander zu schneiden und die beiden völlig symmetrischen Hälften an Stelle der Prismen einzusetzen. Er erhielt durch die sphärische Krümmung seiner Gläser noch eine vortheilhafte Vergrößerung der Bilder, welche zur Erhöhung der Täuschung wesentlich beiträgt. Trotz dieser Vervollkommnung vergingen indessen noch viele Jahre, ehe die allgemeine Aufmerksamkeit dem Stereoskop zugelenkt wurde, und wenn nicht der rasche französische Sinn Gefallen an den reizenden Wundern gefunden hätte, so wäre vielleicht heute noch das Stereoskop für das große Publikum nicht vorhanden. Brewster kam im Herbst 1850 nach Paris und zeigte seinen Apparat den dortigen Naturforschern.

Fig. 216. Stereoskop-Prismen.

In Deutschland hatte schon 1844 der Professor Moser photographische Bilder für das Stereoskop angefertigt; sein Bericht darüber war in Dove's „Repertorium der Physik" abgedruckt, aber natürlich dachte Niemand bei uns daran, so rasch aus dem erworbenen Kapitale allgemeinen Nutzen zu ziehen. Da die Sache gedruckt und registrirt war, war es gut.

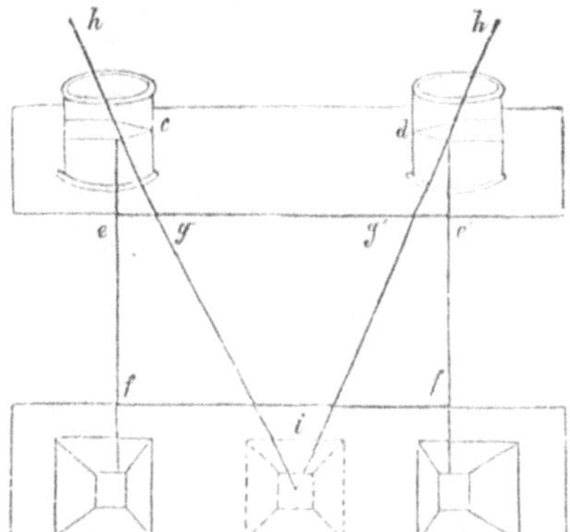

Fig. 217. Prinzip des stereoskopischen Apparats.

In Paris ging das rascher. Der als Physiker und Mathematiker bekannte Abbé Moigno erkannte augenblicklich, welch' günstige Aufnahme das Stereoskop im Publikum finden müsse. Er bestimmte Brewster, dem ausgezeichneten Optiker Duboscq die Herstellung von Stereoskopenapparaten zu übertragen, und aus diesem berühmten Etablissement verbreiteten sich nun in kurzer Zeit die überall mit Entzücken aufgenommenen Apparate über alle Länder. Ueberall wurden sie nachgemacht. Ausstellungen stereoskopischer Bilder durchwanderten Messen und Jahrmärkte, und jetzt findet sich das

Stereoskop als eins der beliebtesten Unterhaltungsmittel fast in jeder Familie. Die Linsenhälften hat man der bequemern Faßbarkeit wegen rund geschliffen und in verschiebbaren Hülsen befestigt, welche ein Einstellen in die für jedes Auge passende Brennweite gestatten. Dadurch bekommt der Apparat Aehnlichkeit mit einem gewöhnlichen Operngucker, der unten in einen viereckigen Kasten endigt, wie er schon bei Fig. 218 sichtbar wird. An der obern Wand dieses länglichen Kästchens befindet sich eine Klappe, um Licht einzulassen, wenn Bilder besehen werden sollen, die auf einem undurchsichtigen Grunde stehen; die Innenfläche des Kastens ist geschwärzt, um das Licht nur von einer Seite auffallen zu lassen. Der Boden, da, wo die Bilder eingelegt werden, ist durchbrochen, weil manche Bilder auf durchscheinenden Glasplatten erzeugt werden und dann bei geschlossener Klappe gegen das Licht betrachtet werden müssen. Außerdem aber hat man Apparate ohne alle Aufstellung, bloße Linsenpaare, Rollapparate, zum Zusammenklappen u. s. w., von denen wir nur die in Fig. 219 dargestellte bequeme Einrichtung vorführen. Brewster hat noch die Linsen verdoppelt, so daß er jedes Bild durch zwei Linsen ansieht und eine stärkere Vergrößerung bei geringerem Volumen gewinnt; indessen hat diese Einrichtung wenig Beifall gefunden.

Fig. 218.
Wheatstone'sches Prismenstereoskop.

In den Händen der Franzosen wurde vor allen Dingen die Photographie zur Hervorbringung stereoskopischer Abbildungen herangezogen, und in der That würde ohne diese Schwesterkunst die Wheatstone'sche Erfindung sich nur auf die einfachsten geometrischen Darstellungen haben beschränken müssen. Die Camera obscura dagegen zeichnet von den komplizirtesten Gegenständen mit absoluter Genauigkeit die geringsten, durch die verschiedenen Gesichtspunkte bedingten Abweichungen, und die photographische Platte fixirt die Bilder mit ihren unendlich feinen Abstufungen von Licht und Schatten, wie sie der augenblicklichen Beleuchtung entsprechen. Denn in der Darstellung körperlicher Gegenstände ist nicht nur der äußere Kontour das Wesentliche, sondern eben so gut auch die Vertheilung der Helligkeit. Glanz und Beschattung hängen eben so wohl von dem Beobachtungsorte ab, und die genaueste Berücksichtigung dieser Momente ist nothwendige Bedingung eines günstigen Effekts.

Fig. 219. Stereoskopischer Apparat zum Zusammenklappen.

Vorzüglich lehren die Landschaftsbilder, in welcher Weise diese fast verschwindenden Verschiedenheiten zu dem Effekte beitragen.

Wir sehen den Boden aufsteigen und sich in meilenweiter Ferne verlieren, weit in die Luft hinein locken die Gipfel hoher Berge unsern Blick, wir vergraben uns in die Schluchten, die eine fast unergründliche Tiefe verrathen. Vor uns thut sich ein schroffer Abgrund auf. Wir fühlen, daß wir auf einem überhängenden Felsen stehen, und darüber hinweg hängen die Zweige einer uns beschattenden Kiefer, deren Aeste wir greifbar vor unsern Augen wähnen. Noch überraschender fast sind die Ansichten, welche uns in das Innere von Gebäuden, in hohe Dome, lange Zimmerreihen oder weite, mit mancherlei Gegenständen angefüllte Räume führen. Jede Kannellirung der Säulen tritt hier plastisch entgegen, das Schnitzwerk wächst aus dem Getäfel heraus und die eigenthümlichen Glanzeffekte, die dadurch hervorgerufen werden, daß jedes Auge verschiedene Stellen der Körper vom hellsten Lichte wiederstrahlen sieht, lassen das Material genau unterscheiden. Ein Museum von Skulpturarbeiten giebt unsern Blicken in jeder Entfernung Anhaltpunkte. Die Figuren stehen selbständig da, sie treten auf uns zu, sie sind nicht als Bilder durch eine gemeinsame Papierfläche mit einander verbunden; wirkliche, sichtbare Luft, in der die Sonnenstäubchen flimmern, umgiebt sie von allen Seiten. Hier sehen wir eine antike Marmorbildsäule, woran wir die Spuren der Verwitterung mit den Fingern untersuchen wollen; dort steht eine Broncefigur, deren glatte Oberfläche, Glanz und Farbe eben nur durch das Auge empfunden und gedeutet werden kann.

Und mit eben der Vollkommenheit, mit welcher hier leblose Gegenstände sich darstellen, lassen sich stereoskopische Abbildungen von Personen, Porträts, aufnehmen. Die Empfindlichkeit der photographischen Präparate ist so weit gesteigert worden, daß wir den belebtesten Marktplatz in einem einzigen Moment fixirt, den fliegenden Vogel, das wellenbewegte Meer im Stereoskop sehen können.

So gering nun auch selbst einer genauen Untersuchung die perspektivischen Abweichungen der beiden Bilder erscheinen, so sind sie doch — zumal bei Landschaften — größer, als sie der Entfernung unsrer Augen entsprechen würden. Die photographischen Apparate werden bei ihrer Aufnahme in größerem Abstande, als unsre Augenweite beträgt, von einander aufgestellt. Dadurch macht denn auch das stereoskopische Bild den Eindruck, als ob wir es mit einem um so viel größern Winkel der Sehachsen betrachteten, als ob ein verkleinertes Modell von uns aus größerer Nähe gesehen würde. Das Stereoskop überwirklicht die Wirklichkeit, und so effektvoll auch die hinter einander liegenden Partien auf diese Weise von einander losgelöst werden, so darf doch, wenn der Natürlichkeit nicht Eintrag geschehen soll, eine gewisse Grenze damit nicht überschritten werden.

**Das Telestereoskop.** Ein fernes Gebirge vermögen wir, wenn wir es zuerst erblicken, nur schwierig in seine Tiefenverhältnisse aufzulösen. Hier stehen die Augen zu nahe, als daß die beiden Bilder merklich verschiedene Seiten zeigen könnten. Daher behalten die Bergstöcke ein koulissenartiges Ansehen. Durch das Telestereoskop werden aber unsre Augen gewissermaßen um mehrere Ellen von einander entfernt, so daß die Bilder, welche sie aufnehmen, die gesehenen Gegenstände in einem größern Winkel umspannen. Die Auflösung der Tiefenverhältnisse wird dadurch, wie bei den photographischen Stereoskopbildern, eine viel entschiedenere. Die Einrichtung des Telestereoskops ist sehr einfach und läßt sich an dem Wheatstone'schen Spiegelstereoskop (Fig. 215) beschreiben. Der Apparat ist direkt zur Betrachtung der Landschaft eingerichtet; die Bilder werden daher auch von ihm selbst aufgenommen, und zwar geschieht dies durch zwei Spiegel, welche an Stelle der beiden Schieber c und d angebracht und so gegen außen gerichtet sind, daß sie mit einander einen Winkel von 90 Grad machen, also den beiden kleinen Beobachtungsspiegeln a und b parallel gerichtet sind. Die beiden Spiegelbilder der Landschaft werden nun um so größere perspektivische Abweichung haben, je weiter die Spiegel von einander abstehen, und mit der Entfernung müssen daher die Tiefendimensionen um so deutlicher hervortreten. Anstatt der Beobachtungsspiegel sind bei a und b zwei Prismen, deren totale Reflexion die Spiegelbilder ungeschwächter zurückgiebt. —

Schließlich wollen wir noch auf eine praktische Verwendbarkeit des Stereoskops aufmerksam machen, welche von Dove hervorgehoben worden ist, und die in ihren interessanten Effekten zu prüfen unsern Lesern Vergnügen gewähren wird.

| | |
|---|---|
| Tröste dich, wenn edlen Gaben<br>Nicht des Volkes Jubel glückt.<br>Was der Weise sieht erhaben,<br>Ist der Menge oft verrückt. | Tröste dich, wenn edlen Gaben<br>Nicht des Volkes Jubel glückt.<br>Was der Weise sieht erhaben,<br>Ist der Menge oft verrückt. |

Fig. 220.

Bringt man zwei ganz gleiche Zeichnungen, etwa zwei ächte Kassenscheine, in einen stereoskopischen Apparat oder betrachtet dieselben mit freien Augen so, daß die beiden Bilder sich zu einem einzigen vereinigen, so wird man, trotzdem daß die Augen zwei Bilder sehen, doch nur den Eindruck einer planen Zeichnung haben, aber keine Tiefe bemerken. Sind aber die beiden Kassenscheine nicht von derselben Platte oder ist die Schrift von einem andern Satz, so wird die Uebereinstimmung nie eine vollkommene sein, denn selbst bei der größten Genauigkeit der Setzer werden die Zeilen und Buchstaben gegen einander nicht dieselbe Lage haben. Im Stereoskop tritt dies deutlich hervor, denn in dem vereinigten Bilde zeigen sich die verschobenen Worte nicht mehr in einer Ebene liegend, sondern sie erheben sich treppenartig über einander; sie schweben gleichsam in der Luft, und die beigedruckte Satzprobe Fig. 220 giebt dafür ein sprechendes Beispiel.

Dove schlägt nun vor, zwei Drucke, über deren Identität Zweifel herrschen, also verdächtige Kassenscheine und ächte, mit einander im stereoskopischen Apparate zu betrachten. Jedes Heraustreten der Schrift oder der Zeichnung aus der Ebene würde auf ein Falsifikat unzweifelhaft hindeuten. Ebenso wird man durch eine stereoskopische Betrachtung augenblicklich Nachdruck vom Originaldruck, Titelauflagen von wirklichen Neudrucken u. s. w. zu unterscheiden vermögen. Und was von Drucken gesagt ist, gilt natürlich von jeder Kopie. Die Nachahmung mag noch so geschickt gemacht sein, der stereoskopische Apparat ist ein sicheres Mittel, sie zu entlarven, und wenn er auch den Fälscher selbst auf die Mangelhaftigkeit seiner Produkte aufmerksam machen kann, so kann er ihm doch nicht in gleicher Weise die Mittel einer absoluten Vollkommenheit gewähren.

Auf der Pariser Sternwarte.

Es zieht dich an, es reißt dich heiter fort,
Und wo du wandelst, schmückt sich Weg und Ort;
Du zählst nicht mehr, berechnest keine Zeit,
Und jeder Schritt ist Unermeßlichkeit.

Goethe.

# Die Erfindung des Teleskops.

Geschichtliches über die Erfindung. Weder Jansen, noch Metius, noch Crepi, sondern Lippershey. Galilei. Die Einrichtung des Fernrohrs. Das holländische und das astronomische Fernrohr. Kepler. Campanisches Okular. Erdfernröhre. Aeußere Einrichtung und Aufstellung. Weitere Vervollkommnung durch Euler, Dollond, Fraunhofer. Der Fraunhofer'sche Refraktor auf der Dorpater Sternwarte. Das Passageninstrument. Sonstige Verwendung zu Maßinstrumenten. Nonius und Mikrometer. — Spiegelteleskope. Geschichte. Rieseninstrumente. Verschiedene Einrichtungen nach Newton, Gregory und Herschel. Was sieht man durch's Fernrohr?

---

Es war in den ersten Jahren des 17. Jahrhunders, als in der holländischen Stadt Middelburg das Fernrohr erfunden wurde. Ganz sicher ist die Jahreszahl nicht zu bestimmen.

Bald heißt es, die Kinder des Middelburger Brillenmachers Zacharias Jansen hätten mit Glaslinsen, wie sie ihr Vater in seinem Geschäft erzeugte, gespielt. Dabei hätte denn auch zufällig das Eine zwei solcher Linsen in grader Linie etwas entfernt von einander vor's Auge gehalten und nach dem Knopfe eines entfernten Thurmes geschaut. Da es denselben plötzlich viel größer und näher erblickt, habe es seine Gespielen auf diese Erscheinung aufmerksam gemacht, der Vater sei dazu gekommen, habe das Experiment wiederholt, und durch verständige Benutzung des Beobachteten sei das Fernrohr erfunden worden.

Bald soll der Brillenmacher Hans Lipperstein, Lippersheim oder Laprey, wie er verschieden genannt wird, von einem Unbekannten aufgesucht und beauftragt worden sein, einige hohle und erhabene Gläser nach seiner Angabe zu schleifen.

Als dieselben fertig waren, nahm sie der Fremde in die Hand und beobachtete, indem er ein hohles und ein erhabenes Glas bald näher, bald ferner von einander hielt, durch sie hindurch die Gegend. Der Glasschleifer merkte sich sein Verfahren, und als er allein war, versuchte er in gleicher Weise durch ähnliche Gläser zu blicken. Von dem Erfolg überrascht, sei er auf die Idee gekommen, die Linsen in der geeigneten Entfernung dauernd mit einander zu befestigen, und habe so ein Fernrohr verfertigt, welches er dem Prinzen Moritz von Nassau vorgelegt habe.

Manche wollen wieder den Sohn des Mathematikers Adrian Metius die Erfindung durch einen ähnlichen Zufall, wie er die Kinder des Zacharias Jansen geleitet habe, machen lassen.

Noch Andere aber, die wahren Ben Akiba's, gehen viel weiter in's graue Alterthum zurück und möchten die Nachricht von einem Bilde des Ptolemäus, auf welchem dieser dargestellt gewesen sei, wie er die Gestirne durch ein aus mehreren Theilen zusammenschiebbares Rohr betrachtet, dahin deuten, daß die Erfindung schon im 13. Jahrhundert gemacht worden sein müsse. Und wenn man einige Aeußerungen des Roger Baco ganz wörtlich verstehen dürfte, so möchte diese Annahme allerdings einen Grad von Wahrscheinlichkeit zu bekommen scheinen. Allein wie in so Vielem ist auch hierin der merkwürdige Weise ganz unklar, während mit Sicherheit doch anzunehmen ist, daß er einen so wichtigen Gegenstand einer ausführlichen Betrachtung werth gehalten haben sollte. Und da auch in den Schriften gleichzeitig und später Lebender sich nichts findet, was das Alter des Fernrohrs um drei Jahrhunderte vergrößern könnte, dagegen allerwärts im Beginn des 17. Jahrhunderts der neuen Erfindung sehr bewundernd gedacht wird, so dürfen wir mit ziemlicher Sicherheit das Geburtsjahr in die oben angegebene Zeit versetzen.

Das Genauere über die ersten Anfänge der Erfindung hat, so weit dergleichen den Nachkommen aus einzelnen, oft ungewissen, absichtlich oder unabsichtlich gefälschten Ueberlieferungen herauszuschälen möglich ist, neuerdings der Professor Harting durch sorgfältige Prüfungen festzustellen gesucht, und wir wollen seinen Angaben als den bei weitem beachtenswerthesten hier folgen.

Die erste authentische Nachricht von einem Fernrohr ist eine Resolution der holländischen Stände vom 2. Oktober 1608. Während des spanisch-niederländischen Krieges hatte denselben ein aus Wesel gebürtiger, in Middelburg ansässiger Brillenschleifer Hans Lippershey ein „Instrument, um weit zu sehen", vorgelegt, weil mit Hülfe desselben im Felde wesentliche Vortheile über den Feind zu erringen sein dürften, und für die Ausbeutung dieser neuen Erfindung um ein Privilegium auf dreißig Jahre oder um eine Pension nachgesucht, wogegen er Geheimhaltung versprach und solche Instrumente nur zum Nutzen des Landes und nicht für auswärtige Fürsten und Potentaten anfertigen wolle. Die erwähnte Resolution bestimmte die Niedersetzung einer Prüfungskommission, und dem Erfinder wurde darauf zur Probeablegung die Herstellung solcher Instrumente mit Linsen aus Bergkrystall und auch eins für zwei Augen aufgegeben. Lippershey scheint dem Auftrage nachgekommen zu sein, trotzdem erhielt er das gesuchte Privilegium nicht; denn mittlerweile, am 17. Oktober 1608, war Jakob Adriaan zoon Metius mit einem ähnlichen Gesuch für dieselbe, angeblich von ihm gemachte Erfindung aufgetreten. Da schon Zwei um denselben Gegenstand wußten, so konnte der ausschließliche Besitz nicht garantirt sein, und man ließ der Konkurrenz freie Bahn.

Ob Metius durch die Erfindung Lippershey's erst auf den Gedanken des Fernrohrs gebracht worden ist, ob er gar durch Verrath erst die Einrichtung kennen gelernt, oder ob er sie schon früher selbständig gemacht und als ein verschlossener, geheimthuender Mann, der er war, Niemandem eher davon Mittheilung gab, bis der Brillenmacher damit vor die Oeffentlichkeit trat, das scheint unaufklärbar zu sein. Genug, er ist der Zeit nach ein Späterer, und die Geschichte nennt deswegen als ersten Erfinder den Middelburger Optiker **Hans Lippershey**.

Damit müssen auch alle diejenigen Ansprüche, welche von andern Seiten auf die Ehre der Priorität gemacht worden sind, zurückgewiesen werden; andere reduziren sich unter Abwägung der Umstände auf ein bescheideneres Maß. So kommt ein gewisser **Crepi** aus Sedan, welcher von Vielen als der Erfinder des Fernrohrs angesehen worden ist, um seinen Ruhm; denn es scheint sicher, daß er auf indirektem Wege sich den Besitz solcher Kenntnisse verschafft habe. Am 28. Dezember 1608 nämlich schreibt der damalige französische Gesandte Jeannin am holländischen Hofe an den König Heinrich IV. und an Sully über die neue Erfindung, von der er sich für den Krieg großen Nutzen versprach. Er hatte sich auch an Lippershey gewandt, um ein Fernrohr von diesem zu erhalten, damals aber vergeblich. Erst durch Vermittelung der Stände erhielt er, als diese die Erfindung nicht ankaufen wollten, zwei Fernröhre für den König, die er denn auch mit seinen Briefen durch einen französischen Soldaten nach Frankreich schickte. Es war aber dieser Soldat deswegen zur Ueberbringung gewählt worden, weil Jeannin erfahren hatte, daß derselbe, in mechanischen Künsten sehr geschickt, die Anfertigung der Fernröhre dem Erfinder abgelauscht und solche nun nachmachen könne.

Fig. 222. Hans Lippershey.

Höchst wahrscheinlich ist Crepi mit diesem Soldaten nicht nur eine und dieselbe Person, sondern auch derjenige Franzose, welcher im Mai 1709 nach Mailand kam und dem Grafen de Fuentes ein Fernrohr gab, eben das, welches **Sirturus** durch Zufall sah, der dann sofort nach Venedig reiste, dort Glas zu kaufen und ein ähnliches Instrument zusammenzusetzen.

Im Juni 1609 war **Galilei** zu Venedig und hörte von dem Fernrohr reden. Zu derselben Zeit besaß auch schon der Kardinal Borghese eins, das ihm aus Flandern zugeschickt worden war. Galilei hatte somit Gelegenheit, von der Einrichtung und Wirkungsweise sich durch den Augenschein zu überzeugen. Ob er dies gethan, ob nicht, ist zweifelhaft; es kommt im Grunde auch nicht viel darauf an, denn es erhöht weder die Glorie um das Haupt des großen Pisaners in der Weise, wie seine überschwänglichen Biographen wähnen, wenn er wirklich blos auf die Nachricht von der Wirkung kombinirter Linsen hin ein Fernrohr konstruirt hätte, noch auch bricht es aus dem Lorbeer seiner wahren Größe ein einziges Blatt, wenn er das erste seiner Fernröhre, welches er am 23. August 1609 dem Dogen von Venedig überreichte, nach genauer Kenntniß von der Einrichtung der holländischen Instrumente zusammengesetzt und selbiges also nicht erfunden, sondern blos nachgemacht hätte.

Uebrigens waren zu dieser Zeit die Fernröhre in Holland, England und Deutschland bereits ein Handelsgegenstand. Auf der Herbstmesse zu Frankfurt a. M. 1608 wurde zum ersten Male von einem Niederländer eins zum Verkauf ausgeboten, und in London waren sie das Jahr darauf so zahlreich, daß die Käufer die Auswahl hatten. Sie scheinen auch in Nürnberg bald in großer Menge fabrizirt worden zu sein, und in Italien lockten die hohen Preise, welche Galilei für seine Instrumente erhielt (1000 Gulden für eins), die Optiker, sich auf die Anfertigung der merkwürdigen Apparate zu werfen. Hochgestellte Liebhaber und Förderer der Wissenschaften, deren damals mehr als jetzt selbstthätige Mitarbeiter waren, schliffen sich ihre Gläser selbst. So verfertigte nicht lange, nachdem Galilei das erste Fernrohr zu Stande gebracht hatte, auch der Fürst Cesi, Stifter der Akademie de Lincei zu Rom, ein Fernglas und gab ihm zuerst auf Eingeben des vortrefflichen Gräcisten Joannes Demiscianus den griechischen Namen Teleskopium.

Mit der Erfindung des Namens schließen wir diesen kurzen geschichtlichen Ueberblick. Aber — fragt Mancher — wie ist das mit Zacharias Jansen? — ebenfalls Brillenmacher und ebenfalls zu Middelburg, der bis jetzt doch allgemein für den Erfinder der Fernröhre gegolten hat und für den sein Landsmann Boreel, Leibarzt am Hofe Ludwig's XIV., so entschieden Partei nahm? — Aus den gerichtlichen Untersuchungen, welche in den ersten funfziger Jahren des 17. Jahrhunderts auf Veranlassung Boreel's in Middelburg angestellt und deren Ergebnisse von einem, nicht mit dem genannten Leibarzt zu verwechselnden, Borel zu einer Schrift verarbeitet wurden, geht hervor, daß Jansen an der Erfindung des Fernrohrs wahrscheinlich keinen Theil hat, daß er aber darum nicht minder der Beachtung der Nachwelt würdig ist, als sein Kollege Lippershey, welcher dort Lapprey genannt wird, denn wir verdanken ihm eine ebenbürtige That, die Erfindung des Mikroskops, auf welche wir im nächsten Kapitel zu sprechen kommen. Wie weit die Ideen beider Instrumente einer Wurzel entsprossen sind, und wie weit Lippershey, der später zu seiner Entdeckung kam, als Jansen (möglich schon 1590) auf diese sich stützte, ist hier nicht zu untersuchen. Wir haben das Fernrohr zuerst in den Kreis der Betrachtung gezogen, weil seine Einrichtung eine einfachere ist als die des Mikroskops, und ihre Kenntniß uns die Erkenntniß des zusammengesetzteren Apparats erleichtern wird.

**Einrichtung des Fernrohrs.** Das Fernrohr ist wie das Mikroskop eine Zusammensetzung zweier Linsen oder Linsensysteme, deren optische Achsen genau in einer geraden Linie liegen. Die eine davon, das sogenannte Objektivglas, wird dem beobachteten Gegenstande zunächst gehalten; sie empfängt die von demselben ausgehenden Lichtstrahlen und konzentrirt sie auf einen Punkt, wo sich ein kleines reelles Bild erzeugt; die andere, das Okularglas, dient zur Betrachtung dieses Bildes und ist deswegen zwischen das kleine verkehrte Bild und das Auge eingeschaltet. In den Spiegelteleskopen, die auch hierher gehören, ist das Objektiv durch einen Hohlspiegel ersetzt, was, wie wir wissen, in der Natur des Bildes nichts ändert; doch kommen wir noch ausführlich auf diese Einrichtung zu sprechen.

Die Gläser sind in einer inwendig geschwärzten Röhre angebracht, die aus mehreren in einander verschiebbaren Theilen besteht. Dadurch kann je nach dem Bedürfniß der verschiedenen Augen das Okular dem Bilde beliebig genähert werden.

**Das holländische oder Galilei'sche Fernrohr**, diese ursprüngliche Konstruktion, ist in Fig. 223 dargestellt. Die Strahlen gehen von dem Gegenstande AB aus durch das Objektiv C und möchten sich zu einem kleinen reellen Bilde vereinigen. Dazu kommt es aber nicht, denn das Okular a, eine bikonkave Linse, liegt vor dem Vereinigungspunkte und zerstreut die Strahlen wieder. Durch die richtige Stellung des Okulars können die Strahlen so geleitet werden, als kämen sie aus der deutlichen Sehweite. Das Auge verlegt dann auch dahin das Bild, und dieses erscheint ihm sonach in richtiger Stellung und je nach der Brennweite der Linsen mehr oder weniger vergrößert. Diese einfache Einrichtung bietet den großen Vortheil, sehr kurze Röhren anwenden zu können, und deshalb ist sie besonders für Instrumente in Gebrauch geblieben, von denen eine bequeme Handlichkeit verlangt wird. Ohne der Deutlichkeit Eintrag zu thun, kann man freilich bei ganz kurzen Röhren die Vergrößerung nicht weit treiben, und es haben daher derartige Fernröhre, Theaterperspektive u. s. w., auch gewöhnlich nur eine vergrößernde Kraft von $2\frac{1}{2}$ bis 3. Uebrigens hat Galilei auch schon 1618 ein Instrument für zwei Augen, wie unsre Operngläser, konstruirt und kann als der Erfinder dieser **Binocles** angesehen werden.

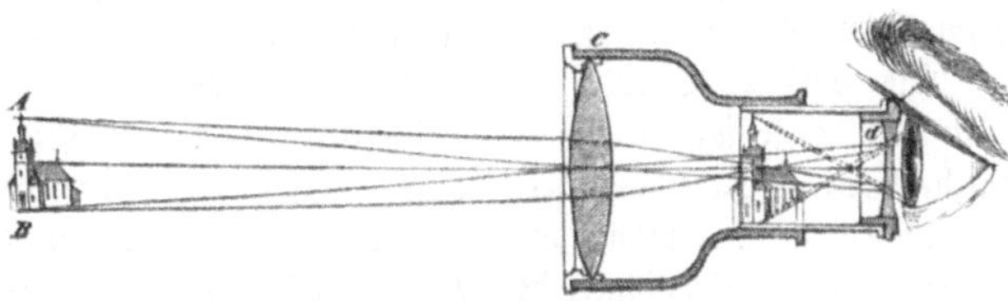

Fig. 223. Holländisches Fernrohr.

**Das astronomische oder Kepler'sche Fernrohr.** Die erste wissenschaftliche Darlegung der Prinzipien, auf denen die Wirkung des Fernrohrs beruht, gab **Kepler** und derselbe erfand in Folge seiner Untersuchungen auch das nach ihm benannte Instrument, welches sich von dem holländischen insofern unterscheidet, als bei ihm (Fig. 224) die durch die bikonvexe Linse C gehenden Strahlen wirklich sich zu einem reellen Bilde A′B′ vereinigen, welches durch das vergrößernde Okular C′ betrachtet wird (A″B″). Das Okular ist also hier nicht wie bei dem holländischen Fernrohr eine bikonkave, sondern wie das Objektiv eine bikonvexe Linse. Es kann aber das vom Objektivglas erzeugte verkehrte reelle Bild, durch die Okularlinse betrachtet, nicht umgedreht werden, daher erscheinen im einfachen Kepler'schen Fernrohr auch alle Gegenstände verkehrt, und dasselbe ist deswegen auch nur zur Beobachtung der Gestirne geeignet, bei denen die Stellung der Bilder von keinem Einfluß ist. Bei feineren Instrumenten ist an der Stelle, wo sich das reelle Bild erzeugt, ein **Fadenkreuz** von Spinnwebfäden ausgespannt, um kleine Ortsveränderungen des beobachteten Gestirns bemerken zu können.

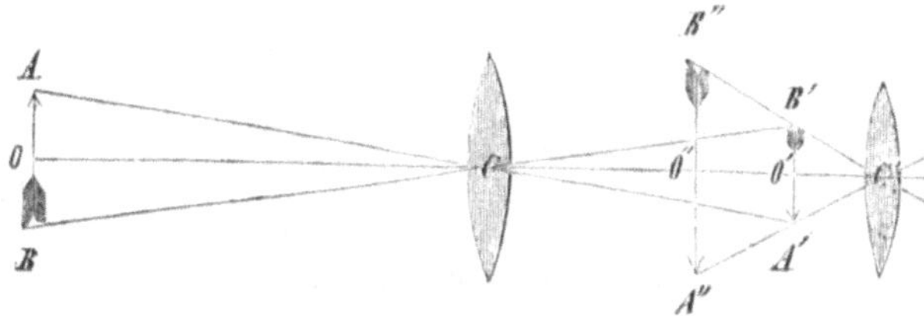

Fig. 224. Prinzip des Kepler'schen Fernrohrs.

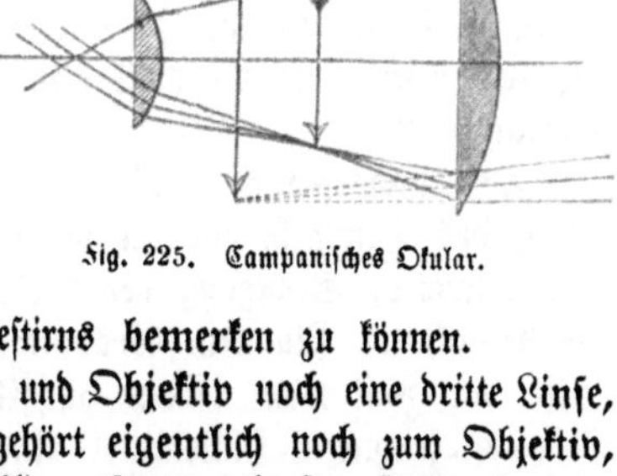
Fig. 225. Campanisches Okular.

Uebrigens fügt man auch zwischen das Okular und Objektiv noch eine dritte Linse, das sogenannte **Kollektivglas**, ein. Dasselbe gehört eigentlich noch zum Objektiv, denn es hat den Zweck, die Strahlen, ehe sie im Bilde zusammenlaufen, stärker konvergirend zu machen, und liegt deshalb zwischen diesem letztern und dem Objektiv. Weil es aber gewöhnlich mit dem Okular in einem Tubus vereinigt ist, hat man nach dem Erfinder diese Kombination das **Campanische Okular** genannt (Fig. 225).

**Das terrestrische Fernrohr.** Um das Kepler'sche Fernrohr zur Betrachtung irdischer Gegenstände passend zu machen, muß man, wie schon sein Erfinder bemerkte, vor das Okular noch eine dritte Linse setzen. Indessen wurde diese Einrichtung nicht gebräuchlich; Rheita ordnete vielmehr die Gläser der Erdfernröhre in der Art an, wie es Fig. 226 zeigt. AB ist das beobachtete Objekt, b a das durch die Objektivlinse davon erzeugte reelle Bild, die Linsen s und t bewirken die Umkehrung des Bildes, und zwar ist t das Kollektivglas; u endlich ist das Okular, durch welches das Bild a'b' betrachtet und vergrößert wird. In unsern jetzigen Instrumenten hat man die Linse s nochmals durch zwei ersetzt, von denen die eine als eine schwache Sammellinse wirkt.

Die **äußere Einrichtung** hat sich zunächst mit der Fassung der Linsen zu beschäftigen; diese kann selbstverständlich für alle drei verschiedene Arten von Fernröhren dieselbe sein. Innerhalb der Rohre, da, wo die Strahlen die Achse kreuzen, sind **Blendungen** angebracht, um alle Strahlen, die durch Spiegelung umhergeworfen werden und die Deutlichkeit der Bilder beeinträchtigen könnten, abzuhalten. Bei astronomischen Fernröhren ist dies nicht so nöthig, weil hier außer von dem beobachteten Objekt kein Licht einfallen kann.

Die **Vergrößerung** der Fernröhre ist abhängig von der Brennweite des Objektivs und von der Brennweite (astronomisches Fernrohr) resp. der Zerstreuungsweite (holländisches Fernrohr) des Okulars, und zwar ist sie in beiden Fällen gleich dem Quotienten aus beiden. Daher ist die Anfertigung von Gläsern mit großer Brennweite eine Kardinalfrage der Optiker überhaupt, und kurze holländische Fernröhre, wie Feldstecher, Theaterperspektive, haben außer ihrem kleinen Gesichtsfelde (wegen der Divergenz der austretenden Strahlen) auch nur eine geringe Vergrößerung. Astronomische Instrumente aber erhalten aus demselben Grunde ein bedeutendes Volumen, welches ganz besonders genaue Herstellung und eigenthümliche Vorrichtungen nothwendig macht, damit die Achse der Gläser immer dieselbe bleibt, die Aufstellung sicher und doch leicht beweglich ist, um das Rohr ohne jede Erschütterung der Bewegung des Sternes folgen zu lassen. Außerdem aber sind behufs der genauen Messung noch Einrichtungen getroffen, um die Stellung der Rohrachse zur Horizontalen und Vertikalen immer bestimmen und korrigiren zu können, die Winkelgrößen zu messen u. s. w., so daß ein solcher Apparat mit all' seinem Zubehör ein höchst komplizirtes Werk und bei vollkommener Leistung das größte Kunstwerk der ausübenden Mechanik ist.

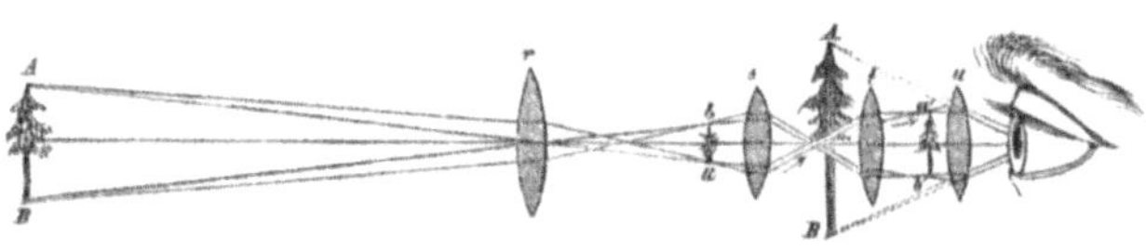

Fig. 226. Terrestrisches Fernrohr.

Der hohe Zweck sowol, welchem das Teleskop von Anfang an diente, die Erforschung des Himmels und der Erde, Bestimmung der Größe, Oberfläche, Masse, Entstehungsweise, Bewegung der Gestirne, sowol der nächtlich leuchtenden als des von uns bewohnten Planeten (Gradmessungen), als auch weil außerdem das Fernrohr im Laufe der Zeit allen andern physikalischen Beobachtungs- und Meßmethoden sich als ein ausgezeichnetes Hülfsmittel einreihte, haben ohne Unterlaß die praktischen Naturwissenschaften getrieben, ihre höchste Aufgabe mit darin zu sehen, die Fernröhre mehr und mehr zu vervollkommnen.

Die Erscheinungen der Lichtbrechung sind genauer untersucht worden. Carthesius und Huyghens vervollkommneten die Theorie des Teleskops, Euler zeigte die Möglichkeit, achromatische Linsen zusammenzusetzen, und Dollond der Vater fertigte, nachdem durch Klingenstierna die Sache zweifellos gemacht war, die ersten achromatischen Fernröhre.

Von dieser Zeit an datirt ein Umschwung in der ausübenden Optik, der, von der Chemie (Erzeugung passender Glassorten) unterstützt und von der Mechanik in gleicher Weise gefördert, wie die Mechanik durch ihn gefördert wurde, in Fraunhofer und Steinheil Höhepunkte erreichte.

Wir können uns hier nicht auf eine ausführliche Beschreibung der Instrumente, wie sie auf einer Sternwarte vertreten sein müssen, einlassen, indessen wollen wir für das Gesagte in Fig. 227, welche den großen Fraunhofer'schen Refraktor auf der Dorpater Sternwarte und das Repsold'sche Mittagsrohr in Pulkowa neben einander zeigt, einen Beleg geben. Das erstere ist wol das vollkommenste Instrument, welches je gebaut worden ist. Sein Objektivglas hat einen Durchmesser von 9 Pariser Zoll, eine Brennweite von 160 Zoll und gestattet eine 1420fache Vergrößerung; das Rohr B ist 13 Fuß lang. EE' sind Gegengewichte und dienen dazu, das Rohr theils vor Verbiegungen zu sichern, theils das Gleichgewicht bei den verschiedenen Richtungen herzustellen und so die Bewegungen des Fernrohrs leicht genug zu machen, um mit ganz geringem Kraftaufwande bewirkt werden zu können. Da aber das große Rohr doch ein verhältnißmäßig kleines Gesichtsfeld hat, so befindet sich an demselben ein kleineres mit paralleler Achse, der sogenannte Sucher DD'. Mit diesem kann man einen größern Theil des Himmels übersehen, und man benutzt ihn daher, um die zu beobachtenden Sterne in das Feld des großen Instruments zu bringen. Das Ganze ruht auf dem mittels Schrauben zu befestigenden Gestell A. An diesem Gestell ist nun eine mit der Weltachse parallel gerichtete Achse F angebracht; dieselbe trägt ein Uhrwerk efg, welches den Zweck hat, durch seinen Gang das Fernrohr so mit zu drehen, daß das Objektiv dem Laufe des Gestirns folgt und dies also beständig im Sehfelde bleibt. Bei dem Dorpater Instrument ist diese Einrichtung so vollkommen, daß der beobachtete Stern förmlich in der Mitte des Fadenkreuzes fixirt erscheint.

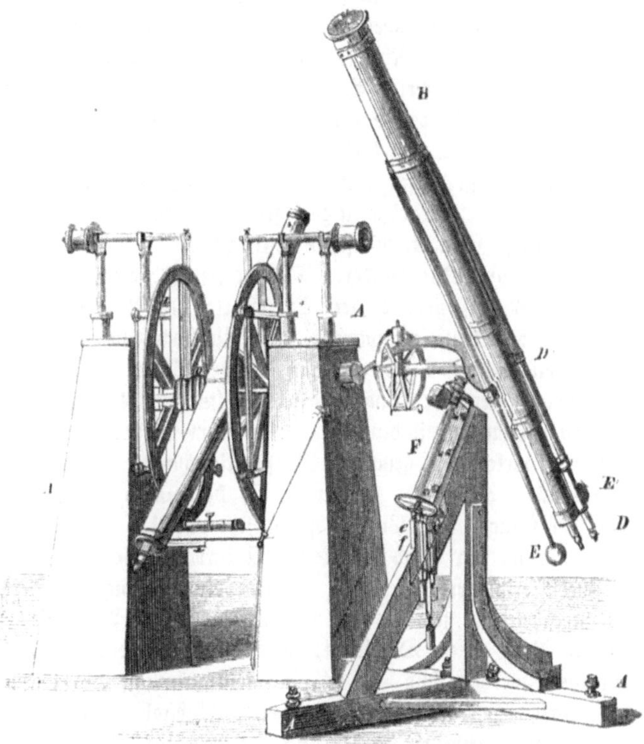

Fig. 227. Repsold'scher Mittagskreis und der Fraunhofer'sche Refraktor in Dorpat.

Das andere, links angebrachte und mit dem Refraktor keineswegs in Verbindung stehende Instrument ist ein sogenanntes Mittagsrohr oder Passageninstrument, und dient dazu, alle diejenigen Sterne und ihren Abstand vom Pole in dem Augenblicke zu beobachten, wo sie durch den Meridian der Sternwarte gehen. Das Mittagsrohr findet in den zwei granitnen Pfeilern AA seine Träger und läßt sich mittels einer besondern Vorrichtung umlegen, damit das Objektiv auch nach der entgegengesetzten Seite gerichtet werden und man eben sowol in nördlicher als in südlicher Richtung das Himmelsgewölbe betrachten kann. Da es sich darum handelt, den Augenblick zu bemerken, wenn ein Gestirn gerade durch unsern Mittagskreis geht, so muß die Aufstellung und die Ebene, in welcher das Rohr auf- und abgedreht werden kann, genau mit der Ebene des Meridians zusammenfallen. Ein Fadenkreuz giebt auch hier den Punkt der Achse oder des Meridians an. Nach dem Eintritt der Sonne regulirt man die astronomische Uhr, welche dann ihrerseits die Zeit angiebt, wo ein Stern den Meridian passirt. Um den Aufsteigungswinkel des Gestirnes genau zu messen, dienen die beiden großen Kreise an der Seite des Rohres. Dieselben sind sehr genau in Grade, Minuten und Sekunden getheilt und bewegen sich an einem feststehenden Zeiger vorüber. Hat nun das Instrument seine Stellung erhalten und das Gestirn ist im Sehfelde, so kann man an den Kreisen mit Loupen bis auf das kleinste Bruchtheilchen genau den Erhebungswinkel ablesen. An mehreren Orten des Instrumentes sind Wasserwagen aufgestellt, um sich von dem richtigen Stande desselben zu überzeugen. Die Vergrößerungen sind, da es hier nicht auf die genaue Erforschung ankommt, nicht so stark, höchstens 245fach.

**Nonius und Mikrometer.** Da die Fernröhre ferner die wesentlichsten Bestandtheile vieler anderer Instrumente, der Theodoliten, des Multiplikationskreises, des Heliotrops, Sextanten, des Bussolenapparats, der Nivellirinstrumente u. s. w. sind, und sie überall dazu dienen, um durch Heranziehung ferner Punkte in die Maßverfahren diesen letztern große Genauigkeit oder eine absolute Geltung in Bezug auf die Gestirne, den Polarstern, zu geben, so finden wir es hier am Platze, der Hülfsmittel noch Erwähnung zu thun, welche zu genauen Maßbestimmungen, namentlich zur Bestimmung der Winkelgröße, angewandt werden. Es beruhen ja fast alle astronomischen und geodätischen Messungen auf Winkelmessungen, und das Vertrauen auf die Sicherheit ihrer Resultate kann nur durch die Kenntniß ihrer Methode gewonnen werden.

Zuerst erinnern wir uns, in der Beschreibung des Sextanten dem Namen Nonius begegnet zu sein. Der Nonius — besser Vernier, weil die Erfindung mit größerm Recht einem Deutschen, Werner, als dem portugiesischen Pater Nunez zugeschrieben werden muß — ist eine eigenthümliche Vorrichtung, kleinere Winkel oder Längenmaßgrößen, als direkt auf dem Maßstab angegeben sind, mit Genauigkeit zu taxiren. Ein getheilter Kreis, an welchem die Winkelbewegung eines Fernrohrs gemessen werden soll, zeigt z. B. noch Sechstel-Grade, es sollen aber die Messungen bis auf halbe Minuten genau ausgeführt werden. Dies zu erreichen, dient eben der Nonius. Derselbe ist im Grunde nichts als der Zeiger, welcher, mit dem Fernrohr fest verbunden, bei der Drehung desselben über den Maßstab, den getheilten Kreis, sich bewegt. Es hat aber nicht eine einzige Marke, wie die Zunge der Wage, sondern ist selbst ein Maßstab, wie es Fig. 228 zeigt, in welcher die Theilung L dem Maßkreise, die Theilung ab dagegen dem am beweglichen Arm A befindlichen Nonius zugehört. Die Theilung des letzteren steht zu der des Hauptkreises in bestimmtem Verhältniß. Derselbe Raum nämlich, der auf L z. B. in 29 kleinste Theile getheilt ist, enthält auf dem Nonius 30 Theilstriche, so daß sich allemal erst die 30sten Theilstriche wieder decken, die zwischenliegenden dagegen um immer $^1/_{30}$ mehr gegen einander verschieben. Diese Verschiebungen sind sehr leicht zu bemerken, und man wird mit

Sicherheit diejenigen beiden Theilstriche herausfinden, welche genau in eine grade Linie fallen. Liegt nun der Nullpunkt des Nonius zwischen zwei Theilstrichen, etwa 30° 20 bis 30 Minuten, und fällt erst der dreizehnte Theilstrich des Nonius mit einem Theilstrich des Maßkreises, der in Sechstelgrade getheilt sein soll, zusammen, so werden zu den 20 Minuten noch $^{13}/_{30}$ von 10 Minuten oder 4 Minuten 20 Sekunden zugezählt werden müssen, und der gesuchte Winkel ist daher 30° 24′ 20″.

Neben dem Nonius ist besonders das Mikrometer für feinere Messungen wichtig. An Stelle des Nonius denken wir uns mit dem drehbaren Arme A ein kleines verbunden, welches auf die Theilung des Kreises gerichtet ist und in seinem Brennpunkte ein Fadenkreuz trägt, so daß sich darin die Theilung ungefähr wie in Fig. 229 zu erkennen giebt. Der Kreuzungspunkt der Fäden ist der Punkt, an welchem die Theilung abgelesen wird, selten aber wird er genau auf einen Theilstrich fallen. Man kann dies jedoch erreichen, da das Fadenkreuz mit Hülfe einer Mikrometerschraube verschiebbar ist, und die Anzahl der Drehungen und die Bruchtheile der Umläufe geben die kleinern Theile an, welche dem Maße zugelegt, beziehentlich von ihm abgezogen werden müssen. Gesetzt, der große Kreis sei in Sechstelgrade getheilt und es gehörten 30 Umläufe der Schraube dazu, um den Mittelpunkt des Fadenkreuzes von einem Theilstriche zum andern zu bewegen, so entspricht einer Schraubendrehung eine Winkelgröße von 20 Sekunden, und da sich bequem eine Zwanzigstel-Umdrehung taxiren läßt, so werden wir auf diese Weise Winkelgrößen bis zu 1 Sekunde messen können. Bei astronomischen Beobachtungen ist übrigens eine solche Größe durchaus nicht zu vernachlässigen, denn die ganze Jupiterscheibe hat nur einen scheinbaren Durchmesser von etwa 38 Sekunden.

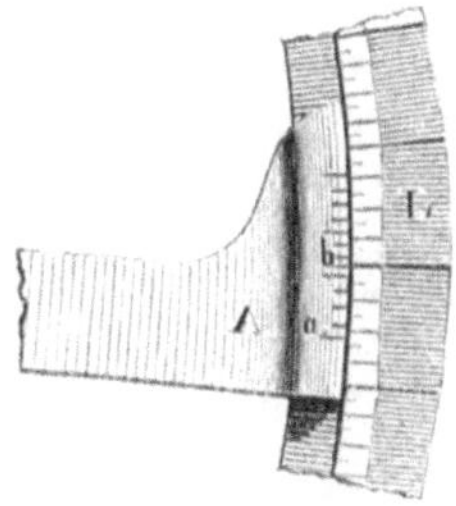

Fig. 228. Der Nonius.

Zu dergleichen genauen Messungen werden nur Refraktoren, d. h. Fernröhre, welche durch Brechung mit Glaslinsen wirken, angewandt, es giebt aber außer ihnen noch andere, die vorzüglich zu Newton's Zeit, als es noch nicht gelungen war, die farbigen Ränder der Linsenbilder zu beseitigen, in Aufnahme kamen, weil bei ihnen die Farbenzerstreuung sich nicht merkbar macht. Dies sind die

**Reflektoren oder Spiegelteleskope.** Sie wurden sehr bald nach den Linsenfernröhren erfunden, und es scheint Zucchi, ein Jesuitenpater, zuerst auf den Gedanken gekommen zu sein, metallene Hohlspiegel statt der gläsernen Objektive zu nehmen und die reellen Bilder derselben mit einer Okularlinse zu betrachten. Er soll diese Idee auch 1616 ausgeführt haben, was um so bemerkenswerther ist, als Kepler erst mehrere Jahre später in dem astronomischen Fernrohr die Konkavlinse als Okular anwandte. Zucchi's Erfindung wurde außer Italien nicht bekannt. In Frankreich beschäftigte sich Mersenne im Jahre 1639 damit, die Hohlspiegel in die Teleskopie einzuführen, aber weder hier noch in England, wo Gregory sich deren Vervollkommnung angelegen sein ließ, gab man den Spiegelteleskopen anfänglich viel Beachtung. Und auch Newton, dessen zwar falsche, aber folgenschwere Behauptung, es lasse sich kein achromatischer Refraktor herstellen, den Hoffnungen der Optiker und Astronomen nach dieser Richtung hin doch eine so enge Grenze setzte, wandte sich von den Reflektoren wieder ab, nachdem er mit eigner Hand zwei solcher Instrumente hergestellt hatte, von denen das eine noch im Museum der königlichen Akademie in

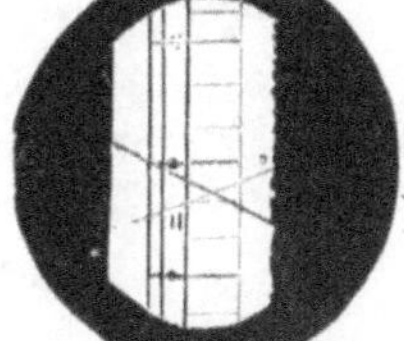

Fig. 229. Mikrometer.

London aufbewahrt wird: Invented by Sir Isaac Newton and made with his own hand. In the year 1671.

Die Spiegelteleskope kamen erst mehr in Gebrauch, als von Hadley, Hawksbee, Cassegray in Frankreich ausgezeichnete Instrumente herzustellen gelehrt worden war; die gleichzeitige Verbesserung der Glaslinsen ließ sie aber nie in ausschließliche Verwendung kommen. Am berühmtesten wurden in England die Spiegelteleskope von James Short, vor Allen aber die Rieseninstrumente, durch deren besten Bau sowol als besten Gebrauch sich W. Herschel zum berühmtesten Optiker und größten Astronomen seiner Zeit machte.

Er verfertigte eigenhändig eine große Anzahl von Spiegeln von einer solchen Vollkommenheit, daß er bei Reflektoren von 20 Fuß Brennweite bis 2000fache Vergrößerung anbringen konnte, ohne die Bilder undeutlich zu machen. Das größte seiner Teleskope, von dessen Aufstellung uns Fig. 230 eine Ansicht giebt, vollendete er im Jahre 1789. Die Länge des Rohres betrug 40 Fuß, der Durchmesser 5 Fuß, und das ganze Gewicht gegen 5100 Pfund. Der Spiegel allein wog 2148 Pfund; dafür gab es aber auch eine 6400fache Vergrößerung. Die Kosten des ganzen Apparats beliefen sich auf gegen 14,000 Thaler; Geld und Mühe brachten aber nicht den geträumten Nutzen, denn nicht lange nach seiner Aufstellung verlor der Spiegel in einer einzigen feuchten Nacht seine schöne Politur.

Fig. 230. Herschel's Riesenteleskop.

Neuerdings hat Rosse dieses Herschel'sche Instrument durch ein noch größeres übertroffen, dessen Rohr 53 Fuß Länge, dessen Spiegel 6 Fuß Durchmesser und über 7600 Pfund Gewicht hat und welches im Ganzen 30,000 Pfund wiegt. Es ist zwischen Mauerwerk von 63 Fuß Länge und 44 Fuß Höhe aufgestellt und soll seinem Erbauer gegen 80,000 Thaler gekostet haben.

Die innere Einrichtung eines Spiegelteleskops ist einfach und wird aus der Betrachtung der auf Seite 228 gegebenen Abbildungen Fig. 232—234 leicht verständlich. Die erste Figur (Fig. 232) giebt uns ein Newton'sches Instrument im Durchschnitt. Es besteht dasselbe aus einem großen hölzernen Rohre, an dessen Boden der parabolisch gekrümmte Metallspiegel CD liegt. Dieser empfängt von dem beobachteten Gegenstande AB Lichtstrahlen, die er auf den kleinen, unter 45 Grad geneigten Spiegel EF reflektirt. Derselbe steht so weit nach vorn, daß erst unter demselben das reelle Spiegelbild bei de sich bilden kann, welches dann durch eine vergrößernde Linse GH betrachtet wird. Anstatt des kleinen Spiegels bedient man sich zum Herabwerfen des Bildchens auch der totalen Reflexion des Prisma's.

Die älteren Gregory'schen Instrumente (Fig. 233) hatten eine andere Einrichtung. Bei ihnen stand dem großen Spiegel MP in der Achse desselben ein kleinerer, gekrümmter N entgegen, welcher die Strahlen gerade wieder zurück und einem hinter dem in der Achse durchbohrten Objektivspiegel befindlichen Linsenokular zuwarf, so daß man mit diesem das Bild ab betrachten konnte.

Die ganz großen Instrumente, wie das obenerwähnte Herschel'sche Riesenteleskop, sind nach Art von Abbildung Fig. 234 eingerichtet. Bei ihnen sitzt der Beobachtende mit seinem Rücken gegen das Objekt CC gekehrt und betrachtet das von dem etwas geneigten Spiegel M zurückgeworfene Bild ab mittels eines Okulars O.

Fig. 231. Das Rosse'sche Instrument bei Schloß Parsonstown.

Im Grunde, sehen wir, gehören also die Spiegelteleskope mit den Kepler'schen sowie den terrestrischen Fernröhren zu einer Klasse von Instrumenten, während das holländische Fernrohr mit seiner Zerstreuungslinse die andere vertritt.

Als Linsen werden bei allen Fernröhren meist plankonvexe Gläser genommen und dann mit der flachen Seite nach außen gestellt. Die Annäherung oder Entfernung des Okulars an das Bild, welche für verschiedene Augen verschieden ist — Kurzsichtige müssen das Okular immer dem Objektiv etwas mehr nähern, weil sie die austretenden Strahlen nicht parallel, sondern etwas divergirend haben wollen — wird durch Verschiebung der in einander gesteckten Röhrentheile bei gewöhnlichen Instrumenten mit der Hand, bei stark vergrößernden feineren Gläsern mittels einer Mikrometerschraube bewirkt, weil bei einem Okular von kurzer Brennweite schon eine sehr geringe Verrückung eine ziemliche Aenderung in der Strahlenrichtung hervorbringen kann. —

**Bedeutung des Fernrohrs.** Ueber den Nutzen des Fernrohrs Etwas zu sagen, erscheint bei einem Instrumente, das jetzt fast in Jedermanns Händen ist, fast überflüssig. Nicht nur dem Reisenden ist es ein unentbehrliches Instrument, wenn er sich mit dem Charakter der zu durchwandernden Gegenden im Voraus bekannt machen will; aus der freien Natur hat sich der Gebrauch des Fernrohrs in den geschlossenen Raum der Theater, der Museen und Gallerien verpflanzt. Und wie hier zum Vergnügen der Menschen, dient es weit höheren Zwecken, nicht nur auf den Sternwarten zur Erforschung des Himmels und der im ewigen Raume kreisenden Gestirne, sondern auch tief unten im engen Schacht beobachtet der Physiker mit seiner Hülfe die Schwingungen des horizontalen Pendels, um daraus Masse und Dichtigkeit der Erde zu berechnen. Die feinen Ausschläge der Magnetnadel, welche die täglichen Schwankungen des Erdmagnetismus verursachen, können in ihren ungemein geringen Unterschieden nur durch das Fernrohr genau beobachtet und gemessen werden. In ihm verräth sich das Nordlicht, welches gleichzeitig viele hundert Meilen entfernt am Polarhimmel aufzuckt, wie die Zeitdauer, welche das Licht braucht, um von dem Objektivglase bis zum Okular zu gelangen, sich noch bestimmen läßt, und in der That ist von Bradley auf diese Weise die Geschwindigkeit des Lichts gefunden worden. Die meisten und gerade die sublimsten Maßmethoden der Naturforscher sind auf die Mitwirkung des Fernrohrs gegründet, und ohne seine Erfindung — das können wir geradezu behaupten — wäre unser heutiger Kulturzustand nicht möglich geworden. Allerdings war mit dem Ende des 16. Jahrhunderts schon der richtige Weg zur Naturforschung eingeschlagen, allein aus Beobachtungen und Experimenten lassen sich, wenn dieselben nicht unter einander quantitativ bestimmt, auf eine allen gemeinsame Einheit zurückgebracht, gemessen werden können, wol Hypothesen ableiten, aber keine Gesetze. Die zu Grunde liegende fruchtbare Idee ist nur durch Maß und Gewicht dem Verborgenen zu entlocken, dazu aber ist das Fernrohr eins der trefflichsten Hülfsmittel geworden.

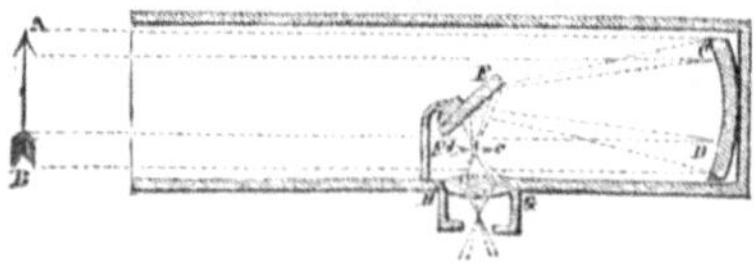

Fig. 232. Newton's Spiegelteleskop.

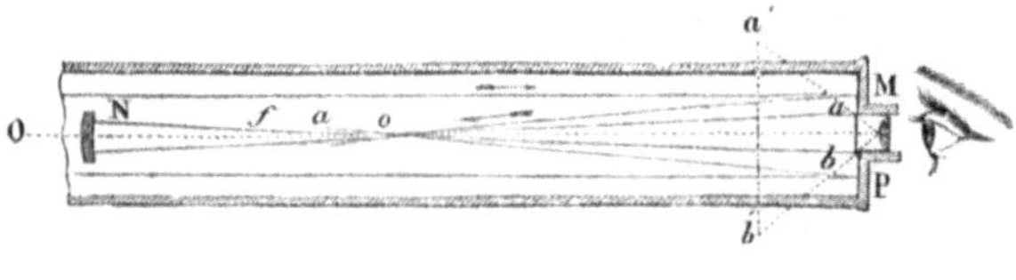


Fig. 233. Durchschnitt des Gregory'schen Instruments.

Es lag in der Natur der Sache, daß die Erfolge der neuen Erfindung zunächst der Astronomie und Geographie zu Gute kommen mußten; hier diente das Fernrohr in seiner einfachsten Gestalt als Beobachtungsmittel, viel später erst wurde es als Hülfsmittel mit andern Apparaten verbunden, deren Resultate dadurch auf die höchste Stufe der Genauigkeit gehoben wurden. — Und wenn der volle Einfluß, den seine Anwendung in der letztgedachten Art ausgeübt hat, nur den mit der Physik und ihren Methoden ganz Vertrauten ersichtlich werden kann, so zeigt sich das förmliche Vorwärtsgeschleudertwerden aller astronomischen Disziplinen selbst dem Minderbewanderten auf den ersten Augenblick.

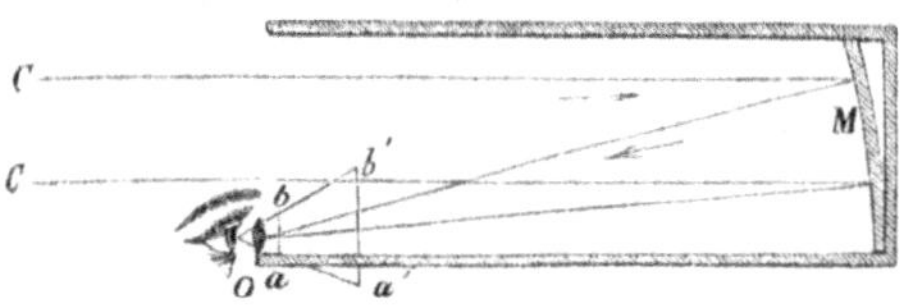


Fig. 234. Einrichtung des Herschel'schen Spiegelteleskops.

Wir dürfen uns nur überlegen, von welchem Umfange die Kenntniß des Himmels zur Blütezeit des Ptolemäus war, welche Fortschritte sie von da bis zum Ausgange des 16. Jahrhunderts gemacht hatte, und auf welcher Stufe sie jetzt, nach einem viel geringeren Zeitraume, steht. Abgesehen davon, daß theoretische Astronomie nur zum Theil — freilich zu einem sehr wesentlichen Theil — in ihrer Ausbildung, die sie durch Kepler, Galilei, Newton, Huyghens, Laplace, Olbers, Gauß und zahlreiche Andere erfahren, von dem Gebrauche des Fernrohrs unterstützt worden ist, haben sich seit dritthalb Jahrhunderten die Ergebnisse der beobachtenden Astronomie zu einem vorher ungeahnten Reichthume aufgespeichert. Die Fortschritte in den anderthalbtausend Jahren vor der Erfindung des Fernrohrs beschränken sich so ziemlich darauf, das Ptolemäische Fixsternverzeichniß zu vervollständigen.

Man kannte sieben Planeten; einzelne bedeutendere Kometen erschreckten die Gemüther durch ihr seltenes und unvermuthetes Erscheinen, die Milchstraße war ein unerklärlicher Nebel.

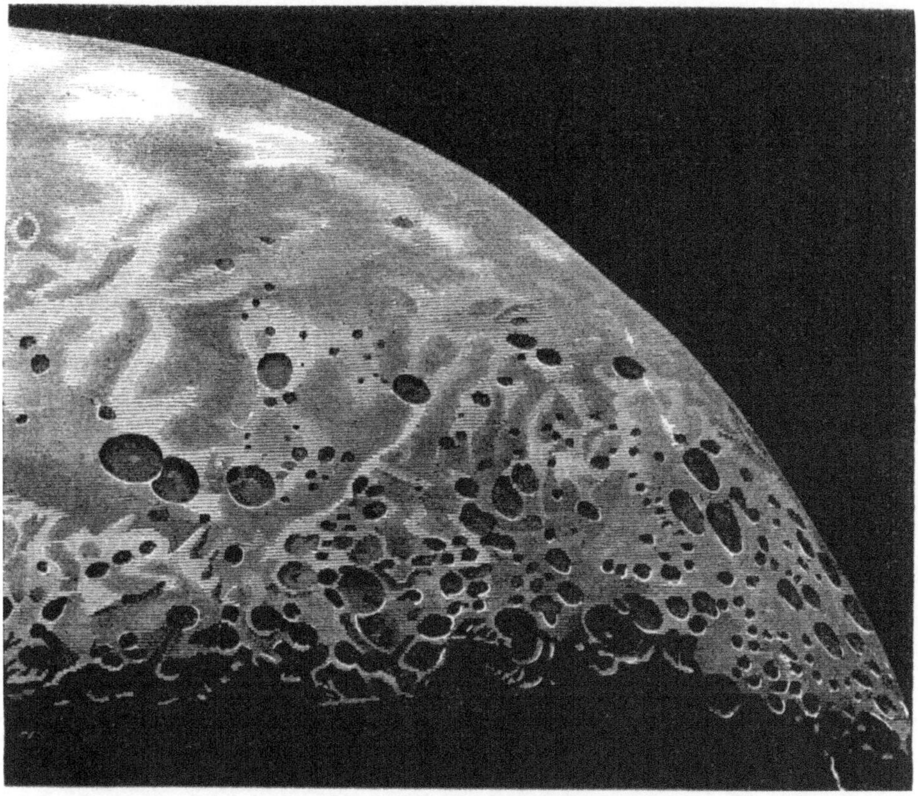

Fig. 235. Ein Stück der Mondsichel.

Trotzdem hatten Scharfsinn und Fleiß die geringen Mittel trefflich verwerthet und in den Kepler'schen Gesetzen und dem Kopernikanischen System die damaligen Erfahrungen in der bestmöglichsten Art ausgebeutet. Aber damit war auch das Höchste geleistet, und selbst diese bedeutenden Reformen bedurften noch sehr der Bewahrheitung durch unmittelbare Anschauung und genaue Messung.

Durch die Entdeckung der Phasen des Jupiter, Merkur und der Venus, eine der ersten Thaten des mit seinem Fernrohr den Himmel durchmusternden Galilei, erhielt die Lehre von der feststehenden Sonne eine unverrückbare Begründung. Das Fernrohr rückte die Grenzen der Himmelserkenntniß plötzlich in unendliche Fernen, denn der rasch fortschreitenden Vervollkommnung dieses Instruments schien auch das Unsichtbare seine Gesetze verrathen zu müssen. Die Milchstraße löste sich in einzelne Sterne, die Nebelflecke erwiesen sich als große Gestirnhaufen. Man hatte bisher sechs Sterngrößen angenommen, jetzt sah Galilei an vorher für ganz leer gehaltenen Stellen des Himmelsgewölbes unzählige neue Welten. Er faßte sie als siebente Sternengröße zusammen, welche er „die Erste der unsichtbaren Dinge“ nannte. Im Orion entdeckte er über 500 neue Sterne und mehr als 36 in den Plejaden, wo man sonst ihrer nur sieben erkannt hatte. Und zurückkehrend aus dem weiten Raume in unser Sonnensystem, beobachtete er zuerst die Sonnenflecken. „Die Zahl der Kometen am Himmel ist größer als die der Fische im Meer“, rief Kepler, der mit seinem neu erfundenen Fernrohr überrascht die Menge dieser Gestirne erkannte. Aus der verschiedenen Art der Beleuchtung des Mondes schloß man bald auf Berge, Thäler, Meeresbecken. Den Früheren war der Begleiter

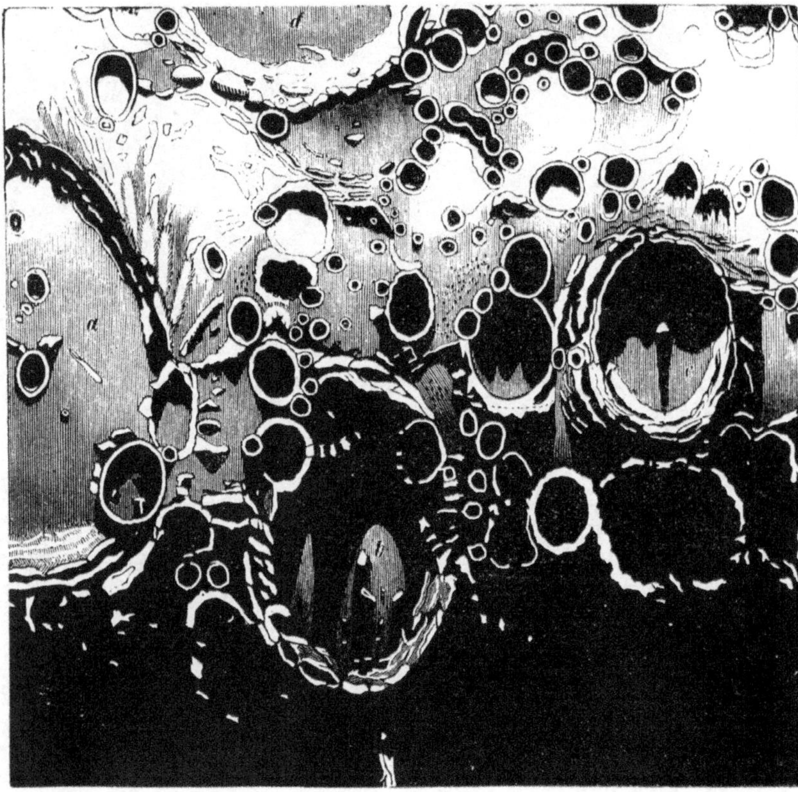

Fig. 236. Eine Kraterlandschaft des Mondes bei untergehender Sonne (abnehmender Mond), nach Julius Schmidt. a Die Wallebene Clavius; b die Wallebene Maginus; c der Krater Tycho; d die Wallebene Longomontanus.

unsrer Erde nichts als eine leuchtende Kugel mit einigen dunkeln Flecken gewesen, welche das deutungslustige Gemüth des Volkes zur Fabel vom Mann im Monde verarbeitete, — heute haben wir von dem uns zugewandten Theile seiner Oberfläche genauere Karten als von der Hälfte des Festlandes der Erde. Statt der elf Planeten, welche vor zwanzig Jahren noch in der Schule gelehrt wurden, kennt man jetzt gegen achtzig, so daß die mythologischen Namen zu ihrer Bezeichnung nicht ausreichen und man zur Bezifferung seine Zuflucht nehmen muß. Ein ganzes Heer solch kleiner Wandelsterne schwebt zwischen den Bahnen des Mars und des Jupiter, und trotzdem, daß viele dreimal so weit von der Sonne abstehen als die Erde, der Durchmesser der kleinsten aber kaum 10 Meilen beträgt, sind sie von der immer stärker werdenden Kraft der

Fernröhre entdeckt, die Elemente ihrer Bewegung auf das Genaueste gemessen und ihre Geschwindigkeiten, Massen und Dichtigkeiten berechnet worden.

Es würde den Raum weit überschreiten heißen, wenn wir uns in die Einzelheiten astronomischer Beobachtungen verlieren wollten; allein es mag uns erlaubt sein, durch einige Abbildungen zu zeigen, wie einzelne Stücke des Makrokosmus dem bewaffneten Auge erscheinen, und welch' andere Ansichten wir von „der großen Welt" gewonnen haben, als alle Zeiten vorher besaßen.

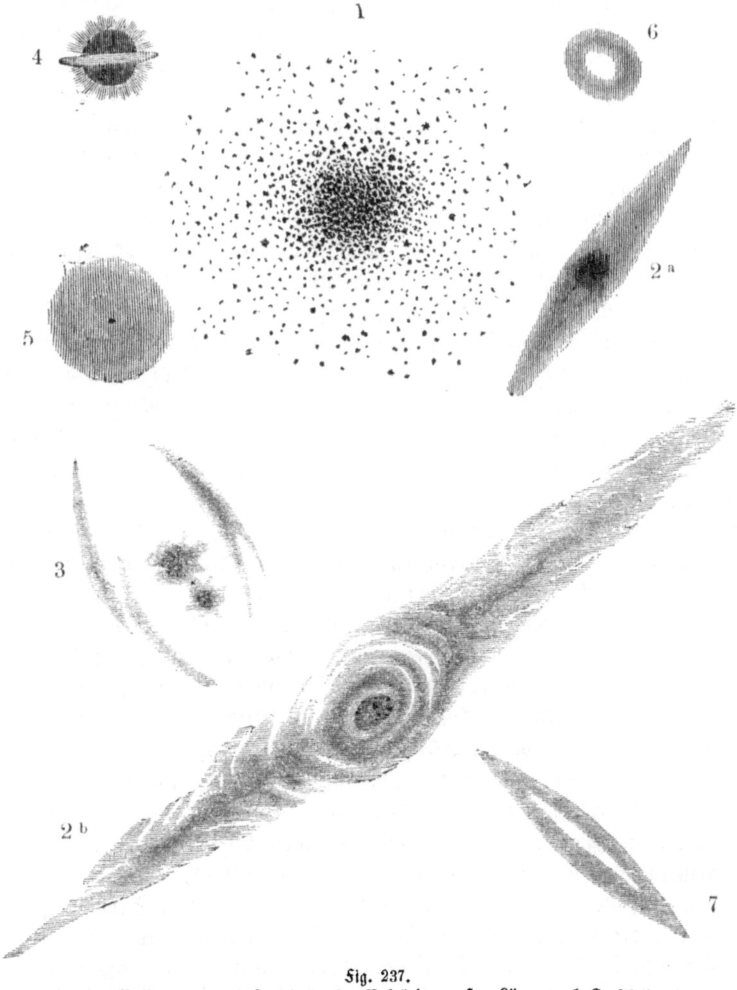


Fig. 237.
1 Sternhaufen im Wassermann nach Herschel. 2a Nebel im großen Löwen nach Herschel, 2b nach Rosse. 3 Doppelnebel in den Zwillingen nach Rosse. 4 Nebel im Wassermann nach Rosse. 5 Sternnebel im Stier nach Herschel. 6 Ringnebel in der Leier nach Herschel. 7 Ringnebel in der Andromeda.

Wenn wir bei ab- oder zunehmendem Monde die beleuchtete Sichel mit einem guten Fernglase betrachten, so werden wir verwundert über die Pracht des Anblicks sein. Der stark beleuchtete äußere Rand des Mondes geht nach innen zu in immer matter beleuchtete Striche über, wir empfinden, daß wir keine flache Scheibe, sondern einen gerundeten Körper vor uns haben, der von einer Seite her sein Licht empfängt, mit dem größten Theile aber für uns im Schatten liegt. Das beleuchtete Stück aber macht nicht den Eindruck einer gleichmäßigen Fläche, wir sehen darauf helle und dunkle

Partien, große ebene Flecken von minder hellem Glanze, daneben wieder durch besonders lebhaftes Licht hervortretende scharfe ringförmige Zeichnungen im Innern mit dunkel beschatteten Partien, und nach dem Centrum der Mondsichel hin zeigen sich diese Lichtringe und einzelnen Lichtpunkte von immer kräftigerem Kontrast.

Es gehört gar keine Phantasie dazu, um den merkwürdigen Anblick dahin zu deuten, daß wir einen Weltkörper von mannichfach gestalteter Oberfläche vor uns haben. Es rufen sich uns augenblicklich die Erinnerungen jener Eindrücke zurück, welche wir bei Sonnenaufgängen Angesichts hoher Gebirge gehabt haben. Wir sehen die hellerleuchteten Gipfel sich von den noch im Düster der Nacht begrabenen und beschatteten Gründen strahlend abheben, so daß sie förmlich isolirt erscheinen, und finden in den von der Sonne abgewendeten, besonders dunkeln Stellen hinter den Lichtringen des Mondes die tiefen Schatten wieder, welche hochaufgetriebene Massen in die zurückgebliebenen Niederungen zurückwerfen. Wir sehen in große Kessel hinab, von hohen, schroffen Wällen umgeben, die uns an platzende und während des Platzens erstarrte Blasen erinnern. Wir unterscheiden die höheren Erhebungen von den niedrigern durch die Länge der Schatten, die sie werfen, und sehen aus der im völligen Dunkel schon liegenden Scheibe die höchsten Kuppen noch als einzelne hell leuchtende Punkte auftauchen. Galilei schon hat die Schattenlängen als einen Maßstab für die Höhen der verschiedenen Gebirge — denn Gebirge und zwar vulkanische Gebirge, erloschene Krater sind diese ringförmigen Wälle — angegeben und selbst die Größen der Erhebung berechnet, und durch wiederholte Messungen hat man jetzt einzelne Berge, wie den Mondberg Calippus (15,516 Pariser Fuß hoch) oder den Huyghens (14,652 Fuß), wahrscheinlich der Wahrheit viel näher kommend bestimmt, als es mit dem Chimborasso auf unsrer Erde gelungen ist.

Während Fig. 235 ein Stück der Mondsichel zeigt, giebt uns Fig. 236 eine solche mit Hülfe eines stärker vergrößernden Fernrohrs aufgenommene Mondlandschaft.

Den eigenthümlich gebildeten Saturn haben wir unsern Lesern schon früher im Bilde vorgeführt. Bei ihm wie bei allen Gestirnen unsers Sonnensystems können wir die körperliche Gestalt wahrnehmen, aber selbst die vieltausendfach vergrößernden Fernröhre sind nicht im Stande, die Fixsterne anders denn als leuchtende Punkte, ohne scheinbaren Durchmesser, erkennen zu lassen. Und wenn wir einen jener blassen Lichtnebel betrachten und immer stärkere und stärkere Ferngläser darauf richten, so können wir doch nur immer neue und immer mehr einzelne Lichtpunkte daraus sondern, die jeder eine Sonne, eine Welt für sich sind. Die Form ihrer Gesammtheit aber eröffnet, wenn wir sie in Vergleich mit bekannten Kräftewirkungen bringen wollen, unsern Vorstellungen ein Gebiet von Aktionen, so gewaltig, daß nur das Bewußtsein strenger Gesetzmäßigkeit eine Basis ist, welche unsern Gedanken Sammlung geben kann.

Sehen wir die verschiedenen, in Fig. 237 dargestellten Nebel an. Welche Ideen von sich bildenden Welten, von Massenanziehung, von Rotationswirkungen und ähnlichen Fundamentalereignissen steigen in uns auf! Dürfen wir diese Formen mit dem Saturn vergleichen oder ist nicht noch das Sonnensystem, welchem wir angehören, ein Stäubchen gegen jene Herden von Welten; — und sollen wir es wagen, durch jene unfaßbaren Räume die Aeußerungen von Kräften als zusammenhaltend, ordnend und gestaltend anzunehmen, welche die kleinsten, an der Grenze des Verschwindens stehenden Atome aneinander zieht?

Und es ist das ewig Eine,
Das sich vielfach offenbart;
Klein das Große, groß das Kleine,
Alles nach der eignen Art.

Goethe.

# Das Mikroskop.

Eine neue Welt. Das einfache Mikroskop. Brillen und Vergrößerungsgläser. Leeuwenhoeck. Das Sonnenmikroskop, erfunden von Lieberkühn. Das zusammengesetzte Mikroskop und seine Einrichtung. Chevalier's Mikroskop und das Mikroskop für mehrere Beobachter. Geschichtliches über die Erfindung und ihre Vervollkommnung. Zacharias Jansen und Galilei. Gebrauch des Mikroskops. Was man damit sieht.

---

Nach zwei ganz entgegengesetzten Richtungen der Natur hin sind uns die linsenförmig geschliffenen Gläser zu Schlüsseln geworden. Das Teleskop führt unsere Augen durch den unendlichen Raum weiter und immer weiter. Das Mikroskop enthüllt uns im Engsten, Kleinsten dieselben Gesetze, zeigt uns das Walten derselben Kräfte, die das Universum zusammenhalten, wunderbare Formen, die das Geheimniß der Harmonie bis zum Atome verfolgbar scheinen lassen, wie es dem begeisterten Kepler im Tanze der Sphären sich offenbarte.

Um uns herum zwei Welten — eine unendlich große und eine unendlich kleine, und wir an der Schwelle zwischen beiden. Aber verlangend streckt der Geist seine Fühler über die Grenzen und schlägt Brücken durch die Luft, auf denen er hinüber geht, um Geahntes und Ungeahntes in der Nähe zu schauen. Und Teleskop und Mikroskop sind zwei solche Brücken — Wege durch reizende Gefilde voll neuer und immer neuer Wahrnehmungen, den glücklich Wandernden in unabsehbare Fernen führend, aus welchen ihm kein versteinerndes Halt entgegenschreckt.

Wo heute ein Horizont sich aufbaut, darüber schreitet morgen der Mensch an der Seite Minervens, der Göttin fruchtbringender Wissenschaft. Sie lehrt das Gesetz zugleich mit seiner nützlichen Anwendung, und dieselbe Hand, welche dem Forscher die Bahn zeigt, schmiedet den kunstreichen Schild in der Esse des Vulkan. Man kann nicht sagen, ob wir mehr den mechanischen Künsten oder der wissenschaftlichen Erkenntniß in der Herstellung der unendlich bedeutungsvollen Instrumente Teleskop und Mikroskop verdanken. Hier ist die Technik Wissenschaft und die Weisheit erwächst aus der Kunst.

Im Ursprunge ist die Erfindung des Mikroskopes eine viel ältere als die des Fernrohrs, aber doch haben erst die letzten drittehalb Jahrhunderte gewisse längstbekannte Erscheinungen der Vergrößerung einem höheren wissenschaftlichen Zwecke zuführen können. Und wenn wir die Entdeckungen auf dem Gebiete der organischen Natur, die Physiologie der Thiere und Pflanzen, durch welche die frühere Naturgeschichte der beiden Reiche erst zu Wissenschaften geworden sind, betrachten, wenn wir die Kluft übersehen, welche die heutige Naturanschauung vor der früheren rohen Erfahrung und phantastischen Deutung trennt, erst dann vermögen wir die Bedeutung einer Erfindung zu würdigen, welche für die richtige Naturerkenntniß fast noch um Vieles wichtiger geworden ist, als die Erfindung des Fernrohrs. Denn das Fernrohr, wie sehr es auch den Blick erweiterte und den Geist erhob, brachte im Grunde durch die schönsten Entdeckungen nur großartige Bestätigungen bereits erkannter oder wenigstens auch aus irdischen Verhältnissen abzuleitender Gesetze. Das Mikroskop dagegen führte den Forscher in eine völlig neue Welt, in die Welt der organischen Veränderungen, wenn nicht des Werdens, so doch des Wachsens; es öffnete den Einblick in die geheime Werkstatt der Natur, welcher von vornherein durch keine mathematischen Schlüsse vorbereitet oder ersetzt werden konnte. Alles, was uns der Mikrokosmus zeigt, war bis zum 17. Jahrhundert ein unbekanntes Gebiet und das hier Entdeckte war in Allem eine neue Eroberung.

**Das einfache Mikroskop.** Die gewöhnliche Konvexlinse ist insofern schon ein Mikroskop, weil das Bild, wenn wir durch sie hindurch ein Objekt betrachten, größer als der Gegenstand selbst ist. Die früheren Hülfsmittel der Vergrößerung beschränken sich auch lediglich auf dies einfache Instrument, welches, aus Glas geschliffen, in eine Fassung von Horn oder Messing gebracht und Loupe genannt wurde. Je größer die Krümmung der Linse ist, um so bedeutender ist ihre vergrößernde Kraft, und in den sogenannten Glastropfen oder Vogelaugen benutzt man als Vergrößerungsgläser geradezu kleine kugelförmige Glaskörperchen.

Obwol schon Seneca der Wahrnehmung gedenkt, daß man durch hohle, mit Wasser gefüllte Kugeln die dahinter befindlichen Gegenstände größer und deutlicher sieht, und obgleich eine Anzahl anderer Nachweise aus dem Alterthum vorhanden sind, daß man die vergrößernde Kraft sphärischer Glaskörper oft beobachtet hatte, so scheint doch eine bewußte Anwendung von dieser Erscheinung erst ziemlich spät gemacht worden zu sein. Die merkwürdig feinen und zierlichen Arbeiten alter griechischer Steinschneider könnten uns zwar veranlassen anzunehmen, daß sie mit Hülfe von Vergrößerungsgläsern ausgeführt worden seien. Allein wir finden im ganzen Alterthume keine Belege dafür; denn die ausgegrabenen Linsen können eben so gut ausschließlich als Brenngläser gedient haben, da die vestalischen Jungfrauen das heilige Feuer, wenn es verlöscht war, nur durch das Sonnenlicht wieder entzünden durften. Der Araber Alhazen um die Mitte des 11. Jahrhunderts war wol der Erste, welcher eigentliche Linsen aus Kugelsegmenten als Vergrößerungsgläser anwandte. Merkwürdig aber bleibt, daß an diesen Fortschritt sich keine weiteren Erfolge knüpften. Es kam dies hauptsächlich mit daher, daß Alhazen und auch Spätere noch ihre Gläser direkt auf die Buchstaben der Schrift legten, welche sie vergrößert sehen wollten, und daß es ihnen vollständig entging, wie ein bei weitem günstigerer Erfolg erzielt werde, wenn man die Linsen etwas entfernt von dem zu beobachtenden Gegenstande vor das Auge hält.

Mit der Erfindung der **Brillen** aber im 13. Jahrhundert wurde die Linsenschleiferei zu einem Gewerbe, welches sich rasch über alle Länder ausbreitete, und es konnte dabei nicht unterbleiben, daß mit den nun häufig gewordenen Gläsern mancherlei Versuche absichtlich oder unabsichtlich gemacht wurden, welche Verbesserungen an den Loupen hervorriefen. Man gab den Gläsern größere Krümmungen und benutzte auch schon zwei oder drei Linsen gleichzeitig mit einander, welche so nahe über einander angebracht wurden, daß beide in derselben Weise wirkten, indem sie die Strahlen immer konvergenter machten. Dergleichen Linsenkombinationen nennt man **einfache Mikroskope**. Sie erhalten gewöhnlich eine Fassung von Messing, und werden zu zwei, drei oder mehr beweglich mit einander an einem Stativ angebracht, damit man beliebig ihre Wirkung einzeln oder mit einander kombinirt zu benutzen vermag. Die Vergrößerung solcher Instrumente kann ziemlich weit getrieben werden. Man hat Linsen geschliffen, welche eine dreihundertfache Linearvergrößerung ergaben, und mit den zu gleichen Zwecken dargestellten Glastropfen konnte man dieselbe sogar auf das Achthundertfache steigern. Es war aber damit der Uebelstand verknüpft, daß in gleicher Weise, wie sich die Kraft vergrößerte, das Gesichtsfeld sich verringerte. Was man aber zur Vervollkommnung der kleinen Instrumente thun konnte, geschah, und sie wurden bald zu einer Vollkommenheit gebracht, welche ihre Verwendung zu wissenschaftlichen Zwecken gestattete. Die ersten Apparate waren allerdings mehr Kuriositäten, sogenannte Vitra pulicarium, Floh- oder Mückengläser, und es wird erzählt, daß der seiner Zeit hochberühmte Naturkundige Scheiner, als er auf einer Reise in einem Tyroler Dorfe gestorben war, noch einen großen Aufruhr unter Bauern und Geistlichkeit hervorrief. Man hatte nämlich in seinem Nachlasse ein merkwürdiges Glas gefunden. Als Einer aus Neugierde in dasselbe hineinsah, erblickte er eine so schrecklich große und fürchterlich gebildete Gestalt vor seinen Augen, daß er, überzeugt den Teufel gesehen zu haben, das Glas voller Furcht wegwarf. Ein Andrer hob es auf und sah das Nämliche. Natürlich galt nun Scheiner für einen argen Zauberer und Hexenmeister, der den Teufel in ein Glas gebannt mit auf Reisen nahm — ihm sollte ein ehrliches Begräbniß versagt werden — aber als man eben noch über die Art verhandelte, wie man sich der unbequemen Leiche entledigen sollte, wurde das Glas geöffnet und der vermeintliche Teufel erwies sich als ein veritabler Floh, der, durch das linsenförmige Deckelglas angesehen, vergrößert worden war.

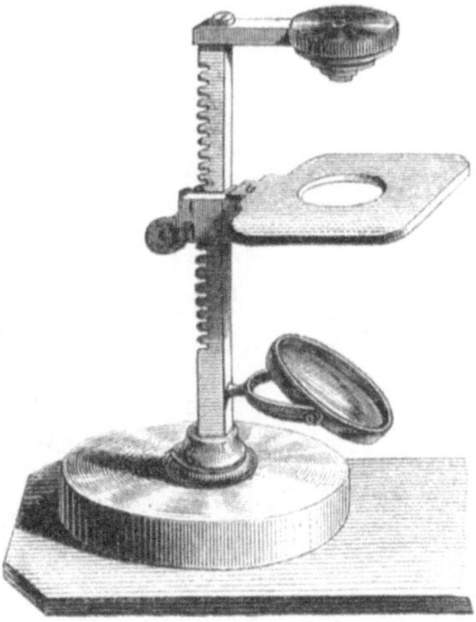

Fig. 239. Einfaches Mikroskop.

Dienten diese Instrumente, die man übrigens jetzt noch auf Jahrmärkten ausgeboten findet, einer gewöhnlichen Belustigung, so finden wir dagegen **Leeuwenhoeck** schon eifrig beschäftigt, mit selbstgebauten Apparaten den innern Bau von Pflanzen und Thieren zu studiren, und seine vortrefflichen, nach der Natur gezeichneten Abbildungen sind der beste Beweis für die Vervollkommnung, welche er seinen Instrumenten gegeben hatte. Er hatte die Linsen an einem vertikalen Stativ befestigt und unter ihnen einen kleinen Objekttisch angebracht, den er mittelst eines Schraubendrahtes auf die gehörige Höhe in den Brennpunkt der Linsen führen konnte. Außerdem vereinigte er damit schon einen Beleuchtungsapparat aus Hohlspiegeln, welcher durch auffallendes Licht den kleinen Objekten eine größere Helligkeit gab. Diese Beigaben sind von Späteren (Muschenbroeck, Hooke u. s. w.) beibehalten, mannichfach verändert und verbessert worden.

**Das Sonnenmikroskop** steht in seiner Einrichtung zwischen dem einfachen und dem zusammengesetzten Mikroskop. Während der gewöhnliche Loupenapparat nichts weiter bewirkt, als die von dem beobachteten Objekt ausgehenden Strahlen unter größerer Konvergenz in das Auge zu leiten, wird durch das Sonnenmikroskop ein reelles Bild hervorgerufen, welches, in gehöriger Entfernung aufgefangen, den Gegenstand zwar verkehrt, aber bedeutend vergrößert wiedergiebt; bei dem zusammengesetzten Mikroskop aber wird ein im Innern des Rohres erzeugtes reelles Bild noch durch ein Okular, wie im Fernrohr, betrachtet.

Das Sonnenmikroskop ist ganz nach dem Prinzip der Zauberlaterne eingerichtet, nur daß an Stelle der Glasgemälde der zwischen zwei Glasplatten gebrachte und zu vergrößernde Gegenstand eingeschoben wird. Die Beleuchtung geschieht, wie schon der Name andeutet, durch direktes Sonnenlicht, das mittelst eines Heliostaten einer Sammellinse zugeworfen und von dieser auf das Objekt konzentrirt wird. Wenn das Sonnenlicht fehlt, so beleuchtet man mit Argand'schen Lampen, Drummond'schem Kalklicht oder Knallgas. Es liegt in der Natur der Sache, daß die Bilder dieser Apparate keine Schärfe besitzen, wie sie für wissenschaftliche Untersuchungen nothwendig ist; daher dient das Sonnenmikroskop auch nur zu allgemeinen Schaustellungen, bei denen es Zweck ist, gewisse dem unbewaffneten Auge unsichtbare Gegenstände, Blumenstaub, Schmetterlingsstaub, Kieselpanzer der Kreide, Krystallbildungen u. s. w., mehr im großen Ganzen auf überraschende Weise vergrößert vorzuführen, als einen klaren Einblick in die Beschaffenheit der kleinsten Einzelheiten dem Zuschauer zu verschaffen.

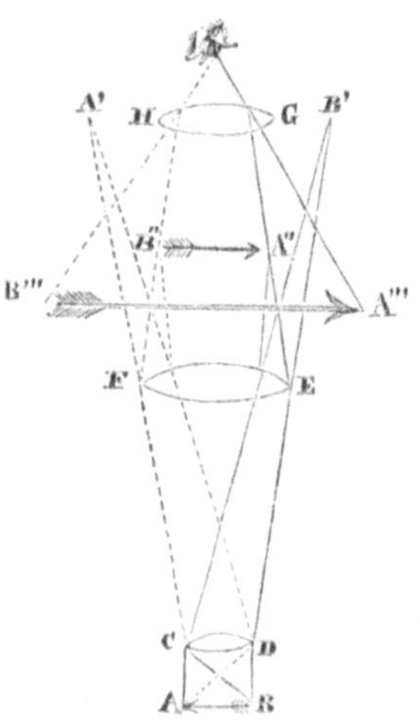

Fig. 210. Prinzip des zusammengesetzten Mikroskops.

Es ist im Jahre 1738 von Lieberkühn erfunden worden und erweckte durch seine überraschenden, die Phantasie auf's Höchste anregenden Bilder den mikroskopischen Untersuchungen wieder viele Freunde.

**Das zusammengesetzte Mikroskop.** Merkwürdig scheint es, daß das zusammengesetzte Mikroskop, trotzdem seine Erfindung eben so alt ist wie die der einfachen Apparate mit kombinirten Linsen, so lange Zeit in seiner Verbesserung hinter diesem zurückblieb, daß bis vor ungefähr 50 Jahren fast alle wissenschaftlichen mikroskopischen Untersuchungen mit dem gewöhnlichen Linsenapparate gemacht worden sind. Der Grund, warum man dem auf so hohe Stufe der Vollkommenheit gebrachten einfachen Mikroskope den Vorzug gab, lag in der chromatischen Abweichung, in den farbigen Rändern, welche die Bilder des zusammengesetzten Mikroskopes undeutlich machten, so lange man noch nicht gelernt hatte, gute achromatische Linsensysteme herzustellen. Als man darin aber eine gewisse Fertigkeit erlangt hatte, war die Möglichkeit der stärkeren Vergrößerung, das größere Gesichtsfeld und die Beseitigung der sphärischen Abweichung, welche bei den einfachen Linsen sich so stark bemerklich macht, daß fast nur die in unmittelbarer Nähe der Achse einfallenden Strahlen zu brauchen sind, eine genügende Veranlassung, um sich mit allem Eifer der Verbesserung des zusammengesetzten Mikroskops uzuwenden. Das letztere unterscheidet sich von dem einfachen dadurch, daß man zwei Systeme von Gläsern, ein Objektiv und ein Okular, mit einander vereinigt, so daß man also ein wirkliches, reelles Bild von dem beobachteten Gegenstande im Innern entstehen läßt, und dieses dann mit einer vergrößernden Okularlinse betrachtet. Wir dürfen uns nur der Einrichtung des Fernrohrs erinnern, um aus der bestehenden Abbildung (Fig. 240) augenblicklich über den dabei stattfindenden Vorgang klar zu werden. A B ist das zu beobachtende Objekt, dessen Bild durch das Objektiv C D in A′ B′ erzeugt werden würde, wenn nicht die dazwischen gelegte Kollektivlinse die Strahlen eher zur Konvergenz brächte und das Bild schon in B″ A″ hervorriefe. Die von da weiter gehenden Strahlen werden nun durch das Okular G H dem Auge zugebrochen und bewirken durch ihre Konvergenz, daß das Bild, in deutliche Sehweite verlegt, in der Größe von A‴ B‴ erscheint.

Dies ist das Grundprinzip aller zusammengesetzten Mikroskope. Was auch die einzelnen Optiker für Abweichungen in der äußern Ausstattung ihrer Instrumente anbringen, so bleibt doch bei allen die Anordnung der Linsen dieselbe. Die Zahl der Gläser ist freilich oft eine viel größere als in unserer Zeichnung, aber das kommt daher, daß man anstatt einer bikonvexen Linse lieber zwei plankonvexe anbringt; als Okular wendet man gewöhnlich das Campanische an (Fig. 225), als Objektiv setzt man mehrere Linsen hintereinander und erhält durch verschiedene Kombinationen derselben verschiedene Grade der Vergrößerungen. Außerdem verdoppelt sich aber die Linsenzahl dadurch, daß man für die besseren Instrumente jetzt lauter achromatische Gläser verwendet.

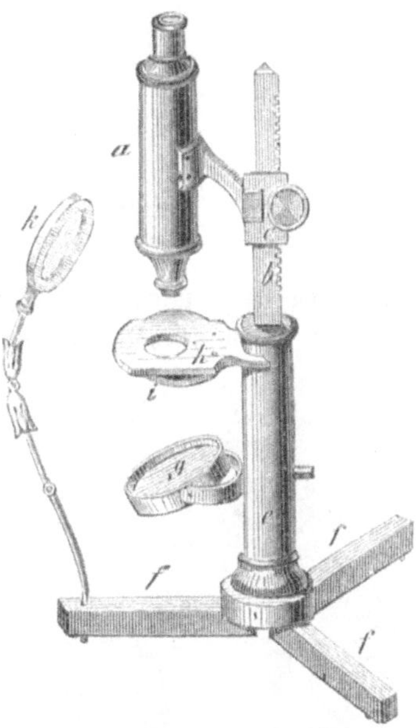
Fig. 241. Zusammengesetztes Mikroskop.

Fig. 241 ist die Abbildung eines zusammengesetzten Mikroskopes, wie es aus dem berühmten Plößl'schen Atelier hervorgegangen ist. Die Röhre a trägt die Hauptbestandtheile desselben, die Gläser, das Okular und das Objektivsystem. Sie ist inwendig wie das Rohr eines Teleskops geschwärzt und an den betreffenden Stellen mit Blendungen versehen; mittelst eines Armes c sitzt sie an einem auf drei stellbaren Füßen f befindlichen vertikalen Stativ e, an welchem sie sich auf- und abbewegen läßt. Die genaue Einstellung über den auf dem Objektträger befindlichen Gegenstand, welcher beobachtet werden soll, wird mit Hülfe einer Schraube bewerkstelligt, die an der gezahnten Stange b eingreift. Der Objektträger h selbst ist ein kleiner Tisch, in der Mitte durchbrochen, damit das von dem stellbaren Hohlspiegel g zugestrahlte Licht den Körper beleuchten kann. Um nach Bedürfniß mehr oder weniger Licht zuzuführen, dient eine mit verschieden großen Oeffnungen durchbrochene Scheibe, welche man vor die Oeffnung schiebt. Undurchsichtige Gegenstände beleuchtet man von oben durch eine Sammellinse k. Die meisten der jetzt gebräuchlichen Instrumente sind auf diese Art eingerichtet.

Chevalier hat eine Konstruktion angegeben, bei welcher die Strahlen durch die totale Reflexion, die sie an einem in dem Rohre a angebrachten Glasprisma erleiden, in horizontaler Richtung dem Okulare zugeworfen werden, so daß der Beobachter nicht von oben herab, sondern nur gerade vor sich hin zu sehen braucht. Mittelst Einschaltung besonders geschliffener Prismen ist es auch gelungen Instrumente herzustellen, durch welche mehrere Personen zu gleicher Zeit ein gewisses Objekt beobachten können. Dieses Prisma ist über dem Objektivlinsensystem angebracht, wie bei dem Chevalier'schen Mikroskop; jeder Beschauer hat nur sein eigenes Okular. Für die Diskussion der Beobachtung bei gemeinschaftlichen Untersuchungen und namentlich zu Unterrichtszwecken dürfte dies Arrangement gewisse Vorzüge vor den übrigen voraus haben, denn es gehört zum Betrachten mikroskopischer Objekte eine große Uebung, ein unterscheidender Blick, den man sich erst erwirbt, nachdem man in der unbekannten Welt des Kleinsten durch manches Luftbläschen, Stäubchen und dergleichen, die man anfangs leicht für besondere Geschöpfe ansieht, getäuscht worden ist.

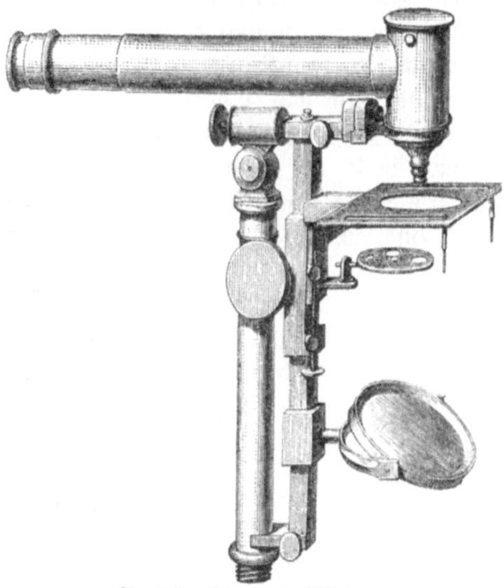

Fig. 242. Chevalier's Mikroskop.

**Die Geschichte des Mikroskops** fällt, wie wir schon erwähnt haben, in ihren ersten Ursprüngen mit der Geschichte der Linsen und mit der Erfindung der Brillengläser zusammen. Daß sie sehr weit in das Alterthum zurückreicht, haben wir auch schon gesehen, und wenn der bekannte Smaragd des Nero ein Sehglas gewesen ist, so würde dieser Umstand darauf deuten, daß man damals bereits mit der Herstellung und Wirkungsweise konkaver Linsen vertraut war, denn Nero wird uns von gleichzeitigen Schriftstellern als kurzsichtig geschildert. Uebrigens finden wir aber selbst noch von Baco (gest. 1392) nur konvexe Linsen erwähnt, die dieser den alten Leuten, welche an Fernsichtigkeit zu leiden pflegen, anempfiehlt. Die Erfindung der Brillen ist noch vor Baco's Zeit zu setzen; wahrscheinlich ist sie zu Ende des 13. Jahrhunderts durch Armati von Florenz gemacht und die Kenntniß davon durch Alexander von Spina weiter verbreitet worden. Die erste authentische Nachricht über „die neulich erfundenen Gläser, Brillen genannt — ein

Fig. 243. Mikroskop für drei Beobachter.

wahrer Segen für arme Greise mit schwachem Gesicht" — stammt aus dem Jahre 1299. Eine so heilsame Erfindung mußte sich rasch in allen Ländern verbreiten und schon zu Anfange des 14. Jahrhunderts waren, wie Humboldt im Kosmos anführt, die Brillen zu Haarlem gar nichts Unbekanntes. Der große Bedarf rief eine neue Industrie, die Brillenschleiferei, hervor, die bald in jeder nur einigermaßen bedeutenderen Stadt betrieben wurde; in Holland namentlich, wo damals ein besonderes reges Leben herrschte, war die Kunst eine vielgeübte und die kleine Stadt Middelburg hat durch sie in der Geschichte der Erfindungen einen Namen ersten Ranges erhalten, denn nicht nur das Fernrohr, sondern auch das Mikroskop wurde in den Werkstätten dortiger Künstler erfunden.

Man hat das Schicksal der beiden jungen Erfindungen oft mit einander verwechselt und daher kommt es, daß wir denselben Prätendenten, welche die Erstlingsidee des Teleskops für sich beanspruchen, auch beim Mikroskop wieder begegnen.

Fig. 244. Zacharias Jansen.

Namentlich sind Cornelius Drebbel aus Alkmar und Galilei, der Eine von den Holländern, der Andere von den Italienern, mit allen Ansprüchen der ersten Erfindung ausgerüstet worden, Beide aber, wie die letzten Untersuchungen ergeben haben, mit Unrecht. Denn es hat sich herausgestellt, daß aus der Werkstatt des zwar immer mitgenannten, aber nur in sagenhafter Form erwähnten Middelburger Brillenmachers Jansen das erste Mikroskop zu Ende des 16. Jahrhunderts (wahrscheinlich schon 1590) hervorgegangen ist. Die bei Gelegenheit des Fernrohres schon erwähnten gerichtlichen Nachforschungen, welche Willem Boreel, der sich selbst einen Spielkamerad von Zacharias Jansen, dem Sohne von Hans Jansen, nennt, anstellen ließ, um aus dem schon beginnenden Erfinderstreit seiner Vaterstadt Middelburg die Ehre zu retten, ergaben, daß lange vor der Erfindung Lippershey's in der Familie der Jansen ein zusammengesetztes optisches Glas erfunden worden war, welches, wie auch das Fernrohr, damals kurzweg Augenglas oder Brille genannt wird, seiner Beschreibung nach aber nichts Anderes als ein zusammengesetztes Mikroskop war. Die Unbestimmtheit der Benennung ist denn auch die Ursache geworden, daß bald die beiden Jansen als Erfinder des Fernrohres, bald Lippershey als erster Darsteller des Mikroskops angesehen wurden.

Ein solches, vielleicht das erste, überreichte Jansen dem Prinzen Moritz von Nassau und erhielt dafür eine Belohnung. Als Boreel 1619 in England als Gesandter war, sah er bei dem Hofmathematiker Cornelius Drebbel ein eben solches Instrument, welches dieser, wie er selbst sagte, zum Geschenk vom Erzherzog Albert erhalten hatte. Dieses Mikroskop bestand aus einer einen Zoll weiten Röhre von vergoldetem Kupfer, getragen von drei messingenen Delphinen, welche auf einer Scheibe von Ebenholz, auf der sich zugleich die Vorrichtung zum Festhalten der zu betrachtenden Gegenstände befand, befestigt waren. Es ist aber nachweislich auch dem österreichischen Prinzen von Jansen ein Mikroskop geschenkt worden und jedenfalls dasselbe mit dem Drebbel'schen Instrumente identische. Auch nimmt es Denjenigen, welcher die Gesinnung der Menge kennt, an eine glänzende Stellung gern hohe Eigenschaften zu knüpfen, das Unscheinbare dagegen als werthlos zu achten, nicht Wunder, wenn von dieser der weitbekannte, hochstehende Gelehrte als Erfinder der Mikroskopen gepriesen wird, die er nach dem Jansen'schen Modelle anfertigte und unter seiner weitverbreiteten Bekanntschaft vertheilte. Des geringen Middelburger Brillenmachers gedachte Niemand. Ein Verwandter von Drebbel, Jakob Kuppler aus Köln, kam 1622 nach Rom und wollte am päpstlichen Hofe vorgestellt sein. Er starb jedoch, ehe er Gelegenheit gefunden hatte, das Mikroskop daselbst bekannt zu machen.

Von Paris aus wurden nun andere Mikroskope nach Rom gesandt, allein man war dort mit der neuen Erfindung so unbekannt, daß es erst nach Galilei's Ankunft gelang, die Objekte klar zu sehen. Diese Instrumente sind es höchst wahrscheinlich, welche Galilei nachmachte und nach denen er das Mikroskop, das er 1624 an Bartholomeo Imperiali nach Genua sandte, zusammensetzte. Galilei soll zwar bereits im Jahre 1612 ein Mikroskop an den König Sigismund von Polen geschickt haben, es ist aber nirgends erwähnt, von welcher Zusammensetzung und Wirkung der Apparat gewesen sei, und außerdem ist von diesem oder einem ähnlichen Galilei'schen Instrument bis 1624 nicht mehr die Rede. In dem letztern Jahre, heißt es, habe er das Mikroskop bedeutend verbessert und dann eine große Anzahl derselben angefertigt. Daraus scheint zur Genüge hervorzugehen, daß ihm an dieser Erfindung ebenso wie an der des Fernrohres kein anderer Ruhm als der, die weitere Bekanntschaft und den Gebrauch derselben vermittelt zu haben, zuerkannt werden kann.

Dieser Ruhm wird aber zu einem bedeutenden durch den Eifer, mit welchem die Wissenschaft in Italien das neue Instrument bei ihren Forschungen verwandte, so daß durch den häufigen Gebrauch Veranlassung zu mannichfachen Verbesserungen gegeben wurde. Francesco Stelluti hatte schon 1625 die Anatomie der Honigbiene mikroskopisch untersucht; Marcello Malpiglie in Bologna wies die Cirkulation des Blutes in den Haargefäßen der Schwimmhaut zwischen den Zehen des Frosches nach; der Optiker Divini setzte an Stelle einer bikonvexen Okularlinse zwei plankonvexe Gläser, die sich mit der Mitte ihrer gekrümmten Oberfläche berührten; dadurch wurde die sphärische Abweichung bedeutend verringert; Campani erfand das nach ihm benannte Okular.

In England gab Robert Hooke 1665 seine Mikrographie, Beobachtungen über die Struktur einzelner Theile des pflanzlichen und thierischen Körpers, heraus, die er mit selbstverfertigten Instrumenten gemacht hatte. Sein Mikroskop bestand aus einer viertheiligen in einander zu schiebenden Röhre, in welcher sich Objektiv, Kollektiv und Okular befanden. Mittelst einer Schraube konnte es dem zu beobachtenden Gegenstande ganz allmälig näher geführt werden. Uebrigens hatte schon Galilei seinen Instrumenten bewegliche Röhren gegeben. Nach Hooke verdienen in der Geschichte mikroskopischer Untersuchungen die Engländer Henschaw und Nehemias Grew genannt zu werden. In Deutschland hat sich um die Vervollkommnung der Mikroskope Sturm in Nürnberg besonders dadurch verdient gemacht, daß er, um sphärische und chromatische Abweichung zu vermeiden und möglichst scharfe und farbenfreie Bilder hervorzubringen, das Objektiv zuerst aus zwei kombinirten Linsen, entweder aus zwei bikonvexen oder aus einer plankonvexen und einer bikonvexen, zusammenstellte. Er erreichte zwar seinen Zweck nicht nach Wunsch und in Folge der genannten Mängel, die auch durch die von Huyghens vorgeschlagenen Linsen von großer Brennweite nur zum Theil beseitigt wurden, blieb eben der einfache Loupenapparat so viel in Aufnahme, während das zusammengesetzte Mikroskop von Wenigen und fast nur versuchsweise in Anwendung gebracht wurde.

Die Verbesserungen an seiner mechanischen Einrichtung bezogen sich hauptsächlich auf den Objektträger und den Beleuchtungsapparat. Der erstere wurde sehr bald nach der Hooke'schen Idee mit einer feinen Schraubeneinstellung versehen, zu dem letzteren wurden Linsen und Spiegelvorrichtungen bald einzeln angewandt, bald mit einander kombinirt. Vorzüglich maßgebend für die späteren Ausführungen wurde die Konstruktion, welche zuerst unser Landsmann Hertel anwandte. Er gab seinen Instrumenten einen Spiegel, der, nach allen Richtungen drehbar, jede mögliche Lage gegen das Objekt einnehmen konnte; der Objektträger hatte eine runde Oeffnung für durchsichtige und für undurchsichtige Gegenstände, je nachdem, eine weiße oder eine schwarze Platte. Das Rohr war in einem Charnier beweglich und konnte sowol Schraubenmikrometer als Netzmikrometer behufs mikroskopischer Messungen aufnehmen. Die Hertel'schen Instrumente dienten ihrer ausgezeichneten Brauchbarkeit wegen späteren Optikern, wie Martin, Adams, Dollond, Reinthaler in Leipzig, Brander in Augsburg u. s. w., vielfach als Vorbilder und ihre Einrichtung spiegelt sich im Großen und Ganzen noch in den heutigen Mikroskopen wieder.

Man brachte damals auch bereits Sammlungen von mikroskopischen Objekten für Liebhaber naturwissenschaftlicher Unterhaltungen in den Handel.

Die eigentliche Seele des Mikroskops aber, die Gläser, erfuhren ihre vollkommnere Ausbildung in der Zeit nach Euler. Robert Barker und Andere wollten schon, weil die noch nicht beseitigte Farbenzerstreuung den Bildern ungemein schädlich war, reflektirende Mikroskope, in denen, wie in den Spiegelteleskopen, das Objektiv durch einen Hohlspiegel ersetzt war, in Aufnahme bringen, aber der große Lichtmangel der Bilder vereitelte solche Bestrebungen. Im Gegentheil versuchte Dellabare durch eine eigenthümliche Kombination seiner Okulare aus Crown- und Flintglaslinsen die sphärische Abweichung zu verringern und durch Einschaltung einer Kollektivlinse das Gesichtsfeld zu vergrößern. Wie Sturm wandte er auch verschiedene Objektive an, um verschiedene Vergrößerungen hervorzubringen, und richtete zu demselben Zweck seine Röhre zum Verlängern ein. Dellabare selbst hat aber noch keine achromatische Doppellinse angewandt, vielmehr hat dies zuerst Aepinus gethan, nach welchem dann die Holländer Beeldsnider, Jan und Herman van Deyl ausgezeichnete Mikroskope verfertigten. Die Aepinus'schen Instrumente litten aber immer noch an dem Mangel, Linsen von zu großer Brennweite zu besitzen, dadurch wurden sie ungemein lang und ihre Handhabung sehr unbequem. Die van Deyl'schen Objektive, deren gewöhnlich zwei zu einem Mikroskope gehörten, hatten dagegen nur eine Brennweite von $1\frac{1}{2}$, sogar nur $\frac{3}{4}$ Zoll, und bestanden aus einer bikonvexen Crownglaslinse und einer fast plankonkaven Linse von Flintglas, und sollen nach Harting's Urtheil so vortrefflich gewesen sein, daß sie selbst späteren weit vorzuziehen waren.

Es hat in der That lange gedauert, ehe den nun immermehr sich steigernden Anforderungen der fortschreitenden Wissenschaft schritthaltend von den ausübenden Optikern genügt werden konnte, und wenn auch Fraunhofer's Mikroskope in Wirklichkeit das Höchste noch nicht erreichten, so waren es doch auch hier die Ideen des genialen Geistes, welche Andere der Vollkommenheit rasch näherten. Auf Fraunhofer'sche Bestimmungen fußend, gab der französische Physiker Ernst Sellique dem Optiker Chevalier Vorschriften zu einem Mikroskop, welches in seiner Wirkung alle dagewesenen übertraf. Es hatte vier achromatische Doppellinsen von 37 Millimeter Brennweite, die sich mit einander vereinigen ließen, eine Einrichtung, die mit dem größten Erfolge bei allen späteren

Mikroskopen angenommen worden ist. Freilich aber waren die Bilder von nur geringer Helligkeit, weil Chevalier bei seinem Objektiv die gekrümmte Fläche der Linse dem Gegenstande zugekehrt hatte. Amici, durch den Erfolg überhaupt angeregt, ließ seine damals in halber Verzweiflung begonnenen Spiegelmikroskope sogleich liegen und wandte sich auch wieder der Herstellung von Linsenobjektiven zu. Er ordnete aber seine Linsen so, daß sowol im Objektiv als auch im Okular die ebene Fläche nach außen kam, und hob die Abweichung durch die Kugelgestalt auf diese Weise fast vollständig auf (aplanatisches Mikroskop). Das Jahr 1827, in welchem Amici sein erstes derartiges Mikroskop vollendet hatte, wird daher in der Geschichte der praktischen Optik immer als eine Epoche betrachtet werden müssen.

Das zusammengesetzte Mikroskop hatte damit das einfache in jeder Beziehung geschlagen, und der Sieg wurde von Jahr zu Jahr ein vollständigerer. Die Namen Merz und Söhne in München, Nobert in Greifswald, Plößl in Wien, Schieck in Berlin, Oberhäuser in Paris, Roß, Powells, Smith und Beck in London, Kellner in Wetzlar (jetzige Inhaber Belthyle und Rexroth), Bénèche, Wasserlein und Wappenhans in Berlin, Zeiß in Jena ꝛc. knüpfen sich ruhmvoll an die wichtigsten Entdeckungen, welche die letzten dreißig Jahre so überreich auf dem Gebiete des organischen Lebens gebracht haben; denn diese Entdeckungen sind zum bei weitem größten Theile erst durch Hülfe der Mikroskope, welche aus den Werkstätten jener Künstler hervorgingen, möglich geworden.

**Der Gebrauch des Mikroskops.** Die große Verbreitung, welche diese Instrumente in Folge ihrer Billigkeit in der letzten Zeit gefunden haben und die damit zusammenhängende Lust an mikroskopischen Arbeiten veranlassen uns, noch einige Worte in Bezug auf die Behandlung des Mikroskops hier anzufügen.

Zunächst ist es wichtig, wenn man sich nicht mit der Betrachtung von fertigen mikroskopischen Präparaten, wie solche von verschiedenen Seiten in den Handel gebracht werden, genügen lassen, sondern selbst seine Objekte sich zurecht machen will, einen Apparat zusammenzustellen, der nach Professor Willkomm's Angabe („Die Wunder des Mikroskops", II. Aufl. Leipzig, 1861) aus folgenden Theilen bestehen muß: eine Anzahl Objektträger und ganz feine, etwa ½ Zoll ins Gevierte haltende Glasplättchen, Deckgläser, einige scharfe Präparirmesser und Präparirnadeln, eine Schere, eine Pincette, ein Schleifstein, ein Streichriemen, einige Haarpinsel, Uhrgläser, Glasstäbchen, Porzellanschälchen, eine Spirituslampe, ein kleiner Loupenapparat und eine Anzahl chemischer Reagentien, wie Essigsäure, Chlorcalciumlösung, Glycerin, Jodlösung, absoluter Alkohol, verdünnte englische Schwefelsäure, Salpetersäure, Kopallack, Canadabalsam und Zuckerlösung. Als Objektenträger dienen länglich viereckige Spiegelglasplatten von etwa zwei Zoll Länge, ein Zoll Breite und einer Linie Dicke, die aber durchaus farblos sein müssen und keine Blasen enthalten dürfen. Als Präparirmesser kann man sich feiner englischer Rasirmesser mit möglichst dünner, ganz flach (nicht hohl) geschliffener Klinge bedienen, sie müssen sehr häufig auf dem Streichriemen abgezogen werden; bei harten Gegenständen, Horn, Holz u. s. w., muß man Messer von stärkeren Klingen, ebenfalls auf einer Seite flach geschliffen, anwenden; weiche Objekte, Durchschnitte von Pflanzentheilen oder von sehr kleinen Gegenständen, Haaren und dergleichen, präparirt man zwischen Kork, indem man den Gegenstand zwischen die zwei Hälften eines der Länge nach getheilten feinen Korkstöpsels klemmt und senkrecht gegen die Längsachse feine Scheibchen des Korkes abschneidet. Es ist dabei zweckmäßig, dünne Objekte, wie Haare, mittelst Gummilösung zu mehreren zusammenzukleben und den so erhaltenen stielförmigen Körper auf diese Weise zu zerschneiden. Die Präparirnadeln bestehen aus ganz feinem, hartem Stahl und müssen eine ganz rostfreie Spitze haben, weswegen man sie oft auf einem feinen Schleifstein abschleift. Außer geraden Nadeln wendet man auch beim Präpariren der Objekte während des Beobachtens Nadeln mit hakenförmig gebogener Spitze an.

Mikroskope, wie sie für die meisten Untersuchungen ausreichen (drei Objektivsysteme mit 15- bis 400facher Linearvergrößerung mit Kasten und Zubehör zum Preise von 30 Thalern), liefern in ausgezeichneter Art die Ateliers von Bénèche und von Wasserlein in Berlin; größere — hauptsächlich für physiologische Zwecke — Schieck von 50 Thalern an; für die feinsten Instrumente dürften Kellner in Wetzlar, Plößl und Oberhäuser am meisten zu empfehlen sein. Ein solcher Apparat kostet freilich 130 Thaler und mehr, die größten englischen Mikroskope, welche aber eine Menge zum Theil unnöthiger Nebenapparate enthalten, stehen sogar auf den Preiskouranten mit 500 bis 800 Thalern angezeigt.

Angaben über die Vergrößerung der verschiedenen Objektivsysteme ist den Instrumenten immer beigefügt. Ist man jedoch in Ungewißheit darüber und im Falle, ein Instrument selbst auf seine vergrößernde Kraft prüfen zu müssen, so dienen dazu eben solche Mikrometer, wie wir sie beim Fernrohr kennen gelernt haben, oder der Camera lucida ähnliche Vorrichtungen, in denen mittelst eines Spiegels das vergrößerte Bild eines mikroskopischen Maßstabes mit einem nebenbei gesehenen bekannten Maße zur Deckung gebracht wird. Aus der Vergleichung der beiden Größen läßt sich das Verhältniß dann leicht berechnen. Die stärkste Vergrößerung, welche man bei den besten Instrumenten gebrauchen kann, dürfte ungefähr 1500 sein. Es ist indeß diese Grenze nicht überhaupt die äußerst erreichbare, sondern nur bei dem jetzigen Stande der optischen und mechanischen Künste die höchste wirklich erreichte. Man kann für dieselben Gläser die Vergrößerung durch Herausziehen der Röhre, Entfernen des Okulars vom Objektiv, noch steigern und hat auf diesen Umstand Rücksicht zu nehmen, wenn bei Prüfungen auf die Vergrößerung ein Instrument bei dem gewöhnlichen Stande des Okulars den angegebenen Zahlen nicht zu entsprechen scheint.

Ein Mikroskop kann aber eine sehr bedeutende Vergrößerung geben und trotzdem unbrauchbare Bilder liefern. Helligkeit und Deutlichkeit derselben sowie die Größe des Gesichtsfeldes sind daher von weit wesentlicherem Einfluß auf die Beurtheilung der Güte eines Instrumentes als die Vergrößerung. Es giebt gewisse Präparate, z. B. die staubartigen Schuppen eines in Deutschland häufigen Tagschmetterlings Hipparchia Janira, die man in passender Form bei den Optikern zu kaufen bekommt, mit deren Hülfe als Objekte sich die Instrumente unter einander sehr gut vergleichen lassen. Jene Schuppen zeigen bei genügender Vergrößerung zunächst eine große Anzahl von parallelen Längsrippen, bei stärkeren Gläsern erscheinen dann diese einzelnen Längsrippen durch ein netzförmiges Gewebe höchst feiner Querlinien mit einander verbunden. Vermag man diese Querlinie mit der 3- bis 400fachen Vergrößerung eines mittelgroßen Instrumentes deutlich zu erkennen, so ist dasselbe gut.

Wenn der Anfänger aber mit seinem Mikroskop keine guten Bilder erhält, so darf er dasselbe deswegen nicht sogleich als unbrauchbar scheel ansehen. Die Schuld wird viel öfter an ihm selbst liegen. Zunächst kommt auf die Herstellung guter Präparate Alles an. Da durchscheinendes Licht dem auffallenden in allen Fällen vorzuziehen ist, so müssen die Objekte in ganz zarten, dünnen Plättchen angefertigt werden. Das ist nicht so leicht; eine vorläufige Untersuchung mit der Loupe wird aber schon erkennen lassen, ob die Herstellung gelungen ist oder nicht. Das Präparat wird sodann, mit einem Tropfen reinen Wassers benetzt, auf das Objektglas gebracht und mit dem Deckgläschen bedeckt, so daß keine Luftblasen oder Theilchen fremder Körper mit dazwischen kommen. Die höchste Reinlichkeit ist überhaupt nöthig und müssen alle Gläser jedesmal ganz sauber abgeputzt werden, wozu man sich am besten eines alten ausgewaschenen leinenen Läppchens bedient. Chemische Reagentien, die mitunter zur Behandlung der Objekte gebraucht werden, dürfen weder in Berührung mit den Metalltheilen des Mikroskopes kommen, noch darf man auch die Linsen damit verunreinigen lassen, welche aus bleihaltigen, sehr leicht angreifbaren Glassorten hergestellt sind.

Für die Untersuchung ist es am besten, von vornherein nur schwache Vergrößerungen, aber mit größerem Gesichtsfeld anzuwenden, und erst wenn man dadurch die geeignetsten Partien des Objektes erkannt hat, die Auflösung durch schärfere Gläser vorzunehmen. Ganz besonders gut gelungene Präparate hebt man auf, indem man sie zwischen zwei kleine längliche Glasplatten von geringer Dicke klemmt und deren Ränder, um die äußern ungünstigen Einflüsse abzuhalten, mit Papier verklebt, schließlich auch mit Asphaltfirniß oder mit in Weingeist aufgelöstem Kopallack verkittet. Die Durchsichtigkeit bewahrt man ihnen, indem man je nach der Natur der präparirten Körper zwischen die beiden Gläser einen Tropfen Wasser, Weingeist, Terpentinöl, Canadabalsam, Chlorcalciumlösung oder dergleichen giebt, ehe man sie zusammenpreßt und verkittet.

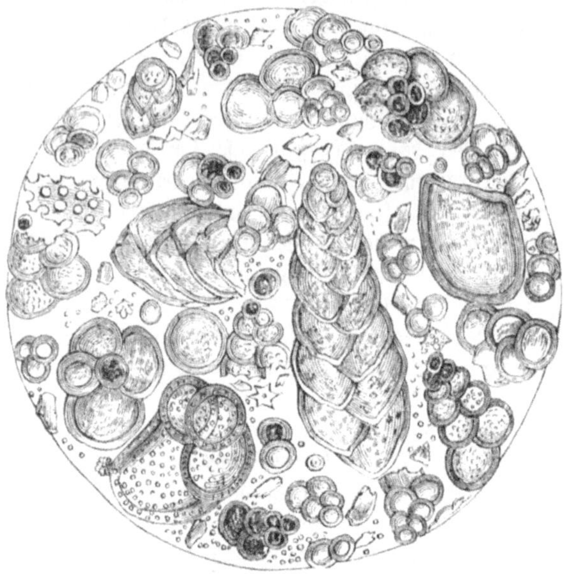

Fig. 245. Kreide von Gravesend.

**Was sieht man durch das Mikroskop?** Zu schildern, ja selbst nur in den allgemeinsten Zügen anzudeuten, welchen Einfluß auf die Förderung aller naturwissenschaftlichen Disziplinen wir dem Mikroskop verdanken, können wir nicht unternehmen. Es würde dazu der Raum eines bändereichen Werkes nothwendig sein. Denn die Geschichte der organischen Wissenschaften ist nur eine Paraphrase der Entdeckungen, welche sich an die Erfindung des Middelburger Brillenmachers knüpfen. Wenn wir daher in einigen schließlichen Bemerkungen von dem Gebiete der Optik Abschied nehmen und, um uns die Früchte zu vergegenwärtigen, welche die Erforschung und Erkenntniß der wunderbaren Erscheinungen des Lichtes getragen haben, die neu erschlossene Welt der kleinsten Räume aus der Vogelschau herab betrachten, so wird uns nur das Oberflächliche auffallen, die äußere Gestaltung reich bebauter Landschaften; die zartesten Blumen aber, die feinen Formen, enthüllen sich nur Demjenigen, der sich in einem der zauberischen Gründe niederlassen kann.

Wie das Schwesterinstrument, das Teleskop, erweitert auch das Mikroskop, indem es unser Auge tiefer und tiefer in die Geheimnisse des unendlichen Raumes eindringen läßt, zugleich unserm Geiste die Grenzen der begreifbaren Zeit. Dadurch, daß es die Dinge in ihre einzelnen Bestandtheile auflöst, zeigt es uns ihr Werden, läßt es uns Vorstellungen gewinnen von dem Zustande, auf welchem das Bestehende sich aufbaute, und von den Kräften, die sich in dem ungeheuern Rahmen der Vergangenheit regen, bekämpfen und gebären mußten, ehe alle die Veränderungen durchlaufen waren, deren Spuren nur noch wie ein großes Geripppe hinter uns liegen. Nimm ein Stück Kreide in die Hand und bringe den feinen Staub, der an deinen Fingern haften bleibt, unter das **Mikroskop.** Welcher Reichthum regelmäßiger Bildungen, die organischem Leben ihren Ursprung verdanken! Das ganze Stück der weißen Masse besteht aus lauter feinen kieseligen und kalkigen Panzern untergegangener Thiere, Polythalamienschalen und Skelette von solcher Kleinheit, daß in einem Kubikzoll Kreide oft mehr als 15,000 Millionen neben einander gebettet sind. Und in den Alpen giebt es Gebirge von vielen tausend Fuß Höhe — aus lauter solchen Thierresten aufgebaut, und vom 57. Grade nördlicher Breite bis hinunter an das Kap Horn ist die Kreideformation verbreitet! Nicht genug, daß diese einzelnen Theilchen nach ihrem Ursprunge unterschieden werden können, ihre einstigen Besitzer sind in Arten geordnet worden, wie wir die Fische oder Vögel klassifiziren. **Ehrenberg**, der berühmte Erforscher der mikroskopischen Welt, der den Ruhm hat, von allen Menschen am meisten Neues zum ersten Mal gesehen und die Kenntniß der Natur mit der größten Zahl neuer Thatsachen bereichert zu haben, zählte allein in der Kreide von Gravesend (Fig. 245) 51 verschiedene Polythalamienschalen; im Kreidekalk vom Antilibanon (Fig. 246) fand er deren 43 und die Vergleichung der in den beiden Abbildungen dargestellten Formen wird jeden Beschauer belehren, wie sich verschiedener Ursprung, abgesonderte, der Zeit und dem Raume nach getrennte Bildung, selbst der Einfluß späterer Epochen dem bewaffneten Auge zweifellos verrathen. Die Ergebnisse mikroskopischer Gesteinsuntersuchungen, namentlich der Untersuchungen geschichteter Sedimentgesteine, hat Ehrenberg zu einer fast selbständigen Wissenschaft, der **Mikrogeologie**, geordnet, welche die wichtigsten Kapitel der Geschichte der Erdentwickelung noch zu schreiben berufen ist.

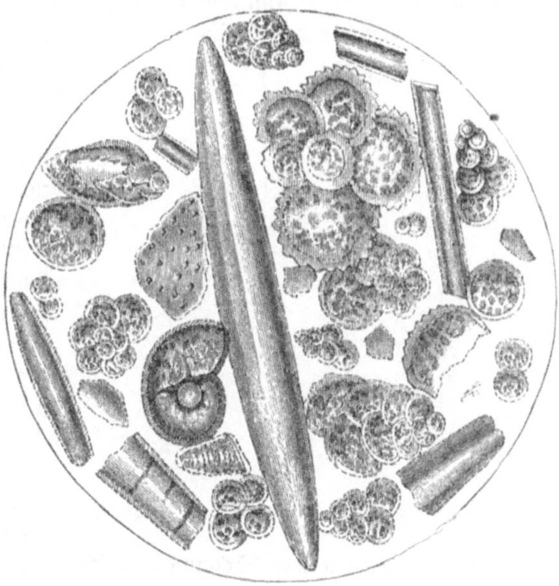

Fig. 246. Kreidekalk vom Antilibanon.

Wir treten hin zur Pflanzenwelt. Da ist ein klarer, schnellfließender Bach, sein Grund ist von einem saftgrünen Rasen überzogen, der durch die sich verfilzenden und verschlingenden Zweige einer Alge gebildet wird. In den ersten Zeiten des erwachenden Frühlings lösen wir ein Stückchen Rasen ab, um es daheim zu beobachten. Wir entwirren behutsam einige Fäden, und das Mikroskop zeigt uns, daß sie aus einfachen oder bei andern Arten aus in Zellen getheilten Schläuchen bestehen, in welchen Kügelchen oder Körnchen liegen. Diese, Sporen genannt, fangen, wenn ihre Zeit gekommen ist, an, in ihrem Gefängnisse so lange zu drängen, bis sie dessen Wände zersprengt haben; sie treten aus, einzeln oder in Haufen, und gerathen alsbald in lebhafte Bewegung, fahren im Wasser hin und her, tauchen auf und ab, daß man meinen möchte, die Pflanze habe ein Thier geboren. Aber nein — es ist etwas Anderes. Das merkwürdige Ding rudert allerdings mittelst zarter, lebhaft sich bewegender Härchen oder Wimpern wie mit Schwimmfüßen; aber seine Bewegung ist eine völlig willenlose, sein Herumschwärmen hängt von tausend Zufälligkeiten ab, es steuert auf entgegenstehende Hindernisse gerade los und bleibt an der Wand des Gefäßes oft wirbelnd hängen, wo die mit willkürlicher Bewegung begabten Geschöpfe schnell zurückprallen würden. Diese Wimperbewegung ist eine sehr allgemeine Naturerscheinung in der Thier- und Pflanzenwelt, deren wahre Ursache noch nicht ganz klar vorliegt. Nachdem unsere Spore sich 10 bis 20 Minuten herumgetummelt hat, wird ihr Lauf immer langsamer, endlich kommt sie nach etwa zwei Stunden zur Ruhe, die Bewegungen der Wimpern hören auf, diese selbst verschwinden, die Spore nimmt die Kugelform an, sie bekommt an mehreren Seiten Fortsätze und wächst zur Alge aus. Wir haben das Gebären einer Pflanze beobachtet, die Spore ist ein Pflanzenkeim. Und wie groß ist eine solche Spore? Nun, mit bloßen Augen kann man sie schwerlich sehen, bei 400facher Vergrößerung aber erscheint sie so groß wie ein Kirschkern und fast eben so gestaltet. Wie aber diese ersten Regungen einer Pflanze, ebenso zeigt uns das Mikroskop die Geheimnisse ihrer höchsten Entwickelung; es belehrt uns über das Wesen der Befruchtung und mit seiner Hülfe erfahren wir, welche Funktionen den einzelnen Theilen der Blüte zukommen. Und aus der Gesammtheit solcher Anschauungen klärt sich unsere Vorstellung vom Wesen der Pflanze und in der Erkenntniß ihrer Bedürfnisse und Verrichtungen finden wir die Mittel, auf rationelle Weise Wachsthum, Blüte und Frucht zu begünstigen, schädliche Einflüsse abzuwehren und nach unsern Zwecken die unentbehrliche Thätigkeit des Pflanzenreichs zu erhöhen. Erst durch den Gebrauch des Mikroskops ist uns die Zelle als Elementarbestandtheil der Pflanze bekannt und die Botanik durch die Pflanzenphysiologie, welche sich mit den Veränderungen des organischens Werdens und Wachsens und ihren Ursachen beschäftigt, zu einer wirklichen Wissenschaft geworden.

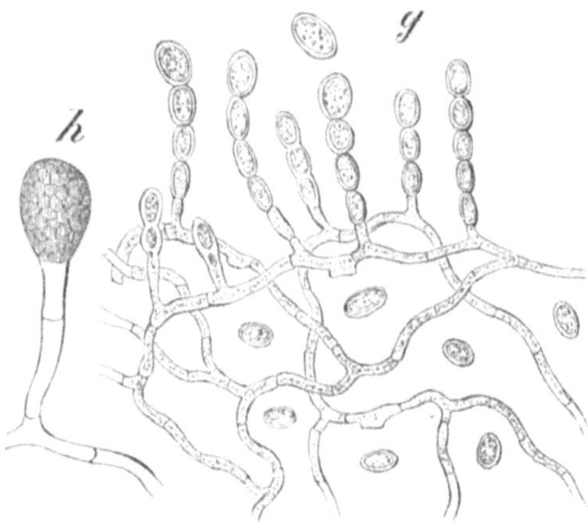

Fig. 247. Traubenschimmel. g. Pilzschläuche. h. Fruchtzellen.

Was uns als widriger Schimmel an Brod und andern Speisen begegnet, verwandelt sich unter dem Mikroskope in den zierlichsten Wald, von größerm Formenreichthume als alle unsere Laub- und Nadelwälder. Der Traubenschimmel besteht aus zelligen Fäden, die sich entweder durch Abschnürung (siehe Fig. 247 g) oder durch besondere Fruchtbehälter (h) mit zahlreichen Keimzellen, fortpflanzen. So vermag sich das Gewächs mit reißender Schnelligkeit weiter zu verbreiten. Nicht nur die Kartoffelkrankheit, sondern sogar thierische und menschliche Krankheiten, wie die Kinderschwämmchen und dergleichen, sind durch gewisse auftretende Pflanzen und namentlich Schimmelpilzbildungen charakterisirt.

Thier- und Pflanzenwelt berühren sich auf allen Grenzpunkten der beiden Reiche, sie greifen in einander über und die Unterscheidungen, welche die oberflächliche Systematik so scharf hinzustellen vermaß, verschwinden, je weiter wir hineindringen, um so mehr. Wir stehen endlich nicht mehr an der Grenze des Pflanzenreichs oder der Thierwelt, sondern an der Grenze des organischen Seins überhaupt und die Erfahrungen, welche wir auf der einen Seite sammelten, sind uns ein günstiger Fingerzeig nach der andern.

Die Diatomeen, winzig kleine Geschöpfe, welche das bloße Auge erst sieht, wenn einige Millionen derselben beisammen liegen, bestehen aus einer Hülle von Kieselerde mit etwas Schleim im Innern und sehen bald wie Schiffchen, bald wie Stäbchen,

Semmelreihen, Treppen, Siebe, Scheibchen u. s. w. aus. Ihre fabelhaft rasche Vermehrung geschieht ohne Umstände dadurch, daß eines aus dem andern herauswächst, oder durch Theilung. Sie leben in Wasser und in feuchtem Erdreiche, aber wie leben sie? Sie treiben und schaukeln im Wasser — das ist Alles. Keine Spur von Organen zur Aufnahme von Nahrung oder sonstige thierische Merkmale sind zu entdecken, ebenso wenig lassen sich die Geschöpfchen dem gewöhnlichen Begriff der Pflanze unterordnen. Sie sind Primärstufen des organischen Lebens. Ehrenberg fand, daß beinahe ganz Berlin auf solchen Wesen steht, die in den obern Schichten noch leben. Da ihre Kieselpanzer unverweslich sind, so ist die Menge abgestorbener Exemplare begreiflich noch viel größer. Ihre Katakomben sind die Lager von Kieselguhr, Bergmehl und mergeligen Gesteinen, welche wie die Kreide ganze Gebirge bilden.

Wie der Botanik, so ist naturgemäß das Mikroskop auch denjenigen Wissenschaften, welche sich mit dem animalischen Organismus beschäftigen, das wesentlichste Förderungsmittel geworden. Die rohe Empyrie in der Behandlung von Krankheiten hat vernünftigen, rationellen Heilmethoden Platz machen müssen, denn man hat gelernt die Thätigkeit der Nerven, der Haut, der Muskeln aus der genauesten Beobachtung ihrer kleinsten Organe zu erkennen und die Veränderungen im normalen Verlaufe der körperlichen Funktionen auf ihre wahren Ursachen zurückzuführen. Das Mikroskop unterscheidet auf das Genaueste menschliches Blut von thierischem und entlarvt mit derselben Sicherheit das gräßlichste Verbrechen, wie es die Verfälschung leinener Gewebe oder theurer Gewürze aufdeckt.

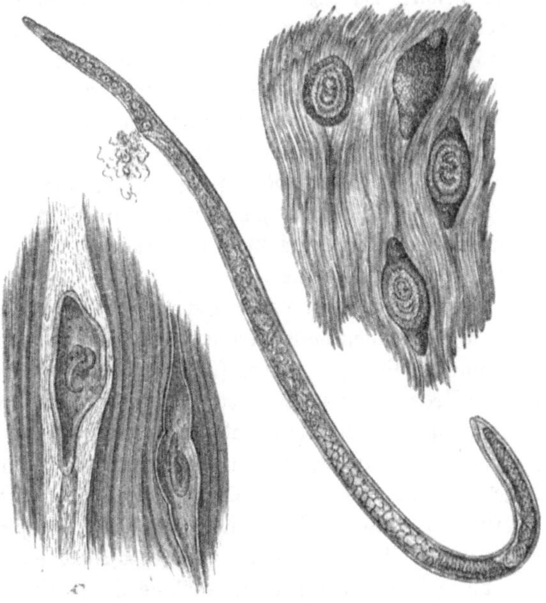

Fig. 248. Trichinen.

Muskeltrichinen in ihren Wurmröhren (nach Leuckart). — Weibliche Darmtrichine mit Eiern und Jungen (nach Dr. Fiedler). — Eingekapselte Muskeltrichinen (nach Dr. Fiedler).

Man zählt die Zahl der Blutkörperchen in jenem „ganz besonderen Safte", der unser Leben erhält, und weiß ihrer Armuth zu steuern, ihren Reichthum zu mindern. Welcher Arzt will eine Hautkrankheit heilen, wenn er selbst nicht weiß, in welcher Weise die Haut im körperlichen Organismus thätig ist! Unsere Sinnesorgane selbst, die wichtigsten Werkzeuge, denen wir alle Kenntniß verdanken, sie sind uns erst bekannt geworden durch die mikroskopische Untersuchung ihres innern Baues.

Wir dürfen bei den ewig jungen Wissenschaften der Natur nicht weit zurückgreifen in die Vergangenheit, um sprechende Beispiele zu finden. Vor wenigen Jahren entdeckte Dr. Zenker in Dresden kleine parasitische Thierchen, Trichinen, welche sich bald in größerer, bald in geringerer Menge in den Muskeln Gestorbener vorfanden und die im Zusammenhang mit gewissen Krankheitserscheinungen zu stehen schienen. Von dem Augenblicke an, wo die Aufmerksamkeit auf diese Schmarotzer gelenkt war, wuchs die Anzahl der beobachteten Fälle unglaublich, und da man in nicht seltenen Fällen den eingetretenen schmerzhaften Tod als Folge der massenhaften Einwanderung jener Thiere ansehen mußte, bekam die Sache eine höchst dringliche Bedeutung. Schon aus den Beobachtungen der Eingeweidewürmer, namentlich aus den Untersuchungen über den Bandwurm wußte man, daß viele Thiere gewisse Lebensphasen in verschiedenen größeren Thieren durchmachen, und es dauerte nicht lange, so fand man, den andeutenden Spuren folgend, daß die Trichinen vorzugsweise durch den Genuß rohen Schweinefleisches in den menschlichen Körper übergeführt werden. Dem Schweine sind wahrscheinlich diese inneren Bewohner nicht lästig, von den Menschen aber aufgenommen, vermehren sie sich auf das Unglaublichste und wissen dann ihren Weg nach Durchbohrung der Eingeweidewände in die Muskeln zu finden, wo sie sich mit einer kalkigen Kapsel umgeben und jene schmerzhaften Symptome hervorrufen, denen in vielen Fällen der unabwendbare Tod gefolgt ist. Gewiß sind die Trichinen keine Erfindung der Neuzeit — sie sind jedenfalls in früherer Zeit ebenso aufgetreten und haben plötzliche Todesfälle ebenso bewirkt wie jetzt. Aber man hatte in der Unkenntniß der wahren Ursache unter hundert möglichen andern die Auswahl. Ist es doch vorgekommen, daß man auf absichtliche Vergiftungen geschlossen und auf oberflächlichen Verdacht hin Untersuchungen angestellt hat, deren Grundlosigkeit sich erst jetzt, nachdem man in den wieder ausgegrabenen Leichen die Trichinen nachweisen konnte, ergeben hat.

Neben derartigen ganz unschätzbaren Erfolgen verdanken wir dem Mikroskop wie keinem Instrumente eine Reinigung der Begriffe, eine Klärung der Ideen, durch welche die exakten Wissenschaften hohe reformatorische Bedeutung erhalten. Das auf dem reich gedüngten Felde der Dummheit und Indolenz üppig wuchernde Kraut Aberglauben wird an der Wurzel zerschnitten.

Welchen Schrecken haben nicht Erscheinungen, wie Blut-, Schwefelregen und dergleichen, der unkundigen Menge eingeflößt? Mit Hülfe des Mikroskops sind sie auf ihre wahren Ursachen zurückgeführt worden. Das erstgenannte Phänomen beruht auf dem Auftreten einer winzig kleinen Infusorie, die man wegen ihrer erstaunlich schnellen Vermehrung die Wundermonade genannt hat. Es gelang Ehrenberg, diese Infusionsthierchen genau zu untersuchen. Er fand ihre Verwandtschaften, beobachtete ihre Entwickelung und maß ihre Größe, die von $^1/_{3000}$ bis $^1/_{8000}$ Linie beträgt, so daß zur Ausfüllung eines Quadratzolles 46″656,000′000,000 bis 884″736,000′000,000 gehören. Die Monade bewegt sich lebhaft und unstät mit Hülfe eines kleinen Rüssels, und da das einzelne Thier fast farblos ist, so erzeugt es nur in Haufen die rothe Farbe.

Der Schwefelregen zeigt bei mikroskopischer Untersuchung, daß er aus dem Blütenstaube von Erlen, Ulmen, Fichten, Kiefern oder dergleichen besteht.

Auf dem verfaulten phosphorescirenden Weidenholze erblicken wir eine mikroskopische Flechte, welche so eigenthümlichen Schein ausstrahlt, und das zauberische Leuchten des Meeres ist die Folge von Myriaden kleiner Thierchen, die zu Hunderttausenden in jedem Tropfen funkeln.

— — — — — — — — — Natur! aus einander auf immer
Fliehet, wenn du nicht vereinst, feindlich, was ewig sich sucht.
Aber da bist du, du Mächtige, schon: aus dem wildesten Streite
Rufst du der Harmonie göttlichen Frieden hervor.

Schiller.

# Die Elektrizität
## und
# die Erfindung der Elektrisirmaschine.

Kenntniß von der Elektrizität im Alterthum. Bernstein. Reibungselektrizität. Otto von Guericke. Anziehende und abstoßende Kraft der Elektrizität. Positiv und negativ. Ausgleichung. Leiter und Nichtleiter. Fortpflanzungs-Geschwindigkeit. Die Elektrisirmaschine. Scheiben-, Cylinder- und Dampf-Elektrisirmaschine. Ihre Einrichtung. Elektroskop und Elektrometer. Elektrizitätserregung durch Vertheilung. Gebundene Elektrizität. Die Franklin'sche Tafel. Leydener Flasche und Batterie. Elektrische Versuche.

---

Die griechischen Frauen im Alterthume hielten bei ihren weiblichen Beschäftigungen vorzüglich eine Art bernsteinerner oder mit Bernstein ausgelegter und verzierter Spindeln in hohem Werth. Durch die Reibung nämlich, welche die wollenen Fäden an der Spindel verursachten, wurde der Bernstein in einen eigenthümlichen

Zustand versetzt, so daß er die kleinen Fäserchen, die sich von der Wolle loslösten, anzog und wieder von sich stieß und den Frauen beim Spinnen der belustigende Anblick eines scheinbar willkürlichen Spieles sich darbot.

Diese Eigenschaft des **Bernsteins**, anziehende Kraft zu entwickeln, hatte ihm auch den Namen Elektron, von dem griechischen Worte ἑλκειν, welches an sich ziehen bedeutet, verschafft, und seine Benennungen in andern Sprachen — so hieß er bei den Lateinern harpax, der Räuber, bei den Persern caruba, „welcher Spreu an sich reißt“, woraus dann Carabe entstanden ist — deuten darauf hin, daß jene seine Eigenschaft schon frühzeitig eine allgemeine Beachtung gefunden hat.

Aus dem Namen Elektron leitete man später den Namen für die Kraft selbst ab und nannte diese Elektrizität und die durch sie bewirkten Erscheinungen elektrische.

Man kannte aber schon im Alterthum außer dem Bernstein noch andere Körper, welche in gleicher Weise wie dieser elektrisch wurden, z. B. den Hyacinth, und im Laufe der Zeit hat sich diese Eigenschaft als eine sehr allgemeine und so verschiedentlich sich äußernde zu erkennen gegeben, daß die Lehre von der Elektrizität zu einer der bedeutendsten der Physik geworden ist. In ihren einzelnen Formen erwiesen sich die elektrischen Erscheinungen nicht nur ganz ungemein überraschend, es erwuchs aus ihrer Erkenntniß auch für mannichfache praktische Zwecke eine wichtige, nutzbare Verwendung.

Wie weit das Alterthum noch mit dem großen Gebiete bekannt war, das wir jetzt als das Reich dieser eigenthümlichen Naturkraft kennen, ist schwer zu entscheiden, es scheint aber, als ob manchen religiösen Kulten, deren innere Bedeutung die Priester als Geheimnisse von Geschlecht zu Geschlecht sich überlieferten, wie eine tiefere Naturerkenntniß überhaupt, so namentlich eine genauere Bekanntschaft mit dem Wesen der elektrischen Phänomene zu Grunde gelegen habe.

Indessen alle diese Kenntnisse, wenn sie je durch eine allgemeine Anschauung, durch ein erkanntes Gesetz mit einander verknüpft waren, sind für uns verloren gewesen und für die Entwickelung der heutigen Elektrizitätslehre ohne Bedeutung geblieben. Wir können dieselbe vielmehr erst mit William Gilbert beginnen, einem bedeutenden englischen Physiker, welcher viele Körper auf ihr elektrisches Verhalten untersucht hatte und in seinem, im Jahre 1600 zu London erschienenen Werke „de magnete“ ein ansehnliches Verzeichniß solcher Körper, welche durch Reiben elektrisch werden, zusammenstellte.

Daß die Elektrizität, welche in der That doch eine nicht minder allgemein wirkende Naturkraft ist als das Licht oder die Wärme, sich den forschenden Blicken der Philosophen so lange zu entziehen wußte, hat seinen Grund darin, daß wir für ihre Empfindung ein eigentliches Sinnesorgan nicht besitzen, und daß daher nur die beträchtlichen Wirkungen, wenn sie von mechanischen oder von Licht-, Schall- oder Wärmeeffekten begleitet sind, besonders auffallen, diese hervortretenderen Wirkungen aber allerdings nur unter gewissen Verhältnissen und vereinzelt zur Erscheinung gelangen. Seit Gilbert aber gezeigt hatte, daß durch Reiben eine sehr große Zahl von Körpern in elektrischen Zustand versetzt werden kann, nahm die emporblühende Naturforschung sich mit Eifer der weitern Untersuchung an. Man suchte nach Mitteln, um die Elektrizität (welche man zuerst nur in der einen Art, der durch Reiben hervorgerufenen, der Reibungselektrizität, kannte) in größerm Maße zu erzeugen, und Otto von Guericke stellte die erste Elektrisirmaschine her, indem er einen Glaskolben mit Schwefel ausgoß, das Glas durch Abklopfen von der Schwefelkugel entfernte und diese mittels eines durchgesteckten Stabes mit einer Achse versah, um welche sie durch eine Kurbel rasch gedreht und an der dagegengedrückten linken Hand gerieben werden konnte.

Hätte der Magdeburger Bürgermeister die Glashülle nicht zerschlagen, sondern sie selbst anstatt der Schwefelkugel gerieben, so würde er die Erfindung der Elektrisirmaschine wesentlich weiter gefördert haben; so aber gab er einen Vortheil, den ihm der Zufall in die Hand legte, unbewußt auf. Trotzdem können wir ihm die Ehre zuschreiben, die erste, wenn auch rohe, Elektrisirmaschine verfertigt zu haben, mit welcher er eine große Anzahl interessanter Experimente anstellte.

**Anziehende und abstoßende Kraft der Elektrizität.** Um die elektrischen Fundamentalversuche zu machen, brauchen wir zuvörderst durchaus keinen komplizirten Apparat. Wenn wir eine Siegellackstange mit einem wollenen Tuche reiben und sie über kleine Papierschnitzelchen, Streu, Korkkügelchen oder dergl. halten, so bemerken wir, daß die leichten Körperchen mit Lebhaftigkeit in die Höhe springen und sich rings um die geriebene Stange ansetzen. Nach einiger Zeit lösen sie sich wieder los oder werden vielmehr förmlich fortgestößen.

Fig. 250. Anziehende Kraft der Elektrizität.

Nehmen wir anstatt kleiner Papierschnitzel ein Kügelchen von Hollundermark und hängen dies an einem feinen seidenen Faden auf, so können wir dieselbe Beobachtung machen. Dieses **elektrische Pendel** wird angezogen, sobald aber das Kügelchen die Siegellackstange berührt hat, abgestoßen, so daß es nun dieselbe ebenso flieht, wie es ihr vorher folgte.

Eine Glasröhre — am besten nimmt man zu den Versuchen Röhren von hartem weißen Glase, etwa 1½—2 Fuß lang und 1 Zoll im Durchmesser — mit einem seidenen Tuche gerieben, zieht an und stößt ab, scheinbar genau in derselben Art wie Siegellack. Allein es findet zwischen der Wirkung des Siegellacks und der des Glases doch ein namhafter Unterschied statt. Denn hängen wir zwei Hollundermark-Kügelchen in der vorhin angegebenen Weise jedes für sich auf und berühren das eine mit der geriebenen Siegellackstange, so daß die Elektrizität darauf übergeht, das andere in derselben Weise mit der Glasröhre, so flieht das erstere von dem Augenblick der Berührung an wol den Siegellack, dagegen wird es mit um so größerer Heftigkeit von der Glasröhre angezogen. Umgekehrt nähert sich dasjenige Kügelchen, welches von der Glasröhre abgestoßen wird, begierig der Siegellackstange.

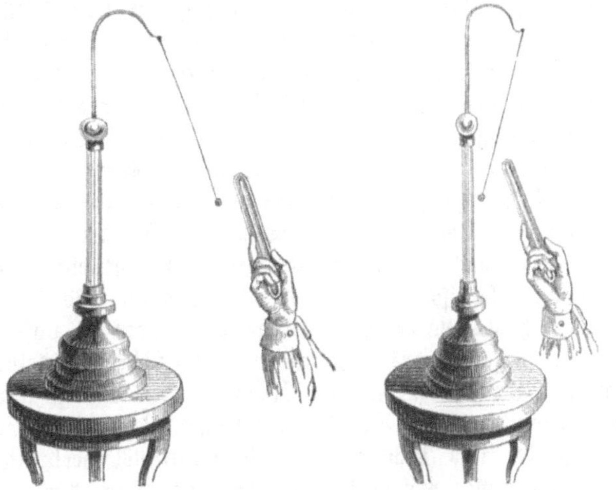

Fig. 251. Elektrisches Pendel.

**Positive und negative Elektrizität.** Die Glaselektrizität ist von der Harzelektrizität verschieden. In der Sprache der Wissenschaft heißt die erste positive, die zweite negative Elektrizität. Man bezeichnet sie kurzweg mit +E. und —E. Der Erste, welcher diesen Unterschied erkannte, war Du Fay (1773), und seine Entdeckung ist eine der bedeutendsten in der ganzen Geschichte der Physik.

Alle Körper nun, die durch Reiben elektrisch werden, sind entweder positiv oder negativ elektrisch, d. h. sie entwickeln unter denselben Verhältnissen immer wieder dieselbe Elektrizität. Welcher Art diese aber ist, können wir mittels des elektrischen Pendels untersuchen. Ist das Korkkügelchen durch Berührung mit einer geriebenen Glasröhre positiv elektrisch geworden, so daß es von der Siegellackstange angezogen wird, so wird es in gleicher Weise jedem negativ elektrischen Körper folgen, von jedem positiv elektrischen aber abgestoßen werden. Das Verhalten der beiden Elektrizitäten gegen einander können wir durch den Satz ausdrücken: Gleichnamige Elektrizitäten stoßen sich ab, ungleichnamige ziehen sich an.

Wenn zwei mit gleicher Elektrizität geladene Körper mit einander in Berührung gebracht werden, so vertheilt sich die Elektrizität, so daß eine gleich starke Ladung auf den Körpern herrscht. Gleiche Mengen positiver und negativer Elektrizität dagegen heben sich, wenn sie zusammenkommen, in ihrer Wirkung auf. Es tritt der Zustand der Ruhe wieder ein, wie ihn Derjenige genießt, der mit hundert Thalern Vermögen hundert Thaler Schulden bezahlt hat. Natürlich bleibt jeder Ueberschuß in irgend einer Richtung für sich wirkend. Das Bestreben der beiden verschiedenen Elektrizitäten, sich zu vereinigen, ist ein sehr großes; es ist die Ursache der Anziehung, welche ein elektrisch geladener Körper auf andere ausübt.

Obwol über das eigentliche Wesen der Elektrizität — ob dieselbe nämlich aus Wellen besteht, wie das Licht und die andern Kräfte — die Ansichten noch lange nicht geklärt sind, so lassen sich doch die bekannten Phänomene mit Hülfe einfacher Annahmen leicht erklären.

Eine solche Annahme ist denn auch die, daß in allen Körpern ein neutrales, aus gleichen Mengen positiver und negativer Elektrizität bestehendes elektrisches Gemisch vorhanden sei, das man als ein höchst feines Fluidum ansieht, ohne damit aber eine besondere Eigenschaft erschöpfend bezeichnen zu wollen. Für sich macht sich dasselbe natürlich in keiner Weise bemerkbar, denn die beiden Wirkungen müssen sich, wie eben gesagt, gegen einander aufheben. Durch Reiben aber wird das elektrische Fluidum in dem reibenden sowol als in dem geriebenen Körper getrennt, an der Berührungsfläche gehen die entgegengesetzten Hälften zu einander über und vereinigen sich wieder, in den abgewandten Theilen der Körper aber bleiben die andern Hälften gesondert. Wird z. B. Siegellack mit einem wollenen Lappen gerieben, so trennt sich in beiden Körpern das elektrische Gemisch in seine positiven und negativen Bestandtheile; es vereinigt sich aber an der Berührungsfläche wieder die positive Elektrizität des Siegellacks mit der negativen aus dem Lappen, und schließlich bleibt daher im Siegellack die negative Elektrizität zurück, im Reibzeug aber würden wir, wenn wir demselben nicht mit unsrer Hand die Elektrizität entzögen, die positive Elektrizität nachweisen können.

**Leiter und Nichtleiter.** Die Elektrizität verbreitet sich in gewissen Körpern mit ungemeiner Leichtigkeit und läßt sich durch diese, die deshalb auch Leiter genannt werden, auf jede Entfernung fortleiten. In anderen dagegen bewegt sie sich nur schwierig; aber wie es keine vollkommenen Leiter giebt, welche der Fortbewegung der Elektrizität gar keinen Widerstand entgegensetzten, so giebt es auch keine absoluten Nichtleiter oder Isolatoren.

Zu den guten Leitern gehören vor allen Dingen die Metalle, dann die Erde (d. h. der Erdkörper) und das Wasser, daher auch der menschliche Körper und grüne Pflanzen; zu den schlechten oder Nichtleitern dagegen sind alle Harze, die trockne atmosphärische Luft, Schwefel, Kautschuk, Glas, Seide und eine große Zahl anderer Körper zu rechnen. Die Fortpflanzungsgeschwindigkeit beträgt bei möglichst geringem Widerstande des leitenden Körpers ungefähr 62,000 Meilen in der Sekunde; wahrscheinlich ist sie in verschiedenen

Leitern auch verschieden. Selbst der beste Leiter setzt der Bewegung des elektrischen Fluidums noch Widerstand entgegen, und zwar um so mehr, je geringer sein Querschnitt ist; er verhält sich wie eine Röhre, deren größerer oder geringerer Durchmesser auch die durchströmende Flüssigkeit weniger oder mehr behindert; in dem großen Erdkörper erfolgt daher die Ausbreitung augenblicklich.

Durch Reiben werden eigentlich alle Körper elektrisch, aber da die Leiter, wenn nicht besondere Vorkehrungen getroffen sind, die Elektrizität gleich wieder abgeben, so hat es lange Zeit gedauert, ehe man überhaupt die elektrische Erregbarkeit der Leiter erkannte.

Wenn man aber einen Leiter mit nichtleitenden Körpern umgiebt, ihn isolirt, so daß die Elektrizität nicht nach der Erde abfließen kann, so vermag man darin die Elektrizität festzuhalten und anzusammeln (Konduktoren). Sie scheint sich, wenn wir bei der Vorstellung eines Fluidums bleiben, auf der Oberfläche als eine Schicht auszubreiten, die bei einer Kugel überall von gleicher Dicke, bei anders geformten Körpern dagegen derart beschaffen ist, daß an den hervorragendsten Theilen sich die Elektrizität förmlich anstaut, an den flachen oder gar vertieften Stellen dagegen weit geringere Mengen sich ansammeln. Bei einer Hohlkugel, die oben eine kleine Oeffnung hat, findet man an der innern Oberfläche, selbst wenn die Kugel sehr stark geladen ist, fast gar keine Elektrizität; dieselbe sitzt nur an der äußern Hülle. Wir kommen bei Besprechung des Blitzableiters noch besonders auf dieses eigenthümliche Verhalten zurück. Jetzt wenden wir uns wieder unserm Hauptgegenstande zu.

**Die Elektrisirmaschine.** Das Wesentliche dieses Apparats besteht heute noch, wie schon bei der ersten Guericke'schen Einrichtung, in einem nichtleitenden Körper, welcher gerieben wird, und in einem Reibzeuge. Das letztere steht mit der Erde in leitender Verbindung, das erstere dagegen ist isolirt. Guericke bediente sich, wie wir gesehen haben, seiner Hand als Reibzeug; ebenso verfuhr dreißig Jahre später noch Hawksbee, der aber anstatt der Schwefelkugel eine Glaskugel rieb, die er mittels einer Kurbel umdrehte. Die Unvollkommenheit dieser ersten Maschinen hat ihrer allgemeinen Anwendung lange im Wege gestanden; selbst Du Fay gebrauchte bei seinen Versuchen noch gewöhnliche Glasröhren, auf welche Weise nur geringe Elektrizitätsmengen erzeugt werden konnten. Durch Hausen, Bose und Winkler in Leipzig wurde dann die Elektrisirmaschine mannichfach verbessert und fand nun raschen Eingang. Der letztgenannte Gelehrte verband die Achse des Elektrizitätserzeugers, als welcher ein gewöhnliches Bierglas fungirte, mittels einer Schnur mit einem Würtel, der wie bei den Drechslerbänken durch einen Trittschemel in Bewegung gesetzt wurde; er war es auch, der um 1740 an seiner Maschine zuerst das vom Drechsler Gießing in Leipzig erfundene Reibzeug anbrachte, welches mittels Federn an den rotirenden Glascylinder angedrückt wurde.

Der Konduktor, ein Leiter, gewöhnlich ein kugelförmiger Körper von Metall, welcher die entwickelte Elektrizität aufzunehmen bestimmt ist, war schon früher in Gebrauch. Der Abbé Nollet isolirte ihn durch Aufhängen an seidenen Fäden, allein direkt mit der Maschine verbunden, so daß er die Elektrizität ohne Weiteres aufsaugte, wurde er erst von Wilson, welcher die noch heute gebräuchliche kammartige Form des Zuleiters mit gegen den Glaskörper gerichteten Spitzen erfand, mit Erfolg angewandt.

Es würde mehr als überflüssig sein, die zahlreichen verschiedenen Formen anzuführen, welche die Mechaniker der Elektrisirmaschine gegeben haben, denn nur wenige dieser Neuerungen können Anspruch auf wesentliche Bedeutung machen. Ob ein Glascylinder oder eine Glasscheibe gerieben wird, ist im Grunde ganz gleich; die in beiden Fällen eintretenden Veränderungen im Arrangement der einzelnen Theile ergeben sich als nothwendig so von selbst, daß wir das allmälige Auftauchen derselben getrost übergehen und ohne Weiteres uns zur Betrachtung von Fig. 252 wenden können.

Je nachdem der geriebene Körper eine Glasscheibe oder ein Glascylinder ist, spricht man von Scheiben- oder Cylindermaschinen. In unsrer Abbildung sehen wir eine der ersten Art dargestellt. Auf einem feststehenden Tische erheben sich zwei oben mit einander verbundene Ständer, zwischen denen die an einer drehbaren Achse sitzende Glasscheibe sich befindet. Sie wird oben sowol als unten von beiden Seiten gegen die Reibzeuge gepreßt, das sind mit Pferdehaaren ausgestopfte Kissen, die auf der reibenden Seite mit dem sogenannten Kienmayer'schen Amalgam (Quecksilber, Zinn und Zink, pulverisirt und mit Schweinefett zu einer steifen Salbe verrieben) bestrichen sind. Von den Reibzeugen gehen gewöhnlich noch Lappen von Wachstaffet aus, welche bei der Drehung der Scheibe sich an diese anlegen und das Ausströmen oder Ableiten der Elektrizität nicht nur verhindern, sondern selbst noch durch die eigne Reibung die Elektrizitätsmenge vermehren. Da die Scheibe von beiden Seiten gerieben wird, so sind diese Art Maschinen gewöhnlich ausgiebiger an Elektrizität als Cylindermaschinen und werden da, wo die größeren Kosten der geschliffenen starken Glasplatten kein Hinderniß sind, auch mit Vorliebe angewandt. Um die Scheibe greifen rechts und links zwei Bügel, die nach dem Glase hin mit Spitzen versehen sind, die Zuleiter; sie saugen damit die Elektrizität auf und führen sie dem Konduktor oder Sammler zu, jenen cylindrischen metallenen Körpern, die, mit ihren abgerundeten Formen auf vier isolirenden Glasfüßen liegend, durch eine metallene Leitung unter sich verbunden sind.

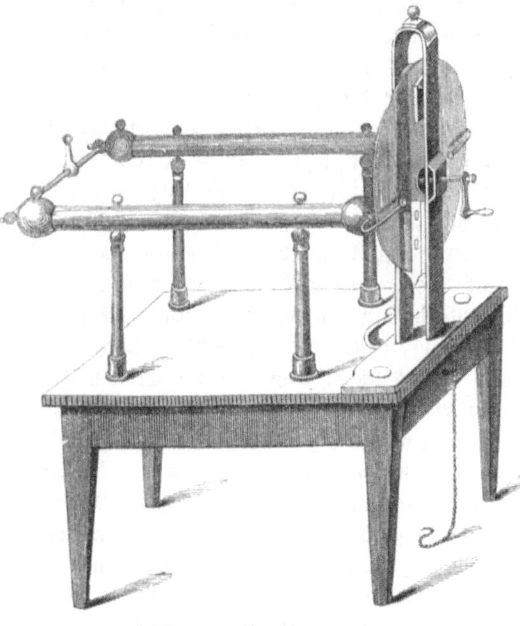

Fig. 252. Elektrisirmaschine.

In neuerer Zeit hat man auch die Reibung des Dampfes beim Ausströmen aus engen Oeffnungen benutzt, um bedeutende Quantitäten Elektrizität zu entwickeln, und Armstrong in England hat 1840 darauf hin eine eigene Dampf-Elektrisirmaschine konstruirt. Er läßt den sehr gespannten Dampf beim Ausströmen gegen eine vielfach gebrochene Oeffnung aus Buchsbaumholz stoßen und nimmt ihm die durch Reibung erregte Elektrizität mittels eines zinkenförmigen Zuleiters ab. Der Dampf wird in einem besondern Kessel entwickelt, dessen Ventil so lange geschlossen gehalten wird, bis die nöthige Spannung erreicht ist.

**Wirkung der Elektrisirmaschine.** Sobald nun die Scheibe in Umdrehung versetzt wird, beginnt durch die Reibung die Trennung des elektrischen Gemisches in Scheibe und Reibzeug, die wir schon oben erwähnt haben, und in Folge deren das Glas positiv, das Reibzeug aber negativ elektrisch wird. Durch das von letzterem herunterhängende Kettchen (die Ableitung) wird die erzeugte negative Elektrizität des Reibzeugs gleich bei ihrem Entstehen entfernt, dadurch wird auch die positive frei und kann auf den Konduktor übergehen. Dieser Vorgang findet ohne Unterbrechung statt, so lange die Reibung anhält.

Der Konduktor oder vielmehr die Zuleiter wirken nun zwar eigentlich nicht, wie wir der Kürze wegen gesagt haben, durch Aufsaugung; vielmehr findet auch zwischen Glas und Zuleiter immer eine ähnliche Ausgleichung zweier Elektrizitäten statt, wie beim Reibzeug. Das neutrale Elektrizitätsgemisch des Zuleiters trennt sich durch die Einwirkung von der Glasscheibe her, das negative Fluidum strömt durch die Spitzen nach der Scheibe über und neutralisirt die dort eben entwickelte positive Elektrizität, die frei werdende positive des Zuleiters geht nach dem Konduktor. Verbindet man, anstatt nach dem Erdboden abzuleiten, das Reibzeug auch mit einem selbständigen Konduktor, so kann man in demselben die negative Elektrizität ansammeln und wird der Menge nach genau eben so viel erhalten, als die Scheibe positive erzeugt.

Die in einem Leiter angesammelte Elektrizität springt auf einen genäherten andern über und giebt dabei die Erscheinung eines Funkens, sowie eines mehr oder weniger starken Knisterns.

Die Ladungsfähigkeit eines Konduktors hängt von der Größe seiner Oberfläche ab. Sie hat gewisse Grenzen, und von einem zu stark geladenen Konduktor entweicht die Elektrizität nach und nach in die Luft, da diese niemals absolut trocken ist, oder sie springt mit Blitz und Knall selbst auf weit abstehende gute Leiter über. Wer mit großen Maschinen operiren sah, findet es recht wohl möglich, daß die darausschlagenden 1—2 Fuß langen Blitze schon bedeutende Wirkungen auf den menschlichen Organismus auszuüben vermögen. Uebrigens läßt sich die Entladung eines Konduktors auch ganz unmerklich, ohne Funken und Knall bewerkstelligen, wenn man ihm einen Ableiter entgegenhält, der in eine oder mehrere feine Spitzen ausgeht. Bei feuchter Luft dagegen hat die Elektrisirmaschine wenig oder gar keinen Effekt, und schon die Gegenwart mehrerer Menschen wirkt hinderlich. Der Konduktor als guter Leiter verliert mit einer einzigen Entladung fast seine ganze freie Elektrizität, während man dem Glase z. B. nur allmälig die Elektrizität als schwache Funken, etwa durch Annäherung eines Fingerknöchels, entziehen kann. Deswegen hat man mit dem geladenen Konduktor vorsichtiger umzugehen und sich vor seinen Schlägen sorgfältig zu hüten. Anders jedoch ist es, wenn man vor Beginn des Ladens sich mit dem Konduktor durch Berührung desselben oder Erfassung eines von ihm ausgehenden Drahtes in Verbindung setzt und sich auf eine isolirende Unterlage (Isolirschemel) stellt. Hier wird der menschliche Körper so gut wie der Konduktor geladen, er giebt Funken, wo man ihn berührt, sein Kopf zeigt im Dunkeln einen blassen Lichtschein, und die Haare sträuben sich steif empor, denn sie sind alle mit positiver Elektrizität geladen und fahren auseinander, weil gleichnamige Elektrizitäten sich abstoßen.

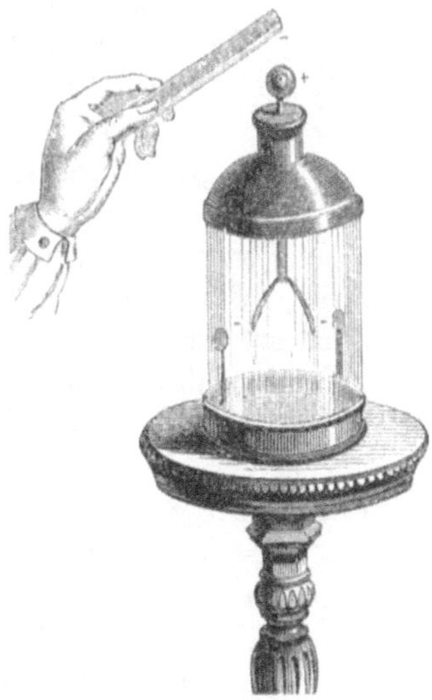

Fig. 253. Bohnenberger's Elektrometer.

Häufig befindet sich auf dem Konduktor ein sogenanntes Elektroskop, das ist ein an einem Kreisbogen bewegliches kleines Pendel, welches ruhig an seinem säulenförmigen Stativ herabhängt, wenn der Konduktor keine Elektrizität enthält. Ist derselbe aber geladen, so theilt sich die Elektrizität auch dem Pendel und dem Stativ mit, die kleine Kugel wird von der gleichnamigen Elektrizität abgestoßen und schlägt aus. Je größer der Bogen ist, den sie macht, um so größer ist die Spannung der Elektrizität. Die **Elektrometer** sind nach demselben Prinzip konstruirt und bestehen aus zwei leichten Körperchen, kurzen Strohhalmen oder Goldplättchen, die an einer metallenen, sonst aber isolirten Kugel hängen und, wenn dieser Elektrizität mitgetheilt wird, zum Auseinandergehen gebracht werden. Ein Gradbogen läßt die relative Größe der abstoßenden Kraft messen. (Fig. 253.)

Die Elektrizität hat immer das Bestreben, sich mit entgegengesetzter auszugleichen. Dies Bestreben wirkt so in die Ferne, daß, wenn man einem geladenen Konduktor einen Leiter nähert, in diesem durch die Anziehung vom Konduktor aus die Elektrizitäten geschieden werden. Die mit dem Konduktor gleichnamige flieht nach den entferntesten Theilen und kann hier abgeleitet werden, die entgegengesetzte wird nach den dem Konduktor zunächst gelegenen Punkten gezogen und häuft sich dort an. Die absperrende Luft verhindert die Ausgleichung; wird aber die Entfernung noch geringer, so erfolgt sie durch einen Funken. Dieser Vorgang findet allemal statt, wenn ein elektrischer Funke von einem Körper auf einen andern überspringt; selbst wo die Elektrizität eines starkgeladenen Körpers auf einen mit gleichnamiger Elektrizität, aber schwächer geladenen andern Leiter übergeht, ist eine solche Vertheilungswirkung im Spiele.

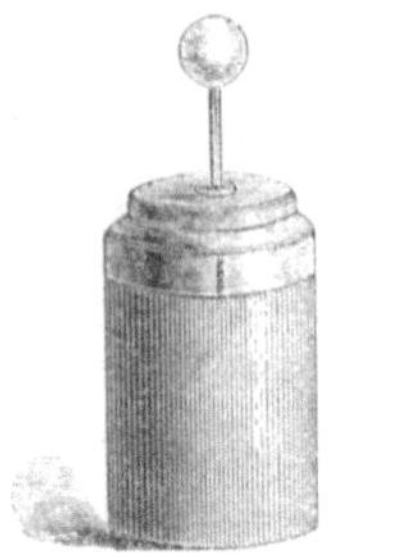
Fig. 254. Leydener Flasche.

Man kann diese merkwürdige Wirkung der Elektrizität, die **Vertheilung** oder die **Bindung**, auf verschiedene Weise experimentell verwenden. Zunächst kann man blos dadurch, daß man einem geladenen Konduktor einen andern nähert, die Elektrizitäten darin trennen und durch Ableiten der gleichnamigen Elektrizität den isolirten Leiter mit der ungleichnamigen sich laden lassen; sodann aber kann man durch das gegenseitige Binden in besonders konstruirten Apparaten sehr große Elektrizitätsmengen anhäufen und durch ihre Vereinigung bedeutende Effekte hervorrufen.

**Die Franklin'sche Tafel** ist eine auf beiden Seiten (von der Mitte aus bis etwa drei Zoll vom Rande) mit Stanniol belegte Glastafel. Wenn man die eine Seite mittels des Konduktors einer Elektrisirmaschine mit positiver Elektrizität ladet, so wird dadurch auf der gegenüberliegenden, dem Glase aufliegenden Fläche der zweiten Stanniolplatte ein gleich großes Quantum negativer Elektrizität angezogen, die zugehörige positive aber nach der Außenfläche getrieben. Von hier leitet man sie mit dem Finger ab. Die Stanniolplatten sind nun beide geladen, eine vom Konduktor aus, die andre durch Vertheilung; trotzdem aber können ihre Elektrizitätsmengen keinerlei Wirkung ausüben, denn sie halten sich gegenseitig im Zaum, sie sind **gebunden**. Sind sie stark genug, so vermögen sie wol, um ihrem Bestreben nach Vereinigung und Ausgleich Genüge zu thun, die Glasscheibe zu durchschlagen und sich einen Weg hindurchzubahnen; bei schwächeren Ladungen aber muß man über den Rand der Glastafel eine Leitung legen, um sie zu einander überzuführen. Indessen geschieht selbst bei geringen Quantitäten dann das Ueberspringen noch mit großer Heftigkeit, und durch das Gefühl kann man den völlig verschiedenen Effekt bemerken, den der Funken einer Franklin'schen Tafel und der eines Konduktors hervorbringen.

Fig. 255. Entladen der Leydener Flasche.

**Die Leydener Flasche** ist ein ganz ähnliches Geräth, dessen man sich zu größern elektrischen Versuchen bedient. Sie ist eigentlich nur eine Franklin'sche Tafel in anderer Form, denn sie besteht aus einem oben offenen Glascylinder, oder auch aus einer Flasche, innen und außen bis auf etwa zwei Drittel ihrer Höhe mit Stanniol belegt. Im Innern, mit der innern Belegung in Berührung, ist eine Metallstange aufgestellt, welche oben ein Metallknöpfchen hat. Man kann statt der innern Belegung auch die Flasche mit Eisenfeile, Schrot oder Salzwasser füllen. Sie wird geladen, indem man den Knopf des innern Belegs mit dem Konduktor einer Elektrisirmaschine leitend verbindet, während man die Flasche in der Hand hält oder sonst mit dem Erdboden in Verbindung setzt. Ihre Wirkung beim Entladen hängt von der Oberflächengröße der beiden Belege ab.

Mehrere solcher Flaschen so mit einander leitend verbunden, daß ihre innern Belege mit derselben Elektrizität geladen werden, heißen eine **elektrische Batterie**. Die einzelnen Flaschen werden dabei auf eine gemeinschaftliche, mit der Erde leitend verbundene Unterlage gestellt, die Innenseiten aber durch Metallstäbchen, welche zwischen den Knöpfen der innern Belege liegen, mit einander in Verbindung gesetzt und gleichzeitig geladen und gleichzeitig entladen.

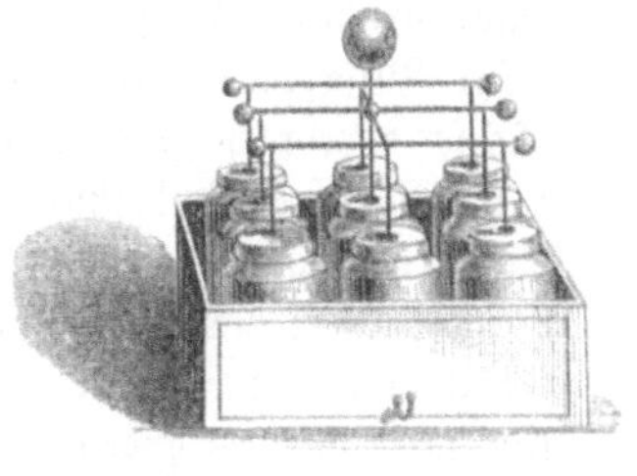

Fig. 256. Elektrische Batterie.

**Der Elektrophor**, dessen man sich anstatt der Elektrisirmaschine bedienen kann, wenn es sich nur um Erzeugung geringer Elektrizitätsmengen handelt, beruht ebenfalls auf der Wirkung gebundener Elektrizität. Er besteht aus einem Harzkuchen, am besten aus Schellack und venetianischem Terpentin, welcher in eine kuchenförmige Platte ausgegossen ist und eine möglichst ebene Oberfläche ohne Risse haben muß. Dieser Kuchen, der bei einem Durchmesser von 10—20 Zoll etwa 1/4—3/4 Zoll dick sein kann, wird durch Peitschen mit einem recht trockenen Fuchsschwanz negativ elektrisch, d. h. er erhält Harzelektrizität. Legt man nun einen, mit einem isolirenden Handgriffe versehenen oder an seidenen Schnüren aufgehängten, etwas kleineren Deckel, der entweder aus einer ganz ebenen, an den Kanten abgerundeten Metallplatte oder aus mit Stanniol überzogener Pappe besteht, auf den Harzkuchen, so zerlegt die negative Elektrizität des letzteren die Elektrizität im Deckel, die positive sammelt sich an der untern, die negative an der obern Fläche desselben. Wenn man daher dieser den Knöchel des Fingers nähert, so springt ein negativ elektrischer Funke über; hebt man aber den Deckel ab, so ist in demselben noch die positive Elektrizität enthalten, und man kann sie ebenfalls in Funken aus ihm ziehen. Ein solcher Elektrophor behält seine elektrische Eigenschaft sehr lange, ohne daß dieselbe durch wiederholtes Ausziehen der Funken merklich geschwächt würde; träte dieser Fall aber dennoch ein, so braucht man nur den Fuchsschwanz wieder zur Hand zu nehmen. Eine praktische Anwendung des Elektrophors hatte man früher in dem sogenannten elektrischen Feuerzeuge, das jetzt freilich außer Dienst gekommen ist.

Fig. 257. Elektrophor.

**Elektrische Versuche.** Mittels der Elektrisirmaschine und der Leydener Flasche ist man im Stande, eine große Menge der interessantesten Versuche anzustellen. Zunächst benutzte man früher namentlich die Anziehung und Abstoßung der Elektrizität zu mancherlei Spielereien. Man hatte elektrische Glockenspiele, elektrischen Kugel- und Puppentanz und andre Variationen desselben Thema's, welche darin bestanden, daß zwischen zwei mit verschiedenen Elektrizitäten geladenen Platten, etwa dem Harzkuchen eines Elektrophors und dem dazu gehörigen Deckel, beide horizontal aufgehangen, leichte Körperchen hin- und hergeworfen wurden. Aus Hollundermark gab man ihnen verschiedene Gestalt.

Nicht minder baute man auf die Licht- und Wärmeerscheinungen des elektrischen Funkens allerhand Apparate, unter denen die **Blitztafel** und die **Blitzröhren** die bekanntesten sein dürften. Die erstere ist eine mit Stanniolstückchen mosaikartig belegte Glastafel; die Zwischenräume zwischen den kleinen Metallplättchen gerathen dadurch, daß Funken über die Tafel weggeleitet werden, in's Leuchten, und man vermag so beliebige, strahlende Muster zu erzeugen.

Die Blitzröhren aber sind luftleer gemachte Glasröhren, welche sternförmig um eine Achse angebracht sind und im Innern je ein paar Tropfen Quecksilber enthalten. Wird die Welle in Umdrehung versetzt, so fallen die Quecksilberkügelchen an den Glaswänden herab und erregen dabei durch die Reibung Elektrizität, welche den luftleeren Raum mit einem plötzlichen magischen Lichtblitz erfüllt.

Füllt man eine Röhre mit einem Gemisch von Wasserstoff- und Sauerstoffgas, so kann man dies entzünden und mit Gewalt eine Kugel aus der Röhre herausschießen lassen, wenn man zwischen zwei Drahtenden im Innern einen elektrischen Funken überschlagen läßt. Diese sogenannte **elektrische Pistole** ist in größerm Maßstabe in der Lenoir'schen Gasmaschine nachgeahmt worden. Schießpulver wird ebenso entzündet, und es ist in der Praxis davon zum Sprengen großer Felsmassen Gebrauch gemacht worden.

Im höchsten Grade interessant erscheinen besonders auch die Wirkungen der Leydener Flasche und der elektrischen Batterie. Zwar erreichen wir mit Hülfe eines solchen Apparats lange nicht eine so bedeutende Funkenlänge, wie aus den Konduktoren von Elektrisirmaschinen. Van Marum erhielt aus der großen Maschine im Teyler'schen Museum in Leyden Funken von gegen 30 Zoll Länge, und Winter in Wien hat die nach seinem Plane umgebaute Elektrisirmaschine des dortigen Polytechnikums sogar zu Funken von 40 Zoll Länge vermocht. Die Entladungen der Leydener Flasche geschehen mehr massenhaft, aber eben darum ist ihre Gewalt auch eine ganz besonders mächtige. Starke Pappfalten werden von dem Funken durchschlagen, durch dicke Glasscheiben schlägt er ein Loch. Metallene Drähte gerathen bei seinem Durchgange in lebhaftes Glühen, dünnere schmelzen, ja ganz feine Platin- oder Silberdrähte verbrennen mit blendendem Lichte und verstieben wie Nebel in die Luft. Daß solche Wirkungen auch den Nerven sehr fühlbar werden müssen, versteht sich von selbst. Während der Funke aus einem Konduktor nur eine prickelnde Erregung verursacht, kann die Entladung einer elektrischen Batterie einen Menschen augenblicklich betäuben, ja der Effekt kann ein noch gefährlicherer werden.

Um sich beim Experimentiren vor den immer höchst schmerzlichen, unbeabsichtigten Schlägen zu wahren, hat man daher bei der Behandlung dieser Apparate die größte Vorsicht nöthig. Man muß immer Acht darauf haben, daß der Körper nie in die Leitung zwischen dem innern und äußern Belege geräth, und um ganz sicher zu gehen, bedient man sich bei Entladungen immer des sogenannten Ausladers, das sind durch Glasstäbe isolirte Bügel von Metall, welche durch Anlegen die beiden Belege mit einander verbinden.

Ist um mich her ein wildes Brausen,
Als wogte Wald und Felsengrund!
Und doch stürzt, liebevoll im Sausen,
Die Wasserfülle sich zum Schlund,
Berufen gleich, das Thal zu wässern;
Der Blitz, der flammend niederschlug,
Die Atmosphäre zu verbessern,
Die Gift und Dunst im Busen trug:
Sind Liebesboten, sie verkünden,
Was ewig schaffend uns umwallt.

Goethe.

# Die Erfindung des Blitzableiters.

Das Gewitter. Wie dachten die Alten darüber? Versuche Neuerer zu seiner Erklärung. Theorie des Gewitters. Donner und Donnerkeile. Wirkungen des Blitzes. Blitzröhren. Schmelzungen, Entzündungen, Tödtungen. Der Blitzableiter. Seine Wirkung. Vermögen der Spitzen. Geschichte. Einrichtung des Blitzableiters. Ob Spitze, ob Kugel? Auffangestange, Leitung und Versenkung.

---

Die dunkle, trübe Farbe, in die sich bei einem Gewitter der Himmel hüllt, das unheilverkündende Schweigen, welches dem nahen Ausbruch vorauszugehen pflegt, der Sturm und Wirbel, der die verderbliche Wolke über unser Haupt führt — sie scheint sich zu öffnen und läßt dem erschrockenen Auge in sich ein Meer von Feuer erblicken — fürchterliches Krachen, mit welchem der Donner sein langanhaltendes Rollen anhebt, bis es endlich, durch das Echo in den verschiedenen Luftschichten unterhalten, in einem fernen finstern Grollen dahinstirbt, vor Allem aber der Blitz, der wie eine glühende Peitsche auf die Erde zuckt und Tod und Verderben, wo er einschlug, zurückläßt — alle diese Phänomene, majestätisch und erschütternd, üben auf die Einbildung den mächtigsten Einfluß und lassen in der Kindheit der Völker die Vorstellung von dämonischen

Aeußerungen göttlichen Willens im Gewitter entstehen. Jupiter regiert die Welt und der Blitz ist das Werkzeug seiner Kraft. Wol alle Religionsanfänge identifiziren die oberste Gottheit mit der Ursache der Gewitter, und so lange eine naive Naturreligion sich unvermischt erhält, fragt man auch nicht nach andern Ursachen dieser Erscheinung. Man nahm das Gewitter wie die Sonne, das Wasser und die ganze Natur auf guten Glauben, ohne lange nach Gründen zu suchen, und ertrug die schädlichen Einwirkungen als eine Schickung mit demüthigem Ergeben. — Man konnte den Griffel nicht führen, der dem Blitze seine Bahn vorschreibt. Die Naturanschauung hatte viel Schlacken von sich zu werfen, ehe sie zur Naturforschung Anregung werden konnte. Selbst im Mittelalter, wo man doch von der frühern dämonischen Auffassung der natürlichen Erscheinungen sich längst frei gemacht hatte, war man zu sehr mit transcendenten Spekulationen, mit Poesie und Religion beschäftigt, um sich mit natürlichen Dingen abgeben zu können.

Erst nach der Reformation versuchte man den tieferliegenden Ursachen der wirklichen Dinge und Erscheinungen nachzugehen. In Bezug auf das Gewitter waren die aus diesem Bestreben hervorgehenden Ansichten freilich oft unglücklich genug. Man hielt den Blitz (Boerhave und Muschenbroeck noch, die sich eine schon von Aristoteles aufgestellte empirische Ansicht zurecht legten) für eine Entzündung in der Luft schwebender, brennbarer, öliger und schwefliger Dünste, denen man nach Bedürfniß — um die den Wirkungen des Schießpulvers ähnlichen Erscheinungen zu erklären — Salpeter beigemengt sein ließ. Descartes selbst meinte, daß der Blitz eine Lichterscheinung sei, die durch gewisse Zusammenziehungen von Wolkenpartien entstehe und mit denen eine große Wärmeentwickelung nothwendig verbunden sein müsse; der Donner aber habe seinen Ursprung in dem Getöse, welches Wolkenmassen, wenn sie aus großer Höhe plötzlich auf niedriger liegende Wolken herabstürzen, hervorbringen müßten. Indessen ließen die Erfindung der Elektrisirmaschine und die damit anzustellenden Versuche bald Gesichtspunkte gewinnen, von denen aus die Unzulänglichkeit der bisherigen Erklärungsversuche sich klar an den Tag legen mußte.

Wall, ein englischer Physiker, war der Erste (1708), welcher dem Licht und dem Knistern, das beim geriebenen Bernstein zu bemerken ist, eine gewisse Aehnlichkeit mit Donner und Blitz zuschrieb. Gray und Nollet sagten Aehnliches aus und Winkler in Leipzig behauptete ganz entschieden die Identität der Erscheinung und daß der einzige Unterschied zwischen dem aus dem Konduktor der Elektrisirmaschine gezogenen Funken und dem Blitz lediglich in der Stärke beider bestehe.

Franklin aber, Benjamin Franklin, der große amerikanische Bürger, setzte durch direkte Versuche das Behauptete außer Zweifel und lieferte den thatsächlichen Beweis. Er holte mit Hülfe eines Papierdrachen, den er gegen eine Gewitterwolke aufsteigen ließ, die Elektrizität aus dieser herab, indem er die Schnur leitend machte, und experimentirte mit der aus den Wolken gelangten Elektrizität genau so wie mit der durch Umdrehung einer Glasscheibe erhaltenen, und weil wegen der größeren Menge, die er auf seinem neuen Wege erhielt, die Experimente viel glänzender ausfielen, so wurden die Franklin'schen Versuche bald von allen Seiten wiederholt und die gelehrte und nichtgelehrte Welt schwelgte eine Zeit lang förmlich in Elektrizität. Leider hat die unberechenbare Gewalt dieser Kraft in jener Zeit einige beklagenswerthe Opfer genommen. Wurde doch der Physiker Richman in Petersburg, ein erfahrener und vorsichtiger Experimentator, welcher, obwol er die mit jenen Versuchen verbundene Gefahr kannte, es für seine Pflicht hielt, einige Angaben selbst zu prüfen, von einem aus der Leitung zuckenden Blitzstrahl erschlagen, um wie viel weniger dürfen wir uns wundern, wenn wir Leute ein unglückliches Ende nehmen sehen, die von der Sache nichts verstanden und nur den eitlen Ruhm mitgenießen wollten, den Blitz vom Himmel geholt zu haben.

**Was ist das Gewitter?** Wie gesagt, es ist nichts Anderes, als ein großartiger elektrischer Ausgleich, der in der Luft vor sich geht. Der Blitz ist der elektrische Funke.

Ueberall auf der Erde sind die verschiedensten Thätigkeiten rege, in deren Folge sich Elektrizität massenhaft zu erzeugen und in den Wolken anzusammeln vermag. Die dicke, feuchte Wolke verhält sich wie ein sehr wirksamer Konduktor, der große Mengen freier Elektrizität in sich aufnehmen kann. Sie muß daher auf die unter ihr befindliche Erdelektrizität vertheilend wirken, die gleichnamigen (nehmen wir an die positiven) Theile derselben abstoßen, die ungleichnamigen, negativen anziehen.

Fig. 259. Theorie des Gewitters.

Es besteht also zwischen Wolke und Erde eine Spannung zweier Elektrizitäten, die sich vereinigen wollen, während die dazwischen befindliche Luft als schlechter Leiter der Vereinigung hinderlich ist. Aber dieses Hinderniß wird endlich überwunden, entweder wenn die Wolke sich stärker ladet und dadurch die Spannung vermehrt wird, oder wenn sie selbst der Erde näher rückt; endlich auch, wenn hervorragende Gegenstände, wie hohe Gebäude und Bäume, sich der Wolke als eine Leitung entgegenstrecken; dann erfolgt die Ausgleichung in Gestalt eines zur Erde niederfahrenden Blitzes.

Häufiger noch sind die Fälle, wo die Ausgleichung nicht zwischen Wolke und Erde, sondern von Wolke zu Wolke stattfindet. Kommen zwei entgegengesetzt geladene Wolken einander nahe, so geht der Prozeß bisweilen in ganz ruhiger Weise vor sich, nur etwa daß Gestalt und Dichtigkeit der Wolken dabei sich verändert, die eine oder andere auch wol ganz aufgelöst wird. Ist dagegen die Spannung zwischen den Wolken stärker und die Luft zwischen ihnen sehr trocken, so erfolgen die Entladungen in Form eines Gewitters, das die Wolken *unter sich* ausfechten, ohne daß ein Blitz zur Erde fährt.

Man nahm früher an, daß die Elektrizität der Gewitterwolken positiv sei; dies ist allerdings häufig der Fall, indessen kann es nicht als Regel gelten. Eben so wenig wissen wir in den einzelnen Fällen Etwas über die direkte Ursache der atmosphärischen Elektrizität, denn wenn wir auch sehen, daß bei vielen atmosphärischen Prozessen, wie Verdunstung, Verdichtung, Erwärmung u. s. w., Elektrizität frei wird, so sind doch die bestimmenden Vorgänge so tausendfacher Art und, obgleich in der Gesammtheit so ungeheuer gewaltig, einzeln doch oft verschwindend wenig wirksam, daß wir alle Ursachen, welche den großen Effekt einleiten, unmöglich aufdecken und verfolgen können. Wir müssen uns eben mit dem klaren und weiter nicht wunderbaren Faktum begnügen, ohne uns darüber den Kopf zu zerbrechen, wie es kommt, daß in dem gegebenen Falle von den über uns ziehenden Wolken die eine gerade positiv, die andere negativ geladen, die dritte ganz unelektrisch sein kann.

Geht also eine — gleichviel wie — elektrisch geladene Wolke über die Erde dahin, so wirkt dieselbe vertheilend auf das im Erdboden verbreitete elektrische Fluidum und zieht die eine, der Elektrizität der Wolke entgegengesetzte Elektrizität an die zunächst gelegene Oberfläche, die andere mit der Wolkenelektrizität gleichnamige treibt sie nach unten. Beispielsweise, wenn die Wolke negativ geladen ist, wird die darunter befindliche Erdbodenoberfläche positiv elektrisch werden und zwar wird diese Erdelektrizität sich vorzugsweise in denjenigen Stellen anhäufen, welche der Wolke am nächsten gelegen sind. Hier muß sich die Spannung verstärken und an diesen Punkten auch der Ausgleich sich zumeist anzubahnen suchen. Daß der Funke in der Regel aus der Wolke nach der Erde fährt, mag wol seinen Grund in der leichten Beweglichkeit der Wolke haben. Es ist jedoch nicht immer der Fall, denn die sogenannten **Rückschläge** zeigen uns Fälle, bei denen umgekehrt die Elektrizität von der Erde nach der Wolke hinaufzuckt, und sie sind ein thatsächlicher Beweis für die eben erwähnte Vertheilungswirkung der Gewitterwolken.

Was wir jetzt über das Gewitter wissen, das sucht seinen Ausgang in den Versuchen, die **Benjamin Franklin**, dessen Bild wir in der Porträtgruppe zu diesem Bande mittheilen, angestellt hat. Benjamin Franklin, das funfzehnte Kind einer Familie von siebzehn — war am 17. Januar 1706 zu Boston geboren worden. Sein Vater war 1682 von England herübergekommen und betrieb die Profession eines Lichtziehers und Seifensieders. Bei dem reichen Kindersegen konnte natürlich von einer sehr ausgezeichneten Erziehung keine Rede sein, indessen das, was alle Eltern in ihren Kindern großziehen können, ein fester, sittlicher Charakter, das wurde auch dem jungen Benjamin in schönster Weise zu Theil. Bei seinem Bruder erlernte er die Buchdruckerkunst und legte zu Philadelphia eine eigne Buchdruckerei an, die den damaligen Verhältnissen entsprechend mit einem buchhändlerischen Geschäft verbunden war. Seine Beschäftigungen mit den Naturwissenschaften, wie Alles was Franklin wußte und konnte, auf eigne Weise und durch eigne Methode gewonnen, fallen erst in die vierziger Jahre, aber dessenungeachtet bezeichneten bald die hervorragendsten Erfolge das große Genie.

In Folge seiner Beobachtungen gelangte er denn im Jahre 1747 zu der festen Ueberzeugung, daß das Gewitter nichts Anderes als die Ausgleichung zweier entgegengesetzten Elektrizitäten, der Blitz ein mächtiger elektrischer Funke sei und daß jener, wenn er einschlage, ganz so wie dieser, an gut leitenden, zusammenhängenden Körpern fortgehe, ohne auf seinem Wege nachtheilige Wirkungen zurückzulassen, daß er jedoch beim Ueberschlagen von einem Leiter zum andern störende Einwirkungen, vornehmlich Zertrümmerungen, Schmelzungen und Entzündungen zeige. Die Wahrnehmung, daß sich der Blitz vorzugsweise auf spitze Hervorragungen, wie Thürme, Masten, Bäume u. s. w., wirft, führte den praktischen Franklin auf den kühnen Gedanken, zu versuchen, ob sich nicht die Elektrizität aus einer Wetterwolke zur Erde leiten lasse, und so stellte er denn jenes berühmte Experiment an, dessen Lebensgefährlichkeit er freilich nicht ahnen mochte. Er fertigte einen großen Drachen aus Seidenstoff, spannte denselben über ein Gestell und befestigte am obern Ende des mittlern Stabes eine eiserne Spitze. Die Leine, woran der Drache aufstieg, war ein gewöhnlicher hanfener Bindfaden, das untere Ende eine seidene Schnur, an deren Ende ein Stahlschlüssel als Handgriff hing. Mit dieser Vorrichtung ging Franklin einst im Sommer 1752, nur von seinem Sohne begleitet, dem er seine Absicht allein entdeckt hatte, beim Herannahen eines Gewitters auf eine Wiese bei Philadelphia und ließ den Drachen steigen. Obwol nun dieser sehr hoch stand, und die Gewitterwolken ziemlich dicht über ihm hinzogen, bemerkte Franklin nicht das geringste Zeichen von Elektrizität, und schon fürchtete er, daß seine Ansicht von der Natur des Gewitters doch nicht die rechte sein könne, als er, nachdem ein gelinder Regen den Faden angefeuchtet hatte, plötzlich zu seiner größten Freude wahrnahm, daß die losen Fäserchen der seidenen Schnur allesammt aufwärts strebten, gerade so, als wenn sie an dem Konduktor der Elektrisirmaschine gehangen hätten. Hocherfreut über diese Anzeichen von Elektrizität, die nothwendig atmosphärische, aus den Gewitterwolken herabgeleitete sein mußte, erforschte er die Erscheinung gründlicher, hielt ein Fingergelenk an den Stahlschlüssel, und ein starker, sehr sichtbarer Funke sprang in seinen Körper über. Die Luftelektrizität wirkte also in gleicher Weise wie die künstlich erzeugte. Ein Glück für Franklin war es übrigens, daß die Schnur nicht ganz feucht war oder aus keinem besser leitenden Stoffe bestand; es hätte ihm sonst leicht das Leben kosten können. Bei späteren Versuchen gelang es Franklin, eine Leydener Flasche mit Luftelektrizität zu laden, welche alle die bekannten Erscheinungen zeigte. Auch stellte er an seinem Hause eine isolirte eiserne Stange auf, um bequemer Versuche machen zu können, und versah sie an dem untern Ende mit zwei Glöckchen, welche anschlugen, wenn die Luft eine große elektrische Spannung besaß.

Fig. 260 Franklin's Versuche mit dem Drachen.

Die Franklin'schen Versuche, in deren Folge die Oxforder Universität den amerikanischen Bürger 1762 zum Doktor promovirte, wurden in der Folge häufig wiederholt und in zweckmäßiger Weise abgeändert. Ein Franzose de Romas z. B. band seinen Drachen an eine Schnur, welche mit einem Metalldrahte durchflochten war, ließ sie aber unten, um sich vor den Wirkungen des Blitzes sicher zu stellen, in eine andere, 8—10 Fuß lange, von reiner Seide übergehen. Um den Funken nicht mit dem Finger hervorlocken zu müssen, gebrauchte er einen Metallleiter, welcher mit der Erde durch eine eiserne Kette in Verbindung stand und an einem nicht leitenden Handgriffe gehalten werden konnte. Der Drache des de Romas stieg 550 Fuß hoch und drang tief in elektrische Regionen ein, denn de Romas erhielt binnen einer Stunde dreißig Feuerstrahlen, deren jeder eine Länge von 9—10 Fuß hatte und die ein Geräusch hören ließen, welches dem Knallen einer Pistole glich. Nach so glänzenden Erfolgen mußte der Glaube an alle früheren Fabeleien von öligen, salpetrigen Dünsten als Ursache des Blitzes vollständig vernichtet werden.

**Der Donner.** Zusammenhängend mit der Erkenntniß der Ursache des Gewitters klärten sich auch die Meinungen über die Natur des ganz unschädlichen Donners, der doch jedem Beobachter bei einem Gewitter den größten Schrecken verursacht. Er entsteht lediglich durch die Schwingungen der gewaltsam erschütterten Luft. Wenn der Blitz die Atmosphäre durchzuckt, erhitzt er die benachbarten Theilchen so ungeheuer, daß sie sich plötzlich auf das Vieltausendfache ihres früheren Volumens ausdehnen, gleich darauf aber auch wieder, wenn die Wärme sich vertheilt, in sich zusammenstürzen. Es wirkt also dieselbe Ursache wie bei dem Flintenschuß und die Reflektion des Schalles an den verschiedenen Wolkenschichten oder festen Gegenständen, wie Bergen und Wäldern, ruft das Echo und das allmälige Verhallen des Geräusches hervor. Der Schall bewegt sich langsamer fort als das Licht, daher sehen wir den Blitz eher und auf einmal in seiner ganzen Länge, während der Donner unser Ohr erst später und von den entfernteren Punkten des oft viele Meilen langen Funkens nur nach und nach erreicht. Nehmen wir an, ein Blitz fahre in einem Augenblick eine Meile weit dahin, so knallt es auch gleichzeitig auf allen Punkten dieser Linie. Aber es giebt keinen Ort, wo das Ohr alle diese Schallwellen zugleich auffangen könnte; sie gelangen nur nach und nach bei dem Einzelnen an und derselbe vernimmt daher den Knall als ein verlängertes Geräusch. Ohne uns nach dem Gewitter umzusehen, hören wir an dem Donner, sowie er stärker und stärker wird, sein Nahen. In der Nähe des Ortes, wo es einschlägt, vernimmt man bekanntlich gleichzeitig mit dem Blitz einen einzigen prasselnden Schlag; ist das Gewitter entfernt, so liegt je nach der Entfernung eine um so längere Pause zwischen Blitz und Donner.

Der Donner giebt uns ein bequemes Mittel, zu beurtheilen, wie weit ein Gewitter von uns entfernt ist. Da Blitz und Donner gleichzeitig entstehen, die Fortpflanzung des Lichtes für irdische Entfernungen als eine augenblickliche betrachtet werden kann, der Schall aber in derselben Zeit nur 1050 Fuß zurücklegt, so brauchen wir nur die Zahl der Sekunden, welche zwischen Blitz und Donner vergehen, mit 1050 zu multipliziren, um die Entfernung in Fußen kennen zu lernen.

Die Sage von den Donnerkeilen, von denen man annahm, daß sie zugleich mit dem Blitz in die Erde geschleudert würden, mag wol erst dadurch veranlaßt worden sein, daß man sich die Entstehung und regelmäßige Gestalt gewisser, länglich-runder und vorn zugespitzter Steinformen, die man in manchen Gegenden nach heftigen Regengüssen an Berghalden oder in Thalgründen fand, nicht anders zu erklären vermochte. Seit man aber jene Bildungen auch in geschichteten Gesteinen eingebettet gefunden hat, weiß man, daß es Versteinerungen vorweltlicher Thierreste sind, und weit entfernt, ihren Ursprung über unsern Häuptern zu suchen, hat die Geologie die Geburtsstätte dieser Belemniten vielmehr in der Tiefe schlammabsetzender Meeresbecken erkannt. Ebenso war der Glaube an die besondere Natur des durch den Blitz entzündeten Feuers, daß dieses durch kein Mittel löschbar sei, ein Irrthum, der freilich lange genug gespukt hat.

**Wirkung des Blitzes.** Der Blitz an und für sich ist nicht heiß; er erzeugt erst die Hitze, wenn er Widerstand bei seiner Fortbewegung findet. In den obern Regionen der Atmosphäre, wo die Luft so verdünnt ist, daß sie dem Ausgleich der Elektrizitäten kein Hinderniß entgegensetzt, erfolgt das Blitzen als ein geräuschloses **Wetterleuchten**, während in den tieferen Luftschichten das Hemmniß der schlechten Luftleitung erst mit Gewalt durchbrochen werden muß. Findet der Blitz einen gutleitenden Körper von großem Querschnitt, so wird er in denselben herabfahren, ohne merkliche Spuren zu hinterlassen. Muß er sich aber durch dünne Drähte oder durch trockene harzige Hölzer hindurchquälen, so erhitzt er dieselben bei dieser Arbeit auf eine ganz enorme Weise.

Ein Eisencylinder leitet zehntausend Mal mehr Elektrizität durch sich hindurch als ein gleichgroßer Cylinder von Meerwasser, welches Salz aufgelöst enthält; dieses aber wieder tausend Mal mehr als reines Wasser, und das reine Wasser ist noch ein viel besserer Leiter als trocknes Holz oder gar Schwefel, Harz und dergleichen. Wenn aber bei alledem noch so bedeutende Elektrizitätsmassen in den Blitzen sich ausgleichen, daß selbst dicke Eisenstangen durch den hindurchfahrenden Funken geschmolzen werden, so darf es nicht auffallen, wenn andere weniger gut leitende Körper davon ganz zerstört werden. Mit der großen Wärmeentwickelung, die wir in gewisser Art mit den durch Reibung erzeugten Wärmeeffekten vergleichen können, hängen die enormen mechanischen Kraftleistungen, welche durch Blitzschläge ausgeübt werden, zusammen. Wenn der Blitz in einen Baum schlägt, so sucht er seinen Weg vorzugsweise zwischen Rinde und Holz, in dem feuchten Splinte. Das ist die am besten leitende Schicht; aber sie leitet noch lange nicht genug, um nicht im höchsten Grade erhitzt zu werden. Das Wasser verwandelt sich plötzlich in Dampf und dadurch erklärt sich die außerordentliche Zerreißung und Zersplitterung des Holzes, die wir an vom Blitz getroffenen Bäumen beobachten können.

Derselbe Blitz schmilzt die Vergoldung von Bilderrahmen, über welche er hinwegfährt, vollständig ab, welcher die dicke Stange eines Blitzableiters nur mäßig erwärmt. Humboldt erzählt in seinem Kosmos, daß er auf seinen Reisen in Südamerika, wo allerdings die Gewitter mit einer bei uns unbekannten Heftigkeit wüthen, manche Felsen auf der Oberfläche vom Blitze ganz verglast angetroffen habe. Die **Blitzröhren**, die man in ebenen sandigen Gegenden gar nicht selten findet und oft auf eine Länge bis zu 40 und mehr Fuß in einer Richtung oder in Aeste verzweigt unter der Oberfläche des Bodens verfolgen kann, sind Sand und Bodentheile, von dem einschlagenden Blitze geschmolzen und zu röhrenförmigen Gebilden mit einander verkittet. Wenn wir aber lesen, daß in Rom eine 17 Centner schwere Glocke durch den Blitz geschmolzen worden ist, so daß das flüssige Metall an die gegenüberstehende Mauer gespritzt wurde, so müssen wir uns vorstellen, daß der Widerstand, durch welchen die große Hitzeentwickelung hervorgerufen wurde, darin lag, daß die Elektrizität aus der isolirt aufgefangenen Metallmasse nur schwierig einen Ausweg finden konnte.

Man hat in den früheren mirakelsüchtigen Zeiten eine Menge wunderbarer Bildungen entdecken wollen, welche der Blitz ausgeführt habe, und selbst Gelehrte konnten nicht der Versuchung widerstehen, dergleichen zu berichten und ihnen merkwürdige Ursachen unterzulegen. So sollte bald durch die Lichterscheinung beim Blitz in eine Fensterscheibe die Zeichnung eines gegenüberstehenden Thurmes eingebrannt worden sein; bald wollte man bei vom Blitz Erschlagenen auf Brust oder Armen Schriftzüge oder Kreuze oder Figuren von Gegenständen, die in der Nähe gestanden hatten, eingeätzt gefunden haben u. s. w. — und man sah von manchen Seiten darin eine, wenn auch noch unerforschte, aber doch wol gesetzmäßige Photographie. Alle dergleichen Erscheinungen sind aber ganz zufälliger Natur, von der erhitzten Phantasie erst ausgemalt — und jede derartige Deutung ist ein höchst kindischer Unsinn.

In der Gegend von Manchester schlug am 2. August 1809 der Blitz ein. Ein Wetterstahl fuhr zwischen einem Keller und einer Cisterne in die Erde und verschob eine

Mauer von 3 engl. Fuß Dicke und 12 Fuß Höhe, so daß der weggeschovene Theil an einer Seite 4 Fuß, an der andern 9 Fuß abstand, wobei natürlich alle hölzernen Verbindungsstücke zerbrochen waren. In dem bewegten Mauerstück staken 7000 Backsteine mit einem Gesammtgewicht von 52,000 Pfund. — Ueber dem schlesischen Dorfe Sprachendorf entlud sich am 7. August 1803 ein heftiges Gewitter. Der Blitz fuhr in die Kirche und von fast 1000 Menschen, welche dem Gottesdienste beiwohnten, wurde der größte Theil betäubt zu Boden geworfen; gegen 50 traf und streifte der Blitz, aber nur ein 17jähriges Mädchen, das eine silberne Kette um den Hals getragen hatte, empfing den Todesschlag. Die Kette war vom Blitze geschmolzen worden. Uebrigens lagen viele von den Goldhauben, mit denen sich in jener Gegend die Frauen schmücken, versengt in der Kirche umher. Sonderbar genug blieb gerade derjenige Mann, welcher in der Nähe des Fensters saß, durch das der Blitz hereingefahren war, völlig unbeschädigt, während seinen beiden Nachbarn die Beine und die Kleider versengt wurden.

Es ist öfters vorgekommen, daß der Blitz in die Masten von Schiffen geschlagen und dabei die Kompaßnadel in der Weise umgedreht hat, daß der Steuermann plötzlich wieder den Kurs nach Hause zu nahm und, falls ihm nicht Sternenbeobachtungen seinen Irrthum aufdeckten, er erst durch Anrufen begegnender Schiffe wieder auf die rechte Bahn gelenkt wurde.

Die physiologischen Wirkungen des Wetterstrahls sind von der furchtbarsten Art. Die Zahl der Fälle, in welchen Menschen vom Blitze getroffen und mehr oder weniger beschädigt worden sind, ist eine verhältnißmäßig so große, daß eine Aufzählung auch nur der frappantesten gar nicht versucht werden kann. In vielen Fällen tritt augenblicklicher Tod ein, oft so plötzlich, daß man an den Erschlagenen keinerlei Zuckungen bemerken kann. Unter einer Hecke, unter der sie Schutz gesucht hatten, wurden zwei vom Blitz Erschlagene ganz in der Lage, in der sie sich angelehnt, gefunden. Der Eine hatte noch die Stellung, in welcher er seinem Hunde, der mit erschlagen worden war, ein Stück Brod reichen wollte; die Augen waren geöffnet und im Aeußern verrieth nur der stiere Blick und das Bewegungslose der Gestalt den eingetretenen Tod. Am 13. Mai des gewitterreichen Jahres 1803 wurde zu Drechtow, einem Dorfe in der Mittelmark, ein Schäfer nebst seinem Hunde und 40 Schafen vom Blitz erschlagen. Letztere lagen zerstreut um ihren getödteten Hirten umher und, ungeachtet man nirgends eine Spur von der abgestreiften Wolle fand, waren doch sämmtliche Schafe nackt. Auch der Schäfer lag völlig unbekleidet da, die Beinkleider waren fast ganz zerrissen, hingen aber doch noch so zusammen, daß es unbegreiflich schien, auf welche Weise sie sich vom Leibe getrennt hatten. Der Stab des getödteten Mannes, unter dessen Halse man im Erdboden zwei Löcher bemerkte, seine Tabakspfeife und seine Hirtentasche, kurz Alles war zertrümmert und lag einige Schritte von ihm auf einem erschlagenen Schafe. Eins der furchtbarsten Beispiele aber von der tödtenden Gewalt des Blitzes ereignete sich im August 1859, wo der Blitz auf der Loser Alm in eine Herde Schafe schlug und von den 472 Stück 70 getödtet, andere 40 mehr oder weniger schwer verwundet, alle übrigen aber betäubt wurden.

Blitzableiter. Nichts ist natürlicher, als daß man sich gegen die verheerenden Wirkungen des Blitzes zu sichern sucht, und die Beobachtung, daß hoch emporragende Gegenstände vorzugsweise den Blitz anziehen, mag — wofür manche Thatsachen zu sprechen scheinen — auch schon im Alterthume gewisse Vorkehrungen haben treffen lassen, die im Wesen mit unsern heutigen Blitzableitern Aehnlichkeit hatten. Numa und Tullus Hostilius sollen die Kenntniß besessen haben, die schädlichen Wirkungen des Blitzes abzuwenden. Es wird nicht gesagt, worin ihr Verfahren bestanden habe, vielleicht aber darf man es in Verbindung setzen mit der in alten Zeiten beliebten Aufstellung eherner Bildsäulen, um meteorische Funken herabzuziehen. Von den alten Indiern erzählt Ktesias, daß sie sich eines gewissen Eisens bedient hätten, welches von ihnen zur Ableitung zündender Blitze aufgerichtet worden wäre. Die Tempel, namentlich der des Apoll, waren mit Lorbeerhainen umgeben, weil sie dadurch geschützt sein sollten, und zu Karl's des Großen Zeiten war es Sitte, in den Feldern hohe Stangen zur Ableitung von Hagelwettern aufzurichten, was jedoch von dem großen Kaiser als abergläubisch verpönt wurde. Es ließen sich noch viele andere Citate anführen und Ueberlieferungen in der genannten Richtung deuten, indessen kann dies nicht unsere Absicht sein. Vielmehr aber müssen wir unsere Aufmerksamkeit der auf erkannte Gesetzmäßigkeit natürlicher Vorgänge gegründeten, vorausgesehenen Erfindung zuwenden, eine der segensreichsten und in den Phasen ihrer Entwickelung strahlendsten aller Zeiten.

Benjamin Franklin ist Derjenige, dem wir unverkürzt und unverkümmert den vollen Ruhm belassen müssen. Er hat keinen Vorläufer gehabt, keine Erfahrungen Anderer benutzt, sondern sich das Fundament selbst gegraben und Stein auf Stein mit eignem Fleiß gebrochen, behauen und eingefügt, bis das Ganze so vollendet vor ihm stand, daß die späteren Zeiten nichts daran zu verbessern mehr fanden.

Die Gewitterwolken sind mit Elektrizität geladene Konduktoren, man wird ihnen also auf einem durch das gesetzmäßige Verhalten der Elektrizität vorgeschriebenen Wege beizukommen haben, wenn man ihre Gewalt brechen will.

Nun ist aber für das Wesen der Elektrizität noch charakteristisch, daß dieselbe, auf der Oberfläche der Körper angehäuft, in einem Zustande des Zwanges sich befindet. Sie strebt fortwährend nach Ausgleichung und wird von der umgebenden Luft oder anderen schlechten Leitern gehindert, diesem Bestreben Genüge zu thun. Je nach der Gestalt der Körper sind aber diese Spannungsverhältnisse verschieden. Eine allseitig gleich gekrümmte Kugeloberfläche ist auch überall von den gleichen Widerständen umgeben und daher bildet auf ihr die Elektrizität eine auf allen Punkten ganz gleich dicke Schicht. Setzen wir dagegen auf die Kugel eine hervorragende Spitze, so konzentrirt sich in dieser die Elektrizität, und jede Ungleichheit der Körper, Ecken, Kanten u. s. w. hat einen entsprechenden Einfluß. Die Elektrizität sammelt sich in größeren Massen und mit größerer Spannung in den Spitzen an, und strahlt endlich, wenn die Spitze fein genug ist, geradezu aus; eine Erscheinung, die wir im Dunkeln als einen glänzenden Lichtbüschel beobachten können.

Dies sogenannte Vermögen der Spitzen haben wir schon in den Aufsaugern der Elektrisirmaschine praktisch ausgebeutet gefunden, wir sehen es in der Natur bisweilen als den Grund einer merkwürdigen Erscheinung, deren Erklärung lange Zeit große Schwierigkeiten darzubieten schien, der sogenannten St. Elmsfeuer.

Es kommt vor, daß an gewissen schwülen Abenden sich über den Spitzen von Blitzableitern, über Thurmknöpfen, an Ecken von metallenen Dachrinnen u. s. w. kleine blaue Flämmchen zeigen, die sich nicht auslöschen lassen und endlich ebenso von selbst wieder verschwinden, wie sie entstanden sind. Diese Erscheinung zeigt sich besonders häufig auch auf den Mastspitzen der Schiffe und sie galt bei den alten Griechen und Römern für ein Zeichen des baldigen Aufhörens des Sturmes. Zwei Flämmchen, Castor und Pollux, waren glückbringend, und ein einziges, Helena, verderblich. Aus dem letzteren Namen ist St. Elias, Elmen und Elmsfeuer entstanden. Uebrigens brauchen die Spitzen nicht allemal sehr hoch über den Erdboden empor zu ragen, man hat Flämmchen auf den Köpfen von Statuen, auf den Lanzen der Soldaten, auf den Hüten der Wandernden bemerkt; ja es werden sogar Fälle berichtet, in denen die Ohren der Pferde dergleichen elektrische Lichtausstrahlungen zeigten.

Für uns hat das Phänomen nichts Räthselhaftes mehr, es ist das Ausströmen der Erdelektrizität, sei es daß diese nur in Folge der zu großen Spannung im Boden denselben verläßt, oder daß sie sich auf diese stille Weise mit der entgegengesetzten Elektrizität der Atmosphäre ausgleicht. Auf jeden Fall wird durch den Prozeß die Spannung vermindert und auf allmälige, friedliche Weise ein Zustand des Gleichgewichts wieder vorbereitet, der durch den Blitz nur unter gewaltsamen, zerstörenden Aktionen herbeigeführt werden kann.

Der Blitzableiter hat denselben Zweck und sein genialer Erfinder hat ihn in richtiger Erkenntniß jener Naturerscheinung auf das Vermögen der Spitzen gegründet. Es dürfte kaum eine Erfindung geben, welche bei ihrem Auftauchen die ganze gelehrte und nicht gelehrte, fromme und profane Welt so in Aufregung versetzt hätte wie die Franklin's. Man sah ihre ungeheure Bedeutung, wenn sie leistete, was von Fachmännern mit ihr versprochen wurde — aber der Glaube, jenes liebe Kind der Gewohnheit, kam mit der Wissenschaft in Konflikt und der entstehende Kampf dauerte lange und hinderte die segensreiche Einführung. Es leuchtete Vielen nicht ein, dem lieben Gott ein so bequemes Züchtigungsmittel aus der Hand winden zu wollen. Anderwärts war es wieder die Nationaleitelkeit, welche Fremden nicht für einen so herrlichen Gedanken dankbar werden wollte. Während die amerikanische Regierung sich die allgemeine Unterstützung der Franklin'schen Idee auf das Höchste angelegen sein ließ, mäkelte Frankreich verdrossen daran herum, weil sie nicht von einem Franzosen ausgegangen war.

Es war im Jahre 1760, als Franklin den ersten Blitzableiter, der sich im Wesentlichen in nichts von unsern heutigen unterschied, auf dem Hause des Kaufmanns West in Philadelphia errichten ließ; ein eiserner Stab von 9½ Fuß Länge und 1 Zoll im Durchmesser war von dem Gebäude durch schlechte Leiter isolirt und mittelst einer metallenen Zuleitung mit der Erde verbunden. War es in Frankreich die Eitelkeit, so war es in England Nationalhaß, durch den Unabhängigkeitskrieg, in welchen beide Staaten damals eben verwickelt waren, entzündet und unterhalten, was die Adoption des Blitzableiters hinderte. Sie erfolgte in der That erst gegen das Jahr 1788, und nur die Sorge um die Schiffe konnte die Söhne Albions bestimmen, auf den Masten zuerst Blitzableiter zu errichten. Ehe die letzteren auf Gebäuden Anwendung fanden, verging noch eine geraume Zeit. Von ganz besonderem Einfluß wurde aber die Stimme des berühmten schweizerischen Physikers Saussure, welcher im Jahre 1771 auf seinem Hause in Genf einen Blitzableiter hatte errichten und, um die darüber entsetzten gottesfürchtigen Gemüther zu beruhigen, eine Broschüre über die Nützlichkeit der Elektrizitätsleiter hatte drucken lassen, die er gratis vertheilte. Philadelphia hatte im Jahre 1782 auf seinen 1300 Häusern schon über 400 Blitzableiter; alle öffentlichen Gebäude, mit Ausnahme des Hotels der französischen Gesandtschaft, waren damit versehen. Und gerade in dies Haus schlug am 27. März 1782 der Blitz. Er tödtete einen Offizier und nun erst ließ der Gesandte Frankreichs sein Palais mit der Schutzvorrichtung versehen. — Zu Hause erhoben der Abbé Nollet und de Roma ihre Stimmen ebenfalls, und nun, da eigne Landeskinder ihren Ruhm eifrig an die Franklin'schen Versuche mit geknüpft hatten, konnte die grande nation sich endlich 1784 mit der Sache ernstlich befassen. Wie England seine Schiffe, so hatte Frankreich, von jeher der größte Salpeterkonsument, dabei vorzüglich den Schutz der Pulvermagazine im Auge. Das Publikum, befangen und furchtsam, betheiligte sich hier wie anderwärts wenig und der Blitzableiter blieb lange Zeit hindurch ein Merkzeichen öffentlicher Gebäude. Die Regierungen mußten seine Einführung dekretiren und stießen dabei noch oft auf ärgerliche Widersprüche. Schon im Jahre 1778 hatte die Republik Venedig ihre Marine mit dem neuen Wetterschutz versehen. Friedrich Wilhelm II. von Preußen ordnete im ganzen Umfange seiner Staaten die Aufrichtung von solchen an; merkwürdiger

Weise verbot er aber ausdrücklich, auf dem Schlosse Sanssouci einen Blitzableiter anzubringen.

**Einrichtung des Blitzableiters.** Der Natur der Sache nach besteht derselbe durchgängig aus Metall und zwar würde das am besten leitende auch den Vorzug verdienen. Man nimmt indessen des geringern Preises wegen gewöhnlich Eisen, obwol Kupfer einen sieben Mal geringeren Widerstand entgegensetzt und bei gleicher Wirkung einen sieben Mal geringeren Querschnitt haben könnte. Ein nicht zu unterschätzender Vortheil ist dabei aber, daß eiserne Blitzableiter durch die größere Stärke auch eine bedeutendere Festigkeit erhalten.

An dem Blitzableiter haben wir nun drei Haupttheile zu unterscheiden: die Auffangestange mit der Spitze, die in die Erde führende Leitung und die Versenkung der letzteren. Während die erstere immer stangenförmig ist, hat man für die zweite auch die Form von Streifen, Drahtseilen und hohlen Röhren angewandt. Anstatt der Spitzen hat man oft Kugeln aufsetzen wollen und den Spitzen mancherlei Vorwürfe gemacht: daß sie nicht im Stande sein sollten, so große Massen von Elektrizität wie die Kugeln aufzunehmen, daß sie zu leicht vom Blitz geschmolzen würden, endlich auch, daß sie dem Funken ihrer Kleinheit wegen kein sicheres Ziel darböten, was bei den Kugeln alles anders sein soll. Es beweisen dergleichen Einwendungen aber nur, daß die Widersacher vom Wesen und der Wirkung der Spitzen keine Vorstellung haben. Der Blitzableiter soll nicht den Blitz anziehen, vielmehr soll er durch unausgesetzte Ausstrahlung der Erdelektrizität die in der Luft vorhandene Elektrizitätsmenge neutralisiren, also nicht durch eine einmalige Ableitung schützen, sondern durch fortwährende Wirkung das Gleichgewicht der Naturkräfte wiederherstellen. Wenn ein Gewitter über Wälder mit spitz emporragenden Bäumen zieht, verliert es gewöhnlich seine Kraft, ohne daß es einzuschlagen braucht. In verstärktem Maße, wie hier jeder einzelne Baum wirkt, soll auch jeder Blitzableiter wirken. Die Kugel hindert aber einen derartigen Ausgleich, sie dient nur, um einen einfallenden Wetterstrahl aufzufangen; übrigens hat sie auch hierin nichts vor der Spitze voraus, denn diese macht durch Ausstrahlung die ganze umgebende Luftmasse elektrisch und bietet dadurch gewiß dem Blitz einen ebenso sichern Treffpunkt dar. Abgesehen auch von allen architektonischen Bedenken, die sich den Blitzableitern mit Kugeln häufig entgegenstellen werden, sind also die Spitzen unbedingt vorzuziehen. Man hat ihre Zahl zuweilen vermehrt und 3, 4, 5 auf einer Stange angebracht. Bei eisernen Auffangestangen

Fig. 261. Der Blitzableiter.

macht man die Spitze der bessern Dauer halber gern von Kupfer und vergoldet oder platinirt sie.

Die Auffangestange AB Fig. 261 ist der Theil, welcher sich vom Dache des Gebäudes in die Luft erhebt. Am besten giebt man ihm der größeren Widerstandsfähigkeit wegen die Form einer sich schwach verjüngenden vierseitigen Pyramide. Die Höhe ist verschieden, sie geht von 9 bis 20 und mehr Fuß, und nach dieser Höhe richtet sich ihr Querschnitt, sowie weiterhin auch der Querschnitt der Leitung. Wendet man Kupferdraht an, so windet man denselben zu einem spiralförmig gedrehten Zopf zusammen. Eiserne Auffangestangen stellt man aber aus mehreren Stücken dar, die an einander durch Schraubengewinde zu befestigen sind und eine bequemere Aufrichtung gestatten. Am untern Theile B, da wo die Auffangestange auf dem First des Hauses aufsteht, hat sie ein kleines Regendach, um die Befestigung im Gebälk trocken zu halten.

Nach der gewöhnlichen Annahme schützt eine Auffangestange einen Umkreis von 40—50 Fuß Durchmesser, daher ein Gebäude von mehr als 60 Fuß Länge zwei Stangen erhalten soll, größere Baulichkeiten nach Verhältniß. Ueberhaupt ist es besser, die Zahl der Stangen reichlich zu nehmen und alle hervorragende Punkte damit zu besetzen. Die Leitung BCD setzt die Auffangestange mit der Erde in Verbindung. Wenn mehrere Stangen auf einem Gebäude stehen, so kann man sie durch eine Hauptleitung abführen, umgekehrt aber auch einer einzigen Stange zwei Leitungen geben; nur muß dann ein gewisses Verhältniß zwischen den Stangen und der Metallstärke des Ableiters beobachtet werden, damit die Elektrizität nirgends behindert ist. Die in die Erde geführte Leitung biegt einige Fuß unter der Oberfläche vom Hause ab und endet am besten in einem Brunnen EF, oder wo dies nicht angeht, wird sie wenigstens so tief nach unten geführt, daß sie die beständig feuchte Erdschicht erreicht. Ist die Leitung von Eisen, so wird sie durch Anstriche möglichst vor Rost geschützt. Mögen übrigens die einzelnen Einrichtungen so oder so gemacht werden, die Hauptbedingung ist immer die, daß eine ganz ununterbrochene, nirgends zu schwache oder schadhafte metallische Bahn vorhanden sei, durch welche die elektrische Materie bequem in die Erde gelangen kann. An jeder Stelle, wo die Leitung unterbrochen oder stark vom Rost angefressen ist, liegt Gefahr, daß der Blitz abspringt und irgend einen bequemern Weg zur Erde einschlägt, auf welchem er dann leicht durch Zündung oder Zertrümmerung Schaden stiftet. Daher ist es nothwendig, die Leitung, den wichtigsten Theil am ganzen Blitzableiter, dann und wann zu besichtigen, um etwa entstandenen Schäden abhelfen zu können.

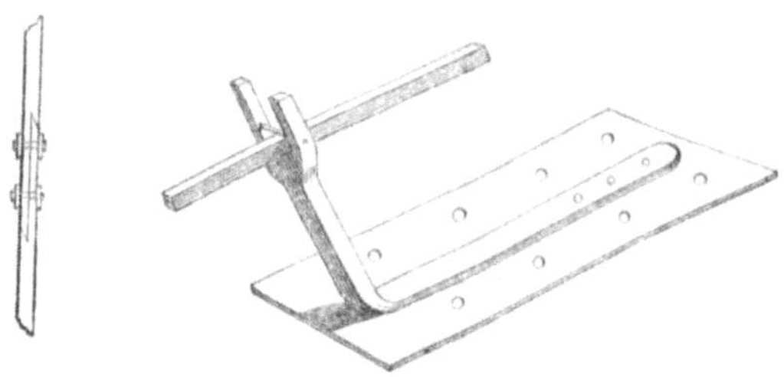

Fig. 262. Zusammensetzung der Leitung.

Man war früher der Ansicht, daß sich die Elektrizität an der Oberfläche der Körper fortleite und daß es deshalb zweckmäßig sei, diese bei Wetterableitungen möglichst groß zu machen. Es ist dies jedoch ein Irrthum, denn der Widerstand, den die Elektrizität erfährt, hängt von dem Querschnitt ihrer Leitung ab. Wenn man daher, wie es so häufig geschieht, den Querschnitt auf das Alleräußerste reduzirt, so begeht man ein großes Unrecht, weil sich nirgends eine übel angebrachte Sparsamkeit schlimmer bestrafen kann, als gerade bei der Anlage von Blitzableitern. Unter 35 Quadratlinien als äußerste Grenze für eine eiserne Auffangestange und eine eiserne Leitung sollte nirgends herabgegangen werden dürfen, womöglich aber der Querschnitt der Leitungen so groß genommen werden müssen, wie die Querschnitte der Auffangestangen zusammen, die in dieselbe münden. Die Leitung stellt man auch gewöhnlich aus eisernen Stäben oder aus starkem Eisenblech dar. Da es Schwierigkeiten bieten würde, sie aus einem einzigen Stücke zu machen, so setzt man sie aus mehreren zusammen und verbindet sie, wie es Fig. 262 zeigt, mit einander; die Zusammenstoßungsflächen müssen sich auf allen Punkten berühren und ganz blank auf einander liegen. Die Führung über das Dach und am Gebäude hin bewerkstelligt man durch isolirende Träger, denen man die in Fig. 262 dargestellte Form geben kann. Indessen ist es, wenn die Leitung nicht gerade nahe an großen im Innern des Gebäudes liegenden Metallmassen vorübergeführt wird, nicht so nothwendig, eine ganz vollkommene Isolirung, etwa durch Glas oder Porzellan, wie allzuängstliche Gemüther wollen, anzuwenden. Wenn die Leitung hinlänglichen Querschnitt hat und ohne Unterbrechung bis in den feuchten Erdboden führt, wo sich die Elektrizität augenblicklich weit verbreiten kann, so wird dieselbe immer den kürzeren und bequemeren Weg vorziehen und nicht in Versuchung gerathen abzuspringen. Man wende daher anstatt kostspieliger Isolirvorrichtungen die Aufmerksamkeit lieber der möglichsten Vergrößerung des Querschnittes der Leitung zu.

Der dritte wichtige Theil der Blitzableitung ist die Versenkung in den Erdboden. Nach der oben entwickelten Theorie versteht es sich von selbst, daß die Wirksamkeit der ganzen Einrichtung davon abhängt, wie rasch die Elektrizität aus dem Boden durch die Leitung in die Auffangestange und aus dieser durch die Spitze in die gewitterschwangere Luft abströmen kann; andererseits im Fall des Einschlagens aber, wie schnell dann die Elektrizität aus der Leitung in den Boden übergehen kann. Für beide Fälle muß das Ende der Leitung in feuchtem Erdreich liegen, denn die zahllosen feinen Wasseradern, die den Boden durchziehen, sind eben so viel leitende Aeste, in denen sich der Blitzstrahl verzweigt oder welche die neutralisirende Elektrizität herbeiführen. Wollte man die Leitung in trocknem sandigen Erdreich plötzlich abbrechen, so würde der Blitzableiter gefährlicher für das Gebäude sein, als wenn dasselbe gar keinen besäße; muß man doch selbst in feuchtem Boden die Ableitung noch eine Strecke weit fortführen, damit möglichst viel Ausstrahlungspunkte thätig sein können. Am zweckmäßigsten aber ist es, die Ableitung in eine Metallplatte ausgehen zu lassen, weil der bei weitem größere Widerstand der Erde nur durch einen größeren Durchmesser der leitenden Schicht paralysirt werden kann.

Bei der Restauration des Freiburger Münsters, welcher 1844 nach Frick's Angabe mit Blitzableitern versehen wurde, fand man zahlreiche Spuren elektrischer Entladungen, aber alle waren an vorspringenden Metalltheilen herabgegangen und hatten nur wenig Beschädigungen verursacht. Der neue Blitzableiter geht von dem als Wetterfahne dienenden metallenen Stern aus und besteht in einem aus sechs ungefähr zwei Millimeter dicken Kupferdrähten zusammengesetzten Drahtseil, welches in die Erde geführt ist und womit alle Metallmassen des Domes durch fünf Millimeter dicke Kupferdrähte in Verbindung gesetzt sind.

Die doppelte Wirkung des Blitzableiters, der Erdelektrizität ein stetiges neutralisirendes Abströmen in die Luft zu bewirken und so einmal das Gewitter selbst allmälig zu neutralisiren, ein andermal die Rückschläge abzuwenden, dann aber auch den in seiner Nähe herabfahrenden Blitzen einen so bequemen Weg zu bieten, daß sie ihn vorzugsweise einschlagen: diese Wirkung wird nur erreicht, wenn alle Anordnungen mit der größten Gewissenhaftigkeit getroffen und alle Bestandtheile mit der ängstlichsten Genauigkeit gearbeitet und mit einander verbunden sind. Trotzdem ist man bei den atmosphärischen Prozessen nie Herr der Umstände. Es sind merkwürdige Fälle vorgekommen und treten noch ein, wo der Blitz die ganz vortreffliche Leitung vermieden und nahe dabei eingeschlagen hat. Im Magazin von Purfleet schlug der Strahl in eine eiserne Klammer, welche an einer oberen Ecke des Hauses nur 46 Fuß von der Auffangestange angebracht war. Das Werkhaus zu Heckingham bei Norwich wurde am 17. Juni 1783 trotz seiner acht zugespitzten Auffangestangen an einer von der nächsten Stange nur 42 Fuß entfernten und 8 Fuß niedrigeren Ecke des Daches getroffen u. s. w. Allein das sind Fälle, die wir als Ausnahmen betrachten müssen. Im Ganzen ist die Wirkung der Blitzableiter eine so außerordentliche, daß an ihrem Nutzen zu zweifeln Thorheit wäre.

Die französische Regierung hatte zur Untersuchung der Blitzableitungsfrage eine Kommission niedergesetzt, in welcher wir die Namen Arago, Biot, Poisson, Girard, Fresnel, Gay-Lussac unter anderen nicht minder berühmten begegnen. Den Resultaten, welche diese Forscher ihren Arbeiten über den Gegenstand entnehmen konnten, dürfen wir die Gültigkeit eines Gesetzes zuschreiben. Die Kommission erklärte, daß ein Blitzableiter mit zugespitzter Auffangestange um sich her einen kreisförmigen Raum, dessen Radius gleich der doppelten Höhe der Stange sei, noch kräftig zu schützen vermöge, und gründete darauf zur Sicherung der Gebäude von verschiedener Länge und Breite auch Vorschläge, wie sie sich uns aus der Anwendung des Gesagten ergeben. Sollte es aus baulichen Rücksichten nicht möglich sein, eine Auffangestange auf der durch diese Regel bestimmten Stelle anzubringen, so kann man die hervorragendsten Theile des Daches entweder durch Blei- oder Kupferstreifen mit einander und dann mit einer Hauptleitung verbinden oder wenigstens den Schornstein und die Ecken mit einander und dann mit der Erde in leitende Verbindung setzen. Wetterfahnen, die Stangen, welche den Stern oder Knopf auf Thürmen tragen, lassen sich, wenn sie nicht zu weit in das innere Gebälk hineinragen und den Glocken zu nahe kommen, ohne Weiteres als Auffangestangen benutzen, und als eine treffliche Leitung dürften sich die Gas- und Wasserröhren verwenden lassen, welche bei verhältnißmäßig großem Querschnitt den nicht genug zu schätzenden Vortheil darbieten, in sehr große in der Erde liegende Metallmassen überzuführen. In jedem einzelnen Falle muß freilich das Passende auch erst gesucht werden, allein nach dem Erörterten wird dies auch für den Laien keine Schwierigkeit haben. Steht ein Haus auf einem Berge oder auf einer Hochebene fern von allen Punkten, welche den Blitz mehr anzuziehen vermöchten, so wird es selbstverständlich mehr zu schützen sein, als in einem tiefen waldigen Thale. Die Ausführung aber sollte nur erfahrenen, mit den physikalischen Gesetzen der dabei in Betracht kommenden Vorgänge vollständig vertrauten Technikern überlassen werden.

Welchen Segen die Erfindung Franklin's gestiftet hat, das können wir zwar nicht in Zahlen ausdrücken, allein wenn wir bedenken, daß unsere Zeit die Wälder, die natürlichen Wälle, an denen sich die Wuth der Gewitter brach, immer mehr reduzirt und dadurch die Gefahr vergrößert, so müssen wir die thatsächliche Verminderung schädlicher Gewitterschläge jedenfalls als einen Erfolg betrachten, den wir der Erfindung des großen Amerikaners danken, und den schönsten Ruhm, der einem Sterblichen zu Theil werden kann, ihm unverkümmert lassen:

Eripuit coelo fulmen, sceptrumque tyrannis,
Dem Himmel entriß er den Blitz, den Tyrannen das Scepter.

Müsset im Naturbetrachten
Immer Eins wie Alles achten;
Nichts ist drinnen, nichts ist draußen;
Denn was innen, das ist außen.
So ergreifet ohne Säumniß
Heilig öffentlich Geheimniß.

Goethe.

# Galvanismus, elektrisches Licht und Galvanoplastik.

Galvani und die Frösche. Elektrizitätserregung durch Berührung. Der galvanische Strom. Volta. Element und Säule. Verschiedene Formen derselben. Zambonische Säule. Der Trog- und der Becherapparat. Die konstanten Batterien. Bunsen'sche Kette. Wirkungen des galvanischen Stromes. Widerstand. Wärmeeffekte und ihre Anwendung. Das elektrische Licht. Chemische Wirkungen. Elektrolyse. Wasserzersetzung durch Humphry Davy entdeckt. Die Galvanoplastik und die galvanische Vergoldung.

---

Wenn die Frösche eine Zeitrechnung haben, so müssen sie das Jahr 1790 als einen Wendepunkt ihrer Existenz ansehen, und nach dem Schicksal, welchem sie seit jenem Jahre verfallen sind, wäre es nicht wunderbar, wenn sie von da ab ein ehernes Zeitalter rechneten. Denn Jahrtausende lang hatte das kaltblütige Geschlecht seinen naturgemäßen Kreislauf vollendet, in freier Entwickelung sich entfaltet, gelebt und geliebt, durch nichts in seinen Bestrebungen unterbrochen, als etwa durch die Gelüste eines Gourmands, welchem aus dem zahllosen Geschlecht einige Schenkel geopfert wurden. Mit der französischen Revolution aber, wenn auch nicht durch dieselbe bedingt, verfielen die Frösche einem Verhängniß, dem sie kaum jemals wieder entgehen können. Gehetzt, gefangen, gequält, geschält, geköpft, getödtet — ja, wenn es dies nur wäre, möchte es angehen, das müssen sich alle Geschöpfe gefallen lassen, deren Fleisch einen Braten, deren Haut einen Riemen, deren Feder einen Schmuck oder deren Saft sonst Etwas hergeben kann. Mit dem Tode ist denn doch die Qual vorbei. Wenn der Maulwurf aber, indem ihn die vom Bauer gelegte tückische Schlinge in die Luft schnellt und heftige Luftbeschwerden seinem Leben die größte Gefahr bereiten, den im nahen Sumpfe quakenden Frosch um den Vollgenuß des Lebens beneidet, so ist er dümmer als ein Esel. Sobald er das Sterben überkommen hat, ist seine Qual zu Ende. Beim Frosch geht sie da erst an.

Der Frosch ist seit 1790 ein physikalischer Apparat. Sein Leben gehört nicht mehr der Natur — es ist der Wissenschaft verfallen. Der Tod selbst hat diesem neuen Eigenthümer gegenüber seine Macht verloren. Der Frosch darf, obwol ihm der Kopf abgeschnitten, die Haut abgezogen, die Muskeln auseinander geschält, das Rückgrat durchstochen worden ist u. s. w. — er darf noch nicht zur Ruhe eingehen, auf das Geheiß des Physikers müssen seine Nerven sich noch regen, seine Muskeln noch zusammenzucken, bis das letzte Tröpfchen Lebensfeuchtigkeit vertrocknet ist. Wie der Hanswurst in der Komödie muß er Munterkeit heucheln und tolle Sprünge machen, wenn ihm auch das Herz gebrochen ist.

Armes Thier! Und alles Das hat Galvani auf dem Gewissen, ein Professor der Anatomie in Bologna. Die Geschichte war aber so.

Die Gattin des Bologneser Naturforschers war krank, und zu ihrer Stärkung wurden ihr die Brühen von Froschkeulen verordnet. Eines Tages nun lag zufällig eine Anzahl zu diesem Zwecke abgehäuteter Frösche in dem Zimmer des Professors, welcher mit mehreren Genossen beschäftigt war, elektrische Versuche zu machen, da, wie er glaubte, der Elektrizität bei den Muskel- und Nervenfunktionen des Körpers eine wesentliche Mitwirkung zugeschrieben werden müsse.

Bei diesen Versuchen wurde nun bemerkt, daß die getödteten Frösche allemal in eigenthümliche Zuckungen geriethen, wenn aus dem Konduktor der Elektrisirmaschine ein Funke schlug. Galvani vermuthete eine Einwirkung der in der Luft enthaltenen Elektrizität auf die Nerven, und um diese zu erforschen, hing er präparirte Froschschenkel mittels eines gebogenen kupfernen Drahtes an seinem eisernen Balkongeländer auf und suchte sie durch Hin- und Herschwenken mit möglichst viel Luft in Berührung zu bringen. Indessen verhielten sich die Frösche ganz ruhig; wenn sie aber bisweilen an das Eisengeländer anschlugen, dann zuckten sie bei jeder solchen Berührung heftig zusammen.

Diese Thatsache und eine Anzahl unter verschiedenen Abänderungen des Versuchs beobachtete, nicht minder merkwürdige Erscheinungen, welche Galvani mit genauer Schilderung der Umstände veröffentlichte, machte großes und gerechtes Aufsehen. Galvani dachte sich, daß durch die metallische Leitung eine besondere, der Elektrizität ähnliche Flüssigkeit, welche nach ihm die galvanische Flüssigkeit genannt wurde, von den Nerven zu den Muskeln übergeführt werde und der Körper, der sich nach dieser Theorie wie eine geladene Leydener Flasche verhalten würde, durch die Entladung in Zuckungen versetzt werde. Ein großer Theil der Gelehrten hielt ziemlich lange an dieser Erklärung fest, trotzdem sie sehr bald durch die ausgezeichneten Untersuchungen Alexander Volta's, Professors in Pisa, widerlegt und an ihre Stelle eine neue und bei weitem bessere Theorie gesetzt wurde.

**Der elektrische Strom, Galvanismus.** Volta hatte als das Wesentliche in dem Galvani'schen Versuche erkannt, daß die metallische Leitung aus zwei verschiedenen Metallen, welche mit einander in Berührung gebracht werden, bestehen müsse. Er zeigte, daß bei Berührung zweier verschiedenen Leiter fortwährend Elektrizität entwickelt werde, und nahm an, daß an der Berührungsstelle das neutrale elektrische Gemisch sich zerlege, die positive Elektrizität nach dem einen, die negative nach dem andern Metalle hin abströme. Da die Erzeugung und das Abfließen der Elektrizität ohne Unterbrechung fortdauert, so ist das Produkt ein galvanischer Strom genannt worden. Die Elektrizität selbst ist nur in der Art ihrer Entstehung von der durch Reibung erzeugten verschieden, in allen ihren Eigenschaften aber derselben entsprechend. Ihren Entdeckern zu Ehren nennt man sie **Galvanismus** oder **Voltaismus**. Zur Erzeugung eines elektrischen Stromes ist aber außer den beiden verschiedenen Metallen noch ein feuchter Leiter, der mit beiden in Berührung steht, nothwendig, und wahrscheinlich ist der Ort der Elektrizitätsscheidung nicht an der Berührungsstelle der Metalle, sondern an der Kontaktfläche derselben mit der Flüssigkeit zu suchen.

**Elektromotorische Kraft.** Die Kraft, welche an der Berührungsstelle die Elektrizitäten scheidet, hat man elektromotorische Kraft genannt, ohne über ihre Natur eine scharfe Vorstellung zu haben. Es dürfte indessen als am wahrscheinlichsten angenommen werden, daß, wie bei der Elektrisirmaschine die in Folge mechanischer Kraftleistung erzeugte, hier die bei chemischen Prozessen freiwerdende Wärme in Elektrizität umgesetzt wird. Denn die chemischen Vorgänge spielen bei der Erzeugung der Berührungselektrizität eine so bedeutende Rolle, daß wir sie als eine allgemeine und nothwendige Bedingung ansehen können, und wo es uns nicht gelingt, sie direkt zu beobachten, wir lediglich den Grund in ihrer Subtilität und der Unvollkommenheit unserer sonstigen Erkennungsmittel suchen müssen.

Es liegt schon im Begriff des elektrischen Stromes, daß zur Erzeugung desselben die beiden berührenden Körper Leiter sein müssen. Namentlich erweisen sich die Metalle deshalb von großer Fähigkeit. Allein die elektrizitätserregende, die elektromotorische Kraft ist nicht bei allen gleich groß, sondern es findet unter ihnen ein sehr merkwürdiges Verhalten sowol in Bezug auf die Qualität als auch auf die Quantität der Elektrizität statt. Während Kupfer, mit Zink berührt, negativ elektrisch wird und das Zink positiv, wird es, mit Gold in Kontakt gebracht, positiv und das Gold negativ, und so ist sein Verhalten, wenn es auch gegen dasselbe Metall immer dasselbe bleibt, doch gegen verschiedene auch ein verschiedenes. Die Leiter lassen sich daher in eine Reihe der Art neben einander stellen, daß jeder derselben negativ elektrisch wird, wenn er mit einem der vorhergehenden in Berührung gebracht wird; dagegen positiv, wenn er von einem der nachfolgenden berührt wird. Diese Reihe heißt die elektrische Spannungsreihe und ist für die hauptsächlichsten Elemente die folgende: Zink, Blei, Zinn, Eisen, Kupfer, Silber, Gold, Platin, Kohle. Je weiter in ihr zwei Körper von einander stehen, um so stärker ist die zwischen ihnen waltende elektromotorische Kraft.

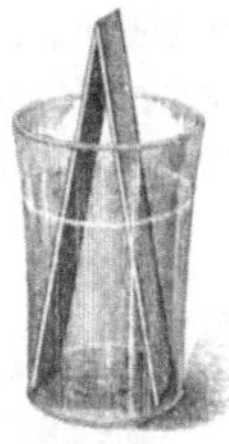

Fig. 264. Elektrizitätserzeugung durch Berührung.

**Galvanisches Element.** In der einfachsten, abgerundetsten Form sehen wir den Vorgang des galvanischen Stromes bei einem sogenannten **Elemente**. Ein solches besteht aus weiter nichts als aus zwei Stücken Metall, die an der einen Seite sich berühren, während sie auf der andern durch eine leitende Flüssigkeit mit einander verbunden sind. Ist z. B. in Fig. 264 ein Zinkstreifen mit einem Kupferstreifen an der obern Kante zusammengelöthet, so vereinigt sich hier die Elekrizität, welche sich an den einander zugewandten Berührungsstellen mit der Flüssigkeit entwickelt, und zwar nimmt die positive einen ununterbrochenen Abfluß vom Zink durch die Flüssigkeit nach dem Kupfer, die negative dagegen umgekehrt von dem Kupfer zum Zink. Die Richtung des elektrischen Stromes ist man überein gekommen, nach der Richtung der positiven Elektrizität zu bezeichnen; man sagt also hier, der Strom bewegt sich innerhalb der Flüssigkeit vom Zink zum Kupfer, außerhalb der Flüssigkeit umgekehrt.

Es leuchtet ein, daß der elektrische Strom in derselben Weise stattfinden muß, wenn auch Zink und Kupfer nicht wie in Fig. 264 direkt mit einander in Berührung stehen, sondern wenn zwischen beiden ein anderer Leiter eingeschaltet ist, wie der die beiden Metallplatten a und b verbindende Draht in Fig. 265. Der Umstand, daß die Größe der eintauchenden Oberflächen für den galvanischen Effekt maßgebend ist, begünstigt ganz besonders die chemische Theorie der Stromentwickelung, welcher sich jetzt die Physiker immer entschiedener gegen die ältere Kontakttheorie zuneigen, der zu Folge eigentlich die Elektrizität aus nichts entstand.

**Die Volta'sche Säule.** Wie man in der elektrischen Batterie die Wirkung der Leydener Flasche durch Vereinigung mehrerer summirt, so kann man auch durch Aneinanderreihen einer größern Zahl von Elementen die Effekte des galvanischen Stromes steigern, und es geschieht dies in der That überall da, wo zu irgend welchen Zwecken galvanische Elektrizität erzeugt wird. Volta, der Schöpfer der neuen Lehre, hat diesen seinen Gedanken verwirklicht, indem er 1800 die nach ihm benannte Säule erfand. Dieselbe besteht, wie es Fig. 266 zeigt, aus wechselsweise über einander geschichteten Platten von Kupfer und Zink, welche paarweise von einander durch zwischengeschaltete, gleich große und mit Salzwasser getränkte Filzdeckel getrennt sind. Diese feuchte Filzdeckel, die je nach Befinden eben so gut durch ein Stück Tuch oder angesäuertes Löschpapier ersetzt werden können, vertreten die Stelle der Flüssigkeit in Fig. 264 und 265. In unsrer Abbildung sind sie durch die punktirten Schichten angedeutet, während die schwarzen Platten das Kupfer, die heller schraffirten das Zink bedeuten. Fängt die Säule unten mit einer Kupferplatte an, so schließt sie oben mit einer Zinkplatte. Der Name „Säule“ erklärt sich aus der Form, welche Volta dem Apparat gegeben hat; sie ist übrigens unwesentlich, denn wir werden sehen, daß eine große Anzahl anderer Anordnungen dieselben, ja oft bessere Effekte geben können.

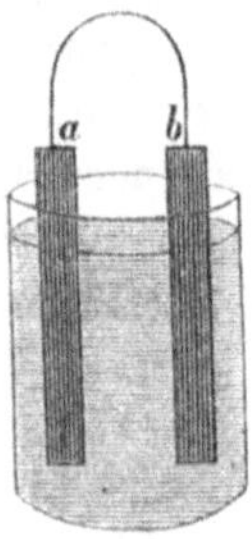

Fig. 265. Galvanisches Element.

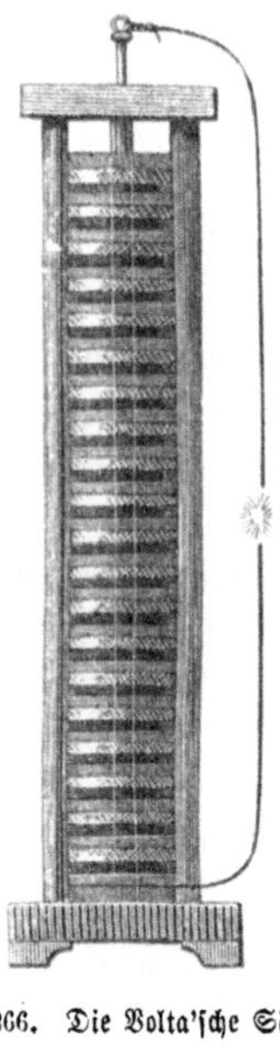
Fig. 266. Die Volta'sche Säule.

Die Volta'sche Säule muß isolirt, d. h. außer leitende Verbindung mit dem Erdboden gesetzt werden. Man erreicht dies, indem man sie auf Glasfüße stellt und die Ständer, zwischen denen die Platten aufgeschichtet werden, ebenfalls aus Glas oder wenigstens aus gut lackirten Holzstäben verfertigt.

Untersucht man nun den elektrischen Zustand der Säule, so findet man, daß sie in der Mitte sich völlig neutral verhält, daß aber nach den beiden Enden zu die elektrische Spannung wächst und endlich ihren höchsten Grad an den beiden äußersten Plattenpaaren erreicht. An dem Ende, nach welchem hin die Zinkplatten liegen, finden wir die Summe aller positiven Elektrizität, an dem andern die gesammte negative, und deswegen heißen Anfang und Ende die beiden Pole, positiv und negativ. Die Spannung der Elektrizität wächst mit der Anzahl der Plattenpaare oder Elektroden, die Menge der erzeugten Elektrizität mit der Größe der sich berührenden Platten.

So lange die Pole der Säule nicht mit einander in Berührung gebracht werden, ist auch keinerlei Wirkung ersichtlich. Erst wenn ein Draht oder sonst eine Leitung zwischeneingeschaltet wird, bemerken wir die Effekte, welche ihrer Erscheinung nach in physikalische, physiologische und chemische getheilt werden können.

Bevor wir uns aber zu ihrer Betrachtung wenden, wollen wir den verschiedenen

Abänderungen, welche die Volta'sche Säule nach und nach erlitten hat, unsere Aufmerksamkeit zuwenden, zumal dieser Gegenstand in der Telegraphie, der Galvanoplastik u. s. w. eine große Bedeutung beansprucht.

Die Zamboni'sche Säule ist in ihrer Einrichtung ganz der Volta'schen entsprechend; nur besteht sie nicht aus massiven Metallplatten, sondern aus Gold- und Silberpapier, von denen je zwei Blatt mit den Metallseiten aneinander gelegt und diese Plattenpaare in entsprechender Reihenfolge aufgeschichtet sind. Das Papier, welches immer etwas Wasser aus der Luft anzieht, vertritt hier die Stelle des feuchten Leiters. Natürlich kann eine solche Säule keine starken Effekte geben; da man aber bequem mehrere Tausend Papierblätter aufeinander legen kann, und die Elektrizitätsentwickelung, wenn auch der mangelhaften Leitung wegen langsam, so doch lange Zeit andauernd stattfindet, so läßt sich die Zamboni'sche Säule für manche Zwecke gut verwenden (Perpetuum mobile).

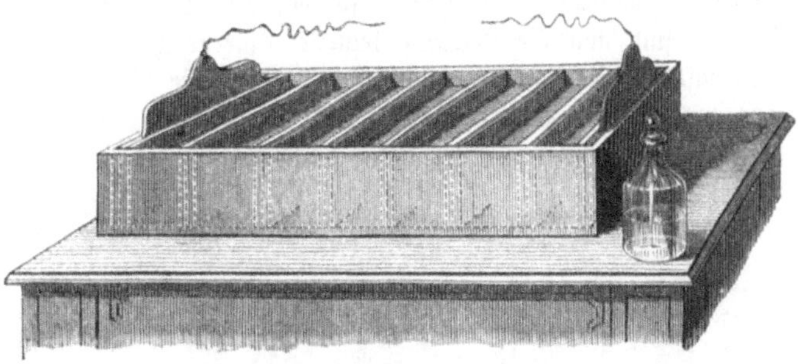

Fig. 267. Der Trogapparat.

Der hauptsächlichste Uebelstand, welcher der Volta'schen Säule anhaftet, ist der, daß die Wirkung derselben keine stetige, lange andauernde ist, sondern daß sie, obwol im Anfang sehr kräftig, nach kurzer Zeit nachläßt und immer schwächere Elektrizitätsentwickelung zeigt. Der Grund davon liegt in der chemischen Zersetzung. Die Entwickelung des galvanischen Stromes ist nämlich mit einer Zersetzung des Wassers im feuchten Leiter verbunden, der Sauerstoff geht zum Zink und verbindet sich mit diesem zu Zinkoxyd, welches sich in der säurehaltigen Flüssigkeit auflöst; der Wasserstoff dagegen geht zum Kupfer und setzt sich hier in Form kleiner Bläschen an, welche nun an all' den einzelnen Punkten die direkte Berührung des Kupfers hindern und so der Elektrizitätsentwickelung schaden. Innerhalb einer Säule wie Fig. 266 kann man sie aber schwer entfernen, wenn man nicht den ganzen Bau auseinander nehmen will. Darum und auch weil durch das Gewicht der darüber lastenden Plattenpaare die Flüssigkeit aus den untern Filzdeckeln ausgequetscht und damit eine schädliche direkte Leitung zwischen den einzelnen Plattenpaaren herbeigeführt wird, hat man die einzelnen Elemente neben einander in einen länglichen viereckigen Kasten zusammengestellt und die dazwischen entstehenden Zellen mit der leitenden Flüssigkeit ausgefüllt. Dies ist der sogenannte Trogapparat (Fig. 267), welcher dadurch noch eine Abänderung erfahren hat, daß man für die Zellen einzelne Gefäße anbringt und die Elemente in der Weise mit einander in Verbindung setzt, wie es Fig. 268 andeutet (Becherapparat). Man hat bei diesen Arrangements den Vortheil, leicht jedes einzelne Element herauszunehmen zu können. Eine solche Vereinigung mehrerer Elemente

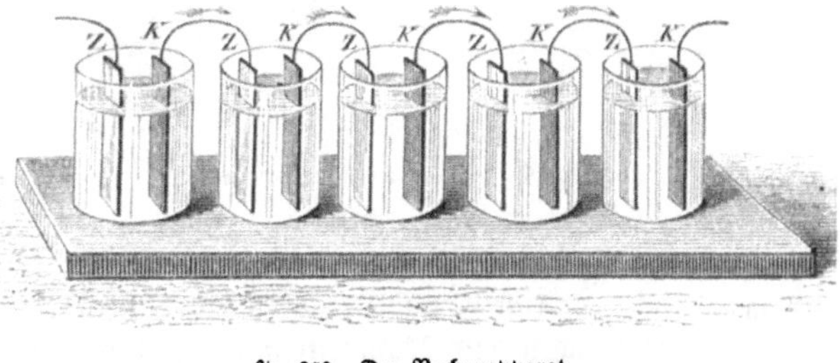


Fig. 268. Der Becherapparat.

heißt eine galvanische **Batterie**, und es ändert im Wesen des Apparats nichts, ob bei der einen oder der andern anstatt Kupfer und Zink andere Metalle, Zink und Silber, Silber und Platin u. s. w., als Elektrizitätserreger mit einander verbunden sind. Eine gleichbleibende Wirkung lassen sie aber sämmtlich nicht erreichen; der Anfangs sehr kräftige Strom nimmt eben in Folge der sich anhaftenden Wasserstoffbläschen rasch ab.

Die konstanten Batterien suchen diesen Uebelstand zu umgehen, und zwar indem sie die chemische Zersetzung so dirigiren, daß kein schädliches Gas ausgeschieden wird, vielmehr alle Produkte in Lösung bleiben und wo möglich die Flüssigkeit immer dieselbe Zusammensetzung und Konzentration behält. Man erreicht diesen Zweck, wenn auch nie vollständig, so doch annähernd dadurch, daß man das negative Metall in eine andere Flüssigkeit tauchen läßt als das positive, beide von einander aber durch poröse Zwischenwände absperrt, so daß die Flüssigkeiten immer mit einander in Berührung sind und die Leitung keinerlei Unterbrechung erleidet. Als positives Metall dient fast immer das Zink, welches in verdünnte Schwefelsäure eingetaucht wird, als negatives bei der Daniell'schen Batterie Kupfer, in eine konzentrirte Lösung von Kupfervitriol eingetaucht, bei der Grove'schen Platin in konzentrirter Salpetersäure, bei der Bunsen'schen Batterie endlich feste Kohle, ebenfalls in konzentrirter Salpetersäure. Das Zink wird bei allen, um die direkte Einwirkung der Schwefelsäure abzuhalten, mit Quecksilber oberflächlich amalgamirt.

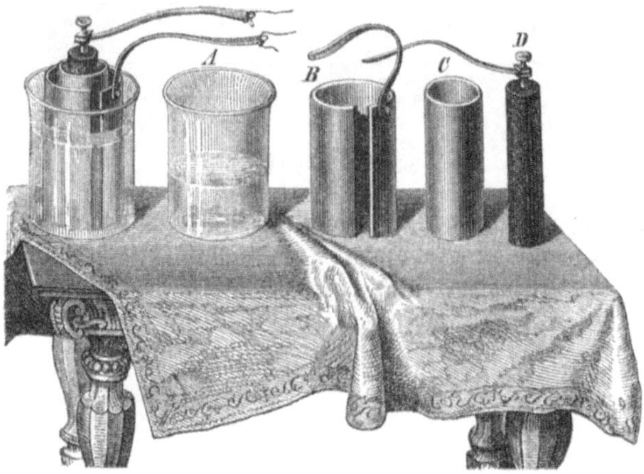


Fig. 269. Das Bunsen'sche Element.

Wir wollen als Beispiel nur die Einrichtung der zuletzt erwähnten Bunsen'schen Batterie betrachten, welche für größere praktische Zwecke die meisten Vorzüge in sich vereinigt.

Jedes Element dieser Batterie besteht aus vier Stücken: 1) einem Gefäß A von Porzellan oder Glas (Fig. 269), welches zur Aufnahme der übrigen dient; 2) einem hohlen, geschlitzten Cylinder B, aus einer starken Zinkplatte gebogen, an welchen ein Kupferstreifen angelöthet ist; 3) einem porösen Thoncylinder C, unten und an der Seite vollständig geschlossen, und 4) aus einem massiven Kohlencylinder D, oben mit einer Schraube versehen, mittels deren der vom Zink kommende Kupferstreifen leitend mit der Kohle verbunden werden kann. Alle diese einzelnen Theile nehmen in der genannten Reihenfolge im Durchmesser mehr und mehr ab, weil sie, wie es die Abbildung zeigt, beim Zusammensetzen in einander geschachtelt werden. Zuerst kommt der Zinkcylinder, in diesen wird die Thonzelle gesetzt und dahinein der Kohlencylinder gebracht. Der Zwischenraum, wo das Zink steht, wird mit verdünnter Schwefelsäure, das Innere der Thonzelle aber mit konzentrirter Salpetersäure angefüllt.

Gewöhnliche Holzkohle kann man zu den Kohlencylindern nicht verwenden; denn sie ist nicht dicht genug und leitet zu wenig. Es werden vielmehr die härtesten Koaks, die sich oben an den Decken der Gasretorten ansetzen, ausgesucht, gepulvert, mit etwas Steinkohlenpulver und Syrup zu einem festen Teige angerührt, diese Masse zu Cylindern geformt und hart gebrannt, so daß sie klingend wird. Bisweilen macht man auch die **Kohlencylinder** hohl und füllt sie mit zerstoßenen Koaks oder Sand, den man mit Salpetersäure tränkt; ja billige Batterien stellt man auf die Weise dar, daß man die Thonzelle C gleich mit Koaksbrocken und Koakspulver vollstopft und mit Säure füllt.

Die Thonzelle hat, um die Berührung mit dem Zink zu vermeiden, einzelne gläserne Vorsprünge, welche in dem Grundriß Fig. 270 deutlicher hervortreten. Daselbst sieht man auch, in welcher Weise mehrere Elemente zu einer Batterie vereinigt werden. Es wird nämlich der vom Zink des ersten Elements ausgehende Kupferstreifen durch die Klemmschraube an den Kohlencylinder des zweiten Elements angedrückt, der Zinkcylinder des zweiten Elements mit der Kohle des dritten u. s. w. in leitende Verbindung gesetzt, so daß der Kohlencylinder des ersten Elements schließlich mit dem Zink des letzten verbunden werden muß, wenn die Kette geschlossen sein soll.

**Die Wirkungen des galvanischen Stroms** sind, wenn auch nicht qualitativ, so doch quantitativ, in vielen Punkten von denen des gewöhnlichen elektrischen Funkens sehr verschieden. Was die physikalischen Phänomene anlangt, so stehen Licht und Wärmeeffekte in erster Reihe, während die Anziehung bei der verhältnißmäßig geringen Spannung der Elektrizität in den galvanischen Batterien nur wenig Bemerkenswerthes zeigt.

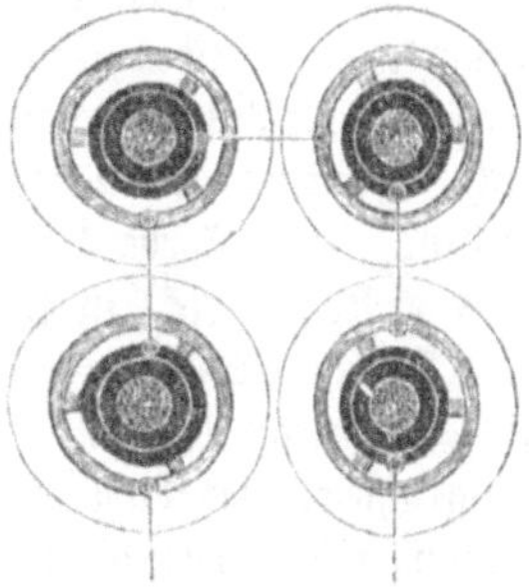
Fig. 270. Die Bunsen'sche Batterie.

In den Schaufenstern der Mechaniker sieht man bisweilen ein sogenanntes **elektrisches Perpetuum mobile** aufgestellt. Dasselbe gründet sein lange andauerndes Spiel auf die Anziehung, die von der Elektrizität zweier Zamboni'scher Säulen auf ein um seinen Schwerpunkt schwingendes Pendel ausgeübt wird und dasselbe in Bewegung erhält. Die Zamboni'schen Säulen sind nämlich so neben einander aufgestellt, daß bei der einen der positive, bei der andern der negative Pol sich oben befindet. Das Pendel ist mitten inne zwischen beiden aufgehängt und trifft mit seinen beiden Endkugeln beim Ausschlagen gerade die Pole der Säule. Hier ladet es sich bei jeder Berührung mit Elektrizität, wird von dem gleichnamigen Pole dann abgestoßen, von dem andern aber um so kräftiger angezogen, bis es, mit der entgegengesetzten Elektrizität gesättigt, auch hier wieder abgestoßen wird und so abwechselnd immer hin- und herschwankt.

**Fortbewegung und Widerstandsverhältnisse** des galvanischen Stromes sind entsprechend wie beim elektrischen Funken. Je dicker der Draht, desto besser die Leitung; schwache Drähte können durch das Passiren starker Ströme bedeutend erhitzt, glühend gemacht und eben so geschmolzen werden, wie durch den Funken der elektrischen Batterie. Bei Sprengarbeiten bedient man sich daher, weil man das Experiment hier besser kontroliren kann, zur Entzündung der Ladungen gewöhnlich einer galvanischen Batterie, deren Verbindungsdraht man durch alle Sprenglöcher hindurchleitet. Wo der Draht durch den Sprengsatz geht, besteht er aus einem dünnern Stück, welches durch den Strom in's Glühen gebracht wird. Da die Erhitzung aber durch die ganze Länge des Drahtes auf einmal erfolgt, so findet auch die Explosion aller Löcher in demselben Moment statt.

In der Chirurgie benutzt man die Erhitzung schwacher Drähte durch den galvanischen Strom, um Fleischpartien abzubrennen. Der Draht wird um den zu operirenden Theil gelegt, während noch kein Strom hindurchgeht, und in die richtige Lage gebracht. Darauf schließt man die Kette und schnürt entweder die Drahtschlinge zu oder schneidet mit dem glühenden Faden, wie der Seifensieder mit dem Draht Seife schneidet.

Um die beiden Pole einer Batterie mit einander leitend zu verbinden, eben so rasch aber auch wieder die Wirkung aufhören zu lassen, hat man sogenannte **Unterbrecher** konstruirt, welche auf bequeme Weise diese Absicht erreichen lassen. Die einfachsten Apparate dieser Art sind diejenigen, wo der eine Pol in ein Quecksilbernäpfchen, der andere in ein anderes geleitet, beide aber durch einen in beide Näpfchen tauchenden Metallbügel verbunden werden, der augenblicklich herauszuheben und wieder einzusetzen ist.

**Das elektrische Licht.** Während der elektrische Funken eine einmalige Lichtexplosion oder bei der Leydener Flasche ein rasch abnehmendes oscillatorisches Ausgleichen ist, charakterisirt sich die Lichterscheinung des galvanischen Stromes durch ihre stetige Ausstrahlung und läßt sich dadurch einer praktischen Verwendung geneigt finden. Um ein lebhaftes Licht hervorzurufen, muß man aber schon eine ziemlich starke Säule anwenden und anfänglich die von den Polen ausgehenden Drähte einander sehr nahe bringen. Ist aber von einem Pole zum andern durch einen überspringenden Funken einmal eine leitende Brücke gebaut, so geht dann die Ueberstrahlung von Statten, auch wenn die Entfernung der beiden Polenden von einander vergrößert wird.

Sir Humphry Davy setzte eine Säule aus 2000 kräftigen Zink- und Kupferplattenpaaren zusammen. Die Pole derselben ließ er in zwei Kohlenenden auslaufen. Näherte er dieselben einander, so ging der Strom über, und der Lichtschein nahm, wenn die Kohlenenden dann langsam von einander entfernt wurden, die Gestalt eines nach auswärts gekrümmten Bogens an, der erst bei einer Entfernung von drei Zoll erlosch. Die Farbe des Lichtes war blendend weiß mit einem bläulichen Saume. Das elektrische Licht ist sehr reich an chemisch wirkenden Strahlen.

Durch Vergleichung hat man gefunden, daß 48 gewöhnliche Kohlenplatinelemente eine Leuchtkraft entwickeln wie 572 Wachskerzen. Diese große Helligkeit, sowie die Möglichkeit, das Licht plötzlich hervorrufen und eben so plötzlich wieder verlöschen zu können, ließen bald die Idee einer praktischen Verwendung auftauchen.

Anfangs der vierziger Jahre wurden in Paris von **Deleuil** Versuche gemacht, das elektrische Licht zur Straßenbeleuchtung zu gebrauchen. Er beleuchtete mittels 98 Zinkkohlenelementen den Pavillon eines Hauses am Pontneuf. Das Experiment machte ungeheures Aufsehen. Man wollte eine „Erleuchtungs-Kompagnie" gründen, und die Acherau'schen Beleuchtungen des Concordienplatzes 1844 hielten die Sympathien des leichtbeweglichen Parisers dem Projekt geneigt.

In Petersburg wurden ebenfalls Versuche von **Jacobi** und **Acherau** 1849 mit einer Batterie von 185 Zinkkohlenelementen, jedes von 1½ Quadratfuß Oberfläche, gemacht. Die Batterie stand parterre, Leitungsdrähte führten zum Lichtapparat, der auf der Höhe des Admiralitätsthurmes stand und von hier am 8. Dezember in einer Nacht von wunderbarer Klarheit die in schnurgrader Richtung auf den Thurm zulaufenden drei Hauptstraßen, Newsky-Prospekt, Erbsenstraße und Wosnesensky-Prospekt, so hell beleuchtete, daß in einer Entfernung von 100 Schritt die Helligkeit 25mal, bei 3—400 Schritt aber nur doppelt so groß war, als bei gewöhnlichem Gaslicht.

In dieser Abnahme der Leuchtkraft mit der Entfernung liegt aber die Unverwendbarkeit einer einzigen Lichtquelle für die Beleuchtung von Straßen und Plätzen. Vereinzelte elektrische Laternen dagegen, in Entfernungen von einander aufgestellt wie die Gaslaternen, würden keinen Gewinn gewähren, weil für jede womöglich eine besondere Batterie eingerichtet werden möchte.

Trotzdem nun, daß die Aussichten des elektrischen Lichts für Straßenbeleuchtung sehr geschwunden sind und daß auch durch den Versuch, die Deputirtenkammer in Brüssel elektrisch zu beleuchten, welcher 1852 gemacht wurde, ein Nutzen sich für

Elektrische Beleuchtung.

Beleuchtung geschlossener Räume nicht herausstellte, so giebt es doch eine große Zahl anderer Zwecke, denen es mit Vortheil dienen kann.

Die glänzenden Stadttheile in Paris wurden von Napoleon III. aus den Trümmern niedergerissener alter Baracken mit Zauberschnelle hervorgerufen. Ohne Unterbrechung währte die Thätigkeit. Der Tag hatte 24 Arbeitsstunden, in der einen Hälfte schien die Sonne, in der andern das elektrische Licht. Die Westminsterbrücke in London, die Rheinbrücke bei Kehl, der Industriepalast von 1862 und andere große Gebäude sind zum Theil bei elektrischem Licht gebaut. Man wendet dasselbe auf Leuchtthürmen zum Signalisiren an, wie auf dem Leuchtthurm zu South-Foreland ohnweit Dover, und da es, um fortzuleuchten, nicht an das Vorhandensein von Sauerstoff gebunden ist, so ist es ein ausgezeichnetes Mittel, um unter Wasser dem Taucher den Meeresboden zu beleuchten, oder Fische anzulocken. Man kann es sehr gut benutzen, um den menschlichen Körper behufs Operationen, z. B. in der Rachenhöhle u. dgl., von innen zu erhellen. Und außerdem behält das elektrische Licht seinen unbestreitbaren Wirkungskreis auf dem Theater, wo ihm Meyerbeer eine ganz besondere Aufnahme bereitet hat.

So einfach die Erzeugung des elektrischen Lichtes auf den ersten Anschein aussieht, so sind doch damit Schwierigkeiten verknüpft, welche gründlich zu heben jetzt noch nicht einmal vollständig gelungen ist. Das schönste Licht erhält man, wenn man wie schon erwähnt die Enden der Poldrähte in Stäbe von harter Kohle, solche wie sie zu den Bunsen'schen Kohlencylindern genommen wird, ausgehen läßt. Man hat zwar in neuerer Zeit dünne Drähte von Magnesium vorgeschlagen, weil dieselben, wenn ein elektrischer Strom hindurchgeht, mit ungemein prächtigem Lichte verbrennen, ferner auch den Strom in einen herabfallenden Quecksilberfaden geleitet und das dabei sich entwickelnde blendende Licht ausnutzen wollen, allein mit wenig Glück, da die erstere Methode zu kostspielig, die zweite aber wegen der sich bildenden Quecksilberdämpfe zu gefährlich ist. Die Kohlenenden dagegen haben den Uebelstand, daß sie in Folge der großen Wärmeentbindung, welche gleichzeitig mit stattfindet, nach und nach verbrennen, wodurch sich der Zwischenraum vergrößert, bis endlich die Entfernung zu groß und der Strom unterbrochen wird, wobei natürlich das Licht verlöscht.

Um diesem zu begegnen, sind eine Anzahl von Apparaten erfunden worden, welche wie Regulatoren wirken und die Kohlenspitzen in gleicher Entfernung halten; ja wenn in Folge des schwächern Stromes der Lichtbogen an Intensität abnimmt, sie einander sogar nähern und die ursprüngliche Leuchtkraft wieder hervorrufen. Namentlich wird die von Serrin konstruirte Lampe als praktisch geschildert, welche, obwol in ihrer Einrichtung etwas komplizirt, doch so solid und stetig in ihrer Wirkung ist, daß trotz des hohen Preises ihre praktische Verwendbarkeit namentlich für Leuchtthürme nicht bezweifelt werden kann. Auf der letzten Londoner Industrieausstellung war sie oft stundenlang in Thätigkeit, ohne eine Nachhülfe zu bedürfen oder wesentliche Schwankungen in der Helligkeit zu zeigen.

**Chemische Wirkungen des galvanischen Stroms.** Die eigenthümlichen Wirkungen, welche der elektrische Strom auf den menschlichen Körper, auf Nerven und Muskelsystem ausübt, machen sich besonders bemerklich beim Eintreten und beim Verschwinden des galvanischen Stroms, also bei den Unterbrechungen desselben, weniger beim stetigen Verlauf; zu ihrer Erzeugung sind deswegen auch ganz besondere Apparate nöthig. Wir können sie jetzt nicht zum Gegenstand unsrer Betrachtung machen, dafür aber erübrigt uns, einen Blick auf die chemische Wirkung des elektrischen Stroms zu werfen.

In jeder zusammengesetzten chemischen Verbindung sind die Bestandtheile von verschiedener elektrischer Qualität, in Folge deren sie verschiedene Stellen in der elektrischen Spannungsreihe annehmen würden. Wasser besteht z. B. aus Wasserstoff und Sauerstoff, von denen der erstere gegen den zweiten positiv, der zweite gegen den ersten dagegen negativ sich verhält. Ragen nun die beiden Pole (Elektroden) einer hinlänglich starken galvanischen Kette in Wasser so, daß der Strom durch dasselbe von einem zum andern übergehen kann, so erfolgt, wie wir schon bei der Volta'schen Säule gesehen haben, eine Zersetzung in der Art, daß der positive Pol, oder die Anode, den negativen Sauerstoff, der negative Pol, die Kathode, dagegen den positiven Wasserstoff anzieht. Beide Gasarten entwickeln sich in kleinen Bläschen an den Polenden, wo sie aufgefangen werden können (Fig. 271). Dabei erhält man immer doppelt so viel Wasserstoff als Sauerstoff, weil in diesen Verhältnissen beide Gase mit einander verbunden sind.

Die Zersetzung des Wassers hatte man schon im Jahre 1800 kennen gelernt; 1807 entdeckte Humphrey Davy die ganz analoge Zersetzbarkeit der Alkalien und Erden, welche man bis dahin für einfache Körper gehalten hatte, und zeigte, daß dieselben sogenannte Oxyde, d. i. einfache Verbindungen eigenthümlicher Metalle mit Sauerstoff seien. In der Pottasche fand man das Kalium, in der Soda das Natrium; Calcium, Magnesium, Aluminium, Silicium wurden als die Grundbestandtheile der Kalkerde, der Talk-, Thonerde und des Kiesels erkannt, und durch diese Thatsache gewann die Chemie erst das sichere Fundament, auf welchem sie sich so ungemein rasch und folgenreich entwickelte.

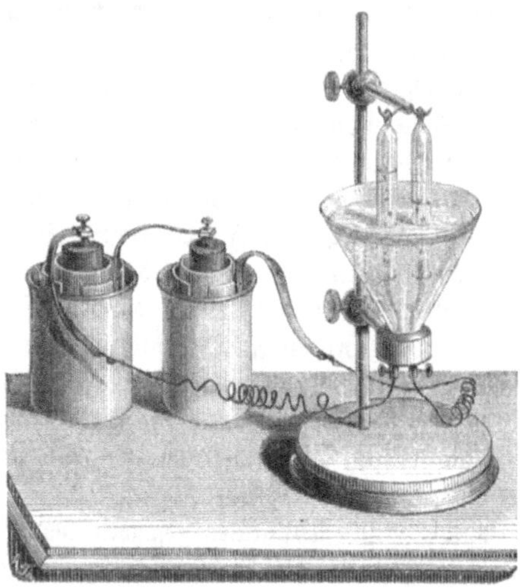

Fig. 271. Wasserzersetzung durch den elektrischen Strom.

Die genannten Körper sind Metalle oder metallähnliche Körper, sie stehen in der elektrischen Spannungsreihe am äußersten positiven Ende. Der Sauerstoff dagegen ist einer der negativsten Körper und er scheidet sich daher immer am positiven Pole aus, während jene Metalle am negativen Pole einer starken Batterie in gediegenem Zustande sich ablagern.

Salze, das sind komplizirtere chemische Verbindungen, in denen je zwei bereits zusammengesetzte Körper sich mit einander zu einem dritten, neuen vereinigt haben, werden nichtsdestoweniger auch zerlegt, wenn sie nur in einen flüssigen Zustand sich überführen lassen, so daß sie in demselben die Leitung zwischen den beiden Polen übernehmen können. Ihre Moleküle zerfallen dabei vorerst in die beiden zunächstliegenden Bestandtheile, Säure und Basis, die sich an die entsprechenden Pole begeben, indessen gehen sie hier auch sogleich in weitere Zersetzung über, so daß sich an den beiden Elektroden die entgegengesetzten Elemente ausscheiden. Taucht man z. B. in eine Lösung von schwefelsaurem Kupferoxyd die Polenden einer Batterie, so steigen am positiven Ende kleine Bläschen von Sauerstoff als des negativsten Körpers auf, am negativen Pole dagegen scheidet sich metallisches Kupfer als der positivste Körper aus. Die Schwefelsäure begiebt sich an den positiven Pol und löst hier, wenn es ihr geboten wird, eben so viel metallisches Kupfer wieder auf, als sich am negativen Pole ausschied. Diese Verhältnisse haben bei der Daniell'schen Batterie zur Anwendung einer Kupfervitriollösung, in welche die negative Kupferplatte getaucht wird, geführt, weil auf diese Weise immer eine blanke Metallplatte mit der Flüssigkeit in Berührung bleibt. Ferner aber haben sie die Natur zu einer merkwürdigen Künstlerin heranbilden gelehrt, indem diese Kupferniederschläge zusammenhängend, fest und doch so fein und zart hervorgerufen werden können, daß sie alle Erhöhungen und Vertiefungen, die sich auf der negativen Polplatte vorfinden, auf das Genaueste abbilden. Diese industrielle Verwendungsart nennt man

**Galvanoplastik.** Der erste Erfinder derselben ist **Wach**, welcher 1830 bei der Konstruktion einer konstanten Kette die Ablagerung von Kupfer bemerkte. Zwar will man schon den alten Aegyptern die Ausübung der Kunst zuschreiben, weil man in ägyptischen Gräbern große Figuren, Gefäße u. s. w. aus sehr dünnem Kupfer erzeugt, andere aus Holz gefertigt mit einem schwachen Kupferüberzug vorgefunden hat und man sich die Herstellung dieser Gegenstände durch den galvanischen Strom vollzogen vorstellt. Allein die Beweise sind so schwankender Natur, daß wir die Erfindung wol erst aus diesem Jahrhundert datiren können, wo dieselbe mit Bewußtsein gemacht und auf Grund der genau erkannten Vorgänge zur Vollkommenheit ausgebildet wurde.

Namentlich sind es zwei Männer, Jacobi in Petersburg und Spencer in Liverpool, welche, wie es scheint, gleichzeitig und ohne von einander zu wissen, den Gedanken, das am negativen Pole sich niederschlagende Kupfer über bestimmte Formen wachsen zu lassen, ausführten. Es scheint, als ob Jacobi zuerst zu einem günstigen Erfolge gekommen sei, wenigstens wird er allgemein als der Erfinder der praktischen Methode angesehen und von der russischen Regierung erhielt er nach Herstellung seiner ersten galvanoplastischen Produkte eine Belohnung von 25,000 Rubeln.

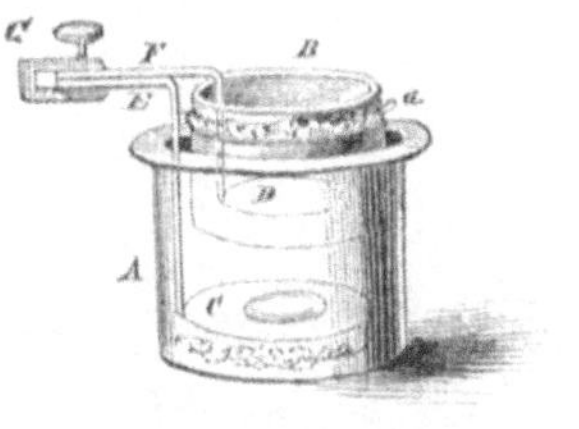

Fig. 272. Galvanoplastischer Apparat.

Die galvanoplastischen Apparate sind nichts weiter als galvanische Ketten, gewöhnlich von Zink und Kupfer, deren negativer Pol in eine Lösung von schwefelsaurem Kupferoxyd, deren positiver dagegen in verdünnte Schwefelsäure eintaucht. Die beiden Flüssigkeiten sind durch eine poröse Wand — thierische Blase oder eine Thonzelle — von einander getrennt.

Man kann sich mit einem Kostenaufwande von nur wenigen Groschen selbst einen einfachen Apparat dieser Art herstellen. In ein cylindrisches, sogenanntes Zucker- oder Einmacheglas A (siehe Fig. 272) wird ein offener hölzerner Cylinder, etwa eine runde Schachtel ohne Boden B, dergestalt eingepaßt, daß ringsum reichlich ½ Zoll Spielraum vorhanden ist; dann nimmt man ein Stück nasse Schweins- oder Rindsblase und bildet daraus einen Boden für die Schachtel, indem man die Blase um den Rand mit mehrfach umschlagenem Bindfaden recht fest bindet. Das untere Gefäß dient zur Aufnahme des negativen Poles, die poröse Zelle für den positiven Pol; ersteres wird daher mit Kupfervitriollösung, letztere mit verdünnter Schwefelsäure (30—40 Theile Wasser auf 1 Theil Schwefelsäure) gefüllt; dann hängt man die Blase so in das Glas A, daß in beiden die Flüssigkeiten ungefähr gleich hoch stehen. Legt man nun in die Kupferauflösung eine Kupferplatte C, an welche als Leitung ein Streifen Kupfer- oder Messingblech E angelöthet, oder auch nur ein Kupferdraht fest angedreht ist; hängt man ferner in die Schwefelsäure eine Zinkplatte D, an welcher sich ebenfalls eine Leitung F, wie oben beschrieben, befindet, und verbindet beide Leitungen endlich durch eine Klemmschraube G, so hat man damit die Kette zusammengesetzt, und es wird sich bald auf der Platte C aus der zersetzten Kupferauflösung ein feiner Niederschlag bilden, der nach und nach immer stärker wird und aus solidem, ganz reinem Kupfer besteht, das sich in alle Vertiefungen hineinsetzt und so ein ganz genaues, verkehrtes Abbild der Platte C giebt. Ist diese z. B. eine gestochene Kupferplatte, so enthält die Ablagerung auch die feinsten Züge derselben erhaben; und wenn man diese Ablagerung wieder in den Apparat bringt, so kann man einen neuen Niederschlag entstehen lassen, der alle Züge wieder vertieft zeigt und eine so genaue Kopie der ersten Platte ist, daß man von derselben Abdrücke erhält, die von denen der Originalplatte nicht zu unterscheiden sind. In der That wird dieses Verfahren vielfach angewendet, um von einer Kupferplatte, die sonst nur etwa 800 gute Abdrücke liefern würde, durch mehrere, nach einander über einer, von der Originalplatte genommenen Matrize erzeugte Platten viele Tausend Abdrücke zu nehmen. Ausgedehnte Anwendung von diesem Mittel, gestochene theure Platten zu schonen, macht man z. B. in den bekannten großen Landkartenfabriken zu Weimar und Gotha und in der Staatsdruckerei zu Wien (siehe Fig. 273); außerdem aber bedient sich jede größere Druckerei des Verfahrens, um Holzstöcke u. dgl., anstatt sie zu clichiren, galvanoplastisch zu vervielfältigen, weil hier natürlich alle Feinheiten viel schöner und zarter wiedergegeben werden.

Fig. 273. Das galvanoplastische Atelier in der k. k. Staatsdruckerei in Wien.

Einen größern Apparat zur gleichzeitigen Erzeugung mehrerer Stücke, mit Platten von 1000 und mehr Quadratzoll Oberfläche, wie er in solchen Instituten gebräuchlich, bringt uns die Abbildung Fig. 274 zur Anschauung.

Es ist aber gar nicht unbedingt nöthig, daß die Form am negativen Pol, welche mit Kupfer überwachsen soll, von Metall sei; es genügt, daß ihre Oberfläche leitend gemacht werde. Man kann dann zu den Formen Holz, Gyps, Schwefel, Stearin, kurz jeden Stoff anwenden, der bildsam genug ist, um irgendwie geformt werden zu können, und der den Aufenthalt in der Kupferlösung verträgt, was z. B. Gypsformen an sich nicht können, wenn sie nicht vorher mit heißem Wachs u. dgl. durchtränkt worden sind. Als ein ausgezeichnetes Abformungsmittel hat sich die für viele Zwecke so überaus nützliche Guttapercha erwiesen. Sie nimmt, wenn sie in heißem Wasser erweicht und so auf das Original gedrückt wird, die feinsten Details desselben so vollkommen an, wie fast kein anderer Stoff. Zur Leitendmachung der Oberflächen bieten sich verschiedene Mittel dar. Man reibt die Formen mit fein geschlämmtem Graphit oder Metallbroncen ein; gießt man Formen aus Stearin, so kann ersteres Pulver gleich in die geschmolzene Masse mit eingerührt werden. Ferner kann man die leitend zu machenden Flächen mit einer Silberlösung bestreichen und sie den Dämpfen von Schwefeläther aussetzen, in welchem etwas Phosphor aufgelöst ist; es bildet sich hierbei ein feines, sehr gut leitendes Häutchen von Phosphorsilber.

Da der negative Pol an allen Stellen, mit denen er in die Kupfervitriollösung hineinragt, sich metallisch überzieht und dieser Ueberzug dann schwer abzulösen sein würde, so bestreicht man diejenigen Punkte, an denen sich kein Kupfer absetzen soll, mit einem Firniß oder mit Wachs und läßt nur die abzuformende Fläche leitend.

Wie man sieht, ist also die Möglichkeit gegeben, die Galvanoplastik auf die vielseitigste Weise nutzbar anzuwenden, und es geschieht dies auch so häufig, daß wol jeder Leser schon, vielleicht ohne es zu ahnen, irgend einen galvanischen Niederschlag in Händen gehabt hat. Man hat diese Kunst nicht unpassend „kalten Guß“ genannt, und in der That kann sie überall, wo es sich um Erzeugung flach oder hohl modellirter Gegenstände handelt, den Guß vertreten, nur leistet sie hinsichtlich der Feinheit bei weitem mehr. Sollen runde hohle Stücke erzeugt werden, so muß der Niederschlag natürlich an den Innenwänden einer Hohlform vor sich gehen, und es wird die Form ungefähr herzustellen sein, wie es Fig. 275 zeigt. Man hat in dieser Manier bereits eine große Zahl ganzer Statuen ausgeführt, welche auf öffentlichen Plätzen aufgestellt worden sind, wie z. B. das Hahnemanns-Denkmal in Leipzig. Interessante Nachbildungen kleiner Thiere, wie Eidechsen, Käfer u. dgl., können in Hohlformen galvanoplastisch erzeugt werden, indem man das Thier mit weicher thoniger Formmasse umgiebt, diese trocknet und brennt, die Hohlung von den Aschenresten reinigt und die Innenwände leitend macht.

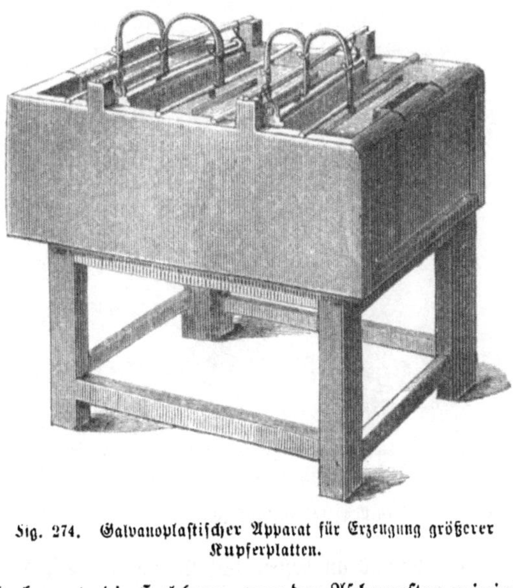

Fig. 274. Galvanoplastischer Apparat für Erzeugung größerer Kupferplatten.

Eben so werthvoll, wie dem Kupferstecher, dem Holzschneider u. s. w., ist die Galvanoplastik als Vervielfältigungsmittel für den Schriftgießer, indem sie ihn in den Stand setzt, mit Ersparung des Stempelschneidens in Stahl von jedem gegossenen Buchstaben eine kupferne Matrize unmittelbar zu gewinnen und so den Buchstaben in beliebiger Anzahl auf's Neue zu gießen. Dasselbe gilt von einer Masse Einfassungen, Eckstücken, Vignetten und andern Verzierungen. Auch die gewöhnlichen Stereotypplatten, wie die einzelnen Buchstaben, versteht man auf ihrer Druckfläche mit einer dünnen, festhaftenden Lage Kupfer zu überziehen, wodurch sie um Vieles dauerhafter werden. Selbst die Erzeugung von glatten Platten mit hochfeiner Politur, z. B. zum Behuf der Daguerreotypie, des Kupferstichs, für Glättpressen, ist auf galvanischem Wege vortheilhafter als auf dem mechanischen. Sehr gute Platten solcher Art entstehen fast wie von selbst in der Weise, daß man polirte Glastafeln chemisch versilbert (worüber Näheres bei der Spiegelfabrikation) und an diese Silberschicht eine Lage galvanisches Kupfer anwachsen läßt. Der große Werth der Galvanoplastik für die Münz- und Medaillenkunde springt von selbst in die Augen. Die Patronen für die Reliefkopirmaschine beim Steindruck werden alle auf galvanoplastischem Wege hergestellt.

Eine sehr interessante Anwendung der Galvanoplastik bildet die von **Kobell** erfundene **Galvanographie** mit den verwandten Kunstzweigen der **Glyphographie**, **Stylographie** u. s. w., die an früherer Stelle dieses Werkes (Bd. I, S. 428) schon besprochen worden sind. Sie gründen sich zum Theil auf die Thatsache, daß an dem positiven Pole in gleicher Weise Kupfer aufgelöst wird, wie sich solches am negativen abscheidet, und man macht davon bekanntermaßen auch Anwendung beim Aetzen der gewöhnlichen zum Kupferstich verwendeten Platten (**Galvanokaustik**). Kurz, die Anwendungen der chemischen Wirkungen des galvanischen Stroms sind in der kurzen Zeit seit ihrer Bekanntschaft so zahlreich geworden, daß wir Mühe haben würden, uns aller zu erinnern.

Es sind große industrielle Etablissements entstanden, in denen alle galvanoplastischen Arbeiten ausgeführt werden, und namentlich hat Paris sehr bedeutende solcher Ateliers aufzuführen. In einem derselben wird gegenwärtig eine der großartigsten galvanoplastischen Unternehmungen bewerkstelligt: die naturgetreue **Nachbildung der Trajanssäule** in Rom.

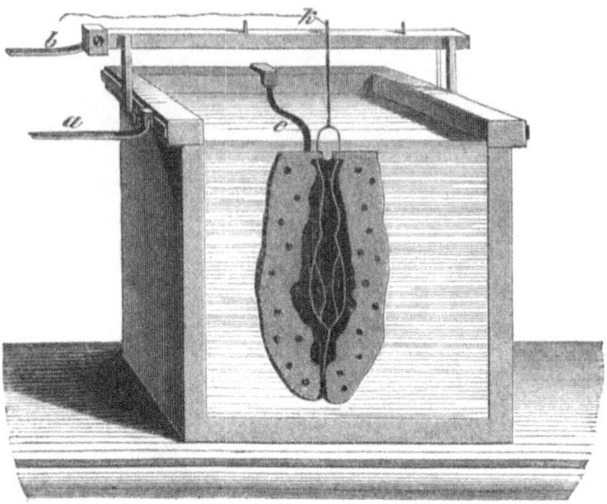

Fig. 275. Herstellung galvanoplastischer Gegenstände in Hohlformen.

Bekanntlich ließ der römische Senat dem Besten aller Kaiser zum Dank für die Besiegung und Unterwerfung der räuberischen Dacier ein prachtvolles Forum erbauen, auf welchem dann jene bekannte Säule errichtet wurde. Ursprünglich erhob sich auf ihr das Standbild Trajan's, später aber ließ einer der Päpste das Bild des Apostel Paulus an dessen Stelle setzen. Die Oberfläche der Säule ist über und über mit Skulpturen bedeckt, welche die Hauptereignisse der Trajanischen Kriege zum Gegenstande haben, und nicht nur ihrer künstlerischen Ausführung wegen, sondern ganz besonders auch kraft der historischen Ueberlieferungen, die sie uns über Körperbildung, Lebensgewohnheiten, Kleidung, Bewaffnung, Künste, öffentliche Gebräuche, sowol der Römer und ihrer Hülfsvölker, als der von ihnen unterjochten Barbaren geben, eins der allerwerthvollsten Materialien für das Studium der Kulturentwickelung.

Die Säule hat eine Höhe von 124 Fuß und ist aus 33 Marmorblöcken zusammengesetzt, von denen 8 den Sockel, 23 den Schaft, einer das Kapitäl und einer das Fußgestell der Figur bilden. In der Mitte ist jeder dieser Blöcke wie ein Mühlstein durchbrochen. Durch die senkrechte Oeffnung führt eine Wendeltreppe auf die Plattform hinauf. Die Außenwand trägt die Bildhauerarbeit, welche sich schraubenförmig in zwanzig ansteigenden Windungen zur Höhe zieht. Unten ist die Höhe der Figuren zwei Fuß, am obern Theile, welcher vom Beschauer entfernter liegt, vier Fuß. Die Gestalt des Kaisers wiederholt sich etwa 50mal, die Zahl der Figuren überhaupt aber beträgt zwischen 2000 und 3000.

Dieses bedeutsame Werk alter Bildhauerkunst nun wird jetzt in Paris auf Kosten des Kaisers Napoleon galvanoplastisch reproduzirt. Von dem Original sind Gypsabgüsse genommen worden; dieselben werden in dem Atelier des Herrn Oudin als Matrizen in den galvanoplastischen Apparat gebracht und die dadurch entstehenden Abschnitte der Säule können entweder zu einem Ganzen zusammengesetzt werden, wenn sie nicht, wie es jetzt die Absicht zu sein scheint und wie es für ihr Studium wol auch zweckmäßiger sein dürfte, als einzelne Säulenstücke von 16 Fuß Höhe aufgestellt werden sollen.

Welche Ausdehnung überhaupt das Oudin'sche Etablissement hat, dürfte aus den Thatsachen hervorgehen, daß dasselbe jährlich gegen 1000 Centner schwefelsaures Kupferoxyd und an 2400 Center Zink verbraucht.

Bei den rein galvanoplastischen Verfahren kommt es, wie wir gesehen haben, hauptsächlich darauf an, neues Kupfer in solchen Formen zu erzeugen, daß sie selbständige nutzbare Stücke bilden. Insofern die Urform von Metall ist, muß dabei Vorsorge getroffen werden, daß das Neue mit dem Alten nicht etwa untrennbar zusammenwachse. Dieses wird leicht verhütet durch ein schwaches Einölen der Form, durch Einreiben mit Graphit u. s. w. Wird aber ein Stück Metall mit Säure ganz rein gebeizt und gleich in den Apparat gehängt, so haftet der Niederschlag viel fester, zumal wenn er nur eine ganz dünne Schicht bildet. Hieraus ergiebt sich die Möglichkeit, ein Metall mit einem andern zu überziehen, oder auch nichtmetallische Körper metallisch einzuhüllen. Man überzieht auf diese Art mancherlei Gegenstände mit Kupfer, um sie dauerhafter zu machen. Am häufigsten aber benutzt man dieses Mittel, um unedle Metalle mit edeln zu überkleiden.

Fig. 276. Galvanische Versilberung.

Die galvanische Vergoldung und Versilberung namentlich hat eine sehr ausgedehnte Anwendung erlangt und wird auf eine Menge Verbrauchsartikel angewendet; die bekannten Chinasilberwaaren z. B. bestehen aus galvanisch versilbertem Neusilber.

Die Apparate zum Vergolden, Versilbern u. s. w. unterscheiden sich nicht wesentlich von den schon beschriebenen; nur die Flüssigkeiten sind natürlich andere, und dem zu überziehenden Gegenstand wird als zweiter Pol beim Vergolden eine Goldplatte, beim Versilbern eine Silberplatte u. s. w. gegenüber gestellt. Als Lösungsmittel benutzt man beim Vergolden und Versilbern eine Lösung von Cyankalium, und auch bei den Arbeiten mit Kupfer ist dieselbe vortheilhaft zu verwenden. Man bereitet die Flüssigkeiten entweder so, daß man zu Lösungen von Kupervitriol, Chlorgold, salpetersaurem Silber oder dergleichen so lange Cyankalium giebt, bis die entstandenen Niederschläge wieder aufgelöst worden sind, oder man benutzt eine starke Batterie, deren Drähte man in eine Lösung von Cyankalium taucht: das negative Drahtende ist mit einem Platinblech, das positive mit einem Stück des aufzulösenden Metalls versehen. Die Auflösung geschieht durch Galvanokaustik, und die Flüssigkeit ist gesättigt, sobald neues Metall am Platinpol auftritt.

Die galvanische Vergoldung hat eine große Bedeutung, nicht nur insofern, als durch dieselbe große Quantitäten edler Metalle erspart werden, sondern auch weil dadurch die in Folge der sich entwickelnden Quecksilberdämpfe höchst gefährliche Feuervergoldung eine segensreiche Beschränkung erlitten hat.

In Ruhla (Thüringen) werden mit einem Thaler 4—600 Dutzend Pfeifenbeschläge versilbert, so daß also auf ein Dutzend nicht mehr als für 0,72 Pfennig Silber kommt; andererseits vergoldet man mit 5 Gran Gold (einen halben Thaler werth) 12 Dutzend Knöpfe von 1 Zoll Durchmesser; bei geringern Sorten beträgt die Dicke des Ueberzugs nicht mehr als $^1/_{240,000}$ Zoll Gold.

Damit indeß der Gold- oder Silberüberzug auf eine gleichförmige Weise die ganze Oberfläche bedecke, muß der Gegenstand vollkommen gereinigt und gänzlich frei von allem Fette sein. Je nachdem eine hellgelbe oder röthliche Farbe hervorgehen soll, dienen verschiedene Flüssigkeiten. Reines Chlorgold in Cyankalium und Wasser gelöst giebt eine schöne gelbe Farbe. Röthliche Vergoldung entsteht durch Zusatz von Kupfervitriol, grünliche aber durch Cyansilber u. s. f.

Die umfangreichsten Vergoldungen auf galvanischem Wege wurden unstreitig vom Herzog Max von Leuchtenberg in der russischen galvanoplastischen Anstalt zu Reval vorgenommen. Es handelte sich hierbei um die Vergoldung der für die Säulen der Isaakskirche zu Petersburg bestimmten, aus Bronze gegossenen Füße und Kapitälchen, welche ein Gesammtgewicht von 57,600 Pfund hatten. Die Höhe der größten Kapitäle betrug 4 Fuß 7½ Zoll, und der Durchmesser der weitesten Basen 3 Fuß 6 Zoll. Dazu waren Niederschlagskästen nöthig, wovon jeder 5000 Quart Goldflüssigkeit enthalten sollte. Diese Kästen wurden zu je zwei um einen großen beweglichen Krahn gestellt, mit welchem die Bronzestücke an kupfernen Ketten aufgehoben und nach Belieben durch zwei Mann in die Kisten gebracht und ausgehoben werden konnten. Die Goldauflösung enthielt 8—10 Grammen Gold im Quart; das nöthige Cyankalium wurde in der Anstalt selbst bereitet. So geschah es, daß oft 20—30 Pfund Gold an einem Tage aufgelöst und in konzentrirte Cyanlösung verwandelt wurden, und in drei Jahren, so lange diese Arbeiten dauerten, betrug der Goldverbrauch mehr als 560 Pfund.

Man hat jetzt von den meisten Metallen, selbst von Legirungen, wie Bronze und Messing, brauchbare Niederschläge zu machen gelernt. Die Arbeiten unterscheiden sich hauptsächlich nur durch die anzuwendenden Lösungsmittel. Für einige, wie Zinn, Zink, dient hierzu das Aetzkali, in welchem das Oxyd des Metalls gelöst wird. Eisen schlägt sich spiegelblank schon aus dem Eisenvitriol und aus der salzsauren Lösung nieder.

Außerdem aber lassen sich auf Metallflächen durch Zersetzung von Bleilösungen und Niederschlag von Bleihyperoxyd die schönsten Farbenspiele erzeugen, welche in einem Irisiren der abgelagerten dünnen Schichten ihren Grund haben. Der galvanoplastische Niederschlag giebt das durch zarte Risse der Muschelschale bedingte Farbenspiel der Perlmutter wieder, wie er die feinste Zeichnung von silbernen Daguerreotypplatten auf sich abbildete, indem er den Kupferatomen in die zartesten Vertiefungen sich zu lagern befiehlt.

Was du ererbt von deinen Vätern hast,
Erwirb es, um es zu besitzen.
Was man nicht nützt, ist eine schwere Last;
Nur was der Augenblick erschafft, das kann er nützen.

Goethe.

# Die elektromagnetischen Apparate.

Oerstedt's Entdeckung. Ablenkung der Magnetnadel. Ampère's Gesetz. Der Multiplikator, erfunden von Schweigger. Du Bois Reymond. Parallele Ströme ziehen sich an. Elektromagnetismus und Magnetoelektrizität. Faraday. Induktionsapparate. Physiologische Wirkungen. Große Rotationsapparate zum Walfischfang und behufs der Erzeugung des elektrischen Lichts. Der Elektromagnetismus als Betriebskraft.

---

Die merkwürdigen Erscheinungen, zu welchen die Volta'sche Säule Veranlassung gab, hatten in der gelehrten Welt ein großes Aufsehen hervorgerufen. Namentlich war es ihre polare Beschaffenheit, welche die damals sehr thätigen Naturphilosophen besonders beschäftigte und Phantasie und Scharfsinn in Bewegung setzte, um die Vorstellung von der „Urkraft", für welche man damals schwärmte, aus den täglich sich mehrenden neuen Erfahrungen endlich herauszuschälen. Man hatte sich auf vielen Seiten in den Kopf gesetzt, die Volta'sche Säule mit dem Magnet zu identifiziren, und es wurden mit mächtigen Apparaten Versuche angestellt, um die Uebereinstimmung der durch Berührung entstandenen Elektrizität und des Magnetismus nachzuweisen. Indessen waren die darauf gerichteten Bestrebungen vergeblich, obwol jene Hoffnungen auf's Neue belebt wurden durch die auf anderer Seite gemachte Entdeckung, daß der Blitz sowol als der Funke der Leydener Flasche auf Magnetnadeln einen ganz entschiedenen Einfluß auszuüben vermögen, indem sie die Pole derselben umkehren oder ihren Magnetismus ganz und gar vernichten oder auch nicht magnetische Stahlnadeln zu

Magneten machen können. Es fehlte noch an dem rechten Worte, um den Berg Sesam zu öffnen.

Da machte im Winter von 1819 zu 1820 Oerstedt in Kopenhagen in einer seiner Vorlesungen über Physik die merkwürdige Beobachtung, daß nämlich ein feiner Platindraht, welcher, mit den Polen einer Volta'schen Säule verbunden, glühend geworden war, eine Magnetnadel, über welche er gerade wegging, in ganz eigenthümliche Schwankungen versetzte. Lange vorher waren übrigens ganz analoge Erscheinungen von dem Physiker Romagnosi bemerkt und von Aldini, welcher mit Oerstedt in persönlichem Verkehr stand, veröffentlicht worden. Möglicherweise ist Letzterer auf diesem Wege mit Romagnosi's Entdeckung bekannt geworden. Es scheint dieselbe aber anfänglich von ihm ebenso wenig als von Romagnosi in ihrem ganzen Umfange gewürdigt worden zu sein. Denn erst zu Ende des Sommers, also sechs Monate später, wurde sie den Naturforschern durch eine Schrift Oerstedt's bekannt. Und dann währte es noch ziemliche Zeit, ehe sie zur allgemeinen Anerkennung sich hindurchgerungen hatte. Die Umstände, unter welchen sie hervorgerufen werden konnte, bestimmten sich nur nach und nach; man suchte anfänglich allgemein in einer großen Anzahl von Plattenpaaren, also in einer bedeutenden Spannung der Volta'schen Säule, eine Grundbedingung des Gelingens, während doch lediglich die Oberflächengröße der zur Berührung kommenden Metalle von Einfluß ist. Als aber nach und nach die Unbestreitbarkeit der Oerstedt'schen Entdeckung sich in allen Punkten fixirte, da rief sie einen förmlichen Rausch hervor, einen Enthusiasmus, wie ihn in der ganzen Geschichte der Wissenschaften nur etwa die ersten Luftballons entzündet haben. Für einige Zeit wurden alle übrigen Gebiete der Physik von ihren Bearbeitern verlassen, in den wissenschaftlichen Zeitschriften begegnete man fast nur Berichten und Diskussionen von Versuchen, welche sich auf die Oerstedt'sche Entdeckung basirten, und nicht nur die Naturforscher, Physiker und Aerzte wiederholten und probirten, sondern auch Dilettanten und Solche, welchen derartige Forschungen sonst fremd zu sein pflegen, bemächtigten sich, wie Pfaff sagt, mit einer unerhörten Leidenschaftlichkeit der neuen Thatsachen.

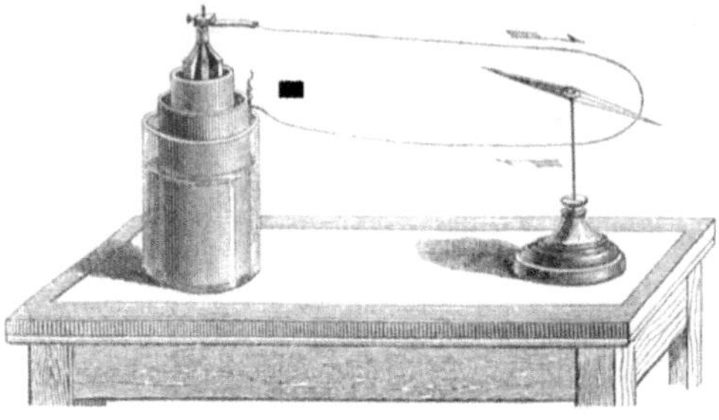

Fig. 278.
Ablenkung der Magnetnadel durch den galvanischen Strom.

Oerstedt lebte in Aller Munde und doch konnte noch Niemand die Tragweite seiner Wahrnehmung und der daraus abgeleiteten Schlüsse ahnen. Wenn wir heute freilich die aus jenem Keim gesproßten Erfolge, deren großartigster die elektromagnetische Telegraphie ist, erwägen, so scheint es uns kaum glaublich, daß der Ursprung der ganzen Wissenschaft nicht weiter als 40 Jahre hinter uns zurückliegen soll. Den Oerstedt'schen Grundversuch können wir leicht anstellen; wir brauchen nur den Schließungsdraht eines galvanischen Elementes so über eine Magnetnadel zu halten, daß er der natürlichen Richtung NS derselben folgt. Geht kein Strom durch den Draht, so behält auch die Nadel ihre Lage nach Norden; sobald aber die Kette geschlossen wird, schlägt sie aus und sucht sich je nach der Stärke des Stromes mit mehr oder weniger Entschiedenheit senkrecht auf die Richtung des Drahtes zu stellen. Es bleibt sich aber nicht gleich, ob der Draht, anstatt oberhalb, unterhalb der Nadel hingeführt wird. Der Ausschlag erfolgt zwar in beiden Fällen, allein es tritt der Unterschied ein, daß das eine Mal der Nordpol nach links, das andere Mal nach rechts ausweicht.

Die Richtung des Ausschlages hängt mit der Richtung des Stromes in der Art zusammen, daß, wenn man sich mit dem Strome schwimmend denkt und zwar das Gesicht der Magnetnadel zugewandt, die Nordspitze der Nadel jedesmal nach links, die Südspitze dagegen nach rechts ausstreicht. Leitet man daher den Draht, nachdem er oberhalb der Nadel weggeführt worden ist, unterhalb derselben wieder zurück (Fig. 278), so wird er in beiden Fällen in demselben Sinne wirken und der Ausschlag muß mit verdoppelter Kraft geschehen. Und wenn man also den Draht kreisförmig immer in derselben Richtung vielmal wickelt und innerhalb dieser Windungen eine Magnetnadel freischwebend aufhängt, so wird dieselbe, sobald ein Strom durch den Draht läuft, auch mit einer um so stärkeren Kraft abgelenkt werden, je größer die Zahl der Windungen ist. Nur muß, damit der Strom auch wirklich seinen ganzen Weg zurücklegt, der Draht isolirt sein, was man durch Umspinnung mit Seide erreicht.

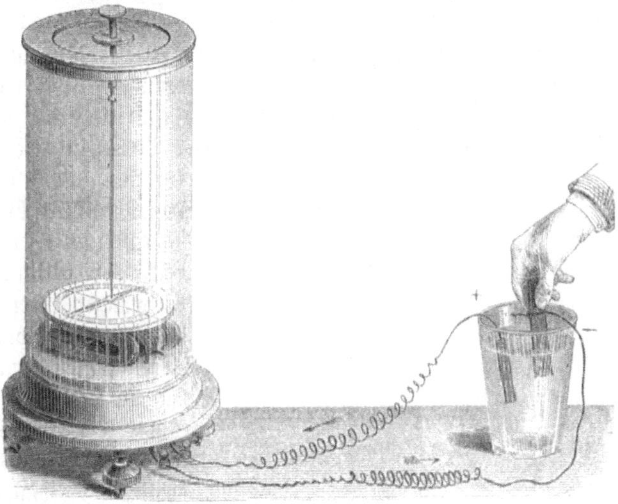

Fig. 279. Schweigger's Multiplikator.

Schweigger hat daraufhin einen Apparat erfunden, mit welchem man im Stande ist, ungemein schwache Ströme nachzuweisen, gewissermaßen ein elektrisches Mikroskop, welches er nach seiner Wirkungsweise sehr treffend Multiplikator getauft hat. Der Schweigger'sche Multiplikator ist vielleicht das bedeutsamste Instrument der neuern Physik; er ist nicht wie die Glaslinsen ein Mittel, einen unserer Sinne behufs feinerer Beobachtung zu schärfen, sondern, indem er uns Aeußerungen erkennen läßt, deren Krafturſache wir ohne Weiteres mit unsern Sinnen nicht zu empfinden vermögen, vertritt er die Stelle eines völlig neuen Organes, welches mit einer Schärfe und Sicherheit uns seine Reaktionen übermittelt, daß weder Auge noch Ohr einen Vorsprung in dieser Beziehung behalten. Wir geben deshalb in Fig. 279 unsern Lesern eine Abbildung dieses wichtigen Instrumentes, dessen Einrichtung leicht verständlich werden wird.

Die Magnetnadel, die Zunge an dieser Wage, hängt an einem Kokonfaden von dem Deckel eines Glascylinders, welcher den ganzen Apparat der Einwirkung störender äußerer Einflüsse, Luftzug, Feuchtigkeit u. s. w., entrückt. Auf dem Boden desselben liegen die Drahtwindungen, deren Anfang und Ende durch den Boden hindurch nach außen gehen, um mit den Strom erzeugenden Körpern in Verbindung gesetzt werden zu können. Die Art und Weise der Windung sowie die Richtung des Stromes soll durch die kleinen Pfeile angedeutet werden; geht also der Strom bei n in den Multiplikator hinein, so tritt er bei m wieder aus. Die Magnetnadel besteht nun nicht aus einer einzigen Nadel, sondern aus einem Nadelpaar von möglichst gleicher Stärke, welches so mit einander fest verbunden ist, daß die entgegengesetzten Pole über einander liegen. Die eine dieser Nadeln ab schwingt nun oberhalb der Spirale, die andere, von welcher wir nur die eine Spitze B sehen, innerhalb derselben. Ist also beispielsweise a das Nordpolende, so ist B die Südpolspitze. Diese Verbindung zweier entgegengerichteter Nadeln, ein sogenanntes astatisches Nadelpaar, bietet den großen Vortheil, daß es, obwol vollständig magnetisch, doch nur so viel Bestreben hat, sich in der Richtung von Nord nach Süd einzustellen, als die Kraft der einen Nadel die der andern überwiegt. Die Nadeln werden also von dem galvanischen Strom im Multiplikator um so leichter abgelenkt. Sie schwächen sich ihm gegenüber nicht nur nicht in ihrer gegenseitigen Wirkung, sondern da die zwischen ihnen liegenden Multiplikatorwindungen der verschiedenen Polrichtung wegen in gleichem Sinne ausschlaggebend sind, so wird dadurch die Ausweichung sogar verdoppelt.

Es ist begreiflich, daß man mit Hülfe eines Multiplikators von vielen tausend Windungen sehr schwache Ströme noch nachweisen kann, und in der That hat man damit erkannt, daß selbst bei den geringsten chemischen oder physikalischen Unterschieden sich berührender Körper elektrische Ströme entwickelt werden. Zwei Platinplatten, von denen die eine kurz vorher ausgeglüht worden ist, die andere nicht, bringen die Nadel zum Ausschlag. Ja, es bedarf nicht einmal metallischer Elektroden. Es ist die Gleichzeitigkeit von Muskel und Nerventhätigkeit einerseits und galvanischer Ströme andererseits und in vielen Fällen das abhängige Verhältniß beider zu einander nachgewiesen worden. Die Diskussion der merkwürdigen physiologischen Wirkungen galvanischer Ströme hat eine ganz neue Wissenschaft hervorgerufen, welche namentlich durch Du Bois Reymond's Forschungen ihren Schwesterwissenschaften ebenbürtig gemacht worden ist. Man hat ganz neue Anschauungen vom organischen Leben gewonnen und die Medizin wird, wenn auch nicht im Sinne Goldberger's, des bekannten Rheumatismuskettenmanns und einer großen Zahl ähnlicher Geldmacher, die neuen Erfahrungen segensreich in ihren Heilverfahren verwenden.

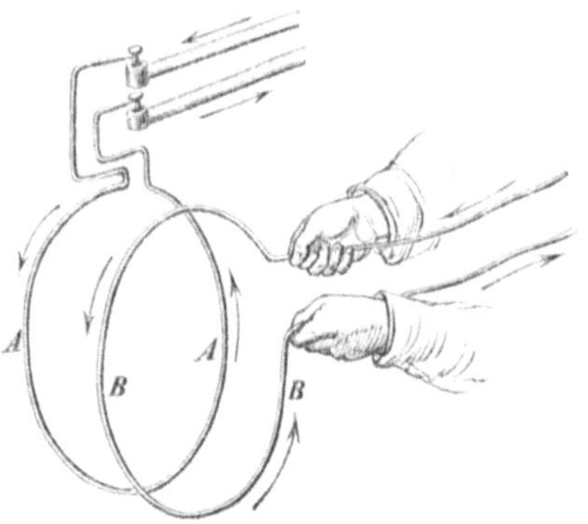

Fig. 280. Anziehung paralleler Ströme.

Fragen wir uns aber, was ist die Ursache, daß die Magnetnadel durch den elektrischen Strom eine so merkwürdige Einwirkung erfährt, so können wir die Antwort aus einem andern Experimente lesen. Wenn wir nämlich einen quadratisch oder kreisförmig gebogenen Draht AA (Fig. 280) leichtbeweglich aufhängen, indem wir ihn in Spitzen endigen lassen, die auf dem Boden kleiner Quecksilbernäpfchen aufsitzen, und einen Strom durch diesen Draht gehen lassen, so dreht sich der Letztere so lange in seinen Näpfchen, bis die Stromrichtung senkrecht auf der Richtung der Magnetnadel steht. Ein neuer Beweis, daß zwischen Magnetismus und elektrischen Strömen in der That die innigsten Beziehungen stattfinden müssen; denn wo der Strom stark genug ist, richtet er den Magnetismus; wo aber dieser stärker ist, übt er auf die Stromrichtung eine bestimmende Kraft.

Nun soll man dem ersten Drahte AA einen zweiten BB nähern und beide von Strömen in der durch Pfeile angedeuteten Weise durchlaufen lassen, so wird man die Bemerkung machen können, daß sich der bewegliche Draht AA parallel dem zweiten BB einstellt; die Theile, in denen der Strom eine abwärts gehende Richtung hat, nähern sich, ebenso diejenigen, wo der Strom aufsteigt. Bringt man sie umgekehrt einander gegenüber, so stoßen sie sich ab. Es ist aber diese Wirkung nicht von der chemischen Natur der beiden Drähte bedingt; man kann die allerverschiedensten Metalle dazu nehmen, das Verhalten bleibt dasselbe und zeigt sich blos, wenn die Drähte von

Strömen durchflossen werden. Die Ströme üben auf einander selbst jene merkwürdige Einwirkung aus, und zwar nach dem Gesetz, daß **parallel laufende Ströme sich anziehen, entgegengesetzt laufende dagegen sich abstoßen.**

**Elektromagnetismus.** Magnetismus und elektrische Ströme erweisen sich sonach allerdings als identisch, wenn auch in anderer Beziehung, als man vor Oerstedt's Entdeckung oder vielmehr vor Ampère's Untersuchungen, denen man die Kenntniß dieser Gesetze verdankt, sich vorstellte. Denn gehen wir einen Schritt weiter und hängen einen, nicht nur einmal gebogenen Draht, wie **AA** in Fig. 280, leicht beweglich auf, sondern einen Draht von der in Fig. 281 dargestellten spiralförmigen Gestalt (ein sogenanntes Solenoïd), so werden sich, wenn ein Strom hindurchgeht, alle einzelnen Kreiswindungen desselben senkrecht auf die Richtung der Magnetnadel aufstellen, die Längsrichtung der Spirale wird aber in Folge dessen von Norden nach Süden zeigen und also mit der Richtung der Magnetnadel übereinstimmen.

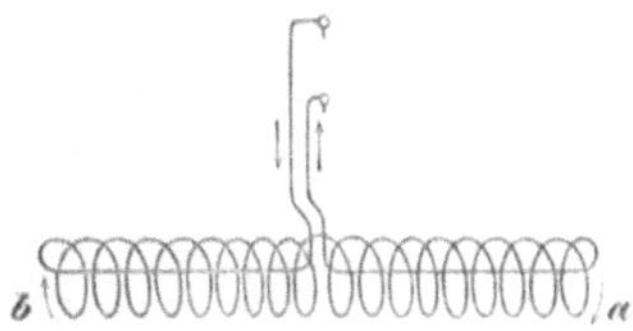

Fig. 281. Solenoïd.

Wir sind sonach gezwungen, elektrische Ströme als die Ursache des Magnetismus anzunehmen, und die Windungen des Solenoïds geben uns die Richtung an, in welcher diese die kleinsten Theilchen des Eisens umfließen müssen. Denken wir uns mit dem Strome schwimmend, so liegt der Nordpol allemal zur Rechten, der Südpol dagegen zur Linken. In Fig. 282 würde also a den Nordpol, b den Südpol bedeuten.

Unterstützt wird diese Ansicht auch durch das sonstige Verhalten der Spirale, welches in allen Aeußerungen mit denen natürlicher Magnete übereinstimmt. Nicht nur daß sie Eisen anzieht und zwar an ihren Polen mit bei weitem der größten Kraft, in der Mitte dagegen mit der geringsten, so erweckt sie auch in Eisen und Stahl den Magnetismus eben so, als ob man dieselben mit kräftigen Magneten striche. Ein Eisenstab in eine von einem Strom durchlaufene isolirte Spirale gesteckt (Fig. 282), verstärkt die Wirkung derselben auf die Magnetnadel oder auf einen stromführenden beweglichen Leiter, wie A in Fig. 283, bedeutend. Der Eisen- oder Stahlstab wird selbst magnetisch und zwar in der Weise, daß er an demselben Ende wie das Solenoïd einen Nordpol, an dem andern einen Südpol erhält.

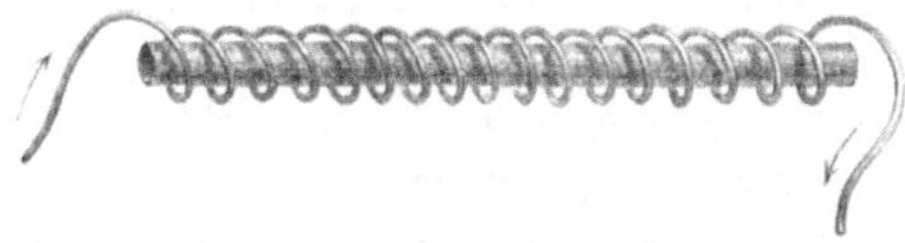
Fig. 282. Entstehung des Elektromagnetismus.

Weiches Eisen verliert diese magnetische Beschaffenheit sogleich wieder, wenn der Strom unterbrochen wird; bei Stahl dagegen hält der magnetische Zustand auch nach dem Aufhören des Stromes in der Spirale noch an, und es wird dies Verfahren daher jetzt allgemein angewandt, um kräftige Stahlmagnete zu erzeugen. Wichtiger aber als diese sind die weichen Eisenstücke, denen nur zeitweilig magnetische Kraft mitgetheilt wird, die sogenannten Elektromagnete; denn sie sind das Wesentliche der elektromagnetischen Apparate. Wir werden Gelegenheit haben, auf dieselben bei Betrachtung der verschiedenen technischen Verwendungen zurückzukommen; vor der Hand müssen wir aber noch einige Eigenthümlichkeiten des elektrischen Stromes in's Auge fassen, welche zu jenen in inniger Beziehung stehen.

**Faradismus.** Der englische Physiker Faraday war es, welcher im Jahre 1832 die Entdeckung machte, daß ein elektrischer Strom in jedem kreisförmig geschlossenen Leiter, in dessen Nähe er vorbeigeht, ebenfalls elektrische Ströme hervorruft, eine Erscheinung, die man im engern Sinne Induktion nennt. Diese Induktionsströme oder nach ihrem

Entdecker Faradismen genannt, dauern immer nur einen Augenblick und finden blos in dem Momente statt, wo die erregende Kette geöffnet oder geschlossen wird. Beim Oeffnen hat der induzirte Strom eine dem Hauptstrome entgegengesetzte, beim Schließen aber eine demselben gleichlaufende Richtung. Eine gleiche Wirkung, wie das Oeffnen oder Schließen der Kette, hat ein plötzliches Nähern oder Wiederentfernen eines stromführenden Drahtes. Je näher der zu induzirende Leiter dem Leitungsdrahte der Kette liegt, um so stärker ist die Wirkung, und um sie in höchstem Grade auszunutzen, nimmt man zu dem ersteren auch einen übersponnenen Draht, den man entweder dem Leitungsdrahte parallel und sehr nahe oder für sich so aufwickelt, daß er der Spirale des Leitungsdrahtes genähert, beziehentlich in dieselbe eingeführt werden kann. Man kann es leicht einrichten, daß der Strom der erregenden Batterie fortwährend mit großer Raschheit sich selbst öffnet und wieder schließt, so daß der zu induzirende Draht gar nicht zur Ruhe kommen kann. Die so erregte Elektrizität zeigt alle Wirkungen der durch Galvanismus erzeugten Ströme, hat aber besonders noch eine große Spannung, wie die Reibungselektrizität, und springt, wie diese, gern in Funken über, während der galvanische Strom nur auf sehr kurze Entfernungen von einem Drahtende in ein anderes überfließt. Ob ein Strom in die neben der Induktionsspirale aufgewickelte Hauptspirale eintritt oder ob die von einem stetigen Strom durchflossene Hauptspirale der Induktionsrolle genähert wird, das bleibt sich im Effekte ganz gleich. Ebenso ist es gleichbedeutend, ob der Strom unterbrochen oder plötzlich entfernt wird. Und ganz dieselben Induktionserscheinungen erfolgen auch, wenn man einem geschlossenen Drahte rasch einen kräftigen Magnet nähert und ihn wieder entfernt. Bei der Annäherung entsteht ein kurzer induzirter Strom in einer, bei der Entfernung ein anderer in entgegengesetzter Richtung. Wir sehen also, daß auch hier Elektrizität und Magnetismus sich gegenseitig vertreten: ein Magnet bewirkt dasselbe wie eine Batterie. Wie man den durch einen Strom hervorgerufenen Magnetismus Elektromagnetismus nannte, so nennt man die durch den Magnet erzeugten Ströme Magnetoelektrizität.

Fig. 283. Stöhrer'scher Rotationsapparat.

**Rotationsapparate.** Um in bequemer Weise, sowol behufs ihrer Verwendung zu physiologischen als zu physikalischen oder chemischen Zwecken, Induktionsströme zu erzeugen, hat man verschiedene Vorrichtungen ersonnen, von denen die sogenannten Rotationsapparate die ältesten sind. Bei ihnen wird durch bloßes Drehen eines Rades eine Drahtleitung eben so gut elektrisch erregt, als wäre sie mit einer kräftigen galvanischen Batterie verbunden. Diese Maschinen gewähren noch den Vortheil, daß man durch rascheres oder langsameres Drehen jeden Augenblick die Wirkung verstärken oder mäßigen kann. Der Apparat hat seit 1832, wo der erste gebaut wurde, vielfache Abänderungen erfahren; wir geben ihn in Fig. 283 bildlich in der Konstruktion, welche er von Stöhrer in Leipzig erfahren hat. Wir bemerken an demselben, außer der Kurbel, als ersten wesentlichen Theil einen starken, aus mehreren Lamellen bestehenden Hufeisenmagnet, der auf seiner Unterlage festgemacht ist. Vor ihm liegt der durch die Umdrehung der Kurbel rotirende Theil; seine Spindel reicht zwischen die Schenkel des Magneten hinein, wo sie von der Laufschnur des Rades umfaßt wird. Auf der Spindel sitzt vorn ein Querstück von weichem Eisen und an diesem die ebenfalls eisernen, den Magnetpolen zugekehrten Cylinder BB, auf welchen übersponnener Kupferdraht in zahlreichen Windungen aufgewickelt ist. Halten wir nun unsern Satz fest, daß in einem Drahtgewinde ein ganz kurzer Strom erregt wird, wenn man dem Drahte einen starken Magnet nähert, und ein gegenläufiger eben so kurzer Strom, wenn man ihn wieder entfernt, so wird uns die Arbeit der Maschine leicht verständlich werden. Die eiserne Vorlage und die Eisenkerne (Cylinder) sind nämlich in der gezeichneten Stellung durch die Wirkung des Magneten selbst ein Magnet; nach einer Vierteldrehung werden sie über einander und von den Magneten am weitesten entfernt stehen; auf diesem Wege ist aber schon ihr Magnetismus verschwunden und die Wirkung dieses Verschwindens auf die Kupferdrähte wird genau die nämliche sein, als hätte man die Eisenkerne ganz aus den Spiralen herausgezogen, d. h. den Magnet von der Leitung entfernt. Durch das zweite Viertel der Umdrehung kommen die Cylinder wieder den Magnetpolen gegenüber zu liegen; sie werden wieder zu einem Magnet, wiewol jetzt mit verwechselten Polen, und in den Drähten muß sich auf's Neue ein kurzer, diesmal gegenläufiger Strom zeigen, gleich als hätte man einen Magnet rasch in die Spiralen hineingeschoben. Jeder Umgang der Welle erzeugt also eine vierfache Erregung gegenläufiger Ströme. Wo es wünschenswerth ist, den induzirten Strömen einerlei Richtung zu geben, geschieht dies durch einen kleinen, am vordersten Theile der Spindel angebrachten Apparat, den **Kommutator**, welcher alle Ströme aufnimmt, in jeden der beiden bei a und b einmündenden Leitungsdrähte aber nur immer die gleichgerichteten Ströme überführt. Vergleichen wir die entgegengesetzt gerichteten Ströme mit der positiven und negativen Elektrizität, so gleichen sie sich durch Schließung der Leitungsdrähte aus.

Man machte von den Rotationsapparaten besonders in der Heilkunde eine ausgedehnte Anwendung und hat es durch Stellung des Kommutators in seiner Gewalt, den Strom in einer Richtung oder abwechselnd bald in der einen, bald in der andern durch den Körper gehen zu lassen. Die in dem letztern Falle eintretenden Nervenreizungen sind natürlich viel gewaltsamer durch die plötzlichen, rasch sich folgenden Umkehrungen und sie können bei sehr kleinen Apparaten schon ganz unerträglich werden, wenn man die Geschwindigkeit beträchtlich steigert. Größere Apparate wirken so heftig, daß die Muskeln des ganzen Körpers in eine krampfhafte Kontraktion verfallen und die freie Beweglichkeit vollständig verloren geht. Kein Geschöpf, es sei noch so riesig, kann sich dem widersetzen. Man hat, zuerst **Stöhrer** in Leipzig, daher selbst für den Walfischfang große Rotationsapparate konstruirt und mit ausgezeichnetem Erfolge angewandt. Der eine der beiden Leitungsdrähte wird in das Seil der Harpune geflochten, der andere dagegen in's Wasser geworfen. Der Strom geht auf diese Weise durch den Körper des getroffenen Walfisches und ein einziger Mann ist im Stande, durch Drehung des Apparates die gewaltsamen Bewegungen des Thieres in einen regungslosen Starrkrampf zu verwandeln, während dessen es mit Ruhe vollends getödtet werden kann. Der Apparat ist in der Weise eingerichtet, daß sich vor einer Anzahl im Kreise angeordneter starker Magneten ein Kranz von Induktionsrollen vorbeibewegt. Da eben so viel Rollen neben einander stehen, als Magnetpole in der Batterie vorhanden sind, so wächst die Anzahl der bei jeder Umdrehung induzirten Ströme mit dem Quadrate der Polzahl.

Durch verschiedene Stellung des Kommutators kann man die Stromrichtungen beliebig kombiniren, so daß man mit solchen Apparaten selbstverständlich auch alle nur möglichen physikalischen Effekte hervorzubringen vermag. Unter diesen ist es namentlich die Lichtentwickelung, die Telegraphie, sowie auch das Verfahren der Galvanoplastik, welche auf billigere Weise durch die mechanische Kraft, die das Drehen der Induktionsrolle verlangt, bewirkt werden können, als durch die immerhin kostspieligen galvanischen Batterien.

Fig. 284. Rotationsapparat zum Zweck elektrischer Beleuchtung.

Diese erweiterte Anwendung größerer Rotationsapparate hat auch auf ihre Herstellung Einfluß gehabt. Die Gesellschaft L'alliance in Paris hat einen Apparat gebaut, der aus 40 kombinirten Apparaten besteht und an dem die Achse mit ihren 164 Induktionsspiralen durch eine Dampfmaschine von zwei Pferdekraft in der Minute 373 Mal umgedreht wird. Jede Spirale geht bei jeder Umdrehung an 16 Magneten vorüber und es entstehen also in ihr in der Minute beinahe 12,000 elektrische Ströme, von denen die eine Hälfte der andern entgegengesetzt gerichtet ist. Unsere Abbildung Fig. 284 stellt einen kleineren Apparat von nur 24 Magneten dar (jeder aus mehreren Lamellen bestehend), die zu je drei auf einer Leiste rittlings befestigt sind. Zwischen je zweien dieser Magnete bewegt sich an der Drehachse eine messingene Scheibe, welche die Induktionsrollen trägt. Um die Wirkung der Magnete in gleichem Sinne geschehen zu lassen, sind diese so gestellt, daß sich die gegenüberstehenden Pole, welche die Rolle gleichzeitig passirt, entgegengesetzt sind. Die auf den Hufeisen angebrachten Buchstaben N und S (Nord und Süd) zeigen dies an. Eine andere sehr kompendiöse Konstruktion führt Holmes in England aus, der seine Apparate hauptsächlich für Beleuchtungszwecke herstellt. Bei aller Vortrefflichkeit sind sie aber ziemlich kostspielig: für einen Apparat von 48 Magneten (aus je 6 Lamellen bestehend) und 160 Spiralen beträgt der Preis 800 Pfund Sterling, so daß nur für Leuchtthürme dergleichen Lichtquellen Verwendung finden können.

**Die elektromagnetische Kraftmaschine.** Umgekehrt wie man in den Rotationsapparaten mechanische Arbeitskraft in Elektrizität und durch diese in Licht und Wärme verwandelt, sieht man in der großen Gewalt, mit welcher Eisenmassen von Elektromagneten angezogen und festgehalten werden, die Elektrizität in mechanische Arbeitsleistung umgesetzt. Es ist nicht schwer, Elektromagnete herzustellen, welche die gewöhnlichen Stahlmagnete hundertfach an Zugkraft übertreffen und die mit Bequemlichkeit wol einige tausend Centner festzuhalten im Stande sind.

Der Gedanke, diese scheinbar ungeheure Kraft auszunutzen zum Maschinenbetriebe, tauchte denn auch sehr bald auf und man hat ihn in der mannichfachsten Weise zu realisiren gesucht — aber freilich immer ohne irgend einen Gewinn, als den vielleicht einer kleinen, bequem zu handhabenden und bequem zu unterhaltenden Kraftquelle, welche jeden Augenblick außer Thätigkeit und jeden Augenblick wieder eingespannt werden kann und die in der Zwischenzeit keine wesentlichen Unterhaltungskosten verursacht. Wo aber diese Vortheile die auf diese Weise ungleich kostspieligere Erzeugung der Kraft nicht paralysiren, und das findet nur in wenig Fällen statt, da ist der elektromagnetischen Kraftmaschine nicht das Wort zu reden. Trotzdem aber lebt die Idee in den Köpfen des großen Publikums so frisch und erhält durch oft sich wiederholende Zeitungsenten immer neue Nahrung, daß wir nicht versäumen dürfen, einige eingehendere Blicke ihr zuzuwenden.

Schon im Jahre 1834 versuchte dal Negro den Elektromagnetismus als Triebkraft anzuwenden und das Jahr darauf veröffentlichte Jacobi die Beschreibung eines zu demselben Zwecke konstruirten Apparates. Denken wir uns einen hufeisenförmigen Stahlmagnet so gestellt, daß seine Pole nach oben in einer Horizontalebene liegen und darüber in ganz geringer Entfernung einen um seine Achse drehbaren Elektromagnet von gleichem Abstand der Pole, so wird der Nordpol des Stahlmagneten den Südpol des Elektromagneten nach der bekannten Wirkung der magnetischen Anziehung sich zu nähern und festzuhalten suchen. Wechselt nun in dem Augenblicke, wo die so entgegengesetzten Pole übereinander stehen, die Richtung des Stromes, so werden die Pole des Elektromagneten sich umkehren; was früher Südpol war, wird zum Nordpol, und was Nordpol war, zum Südpol.

Dadurch kommen aber gleichnamige Pole übereinander, die sich abstoßen; der Elektromagnet macht einen halben Umlauf, um die andern anziehenden Pole zu erreichen; in dem Augenblick aber, wo er so weit ist, wechselt der Strom wieder und so fort, daß das elektromagnetische Eisen nie zur Ruhe kommt. In dieser Weise entsteht eine Rotation, welche je nach der Kraft der Magnete eine ziemliche Stärke haben kann, und die man, da die schwere Eisenmasse des Elektromagneten viel lebendige Kraft aufzunehmen vermag, in andere Bewegung umsetzen und zum Betriebe kleiner Maschinen verwenden könnte. In der That sind auch viele Versuche unternommen worden, dieses Prinzip der elektromagnetischen Kraftmaschine unterzulegen. Allein es steht dem ein großer Uebelstand entgegen.

Trägt ein Magnet eine Last von 220 Pfund, wenn er mit ihr in Berührung steht, so ist seine Zugkraft auf dieselbe, wenn die Entfernung $^1/_{250}$ Zoll beträgt, nur noch 90 Pfund, bei $^1/_{100}$ Zoll Entfernung nur noch 50 Pfund, bei $^1/_{50}$ Zoll nur noch 40 Pfund und so weiter immer weniger. Nun ist es aber schon wegen der Ausdehnung durch die Wärme nicht thunlich, die beweglichen Theile näher als $^1/_{50}$ Zoll aneinander zu bringen, und man sieht, welche bedeutende Menge Elektrizität gar nicht zu nutzbarer Wirkung gelangt. Außerdem aber verläßt der elektromagnetische Zustand größere Eisenmassen, wenn sie auch weich sind, nicht so vollständig, daß nicht selbst hierdurch wesentliche Kraftverluste entständen. Der letztere Umstand hat nun zwar auf diejenigen Maschinen keine Anwendung, bei denen zwei an den Enden eines Balanciers sitzende Eisenkerne in eine Drahtspirale hineingezogen werden, wenn dieselbe ein Strom durchläuft und sie gewissermaßen zu einem Magneten macht. Die oscillatorische Bewegung des Balanciers, durch abwechselndes Oeffnen und Schließen der Kette bewirkt, läßt sich durch einfache mechanische Mittel in andere Bewegungsarten umsetzen. Kleine Pumpwerke können ohne Weiteres getrieben werden. Allein die verminderte Wirkung in die Ferne, welche auch hier stattfindet, steht einer vollständigen Ausnutzung der in ihrer Erzeugung durch die Batterie ohnehin sehr kostspieligen Kraft hindernd im Wege. Will man aber die Ströme durch mechanische Kraft, durch die billigeren Induktionsapparate hervorrufen, so hat Jeder das Recht zu fragen, warum man dann nicht lieber gleich die disponible Triebkraft zu dem endlich gewünschten Effekte verwendet.

Den besten Effekt wol, der überhaupt in dieser Hinsicht zu erreichen ist, hat Stöhrer mit seiner elektromagnetischen Kraftmaschine erzielt. Bei ihr wird die Bewegung ebenfalls durch einen cylindrischen Magnet (Elektromagnet) mit bleibenden Polen hervorgebracht, der sich zwischen einem aus Drahtwindungen gebildeten Rahmen um eine Achse bewegt. Je nachdem der Strom in der einen oder andern Richtung diese Windungen durchläuft, werden die Pole des Magneten angezogen oder abgestoßen und derselbe, da bei jener Umdrehung die Maschine selbst durch eine einfache Vorrichtung diesen Stromwechsel zweimal besorgt, dadurch in einer rotirenden Bewegung erhalten, so lange die Kette geschlossen ist.

Eine große Kraftleistung vermag aber auch diese Maschine nicht auszuführen. Dagegen arbeitet sie mit großer Geschwindigkeit und Stöhrer hat ihre Eigenthümlichkeit in der passendsten Weise benutzt zum Ueberspinnen von kupfernen Leitungsdrähten mit Seide, und sich seine Erfindung so zu einem hülfreichen Arbeitsgenossen gemacht. Nach den gemachten Erfahrungen, die nicht etwa durch weitergehende Verbesserungen der mechanischen Ausführung irgendwelche vortheilhafte Aenderung erleiden können, denn sie hängen nothwendig von der physikalischen Natur und Wirkungsweise der galvanischen Ströme ab, ist den elektromagnetischen Betriebsmaschinen eine große Zukunft nicht mehr zu prophezeien, und die jubelnden Exklamationen des leicht entzündlichen Publikums, als Jacobi 1839 mit 12 Personen auf einem durch seine elektromagnetische Kraftmaschine getriebenen Boote die Newa befuhr, werden, wie sie immer mehr und mehr verstummt sind, sich auch kaum mehr bei ähnlichen Gelegenheiten hören lassen.

Die Telegraphie.
Nach dem Echter'schen Wandgemälde im Staatsbahnhofe zu München.

Ich seh',
Wie Blitze hier, dort Wolken niederthauen,
Wie endlos Nebel um die Pole grauen,
Wie um den Gleicher die Vulkane rauchen,
Und wie in stetem Saugen und Verhauchen
Die Lebenskräfte sprudeln und verfließen
Und Blumen gleich sich öffnen und sich schließen.
H. Lingg.

# Die Erfindung des Telegraphen.

Die Telegraphie der Alten. Ruferlinien. Optische Telegraphen. Fackeln- und Flaggensignale. Chappe's Telegraph. Geschichte und Einrichtung. Akustische und hydraulische Telegraphie. Die elektrische Telegraphie. Winkler. E. M. Lemond und Boeckmann. Sömmering's galvanischer Telegraph. Schilling von Cannstadt. Gauß und Weber. Das Verdienst Cooke's. Wheatstone. Der Nadel- und Doppelnadeltelegraph. Steinheil's Schreibtelegraph. Davy erfindet und Wheatstone verbessert den Zeigertelegraphen. Steinheil's Entdeckung der Erdleitung. Die chemischen Telegraphen. Morse. Geschichte und System. In einem Telegraphenbureau. Die Leitung. Unterseeische und unterirdische Kabel. Legung des atlantischen Kabels. Elektrische Uhren.

---

Das Bedürfniß, wichtige Nachrichten möglichst schnell nach entfernten Orten zu befördern, mußte sich schon in der ersten Zeit der Völkerentwickelung einstellen. Ueberfälle und sonstige Gefahren den Freunden warnend anzudeuten, oder sie zu rascher Hülfe herbeizuholen, endlich glückliche Ereignisse zu verkündigen — dazu fand sich Gelegenheit, sobald die Menschen überhaupt zu einander in ausgedehntere Stammes- oder Staatenbeziehungen getreten waren. Es dürfte daher auch sehr schwer, wenn nicht unmöglich sein, den ersten Spuren der Telegraphie, eigentlich der Kunst, in die Ferne (τῆλε) zu schreiben (γράφειν), nachzugehen.

Die zuerst angewandten Mittel sind übrigens bei allen Völkern so ursprünglicher Natur gewesen, daß anzunehmen ist, sie sind fast überall auch in gleicher Weise angewendet worden. Ausgestellte Posten riefen einander entweder die Nachricht zu oder meldeten einander durch weit sichtbare Signale, Feuerzeichen, Flaggen,

Rauchsäulen u. dgl. das Eintreten eines vorausgesehenen Ereignisses. Vom persischen Könige Darcios Hystaspes wird erzählt, daß er, zur Beförderung wichtiger Nachrichten aus den entferntesten Provinzen des Reichs nach seiner Hauptstadt, laut rufende Männer in gewissen Entfernungen auf Anhöhen aufgestellt habe. Diese „Ohren des Königs", wie man sie nannte, riefen einander die Nachrichten zu und verbreiteten sie an einem Tage bis auf eine Entfernung von 30 Tagereisen.

In dem Trauerspiel „Agamemnon" von Aeschylos wird erwähnt, daß die Gattin des Eroberers die Nachricht von der Einnahme Troja's noch in derselben Nacht durch Signalfeuer erfahren habe, trotzdem eine Strecke von 70 Meilen dazwischen und darin das Aegäische und Myrtoische Meer lag. Die Stationen für die Telegraphenwächter waren bei dieser Gelegenheit auf dem Ida in Troas, dann auf dem Hermäos in Lemnos, Athos, Makistos in Euböa, Mesapios in Böotien, Kithäron, Aegiblanktos in Megaris und Arachnäos in Argolis.

Der König Perseus hatte, wie Herodot erzählt, förmliche Telegraphenlinien, auf denen alle wichtigen Nachrichten mittels Fackelsignalen befördert wurden, und Hannibal soll in Spanien und Afrika sogar feste Thürme als Stationsplätze errichtet haben.

Durch bloße Fanale, wie sie von allen Völkern, von den Griechen und Römern bis zu den Chinesen und den Ureinwohnern Nordamerika's, angewendet wurden und von den Bergvölkern Schottlands, der Schweiz u. s. w. noch angewendet werden, lassen sich natürlich nur sehr mangelhafte Mittheilungen machen. Die Fackelsignale aber, deren Alterthum ebenfalls ein sehr hohes ist, erlauben schon die Mittheilung sehr verschiedenartiger und ganz unvorhergesehener Nachrichten. Es heißt, daß schon Kleoxenes und Demokritos (450 v. Chr.) Buchstabensysteme aufgestellt haben sollen. Namentlich wird ein Apparat mit schachbretähnlicher Einrichtung erwähnt, bei welchem die 25 Buchstaben des Alphabets in fünf Horizontal- und fünf Vertikalreihen angeordnet waren, so daß jeder derselben durch zwei Zahlenangaben mittels Fackeln oder Flaggen bei Tage richtig bezeichnet werden konnte. Oder man bezeichnete in drei Quartieren, links, in der Mitte und rechts, durch 1—8 Fackeln oder Fahnen beziehentlich einen der acht ersten, der acht mittelsten oder der acht letzten Buchstaben des Alphabets (Fig. 286). Endlich dienten auch Holzstücke, die man auf Thurmstangen, wie an den Eisenbahnen, aufhing und bald in die Höhe zog, bald senkte, zum Telegraphiren.

Fig. 286. Fackeltelegraph.

Trotzdem alle diese verschiedenen Systeme mit großen Uebelständen behaftet waren, kam man selbst später zum Oefteren wieder darauf zurück, und Keßler's Erfindung (1617), welche darin bestand, in einer Tonne ein Licht zu brennen und die Stelle, welche der zu bezeichnende Buchstabe im Alphabet einnimmt, durch so und so vielmaliges Oeffnen des Deckels zu markiren, steht noch ganz auf dem Niveau der alten römischen Einrichtungen. Daß indessen heute noch auf den Schiffen Flaggen und Lampensignale in Gebrauch sind, ist durch die Natur der Sache bedingt.

Einen Fortschritt machte man erst in den dreißiger Jahren des 17. Jahrhunderts, wo der englische Marquis von Worcester (1633) einen optischen Zeichentelegraphen angab, welchen Amontons (geb. 1663), ein tauber Franzose, ausbildete. Im Jahre 1684 trat der Engländer Hook mit einer Erfindung auf, durch bewegliche Lineale geometrische Figuren zu telegraphiren, über deren systematische Bedeutung man sich verständigt hatte, und 1765 baute sich der Engländer Edgeworth einen Telegraphen zu seinem Privatgebrauch zwischen London und Newmarket.

In demselben Jahre zeigte Professor Bergsträßer in Hanau in seiner Synthematographik, wie man in einem Lager von 200,000 Mann Soldaten allen Generalen zugleich, und jedem gerade so viel, als er wissen solle, und zwar ohne großen Aufwand bei Tag und bei Nacht, Befehle ertheilen könne, und brachte die Einrichtung einer solchen Signalpost, wie er sie nannte, von Leipzig nach Hamburg in Vorschlag. Man machte auch im Sommer 1786 auf der acht Stunden von Hanau entfernten sogenannten Goldgrube am Fuße des Feldbergs einige Versuche, welche ganz guten Erfolg hatten, allein die Sache ward nicht besonders beachtet und deshalb bald vergessen. Als sie aber als französische Erfindung, und deshalb schon viel geräuschvoller, nach Deutschland zurückkehrte, schenkte man ihr jene Aufmerksamkeit, welche sie ursprünglich verdient hätte.

**Der Chappe'sche Telegraph.** Es heißt, daß der Ingenieur Claude Chappe, um von Angers aus mit seinen beiden Brüdern, welche sich in einem, ½ Stunde entfernten Institut befanden, zu verkehren, seinen Telegraphen erfunden habe. Diese Fabel ist nicht wahr, vielmehr erfaßte Chappe die Idee, als er 1790 nach längerer Abwesenheit mit seinen vier Brüdern im mütterlichen Hause zu Brulon zusammentraf, durch eine mechanische Vorrichtung einen raschen Gedankenaustausch zu ermöglichen. Er stellte eine Anzahl von Versuchen an, welche von der Nachbarschaft theils belächelt, theils verhöhnt wurden, aber endlich doch die Aufmerksamkeit des Nationalkonvents erregten. Nachdem durch weiter angestellte Versuche der Brüder, sowie durch Unterstützung des Konsuls Delauny und des Uhrmachers Breguet, das System vervollkommnet worden, ordnete jene damals bestehende oberste Behörde, hauptsächlich durch Romme dazu gedrängt, die Errichtung einer Telegraphenlinie zwischen Paris und Lille, 30 Meilen mit 22 Stationen, an (Juli 1793). Die erste telegraphische Depesche war die Nachricht von der Wiedereinnahme von Condé (29. August 1794), auf welche der Konvent erwiederte, daß dieser Platz künftighin Nord-Libre heißen sollte, welcher Name aber mit der Revolution wieder verschwand. Vom Abgang der Depesche bis zum Einlaufen der Antwort verflossen dreiviertel Stunden.

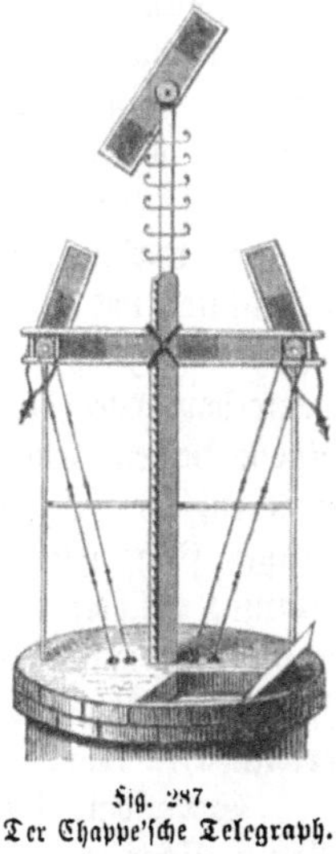

Fig. 287.
Der Chappe'sche Telegraph.

Auf Bergen, Hügeln, Thürmen u. dgl. wurden kleine, mit zwei Fenstern versehene Gebäude angelegt, so eingerichtet, daß man von ihnen eine Aussicht nach den nächsten Telegraphen hat. Auf der Plattform erhebt sich eine senkrechte Stange, an deren Spitze sich ein horizontal liegender, 9—14 Fuß langer und 9—13 Zoll breiter starker Rahmen befindet, der sich um eine durch die Achse gehende Welle so drehen läßt, daß er alle möglichen Stellungen in einem vertikalen Kreise annehmen kann (⊤). An jedem Ende dieses sogenannten Regulatorrahmens befindet sich ein 6 Fuß langer und 12 Zoll breiter ähnlicher Rahmen, der Indikator oder Flügel, welcher wiederum gegen den Regulator jede beliebige Stellung annehmen kann (⊓ ⌐┘ ⋈). Die einzelnen Theile sind durch Gegengewichte so vorgerichtet, daß sie sich mit einer sehr geringen Kraft um einander bewegen lassen. Um dem Winde keinen zu großen Widerstand entgegenzusetzen, sind alle Theile nach Art der Jalousien gefenstert. Alles ist schwarz angestrichen.

So lange nun die Maschine ruht, sind die Indikatoren eingeschlagen und liegen platt auf dem Regulator, so daß sie nicht zu sehen sind. Will man aber telegraphische Zeichen geben, dann werden Hauptflügel und Arme in verschiedene Lagen gebracht. Schon an ersterem allein lassen sich vier Veränderungen vornehmen, die senkrechte (|), wagerechte (—), schiefe von der Rechten zur Linken (/) und von der Linken zur Rechten (\). Weit zahlreicher als diese sind aber die Bewegungen an den Seitenarmen je nach den Winkeln, in welche der eine oder andere oder beide zugleich gegen den Regulator gebracht werden. Es sind hier nur die sieben leichtest erkennbaren Stellungen zum Signalisiren gewählt und zwar zwei senkrechte (oben und unten), eine wagerechte, zwei im 45. Grad oben und zwei im 45. Grad unten. Diese sieben Stellungen des einen Indikators geben mit den sieben Stellungen des andern zusammen 49 Signale, und da dieselben bei jeder der vier Stellungen des Regulators stattfinden können, so giebt der Chappe'sche Telegraph 196 sehr deutlich von einander zu unterscheidende Figuren. Von diesen hat man 70, als die leichtest erkennbaren, herausgewählt, und man vermag mit ihnen nicht nur die Buchstaben und Ziffern, sondern auch die Satzzeichen darzustellen.

Die Bewegungen der drei Theile des Telegraphen und ihre gegenseitigen Stellungen werden durch einen einzigen Mann mittels über Rollen geleiteter, in dem Regulator und der Hauptsäule hinlaufender Schnüre mit großer Sicherheit und Leichtigkeit ausgeführt. Der Telegraphist befindet sich nämlich in seinem Zimmer unmittelbar unter dem Telegraphen, und es gehen die Leitschnüre von dem letztern zu einem kleinen, von Metall gebauten Modelltelegraphen, der im Zimmer steht und an welchem der Telegraphist die zu gebenden Signale macht, die sich dann von selbst mit großer Genauigkeit auf den großen Telegraphen übertragen. In jedem Telegraphenzimmer befinden sich nun zwei gute Fernröhre, welche gleich in der Mauer befestigt und so gerichtet sind, daß man die beiden nächsten Telegraphen deutlich im Gesichtsfelde hat, um jede Bewegung, welche mit ihren Armen vorgenommen wird, genau erkennen zu können.

Sehr bald dehnten sich die Telegraphenlinien über das ganze Land aus. In Paris liefen sie sämmtlich zusammen. In der Ebene standen die Stationen oft sechs bis acht Stunden, in Gebirgen weniger weit von einander entfernt, so daß man immer den einen Telegraphen von dem nächstfolgenden aus genau erkennen konnte, und jede Bewegung, welche von Paris ausging, wurde nach und nach von sämmtlichen Telegraphen mechanisch nachgeahmt.

Auf diese Weise war es möglich, eine Nachricht mit ziemlicher Schnelligkeit zu verbreiten. So erhielt man in Paris eine Depesche aus Lille, 60 Stunden weit, in zwei Minuten; aus Calais (68 Stunden) in 4 Minuten 5 Sekunden; aus Straßburg (120 Stunden) in 5 Minuten 52 Sekunden; aus Toulon in 13 Minuten 50 Sekunden; aus Bayonne in 14 Minuten; aus Brest (150 Stunden) in 6 Minuten 50 Sekunden u. s. w. Andre Länder folgten bald mit ähnlichen Einrichtungen, so Schweden 1795, England 1796 nach Lord Murra's System, Dänemark 1802, Frankfurt a. M. 1798, Preußen 1833, Oesterreich (Wien-Linz) 1835, Rußland (Warschau-Petersburg) 1839, selbst Ostindien und die Türkei hatten ihre Telegraphen. Die bedeutendste deutsche Telegraphenlinie war die von Berlin nach Köln, welche von der Regierung, ebenfalls nur zu Staatszwecken, errichtet war. Ein einzelnes Signal brauchte 10 Minuten, um von einem Endpunkte zum andern zu gelangen.

So verbreitet aber auch diese Einrichtung war, so sehr sie angestaunt wurde, so hatte sie doch den bedeutenden Mangel, daß sie nur zur Tageszeit und bei hellem Wetter gebraucht werden konnte. Trat Regen oder Nebel ein, und wenn er auch nur zwischen zweien der vielen Stationen erschien, so hörte die ganze Thätigkeit mit einem Male auf, und die Depeschen in den Zeitungen vor zwanzig Jahren noch brachen häufig da ab, wo sie am interessantesten zu werden versprachen. Eben arbeiteten die Flügel noch rasch und geschäftig — plötzlich bleiben sie, wie vom Starrkrampf befallen, auf einem Signale stehen — eine lange Zeit — endlich zucken sie wieder unverständlich auf, dann schweigen sie wieder; während dessen besteht die Depesche aus nichts als aus lauter Punkten — endlich kommen einige Worte — Gott weiß, wie die hierher passen — wieder Punkte und schließlich: „... dichter einfallender Nebel macht die Fortsetzung nicht mehr erkennbar.“

Neben den optischen Telegraphen wollen wir nur kurz einiger andern Erwähnung thun, welche in verschiedenen Zeiten vorgeschlagen und zum Theil auch ausgeführt worden sind.

Fig. 288. Hydraulischer Telegraph.

Die Beobachtung, daß der Schall bei seiner Fortpflanzung durch Röhren nur sehr wenig geschwächt wird, ließ den wiederholt schon erwähnten Neapolitaner **Porta** um 1579 den Vorschlag machen, anstatt der im Alterthum gebräuchlichen Ruferlinien Schallröhrenleitungen anzulegen. Diese **akustischen Telegraphen** haben indessen, trotzdem man öfters, unter Andern der Cistercienser-Mönch **Gauthey**, wieder auf dies Projekt zurückkam, keine ausgedehntere Anwendung gefunden; zur Kommunikation in größeren Etablissements, Fabriken u. dgl. bedient man sich ihrer aber mit Vortheil. Die Vorschläge, aus verschiedenen Tönen ein Buchstabensystem zusammenzusetzen, welche von **Doull**, **Sudre** und Andern ausgegangen sind (**musikalische Telegraphen**), erwähnen wir nur der Vollständigkeit wegen. Ebenso sind die **pneumatischen Telegraphen** nicht in Aufnahme gekommen, in denen Luft durch eine Röhre gedrückt werden und am andern Ende als Blasen aus Wasser heraustreten sollte (Rowley 1838). Was in dieser Richtung sich irgend Praktisches ergeben könnte, das hat neuerdings die Packetbeförderung durch Luftdruck ausgebeutet. Und die **hydraulischen Telegraphen** sind verdiente Schicksalsgenossen der pneumatischen geworden. Eine U förmige, mit Wasser gefüllte Röhre bildet das Wesentliche derselben. Die senkrechten Schenkel sind gleichmäßig getheilt und befinden sich auf den beiden Endstationen. Wird der eine Wasserspiegel mittels eines Kolbens nun auf der einen herabgedrückt, so hebt er sich auf der andern fast in demselben Augenblicke um eben so viel in die Höhe, man kann also durch Schwimmer beliebige Buchstaben bezeichnen lassen. Die Alten ließen aus zwei auf den entfernten Stationen aufgestellten Gefäßen, in denen ein markirter Stab aufgestellt war, Wasser auslaufen, bis der Spiegel das gewünschte Zeichen erreichte, worauf durch ein Lichtsignal Halt geboten wurde.

Nachdem also solche Vorrichtungen schon im Alterthum (**Aeneas Taktikos** im vierten Jahrhundert v. Chr.) ausgeführt worden sind, hat man, als zu Ende des vorigen und zu Anfang dieses Jahrhunderts die Telegraphie anfing, große Bedeutung zu gewinnen, ihr Prinzip wieder hervorgesucht, und **Bramah** (1796), **Wallance** (1824), **Jobard** (1827) und **Jowett** (1847) selbst noch haben sich mit seiner Verbesserung beschäftigt. Es ist aber nichts damit erreicht worden, denn einerseits erfüllten die Chappe'schen Telegraphen das damals Verlangte in der ausgezeichnetsten Weise, andrerseits aber, als diese später durch das heutige Telegraphensystem überflüssig gemacht wurden, konnten so mangelhafte Apparate erst recht nicht mehr irgend eine andere Aufmerksamkeit als die des historischen Interesses für sich verlangen.

**Die elektrische Telegraphie** ist in der That das Einzige, Vollkommenste, was überhaupt gedacht werden kann und was in seiner jetzigen Form sogar schon fast vollständig erreicht worden ist. Wir haben strenggenommen drei Perioden in der Entwickelung der heutigen Telegraphie zu unterscheiden, welche sich dadurch charakterisiren, daß nach einander die Reibungselektrizität, der Galvanismus und endlich der Elektromagnetismus als Agens in den telegraphischen Apparaten angewandt wurde.

Die große Fortpflanzungsgeschwindigkeit der Elektrizität mußte schon frühzeitig auf den Gedanken ihrer Anwendung zur Telegraphie führen. Schon vor mehr als 100 Jahren (1746) sehen wir von Professor **Winkler** in Leipzig die Elektrizität durch lange Drähte und unter der Pleiße hindurchleiten. Vom 1. Februar 1753 soll ein mit C. M. unterzeichneter Brief aus Renfrew existiren, dessen Verfasser räth, 24 Drähte von einer Station zu einer andern, mit welcher man in Gedankenaustausch treten will, zu führen; vor jeden Draht ein kleines, mit einem Buchstaben bezeichnetes Hollundermark-Kügelchen zu legen, die Drähte aber unterwegs durch Träger von Glas oder Harz zu isoliren. Wird auf der einen Station nun ein Draht mit Elektrizität geladen, so zieht sein zweites Ende auf der andern Station das unter ihm liegende Hollundermark-Kügelchen an, und auf diese Weise wäre es möglich, rasch Worte und Sätze zu telegraphiren. Statt der Hollundermark-Kügelchen könne man auch kleine Glöckchen auslösen und erklingen lassen. **Lessage** in Genf konstruirte 1774 einen solchen Telegraphen, den er aber wol selbst erfunden hatte.

In dieser Zeit und bald nachher beschäftigten sich viele Physiker mit derselben Aufgabe und brachten mancherlei Vorschläge zu Wege. Von besonderem Interesse erscheinen nur die von **Lemond** und von **Boeckmann**, welche beide anstatt der umständlichen 24 Drähte nur einen oder zwei anbringen und durch Kombinationen von Zeichen (Anziehung eines Hollundermark-Kügelchens oder Ueberspringen eines Funkens durch Entladung einer Leydener Flasche, Boeckmann) die Buchstaben signalisiren wollten. Darin liegt schon das Prinzip, welches später beim Nadeltelegraphen sowol als bei dem Morse'schen Apparate wieder auftauchte. Und merkwürdig, auch die Idee, welche dem lange Zeit und in England jetzt noch gebräuchlichen Zeigertelegraphen zu Grunde liegt, finden wir schon 1816 von dem Engländer **Ronalds** angegeben, welcher auf den beiden Endstationen ganz gleiche Uhrwerke aufstellen und durch diese mit Buchstaben in vollkommener Uebereinstimmung beschriebene Scheiben in Umdrehung setzen ließ. Die Scheiben drehten sich vor einem Schirme mit einer Oeffnung, durch die gerade ein einziger Buchstabe dem Beobachter erschien. Kam der gewünschte, so wurde die Bewegung auf einen Augenblick durch elektrische Erregung unterbrochen.

Wir sehen aber die Versuche mit der Reibungselektrizität aufgegeben, nachdem im Galvanismus eine viel geeignetere Kraftform entdeckt worden war.

**Die galvanischen Telegraphen** lassen ihre Geschichte, wie jetzt klar dargelegt ist, bis in das Jahr 1809 verfolgen, und es gebührt dem deutschen Physiologen **Sömmering** in München der Ruhm, zuerst mit klarer Erkenntniß der Frage und der zu ihrer Lösung vorhandenen Mittel die Bahn beschritten zu haben. Den ersten Anstoß dazu gaben jene verheerenden Kriege, welche von Frankreich aus sich über Europa zu Anfang dieses Jahrhunderts verbreiteten. Der blutige Verkehr der Völker säte eine Saat, die für die wahre Humanität fruchtreicher sich entwickeln sollte, als je eine zuvor. Aber merkwürdig bleibt es, daß gerade die französische Nation, deren großartige Erhebung als erster Impuls die nachhaltigen Erschütterungswellen trieb, gerade am spätesten und am mangelhaftesten die heilsamen Erfolge der angeregten Erfindung sich zu Nutze machte. Noch im Jahre 1846 stemmte sich die Deputirtenkammer gegen die Anlegung einer elektrischen Telegraphenleitung von Paris nach Lille, und nur dem zwingenden Auftreten Arago's ist es zuzuschreiben, daß nach und nach wenigstens Versuche Eingang fanden, welche schließlich die vielbezärtelte Chappe'sche Erfindung, auf die sich die französische Nationaleitelkeit so viel zu Gute that, allerdings durch unvergleichlich Vollkommneres zu verdrängen wußten. 1851 erst wurde der elektrische Telegraph in Frankreich dem Publikum zum öffentlichen Gebrauch übergeben und in den ersten zwei Monaten beförderte er von Paris aus nicht mehr als 500 Depeschen! Doch zurück zu unsrer historischen Betrachtung.

Es war nicht zu verkennen, daß die raschen und mit in Folge dessen so überaus glücklichen Unternehmungen Napoleon's ganz besonders durch den ausgezeichneten Rapport, welcher den Willen des Einzigen mit rapider Schnelligkeit allen Theilen seines Heeres übermittelte, unterstützt, ja oft sogar lediglich dadurch ausführbar wurden. Die unglückliche Einschließung des General Mack in Ulm war ein Beispiel, welches Bayern zu nahe vor Augen lag, um übersehen zu werden. Als nun vollends der ganz unvorhergesehene Einfall der Oesterreicher am 9. April 1809, der den König am 11. zur Flucht aus München trieb, Napoleon so rasch durch den optischen Telegraphen hinterbracht wurde, daß bereits am 22. April München, welches sechs Tage vorher von den Oesterreichern eingenommen worden war, durch die Franzosen entsetzt wurde und der König Maximilian sechzehn Tage nach seiner Flucht wieder in seine Residenz einziehen konnte, lenkte sich die Aufmerksamkeit des baierischen Ministers Montgelas ernstlich der großen Bedeutsamkeit der Telegraphie zu. Er theilte den Wunsch, von der Akademie Vorschläge zu Telegrapheneinrichtungen gemacht zu bekommen, am 5. Juli 1809 über Tafel dem anwesenden Sömmering, einem Mitgliede jener wissenschaftlichen Korporation mit, und mit welcher Lebhaftigkeit und Ursprünglichkeit der Gelehrte dieser Anregung nachhing, zeigt das Tagebuch desselben, in welchem bereits unterm 8. Juli, also nur drei Tage später, zu lesen ist:

„... nicht ruhen können, bis ich den Telegraphen durch Gasentbindung realisirt.“

Sömmering ging gleich von der Idee aus, den durch die Volta'sche Säule entwickelten elektrischen Strom für die Telegraphie zu verwenden, und zwar war es der Gedanke an die wasserzersetzende Kraft, welcher sich ihm als besonders fruchtbar darstellte. Es kam darauf an zu untersuchen, bis auf welche Entfernung sich die chemische Wirkung übertragen ließ. Am 9. Juli gelang, wie sein Tagebuch mittheilt, die Gasentbindung bis auf eine Entfernung von 38 Fuß, am 19. Juli zersetzte er bis auf 170 Fuß Entfernung, am 8. August auf 1000 Fuß das Wasser, und drei Tage darauf konnte er es aussprechen, „der Telegraph gelingt“. Die von Sömmering angewandte Säule war aus Silber (Brabanter Thaler) und Zink zusammengesetzt und bestand aus 15 Gliedern; als feuchte Leiter dienten Filze, mit Salzwasser befeuchtet. Die vollständig ausgearbeitete Vorlage empfing die Akademie am 26. August 1809.

Die Abbildung Fig. 289 wird zeigen, in welcher Art der Sömmering'sche Telegraph eingerichtet war. Sie ist einem Schriftchen entnommen, durch welches der Sohn des verdienten Forschers die lange vernachlässigten und verkannten Ansprüche seines Vaters an der großartigsten Erfindung unsers Jahrhunderts diesem vor der Welt mit Recht gewahrt hat, da auf keinem Gebiete bisher der deutsche Name überhaupt weniger genannt worden ist, als auf dem der Telegraphie, und doch keine Nation als gerade die deutsche den Stolz haben darf, sich zu sagen: du hast die Idee geboren, du hast sie erzogen und gebildet für's Leben, und wenn sie der Welt nützt, so verdankt dies die Welt dir.

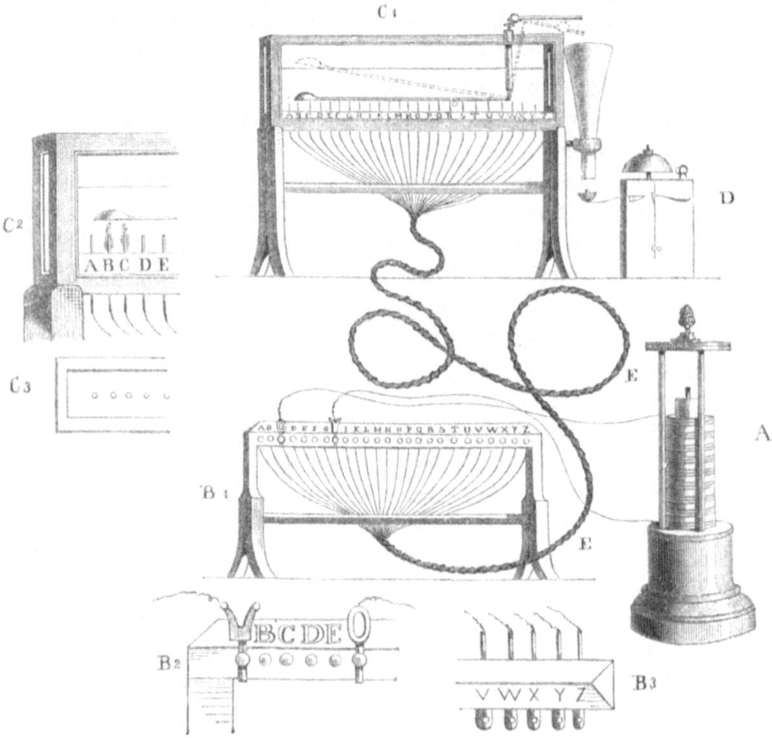


Fig. 289. Der erste galvanische Telegraph von Sömmering.

Nach dieser Abbildung bestand der erste galvanische Telegraph aus folgenden Theilen: 1) der Volta'schen Säule A; 2) dem Alphabet $B_1$, in welchem den 24 Buchstaben einzelne Drähte entsprechen, die mit der Säule in leitende Verbindung gesetzt werden können dadurch, daß man das Ende des Poldrahts in die durchlöcherten Stifte steckt, welche bei $B_2$ in etwas vergrößerter Darstellung und bei $B_3$ von oben gesehen gezeichnet sind; 3) dem Kabel E, bestehend aus den unter sich isolirten 24 Drähten der Station B; 4) einem dem Apparat B ganz entsprechend zusammengesetzten Alphabet $C_1$ auf der Empfangsstation, wo die wieder vereinzelten Buchstabendrähte durch den Boden eines Glastrogs gehen, der mit Wasser gefüllt wird; in $C_3$ sehen wir denselben im Grundriß; endlich 5) dem Wecker D, dessen Haupttheil, den an einem Hebel sitzenden Löffel, uns $C_2$ etwas vergrößert vorführt.

Wollte nun Sömmering mit diesem Apparat telegraphiren, so gab er erst dem Empfänger der Depesche mittels des Weckers das Zeichen „Achtung", indem er die beiden Poldrähte in die Oesen der Buchstaben B und C steckte. Der Strom ging, nehmen wir an im Drahte B, durch das Kabel E und auf der entfernten Station durch die Flüssigkeit von B nach C im Drahte C des Kabels wieder zurück in die Säule. Bei dem Durchgange durch die Flüssigkeit im Glastroge $C_1$ aber wurde hier das Wasser zersetzt, es entwickelten sich, wie es $C_2$ zeigt, aus den Drahtenden B und C Glasbläschen, die sich unter dem Löffel ansammeln und diesen endlich in die Höhe heben, so daß er in die durch die punktirte Linie angedeutete Lage kommt. Bei dieser Stellung rutscht eine aufgesteckte Bleikugel in Folge ihrer Schwere von dem Drahte ab und fällt in einen Trichter, der sie auf eine, mit der Auslösung des Weckers D in Verbindung stehende Schale leitet und das Schlagwerk dadurch in Bewegung setzt. Dieser Wecker wurde von Sömmering am 24. August 1810 erfunden, nachdem viele Versuche, den gesuchten Effekt zu erreichen, fehlgeschlagen waren.

Ist also auf dieser Station Alles zur Entgegennahme der Depesche bereit, so beginnt der Absender die beiden Poldrähte so zu versetzen, daß sie der Reihe nach sämmtliche Buchstaben der Depesche berührt und sie auf der Endstation durch Gasentwickelung bemerklich gemacht haben. Soll z. B. das Wort „Hochflut" telegraphirt werden, so wird der eine Draht mit dem H, der andere mit dem O verbunden und eine kurze Zeit wirken gelassen; darauf wird C und H, dann F und L, endlich U und T und schließlich noch das Zeichen für den Punkt kombinirt. Da an dem negativen Drahte die Gasentwickelung viel lebhafter ist als an dem positiven Pole, so ist hierin gleich ein Unterscheidungszeichen gegeben, um sich in der Reihenfolge der beiden telegraphirten Buchstaben nicht irren zu können; es darf nur immer derjenige, an welchem die meisten Blasen aufsteigen, zuerst gelesen werden.

Gleich nach seiner Erfindung legte Sömmering den Telegraphen, wie schon erwähnt, der Münchener Akademie und bald darauf (am 5. Dezember 1809) durch den Oberinspektor des Medizinalwesens der französischen Armee Larrey dem Nationalinstitut (Akademie der Wissenschaften) in Paris vor. In Paris wurde nun zwar eine Kommission zur Prüfung der Erfindung ernannt, in welcher die Namen Monge, Biot, Carnot u. A. glänzten, allein man ging mit dem Gefühl, in dem Chappe'schen Telegraph etwas Unübertreffliches zu besitzen, stolz über die ganze Sache hinweg, und selbst Napoleon, der doch zuerst den Nutzen eines solchen Verkehrsmittels hätte einsehen sollen, nannte das Ganze verächtlich eine deutsche Schwärmerei.

Obwol nun von der Praxis im Stich gelassen — denn auch in Baiern regte sich Niemand für eine Ausführung der galvanischen Telegraphie im Großen — setzte Sömmering seine Versuche doch fort und führte den Telegraphen auch wirklich aus, soweit es ihm eben die Umstände gestatteten. Er telegraphirte am 4. Februar 1812 durch eine Drahtlänge von 4000 Fuß, am 15. März durch 10,000 Fuß mit gleich günstigem Erfolge, und so lange Sömmering in München war (bis 1820), haben viele Besucher sich von der Thätigkeit der nun schon ziemlich alten Erfindung überraschen lassen. Sömmering, dem die allgemeine Einführung mehr als pekuniärer Vortheil am Herzen lag, war auf das Gefälligste bereit, Modelle seines Telegraphen an Andere abzulassen, und so kam durch den russischen Gesandten Grafen Potocky auch ein solches nach Wien, wo der Kaiser, über den Erfolg auf's Höchste erfreut, eine telegraphische Verbindung zwischen Wien und Laxenburg herstellen lassen wollte. Einen andern Telegraphen nahm der bekannte Luftschiffer Robertson mit nach Paris, ein dritter kam nach Genf, wo sich gerade Sömmering's Sohn Wilhelm aufhielt.

Nirgends aber machte sich die Unternehmungslust rege. Das direkte Bedürfniß verlangte eine so schnelle Kommunikation noch nicht, und die erste Veranlassung zu der Erfindung überhaupt, der Krieg, war vorüber. Die gelehrte Welt aber, welche durch Larrey's Berichte in den Bülletins der Medizinischen Gesellschaft mit der so glänzenden Anwendung des Galvanismus bekannt gemacht worden war, sah wie so oft mit der Lösung der Frage ihr Interesse daran als vollständig befriedigt an, soweit sie überhaupt je ein Interesse daran gehabt hatte.

Alexander von Humboldt, Schweigger und Gauß sind fast die Einzigen, von denen wir wissen, daß sie dem Sömmering'schen Apparat eine ernstliche Aufmerksamkeit zugewandt haben. In England schrieb Dr. Thomas Thomson sogar 1816 noch in den von ihm herausgegebenen Annals of Philosophy, ohne Sömmering's in irgend einer Weise Erwähnung zu thun: der Professor Dr. Redmann Coxe in Philadelphia habe die Idee ausgesprochen, der Galvanismus müsse sich zum Telegraphiren anwenden lassen, die Ausführung dieser „grillenhaften" Spekulation würde jedoch noch viel Zeit erfordern. Es ist dies um so merkwürdiger, als viele Engländer den Sömmering'schen Telegraphen in München damals eben so gut als Andere gesehen hatten. Ein Modell war aber nicht nach England gekommen, und aus irgend einem Grunde wurde auch dasjenige, welches Sömmering dem Legationssekretär Lyonel Hervey auf dessen Ansuchen bereitwilligst übersandte, wieder zurückgeschickt.

Die Apathie, welche Sömmering überall entgegentrat, ist um so unerklärlicher, da die Kosten seines Telegraphen lange nicht so bedeutend waren, als die der optischen, mit deren Einrichtung man doch damals überall vorging. Schweigger hatte sogar durch die Reduktion der Drähtezahl auf 2 statt 24 es ermöglicht, daß die Meile Leitung durchschnittlich nicht mehr als 100 Thaler zu stehen kam, während für die Meile des optischen Telegraphen zwischen Berlin und Köln das Achtfache aufgewendet werden mußte.

Die Richtigkeit einer Idee sichert ihr noch nicht die allgemeine Aufnahme, die Menge will gestoßen und geschoben sein, und deswegen treten in der Geschichte der Erfindungen oft Diejenigen, welche mit unermüdlicher Energie lediglich für die Durchführung des Gedankens kämpfen, heller hervor, als Die, welche den Gedanken selbst hervorbrachten. Wir sehen Sömmering von der Bedeutsamkeit seiner Erfindung ganz erfüllt und überzeugt, daß er, wie er an Humphry Davy schreibt, noch die Legung eines Telegraphenkabels durch den Kanal erleben werde; indessen diese Ueberzeugung, die vielleicht Manche getheilt haben, konnte durch sich selbst allein nicht realisirt werden. Es trug sich aber zu, daß ein russischer Staatsrath, Baron Schilling von Cannstadt, der Gesandtschaft in München zugetheilt, von dem Sömmering'schen Telegraphen so eingenommen wurde, daß er dessen großartige Anwendung gewissermaßen als seine Lebensaufgabe betrachtete. Sömmering und Schilling wurden zu vertrauten Freunden, leider aber riefen politische Verhältnisse den Letztern schon im Juli 1812 nach Petersburg zurück, und die gemeinschaftlichen Bestrebungen erlitten durch die nun folgenden Weltereignisse eine störende Unterbrechung. Indessen rastete Schilling deswegen nicht. Als durch Oerstedt der Elektromagnetismus weiter bekannt geworden war, suchte er diese Wirkungsweise des elektrischen Stromes sogleich für die Telegraphie nutzbar zu machen, und hiermit beginnt die dritte Phase des elektrischen Telegraphen.

**Die elektromagnetische Telegraphie.** Neben Schilling waren es gleich in der ersten Zeit nach den Oerstedt'schen Versuchen namentlich Ampère und Ritchie, welche die Ablenkung der Magnetnadel durch den galvanischen Strom zur elektrischen Zeichengebung vorschlugen und auch dem entsprechende Modelle gebaut haben sollen. Fechner in Leipzig, Davy und Alexander in England führten ebenfalls nach verschiedenen Systemen Telegraphen aus, die aber sämmtlich unbeachtet geblieben sind. Ebenso rief der erste praktisch ausgeführte und wirklich benutzte elektromagnetische Telegraph, welchen Gauß und Weber 1833 in Göttingen ausführten und womit sie, indem sie aus den Ausschlägen einer Magnetnadel ein Chiffernsystem kombinirt hatten, einander vom physikalischen Kabinet nach der magnetischen Warte Depeschen zuschickten, trotz seiner zweckmäßigen Einrichtung zunächst keine weitern Nachahmungen hervor.

Es ist unbekannt, wann Schilling, der sich mittlerweile auf seinen Gütern mit der Vervollkommnung beschäftigte, seinen Apparat erfunden hat. Zuerst trat er damit auf der Versammlung der deutschen Naturforscher und Aerzte am 23. September 1835 hervor, und durch den Vorsitzenden der Abtheilung für Physik und Chemie, Professor der Physik Muncke aus Heidelberg, wurde der Schilling'sche elektromagnetische Telegraph weiter bekannt, da Muncke späterhin mit demselben in seinen Vorlesungen vor einem großen Auditorium Versuche anstellte.

Das Prinzip des Schilling'schen Apparats war dem Schweigger'schen Multiplikator entnommen, durch die Ausschläge von fünf Magnetnadeln wurden Zahlen telegraphirt, über deren Bedeutung ein Ziffernlexikon Auskunft gab. Muncke telegraphirte mit einem solchen Apparat, dessen Draht durch mehrere Gänge und Säle lief.

Einer derartigen Vorlesung wohnte denn auch einmal ein Engländer William Fothergill Cooke bei, der selbstgeständlich von physikalischen Experimenten gar keine Idee hatte. Er war durch einen Landsmann auf die merkwürdige Wirksamkeit der neuen Erfindung aufmerksam gemacht worden. Ueberrascht von dem frappanten Erfolge, ließ er, da augenblicklich in ihm die Idee einer praktischen Ausbeutung auftauchte, ein Modell des Schilling'schen Telegraphen bauen, mit welchem er sich nach London begab. Es geschah dies im Jahre 1836, bis zu welcher Zeit die Engländer von dem elektrischen Telegraphen nicht viel gehört oder wenigstens von dem Gehörten nicht viel gehalten hatten. Cooke aber faßte die Sache richtig an. Er wandte sich an den berühmten Physiker Wheatstone und legte diesem, nachdem er von Faraday abgewiesen worden war, den „Möncke'schen Telegraph", wie er ihn aus Unkenntniß des Namens Muncke nannte, vor, um gemeinschaftlich für die Einführung der elektrischen Telegraphie in England zu wirken (27. Februar 1837). Wheatstone und Cooke trafen denn auch eine Vereinbarung und nahmen im Mai 1837 zusammen ein Patent auf eine Verbesserung (improvement) des elektrischen Telegraphen, in Folge dessen auch am 25. Juli der erste größere Versuch gemacht und durch einen mehrere Meilen langen Draht telegraphirt wurde, der, zum Theil in einem großen Gebäude hin- und hergehend, zum Theil $^5/_4$ Meilen längs der Birminghamer Eisenbahn von Euston Square bis Cambden Town aufgespannt war.

Der Versuch gelang in ausgezeichneter Weise und der elektrische Telegraph bildete von jetzt ab das Tagesgespräch. Cook und Wheatstone waren in Aller Munde, während Niemand des eigentlichen Erfinders gedachte, der gerade in diesen Tagen (6. August) starb, wahrscheinlich ohne von den Erfolgen seines Apparats eine Ahnung zu haben. Wäre Schilling länger am Leben geblieben, so würde übrigens die Entwickelung des Telegraphenwesens auf dem Kontinent eine bedeutend raschere gewesen sein, als es so der Fall war, denn die Ausführung einer Leitung, mittels welcher er Kronstadt mit Peterhof durch den Finnischen Meerbusen in telegraphische Verbindung setzen wollte, wurde natürlich durch das Verlöschen seiner Seele wieder illusorisch.

Wenn die Engländer Wheatstone und Cooke für die Erfinder hielten und auch jetzt noch auf Beide, und namentlich auf Cooke, immer wieder zurückkommen, so ist dies mehr einer entschuldbaren nationalen Eitelkeit zuzuschreiben, als etwa von Wheatstone selbst erhobenen Ansprüchen. Im Gegentheil bezeichnet dieser Gelehrte in der Beschreibung des Apparats, welche am 12. Dezember des Patents wegen eingereicht wurde, sein Werk ausdrücklich nur als eine Verbesserung.

Der Schilling'sche Telegraph hatte fünf horizontal schwingende Magnetnadeln, deren jede eine kleine senkrecht stehende, auf beiden Seiten verschieden bezeichnete Papierscheibe trug. Im Ruhestande drehte diese Scheibe dem Beobachter die scharfe Seite zu, sie wurden erst sichtbar, wenn die Nadeln durch den Strom nach irgend einer Seite abgelenkt wurden. Mittels der so darstellbaren zehn Zeichen konnte man eine große Zahl von Kombinationen zusammensetzen, die dann eben in systematischer Weise besondere Bedeutung erhielten.

Wheatstone gab den Nadeln eine vertikale Stellung und ordnete sie so neben einander an, daß mittels einer Tastatur der Strom allemal zwei bestimmten zugeführt wurde, und diese, je nachdem, nach oben oder unten hin mit einander konvergirten. Diese Nadeltelegraphen sind in England, vielfach verbessert, noch in häufiger Anwendung. Zunächst adoptirten Wheatstone und Cooke, da ihre Fünfnadel-Telegraphen noch zu unbequem waren, das Gauß-Weber'sche System mit einer einzigen Nadel, so daß durch die Zahl der Zuckungen der Nadel der betreffende Buchstabe markirt wurde.

Die beistehende Figur 290 zeigt uns die äußere Ansicht des nach England verpflanzten Telegraphen. Der sichtbare Zeiger steht mit der Nadel im Innern des Gehäuses in Verbindung, welche durch einen vertikal stehenden Multiplikator zum Ausschlagen gebracht wird. Um nun nicht nur Depeschen empfangen, sondern auch Zeichen geben zu können, ist der Handgriff in Verbindung mit der Batterie oder dem Magnet eines Induktionsapparats gesetzt, und man bewirkt durch seine Drehung nach einer oder der andern Seite einen Strom, welcher in demselben Sinne die Magnetnadel auf der entfernten Station ablenkt. Das Chiffernsystem ist auf der Vorderseite des Gehäuses verzeichnet, und man sieht daraus, daß eine Ausweichung nach links Achtung! eine nach rechts m, zwei nach links a, drei nach links b, vier nach links c, dagegen zwei nach rechts n, drei nach rechts o, vier nach rechts p bedeuten; eine Zuckung links und eine gleich darauf folgende rechts heißt d, zwei links und eine rechts e, erst eine rechts und dann eine links ist r u. s. w.

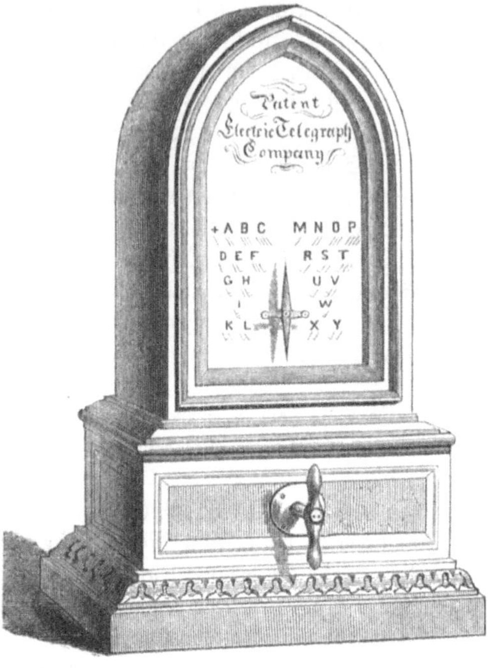

Fig. 290. Der Nadeltelegraph von Wheatstone und Cooke.

Nach diesem einfachen Apparate verbanden die Patentinhaber zwei Nadeln zu dem sogenannten Doppelnadel-Telegraphen, welcher im Grunde nichts Neues enthält und nur den Vortheil bietet, daß man mit drei Ausweichungen eben so viel Zeichen geben kann, als vorher mit vier.

Aus Fig. 291 wird die Einrichtung des dabei befolgten Chiffernsystems ersichtlich, wenn man den Ort, wo die betreffenden Zeichen oder Buchstaben stehen, für die Richtung des Ausschlags und die Wiederholung der Buchstaben für die Zahl der Ausschläge maßgebend sein läßt. Ein einmaliger Ausschlag der linken Nadel nach links heißt also +, das Zeichen für Achtung! oder für die Beendigung eines Wortes; ein zweimaliger nach links bedeutet a, ein dreimaliger links b, dagegen ein dreimaliger Ausschlag nach links der rechten Nadel k u. s. w. Die oben stehenden Zeichen werden mit einer Nadel, die unten stehenden mit beiden zusammen hervorgebracht.

Das Telegraphiren mit Nadeln, wie es von Gauß und Weber erfunden worden war, hatte zwei Uebelstände: einmal konnte es nur von Solchen ausgeführt werden, welche das Alphabet erlernt hatten, so daß sie geschwind in demselben lesen und schreiben konnten; sodann aber war man lediglich, weil der Telegraph nichts Dauerndes markirt, mit der Sicherheit und Genauigkeit der erhaltenen Depesche auf die Aufmerksamkeit des beobachtenden Beamten angewiesen.

Vorzüglich um den letztgenannten Umstand zu beseitigen, veranlaßten die beiden großen Gelehrten den Professor Steinheil in München, der sich von Anfang an viel mit der Telegraphie beschäftigt hatte, einen Schreibtelegraphen zu erfinden. Noch bevor Wheatstone und Cooke ihren ersten größern Versuch ausführten, war Steinheil mit seinem neuen Apparate fertig (Mitte Juli 1837). Er hatte die Leitung von seinem Hause in der Lerchenstraße nach dem Gebäude der Akademie der Wissenschaften und von dort nach dem Observatorium in Bogenhausen angelegt. Die Drähte gingen oberirdisch theils auf Pfählen, theils über die Häuser der Stadt. Die Magnetnadeln trugen an ihren Enden kleine Farbenpinsel oder Näpfchen, aus denen die Farbe etwas heraussickerte, und drückten bei dem Ausschlage damit gegen einen Papierstreifen, der sich mit Hülfe eines Uhrwerks in fortwährend gleichbleibender Geschwindigkeit vorbeibewegte. Außerdem aber hatte Steinheil akustische Signale angebracht, indem er die Nadeln gegen Glöckchen von verschiedener Tonhöhe anschlagen ließ, so daß Auge und Ohr sich gegenseitig kontroliren konnten.

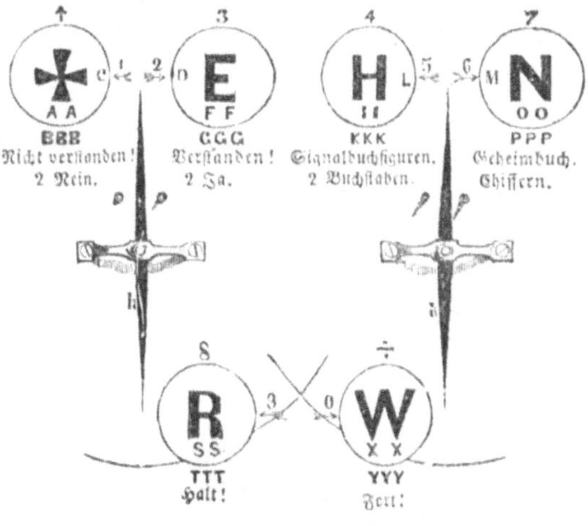


Fig. 291. Doppelnadel-Telegraph von Wheatstone und Cooke.

Wie bei dem Gauß-Weber'schen Telegraphen wurde auch hier der elektrische Strom durch einen Rotationsapparat hervorgebracht, und nicht nur dies, sondern auch der zeichenempfangende, bewegte Papierstreifen — ein jetzt noch unentbehrliches Requisit der Telegrapheneinrichtung — ist also wiederum eine deutsche Zugabe.

**Der Zeigertelegraph.** Mittlerweile hatte nun Wheatstone die glückliche Idee gehabt, die Wirkung des elektrischen Stromes mit der Wirkung eines fallenden Gewichts oder einer Federkraft zu kombiniren, und Davy hatte diesen Gedanken in der Art zu glücklicher Ausführung gebracht, daß der elektrische Strom den Anker eines Uhrwerks auslöste und wieder arretirte und somit einen Zeiger in Bewegung setzte, welcher auf dem Umfange einer mit Buchstaben und Zahlzeichen beschriebenen Scheibe hinglitt und so die wünschenswerthe Mittheilung direkt buchstabirte. Der Davy'sche Zeigertelegraph, auf welchen dieser am 4. Januar 1839 ein Patent nahm, war aber in seiner sonstigen Einrichtung zu komplizirt, so daß der glückliche Patentinhaber Wheatstone ihn das Jahr darauf durch eine zweckmäßigere, ihm ebenfalls patentirte Konstruktion ersetzen konnte. Es heißen daher auch die in England noch gebräuchlichen Apparate allgemein die Wheatstone'schen Zeigertelegraphen, obwol der Hauptgedanke darin Davy's Eigenthum ist.

Da dieser Apparat einer ganzen Klasse von Telegraphen zum Ausgangspunkt gedient hat, so ist es wol erlaubt, einige Worte über seine Einrichtung hier anzubringen und das zu Sagende durch die Fig. 292 und 293 zu illustriren.

War bei dem Nadeltelegraphen eine Magnetnadel, welche durch den elektrischen Strom beeinflußt wurde, so ist hier ein Stück weiches Eisen, das durch den Strom zeitweilig zu einem Magneten gemacht wird, die Hauptsache. Durch abwechselndes Schließen und Oeffnen der Kette, in welche die Spirale des Elektromagneten eingeschaltet ist, wird ein vor dem letztern liegendes, bewegliches Stück Eisen, der Anker, bald angezogen, bald wieder ausgelassen, eine doppelte Bewegung desselben also bewirkt, die in verschiedener Weise zur Sichtbarmachung der Zeichen verwendet werden kann.

In unserer ersten Abbildung (Fig. 292) stellt A den Aufgabeort, B den Empfangsort der Depesche dar, gleichviel ob die beiden Endstationen 5 oder 500 Meilen von einander liegen. Dazwischen sollen einzelne Stationen noch eingeschaltet sein, wie es C, ein einfaches Wärterhäuschen, andeutet. Der die Leitung vermittelnde Draht ist mit 5 bezeichnet und auf Stangen von einer Station zur andern fortgeführt. Die Apparate sind auf allen Stationen gleich. A giebt eine Ansicht von der äußeren, B eine solche von der inneren Einrichtung. Die galvanische Batterie, welche selbstverständlich auch durch einen Rotationsapparat ersetzt werden kann, befindet sich im untern Theile des Arbeitspultes.

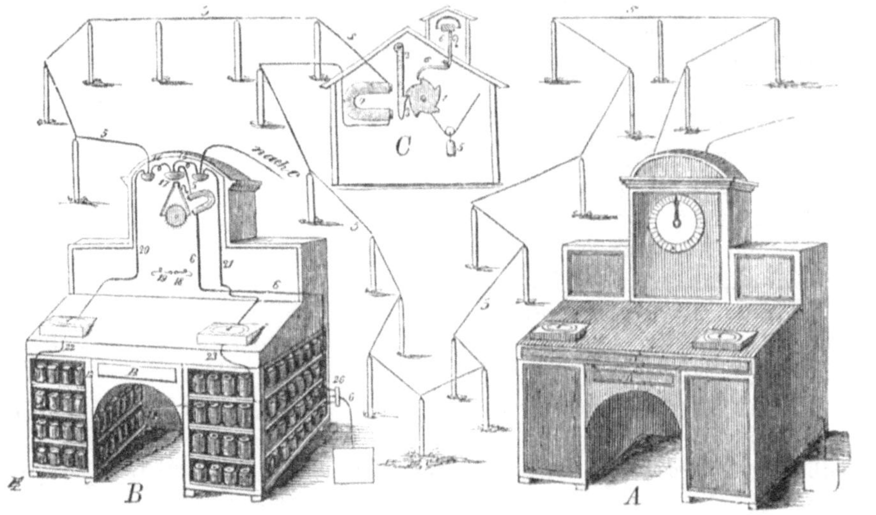

Fig. 292. Der Zeigertelegraph von Wheatstone.

Die hauptsächlichsten Bestandtheile des eigentlichen Telegraphirapparats sind in der zweiten Abbildung (Fig. 293) etwas größer dargestellt. Darin ist die am Pult bemerkbare zifferblattähnliche Scheibe, welche an ihrer Peripherie 22 Buchstaben — x und y fehlen, für v und w gilt dasselbe Zeichen — und 10 Zahlzeichen trägt, zwischen denen zu oberst und zu unterst Sternchen eingeschaltet sind. Diese Scheibe führt den Namen **Meldescheibe**, zum Unterschiede von dem im Aeußeren ganz ähnlichen **Zeichengeber**, welcher auf der Fläche des Pultes angebracht und durch die Hand des Beamten bewegbar ist, während der Zeiger der Meldescheibe nur von der andern Station aus durch Oeffnen und Schließen der Kette gerückt wird.

Der Zeiger sitzt nämlich vorn an einer durch den Mittelpunkt der Scheibe gehenden drehbaren Achse, welche wie die Zeigerachse der Uhren im Innern ein Steigrad hat, in das der Anker 1 (Fig. 293) zu beiden Seiten eingreift. Die Zähne des Ankers sind so gestellt, daß immer einer in das Rad greift und dieses also bei der hingehenden Bewegung des Ankers um einen Zahn und ebenso wieder um einen bei der hergehenden Bewegung vorwärts rücken kann. Es wird nun aber jedesmal, wenn ein Strom durch den Draht geht, das Hufeisen 4 magnetisch, der Anker angezogen und das durch ein fallendes Gewicht gespannte Rädchen rückt folglich seinen Zahn weiter; wird die Kette wieder geöffnet, so drückt die Feder 2 den rechten Schenkel des Ankers von dem nun nicht mehr magnetischen Hufeisen ab, wobei das Rädchen 3 um den zweiten Zahn vorwärts geschoben wird. Jeder Strom bewirkt also durch Schließen und Oeffnen ein Fortrücken um zwei Zähne, und da das Rad doppelt so viel Zähne hat, als auf der Meldescheibe Zeichen angebracht sind (hier 68), so geht der mit dem Rädchen 3 fest verbundene Zeiger auf der Meldescheibe jedesmal um einen Buchstaben weiter.

Der Beamte in A (Fig. 292) hat seinen Zeichengeber rechts vor sich, auf der Fläche des Pultes, und durch die vollkommene Uebereinstimmung der innern Werke ist er sicher, daß genau dieselben Buchstaben auf der Meldescheibe in B angezeigt werden, welche er mit seinem Zeiger berührt.

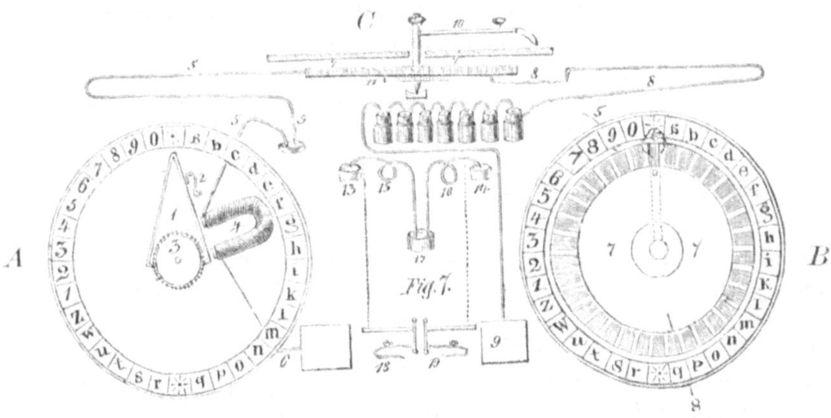

Fig. 293. Meldescheibe und Zeichengeber des Wheatstone'schen Zeigertelegraphen.

Die Einrichtung des Zeichengebers ersehen wir aus Fig. 293, wo man diesen wichtigen Theil des Apparats sowol von oben (A und B) als im Durchschnitt (C) gezeichnet erblickt. In dieser letztgenannten Durchschnittszeichnung bedeutet 7 eine kupferne Scheibe, deren Umfang 34 Zähne hat, so daß der durch den darauf schleifenden Leiter 5 übertragene Strom 34mal unterbrochen wird. Die Zwischenräume zwischen den Zähnen sind mit Holz, Horn, Elfenbein oder einer andern ähnlichen, nicht leitenden Substanz ausgefüllt. Der Strom selbst geht aus der Batterie durch den Draht 8 in die kupferne Scheibe und wird also, wenn dieser Schließungsdraht auf einen metallenen Zahn trifft, weiter zu dem Elektromagnet 4 geführt. Nachdem er dessen Windungen durchlaufen hat, strömt er durch den Draht 6 der Erdplatte zu, und geht, durch die Erde weitergeleitet und auf der andern Station dann wieder von der Erdplatte 9 aufgenommen, in die Batterie zurück. Jedes Fortrücken des Zeichengebers 10 und damit der Scheibe um einen Zahn entspricht also einem Weiterrücken des Zeigers auf der Meldescheibe um einen Buchstaben.

Wie man aber mit einem telegraphischen Apparat, nach Art des in Fig. 292 dargestellten, im Stande ist, jeden Augenblick von A und einem andern Orte, den wir C nennen wollen, sowol telegraphische Nachrichten zu empfangen, als auch solche dahin abzusenden, das ist aus der angezogenen Figur ersichtlich. Es tauchen nämlich die von A und C kommenden Drähte 15 und 16 in kleine Quecksilbernäpfchen 13 und 14 (wie sie in Fig. 293 deutlicher dargestellt sind); aus diesen führt wieder je ein Leitungsdraht in ein drittes Näpfchen 17, von wo dann der Draht um den Elektromagneten sich windet. Der Magnet kann somit seine Erregung von zwei Seiten her empfangen, und um nach einer bestimmten Richtung hin zu telegraphiren, schaltet man aus dem gemeinschaftlichen Quecksilbernäpfchen nur den betreffenden Leitungsdraht aus.

Uebrigens sind die Apparate noch mit Weckern und andern Hülfsvorrichtungen versehen, auf deren nähere Beschreibung wir uns nicht einlassen können. Eben so wenig dürfen wir es für unsre Aufgabe ansehen, die vielerlei Verbesserungen oder nur Veränderungen anführen zu wollen, welche verschiedenen Absichten zu Gefallen ausgeführt und hier und da in Anwendung gekommen sind.

An dem Zeigertelegraphen zu arbeiten erfordert keine besondere Fertigkeit, und für den Eisenbahndienst sind solche Apparate deswegen von gewissen Vortheilen. Indessen ist die Zeitdauer, welche die Absendung einer Depesche verlangt, verhältnißmäßig groß, da der Zeiger nur in der einen Richtung bewegt werden kann und, um auf einen im Alphabet zurückliegenden Buchstaben zu gelangen, den ganzen Kreis erst durchlaufen muß. Soll z. B. das Wort amor telegraphirt werden, so genügt zwar ein einmaliges Durchlaufen der Meldescheibe; der Telegraphist hält erst auf dem a inne, läßt dann den Zeiger, indem er 11mal den Strom unterbricht, bis m fortrücken und wartet hier wieder einen Augenblick, geht dann zum o und schließlich zum r, immer in derselben Drehung. Wenn aber das umgekehrte Wort roma annoncirt werden soll, so muß er erst das r signalisiren, darauf den ganzen Kreis wieder bis zum o durchlaufen, dann wieder fast einen vollen Umlauf machen, um zum m zu gelangen, und kommt schließlich, nachdem er viermal den Zeiger durch den ganzen Umfang der Scheibe geführt hat, erst mit dem a zum Ende. Diese Beschwerlichkeit hat denn auch ganz besonders dazu beigetragen, den Morse'schen Telegraphen eine so günstige Aufnahme zu verschaffen, wie sie gefunden haben, und den Namen ihres Erfinders mit einem Glanze zu umgeben, der den gerechtern Ruhm anderer, viel bedeutenderer Erfinder auf dem Gebiete der Telegraphie fast ganz verdunkelt.

**Steinheil's Rückleitung.** Wir stehen hier gerade an der Stelle, wo wir einer solchen Kapitalerfindung gedenken müssen, die von einem Deutschen gemacht und deswegen vielleicht von seinen Landsleuten als „Pflicht und Schuldigkeit" angesehen, von Fremden aber gar zu gern übergangen wird, obwol es auf der ganzen Erde keinen einzigen Telegraphen giebt, der sich ihrer nicht bediente, und obwol es gerade diejenige Erfindung ist, welche dadurch, daß sie die Einrichtungskosten auf die Hälfte herabsetzte, der Telegraphie überhaupt die größte Verbreitbarkeit gab. Es ist die von Steinheil im Jahre 1838 getroffene Einrichtung, mit einem einzigen Drahte als Leitung zu telegraphiren und die Erde als Rückleitung zu benutzen.

Da die bedeutenden Kosten der Drahtleitung für die Aufnahme der Telegraphie ein großes Hinderniß waren, so versuchte Steinheil die Rückleitung bei Eisenbahntelegraphen durch die ein- für allemal vorhandenen Eisenbahnschienen übernehmen zu lassen und damit den einen Draht zu sparen. Er stellte zu diesem Behufe auf der Eisenbahn zwischen Nürnberg und Fürth Experimente an. Dabei fand er jedoch, daß es gar nicht der Eisenbahnschienen bedürfe, sondern daß man ohne Weiteres die Erde in die Leitung einschalten könne, und jetzt führt man nach seiner Angabe allgemein auf der einen Station den positiven, auf der andern den negativen hinab in die Erde, anstatt sie wie früher durch einen besondern Draht mit einander zu verbinden. Nur ist es nothwendig, weil die Erde bei gleichem Durchmesser dem elektrischen Strome einen bei weitem größeren Widerstand entgegensetzt als Metall, zwischen die beiden Polenden ein entsprechend dickeres Erdprisma zur Leitung einzuschalten, und man erreicht dies dadurch, daß man die Drähte in metallene Platten ausgehen läßt und diese dann in den feuchten Boden versenkt.

**Die chemischen Telegraphen.** Wir haben schon erwähnt, daß es von Anfang her als eine Aufgabe erschien, einen Apparat zu erfinden, welcher die Depesche in bleibender Gestalt sichtbar wiedergäbe, und daß auch Steinheil bereits einen Versuch gemacht hatte, um einen solchen zu konstruiren. Außer dem Steinheil'schen Schreibtelegraphen giebt es noch mehr Zeugnisse der nach dieser Richtung gewandten Bestrebungen. Der schon erwähnte Davy'sche Apparat — eine in jeder Beziehung in der Geschichte der Telegraphie hervorragende Erfindung — hatte anstatt des beweglichen Zeigers, welcher ihm von Wheatstone gegeben wurde, einen Stift, der bei jedem Anziehen des Ankers gegen ein sich stetig über eine Rolle bewegendes, chemisch präparirtes Papier drückte und auf diesem, indem er die darin enthaltenen chemischen Stoffe durch den hindurchgeleiteten Strom zersetzte, farbige Punkte hervorbrachte. Das Papier war in Felder abgetheilt und aus der Anordnung der Zeichnung konnte die Depesche abgelesen werden. So bedeutend diese Erfindung aber auch für die Umgestaltung der Telegraphenapparate hätte werden können, so nahm sie doch keine selbständige Entwickelung, einmal weil die innere Einrichtung für zu komplizirt erklärt wurde, dann aber besonders weil die Wheatstone'schen Patente fast jedes andere System unmöglich machten. Sie mußte sich daher gefallen lassen, von Wheatstone in das Schlepptau genommen und zu dem schon besprochenen, für die damalige Zeit auch höchst zweckmäßigen Zeigertelegraphen umgestaltet zu werden.

Das Problem eines Schreibapparats war dadurch seiner Lösung wieder entrückt worden. Späterhin sind diese chemischen Telegraphen zwar von Vielen des Oefteren wieder hervorgesucht und verbessert worden, und noch in den letzten Jahren hat Giovanni Caselli in Florenz mit seinem sogenannten Pantelegraphen viel von sich reden gemacht, allein vor der Hand leisten sie das Verlangte noch nicht in der wünschenswerthen einfachen Weise, und deswegen begnügen wir uns, nur nebenher auf diese bisweilen in ihrer Art ganz ausgezeichneten Apparate aufmerksam zu machen. Die Schreib- oder Kopirtelegraphen, zu denen auch der Caselli'sche gehört, haben die Eigenthümlichkeit, die Depesche in denselben Zügen wiederzugeben, in denen sie mit einer nichtleitenden Tinte auf eine Metallplatte aufgeschrieben worden ist. Ueber diese Metallplatte (Stanniol, das um eine Walze gewickelt wird) bewegt sich die Spitze des einen Poldrahts, der Strom wird also allemal unterbrochen, wenn jener Stift auf einen mit Harz geschriebenen Buchstaben auftrifft, und dadurch wird eine gleich lange Unterbrechung in der Zersetzung des chemisch bereiteten Papiers auf der Endstation bewirkt, mithin auf dem Papier eine entsprechende Zeichnung hervorgebracht. Wir werden späterhin noch zu wiederholten Malen Gelegenheit haben, auf dies Prinzip wieder zurückzukommen. Genug, alle diese ungemein scharfsinnigen und verschiedenen Apparate sind durch den Morse'schen Drucktelegraphen vor der Hand von einem allgemeinen Gebrauche ausgeschlossen worden.

**Der Morse'sche Drucktelegraph.** Da es schwer ist, aus den von der Ruhmredigkeit der Amerikaner diktirten und von dem allzugroßen Vertrauen der Deutschen immer gläubig aufgenommenen Erzählungen der Morse'schen Erfindung das Wahre herauszuschälen, so dürfte es am besten sein, sich nur an die Thatsachen und an die Jahreszahlen zu halten, in denen von Morse wirkliche und nützliche Neuerungen gemacht worden sind. Es darf uns nicht mehr bestechen, wenn es heißt, Morse habe bereits

1832 bei seiner Ueberfahrt von Europa nach Amerika an Bord des Schiffes Sully den elektromagnetischen Telegraphen erfunden. Morse war in Europa gewesen, um sich als Maler auszubilden, und verstand von Physik und ihrer Anwendung damals noch gar nichts. Hätte auch ein mit auf dem Schiff anwesender Dr. Jackson aus Boston, der die Passagiere bisweilen durch Experimente mit einem Elektromagneten und einer Volta'schen Säule unterhalten haben soll, in Morse die Idee der elektromagnetischen Telegraphie klar hervorzurufen gewußt, so war doch 1837, als die Nachricht von Steinheil's telegraphischer Einrichtung in München nach Amerika gelangte, von den Morse'schen Versuchen, welche dieser seit 1836 mit einem Professor der Chemie, Dr. Leonhard Gall, angestellt und worauf er, als die amerikanische Regierung optische Telegraphenlinien einrichten wollte, durch Begünstigung ein schützendes Patent zu erlangen wußte, dem Publikum noch nicht der geringste Erfolg bekannt geworden. Trotzdem reklamirte eine Nachricht in the New-York Journale of Commerce im August 1837 die Ehre der Erfindung der elektromagnetischen Telegraphie mit der größten Unverschämtheit für Morse, „welcher auf dem Schiffe kein Geheimniß von seiner Idee gemacht und dieselbe den Reisegefährten aller Nationen frei und offen mitgetheilt habe." Darauf wurde, um das Publikum von der Existenz der Morse'schen Erfindung zu überzeugen, der Telegraph ausgestellt. Wenn wir erwähnen, daß der Elektromagnet in demselben ein Gewicht von 158 Pfunden hatte, so wird man daraus schon einen Begriff von der Unbehülflichkeit der Einrichtung sich machen können. Die erste Depesche, aus fünf Worten bestehend, kam am 4. September 1837 zu Stande; zu ihrer Herstellung hatten 143 Zeichen gegeben werden müssen. Es ist kein Irrthum, wenn wir schreiben 1837, statt, wie gewöhnlich geschieht, 1835; die letzte Jahreszahl ist unrichtig und nur dadurch in Umlauf gekommen, daß der Autor von The Telegraph Manual, welchem die meisten Nachrichten über Morse entnommen sind, sich zu Gunsten der amerikanischen Ansprüche das kleine Fälschungsvergnügen gemacht hat, von der Jahreszahl der Depesche 1837 die beiden letzten Striche wegzulassen und dieselbe dadurch in 1835 zu verwandeln.

Fig. 294. Samuel Morse.

Alle andern auf die Zeit der Morse'schen Erfindung bezüglichen Dokumente leiden an ähnlichen Unsicherheiten. Daß die Sache übrigens in ihrer unvollkommenen Gestalt anfänglich auch bei dem amerikanischen Publikum geringen Anklang fand, wird wol am besten durch den Umstand bewiesen, daß Morse 1839 wieder zur Malerei und später zum Daguerreotypiren griff. Als endlich in England die Nützlichkeit der elektrischen Telegraphen erprobt war, gewährte endlich der Kongreß (März 1843) die von Morse schon früher verlangte Subvention, und 1844 wurde als erster Versuch Washington mit Baltimore telegraphisch verbunden. Die erste Depesche durchlief den Draht am 27. Mai. Aber auch dieser Apparat war noch höchst mangelhaft, und erst als Morse wieder in

Europa gewesen und 1845 aus Frankreich ein Modell mitgebracht, nach welchem er seine Apparate änderte, konnte sein System sich allmälig zu praktischer Bedeutung herausbilden.

Das Morse'sche System — und darauf reduziren sich alle Ansprüche des viel genannten Mannes — verdankt aber seine allgemeine Verbreitung auch nicht einmal einem neuen originellen Gedanken, vielmehr ist das Charakteristische daran, die Zeichengebung, welche durch einen mittels des Elektromagneten in einen sich bewegenden Papierstreifen gedrückten Stift geschieht, mit manchen frühern Vorschlägen, welche zum Beispiel statt vertiefter Eindrücke farbige Zeichen bezweckten, ungemein nahe verwandt. Am allerwenigsten ist unser Telegraph überhaupt eine Morse'sche Erfindung, und das schöpferische Verdienst Morse's, gegen das eines Sömmering, Schilling, Steinheil, Weber, Gauß, Wheatstone u. A. gehalten, verschwindet fast gänzlich. Die Morse'schen Einrichtungen boten aber gewisse Vortheile der Bequemlichkeit, und da durch sie die Frage nach einem Telegraphen, der bleibende Zeichen gab, für damalige Anforderungen in annehmbarer Weise gelöst wurde, so erfolgte die Adoptirung der Morse'schen Apparate fast allgemein; Patente sicherten den Alleinbesitz und machte ihren Inhaber zu einem reichen und berühmten Manne.

Wenn wir heute uns in einem Telegraphenbureau die gebräuchlichen Instrumente zeigen lassen, welche alle Morse'sche heißen, weil die Eigenthümlichkeit des Schreibstiftes beibehalten worden ist, und fragen, wer diese oder jene Verbesserung angebracht, so werden wir durch die Antworten an Morse selbst kaum mehr erinnert, vielmehr hören wir immer und immer wieder Namen, wie die bereits genannten, und andere, wie Stöhrer, Kramer, Meißner, vor Allen Siemens und Halske. Sie sind es eigentlich, welche durch die scharfsinnigsten Erfindungen die Apparate zu ihrer heutigen Vollendung gebracht haben. Eine Besprechung auch nur der hervorragendsten dieser Erfindungen ist leider an dieser Stelle nicht möglich, weil sie technische Auseinandersetzungen verlangen, die uns viel zu weit führen würden. Wir müssen uns begnügen, nur in den hauptsächlichsten Zügen ein Bild von der Wirksamkeit eines solchen Telegraphenapparates zu entwerfen, und wollen dies versuchen, indem wir uns auf die Figuren 295 und 296 beziehen.

In Bezug auf das Arrangement im großen Ganzen haben wir nicht nöthig, besondere Erläuterungen zu machen. Wir sehen in Fig. 295 die Batterie, welche den Strom erzeugt, und in dem Drahtlaufe die Richtung angedeutet, die er vom Zinkpol aus nimmt. Er trift zunächst in den Schlüssel, mit welchem der telegraphirende Beamte durch Oeffnen und Schließen der Kette seine Zeichen giebt. Aus dem Schlüssel geht er um eine Magnetnadel (Galvanometer), aus deren Verhalten ersichtlich wird, ob überhaupt ein Strom in der Kette erregt wird oder nicht; dann durchläuft er eine eigenthümliche Vorrichtung, den Blitzableiter, bestimmt, den Telegraphirenden eventuell vor den gefährlichen Wirkungen der atmosphärischen Elektrizität zu schützen und die letztere direkt in den Erdboden abzuleiten, und geht endlich durch die mehr oder weniger lange Leitung H nach der Empfangsstation Fig. 296. Hier tritt er umgekehrt aus der Leitung H zuerst in den Blitzableiter und geht dann durch das Galvanometer in den von der Batterie jetzt abgelösten Schlüssel, aus diesem in den Elektromagneten und sodann in den Ableitungsdraht Z nach der Erde, durch welche er sich nach der auf der Anfangsstation in die Erde versenkten zweiten Polplatte der Batterie (Fig. 295) zu bewegt und so die Kette schließt.

Die eigentlich telegraphirenden Werkzeuge in diesem ganzen Apparate sind nun 1. der Taster oder Schlüssel und 2. der Schreiber; beide geben wir in den folgenden Figuren in gesonderter Darstellung.

Der Taster (Fig. 297) besteht aus einem metallenen Hebel, der um eine horizontale

Achse drehbar ist. An dem vordern sowol als an dem hintern Arme befinden sich kleine metallene Kegel, von denen je einer auf eine darunter liegende metallene Platte gedrückt und mit dieser in leitende Verbindung gesetzt werden kann. Nennen wir den vordern Kegel 1, den hintern 3, und die darunter liegenden Platten beziehentlich 2 und 4, so ruht 3 auf 4, wenn der Griff nicht niedergedrückt wird, sondern der Hebel die in der Figur angegebene Stellung einnimmt. Die Platte 2 steht mit dem Leitungsdrahte der Batterie in Verbindung. In den Körper des Hebels mündet der Leitungsdraht nach der entfernten Station, während die Platte 4 mit dem zugehörigen Schreibapparat in Verbindung steht.

Fig. 295. In einem Telegraphenbureau. Aufgabe der Depesche.

In Fig. 295 würde also noch ein Draht von dem Schlüssel zu dem Elektromagneten gehen, und in Fig. 296 ein Verbindungsdraht des Schlüssels mit der Lokalbatterie hinzu zu denken sein. Diese Drähte sind in unseren Zeichnungen der Einfachheit wegen weggelassen worden. Wenn eine Depesche ankommt, so durchläuft der elektrische Strom den Hebelkörper des Tasters in der Art, daß er aus dem Drahte in die Platte 4, von da durch 2 in den Hebelkörper und aus diesem durch den mittleren Leitungsdraht nach dem Schreibapparat fließt; 1 und 2 sind während der Zeit unterbrochen. Soll eine Depesche abgeschickt werden, so ist 3 und 4 unterbrochen, und so lange als 1 und 2 zeitweilig geschlossen werden, geht der Strom aus dem mittleren Hebelkörper in die Drahtleitung nach der entfernten Station.

Man hat es ganz in seiner Gewalt, kürzere oder längere Ströme hervorzurufen. Das ist wichtig. Denn so lange wie der Strom durch die Spiralen MM′ des Schreibapparates (Fig. 298) auf der Endstation läuft, so lange sind die darin steckenden Eisenkerne magnetisch und ziehen das darüber schwebende Eisenstück B an, so lange wird auch der am andern Arme A befindliche Stift O gegen den Papierstreifen P gepreßt, welcher durch die Walzen V und W in der Richtung des Pfeiles von der Rolle R abgewickelt wird, und bringt demgemäß in diesem mit seiner Spitze kürzere oder längere Eindrücke, Punkte oder Striche, hervor. Wenn der Magnetismus verschwindet, so zieht die Feder f' die Spitze wieder herunter und hebt dadurch die Eisenplatte B von dem Elektromagneten. Die Bewegung der Walzen V und W besorgt ein durch ein Gewicht G getriebenes Uhrwerk; die Ausweichung des Schreibhebels um die Achse C aber wird durch zwei kleine Stellschrauben (Limitirungsschrauben) m und n korrigirt. Das Papier liegt da, wo der Schreibstift auftrifft, etwas hohl, und kann so die Eindrücke besser aufnehmen.

Fig. 296. In einem Telegraphenbureau. Ankunft der Depesche.

Morse hat selbst aus der Kombination von Strichen und Punkten ein Alphabet gebildet, welches mit seinen Apparaten jetzt fast auf allen Telegraphenämtern angenommen worden ist. Die Telegraphenbeamten haben dasselbe so im Kopfe, daß sie schon aus dem Geräusch, welches das Anschlagen des Schreibapparates verursacht, den Inhalt der Depesche sofort herauslesen. Uebrigens hat man dazu noch besondere Apparate, sogenannte Klopfer, erfunden, welche also eine förmliche Lautsprache führen.

Die Schutzvorrichtung gegen Blitz, deren wir noch zu erwähnen haben, ist in ihrer ersten Idee von Steinheil angegeben worden. Der atmosphärischen Elektrizität gegenüber verhält sich nämlich der Telegraph mit seiner Ableitung in die Erde wie ein riesenhafter Blitzableiter; die Drähte überladen sich bisweilen so mit Elektrizität, daß eine Unterbrechung der Leitung nach der Erde, wie sie ja bei den Arbeiten am Taster fortwährend stattfindet, für den Beamten im höchsten Grade gefährlich werden kann. Es wird daher für eine seitliche Ableitung der Gewitterelektrizität gesorgt, indem man an den Draht eine Vorrichtung von gegen einander stehenden Spitzen oder zwei gezahnten Blechen, die nur sehr Weniges von einander abstehen, anschraubt. Der galvanische Strom hat nicht genug Spannung, um diesen Zwischenraum zu überspringen und, anstatt im langen Leitungsdrahte fortzufließen, in die Erde abzuströmen; die Gewitterelektrizität dagegen, welche sich in den Drähten anhäuft, geht mit Leichtigkeit zwischen den Spitzen über und strömt auf diesem Wege unausgesetzt nach der Erde, mag der Schlüssel arbeiten oder nicht.

**Die Leitung.** Die übrigen Theile des Telegraphen, auf die wir unsere Aufmerksamkeit zu richten haben, sind, außer den eben geschilderten Apparaten, der stromerzeugende Apparat und die Leitung. Von den ersteren noch weiter zu reden, dürfte wol unnöthig sein, da die Stromerzeugung durch galvanische Batterien sowol als durch Induktionsapparate uns bereits hinlänglich bekannt geworden ist; die Leitung dagegen ist ein Gegenstand, dessen Wichtigkeit uns nicht erlaubt, so ohne Weiteres darüber hinwegzugehen.

Fig. 297. Taster oder Schlüssel.

Die ersten Telegraphenleitungen waren die von Gauß und Weber in Göttingen und die Steinheil'sche in München, beide theils über Häuser, theils über Mastbäume weggeführt. Bei großen Telegraphenanlagen müssen für die Drähte meist besondere Stützpunkte errichtet werden, und man bedient sich dazu jetzt gewöhnlich 10—15 Fuß, nach Umständen mehr oder weniger hoher Stangen, die man mit dem untern Ende in den Boden eingräbt und soweit oberflächlich verkohlt. In Amerika befestigt man die Drähte häufig auch an lebenden Bäumen; nur muß man dann des Hin- und Herbiegens wegen durch den Wind eine besondere Aufhängung anbringen, daß der Draht durch die Schwankungen selbst nicht leidet. Die Isolirung bewirkt man entweder durch glockenförmige Träger von Porzellan oder neuerdings durch gußeiserne Glocken mit Isolatoren von Horngummi. Während man früher Kupferdraht zu der Leitung verwandte, hat man später allgemein zu dem billigeren Eisendraht gegriffen. Man gleicht den größeren Widerstand durch eine entsprechend größere Dicke aus; der Draht erhält dadurch nicht nur eine größere Dauerhaftigkeit atmosphärischen Einflüssen gegenüber, sondern auch gegen diebische Gelüste, denen Kupfer immer ein sehr annehmbares Objekt ist.

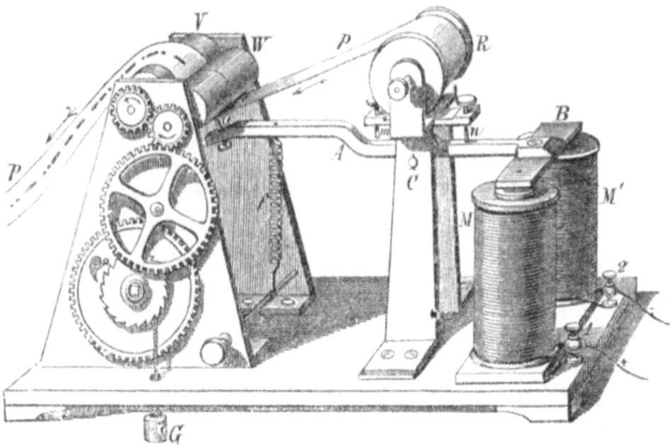

Fig. 298. Der Morse'sche Schreibapparat.

Schadhafte Stellen in der Leitung sucht man durch Einschalten eines Galvanometers auf. Bringt man dasselbe zuerst in der Mitte mit dem Draht in Verbindung, so wird man erfahren, auf welcher Hälfte der Fehler liegt; diese Hälfte theilt man wieder und schickt nach beiden Seiten Signale, und so rückt man durch fortgesetztes Halbiren der schadhaften Stelle immer näher.

Steinheil's Entdeckung der Erdrückleitung hat dadurch auch noch einen wesentlichen Vortheil gebracht, daß man, weil der Widerstand auf der Hälfte des Weges durch große Erdplatten fast verschwindend klein gemacht werden kann, auch dem Leitungsdrahte jetzt eine geringere Dicke geben kann, um dieselbe Stromwirkung zu erhalten.

Bei sehr langen Leitungen indessen schwächt sich schließlich der Strom doch in so bedeutendem Maße, daß er nicht mehr im Stande sein würde, den Schreibapparat in Bewegung zu setzen, und die Möglichkeit einer transatlantischen Telegraphie würde in sehr weite, ja unerreichbare Ferne gerückt sein, wenn nicht Wheatstone eine Vorrichtung erfunden hätte, den sogenannten Uebertrager oder das Relais, welches mit erneuter Kraft selbst die schwächsten Ströme zur Wirkung bringt. Es beruht dieser ausgezeichnet nützliche Apparat darauf, daß durch den von der Station 1 ausgehenden Strom auf der Empfangsstation 2 nicht direkt der Elektromagnet erregt wird, sondern daß der durch die große Drahtlänge vielleicht sehr geschwächte Strom nur, indem er auf eine ganz leicht bewegliche Nadel oder Feder wirkt, ein entsprechendes Oeffnen und Schließen einer galvanischen Batterie hervorbringt, welche ihrerseits mit dem Schreibapparat in Verbindung steht und diesen dann mit der nöthigen Energie in Bewegung setzt.

| | | | | | |
|---|---|---|---|---|---|
| A | · — | I | · · | R | · — · |
| Ae | · — · — | J | · — — — | S | · · · |
| B | — · · · | K | — · — | T | — |
| C | — · — | L | · — · · | U | · · — |
| D | — · · | M | — — | Ue | · · — — |
| E | · | N | — · | V | · · · |
| E' | · · — · · | O | — — — | W | · — — |
| F | · · — · | Oe | — — — · | X | — · · — |
| G | — — · | P | · — — · | Y | — · — — |
| H | · · · · | Q | — — · — | Z | — — · · |

Fig. 299. Das Morse'sche Alphabet.

**Unterseeische oder unterirdische Kabel** verlangen, da sie überall von sehr guten Leitern umgeben sind, eine ganz besondere Isolirung. Die ersten Versuche zu einer solchen Herstellung sind ziemlich zeitig gemacht worden, und nachdem 1849 bereits Walker durch eine über zwei Meilen lange und in die See versenkte Leitung telegraphirt hatte, legte Brett, welcher von der französischen Regierung für die Herstellung submariner Leitungen zwischen Frankreich und England ein Patent auf zehn Jahre erhalten hatte, am 28. August 1850 den sechs Meilen langen Draht zwischen Calais und Dover. Der nur $^1/_{10}$ Zoll dicke und mit einer isolirenden Hülle von Guttapercha umgebene Draht wurde glücklich von dem Dampfschiff „Goliath" abgewickelt, und, indem das Schiff drei bis vier englische Meilen zurücklegte, war die Arbeit gegen Abend beendet. Von 300 zu 300 Fuß Entfernung beschwerten Bleigewichte von 14—24 Pfund das Kabel, um es auf dem Meeresgrunde festzuhalten. Alle Schwierigkeiten waren glücklich besiegt, allein die Freude dauerte nicht lange, denn das Kabel — wie man sagte, durch neugierige französische Fischer zerschnitten — versagte in wenigen Tagen den Dienst.

Doch schreckte dies den Unternehmungsgeist nicht zurück. Es wurde ein viel dickeres Kabel aus vier Kupferdrähten von der Stärke eines gewöhnlichen Glockendrahtes angefertigt, welche jeder für sich in eine doppelte Hülle von Guttapercha eingeschlossen waren; alle vier wurden mittels einer Mischung von Hanf, Theer und Talg zu einem Strange von 1 Zoll Durchmesser zusammengewunden, und das Ganze schließlich mit zehn Drähten von galvanisirtem Eisen, jeder ungefähr $\frac{1}{3}$ Zoll dick, umsponnen, so daß das Kabel einen ziemlichen Durchmesser erhielt. Die Legung geschah vom 25. bis 27. September 1851.

Seit jener Zeit sind eine große Anzahl von Telegraphenkabeln durch Flüsse, Seen und Meere gelegt worden, und der durchgängig günstige Erfolg rief die großartige Idee in's Leben, die alte mit der neuen Welt telegraphisch zu verbinden.

Das atlantische Kabel, von dessen Einrichtung die Figuren 300 und 301 einen Begriff geben, hatte ein einziges, aus sieben schwachen Kupferdrähten zusammengesponnenes Leitungsdrahtseil d (Fig. 300). Dasselbe war zunächst mit einer aus drei konzentrischen Guttaperchalagen bestehenden Umhüllung c, sodann mit einer Hanflage b von sechs Litzen umkleidet; außen aber schützte das Ganze eine aus 18, durch zusammengezwirnte Eisendrähte gebildete Litzen bestehende Schale a. Das Kabel erscheint im Verhältniß zu anderen, wie z. B. gegen den zwischen Sardinien und der afrikanischen Küste gelegten Strang (Fig. 302), ziemlich schwach, indessen ist es auf dem tiefen Meeresgrunde weit weniger zerstörenden Einflüssen ausgesetzt, als eine an den Küsten hin gelegte Leitung. An solchen Orten wurden in das atlantische Kabel stärkere Stellen eingefügt.

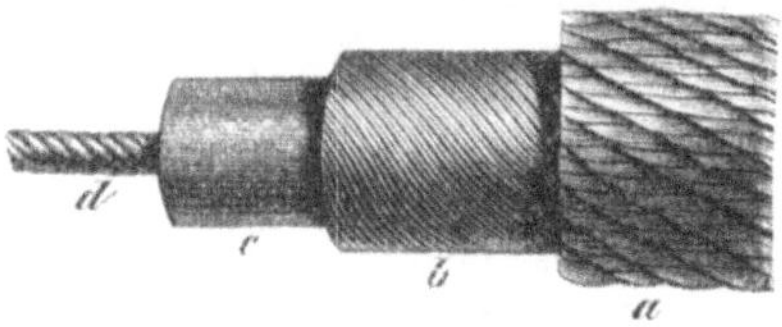

Fig. 300.

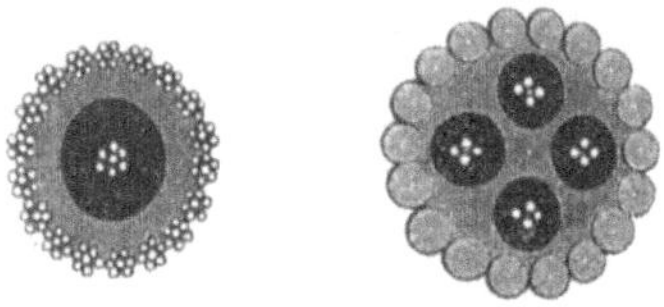
Fig. 301. Fig. 302.

Unterseeische Kabel.

Die Legung selbst geschah in der Weise, daß zwei Schiffe, „Agamemnon“ (von „Valorous“ begleitet für England) und „Niagara“ (von „Gorgon“ begleitet für Amerika), jedes mit der Hälfte der zu legenden Leitung beladen, sich nach wiederholt fehlgeschlagenen Versuchen auf die Mitte zwischen den beiden Endstationen begaben, — es lag dieser Punkt 52° 5′ nördl. Br. und 32° 42′ westl. L. von Greenwich — hier am 29. Juli 1857 die Enden des Kabels an einander schweißten und sich nun Mittags 1 Uhr 25 Minuten auf vorgeschriebenem Wege von einander entfernten, „Agamemnon“ der europäischen, „Niagara“ der amerikanischen Küste zugewandt. Der Draht lag auf dem Verdeck zu einem riesenmäßigen Ringe aufgewickelt, und durch seine eigene Schwere und durch die Bewegung des Schiffes lief er mit einer Geschwindigkeit von fünf bis sechs Knoten in der Stunde über eine Rolle hinab zu seiner ruhigen Lagerstätte.

Eine Hauptaufgabe war es, dem Kabel, welches an seinem eigenen Gewichte bis hinab auf den Grund schon sehr viel zu tragen hatte, nicht noch mehr durch eine ungeeignete Bewegung des Schiffes zuzumuthen. Es durfte daher weder zu rasch noch zu langsam gefahren werden, denn ein Zerreißen des Taues wäre natürlich ein vollständiges Mißlingen der ganzen Unternehmung gewesen. Nur die gespannteste Aufmerksamkeit, Tag und Nacht auf das ablaufende Seil gerichtet, das rascheste Ergreifen der richtigen Mittel konnte einem Unfalle vorbeugen. Zu wiederholten Malen trat die Gefahr nahe heran. Ein Walfisch ging einmal gerade unter dem Hintertheil des Schiffes hindurch, ein andermal wurde eine schadhafte Stelle zu spät entdeckt, und Niemand glaubte an die Möglichkeit, die Enden wieder zusammenschweißen zu können, so lange noch die Rolle die gesunde Länge abzuwickeln hatte; ferner steuerte ein amerikanischer Dampfer gerade auf das Kabel los und würde es unfehlbar zerrissen haben, wenn nicht zeitig genug der „Agamemnon“ den Kurs geändert hätte u. dgl. m. Beide Schiffe, „Niagara“ und „Agamemnon“, standen in immerwährendem Verkehr. Welche Aufregung, wenn einmal durch einen Umstand an der Batterie die Signale ausblieben! — man schwebte fortwährend in der Angst, den Schreckensruf „Zerrissen!“ zu hören und jahrelange Mühen und große Summen nutzlos vergraben zu sehen. Am 3. August hatte man vom „Agamemnon“ 134 Meilen Tau abgewickelt, und am 5. August früh 6 Uhr warf man in der Doulus-Bai Anker; kurze Zeit darauf meldete die erste Depesche, daß auch der „Niagara“ glücklich seine Landung auf Newfoundland bewerkstelligt habe. Die ganze, von den beiden Schiffen zurückgelegte und durch Drahtleitung nun verbundene Entfernung zwischen der Trinity-Bai auf Newfoundland und Valentia in Irland beträgt 1650 englische Meilen; etwa 2050 Meilen Tau waren abgelaufen, wobei auf die Stunde 6—8 Knoten kamen. Von der Trinity-Bai wurde der Telegraph zu Lande nach der andern Seite der Insel geführt und von da mit der Leitung nach der Ashpee-Bai auf der Breton-Insel verbunden, weiter aber nach Neuschottland und Neubraunschweig geleitet, wo er dann in das amerikanische Telegraphennetz sich einfügte. Die Kosten der Legung betrugen gegen 8 Millionen Thaler. — Die Beglückwünschungsdepesche der Königin Viktoria an den Präsidenten der Vereinigten Staaten bedurfte zur Uebermittelung 16 Stunden, denn die Masse des Taues verhielt sich im Wasser wie eine Leydener Flasche, die erst geladen werden muß, ehe sie ihren Funktionen nachkommen kann.

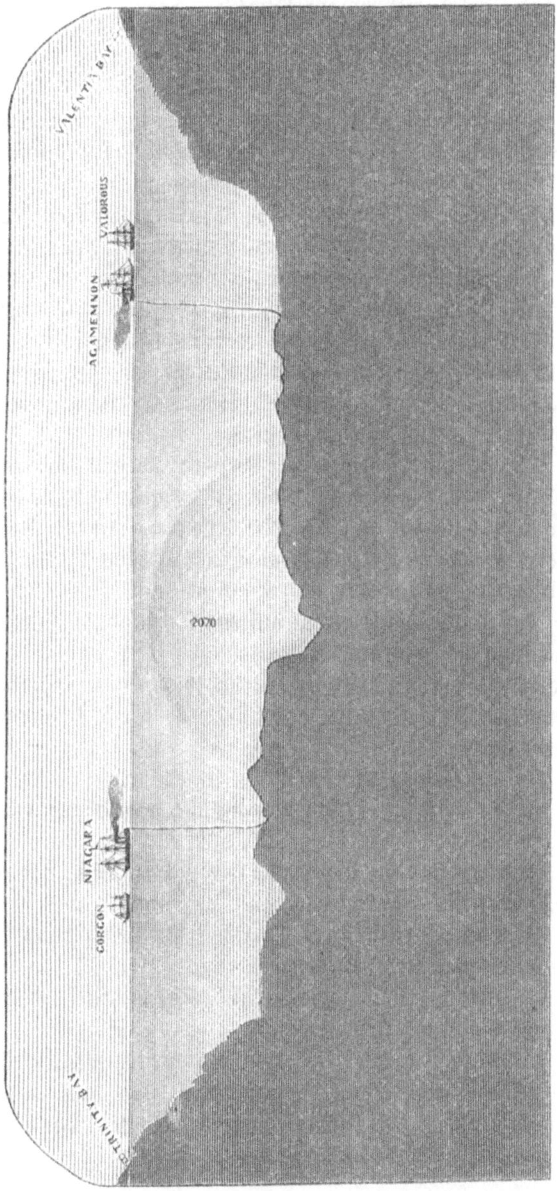

Fig. 163. Legung des transatlantischen Kabels.

Leider aber war der Jubel über das Gelingen der Unternehmung ein sehr kurzer, denn es zeigte sich sehr bald, daß dieselbe in der That verunglückt war. Die Signale wurden bald nach der ersten Begrüßung undeutlich, schwächer und schwächer und hörten endlich ganz auf. Die Gründe dieser fatalen Schweigsamkeit sucht man auf sehr verschiedenen Gebieten; wo sie aber auch liegen mögen, gewiß ist, daß sie sich bis jetzt nicht haben beseitigen lassen und daß der Gratulationsaustausch zwischen den beiden Staatsoberhäuptern am 5. August 1858 die kostspieligste Korrespondenz gewesen, welche je auf der Erde geführt worden ist. Denn das ganze Kabel, mit Ausnahme einiger nichtsbedeutender Stücke, die man aufzuhaspeln versucht hat, liegt tief unten, vielleicht schon im Schlamm eingebettet, wo es zu einem Räthsel für nachmenschliche Geologen sich ausbildet.

Es dauerte aber nach dem fehlgeschlagenen Versuche nicht lange, als schon wieder Stimmen laut wurden, das Projekt der Näherrückung noch einmal zu versuchen, und nach den getroffenen Vorarbeiten scheint die Zeit nicht fern zu sein, wo der „Great-Eastern", mit dem Tau bepackt, auf's Neue den Kampf der Civilisation gegen die absperrenden Schranken des Raumes und der Zeit aufnehmen wird.

Die großen Schwierigkeiten, welche der Herstellung einer unterseeischen Leitung entgegenstehen, haben nicht abgeschreckt, wol aber dürfte, wenn auch der jetzige großartige Versuch fehlschlägt, die Landlinie über Sibirien, Vancouwer-Island und von da quer durch den nordamerikanischen Kontinent, auf welcher ebenfalls jetzt schon eine Telegraphenleitung gelegt wird, trotz ihrer bei weitem größern Länge dann die ausschließliche Begünstigung erfahren.

**Elektrische Uhren.** Der Gedanke, die Zeit zu telegraphiren, mußte sehr bald auftauchen, nachdem überhaupt die elektrische Fernschreibung die ersten Anfänge überschritten hatte. Es waren auch hier die beiden bedeutenden Forscher, Steinheil und Wheatstone, welche zuerst, und zwar Steinheil schon 1839, Wheatstone das Jahr darauf, die Einrichtung galvanischer Uhren versuchten. Seit jener Zeit haben sich fast alle Erfinder auf dem Gebiete der praktischen Telegraphie und eben so Uhrmacher, Astronomen und Physiker mit der Vervollkommnung der galvanischen Uhren beschäftigt. Namentlich aber haben die Konstruktionen von Bain, Stöhrer und Scholle, Siemens und Halske, Weare, Houdin und Detouche durch besonders zweckmäßige Aenderungen sich hervorgethan.

Das Wesen der elektrischen Uhren beruht darauf, daß mit einer gewöhnlichen, durch Gewichte getriebenen Normaluhr mittels Leitungsdrähte die entfernten Zeitzeiger in Verbindung gesetzt sind. Da, wo sich die Normaluhr befindet, steht zugleich auch die Batterie für die Erzeugung des galvanischen Stromes. Auf jeder entfernten Station aber ist ein Elektromagnet angebracht, welcher durch den von jener Batterie ausgehenden Strom erregt wird. Er zieht dann, wie bei dem Wheatstone'schen Zeigertelegraphen, ein ankerförmiges Eisenstück an sich und läßt dadurch jedesmal einen Zahn eines Steigrades frei. Entsprechend der Art, in welcher auf der Hauptstation die Kette geschlossen wird, ob alle Sekunden, oder alle Minuten, oder sonst in einem Zeitintervall, ist nun auf der entfernten Station das Steigrad mit einer Zahneintheilung versehen, welche den Zeiger auf dem Zifferblatt dieselbe Fortrückung machen läßt. Die Umsetzung von Minuten in Stunden u. s. w. erfolgt dann in gewöhnlicher Weise durch übertragende Zahnräder.

Magnets Geheimniß, erkläre mir das!
Kein größer Geheimniß als Liebe und Haß.
Die endliche Ruhe wird nur verspürt,
Sobald der Pol den Pol berührt.
Drum danket Gott, ihr Söhne der Zeit,
Daß er die Pole für ewig entzweit.

Goethe.

# Der Kompaß.

Die Alten kannten natürliche Magnete. Vorkommen derselben. Tragkraft und Richtkraft. Die Pole. Künstliche Magnete und ihre Herstellung. Die Erfindung des Kompasses. Einrichtung desselben. Erdmagnetismus. Deklination. Inklination und Intensität. Variationen des Erdmagnetismus und ihre Bestimmung. Magnetische Stationen. Das Nordlicht ein magnetisches Ungewitter.

---

Es giebt in der Natur einen schwärzlichen, unscheinbaren Stein, dessen Eigenschaften werthvollere sind als die des kostbarsten Diamanten. Derselbe schmückt weder, noch kann man seine Substanz zu etwas Anderem verarbeiten als etwa zu einem Stückchen Eisen; der Nutzen, den er gewährt, muß daher in einem ganz besondern Verhalten liegen. In der That. Man erkennt sogleich, wenn man ein solches Mineral durch eine Schachtel mit Eisenfeilspänen zieht, daß in demselben eigenthümliche Kräfte wirkend sein müssen, denn von den Feilspänen sind ganze Partien an dem Steine haften geblieben und haben sich bartähnlich an seiner Außenfläche, vorzugsweise in großer Menge aber an zwei entgegengesetzt gelegenen Punkten gruppirt. Und wenn wir den Stein in ein auf dem Wasser schwimmendes Schiffchen legen, so mögen wir den Kiel desselben nach einer Himmelsgegend stellen, nach welcher wir wollen, immer wird es sich wieder drehen und nach einer ganz bestimmten Richtung zeigen, so daß ein gewisser Punkt des Steines immer dem Nordpol, ein anderer dem Südpol zugerichtet ist. Und diese beiden merkwürdigen Punkte, die man dieser Richtkraft wegen selbst mit dem Namen Nordpol und Südpol entsprechend bezeichnet, sind gerade jene, an denen sich die Eisenfeilspäne so besonders reichlich angesetzt hatten.

Wir brauchen es nicht erst besonders noch auszusprechen, daß dieser Stein das unter dem Namen **Magnet** oder **Magnetstein** bekannte Mineral ist, dessen wundervolle Eigenschaft, wie der Faden der Ariadne, dem Schiffer den Weg zeigt in Nacht und Nebel auf der unbegrenzten Meeresfläche und ihn mit einer Sicherheit führt, als befände er sich auf einer gebahnten Straße.

Der Magnet ist ein Eisenerz, er besteht aus Eisenoxyd-Oxydul, einer Verbindung, die sich von dem gewöhnlichen Eisenroste durch einen etwas geringeren Gehalt an Sauerstoff unterscheidet. Er hat seinen Namen von der lydischen Stadt Magnesia, in deren Nähe er in Bergwerken gefunden wurde; außerdem hieß er auch lydischer Stein, Stein des Herkules u. s. w., und diente den Priestern, um ihren mysteriösen Gebräuchen ein höheres, geheimnißvolles Ansehen zu geben.

Lucrez erzählt von eisernen Ringen, die, an der Decke der Tempel aufgehangen, einer den andern trugen, lediglich durch die Anziehung, welche sie an den Berührungsstellen auf einander ausübten. Man kannte die Wirkung des Magnets durch eherne Schalen und die Bangigkeit unerfahrener Zeiten übertrieb diese Wirkung in die Ferne so, daß man von großen Magnetfelsen im Ozean fabelte, welche von Weitem schon alles Eisen an sich zögen und die Schiffe unaufhaltsam von ihrem Wege ablenken müßten, noch ehe man die Nähe der gefährlichen Klippe durch etwas Anderes ahnen könne. Dergleichen Mythen erhielten sich zum großen Nachtheil der Seefahrt lange Zeit und wir dürfen es als ein eigenthümliches Zeichen ansehen, daß gerade dieselbe Kraft, welche man für so gefahrbringend ansah, durch eine später erkannte Aeußerungsweise den Muth zur Durchschiffung des unbekannten Weltmeeres belebte.

In Europa scheint man im Alterthume nur die Tragkraft des Magneten bewundert zu haben; hätte man seine eigenthümliche Richtkraft gekannt, so lag die Anwendbarkeit derselben als Führer bei Land- und Seereisen so nahe, daß sie wol kaum übersehen worden wäre. Die Chinesen dagegen hatten, wie wir erfahren, schon 1000 und mehr Jahre vor unserer Zeitrechnung kleine magnetische Wagen, welche ihnen den Weg durch die unermeßlichen Steppen der Tartarei zeigten, denn ein darauf angebrachtes Männchen wies immer mit dem ausgestreckten Arme nach Süden. Im dritten Jahrhundert nach Christo bedienten sich die Chinesen schon einer an einem Seidenfaden aufgehängten Magnetnadel. Im Abendlande und wahrscheinlich zuerst bei den seefahrenden Nationen des Nordens hing man den Stein selbst an einem Faden auf oder man legte ihn auf ein Bretchen und ließ ihn auf ruhigem Wasser schwimmen. In dem altfranzösischen Roman von der Rose, der 1180 geschrieben worden ist, wird des Magnetes unter dem Namen Marinette gedacht, was schon auf Beziehungen zur Schiffahrt schließen läßt. Die eigentliche Erfindung dieser Anwendung schreibt man — obwol Einige sagen, **Marco Polo** habe den Gebrauch von den Chinesen erlernt — einem gewissen **Flavio Gioja** aus dem Neapolitanischen zu, der um 1300 lebte. Weil der Magnet den Reisenden leitete, hieß er bei den nordischen Völkern **Leitstein** oder **Leitarstein**, und es ist wahrscheinlich, daß sehr frühzeitig schon Magnete in Norwegen und Schweden gefunden wurden, denn ihr Vorkommen ist durchaus nicht an die lydischen Bergwerke gebunden; man trifft sie in großer Menge in Lagern und Stöcken bei Dannemora, Arendal, in Sibirien, England, im Harz u. s. w., wo der Magneteisenstein, der aber freilich nicht durchgängig alle die bemerkten Eigenschaften in so hohem Grade hat, als das beste Erz zur Gewinnung von Eisen verarbeitet wird.

Die natürlichen Magnete sollen ihre Kraft erst bekommen, wenn sie aus der Erde in die freie Luft kommen. Man kann sie in ihrer Wirkung, namentlich in ihrer Tragfähigkeit, sehr bedeutend verstärken, wenn man ihre beiden Polseiten mit eisernen Schienen bekleidet, welche in zwei dickere, einander nahe stehende Enden auslaufen. Diese beiden Enden verbindet man dann durch einen Eisenstab, den Anker, und ein dergestalt armirter Magnet vermag oft mehr als das Zweihundertfache der früheren Last festzuhalten. Obwol es als Regel gilt, daß jeder Magnet nur zwei Pole, einen Nord- und einen Südpol und dazwischen eine neutrale Stelle hat, so kommen doch auch Fälle vor, wo mehrere Punkte größter Anziehung, also mehrere Pole vorhanden sind, es ist dies aber selten und immer eine Folge von Unregelmäßigkeiten in der innern Struktur des Steins.

Fig. 305. Armirung des Magnets.

Uebrigens erstreckt sich die Anziehung nicht blos auf Eisen, sondern in geringerem Grade folgen auch Nickel und Kobalt dem Magneten, ja Faraday und Andere haben nachgewiesen, daß der Magnetismus auf alle Körper einen nicht zu verkennenden Einfluß ausübt. Es ist derselbe als eine eigenthümlich gerichtete Abstoßung zu erkennen und Diamagnetismus genannt worden. Obwol die Untersuchungen über diesen Gegenstand noch lange nicht geschlossen sind, so lassen sich doch mit absoluter Sicherheit alle jene überschwänglichen Folgerungen, die man aus dergleichen Beobachtungen auf das diamagnetische Verhalten des menschlichen Körpers gezogen hat, und damit der ganze Spuk von Mesmerismus, thierischem Magnetismus, Somnambulismus, Od, Tischrücken, Wünschelruthe, und was sonst noch mit hineingezogen worden ist, als das müßige Traumgebäude naturwissenschaftlich ungebildeter Phantasten bezeichnen.

**Künstliche Magnete.** Die magnetischen Eigenschaften lassen sich auch auf künstliche Weise dem Eisen und Stahl mittheilen. Ein Mittel dazu haben wir in den elektrischen Strömen, Elektromagnete (siehe Seite 293), und Ampère hat daraus eine einfache Theorie über das Wesen des Magnetismus abgeleitet. Nach dieser ist derselbe nur eine eigenthümliche Erscheinungs- und Wirkungsweise bewegter Elektrizität. Nehmen wir nämlich an, daß den magnetischen Körper parallele, geschlossene, d. h. in sich zurücklaufende, elektrische Ströme umkreisen, so können wir alle magnetische Erscheinungen mit den bekannten Erfahrungen über die Wirkung elektrischer Ströme auf einander erklären. Wenn wir den Magnet mit dem Nordpol auf uns zugerichtet halten, so gehen die Ströme auf der linken Seite herab, auf der rechten herauf; steht der Südpol uns entgegen, so ist es umgekehrt.

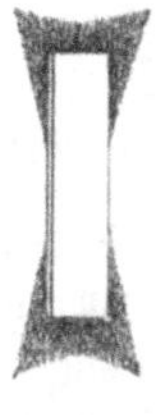
Fig. 306.

Fig. 307. Mittheilung des Magnetismus durch Vertheilung.

Ein Stück Eisen, welches wir in die Nähe des Poles eines starken Magneten bringen, erhält magnetische Eigenschaften. Es werden in dem bisher unmagnetischen Metall die entsprechenden Kreisströme erregt oder durch Anziehung in die parallele Lage gerichtet. Selbstverständlich ist es, daß dem Nordpol des ursprünglichen Magneten gegenüber ein Südpol und dem Südpol gegenüber ein Nordpol entsteht (Fig. 307), und daß Nordpol und Südpol sich anziehen, die gleichnamigen Pole dagegen sich abstoßen, weil in diesen die Ströme eine entgegengesetzte Richtung haben. Diese Erregung des Magnetismus durch Näherung ist gewissermaßen mit der Vertheilungswirkung der Elektrizität zu vergleichen. In den angezogenen Eisenfeilspänen sind auch Ströme erregt worden, und nicht die Substanz des

Eisens ist es, welche die Anziehung bewirkt, sondern eben die Einwirkung der parallel gerichteten Ströme auf einander.

Da harter Stahl die so erlangte magnetische Beschaffenheit dauernd behält, so erzeugte man sich **künstliche Magnete**, indem man Stahlstäbe immer in derselben Richtung mit einem kräftigen, schon vorhandenen, gleichviel ob natürlichen oder künstlichen Magnet bestrich. Jetzt bedient man sich zu diesem Behufe der elektrischen Ströme. Mehrere solche magnetisirter Stahlstäbe vereinigt man passend zu einem Bündel (Magazin), und gewöhnlich biegt man sie in Form eines Hufeisens zusammen. In demselben müssen die gleichnamigen Pole übereinander liegen.

Wir haben noch auf eine Eigenthümlichkeit der Magnete hinzuweisen, welche sehr geeignet ist, die Ampère'sche Theorie zu bestätigen. Wenn man nämlich einen stabförmigen Magnet in der Mitte, da wo seine neutrale Region ist, auseinander bricht, so bekommen die abgebrochenen Stücke an der Bruchfläche jedes einen Pol, der dem übrig gebliebenen entgegengesetzt ist. Dem abgebrochenen Nordpol ordnet sich ein neuer Südpol, dem im andern Stück vorhandenen Südpol ein Nordpol zu und man hat damit zwei gesonderte Magnete. Umgekehrt, wenn man an den Nordpol eines Magneten den Südpol eines andern anlegt, verschwindet hier die magnetische Wirkung und nur an den beiden Enden bleiben die beiden Pole. Zur Erklärung dieser Erscheinung darf man sich nur die Spirale (Fig. 282) vergegenwärtigen und dieselbe in der Mitte durchschnitten, beziehentlich durch Anfügen eines gleichen Stückes, Nordpol an Südpol, verlängert denken.

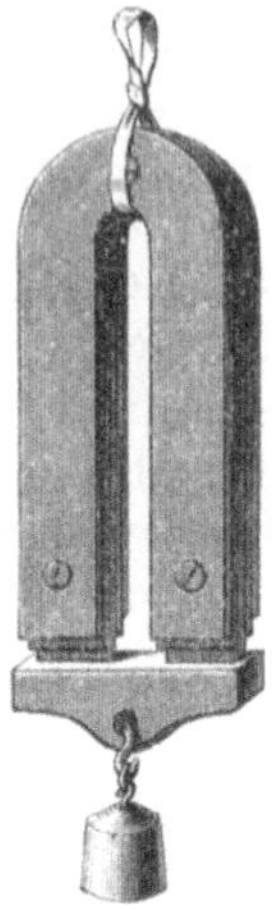

Fig. 308. Hufeisenmagnet.

**Der Kompaß oder die Boussole.** Diese bei weitem bedeutungsvollste Anwendung der magnetischen Erscheinungen ist weiter nichts als eine stählerne Magnetnadel, welche sich um ihren Mittelpunkt vollständig frei bewegen kann. Die bestimmte Richtung, welche die Nadel sich selbst überlassen immer einnimmt, dient als Wegweiser bei den verschiedensten Unternehmungen. Nicht nur Seefahrer bedienen sich ihrer, auch Ingenieure bei ihren oberirdischen, Bergleute bei ihren unterirdischen Vermessungen, Geologen zur Bestimmung des Streichens und Fallens der Gebirgsschichten, Landreisende, Astronomen und Physiker machen von ihr Gebrauch und entsprechend diesen mannichfachen Anwendungen ist auch die Boussole verschieden eingerichtet. Bald ist die Nadel an einem Faden aufgehängt, bald schwingt sie auf einer senkrechten Spitze oder hat sonst welche Stützpunkte. Die einfachste Form ist diejenige, wo die Magnetnadel in der Mitte mit einem entweder aus hartem Stahl oder aus polirtem Achat gefertigten Hütchen versehen ist, welches auf der Spitze eines senkrechten Stiftes sich dreht. Unterhalb der Nadel befindet sich ein eingetheilter Kreis, nach welchem man die Größe der Abweichung irgend einer Richtung von der Nordlinie bestimmen kann.

Der **Schiffskompaß** ist insofern etwas anders eingerichtet, als hier die getheilte Kreisscheibe, von Papier auf Marienglas oder Glimmer geklebt, mit der Nadel fest vereinigt, sich mit dieser dreht und die Abweichungen durch eine außerhalb liegende Marke, welche der Längslinie des Schiffes entspricht, bezeichnet werden. Bei den Chinesen hat dieser Kreis eine Eintheilung in 24, bei den Japanesen in 12 Theile, bei unseren Bergleuten, von welchen der Gebrauch auf Ingenieure, Geologen u. s. w. übergegangen ist, eine Theilung in zweimal 12 Abschnitte, Stunden oder horae genannt (Fig. 309). Wissenschaftliche Bestimmungen macht man indessen nach der sonst üblichen Kreistheilung in 360 Grade. Die Nadel ist bei den gewöhnlichen Boussolen in einer runden, oben mit einem Glasdeckel versehenen Dose angebracht. Um sie für die Zeit, wo man ihrer Angaben nicht bedarf, in Ruhe zu halten, versieht man sie mit einer Arretirung, welche die Nadel von ihrer Unterlage abhebt. Der Schiffskompaß ist wegen der heftig schwankenden Bewegung in einer sogenannten Cardanischen Aufhängung befestigt, das sind zwei in einander leicht bewegliche Ringe, deren Achsen rechtwinklig auf einander stehen (Fig. 310).

**Erdmagnetismus.** Fragt man nach der Ursache, welche der Magnetnadel ihre Richtung giebt, so wird schon die oberflächlichste Ueberlegung zeigen, daß dieselbe eine von außen wirkende sein muß. Denn es kann in einem Körper eine noch so starke Kraft mächtig sein, sie wird denselben nicht bewegen und richten können, wenn ihr nicht auch außerhalb gewissermaßen ein Stützpunkt gegeben ist. Und da wir nun leicht erproben können, daß den Magnet von seiner Richtung nichts abzulenken vermag, als wieder Magnetismus oder, was dasselbe ist, elektrische Ströme, so liegt es nahe, als die Ursache der magnetischen Richtkraft, die wir auf der ganzen Erde und bis in die höchsten Regionen des Luftkreises beobachten können, eine allgemein verbreitete magnetische Beschaffenheit der Erde anzunehmen.

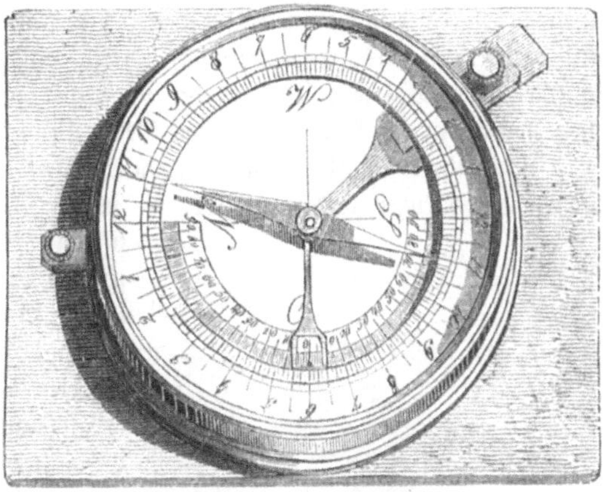

Fig. 309. Bergmann's Boussole.

Die Erde verhält sich wie ein großer Magnet; sie hat zwei Pole, deren einer in der Nähe des Nordpoles, deren anderer in der Nähe des Südpoles liegen muß, denn annähernd fällt auf der ganzen Erdoberfläche die Richtung der Magnetnadel, der **magnetische Meridian**, mit der Mittagslinie oder dem Erdmeridian zusammen. Vollständig ist freilich die Uebereinstimmung nicht, ja es unterliegen die erdmagnetischen Verhältnisse nicht einmal einer unwandelbaren Beständigkeit.

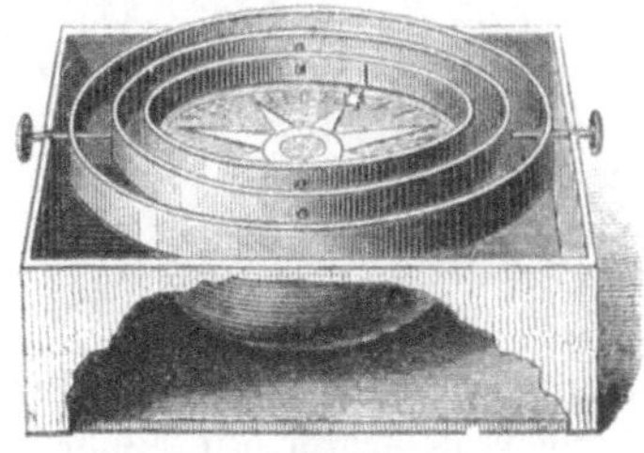

Fig. 310.
Schiffskompaß in Cardanischer Aufhängung.

Die Bestimmung des magnetischen Zustandes der Erde bleibt daher fortwährend eine der wichtigsten Aufgaben der Physik, denn wir haben es hier mit einer allgemein thätigen Kraft zu thun, deren Einflußsphäre auf die irdischen Verhältnisse wir noch nicht einmal vollständig zu übersehen vermögen. Besonders hervortretende Erscheinungen aber, wie das Nordlicht, geben uns genügenden Hinweis auf die große Bedeutsamkeit, welche dem Magnetismus in den irdischen Zuständen zuzuschreiben ist. Namentlich hat sich Humboldt um diesen Theil der Erdlehre unsterbliche Verdienste erworben. Auf seine kräftige Anregung ist über den ganzen Erdraum ein Netz von meteorologischen Stationen gezogen worden, in denen nach einem gemeinsamen Plane zu festgesetzten Stunden die Veränderungen im Luftdruck, Feuchtigkeitsgehalt, in der Temperatur Windrichtung u. s. w., namentlich aber das magnetische Verhalten unsers Planeten, gemessen und verzeichnet werden, so daß man im Stande ist, durch Vereinigung der vereinzelt gemachten Beobachtungen sich ein genaues Bild über den allgemeinen Zustand der Erde, soweit er von diesen Kraftäußerungen abhängig ist, sich zu machen. Und wenn Humboldt die allgemeine Aufmerksamkeit und thatkräftige Unterstützung diesem wichtigen Gegenstande zuwandte, so haben Andere durch Erfindung ausgezeichneter Methoden der Beobachtung und durch Diskussion der so erhaltenen Resultate die noch zu junge Wissenschaft schon auf das Glänzendste bereichert. Namentlich sind es Gauß und Weber, deren geniale Beobachtungsmethoden, überall angewandt, zum Ausbau eines der wichtigsten Theile der Naturlehre das Wesentlichste beigetragen haben, und es ist schmerzvoll, absehen zu müssen von einer näheren Besprechung der von diesen Forschern erfundenen Mittel, mit welchen sie das geheimnißvolle Wirken einer der großartigsten Naturkräfte zu belauschen und durch jede Zuckung der Nadel der geringsten Aenderung, die Tausende von Meilen entfernt stattfindet, auf das Genaueste nachzuspüren vermögen.

**Deklination, Inklination und Intensität.** Wenn wir die Erde einem wirklichen Magnete vergleichen und den Pol, der in der Nähe des Nordpoles liegt, den magnetischen Nordpol nennen, so stellt eigentlich derjenige Punkt der Magnetnadel, welcher sich jenem Nordpole zurichtet, den magnetischen Südpol dar. Wir nennen ihn zwar nicht so, sondern entsprechend der Himmelsrichtung, der er zugewandt ist, auch Nordpol; aber da die Bezeichnung keinerlei Beziehung zur innern Natur des Magnetismus selbst hat, so können wir sie, da sie seit lange gebräuchlich ist, getrost beibehalten.

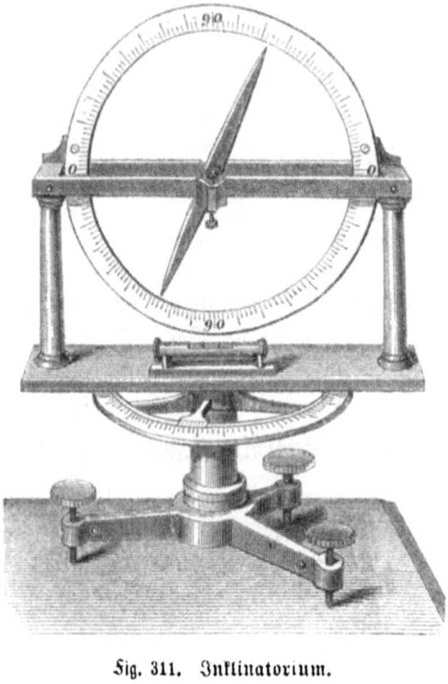

Fig. 311. Inklinatorium.

Hängen wir nun eine Magnetnadel derart auf, daß sie sich nicht nur in horizontaler, sondern auch in vertikaler Ebene frei um den Aufhängungspunkt drehen kann, so bemerken wir, wie sie neben ihrer Richtung nach dem magnetischen Nordpol auch eine bestimmte Neigung gegen den Horizont einnimmt, und sich, so oft man sie auch aus dieser Lage bringt, immer wieder in dieselbe zurück begiebt. Wir werden also annehmen können, daß sich der Punkt der magnetischen Anziehung in der verlängerten Richtung der Magnetnadel befindet. Wie man die Richtung der horizontalen Kompaßnadel durch den Winkel, den sie mit dem astronomischen Meridian macht, die sogenannte Deklination, bestimmt, die man, je nachdem die Abweichung nach Osten oder nach Westen stattfindet, östliche oder westliche Deklination nennt, so bestimmt man jene Neigung, die Inklination, durch den Winkel mit der Vertikalen. Man bedient sich dazu eines besonderen Instrumentes, des Inklinatoriums, dessen Einrichtung aus Fig. 311 leicht erkannt wird. Deklination und Inklination sind für verschiedene Orte der Erde verschieden und man bezeichnet diejenigen Linien, welche die Oberflächenpunkte der Erde von gleicher Deklination oder gleicher Inklination mit einander verbinden, durch den Namen magnetische Kurven. Stellen die Deklinationskurven die magnetischen Meridiane vor, so bezeichnen die Inklinationskurven gewissermaßen die Parallelkreise (Fig. 312).

Unter den beiden Polen stehen die Magnetnadeln senkrecht, die Deklination verschwindet gänzlich. Die Inklination dagegen nimmt nach dem Aequator hin ab, und es giebt hier rings um die Erde einen Gürtel, wo sie gleich Null ist, das heißt, wo die Magnetnadel, von beiden Polen gleich stark angezogen, in vollkommen horizontaler Lage sich erhält. Dieser Gürtel heißt der **magnetische Meridian**.

Außer der Deklination und der Inklination ist aber noch ein Faktor in Betracht zu ziehen, das ist die **Intensität** des Erdmagnetismus, die gesammte Stärke der Kraft, welche sich in den beiden genannten Erscheinungsweisen als in zwei Komponenten äußert. Die Intensität wird unter andern Methoden auf höchst scharfsinnige Weise auch durch die Schwingungsdauer großer Magnetstäbe gemessen; dieselben oscilliren um so schneller, je stärker die Intensität, um so langsamer, je schwächer diese ist.

**Schwankungen des Erdmagnetismus.** Keiner dieser drei Faktoren des Erdmagnetismus, weder die Deklination noch die Inklination, noch auch die Intensität, bleiben aber unter sich gleich. Im Gegentheil ändern sie sich fast fortwährend, denn sie sind von den Licht-, Wärme- und Elektrizitätsverhältnissen, wenn auch in noch unerkannter Weise, abhängig und wie diese im physikalischen Zustande der Erde wechseln, so

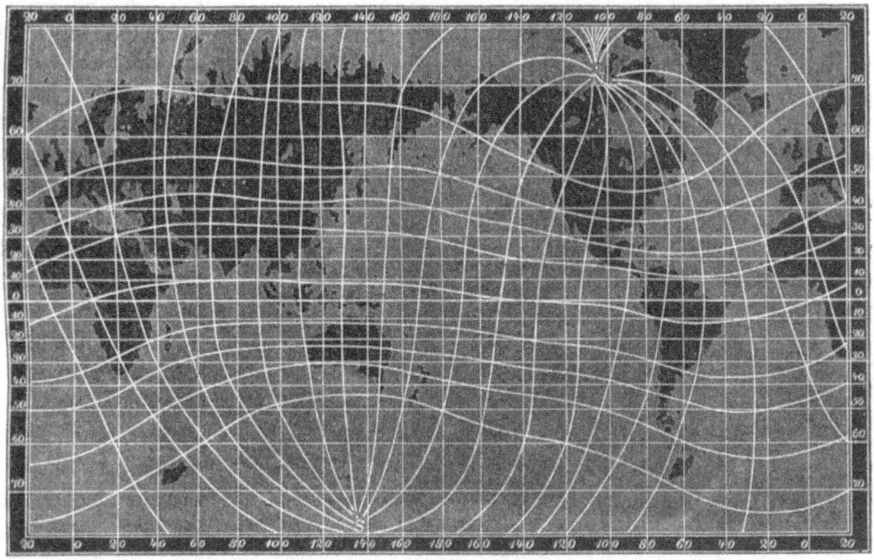

Fig. 312. Magnetische Kurven.

bedingen sie gleichzeitige Schwankungen der magnetischen Verhältnisse. Diese Variationen zu beobachten und durch Vergleichung in langen Zeiträumen das Gesetz der Abhängigkeit womöglich zu ergründen, ist der Zweck der großen Mühe, welche auf den zahlreichen magnetischen Stationen in Indien sowol als in den Steppen an der chinesischen Grenze und weit auf den Inseln der Südsee, in Grönland, am Kap der guten Hoffnung wie in den Laboratorien europäischer Universitäten unausgesetzt auf die Beobachtung der zitternden Magnetnadel gewandt wird. Der Weltreisende zählt das Magnetometer zu seinen wichtigsten Apparaten und wie Humboldt auf den Cordilleren Südamerika's und in der leicht gezimmerten Hütte in den sumpfigen Urwäldern des Amazonenstromes, so hat Kane hoch oben in den arktischen Regionen durch seine magnetischen Beobachtungen den Erdwissenschaften die wichtigsten Dienste geleistet.

Man hatte für einzelne Orte schon früher eine allmälige Aenderung der Deklination bemerkt, so betrug z. B. in Paris dieselbe im Jahre 1580 11° 30′ östlich, 1618 war sie nur noch 8°, 1663 fiel der astronomische Meridian mit dem magnetischen zusammen, 100 Jahre später wich die Magnetnadel um 8° 10′ nach Westen ab, 1780 um 17° 55′, 1805 um 22° 5′, 1814 um 22° 34′. Seit dieser Zeit aber geht die Nadel wieder zurück und 1852 betrug die westliche Abweichung nur noch 20° 22′. Solche langsame Aenderungen heißen säkulare Varationen, sie erstrecken sich über die ganze Erde und in diesem Sinne haben also auch die erdmagnetischen Kurven keine Beständigkeit und die Karten derselben müssen von Zeit zu Zeit geändert werden.

Die Friedrich-Wilhelmsstraße in Berlin ist genau nach der Richtung der Magnetnadel zur Zeit ihrer Erbauung angelegt; die Boussole wird dadurch zu einem chronologischen Moment.

Die Magnetnadel geht aber bei diesen großartigen Schwingungen nicht einen stetigen, langsamen Gang, sondern sie macht unter der Zeit selbst wieder hin- und hergehende Zuckungen, welche unter sich auch eine gewisse Regelmäßigkeit, je nach der Jahres- und Tageszeit, erkennen lassen, tägliche Variationen. Für unsere Gegenden hat die Deklinationsnadel Morgens um 8 Uhr ihre östlichste Ausweichung, dann geht das Nordende ziemlich rasch nach Westen, zwischen 1 und 2 Uhr kehrt sie wieder um und geht in den Tages- und Abendstunden rascher als in den Nachtstunden wieder ihrem frühern Stand zu.

Fig. 313. Kane, das Magnetometer beobachtend.

Ebenso wie bei der Deklination hat sich bei der Inklination eine säkulare, jährliche und eine tägliche Variation feststellen lassen, und da die Inklination und Deklination in so großer Abhängigkeit von einander stehen, so dürfen wir für beide Erscheinungen dieselben Ursachen voraussetzen. Aber während man in den klimatischen Aenderungen eine Wechselbeziehung zu den kürzeren Perioden erkennen kann, ist man über die Ursachen der säkularen Schwankungen noch gänzlich im Unklaren.

**Das Nordlicht.** Diese Verhältnisse führen uns ohne Weiteres einer Erscheinung zu, deren Erklärung früheren Zeiten unbesiegbare Schwierigkeiten darbot, und die deshalb von Furcht und Aberglauben mit den ängstlichen Gefühlen betrachtet wurde. Können wir uns aber auch heute noch nicht über die Art und Weise aller jener Vorgänge, als deren Ergebniß das prachtvolle Nordlicht über den Horizont sich erhebt, erschöpfend Rechenschaft geben, so wissen wir doch aus unbestreitbaren Erfahrungen mit Sicherheit, daß dasselbe mit dem erdmagnetischen Zustande im innigsten Zusammenhange steht und am passendsten als ein magnetisches Ungewitter aufgefaßt werden muß, in welchem die gestörten Verhältnisse durch einen plötzlichen Ausgleich dem Gleichgewichtszustande wieder zustreben.

Bei uns erscheinen die Nordlichter ziemlich selten, in den nördlicher gelegenen Gegenden aber erglänzen sie fast allabendlich am Himmel. Auf einer 1838 nach Norwegen ausgesandten Expedition beobachtete der Schiffslieutenant Lottin während eines Zeitraumes von 206 Tagen nicht weniger als 143 Nordlichter.

„Zwischen 4 und 8 Uhr des Abends färbte sich der obere Theil des lichten Nebels, welcher dort fast immer gegen Norden zu herrscht. Der lichte Streifen nahm allmälig die Gestalt eines Bogens an, dessen Enden sich auf den Horizont stützten. Sein Gipfel blieb in der Richtung des magnetischen Meridians. Bald erscheinen schwärzliche Streifen, welche den lichten Bogen trennen, und so bilden sich Strahlen, welche sich bald rasch, bald langsam verlängern oder verkürzen. Die Strahlen schießen über den Himmel herauf und verlängern sich bisweilen bis zu dem Punkte, welcher durch das Südende der Inklinationsnadel bezeichnet wird, so das Fragment eines ungeheuren Lichtgewölbes bildend. In dem Glanze des nach dem Zenith hin wachsenden Bogens zeigt sich eine wellenförmige Bewegung, der Glanz der Lichtstrahlen wächst der Reihe nach von einem Fuße zum andern und es geht dies Wogen des Lichts bald von Westen nach Osten, bald in umgekehrter Richtung. Auch in seiner horizontalen Ausbreitung kommt der Bogen in Bewegung, er wallt und wogt, er entwickelt sich wie ein bewegtes Band oder eine wehende Fahne. Manchmal verläßt einer der Füße oder selbst beide den Horizont, dann werden diese Biegungen zahlreicher und deutlicher. Der Bogen erscheint nur als ein langes Strahlenband, welches sich entwickelt, in mehrere Theile trennt und graziöse Windungen bildet, welche sich fast schließen und das hervorbringen, was man wol die Krone genannt hat. Alsdann ändert sich plötzlich die Lichtintensität der Strahlen, sie übertrifft die der Sterne erster Größe; die Strahlen schießen mit Schnelligkeit, bilden Biegungen und entrollen sich wie die Windungen einer Schlange; nun färben sich die Strahlen, die Basis ist roth, die Mitte grün, der übrige Theil behält ein blaßgelbes Licht. Diese Farben behalten immer ihre gegenseitige Lage und haben eine bewundernswürdige Durchsichtigkeit. Das Roth nähert sich einem hellen Blutroth, das Grün einem blassen Smaragdgrün. Da endlich nimmt der Glanz ab, die Farben verschwinden, die ganze Erscheinung erlischt entweder plötzlich oder sie wird nach und nach schwächer. Einzelne Stücke des Bogens aber treten wieder auf, er bildet sich von Neuem, er setzt seine aufsteigende Bewegung fort und nähert sich dem Zenith. Die Strahlen erscheinen durch die Perspektive immer kürzer; alsdann erreicht der Gipfel des Bogens das magnetische Zenith, einen Punkt, nach welchem die Südspitze der Inklinationsnadel hinweist. Unterdessen bilden sich neue Bogen am Horizonte; sie folgen einander, indem alle fast dieselben Phasen durchlaufen und in bestimmten Zwischenräumen von einander bleiben. Manchmal werden diese Zwischenräume kleiner, mehrere dieser Bogen drängen einander, sie erinnern durch ihre Anordnung an die Coulissen unserer Theater, die, auf die Seitencoulissen gestützt, den Himmel der Theaterscene bilden. So oft die Strahlen am hohen Himmel das magnetische Zenith überschritten haben, scheinen sie von Süden her nach diesem Punkte zu konvergiren und bilden alsdann, mit den übrigen von Norden kommenden, die eigentliche Krone. Die Erscheinung der Krone ist ohne Zweifel nur eine Wirkung der Perspektive und ein Beobachter, welcher in diesem Augenblicke weiter nach Süden sich befindet, wird sicherlich nur einen Bogen sehen können."

„Denkt man sich nun ein lebhaftes Schießen von Strahlen, welche beständig sowol in Beziehung auf ihre Länge als auf ihren Glanz sich ändern, daß sie die herrlichsten rothen und grünen Farbentöne zeigen, daß eine wellenartige Bewegung stattfindet, daß Lichtströme einander folgen und endlich, daß das ganze Himmelsgewölbe eine ungeheure prächtige Lichtkuppel zu sein scheint, welche über einen mit Schnee bedeckten Boden ausgebreitet ist und einen blendenden Rahmen für das ruhige Meer bildet, welches dunkel ist wie ein Asphaltsee, so hat man eine unvollständige Vorstellung von diesem wunderbaren Schauspiele, auf dessen Beschreibung man verzichten muß." So schildert Lottin die zu Bossekop beobachteten Nordlichter.

Was wir in unseren Gegenden von dieser Erscheinung gewahren, so räthselhaft prächtig es auch unsere Sinne ergreift, kann mit dem Glanze, welchen das Phänomen im Norden hat, nicht verglichen werden. Die Uebereinstimmung der Strahlenrichtung mit dem magnetischen Meridian ließ schon zeitig auf die Vermuthung kommen, daß das Nordlicht mit dem Erdmagnetismus in engem Zusammenhange stehe. Bestätigung erhielt dies durch den Umstand, daß die Magnetnadel während der Dauer einer solchen Erscheinung ihr Verhalten auf merkwürdige Weise ändert und in eine eigenthümliche Unruhe geräth, die sich durch hin- und hergehende Zuckungen zu erkennen giebt. Seit man nun auch noch beobachtet hat, daß über dem Himmel des Südpoles dieselben wunderbaren Ausstrahlungen von Zeit zu Zeit stattfinden und diese Südlichter oft gleichzeitig mit den Nordlichtern hervortreten und beide in unverkennbarer Abhängigkeit von einander stehen, seit man die Einflüsse derselben auf die Magnetnadel mit den feinsten Apparaten oft und so genau beobachtet hat, daß Arago von seinem Zimmer aus zu Paris, viele hundert Meilen vom Nordpol entfernt, aus den Bewegungen seiner Nadel das gleichzeitige Aufflammen eines Nordlichts über den nordischen Himmel verkünden konnte, seitdem ist es keinem Zweifel mehr unterworfen, daß diese vielbewunderte, vielgefürchtete Naturerscheinung in der That ist, was sie Humboldt nennt, ein magnetisches Ungewitter. Die störenden Einflüsse, welche das Nordlicht auf den elektrischen Strom in den Telegraphendrähten zu Zeiten so mächtig ausübt, daß die Apparate von selbst anfangen zu arbeiten und Depeschen auf verständliche Weise nicht befördert werden können, ist ein Beleg dazu, da elektrische Ströme nur wieder durch elektrische Ströme in solcher Weise irritirt werden können. Wir können mit Hülfe luftverdünnter Räume, in denen wir unter dem Einflusse eines starken elektrischen Poles Elektrizität von einem Poldraht der Batterie zum andern überströmen lassen, das Nordlicht sogar künstlich im Kleinen darstellen, und denken wir uns die Erde von elektrischen Strömen in ostwestlicher Richtung umflossen, so erklären sich alle Erscheinungen des Magnetismus auf das Ungezwungenste.

„Aus den Wolken blutig roth hängt der Herrgott seinen Kriegsmantel 'runter."

Diese finstere Prophezeiung vergangener Jahrhunderte hat für unsere Zeiten nichts Schreckliches mehr. Eine lichtvolle Erkenntniß ist an die Stelle ängstlicher Deutung getreten. Das Begreifliche aber verliert die furchterregende Macht, durch welche das Wunderbare über die Schwachen herrscht.

Das magnetische Ungewitter ist wie das elektrische ein Versöhnungsakt, ein Vereinigen entgegengesetzter Kräfte, ein Ausgleich von Spannungen — ein Symbol des eintretenden Friedens, Blitz und Nordlicht sind

„Liebesboten, die verkünden, was ewig schaffend uns umwallt."

Luft und Well' — Elementargeister —
Können nicht widerstehn der Erregung;
Aber des Menschen Geist kann Meister
Werden seiner Gemüthsbewegung.

Rückert.

# Die Welt der Töne.

Schallwellen. Ihre Fortpflanzung und Geschwindigkeit. Reflexion. Echo. Sprach- und Hörrohr. Ton und Farbe. Tiefste und höchste Töne. Schwingende Saiten. Interferenz. Das Monochord. Intervalle und Tonleiter. Dur und Moll. Helmholtz. Schwingungsknoten an Saiten und Platten. Chladni'sche Klangfiguren. Obertöne. Klangfarbe der Instrumente. A. E. I. O. U. Kombinationstöne. Tartini und Sorge.

---

„Die Luft ist die Trägerin des Schalles", sagt Humboldt im Kosmos, „also auch die Trägerin der Sprache, der Mittheilung der Ideen, der Geselligkeit unter den Völkern. Wäre der Erdball der Atmosphäre beraubt, wie unser Mond, so stellte er sich uns in der Einbildung als eine klanglose Einöde dar."

Wie unser Auge Lichteindrücke auf die Weise empfindet, daß die Sehnerven durch die wellenartigen Erschütterungen des allverbreiteten Lichtäthers in entsprechende Erregung versetzt werden, so sind die Eindrücke, die wir durch unser Ohr erhalten, ebenfalls nichts Anderes als die Folge von Bewegungen, die sich durch den Gehörapparat des Ohres den Gehörnerven übertragen. Wir hören den Knall eines abgeschossenen Gewehres und können an der gleichzeitig erzitternden Fensterscheibe bemerken, in welche Erschütterung die Luft gerathen war.

Alles, was wir hören, pflegen wir mit dem Namen **Schall** zu bezeichnen und wir nennen die Schwingungen, Wellen, welche den Schall hervorbringen, deshalb auch Schallschwingungen. Sie werden hervorgebracht durch abwechselnde Verdichtungen und Verdünnungen der Luft. Wo die Luft mangelt, können wir auch keine Gehörempfindungen mehr haben. Auf hohen Bergen klingt unsere Stimme schwächer als in der Ebene, weil die Luft dort verdünnter ist. Saussure schoß auf dem Montblanc ein Pistol ab und der Schall, welchen dasselbe bewirkte, erschien dem Beobachter nicht stärker, als ob zwei Holzstücke auf einander geschlagen würden. Wenn wir unter den Rezipienten einer Luftpumpe das Schlagwerk einer Uhr bringen, so hören wir die Glocke so lange ganz hell, als wir noch nicht zu pumpen angefangen haben. In demselben Maße aber, als die Luft durch das Auspumpen verdünnt wird, vermindert sich auch der Schall und er wird endlich, obwol wir den Hammer arbeiten sehen, ganz unhörbar, wenn die Glocke leer gepumpt ist.

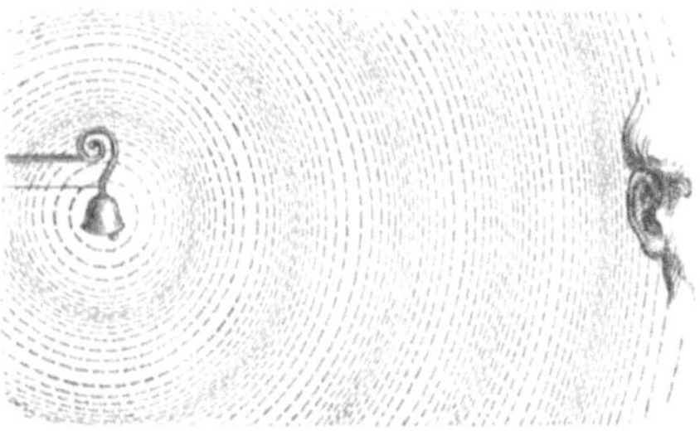

Fig. 315. Fortpflanzung der Schallwellen.

**Die Fortpflanzung der Schallwellen** geschieht gleichmäßig nach allen Seiten, so daß die Wellen mit ihrer Oberfläche immer eine um die Erregungsursache gedachte Kugel bilden. Nach jedem einzelnen Punkte gelangt daher der Schall in einer geraden Linie, man spricht in diesem Sinne von Schallstrahlen. Es hängt mit der Fortpflanzungsart des Schalles zusammen, daß seine Stärke mit der Entfernung immer schwächer werden muß, und zwar, wie aus einer einfachen mathematischen Betrachtung folgt, nimmt die Intensität ab mit dem Quadrate der Entfernung, so daß ein Pistolenschuß, wenn das Gewehr ein Fuß von unserm Ohr entfernt losgebrannt wird, hundert Mal so stark klingt, als wenn wir 10 Fuß von den Schützen entfernt stehen.

In der Luft bewegt sich der Schall mit einer Geschwindigkeit von 1050 Fuß in der Sekunde weiter. Wenn also ein Lichtstrahl von der Sonne bis zur Erde 8 Minuten 13 Sekunden braucht, so würde ein entsprechend lauter Zuruf erst in $16^2/_3$ Jahren auf dem entfernteren Gestirne gehört werden. Uebrigens dürfen wir aus dem Gesagten nicht ableiten, daß Schallwellen lediglich und allein von der Luft weitergeführt würden; es pflanzen sich die Erscheinungen auch durch feste Körper fort. Dieser Umstand hat aber keinen Werth für unser Gehör, denn dasselbe kann immer nur durch Luftschwingungen erregt werden. Die Geschwindigkeit des Schalles ist in flüssigen und festen Körpern sogar eine größere als in luftförmigen. Sie beträgt z. B. für Zinn das Siebenfache; in Eisen, Stahl und Glas ist sie $10^2/_3$, in Silber, Messing und Nußbaumholz eben so vielmal, in Kupfer 12=, in Ebenholz $14^2/_5$=, in Tannenholz selbst 18mal so groß wie in der Luft. Das Tannenholz ist also ganz vorzüglich geeignet, die Schwingungen des Schalles aufzunehmen, deswegen spielt es auch in der Herstellung musikalischer Instrumente eine so bedeutende Rolle. Vorzüglich werden daraus Saiteninstrumente und diejenigen Theile gemacht, die durch ihr eigenes Mitschwingen wirken sollen, während

Flöten, Klarinetten und andere Instrumente, deren Körper nicht selbst in Schwingung gerathen sollen, aus dem trägeren Ebenholz, Buchsbaumholz, Elfenbein und dergleichen Material gefertigt werden. Das Gebrüll des Vulkans Morne Garou auf St. Vincent hörte man bis am Maracaibo-See — 150 deutsche Meilen. Der Schall war nicht durch die Luft, sondern durch den Erdboden fortgepflanzt worden, und es ist bekannt, daß die Wilden mit großer Sicherheit das Herannahen des Feindes, seine Richtung und Stärke zu erkennen vermögen, indem sie das Ohr auf den Boden legen.

**Reflexion des Schalles.** Treffen Schallwellen auf entgegenstehende Hindernisse, so werden sie mannichfach irritirt. Leicht bewegliche, aber wenig elastische Körper geben die Erschütterung, welche sie aufnehmen, nicht weiter; wollene Decken, Teppiche, Vorhänge u. s. w. dämpfen daher in Räumen, wo sie ausgebreitet sind, Gespräch und Musik. Sie lassen weder die Wellen vollständig durch sich hindurch, noch werfen sie dieselben kräftig zurück. Harte elastische Körper dagegen verhalten sich anders. Sie reflektiren die Schallstrahlen und zwar nach denselben Gesetzen, wie Lichtstrahlen von ihnen zurückgeworfen werden würden. Nun sind aber die Schallwellen viel größer und nehmen zu ihrer Weiterbewegung ungleich mehr Zeit in Anspruch; die langsamste Lichtschwingung erfolgt in $^1/_{450}$ Billiontel einer Sekunde, während der tiefste hörbare Ton aus Schwingungen von der Dauer einer Sechzehntelsekunde besteht. Darum gehören zu einer vollständigen Zurückwerfung sehr ausgedehnte, wenig unterbrochene Flächen, obwol dieselben durchaus nicht spiegelblank zu sein brauchen.

Steht die reflektirende Wand eine Strecke weit von uns und zugleich von der Schallquelle entfernt, so daß der Schall eine merklich größere Zeit gebraucht, um auf dem gebrochenen Wege in unser Ohr zu gelangen, so hören wir die zurückgeworfenen Schallwellen für sich und später als die direkten und nennen diese Erscheinung ein Echo. Wo die Umstände günstig sind, kann ein solches Echo nicht nur Worte, sondern ganze Sätze wiederholen und namentlich sind die Gegenden der Quadersandstein-Formation mit den regelmäßigen, steil abfallenden großen Wänden, wie in der sächsischen Schweiz, Adersbach 2c., durch zahlreiche Echo's ausgezeichnet — zum großen Aerger der Reisenden, denn die spekulative Ausnutzung der Natur hat darauf eine ganz eigenthümliche Industrie gegründet, deren Handwerkszeug, Böller, Posaunen und gewöhnlich schon arg mitgenommene Jodlerkehlen, nur mit den Schlüsseln und Zangen der Zahnärzte etwa einen Vergleich aushalten kann. Berühmt ist das Echo am Lurleifelsen und ganz vorzüglich auch das im Schlosse Simoneta bei Mailand; durch das hinter einander erfolgende Abprallen des Schalles an den verschiedenen Flügeln des Schlosses wird ein aus den Fenstern des Hauptgebäudes abgefeuerter Schuß gegen 50 Mal gehört.

Gekrümmte Flächen können die einzelnen Schallstrahlen ebenso sammeln wie Hohlspiegel und bekanntlich macht man davon einen wichtigen Gebrauch bei der Anlage von Konzertsälen, Theatern und ähnlichen Gebäuden. Nicht nur daß man den innern Raum derselben mit Wänden umgiebt, die möglichst wenig durch ihre weiche Substanz (Teppiche) den Schall aufhalten und todt machen, und daß man Ecken, Winkel und Pfeiler, welche den Schall verwirren und zerreißen, vermeidet, so sucht man durch eine möglichste Annäherung an die Form einer Ellipse die höchst vortheilhaften Eigenschaften dieser Kurve sich zu Nutze zu machen. Die Ellipse hat nämlich zwei Brennpunkte. Alle Strahlen, die von dem einen derselben ausgehen, werden von den Seitenwänden so reflektirt, daß sie alle genau zu gleicher Zeit wieder in dem andern zusammenkommen; dadurch geht so wenig von dem Schalle verloren, daß in einem vollständig elliptisch gewölbten Raume an der betreffenden Stelle das leiseste Wort, das weit entfernt davon gesprochen wird, deutlich zu hören ist. Die verrätherischen Treppen, Fenster, Säle, auf deren Anlegung frühere Baumeister in Schlössern oft große Mühe verwandten, sind deutliche Beweise davon und das berühmte Ohr des Dionys, ein zu einem Gefängniß eingerichteter Steinbruch, worin, wie erzählt wird, die Staatsgefangenen nicht ungehört haben sprechen können, würde seine gefährliche Bedeutung derselben Eigenthümlichkeit zu verdanken haben.

**Sprachrohr und Hörrohr.** Wo die Schallwellen immer so von den einschließenden Wandungen reflektirt werden, daß sie nur nach einer Richtung hin sich ausbreiten können, da wird ihre Kraft zusammengehalten und kommt dieser Richtung zu Gute. Biot, der berühmte französische Physiker, hat mit Röhren, die in Paris behufs einer Wasserleitung gelegt wurden, Versuche gemacht. Er stellte sich in einer stillen Nacht an dem einen Ende einer 900 Meter (3000 Fuß) langen Röhre auf und ließ an dem andern Ende verschiedene Instrumente spielen, sprechen und Geräusche in allerhand Graden der Stärke hervorbringen; es war nicht zu bemerken, daß auf diese lange Strecke hin die Schallwellen irgend Etwas von ihrer Intensität verloren hätten; der leiseste Ton wurde vernommen und das einzige Mittel, gar nichts zu vernehmen, war, wie er sich ausdrückt, nur vollkommene Stille auch auf der andern Seite.

Seit langer Zeit sind von dieser Thatsache Anwendungen im Sprach- und Hörrohr gemacht worden. In einem alten, 1516 aus dem Arabischen übersetzten, zu Rom gedruckten und fälschlicher Weise dem Aristoteles zugeschriebenen Buche wird erwähnt, daß Alexander der Große ein Horn gehabt habe, womit er sein Heer auf 100 Stadien zusammenrufen konnte; es darf aber dies wol nur als ein Kriegshorn angesehen werden, wie das des fabelhaften Roland, womit er im Thal von Ronceval zum letzten Male schmetterte, nicht als ein eigentliches Sprachrohr, welches die Worte verständlich weiter trägt. Ein solches hat zuerst der Ritter Samuel Morland 1670 erfunden und damit in Gegenwart König Karl's II. von England und des Prinzen Robert zu Deal Versuche angestellt, bei denen er sich eines aus Kupferblech in Gestalt eines abgestumpften Kegels gefertigten Rohres von 5,5 engl. Fuß Länge bediente. An dem einen Ende hatte dasselbe 2 Zoll, an dem andern 21 Zoll im Durchmesser, der Schall der Stimme war auf 3 engl. Meilen vernehmbar. Zwanzig Jahre früher schon hatte der bekannte Athanasius Kircher eine Vorrichtung angegeben, um Schwerhörigen das Verständniß gesprochener Worte zu ermöglichen; dieselbe bestand ebenfalls aus einem kegelförmigen Rohre, dessen spitzes Ende in das Ohr gesteckt wurde; in den erweiterten Schalltrichter sollte hineingesprochen werden. Kircher hat aber erst später darauf aufmerksam gemacht, daß dieses Höhrrohr, wenn man es umdreht und in das spitze Ende hineinspricht, auch als Sprachrohr zu gebrauchen ist. In unserer Zeit hat das Instrument durch die verschiedenen Arten der Telegraphie selbst die geringe Bedeutung, welche es früher gehabt haben mag, vollends eingebüßt, und man trifft es selten, nur noch auf Schiffen, hohen Bergen oder bei Thürmern, um Bestellungen und Ankündigungen nach unten hin zu machen, wenn man nicht die Schallröhren, durch welche man aus verschiedenen Räumen von Gebäuden mit einander verkehren kann, zu den Sprachröhren mit rechnen will.

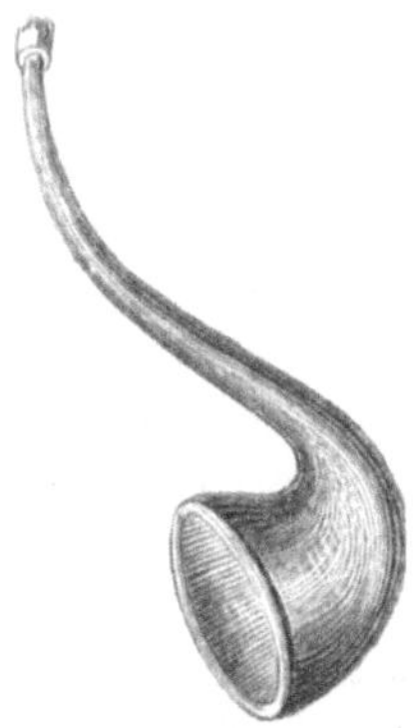
Fig. 316. Das Hörrohr.

Das Höhrrohr dagegen hat einen dauernden Werth, es ist gewissermaßen für die Ohren das, was das Brennglas für schwache Augen ist. Seiner Einrichtung nach bildet es eine vorn etwas konische Röhre mit erweiterter Schallöffnung, ähnlich einem Horn, und erfüllt zwar seinen Zweck, eine größere Menge von Schallwellen aufzunehmen und dieselben förmlich konzentrirt in das Ohr zu führen, genügt aber nur

Solchen, die erst in geringerem Grade dem Uebel verfallen sind und stärkere Eindrücke noch aufzunehmen vermögen. Vortreffliche Hülfsmittel dazu sind die Guttapercha-Röhren, deren Biegsamkeit eine leichte Handhabung gestattet und durch Vereinigung mehrerer Schallbrecher mit einem Hauptrohr ist es möglich geworden, den Schwerhörigen selbst an der Unterhaltung eines ganzen Tisches mit Theil nehmen zu lassen.

Ton. Wir haben die Schallstrahlen schon mit den Lichtstrahlen verglichen, der Vergleich bezicht sich nicht blos auf die Art und Weise der Fortpflanzung und Zurückwerfung, wir können die Analogie noch weiter verfolgen und werden dann, wie wir die verschiedenen Bestandtheile des Sonnenlichtes als Lichtwellen von verschiedener Dauer und Brechbarkeit erkannt haben, auch in dem, was wir in dem Gesammtbegriff des Schalles zusammenfassen, ähnliche Unterscheidungen zu treffen haben.

Ein Kanonenschuß, ein rasselnder Wagen, eine schreiende Herde, das Rollen des Donners verursachen uns Empfindungen, die wir mit allgemeinen Lichteindrücken, mit dem Aufblitzen einer Rakete, dem durch Spiegelung in unser Auge geworfenen Sonnenlicht und Aehnlichem vergleichen können.

Wie das weiße Licht aber elementare Wellenbestandtheile enthält, die je für sich bestimmte Farbenempfindungen erregen, so sind jene Geräusche auch nicht einfache Wellenbewegungen, sie zeigen sich vielmehr als ein Gemenge zahlreicher, nebeneinander bestehender und für sich regelmäßiger Schwingungen, deren jede wie ein schwingendes Pendel ihren Verlauf hat und sich von den anderen durch die Größe der Ausweichung und Geschwindigkeit unterscheidet. Solche regelmäßige Schwingungen bringen den Ton hervor, der sich von dem bloßen Schall und Geräusch wie die Farbe vom weißen Licht unterscheidet. Wir unterscheiden an ihm Höhe und Tiefe und sehen als die Ursache dieser Qualität auch die Geschwindigkeit, mit welcher die einzelnen Wellen einander folgen. Der Ton sättigt uns mit einer bestimmten Empfindung, während das bloße Geräusch nichts Derartiges bewirkt, und wir bemerken auch hier wie überall in der Natur, daß Alles nur durch Ordnung, durch die schöne Regel zur Vollendung kommt, wie das Willkürliche der Schönheit entbehrt, wie Harmonie und Gesetzmäßigkeit gleichbedeutend ist.

Zur Untersuchung über die Natur des Tones eignet sich nichts so vortrefflich als die sogenannte Syrene, das ist ein gezahntes Rad, gegen dessen Zahnkranz man mit einer engen Röhre bläst. Wenn sich das Rad dreht, so schneidet jeder Zahn den durchgehenden Luftstrom und hält ihn einen Moment auf, wie das Rad bei dem Fizeau'schen Apparat (vergl. Fig. 60). So lange der Zahn vor der Röhrenöffnung sich befindet, wird die Luft in der letzteren verdichtet und durch dies wechselnde Spiel werden also Wellen erzeugt, die um so rascher sich folgen, je größer die Umdrehungsgeschwindigkeit des Rades ist. Man kann die Zahl der Wellen in der Sekunde bestimmen und hat gefunden, daß der tiefste Ton 33 Schwingungen in dieser Zeit macht; in der Musik bezeichnet man ihn als das tiefe C. Langsamere Schwingungen werden nur als vereinzelte Luftstöße empfunden. Der höchste Ton, den wir zu hören vermögen, entsteht durch 24,000 Schwingungen in der Sekunde. Darüber hinaus hat unser Ohr nicht mehr die Fähigkeit, Töne aufzufassen. Uebrigens wissen wir, daß zur Erzeugung eines musikalischen Tones jeder elastische Körper geeignet ist, der durch rasche, regelmäßige Schwingungen die Luft in entsprechende Wellenbewegung durch Verdünnung und Verdichtung zu setzen vermag. Schlägt man eine Stimmgabel oder eine Glasglocke an oder streicht man dieselben mit dem Violinbogen (Fig. 317), so tönen sie. Durch den Schlag sind sie in Schwingungen versetzt worden, welche in Folge der Elastizität des Stahles oder des Glases gleichmäßig und anhaltend fortdauern und die man leicht fühlen kann, wenn man den Stiel der Stimmgabel an die Zähne hält oder den Rand der Glocke mit der Fingerspitze berührt; ja die pendelartigen Schwingungen der Stimmgabel kann man von ihr selbst verzeichnen lassen, wenn man an den einen Schenkel einen Stift befestigt und denselben auf einem vorbei bewegten Blatt Papier seine Züge machen läßt. Der Anlaß zu Schwingungen kann ein einmaliger Stoß oder Schlag sein, wie hier, oder fortdauernd, wie bei der Geige und den Blasinstrumenten.

Eine gespannte Saite wird durch den harzigen Bogen aus ihrer Ruhelage gezogen; sie will wieder dahin zurückgehen, da erfaßt sie auf's Neue der Bogen, nimmt sie mit fort, bis sie wieder zurückschnellt, und so macht sie ihre Bewegungen Hunderte und Tausende von Malen in der Sekunde und jeder Hin- und Rückgang erregt eine neu sich fortpflanzende Luftwelle, die alle zusammen den Ton hervorbringen. Bei den Blasinstrumenten sind es die elastischen Lippen oder schwingende Zungen, Federn und Blättchen, die durch die komprimirte Luft beim Blasen in Bewegung gesetzt werden, in gewissen Fällen auch eigenthümliche Zerreißungen des Luftstromes, die wir später zu betrachten Gelegenheit haben.

So abweichend die auf diese verschiedenen Entstehungsursachen des Tones gegründeten musikalischen Instrumente auch unter sich sind, so liegen doch Allen gewisse gemeinsame physikalische Prinzipien zu Grunde, über die uns in der Kürze das einfachste aller Saiten-Instrumente, das Monochord, unterrichten kann.

**Das Monochord** hat, wie sein Name besagt, eine einzige Saite, dieselbe ist zur Verstärkung des Tones auf einem hohlen hölzernen Kasten, einem sogenannten Resonanzboden, befestigt. Sie liegt in der Mitte frei über zwei Stegen und kann durch Unterschieben eines kleinen beweglichen Holzsteges beliebig verkürzt werden; die Unterlage hat eine Eintheilung. In Fig. 318 ist ein solcher Apparat mit zwei Saiten bespannt, wie er behufs der Untersuchung der Schwingungsgesetze passend verwendet werden kann, dargestellt. Wenn die Saite mit dem Bogen gestrichen oder mit dem Finger gerissen wird, so geräth sie in Ausweichungen nach der Seite, sie macht sogenannte Transversalschwingungen. Der Punkt der größten Ausweichung liegt in der Mitte zwischen den beiden ruhenden Endpunkten (Fig. 319); sind die beiden Saiten gleich lang, gleich stark, von gleicher Elastizität und gleich stark gespannt, so werden sie auch in derselben Zeit gleichviel Schwingungen machen. Aber sowol die Weite der Schwingungen als auch die Geschwindigkeit derselben sind verschieden, je nachdem Masse, spez. Gewicht, Querschnitt oder Spannung bei einer oder der andern Saite verschieden ist. Ueber diese gegenseitige Abhängigkeit bestehen einfache Gesetze, über die uns eben das Monochord auf experimentelle Weise Aufklärung geben kann. Die Spannung mißt man am bequemsten, indem man das eine Ende der Saite über eine bewegliche Rolle laufen läßt und mit Gewichten beschwert; dabei findet man, daß die Schwingungszahl einer Saite der Quadratwurzel aus den spannenden Gewichten proportional ist. Wenn eine Saite bei einer Belastung von einem Pfund in der Sekunde 64 Schwingungen macht, so macht sie bei vier Pfund Spannung 128 Schwingungen. Es folgt daraus, daß eine hochgespannte Saite auf ihre Unterlage einen sehr beträchtlichen Druck ausüben müßte,

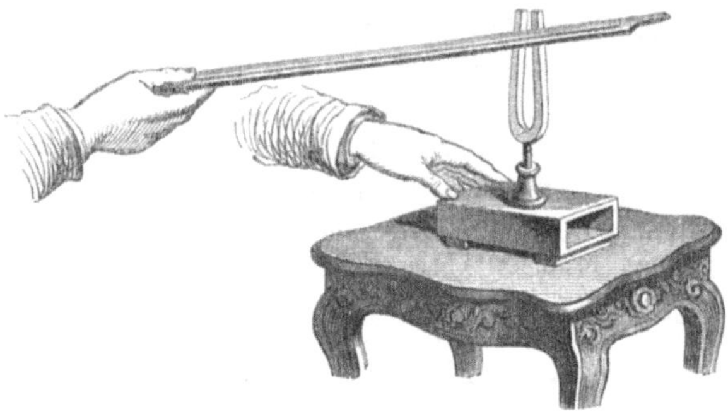

Fig. 317. Ertönen der Stimmgabel.

wenn man sie sonst von derselben Beschaffenheit nehmen wollte, wie die zu niedrigeren Tönen. Um eine gewisse Gleichheit der Zugkräfte aber innezuhalten, ist man daher gezwungen, die andern Faktoren, welche auf die Höhe des Tones Einfluß haben, zu ändern: Länge, Dicke, Substanz. Das Gewicht der Saite ist insofern von Einfluß, als die elastische Kraft ja allein die ganze Masse zu bewegen hat; sie wird mit letzterer um so eher fertig werden und um so raschere Schwingungen bewirken, je leichter diese ist, einen je geringeren Durchmesser sie hat und umgekehrt. Die Schwingungszahlen von Saiten aus gleichem Stoff verhalten sich bei gleicher Länge und gleicher Spannung umgekehrt wie ihre Durchmesser; sind die Saiten aber von verschiedenem Stoff, so verhalten sich die Schwingungszahlen bei sonst gleichen Verhältnissen umgekehrt wie die Quadratwurzeln aus ihren spezifischen Gewichten. Deswegen haben die tiefsten Saiten der Guitarren, Violoncelli's u. s. w. eine Umspinnung von Metalldraht, welche ihr Gewicht vergrößert und die Schwingungen verlangsamt.

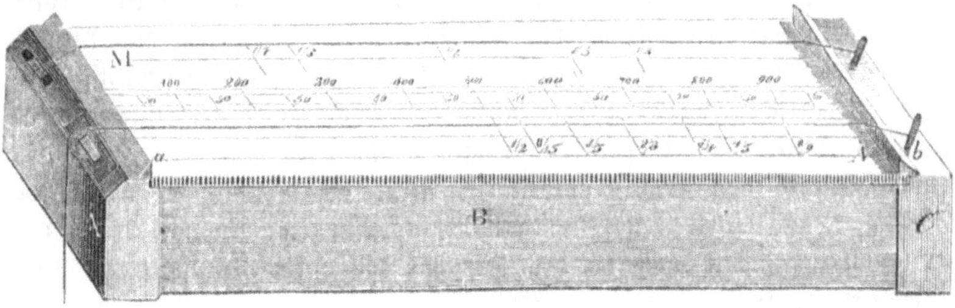


Fig. 318. Monochord.

Diese Verhältnisse kommen zwar bei der Behandlung von musikalischen Instrumenten weniger in Betracht als bei deren Bau. Man nimmt aber, um, wie es bei den Geigen, Guitarren, Cithern und ähnlichen Instrumenten der Fall ist, aus einer in gewissen Spannungsverhältnissen befindlichen Saite verschiedene Töne hervorzurufen, zu einem auch hierher gehörigen Mittel seine Zuflucht, zu der Verkürzung des schwingenden Theiles.

Eine Saite vibrirt um so rascher, je kürzer sie gemacht wird. Wenn z. B. die Saite a b (Fig. 318), mit ihrer ganzen Länge schwingend, 40 Schwingungen macht, so wird sie deren 80 in derselben Zeit machen, wenn man durch Unterschieben des beweglichen Steges in der Mitte den schwingenden Theil um die Hälfte verkürzt; viermal so viel, wenn man diese Hälfte noch einmal halbirt u. s. f. Aus dem Umstande, daß die Schwingungszahl einer Seite in umgekehrtem Verhältniß zu ihrer Länge steht, ergiebt sich, daß beim Violinspiel durch das Aufsetzen der Finger auf die Saite eine ganze Reihe von Tönen mit allen nur denkbaren Mittelstufen hervorgebracht werden kann, denn thatsächlich tritt durch Aufsetzen des Fingers näher dem Stege hin Verkürzung, durch Zurückgehen nach der Schnecke wieder Verlängerung der schwingenden Saite ein. Die leere Saite giebt den tiefsten Ton, den Grundton.

Fig. 319. Schwingende Saite.

Wie jede Farbe für sich zwar gut ist, einen mehr oder weniger angenehmen Eindruck auf unser Auge aber erst durch Zusammenstellung mit anderen macht, so ist auch der Ton an und für sich nicht Gegenstand einer besonderen Brauchbarkeit, es erwächst vielmehr erst aus der Vereinigung mehrerer Töne eine Sprache derselben, die uns in den reizenden Schöpfungen unserer Musik wie in den Gutturaltönen fischthranessender Polarbewohner Genuß und Verständniß entgegenbringt. Dieses Aufeinanderbeziehen der Töne, sei es ein Zusammenauffassen gleichzeitig erklingender, sei es die wechselnde Empfindung, in welche wir durch nacheinander eintretende Verschiedenheiten versetzt werden, sucht seine endliche Begründung in einfachen mathematischen Verhältnissen, in welchen die Schwingungszahlen zu einander stehen.

**Musikalische Intervalle und die Tonleiter.** Wenn wir einen Stein in einen ruhig stehenden Teich werfen, so sehen wir, wie die Wellen dem Ufer in kreisförmigen Ringen zueilen. Denken wir uns nach dem ersten Steine gleich noch einen zweiten genau auf dieselbe Stelle geschleudert, der aber Wellenringe von doppelter Geschwindigkeit erregen soll, so wird in dem regelmäßigen Verlauf der ersten größeren Wellen keine besondere Störung eintreten. Anfang und Ende derselben wird auch durch einen Anfang und ein Ende der doppelt kleineren markirt sein und sich höchstens dadurch mit um so größerer Entschiedenheit bemerklich machen. Wenn aber der zweite Stein in derselben Zeit, in welcher der erste zwei Wellen bewirkte, deren drei erregt, so werden die Punkte der Uebereinstimmung allemal erst nach zwei größeren Wellen wieder eintreten, innerhalb dieser Zwischenräume aber die beiden Wellenzüge sich auch beträchtlicher stören als vorher. Und so weiter. Je komplizirter das Verhältniß der beiden Wellenzüge zu einander wird, um so verwirrter erscheint die Oberfläche des Wassers und um so unentschiedener auch der Anschlag an das Ufer.

Unser Ohr ist nun gewissermaßen das Ufer, an welches die Ringe der Tonwellen schlagen, und dieselben gegenseitigen Beeinflussungen, die zwei Wasserwellen auf einander ausüben, finden auch in dem Verlaufe der Luftwellen statt und werden von dem Gehörnerv empfunden.

Der Gesammtcharakter einer Tonverbindung ist um so befriedigender, je ruhiger der Verlauf der entsprechenden Wellenzüge ist; und aus dem Gesagten ergiebt sich, daß das Verhältniß zweier Töne von dem Schwingungsverhältniß 1 : 2 das verständlichste, weil einfachste sein wird. Dies Verhältniß bezeichnet man in der Tonsprache mit dem Namen der Oktave. Der Abstand zweier Töne von einander bezüglich ihrer Schwingungszahlen heißt überhaupt ihr Intervall. Die Oktave ist ein so einfaches Verhältniß, daß man sogar die beiden Töne der Qualität nach als gleich ansieht und alle möglichen Intervalle auf das Intervall 1:2 bezieht. Man findet es auf dem Monochord, wenn man den beweglichen Steg so setzt, daß rechts $^2/_3$, links $^1/_3$ der Saite stehen bleibt; der längere Theil giebt den tieferen Ton, der kürzere die höhere Oktave. Setzt man den Steg so, daß rechts $^3/_5$, links $^2/_5$ der Saite liegen, so verhalten sich die Schwingungszahlen wie 2 : 3, und wir erhalten das nächsteinfache Intervall, die Quinte. Bekanntlich giebt 3 : 4 die Quarte, 4 : 5 die große Terz, 5 : 6 die kleine Terz u. s. w.

Die musikalischen Bedürfnisse der Völker haben im Laufe der Zeiten immer komplizirtere Verhältnisse für ihre sich mehr und mehr verfeinernden Zwecke verwenden gelernt, so daß bis zu uns allmälig eine siebenstufige Tonleiter zwischen zwei Oktaven herausgebildet worden ist, deren Intervalle sich für einen Grundton von 24 Schwingungen in folgenden Verhältnissen bewegen:

| 1 | 2 | 3 | 4 | 5 | 6 | 7 | 8 |
|---|---|---|---|---|---|---|---|
| 24 | 27 | 30 | 32 | 36 | 40 | 45 | 48 |
| 1 | $^9/_8$ | $^5/_4$ | $^4/_3$ | $^3/_2$ | $^5/_3$ | $^{15}/_8$ | 2 |

Die darunter stehenden Bruchzahlen geben die Verhältnisse der Schwingungszahlen zum Grundtone an. Dieser Tonleiter liegen die einfachen Intervalle, Grundton, Quinte, Quarte, große Terz, Sexte und Oktave zu Grunde. Quinte und große Terz, als die ersten verschiedenen Intervalle in den harmonischen Obertönen **C** c **g** c′ **e**, klingen bei den meisten Tönen sehr entschieden vernehmlich mit, und bilden in selbständiger

Vereinigung mit dem Grundton den einfachsten harmonischen Effekt, den **Durdreiklang**. Die noch übrigbleibenden — einem angenehmen Tonfortschreiten zu großen — Intervalle zwischen Grundton und großer Terz, Sexte und Oktave wurden ausgefüllt, indem man über der Quinte, als dem dem Grundtone verwandtesten Tone, einen neuen Dreiklang (Grundton, Terz und Quinte) aufbaute und die Quinte desselben eine Oktave herunter legte.

Neben der großen Terz 4 : 5 zeichnet sich aber durch besondere Einfachheit des Schwingungsverhältnisses 5 : 6 die kleine Terz aus, und sie ist deshalb ihrerseits auch zum Ausgang einer Tonleiter, der **Molltonleiter**, geworden.

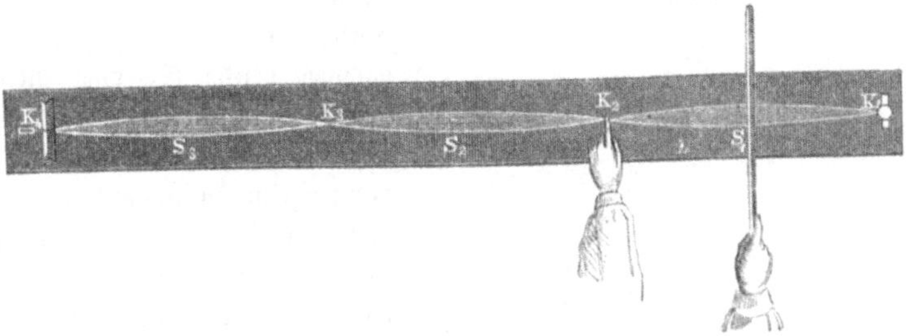

Fig. 320. Entstehung der Schwingungsknoten bei gespannten Seiten.

In der **Durtonleiter** ist der Schritt von der Terz zur Quarte und von der Septime zur Oktave kleiner als die übrigen, diese Intervalle heißen halbe Töne, weil man zwischen den übrigen ganzen Tönen je ein ähnliches Intervall noch einschalten kann. Das Fortschreiten innerhalb einer Oktave von halben zu halben Tönen ist die **chromatische Tonleiter**. Wir können leider auf die genauere Besprechung dieses Gebietes, welches sich von unserm eigentlichen Wege doch abseits erstreckt, nicht eingehen. Nur das wollen wir noch bemerken, daß unser Tonsystem in seiner jetzigen Verfassung, mit seiner Dur- und Molltonleiter, so mathematisch strikt auch die Sache sich darstellen läßt, doch nicht das natürlich einzig mögliche ist. Eigenthümliche Bildungsweise und Geschmacksrichtung haben dasselbe geschaffen, und wenn uns die Musik anderer in abweichenden Anschauungen aufgewachsener Völker nicht gefällt, so haben wir damit lange noch kein Recht, dieselbe absolut als unschön zu bezeichnen. Wie wir unsern Geschmack an gewisse Aufeinanderfolgen allmälig gewöhnt haben, so müssen wir Andern das Recht zugestehen, davon verschiedene, aber ebenso natürliche Verhältnisse zu bevorzugen.

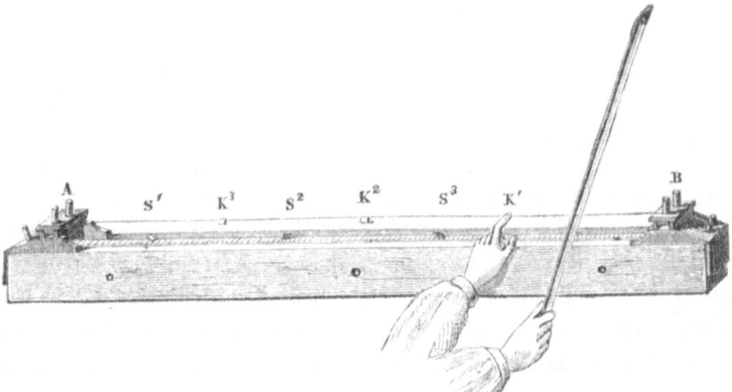


Fig. 321. Entstehung der Schwingungsknoten bei gespanuten Saiten.

Die früher häufig falsch und unklar aufgefaßten Verhältnisse der musikalischen Entwickelung haben erst in neuester Zeit eine klassische Darstellung durch **Helmholtz** in seiner Lehre von den Tonempfindungen erfahren, welche Epoche machende Arbeit namentlich hier genannt werden muß, weil aus ihr nicht nur die theoretisirende Musik Begründung und Methode sich zu entnehmen hat, sondern weil die Ergebnisse vornehmlich auch den praktischen Disziplinen des Instrumentenbaues und der Behandlung der musikalischen Instrumente in ausgezeichnetster Weise zu Gute kommen.

**Schwingungsknoten.** Die sogenannten Flageolettöne der Saiteninstrumente geben uns Gelegenheit zu weiteren interessanten Beobachtungen. Sie sind bekanntlich viel höher als diejenigen, welche der in ihrer ganzen freien Länge schwingenden Saite zukommen würden, und entstehen dadurch, daß man durch Festhalten eines entsprechenden Punktes der Saite diese veranlaßt, sich in gleiche Theile zu theilen, deren jeder für sich in Schwingungen geräth, wie es Fig. 320 zeigt. Bedingung ist nur, daß die Entfernung des festgehaltenen Punktes von dem nächsten Ende $K_1$ ohne Rest in dem längeren Theile $K_2$ $K_4$ aufgeht; es genügt dann ein leises Auflegen des Fingers, um diesen Puntt unbeweglich zu machen, die entsprechenden bleiben von selbst in Ruhe und werden deshalb Schwingungsknoten genannt. Während in Fig. 320 nur noch ein solcher Schwingungsknoten $K^3$ sich bildet, entstehen bei der Berührung des ersten Viertels deren zwei, $K^2$ und $K^3$ (Fig. 321); hängt man an diesen Punkten kleine Papierreiterchen auf, so bleiben diese ruhig hängen, während sie in den dazwischen liegenden vibrirenden Saitentheilen $S^1$ $S^2$ $S^3$ abgeworfen werden.

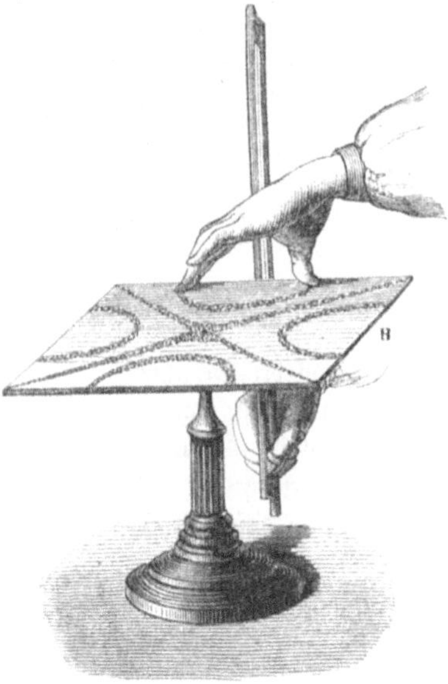

Fig. 322. Hervorbringen der Chladni'schen Klangfiguren.

In der Musik macht man, wie schon erwähnt, von dieser Selbsttheilung der Saiten vielfache Anwendung. Es bringt die leichte Berührung einer Saite an der Stelle, wo man den Finger niederdrücken müßte, um die Quinte zu erhalten, die hohe Oktave, die leichte Berührung der Quarte die hohe Duodezime, die der großen Terz die höhere Doppeloktave u. s. w. hervor. Schwingungsknoten entstehen nicht nur bei schwingenden Saiten, sondern auch bei schwingenden Luftsäulen und schwingenden Platten; wir werden bei der Besprechung der verschiedenen musikalischen Instrumente auf die zu Zweit genannten zurückkommen. Die letztangeführten sind die Veranlassung der Chladni'schen Klangfiguren, von deren Hervorbringungsart und verschiedenem Charakter uns die Figuren 322 bis 325 eine Anschauung geben.

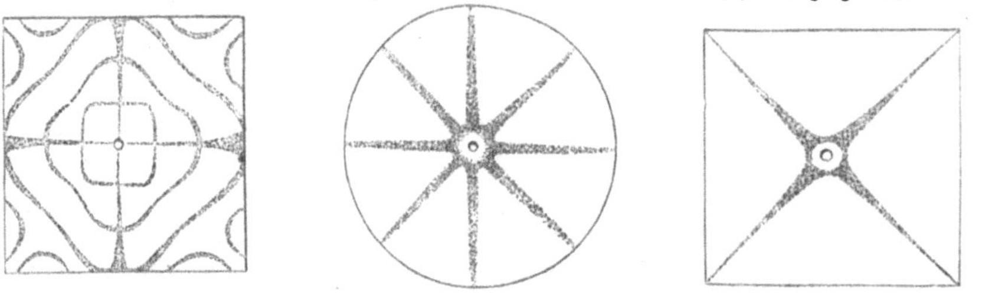

Fig. 323—325. Chladni'sche Klangfiguren.

Die Platte, gleichviel von welcher, wenn nur regelmäßigen Form, wird in einem Punkte festgespannt, mit feinem Sande bestreut und durch Anstreichen mittelst eines Geigenbogens in Vibration versetzt. Auf allen schwingenden Punkten gerathen die Sandkörnchen in eine lebhaft hüpfende Bewegung, in Folge deren sie sich bald in regelmäßige Figuren auf denjenigen Theilen anordnen, die von der schwingenden

Bewegung nicht ergriffen sind. Man kann die Figuren veranlassen sich anders zu gestalten, wenn man durch Berühren einzelner Stellen mit dem Finger diese zwingt, in Ruhe zu bleiben.

**Obertöne.** Diese Bemerkungen sind ganz besonders wichtig, denn was wir hier absichtlich und in besonders auffälliger Weise hervorrufen, das tritt fortwährend in der Natur von selbst auf, so daß wir behaupten können: ein einfacher, unvermischter Ton ist die seltenste aller natürlichen Erscheinungen. Auf dem Grade und der Art der Vermischung aber beruhen die wundervollsten Effekte.

Wollte z. B. ein Geigenspieler auf seiner Saite das eingestrichene c oder irgend eine andere Note zu Gehör bringen, so wird er dies mit aller Kunst nicht vermögen. So scharf und sicher er auch greifen, so regelrecht er auch den Bogen handhaben mag, immer klingen andere Töne mehr oder weniger stark mit, indem sich die Saite von selbst in ähnlicher Weise theilt wie bei den Flageoletttönen, oder indem die übrigen Bestandtheile des Instrumentes mittönen, hauptsächlich auch dadurch, daß in Folge der ungleichen Erregung der Saite über die ganze Länge derselben kleine Laufwellen gehen, wie wenn wir auf das Ende eines gespannten Seiles einen kurzen, lebhaften Schlag führen. Alle diese verschiedenen Ursachen bewirken einzelne Töne, welche sich zu jenem Gesammtklange zusammensetzen, den wir in der Musik schlechthin als Vertreter der fraglichen Note ansehen und deswegen als einen einfachen Ton behandeln.

Stehen die mitklingenden Töne zu einander in regellosen Verhältnissen, so bekommt der Klang den Charakter eines Geräusches. Klirren, Sausen, Brausen u. s. w. bestehen zwar aus einzelnen regelmäßig verlaufenden Tönen, die aber ihrer irrationalen Schwingungszahlen wegen sich nicht zu einem einheitlichen Gesammteffekt vereinigen können.

Die Nebentöne oder Obertöne — wie sie ihrer höheren Schwingungszahlen wegen genannt werden — eines regelmäßigen in Schwingungen versetzten elastischen Körpers stehen zu dem Grundtone in einem gesetzmäßigen Zusammenhange und ihre Intervalle sind immer ganz bestimmte, aber von der Natur des schwingenden Körpers, den Spannungsverhältnissen oder der bewegenden Kraft zum Theil mit bedingt.

Für gespannte Saiten, offene Pfeifen u. s. w. sind die Schwingungsverhältnisse der Obertöne durch folgende Zahlen ausgedrückt:

| 1 | 2 | 3 | 4 | 5 | 6 | 7 | 8 | 9 | 10 | 11 | 12 | 13 | 14 | 15 | 16 |
|---|---|---|---|---|---|---|---|---|---|---|---|---|---|---|---|
| c | e | g | $\bar{c}$ | $\bar{e}$ | $\bar{g}$ | $\bar{b}$__ | $\bar{\bar{c}}$ | $\bar{\bar{d}}$ | $\bar{\bar{e}}$ | $\bar{\bar{f}}$ | $\bar{\bar{g}}$ | $\bar{\bar{a}}$__ | $\overline{\overline{ais}}$__ | $\bar{\bar{h}}$ | $\bar{\bar{\bar{c}}}$ |

Je nachdem einzelne solcher Obertöne besonders stark hervortreten, andere dagegen sich schwächen oder gar verschwinden, ändert sich die Natur des Klanges und es beruht die Klangfarbe der verschiedenen Instrumente zu allermeist in dem verschiedenen Auftreten dieser höheren Partialtöne in den auf den Instrumenten erzeugten Klängen. Ja, wunderbar ist es, daß die Bildung der Vokale, der eigenthümliche Charakterunterschied, welchen z. B. a vor o, u, e, i und diese wieder unter einander haben, an das Zusammenklingen gewisser Obertöne geknüpft ist. Wenn ein Sänger auf eine bestimmte Note den Vokal a singt, so läßt er durch die besondere Anordnung der Mundhöhle ganz andere Töne neben jenem Haupttone mit ansprechen, als wenn er auf dieselbe Note den Vokal o oder einen der übrigen Vokale intonirt, und dieselben Obertöne machen auch beim gewöhnlichen Sprechen den Klang eben zu einem a oder je nachdem zu einem o, u, e oder i.

Helmholtz hat durch seine Untersuchungen nicht nur diese Thatsachen nachgewiesen, sondern er hat auch zur Probe darauf durch Zusammenmischen der entsprechenden Tonbestandtheile die Vokale künstlich hervorgebracht. Obwol die Obertöne schon lange den Physikern bekannt waren, so hat man ihnen doch nicht die große Bedeutung zugeschrieben, welche sich jetzt herausstellt. Man hatte keine oder sehr mangelhafte Hülfsmittel der experimentellen Untersuchung und hielt deswegen Vieles für einfache Töne, was eben nur ein Zusammenklang ist. Die innere Einrichtung des Ohres ist auch in neuerer Zeit erst genügend erforscht worden, von nun an aber wird das bisherige Aschenbrödel der physikalischen Wissenschaften, die Akustik, als eine ebenbürtige Schwester zu ehren sein.

**Kombinationstöne.** Entstehen die Obertöne alle gleichzeitig mit dem Grundtone und liegt ihre Ursache in den tonerzeugenden Körpern selbst, so giebt es anderseits Tonempfindungen, welche erst durch das Zusammentreffen verschiedener Schallwellenzüge in unserm Ohre hervorgerufen werden. Es sind dies die sogenannten Kombinationstöne, nach dem bekannten Geiger Tartini, welcher dieselben zwar nicht zuerst entdeckt, aber doch die Aufmerksamkeit besonders darauf gelenkt hat, auch Tartini'sche Töne genannt. Die Kombinationstöne entstehen einmal dadurch, daß unser Ohr die zu ungleichen Zeiten ankommenden Wellen verschiedener Wellenzüge nebenbei als eine einzige Tonursache auffaßt und in Folge dessen höhere Töne empfindet, deren Schwingungszahl gleich der Summe der Schwingungszahlen der ursprünglichen Töne ist — Summationstöne — sodann aber auch dadurch, daß die Wellen der einzelnen Züge sich durch Interferenz verstärken, schwächen oder gar aufheben.

Gesetzt, ein Grundton und seine große Terz seien gleichzeitig angegeben worden, so fällt allemal die vierte Verdichtungswelle des ersteren mit der fünften des zweiten Tones zusammen und in demselben Augenblick findet ein Anschwellen statt. Wiederholt sich das in der Sekunde genügend oft, so faßt das Ohr die Gesammtheit dieser Verstärkungen, zwischen denen dann eben so viel Abschwächungen liegen, als einen neuen tieferen Ton auf. Dies sind die ursprünglich von Sorge, einem deutschen Komponisten, um 1740 entdeckten Kombinationstöne, mit welchen sich Tartini weiter beschäftigte und die Helmholtz, entsprechend den von ihm entdeckten Summationstönen, Differenztöne genannt hat.

Wenn die Anschwellungen nicht rasch genug sich folgen, daß sie zur Empfindung eines Tones Veranlassung werden können, so bringen sie nur mechanische Erschütterungen, Stöße, Schwebungen, im Ohr hervor. Dieselben folgen sich um so langsamer, je näher die Schwingungszahlen der beiden Töne einander liegen; um so rascher aber, je größer die Verschiedenheit derselben ist, und sie sind deshalb ein sehr sicheres und bequemes Mittel für Orgelbauer, um ihre Pfeifen genau gegen einander abzustimmen. Mit diesen Erscheinungen hängt auch das sogenannte Mittönen der Saiten und Pfeifen zusammen. Wenn man in den offenen Kasten eines Klaviers einen bestimmten Ton laut hineinsingt, so erfolgt ein ziemliches Geräusch durch das Erklingen einer großen Zahl durch die Luftschwingungen in Erschütterung versetzter Saiten. In diesem Geräusch tritt aber der mit dem gesungenen gleichartige Ton vorzüglich stark hervor und er klingt noch nach, während die andern schon ganz verstummt sind, weil auf jede Saitenschwingung eine in gleichem Sinne wirkende Luftschwingung des gesungenen Tones trifft und durch diese wiederholten kleinen Impulse die ersteren immer stärker erregt werden. Alle andern Saiten haben Schwingungen von verschiedenen Geschwindigkeiten, die kleinen Anstöße durch die Luftschwingungen können deswegen nicht nur nicht immer verstärken, sondern sie werden geradezu bisweilen entgegengesetzt wirken und den Ton aufheben.

**Das Ohr.** In unserem Ohre schlagen die Luftwellen — und andere können ja keine Tonempfindung hervorrufen — an das Trommelfell, eine zarte, die innere Höhlung abschließende, gespannte Membran. Dasselbe nimmt die Erschütterungen auf und pflanzt sie durch die auf der andern Seite in der Paukenhöhle daran liegenden und wie ein feines Hebelwerk wirkenden Gehörknöchelchen weiter bis an die entgegengesetzte Wand der Paukenhöhle, welche hier wiederum durch eine gespannte Membran von dem Labyrinth abgeschlossen wird. In dem Labyrinth befindet sich eine wässerige

Flüssigkeit, das Labyrinthwasser. Demselben theilen sich also die Erschütterungen der Gehörknöchelchen mit und es wird dadurch in hin- und hergehende Bewegungen versetzt, die in ihrer Geschwindigkeit genau der auf das äußere Trommelfell wirkenden Tonhöhe entsprechen. Diese übrigens rein mechanischen Bewegungen nimmt endlich der Gehörnerv mittelst ganz eigenthümlicher, förmlich abgestimmter Fasern auf, so daß von einem bestimmten Tone auch immer nur ganz bestimmte dieser Fasern erregt werden, auf welcher Erscheinung die Besonderheit der Tonempfindung beruht.

So verworren und mannichfaltig auch die Wellenzüge sein mögen, die an unser Ohr schlagen, kraft dieser Einrichtung hat dasselbe in höchstem Grade die Fähigkeit, die zusammengehörigen Erschütterungen von einander zu sondern und sie auf ihre einzelnen Ursachen zurückzubeziehen. Wir unterscheiden in dem Geräusch, das ununterbrochen die Außenwelt erfüllt, das Rollen des Wagens, Lachen, Sprechen, Vogelgezwitscher, das Picken der Uhr und die hunderterlei Schalle und Töne des bewegten Lebens, obgleich sie alle zusammen und auf einmal durch die hin- und hergehende Bewegung der Gehörknöchelchen auf das Labyrinthwasser wirken. Der Gehörapparat ist in dieser Beziehung unendlich bewundernswürdig und viel feiner als selbst das Auge, welches zwar, wenn es auf den Spiegel eines Teiches blickt, in den wir an zwei oder drei verschiedenen Stellen Steine geworfen haben, aus dem gekräuselten, guillochirartig verstrickten Wellennetz die einzelnen Ringsysteme heraus erkennen und auf ihre besonderen Ursachen zurückbeziehen kann, aber von dieser Fähigkeit im Stich gelassen wird, sobald die Anzahl der Erschütterungspunkte sich mehrt. Wir aber lösen aus der Tonflut einer vollen, bewegten Orchestermusik die Figuren jedes einzelnen Instrumentes und ein geübtes Ohr vermag unter Hunderten von Sängern den Falschsingenden herauszuhören.

**Die Telephonie.** Es klingt mehr als phantastisch, wenn es ausgesprochen wird, daß es möglich sei, durch den elektrischen Telegraphendraht auf Hunderte von Meilen sich mit einem Entfernten zu unterhalten, sodaß dieser mit dem leiblichen Ohre unsere Stimme mit allen ihren Eigenthümlichkeiten vernehmen, daß er die Melodie hören soll, die wir singen, daß er empfindet, wenn wir lachen, genau so, als ob er neben uns stünde. Und doch ist diese Möglichkeit bereits zur Wirklichkeit geworden, wenigstens soweit, daß Dasjenige, was an der Ausführung noch Unvollkommenes ist, lediglich als Sache der Technik erscheint, welche aber mit den ihr zu Gebote stehenden Mitteln den vorgeschriebenen Erfolg sicher erreichen muß.

Der Oberlehrer Reis in Frankfurt am Main hatte den guten Gedanken, den elektromagnetischen Telegraphen, wie er bisher ein über Länder reichendes Auge war, zu einem künstlichen Ohre machen zu wollen. Der elektromagnetische Apparat in diesem ungeheuern Gehörwerkzeug spielt die Rolle der Gehörknöchelchen, welche die Erschütterungen von einer Membran zur andern fortpflanzen, und der einzige Unterschied zwischen dem Innern der Paukenhöhle und der Verbindungsweise zweier solcher Stationen besteht darin, daß dort die an das Trommelfell schlagenden Wellen durch ein Hebelwerk, hier durch die Erzitterungen eines Eisenstabes bemerkbar gemacht werden.

Das Reis'sche Telephon ist in Fig. 326 abgebildet und hat folgende Einrichtung. Auf der ersten Station I befindet sich ein hohler Kasten, vorn mit einer Schallöffnung A versehen. In diese hinein wird die Melodie gesungen, welche dem Hörer auf der entfernten Station II hörbar gemacht werden soll. Der Kasten hat an seiner obern Fläche eine Oeffnung, mit einer aus Schweinsdünndarm hergestellten straffgespannten Membran verschlossen. Auf dieser Membran liegt ein ganz feines Platinblech p und darauf trifft die Spitze eines federnden Platinstiftes n, der so gestellt ist, daß er das Blech p, wenn die Membran ruhig ist, gerade berührt, wenn dieselbe aber hin- und herschwingt, bei jeder Schwingung das Blättchen verläßt. Durch diese abwechselnde Berührung und Trennung wird der elektrische Strom geschlossen und unterbrochen, welcher von der Bunsen'schen Batterie B (3—4 Elemente) aus durch die Klemmschraube a in das Platinblech p und aus diesem durch den Stift n in die zweite Klemmschraube b geleitet wird. Von b aus geht der Draht nach der zweiten Station, umläuft hier die Spirale C C und geht aus dieser durch die Klemmschraube d und den damit verbundenen Draht e in die Batterie zurück. In der Mitte der Spirale liegt ein dünner Eisendraht, mit seinen beiden Enden in zwei Stegen f f befestigt, welche ihrerseits auf dem Resonanzboden g g ruhen. Die Theile h i k l in beiden Stationen gehören einer Telegraphenvorrichtung an, durch welche die Aufmerksamkeit des entfernten Hörers auf das Anfangen der Mittheilung gerichtet werden kann.

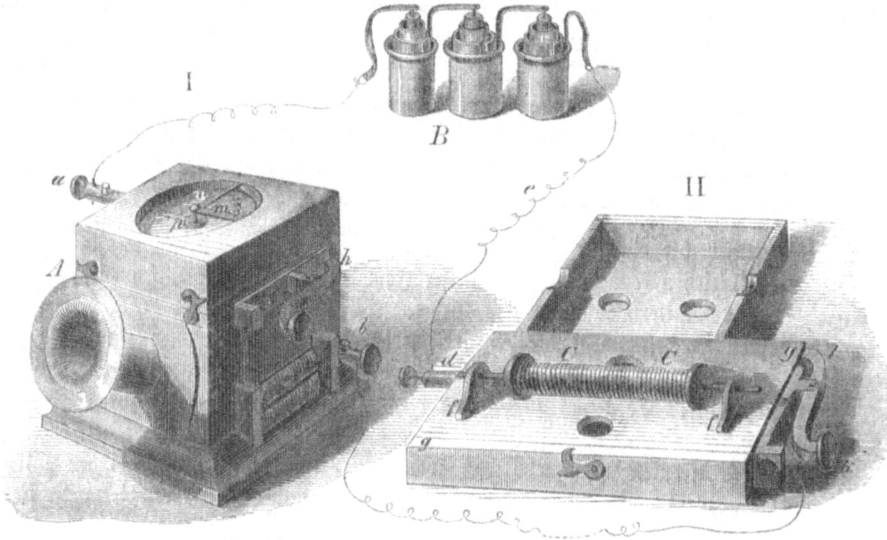


Fig. 326. Das Telephon.

Das Wiedergeben des Tones beruht nun darauf, daß das Eisenstäbchen jedesmal, wenn es durch den in der Spirale kreisenden elektrischen Strom magnetisch gemacht wird, in Erschütterung geräth. So unbedeutend die einmalige Bewegung der kleinsten Theilchen auch ist, so ist sie doch genügend groß, um durch eine regelmäßige rasche Wiederholung die Empfindung eines Tones hervorzurufen, der durch den Resonanzboden verstärkt und hörbar gemacht wird. Die Aufeinanderfolge der Stromdurchgänge hängt aber von den Vibrationen der Membran m auf der ersten Station ab und es muß somit der durch den Reproduktionsapparat auf der zweiten Station in Bezug auf Höhe und Tiefe genau mit dem in der Schallöffnung A gesungenen Tone übereinstimmen.

Reis hat mit seinem Apparat bereits im Oktober 1861 gelungene Versuche angestellt und solche vor einem größern Zuhörerkreise wiederholt. Eine mäßig laut gesungene Melodie wurde in einer Entfernung von 300 Fuß durch den Reproduktionsapparat deutlich wiedergegeben. Seitdem haben zahllose Verbesserungen die Wirkung wesentlich erhöht, sodaß das Problem des „Fernsprechens“ in der Theorie als gelöst betrachtet werden darf, wenngleich die interessanten Apparate noch nicht diejenige Vollkommenheit besitzen, die es einem Redner möglich machen würde, gleichzeitig an beliebig vielen und beliebig weit von einander entlegenen Punkten der Erde große Versammlungen durch seine Worte zu begeistern.

Wenn eine rein gestimmte Saite klingt,
Dann fühlt die andre liebend sich beschwingt
Und giebt den Ton ihr rein und voll zurück.
Das ist das rechte Finden zweier Seelen,
Das ist das rechte, liebende Vermählen,
Der Einen Liebe wunderbares Glück.

A. Schloenbach.

# Die musikalischen Instrumente.

Rhythmische Instrumente. Kastagnetten. Tambourin. Trommel u. s. w. Pauken. Glocken und Glockenspieler. Melodische Instrumente. Die Harfe und ihre Erfindung. Aegyptische Harfen. Die Davidsharfe. Die Pedalharfe. Die Aeolsharfe. Die Lauten, Guitarre und Zither. Das Klavier und klavierähnliche Instrumente. Geschichtliches. Hackebret. Spinett. Clavicymbel. Christofali's Erfindung des Pianoforte. Schröter und Silbermann. Weitere Ausbildung durch Stein, Streicher u. s. w. Bau des Pianoforte, der Körper, die Mechanik. Saitenbezug. Hämmer und Dämpfung. Klangfarbe. — Die Geige und geigenähnliche Instrumente. Ihre Geschichte. Theorie der Geige, Bratsche, Violoncell und Baß. Blüte des Geigenbaues in Italien. Kommt durch Stainer nach Deutschland. Mittenwald. — Die Blasinstrumente. Offene und gedeckte Pfeifen. Trompeten und trompetenartige Instrumente. Ihre Einrichtung und Theorie. Horn und Posaune. Anwendung der Klappen und Ventile. Sax und Cerveny. Flöte. Klarinette. Fagott. Böhm's System. — Die Orgel. Geschichte. Einrichtung derselben. Register. Stimmenzusammensetzung. Walker. Ladegast. Interessante Orgelwerke.

---

Wie die ersten musikalischen Produktionen bei allen Völkern aus dem Wohlgefallen an rein rhythmischen Reizen hervorgegangen sind, so finden wir auch auf der niedrigsten Stufe der Kultur fast ausschließlich solche Instrumente, welche durch ein charakteristisches Geräusch den Takt zu den Tänzen zu schlagen erlauben.

**Die rhythmischen Instrumente.** Von einem rohen Holzklotz, auf welchen die Fan-Neger mit hölzernen Klöppeln schlagen, bis zu den Trommeln und Kastagnetten, deren Gebrauch, wenn auch in beschränktem Maße, selbst die moderne europäische Musik nicht verschmäht, giebt es eine ganze Reihe solcher Instrumente, deren ausführlichere Betrachtung selbst als Vorläufer hier wenig gerechtfertigt werden dürfte. Als eigentliche

Musikinstrumente stehen dieselben auf der niedrigsten Stufe; sie können an sich nicht als Ausdrucksmittel feiner Empfindungen dienen. Da aber in jeder Musik das Rhythmische neben dem Melodischen und Harmonischen seine volle Berechtigung hat, ja ein untrennbarer Faktor derselben ist, so werden andrerseits seine Organe auch in gewisser Verwendung bleiben.

In der sehr primitiven Form dieser Instrumente hat die Zeit keine wesentlichen Verbesserungen anzubringen vermocht, ja wenn wir die heut zu Tage in Gebrauch befindlichen mit den vor Alters geübten vergleichen, so dürfte es uns fast erscheinen, als ob ein Rückschritt auf diesem Gebiete zu bemerken wäre. Eine große Zahl derartiger Instrumente sind, wie das Kemkem oder die Isisklapper der alten Aegypter, für uns nur noch als historische Gegenstände vorhanden. Indessen haben wir keinen Grund, über einen Ausfall uns zu beklagen, den der feine sich bildende Geschmack selbst veranlaßt hat. Jetzt bedienen sich nur noch diejenigen Völker, deren nationale Eigenthümlichkeiten sich am unvermischtesten zu erhalten vermocht haben, der „krustischen Instrumente“ bei ihrer Musik besonders reichlich. Die spanische Volksmusik verwendet in ihren Tänzen und Chören als ein charakteristisches Instrument die Kastagnetten, gehöhlte Hölzer in der Form von Nußschalen, die mittels einer Schnur um die Finger gebunden und im Takte gegen einander geschlagen werden. Daneben dient das Tambourin, ein hölzerner Reif, mit einem gespannten Fell überzogen, häufig mit Klingeln besetzt, zur Markirung des Rhythmus. Es wird beim Tanze gebraucht und in der linken Hand über dem Kopfe gehalten, mit dem Fingerrücken der rechten geschlagen. Die Trommel in ihren verschiedenen Formen, Wirbeltrommel (klein und hoch), Lärmtrommel (flach) und große Trommel, ist mit dem Tambourin nahe verwandt, nur hat dieselbe einen vollständig geschlossenen Körper von Holz oder Messing, oben und unten mit gespannten Häuten, Trommelfell, versehen.

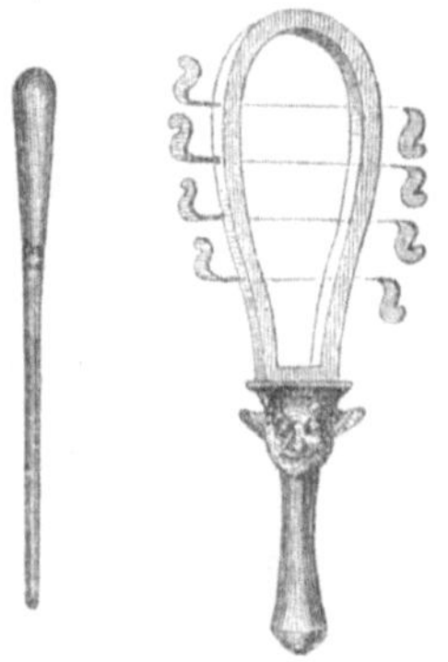

Fig. 328. Das alte ägyptische Kemkem.

Fig. 329. Tamtam am Palaste des chinesischen Kaisers.

Von Metall-Schlaginstrumenten sind die Becken, flache, etwas gehöhlte Metallteller, gut gehämmert, der Triangel, der in der Janitscharenmusik verwandte halbe Mond und das Tamtam zu erwähnen, ein metallenes Instrument, welches die Form eines breitkrämpigen Hutes hat. Es spielt wie der Gong, eine große elliptische Trommel, eine bedeutende Rolle in der chinesischen Staatsmusik.

Sämmtliche der bisher genannten Instrumente zeichnen sich durch keinen bestimmt hervortretenden Ton aus. Ihre Klangwirkung ist durch das gleichzeitige Hervortreten einer sehr großen Anzahl von unharmonischen Partialtönen charakterisirt und deswegen ihr musikalischer Werth ein sehr geringer. Uebrigens ist die allerneueste Musik in der Verwendung derartiger Mittel wieder viel weiter gegangen, und die Sucht, überraschende Klangeffekte zu bewirken, hat nicht nur den Schellen, Sporen, Gewittertafeln u. s. w. einen Platz im Orchester angewiesen, sondern manchen Komponisten ist es als eine würdige Aufgabe erschienen, selbst das Pfeifen und das Geräusch der Lokomotive, das Klatschen der Peitsche und Aehnliches als Reizmittel zu benutzen. Ob das ein Fortschritt genannt werden kann?

Fig. 330. Glockenspiel.

Eine Stufe höher als die vorigen stehen gewisse, mit jenen noch verwandte Instrumente, denen aber ein bestimmter Ton angehört und die deswegen in melodischen und harmonischen Tonverbindungen gebraucht werden können.

Die **Pauken** sind trommelartige Instrumente mit einem halbkugelförmigen, hohlen kupfernen Körper, über den ein Fell gespannt ist.

Die **Glocken** bilden gekrümmte Platten und bestehen bekanntlich aus besonderen Metallmischungen. Ihre Herstellung bildet eine eigenthümliche Kunst, die „Glockengießerei", welcher wir im IV. Bande größere Aufmerksamkeit schenken werden.

Fig. 331. Glockenspieler.

Die Glocken sind christlichen Ursprungs. Der deutsche Name ist nach Grimm von dem althochdeutschen Wort *diu clocha* und dieses von *clochen*, d. i. schlagen, klopfen, abzuleiten. Im Lateinischen heißen sie *campanae* oder *nolae*, und zwar, wie Einige behaupten, weil sie zuerst zu Nola in Campanien gegossen worden seien, oder weil das von dort bezogene Erz für das beste gegolten habe. Der Hauptton einer Glocke hängt ab von dem Durchmesser der Oeffnung, von ihrer Dicke, von ihren Elastizitätsverhältnissen (**Steifheit**) und endlich von dem Gewicht. Neben dem Grundtone tritt aber bei jeder Glocke eine große Menge von Obertönen auf, von denen auch viele unharmonisch wirken. Dadurch und durch die entstehenden Kombinationstöne, von denen man namentlich bei dem Nachsummen die tiefen hört, erhält das Geläute seine große Tonfülle. Da das Metall sehr spröde ist und eine nachträgliche Bearbeitung auf der Drehbank viel Mühe und Kosten verursacht, so ist es Aufgabe, den verlangten Ton gleich durch den Guß zu erzeugen, und ein gut stimmendes Geläut ist daher ein ziemliches Kunstwerk. Früher mehr als jetzt liebte man es, eine große Anzahl von verschieden gestimmten Glocken zu einem Instrument zusammenzusetzen, dem Glockenspiel, und durch Anschlagen in entsprechender Reihenfolge Musikstücke darauf zu exekutiren. Die Abbildungen Fig. 330 und 331 zeigen uns, in welcher Art dergleichen Glockenspiele arrangirt waren und wie sie gespielt wurden.

In kleinerem Maßstabe ausgeführt, giebt es auch in der Orchestermusik Glockenspiele, die durch kleine Hämmerchen angeschlagen werden.

Die größten Glocken befinden sich, einige russische ausgenommen, wol in Deutschland. In England liebt man statt des mächtigen, großen Klanges mehr die Kombinationen mehrerer kleinerer Glocken, und die Thürme besitzen daher oft Glockenwerke mit einer ganzen Reihe von in der diatonischen, bisweilen auch chromatischen Tonleiter gestimmten Glocken. Das Anschlagen derselben erfolgt dann auch nicht in den rhythmischen Zwischenpausen, wie bei uns, sondern die einzelnen Töne werden in allen möglichen Kombinationen mit einander verbunden, so daß bald die Skala durchlaufen wird, bald Terzen, Sextengänge u. s. w. ausgeführt werden, und daß sich ganze Gesellschaften von Läutern bilden, welche, das Land durchziehend, sich mit ihren Leistungen hören lassen. Bei der Regellosigkeit derselben kann dies aber eben so wenig, wie das Hervorbringen mathematischer Kombinationen, auf den Namen „Kunst“ oder „Musik“ Anspruch machen. Anstatt der Glocken verwendet man seit einiger Zeit zu gleichen Zwecken große metallene Stäbe, namentlich von Gußstahl. Ihre Herstellung und Stimmung ist bei weitem leichter zu erreichen und außerdem bedingt ihre Aufhängung, weil sie nicht durch Schwingen, sondern durch bloßes Anschlagen geläutet werden, einen viel weniger schwierigen und kostspieligen Bau.

Die Glockenspiele leiten uns von selbst fast auf ein Instrument über, welches jetzt fast nur noch in der Hand von Marktkünstlern zu finden ist. Es ist dies die sogenannte Strohfidel. Im Böhmischen heißt sie „hölzernes Gelächter“, und dieser Name drückt ihren Werth so ziemlich bezeichnend aus. Sie besteht aus Stäbchen von trockenem Tannenholz, welche, ungleich lang, durch Anschlagen ihrer Länge entsprechend verschiedene Töne geben und so in sehr engen Grenzen musikalische Leistungen ausführen lassen. Die einzelnen Holzstäbchen sind mit einander durch Fäden verbunden und liegen hohl auf zwei länglichen Strohbündeln, welche Anordnung dem Instrument den eigenthümlichen Namen verschafft hat.

**Die melodischen Instrumente.** Die vollkommneren Instrumente, zu deren Betrachtung wir nun übergehen, unterscheiden sich von den vorher genannten dadurch, daß ihre Einrichtung dem Künstler eine mehr oder weniger freie Behandlung der Tonverbindungen erlaubt. Verfolgen wir bei unserer kurzen Revue den Plan, von dem musikalisch Einfachsten zu dem Zusammengesetzteren und Leistungsfähigeren überzugehen, so hätten wir die Glockenspiele und die Strohfidel eigentlich schon mit unter dieser Ueberschrift anführen müssen, indessen werden die Glocken wenigstens vorwiegend zu ganz andern Effekten gebraucht als zu melodiösen, und die Strohfidel ist nur als Kuriosität zu betrachten, sodaß wir ein Recht hätten, sie von den eigentlichen musikalischen Instrumenten auszuschließen.

Die melodischen Instrumente theilen sich nun in solche, welche für jeden ausführbaren Ton einen eigenen Klangkörper besitzen, gleichviel, sei dies eine Saite oder eine Luftsäule von bestimmter Länge, und in solche, bei denen ein tönender Körper durch Veränderung seiner Verhältnisse, Länge oder Spannung eine ganze Reihe von Tönen nach dem Belieben des Künstlers erzeugen läßt.

Die ersteren, zu denen z. B. die Harfe, das Klavier, die Orgel u. s. w. gehören, sind in Bezug auf die musikalische Ausdrucksfähigkeit von etwas beschränkterem Gebiete als die letzteren, Geige, Posaune u. s. w.; indessen wäre es falsch geurtheilt, wenn wir aus diesem rein physikalischen Wesen ihnen eine geringere Wirkung zuschreiben wollten. Kunstfertigkeit in der Behandlung, Geschmack und vor Allem die Empfindung des Musikers geben jedem Instrumente erst Seele und Leben; hat es der „Liebe“ nicht, so bleibt selbst das vollkommenste eine „tönende Schelle“.

Hier aber, wo wir es weniger mit der Aesthetik als mit der Physik der Musikinstrumente zu thun haben, mag uns jener Gesichtspunkt einigermaßen ein Leitfaden sein, und wir beginnen deshalb mit den einfachsten Formen, in welchen gespannte Saiten zu einem musikalischen Instrumente vereinigt werden können.

Die Harfe ist unter den Saiteninstrumenten insofern das einfachste, als die Stimmung jeder der gespannten Saiten eine feststehende ist. Jedem Tone entspricht eine besondere Saite, und der Effekt wird dadurch hervorgebracht, daß man die Saite durch Reißen mit dem Finger in schwingende Bewegung versetzt. Die verschiedene Tonhöhe bedingt eine eigenthümliche dreieckige Form des Instruments, so daß die kürzeren Diskantsaiten gegen den Scheitel des Winkels zu, die längeren Baßsaiten der vorderen Oeffnung zu aufgespannt werden. An dem obern Schenkel befinden sich wirbelartige Stifte, durch deren Drehung die Saiten mehr oder weniger angespannt und harmonisch zu einander eingestimmt werden können. Der untere Körper des Instruments besteht gewöhnlich aus einem hohlen Resonanzkasten, um den Ton zu verstärken; die vordere Seite des Dreiecks wird durch eine Säule gebildet, welche der Spannung der Saiten entgegenwirkt.

Das durch wunderbar schöne musikalische Effekte ausgezeichnete alte Instrument ist leider heutzutage durch eine Anzahl neuerer ziemlich verdrängt worden. Bei uns trifft man es nur ausnahmsweise in Theatern, in Konzerten oder in den Händen armer vagirender Musikanten; einen stehenden Platz nimmt es weder als Familieninstrument, noch in der Orchestermusik mehr ein. Anders ist es in Schottland, wo die alte Davidsharfe als Nationalinstrument sich in ihrer ursprünglichen Bedeutung bei den Familien- und Volksfesten erhalten hat.

Die Einfachheit der Konstruktion und das Brillante des Tones, welches eine einigermaßen gut gebaute Harfe hat, sind wol als die Ursachen anzusehen, daß wir dieses Instrument beinahe als ein Eigenthum aller Kulturvölker finden. Nur die alten Hebräer scheinen die Harfe nicht gekannt oder wenigstens nicht adoptirt zu haben. Die Einrichtung der Harfe beruht auf so naheliegenden Prinzipien, daß man bei ihr kaum von einem Erfinder und einer bestimmten Zeit der Erfindung reden kann, und wir finden daher die ältesten Sagen genöthigt, Denjenigen, welchem sie die Erfindung der Harfe zuschreiben, aus der Zahl der Götter zu nehmen, weil seine Zeit so weit zurücklag, daß man von seiner Persönlichkeit eine nähere Kenntniß nicht haben konnte. Censorinus, welcher die Fabel von der Erfindung der Harfe ohne Zweifel griechischen Autoren entnommen hat, erzählt, daß Apollo zuerst die Fülle und Schönheit des Tones bemerkte, welcher die Saite an dem Bogen seiner Schwester Diana beim Schwirren hören ließ, und daß er absichtlich mehrere solcher Saiten neben einander spannte, um eine harmonische Wirkung durch ihre Vereinigung zu erzielen. Diese Fabel zeigt sehr schön, wie ein geistvoller Mensch durch verständige Anwendung einer einzigen Naturbeobachtung der Menschheit einen köstlichen Dienst erweisen kann. Es bleibt uns freigestellt, ob wir der Erzählung eines solchen Ursprunges Glauben schenken wollen oder nicht, indessen wenn wir die ältesten ägyptischen Harfen mit einander vergleichen und sie so zusammenordnen, daß sie von den einfachsten zu den komplizirteren eine fortgehende Reihe bilden, so scheint die alte Mythe einige Wahrscheinlichkeit beanspruchen zu können. Wir versuchen durch Abbildung einiger derartiger Instrumente (Fig. 332), wie sie im Original das Museum im Louvre zu Paris aufbewahrt, dem Leser einen sichtbaren Beweis davon zu geben. Zwischen der ältesten authentischen Form Nr. 3 und dem gespannten Jagdbogen die Stufe auszufüllen, hat Francesco Bianchini versucht, indem er behauptet, daß ähnliche Instrumente in einem alten Sarkophag gefunden worden seien. Ob oder ob nicht, hat für uns keinen andern Werth, als den einer Spielerei mit Kuriositäten.

Bei den alten Aegyptern, auf deren monumentalen Darstellungen wir zuerst der Harfe begegnen, erhielt dieselbe eine verschiedene Form, je nach dem Zwecke ihrer Verwendung. Die kleineren Harfen (3 und 4) wurden zum Beispiel auch als Marschinstrument gebraucht und bei dieser Gelegenheit auf der linken Schulter getragen, vermuthlich mittels eines Riemens, in ziemlich horizontaler Stellung befestigt und mit beiden Händen gespielt. Die Zahl der Saiten war bei größeren Instrumenten eine bedeutendere, und sie vermehrte sich im Laufe der Zeit und mit der fortschreitenden musikalischen Bildung mehr und mehr. Ebenso wurde auf die äußere Ausstattung und die vollkommnere Ausführung des Instruments immer mehr Rücksicht genommen, und Abbildungen sowol als im Original auf uns gekommene Instrumente zeigen uns den hohen Grad der Kunstfertigkeit und des Geschmackes, womit die damaligen Instrumentenbauer zu arbeiten wußten. Namentlich scheinen diejenigen Instrumente, die von den Priestern bei ihrem Kultus gespielt wurden — und wahrscheinlich war dies die hauptsächlichste Gelegenheit des Gebrauchs — mit aller möglichen Kunst ausgeführt worden zu sein. Der Körper war auf das Kunstvollste geschnitzt, bemalt, mit symbolischen Figuren verziert, vergoldet und bisweilen mit Leder, Maroquin, überzogen. Auf dem Grabmal des Sesostris befindet sich ein harfespielender Priester; seine Harfe hat 13 Saiten. Der vordere Theil trägt den Kopf einer göttlichen Figur, mit dem heiligen Pschent geschmückt (Fig. 333).

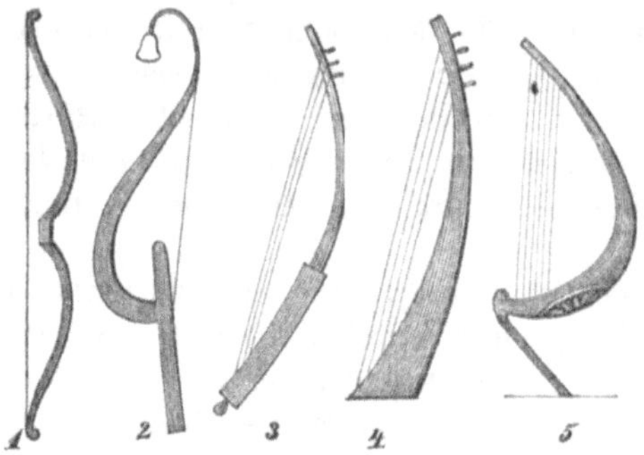

Fig. 332. Aelteste Formen der Harfe.

Von den Aegyptern, müßten wir eigentlich annehmen, sei die Harfe zu den Hebräern übergegangen. Es liegt indessen für uns kein anderer Beweis als die Vermuthung vor, denn weder sind uns aus dem alten Judenreiche bildliche Darstellungen übrig geblieben, aus denen wir eine Bestätigung dieser Ansicht entnehmen könnten, noch auch geben uns die schriftlichen Ueberlieferungen einen genügenden Anhalt dazu. Alle die Nachrichten von dem harfespielenden David, aus dem Buch Hiob u. s. w., lassen sich eben so gut, ja fast besser, auf andere Instrumente deuten, und der in der Uebersetzung gewählte Name allein kann selbstverständlich keine Garantie für die Uebereinstimmung der Begriffe sein. Es wird zwar fast zur Gewißheit, daß bei dem innigen Verkehr, der zwischen Aegypten und Kleinasien bestand, eine gegenseitige genaue Bekanntschaft mit allen Erzeugnissen der Kunst und der Industrie vorhanden gewesen sein muß. Wir finden aber nirgends angegeben, daß die beiden Instrumente kinnor und nebel, deren Namen Luther mit „Harfe“ übersetzt hat, in der That auch wirklich der ägyptischen Harfe entsprochen hätten, und so müssen wir die Frage unentschieden lassen, wenn wir nicht glauben wollen, was von Einigen behauptet wird, daß die Juden an dem Klange der Harfe keinen Gefallen gefunden und deswegen ihre allgemeine Anwendung verschmäht hätten.

Bei den Griechen dagegen dürfen wir den Gebrauch der Harfe und harfenartiger Instrumente als gewiß voraussetzen, wenn auch die Kithara und ähnliche Saiteninstrumente nicht direkt mit unserer heutigen Harfe zu identifiziren sind. Eine Menge Abbildungen, namentlich auch aus den Ruinen von Pompeji und andern süditalienischen Gegenden, wohin sich griechische Sitte und Bildung zunächst verbreitet hatten, sind uns sprechende Beweise dafür. An rein römischen Monumenten aber finden wir kein ähnliches Beispiel, und möglicherweise ist die Harfe auch mehr in den südlicheren, von griechischen Kolonien bevölkerten Landstrichen in Gebrauch gewesen, während der strenge Sinn der Römer, überhaupt wenig den zärtlichen Einwirkungen der Künste zugänglich, seinen musikalischen Bedarf durch die kleine, aber kriegerische Trompete vollständig deckte.

Weiter hinauf nach Norden jedoch, in den germanischen Wäldern, finden wir damals schon, wie jetzt noch in den umwölkten, hohen Gebirgen Schottlands, die Harfe als das eigentlich nationale und heilige Instrument, von den Barden beim Vortrag ihrer begeisternden Gesänge gespielt. Der überirdische, ätherische Klang macht die Harfe auch wie kein anderes Instrument geeignet, mit ihren Tönen die vom Dichter heraufbeschworenen nebelhaften Gestalten der Vergangenheit zu umschweben oder den Blick in die vom begeisterten Seher aufgerollte Zukunft zu begleiten. Ossian und Fingal können ohne Harfe nicht gedacht werden.

Fig. 333. Altägyptischer Priester, die Harfe spielend.

Die heute noch gebräuchliche schottische Harfe ist ein ziemlich ursprüngliches Instrument, welches unseren Musikbegriffen nur in geringer Weise genügen würde. In England und Frankreich sind dagegen Harfen in öfterem Gebrauch, die sich durch eine vollkommnere Einrichtung auszeichnen und in dieser Form allerdings zu den schönsten aller harmonischen Tonwerkzeuge zu rechnen sind.

Die Kunst hat in der letzten Zeit die Vervollkommnung der einfachen Harfe auf eine höhere Stufe getrieben. Da das alte Instrument nur einen diatonischen Bezug hatte und dem Spieler nur ein höchst beschränktes Moduliren erlaubte, wodurch seinem Gebrauch in unserer heutigen Musik ein großes Hinderniß entgegenstand, so wurden mancherlei Versuche gemacht, demselben abzuhelfen. Die chromatische Tonleiter durch Einschaltung neuer Saiten herzustellen, dazu war an dem durch die Art und Weise seines Gebrauchs in seiner Größe bestimmten Instrumente kein Platz vorhanden. Man half sich deswegen zuerst, wie es noch die Harfenistinnen auf den Messen thun, damit, diejenigen Saiten durch Anspannung des Wirbels während des Spieles um einen halben Ton zu erhöhen, welche in der Grundstimmung des Instruments für eine andere Tonart zu tief standen. Es waren zu diesem Zwecke an dem oberen Wirbelstock bewegliche Haken angebracht. Die Größe der erforderlichen Drehung giebt die Uebung ziemlich rasch an die Hand. In der allerersten Zeit verkürzte man gar die Saite blos durch Spannung mittels eines Fingers. Aber schon um 1720 erfand der berühmte Harfenspieler Hochbrucker aus Donauwörth eine Vorrichtung, welche durch einen Fußtritt in Bewegung gesetzt wurde und dadurch die Saiten am Wirbelstock um den entsprechenden Theil verkürzte. Damit entstand die **Pedalharfe**, eine Einrichtung, welche für das schöne Instrument eine ungemeine Vollkommenheit ermöglichte. Sie wurde denn auch sehr bald über ganz Europa verbreitet und von Instrumentbauern und Künstlern rasch mit den ausgezeichnetsten Verbesserungen und Erweiterungen versehen. Namentlich **Sebastian Ehrhardt**, ein Elsässer, der sich später nach Paris gewandt und dort die unter dem Namen „Erard" noch bestehende und berühmte Instrumentfabrik begründete, vervollkommnete den Mechanismus der Pedalharfe, indem er eine äußerst sinnreiche Vorrichtung erfand, welche die Stimmung durch ein und dasselbe Pedal nach einander um zwei halbe Töne erhöhen ließ, so daß wir jetzt eine solche Erard'sche Pedalharfe zu den vollkommensten Instrümenten, die es überhaupt giebt, zu zählen berechtigt sind. Es war freilich seit der Hochbrucker'schen Erfindung ein Zeitraum von hundert Jahren vergangen, ehe diese hohe Stufe der Vollendung erreicht worden war, während welcher Zeit das Hochbrucker'sche Instrument, jetzt ziemlich ganz verdrängt, in alleiniger Geltung gestanden hatte. Es ist dies vielleicht zu bedauern, denn der hohe Preis Erard'scher Pedalharfen, welcher häufig 1000 und 1200 Thaler erreicht, steht einer allgemeineren Verbreitung derselben hindernd im Wege.

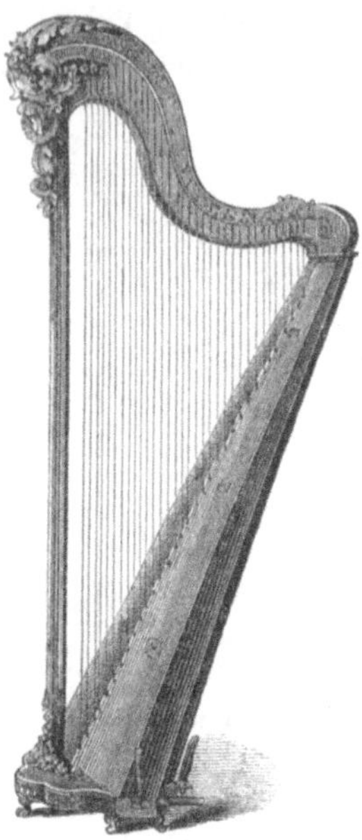

Fig. 334. Pedalharfe.

Die Klangwirkung, die Tonfarbe dieser Art Saiteninstrumente ist, abgesehen von den Unterschieden, welche die Substanz der Saite, Metall oder Darm, bewirkt, auch besonders abhängig von der Art und Weise, auf welche die Saiten in Schwingungen versetzt werden. Es kann dies durch Reißen mit dem Finger oder einem Stift geschehen (wie bei der Harfe, Guitarre und Zither), oder durch Anschlagen mit einem hammerartigen Körper (beim Klavier, Spinett u. s. w.). Je größere Ungleichheiten die hervorgerufene Bewegung zeigt, um so bedeutender ist die Stärke und Zahl der hohen Obertöne, der Klang wird scharf und klimpernd, und man sieht darin die Ursache, warum eine mit dem Ring des Zitherspielers gerissene Saite anders klingt, als die mit dem Finger gerissene Harfensaite. In dem ersteren Falle nämlich ist die Ecke, welche die Saite um den spitzen Stift des Ringes macht, schärfer, es laufen Bewegungswellen über die ganze Saite hin und her, welche die Ursache zahlreicher hoher Obertöne werden. Entsprechend ist bei den klavierähnlichen Instrumenten der Fall, wo die Saiten mit einem harten, scharfkantigen metallenen Hammer geschlagen werden, der gleich wieder abspringt, sobald er die Saite berührt hat; während der Anschlag mit einem breiteren, filzigen Hammerkopf so scharfe Diskontinuitäten der Saite nicht hervorbringt, sondern derselben Zeit läßt, die Bewegung auf sich auszubreiten und mit ihrer ganzen Länge in Transversalschwingungen zu gerathen.

An die Harfe schließt sich ein eigenthümliches Saiteninstrument, welches durch den Windstoß zum Tönen gebracht wird, die sogenannte **Aeolsharfe**. „Die Aeolsharfe ist ein Instrument, das, gleich dem singenden Baume im arabischen Mährchen, dem Winde ausgesetzt, für sich zu tönen anfängt. Die Töne gleichen dem sanft anschwellenden und nach und nach wieder dahinsterbenden Gesange entfernter Chöre und überhaupt mehr einem harmonischen Gaukelspiel ätherischer Wesen, als einem Werke menschlicher Kunst.“ So beschreibt Matthisson die Wirkung dieses einfachen Instruments, welches aus einem flachen, senkrecht stehenden hohlen Resonanzkasten gebildet wird, über welchem 6—12 Darmsaiten neben einander aufgezogen und mit einander in Einklang gestimmt liegen. Wird dieses Instrument dem Winde ausgesetzt, so daß derselbe die Saiten der Länge nach berühren muß, so kommen diese in Schwingung, und dadurch, daß sie entweder den ihnen eigenthümlichen Grundton angeben, oder je nach der Stärke der Erschütterung sich in mehr oder weniger für sich schwingende Aliquottheile theilen und so eine Reihe harmonischer Partialtöne hervorbringen, entstehen in regelloser und höchst überraschender Weise jene harmonischen Wirkungen, durch die wol Jeder schon unvermuthet erfreut worden ist.

Die **Guitarren und Zithern** repräsentiren eine ganze Klasse von Saiteninstrumenten, aus einem runden, mit Schallöchern versehenen, resonirenden Körper bestehend, über welchen Darm- oder Metallsaiten gespannt werden, die man durch Reißen mit den Fingern oder einem Metallstifte zum Tönen bringt. An den hohlen Körper schließt sich ein längerer Hals mit den Spannwirbeln der Saiten, der zugleich als Griffbret dient, um die Saite behufs der Hervorbringung höherer Töne, als ihr Grundton ist, durch Niederdrücken mit dem Finger verkürzen zu können. Dieses Griffbret ist mit kleinen niedrigen Querleisten, **Bünden**, versehen, welche genau die den einzelnen Tönen entsprechenden Längen angeben. Man nannte früher die ganze Klasse dieser Instrumente **Lauten**, und der Sage zu Folge ist die nach einer Ueberschwemmung des Nils zurückgebliebene Schale einer Schildkröte zur Erfindung derselben Veranlassung geworden. Ueber das Gehäuse der Schildkröte spannten die Anwohner Saiten, und von der Wirkung erfreut, versuchten sie später den hohlen Körper aus Holz und anderem Material nachzuahmen. Diese Erzählung deutet nicht nur darauf hin, daß die ganze Klasse dieser Instrumente aus dem Orient zu uns gekommen ist, sondern auch, daß diejenigen, bei welchen der hohle Körper von birnförmiger Gestalt ist, die ältesten sein dürften. In der That waren die birnförmig gewölbten Instrumente früher bei weitem verbreiteter als die nach Art unserer heutigen Guitarren mit flachen Körpern, und noch bis zu Ende des vergangenen Jahrhunderts in Gebrauch. Ihre Saiten wurden später auch über einen Steg gespannt, wie bei den Violinen. Heute noch haben Indier, Perser und Araber zahllose Formen von Lauten und Guitarren, welche der ursprünglichen Form ziemlich nahe stehen. Die Abbildung Fig. 335 giebt uns ein Beispiel davon. Bei uns aber hat die leichtere Herstellung mehr die letzte Klasse von Instrumenten in Aufnahme gebracht. Die früher sehr große Zahl dieser Instrumente hat sich bedeutend verringert, und die meisten derselben kennen wir nur noch dem Namen nach. Die Laute, die Chorlaute, Mandora und Mandoline, die Theorbe u. s. w. gehörten alle hierher. Sie waren oft von elliptischer Gestalt und besaßen einen weichen, sanften Ton.

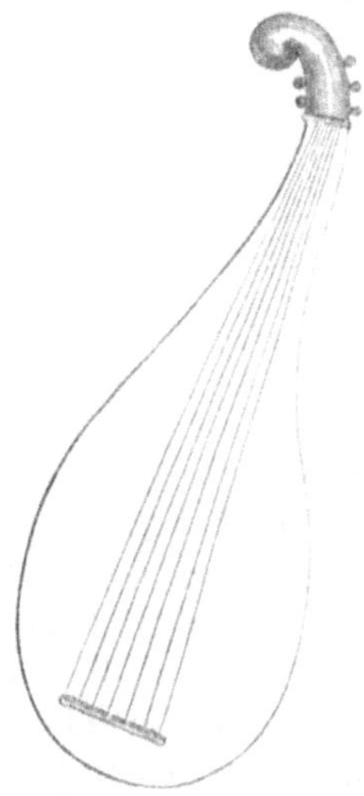
Fig. 335. Chelys der Indier.

Die älteren Lauten hatten nur wenig Saiten, und lange Zeit stand die fünfsaitige Laute in Gebrauch; sie war gestimmt c f a d f. Später wurde diese Zahl nach oben und unten um zwei Saiten vermehrt. Nach und nach aber bekam die Laute mehr und bis 14 Saiten. Die höchsten, Chanterellen, führten die Melodie, die tieferen, in Doppelchören gebraucht, dienten zur harmonischen Verstärkung.

Die verwandte **Mandoline**, Mandora, Mandurine, Pandürchen und ähnlich genannt, war besonders im südlichen Italien, Neapel und in Spanien gebräuchlich; doch wurde sie auch in Deutschland geübt, und Mozart hat das Ständchen im „Don Juan", welches jetzt gewöhnlich pizzicato auf der Violine gespielt wird, ursprünglich für die neapolitanische Mandoline geschrieben.

Die **Guitarre** war wie gesagt anfänglich nur ein Surrogat dieser Instrumente mit gewölbtem Bauch. Ihre Herstellung war billiger, und deswegen gewann sie rasch eine ziemliche Verbreitung. Aber sie stand darum auch in geringerem Ansehen, und Prätorius, von dem sie 1627 unter dem Namen **Quinterna** oder **Chiterna** als ein italienisches Instrument aufgeführt wird, spricht ziemlich despektirlich von ihr, daß sie „nur die ziarlatini und Salt in Banco zum «Schrumpen» brauchten, dazu sie Villanellen und andere närrische Lumpenlieder sängen." Nach der Beschreibung hatten die damaligen Guitarren fast schon dieselbe Form und Einrichtung wie unsere heutigen besitzen. Sie hatten fünf, meist Darmsaiten.

Es scheint, als ob die Guitarre von Spanien aus, wohin sie durch die Mauren gekommen war, nach dem übrigen Europa sich verbreitet hätte. In Afrika bedienen sich manche Negerstämme ähnlicher Instrumente, wie ein solches uns Fig. 336 zeigt. In Deutschland kamen sie seit 1788, namentlich durch die Herzogin Amalie von Weimar, sehr in Gebrauch, und die meisten Instrumente dieser Art wurden von dem weimarischen Instrumentenmacher Otto angefertigt, welcher auf Anrathen des Dresdener Kapellmeisters Naumann um 1797 eine sechste Saite, das tiefe E, hinzufügte, so daß die Guitarre nun E A d g h $\bar{e}$ stimmte. Die lebhafte Aufnahme, die das Instrument anfänglich im Publikum fand, ließ aber bald wieder nach, und die Vorliebe dafür hat im Laufe der Zeit öfters gewechselt, so daß die Guitarre zu wiederholten Malen Modeinstrument geworden ist. Ihr billiger Preis und ihre leichte Handhabung schaffen ihr auch heute noch ein großes Publikum, und Markneukirchen ist der Hauptbezugsort, der auch in der Geigenfabrikation eine große Rolle spielt.

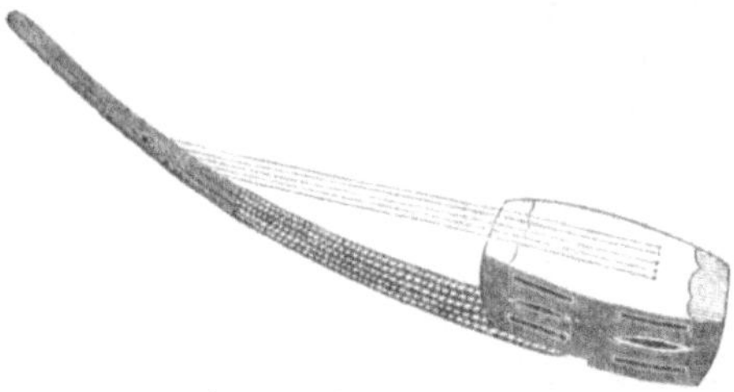

Fig. 336. Schekiani-Zither.

Die **Zither** ist hauptsächlich in Gebirgsgegenden gebräuchlich. Sie ist wahrscheinlich das älteste Instrument mit flachem Boden, welches wir in Deutschland haben, und scheint in Steyermark seit langer Zeit zu Hause gewesen zu sein. Von da kam sie mit den Bergleuten in den Harz und verbreitete sich allmälig fast über das ganze gebirgige Deutschland. Ihr Name ist Veranlassung gewesen, den Ursprung des Instruments mit dem der Guitarre von der alten griechischen Kithara abzuleiten, indeß ist dies ein fruchtloses Unternehmen. Denn es ist notorisch, daß die Alten an ihren Saiteninstrumenten keinerlei Griffbret kannten, vielmehr war die Kithara ein harfenähnliches Instrument, welches lediglich zur Stimmenführung gebraucht wurde. Die Zithern dagegen, obwol anfangs auch nur eintönig gebraucht, nähern sich eher dem Monochord und sind vermuthlich auch aus diesem entstanden. Sie sind harmonische Instrumente, und deswegen schon kann ihre jetzige Form nicht älter sein als die Zeit, seit welcher die Harmonie erfunden worden ist.

Das Prinzip, nach welchem die Zithern gebaut sind, ist dasselbe wie bei der Guitarre. Der Körper besteht eigentlich aus einem rechtwinkeligen Dreieck, welches mit seiner längsten schiefen Seite vom Spieler abgekehrt liegt. Die Zahl der Saiten hat sich allmälig von zwei bis auf 31 vermehrt, je nachdem die harmonische Musik immer reichere Kombinationen nöthig gemacht hatte. Sie liegen über ein langes Griffbret, welches durch Bünde, wie bei der Guitarre, eingetheilt ist, und werden mit den Fingern der linken Hand niedergedrückt, während die rechte sie reißt. Die obersten Saiten, in der Regel 14, dienen zur Führung der Melodie und sind gewöhnlich aus Metalldrähten, Messing oder Stahl, hergestellt. Sie liegen dem Spieler zunächst und werden mittels eines am Daumen angesteckten Häkchenringes gerissen. Die tieferen Akkordsaiten sind einfache Darmsaiten. Beim Gebrauch legt der Spieler das Instrument entweder auf die Kniee oder vor sich auf den Tisch.

Außer diesen Schlagzithern giebt es eine eigenthümliche Form, deren Saiten durch Streichen mit einem Bogen zum Tönen gebracht werden und die deshalb eine Anordnung über eine gekrümmte Fläche erhalten, sogenannte Streichzithern.

## Das Klavier und die klavierähnlichen Instrumente.

Das Klavier und die klavierähnlichen Instrumente — das sind diejenigen, deren Saiten durch einen Stoß mittels eines Hammers angeschlagen werden — datiren ihren Ursprung um mehrere Jahrhunderte zurück. Es wird immer erzählt, daß das Monochord, dessen man sich im 11. Jahrhundert schon in den Klöstern bediente, zur Erfindung die erste Veranlassung geworden sei. Guido von Arezzo soll, um einen bestimmten Ton schneller zu finden, unter die betreffende Stelle des Monochords kleine, mittels Tasten bewegliche Hölzchen angebracht haben. Indessen ist jene Annahme von durchaus keiner Bedeutung, denn die Saite des Monochords erlitt eine ganz andere Behandlung dadurch, daß sie verschiedenartig verkürzt wurde, während die Klaviere Instrumente sind, in denen jedem Tone eine eigenthümliche Saite zukommt, die ein- für allemal auf diesen Ton gestimmt wird.

Die Erfindung der Taste, clavis, von der die ganze lange Reihe der Instrumente den Namen erhalten hat, geht weit in das Alterthum zurück. Die alten Hebräer sollen Instrumente gehabt haben, Maschrokita und Magrepha, welche mit Klaven gespielt wurden, ebenso wie die Wasserorgeln der Griechen, und einzelne Nachrichten lassen auch vermuthen, daß die Hebräer bereits die Saiten durch auf Tasten gesteckte Federkielstücke zum Tönen gebracht hatten; dergleichen Nachrichten sind aber sehr unsicher, und wir können mit Sicherheit eine ähnliche Anwendung hebelförmiger Tasten, wie sie in unseren Klavierinstrumenten benutzt wird, nicht höher als bis in das 11. Jahrhundert hinauf nachweisen.

Die ältesten Instrumente dieser Art dienten nur zum Tonangeben bei dem Singen und hatten kaum den Umfang einer Oktave. Die Tasten selbst hatten damals schon die bis jetzt gebräuchlich gebliebene Form eines doppelten Hebels, dessen eines Ende mit dem Finger niedergedrückt wurde und dessen anderes einen Stift oder vielmehr ein keilförmiges Blechstückchen trug, das mit seinem nach oben gerichteten breiten Ende an die Saite schlug. Diese kleinen Musikkästchen wuchsen allmälig heran bis zu 20 Tasten, die Stimmung war die der diatonischen Tonleiter, die halben Töne kamen erst später hinzu, im 14. Jahrhundert cis und fis, hundert Jahre darauf dis und gis; b war dagegen schon anfänglich mit vereinigt worden.

Die Ausbildung der Klavichords, wie diese Instrumente hießen und woraus später der Name Klavier entstanden ist, hielt Schritt mit der Vervollkommnung der übrigen Saiteninstrumente, und namentlich wurde das beliebte Hackebret von großem Einfluß. Von diesem Instrumente existirt aus dem Jahre 1536 eine Abbildung, welche der Benediktinermönch Lucinius (Nachtigall) in seinem Werke über Musik giebt. Es besteht danach aus einem viereckigen, beinahe quadratischen Kasten und war mit fünf Darmsaiten von gleicher Länge bezogen, die mittels Wirbel gestimmt und durch kleine mit Blech oder Leder überzogene Hämmerchen geschlagen wurden. Wie Michael Prätorius, welcher aus dem Jahre 1616 eine Abbildung dieses Instruments gegeben, mittheilt, hat dasselbe 16 Saiten und wurde auch mit den Fingern gerissen. Späterhin vergrößerte man den Tonumfang durch eine Anfügung von mehreren Saiten und stellte diese aus Stahl her, so daß es im 18. Jahrhundert bis zu drei Oktaven Umfang erhielt und unter dem Namen Cimbal oder persisches Hackebret in ziemlichem Ansehen stand. Man trifft selbst jetzt noch zuweilen das gänzlich veraltete Hackebret, obwol seine Erscheinung in unseren Gegenden eine ziemlich seltene geworden ist, so daß sich desselben nur noch Bettler und Marktmusikanten bedienen.

Neben dem Hackebret mag das Spinett als ein Vorläufer unsers Pianoforte angesehen werden. Dasselbe kommt schon im 14. Jahrhundert vor und hatte die Form eines unregelmäßigen Vierecks. Es bildete ebenfalls einen viereckigen Kasten, der der Länge nach mit Saiten bespannt war. Die Töne wurden mittels Anschlags durch gabelartige Tasten, Palmulä genannt, an deren hinterem Ende sich Docken befanden, hervorgebracht. Statt dieser Docken schlug man die Metallsaiten später mit spitzen Rabenfedern, und davon erhielt das Instrument, welches auch Clavi-Cimbalum genannt wurde, den Namen Spinett (spinula die Spitze). Im 17. und 18. Jahrhundert war das Spinett sehr gebräuchlich und hatte einen Umfang bis zu vier Oktaven. In den verschiedenen Ländern verschieden genannt, hieß es in Deutschland auch Symphonia oder Magadis, Pectis und Virginal. Sein Ton muß indeß nicht sehr entzückend gewesen sein, denn schon 1791 heißt es in „Der musikalische Dichter“ von ihm: „Es gehet kindisch.“

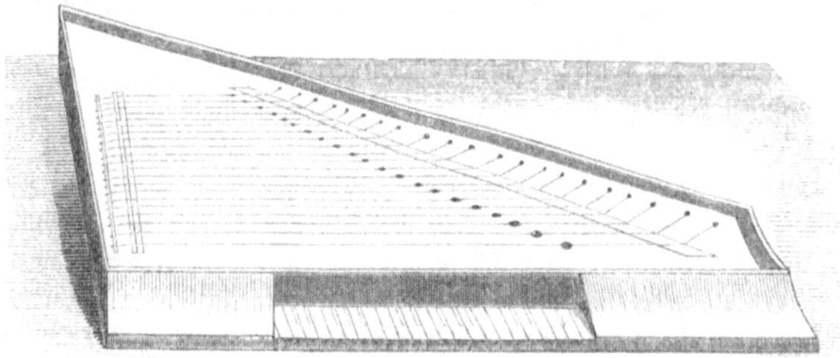

Fig. 337. Klavier aus dem Jahre 1520.

Fig. 337 giebt uns einen Begriff, wie die alten Klaviere beschaffen waren. Es gab bei denselben nicht allemal für jede Taste eine eigene Saite, sondern der Billigkeit wegen ließ man oft eine und dieselbe Saite für zwei Töne dienen, was bei dem ursprünglichen Mechanismus, wo der Anschlagstift, die Tangente, mit dem Tastenhebel ein festverbundenes Ganze ausmacht, zur Noth angeht. Die Tangente bildet dann, wenn die Taste fest niedergedrückt wird, den eigentlichen Steg der Saite, und es schwingt nur der Theil, welcher darüber hinaus liegt: der Ton muß höher sein, als wenn die Saite in ihrer ganzen Länge schwingt. Ein rasches, kurzes Anschlagen des Stiftes giebt also den Ton der ganzen Saite, ein langes Niederdrücken den der verkürzten, und durch eine passende Stellung des Stiftes konnte man den tiefsten Ton um das Intervall eines halben Tones in die Höhe treiben. Klaviere mit dieser Einrichtung hießen gebundene; bundfreie waren solche, bei denen jeder Ton seine besondere Saite hatte. Die letzteren sind wol die älteren, und die gebundenen aus diesen nur als ein Surrogat entstanden. Wer sich eine Vorstellung machen kann, wie gebundene Klaviere geklungen haben, der wird sich des innigsten Dankes gegen das Schicksal, welches uns von diesen Instrumenten befreite, nicht enthalten.

Eine eigenthümliche Form war der sogenannte Flügel, welcher sich aus diesen Instrumenten entwickelte, seiner Form nach auch Schweinskopf genannt. Er scheint im 16. Jahrhundert ein ziemlich allgemein bekanntes Instrument gewesen zu sein. Der Instrumentenmacher Domenico Pesaro fertigte ein solches mit drei Klanggeschlechtern.

Die äußere Gestalt des Instruments stimmte ziemlich mit der unserer jetzigen Flügel überein, und um die Mitte des 18. Jahrhunderts gab es Instrumente, deren einzelne Töne durch den gleichzeitigen Anschlag von vier Saiten (Chören) hervorgebracht wurden (vierchörig). Eine dieser vier Saiten wurde dann bisweilen eine Oktave tiefer als der Grundton gestimmt, und eine zweite um die Quinte höher. Der Anschlag geschah wie bei dem Spinett durch, an Springer oder Docken gesteckte, Rabenkiele, späterhin mit „freilich sehr kustbaren goldenen Blechlein". Die Anwendung der Rabenfeder war übrigens bis zu Ende des vorigen Jahrhunderts bei den klavierähnlichen Instrumenten in Gebrauch, und Zelter erzählt selbst noch, wie er einen Flügel auf dem Lande neu „bekielt" habe (1790). Um das Nachklingen der Saiten zu vermeiden, wurden dieselben durch eingeflochtene Tuchstreifen abgedämpft, eine Methode, welche allerdings nur bei Instrumenten von sehr kurzem Tone genügt.

Eine merkwürdige Abweichung von diesem Flügel war das Nürnberger Hackebret, in seiner äußern Gestalt dem vorigen ähnlich, ebenfalls mit Saiten, und zwar mit Darmsaiten bezogen, in der Art der Tonerregung aber von jenem ganz verschieden; denn die Saiten wurden nicht durch Anschlag mittels Docken in Schwingung versetzt, sondern an jede Saite ließ sich ein kleines, sich drehendes Rädchen andrücken, und die andauernde Friktion gab einen Klang von geigenartiger Färbung. Die Bewegung der kleinen Rädchen wurde durch ein größeres Schwungrad unterhalten, welches außerhalb des Kastens lag und mit dem Fuße getreten wurde; das Andrücken der kleinen Rädchen aber geschah durch Niederdrücken der Tasten. Das Instrument, 1610 von Hans Haydn in Nürnberg erfunden, war noch zu Anfang dieses Jahrhunderts in Gebrauch und mancherlei Verbesserungen wurden daran vorgenommen. Die Namen Gambenflügel, Geigenklavier, Cymbel u. s. w. bedeuten alle ein und dasselbe. Ueberhaupt ist zu bemerken, daß die Terminologie der älteren Instrumentenbauer gerade auf dem Gebiete der klavierähnlichen Instrumente eine sehr reiche, freilich auch eine sehr unsichere war. Die verschiedenen Tonwerkzeuge wurden mannichfach verändert, durch neue Erfindungen und Zuthaten in ihrer Einrichtung verbessert, natürlich auch mit neuen Namen versehen, und es ließe sich eine ganze Menge Namen von Instrumentenmachern auffsuchen, deren Jeder Anspruch auf irgend eine neue Erfindung machen könnte. Freilich bestehen dieselben im Grunde meist nur aus großen Kleinigkeiten, und es wäre Raumverschwendung, eine Aufzählung derselben auch nur versuchen zu wollen.

Dasjenige ältere Instrument, welches in specie den Namen Klavier erhielt, nebenbei aber auch Clavecin oder Clavichord hieß, wurde ebenfalls mit Rabenkielen gerissen und hatte zu Anfang des 17. Jahrhunderts einen Umfang bis zu $4^1/_3$ Oktaven. Die Halbtöne wurden durch Obertasten, die diatonische Tonleiter durch Untertasten angegeben, und um das Instrument für verschiedene Tonarten zu stimmen, verfolgte man seit dem tüchtigen Organisten Andreas Werkmeister (1698) den noch heute üblichen Weg der Quintenfortschreitung, indem man die einzelnen Intervalle etwas tiefer schweben ließ. Mit unsern heutigen Instrumenten dürfen wir das alte Klavier weder in Bezug auf Fülle und Schönheit des Tones noch in Bezug auf Größe und Ausstattung vergleichen. Die Klaviere waren kleine, dünne Toninstrumente, die unserem Geschmacke in keiner Weise mehr entsprechen würden.

Mozart erzählt noch, daß bei einem Besuche in einem italienischen Kloster ihm das Klavier von den Mönchen fortwährend nachgetragen worden sei, damit man überall und in jedem Augenblick sich an seinem Spiele habe erfreuen können. Der Preis war durchschnittlich nicht höher als 30 Thaler. Dies war aber die Ursache, daß das Instrument eine große Verbreitung gewann, und der heutigen Klage, „in jedem Haus' ein Klimperkasten", begegnen wir schon vor achtzig Jahren bei Schubert, der in seiner „Aesthetik der Tonkunst" sagt: „Klavier spielt, schlägt, trommelt und dudelt Alles, der Edle und Unedle, der Stümper und Kraftmann, Frau, Mann, Bube, Mädchen; es gehört mit zur guten Erziehung."

Die Hauptübelstände, welche man bei allen diesen Instrumenten nicht umgehen konnte, waren, daß sowol eine Abstufung des Tones vom stärkeren zum schwächeren als auch eine genügende Dämpfung, welche das Nachklingen der Saiten verhindert, nicht hervorgebracht werden konnten. In ersterer Hinsicht erlaubte zwar das Hackebret, welches mittels Hämmerchen, die man in der Hand hielt, geschlagen wurde, einige Veränderungen, und diese führten den Paduaner Bartolomeo Christofali auf den Gedanken, die Eigenthümlichkeit des Hackebrets mit der des Klaviers zu vereinigen und die Hämmer mit Tasten zu verbinden, durch welche sie an die Saiten geschnellt werden. Diese Trennung des Anschlägers von dem Hebelkörper der Taste ist das wesentlich Unterscheidende der Pianoforte von den Klavieren, und Christofali, der diesen Gedanken zuerst durchführte, erreichte mit seinem Instrumente in der That die gewünschten Abstufungen in der Stärke des Tones, welche dem neuen Instrumente zu seinem eigenthümlichen Namen verhalf. Da seine neue Mechanik bereits 1711 durch Abbildung und Beschreibung im Druck bekannt gemacht wurde, alle ähnlichen aber um Vieles später erst erschienen, so müssen wir sie als das erste Zeugniß der Erfindung unserer heutigen eigenthümlichen Pianoforte ansehen.

Ob der oft citirte Organist Joh. Gottl. Schröter, gebürtig aus Hohenstein in Sachsen, welcher 1721 am Dresdener Hofe zwei Modelle vorzeigte, in denen ebenfalls die, bei dem einen von unten, bei dem andern von oben an die Saiten schlagenden Hämmer durch Tasten in Bewegung gesetzt wurden, vielleicht die Idee seiner nach eigenem Geständniß erst im Jahre 1717 gemachten Erfindung einer Kenntniß der Christofali'schen Versuche verdankte, über welche die Berichte zu damaliger Zeit bereits aus dem Italienischen übersetzt worden waren, oder ob er, was eben so gut möglich ist, selbstständig auf den Gedanken kam, ist natürlich jetzt schwer nachzuweisen. Für die letztere Annahme spricht gleichwol der viel unvollkommnere Mechanismus, dessen er sich bei seinen Modellen bediente.

Ein Instrument nach den Schröter'schen Modellen soll nicht gebaut worden sein, da Schröter selbst die Mittel dazu fehlten und der sächsische Hof sich der Sache nicht besonders annahm. Dagegen war das Christofali'sche Pianoforte bereits im Jahre 1711 wirklich zur Ausführung gebracht worden und besaß als wichtigste Hauptbestandtheile bereits doppelte Hebel, Auslösung und für jeden Hammer einen freien Dämpfer. Diese ausgezeichnet erscheinende Mechanik steht denn auch über denjenigen Versuchen, die von Franzosen in den darauf folgenden Jahren gemacht wurden, und welche selbst jetzt noch häufig erwähnt werden, um die Priorität der Erfindung für Frankreich in Beschlag zu nehmen. In Deutschland wurde das Hammerklavier wirklich ausgeführt erst im Jahre 1728 durch den berühmten Orgelbauer Silbermann, welcher die Schröter'sche Erfindung sich angeeignet und in mancher Art verändert hatte. Indeß wurden die Pianoforte der damaligen Zeit bei uns selbst von feingebildeten Musikern, wie Sebastian Bach, nicht mit dem Entzücken aufgenommen, welches die italienischen Instrumente empfingen. Das Instrument war schwer zu spielen und in der Höhe schwach an Ton. Erst durch den scharfsinnigen Orgelbauer Joh. Andr. Stein zu Augsburg, einen Schüler Silbermann's, wurden die Vorzüge so an's Licht gebracht, daß die Hämmermechanik allmälig den Flügel mit bekielten Docken verdrängte. Allein die Anwendung, welche Stein seiner Einrichtung zu Grunde legte, stützte sich hauptsächlich auf das von Christofali angenommene Prinzip. Die Achse des Hammers stand in einer kleinen, federnden Gabel von Messing, welche in das Ende der Taste leichtbeweglich geschraubt wurde, so daß der Hammer von der Taste selbst getragen wurde.

Die Stein'schen Instrumente waren dreichörig und wurden für damalige Verhältnisse sehr hoch bezahlt. Für eins, welches nach Mainz geliefert wurde, erhielt der Erbauer z. B. 100 Louisdor und ein Fäßchen Rheinwein. Dieser verdiente Mann starb 1792 und hinterließ zwei Kinder, Andreas und Nanette, welche er beide in seiner Kunst unterrichtet hatte, so daß die Tochter wie ein Mann mit Hobel und Säge hantirte. In der Folge heirathete Nanette den Klavierlehrer Streicher in Wien und errichtete hier eine Werkstätte für Klavierbau, in welcher späterhin auch ihr Mann thätig mit Antheil nahm. Die daraus hervorgegangenen Flügel, die „Streicher", galten mit Recht damals für die besten und begründeten hauptsächlich den guten Ruf, dessen sich die Wiener Instrumente lange Zeit fast ausschließlich in Deutschland erfreuten.

Die Zeit vom ersten Auftreten der Pianoforte bis in die zwanziger Jahre unseres Jahrhunderts war ziemlich fruchtbar an allerhand Erfindungen und Ideen in Bezug auf Vervollkommnung dieses Musikinstrumentes, die aber größtentheils dem Bereich der Kuriositäten angehören und der Vergessenheit anheimgefallen sind. Andreas Stein verband Flügel und Pianoforte zu Einem Instrumente, baute auch Flügel mit Flötenzug; ein Mechanikus Hohlfeld in Berlin baute 1757 ein Geigenklavier; es wurden Instrumente konstruirt mit zwei und drei Klaviaturen und mit erstaunlich viel Zügen und Veränderungen, die für einzelne Fälle auf 100, ja auf 250 angegeben werden. Math. Müller's in Wien Ditanaklasis war ein aufrechtstehendes Instrument, das auf beiden Seiten eine Klaviatur und einen Saitenbezug hatte. Joh. Jak. Schnell versuchte gegen 1790 nicht ohne Glück, die Saiten des Pianoforte durch Windströme, die durch Messingröhrchen herzugeleitet wurden, zum Erklingen zu bringen. Sein Instrument, Anemochord genannt, soll eine äußerst angenehme Musik gegeben haben, und er erregte damit in Paris außerordentliche Bewunderung. Es eignete sich natürlich nur für Vorträge mit langsamer, gebundener Bewegung und zur Gesangbegleitung. Auch die Versöhnung zwischen dem Alten und Neuen wurde von einem Künstler angestrebt, indem er Instrumente baute, an denen sich nach Belieben eine Pianoforte- und eine Klavichord-Mechanik durch einen Fußzug in Wirksamkeit setzen ließ. Solche Nebensachen haben sich am Pianoforte ziemlich lange erhalten, und man trifft noch jetzt auf alte Instrumente, an denen die ganze Janitscharenmusik mit Pauke, Becken und Glöckchen, der Fagotzug, der Harfenzug u. s. w. in Bewegung gesetzt werden kann. In neuerer Zeit befleißigt man sich einer größern Einfachheit und sucht unter Weglassung von dergleichen Spielereien den Werth der Instrumente mehr in der Dauerhaftigkeit, Schönheit und Stärke des Tones, und hauptsächlich in der Vervollkommnung der Mechanik in Hinsicht auf möglichst bequeme und angenehme Spielart. Das Pianoforte hat in der Regel nur zwei Züge, den einen zum Heben der Dämpfer, den andern zur Verschiebung der Mechanik, wodurch die Hämmer nur eine oder nur zwei Saiten der dreisaitigen Chöre treffen und damit einen schwächeren Ton erzeugen.

Nach England kam die Schröter-Silbermann'sche Mechanik durch einen Arbeiter aus dem Etablissement, welches der ältere der beiden Brüder, Andreas Silbermann in Straßburg, zu Anfang des vorigen Jahrhunderts begründet hatte und das seine vier Söhne bis 1753 fortsetzten. Indessen konnte sie keine große Ausbreitung finden.

Erst als der Schweizer Tschudi sich in London niederließ und mit dem jungen Schotten Broadwood vereinigte, wurden bessere Erfolge erzielt.

Das Bedürfniß, den Hammer, nachdem er die Saite berührt hatte, gleich wieder zurückfallen zu lassen, führte auf die Erfindung der Auslösung, welche von Stodard, einem Schüler Broadwood's, und dem deutschen Klaviermacher Becker gemacht wurde. Sie bestand in einer Vorrichtung, welche die Stoßzunge unter die Hammernase herausschiebt, wenn der Hammerkopf nahe an die Saite gehoben wird und so dem von der Stoßzunge befreiten Hammer das Zurückfallen erleichtert. Diese Zuthat zu der Hammermechanik ist eigentlich der erste bedeutende Fortschritt, welcher seit Christofali gemacht worden ist. Die Ausbildung der neueren Klaviertechnik verlangte aber außerdem Instrumente, bei denen derselbe Ton in raschester Aufeinanderfolge wiederholt zum Anschlag gebracht werden konnte. Dies war nur zu erreichen, wenn der Hammer in jedem beliebigen Momente seines Zurückfalles von der Stoßzunge gefaßt und wieder gegen die Saite geschnellt werden konnte, so daß, wenn der Finger von der niedergedrückten Taste nur wenig sich erhob und die Taste auf's Neue niederdrückte, der Ton augenblicklich und sicher wieder zum Vorschein kam. Diese neue Erfindung, Repetition, wurde von dem Straßburger Instrumentenmacher Sebastian Ehrhardt ausgeführt, der, nach Paris übergesiedelt, seinen Namen französirte und als „Erard“ durch die vortrefflichsten Instrumente ruhmvoll bekannt machte.

Wenn wir hören, daß in London allein jährlich gegen 23,000 Stück Pianoforte gebaut werden, die einen ungefähren Werth von 2 Millionen Pfund Sterling repräsentiren, und daß Frankreich circa für 16 Millionen Francs jährlich Pianoforte producirt, daß Belgien gegen 1300, Wien 2500 bis 2600 fertig machen, Leipzig, Berlin, Breslau, Stuttgart diese Zahlen aber nicht nur durchschnittlich erreichen, sondern sogar überschreiten, und wenn man dazu erwägt, daß in jeder Stadt, selbst in den kleineren, es Instrumentenbauer giebt, oft von erschrecklicher Produktivität, so wird die eine herzbewegende Frage: „Wo kommen nur alle die Instrumente her, die uns oft zu Leid und Jammer aus jedem Hause entgegentönen?“ durch die andere überschrieen: „Wo kommen die Legionen hin, die jedes Jahr auf's Neue schafft?“ Denn nicht auf Deutschland, England und Frankreich allein beschränkt sich der Pianofortebau, Amerika hat seinen Chickering in Boston, der mit Broadwood in Bezug auf Produktivität keck in die Schranken treten kann. Und wenn er auch nicht wie dieser 1852 bereits mehr als 108,000 Pianoforte in die Welt geschickt hatte, so hat sich dafür seine Fabrikation in der kürzesten Zeit auf das Immenseste und Rascheste ausgedehnt.

Nach diesem kurzen geschichtlichen Abriß dürfte es unserm Leserkreise von besonderem Interesse sein, Einiges über die innere Einrichtung desjenigen Instrumentes zu erfahren, welches mehr als jedes andere zur Pflege und zur Ausarbeitung guter und auch schlechter Musik beiträgt, das eine Literatur hervorgerufen hat, auf die sich andere großartige Geschäftszweige, Musikalienhandel, Notenstecherei, Druckerei u. s. w., im Wesentlichen mit stützen und dadurch zu einem kulturhistorischen Gegenstande geworden ist.

**Der Pianofortebau.** Ueber die Herstellung des äußeren Gehäuses, des Kastens oder Körpers, können wir sehr kurz hinweggehen, weil dieselbe ausschließlich Schreinerarbeit ist und auf die physikalische Natur des Tones nur einen geringen Einfluß hat. Der Form des Gehäuses nach unterscheiden wir hauptsächlich drei Arten von Pianoforte-Instrumenten: Flügel, mit dem bekannten in die Länge geschweiften Körper, tafelförmige Pianoforte und aufrechtstehende oder Pianino's; bei allen treten immer wieder dieselben Hauptbestandtheile auf.

Der Rahmen oder die Zarge, in welche alle Saiten eingespannt werden, hat in Folge der großen Spannung jeder einzelnen einen bedeutenden Zug auszuhalten, der bei Konzertflügeln mit 225 Saiten auf mehr als 20,000 Pfd. oder sechs Pferdekräfte berechnet ist. Eine solche Kraft strebt die beiden Enden des Gerähmes zusammenzuziehen und muß durch den Widerstand desselben unablässig im Zaume gehalten werden, denn eine Nachgiebigkeit, nur um ein Haar breit, würde schon eine deutlich hörbare Verstimmung ergeben. Das Halten der Stimmung ist aber bekanntlich einer der ersten Ansprüche, die an ein gutes Instrument gemacht werden müssen. Ausgesuchte und völlig trockene Hölzer verschiedener Art sind deshalb auch das Hauptmaterial zu diesem Grundbau. Man läßt sie mehrere Jahre an der Luft lagern, ehe man sie verwendet. Gewisse harte Hölzer, welche nie gehörig austrocknen, so lange sie in Form von Stämmen oder dicken Bohlen belassen werden, zersägt man in dünnere Breter oder in solche Stücke, daß sie für ihren künftigen Zweck schon einigermaßen vorgeformt sind. Auch die völlig lufttrockenen Hölzer kommen vor der Verwendung häufig noch in die Schwitzkammer, wo ihnen durch künstliche Wärme der Rest von Feuchtigkeit entzogen wird. Zur Verarbeitung kommen von harten Hölzern gewöhnlich Eichen, Buchen, Ahorn, von weichen Fichten und Tannen. Oft werden zwei oder drei Holzarten mit einander verbunden. Das Gerähme wird nämlich nicht aus möglichst großen Stücken, sondern aus mehreren dünneren Platten zusammengefügt, wobei man öfters harte und weiche Holzschichten abwechseln läßt. Das Bindemittel zwischen all' diesen Bestandtheilen ist, außer sorgfältiger Verzapfung in den Ecken, guter Leim, der hierdurch selbst zu einem wichtigen Massebestandtheil wird, indem es seine Aufgabe ist, die sämmtlichen einzelnen Stücke zu einem einzigen Ganzen untrennbar zu vereinigen. Beim Zusammenleimen werden auch die Holzstücke warm gemacht und das Ganze dann mit Schraubenzwingen oder auf andere Art bis nach erfolgter Trocknung fest zusammengehalten.

Fig. 337. Flügelgerippe.

Indem man im Laufe der Zeit den Saitenbezug immer stärker machte und also eine immer höhere Widerstandskraft des Rahmens in Anspruch nahm, mußte man auch für eine entsprechende Verstärkung desselben sorgen. Außer den herkömmlichen Längs- und Querstreben von Holz, womit die Lichtung des Rahmens ausgestakt wird, nahm man daher noch eiserne Spreizen hinzu, anfangs nur eine oder zwei, dann allmälig mehrere, bis in weiterer Entwickelung immer mehr Eisen dem Grundbau der Instrumente einverleibt wurde. In dem Flügel (Fig. 336) sehen wir über der Saitenlage vier solcher eiserner Hauptspreizen. Die Anhängestifte für die Saiten stehen dort auch auf einer, der geschweiften Zarge aufgeschraubten Eisenplatte. Man hat auch Rahmen,

Anhängeleiste und Zwischenbarren ganz als ein einziges Stück gegossen und damit allerdings die größte Widerstandskraft erreicht. Indessen ist die massenhafte Eisenverarbeitung in den Instrumenten von keinem günstigen Einfluß auf den Ton. Derselbe wird hart und spitz und bekommt leicht einen unangenehm klirrenden Charakter.

Die beiden Bauarten, die Wiener und die sogenannte englische, d. h. die im Auslande größtentheils von Deutschen fortgebildete, unterscheiden sich schon in dem Kastenbau, in der Auswahl der Holzarten, Ausarbeitung und Zusammenfügung der einzelnen Bestandtheile sehr von einander; die letztere ist bei sauberer Arbeit in ihren Gliedern dünner oder schlanker, ohne deshalb weniger widerstandskräftig zu sein.

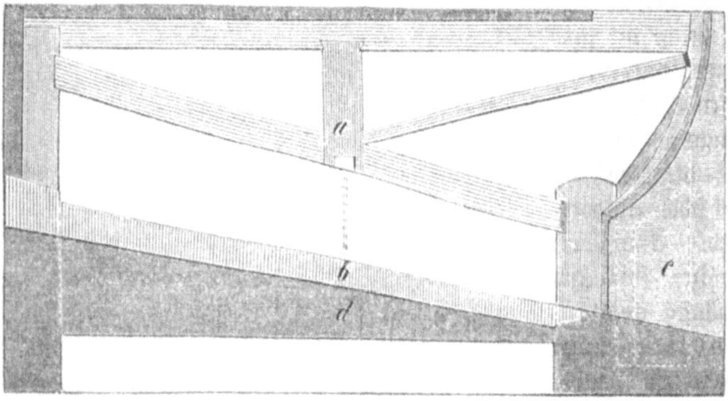

Fig. 338. Gerippe eines tafelförmigen vornstimmigen Pianoforte's.

Was die tafelförmigen Instrumente betrifft, so sind bei ihnen die Verhältnisse weniger günstig für die Sicherung der Saitenspannung, da hier die Klaviatur von der Seite her tief in den Körper eintritt und den Raum wegnimmt, welcher für Gegenstützen benutzt werden könnte. Hier muß den größten Theil des Widerstandes gegen den Saitenzug der Boden des Kastens leisten, der daher auch mit besonderer Sorgfalt sowol in der Arbeit als in der Auswahl des Materials herzustellen ist. Nach der besten Regel leimt man ihn aus drei übereinander gelegten Holztafeln zusammen, deren innerste und stärkste von Eichenholz ist und mit ihren Fasern in derselben Richtung läuft wie die schräg gespannten Saiten; die beiden äußeren sind von Tannenholz mit geradeaus gerichteten Fasern.

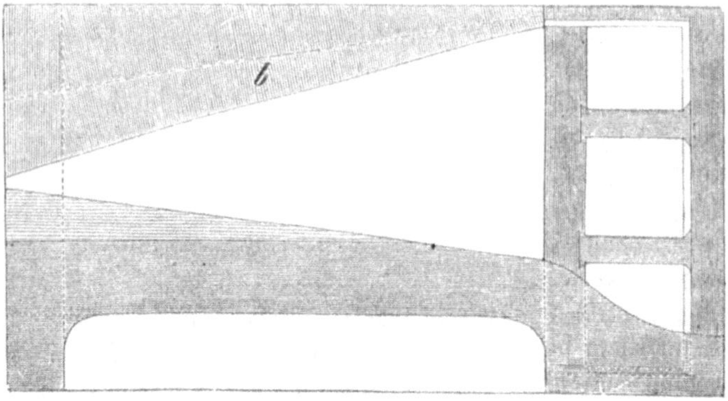

Fig. 339. Gerippe eines tafelförmigen hinterstimmigen Pianoforte's.

Man hat bekanntlich von tafelförmigen Instrumenten vorn- und hinterstimmige. Sie unterscheiden sich durch die verschiedene Lage des Saitenbezuges und also auch des Stimmstockes, und hierdurch sind die übrigen Modifikationen im Zargenbau und der Tastenlänge bedingt. Bei dem vorderstimmigen (d. h. vorn zu stimmenden) Instrument (Fig. 337) ist b der Stimmstock mit seiner angeleimten Widerlage, dem Keil d; die Saiten laufen von den Nägeln des Stimmstocks schräg hinüber nach dem Anhängebret c, wo sie ihren andern Befestigungspunkt finden; der Bezug liegt mithin so, daß die Saiten ungefähr in die linke untere und rechte obere Ecke hineinsehen. Der Stimmstock, unter allen Umständen ein solider Körper aus hartem Holz, kann hier nur auf den beiden Seitenwangen des Kastens Auflage finden und liegt, da er die Klaviatur unter sich durchlassen muß, seiner ganzen Länge nach hohl; er bekommt daher von der Strebe a aus eine Eisenstrebe zur Unterstützung. Beim hinterstimmigen Instrument (Fig. 338) liegt der Stimmstock hinten, seiner ganzen Länge nach auf das Zargenholz fest aufgeleimt; bei dieser Anordnung bleibt ein größerer Raum für den Saitenbezug, welcher vom Stimmstock nach links herunter läuft. In neuester Zeit hat man — namentlich der Instrumentenbauer Blüthner in Leipzig — dem Flügelkasten dadurch eine symmetrische Gestalt gegeben, daß man ihn an der einen Längsseite nicht gerade verlaufen läßt, sondern ebenfalls schweift und die Mittellinie zwei gleichgeformte Hälften abschneidet. Die Baßsaiten erhalten dadurch einen andern, schrägen Verlauf und gehen über die Diskantsaiten hinweg. Es ist mit dieser Einrichtung ein doppelter Resonanzboden verbunden, und die bisher gemachten Erfahrungen lassen derartige Instrumente in jeder Beziehung als ausgezeichnet erscheinen. Glaßbarrow's Royal-Patent-Equal-Tension-Cottage-Pianoforte mit Violinkastenähnlichem Resonanzboden ist nur als Kuriosum zu erwähnen.

Die Seele des Pianoforte ist der Resonanzboden. Er ist es, der dem Instrument erst die Stimme verleiht, denn eine gespannte Saite, die in ihrer Nähe keine Körper hat, welche mitklingen können, schwingt, wenn sie angeschlagen wird, wol für's Auge, aber das Ohr vernimmt wenig oder nichts. Erst wenn die Saitenschwingungen vermittelst des Stegs auf den Resonanzboden fortgepflanzt und die Theilchen desselben dadurch zum Mitschwingen angeregt werden, entsteht ein brauchbarer Ton. Es eignet sich aber nicht jedes Bretstückchen zu einem Resonanzboden. Bearbeitung und Auswahl des Holzes verlangen vielmehr die größte Sorgfalt.

Der Resonanz- oder Klangboden besteht aus einer sich nach der Form des Instrumentes und des Saitenbezuges richtenden Platte von dünnen Holztafeln, die oberhalb ganz eben, auf der Unterseite aber von einer Anzahl angeleimter, verschiedentlich gerichteter Holzleisten unterstützt und zusammengehalten werden. Oberhalb ist nur eine Leiste aus recht festem Holz so aufgesetzt, daß sie in die Nähe der Anhängeleiste zu liegen kommt und einen ähnlichen geschwungenen Verlauf hat wie diese. Dieses ist der Steg, über welchen die gespannten Saiten so hinlaufen, daß sie fest auf ihm anliegen, also einen Theil ihres Druckes auf ihn abgeben. Als Material zum Klangboden dient am häufigsten ausgesuchtes, harzfreies Fichtenholz; indessen lassen sich auch andere Hölzer, wie Cedern, Lerchen, Tannen, Kiefern, dazu verwenden. Metalle, nämlich Stahl- und Kupferbleche, ferner gespanntes Pergament, sind auch versucht worden, leisten aber nicht so viel wie Holzböden und sind dabei weit theurer. Die Metallplatten erzeugen grelle, scharfe Klänge. Man nimmt zu den Resonanzplatten schlichte Hölzer mit geradlinig verlaufenden Adern oder Jahren. Ob diese Jahre in dem fertigen Stück mit den Saiten gleichgerichtet, oder querüber, oder endlich schräg verlaufen, was Alles in der Praxis vorkommt, scheint für die Qualität des Tones von keinem Einfluß zu sein; die Hauptsache ist, ob das Holz gedrungene Jahre hat, wodurch zugleich seine größere Schwere und Härte angedeutet ist, oder ob es offener, breiter gestreift und deshalb weicher ist. Die erstere Gattung ist geeignet, unter die höheren Saiten gelegt zu werden, die andere kommt in die Region des Basses. Außerdem macht man die Bodenfläche für den Baß dünner, für die höheren Lagen dicker. Ein dünnes Bretchen von weicher Struktur läßt selbst beim Anklopfen schon einen tiefern Ton vernehmen als ein dickeres und härteres. Für die Stärke des Resonanzbodens ist außerdem, daß sie in demselben Instrument vom Diskant nach dem Basse hin abnimmt, noch maßgebend der stärkere oder schwächere Bezug und die Größe des Instruments, so daß Flügel jederzeit stärkere Böden haben als die kleineren Sorten.

Alle gebräuchlichen Stärken liegen etwa innerhalb 15 und 38 Hundertelzoll. Die unterhalb angebrachten Rippen, etwa zolldicke Leistchen von Resonanzbodenholz, sollen dem Boden die erforderliche Starrheit und an allen Stellen gleichmäßige Elastizität geben. Ueber ihre Zahl und Richtung giebt es keine feste Regel; bei der letztern sieht man nur darauf, daß die Jahre der Resonanztafeln möglichst gekreuzt werden. Sind diese über die Quere des Bodens gelegt, so laufen demnach die Leisten über die Länge; man braucht in diesem Falle nur wenige, da die einzelnen Tafelenden dann ohnehin an der Zarge mehr Auflagepunkte haben.

Das Holz für Resonanzböden, Rippen und Klaviaturen wird von besonderen Geschäftsleuten in holzreichen Gegenden, vorzüglich im Böhmer Walde, Bairischen Walde, Oberbayern u. s. w. ausgesucht, mit Säge und Hobel ziemlich vorgearbeitet und so in Bretern und Bunden in den Handel gebracht.

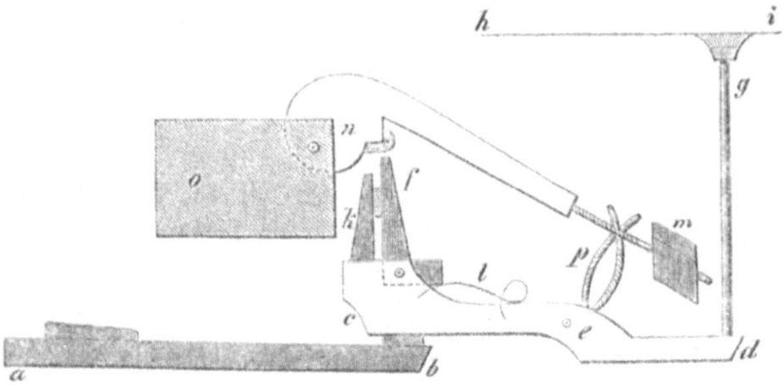


Fig. 340. Christofali's Hammermechanik.

**Der Mechanismus.** Die beweglichen Theile, das zum Anschlagen der Saiten dienende Hämmerwerk, bilden die bei weitem interessanteste und wichtigste Partie am Pianoforte und diejenige, an welcher die meisten Erfinder und Verbesserer sich versucht haben; daher ist denn auch die Zahl der gebräuchlichen und gebräuchlich gewesenen Mechanismen eine sehr ansehnliche und wir können davon nur so viel zur Anschauung bringen, als zur allgemeinern Orientirung nothwendig erscheint. Die vielfachen Wandlungen beziehen sich ausschließlich auf die hintere Partie des Mechanismus, auf das Hämmer- und Dämpferwerk, während die Tasten ihrer Bestimmung nach einfachere Stücke sind und ihre Anordnung von Alters her eine fest gegebene ist. Wir haben schon hervorgehoben, daß in den älteren Klavierwerken die Hämmer von den Tasten selbst getragen werden, während in den neueren Instrumenten die Tasten außer allem Zusammenhange mit dem übrigen Mechanismus stehen und nur durch Anstoß auf denselben wirken.

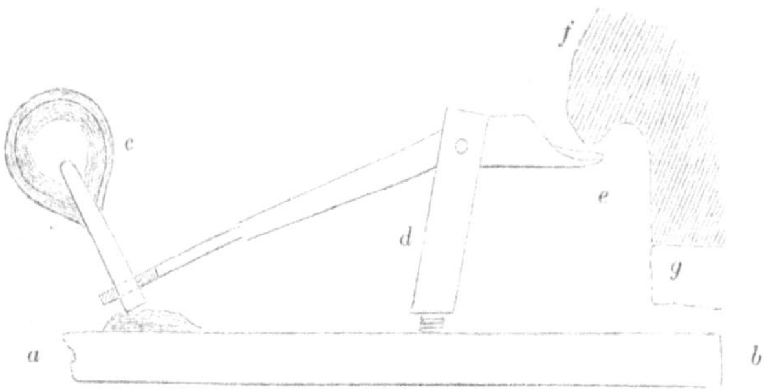


Fig. 341. Schröter'scher Mechanismus.

Die Tasten macht man aus weichen, schlichten Hölzern, die dem Verziehen nicht unterworfen sind, Linden, Fichten u. dergl. Ihrem Prinzip nach sind sie Doppelhebel, bei welchen besonders der Dreh- oder Wagepunkt von Wichtigkeit ist, während die Hebellänge verschieden sein kann und sich nach dem Bau des Instrumentes und der Saitenlage richtet. Den Wagepunkt für die Tasten giebt eine Leiste, auf welcher flache Stifte eingeschlagen sind, die durch einen Schlitz in der Taste gehen. Für die kürzeren Obertasten liegt die Reihe der Stifte entsprechend weiter vorwärts. Von der Lage des Wagepunktes hängt hauptsächlich die härtere oder weitere Spielart ab; ferner bestimmt sich aus dem Wagepunkt und dem Spielraum, welcher der Taste für den

Niedergang unter dem Finger gegeben wird ($^{28}/_{100}$—$^{30}/_{100}$ Zoll), die Hubhöhe des hintern Tastentheils und somit auch des darauf stehenden Stößers, der dem Hammer den Anstoß ertheilt. Wir haben also hier schon eine ganze Reihe von Größen oder Maßen, die sich aufeinander beziehen und untereinander in Harmonie stehen müssen, wenn ein möglichst guter Anschlag erreicht werden soll.

Der älteste Mechanismus ist das Christofali'sche Hammerwerk, dessen Einrichtung uns Fig. 339 zeigt. In dieser Abbildung ist a b der hintere Theil der Taste, welche durch ihr Heraufgehen den um c drehbaren Kontrehebel c d mit der Stoßzunge f in die Höhe hebt, den Dämpfer g gleichzeitig von der Saite h i entfernt. Die Stoßzunge stützt sich gegen einen plattgeschlagenen Draht k und wird von der Feder l gehalten. Der eigentliche Hammer m bewegt sich in der Hammernuß n, welche in der Hammerbahre o liegt; p sind kleine kreuzweis geschränkte Schnürchen, zwischen denen die Hämmer eingeordnet sind. Eine oberflächliche Betrachtung schon läßt das Zweckmäßige dieser Mechanik erkennen, welches um so mehr hervortritt, wenn man Vergleiche mit der später aufgetauchten Erfindung Schröter's anstellt.

Der alte Schröter'sche Mechanismus, wie er nach einer geringen Abänderung durch den Straßburger Silbermann an den damaligen Instrumenten angebracht wurde, ist in Fig. 341 dargestellt. Das Stück a b ist das hintere Tastenende, auf welchem der Hammer c mit seinem Träger d steht. Geht die Taste durch den Druck des Spielers hinten in die Höhe, so wird der um einen Stift drehbare Schwanz oder Schnabel e des Hammers von der Kante der entgegenstehenden Leiste f aufgehalten und der Hammer muß demzufolge herum und nach oben schlagen. Der Spielraum der Taste selbst wird durch die untere, gepolsterte Seite g derselben Leiste beschränkt. Da der Hammerstiel einen viel längern Hebelarm darstellt als das Schwanzende, so muß auch der Weg und die Geschwindigkeit des Hammerkopfes dem Verhältniß entsprechend größer sein. An den heutigen Instrumenten verhält sich der Niedergang der Taste unter dem Finger des Spielers hierzu etwa wie 1 : 8; also der Weg, den der Hammerkopf in derselben Zeit durcheilt, während die Taste niedergeht, ist achtmal weiter, daher auch seine Geschwindigkeit achtmal größer.

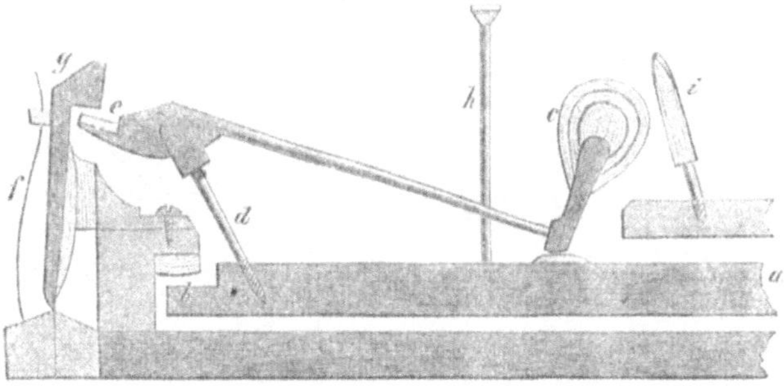

Fig. 342. Wiener Mechanismus.

Wir sehen, daß der Dämpfer, eins der wesentlichsten Erfordernisse, welches Christofali so sinnreich angebracht hatte, hier noch fehlt. Die Abdämpfung der nachklingenden Saiten geschah auf unvollkommene Weise durch eingeflochtene Tuchstreifen. In Deutschland verbesserte Stein den Schröter'schen Mechanismus und die Verlegung seines Geschäftes durch seine Kinder nach Wien wurde die Veranlassung zu der Bezeichnung Wiener Mechanik, welche sich lange und zum Theil bis heute erhalten hat. Stein erfand und setzte an Stelle der starren Abstoßleiste f (Fig. 341) den federnden Auslöser g (Fig. 342), welcher dem Hammer mehr Freiheit gab, und andererseits, um diese Freiheit nicht ausarten zu lassen, den Hammerfänger i. Der Auslöser ist auf seiner Leiste mit einem Streifchen Pergament angeleimt und eine Drahtfeder drückt ihn immer einwärts an die gepolsterte Anschlagleiste. Der Hammer schlägt aus demselben Grunde nach oben wie beim vorigen Mechanismus, weil sein Schwanzende e sich an ein Hinderniß stößt; hier aber ist das Hinderniß ein ausweichendes, und auf gewisser Höhe des Hubes nach vollzogenem Hammerbetrieb muß der Aufhalter von der dann mehr geneigten Ebene des Hammerschnabels abglitschen, worauf sogleich der Hammer zurückfällt, wenn auch die Taste noch gehoben bleibt. Das weitere Aushalten auf der Taste hat dann nur noch die Wirkung, daß der Abheber h für den Dämpfer nicht niedergeht, also die angeschlagene Saite fortklingt. Der Auslöser hat sich nach erfolgtem Abfall des Hammers wieder an sein Polster angelehnt, und wenn darauf die Taste wieder sinkt, weicht er vor dem Drucke der gerundeten Unterseite des Schnabels abermals zurück und schnappt wieder vor, sobald der Schnabel so tief gekommen ist, daß sich der Kopf des Auslösers über ihn stellen kann. Die Funktion des Auslösers erscheint somit als ein fortwährend wechselndes Einspielen seines Kopfes unter und über den vorbeigehenden Hammerschnabel. Eine solche Auslösung, d. h. eine Einrichtung, vermöge welcher der Hammer nach erfolgtem Anschlage sofort von selbst zurückfällt, findet sich in irgend einer Form an jedem späteren Mechanismus; ihr Nutzen springt in die Augen. Aber der Hammer empfängt auch von der getroffenen Saite einen Gegenschneller, der ihn zum abermaligen Aufspringen von seinem Polsterlager veranlassen könnte, weshalb denn stets auch ein Hammerfänger i vorhanden ist, ein kleiner gepolsterter, etwas schräg gestellter Gegenhalter, der den Hammerkopf durch das Anreiben der beiden weichen, rauhen Flächen oder auch durch mehr oder weniger Klemmung sogleich zur Ruhe bringt. Je stärker eine Taste angeschlagen wird, desto stärker schlägt sich der Hammer durch den Rückprall in den Fänger hinein.

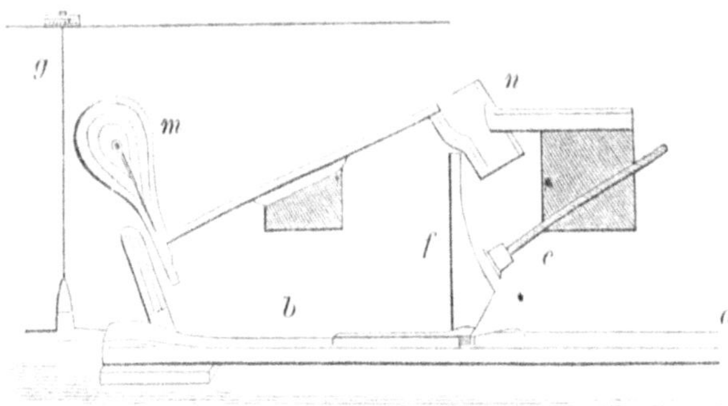

Fig. 343. Englische Mechanik.

Die Christofali'sche Idee, den Hammer von der Taste zu trennen, so daß er sich in einem besonderen, unbeweglichen Lager dreht, und ihm mittels einer mit der Taste verbundenen Stoßzunge den Antrieb zu ertheilen, fand in Deutschland zwar Berücksichtigung, und es giebt ja Einzelne, welche behaupten, Silbermann habe die Erfindung selbständig gemacht, indessen geschah ihre Pflege hauptsächlich in Frankreich und England durch deutsche Meister, und der Mechanismus kam später als englischer zu uns zurück, obschon kein Engländer etwas Wesentliches zu seiner Ausbildung beigetragen hat.

Die sogenannte englische Mechanik also unterscheidet sich von der Wiener wesentlich dadurch, daß die Hämmer mit ihren Zäpfchenlagern in eine festliegende Leiste eingebettet liegen, wodurch die mechanischen Verhältnisse weit einfacher und günstiger werden als bei dem vorigen Mechanismus. Die Stoßzunge f (Fig. 343) steht auf der Taste ab senkrecht und giebt beim Emporsteigen dem Hammer m kurz vor seinem Drehpunkt n den Stoß, der ihn nach oben wirft; sowie der Stoß erfolgt ist, wird auf einer bemessenen Höhe der Hammer in Folge der Auslösung von dem Stößer frei und fällt in den Fänger zurück. Die Auslösung bildet immer ein feststehendes Hinderniß, welches den Stößer, nachdem er ein gewisses Stückchen gestiegen ist, zu einer seitlichen Neigung nöthigt, so daß seine Spitze ihren Angriffspunkt unter der Hammernuß verlassen muß. Der Stößer ist daher auf der Taste angelenkt, in geringeren Werken oft nur mit einem Pergamentstreifchen, in der Regel aber mittels

Loch und Stift. Eine kleine Feder strebt ihn beständig in der senkrechten Richtung zu erhalten und bringt ihn dahin zurück, wenn die Auslösung ausgewirkt hat. Bei guten Instrumenten findet sich wol die Einrichtung, daß der Anhängepunkt des Stößers an der Taste durch Stellschräubchen etwas höher oder tiefer gestellt werden kann, denn es ist augenscheinlich wichtig, die Hubhöhe desselben genau reguliren zu können. Unsere Figur zeigt eine gewöhnliche Anordnung des englischen Mechanismus. Die Auslösung bildet hier ein schräg durch die Hammerleiste gehender geköpfter Schraubstift e, und es ist ersichtlich, daß beim Steigen des Stößers die schiefe Fläche des letzteren mit dem Köpfchen in Kollision kommen und der Stößer so weit nach links ausweichen muß, daß der Schnabel oben die Hammernuß verläßt. Durch Vor- und Zurückschrauben des Auslösers wird beim Fertigmachen der Punkt ermittelt, wo Anschlag und Auslösung am besten und promptesten erfolgen. Auf dem hintern Ende der Taste ruht ein Gegenhebel, welcher den Dämpfer g trägt. Die Auslösung der Stoßzunge kann natürlich verschiedene andere Formen haben und hat sie auch, ihre Betrachtung würde uns aber zu weit führen.

Ein neuerer, vielfach gepriesener, von anderen Seiten aber wieder nicht hoch angeschlagener Fortschritt im Pianofortebau ist die sogenannte Repetitionsmechanik oder doppelte Auslösung; die Idee stammt aus dem Erard'schen Atelier in Paris, und durch Franz Liszt wurde die Novität in die Welt eingeführt und berühmt gemacht. Bei jedem gewöhnlichen Mechanismus nämlich muß die Taste nach erfolgtem Anschlage wieder vollständig aufspringen können, bevor ein weiterer Anschlag erfolgen kann, denn die ausgelöste Stoßzunge muß sich erst wieder unter ihren Angriffspunkt am Hammer einstellen können. Der Repetitionsmechanismus dagegen gestattet eine und dieselbe Saite rasch nach einander anzuschlagen, wenn ihrer Taste auch nur eine Hebung von 1—2 Linien freigelassen wird. Hierdurch wird dem Virtuosen in Ausführung rascher Triller eine wesentliche Erleichterung gewährt.

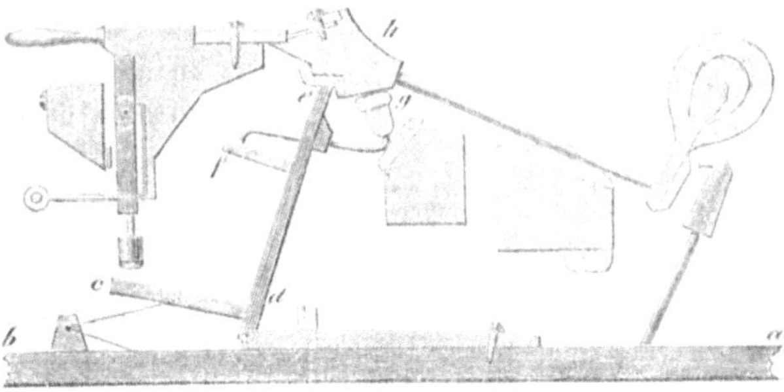

Fig. 344. Repetitionsmechanismus.

Der von Erard gegebene Repetitionsmechanismus ist ein Haufwerk von Gliedern, die nicht zum Besten geordnet sind; seitdem sind einfachere Mechanismen ersonnen worden, welche das Nämliche leisten, und von deren einem wir hier in Fig. 344 ein Bild geben. Wir sehen in dem in Ruhelage dargestellten Mechanismus die Stoßzunge in Form eines Winkelhebels c d e und außerdem weiter oben mit einem zweiten Schenkel f versehen, auf welchem eine gebogene Stahlfeder steckt, die am andern Ende mit einem gepolsterten Köpfchen g sich unten an die Hammernuß h anlegt. Bei gewöhnlichem Spiel wirkt die Mechanik wie jede andere; das federnde Köpfchen hat nichts zu thun, obwol es stets an der Hammernuß liegt und ihrem Auf- und Niedergange folgt. Wird aber die Taste vom Spieler niedergehalten, so daß die Stoßzunge ausgelöst bleibt, so fällt der Hammer nur ein kurzes Stückchen zurück und bleibt auf dem Köpfchen ruhen. Die Feder übernimmt nun interimistisch die Rolle einer Stütze und eines Hebels, denn sie ist stark genug, den Hammer in der Schwebe zu halten und die kurzen Antriebe, welche sich mit der niedergedrückten Taste geben lassen, durch das Köpfchen auf die Hammernuß zu übertragen, so daß der Saite selbst schwache, kurz ausgeholte Schläge in rascher Aufeinanderfolge ertheilt werden können. Die Antriebe zu Fortschritten steigerten sich gegenseitig hinüber und herüber. Die großen Klavierspieler unseres Jahrhunderts wären nicht möglich gewesen, wenn nicht das Instrument bereits eine gewisse Stufe der Ausbildung erreicht gehabt hätte; sie zeigten, was auf dem Pianoforte Alles geleistet werden kann, und gaben ihrerseits wieder den Anlaß zu weiteren Verbesserungen. Das Pianoforte ist demnach im Laufe der Zeit auch ein ganz anderes Instrument geworden; sein jetziger Toncharakter ist wesentlich verschieden von seinem ursprünglichen, und älteren Musikstücken, selbst Beethoven'schen noch, hört man entschieden an, daß sie für andere Klangeffekte gedacht sind, als sie unsere heutigen Instrumente bieten.

Für aufrechtstehende Instrumente, wo also die Hammerschläge in anderer und gewöhnlich in horizontaler Richtung fallen müssen, ist natürlich eine andere Anordnung des Mechanismus nöthig. Hierbei werden die Bewegungen leicht etwas träger, weil die natürliche Schwere dabei weniger in Mitwirkung gezogen werden kann, man müßte denn kleine bleierne Gegengewichte mit in Anwendung bringen, was bei gewissen Einrichtungen auch stattfindet. Es giebt von horizontal schlagenden Mechanismen eine ziemliche Anzahl; wir wählen zur bildlichen Darstellung Fig. 345, einen der einfachsten, dessen Bau und Wirkung aus dem Vorhergegangenen verständlich ist und welcher vorzüglich durch eine hübsche Anordnung der Dämpfung ausgezeichnet ist. ab ist der hintere Theil der Taste, cd die Stoßzunge. Der Hammer f dreht sich in der Nuß e. Der Dämpfer k sitzt an dem einen Schenkel eines Winkelhebels ghi und wird von der Saite durch ein Stängelchen ll abgedrückt, welches von dem Hinterende der Taste beim Niederdrücken derselben emporgeschoben wird. Sobald der Finger die Taste verläßt, drückt eine Feder m den Dämpfer an die Saite nn wieder an.

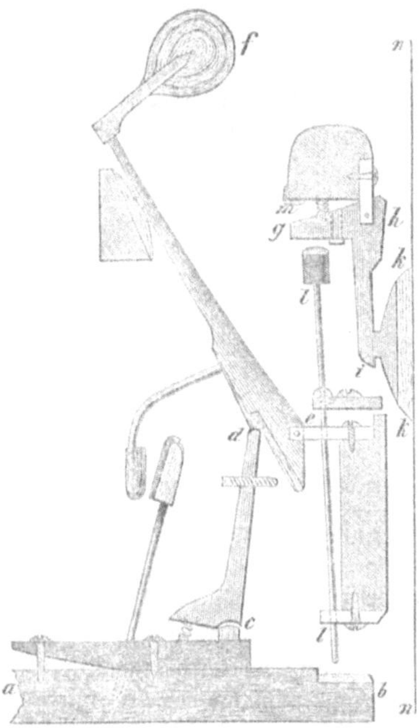

Fig. 345. Mechanismus für stehende Instrumente.

Endlich giebt es auch eine große Anzahl abwärts schlagender Mechanismen. Dieselben liegen mit ihrer Klaviatur über den Saiten, daher wird das Aufsteigen des hinteren Tastentheils nicht zu einem nach oben geführten Stoße benutzt, sondern zu einem Heraufholen des hintern Armes des doppelarmigen Hammerhebels von unten. Statt der Stoßzunge geht ein verbindendes Glied von der Taste abwärts, das entweder beständig oder in Angriff und Auslösung abwechselnd mit dem Hammer, und zwar mit einem den Drehpunkt überragenden Schwanzstück desselben, in Verbindung steht. Namentlich verfolgte der Instrumentenbauer Greiner das Problem der niederschlagenden Mechanik, und wir geben in Fig. 346 die Abbildung einer von ihm getroffenen Einrichtung. Die Saite ab wird von dem Dämpfer c verlassen, wenn das hintere Tastenende de aufwärts geht. Dabei wird der die Stoßzunge vertretende und unten in einen Drahthaken h auslaufende Theil fg mit gehoben und das Schwanzstück i des Hammers kl, in welches der Haken eingreift, erhält einen Ruck, der den letzteren auf die Saite schnellt. Die Auslösung erfolgt dadurch, daß das mit der Taste verbundene Stück fg bei einer gewissen Hubhöhe an ein Schräubchen m trifft und dadurch dasselbe zurückdrängt, beim

Herabgehen aber durch eine Feder wieder vorgedrückt wird. Eine Feder oder eine andere Anordnung nimmt den Hammer nach erfolgtem Anschlage sofort wieder zurück. Der am Ende der Hammernuß ersichtliche Körper n ist eine Art Fänger von Filz.

Mag nun einer oder der andere dieser verschiedenen Mechanismen zur Anwendung kommen, so liegt in den Vorzügen, die derselbe vielleicht vor andern hat, noch nicht die Garantie eines wirklich guten Instruments. Denn da für jeden einzelnen Ton ein selbständiger Mechanismus erforderlich ist, so gehört außerdem noch die größte Genauigkeit, das feinste Gefühl der Hand und das geübteste Gehör dazu, um alle diese Tausende von einzelnen Theilen zu einem übereinstimmenden Ganzen zu verbinden.

Wenn wir eine Klaviermechanik obenhin ansehen, wie eine solche in Fig. 347 dargestellt ist, so liegen die meisten Bestandtheile derselben versteckt, und die Sache sieht nicht so komplizirt aus, wie sie in der That ist. Die Zahl der einzelnen Stückchen verschiedener Hölzer, Stahl- und Messingdrähte, Tuch, Filz, Leder, Pergament an der Mechanik eines großen, mit den subtilsten Einrichtungen ausgestatteten Flügels kann über 3000 betragen; jedes einzelne muß darin auf das Akkurateste mit der Hand hergestellt und ebenso akkurat in das Ganze eingeordnet sein. Verschiedene Hölzer kommen für verschiedene Theilchen zur Verwendung, wie sie nach ihren Eigenschaften sich am besten eignen. Man wählt das eine, weil Stäbchen daraus sich nicht werfen; das andere, weil es recht gerade verlaufende Jahre hat; wieder andere, weil sie hart oder weich oder zähe u. s. w. sind. Am meisten kommen zur Anwendung Apfel-, Birnbaum-, Linden-, auch Mahagoni-, Cedern-, Fernambuk- und Brasilienholz; und es erscheint fast wunderbar, daß die oft so schwachen Hölzchen und Drähtchen das aushalten, was dem Pianoforte zugemuthet wird. Darin aber zeigt sich der Meister, daß er sein Material kennt und richtig zu wählen versteht, daß er allen Theilen die richtigen Proportionen und Formen gegeben und Alles so zusammengestellt hat, daß die freie Bewegung der Glieder nirgends gestört wird.

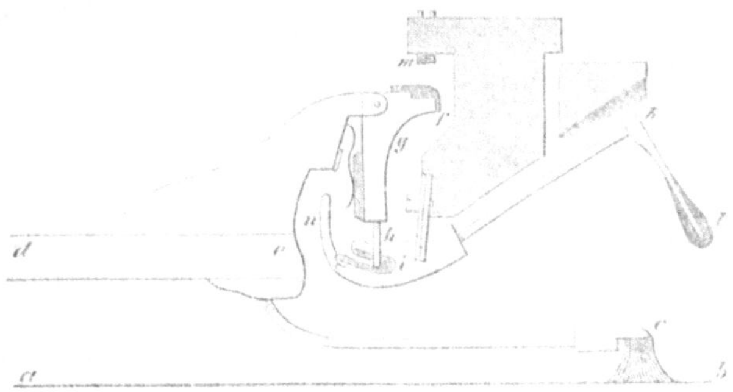

Fig. 346. Niederwärtsschlagen des Mechanismus.

Die Hämmer der neuen Instrumente bestehen nicht, wie die Tangenten der Klaviere, aus harten metallischen Körpern, sondern man hat, der großen Saitenlänge entsprechend und um dem bedeutend verstärkten Tone das Harte, Scharfe zu nehmen, sie mit weichen Stoffen überkleidet, durch welche die Bewegung mehr auf die ganze Masse der Saite übertragen wird und jene hin- und herlaufenden Wellen, die zur Entstehung der klirrenden hohen Obertöne Veranlassung werden, sich nicht in dem Grade bilden können, wie bei dem Klavier. Der Ton wird dadurch zwar etwas dumpfer, erhält aber größere Fülle. Daß die Dämpfung ebenfalls nur durch weiche Stoffe am besten gelingt, ist selbstverständlich. Die Belegung der Hämmer sowol als der Dämpfer ist daher eine der wichtigsten Arbeiten des Pianofortebauers, und verlangt die größte Sorgfalt und das vollkommenste Material, wenn der Ton im Laufe der Zeit nicht durch die Veränderung jener Bestandtheile, wie Härterwerden und dergleichen, an seinem ursprünglichen Charakter verlieren soll. Früher, wo man nur Schafleder und Baumwollenzeug für diese Zwecke kannte, waren dergleichen Uebelstände unvermeidlich. Zwar wandte man auch Hirschleder zur Hammerbelederung an, und dieser Stoff würde allen Anforderungen genügen, allein er ist jetzt nicht mehr in ausreichender Menge zu haben. Ein großer Fortschritt war es daher, als man, zuerst in England, für Hämmer und Dämpfer besondere Filze herstellen lernte, die zur Zeit fast durchgängig Anwendung finden und eine flotte Handelswaare geworden sind. In Frankreich wurde die Fabrikation solcher Filze bald nachgeahmt, und Deutschland mußte lange von beiden Ländern kaufen, hat sich aber endlich in neuerer Zeit auch ziemlich selbständig zu machen gewußt.

Der **Hammerfilz** erscheint als ein 1/4 oder 1/5 Zoll starkes Gebilde von großer Feinheit und Weichheit; er besteht aus reiner oder mit etwas Baumwolle gemischter Schafwolle. Der in **Broadwood's** Fabriken verwendete Filz soll aus ungarischer Wolle von den Herden des Fürsten Esterhazy gearbeitet sein, da diese Wolle vermöge ihrer Weichheit das trefflichste Material abgebe.

Die Dicke und Rundung der Hammerköpfe und ebenso ihre Weiche ist am größten bei den tiefsten Noten und nimmt nach rechts hin in demselben Maße ab, wie die Länge oder Dicke der Saiten selbst. Nur die oberste Schicht des Ueberzugs besteht aus dem besten Filz; zum Unterpolstern dient als sogenannter Unterfilz eine geringere Sorte. Die Filzstückchen werden mit Leim an ihre Stelle befestigt und bei den stärkeren Köpfen schwächer, bei den dünneren straffer angezogen. Für die Diskantlage kommt auch jetzt noch Belederung statt Befilzung vor.

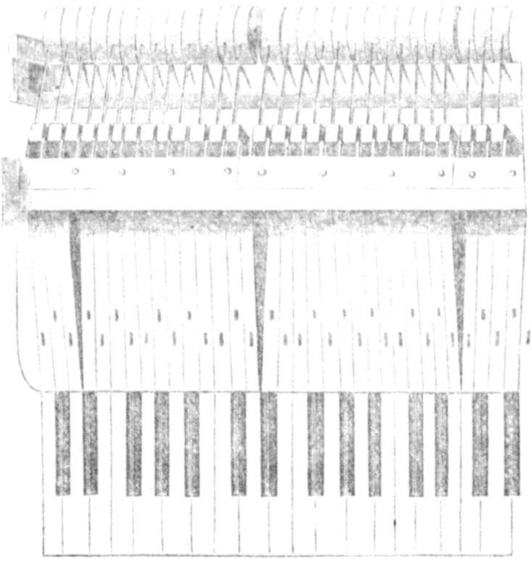

Fig. 347. Klaviatur und Hämmeranordnung.

Während so das weiche Hammer- und Dämpfermaterial mit den Saiten in Berührung tritt und einerseits den Ton bilden hilft, andererseits ihn verstummen macht, sind an zahlreichen andern Stellen Tuch oder Leder dazu angebracht, um kein anderes Geräusch daneben aufkommen zu lassen, so daß der Gang des Mechanismus selbst ein völlig unhörbarer wird. Ueberall also, wo zwei harte Theile des Mechanismus in Berührung treten, befindet sich eine Belegung mit Tuch oder dergleichen zur Dämpfung des möglichen Geräusches; so unter den Tasten zunächst vorn am Niederdruck, dann in der Mitte, wo die Schlitze mit Tuch gefüttert sind, in welche die Wagestifte eintreten, am hintern Ende der Taste sowol unterhalb als nach Erfordern oberhalb desselben. An der Auslösung für die Stoßzunge, wie an der Kröpfung der Hammernuß, wogegen die Zunge spielt, ist natürlich eine besonders gute Belegung erforderlich. Ebenso sind die Backen oder sogenannten Kapseln ausgetucht, in denen sich die Hammernuß an ihrem Stifte dreht. Die Hämmer fallen auf eine gepolsterte Leiste zurück, und je nach der komplizirten Gliederung des Mechanismus ergeben sich noch so manche andere Stellen, wo eine harte Begegnung durch ein weiches Zwischenmittel gesänftigt werden muß; ja die Vorsorge geht an Werken von erster Güte so weit, daß selbst enge Löcher ausgetucht werden, in welchen ein Draht, etwa zur Hebung des Dämpfers, spielen soll. Die Hammerfänger sind stets mit weichem Leder überzogen, so daß hier zwei weiche, rauhe Körper mit einander in Berührung kommen, wie es dem Zwecke sofortiger Beruhigung des Hammers entspricht.

**Der Saitenbezug.** Wir kommen nunmehr auf den Saitenbezug des Instruments zu sprechen, also auf denjenigen wichtigen Theil, wegen dessen alle übrigen da sind. Die Veränderungen, welche mit den Saiten seit etwa funfzig Jahren vorgenommen worden, erstrecken sich sowol auf die Art und Güte des Materials, als auf die Stärke der Drähte. Die alten Klavierbauer nahmen zu ihren viel dünneren Bezügen in der Tiefe Eisen-, in der Höhe Messingdraht; den letzteren lieferte stets Nürnberg am besten, während es in Bezug auf den Eisendraht später von Berlin übertroffen wurde. Jetzt ist das Material fast durchweg Gußstahl, eine Verbesserung, die aus England kam. Lange Zeit waren Webster und Horsefall hier die einzige Bezugsquelle für gute Klaviersaiten, neuerdings sind sie aber von Miller in Wien nicht nur eingeholt, sondern wol gar übertroffen worden. Ein Broadwood'scher Flügel, mit Miller'schen Saiten bespannt und von 1852 bis 1862 in 460 Konzerten gespielt, verlor während dieser Zeit nur eine einzige Saite.

Der Ton einer Saite hängt zwar, wie wir wissen, von der Länge ihres schwingenden Theiles, von ihrer Stärke und von dem Grade ihrer Spannung ab. Indessen können diese drei Faktoren, wie die Erfahrung schon lange gelehrt hat, nicht beliebig für einander eintreten, sie müssen vielmehr unter einander in einem gewissen Verhältniß stehen, wenn der stärkste und beste Ton erreicht werden soll. Die Saite klingt nur dann am stärksten und reinsten, wenn sie so stark angespannt wird, daß sie dem Springen nahe ist. Kann aber der beste Ton nicht auf jedem Spannungsgrade erlangt werden, so ist natürlich, daß die hauptsächlichste Vermittelung zwischen den beiden andern Faktoren, Länge und Stärke, gesucht werden muß. Die richtige Bemessung der Saitenlängen für gewisse Stärken, welche letztere sich wieder nach der Bauart des Instruments zu richten haben, ist daher eine wichtige Aufgabe. Jeder Grad von Stärke, Länge, Gewicht und Spannung der Saite bringt eine besondere Beschaffenheit des Tones mit sich; würde man zwei Saiten von gleicher Länge und Stärke so verschieden spannen, daß ihre Töne eine Oktave aus einander lägen, so würde der hohe Ton vielleicht gut, der tiefere dagegen schwach und stumpf klingen; wollte man andererseits zwei Saiten, um jene beiden Töne zu erzielen, nur in der Länge oder nur in der Stärke differiren lassen, so wäre der Unterschied in der Tonqualität wol nicht so groß wie im erstgesetzten Falle, aber die gewünschte gleichmäßige Tonstärke würde doch nicht vorhanden sein. Das geübte Ohr des Instrumentenmachers hört schon deutlich den Unterschied zwischen zwei verschiedenen Saitennummern, obgleich ihrer in einem Instrument 12- bis 20erlei zur Anwendung kommen, und er sucht eine Ausgleichung durch den letzten Ueberzug der Hämmer herzustellen. Die Praxis ist demnach die, daß man sowol die Länge als die Stärke und in geringerem Maße auch die Spannung von unten nach oben abnehmen läßt. Es giebt hierfür wol Regeln, aber immerhin ist das Verfahren ein vermittelndes, durchschnittliches, wobei dem Gehör die entscheidende Stimme verbleibt. Die Pianofortebauer sollten Physiker, wenigstens mit den Gesetzen der Akustik, Wellenbewegung, Elastizität u. dgl. vollkommen vertraut sein; leider aber verlegt sich die Mehrzahl derselben fast nur darauf, irgend welche Musterinstrumente empirisch immerfort nachzubauen.

Nach der ermittelten Saitenlänge, die schon deshalb keine gleichmäßig abnehmende sein kann, weil nicht für jede Taste eine besondere Saitennummer existirt, ergiebt sich die geschweifte Form des Resonanzbodenstegs und die Stellung der Stifte auf demselben. Als eigentliche Saitenlänge gilt nur die Entfernung zwischen den Stiften dieses Stegs und denen des am Stimmstock liegenden, weil nur dieser Theil der Saite schwingen kann.

Die Ansicht eines Saitenbezugs, wie wir denselben in seiner hauptsächlichsten

Erscheinung durch Fig. 348 abbilden, zeigt, daß nicht alle Saiten aus blankem Stahldraht bestehen; in der Baßlage ist vielmehr der Stahlkörper der Saite mit feinem Draht übersponnen, d. h. dicht umwickelt. Das Material hierzu ist feiner, weicher Kupferdraht oder auch nur in der ersten Oktave Kupfer, im Uebrigen feiner Eisendraht. Durch die Beschwerung mit dem Draht wird die Saite genöthigt, langsamer zu schwingen, also einen tieferen Ton zu geben. Der Spinndraht verhält sich dabei, als wenn er zur Masse des Drahtes selbst gehörte; wird z. B. einer Saite so viel Draht aufgesponnen, als sie selbst wiegt, so klingt sie unter übrigens gleichen Verhältnissen um eine Oktave tiefer, als dieselbe Nummer unbesponnen. Ein anderer wesentlicher Vortheil des Ueberspinnens ist der, daß dadurch eine Menge Nebentöne unterdrückt werden, die bei einfachen Saiten besonders in der Baßlage störend mitklingen würden.

Fig. 348. Ansicht des Saitenbezugs.

Durch doppelten oder dreifachen Saitenbezug (Chöre) wird selbstverständlich eine größere Tonfülle gewonnen; die Vermehrung der Saiten wirkt dasselbe wie ihre Verstärkung. Daher sind alle kleineren Instrumente doppelt besaitet (zweichörig), die Flügel aber dreichörig bis zur tieferen Baßlage herab, wo dann ebenfalls die Zweizahl auftritt.

Klangfarbe. Der Punkt, wo der Hammer an die Saite schlägt, ist keineswegs gleichgiltig. Wird eine Saite in der Mitte angeschlagen, so kommen natürlich alle diejenigen Obertöne nicht zur Geltung, welche hier einen Schwingungsknoten haben, denn der Theil, wo der Hammer die Saite berührt, wird gerade in die stärkste Bewegung versetzt. Da aber die Tonfarbe aus einem Zusammenklingen des Grundtones der Saite mit mehreren oder wenigeren ihrer Obertöne entsteht, von denen unter Umständen einer oder der andere den Grundton sogar an Intensität übertreffen kann, so muß das Ausfallen einer ganzen Reihe von Obertönen, wie des zweiten, vierten, sechsten, achten u. s. w., in Folge dessen der Klang C dann nicht mehr aus den Tonbestandtheilen c c′ g′ c″ e″ g″ b″ c‴ u. s. w., sondern vielleicht nur aus c g′ e″ b″ u. s. w. bestehen würde, auf die Klangfarbe vom wesentlichsten Einfluß sein. In der That hat eine in der Mitte angeschlagene Saite deswegen einen hohlen, näselnden Klang; derselbe ändert sich aber sofort, wenn man die Saite an einem andern Punkte, z. B. bei $\frac{1}{3}$ ihrer Länge, anschlägt, wobei dann der dritte, sechste und neunte Oberton ausfällt, dagegen c c′ c″ e″ b″ c‴ u. s. w. zusammenklingen. Es sind nun aber die höheren Obertöne über den achten hinaus solche, welche nicht mehr in den Durdreiklang des Grundtones passen, deren Wegfallen also für die Klangfarbe des Pianoforte nicht nur nicht von Nachtheil ist, sondern sogar reinigend wirkt. Durch die richtige Locirung der Anschlagstelle des Hammers kann man aber diese Absicht sehr wohl erreichen, und die Pianofortebauer haben bisher, ohne sich des Grundes bewußt gewesen zu sein, den Hammer für die mittleren Saitenlagen in $^1/_7$ bis $^1/_9$ der Länge anschlagen lassen, fühlend, daß auf diese Weise der schönste Toncharakter gewonnen werde. Helmholtz in seinem bereits citirten Werke führt dieses empirische Handeln auf seine wissenschaftlichen Gründe zurück, und es ist nur zu wünschen, daß die Instrumentenbauer den Resultaten derartiger Forschungen genügende Beachtung schenken und sich die dazu nöthige naturwissenschaftliche Bildung als das nothwendigste Handwerkszeug anzueignen suchen.

Ist endlich der künstliche und mühsame Bau des Instrumentes anscheinend fertig und steht dasselbe oberflächlich eingestimmt da, so giebt es gleichwol noch eine Menge Arbeit daran zu thun. Es kommt nun das Ausarbeiten und Egalisiren des Mechanismus wie der Töne. Zuvörderst werden alle Theile des Hammerwerks und der Dämpfung genau durchgegangen und jedes Glied geprüft, ob es das Gehörige leistet oder Nachhülfe bedarf. Der gleichschwere Niedergang der Tasten ist auf das Sorgfältigste zu prüfen und herzustellen, wobei ein auf die Tasten gesetztes Gewicht Beihülfe leistet; das gehörige Kraftmaß aller Federn, die richtige Steighöhe der Stößer und der von ihnen beeinflußten Hämmer, die ruhige und pünktliche Auslösung, kurz Alles, was sich auf das stumme Spiel des Mechanismus bezieht, muß in beste Ordnung gebracht werden, worauf dann an die Berichtigung der Tonverhältnisse selbst gegangen wird. Aber auch hier wird es manche Ungleichheiten zu ebnen geben; es können dumpfe, harte, grelle und sonst fehlerhafte Töne vorkommen, und der Grund, der oft nicht so leicht erkannt wird, kann, wie wir jetzt einsehen, die allerverschiedenartigsten Ursachen haben. Nachhülfen an der Belederung und Auswechselung einzelner Saiten werden vielleicht das Uebel heben; ist dies nicht der Fall, so ist auf anderweitige Fehler zu schließen. Konstruktions- oder Materialfehler an den verschiedenen Theilen des Baues können einen bösen Einfluß äußern; Steg, Resonanzboden, Zargen, Stimmstock, Stegstifte u. s. w. können geheime Mängel haben; verborgene unganze Stellen, wo der Leim nicht gefaßt hat, geheime Splitter u. dgl. müssen als tückische Feinde aufgesucht und unschädlich gemacht werden. Endlich können die Töne einzeln genommen gut sein, aber sie ordnen sich nicht zu einem gleichmäßigen Totaleffekt. Darauf hin muß auf's Neue vornehmlich die Belederung und Dämpfung durchgeprüft werden.

Und so entsteht denn durch Zusammenwirken von Handwerk, Kunst und Wissenschaft jenes interessante Gebilde, das seine Bestandtheile aus allen drei Naturreichen, möglicherweise aus allen Welttheilen bezogen hat, das unter der Bedingung guter und sorglicher Behandlung eine Zierde des Hauses, ein treuer Gesellschafter und theilnehmender Freund sein kann in Freud und Leid, und mit dem wir uns deswegen so ausnahmsweise eingehend beschäftigt haben.

## Die Geige und die geigenartigen Instrumente.

Von den Saiteninstrumenten ist das vollkommenste in seinen akustischen und musikalischen Verhältnissen, freilich aber auch dasjenige, dessen physikalische Theorie die meisten Schwierigkeiten bietet, die Geige oder **Violine**.

Merkwürdig ist, daß die Höhe ihrer Darstellung nicht in unsere Zeit, sondern um ein paar Jahrhunderte zurückfällt, und daß seit 1600—1680 neben den Fortschritten der physikalischen und musikalischen Wissenschaften ein gleicher Fortschritt auf dem Gebiete des Geigenbaues nicht zu bemerken ist.

Die Geige besteht aus einem hohlen resonirenden Kasten, über welchen mehrere gespannte Saiten gezogen sind. Form des Kastens und Art der Saiten ist in den verschiedenen Ländern der Erde, in denen bei nur einigermaßen entwickelter Kultur fast ausnahmslos geigenartige Instrumente angetroffen werden, verschieden. Uebereinstimmend ist aber überall die Art und Weise, den Ton hervorzubringen, durch Streichen der Saiten mittels eines durch Kolophonium haftend gemachten, roßhaarbezogenen Bogens, und die Erhöhung des Tones durch Verkürzung der Saite sowie durch Niederdrücken auf einem langen, halsähnlichen Griffbret.

Die Figuren 349 und 350 zeigen uns zwei arabische Geigen. Man findet die Geige bei den Hindu's als begleitendes Instrument, wie sie im Mittelalter in Europa von herumziehenden Sängern gebraucht wurde. Das französische Wort für die um damalige Zeit von Jongleurs gebrauchte dreisaitige Geige, Rabel oder Rebek, stammt aus dem Arabischen von Rabib, was eine Art Lyra bedeutet. Das Wort Violine, Violon, ist spanisch und kommt von Riolon her.

Die Geige ist ziemlich zeitig in das Abendland gekommen, das beweisen zahlreiche ältere bildliche Darstellungen, welche man an verschiedenen Bauwerken und in Manuskripten findet. Im Kapitäl der St. Georgskirche von Boscherville findet sich eine Reihe von elf musizirenden Gestalten aus dem 11. Jahrhundert ausgehauen, darunter hält die erste eine dreisaitige Viola mit Ausschnitten zu beiden Seiten und vier mondförmigen Schalllöchern zwischen den Knieen; eine andere spielt eine viersaitige, elliptisch geformte Geige in der gewöhnlichen Art (Fig. 351). An der Kirche Notredame zu Paris war vor der Revolution noch am Portale der unteren Seite eine stehende Figur, welche für den König Chilperig gehalten wurde. Dieselbe stammte ebenfalls aus dem 11. Jahrhundert und hielt eine Geige in der Hand, deren zierliche Form schon auf eine bedeutende Vollkommenheit in der technischen Ausführung schließen läßt. Ebenso ist aus dem 12. Jahrhundert in der Abtei St. Germain des Près in Paris eine musizirende Figur bekannt, welche eine fünfsaitige Viola traktirt u. s. w. Aus einer Miniatur des 14. Jahrhunderts in der königlichen Bibliothek zu Paris und aus einer gleichzeitig errichteten Figur am Portal der Kapelle St. Julien des Ménétriers (Fig. 352) ersieht man, daß das damals übliche Rebek ziemlich genau mit einer dreisaitigen Geige übereinstimmt und dasselbe sogar schon die Schnecke unserer heutigen Geigen besaß. Wir dürfen daher die Geschichte der Violine in ihrer heutigen Gestalt bis in die damalige Zeit zurückführen.

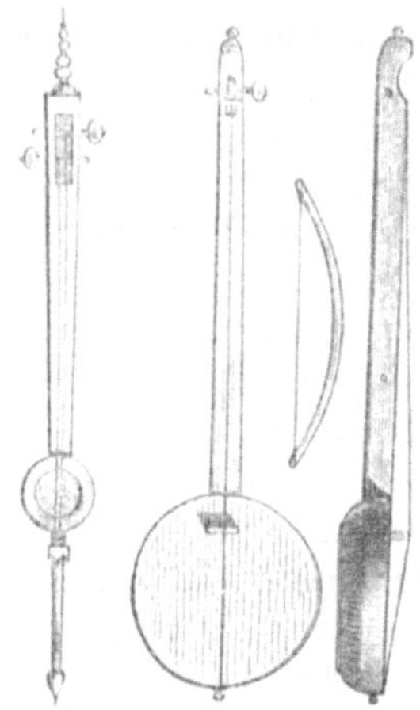

Fig. 349. Arabische Geige mit 2 Saiten. Fig. 350. Arabische Geige mit 1 Saite.

Wie wir aus den Figuren der St. Georgskirche sehen, gab es weit früher außer den gewöhnlichen geigenartigen Instrumenten auch noch denselben entsprechend geformte größere Saiteninstrumente, die man, wie die Violoncelli's, zwischen den Knieen hielt, und die mit drei, vier oder fünf Saiten, je nach den Gewohnheiten des Landes, bezogen waren.

In ihrem Wesen sind alle derartige Instrumente mit der Geige so übereinstimmend und in der Entwickelung ihres gemeinsamen Gebrauches zur Verstärkung oder zur Harmonisirung der von der Geige gespielten Melodie so Hand in Hand mit dieser gegangen, daß wir die Geschichte des Prinzipalinstruments zugleich für die Entwickelungsgeschichte der übrigen ansehen können.

Die Kunst der Geigenmacherei erhob sich vorzüglich in dem musikalischen Italien, wo der kirchliche Gebrauch die Ausbildung der Instrumentalmusik auf das Wesentlichste fördern mußte. Dort hat auch das Instrument die Glanzperiode seiner Entwickelung erreicht. Die ersten Violinen mit vier Saiten wurden von einem gewissen Testori gebaut. Die Arbeit daran ist indessen noch ziemlich roh und der Ton schwach. Der Nachfolger Testori's aber, Andreas Amati in Cremona, hob den Geigenbau rasch auf eine hohe Stufe der Vollkommenheit, so daß sein Ruf sich weit in's Ausland verbreitete und durch Instrumente, die Karl IX. bei ihm bestellen ließ, den italienischen Geigen ein bedeutender Vorzug vor allen ähnlichen Instrumenten errungen wurde. Sein Sohn oder seine Söhne Antonio und Henricus Amati — denn beide Namen kommen möglicherweise derselben Persönlichkeit zu — widmeten sich der Aufgabe ihres Vaters durch ihr ganzes Leben, und sie erreichten es, daß die vollendetsten Instrumente, die es wol giebt, ihrem Fleiße und ihrer Ausdauer zugeschrieben werden können. Die Jahre 1594 bis ungefähr 1625 bezeichnen den Zeitraum, aus welchem, wie man annimmt, die vollkommensten Amati-Instrumente herrühren. Die bedeutenden Erfolge ließen in der Familie der Amati's eine förmliche Geigenfabrikation entstehen. In dem gegenwärtig bairischen Städtchen Füßen arbeiteten allein sechs Geigenmacher für Cremoneser Fabriken. Die überreiche Produktion konnte freilich auf die Güte der Erzeugnisse nicht vortheilhaft einwirken, und so sehen wir denn um die Mitte des 17. Jahrhunderts den Ruhm auf einen anderen Geigenbauer übergehen, Andreas Guarnerio, welcher, und nach ihm sein Sohn Joseph, bis in den Anfang des 18. Jahrhunderts hinein, den Bau von Streichinstrumenten in Cremona betrieb. Von ihnen erlernte die Kunst Anton Stradivario, und diese drei dürften wir als die würdigen Nachfolger und gleichberechtigten Kunstgenossen der Amati's in deren Blütezeit ansehen. Ein Schüler Nikolaus Amati's zu Cremona und des ebenfalls berühmten Vimercati zu Venedig — Jacob Stainer aus Absam in Tyrol — verpflanzte den Geigenbau nach Deuschland.

Fig. 351. Geigenspielende Figur von einem Basrelief der St. Georgskirche zu Boscherville.

Mit diesen schließt aber die klassische Zeit dieser Kunst ab. Nach den genannten Meistern ist der Bau der Violinen zwar immer ein lebhaft betriebener Industriezweig sowol in Italien als anderwärts geblieben, und sehr gute, ja einzelne vortreffliche Instrumente sind auch in späterer Zeit gebaut worden, allein die Epigonen haben sich nirgends auf die hohe Stufe der allgemeinen Vollendung ihrer Vorgänger zu schwingen vermocht. Man darf nicht glauben, daß gute Geigen früher besser bezahlt wurden als jetzt, im Gegentheil sind für vollkommene Instrumente Preise zu erlangen, welche die Amati's und Guarneri's lange nicht bekamen. Es sieht aus, als ob das Geheimniß der Verhältnisse, die Auswahl der Hölzer, der Schnitt der einzelnen Theile, das Zusammenfügen, der Bezug, ja selbst das Lackiren, welches Alles jene alten Geigenbauer durch einen besonderen Instinkt erfunden zu haben scheinen, verloren

Fig. 352. Rebekspieler vom Portal der Kirche St. Julien des Ménétriers in Paris.

gegangen sei, und die Leistungen der früheren Geigen sind nur durch Nachahmung ihrer Bauweisen einigermaßen zu erreichen. Freilich ist die unaussprechliche Schönheit der Amati's, Guarneri's, Stradivari's zum Theil auch mit ein Produkt der Zeit.

Die Geigen gewinnen mit dem Alter an Vortrefflichkeit, so daß dieselben Instrumente, welche heute als vollkommen schön gelten, denselben Anspruch vor hundert Jahren oder noch länger vielleicht nicht zu machen vermochten, und umgekehrt, daß Instrumente, die heute trotz ihrer tadellosen Darstellung in Bezug auf Tonschönheit und Fülle die alten Geigen lange nicht zu erreichen vermögen, in fünfzig Jahren vielleicht zu ganz vorzüglichen Instrumenten geworden sind.

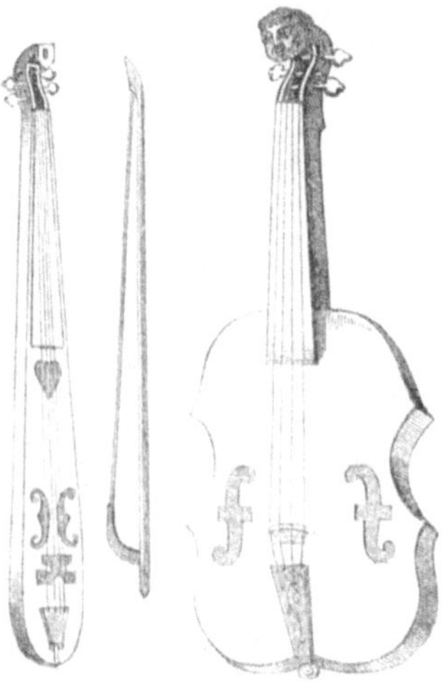

Fig. 353. Alte Geigen nebst Bogen. Fig. 354. Verschiedene Formen des Bogens.

Aber wie beim Weine, so scheint auch bei der Geige die Zeit höchster Vollkommenheit eine bestimmte zu sein, nach welcher sie in ihrer Tonschönheit wieder zurückgeht, und daher mag es kommen, daß jetzt die Guarnerio- und Stradivario-Geigen den um 50 Jahre älteren Amati-Instrumenten oft vorgezogen werden. Indessen scheint trotz alledem nicht nur nicht ein Ueberbieten, sondern kaum ein Erreichen möglich zu sein. Daß aber dieses Gebiet an sich nicht ein durch ein einziges Schema erschöpftes ist, beweisen die Instrumente der alten Meister hinlänglich. Die Abweichungen von einander sind nicht zu verkennen und so bedeutend, daß geübte Beurtheiler im Stande sind, den Verfertiger jedes alten Instrumentes mit Sicherheit schon aus seinem äußeren Ansehen zu errathen. Wenn die beste Form als eine Erfindung schon der Amati's zu betrachten ist, so waren trotzdem die Uebrigen keine bloßen Nachahmer. Die Veränderungen in den Einzelheiten beweisen, daß sie nach anderen Prinzipien und gestützt auf andere Erfahrungen selbständig ihre Instrumente erfanden.

Fig. 355. Die klassische Form der Geige.

In Fig. 353 sind einige alte Geigen abgebildet, wie sie Mersenne in seiner Universalharmonie uns überliefert hat. Das größere Instrument stammt aus der letzten Hälfte des 16. Jahrhunderts, und man sieht, daß sich seit jener Zeit diese Form bis zu der heutigen Gestalt (Fig. 355) fast unverändert beibehalten hat. Das kleinere ist eine sogenannte Taschengeige (Rochette), die bei ihrer kleinen Form allerdings von Tanzmeistern leicht in den Taschen der damaligen weiten Röcke transportirt werden konnte. Ihr Geschlecht ist ausgestorben. Wenn sich aber die Form der Violine nicht wesentlich geändert hat, so ist dafür der Bogen einer successiven Umgestaltung unterlegen, welche ihn durch die in Fig. 354 abgebildeten Formen seit Anfang vorigen Jahrhunderts allmälig zu seiner heutigen Gestalt gebracht hat.

**Bestandtheile und Theorie der Geige.** Der hohle Kasten ist aus mehreren Stücken zusammengesetzt, von denen jedes seine bestimmten Verhältnisse besitzt. Die gewölbte Decke wird aus Weißtannenholz oder auch aus Haselfichte hergestellt; der **Boden** der Geige, ebenso die Seitenwände oder **Zargen**, sind gewöhnlich von Ahornholz. Der Boden ist ebenfalls gewölbt, aber weniger als die Decke. Die Vollkommenheit des Holzes und namentlich desjenigen, was zur Decke verwendet wird, hat den allergrößten Einfluß auf die Schönheit des Tones, denn seine Elastizitätsverhältnisse sind es ja fast allein, welche demselben Fülle und Rundung geben. Die passende Auswahl ist deshalb auch eine der Hauptaufgaben der Geigenbauer, und es wird erzählt, daß die alten Meister sich ihre Hölzer selbst im Walde ausgesucht und zu diesem Zwecke die entlegensten Gebirge auf ihren Wanderungen durchstreift haben. Die Jahresringe müssen mit einer großen Regelmäßigkeit sich um einander legen und dürfen weder zu nahe, noch zu weit von einander abstehen. Im Innern des hohlen Körpers ist ein Stab aus Fichtenholz der Länge nach eingeleimt, so daß er gerade unter dem linken Fuß des Steges sich hinzieht. Auf diese Weise wird die tiefste oder G-Saite in eigenthümlicher Art mit der Decke fest verbunden. Die Diskantsaiten sind so unterstützt, daß unter dem rechten Fuß des Steges zwischen Decke und Boden ein vertikales cylindrisches Stäbchen, die **Stimme**, **Seele** oder **Stimmstock** genannt, eingeklemmt wird. Die Decke enthält die schon erwähnten Schallöcher oder ihrer Form nach **f-Löcher** genannt. Sie sind für die Bildung des Tones vom allergrößten Einfluß, wirken aber jedenfalls in ganz anderer Weise, als man früher annahm, daß sie nämlich den Erschütterungen der eingeschlossenen Luft einen Ausweg gestatten sollten. Die Saiten laufen über die Länge der Decke hinweg. Sie sind unten in ein kleines Bretchen eingeklemmt und werden in ungefähr gleichen Abständen über den gewölbten **Steg** hinweggeführt. Die betreffende Länge erhalten sie dadurch, daß an dem Körper der Geige der sogenannte **Hals**, ein verlängertes Holzstück, in dessen oberem Ende die Spannwirbel sich drehen, eingefügt ist. Der Hals dient als Griffbret, auf welchem die linke Hand durch Niederdrücken die Saite verkürzt und dadurch den Ton derselben beliebig erhöht. Am oberen Ende läuft der Hals in die sogenannte Schnecke aus. Die Saiten sind so geordnet, daß links die dickeren, schweren, mit Metall überzogenen Baßsaiten, rechts die Diskantsaiten sich befinden. Die Stimmung ist von links nach rechts g d a e. Uebrigens ist die Stimmung nicht immer dieselbe gewesen; **Barbella** stimmte z. B. a d fis cis, **Lolli** D d a e, **Paganini** as es b f u. s. w.

Fig. 356. Das Violoncello.

Die **Bratsche**, **Viola**, ist von der Violine durch einen etwas größeren Korpus unterschieden; die höchste Saite der letzteren fehlt ihr, dagegen hat sie eine noch tiefere als die Geige. Noch größer ist das **Violoncello** (Fig. 356), welches deswegen auch nicht mehr beim Spielen zwischen Schulter und Hals eingestemmt werden kann, sondern auf den Boden aufgestemmt und zwischen den Knieen gehalten wird. Man hat seit den frühesten Zeiten schon geigenähnliche Instrumente von verschiedener

Größe und verschiedener Tonhöhe gebaut, und namentlich war im 17. Jahrhundert eins derselben, die **Viola da Gamba**, sehr beliebt. Es entsprach einer Mittelstufe zwischen Bratsche und Violoncello und diente in Konzerten hauptsächlich zum Akkompagnement der Geige. Das Violoncello in seiner heutigen Gestalt (Fig. 356) ist nach Antony von **Tardieu**, einem Geistlichen von Tarascon und Bruder eines damals berühmten Kapellmeisters, zu Anfang des vorigen Jahrhunderts erfunden worden. Es war anfänglich mit fünf Saiten bespannt, die C G d a d gestimmt waren; die fünfte, d, ließ man aber bald weg. In Frankreich wurde das Violoncello unter Ludwig XIV. eingeführt; im Orchester erschien es 1720.

Der **Baß** ist das Streichinstrument vom größten Kaliber; er hat die stärksten Saiten, welche niederzudrücken schon eine bedeutende Kraft beansprucht, ja bei den Monstrebässen, welche hin und wieder gebaut worden sind, aber mehr der Kuriosität als einem wirklichen Kunstbedürfniß dienen, hat man die Verkürzung, das **Greifen** der Saiten, besonderen Maschinenvorrichtungen übertragen.

In der Musik spielt die Geige die Melodie, Bratsche, Violoncello und Baß dienen der harmonischen Begleitung, in welcher der letztere den Grundton angiebt.

Die italienischen Geigen unterscheiden sich von den deutschen dadurch, daß sie im Durchschnitt $1\frac{1}{2}''$ länger und etwas schmäler sind als die letzteren. Die besten Amatigeigen sind in der Decke stark gewölbt bis zur Höhe eines Zolles, schlank, zierlich und mit nicht sehr hervorragenden Ecken. Der Rand ist ziemlich stark und schön abgerundet. Die Schalllöcher stehen der geringeren Breite wegen näher an einander. Der Boden ist meist von geflammtem Ahornholz und mit einem lichten kirschbraunen Bernsteinlack lackirt. Doch findet man auch, namentlich von Nikolaus Amati, Instrumente, welche in Bezug auf Dimension etwas von diesen abweichen und die auch einen helleren Lack haben. Die Stradivario-Geigen sind in ihrer Decke bei weitem weniger gewölbt, kaum halb so viel, während die Guarneri's mehr mit den Vorbildern des Nikolaus Amati übereinstimmen. Stainer ging noch weiter in der Wölbung der Decke und machte dieselbe so hoch, daß man, wenn man die Geige horizontal hält, unter der Decke durch die beiden *f*-Löcher hindurchsehen kann.

Es ist schwierig zu sagen, welche der einzelnen Theile der Geige und der mit ihr verwandten Saiten-Instrumente zu dem Gelingen des Tones beitragen. Die Abstufungen sind so mannichfacher und untereinander so zart nüancirter Art, daß bei den verschiedenartigen Bestandtheilen der Einfluß des einen oder des andern aus dem zusammengewirkten Produkt kaum herauszulesen ist. **Savart** hat zwar versucht, die Theorie der Geige nach physikalischen Grundsätzen zu entwickeln, allein mit so gut wie keinem Erfolge, denn das sargähnliche Instrument, welches er aus sechs rektangulären Bretchen zusammensetzte, ist mit einer Geige in keiner Art zu vergleichen, obwol Savart dasselbe als die Prinzipalgeige ansah. Die Gesetze schwingender Platten, wie sie in der Physik aus einfachen Experimenten abgeleitet werden, erleiden bei der Geige eine solche Komplizirung, einmal durch die eigenthümlich konstruirte Form, sodann durch die Wölbung der Decke, durch den Einschnitt der *f*-Löcher, durch die verschiedene Dicke des Holzes, durch die Befestigung des Randes, durch die durchgezogenen Stäbchen und Stützen, durch die verschiedene Vertheilung der Spannkräfte, welche der Bezug ausübt u. s. w., daß, obwol alle diese Faktoren natürlicher Weise von der einfachsten Gesetzmäßigkeit beherrscht werden, doch das endliche Ergebniß nicht in eine einfache Formel zu fassen ist. In gleicher Weise wirken nun auch die Zargen, der Boden und der Hals ein. Keiner dieser Theile ist aber erschöpfend für sich auf seine Wirkungsweise zu untersuchen, und deswegen sind auch an Versuchsapparaten, an denen der eine oder der andere Bestandtheil fehlt oder verkümmert dargestellt ist, keine Beobachtungen zu machen, welche auf die Geige einen unfehlbaren Schluß zuließen. Damit kann selbstverständlich nicht gesagt sein, daß die physikalischen Wissenschaften sich von der Erklärung und Begründung dieses Instruments ganz zurückziehen sollten, im Gegentheil werden ihre Schlüsse den Instrumentenbauern wesentliche Vortheile an die Hand zu geben vermögen, nur müssen sie umgekehrt das Instrument als ein fertiges Produkt annehmen und den Gründen seiner Eigenthümlichkeit a posteriori nachspüren.

Die Geige ist, wie sie ist, ein durchgeistigtes Instrument, ein Organismus, wie ihn belebte Wesen haben; sie hat Körper, Nerven und Seele; jedes derselben hängt von dem andern ab in natürlicher Weise, aber keines läßt sich von dem andern lostrennen und für sich auf seinen belebenden Einfluß bemessen und erwägen.

Die eigenthümliche Klangwirkung der Streichinstrumente beruht nach Helmholtz darauf, daß der Grundton besonders stark hervortritt und stärker als in den nahe ihren Enden geschlagenen oder gerissenen Saiten des Klaviers und der Guitarre, die ersten Obertöne dagegen verhältnißmäßig schwächer und erst die höheren Obertöne vom sechsten bis etwa zum zehnten hin mit besonderer Deutlichkeit sich bemerklich machen und die Schärfe, welche den Klang aller Streichinstrumente charakterisirt, hervorrufen. Die neueren Instrumentenbauer, unter denen namentlich Vuillaume in Paris, Padewet aus Karlsruhe, Grimm in Berlin, Otto in Köln, Lemböck in Wien ausgezeichnet sind, haben sich in richtigem Verständniß ihrer Aufgabe auch weniger mit der Herstellung von Geigen nach neuen Prinzipien als in Befolgung alter Muster versucht und ihre Erfolge sprechen deutlicher als alles Andere dafür, daß dies vor der Hand der einzig richtige Weg ist.

Man hat zwar mancherlei neue Geigen von Messing, Silber, mit elliptischen oder sphärischen Körpern mit Metallsaiten bezogen u. s. w. dargestellt, allein wenn auch auf solche Weise sich brauchbare Instrumente hervorbringen ließen, so waren dieses doch eben keine Geigen mehr, sondern Tonwerkzeuge von ganz neuen, aber unbeabsichtigten Eigenschaften. Will man den Geigenton erzeugen in der Weise, wie wir ihn an den alten Instrumenten lieben, so bleibt eben nichts übrig, als ihn mit denselben Mitteln und genau auf dieselbe Weise hervorbringen zu wollen, wie es Amati, Guarnerio und Stradivario zuerst und am schönsten gethan haben.

**Der Geigenbau in Deutschland** spielt vorzüglich zu Mittenwald eine sehr große Rolle. Er wird dort fabrikmäßig betrieben, und die bei großer Billigkeit doch vorhandene Güte der Instrumente einerseits und der dadurch bedingte große Absatz andererseits haben ihm eine solche Bedeutung verschafft, daß wir auch hier diesem Industriezweige einige Beachtung zu schenken schuldig sind. Sein Ursprung geht zurück bis in das 17. Jahrhundert und knüpft sich an die Thätigkeit des alten Meisters Stainer. Jakob Stainer, 1627 den 14. Juli zu Absam bei Hall im Innthal geboren, kam als Knabe zu einem Orgelbauer in die Lehre, vertauschte aber bald diese Beschäftigung körperlicher Schwächlichkeit wegen mit dem leichtern Gewerbe der Geigenmacherei, welches damals in Cremona blühte, und wohin, wie schon erwähnt, mannichfache Beziehungen bestanden. Stainer kam denn auch durch Empfehlung zu Nikolaus Amati, dessen Methode er sich zu eigen machte, und Amati wünschte, daß er dauernd bei ihm bleiben und seine Tochter heirathen möchte. Dies scheint die Veranlassung gewesen zu sein, daß Stainer heimlich entfloh und nach Venedig zu Vimercati ging. Später ließ er sich in seinem Geburtsort Absam nieder und errichtete hier schon in der ersten Hälfte der vierziger Jahre eine eigene Geigenmacherei, begünstigt durch die in der Nähe zahlreich wachsenden ausgezeichneten Hölzer, unter denen er vorzüglich die Haselfichte von dem Gebirgsrücken der Lafarsch und des Gleirsch mit großer Umsicht auswählte. Unter den Schülern und Gehülfen, die durch seinen Ruf angezogen wurden, befand sich auch ein gewisser Aegidius Klotz aus Mittenwald, einem Städtchen, welches wenige Stunden in nördlicher Richtung von Absam entfernt ist. Dieser Klotz, dessen Instrumente jetzt den Stainer'schen fast gleich geachtet werden, begab sich nach Mittenwald zurück und erzog seinen Sohn ebenfalls zu einem Geigenbauer, den er mit den ausgezeichnetsten Erfahrungen bereichert ziehen lassen konnte, als derselbe zur Vervollkommnung seiner Kunst nach Italien ging. Hier besuchte der jüngere Klotz die berühmtesten Werkstätten und hielt sich namentlich in Cremona und Florenz längere Zeit auf. Zu Anfang der achtziger Jahre aber kehrte er nach Mittenwald zurück mit dem Plane, aus seinem Geburtsorte ein deutsches Cremona zu machen. Seine weit vorgeschrittene Bildung befähigte ihn, in seinen Schülern die rationellen Grundsätze, nach welchen die Fabrikation von Saiteninstrumenten in Italien betrieben wurde, Wurzel schlagen zu lassen. Es erhob sich in der That durch seine energischen Bestrebungen der damals fast verarmte Flecken rasch zu neuer Blüte, und jetzt nach fast 200 Jahren muß die ganze Gegend jenen Mann als ihren Retter segnen, für welchen übrigens selbst die musikalische Nachwelt im Großen und Ganzen nur ein dürftiges Gedenken zu haben scheint. Schaffhäutl hat in seinem trefflichen Bericht über die musikalischen Instrumente auf der Münchener Industrie-Ausstellung 1855 den verdienstlichen Ursprung der Mittenwalder Instrumentenfabrikation zuerst in ein klares Licht gestellt und wir folgen ihm als fast der einzigen Quelle in dieser Darstellung.

Mit Recht nennt er den Matthäus Klotz einen Engel in der Noth. Der Umstand nämlich, daß die von Herzog Sigismund beleidigten Venediger Kaufleute den berühmten Botzener Jahrmarkt seit beinahe zwei Jahrhunderten nicht mehr besucht hatten, war für Mittenwald, wohin Jene während dieser Zeit ihre Waarenniederlagen verlegt hatten, die Quelle eines erheblichen Wohlstandes geworden. 1679 indessen hatte Botzen seine alte Messe wieder erhalten und zugleich entstand eine neue Handelsstraße über Finstermünz, Fernstein und Reutte; dadurch aber vertrocknete der Lebensnerv Mittenwald's und nur eine neue, naturwüchsige Industrie, wie sie Klotz und sein Sohn Joseph hervorriefen, konnten der gänzlichen Verarmung der Gegend steuern.

Der früher beliebte und zur Zeit der Klöster auch zweckmäßigste Absatzbetrieb auf dem Wege des Hausirens war der erste von den Geigenbauern versuchte, die, ihre Erzeugnisse auf dem Rücken, damit von Haus zu Haus wanderten und — einfache Gebirgsbewohner — sich mit einem sehr unbedeutenden Verdienst begnügten. Indessen machten die veränderten Handelsverhältnisse doch bald eine rationellere Geschäftseinrichtung nöthig. Kaufleute, sogenannte Verleger, sammelten allmälig die Fabrikate zu einem freilich sehr niedrigen Durchschnittspreis, und auf diese Weise haben sich jene bedeutenden Firmen entwickelt, welche heute die Mittenwalder Geigen nach allen Theilen der Welt versenden. Man erstaunt über die fabelhafte Billigkeit, welche die geringsten, aber immerhin noch gut gearbeiteten Sorten zeigen; eine Geige von 2 fl. ist schon sehr hübsch, die billigsten kosten drei Thaler das Dutzend. Außer in Mittenwald bestehen in Markneukirchen und Klingenthal in Sachsen bedeutende Etablissements für Geigenbau.

## Die Blasinstrumente.

Obgleich ihrem äußeren Aussehen und der Art ihrer Behandlung nach höchst verschieden von den Saiteninstrumenten, beruhen die Blasinstrumente in ihrer Wirkung doch auf ganz analogen Gesetzen der Schwingung wie jene. Die wellenartigen Luftverdichtungen und Verdünnungen verlaufen in ganz entsprechender Weise, und nur in der Art des Hervorrufens derselben bestehen Verschiedenheiten. In ihrer Geschwindigkeit, wodurch die Höhe des Tones bedingt wird, sind sie von der Länge der schwingenden Luftsäule im Instrument bedingt, und diese steht in ganz direkten Beziehungen zu der

Länge des Instrumentes selbst, so daß wir das Prinzip sämmtlicher Blasinstrumente auf eine einfache gerade cylindrische Röhre zurückbeziehen können, in welcher die Luft abwechselnd verdichtet und verdünnt wird, wie das Prinzip aller Saiteninstrumente sich in den Bewegungserscheinungen einer gespannten Saite ausgesprochen findet.

Wenn wir in eine lange, unten offene Röhre blasen, so bewirken wir damit zwar eine Bewegung der eingeschlossenen Luft, aber nur eine gleichmäßig fortschreitende und keine oscillirende, wie sie zur Erzeugung eines Tones nothwendig ist. Eine solche vermag z. B. eine vor der Mündung der Röhre vibrirende Zunge hervorzubringen, welche jedesmal, wenn sie sich nach der Röhre zu bewegt, eine Verdichtung der vor ihr befindlichen Lufttheilchen bewirkt, beim Zurückgehen dagegen eine Verdünnung. Man kann indessen auch durch die Stöße, welche ein Luftstrom erfährt, wenn er an eine entgegenstehende Kante anprallt, eine Luftsäule in Schwingungen versetzen und beide Arten kommen in der Konstruktion der musikalischen Instrumente zur Anwendung. Trompete, Waldhorn, Posaune, Klarinette und Fagot sind Beispiele des ersten Falles, sogenannte Zungenpfeifen; dagegen repräsentiren Orgelpfeifen und Flöten die zweite Art, die sogenannten Flötenpfeifen, welche wir durch beistehende Zeichnung erläutern. Fig. 357 und 359 sollen die äußere Ansicht, Fig. 358 und 360 aber den Durchschnitt der Pfeife zeigen. Der untere Theil, der Fuß, dient zum Anblasen. Die Luft strömt, durch einen eingeschobenen Kern c geleitet, gegen den Mund a b und erleidet hier durch den Anprall an der oberen Kante b zunächst eine Verdichtung. Dieselbe dauert zwar nicht lange, weil sie gleich nach außen hin sich verbreiten kann; durch die nachströmende Luftmasse wird aber dasselbe Spiel immer wieder auf's Neue wiederholt, und es entstehen so aus den dichteren und dünneren Luftschichten Wellen in rascher Aufeinanderfolge. Die durch dieselben hervorgebrachten Erschütterungen theilen sich der Luft im Innern der Röhre mit und suchen diese in gleich rasche Schwingungen zu versetzen. Da die eingeschlossene Luftsäule am leichtesten aber als ganze Masse schwingt, so wirkt sie durch ihre gewichtigeren Bewegungen auf die Schnelligkeit der an der Mündung entstehenden Wellen ein und regulirt dieselben in ihrer Geschwindigkeit. Jede Pfeife hat demnach ihren besonderen Ton, der von der Länge der in ihr schwingenden Luftsäule abhängig ist.

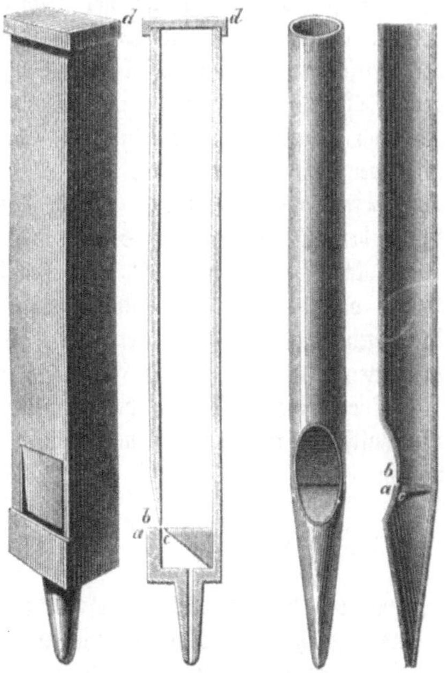

Fig. 357. Fig. 358. Fig. 359. Fig. 360.

Gedeckte und offene Pfeifen.

Es leuchtet ein, daß jeder Stoß, jede Verdichtung, die von a aus auf die innere Luftsäule wirkt, sich in der ganzen Länge der Röhre als eine Verdichtungswelle fortbewegen wird, bis sie das geschlossene Ende d (Fig. 357 und 358) erreicht; von diesem wird sie zurückgeworfen und gelangt wieder an die obere Oeffnung. Die unterste Schicht der Luft an d bleibt dabei in Ruhe, es entsteht hier ein Schwingungsknoten. Der Ton, den eine geschlossene Pfeife von $1/2$ Pariser Fuß Länge giebt, stimmt nun völlig mit demjenigen überein, den die Syrene bei 512 Stößen hören läßt. In der Luft legt aber der Schall in der Sekunde 1050 Fuß (= 1024 Pariser

Fuß) zurück, und da die Länge der Wellen gleich dem Raume sein muß, um welchen sich der Schall während der Schwingung eines Lufttheilchens fortpflanzt, so muß jede der den obigen Ton erzeugenden Wellen $^{1024}/_{512}$ oder 2 Fuß lang sein, und die Länge einer oben geschlossenen, **gedackten**, Pfeife (Fig. 357 und 358) beträgt demnach nur den vierten Theil der ihrem Grundtone zugehörigen Wellenlänge. Die Tonhöhe ist also der Länge umgekehrt proportional.

Bei **offenen** Pfeifen (Fig. 359 und 360) bildet sich der Schwingungsknoten in der Mitte; um denselben Ton hervorzubringen, muß also die offene Pfeife doppelt so lang sein, wie die geschlossene. Weil die durch ihre Länge bedingte Schwingungsgeschwindigkeit einer Pfeife erst die Geschwindigkeit der am Mundstück erfolgenden Stöße reguliren muß, so spricht eine derartige Pfeife nicht allemal gleich im ersten Moment an; sie findet indessen sehr bald den ihr eigenthümlichen Ton.

Ebenso wie die Saite der Violine sich unter gewissen Verhältnissen freiwillig theilt und in ihrer Länge Schwingungsknoten entstehen ließ, so sind auch die tönenden Luftsäulen unter gewissen Verhältnissen geeignet, sich in aliquote, für sich schwingende Theile zu sondern und höhere Obertöne entstehen zu lassen. Man würde natürlich, wenn die Luftsäule in einer Röhre immer nur in derselben Weise zu schwingen im Stande wäre, mit einem Instrumente auch immer nur einen einzigen Ton hervorbringen können. Durch jene Eigenschaft der schwingenden Luftsäule ist indessen der Künstler in den Stand gesetzt, die verschiedensten Töne erklingen zu lassen. Eine solche Behandlung setzt aber eine sehr große Uebung und ein feines musikalisches Gehör voraus, und daher findet man bei weitem weniger Musiker, welche die Blasinstrumente gut zu spielen verstehen, als solche, die es in der Behandlung der Saiteninstrumente zu einer großen Fertigkeit gebracht haben.

Die Reihe derjenigen höheren Töne, welche durch Selbsttheilung der schwingenden Luftsäule in einer offenen Röhre entstehen können, wird ausgedrückt durch die Reihe:

| 1 | 2 | 3 | 4 | 5 | 6 | 7 | 8 | 9 | 10 | 11 | 12 | 13 | 14 | 15 | 16 |
|---|---|---|---|---|---|---|---|---|---|---|---|---|---|---|---|
| C | c | g | $\overline{c}$ | $\overline{e}$ | $\overline{g}$ | $\overline{b}$ | $\overline{\overline{c}}$ | $\overline{\overline{d}}$ | $\overline{\overline{e}}$ | $\overline{\overline{f}}$ | $\overline{\overline{g}}$ | $\overline{\overline{a}}$ | $\overline{\overline{b}}$ | $\overline{\overline{h}}$ | $\overline{\overline{\overline{c}}}$ |

Weiter hinauf rücken die Töne noch enger zusammen. Allen aus einfachen Röhren bestehenden Blasinstrumenten giebt man eine große Länge der Röhre, um die Obertöne möglichst rein und klar zu erhalten; sie werden deshalb auch auf ihren Grundton selten oder nie benutzt. Da die Schwingungszahl der Töne eine ganz genau bestimmte ist, so ist auch ein Instrument, welches seine Tonfolge über einem gewissen Grundton aufbaut, für andere Tonarten wenig oder gar nicht geeignet. In der Musik sind daher bei dieser Art von Instrumenten für verschiedene Tonarten auch verschiedene Exemplare in Gebrauch, die sich von einander, je tiefer ihr Grundton ist, durch eine um so mehr wachsende Länge ihrer Röhre unterscheiden. Es giebt z. B. bei den Hörnern C-Hörner, F-Hörner, E-Hörner, bei den Klarinetten C-Klarinetten, D-Klarinetten, B-Klarinetten, ferner E-Trompeten, Es-Trompeten u. s. w. Dieser Umstand erlaubt rasche harmonische Ausweichungen mit dem Instrumente nicht, und weil der Bläser, wenn die Musik sich in verschiedenen Tonarten bewegt, allemal nach einem neuen Instrumente zu greifen hat, auch die Klangfarbe derselben unter einander leicht etwas abweicht, so war dadurch der Verwendung dieser Instrumente in der harmonischen Musik eine gewisse Unbequemlichkeit beigegeben. Man hat sich nun immer damit beschäftigt, Instrumente zu erfinden, welche die Vortheile mehrerer, auf verschiedenen Grundtönen basirter einfacher Röhren in sich vereinigten, und man hat auf verschiedene Weise dieses Bedürfniß schon erfüllt.

Die Geschichte der Blasinstrumente ist mit der Geschichte der Musik eng verbunden. In den ersten Anfängen bediente sich die Musik nur weniger Töne, und die ältesten Erfinder hatten bei Herstellung ihrer Instrumente eine verhältnißmäßig leichte Aufgabe. Dasjenige Instrument, welches uns diesen kindlichen Zustand am augenscheinlichsten verkörpert, ist die sogenannte Panflöte, eine Zusammenstellung mehrerer geschlossener Pfeifen, aus Rohrstücken gebildet, welche in ihrer Länge von einander abweichen, so daß die tiefste Pfeife, die längste, in der Mitte sich befindet und nach beiden Seiten in absteigender Reihe die höheren und kürzeren sich anordnen. Sie findet sich jetzt bisweilen noch als ein Spielzeug der Kinder und wird angeblasen wie ein hohler Schlüssel, indem man den Luftstrom über die senkrechte Mündung streichen und gegen den Rand derselben stoßen läßt.

Sehr bald aber wurde auch von der Erfahrung Gebrauch gemacht, daß sich eine Luftsäule, die in einer geschlossenen Pfeife schwingt, verkürzt, wenn man ihr Gelegenheit giebt, nach außen hin auszuweichen, ehe sie den Boden der Pfeife erreicht. Schneidet man also in eine Pfeife nach ihrer Länge verschiedene Löcher, so geben diese, einzeln geöffnet, verschiedene Töne, welche offenen Pfeifen von der Länge der Entfernung, um welche das offene Ende von dem entsprechenden Loche absteht, entspricht. Diese Löcher wurden gleich anfänglich so gebohrt, daß sie für gewöhnlich mit den Fingern verschlossen gehalten werden konnten; durch Oeffnen eines oder des andern Griffloches konnte man den betreffenden Ton zum Ansprechen bringen. Unsere Flöte, Klarinette, Fagot u. s. w. sind Beispiele derartiger Instrumente, deren erste Anfänge wir schon in dem Haferrohr der Hirten wie im uralten Tscheng der Chinesen beobachten können.

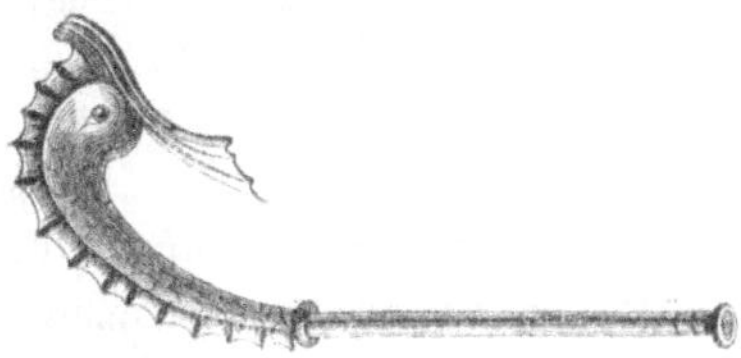
Fig. 361. Celtische Trompete.

Die ganze Reihe der Blasinstrumente theilt sich sonach in drei Hauptklassen von Instrumenten: in solche, welche nur einen einzigen Ton geben, gleichviel ob sie offene oder gedeckte Pfeifen darstellen, und die wir bei der Orgel vertreten finden; in solche, welche bei gleichbleibender Länge der Röhre durch verschiedenes Anblasen mehrere Töne geben, wie die Trompete, das Waldhorn u. s. w., die kesselförmige Mundstücke haben, und in solche endlich, bei denen die verschiedene Tonhöhe durch jemalige Verlängerung oder Verkürzung der schwingenden Luftsäule erreicht wird. Die letzteren sind ihrer Natur nach unter einander wieder sehr verschieden, je nachdem durch eine wirkliche Veränderung der Röhrenlänge oder durch Seitenlöcher die Veränderung der Schwingung bewirkt wird. Eine weitere Betrachtung führt uns demnach auf verschiedenen Wegen fort, und es wird unsere Aufgabe sein, die einzelnen Instrumente oder wenigstens die hauptsächlichsten gesondert zu untersuchen.

**Trompete und Horn.** Die ältesten Blasinstrumente waren jedenfalls der Art, daß auf ihnen nur wenige fest bestimmte Töne zur Verwendung kamen, also entweder offene Röhren, die einen einzelnen Ton zu geben erlaubten, wie die Trompete, oder solche, an denen durch Grifflöcher eine gewisse Abwechselung hervorgebracht werden konnte. Zu den letztgenannten gehören ohne Zweifel diejenigen Instrumente, welche man im Alterthum mit dem Namen der Flöten belegte; nur dürfen wir uns darunter nicht unsere heutigen Querflöten denken, sondern vielmehr Instrumente, die ihrer Einrichtung und ihrer Behandlungsweise nach mit den Klarinetten und Oboen übereinstimmen.

Die Trompete und das Horn — in ihren primitiven Formen identisch — scheinen in den natürlichen Modellen, welche Muscheln, Ochsenhörner u. s. w. abgaben, Ansprüche auf das größte Alter machen zu können. Wir finden in der

Iliade das Geräusch des Kampfes mit dem Klange der Trompete (Salpinx) verglichen, und wenn uns auch keine bildlichen Ueberlieferungen aus jener Zeit überblieben sind, so läßt doch die Anschaulichkeit derartiger Vergleiche Vorstellungen von der Natur des Instrumentes machen. Die Griechen schon bedienten sich außer geraden Röhren zu ihren Trompeten auch noch gekrümmter, denn es hat auf die Eigenthümlichkeit des Tones keinen Einfluß, ob die Schwingungen der Luftsäule in gerader Linie geschehen oder ob sie einen bogenförmigen Weg zu durchlaufen haben. Von dem Mundstücke an erweitert sich die Röhre konisch und verläuft endlich in einen kreisförmigen Ausgang von mehr oder weniger bedeutendem Umfange. In den späteren Zeiten unterschied man je nach der äußeren Form verschiedene Instrumente, und kam ihnen dem entsprechend eine verschiedene Verwendung zu. Mit den langen, geraden Trompeten z. B. wurde das Volk zum Opfer gerufen. Der vorderen weiten Oeffnung, dem Schallbecher, gab man verschiedene Gestalt und, wie bei den celtischen Trompeten Carnon oder Carnix (Fig. 361), sogar die Form von abenteuerlichen Thieren. Auf der Trajanssäule in Rom finden wir mancherlei dergleichen Instrumente abgebildet. Die paphlagonische Trompete lief in einen Ochsenkopf aus, die medische in eine Art Glocke, ebenso die tyrrhenische oder etruskische. Die Römer bedienten sich der Trompete, die bei ihnen häufig eine gekrümmte Form erhielt, welche sie unserem Waldhorn ähnlich machte, im Kriege, und nannten sie Tuba. Unsere heutigen Jagdhörner, welche beinahe kreisförmig gebogen sind, so daß sie unter dem linken Arme des Bläsers hindurchgehen und mit ihrem Schallbecher über den Kopf fast bis zum Mundstück wieder herabreichen, erinnern noch an eine damals übliche Gestalt, welche namentlich von der Reiterei benutzt wurde (Lituus). Ein pompejanisches Basrelief zeigt einen solchen Lituusbläser oder Buccinator (Fig. 363), der auf seinem Instrumente den Moment verkündet, wo die Gladiatoren vom Waffenkampf zum Faustkampf übergingen. Eine ähnliche Darstellung findet sich auf einer Gemme im Berliner Museum.

Fig. 362. Römischer Tubabläser.

Fig. 363. Römischer Buccinator.

Die glänzende Klangfarbe aller hierher zählenden Instrumente macht dieselben vorzüglich für öffentliche Zwecke brauchbar. Es war bei den Römern ein Vorrecht Hochstehender, bei Trompetenschall begraben zu werden; der gemeine Mann mußte sich mit dem Spiel der Flöten begnügen. Aeneas malt in seinem berühmten Hexameter

At tuba terribili sonitu tara tantara dixit,

und Virgil in

At tuba terribilem sonitum procul aere canoro,

das Hervorstechende des brillanten Tones in Worten.

In Aegypten schreibt man die Erfindung der Trompete dem Osiris zu, und wir finden auf alten Monumenten zahlreiche Darstellungen, welche den Gebrauch des Instruments sowol im Kriege beim Marschiren der Truppen, als zum Signalgeben und zum Zusammenrufen des Volkes zeigen. Von Aegypten aus wurden die Hebräer mit den Trompeten bekannt, welche ihnen in ihren religiösen Ceremonien eine große Rolle gaben. „Mache dir zwei Trompeten von dichtem Silber, daß du ihrer brauchest, die Gemeinde zu berufen und wenn das Heer aufbrechen soll; die Söhne Aarons, die Priester, sollen solches Blasen thun“, heißt es im vierten Buch Moses; und bei der Schilderung der Erstürmung Jericho's scheinen auch trompetenähnliche Instrumente — Koherims, weil sie aus Ochsenhörnern gefertigt waren — erwähnt zu werden. Die gerade Form dieser Instrumente gehört wahrscheinlich einer sehr alten Zeit an, wir finden sie fast ausschließlich auf den uns überlieferten Monumenten dargestellt. Die in einem Halbzirkel gekrümmten Formen treffen wir zuerst bei den Aegyptern und Lydern.

Fig. 364.
Das goldene Horn.

Die Chinesen bedienen sich kupferner Instrumente, deren Erfindung sie in die Zeit Fu-Hi's, 2950 v. Chr., versetzen. Fig. 364 bildet das berühmte **goldene Horn** ab, ein metallenes Instrument mit kunstreich verzierter Oberfläche. Bei den Hindu's finden wir ähnliche Instrumente ebenfalls aus den frühesten Zeiten schon erwähnt; und wenn unter den verschiedenen Völkern in Folge verschiedener ästhetischer Begriffe sich die Form auch allmälig verändert hat, und dadurch sowol als durch Verwendung anderen Materials zur Herstellung schließlich nicht nur das äußere Ansehen, sondern auch die Klangwirkung sich so änderte, daß die verschiedenen Formen oft wenig mit dem gemein haben, was wir jetzt ausschließlich Trompete nennen, so ist doch das Prinzip aller dieser Instrumente dasselbe.

In den trompetenähnlichen Instrumenten schwingt eine Luftsäule von bei weitem größerer Länge als Dicke; allein durch die verschiedene Stärke des Anblasens kann dieselbe gezwungen werden, sich in aliquote schwingende Theile zu theilen und dadurch die Töne der diatonischen Tonleiter hervorzubringen. Aus diesem Grunde zählen wir hierher nicht nur die eigentlichen alten Trompeten, sondern auch das Horn, d. h. diejenige Form, welche durch ihren deutschen Namen **Waldhorn** auf ihre Ursprünglichkeit hinweist.

Da die ersten Töne, welche man auf derartigen Instrumenten erzeugen kann, sehr weit aus einander liegen, und zwar der zweite um eine Oktave, der dritte um eine Duodezime, der vierte um zwei Oktaven höher ist als der Grundton, so sind diejenigen Obertöne, welche nahe genug zusammen liegen, um allen musikalischen Anforderungen zu genügen, schon Töne sehr hoher Ordnung, und um sie in wünschenswerther Reinheit und Stärke hervorzubringen, muß wie gesagt der Röhre eine sehr große Länge gegeben werden. Das Waldhorn hat eine Röhrenlänge von 27 Fuß und stimmt in Es. Dieser Ton aber sowie sein nächster Oberton Es werden nicht benutzt, wol aber die höheren Töne B, es, g, b, des', es', f', g', as', a', b' u. s. w. Diese große Länge des Rohres bedingt die gewundene Form, welche allerdings bei der Herstellung bedeutende Schwierigkeiten verursacht.

Es würde kaum möglich sein, ohne Weiteres einen langen Blechstreifen so zusammenzulöthen, wie es die Röhre eines Waldhornes oder einer Trompete zeigt, ohne daß Falten und Buckeln darin vorkommen, welche den Ton sehr nachtheilig beeinflussen. Man erreicht dies aber, indem man erst eine gerade Röhre herstellt, dieselbe überall auf das Sorgfältigste verlöthet und aushämmert, sie darauf mit geschmolzenem Blei ausfüllt und den erkalteten, starren Körper, der mit der Röhre eine einzige zusammenhängende Masse bildet, in die verlangten Windungen biegt. Die dabei entstehenden Unebenheiten lassen sich durch Hämmern leicht beseitigen. Schließlich schmilzt man das Blei wieder durch Erhitzung aus.

Wenn man von älteren gekrümmten Hörnern spricht, so kann man damit nur im Halbkreis gebogene meinen. In dem Büffelhorn, dem Hüft- oder eigentlich Hiefhorn der Jäger und dem gegenwärtigen englischen Buglehorn (von bugle, wilder Ochs) haben sich dergleichen alte Formen noch erhalten. Die Biegungen in Vollkreisen und Ellipsen dagegen stammen erst aus dem Anfang des 16. Jahrhunderts.

In der Musik spielen diese Metallblasinstrumente ohne Seitenlöcher eine große Rolle. Bis zu Händel's Zeit, wo die Harmonie eine noch viel einfachere war und die Komponisten eine verhältnißmäßig kleine Zahl von orchestralen Effektmitteln kannten, war der Trompete mit der Violine die Melodieführung zugetheilt. Die helle Klangfarbe qualifizirte sie dazu besonders. „Trummett ist ein herrlich Instrument, wenn ein guter Meister, der es wohl und künstlich zwingen kann, darüber kömpt“, sagt Michael Prätorius zu Anfang des 17. Jahrhunderts. Später aber verwandte man sie mehr als Tonfarben, und ihre Stimmen wurden demgemäß mehr in die Mitteltöne gelegt. Dadurch hat aber die Kunst des Trompetenbläsers entschiedene Rückschritte gemacht, so daß nur wenige der heutigen Trompeter den Zumuthungen, welche Händel noch an ihre Leistungen stellt, gerecht werden können. Namentlich scheint sich die Kunst, die höheren Trompetentöne leicht hervorbringen zu können, verloren zu haben, so weit, daß Mozart bei Instrumentirung des Händel'schen Messias die Trompetenpassagen an verschiedene Instrumente vertheilen mußte.

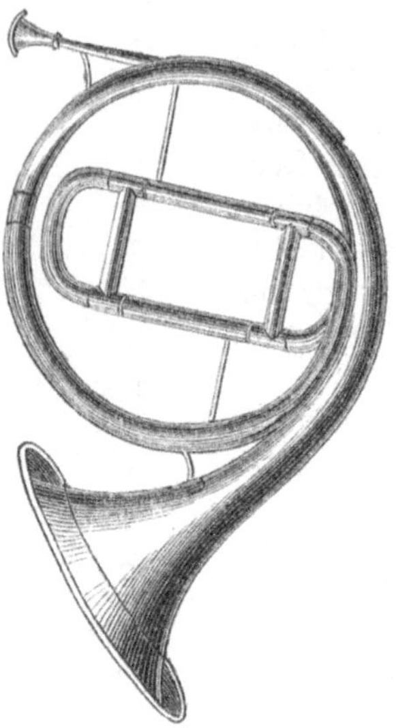

Fig. 365. Das Horn.

Die fortschreitende Entwickelung der harmonischen Musik, welche mit der diatonischen Tonleiter sich nicht begnügen kann, mußte auf Versuche führen, um die Luftsäule im Innern des Instruments beliebig verlängern oder verkürzen zu können und dadurch die zwischenliegenden chromatischen Töne hervorzubringen. Bei dem Waldhorn, welches einen sehr weiten Schallbecher hat (Fig. 365), konnte man zwar durch Verengerung desselben mit der Faust (Stopfen) die Töne in Bezug auf Höhe und Tiefe bis zu einem gewissen Grade verändern, allein bei der Trompete war dies Mittel nicht anwendbar, und man mußte jenen Zweck auf andere Weise zu erreichen suchen. Um den Grundton des Instrumentes zu verändern, z. B. um das C-Horn in ein Es-Horn, F-Horn u. s. w. zu verwandeln, brachte man Einsatzstücke an, sogenannte Krummbogen, welche unter das Mundstück aufgesetzt wurden und die Röhre um die entsprechende Länge vergrößerten. Nach Prätorius hat es gegen 1600 nur eine einzige „Trommet, vulgo Tarantara der Feldtrummter in d“ gegeben. „Nur vor gar wenig Jahren“, schreibt er 1619, „hat man sie bei etzlichen Fürsten und Herren Höffen an der Mensur verlängert, oder aber Krumbbügel ferner darauf gesteckt, daß sie ihren Baß um einen Ton tieffer in Modum hypojonicum gestimmt.“ Indessen hilft dies immer nur, wo eine Aenderung der Tonart eintritt, die innerhalb derselben fehlenden Halbtöne konnten aber natürlich damit nicht erzielt werden. Man erreichte diese Absicht zuerst durch die beweglichen Schieberöhren, welche luftdicht ineinander gingen und beim Herausziehen die schwingende Luftsäule verlängerten, beim Hineinstoßen sie verkürzten, den Grundton erhöhten. Auf diese Weise entstand aus der Trompete die Posaune. Im Prinzip sind beide Instrumente vollkommen gleich, und wenn in der Posaune die Stellung der Röhren zu einander fixirt wird, so stellt sie in der That nur eine Trompete von großer Röhrenlänge, demnach von einem tieferen Grundtone dar.

Bei dem Waldhorn versuchte man dieser Idee ebenfalls Eingang zu verschaffen und die sogenannten Inventionshörner, welche Anton Joseph Hempel in Dresden 1754 erfunden hat, sind dafür die ersten Belege. Indessen war die Bewegung der Röhren zu schwerfällig, so daß man davon wieder Abstand nahm, und um so lieber, als Clagget in England zu Ende des vorigen Jahrhunderts und Heinrich Stötzl aus Pleß in Oberschlesien 1815 mit der Hauptröhre des Instruments mehrere, in dieselbe mündende Nebenröhren verband und dadurch, daß die Zugänge zu denselben beliebig mittels Ventile, Wechsel, geöffnet werden konnten, die schwingende Luftsäule im Innern um die entsprechenden Längen vergrößerte.

Die Wechsel wurden durch die Finger gestellt. Zuerst brachte Stötzl an seinem Horne blos zwei solcher Wechsel an, von denen das eine die Luftsäule gerade um einen halben Ton tiefer stimmte und somit die chromatische Tonleiter bis auf das gis schon hervorbringen ließ. Um auch das gis zu erreichen, mußte noch ein dritter Wechsel eingeführt werden. Dies geschah 1830 durch Müller in Mainz, und damit war das Ventilhorn in seiner heutigen Form erfunden.

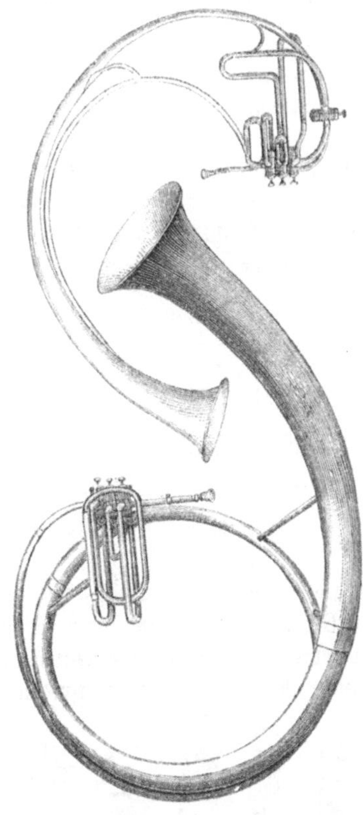

Fig. 366. Ventilhörner von A. Sax in Paris.

Der Mechanismus, durch welchen man die verschiedenen Röhrenstücke mit einander in Verbindung setzt, ist verschieden. Bei den deutschen Instrumenten bestand derselbe im Wesentlichen aus einem doppelt durchbohrten Hahn, wie wir einen solchen bei der Luftpumpe kennen gelernt haben, und die Figur 367 zeigt uns die Art der inneren Röhrenverbindung. Die Drehung desselben wird durch ein Klavis bewirkt, welches auf der Achse des Hahnes rechtwinkelig befestigt ist und mit dem Finger regiert wird. Leichte Beweglichkeit und völlig luftdichter Verschluß sind aber auf diese Weise nur mit Schwierigkeiten zu erreichen und Meifried in Paris wollte deswegen statt der drehenden Hähne senkrecht sich bewegende, durchbohrte Cylinder angewandt wissen, eine Idee, welche Adolph Sax, Hornist und Metall-Blasinstrumentenmacher zu Brüssel, 1833 zur Ausführung brachte. Es wird die Art, wie dieser Mechanismus wirkt, ebenfalls am besten sich durch Abbildung verdeutlichen lassen, und wir geben in Fig. 368 einen Durchschnitt, in welchen die Stellung der Pistons die Nebenröhren absperrt, in Fig. 369 einen solchen, wo durch Niederdrücken der Cylinder die Nebenröhren eingeschaltet werden, und in Fig. 370 die Ansicht des innern Mechanismus eines Instrumentes mit sechs Pistons.

Wie man aus diesen Abbildungen sieht, muß aber der Luftstrom, wenn er die Durchbohrung des Pistons passirt, einen ziemlich scharf gebrochenen Weg durchlaufen, wodurch die Ansprache des Instruments nicht nur erschwert, sondern auch die Reinheit des Tones beeinträchtigt wird. Sax, der sich mittlerweile nach Paris gewandt hatte, verwandelte den festen und nur mit zwei engen Schubröhrchen versehenen Stempel in einen inwendig hohlen Cylinder, welcher an den mit den betreffenden Röhren kommunizirenden Stellen Durchbohrungen hatte, und dadurch, daß die Luft hier einen unverhältnißmäßig größeren Raum zum Ausweichen erhielt, wurde der Ton allerdings weicher und reiner. Die Figuren 371 bis 373 geben uns diese Einrichtung von verschiedenen Seiten gesehen, von außen, durchschnitten und mit verschiedener Stellung des Cylinders, so ausführlich, daß eine weitere Erklärung überflüssig erscheint.

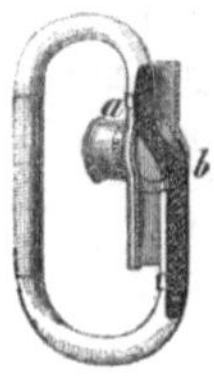
Fig. 367.

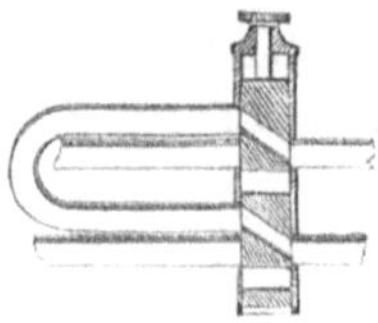
Fig. 368.

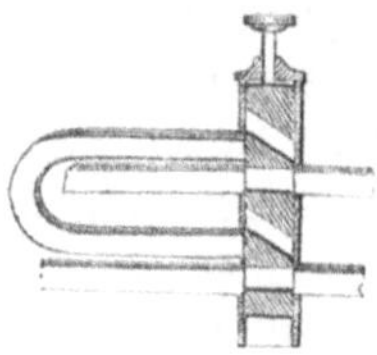
Fig. 369.

Sax hat nach seinem Systeme fast alle Blasinstrumente eingerichtet, und von welchem Reichthum der Formen sein Lager ist, möge die Abbildung Fig. 374 zeigen, welche einen Theil der Sax'schen Metall-Blasinstrumente zur Anschauung bringt. Uebergänge aus der einen Form in die andere und die Kombination der Eigenthümlichkeiten verschiedener derselben geben den Instrumenten ein Aussehen, welches mit dem der ursprünglichen Trompete oder dem alten Horn nur wenig Aehnlichkeit hat. Die beigegebenen Zeichnungen sind den französischen amtlichen Berichten über die Londoner Ausstellung von 1862 entnommen, und wir bedauern nur, nicht in gleicher Ausführlichkeit die Leistungen unserer deutschen Instrumentenbauer vorführen zu können. Für diese neuen Produkte sind zahlreiche Namen entstanden, Saxhorn, Ophikleïde, Baroxyton, Euphonion u. s. w., an deren Aufzählung wir, wenn wir sie versuchen wollten, der Reichhaltigkeit wegen scheitern würden.

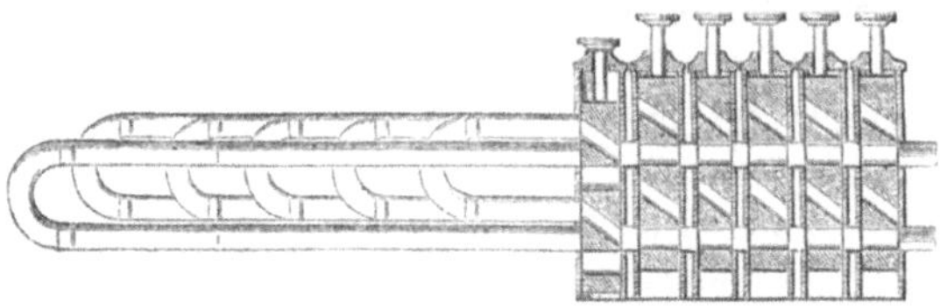
Fig. 370. Instrument mit sechs Pistons.

Bei einem Vergleiche würden die Leser die Ueberzeugung gewinnen, daß die deutschen Instrumente in keiner Weise hinter den Sax'schen zurückstehen. Namentlich hat sich W. F. Cerveny in Königgrätz durch die fortgesetzte Vervollkommnung seiner Instrumente einen berühmten Namen gemacht. Er war es, der die ältere enge Bauart aller Blechblasinstrumente, bei welcher der Grundton gar nicht zur Ansprache gebracht werden konnte, verließ und seinen Instrumenten einen weiteren Durchmesser gab, wodurch er eine reine und volle Ansprache des Grundtones ermöglichte. Das ist insofern ein großer Fortschritt, als sich die Röhre der Instrumente für tiefe Töne um die Hälfte verkürzen ließ.

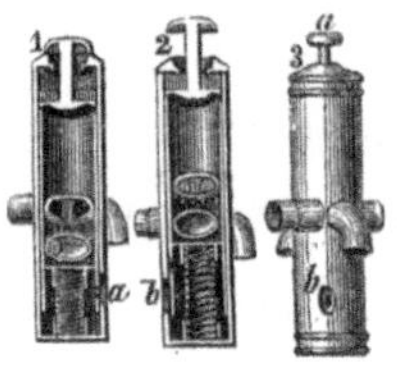
Fig. 371.

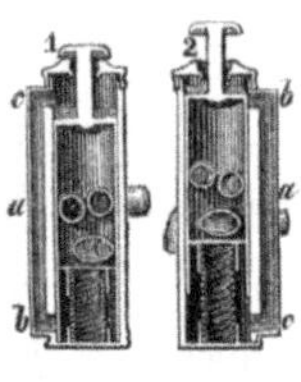
Fig. 372.

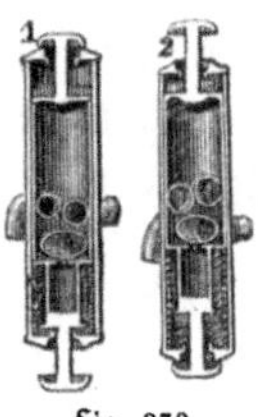
Fig. 373.

A. Sax's Cylindereinrichtung.

Die deutschen Instrumentenmacher haben hier und da anstatt der Sax'schen Cylinder die Hähne beibehalten, welche, weil der doppelt durchbohrte Kern nicht sehr hoch ist, sondern mehr die Form einer starken Scheibe oder eines Rades hat, **Radlmaschine** genannt wird. Die Durchbohrung verläuft in Bogen, so daß die Luftsäule auf diese Weise auch vor gewaltsamen Stauchungen bewahrt ist. Das „Radl" erhielt von Cerveny nicht blos zwei, sondern bis sechs Durchbohrungen, und er benutzte derartige Vorrichtungen, um das Instrument damit umzustimmen. Die früher gebräuchlichen und jedesmal auf- und wieder abzusetzenden Krummbogen wurden dauernd mit dem Instrument verbunden und durch entsprechende Stellung der **Tonwechselmaschine**, des Radl's, in die schwingende Röhre eingeschaltet.

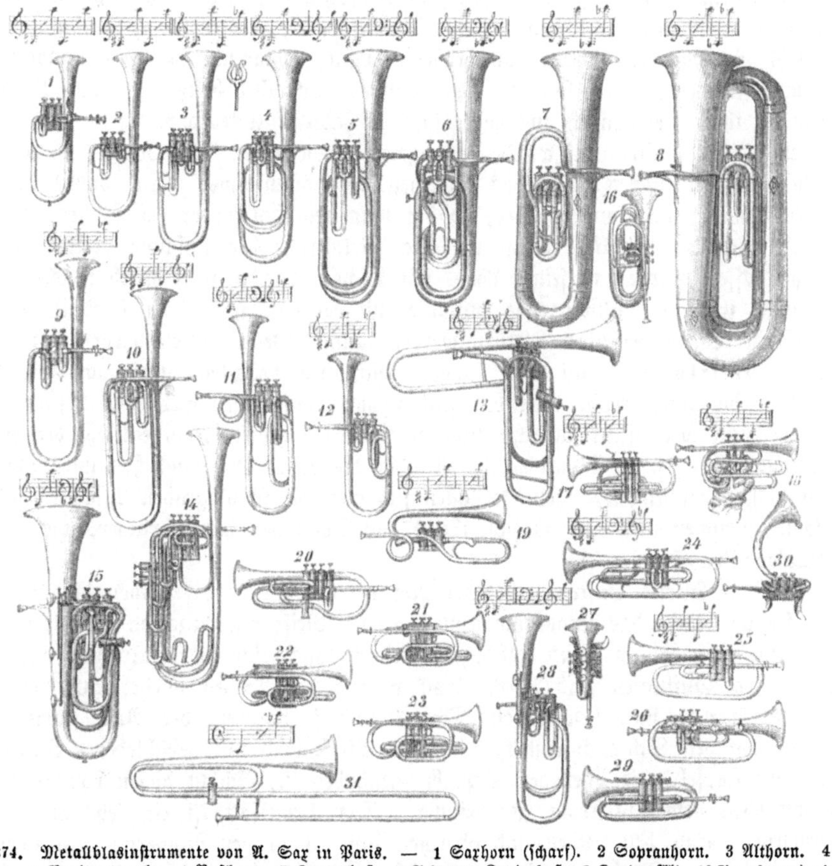

Fig. 374. Metallblasinstrumente von A. Sax in Paris. — 1 Saxhorn (scharf). 2 Sopranhorn. 3 Althorn. 4 Alttromba. 5 Baritontromba. 6 Baßhorn. 7 Kontrabaß. 8 Schwerer Kontrabaß. 9 Kontra-Alt. 10 Trombone à pistons. 11 Trompette à cylindres. 12 Cornet à pistons. 13 Trombone à pistons. 14 Saxtrombone mit 7 Pistons. 15 Baß-Saxhorn. 16, 17 u. 18 Cornet à pistons. 19 Cornet à cylindres. 20 Saxhorn. 21 Cornet à pistons à 2 clés. 22 Saxotromba alto à clés et à pistons. 23 Cornet à pistons. 24 Trompette à cylindres. 25—30 Saxhorn et Instruments à pistons avec addition de clés. 31 Trombone (Posaune).

**Klarinette und Fagot.** Der schwingende Körper, welcher die Luftsäule in der Trompete, Posaune, dem Waldhorn u. s. w. zum Tönen brachte, sind die elastischen Lippen unseres Mundes. Sie vibriren in dem kesselförmigen Mundstücke, und die Dimensionen des letzteren sind deswegen von großer Wichtigkeit für die Behandlungsweise des Instruments. Eine andere Klasse von Instrumenten giebt es aber noch, bei denen der schwingende elastische Körper mit der Röhre fest verbunden ist und aus einer vibrirenden Zunge, dem sogenannten Blatte besteht, welches durch seine rasch auf einander folgenden Schläge den vorbeipassirenden Luftstrom abwechselnd zusammendrängt und wieder auseinanderzieht, verdichtet und verdünnt und auf diese Weise die Wellenbewegung veranlaßt.

Der Urtypus dieser Instrumente liegt in dem hohlen Schaft des Löwenzahns, Leontodon taraxacum, welchen die Kinder, indem sie ihn an dem einen Ende flach zusammendrücken, zu einer Pfeife gestalten. Klarinette, Fagot, Oboe, Schalmei und die diesen ähnlichen Instrumente sind ihrem Prinzip nach nahe mit ihm verwandt. Sie bestehen sämmtlich aus einer theilweise cylindrischen, theilweise konischen Röhre, die sich nach oben hin in das Mundstück mit dem schwingenden Blatt, nach unten hin in den erweiterten Schallbecher verliert.

Die Klarinette hat nur ein schwingendes Rohrblatt, die Oboe und das Fagot haben zwei dergleichen Blättchen. Das Mundstück der Klarinette ist deshalb in seinem nicht schwingenden Theile von größerer Dicke, während die beiden andern genannten Instrumente einen langen, ganz dünnen Schnabel besitzen. Die Blättchen bestehen bei ihnen gewöhnlich aus ganz dünn geschabtem Zuckerrohr.

Jedes solche Instrument würde — abgesehen von seinen Obertönen — nur einen einzigen Grundton haben, wie das Röhrchen des Löwenzahns. Da damit aber in der Musik wenig anzufangen wäre, so hat man den Holzkörper der Röhre, welcher sich nicht leicht auf ähnliche Weise wie das Metallrohr der Posaune verlängern und verkürzen lassen würde, in seiner Länge mit Löchern durchbohrt, durch welche, wenn sie geöffnet sind, die schwingende Luftsäule mit der äußern Luft in Verbindung steht und also die Länge derselben verkürzt werden kann. Beim Spiel werden diese Oeffnungen, Grifflöcher, mit dem Finger geschlossen gehalten und nach Bedürfniß geöffnet. Die ganze Röhre mit den geschlossenen Oeffnungen giebt den tiefsten Ton; wird das dem Mundstück zunächst liegende Griffloch geöffnet, so entsteht der höchste Grundton. Mit diesen Tönen allein ist aber die Reihe der möglichen und nutzbaren Effekte nicht abgeschlossen, vielmehr lassen sich auch die schwingenden Aliquottheile der Luftsäule ausnutzen und eine ähnliche Reihe von Obertönen hervorbringen, wie bei den Metallblasinstrumenten.

Wol das älteste Instrument dieser Art ist die Sackpfeife oder der Dudelsack, freilich auch das unvollkommenste. Eine Pfeife mit einzelnen Grifflöchern ist mit ihrem Schnabel in einen luftdichten Lederschlauch eingefügt, der sich durch ein anderes Rohr aufblasen und durch Druck mittels des Armes wieder entleeren läßt. Die ausströmende Luft bewirkt das Tönen, und je nachdem der Arm stärker oder schwächer auf den Schlauch drückt, klingt die Pfeife auch mit verschiedener Intensität. Eine kleine Kapsel, die über den Schnabel geschoben ist, schützt diesen vor Verletzungen und dient dem Luftstrom zur Leitung. Der Dudelsack ist ein sehr verbreitetes Instrument. Von den Juden und Griechen kam es zu den Römern; jetzt spielt es nur noch in der Nationalmusik namentlich der Schotten und Polen eine Rolle. Die Schotten haben es mit in die Kolonien verpflanzt, und in Amerika und Australien erfreut es sich einer ziemlichen Pflege. Seine Herstellung ist sehr einfach und dieselbe geblieben, welche schon im schönen Griechenland üblich war, wo ein Widderfell auf der Fleischseite gegerbt wurde, welchem man aber die Haare nebst dem gehörnten Kopf gelassen und nur alle Oeffnungen dicht vernähte; übrigens konnte auch jeder Weinschlauch zur Anfertigung einer Sackpfeife dienen.

Die Sackpfeife ist ein Instrument für Hirten, und für höhere Musikzwecke seiner Armseligkeit wegen nicht geeignet. Nicht nur der geringe Tonumfang, sondern namentlich auch die Unmöglichkeit, eine künstlerische Abstufung von Forte und Piano hervorzubringen, mußten es den höheren Kulturstufen entfremden. Jedes Blasinstrument erhält erst Seele durch den menschlichen Mund, und es konnten daher nur diejenigen, welche direkt von den Lippen angeblasen werden, eine höhere Vervollkommnung im Laufe der Zeit empfangen.

**Die Oboe** ist jedenfalls im Prinzip auf die Naturpfeifen, wie sie die zarten, an dem einen Ende plattgedrückten Rinden junger Zweige oder natürliche, weiche, röhrenförmige Schäfte darstellen ließen, zurückzuführen und damit wol eins der ältesten Instrumente überhaupt. Wir finden bei den alten Griechen die Syrinx, welche der Beschreibung nach eine unvollkommene Oboe gewesen sein muß. Die Schalmei (Chalumeau, die Hirtenpfeife, von calamus, das Rohr) ist aber für die jetzige Form des Instrumentes als der letzte Vorläufer anzusehen.

Der Name Oboe, Hoboe stammt aus dem Französischen von Hautbois, weil der Körper des Instrumentes von Holz angefertigt wird und es vor Erfindung der Klarinette die Melodie allein zu führen hatte. Seiner Einrichtung nach besteht es aus einer konischen Röhre, welche sich unten etwas erweitert. Hatte man an den frühesten Instrumenten, zu denen wahrscheinlich auch die fistulae und die tibiae der Alten zu zählen sind, die Grifflöcher direkt mit den Fingern zu bedecken, und konnte man der Natur der Sache nach nicht mehr als höchstens acht Tonlöcher anbringen, so mußte ein wesentlicher Umschwung geschehen, als man dahinter kam, auch noch Tonlöcher durch Klappen verschlossen zu halten und dieselben durch den Druck mit dem Finger zu öffnen. Man vermochte dadurch die Zahl der Tonlöcher zu vermehren, und die jetzigen Instrumente haben in der Regel 16 Klappen. Die Behandlung nicht nur, sondern auch die Herstellung des Instrumentes überhäufte sich aber dadurch mit Schwierigkeiten, und in der That gehört eine Oboe, welche alle verlangten Töne rein hervorzubringen erlaubte, zur Zeit noch unter die Gegenstände frommer Wünsche. So viel auch daran verbessert und erfunden worden ist, so giebt es immer eine Menge Töne, welche bald zu hoch, bald zu tief sind und die nur einigermaßen zu purifiziren der Bläser zu allerhand Vortheilen seine Zuflucht nehmen muß. Die Tonlöcher stehen durchaus nicht an der Stelle, wo sie den physikalischen Gesetzen gemäß hingehören, und nur eine vollständige Umgestaltung des Systems kann den Mängeln, welche zu umgehen den Bläsern so große Schwierigkeiten machen, abhelfen.

Das englische Horn hat in Bezug auf Einrichtung und Klangfarbe mit der Oboe die größte Aehnlichkeit. Der eigenthümliche näselnde Ton wird in beiden Instrumenten durch die Anwendung zweier Blättchen bedingt. Der Tonumfang des englischen Hornes ist derselbe wie bei der Oboe, von c chromatisch durch $2\frac{1}{2}$ Oktave, allein die höheren Töne werden nicht benutzt. Der Körper bildet nicht eine gerade Röhre, sondern hat etwas über der Mitte ein Knie. In der älteren Musik führt das Instrument den Namen Oboi di Caccia.

**Das Fagot** oder der Schalmeienbaß ist das dritte Instrument dieser Reihe. Es reicht vom B bis zum g″ und besitzt acht Tonlöcher, von deren Stellung aber dasselbe, ja noch in verstärktem Maße gilt, was von der Oboe gesagt worden ist. Man kann mit Schafhäutl das Fagot in seiner heutigen Gestalt das am allerunvollkommensten eingerichtete Instrument nennen, und dennoch ist es seiner herrlichen Wirkung wegen nicht zu entbehren. Seine Behandlung erfordert aber deshalb die größte Meisterschaft. Die Röhre des Fagots ist $8\frac{1}{2}$ Fuß lang; dadurch wurde die gebogene Form bedingt, welche das Instrument auszeichnet.

Die drei genannten Blasinstrumente sind noch mannichfach abgeändert in verschiedenen Dimensionen ausgeführt und mit verschiedenen Namen bezeichnet worden. Auf der ersten Londoner Ausstellung befand sich ein Kontrafagot von acht Oktaven Umfang.

**Die Klarinette** ist ein verhältnißmäßig junges Instrument, denn sie wurde erst im Jahre 1696 von Christoph Denner in Nürnberg erfunden. Sie hat nur ein einziges vibrirendes Rohrblatt, welches länger und stärker als das der Oboe ist. Der Durchmesser der Röhre ist auch weiter als bei dem letztgenannten Instrument, und dadurch verliert ihr Ton einerseits den näselnden Charakter, andererseits aber erhält er eine größere Fülle.

Eine eigenthümliche Folge ihrer Einrichtung ist, daß durch verschiedenen Ansatz die geradzahligen Obertöne, welche bei den übrigen Instrumenten leicht zur Ansprache gebracht werden können, nicht erscheinen, daß vielmehr als erster Begleitton der dritte, dann der fünfte u. s. w. Oberton auftritt. Die Oktaven können daher nicht mit denselben Griffen hervorgebracht werden, und es machte dieser Umstand die Anbringung eines zweiten Systems von Tonlöchern nothwendig. Iwan Müller, der die Klarinette verbesserte, gab ihr 13 Klappen; dies genügt zwar, um aus allen Tonarten spielen zu können, allein es bleiben doch viele Töne unrein, und eine gründliche Umgestaltung würde für die ausübenden Künstler von den wesentlichsten Vortheilen sein.

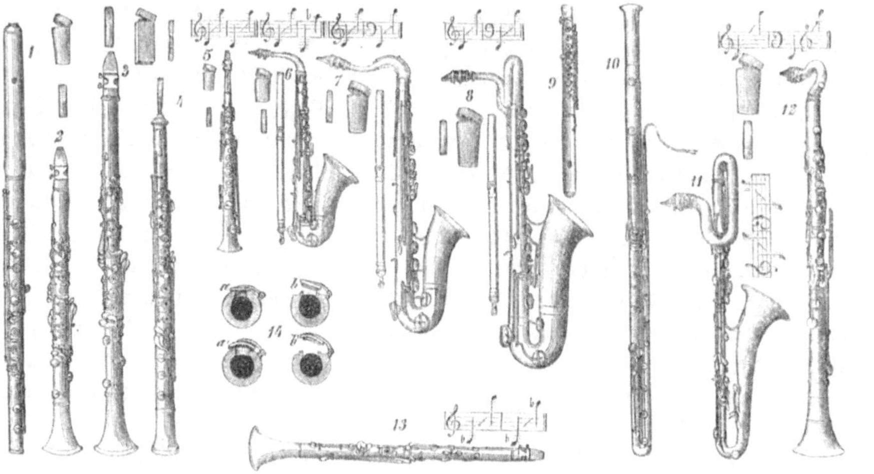


Fig. 375. Sax'sche Klappenblasinstrumente.

1 Flöte. 2 und 3 Klarinette. 4 Oboe. 5 Saxophone, Sopran. 6 Saxophone, Alt. 7 Saxophone, Tenor. 8 Saxophone, Bariton. 9 Flöte. 10 Fagot. 11 Kontrabaßklarinette. 12 Baßklarinette. 13 Klarinette, System Sax. 14 Klappenverschlüsse.

Früher benutzte man in der Musik eine größere Anzahl von Klarinetten, mit denen man beim Wechsel der Tonarten ebenfalls abwechseln mußte. Jetzt bedient man sich gewöhnlich nur der C-, D- und A-Klarinetten.

Die Klangfarbe der Klarinette hängt mit dem Ausfallen der geradzahligen Obertöne zusammen. Analysirt man nämlich einen Klarinettenton, z. B. C, so findet man ihn nicht aus seinen natürlichen Obertönen C $c'$ $g'$ $c''$ $e''$ $g''$ $b''$ $c'''$ $d'''$ $e'''$ u. s. w. zusammengesetzt, wie es bei der Oboe noch der Fall ist, wo nur die Töne $c'$ $c''$ $g''$ $c'''$ u. s. w. schwächer als die dazwischen liegenden klingen, sondern der Klang besteht lediglich aus der Tonreihe C $g'$ $e''$ $b''$ $d'''$ u. s. w.

Der Klarinettenschnabel ist übrigens in neuerer Zeit einer Anzahl von Instrumenten beigegeben worden, welche in ihrer sonstigen Einrichtung mehr gewissen Metallblasinstrumenten entsprechen, und dadurch ist eine Reichhaltigkeit auch in dies Gebiet der Musikmittel gekommen, die durch die beigegebene Abbildung (Fig. 375) Sax'scher Instrumente am besten veranschaulicht wird.

**Die Flöte.** Eine neue Instrumentgattung, ihrer Tonerregungsweise nach, sehen wir da verkörpert, wo die Luft im Innern der Röhre nicht durch vibrirende elastische Körper, sondern durch den Anprall, den sie an entgegenstehenden Kanten erleidet, abwechselnd verdichtet und verdünnt wird, wodurch die damit zusammenhängende Luftsäule in Schwingungen geräth. Ein hohler Schlüssel, den wir mit unserm Munde anblasen, versinnlicht uns die einfächste Form, welche in der alten **Panflöte** in der primitivsten Art der Muse der Musik dienstbar gemacht wurde. Wir bezeichnen die Instrumente, die sich auf dies Prinzip gründen, als **flötenartige**. Uebrigens sind diejenigen, welche man aus dem Alterthum unter dem Namen „Flöte" anführt, damit nicht zu verwechseln. Schon die alte Mythe, nach welcher Pallas Athene die von ihr erfundene Flöte wegwarf und Den verfluchte, der sie wieder aufheben würde, weil die Göttin, von Juno und Venus verlacht, erst in einer Quelle des Ida gewahr geworden war, wie lächerlich und häßlich sie durch die beim Spiel ihres Instrumentes aufgeblasenen Backen geworden, hätte den Alterthumsforschern beweisen müssen, daß Dasjenige, was die Alten mit dem Wort aulos bezeichneten, durchaus nicht mit unserer Flöte zu verwechseln ist. Noch mehr aber hätte die oft erwähnte Thatsache, daß die alten Virtuosen, um beim Spiel der Flöte sich die Backen nicht zu zerplatzen, um dieselben und um den Mund eine lederne Binde, einen Backenriemen legten, auf die Vermuthung führen müssen, daß der Aulos der Alten mehr Aehnlichkeit mit unserer Oboe oder mit der Klarinette gehabt haben müsse. In der That sehen wir auch in den alten Darstellungen die sogenannte Flöte als konisches Instrument mit drei bis fünf Grifflöchern und an dem unteren Ende häufig mit einem Schallbecher versehen.

Es scheint, als ob die Flöte in ihrer heutigen Gestalt eine deutsche Erfindung sei, welche aus der sogenannten Schwegel- oder Schweizerflöte entstanden ist. Die Regimentsmusik bestand in früheren Zeiten aus Trommlern und Pfeifern. Die letzteren bliesen cylindrische Instrumente, welche anfänglich nur sechs Tonlöcher hatten. Das siebente Loch für den Daumen kam erst später hinzu, und das achte wurde von dem berühmten Flötenvirtuosen **Quanz** zugegeben. Dies Prinzip der Flöte ist demnach ein ungemein einfaches, und es liegt darin der Grund des reinen, zarten Tones, welcher freilich etwas Kränkliches an sich hat, in Folge dessen das Instrument vorzugsweise in der Sentimentalperiode Geßner'scher Idyllen bevorzugt wurde. Für den musikalischen Gebrauch hat aber diese Einfachheit der Einrichtung ziemliche Hindernisse im Gefolge, denn da man mit blos acht Tonlöchern eine Reihe von mindestens einigen dreißig Tönen hervorbringen muß, so verwickeln sich auch hier durch die nothwendig werdende Behandlungsweise die akustischen Verhältnisse in einer Art, daß die Töne nicht nur leicht unrein werden, sondern daß sogar ihre Hervorbringung dem Spieler große Schwierigkeiten darbietet. Der Bau der Flöte ist deswegen auch als eine der schwierigsten Aufgaben des Instrumentenbaues überhaupt zu betrachten, und in der That sind die dabei einschlagenden Fragen erst in der letzten Zeit durch **Böhme** in München gelöst worden. Böhme erhöhte die Zahl der Tonlöcher, indem er deren 14, von c′ bis c″, anbrachte; er setzte dieselben genau an die Stelle, wo sie der Berechnung nach stehen mußten, und ihnen einen möglichst großen Durchmesser gab. Das letztere war vorzüglich nothwendig, um die Mitwirkung des über das Griffloch hinaus liegenden unteren Flötentheiles mit der darin eingeschlossenen Luftsäule unschädlich zu machen, denn je kleiner die Oeffnung ist, durch welche die innere Luftsäule mit der äußeren in Verbindung steht, um so unvollständiger wird die Absicht erreicht werden, nach welcher die Flöte eine offene Pfeife darstellen soll, welche bis an diesen Punkt des Grifflochs reicht. Da diese 13 Grifflöcher natürlich weder mit den Fingern erreicht, noch auch sämmtlich hätten geschlossen werden können, so bedeckte Böhme dieselben mit Klappen, zu deren Oeffnung er einen besonderen Mechanismus anbrachte.

Bei den Flöten nach den älteren Systemen war die Zahl, Anordnung und Größe der Grifflöcher durch die Einrichtung der Hand bedingt; da sich nun aber die Gesetze einer schwingenden Luftsäule nicht nach solchen Verhältnissen umändern können, so mußte von der einfachen Form zum großen Nachtheil der Klangwirkung abgewichen werden, und die Flöte war schließlich eine sehr verwickelte Kombination von konischen und cylindrischen Röhrenstücken geworden, voller Fehler und Mängel, die einigermaßen auszugleichen eine große Meisterschaft der Behandlung verlangte. Die fehlenden Halbtöne wurden durch ganz eigenthümliche Hülfsmittel hervorgebracht, daß man zum Beispiel die Wirkung zweier neben einander liegender Tonlöcher kombinirte und so einen Ton um das fehlende Intervall nothdürftig in die Höhe schob oder herabzog.

Es versteht sich von selbst, daß auf diese Weise der Qualität des Tones der erheblichste Eintrag geschehen mußte. Böhme dagegen machte sich von diesen Uebelständen unabhängig, indem er die Flöte zu einem einfachen akustischen Apparat gestaltete, dessen Wirkung auf das Genaueste sich berechnen ließ. Er trennte die Klappen von den Griffblättern und ordnete die letzteren für die Hand bequem an einer Längenachse, von welcher aus sie mittels beliebig langer, rechtwinkelig gebogener Hebel das Tonloch öffnen und schließen. Außerdem aber gab er allen Theilen die vollkommenste mechanische Ausführung.

Das Böhme'sche System hat in der letzten Zeit immer größere Berücksichtigung gefunden; es ist von dem Erfinder selbst auf die übrigen, namentlich die Holzblasinstrumente, mit gleich ausgezeichnetem Erfolge angewandt worden, und es steht zu hoffen, daß es endlich die älteren Einrichtungen ganz und gar verdrängen wird. In Frankreich hat man dasselbe bereits fast ausschließlich adoptirt, und die erweiterte Anwendung hat zu zahlreichen Konstruktionen von Klappeninstrumenten geführt, von denen wir in Fig. 375 eine Anzahl der interessantesten in Abbildung geben, wie sie von A. Sax 1862 in London ausgestellt waren. Wir bedauern dabei wiederholt, daß wir diese deutsche Erfindung nicht in gleicher Weise durch die Darstellung deutscher Instrumente veranschaulichen können.

**Die Zungenwerke** gehören eigentlich zu den im Prinzip einfachsten musikalischen Instrumenten, denn der Ton wird bei ihnen direkt hervorgebracht durch die Schwingungen elastischer Metallstäbe und ist demnach für jede Zunge ein fest bestimmter, der nicht durch verschiedene Behandlungsweise variirt und wie die schwingende Luftsäule zur Entwickelung jener bekannten Reihe von Obertönen gebracht werden kann. In der Regel bestehen die Zungen aus Stahl und werden durch einen dagegenstoßenden Windstrom zum Schwingen gebracht.

Die Geschwindigkeit dieser Schwingungen, die Höhe des Tones, hängt von der Spannung, Steifheit, der Zunge und von ihrem Gewichte ab; mit der ersteren erhöht, mit dem letzteren vertieft sich derselbe. Durch Verkürzen oder Verlängern des schwingenden Theiles vermag man also wol den Ton zu verändern, und um dies zu thun, bedient man sich in der Regel eines verschiebbaren Stimmstiftes, der an die Zunge fest anlehnt und ihre Länge bestimmt, allein diese Veränderung ist der Natur der Sache nach nicht eine solche, welche während des Spieles vorgenommen werden könnte. Sie ist außerdem nur innerhalb gewisser Grenzen möglich und deswegen nur für die Abstimmung der Zungen unter einander verwendbar. Von der Weite der Schwingungen hängt die Stärke des Tones ab, und diese ist sonach eine Folge größerer Ausbiegung durch die Stifte beziehentlich der Stärke des einwirkenden Luftstromes.

Das ursprünglichste Instrument dieser Art, die bekannte **Maultrommel**, mit welcher sich, obwol sie nur aus einer einzigen elastischen Metallzunge besteht, doch sehr verschiedene Töne hervorrufen lassen, scheint dem Gesagten aber schon einen Widerspruch zu bereiten. Indessen ist dies nur scheinbar der Fall. Denn die Feder hat in der That nur einen einzigen bestimmten Ton, es kommt aber nicht dieser zur Verwendung, sondern die Töne der schwingenden Luftsäule im Munde, und die Wirkung der Maultrommel beruht demnach auf einem andern Prinzip.

Ein angeschlagener Stahlstab — und als solchen können wir die Zungen ansehen — klingt für sich sehr schwach. Sein Ton läßt sich dadurch verstärken, daß man den Stab in Verbindung mit einem Resonanzboden bringt, sodann aber auch, daß man ihn über eine seitlich abgeschlossene Luftsäule hält, deren Länge derselben Schwingungsgeschwindigkeit entspricht. Schlägt man z. B. eine Stimmgabel an, so hört man zunächst nur die klirrenden Obertöne; wenn man ihre schwingenden Schenkel aber über die Oeffnung einer Flasche hält, und in dieser durch Zugießen von Wasser die Luftsäule auf die betreffende Länge bringt, so wird dieselbe durch die Oscillationen der Metallmasse mit in Schwingung versetzt, und es wird ein Ton laut vernehmbar. Nun kann man nicht nur einen einzigen, den gleich schnell mit der Stimmgabel schwingenden Ton wahrnehmbar machen, sondern es treten alle diejenigen Töne vernehmlich hervor, deren Schwingungen allemal je mit der ersten, zweiten, dritten, vierten u. s. w. Ausweichung der Metallmasse zusammenfallen, also zunächst die Oktave, sodann die Quinte, Duodezime, Sexte u. s. w. Immer aber müssen diese Töne tiefer liegen als die erregenden Schwingungen des Stahlkörpers, und umgekehrt, wie bei den Metallblasinstrumenten der Grundton der schwingenden Luftsäule sehr tief sein muß, wenn die Obertöne nahe genug an einander liegen sollen, um musikalisch brauchbar zu sein, so muß hier, wenn durch einen schwingenden Stahlstab eine Reihe brauchbarer Untertöne hervorgebracht werden soll, die Schwingungszahl desselben eine sehr hohe sein.

Bei der Maultrommel ist dies der Fall. Ihre Feder schwingt sehr rasch. Die Luftsäule, welche durch sie in Erregung versetzt wird und den hörbaren Ton hervorbringt, ist die von den Wänden der Rachenhöhle und der Luftröhre eingeschlossene Luft und durch Verengerung oder Erweiterung derselben wird sie, wie die Luft in der Flasche, durch Zuschütten oder Ausgießen von Wasser für die Ansprache der verschiedensten Töne geeignet gemacht.

Die meisten Maultrommeln werden in der Stadt Steyer gefertigt, und die Zahl, welche von hier aus alljährlich in alle Welt verschickt wird, beträgt Millionen. Bei der

**Mundharmonika** sind verschieden gestimmte Metallzungen in einer Platte so angebracht, daß sie durch die Oeffnungen derselben frei hindurchschlagen können und also in Schwingungen gerathen, wenn sie durch einen Luftstrom aus ihrer Gleichgewichtslage gedrückt werden. Um sie aber vereinzelt zur Ansprache bringen zu können, befindet sich jede Zunge in einer besonderen Zelle, in welche man hineinblasen kann. Statt einer Zunge sind sehr gewöhnlich deren zwei neben einander angebracht, eine nach außen, die andere nach innen schlagend, so daß also das Instrument sowol beim Hineinblasen tönt, als auch wenn die Luft durch dasselbe zurückgesogen wird. Der Ton wird hier lediglich durch die federnde Zunge selbst hervorgebracht, und höchstens wirkt die Platte, in welcher die Zungen liegen, durch Resonanz etwas verstärkend. Ein bei weitem vollkommneres Instrument ist aber die

**Physharmonika**, auch **Harmonium**, **Aeolodikon**, **Seraphine** u. s. w. genannt. Dasselbe ist um 1820 von einem Rentamtmann **Eschenbach** zu Königshofen an der Saale erfunden worden, und war in seiner ursprünglichen Gestalt ein Tasteninstrument mit einem Blasbalg, der mit den Füßen getreten wird und aus welchem kleine, durch das Niederdrücken der Tasten sich öffnende Windkanäle führen, vor denen die abgestimmten stählernen Zungen angebracht sind. So reizvoll auch die Wirkung derartiger Instrumente war, welche bald eine große Verbreitung und mancherlei Verbesserungen erhielten, so trat doch namentlich ein Uebelstand störend hervor, der ihre Anwendung sehr beschränkte. Die Zungen nämlich gerathen nicht in dem Moment, wo der Luftstrom sie trifft, gleich in volle Schwingung, denn es vergeht immer einige Zeit, ehe der Ton seine volle Stärke erreicht, und wenn dieses Schwellen für manche Musikstücke sogar von einem sehr schönen Effekt sein kann, so ist doch für alle schnelleren Passagen die Ansprache nicht präzis genug. Ein gewisser Martin in Paris verband daher mit dem genannten Mechanismus noch ein Hämmerwerk, wie das Pianoforte hat, so daß der Windstrom nur die von dem Hammerschlage schon hervorgebrachten Schwingungen zu unterhalten hat. Diese Instrumente hießen Orgues à percussion. Außerdem aber kombinirte man noch mancherlei Arrangements, man ließ den Wind durch jalousieartige Klappen allmälig sich verstärken und abschwächen, richtete die Kanäle so, daß verschiedene Zungen durch eine Taste mit einander zur Ansprache gebracht wurden, wodurch die Klangfarbe wesentlich geändert wurde, vermehrte die Zahl der Blasbälge auf zwei, für jeden Fuß einen, und gab ihnen noch eine besondere Windkammer u. s. w., so daß die heutigen Physharmoniken, welche namentlich von Schiedmayer und Söhne in Stuttgart in großer Vollkommenheit fabrizirt werden, zu den ausgezeichnetsten musikalischen Ausdrucksmitteln gehören.

Die Ziehharmonika oder das Akkordion ist eine Physharmonika in kleinem Maßstabe, bei denen der Blasbalg durch die Hand bewegt wird. Ihre äußere Einrichtung ist so bekannt, daß wir darüber nichts zu sagen brauchen. Die Zungen liegen in den beiden starken Tafeln, welche oben und unten den in parallele Falten sich zusammenklappenden Balg (sogenannten Laternenbalg) abschließen. Die Oeffnungen in den Balgtafeln sind genau so groß, wie die darin durchschlagenden Zungen, so daß neben diesen keine Luft vorbeigehen kann. Dabei ist aber die Befestigung der Zungen eine solche, daß sie nach beiden Seiten ausschlagen und sowol beim Drücken als beim Saugen des Blasbalges ansprechen. Die betreffenden Windleitungen werden durch Tasten geöffnet, welche in Form kleiner Knöpfchen auf einer Grifffläche hervorstehen.

In England hat die Ziehharmonika eine Vervollkommnung durch Wheatstone erlitten, indem derselbe die viereckige Form in eine achteckige verwandelte, den Tonumfang bis auf drei Oktaven durch die chromatische Skala erweiterte, die inneren Bestandtheile mit möglichster Genauigkeit anfertigen ließ und dem so entstandenen Werke den Namen Concertina beilegte. Indessen haben für uns diese Instrumente kein größeres Interesse, als die Ziehharmoniken, welche namentlich von Wien und Chemnitz in großer Zahl und zu den verschiedensten Preisen (von 1 Gulden bis zu 30 Thalern das Stück) fabrikmäßig dargestellt werden.

Bei allen diesen Instrumenten, bei der Physharmonika wie bei der Ziehharmonika, vertritt der plattenförmige Rahmen, in welchen die Zungen eingelassen sind, die Stelle des Resonanzbodens, der den Ton verstärkt; die Zungen haben demzufolge eine verhältnißmäßig geringe Masse.

Die Musikspielwerke, Spieldosen u. dgl., bei denen nicht ein Windstoß die federnden Zungen vibriren macht, sondern wo dieselben durch Stifte, die auf einer sich drehenden Walze eingeschlagen sind, mitgenommen und durch das plötzliche Zurückschnellen tönen, haben keinen besonderen Rahmen. Die Zungen hängen unter sich zusammen und sind durch Sägeeinschnitte aus einer schräg geformten Stahlplatte ausgeschnitten. Um sie für die tieferen Töne herabzustimmen, werden kleine Bleiklötzchen unterhalb der Spitze angelöthet, dadurch wird das Gewicht der schwingenden Masse vermehrt. Damit aber nach einem vollen Walzenumgange die Zungen von den Stiften nicht wieder in derselben Reihenfolge getroffen werden, verschiebt sich die Walze während ihrer Drehung zugleich seitwärts, und es schlagen daher allmälig Stifte an die Zungenspitzen, welche vorher leer durch die Zwischenräume zwischen den einzelnen Zinken hindurchgingen. Größere Musikstücke lassen sich aus diesem Grunde nur zur Ausführung bringen, indem man die Stifte auf der Walze spiralförmig anordnet und zwischen den einzelnen Zungen einen genügenden Zwischenraum läßt, so daß selbst nach acht- bis zehnmaligem Umgange ein Stift, der einmal angeschlagen hat, noch nicht die nächste Zunge berührt. Die Herstellung solcher Instrumente gehört demnach, weil die Hauptsache darin die Walze und das Uhrwerk ist, welches sie in Bewegung setzt, mehr in das Gebiet der Uhrmacherkunst, als in das des Instrumentenbaues, und wir werden im VI. Bande dieses Werkes noch einmal Gelegenheit haben, darauf zurückzukommen.

Indessen müssen wir hier doch noch derjenigen automatischen Spielwerke Erwähnung thun, welche ebenfalls durch solche Spielwalzen in Bewegung gesetzt werden, in denen aber zur Erzeugung des Tones nicht nur federnde Metallzungen verwendet werden, sondern die eine oft sehr komplizirte Verbindung aller nur denkbaren Klangkörper darstellen. Es sind dies die sogenannten Orchestrions, in deren Erfindung und Vervollkommnung namentlich Alexander Kauffmann in Dresden, M. Blessing und M. Welte in Vöhrenbach im Schwarzwalde eine große Berühmtheit erlangt haben. Der Letztere hatte auf die Ausstellung von 1862 ein Orchestrion geschickt, welches der Berichterstatter für den Zollverein, der berühmte Klavierspieler Professor Ernst Pauer in London, das Vollkommenste nennt, was bis jetzt in dieser Art geleistet worden ist. Die Abbildung (Fig. 376) auf Seite 404 giebt uns eine Ansicht dieses höchst interessanten Werkes. Die Maschine desselben hatte zwei Hauptlaufwerke, welche mittels aufgezogener Gewichte in Bewegung gesetzt wurden. Die Stifte waren auf den Walzen in acht Umgängen spiralförmig so vertheilt, daß bei der stetigen Verschiebung derselbe Stift die nämliche Taste nicht wieder berühren konnte. Mit den 186 Tasten standen nun die verschiedenen Tonquellen in Verbindung, welche in mannichfacher Koppelung die Klangfarben der verschiedenen Instrumente nachahmen. 524 Pfeifen in 15 Registern gaben im Charakter folgende Instrumente wieder: Flöte, Fugarra (Oktave), Piccolo, Oboe, Trompete, Horn, Fagot und Posaune. Außerdem war vorhanden eine große Trommel mit starkem Schlägel und Paukenwirbel, eine kleine Militärtrommel, Triangel und türkische Becken. Der Wind wurde in drei verschiedenen Blasbälgen erzeugt. Die Noten für ein Musikstück waren auf drei Walzen eingeschlagen, so daß durch die 39 Walzen, welche dem Werke beigegeben waren, 13 große Musikstücke ausgeführt werden konnten, darunter Ouvertüren von Weber, Rossini, Richard Wagner, Mendelssohn, der erste Satz der Beethoven'schen B-dur-Symphonie u. s. w. Zur Herstellung dieses Kunstwerkes hatte Welte drei Jahre gebraucht.

Die Drehorgel ist eine einfache Abart dieser Apparate, welche in eigentlichem Sinne nicht zu den musikalischen Instrumenten zu rechnen sind, da ihre Behandlung eine künstlerische Bildung durchaus nicht beansprucht. Ihr Vertrieb geschieht deshalb auch hauptsächlich nach Ländern, wie Rußland, wo bei den in entlegenen Gegenden lebenden, aber doch durch Reisen mit der Kultur bekannt gewordenen Bewohnern das Verlangen nach musikalischen Genüssen ein größeres ist, als die Möglichkeit, die nöthige Ausbildung sich zu verschaffen, um jenem Bedürfniß genügen zu können.

Die Orgel, dies großartigste aller musikalischen Instrumente, stützt sich in ihrem heutigen Wesen auf die Gesammtheit aller Erfahrungen, welche bei den verschiedenen musikalischen Instrumenten vereinzelt gemacht werden können. Da sie bestimmt ist, musikalische Ideen zum vollständigsten, höchsten Ausdruck zu bringen und allein das zu bewirken, wozu in allen Fällen sonst die verschiedenartigen Instrumente zusammen mit ihren Eigenthümlichkeiten sich vereinigen, so sind bei ihrer Erbauung auch alle die einzelnen Effekte in's Auge zu fassen, durch welche sich jene verschiedenen musikalischen Ausdrucksmittel vor einander auszeichnen. Diese Klangwirkungen zu erreichen, ist die schwierige Aufgabe des Orgelbauers, und da die Hülfsmittel doch nur beschränkte sind: indem durch den bewegten Luftstrom, welcher aus den Blasbälgen durch die Windleitungen den Pfeifen zugeführt wird, nicht nur die Effekte aller Blasinstrumente, sondern auch die Klänge der Saiteninstrumente nachgeahmt werden sollen — so muß uns ein Orgelwerk, wie das im Ulmer Dom von Walker in Ludwigslust erbaute, die höchste Bewunderung abnöthigen.

Der Name „Orgel" stammt von organum, organon, womit die lateinische und griechische Sprache ursprünglich jedes Geräth und Instrument, sodann in specie die musikalischen Instrumente und endlich eine gewisse Klasse Blasinstrumente bezeichnete. Man hat deswegen der Orgel ein sehr hohes Alter zuschreiben wollen und die in manchen alten Schriften vielerwähnte Wasserorgel, welche schon den alten Griechen bekannt gewesen ist, als dasjenige Instrument bezeichnet, aus welchem unsere heutige Orgel hervorgegangen sei. Eine zufällige Gleichheit in der Benennung aber, noch dazu, wenn dieselbe nur von der Sache meist unkundigen Uebersetzern herrührt, kann als kein Beweis für die Uebereinstimmung der Begriffe gelten, und weiter hat man hier in der That keinen Anhalt. Denn obwol es Verschiedene versucht haben, nach den Beschreibungen, welche Vitruv, Hero und Andere von der Wasserorgel gegeben, ein solches Werk nachzubilden, so ist es doch nie gelungen, die wirkliche Einrichtung jenes Instrumentes herauszufinden, welches Organum hydraulicum genannt wird. Indessen scheinen sehr frühzeitig musikalische Apparate in Gebrauch gewesen zu sein, an denen Blasbälge und eherne Pfeifen vereinigt waren.

Lassen wir alle Vermuthungen und mangelhaft gestützten Ideenkombinationen bei Seite, so haben wir als das älteste Dokument über die Orgeln ein Schreiben des Papstes Johann VIII. an Anno, Bischof von Freisingen anzusehen, in welchem der letztere ersucht wird, eine Orgel und einen Künstler, der solche bauen und spielen könne, nach Italien zu senden. Die Kunst des Orgelbaues, mag sie nun in Griechenland erfunden sein oder nicht und mag das Organum, welches Kaiser Karl der Große vom Kaiser zu Konstantinopel zum Geschenk erhalten hatte, die erste Orgel nach unserer Art, die in's Abendland kam, gewesen sein oder nicht, jene Kunst ist also faktisch wenigstens in der zweiten Hälfte des 9. Jahrhunderts in Deutschland schon geübt worden. Im Jahre 951 ließ der Bischof Elfey für seine Winchester-Kathedrale eine große Orgel bauen, an der oben 12, unten 14 Blasebälge angelegt waren, welche von 70 rüstigen Männern mit Anstrengung gezogen oder getreten werden mußten. Die Zahl der Pfeifen betrug 400 und zum Spiel waren zwei Organisten nothwendig. Wahrscheinlich bedurfte es einer so bedeutenden Kraft, um die Klaves niederzudrücken, daß ein einzelner Mann nicht damit fertig werden konnte, denn der damalige Kirchengesang, zu dessen Begleitung ja die Orgel gebraucht wurde, war erstens nicht so künstlicher Art, daß die zehn Finger eines einzigen Organisten nicht ausgereicht hätten, wenn die damaligen Orgeln die Einrichtung unserer heutigen gehabt hätten; dann aber auch hören wir, daß die Zahl der Klaves im Ganzen an dieser Orgel nur 10 betragen habe, auf jeden demnach 40 Pfeifen kamen. Es heißt, daß diese Orgel verschiedene Register gehabt habe, und es wäre möglich, daß diese Register zu kombiniren, die Unterstützung durch einen zweiten Organisten nothwendig gemacht hatte, aber da dies, was wir jetzt Register nennen, damals kaum schon in Gebrauch war, so ist auch eine solche Voraussetzung unwahrscheinlich. Eine figurirte Stimmführung ließ das geringe Tongebiet natürlich nicht zu, und es bestand die Behandlung der Orgel nur darin, daß bei Absingung eines Liedes mit der Faust ein Klavis niedergedrückt wurde, der den Ton hielt, aus welchem der Choral ging. In Frankreich wird die erste Kirchenorgel im 12. Jahrhundert erwähnt. Sie befand sich in der Abtei Fecamp. Wahrscheinlich aber ist es, daß auch früher schon Orgeln hier in größerer Zahl bekannt waren, denn im 10. Jahrhundert waren dieselben in Deutschland schon sehr verbreitet, und Freisingen, München, Aachen, Magdeburg, Halberstadt, Erfurt besaßen zu jener Zeit bereits Orgeln. Diese ältesten Orgeln hatten in der Regel 12 Töne mit 12 Tasten, welche handbreit und ausgehöhlt waren, so daß sie mit Arm und Ellenbogen „geschlagen“ werden mußten. Es ist selbstverständlich, daß diese rohe Einrichtung noch ganz besondere Schwierigkeiten der Behandlung darbot, weil die Ventile, Schieber, Hebel u. s. w., welche die Zugänge zu den Windleitungen zu öffnen hatten, lange nicht mit der Genauigkeit gemacht sein konnten, wie an den heutigen Orgeln. Ja, die Verbindung mit dem Klavis war in der Regel nur durch starke Schnüre oder Stricke hergestellt.

Ueber die Vereinigung der Pfeifen zu einzelnen Gruppen von bestimmtem Klangcharakter, **Registern**, hört man zwar schon bei der Orgel zu Winchester, allein es mag dieser Ausdruck, da die Sache bei späteren Orgeln sobald nicht wieder erwähnt wird, wie gesagt, wol etwas anderes bedeuten. Es scheint vielmehr, als ob damals jeder Klavis eine sogenannte **Mixtur** erregt habe; alles darauf stehende Pfeifenwerk, es mochte Dimensionen haben, welche es wollte, sprach zu gleicher Zeit an, sobald die Taste niedergedrückt wurde. Das unbequeme Traktement der Tasten führte dahin, die Füße mit zum Niederdrücken der Tasten anzuwenden, weil sie eine derartige Anstrengung länger aushalten, als die Hände. Die Blasbälge, deren oft 20, 30 und noch mehr angebracht waren, litten noch an großen Unvollkommenheiten, und es war an einen regelmäßigen, fortwährend gleich starken Windzufluß nicht zu denken. Davon aber hängt, wie wir wissen, die Gleichheit des Tones ab, mit der es also nicht sehr gut bestellt gewesen sein kann, und es ist nicht zu verwundern, daß sich hier und da große Widersprüche gegen die Einführung der Orgel in den Kirchendienst erhoben.

Mit der Erkenntniß der Unvollkommenheiten hat aber in der That schon deren Beseitigung begonnen und wir finden auch bei der Orgel schon zu Anfange des 13. Jahrhunderts bedeutende Verbesserungen. Statt der früher allgemein üblichen diatonischen Tonreihe führte man die chromatische ein; im 14. Jahrhundert wurde in der Domkirche zu Halberstadt eine Orgel errichtet, welche bereits zwei Klaviere hatte, ein oberes für die rechte Hand, der Diskant und ein unteres für die linke Hand, um den Baß zu führen. Das erstere hatte 14 diatonische und 18 chromatische Töne, also im Ganzen 22 Klaves. Was man aber vor der letzten Hälfte des 15. Jahrhunderts Pedal nannte, war faktisch nichts Anderes, als die gewöhnliche Klaviatur, welche bisweilen mit Füßen getreten, anstatt mit Händen gedrückt wurde. Im Jahre 1470 aber erfand **Bernhard**, ein deutscher Musikus zu Venedig, die Einrichtung mit den vorhandenen Tasten, dem Manuale, welches mit den Händen gespielt wurde, noch eine zweite besondere mit den Füßen zu behandelnde Tastatur zu verbinden, das eigentliche **Pedal**. Die Windklappen wurden auch hier mittels Stricke von den Pedaltasten geöffnet.

Fig. 376. Automatisches Musikspielwerk von M. Welte in Vöhrenbach. Internationale Ausstellung zu London 1862.

Das Spiel konnte nun zwar nach Belieben vollstimmiger gemacht werden, wenn man das Pedal mit zu Hülfe nahm, allein das war auch bis in das 16. Jahrhundert Alles, was in Bezug auf die Veränderung des Toncharakters erfunden worden war. Es ist nun aber gerade die hervorragendste Eigenthümlichkeit der heutigen Orgelwerke, daß sie eine ganz ungemein mannichfaltige Verbindung verschiedener Pfeifen erlauben, die dann zugleich durch einen Klavis zum Tönen gebracht werden und in ihrem Zusammenklingen einen Effekt von einer bestimmten und beabsichtigten Farbe hervorbringen. Und diese zweckmäßige Zusammensetzung der einzelnen Klänge in Nachahmung beliebter Instrumentaleffekte, die Scheidung des Pfeifenwerks in besondere Register stammt aus dem 16. Jahrhundert. Dieser Zeitpunkt muß demnach als die wichtigste Epoche der Orgelbaukunst angesehen werden; gekennzeichnet wird er durch die Erfindung der Spring- und der Schleiflade, deren Einrichtung wir kurz beschreiben wollen.

In einer einigermaßen vollständigen Orgel ist die Zahl der Pfeifen, welche je zu einem Klavis gehören, eine sehr bedeutende. Sie ruhen mit ihren Füßen unmittelbar neben einander auf den sogenannten Canzellen (das sind die einzelnen Windfächer, deren jeder Taste je eines zugehört und welche zusammen die sogenannte Windlade bilden). Durch das Niederdrücken der Taste geht das Ventil, welches jede einzelne Canzelle abschließt, in die Höhe und der Wind würde in alle auf derselben stehenden Pfeifen strömen und sie zugleich zum Tönen bringen, wenn nicht durch die Registerzüge eine gewisse Ausschaltung bewirkt würde. Unter den Oeffnungen der Pfeifenstöcke nämlich befinden sich lange linealartige Hölzer, die sogenannten Schleifen oder Parallelen, welche mit den Registerzügen in Verbindung stehen und durch dieselben unterhalb der Pfeifenöffnungen verschoben werden können. Diese Schleifen sind derart mit runden Löchern versehen, daß wenn eine derselben gezogen wird, diejenigen Pfeifen, welche dem Klangcharakter des zugehörigen Registers entsprechen, auf die in der Schleife befindlichen Löcher zu stehen kommen und den Wind eintreten lassen, die anderen dagegen abgeschlossen werden. Die Springlade wurde im Laufe der Zeit mannichfach vervollkommnet, auch wurden die Blasbälge wesentlich verbessert und zweckmäßiger angeordnet, um dem ungeheuren Windverbrauch, an welchem die alten Orgeln litten, vorzubeugen. Indessen waren dies Verbesserungen mehr mechanischer Art, und sie berühren unser Interesse weniger als die Erfindung der verschiedenen Register, in deren Zusammensetzung die Orgelbauer einen feinen Sinn und aufmerksame Naturbeobachtung bethätigen konnten. Die Rohr- und Schnarrwerke wurden eingeführt und überhaupt die mannichfachsten Klangeffekte mit der Orgel verbunden, seitdem man gelernt hatte, einzelne Stimmen nach Belieben ausfallen zu lassen oder in die Klangmasse wieder einzuschalten.

Aus dieser Zeit stammen nun einige sehr bedeutende Orgelwerke und namentlich erlangte die Orgel der Schloßkirche zu Gröningen bei Halberstadt, 1596 durch David Becke erbaut, einen solchen Ruf, daß sie bei ihrer Einweihung von nicht weniger als 53 Examinatoren revidirt und gespielt wurde.

Eine der bedeutendsten Erfindungen dieser Zeit ist ferner die von Andreas Werkmeister, Organist zu Halle, gemachte, der gleichschwebenden Temperatur, wodurch erst ein Wechsel der Tonarten möglich gemacht wurde. Das Klavier wurde dadurch einer Erweiterung fähig, denn abgesehen davon, daß die ältesten Orgeln weder cis, dis, noch fis und gis hatten und das cis sogar noch im 16. Jahrhundert ein fehlender Ton war, wurde nach der Vervollständigung dieser Halbtöne der Umfang des Manuals bis auf vier Oktaven von C bis c''' gebracht. Das Pedal erhielt die große Oktave und noch einige Töne der kleinen.

Die Blüte des Orgelbaues war zu Anfang des 18. Jahrhunderts in Deutschland und sie fällt mit der Zeit zusammen, wo die protestantische Kirchenmusik durch Bach und Händel ihre großartigsten Schöpfungen hervorbrachte. England, früher durch viele bedeutende Orgelbauer ausgezeichnet, war durch eine Verordnung von 1644, welche befahl, daß alle Orgeln abgebrochen werden sollten und der in jenen puritanischen Bewegungen mit um so größerer Eilfertigkeit nachgekommen wurde, als aus dem Material der Pfeifen sich Flintenkugeln in Masse gießen ließen, seiner schönsten Werke beraubt worden und seine Orgelbauer waren gezwungen auszuwandern oder das Tischlerhandwerk zu ergreifen. In den katholischen Ländern aber konnte sich, weil hier der Gesang der Gemeinde nicht jene hervorragende Bedeutung erhielt wie in den protestantischen, die Orgel, der Natur der Sache nach, nicht so gewaltig entfalten. Wir treffen daher auch jetzt noch die bedeutendsten Orgelwerke in protestantischen Kirchen, in denen die Muse des unvergleichlichen Bach ihren Kultus feiert. Namentlich tritt ein Name aus jener Zeit in der Geschichte der Orgelbaukunst glänzend hervor: Silbermann, derselbe, dem wir schon in der Geschichte des Pianoforte begegneten. Es bezeichnet derselbe aber nicht eine einzelne Persönlichkeit, wie immer angenommen wird, sondern es giebt mehrere seiner Träger, die im Instrumentenbau Vortreffliches leisteten.

Andreas und Gottfried Silbermann waren die Söhne eines Zimmermanns zu Grafenstein in Sachsen, Namens Michael Silbermann. Beide erlernten das Tischlerhandwerk. Andreas 1678 zu Grafenstein geboren, ging 1700 auf die Wanderschaft und erlernte in Hagenau die Orgelbaukunst, in welcher er sich 1703 in Straßburg als Meister niederließ. Er hatte neun Söhne, von denen ihm vier blieben und als Orgelbauer wie er, das Geschäft des Vaters, nach dem 1734 erfolgten Tode desselben fortsetzten. Bis 1751 betrieben sie es gemeinschaftlich. Von ihnen ist es der jüngste, Johann Heinrich Silbermann, der sich nebenbei auch dem Bau der Pianoforte zuwendete, indessen ist sein auf diesem Gebiete erlangter Ruf wol nicht ganz verdient, zum Theil wenigstens daher stammend, daß einer der Söhne als Buchdruckereibesitzer und Schriftsteller den Namen des Vaters leicht verherrlichen konnte.

Gottfried Silbermann, der Bruder des Andreas, hielt sich um 1712 in Freiberg auf, von wo er aber mehrfacher loser Streiche wegen sich flüchten mußte. In Straßburg, wohin er sich begab und wo er sich als Orgelbauer ausbildete, war seines Bleibens auch nicht lange und man erzählt, daß ihn der mißglückte Versuch, eine Nonne zu entführen, den weiteren Aufenthalt unmöglich gemacht habe. Nach vielen Kreuz- und Querzügen ließ er sich endlich in Frauenstein in Sachsen als Orgelbaumeister nieder, welchen Wohnort er aber später mit Freiberg vertauschte. Er ist es, der die berühmtesten „Silbermann" Orgeln gebaut hat, obwol er in seiner Werkstätte nicht mehr als 8—10 Arbeiter beschäftigte. Er starb als kursächsischer Hof- und Landorgelbauer 1753 zu Dresden.

Die Zahlen der sämmtlichen Orgeln, welche Andreas Silbermann und seine Söhne bauten, beträgt nach Welker von Gontershausen 74, der von Gottfried gebauten 30. — —

Es ist geradezu unmöglich bei dem uns zu Gebote stehenden beschränkten Raume eine eingehendere Besprechung der einzelnen Erfindungen, welche im Laufe der letzten hundert Jahre an der Orgel gemacht worden sind, zu geben. Ein derartiges Unternehmen würde die genaue Beschreibung aller Einzelheiten der innern Orgeleinrichtung mit allen Veränderungen und Verbesserungen bis heute entweder voraussetzen oder in sich fassen müssen, zu einer deutlichen Darstellung aller wichtigen Einzelheiten aber der Raum eines starken Bandes kaum ausreichen.

Um indessen unsern Lesern einen Begriff zu geben von dem Prinzip, nach welchem im großen Ganzen die Orgel eingerichtet ist, verweisen wir sie auf die Betrachtung der Fig. 377. Die Luft wird durch Treten des Blasbalges in die Windladen gepreßt, auf denen die Pfeifen stehen. Die kleinen durchlöcherten Bretchen, welche sich unter dem Fuße der Pfeifen verschieben lassen, sind die Schleifen, sie stehen mit dem Registerzuge in Verbindung. Durch Herausziehen desselben werden die entsprechenden Oeffnungen unter den Fuß der Pfeife geschoben, so daß, wenn das Ventil durch die Taste geöffnet wird, der Wind in diejenigen Pfeifen tritt, deren gleichzeitiges Ertönen die eigenthümliche Klangfarbe des Registers ausmacht. In neuerer Zeit werden bei größeren Orgelwerken kleine Dampfmaschinen angewandt, welche nach dem Prinzip der Kompressionspumpe die Luft in einem Windkessel verdichten und dadurch einen viel regelmäßigeren Zufluß beschaffen als die Kalkanten oder Bälgetreter, deren Leistung schon des wechselnden Gewichtes wegen nicht so genau sich bemessen läßt. Da die Register ihre einzelnen Tonbestandtheile oft einer sehr großen Anzahl von Pfeifen entnehmen, so wächst die Pfeifenmenge oft in's Unglaubliche. Die berühmte Orgel in der Benediktinerabtei zu Weingarten in Schwaben (1750 vollendet) hatte 6666 Pfeifen, 66 Register, ein freies Pedal und vier Manuale. Das Material, aus welchem die Orgelpfeifen hergestellt werden, ist Zinn, und zwar das reinste, das beste. Wo aber die großen Kosten ein Hinderniß sind, wählt man Holz, das bisweilen mit Zinn plattirt wird. In England bedient man sich statt des Zinnes einer besonderen billigeren Komposition.

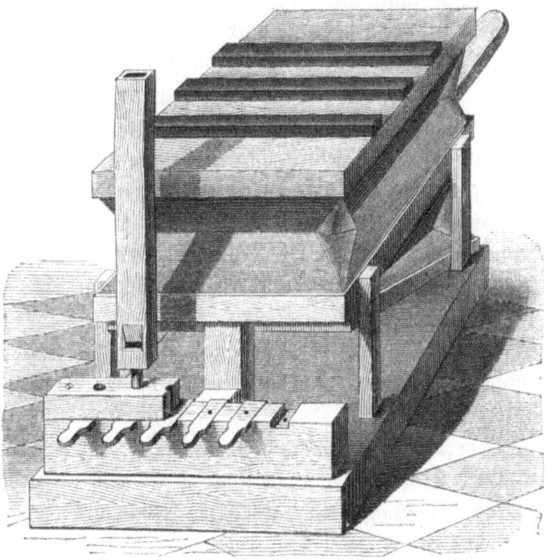

Fig. 377. Orgelblasbalg.

Was die Form und Dimensionen der Pfeifen anbelangt, so sind sie schon nach den Bedürfnissen der erweiterten Klaviatur sehr verschiedene, außerdem aber hat die Zusammensetzung der Register mannichfache Konstruktionen von verschiedener Klangfarbe erzeugt. Die größte Zinnpfeife der von Ladegast erbauten Orgel in der Nikolaikirche zu Leipzig, das tiefe (große) Contra-E (32 Fuß), wiegt allein drei Centner, während die kleinste Mixturpfeife sich mit Leichtigkeit unter einem Maikäfer verstecken kann. Da enge cylindrische Pfeifen, wenn sie scharf angeblasen werden, eine Reihe der harmonischen Obertöne mit erklingen lassen, welche dem Grundtone eine eigenthümliche geigenartige Färbung verleihen, so findet man diejenigen Register, von denen man einen solchen Effekt erwartet (Geigenprinzipal, Violoncell, Violonbaß, Viola di Gamba u. s. w.), aus solchen engen Pfeifen zusammengesetzt. Weite Pfeifen dagegen erzeugen die harmonischen Nebentöne nur sehr schwach, ihr Grundton tritt aber stark und voll hervor und deshalb benutzt man sie für die Hauptklangmasse der Orgel, für die sogenannten Prinzipalstimmen. Kegelförmige Pfeifen lassen die ersten harmonischen Nebentöne nur schwach, dagegen den fünften bis siebenten ziemlich deutlich hervortreten und die charakteristische Wirkung tritt in den Registern Spitzflöte, Salcional, Gemshorn, welche solche Pfeifen enthalten, deutlich zu Tage. In ähnlicher Weise sind die eigenthümlichen Klänge gedeckter Pfeifen von verschiedenen Mensuren ausgebeutet und zu hunderterlei Kombinationen benutzt worden.

Eine besondere merkwürdige Vereinigung sind uns die Mixturen dadurch, daß in ihnen Pfeifen zusammen verbunden sind, welche nicht alle denselben Ton angeben, sondern in, dem Grundtone der Taste entsprechenden, harmonischen Obertönen gestimmt sind. Neben den Flötenpfeifen treten in der Orgel noch die verschiedensten Sorten von Zungenpfeifen auf und bilden diejenigen Register, welche in ihrer Klangwirkung dem Horn, Fagot, der Trompete, der menschlichen Stimme u. s. w. entsprechen sollen, außerdem aber auch hat man für gewisse Effekte Stahlstäbe, Glocken und andere klingende Körper verwandt.

Wenn man die heutigen Orgelwerke, etwa die Orgel im Ulmer Münster von Walker, in Ludwigsburg oder die im Merseburger Dom und in der Nikolaikirche zu Leipzig von Ladegast in Merseburg gebaute, mit denen früherer Zeiten vergleicht, so müssen wir, selbst seit der Silbermann'schen Zeit, eine bei weitem höhere Vervoll kommnung anerkennen, als alle vorhergegangenen Jahrhunderte zusammen bewirkt haben. Die Oeffnung der Ventile und Schleifen ist durch Einführung scharfsinnig erdachter Vorrichtungen, wie der pneumatischen Heber, mit einer Leichtigkeit zu bewirken, welche das Spiel des gewaltigen Werkes nicht unbequemer macht als das eines Konzertflügels. Dadurch aber konnten wiederum die durch die einzelnen Tasten erregbaren Klangkörper vermehrt und jene wunderbaren Toneffekte erreicht werden, die unser Gemüth entzücken und erheben.

So reich auch die vorhandenen Mittel sind, um so schwieriger ist es, die entsprechenden daraus zu künstlerisch-schönen Effekten zu verwenden. Mußten die alten Orgelbauer lediglich ihrem feinen Geschmack und ihrem gebildeten Gehör folgen, um das Ueberlieferte in einer zwar gesetzlich begründeten, aber in dieser Gesetzmäßigkeit nicht erkannten Empyrie zu vervollkommnen, so hat die Neuzeit in der wissenschaftlichen Untersuchung der Klänge ein natürliches Fundament geschaffen, auf welchem der Aufbau viel einfacher und sicherer sich gestalten muß, und die Helmholtz'schen Forschungen werden gerade hier ihre fördernde Kraft am bedeutsamsten beweisen.

Wo die Flamme brennt, erkennet freudig,
Hell ist die Nacht und Glieder sind geschmeidig.
An des Herdes raschen Feuerkräften
Reift das Rohe Thier- und Pflanzensäften.

Goethe.

# Das Thermometer.

Wärme und Kälte. Wärmemessung. Drebbel's Thermometer. Theorie des Thermometers. Was die Wärme sei? Ihre Wirkungen. Wärmekapazität. Ausdehnung. Aenderung des Aggregatzustandes. Latente Wärme. Anfertigung des Thermometers. Reaumur, Fahrenheit und Celsius. Maximum- und Minimumthermometer. Metallthermometer. Die Wärme im Haushalte der Natur.

---

„Das Thermometer beschäftigt Jedermann, und wenn er schmachtet oder friert, so scheint er in gewissem Sinne beruhigt, wenn er nur sein Leiden nach Reaumur oder Fahrenheit dem Grade nach aussprechen kann."

Diesem Goethe'schen Ausspruche liegt viel Wahres zu Grunde. Es gewährt Jedem das Zurückbeziehen gewisser natürlicher Erscheinungen auf einen Vergleichungspunkt eine Genugthuung, die ihn leicht darüber hinwegsetzt, nach den tieferen Ursachen zu forschen. Mit den Angaben des Thermometers ist durchaus keine Erklärung über das Wie und Warum der Erscheinungen, durch die unsere Sinne so bedeutend affizirt werden, verbunden. Wir reden zwar von Wärme, von Hitze und von Kälte, aber können diesen Ausdrücken keine tiefere Bedeutung unterlegen, als eben die oberflächlicher Vergleichung. Was dem Einen heiß erscheint, ist dem Andern nur warm, und der Uebergang von Wärme zu Kälte existirt eben nur in der Einrichtung jener Instrumente, mit denen wir uns der Ueberschrift zufolge hier beschäftigen wollen.

Das Thermometer ist, wie sein dem Griechischen entnommener Name andeutet (θερμός, warm, μετρέω, ich messe), ein Instrument, bestimmt die Wärme zu messen. Die Erfindung desselben schreibt man Verschiedenen zu, indessen dürfte es wol am meisten Grund haben, anzunehmen, daß der bekannte holländische Landmann Cornelius Drebbel, der sich durch viele mechanische Erfindungen bekannt gemacht hat, dasselbe in der letzten Hälfte des vorletzten Jahrhunderts erfunden hat. Alle von Anderen angegebenen und ähnlichen Zwecken dienende Vorrichtungen sind entweder nicht weiter bekannt geworden, oder die Nachrichten darüber wol gar nur von Späteren aus falschem Verständniß schriftlicher Notizen herausgerissen worden, um ihren Autoren die Ehre der Priorität zu vindiziren. So soll der Engländer Robert Fludd zu Oxford ein solches Instrument erfunden haben und der Arzt Sanctorius um 1600 mittels eines eigenthümlichen Apparats im Stande gewesen sein, die Wärme des menschlichen Körpers zu messen. Einige behaupten auch, daß Galilei um 1592 ein Thermometer erfunden habe, dessen Röhre an einem Ende offen und mit Wasser und Luft angefüllt gewesen sei.

Das Drebbel'sche Thermometer (Fig. 379) bestand aus einer an dem einen Ende offenen und an dem andern Ende zu einer Kugel ausgeblasenen Glasröhre A, deren offenes Ende in ein Gefäß B mit einer gefärbten Flüssigkeit (blauen Kupferlösung) untergetaucht war. Die Luft im Innern der Kugel A wurde erhitzt, so daß sie zum Theil entwich und bei gewöhnlichen Wärmezuständen die Flüssigkeit bis zu einem gewissen Punkte m der Röhre durch den äußeren Luftdruck emporgetrieben wurde. Eine größere Wärme hatte zur Folge, daß sie, indem sie die Luft in der obern Kugel ausdehnte, die Flüssigkeit in der Röhre herabtrieb. Bei niedrigeren als den mittleren Wärmegraden dagegen stieg die Flüssigkeitssäule höher. Diese Vorrichtung erhielt mannichfache Abänderungen. Das Flüssigkeitsgefäß wurde gleich mit der Röhre vereinigt, indem man diese ebenfalls unten in eine Kugel auslaufen ließ, welche nach oben zu eine kleine Oeffnung erhielt. Becher bog den Schenkel der untern Röhre wieder aufwärts und füllte ihn zum Theil mit Quecksilber, auf welchem er eine Figur schwimmen ließ, die ihren Stand an einer Skala mittels eines Zeichens bemerkte. Diese Figur wurde auch mit einem Uhrwerk in Verbindung gebracht, so daß ihr Herabgehen dasselbe aufzog und bei den immer wechselnden Wärmegraden eine unausgesetzte Bewegung hervorrief (perpetuum mobile physico-mechanicum).

Die noch heute gebräuchliche und zweckmäßigste Form der Thermometer wurde zuerst von der Florentiner Akademie del cimento angegeben. Danach bestand das Instrument aus einer senkrechten und zu einer Kugel erweiterten, oben aber geschlossenen Röhre, welche im Innern zum Theil mit Weingeist gefüllt, im Uebrigen aber leer war. Diese Einrichtung hat bis heute keine wesentlichen Veränderungen erfahren, nur daß man statt Weingeist andere Flüssigkeiten, namentlich Quecksilber, verwendet. Die Röhre wird senkrecht aufgehängt und gewöhnlich auf ein Bretchen mit einer Skala befestigt, an welcher der Stand der Quecksilbersäule, bei größerer oder geringerer Wärme wechselnd, die Wärmegrade anzeigt. Diese Eintheilung ist nun bei verschiedenen Thermometern eine verschiedene, durchgängig aber eine ganz willkürliche, und die davon abhängende Unterscheidung von Wärme und Kälte entbehrt somit jedes wirklichen Grundes. Es scheint aber hier von Vortheil, in kurzen Zügen das Wesentlichste über die Wirkung der Wärme zu betrachten.

**Was die Wärme sei,** darüber haben sich die Philosophen seit den ältesten Zeiten die allerabweichendsten Meinungen gebildet. Man hielt sie und mit ihr das Feuer für ein Element, ein feines ätherisches Wesen, verschieden von der materiellen Masse der Körper, ohne sich weiter über die nähere Eigenschaft Rechenschaft zu geben. Erst Baco von Verulam nahm als Grund der Wärmeerscheinungen gewisse wellenförmige Bewegungen der kleinsten Theilchen der Körper in Anspruch, und Newton pflichtete derselben Ansicht wenigstens für denjenigen Zustand der Körper bei, in welchem sie in's Glühen gerathen und also in Folge der Wärme Licht ausströmen. Außerdem aber war es ihm bequem, für manche Erscheinungen eine ganz besondere Wärmematerie anzunehmen, welche Anschauung sich unter seinen Nachfolgern mehr und mehr fixirte und in den Theorien Boerhave's und Euler's über das Feuer sich ganz entschieden aussprach. Es gab danach einen besonderen Wärmestoff, eine Feuermaterie, deren Zutritt oder Entweichen die Körper in die verschiedenen Wärmezustände versetzte und sie gleichzeitig mit neuen chemischen Eigenschaften begabte, eine Ansicht, die durch die Oxydation in der Hitze, die Verkalkung der Metalle eine scheinbare Stütze erhielt und dadurch zur Grundlage einer lange herrschenden, aber irrigen chemischen Theorie wurde.

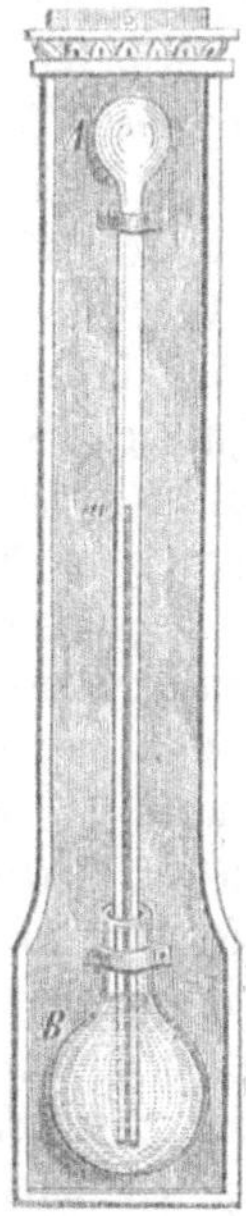

Fig. 379. Das Drebbel'sche Thermometer.

Wir dürfen heute wol nicht mehr zweifeln, daß ebenso wie das Licht auch die Wärme aus Schwingungen bestehe, in welche die kleinsten Theilchen der Körper durch verschiedene Ursachen versetzt werden. Die Verwandelbarkeit der Wärme in Licht und weitergehend der enge Zusammenhang, welcher alle physikalischen Veränderungen als Phänomen einer und derselben Kraft erscheinen läßt, zwingt uns, für alle diese einzelnen Kraftäußerungen eine gemeinsame Grundform, die Wellenbewegung, anzunehmen. Wir begegnen daher auch, wenn wir die Körper auf ihr Verhalten gegen die Wärme betrachten, ganz analogen Eigenschaften, wie wir sie beim Licht, bei der Elektrizität u. s. w. zu beobachten Gelegenheit haben. Wir finden Körper, welche die Wärme rasch aufnehmen und rasch in ihre ganze Masse weiter leiten; andere wieder, die der Fortbewegung der Wärme einen größeren oder geringeren Widerstand entgegensetzen, gute und schlechte Wärmeleiter. Zu den ersteren gehören die Metalle, Glas, Porzellan, Stein u. s. w., zu den letzteren trockene Luft, Holz, Leder, Filz, Gewebe u. s. w. Die Wärme geht von einem Körper zum andern über, nicht nur bei direkter Berührung derselben, sondern sie strahlt auch durch den luftleeren Raum; der Lichtäther pflanzt also auch die Wärmewellen weiter; die Wärmestrahlen werden ganz analog den Lichtstrahlen reflektirt, wie die Brennspiegel, und eben so gebrochen, wie die Brenngläser beweisen.

**Wirkungen der Wärme.** Ein Wärmeeffekt ist nur möglich, wenn zwei verschieden warme Körper mit einander in Austausch treten. Wir können annehmen, daß die Wärmestrahlen immer von dem wärmeren auf den kälteren Körper übergehen. Bei dem endlichen Ausgleich besitzen die Körper dann eine Temperatur, die in der Mitte zwischen ihren früheren Temperaturen liegt. Dabei tritt jedoch der Fall ein, daß je nach der Masse und Qualität der eine Körper eine größere Wärmemenge als der andere zum Ausgleich verlangt. Eine bestimmte Wärmemenge vermag in einem Pfund

Wasser z. B. eine Temperaturerhöhung von 10 Grad zu bewirken; will man aber ein Pfund Quecksilber um 10 Grad wärmer machen, so braucht man nur den dreißigsten Theil jener Wärme. Beim Abkühlen geben natürlich beide Flüssigkeiten auch nur eben so viel wieder her, als ihnen zugeführt worden ist, und der schließliche Effekt ist also für das Quecksilber auch ein dreißigmal geringerer. Dies Vermögen, Wärme zu verschlucken, nennt man Wärmekapazität. Die Wärmekapazität des Wassers wäre demnach dreißigmal so groß wie die des Quecksilbers.

Die Wärme wirkt gewissermaßen der Kohäsion entgegen, indem sie die Atome von einander entfernt. Dadurch vergrößert sie das Volumen der Körper, und es läßt sich diese Wirkung in dem allgemeinen, oft citirten Satze aussprechen: Wärme dehnt die Körper aus, Kälte zieht sie zusammen; womit einerseits nur eine Wärmezufuhr, andererseits nur eine Wärmeentziehung gemeint ist. Es giebt hundert Erscheinungen der äußeren Natur, welche dieses Verhalten zeigen. Wenn wir eine Metallkugel, die genau durch die innere Größe eines Ringes bei gewöhnlicher Temperatur geht, erhitzen, so vergrößert sich deren Durchmesser so, daß der Ring sie nicht mehr durch sich fallen läßt; beim Abkühlen aber verkleinern sich ihre Dimensionen wieder, und wenn der Wärmeüberschuß durch Ausstrahlung vollends verloren gegangen ist, so wird die Kugel ungehindert durch den Meßring wie vorher hindurchfallen.

Eben so wie feste Körper unterliegen auch flüssige und gasartige Körper diesem ausdehnenden Vermögen, und zwar äußert sich derselbe um so mehr, je größer die Beweglichkeit der Atome in einem Körper ist. Die Gasarten werden daher in ihrem Volumen ganz besonders vergrößert, und das Eingangs erwähnte Drebbel'sche Thermometer gründet sich in seiner Einrichtung auf dieses Verhalten. Das Weingeistthermometer der Florentiner Akademie und unser gewöhnliches Quecksilberthermometer zeigen uns die Ausdehnung flüssiger Körper, und auf die Volumenveränderung fester Substanzen bei erhöhter Temperatur gründen sich die verschiedenen Pyrometer oder Hitzemesser, welche man zur Messung sehr bedeutender Hitzegrade, z. B. bei Hüttenprozessen, in Porzellanöfen u. s. w. konstruirt hat.

Außer dieser volumenverändernden Wirkung sind die den Aggregatzustand der Körper verändernden Einwirkungen der Wärme am auffälligsten und in ihrer Bedeutung für das Leben ganz besonders wichtig. Ein Stück Eis, welches erwärmt wird, schmilzt und wird zu Wasser. Dabei erhält sich seine Temperatur, trotzdem daß immer neue Wärmemengen ihm zugeführt werden, konstant auf demselben Punkt, bis alles feste Eis geschmolzen ist. Von da an aber zeigt es ein Wärmerwerden an, und seine Temperatur steigt, bis die Verwandlung des flüssigen Wassers in luftförmige Wasserdämpfe beginnt. Das Wasser geräth dabei durch die sich entwickelnden Dampfblasen in kochendes Aufwallen, und in diesem Zustande bleibt seine Temperatur wiederum eine konstante, so lange überhaupt noch flüssiges Wasser vorhanden ist.

Die gleiche Wahrnehmung aber, welche wir beim Schmelzen des Eises und beim Verdampfen des Wassers machen können, daß nämlich die zugeleitete Wärme, so lange noch festes Eis oder flüssiges Wasser vorhanden ist, lediglich aufgezehrt wird, um den Körper aus dem einen Aggregatzustande in den andern überzuführen: diese Wahrnehmung können wir bei einer großen Anzahl Körper bestätigt finden. Es wird von allen den Körpern, wie Quecksilber, Zink, Schwefel, Phosphor u. s. w., welche eine ähnliche Umwandlung gestatten, in der That Wärme verschluckt, und diese bleibt den Körpern in dem neuen Zustande für jede andere Wahrnehmung unmerklich beigegeben. Wenn wir ein rohes Bild gebrauchen wollen, so können wir flüssiges Wasser als eine Verbindung von Wärme und Eis ansehen, und eben so Wasserdampf als eine Verbindung von flüssigem Wasser und Wärme. Diese in den Körpern unmerkbar enthaltene, sogenannte **latente Wärme** wird wieder frei und wahrnehmbar, wenn die Körper, rückwärts gehend, aus dem gasförmigen in den flüssigen, oder aus dem flüssigen in den festen Zustand übergeführt werden. Körper, welche rasch verdunsten, aus dem flüssigen Zustande rasch in den gasförmigen übergehen, absorbiren bei dieser Gelegenheit große Wärmemengen und sind im Stande, die benachbarten Körper, denen sie ihre Wärme entziehen, dadurch bedeutend abzukühlen. Durch die sogenannte **Verdunstungskälte** können wir Wasser zum Gefrieren bringen, wenn wir ein damit angefülltes Gefäß unter den Rezipienten einer Luftpumpe stellen und durch fortgesetztes Auspumpen die sich entwickelnden Wasserdämpfe rasch wieder entfernen, so daß von der Oberfläche fortwährend Dämpfe sich entwickeln. Wir fühlen auf unserer Hand die kühlende Wirkung rasch verdunstenden Alkohols, und sprengen bei großer Hitze auf die Fußböden unserer Zimmer Wasser, um der überlästigen Wärme Gelegenheit zu geben, sich in dem Dampfe desselben auf eine uns unmerkbare Weise zu binden. Umgekehrt tritt die freiwerdende Wärme bei der entgegengesetzten Aenderung der Aggregatzustände dann auf, wenn die in der Luft schwebenden Wasserdämpfe sich zu Tröpfchen verdichten, oder die als Nebel und Wolken in der Luft schwimmenden Flüssigkeitströpfchen sich in feste Eis- und Schneenadeln verwandeln. Jedem solchen meteorologischen Vorgang folgt eine mittels des Thermometers wahrnehmbare Erhöhung der Temperatur.

Da sich Gefrierpunkt und Siedepunkt der Körper in so ausgezeichneter Weise bemerklich machen, so sind sie deshalb auch als Ausgangspunkte für die Skala des Thermometers angenommen worden.

**Anfertigung der Thermometer.** Wenn man ein Thermometer anfertigen will, so hat man vor allen Dingen mit möglichster Vorsicht die Röhre auszuwählen. Es muß dieselbe durchgängig von gleicher Stärke sein, welches der eigenthümlichen Herstellungsweise zufolge nur selten der Fall ist. Diese Röhre wird sodann mit Hülfe der Glasbläserlampe zunächst an dem einen Ende zu einer Kugel zugeschmolzen, an dem andern bleibt sie vor der Hand offen. Zunächst wird nun durch Erhitzen alle darin etwa noch vorhandene Feuchtigkeit hinausgetrieben und darauf das offene Ende in ein Gefäß mit Quecksilber getaucht. Beim Erkalten zieht sich die im Innern der Kugel befindliche Luft auf ein geringeres Volumen zusammen, der Druck der äußeren Luft aber treibt das Quecksilber in den dadurch entstandenen luftverdünnten Raum. Zwar füllt sich auf diese Weise die Kugel nicht vollständig, aber es ist dies auch nicht nothwendig, denn um den letzten Rest Luft herauszutreiben, darf man nur die Röhre umkehren und das Quecksilber in ihr so erhitzen, daß seine Dämpfe den ganzen Raum nach oben hin erfüllen. Wird dann, wenn die Quecksilberdämpfe zu der oberen Oeffnung heraustreten, diese zugeschmolzen, so kann man sicher sein, keine Luft mehr im Innern zu haben. Beim Erkalten verdichtet sich das Quecksilber, es zieht sich in die Kugel zurück und läßt über sich in der Röhre einen luftleeren Raum, in welchen es bei Erhöhung der Temperatur hinaufsteigt, bei Erniedrigung derselben wieder herabsinkt. Die solchergestalt vorbereitete Thermometerröhre setzt man nun, um die beiden Hauptpunkte der Skala zu finden, zunächst in ein Gemisch von schmelzendem Schnee (Fig. 380) und läßt sie hier so lange, bis der Quecksilberfaden in die Röhre sich unverrückbar eingestellt hat. Man bezeichnet diesen Punkt als den **Gefrierpunkt** ($0^o$). Darauf setzt man die Röhre einige Zeit der Einwirkung kochend heißer Dämpfe aus und merkt den Stand des Quecksilbers als den **Siedepunkt** an (Fig. 381). Den Raum zwischen Gefrierpunkt oder Schmelzpunkt des Eises und dem Siedepunkt des Wassers theilt man in gleiche Theile, und zwar nach **Celsius** in 100, nach **Reaumur** dagegen in 80 Theile oder Grade, so daß also, wenn man den Gefrierpunkt mit 0 bezeichnet, der Siedepunkt bei Reaumur durch den 80sten, bei Celsius durch den

100sten Grad bestimmt wird. Nach diesen Eintheilungen entsprechen 4 Grad des Reaumur'schen Thermometers 5° Celsius, und man kann mit Zugrundelegung dieses Verhältnisses jede Angabe auf das Entsprechende nach der andern Eintheilung durch ein einfaches Regeldetri-Exempel reduziren.

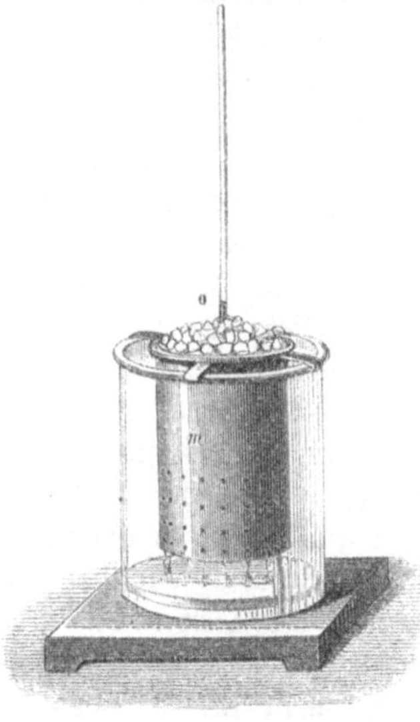

Fig. 380. Bestimmung des Nullpunktes der Thermometerskala.

Etwas umständlicher ist die *Fahrenheit'sche* Eintheilung, welche vorzugsweise in England in Gebrauch ist. Fahrenheit nämlich nimmt den tiefsten oder Nullpunkt des Thermometers nicht bei dem Gefrierpunkt des Wassers, sondern bei der nach seiner Meinung tiefsten Temperatur an, welche er durch eine besondere Kältemischung erhielt. Er theilte von diesem Punkte bis zum Siedepunkte des Wassers den Abstand der Röhre in 212 Theile; der Gefrierpunkt fiel auf den 32.°, und es entsprachen somit die 80° Reaumur und die 100° Celsius dem 180.° Fahrenheit, welche übrig bleiben, wenn man von 212° 32° abzieht. Das Verhältniß der Gradunterschiede zwischen Reaumur, Celsius und Fahrenheit ist sonach durch die Zahl 4 : 5 : 9 ausgedrückt.

Des bequemeren Gebrauchs halber hat man Thermometer verschiedentlich selbstregistrirend gemacht, d. h. so eingerichtet, daß sich an ihnen ersehen läßt, welchen tiefsten und höchsten Stand sie *gehabt* haben. Man nennt dieselben *Maximum- und Minimumthermometer*, auch wol Tag- und Nachtthermometer. Das bekannteste derartige Instrument ist das *Rutherford'sche* (Fig. 382). Zwei liegende Thermometer sind auf einem Bretchen befestigt, das eine mit Quecksilberfüllung für hohe, das andere mit Weingeistfüllung für tiefe Temperaturen. In dem ersteren liegt ein kleiner eiserner Cylinder, welchen das Quecksilber bei seiner Ausdehnung vor sich herschiebt, beim Zurückgehen aber liegen läßt; es bleibt somit der höchste Stand des Quecksilbers markirt, bis man mittels eines Magnets das kleine eiserne Merkzeichen wieder an das Quecksilber herangeführt hat. In dem Weingeistthermometer liegt ebenfalls ein leichtes Körperchen; dasselbe ist aber von Glas und hat ein Knöpfchen oder eine Verdickung an beiden Enden. So lange dieser Zeiger rundum von Weingeist umgeben ist, bleibt er liegen, wenn dieser vorwärts dringt. Zieht sich aber die Flüssigkeit weiter zurück, als der Zeiger ursprünglich lag, so wird dieser mitgenommen, da er nicht die feine Haut an der Oberfläche des Weingeistes durchbrechen kann. Der Punkt, wo das oberste Knöpfchen des Glaskörperchens liegen geblieben ist, zeigt die inzwischen eingetretene niedrigste Temperatur.

Fig. 381. Bestimmung des Siedepunktes der Thermometerskala.

Die *Fassung* des Thermometers kann nach verschiedenen Zwecken sehr mannichfach abgeändert werden. Solche Instrumente, die zur Untersuchung von Flüssigkeiten dienen sollen, werden in gläserne, oben zugeschmolzene Röhren eingeschlossen, in denen die Skala, wenn sie nicht direkt auf das Glas geätzt ist, auf Papier verzeichnet mit eingeschlossen ist.

Die besten Thermometer sind, wie alle genauen physikalischen Apparate, ziemlich kostspielige Instrumente, nicht sowol weil ihre Anfertigung, abgesehen von der äußersten Sorgfalt und Genauigkeit, so große Schwierigkeiten böte, sondern weil die Prüfung und Auswahl der Röhren eine sehr mühsame und zeitraubende Arbeit ist und Röhren von durchgängig gleicher Beschaffenheit, die in ihrer ganzen Länge Cylinder von derselben gleichbleibenden Weite vorstellen, zu den größten Seltenheiten gehören, deren Anfertigung man nicht beliebig in der Hand hat. Mit den Jahren ändern sich auch die Instrumente, indem das Glas zwar langsam, aber lange Zeit hindurch sich noch zusammenzieht und dadurch der Nullpunkt und mit ihm alle übrigen Grade der Quecksilbersäule höher rückt. Bei genauen Beobachtungen müssen diese Umstände berücksichtigt, die Fehler in der Rechnung korrigirt, vor Allem aber von Zeit zu Zeit die Instrumente wieder in schmelzendem Eis und kochendem Wasser auf ihre Beständigkeit geprüft werden. Die besten Thermometer fertigt **Greiner** in Berlin; der Preis eines Normalthermometers erreicht aber leicht die Höhe von 30 und mehr Thalern, während ein gewöhnliches Instrument schon für 10 Sgr. zu kaufen ist.

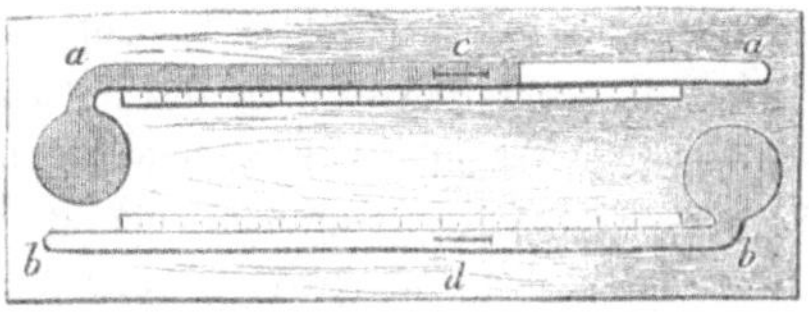

Fig. 382. Maximum- und Minimumthermometer.

Ein gutes Thermometer mit sorgfältig ermittelter Skala kann dann zur Regulirung für andere dienen. Der Spielraum der Thermometerskalen ist je nach der Bestimmung des Instruments größer oder kleiner. Thermometer für den Hausbedarf z. B. brauchen nicht viel unter den Null- und über den Siedepunkt zu reichen.

Um mittels des Thermometers den Wärmegrad eines Körpers zu prüfen, ist es nöthig, daß derselbe die Kugel und einen Theil des Rohres möglichst genau und hinreichend lange umgebe, bis das Quecksilber nicht mehr steigt. Auch darf keine andere Wärmequelle störend einwirken, daher bei feineren Prüfungen schon die Hand nicht zu nahe gebracht werden darf. Um die Luftwärme zu erfahren, setzt man das Instrument in den Schatten, jedoch an keinen zugigen Ort.

Der Umstand, daß nicht alle Metalle gleichmäßig, sondern das eine mehr, das andere weniger durch Hitze und Kälte ausgedehnt und zusammengezogen werden, hat auf die Konstruktion der **Metallthermometer** geführt. Der leitende Grundsatz hierbei ist der, daß, wenn verschiedene Metalle vereinigt, z. B. zusammengeschraubt oder verlöthet werden, das so gebildete Stück, Stange oder dergleichen nicht immer dieselbe Form behalten kann, sondern sich bei Temperaturveränderungen *werfen* oder *verziehen* muß. Hat man z. B. Zink und Kupfer bei mittlerer Temperatur zu einer geraden Stange vereinigt, so wird dieselbe bei steigender Temperatur krumm, und zwar derart, daß das Zink, welches sich mehr ausdehnen will, auf die äußere Seite des Bogens zu liegen kommt. Das Umgekehrte findet in der Kälte statt, wo das Zink kürzer wird als das Kupfer, letzteres daher sich in den größeren Kreis legen muß. Die Wanderungen des freien Endes der Stange können zur Drehung eines Zeigers und zur Bezeichnung der entsprechenden Skalentheile benutzt werden.

**Breguet's** Metallthermometer besteht aus einem spiralförmig gewundenen Metallband, das mit seinem obern Ende an einem Träger festgemacht ist und übrigens frei herabhängt. Der Metallstreifen ist aus drei vereinigten Schichten von Silber, Gold und Platina zusammengesetzt; die mittlere, Gold, ist nur zur Zusammenlöthung der beiden äußeren da. Silber und Platin werden von Wärme und Kälte sehr ungleich affizirt, und es läßt sich daher denken, daß das freie untere Ende der Spirale nicht immer an seiner Stelle bleibt, sondern bald mehr, bald weniger sich auf- oder zudreht. Diese Drehungen nun werden auf eine lange Nadel übertragen, welche als Weiser an einem Gradbogen dient. Wenn man dem Zeiger eine große Länge giebt, so kann man schon eine aus zwei verschiedenen Metallen der Länge nach zusammengelöthete Stange benutzen, um geringe Temperaturdifferenzen weithin, etwa von einem Thurme aus, durch ein Zifferblatt sichtbar zu machen.

**Die Wärme im Haushalte der Natur.** Wenn wir in das Innere unserer Erde hinabsteigen, so finden wir mit jedem Hundert Fuß, die wir tiefer hinabkommen, eine Zunahme der Erdwärme um einen Grad. Die aus beträchtlicher Tiefe hervorquellenden Gewässer der artesischen Brunnen zeigen in ihrer Temperatur eine gleiche Erhöhung und lassen vermuthen, daß die Ursache der heißen Quellen und des flüssigen Zustandes vulkanischer Laven nur in der mehr oder weniger größeren Tiefe liegt, aus welcher diese Ergüsse uns zugesandt werden. Nun geschieht zwar die Wärmezunahme in größeren Tiefen langsamer als in den der Erdoberfläche nahe liegenden Schichten, allein mit einer Stetigkeit, welche uns eben zu dem Schlusse zwingt, daß es eine Region giebt, in der die Erdmasse den starren Charakter, welchen ihre Oberfläche besitzt, verliert, von dort bis zum Mittelpunkt in feurig-flüssigem Zustande sich befindet und einen riesigen geschmolzenen Tropfen bildet, der nur von einer verhältnißmäßig dünnen Schale umhüllt wird.

Jeder andere Weltkörper giebt in seiner kugelförmigen Gestalt ein Zeugniß von dem gleichen Gliederungsgange. Die allen eigenthümliche rasche Achsendrehung ist die Ursache ihrer sphärischen regelmäßigen Gestalt. Dies aber läßt allgemein einen flüssigen Zustand voraussetzen, als dessen Ursache wir uns weitergehend nur ein Geschmolzensein der gesammten Masse, nur ein feuriges Flüssigsein werdender Weltkörper denken können.

Woher die ungeheure Wärme gekommen ist, welche dieses Schmelzen bewirkte, diese Frage löst sich leicht, wenn wir die Wirkungen chemischer Anziehung und mechanischer Verdichtung in's Auge fassen. Die Materie der Welt erfüllte den unendlichen Raum vor der Entstehung der Weltkörper als eine feine, nebelartige Masse, in welcher die elementaren Bestandtheile, jeder mit seinen chemischen Anziehungskräften, gesondert schwebten. Stellenweise wurde das Gleichgewicht, in dem diese Spannungen sich gegenseitig erhielten, gestört und es geschah in dem Weltnebel eine theilweise Vereinigung des Urstaubes, die sich auf mehr oder weniger große Räume erstreckte. Innerhalb derselben folgten die einzelnen Theilchen ihrem gegenseitigen Zuge, sie vereinigten sich zu zusammengesetzteren Stoffen und entwickelten dabei durch die Verdichtung und das Näheraneinanderrücken der einzelnen Atome eine ungeheure Wärmemenge, in Folge deren die neugebildeten dichteren Körper als geschmolzene Tropfen in dem nun von dem kosmischen Staube leeren Raume schwebten. Daß diese Aktionen, durch gestörtes Gleichgewicht überhaupt hervorgerufen, mit wirbelartigen Bewegungen vor sich gingen, können wir annehmen und darin die Ursache der jenen Körpern verbliebenen Bewegungen suchen.

Der Raum, um welchen eine Vereinigung geschah, wurde zum Gebiete eines Sonnensystems. Von der Gesammtmasse lösten sich einzelne Theile ab und kreisten in elliptischen Bahnen um das größere Gestirn. Durch selbständige Achsendrehung dieser letzteren rissen sich aber auch wieder von ihren Aequatorialzonen Massen ab, welche sich für sich rundeten und Monde bildeten, Trabanten, die zunächst ihre Unterkörper, die Planeten, und mit diesen den Kern größter Masse und Anziehung, die Sonne, umkreisten.

Der Weltraum, das heißt: der Raum zunächst um unser Sonnensystem, ist kalt, viel kälter als die niedrigste Temperatur, die unsere Winter hervorbringen. Man vermuthet aus verschiedenen Beobachtungen, daß die Temperatur des Weltraumes sich nicht über — 54° C. erhebt, wahrscheinlich aber noch weit darunter hinabgeht. Es ist indeß ein fortwährendes Bestreben der natürlichen Kräfte, auf eine Ausgleichung ihrer Gegensätze hinzuwirken. Die Wärme strahlt von den wärmeren Körpern auf kältere nach allen Richtungen aus. In Folge dessen verloren auch die feurig-flüssigen Gestirne fortwährend einen Theil der ihnen innewohnenden Wärme, und die Temperatur ihrer Masse erniedrigte sich um so mehr, je geringer ihr Volumen war. Bei der rascheren Ausstrahlung von der Oberfläche geschah ein Erkalten nach dem Innern hin, und das starrwerdende Häutchen der einst flüssigen Kugel nahm an Dicke immer mehr und mehr zu, bis es eben eine feste Kruste nach außen hin bildete. Mancherlei innere Bewegungen gaben Veranlassung zur Zerreißung der äußeren Rinde; durch die so gebildeten Risse und Spalten quoll die flüssig gebliebene Substanz des Inneren heraus, überfloß die Ränder und breitete sich in weiten Platten aus, welche wir noch jetzt in den großen Ablagerungen der ersten vulkanischen Gesteine wiederfinden. Je dicker die Rinde wurde, um so mehr leistete sie den inneren Spannungen Widerstand, die Ausbrüche erfolgten seltener, und die ohnehin schon weniger flüssig hervorquellende Masse thürmte sich oberhalb der Spalten zu langgezogenen Gebirgsrücken auf. Endlich aber blieben nur einzelne Kommunikationswege zu dem Innern, aus welchen — gleichsam wie durch Sicherheitsventile — von Zeit zu Zeit die durch chemische oder mechanische Einwirkungen gepreßten Massen sich Ausgang verschafften. Es sind dies die Vulkane, deren regelmäßige Thätigkeit uns schon dadurch bedingt erscheint, daß durch das nach dem Innern zu unzweifelhaft fortschreitende Starrwerden der Erdrinde, indem die fest werdenden Theile ein größeres Volumen einnehmen als vorher im geschmolzenen Zustande, eine Spannung auf den flüssigen Kern ausgeübt wird, welcher ein Hervorquellen seiner Masse durch die obengenannten Poren zur Folge haben muß.

Geschah dieser allmälige Abkühlungsprozeß nun bei Weltkörpern von kleinerem Volumen sehr rasch, so daß der Mond zur Zeit schon eine völlig erkaltete Kugel, ein erstarrtes Knochengerüst darstellt, so dauerte sie bei größeren Massen entsprechend länger, und bei dem Hauptkörper unseres Sonnensystems, bei der Sonne selbst, hat sie augenscheinlich jenen Punkt noch nicht erreicht, auf welchem auch nur die Oberfläche fest geworden wäre und die lichtstrahlende Kraft eines im Feuer geschmolzenen Körpers verloren hätte. Zwischen Mond und Sonne stehen die Planeten, im Innern noch feurig lebendig, aber außen bereits verkühlt. Und wenn wir unter diesen speziell unsere Erde betrachten, weil wir bei ihr die Wärmephänomene am ausgezeichnetsten beobachten können, so müssen wir bemerken, daß bis zu unserer Periode an ihr die Erstarrung bis zu dem Punkte gediehen ist, auf welchem die fortwährende Wärmeausstrahlung in den kälteren Weltraum genau durch die Zustrahlung, die die Erde in Folge der Sonnenwärme erleidet, wieder ausgeglichen wird. Seit mehr als zweitausend Jahren haben sich die Wärmeverhältnisse der Erde nicht geändert. Seit dieser Zeit hat, wie die genauesten astronomischen Beobachtungen zeigen, der Durchmesser der Erde keine merkliche Veränderung seiner Länge erfahren. Dieselbe wäre aber die natürliche Folge, wenn die gesammte innere Erdwärme auch nur um den hundertsten Theil eines Grades sich verringert hätte.

Wie lange dieser Zustand des Gleichgewichts auch aushalten mag und wie ausgedehnt auch der Zeitraum sich gestalten soll, den wir unter dem Begriff „unsere

Periode" zusammenfassen, so leuchtet doch ein, daß derselbe kein ewiger sein wird. Die Gesammtheit unseres Sonnensystems zahlt an den kalten, ewig mahnenden Gläubiger „Weltraum" nicht die Zinsen eines Kapitals, sondern sie zehrt vom Kapitale selbst. So groß dieses ist, ein unerschöpfliches ist es nicht. Die Sonne muß endlich auch an ihrer Außenseite erstarren, so daß sie die Wärmeunterstützung, welche sie den Planeten jetzt noch gewährt, nicht mehr in dem Maße bestreiten kann, und eine allgemeine Erstarrung bereitet sich, wenn auch nur äonenlang, vor.

Durch das Aufhören der Bewegung des Mondes und durch das Zusammenfallen desselben mit unserer Erde würde diese zwar einen ungeheuren Wärmezuwachs wieder erlangen; und so können die Planeten, indem sie in den Mittelkörper allmälig wieder zurückfallen, die Temperatur desselben erhöhen und seine Lebensfähigkeit auf große Zeiträume hinaus wieder verlängern. Allein dies sind Aufschübe, die in ihrer Endlichkeit dem allgemeinen Gange keinen Einhalt thun können.

Es muß dann doch eine Zeit kommen, wo die gesammte Materie auf einem Punkte sich vereinigt hat, wo Sonnen mit Sonnen sich verschmolzen haben. Dann ist durch die unerbittliche Erkältung das Reich der Erscheinungen geendet und das Produkt der zusammengehäuften Weltmaterie ist ein todter Knochen.

Die Grundbegriffe aller unserer Vorstellungen, Raum, Materie und Zeit, haben sich wieder gesondert, die Kraft und mit ihr das Reich wechselnder Erscheinungen ist aus dem Universum gestrichen, bis die Molekularbestandtheile vielleicht sich zerstreuen und die Materie wieder zu kosmischem Staube zerfällt, der auf's Neue jenen großartigen Akt wieder durchspielen kann.

Das ist das Pulvis es der Welt.

Was ist aber das schließliche Ergebniß unserer Welt? Welche endliche Wirkung haben alle die Kräfte, die das wachsende Leben von heute erhalten, hervorgebracht? Zu was sind die Lichtwellen geworden, zu was die elektrische Kraft? Hat die Ursache der magnetischen Erscheinungen spurlos aufgehört und wohin hat sich die ungeheure Wärmemenge verloren? Die Antwort darauf lautet: Alle jene einzelnen Kraftäußerungen, Licht, Elektrizität, Anziehung, Magnetismus, haben ihre Gegensätze ausgeglichen, sie sind vollständig in die eine Form W ä r m e verwandelt und in dieser durch allmälige Ausstrahlung von allen Punkten der Materie in den unendlichen Weltraum vertheilt worden. Durch die Unendlichkeit des Raumes herrscht überall eine gleiche Temperatur, keine kälter, keine wärmer, kein Kampf, überall Friede, aber auch kein Leben, denn nur im Widerstreit schafft sich das Neue.

So sind wir im vollen Sinne des Wortes Kinder des Helios. Die Licht- und Wärmestrahlen — und sind sie nicht Eins? — welche uns von dem großen Gestirn zugetheilt werden, erhalten das bewegte Leben; jede Kraftäußerung, jede Erscheinung ist ein Produkt der Sonnenwärme. Der Mond ist todt. Er bekommt dieselben Geschenke wie unsere Erde, aber er hat eine kleine Hand zum Festhalten, das ist seine innere Masse, und eine verhältnißmäßig viel größere zum Wiederausgeben, das ist seine Oberfläche. Er ist ein grenzenloser Verschwender, dessen Haushalt zu Grunde gehen mußte, weil Soll und Haben nicht in Einklang stand.

Der Dampf.
Nach dem Echter'schen Wandgemälde im Staatsbahnhof zu München.

Diese Richtung ist gewiß,
Immer schreite, schreite;
Finsterniß und Hinderniß
Drängt mich nicht zur Seite.

Goethe.

# Der Dampf und die Erfindung der Dampfmaschine.

Die Wärme als Kraftquelle. Was ist Dampf? Feuchtigkeitsgehalt der Luft. Hygrometer. Prinzip der Dampfmaschine. Geschichte der Erfindung. Ihr wahres Alter. Das Schiff des Basco de Garay. Salomon de Caus. Der Marquis von Worcester. Papin und der Papinianische Topf. Savery's Dampfmaschine. Newcomen. James Watt und seine doppelt wirkende Maschine. Das Parallelogramm. Die Hochdruckmaschine. Maschine mit Expansion. Einzelne Theile der Dampfmaschine. Steuerung. Schieber. Excentrik. Maschine mit oscillirendem Cylinder. Der Dampfkessel. Schwimmer und Sicherheitsventil. Konkurrenten der Dampfmaschine. Geschichte und Einrichtung von Lenoir's Gas- und Ericson's Heißluftmaschine.

Wir wenden uns von den flachen Ufern eines langsam sich dahin wälzenden Stromes, dessen Niederungen durch reiche Meiereien, blühende Dörfer und gewerbreiche Städte geschmückt sind, seitwärts zu den sanft ansteigenden, Windmühlen tragenden Höhen und wandern weiter und weiter in die Seitenthäler hinein, die von seinen einzelnen Zuflüssen durchrauscht werden. Immer enger und enger rücken die Felswände aneinander, immer steiler und steiler stürzen die rauschenden Fälle herab. Begleitete uns in der ersten Zeit das lustige Klappern der Wassermühlen, denen aus dem flachen Lande das Getreide zugeführt wird, so hörten wir an seiner Stelle bald ausschließlich den eigenthümlich schlurfenden Ton großer Sägewerke. Endlich aber, hoch oben, begrüßt uns der weithin schallende Schlag gewaltiger Hämmer. Wir stehen vor einem jener Eisenwerke, wie sie häufig in den rauhesten Theilen der Gebirge angelegt worden sind, um die dort brechenden Erze, deren Transport bedeutende Schwierigkeiten machen würde, an Ort und Stelle aufzuarbeiten. An den Höhen hin ziehen sich weite Halden und auf allen Seiten klingen die einförmigen Glockenschläge von den verstreuten Grubenhäusern her, zum Zeichen, daß die Pumpwerke noch ihren ungestörten Gang gehen.

In unserer unmittelbaren Nähe aber braust es und arbeitet es wie mit tausend Kräften. Große Räder fangen das stürzende Gebirgswasser auf und drehen sich unter ihrer Last, eilfertige Riemen übertragen die Kraft an zahlreiche Wellen und Einzelmaschinen. Darüber ragen hohe rauchende Essen und stoßweise treten aus einzelnen Röhrenöffnungen weiß sich ballende Wasserdämpfe hervor, die in phantastischen Gestalten in den Gipfeln schwarzer Tannen sich verjagen. So mächtig auch der Wassersturz eingreifen mag, er wäre allein nicht stark genug, um allen den Kraftbedürfnissen zu genügen, die in dem ausgedehnten Werke herrschend werden. Hämmer, Hunderte von Centnern schwer, schmieden die glühenden Eisenmassen und durch einen einzigen Umlauf pressen große Walzen den Block zu Eisenbahnschienen, formen ihn nach und nach zu schwachem Stabeisen, zu Blech oder ziehen ihn zu Draht aus.

Eine elementare Arbeitsstätte, himmelweit verschieden wie die umgebende Natur von dem sonnigen Flachlande mit all' seinem Fleiß — und doch im Grunde wie übereinstimmend! Denn gehen wir dem Ursprunge aller Kräftethätigkeit nach — überall finden wir eine und dieselbe Ursache, Alles bedingend: die Wärme. Sonnenlicht und Sonnenwärme machen Gras und Getreide wachsen und unterhalten dadurch Mensch und Thier in seiner Kraft. Andererseits aber erwärmen die Strahlen der Sonne bei ihrem Laufe über die Erde die auf derselben lagernden Luftschichten ungleich und dehnen sie dadurch ungleich aus; die leichter werdenden erheben sich, die kälteren, schwereren strömen nach der Tiefe und diese ununterbrochene Bewegung, den Wind, nützen wir in den Windmühlen zur Drehung der Flügel. Die Wärme ist es, welche das Wasser von der Oberfläche der Erde verdunsten macht und als Dampf in die höheren Luftregionen hebt, wo sich dasselbe wieder, wenn kalte Luftschichten sich mit den feuchten, warmen vermengen, zu Nebeln und Wolken verdichtet, auf den Rücken hoher Gebirge niederschlägt, von da aber in zahllosen Aederchen, von der Schwerkraft der Erde angezogen, wieder nach der Tiefe drängt. Die ganze Arbeit, welche das auf der schiefen Ebene vom Bergesrücken bis hinab zum Meere herunterschießende Wasser durch seinen Fall verrichten kann, seine lebendige Kraft ist nichts Anderes, als eine Folge, eine andere Form der Sonnenwärme, durch die es zuerst von der Oberfläche der Flüsse als Dampf emporgehoben worden ist.

Alle Kraft ist Wärme, wie alle Wärme Kraft ist. Wir können auf recht sichtbare Weise uns von der direkten Umsetzung der Wärme in mechanische Kraftleistung überzeugen, wenn wir uns an die ausdehnende Wirkung der Wärme erinnern wollen. Im Conservatoire des arts et des métiers waren die Mauern geborsten und der Riß vergrößerte sich von Tag zu Tage, so daß daraus für das Gebäude die größte Gefahr entstand. Die Trennungsflächen einander wieder zu nähern war eine schwierige Aufgabe, weil die zu überwältigende Last eine sehr bedeutende war. Indessen gelang die Reparatur vollständig. Man verband die beiden Mauern mit einander durch glühende Eisenschienen und befestigte diese so stark, daß sie, wenn sie in Folge des Erkaltens zurückgehen wollten, entweder die Mauern mitbewegen oder zerreißen mußten. Der Erfolg war der gewünschte. Die Rißflächen würden wieder aneinander gezwungen, so daß die Mauern in ihrem Zusammenhange nie gestört gewesen zu sein schienen.

Und der Dampf, der die gewaltigen Eisenhämmer spielend in Bewegung setzt, er hat eben so wenig eine eigenthümliche besondere Kraft, wie in dem Wasser an sich liegt.

Er ist nur ein Mittelglied, aber freilich ein so zweckmäßiges, wie vorher nicht entfernt eins gedacht worden ist.

Der Dampf, dieser neugeborene Riese, reicht mit seinen Eisenarmen in die Eingeweide der Erde; er fördert Millionen von Centnern ihrer Schätze an das Tageslicht herauf und verwandelt das geschmolzene Metall bis zu den feinsten Formen. Wie auf das Gebot eines Zauberers entspringt aus der unförmlichen Masse das schlanke eiserne Schiff; der Dampf baut es, der Dampf bringt es in sein Element, und durch den Dampf überflügelt es in seinem Laufe seine hölzernen Mitkämpfer, deren eichene Rippen Jahrhunderte bedurften, um die gehörige Stärke zu erhalten. Der Dampf mahlt das Mehl zu dem Brode, das wir essen, er spinnt die Wolle und die Baumwolle zu unserer Bekleidung, er webt dieselbe und druckt die reiche Pracht der Blumen auf das leichte Gebilde. Tausende von Rädern werden durch den Dampf bewegt, jedes derselben könnte mit einem einzigen Drucke einen Menschen zermalmen, und dennoch ist die schwächste Kindeshand im Stande, diese gewaltige Triebkraft zu hemmen. Die Erfindung der Buchdruckerkunst gab dem menschlichen Geiste die Mittel an die Hand, über die Unwissenheit und den Aberglauben zu siegen; die Erfindung der Dampfmaschine setzt uns in den Stand, die Hindernisse zu überwinden, welche in früherer Zeit der physischen Kraft des Menschen unübersteigliche Schranken entgegenzustellen schienen. Jene gab dem Geiste des Menschen Flügel, diese seinem Körper.

Sehen wir eine Dampfmaschine an, so finden wir ein kleines, zierlich gearbeitetes und sauber geputztes Ding, von dem es kaum glaublich erscheint, daß alle die gewaltigen Leistungen, denen wir begegneten, von ihm ausgehen sollen. Wie spielend bewegt sich die Kolbenstange in gleichmäßigem Takte auf und ab; ein Schwungrad läuft scheinbar müßig mit herum. Alles Triebwerk erhält seine Bewegung von einer einzigen Hauptwelle. Durch Räder und Getriebe, Laufriemen, Wellen oder andere Apparate wird die Kraft fortgeleitet und überall hin vertheilt, wo man ihrer benöthigt ist, oft auf weite Entfernungen, hinauf und hinunter, in die Winkel und um die Ecken.

„Mit wie viel Pferdekräften arbeitet die Maschine?" fragen wir. Fünfzehn, zwanzig, dreißig oder noch mehr werden uns genannt; auf Eisenbahnen und Dampfschiffen hören wir gar von fünfzig, hundert oder mehreren hundert Pferdekräften reden. Und alle diese enormen Kräfte — sie scheinen auf die einfachste Weise aus etwas Wasser und etwas Kohlen zu entspringen; das Wasser wird zu Dampf, und der Dampf schiebt einen Kolben vor sich her, das ist das einfache Mittel zur Erreichung so großartiger Erfolge. Aber

**Was ist Dampf?** dürfte wol die nächste Frage sein, die uns beschäftigt. Zum Theil haben wir sie uns früher bereits beantwortet, denn wir kennen das Bestreben der vielen Flüssigkeiten, sich fortwährend auszudehnen und aus dem flüssigen Zustande in den gasförmigen überzugehen. Diese Gasarten nennt man Dämpfe, sie sind nicht zu verwechseln mit den Dünsten; denn während diese aus einzelnen kleinen in der Luft schwimmenden Tröpfchen bestehen und sichtbare Wolken oder Nebel bilden, sind jene vollständig gleichartig in ihrer ganzen Masse, in der Regel farblos und durchsichtig. Nur einige wenige Körper bilden gefärbte Dämpfe, der Wasserdampf dagegen ist in der gewöhnlichen Luft durch das Auge nicht zu erkennen.

Er ist stets in ihr enthalten, da er aber in der Kälte wieder zu flüssigem Wasser sich verdichtet, so kann kalte Luft davon auch nur weniger aufnehmen als heiße. Jedem Temperaturgrade entspricht eine gewisse Dampfmenge, bei welcher die Luft *gesättigt* ist.

**Tritt mehr Dampf hinzu oder kühlt sich die gesättigte Luft ab, so verdichtet sich der Ueberschuß (Nebel, Wolken).** Bis zu dem Sättigungspunkte aber steht dem Verdampfungsbestreben kein Widerstand entgegen und daher kommt es, daß ein trockener Wind, wie er über die öden Landsteppen des innern Asiens zu uns kommt, begierig dem Boden und den Pflanzen die Feuchtigkeit entzieht, während der heiße Süd- und Westwind, der, über das Mittelmeer streichend, sich schon mit Wasserdampf gesättigt hat, in unsern kühleren Regionen leicht seinen Ueberschuß abgiebt und uns Regen bringt, während mit jenem klare, trockene Witterung verbunden zu sein pflegt.

Die Bestimmung des Wassergehaltes in der Luft ist daher eine der wichtigsten Aufgaben der Meteorologie. Hat die Luft weniger Wasserdampf, als sie ihrer Temperatur nach aufnehmen kann, so ist sie trocken; hat sie mehr, so ist sie feucht. Die verschiedenen Abstufungen aber zu erkennen und zu bemessen, sind eigenthümliche Instrumente erfunden worden, nämlich:

**Hygrometer oder Luftfeuchtigkeitsmesser.** Es giebt eine Menge Körper in der organischen Natur, welche die Fähigkeit besitzen, den in der Luft vorhandenen Wasserdampf in ihren Poren zu verdichten und dadurch an Volumen zuzunehmen. Haare, Fischbein, Kiele, Holz, Stroh und dergleichen Körper sind solche, die man dieser Eigenschaft wegen hygroskopische nennt. Auf ihre wasserziehende Eigenschaft gründen sich nun jene Vorrichtungen, an denen man den Feuchtigkeitsgehalt der Luft und möglichenfalls die Witterungsveränderungen absehen will. Die Wettermännchen, welche in Nürnberg zu Tausenden verfertigt werden, sind bekannt. Bei ihnen hängt im Innern eines kleinen Häuschens eine gedrehte Darmsaite lothrecht herab und trägt eine horizontale Pappscheibe, auf welche zwei Püppchen, ein Mann und eine Frau, angebracht sind. Dreht sich in Folge größerer Feuchtigkeit die Darmsaite auf, so tritt der Mann mit dem Regenschirme aus seiner Thür, bei trockenwerdender Luft dagegen dreht sich die Saite wieder zusammen und die Scheibe läßt aus der andern Thür die Dame mit dem Fächer hervortreten.

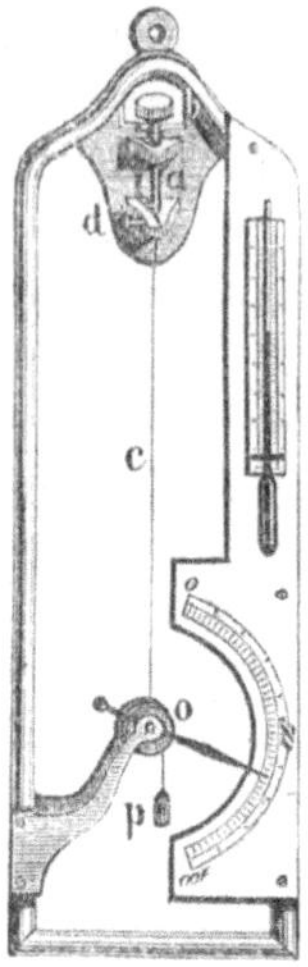


Fig. 384.
Saussure'sche Haar-Hygrometer.

Aehnliche Apparate sind in großer Menge unter verschiedenen Formen und aus dem verschiedenartigsten Material hergestellt worden. Einen wirklichen Werth können sie aber alle nicht beanspruchen, deswegen genüge ihre beiläufige Erwähnung. Das erste Hygrometer, das die Form eines wirklichen Meßapparates hat, konstruirte Saussure. Es besteht dem Wesen nach aus einem langen, in Lauge ausgekochten Menschenhaar c (Fig. 384), das mit dem obern Ende an einem festen Punkte und mit dem untern an dem Umfange einer Rolle o angehangen ist. Verkürzt sich bei trockener Luft das Haar, so erhält die Rolle und der auf ihr sitzende Zeiger eine der Verkürzung entsprechende Drehung. Läßt das Haar wieder nach, so bringt ein kleines Gewichtchen p, dessen Faden ebenfalls um die Rolle geht und welches das Haar immer in einiger Spannung erhält, die Rolle und den Zeiger nach der andern Seite herum. Die beiden Endpunkte der Skala, welche der Zeiger durchläuft, werden in der Art ermittelt, daß man das Instrument zuerst unter eine Glocke bringt, unter der die Luft durch chemische Mittel völlig trocken gemacht wird. Auf die Stelle, wo sich hierbei der Zeiger feststellt, wird o, der höchste Grad der Trockenheit, verzeichnet. Unter einer andern Glocke, deren Inneres mit destillirtem Wasser benetzt ist, wird hierauf der höchste Feuchtigkeitsgrad bestimmt, und der Raum zwischen diesen beiden Endpunkten in 100 gleiche Theile oder Grade getheilt. Aehnlich ist Deluc's Hygrometer, in welchem statt des Haares ein Stückchen Fischbein benutzt wird.

Instrumente dieser Art sind jedoch auch noch keine eigentlichen Meter, keine Messer, denn sie zeigen nur Veränderungen, und zwar ziemlich ungleich, ohne anzugeben, wieviel Feuchtigkeit in der Luft ist. Die Wissenschaft der Meteorologie bedurfte aber eines Instrumentes, welches den Wassergehalt der Luft direkt angiebt; welches lehrt, wieviel Gewichtstheile Wasser in einem Kubikfuß Luft zu einer bestimmten Zeit enthalten sind. Erst durch ein solches Instrument, im Verein mit dem Barometer und Thermometer, wurde es dem Meteorologen möglich, die Vorgänge im Luftkreise zu kontroliren.

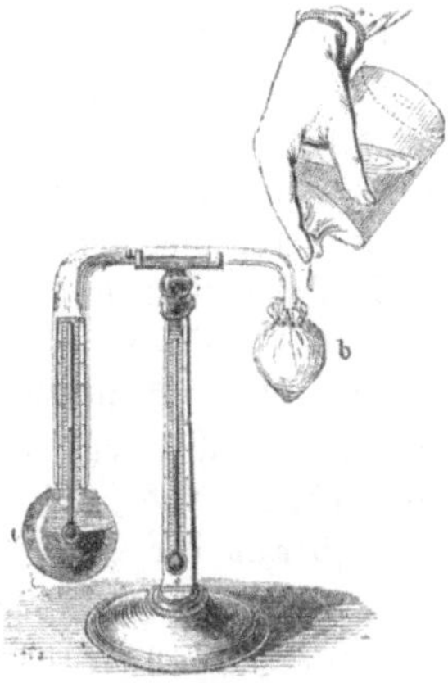

Fig. 385. Daniell's Hygrometer.

Um dazu zu gelangen, mußte man aber erst die Natur der Dünste genauer kennen lernen; man mußte namentlich wissen, daß die Luft bei jedem Temperaturgrade nur ein gewisses Maß von Feuchtigkeit, das sich mit der Temperatur erhöht, aufnehmen kann. Bringt man einen kalten festen Körper in warme Luft, so wird er gewöhnlich beschlagen, d. h. sich mit einem feinen Thau überziehen. Dieser Thau ist derjenige Antheil Wasser, den die den Körper umgebende und von ihm abgekühlte Luft, der Abkühlung halber, fahren lassen muß. Je feuchter die Luft ist, desto eher wird der Thaubeschlag eintreten; selbst bei scheinbar trockener Luft stellt er sich ein, wenn man nur den Körper genügend kalt macht. Sucht man nun, bis zu welcher Temperatur man einen Körper erkälten muß, bis er beschlägt, und bei welcher Temperatur der Beschlag wieder verschwindet, so hat man in dem Mittel zwischen beiden Temperaturen den Thaupunkt, d. h. denjenigen Temperaturgrad, bei welchem die Luft gerade mit Feuchtigkeit gesättigt sein würde. Auf der Ermittelung desselben beruht Daniell's Hygrometer (Fig. 385). Es besteht aus einer gekrümmten Röhre, welche in zwei Kugeln endigt. Die Kugel a ist theilweise vergoldet oder platinirt, um den Thau besser erkennen zu lassen; sie enthält ein kleines Thermometer und ist halb mit Aether gefüllt. Die Kugel b ist mit einem feinen Leinwandläppchen umhüllt. Das Ganze ist luftleer, den innern Raum füllen Aetherdämpfe aus. Wird nun etwas Aether auf die Kugel b getröpfelt, so wird dieselbe durch die rasche Verdunstung des Aethers kälter. Die Dämpfe im Innern von b verdichten sich und es müssen neue Dämpfe aus Kugel a herübertreten. Letztere muß in Folge dieser Dämpfebildung immer kälter werden, so daß endlich auf ihrer Außenseite der Feuchtigkeitsniederschlag erscheint. Bei welcher Temperatur die Thaubildung stattfand, zeigt uns das innere Thermometer; ein anderes, außen an dem Träger hängendes Thermometer zeigt die wirkliche Luftwärme. Aus der Differenz dieser beiden Thermometerstände, unter Berücksichtigung des Barometerstandes, läßt sich nun bestimmen, welcher Feuchtigkeitsgrad zur Zeit der Beobachtung in der Luft herrscht. Um des jedesmaligen Rechnens überhoben zu sein, benutzt man in der Regel Tabellen, aus denen das Facit ohne Mühe ersehen werden kann.

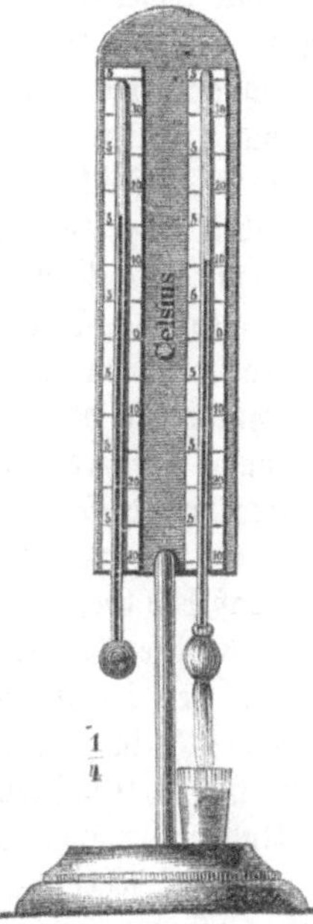

Fig. 386. August's Psychrometer.

Ein ähnliches und vielgebrauchtes Instrument ist August's Psychrometer (Naßkältemesser). Es besteht aus zwei gleichen, neben einander hängenden Thermometern; die Kugel des einen ist in ein Läppchen gehüllt, welches in ein Glas mit Wasser hinabhängt, so daß es beständig feucht erhalten wird. Wäre die Luft völlig mit Feuchtigkeit gesättigt, so würde kein Wasser weiter verdampfen und daher auch keine Wärme gebunden werden können; beide Thermometer ständen in diesem Falle gleich hoch. Nimmt aber die Luft noch Wasserdampf auf, so wird das nasse Thermometer sinken, und zwar um so rascher und tiefer, je weiter die Luft noch von ihrem Sättigungspunkte entfernt ist. Aus der Differenz zwischen den beiden Thermometerständen kann dann die Bestimmung der Luftfeuchtigkeit vorgenommen werden. Zur Erleichterung dieser Arbeit sind ebenfalls Tabellen angelegt worden. Allerdings ist auch dieses sinnreiche Instrument kein ganz und gar unfehlbares; namentlich wird an einem zugigen Orte die Differenz der beiden Thermometer immer etwas größer sein als an einem ruhigen, und für absolut genaue Beobachtungen würde kein anderer Weg übrig bleiben, als das Wasser aus einem bestimmten, möglichst großen Quantum Luft geradezu auszuscheiden und durch das Gewicht zu bestimmen.

**Prinzip der Dampfmaschine.** Daran, daß sich unter gegebenen Verhältnissen nicht alles Wasser in der Natur sofort in Dampf verwandelt, ist der Druck der Atmosphäre schuld, welcher mit großer Macht auf der Oberfläche jeder Flüssigkeit lastet. Diesem Drucke kann man durch Erhitzen des Wassers entgegenarbeiten und in dem Augenblicke, wo er vollständig überwunden ist, geschieht die Dampfentwickelung mit überaus großer Lebhaftigkeit. Die Flüssigkeit geräth durch die in ihr entstehenden Dampfblasen in heftiges Aufwallen, sie siedet. Die Expansivkraft des aus einem offenen Gefäße aufsteigenden Dampfes muß dem Druck der Atmosphäre das Gleichgewicht halten. Somit erhält man auf diese Weise stets nur Dampf von der Spannung einer Atmosphäre. Der aus kochendem Wasser aufsteigende Dampf ist nicht heißer als dieses selbst; wir wissen, daß die mehr zugeführte Wärme latent in ihm steckt und ihn befähigt, ein ungleich größeres Volumen innezuhalten, als das Wasser früher in flüssigem Zustande einnahm. Wird der Dampf wieder zu Wasser, so wird auch seine latente Wärme wieder frei. Füllt man demnach ein Gefäß, das einen Raumgehalt von 1700 Kubikzoll haben mag, mit Dampf von 100° Temperatur, so wird derselbe, wie wir schon sahen, mit der Kraft einer Atmosphäre auf die Gefäßwandungen drücken; denselben Druck giebt die Luft auf die Außenwandung, so daß insofern Gleichgewicht besteht. Nehmen wir nun $5\frac{1}{2}$ Kubikzoll eiskaltes Wasser und bringen es durch eine geeignete Vorrichtung zu dem Dampfe in's Gefäß, so wird derselbe augenblicklich seine ganze Spannung verlieren, denn ein Theil seiner Wärme geht an das kalte Wasser über und erwärmt dieses bis zum Siedepunkt, während der Dampf selbst zu Wasser wird. Das Resultat sind $6\frac{1}{2}$ Kubikzoll Wasser von 100° Hitze, wobei freilich vorausgesetzt wird, daß das Gefäß auch eine Temperatur von 100° habe und solche ihm erhalten werde.

Aus diesem Experiment lernen wir Mehreres zu gleicher Zeit. Wir sehen erstens, daß von der im Dampf gebundenen Wärme nichts verloren gegangen ist, sondern daß sie sich im freien Zustande vollständig in dem heißen Wasser wieder findet. Denn um 1 Kubikzoll Wasser von 100° ganz in Dampf zu verwandeln oder $5\frac{1}{2}$ Kubikzoll von 0 auf 100° zu erhitzen, ist genau dieselbe Wärmemenge erforderlich. Ferner sehen wir, daß der Dampf, nachdem er durch Abkühlung wieder zu Wasser zusammengeschrumpft ist, einen 1700mal kleinern Raum einnimmt. Es bleibt mithin in dem Gefäß, das als überall geschlossen gedacht werden muß, nach der Verdichtung außer dem Wasser ein Raum von etwa 1693 Kubikzoll übrig, in welchem gar nichts enthalten ist, auch keine Luft, denn diese war ja schon vorher durch den Dampf ausgetrieben. Es fehlt also jetzt der innere Widerhalt gegen den äußern

Luftdruck und das Gefäß erleidet demnach auf seiner ganzen Außenfläche die von außen nach innen gerichtete einseitige Wirkung des letztern.

Wäre das Gefäß nun so geformt, daß irgend ein Stück seiner Wandungen nach innen sich verschieben könnte, so würde dies mit um so größerer Kraft hineingedrückt werden, je mehr Quadratzoll Fläche es dem äußern Luftdrucke darböte, d. h. je größer es wäre. Und wenn wir uns das Gefäß als eine weite, unten dicht und oben mit einem beweglichen Kolben verschlossene Röhre denken, so haben wir in der Hauptsache bereits die weiterhin zu besprechende atmosphärische Dampfmaschine. Der in einem Gefäß isolirte, d. h. nicht mehr mit Wasser in Berührung stehende Dampf von 100° verhält sich gegen die Einwirkungen der Wärme ganz wie die Luft und jeder andere gasförmige Körper; er strebt bei jeder Steigerung der Hitze sich mehr auszudehnen und daher mit immer stärkerer Gewalt gegen die Wände des Gefäßes zu pressen. Ist aber in dem allseitig geschlossenen Gefäße, wie in einem Dampfkessel, Wasser und Dampf zugleich enthalten, so verhalten sich die Dinge etwas anders, wie wir gleich sehen werden.

Der Siedepunkt einer Flüssigkeit richtet sich, wie schon angedeutet, nicht allein nach der Natur derselben, sondern auch nach dem Widerstande, den die gebildeten Dämpfe zu überwinden haben, um frei zu werden. Daher siedet Wasser auf hohen Bergen bei einem geringern Hitzegrade, weil dort der Luftdruck geringer ist, und unter der Luftpumpe kann man schon mäßig warmes Wasser zum Sieden bringen. Es folgt daraus, daß, wenn die Widerstände vermehrt werden, auch eine stärkere als die gewöhnliche Erhitzung nöthig sein wird, um das Sieden hervorzubringen, also Dampf zu erzeugen. Befindet sich in einem Dampfkessel, aus welchem der Dampf gar nicht oder nur allmälig entweichen kann, Wasser und Dampf von 1 Atmosphäre Spannung, so haben beide, wie wir wissen, dieselbe Temperatur, die gewöhnliche Siedhitze, 100 Grad des 100theiligen Thermometers. Der Dampfraum hat so viel Dampf gefaßt, als er überhaupt bei 100 Grad aufnehmen kann; er ist, wie man sagt, gesättigt. Dieser Zustand kann aber nicht andauern, wenn die Heizung fortgesetzt wird. Es muß zunächst das Wasser heißer als 100 Grad werden, um noch mehr Dampf entwickeln zu können; das heißere Wasser giebt nun auch heißere und stärker gespannte Dämpfe aus, denn je mehr Dampf in dem geschlossenen Raume sich ansammeln soll, um so mehr muß er zusammengepreßt werden, und also mit vermehrter Kraft auf das Wasser drücken. Die Dampfspannung ist eine größere geworden. Diese Steigerung tritt sehr rasch ein: sie ist, wie gesagt, bei einer Wasserhitze von 100° 1 Atmosphäre, bei 120° schon 2, bei 144° 4, bei 200° 16 Atmosphären. Erinnern wir uns, daß der Dampf von 1 Atmosphäre Druck auf jeden Quadratzoll seiner Umgebung mit einer Kraft von 15 Pfd. drückt, und nehmen wir diesen Druck 4=, 8=, 16fach, so wird es begreiflich, welcher ungeheuern Kraftäußerung der eingepreßte Dampf fähig ist und welche mechanischen Effekte eine Maschine verrichten kann, deren Dampfkessel z. B. bei einer Oberfläche von 200 Quadratfuß eine Spannung auch nur von 3 Atmosphären (45 Pfd. auf den Quadratzoll) verträgt.

Der Kohlenverbrauch, wenn wir die aufgewandte Wärme durch die zu ihrer Erzeugung nöthige Kohlenmenge bemessen, ist für diese Verhältnisse ein ganz bestimmter, und es ist für die Theorie der Dampfmaschine und für die Beurtheilung ähnlicher Apparate ganz unerläßlich, einen Blick in diesen gesetzmäßigen Zusammenhang zu werfen.

Um die Temperatur eines gewissen Volumen Wassers von 0° bis auf 100° zu erhöhen, ist immer genau dieselbe Wärmemenge erforderlich und zu ihrer Erzeugung bedürfen wir, wenn wir Kohle von derselben Beschaffenheit verwenden, auch genau derselben Kohlenmenge. Andererseits wissen wir, daß eine bestimmte Wärmemenge immer denselben Arbeitseffekt bewirkt, sei es durch Ausdehnung oder in irgend einer andern Weise. So entspricht die Wärmemenge, welche erforderlich ist, um 1 Pfund Wasser in seiner Temperatur um 1° Celsius zu erhöhen, einer mechanischen Kraft, welche ein Gewicht von 1350 Pfund auf die Höhe von 1 Fuß oder, was dasselbe ist, ein Gewicht von 1 Pfund auf 1350 Fuß Höhe zu heben vermöchte. Ein Pfund reinste Kohle würde bei seiner Verbrennung, wenn es möglich wäre, alle Wärme in mechanische Kraft ohne Verlust zu verwandeln, eine Last von 1 Centner auf 4½ Meilen Höhe zu heben erlauben, und doch ist die bei seiner Verbrennung entstehende Wärme nur im Stande, 8086 Pfund Wasser um einen Grad des hunderttheiligen Thermometers zu erwärmen.

Wir haben für die Beurtheilung mechanischer Arbeit das Heben von Lasten als Maßstab angenommen. Bekanntlich geschieht dies in der Technik allgemein und die Maßeinheiten: Fußpfund, Meterkilogramm u. s. w., bedeuten weiter nichts als Kraftgrößen, welche im Stande sind, die Last von einem Pfunde auf einen Fuß Höhe, beziehentlich von 1 Kilogramm auf 1 Meter Höhe u. s. w., zu heben.

Unsere Dampfmaschinen, so großartig auch ihre Leistungen erscheinen, erlauben freilich lange noch nicht den ganzen Arbeitseffekt der durch das Brennmaterial erzeugten Wärme auszunutzen. Dies kommt hauptsächlich daher, weil ein großer Theil der Wärme von dem Wasser beim Verdampfen verschluckt wird und als latente Wärme der Ausnutzung verloren geht. Die Vervollkommnung des Dampfmaschinenwesens ist daher ein Gegenstand von der höchsten nationalökonomischen Wichtigkeit. Wenn auch bei einer fortgesetzten Ausbeutung, wie die jetzige, die Besorgnisse, daß unser disponibler Kraftreichthum, die Steinkohlen-, Braunkohlen- und Torflager, einer endlichen Erschöpfung immer näher rücken, lange nicht so beängstigend sind, als es manchen Leuten erscheint, so gebietet doch der nächstliegende Vortheil, mit einem Nutzeffekt von 18—20 Prozent, wie ihn unsere bestkonstruirten Dampfmaschinen nur geben, sich nicht zu begnügen.

Wenn die Leistungen der Dampfmaschine trotzdem noch die billigsten sind, so liegt dies zum Theil mit in einer falschen Schätzung. Wir taxiren die Kraft nach zufälligen Begriffen, wie den wechselnden Werth des Goldes und Silbers, anstatt daß wir die wirklich nutzbare Arbeit als Ausgangspunkt annehmen und darauf alles Uebrige beziehen müßten. Kohle, gleichbedeutend hier mit mechanischer Kraft, ist die einzige rationelle Währung. Sobald man dies erkannt hat, wird man anders wirthschaften; so lange dies nicht der Fall ist, läßt man sich von den Erfolgen berauschen und versäumt darüber ihre mögliche Erhöhung.

**Geschichte der Erfindung.** Man hat bei der Dampfmaschine, gerade wie bei allen anderen bedeutsamen Erfindungen, immer nicht weit genug zurück in das Alterthum gehen zu können geglaubt, um die letzten Spuren, oder vielmehr die ersten Keime zu entdecken. Es giebt und noch mehr gab es vordem eine Klasse von Historikern, welche alles Große und Bedeutende sich nicht anders, als in den frühesten Zeiten bereits vorhanden oder doch wenigstens als damals schon von Einigen gekannt und erfunden sich denken konnten.

Denen zu Folge sollte auch die Dampfmaschine bereits ein Alter von zwei Jahrtausenden hinter sich haben. Mühselig wurden alle Nachrichten, die nur einigermaßen in ähnlicher Weise sich deuten ließen, gesammelt und gewaltsam zugerichtet, um einen Beweis zu führen, der ganz gegen jedes Verständniß der Zeit gerichtet war. Daß die alten Griechen und Römer den Dampf eben so gut kannten wie wir — um uns das zu sagen, braucht kein Geist aus dem Grabe heraufzusteigen; daß aber die Dampfmaschine, das heißt die systematische Ausnutzung der Expansion des Dampfes zum Zwecke der verschiedenartigsten Arbeitsleistung, nicht von ihnen erfunden worden ist, das ist eben so sicher, und dem unbefangen Blickenden ohne Weiteres einleuchtend. Eine zufällige Beobachtung, eine unvorhergesehene Entdeckung — ist keine Erfindung. Die wirkliche Erfindung wird gemacht, ist eine natürliche Frucht vorhergegangener Anstrengung; sie wird von der Zeit geboren und vom Bedürfniß gesäugt. Alle diejenigen Versuche, welche man aus dem Alterthume und bis in das 18. Jahrhundert citirt, um darin den Ursprung der Dampfmaschine bloßzulegen, sind für die bedeutsamste aller Erfindungen der Neuzeit von keinem Werth.

So giebt uns denn Hero von Alexandrien, ein griechischer Philosoph, der 150 Jahre vor Christo lebte, in einem seiner auf uns gekommenen Werke unter anderen Apparaten auch eine Dampfkugel zum Besten, die gewöhnlich in erster Stelle aufgeführt wird, wenn von der Geschichte der Dampfmaschinen die Rede ist. Wir geben unsern Lesern in Fig. 387 eine Abbildung davon, um ihnen den Beweis zu liefern, daß derartige Vorrichtungen ihrem Wesen nach mit dem, was wir unter Dampfmaschine verstehen, nichts gemein haben. Eine hohle Metallkugel ist oben und unten durch Zapfen gestützt und hat auf ihrem Umfange eine beliebige Anzahl Röhren, die alle nach einer Seite zu eine Oeffnung haben. Befindet sich nun in der Kugel etwas Wasser, das durch Feuer in Dampf verwandelt wird, oder leitet man aus einem andern Gefäße Dampf von unten in die Kugel, so wird derselbe zu den Seitenlöchern der Röhren herausgepreßt werden, und die Kugel muß, wie die Turbine durch Rückstoß getrieben, nach der andern Seite hin in rasche Umdrehung kommen.

Fig. 387. Die Dampfkugel des Hero von Alexandrien.

Eine andere Dampfgeschichte wird uns aus den Zeiten der griechischen Kaiser berichtet. Ein gewisser Zeno gab einst seinen Freunden ein Gastmahl in einem Zimmer, das gerade über den von Anthemios, mit welchem Zeno zur Zeit gerade nicht in besonderer Harmonie lebte, bewohnten lag. Anthemios aber hatte, um Jenem einen Possen zu spielen, einen Kessel mit Wasser in Bereitschaft, zündete ein tüchtiges Feuer darunter an und leitete durch Röhren die Dämpfe dergestalt gegen die Zimmerdecke, daß das Gebäude erbebte und die Gäste, ein Erdbeben vermuthend, in höchstem Schrecken auf die Straße rannten.

In Sondershausen giebt es noch ein Götzenbild, den sogenannten Püsterich. Die Figur ist etwa eine Elle hoch, aus Erz gegossen und hohl, die einzigen Oeffnungen bilden die beiden Augen. Beim Götzendienst füllten die Priester der alten Deutschen den Körper mit Wasser, verstopften die Augen mit Pflöcken und zündeten dann im Innern des Thrones, auf welchem dies Götzenbild saß, Feuer an. Sobald das Wasser in's Kochen kam, trieben die Dämpfe die Pflöcke aus den Augen, strömten dann aus den beiden Oeffnungen hervor und hüllten das Götzenbild in einen dichten Nebel, und so wurde der Zorn der Gottheit der staunenden Menge augenscheinlich dargestellt.

Von solchen Spielwerken aber bis zur wirklichen mechanischen Benutzung des Dampfes liegt, wie Jeder sieht, eine große Kluft, und manches Jahrhundert mußte noch vergehen, ehe der Sprung darüber gelang. Die erste Spur von einem hierauf bezüglichen Versuche findet sich in Spanien vor. Der Seekapitän Blasco de Garay trat mit einer Maschine auf, durch welche er Schiffe ohne Ruder und Segel treiben wollte. Auf Befehl Karl's V. wurde im Jahre 1545 im Hafen von Barcellona eine Probe damit gemacht. Garay verbarg die Beschaffenheit seiner Maschine, und man sah nur, daß sie aus einem großen Wasserkessel bestand, und daß sich Räder auf beiden Seiten des Schiffes befanden. Das Schiff, von 4000 Centnern Last, legte angeblich in zwei Stunden drei Seemeilen zurück. Der Erfinder wurde belohnt, aber seine Erfindung blieb liegen, entweder weil die Sache nach Angabe eines Zeugen zu verwickelt, kostspielig und gefährlich war, oder wegen anderer Hindernisse, deren es ja bei neuen Erfindungen so viele giebt. Ueber das Wesen von Garay's Maschine wissen wir nichts; eben so wenig können wir uns Rechenschaft darüber geben, was gemeint ist, wenn der Prediger Johann Mathesius[1] zu Schneeberg, ein vertrauter Freund Luther's, in seiner 1562 in Nürnberg erschienen Sarepta oder Bergpostille von einem Manne erzählt, der jetzt „anfinge, Berg (Stein und Erz) und Wasser mit Feuer zu heben." Erst im Jahre 1614 ist in dem Werke des Salomon de Caux: Raisons des forces mouvantes, die Angabe eines Apparates enthalten, welcher, der Erfindung der Dampfmaschine unmittelbar vorhergehend, dieselbe einleitet. Dieser Apparat aber war eigentlich nichts weiter als eine Fontaine. Er bestand aus einer hohlen Kugel (Fig. 388) mit einer durch einen Hahn verschließbaren Einflußröhre, und einer zweiten, der Ausflußröhre, welche fast bis auf den Boden der Kugel herabging. Wurde der Apparat nun durch den Einguß mit Wasser gefüllt und dieser dann verschlossen, die Kugel aber über das Feuer gebracht, so entwickelten sich Dämpfe, welche auf die Oberfläche des Wassers in der Kugel einen so starken Druck ausübten, daß letzteres in einem kräftigen Strahl aus der Ausflußöffnung hervorgetrieben wurde.

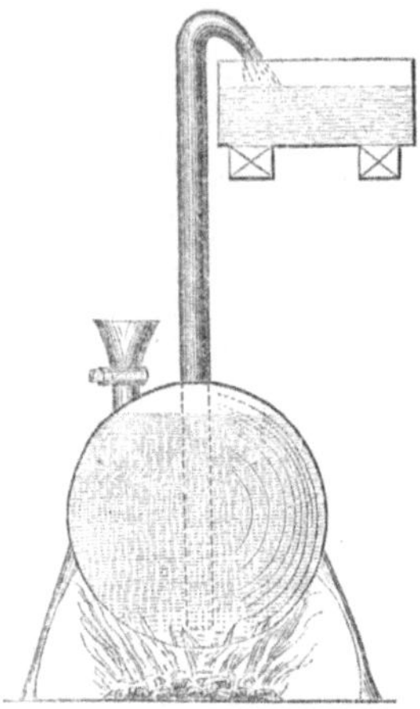
Fig. 388. Dampfapparat des Salomon de Caux.

De Caux, welcher zu jener Zeit im Dienste Ludwig's XIII. von Frankreich war, hatte die feste Ueberzeugung von der Möglichkeit der praktischen Ausbildung seiner Erfindung und von deren großer Wichtigkeit, aber es gelang ihm nicht, damit durchzudringen. Obschon wenige Jahre nach dem Erscheinen der Schrift des de Caux auch ein italienischer Ingenieur Giovanni Brancas die ausströmenden Wasserdämpfe gegen die Flügel eines Schaufelrades wirken ließ und dasselbe dadurch mit ziemlichem Erfolge in Umlauf setzte, glaubte dennoch der Kardinal Richelieu, der allmächtige Minister des Königs von Frankreich, nicht an die Ausführbarkeit der Vorschläge des de Caux. In der That wäre mit denselben nicht viel gewonnen worden, wenn man nicht die Bekanntschaft mit einem völlig neuen Gebiete als einen hauptsächlichen Fortschritt ansehen mußte. Der Uebelstand lag nämlich darin, daß das ganze Wasser, ehe es gehoben werden konnte, bis zum Kochen erhitzt und also eine sehr bedeutende Wärmemenge auf einen nutzlosen Effekt verwandt werden mußte. Der Erfinder de Caux wurde nun auch, wie es allen von einer einzigen Idee erfüllten Menschen leicht geschieht, Denjenigen, von denen er Beförderung seiner Bestrebungen hätte erwarten sollen, unbequem, und es scheint Thatsache, daß Richelieu, um sich des Gelehrten, der ihn immer wieder von Neuem bestürmte, zu entledigen, ihn für wahnsinnig erklären und in das Bicêtre, das Irrenhaus von Paris, stecken ließ. Hier war es, wo der Marquis von Worcester dem Philosophen einen Besuch abstattete und bei demselben, wie wenigstens die Franzosen behaupten, die erste Idee zu der praktischen Anwendung faßte, welche er später von der Erfindung des de Caux machte.

Der Marquis von Worcester, ein Plänemacher und Aufschneider, der gleich ein ganzes „Hundert von Erfindungen", eigentlich aber Hirngespinnsten, herausgegeben hat, lebte zur Zeit der Bürgerkriege, welche unter Karl I. England zu einem Tummelplatze aller Leidenschaften machten. Auf Seiten des Königs stehend, verlor er Alles, was er besaß, und wurde endlich in Irland eingekerkert. Von dort gelang es ihm, zu entkommen. Er floh nach Frankreich, wagte sich indessen, im Auftrage der verbannten Familie seines Königs, wieder nach England, wurde abermals gefangen und in den Tower gebracht. Hier bildete er die Idee weiter aus, welche er bei dem Besuche gefaßt hatte, den er während seines Aufenthalts in Frankreich, in Begleitung einer der schönsten Frauen des damaligen Frankreichs, der Marie Delorme, dem de Caux machte.

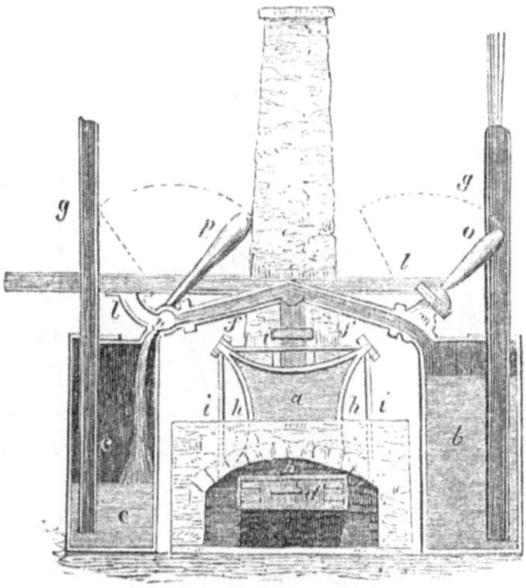

Fig. 389. Maschine des Marquis von Worcester.

Wir besitzen noch einen Brief, welchen Marie Delorme (3. Februar 1641) an Cinq Mars, den Stallmeister des Königs von Frankreich, schrieb und worin sie über diesen Besuch Bericht erstattet. Es heißt hier unter Anderem: „Wir gingen nach dem Bicêtre, wo der Marquis in einem Wahnsinnigen einen Mann von hohem Verstande zu finden erwartete. Als wir über den Hof des Hospitals gingen, war ich mehr todt als lebendig und klammerte mich ängstlich an den Arm meines Begleiters, da wir de Caux hinter den Fensterstangen erblickten, der ohne Unterlaß rief: «Ich bin nicht toll, sondern ich habe eine Erfindung gemacht, welche dies Land bereichern muß, wenn sie ausgeführt wird!» — Nachdem uns der Wärter die näheren Nachrichten über den Wahnsinnigen mitgetheilt hatte, sprach der Marquis: «Führt mich zu dem Manne, ich wünsche mit ihm zu sprechen.» Man willfahrte ihm, und bald darauf kehrte er ernst und verstimmt zurück. «Ach», rief er aus, «der Arme ist in der That wahnsinnig; Unglück und Gefangenschaft haben ihm den Verstand geraubt. Ihr habt ihn wahnsinnig gemacht, und indem ihr ihn hier gefangen haltet, schmachtet das größte Genie seiner Zeit in Fesseln. In meinem Vaterlande würde dieser Mann, statt im Kerker zum Wahnsinn gebracht zu werden, mit den größten Reichthümern überhäuft worden sein!»"

Als nun später der Marquis von Worcester im Tower als Gefangener sich seine Mahlzeit selbst bereiten mußte, studirte er die Wirkungsart der Dämpfe des heißen Wassers immer genauer und er spricht sich darüber in seinen „Hundert Erfindungen" folgendermaßen aus:

„Ich habe eine wunderbare und kräftige Art erfunden, das Wasser durch Feuer zu heben, nicht durch eine Saugpumpe, bei welcher, wie bekannt, die Höhe der Aufsaugung begrenzt ist, sondern auf eine andere Art, wo, sobald ich die Gefäße nur fest genug machen konnte, die Höhe, zu welcher ich das Wasser heben kann, unbeschränkt ist. Nachdem ich nun die Art und Weise gefunden hatte, meine Gefäße stark genug zu machen, daß sie dem innern Drucke widerstehen konnten, füllte ich ein Gefäß nach dem andern abwechselnd mit kaltem Wasser und erlangte durch die Anwendung der Dämpfe eine Fontaine, welche ohne Unterlaß einen Strahl von 40 Fuß Höhe gab. Ein Raumtheil in Dämpfe verwandeltes Wasser trieb mir auf solche Weise 40 Raumtheile kaltes Wasser empor, und es bedurfte nur eines Mannes, welcher nichts weiter zu thun hatte, als zwei Hähne zu drehen, um entweder Dämpfe in das gefüllte Gefäß oder kaltes Wasser in das entleerte zu leiten. Dabei aber mußte das Feuer stets lebhaft unterhalten werden."

Wir bezweifeln stark, daß der Marquis seinen Apparat jemals anders als im Kopfe konstruirt hat. Indeß kann man sich doch eine Vorstellung und ein Bild davon machen, was er meint. Man denke sich einen Dampfkessel a (Fig. 389) mit zwei Röhren f f, deren jede in ein nebenstehendes Wassergefäß mündet. Diese Gefäße b und c sind oben verschlossen und können sich nur durch das bis in die Nähe des Bodens reichende Steigrohr g g entleeren. Ist ein Gefäß — nehmen wir das rechts stehende — mit Wasser gefüllt, so wird der Dampfhahn aufgedreht und der Dampf drückt auf die Oberfläche des Wassers dergestalt, daß dieses durch das Steigrohr hinausgepreßt wird. Während sich so das eine Gefäß entleert, kann das andere mit Wasser gefüllt werden und so fort. Die Hähne p und o können dabei so eingerichtet sein, daß sie in der einen Stellung Dampf, in der andern Wasser zulassen.

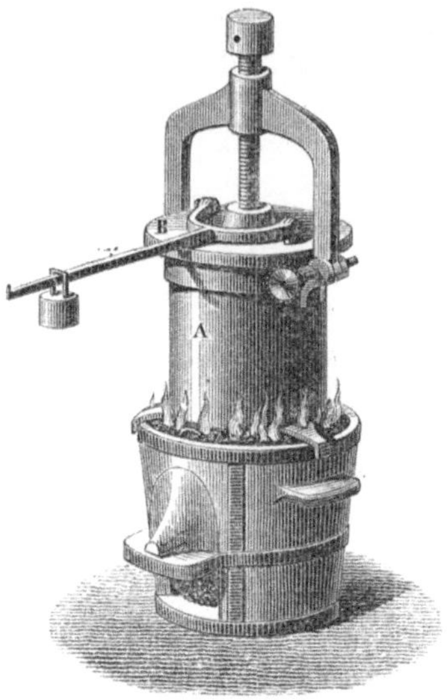

Fig. 390. Der Papinianische Topf.

Der Vortheil des Worcester'schen Apparates vor dem de Caux'schen liegt darin, daß hier das zu hebende Wasser kalt bleibt, weil der Dampf wie in unseren Dampfmaschinen in einem andern Gefäße erzeugt wird als in dem, wo er arbeiten soll. Dieser Unterschied ist wichtig. Man kann daher dem Marquis zugeben, daß in seiner „Erfindung Nr. 68" unter der konfusen Einkleidung ein gesunder Gedanke verborgen liege, möge dieser nun sein Eigenthum oder eine in Frankreich gemachte Beute sein.

Eine bei weitem wichtigere Erscheinung in der Geschichte der Dampfmaschine als alle die genannten tritt uns aber in Dionysius Papin entgegen, dessen Name allgemein bekannt ist, denn wer von uns hätte nicht von dem Papinianischen Topfe gehört, der sich vielfach in größeren Wirthschaften befindet, wo er dazu dient, aus Knochen und Fleischabfall die kräftigsten Suppen zu kochen! Fig. 390 stellt uns den Apparat dar. Er besteht aus einem eisernen Topfe von starken Wänden, dessen Deckel, mit einem Sicherheitsventil versehen, sich luftdicht aufschrauben läßt. Wird der mit Wasser, Fleisch, Knochen u. s. w. gefüllte und fest verschlossene Topf erhitzt, so treiben die hochgespannten Dämpfe das Wasser mit Gewalt in die Poren der im Topfe befindlichen festen Substanzen und ziehen die darin befindlichen Nahrungsstoffe viel vollständiger aus, als es beim gewöhnlichen Kochen geschieht.

Papin also, der Erfinder jener Kochvorrichtung, ein Franzose, der im Jahre

1698 in Marburg Professor war, machte auf Befehl des Landgrafen Karl auch Versuche zur praktischen Anwendung der Wasserdämpfe, und wir verdanken ihm eine der wirksamsten Förderungen dieser Idee. Er wollte einen massiven Kolben, ähnlich dem in einer gewöhnlichen Saugpumpe, aber ohne Klappe, durch die elastische Kraft des Dampfes in die Höhe treiben, dann den Dampf plötzlich abkühlen und so wieder in Wasser verwandeln. Da nun der Dampf einen 1700mal größeren Raum einnimmt als das Wasser, so mußte — bei der Verdichtung — unter dem Kolben ein luftleerer Raum entstehen und die auf die Oberfläche drückende atmosphärische Luft denselben wieder in die Röhre hinabdrücken. Papin beschrieb seine Idee in einer eigenen Schrift und machte auch ein Modell der Maschine; die Sache hatte indessen keinen weitern Erfolg, da sie in Deutschland unternommen wurde, wo schon damals das am ehesten Anerkennung fand, was aus dem Auslande kam. Es heißt nun, daß der englische Kapitän Thomas Savery, welcher von der Papin'schen Schrift Kenntniß erhalten hatte, alle Exemplare derselben, deren er habhaft werden konnte, aufgekauft und vernichtet habe; im folgenden Jahre sei er dann mit einer eigenen Erfindung hervorgetreten, die weiter nichts war als eine geschickte Verbindung der Maschine des Marquis von Worcester mit Papin's Maschine.

Wir stoßen in der Geschichte der Erfindungen so oft auf angebliche Entfremdungen, die häufig alles Grundes entbehren, daß uns auch die Geschichte von der Büchervernichtung durch Savery nicht ganz geheuer vorkommen will, vielmehr scheint sie aus nationaler Eifersüchtelei entsprungen zu sein, und wir haben sie nur erwähnt, um unser Bedenken gegen ihre Richtigkeit auszusprechen. Wie wir sehen, war jetzt die Dampfmaschine im Werden begriffen, die Idee hatte bereits in vielen Köpfen Wurzel geschlagen, und ein Fortschritt konnte bald hier, bald da gethan werden, ohne daß allemal ein Diebstahl begangen werden mußte.

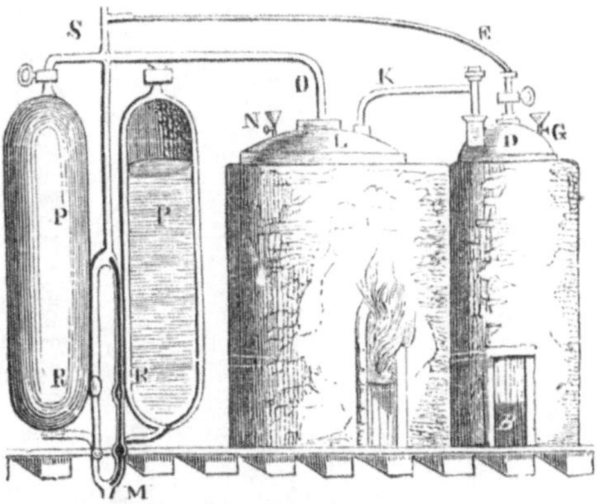

Fig. 391. Savery's Dampfmaschine.

Savery's Dampfmaschine, welche in ihren Haupttheilen in dem beistehenden Bilde (Fig. 391) dargestellt ist, bestand aus zwei Kesseln, L und D, deren jeder seine eigene Feuerung hatte, und zwei Dampf- und Wassercylindern P P. Ehe die Oefen geheizt wurden, füllte man durch die mit Hähnen versehenen Einlässe N und G den Kessel L bis auf zwei Drittel seiner Höhe, den Kessel D aber ganz voll Wasser und verschloß dann beide Einlässe luft- und dampfdicht. Nun heizte man bei B den Kessel, und sobald sich die Wasserdämpfe bildeten, öffnete man den Hahn des Cylinders P (welcher hier im Durchschnitt gezeichnet ist). Sogleich strömte nun der Dampf aus L durch die Röhre O nach P über und verdrängte die dort befindliche Luft, welche durch das Ventil R in das Rohr S entwich. Sobald der Cylinder P mit Dämpfen gefüllt ist, was man an dem Heißwerden seines Bodens erkennt, wird der Einlaßhahn geschlossen und dafür der des zweiten Cylinders P geöffnet, worauf die Dämpfe auch aus diesem Cylinder die Luft austreiben. Während dessen wird ein Strom kalten Wassers auf den ersten Cylinder geleitet, und sogleich werden sich die in demselben befindlichen Dämpfe zu Wasser verdichten, also einen viel kleineren Raum als zuvor einnehmen, während der übrige Theil des Cylinders luftleer ist.

Diese Leere — das Vacuum — wird aber sogleich ausgefüllt, indem der Druck der äußeren atmosphärischen Luft das Wasser aus dem Behälter unterhalb M durch das unter R befindliche Ventil in den Cylinder P aufwärts treibt. Sobald dieser Cylinder mit Wasser gefüllt ist, öffnet man den Dampfhahn desselben, und es treten nun Dämpfe aus L über das Wasser und drücken dasselbe, wie vorhin die Luft, durch das Ventil R in das Steigrohr S, von wo aus dasselbe abfließt. Der zweite Cylinder ist nur dazu vorhanden, um abwechselnd mit dem ersten zu arbeiten und dadurch eine ununterbrochene Wasserhebung zu bewirken, indem, während in dem einen Wasser aufsteigt, in dem andern Wasser ausgetrieben wird, und so umgekehrt.

Fig. 392. Newcomen's Dampfmaschine.

Die Röhre E, welche wir in unserer Zeichnung sehen, stellt eine Verbindung zwischen dem Steigrohr S und dem Kessel D her und leitet aus jenem so viel Wasser herbei, als nöthig ist, diesen Kessel stets gefüllt zu erhalten. Derselbe dient als Nachfüller für den Kessel L, indem ganz nach Art der Erfindung von de Caux durch das Feuer in B so viel Dämpfe erzeugt werden, daß das Wasser aus D durch die Röhre K nach L hinübergedrückt wird.

Obschon diese Maschine zu ihrer Bedienung viele Hände brauchte und noch sehr unvollkommen war, so bildete sie doch die Grundlage, auf welche unser jetziges Dampfmaschinen-System gebaut ist. Zur praktischen Anwendung aber kam sie in den Minen von Cornwallis erst, nachdem sie, durch Newcomen 1705 bedeutend verbessert, gleichsam ganz umgewandelt worden war. Allerdings ist die Maschine Newcomen's mehr eine atmosphärische als eine eigentliche Dampfmaschine, aber sie bildet dennoch das Band zwischen der ersten Erfindung und der vollkommenen Dampfmaschine, wie sie aus den Händen des unsterblichen James Watt hervorging.

In Newcomen's Maschine (Fig. 392) ist der Dampfcylinder C der Haupttheil. Derselbe ist unten geschlossen, oben aber offen, und es kann sich in ihm ein massiver Kolben P luftdicht auf und ab bewegen, der eine Kolbenstange über sich hat, welche mittels einer Kette an das Ende eines doppelarmigen Wagebalkens i befestigt ist. Derselbe findet seinen Unterstützungspunkt in der Mitte o auf einer Wand oder einem Pfeiler. An dem anderen Arme dieses Wagebalkens (Balanciers) hängt, ebenfalls an einer Kette, die Kolbenstange m einer Pumpe, welche das Wasser aus der Tiefe herauffördert. Die beiden Enden des Wagebalkens sind übrigens in Form von Kreisstücken angebracht, um dadurch die stets senkrechte Richtung der beiden Kolbenstangen zu erhalten.* Der Boden des Cylinders c hat drei Oeffnungen: u, v und w, welche durch Ventilhähne geschlossen werden können. Unter der mittleren Oeffnung v ist das Dampfrohr, welches den Dampf aus dem unterhalb des Cylinders stehenden Dampfkessel a unter den Kolben P führt, so daß, wenn das Ventil bei s geöffnet ist, der eintretende Dampf den Kolben und dessen Kolbenstange in dem Cylinder c in die Höhe treibt. Dadurch und durch die Schwere der Pumpenstange m wird die letztere in den Brunnen gesenkt, und das Wasser desselben tritt durch das Ventil über den Pumpenkolben. Hat nun der Dampfkolben seinen höchsten Stand erreicht, ist also der Dampfcylinder vollständig mit Wasserdampf gefüllt, so wird der Hahn t geöffnet, welcher ein Rohr b geschlossen hielt, das mit dem Wasserbehälter d einerseits und mit dem inneren Raume des Cylinders c andererseits in Verbindung steht. Durch Oeffnung des Hahnes tritt nun ein Strom kalten Wassers unter den Kolben P und verdichtet den dort befindlichen Dampf. Das dadurch gebildete Wasser fließt, zugleich mit dem durch t eingetretenen, durch das Ventil u ab; unterhalb des Kolbens ist jetzt ein luftleerer Raum, auf die äußere Oberfläche des Kolbens aber drückt die atmosphärische Luft mit ihrem Gewicht von 15 Pfund auf den Quadratzoll. Der Kolben muß sich also in dem Cylinder abwärts bewegen und dadurch die Pumpenstange m und das über dem Kolben derselben stehende Wasser nach oben ziehen. Die Kraft, welche die Maschine entwickeln kann, hängt sonach ganz von der Größe des Kolbens, also vom Durchmesser des Cylinders ab. Newcomen übergoß anfänglich seinen Cylinder äußerlich mit Wasser, um den Dampf im Innern zu verdichten. Nun begab es sich, daß einmal die Maschine von selbst ungewöhnlich rasch zu arbeiten anfing; man forschte nach und fand, daß der Kolben undicht geworden war und von dem auf ihm stehenden Wasser Etwas in's Innere abfließen ließ. Dieser glückliche Zufall führte dann auf das Einspritzen von Wasser in den Cylinder selbst. An dem Kessel a befindet sich übrigens noch ein Sicherheitsventil, welches sich öffnet, sobald der Druck des Dampfes im Innern zu stark wird.

Unsere Leser werden aus der obenstehenden Beschreibung ersehen haben, daß die Hähne bei s und t und der in der Röhre u, um das regelmäßige Spiel der Maschine zu bewirken, wechselsweise durch einen Wärter mit der Hand geöffnet und geschlossen werden mußten, was eine große Genauigkeit und Pünktlichkeit erforderte, wenn anders die Maschine einen gleichförmigen Gang haben sollte. So wichtig diese Beschäftigung war, so langweilig war sie aber auch, und es ist nicht zu verwundern, wenn die Arbeiter, welche von der Mauernische aus mit Hülfe des Hebelwerks T diese Arbeit zu verrichten hatten, dieselbe nicht eben angenehm fanden. So ging's auch Humphrey Potter, einem der Knaben, die bei einer Maschine in Cornwallis die Hähne drehen mußten. Lebhaft und aufgeweckt wie er war, hatte er das Bedürfniß, sich von der ihm auferlegten geisttödtenden, mechanischen Beschäftigung zu befreien; er sann auf Abhülfe, und bald gelang es ihm, durch einige Stricke, welche er an dem Wagebalken der Maschine und an den verschiedenen Hähnen anbrachte, und die man nachgehends durch Zugstangen ersetzte, eine Einrichtung herzustellen, mittels derer die Maschine selbst mit der größten Genauigkeit die verschiedenen Hähne zu rechter Zeit öffnete und schloß. Diese Erfindung eines Knaben, die sogenannte Steuerung der Maschine, war von einer unberechenbaren Wichtigkeit, indem sie die Maschine von der oft sehr unzuverlässigen Aufmerksamkeit der Aufseher unabhängig machte, mit einem Worte, sie erst als Maschine darstellte, während sie bis dahin nur ein Geräth gewesen war.

Nach der Verbesserung, welche von Humphrey Potter 1718 durch Hinzufügung der Steuerung an der Dampfmaschine bewirkt worden war, wurde dieselbe noch durch

Brindley, Smeaton u. A. in England und in Deutschland durch Fischer von Erlach weiter ausgebildet. Eine vollständige Umwandlung aber fand durch James Watt statt, welcher die bisher noch immer ziemlich unzulängliche und unbehülfliche Maschine im höchsten Grade vervollkommnete.

James Watt, 1736 zu Greenock in Schottland geboren, war in seiner frühesten Jugend sehr schwächlich, und verdankte es diesem Umstande wol zumeist, daß er seine Zeit denjenigen Vergnügungen und Beschäftigungen zuwenden durfte, wozu ihn gerade Lust und Neigung trieb. Da er die geräuschvollen Spiele der Kindheit mit Andern nicht theilen konnte, kam er so von selbst auf das Gebiet des Denkens und Grübelns. Es wird erzählt, daß er sich schon in seinem sechsten Jahre mit den Aufgaben Euklid's beschäftigt habe, und daß er sein Spielzeug nicht, wie andere Kinder, dazu benutzte, um mit der Aufstellung desselben seine Augen zu ergötzen, sondern um es mit Hülfe einer kleinen Werkzeugsammlung, die ihm sein Vater geschenkt hatte, zu zerlegen und auf's Neue zusammenzusetzen, auch nach den gemachten Beobachtungen Neues anzufertigen. Ja, es gelang ihm sogar, eine kleine Elektrisirmaschine zu bauen, mit welcher er die damals bekannten Versuche über Elektrizität wiederholte und seine Altersgenossen wunderbar überraschte. Watt erscheint nicht als eins jener Wunderkinder, welche alles Begegnende mit großer Begier sich anzueignen wissen, ohne daß es ihnen in Fleisch und Blut übergeht; welche die äußere Form beherrschen, ohne daß der zu Grunde liegende Gedanke sie weiter erregte. Er suchte überall nach dem Grunde der Erscheinung, und dieses stille Nachdenken, das unablässige Forschen brachte ihn häufig in den Verdacht, ein geistig träger Mensch zu sein. Es durchblitzten ihn auch nicht großartige Ideen, aber was er ansah, das zerlegte sich ihm in seine Bestandtheile und zeigte ihm gleichergestalt Ursprung und Folge.

Mit seinem 19. Jahre trat Watt bei dem Mechaniker Morgan in London in die Lehre. Er brauchte zur Reise dahin zwölf Tage und ahnte damals schwerlich, daß man sie dereinst kraft seiner Erfindung in zwölf Stunden werde zurücklegen können. In London blieb er nur ein Jahr, worauf er nach Glasgow zurückging und später als Mechaniker bei der Universität beschäftigt wurde. Um jene Zeit glänzte dort der berühmte Staatsökonom Adam Smith, derselbe fand Wohlgefallen an Watt und besuchte ihn fast täglich. Mehrere Freunde Smith's wurden auf den jungen, fleißigen Mechaniker aufmerksam, und bald wurde Watt's Wohnung der Versammlungsort der Gelehrten und Studenten. Ein Zeitgenosse, der mit Watt in sehr innige Verbindung trat, erzählt: „Ich wurde — ein Freund mathematischer und mechanischer Studien — durch einige Bekannte bei Watt eingeführt. Ich erwartete einen einfachen Arbeiter und fand anscheinend auch einen solchen; wie sehr aber sah ich mich überrascht, als ich bei näherer Prüfung in ihm einen Gelehrten erkannte, der, nicht älter als ich, dennoch im Stande war, mich über alle Gegenstände der Mechanik und Naturkunde aufzuklären, nach denen ich ihn fragte. Ich glaubte in meinem Studium weit vorgeschritten zu sein und fand nun, daß Watt hoch über mir stand. So auch meine Genossen. Jede Schwierigkeit, welche uns vorkam, trugen wir Watt vor, und er war immer im Stande uns zu belehren, aber für ihn wurde jede solche Frage der Gegenstand eines neuen und ernsten Studiums, und er ruhte nicht eher, als bis er sich entweder von der Unbedeutsamkeit des Gegenstandes überzeugt, oder das daraus gemacht hatte, was sich daraus machen ließ. Diese Eigenschaften, verbunden mit der größten Bescheidenheit und Herzensgüte, machten, daß alle seine Bekannten ihm mit der größten Liebe und Anhänglichkeit zugethan waren."

Wie es scheint, begann Watt in den Jahren 1762 und 1763, wo er mehrere Versuche mit dem Papinianischen Topfe machte, mit dem Wesen und der Verwendbarkeit des Dampfes sich anhaltender zu beschäftigen; aber erst das folgende Jahr war dazu bestimmt, ihn auf die Bahn seines Ruhmes zu führen. In der Sammlung der Universität befand sich das Modell einer Dampfmaschine von Newcomen, dessen man sich zur Erläuterung bei den Vorlesungen bediente. Dies Modell war außer Gang gekommen, oder richtiger, es war nie im Gange gewesen und man trug Watt auf, dasselbe in Ordnung zu bringen. Er löste seine Aufgabe zu vollkommener Zufriedenheit; sein Fleiß blieb aber nicht dabei stehen. Sein Scharfblick hatte bald erkannt, worin die Mangelhaftigkeit der Wirkung von Newcomen's Maschine ihren Grund hatte. Die Maschine hatte zwei unerläßliche Erfordernisse, nämlich Wasser von sehr hoher Temperatur und einen vollständig luftleeren Raum unter dem Kolben; dieser aber konnte durch die einfache Einspritzung von Wasser in den Cylinder nicht erreicht werden, wodurch noch außerdem der Nachtheil entstand, daß der Dampf, wenn er mit den so eben durch das Wasser abgekühlten Seitenwänden und der Kolbenfläche in Berührung trat, abgekühlt und theilweise bereits kondensirt wurde, ehe er noch seine Wirkung geäußert hatte, was einen beträchtlichen Kraftverlust nach sich zog.

Diese Erkenntniß führte unsern Watt zu der Anlage eines besondern Niederschlagungsapparates außerhalb des Cylinders, des Kondensators, in welchem die Dämpfe, nachdem sie in dem Cylinder ihren Effekt geäußert, abgeführt und niedergeschlagen wurden, mit welcher Erfindung er um die Mitte des Jahres 1775 zu Stande kam. Dadurch, daß er so den Dampf besser benutzte, erzielte er eine so große Ersparniß an Brennmaterial, daß man nun mit einem Centner Kohlen so weit reichte als früher mit vier Centnern. Eine zweite bedeutende Verbesserung führte Watt bei den Dampfmaschinen ein, indem er den Kolben des Dampfcylinders nicht mehr durch die atmosphärische Luft, sondern ebenfalls durch Dampf niedertreiben ließ. Dies bewirkte er, indem er den Dampf abwechselnd unter und über dem Kolben eintreten ließ und den luftleeren Raum, dessen er bedurfte, durch die von ihm erfundene Kondensationsweise erzeugte. Seit drei Jahren hatte Watt diese Erfindung bereits vollendet, ehe es ihm gelang, die Mittel zu erhalten, um dieselbe in einem so großen Maßstabe auszuführen, daß die Praktiker sich von deren Nutzen überzeugen konnten. Erst nachdem Watt mit dem Dr. **Roebuck** eine Verbindung eingegangen war, in Folge deren der Letztere stets zwei Drittheile des reinen Gewinnes erhalten sollte, wurden dem Erfinder die Mittel gegeben, eine große Versuchsmaschine zu bauen, deren Resultat vollkommen genügend war.

Die Verbindung mit Roebuck dauerte indessen nicht lange, denn schon nach wenigen Jahren zeigten sich dessen Verhältnisse auf das Höchste zerrüttet. Eine schwere Prüfungszeit begann wieder für den mittellosen Watt, bis er endlich 1775 sich mit **Matthias Boulton** in Soho nahe bei Birmingham vereinigte, in dessen höchst ausgedehntem industriellen Etablissement er sowol die Kräfte als die Geldmittel fand, deren er zur Ausführung seiner Pläne bedurfte.

In der That gehörte auch die Anlage zu Soho bereits in jener Zeit zu den bedeutendsten dieses Landes, ohne daß man jedoch die jetzigen Etablissements mit den damaligen in Vergleich setzen dürfte. Die großartige Maschinenfabrik, welche aus dieser Verbindung mit Watt resultirte, wurde für lange Zeit die Mutter fast aller Dampfmaschinen, welche in England, Amerika und dem größten Theile von Europa verwendet wurden, und selbst noch jetzt, wo es in allen kultivirten Ländern an Dampfmaschinenfabriken nicht mehr fehlt, ist die von Soho beständig mit Aufträgen überladen.

Mit dem Besitzer dieser Werkstätten also schloß Watt eine neue Verbindung und es wurde sein fast abgelaufenes Patent noch auf die Dauer von 17 Jahren verlängert.

Der Erfinder aber widmete sich jetzt ganz und ausschließlich der Vervollkommnung seiner Maschinen in allen ihren einzelnen Theilen.

Da die ersten Dampfmaschinen hauptsächlich zum Heben des Wassers in den Bergwerken benutzt werden sollten, so hatte man, wie schon oben erwähnt wurde, den Pumpenkolben unmittelbar an den Wagebalken, dem Dampfkolben gegenüber, gehängt. Dabei aber fehlte es nicht an Unregelmäßigkeiten und Unsicherheiten in der Bewegung, und Watt war gleich anfänglich bemüht, diesem Uebel abzuhelfen und die Unregelmäßigkeiten, welche namentlich bei dem Wechsel der Bewegung der Kolbenstangen stattfanden, zu beseitigen. Es gelang ihm dies vollkommen dadurch, daß er die geradlinige Bewegung des Kolbens in eine kreisförmige umsetzte, und von der Maschine selbst ein sehr schweres eisernes Rad, das Schwungrad, umtreiben ließ, welches, wenn es einmal in Bewegung gesetzt war, nach dem mechanischen Gesetze des Beharrungsvermögens diese Bewegung eine längere Zeit beibehielt, wenn auch die bewegende Kraft aufhörte. Dadurch wurden die Zwischenpausen, wo die Maschine von einer Bewegung in die andere übergeht, also eigentlich nicht arbeitet (die todten Punkte) ausgefüllt und der Gang der Maschine, vorher oft durch höchst verderbliche Stöße unterbrochen, durchaus gleichmäßig und ruhig. An die Welle des Schwungrades wurden nun zugleich diejenigen Theile gelegt, welche die Kraft der Maschine den einzelnen Verwendungsarten zuführen sollten.

Eine andere Unregelmäßigkeit wurde in dem Gange der Maschine dadurch bewirkt, daß man nicht im Stande war, das Feuer stets gleichmäßig stark zu unterhalten. Die Dampferzeugung und mithin der Dampfzufluß konnten dabei ebenfalls nicht immer gleichmäßig bleiben und die Maschine arbeitete bei verschieden starkem Dampfzuflusse auch mit verschiedener Schnelligkeit. Watt suchte dem Uebel dadurch abzuhelfen, daß er eine stellbare Klappe (Drosselklappe) in der Röhre anbrachte, welche den Dampf vom Kessel zur Maschine führte und dieselbe durch einen besondern Arbeiter stets nach der Zuflußmenge stellen ließ. Sehr bald zeigte es sich aber, daß die geringste Unaufmerksamkeit dieses Arbeiters die ganze Maschine gefährden könne, und es kam darauf an, auch diese Arbeit durch die Maschine selbst verrichten zu lassen. Der Erfinder befestigte also an der Handhabe der Drosselklappe einen Zughebel, den er mit dem Regulator oder Moderator verband, und zwar dergestalt, daß, wenn die Maschine zu schnell ging, also zu viel Dampf zufloß, der Regulator die Drosselklappe, so viel als nöthig war, schloß, sie aber wieder öffnete, sobald der Dampfzufluß zu gering wurde. Wir haben früher schon (S. 76) gesehen, auf welchem Prinzip die Wirkungsweise dieses Regulators beruht.

Bei seinen ersten Verbesserungen hatte Watt immer noch die Newcomen'sche atmosphärische Dampfmaschine vor sich. Derartige Vorrichtungen konnten nun zwar wol zum Betriebe eines Pumpwerks geeignet sein, nicht aber zu der regelmäßigen Leistung, welche die Technik wesentlich umgestalten sollte. Diesen Triumph feierte Watt mit der Erfindung der doppeltwirkenden Dampfmaschine, von welcher wir in Fig. 393 eine Abbildung beigeben. Sie wird allgemein als eine in ihrer Art wirklich schöne, als eine Mustermaschine angesehen. Bevor wir sie beschreiben, mag darauf hingewiesen werden, daß bei Ausführung der beiderseitigen Dampfwirkung der Cylinder nun auch auf beiden Seiten geschlossen sein mußte, während man bisher dem Spiele des Kolbens von oben zusehen konnte. Da aber der Kolben doch mit den Außentheilen in Verbindung stehen muß, so hat der obere Deckel des Cylinders ein rundes Loch, durch welches die Kolbenstange so genau passend hindurchgehen muß, daß daneben kein Dampf entweichen kann. Um diese Dichtung herzustellen, dient eine im Cylinderdeckel eingelegte und fest zusammengeschraubte dicke Lage von geöltem Werg oder Hanf, durch welche die Kolbenstange, ohne mit dem Metall des Cylinders selbst in Berührung zu kommen, hindurchgeht, wobei, da die Stange sehr glatt ist, nur eine ganz geringe Reibung stattfindet. Eine solche Einrichtung wird eine Stopfbüchse genannt.

Aus dem Dampfkessel K dringt der Dampf durch das Rohr D D in den Raum S, um von hier durch eine auf- und abgehende Vorrichtung der Schieber, welchen wir, wie alle Haupttheile der Dampfmaschine, später gesondert betrachten, bald über, bald unter den Kolben C geleitet zu werden. Die erste Richtung des Dampfes treibt den Kolben herab, die zweite hebt ihn wieder; darin besteht das leichtverständliche Kolbenspiel, der belebende Herzschlag der Maschine, die ihren Gang selbst regulirt, sich selbst mit Wasser versorgt und den verbrauchten Dampf durch Verdichtung beseitigt. Wir bemerken zunächst im Dampfrohr D bei K die Drosselklappe, welche je nach Bedarf mehr oder weniger Dampf zur Maschine treten läßt, und zwar wird die Stellung mittels des rechts über der Hauptwelle ersichtlichen Kugelregulators besorgt, dessen Steigen bei zu großer Geschwindigkeit durch ein Hebelwerk a b c g f h die Klappe mehr schließt, dessen Fallen bei langsamer werdendem Gange sie wieder um einen entsprechenden Theil öffnet. Auf der Hauptwelle sitzt das sogenannte Excentrik E, dessen Gestänge jenseit der Maschine bis unter den Schieberkasten hinläuft und mittels eines Winkelhebels das Auf- und Abgehen des Schiebers betreibt.

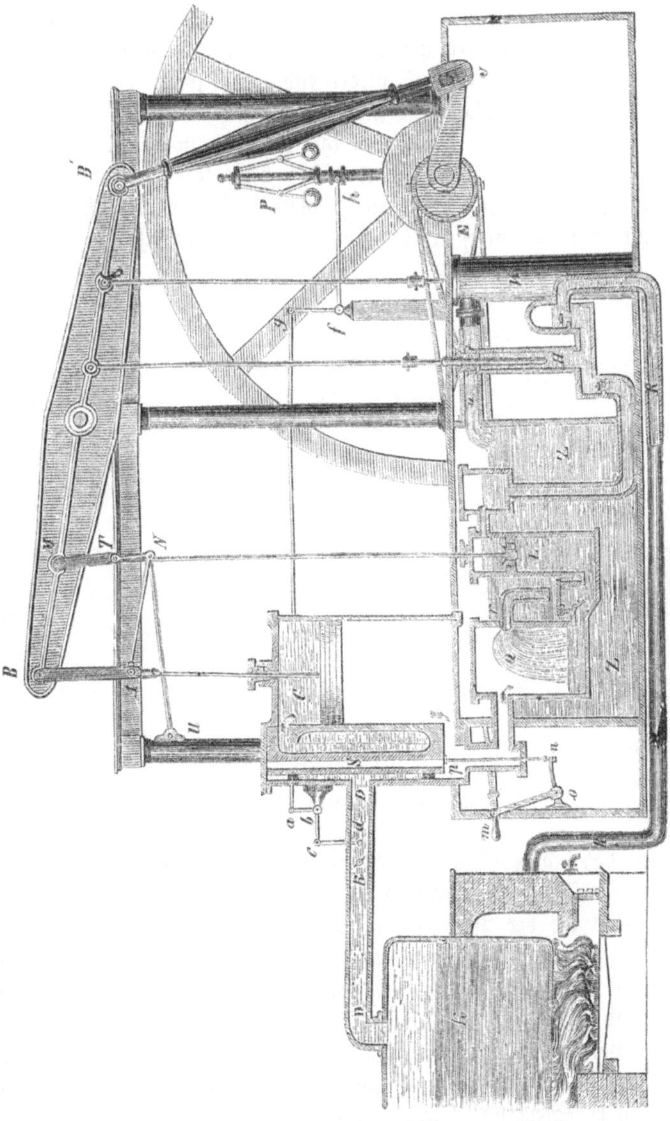

Fig. 393. Watt's doppeltwirkende Dampfmaschine.

Die im Cylinder erzeugte Kolbenbewegung geht vermöge der dampfdicht durch den Cylinderdeckel geführten Kolbenstange auf das eine Ende des oberhalb liegenden, wie ein Wagebalken beweglichen **Balanciers** BB′ über; am andern Ende hängt die Lenkstange v, welche unten die Kurbel der Hauptwelle faßt und so bei jedem vollen Kolbenschub (Auf- und Niedergang) die Hauptwelle mit ihrem Schwungrade einmal herumbringt. Von der Hauptwelle aus wird so erzeugte Arbeitskraft durch Laufriemen oder in anderer Weise dahin geleitet, wo sie verwendet werden soll.

Die im Untertheil der Maschine befindlichen Einrichtungen sind zur Kondensation, d. h. Zuwassermachung des gebrauchten Dampfes vorhanden. Die Räume Z Z heißen die Cisterne und stehen voll Wasser, das durch die sogenannte Kaltwasser-Pumpe W von außen beständig neu herbeigeschafft wird. In dem Kondensator L wird der vom Cylinder kommende Dampf niedergeschlagen, sowie er Strahl um Strahl hier eindringt. Der Kondensator ist nicht nur von kaltem Wasser umgeben, sondern es strömt solches auch durch eine Brause in ihn ein, und zwar unter einem gewissen Drucke, weil das äußere Wasser höher steht. Das heiße Kondensatorwasser wird von der benachbarten Pumpe L beständig herausgezogen. Diese Pumpe heißt die Luftpumpe, denn sie hat auch die Luft mit fortzuschaffen, die in jedem Wasser enthalten ist und beim Erhitzen heraustritt. Das von der Luftpumpe geförderte warme Wasser tritt in einen Kasten, aus welchem es fortfließen kann, so weit es nicht von der mittleren kleinen Druckpumpe H, die nun Heißwasser- oder] Speisepumpe heißt, herausgezogen und in den Kessel als warmes Speisewasser gedrückt wird. Den Weg, den dieses Wasser zu nehmen hat, können wir im Bilde bis zum Kessel verfolgen, bemerken dabei auch, daß die Leitung mit einem kleinen Windkessel versehen ist, der das stoßweise Fließen des Wassers in ein mehr stetiges zu verwandeln bestimmt ist.

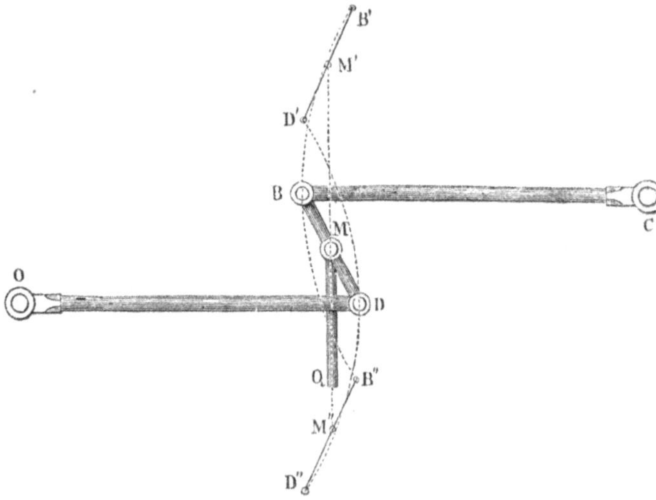

Fig. 394. Das Parallelogramm.

Links an der Maschine in der Nähe des Kessels sehen wir das in einen Handgriff ausgehende Ende der vom Excentrik kommenden Schub- und Zugstange, und erkennen leicht, wie durch den Winkelhebel m o n die aufrechte Schieberstange p eine auf- und niedergehende Bewegung erhält. Soll die Maschine aus der Ruhe in Gang gesetzt werden, so wird der Winkelhebel und der Dampfschieber zuerst durch einen Zug an dem Handgriffe m in Gang gesetzt, worauf die Maschine zu laufen anfängt und die weitere Steuerung selbst besorgt.

Noch eine Einzelheit verdient Erwähnung: das sogenannte **Parallelogramm**, eine gleichfalls von Watt erfundene interessante Vorrichtung zur Geradführung der Kolbenstange, welche durch eine engschließende Stopfbüchse gehen soll, also nicht hin- und herschleudern darf und doch mit dem Balancier, dessen Enden natürlich Kreisbogen beschreiben, in Zusammenhang stehen muß. Es galt ein Versöhnungsmittel zwischen der geraden und krummen Linie zu finden, und diese Aufgabe löste Watt in schöner

Weise durch eine Verbindung von Hebeln, welche wir der größern Deutlichkeit wegen, mit Hülfe einer besonderen Abbildung, Fig. 394, erklären wollen.

Es seien C B und O D zwei Arme oder Hebel, die sich um Zapfen bei C und O drehen. Sie werden, wenn sie sich auf und nieder bewegen, die punktirten Bogen in der Luft beschreiben. Sind sie nun wie hier durch ein Mittelstück B D gelenkartig verbunden, so wird dieses die Auf- und Niederbewegung nicht hindern, indem es vermöge seiner Beweglichkeit sich immer den gegenseitigen Stellungen der beiden Hebel anbequemen kann. Hebt sich nämlich der rechte Hebel bis nach B′, so ist der linke bis D′ gekommen und das Verbindungsstück ist dabei in die Lage übergegangen, wie es der schwarze Strich B′ D′ zeigt. Dasselbe findet beim Niedergange statt, wo das Mittelstück in die Lage B″ D″ kommt. Die Mitte M des Verbindungsstückes bewegt sich dabei immer in einer und derselben senkrechten Linie oder doch sehr wenig davon abweichend. Hängt man demnach bei M die Kolbenstange an, so ist die gesuchte Geradführung gefunden. Man hat sich nun unter C B die Hälfte des Balanciers, unter O D einen Hebel vorzustellen, dessen Zapfen O an irgend einem Punkte des Maschinengestelles festsitzt, und es wird nun die Wirkung des Watt'schen Parallelogrammes verständlich sein, obwol dasselbe ein paar Stücke mehr hat. Es hängen nämlich am Balancier zwei solcher Stücke wie M, und sind unten durch ein drittes querlaufendes gelenkig verbunden. Hierdurch entsteht eine Viereckform — eben das Parallelogramm — die sich nach den wechselnden Stellungen des Balanciers und des Gegenarmes immerfort verschiebt und an welcher nächst der Hauptkolbenstange gewöhnlich auch die der Luftpumpe aufgehangen ist. Das Spiel der im Gange befindlichen Vorrichtung gewährt einen stets fesselnden Anblick und selbst den ganz Unkundigen beschleicht der Gedanke, daß hier eine geniale Idee verkörpert sei.

Eine unerläßliche Bedingung bei der Dampfmaschine ist selbstverständlich der genaue Anschluß des Kolbens an die Cylinderwandungen. Bei der Niederdruckmaschine geschieht diese Dichtung oder sogenannte Packung dadurch, daß dem Kolben eine feste Umwickelung von Hanfzöpfen gegeben ist; bei den viel heißer arbeitenden Hochdruckmaschinen dagegen besteht die sogenannte Metallliederung, geht Metall auf Metall, und der Kolben besteht, soweit er die Cylinderwandung berührt, aus einer Anzahl einzelner Stücke, welche zusammengelegt wie ein einziger Ring aussehen und durch dahinter gelegte Federn beständig nach auswärts an die Cylinderwand angedrängt werden. Daß Cylinderwand und Kolbenring den möglichsten Grad von Glätte haben, ist selbstredend.

Durch alle diese Verbesserungen wurde die Dampfmaschine endlich ein Werkzeug, das bei einer ungeheuern Kraftwirkung den geregelten Grad einer Uhr einhalten konnte; durch ihre Anwendung entwickelte sich das Fabrikwesen von Stunde zu Stunde immer blühender und die „Sklaven der Zukunft“, wie ein geistreicher Naturforscher die Dampfmaschinen genannt hat, hatten schon durch Watt eine Arbeitsfähigkeit erlangt, welche ihnen gestattete, für die Menschheit das Möglichste zu leisten.

Mit dem Ablaufe des Watt-Boulton'schen Patentes, im Jahre 1800, trat Watt aus dieser Verbindung und lebte in Ruhe auf seinem Landhause Heathfield bei Birmingham seinen Studien und seiner Erholung, bis er im Jahre 1819 in einem Alter von 83 Jahren zur ewigen Ruhe einging. Er hatte zwar seine Leidensperiode, die selten einem Erfinder erspart bleibt, aber doch auch das seltene Glück, die unberechenbaren Wohlthaten seiner Erfindung noch mit eigenen Augen zu schauen.

Watt verdiente bei seinem reichen Schatze der vielseitigsten Kenntnisse nicht nur das Prädikat eines tiefen Gelehrten, sondern er war auch einer der liebenswürdigsten, gemüthreichsten Menschen. Die besten Männer suchten seinen bildenden und erhebenden

Umgang, und das englische Volk ehrte ihn dadurch, daß es seine von Chantrey gearbeitete marmorne Bildsäule in der Westminsterabtei zu London, der Ruhmeshalle Englands, aufstellen ließ.

Nach der Zeit haben die Dampfmaschinen noch so vielfache einzelne Verbesserungen erfahren, daß wir nur das Wichtigere davon in weiteren Betracht ziehen können.

Vergleichen wir aber mit der alten Watt'schen Dampfmaschine (Fig. 393) eine neuere Konstruktion, wie sie uns Fig. 395 zeigt, so werden wir zwar Manches eleganter angeordnet, Manches auch einfacher ausgeführt, aber kaum eine wesentliche neue Erfindung an dieser Art Maschinen angebracht sehen.

Fig. 395. Dampfmaschine nach Watt, neuerer Konstruktion. A Dampfcylinder. F Kolben. X Stopfbüchse. R Kolbenstange. STUW Parallelogramm. SO Balancier. P Kurbelstange. Q Kurbelzapfen. V Schwungrad. H Excentrik. H' Excentrikstange. G Schiebersteuerung. B Dampfrohr aus dem Kessel. C Drosselklappe. E Ventilkasten, Dampfbüchse. D Kugelregulator. aa Regulatorhebel. b Verschiebbare Hülse. I Kondensator. J Luftpumpe. K Kaltwasserbrause. N Saugrohr. M Speisepumpe.

Später fand man, daß der Dampf, unter größerem Drucke erzeugt, auch eine größere Elastizität annehme, die, mit dem auf ihm lastenden Drucke zunehmend, auch bedeutendere Wirkungen hervorbringen könne. Bei den bis dahin gebräuchlichen Maschinen wirkte der bei einer Temperatur von 100° C. erzeugte Dampf auch nur mit dem Gewichte von 15 Pfd. auf den Quadratzoll der Kolbenfläche, und wenn auch wol hier und da etwas mehr erreicht wurde, so war man doch immer genöthigt, da, wo man großer Effekte bedurfte, entweder sehr große Kolbenflächen, also auch sehr weite Cylinder oder mehrere Dampfmaschinen neben einander anzuwenden. Durch größere Belastung der Ausflußventile an dem Kessel konnte aber, je nachdem die

Ventile auf den Quadratzoll mit 30, 45, 60 u. s. w. Pfund belastet waren, Dampf von 2, 3, 4 u. s. w. Atmosphären erzeugt werden. Dieser Dampf wirkte also auch mit demselben hohen Drucke auf den Kolben der Maschine, und so entstanden die Hochdruck-Dampfmaschinen, welche mit Kolben von verhältnißmäßig geringem Durchmesser sehr große Kraftwirkungen gestatten. Nach der Größe des Dampfdruckes nennt man sie Maschinen von 2, 3, 4 u. s. w. Atmosphären. Die ersten Hochdruckmaschinen kamen durch Evans in Amerika zu Stande. Arthur Woolf entdeckte bald darauf (1804), daß der Hochdruckdampf mit einmaliger Wirkung noch nicht ausgenützt sei, sondern sich dann noch ausdehnen und, statt vorher mit z. B. 3—4 Atmosphären, immer noch mit 1—2 Atmosphären Kraft wirken könne. Er stellte daher neben den kleinen Cylinder der Hochdruckmaschine einen großen Niederdruckcylinder und leitete den abgenutzten Dampf von unterhalb des Kolbens des Hochdruckcylinders über den Kolben des Niederdruckcylinders und umgekehrt, wo er sich dann ausdehnte und einen zweiten Effekt lieferte, ehe er in den Kondensator geführt wurde. Den Niederdrucks-(Expansions-)Cylinder umgab er mit einem Mantel, in den auch Dampf geleitet ward, damit nicht etwa durch die Einwirkung der äußern Luft schon hier die Kondensation eintreten möge.

Fig. 396. Dampfmaschine mit liegendem Cylinder ohne Parallelogramm.

Einfacher war es aber, wie man sich in neuerer Zeit überzeugte, die Expansion bereits im Hauptcylinder eintreten zu lassen und den Expansionscylinder mit allen seinen Zuthaten zu beseitigen. Dies bewirkt man bei der jetzt sehr gewöhnlichen Expansationsmaschine dadurch, daß man den Zufluß des Dampfes nicht während des ganzen Kohlenhubes stattfinden läßt, sondern schon bei der Hälfte oder beim Drittel u. s. w. absperrt und es dann dem Dampfe anheimgiebt, durch seine Expansionskraft den Kolben seinen Lauf vollenden zu lassen, worauf der nun schon expandirte Dampf in den Kondensator geleitet wird. Dies sind die beständigen Expansionsmaschinen. Da aber in Fabriken auch Fälle eintreten, wo nicht alle Arbeitsbedürfnisse zugleich befriedigt werden, man also bisweilen weniger Kraft braucht, so erfand man die Maschine mit veränderlicher Expansion, in welcher die Absperrung des Dampfes nach Befinden augenblicklich bei jedem Bruchtheile des Kolbenlaufes stattfinden kann, und man demnach die Größe des Dampfverbrauches stets in seiner Gewalt hat. Die Ersparniß an Brennmaterial, die dadurch erzielt wird, ist eine ganz enorme. In der neuesten Zeit läßt man die Maschine selbst die Stellung der Expansion, je nach der von ihr erlangten Kraft, verändern, so daß in dem Augenblicke, wo z. B. in einer

Spinnerei eine Spinnmaschine ausgerückt wird, auch weniger Dampf verwendet wird, sobald aber die Maschine wieder einrückt, auch der Dampfzufluß wieder zunimmt.

Der Bau der Hochdruckmaschine ist demnach, da Alles in Wegfall gekommen ist, was zur Verdichtung des Dampfes in einem besondern Gefäße und zur Zuführung des hierzu nöthigen kalten Wassers dient, noch einfacher, als wir ihn vorher kennen gelernt haben. Eine solche Vereinfachung wurde besonders bei der Lokomotive nöthig, die unmöglich noch Kondensationswasser mit sich führen konnte. Bei stehenden Maschinen dagegen kommt es auf die Umstände an, ob der Kondensator angewandt werden soll oder nicht, und bauliche Rücksichten können häufig zwingen, auf den Vortheil der Wiedergewinnung der im Dampfe steckenden latenten Wärme zu verzichten und Maschinenkonstruktionen vorzuziehen, wie z. B. deren eine uns die Abbildung Fig. 396 vorführt.

Da der Dampf bei seinem Austritt die Luft verdrängen muß und dazu 1 Atmosphäre Kraft braucht, so folgt daraus, daß eine Maschine, die mit 4 Atmosphären Spannung arbeitet, nur eine Kraft von 3 Atmosphären entwickeln kann, während, wo ein Kondensator zulässig ist, auch dieses letzte Viertel großentheils noch nutzbar wird, indem hier der Dampf und seine Spannung ganz verschwindet und im eigentlichen Sinne zu Wasser gemacht wird.

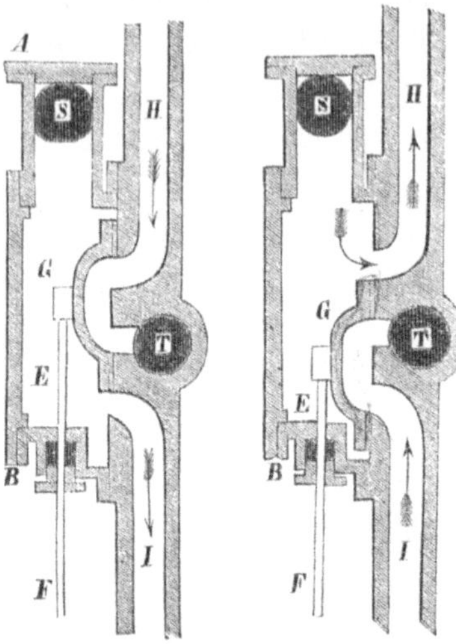


Fig. 397. Fig. 398.
Verschiedene Stellungen des Schieberventils.

**Die Dampfsteuerung. Der Schieber.** Zweier wichtiger Bestandtheile der Dampfmaschine, des Parallelogramms und des Regulators, haben wir schon weiter oben gedacht; es erübrigt aber noch die Betrachtung der anderen, die zum Theil im Laufe der Zeit sehr wesentliche Umänderungen erlitten haben. Vor allen Dingen mußte die Zu- und Ableitung des Dampfes in den Cylinder das Nachdenken der Maschinenbauer beschäftigen. In den ersten Zeiten ließ man Ventile, klappen- und hahnförmige, besonders den Vierweghahn, arbeiten, bis man endlich allgemein zu den jetzt gebräuchlichen Schiebventilen überging. Ein solches Ventil ist ein gekrümmter oder gerader Riegel G, der sich vor den beiden in den Cylinder führenden Dampfwegen H und I hin- und herschiebt. Die Abbildung zeigt den Schieber erst in der einen (Fig. 397), dann in der andern Stellung (Fig. 398). Durch jeden Vorbeigang wird, wie man sieht, ein Weg geöffnet, der andere geschlossen und hierdurch der Wechsel auf die einfachste Weise hergestellt. Der Schieber wird durch eine Stange E F dirigirt, die dampfdicht in den Dampfraum geführt ist und außen von der Maschine selbst ihre Hin- und Herbewegung erhält. Diese Vorrichtung heißt die Steuerung und der hart neben dem Cylinder liegende Hohlraum A B, in welchem der Schieber sein Spiel treibt, die Dampfbüchse oder der Schieberkasten. Der Dampf tritt durch das Rohr S aus dem Kessel in den Schieberkasten, und der verbrauchte verläßt den Cylinder durch T. Die erste gezeichnete Lage des Schiebers (Fig. 397) findet statt, wenn der Kolben im Cylinder seinen Tiefstand hat. Dann sind die Dampfwege I und H offen; durch I tritt neuer Dampf unter den Kolben und hebt ihn, durch H steigt der über ihm befindliche verbrauchte herab nach dem Ausfluß T. In der zweiten Lage (Fig. 398) sind alle Richtungen umgekehrt und der Kolben wird von dem durch H über den Kolben tretenden Dampf wieder niederwärts getrieben. In diesen beiden Endlagen hält der Schieber einen kurzen Moment still.

Ueber die Mittellage aber muß er möglichst rasch hinwegschreiten, denn bliebe er auf halben Wege stehen, so wären beide Dampfwege sammt dem Ausblaserohr zu gleicher Zeit geschlossen und die Bewegung des Kolbens müßte aufhören. Ueber diesen Punkt hilft aber die Trägheit des Schwungrades hinweg. Denkt man sich jedoch den Rücken des Schiebers so weit verlängert, daß die beiden Schieberplatten um die Breite eines Dampflochs weiter auseinander stehen, so würden nicht blos zwei, sondern vier verschiedene Stellungen auf jedem Hin- und Hergange möglich; jene Expansionsschieber unterscheiden sich von den gewöhnlichen in unsern Abbildungen dargestellten nur durch eine mit der Kürze der Zeit, während welcher der Dampf frei unter den Kolben treten soll, wachsende Weite der beiden Schieberplatten.

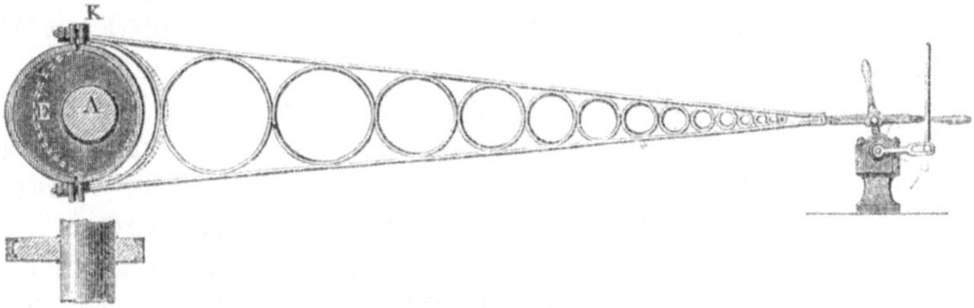


Fig. 399. Excentrik.

Excentrik. Die Steuerung wird also, wie man sieht, einfach durch den Hin- und Hergang der Stange F bewirkt, und die Bewegung dieser letztern geschieht meistens von der Welle des Schwungrades aus vermittelst des sogenannten Excentriks, von welchem wir in Fig. 399 eine Ansicht geben. Das Excentrik, ebenfalls eine Watt'sche Erfindung, besteht aus einer runden Scheibe C E, die auf der Welle A so aufgesteckt ist, daß die Mittellinie der letztern nicht gerade durch die Mitte der Scheibe, sondern in einiger Entfernung daneben vorbeigeht. Demnach steht auf der einen Seite der Welle ein breiteres Stück der Scheibe heraus als auf der entgegengesetzten. Die Scheibe wird von einem Ringe K umfaßt, der an dem Zuggestänge festsitzt und durch dieses mittels eines Winkelhebels den Schieber in der Dampfbüchse in Bewegung setzt. Indem nämlich die excentrische Scheibe in dem Innern des Ringes gleitet, drückt sie mit ihrer breiten Seite beständig auf einen andern Punkt seines Umfanges und führt ihn somit in einem Kreise herum. Das Zuggestänge muß sich daher ganz in derselben Art bewegen, als würde es von einer Kurbel getrieben, deren Arm so lang wäre, wie der größte Abstand des Scheibenrandes von der Welle. Wie man leicht sieht, bewirkt ein Auf- und Niedergang des Kolbens eine einmalige Umdrehung des Schwungrades und diese wieder vermittels des Excentriks einen Hin- und Hergang des Schiebers. Diese drei Bewegungen bedingen einander gegenseitig und erfolgen demnach immer zu gleicher Zeit.

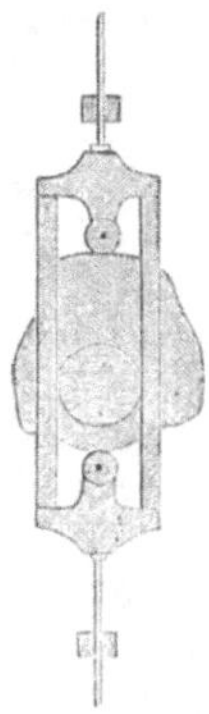

Fig. 400. Expansions-Excentrik.

Haben wir uns die Wirkungsweise des Excentriks in seiner einfachsten Form klar gemacht, so werden wir es leicht begreiflich finden, daß man der Scheibe auch andere Formen geben kann, und daß sich dadurch im Verlaufe eines Umganges verschiedene Beschleunigungen, Verzögerungen und Stillstände des Schiebers erzeugen ließen, wenn dieselben erwünscht wären. Die Zirkelform führt in der That den Uebelstand herbei, daß die Schieber sich zu langsam schließen, und in der Zwischenzeit demnach Kraft verloren geht. Macht man aber, wie es oft geschieht, das Excentrik dreieckig mit gekrümmten

Seiten und läßt es sich in einer viereckigen Umfassung drehen, so wird der Schieber rascher zugestoßen und es tritt zwischen jedem Hin- und Hergang ein kurzer Stillstand ein. Soll die Maschine mit Expansion arbeiten, so hat man die Form des Excentriks darnach einzurichten, denn von dieser hängt, wie man sieht, die Art und Weise ab, wie der Schieber seinen Weg macht, und von dieser wieder die frühere oder spätere Dampfabsperrung. Das Expansions-Excentrik (Fig. 400) dreht sich zwischen zwei an dem Gestänge sitzenden Friktionsrollen und hat eine unregelmäßig wellenförmige Form, die sich nach den verschiedenen Absperrungsarten verschiedentlich abwandelt und vermöge deren es dem Schieber bei jedem Umgange vier von kurzen Stillständen unterbrochene Rückungen ertheilt, zwei in der einen und zwei in der andern Richtung. Die erste Rückung von einem Endpunkte aus schneidet den Dampf ab, während sie den jenseitigen Abzugskanal noch offen läßt; die zweite vollendet den Wechsel und läßt ihn von der andern Seite zutreten.

Fig. 401. Oscillirender Cylinder.

Die krückenförmigen Schieber erleiden eine der Dampfspannung im Schieberkasten entsprechende Anpressung an ihre Gleitbahn, was einen Kraftverlust verursacht. Dieser Uebelstand ist beseitigt bei den sogenannten entlasteten Schiebern, welche hohl und eine Art zweifächerige Kasten sind, durch welche der Dampf dergestalt ein- und austritt, daß der Schieber einen zweiseitigen Druck vom ein- und austretenden Dampfe erhält, daher ein Druck auf die Gleitbahn nicht stattfindet.

Komplizirter, aber ebenfalls viel in Anwendung, sind solche Steuerungen, wo zwei Schieber mit einander arbeiten, deren jeder seine eigene, von der des anderen verschiedene Bewegung hat. Der eine, der Vertheilungsschieber, besorgt dann nur das Einlassen von Dampf oben und unten, während der andere, der Expansionsschieber, den Zufluß zu dem ersten regulirt und periodisch ganz absperrt. Andere Einrichtungen bezwecken ferner, die Dampfabsperrung selbst während des Ganges der Maschine zu verändern, indem durch Drehen eines Hebels mit der Hand, oder auch selbstthätig durch Wirkung des Kugelregulators, z. B. eine im Innern liegende, mit zwei Löchern versehene Schieberplatte so gerückt wird, daß sie die beiden Dampfwege entweder ganz frei läßt oder mehr oder weniger schließt.

Statt der Schieber findet sich zuweilen an der Watt'schen Maschine die sogenannte Kolbensteuerung angewendet, welche ganz so vertheilend wirkt, wie ein einfacher Schieber. Statt des Schieberkastens ist ein rundes Rohr vorhanden, in welchem die Steuerung eine Stange auf- und niedertreibt, an der in gewisser Entfernung zwei dampfdichte Kolben sitzen, die sich vor den beiden zum und vom Cylinder führenden Dampfwegen vorbeischieben. Der Abstand der beiden Kolben beträgt aber gerade so viel, als der der beiden Dampflöcher. Ist die Stange nach oben geschoben, so stehen beide Kolben über den Löchern und der Dampf hat Gelegenheit, oben ein-, unten auszutreten; durch das Niedergehen der Kolben werden die Verhältnisse umgekehrt. Das Ganze ist mit der Einrichtung des Pistons bei den Messinginstrumenten (Fig. 368) zu vergleichen.

Wie man am Dampfwagen und an der Maschine mit horizontalem Cylinder sieht, ist der Balancier kein unbedingt nöthiges Stück an der Dampfmaschine; man kann die Kolbenstange auch direkt auf den Krummzapfen oder das Schwungrad wirken lassen.

Da aber der Theil der Stange, welcher im Cylinder geht, nur einen geradlinigen Weg machen kann, während das andere Ende zugleich den Kurbelkreis mit durchlaufen muß, so folgt daraus, daß die Stange hier aus zwei Stücken zu bestehen hat, die durch ein Gelenk mit einander verbunden sind (Fig. 396). Ohne diese Einrichtung wäre offenbar keine Bewegungs-Uebertragung möglich, es müßte denn sein, daß der Dampfcylinder selbst so weit nachgäbe, als die Seitenabweichung der Stange, wenn sie nur aus einem Stück bestände, austrägt. Dieses Prinzip ist nun auch in Anwendung gekommen und zwar in den sogenannten schwingenden (oscillirenden) Maschinen, welche sich wegen ihres wenig Raum einnehmenden Baues besonders für Dampfschiffe eignen. Hierbei hängt der aufrechtstehende Cylinder (Fig. 401) in seiner Mitte in zwei starken Zapfen, durch welche zugleich die Dampfwege hindurchgehen, und indem er der einfachen Kolbenstange die auf- und niedergehende Bewegung ertheilt, empfängt er von dieser selbst eine hin- und herwiegende, wie sie aus den Stellungen des Krummzapfens sich ergiebt. Es ist sonach die Aufgabe, welche Watt zu seinem Parallelogramm führte, hier in einer andern Weise gelöst.

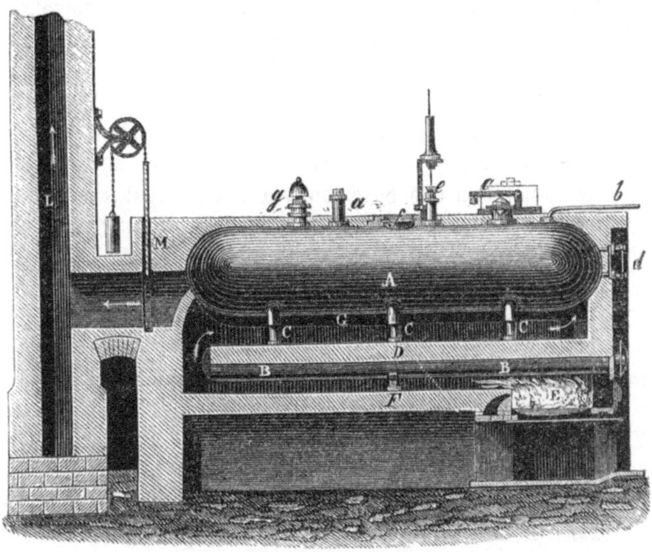

Fig. 402. Dampfkesselanlage für Hochdruckmaschinen.

**Der Dampfkessel** ist aber der wesentlichste Theil der ganzen Dampfmaschine. Er besitzt gewöhnlich eine verlängerte cylindrische Form, die an beiden Enden halbkugelig abgerundet ist. Um die Heizfläche zu vergrößern, sind häufig noch zwei bis drei sogenannte Siederöhren mit dem Hauptkörper verbunden, das sind Cylinder von kleinerem Durchmesser, welche im Feuerraum neben einander unterhalb des Kessels liegen und in diesen durch aufrechte kurze Röhrenstücke münden, oder aber der Feuerkanal ist in den inneren Raum des Cylinders gelegt; er bildet dann bisweilen auch nicht blos eine einzige Röhre, sondern ein ganzes Röhrensystem, und bei Lokomotiven steigt die Zahl dieser inneren Siederöhren bis auf 150. Eine der gewöhnlichsten Anordnungen der Dampfkesselanlage, wie sie für Hochdruckmaschinen ausgeführt wird, führen wir unsern Lesern in den Figuren 402 und 403 vor, von denen die erste eine Längenansicht, die zweite einen Querdurchschnitt giebt. In beiden ist A der Hauptkessel, BB sind die mit demselben durch die cylindrischen Röhrenstücke CC verbundenen Siederöhren; ein Gewölbe D scheidet den Feuerraum und zwingt die von

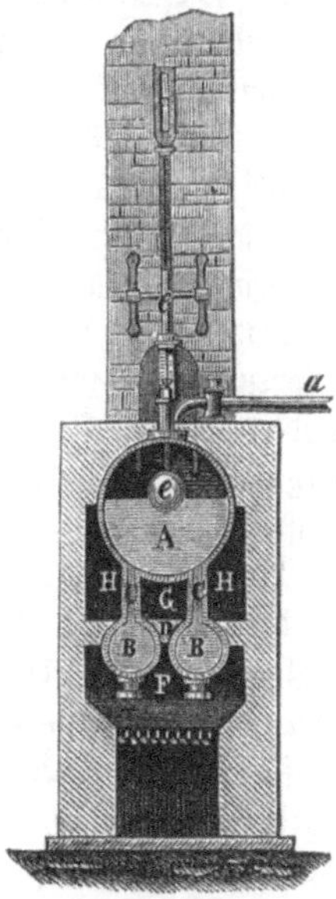

Fig. 403. Dampfkesselanlage für Hochdruckmaschinen.

E aus stechende Flamme, in der Richtung der Pfeile den Kessel zu umspülen. F sind gußeiserne Auflagerungen für die Siederöhren. M ist ein durch Gegengewichte stellbarer Schieber für die Regulirung des Zuges. Von den Bestandtheilen des Kessels selbst ist a das nach dem Schieberkasten führende Dampfrohr, b das Speiserohr, c das Sicherheitsventil, d das Manometer, e die Schwimmervorrichtung, g die Dampfpfeife, ein zweites Sicherheitsventil, und f das sogenannte Mannloch, eine bis 18 Zoll im Geviert haltende und dicht verschließbare Oeffnung, durch welche ein Arbeiter in das Innere des Kessels steigen kann, um diesen zu reinigen oder zu repariren. Der Schwimmer besteht am einfachsten aus einem auf dem Kesselwasser schwimmenden Holzklotz, von dem aus durch die obere Kesselwand ein metallener Stab geht; ein über eine Rolle geschlungenes Kettchen trägt ein Gegengewicht oder einen Zeiger, der an einer Skala den Wasserstand angiebt; wo es auf genaue Ermittelung desselben nicht ankommt, kann man sich auch mit zwei über einander angebrachten Hähnen begnügen. Das Manometer haben wir bereits früher (Seite 88) besprochen.

Dagegen dürfte das Sicherheitsventil, jener für die Umgebung von Dampfkesseln so bedeutsame Apparat, eine kurze Erwähnung mit Recht beanspruchen. Man hat sehr verschiedene Mittel angewandt, um, wenn ja einmal die Spannung des Dampfes im Innern des Kessels jene Höhe erreichen sollte, für welche die Wände nur ungenügenden Widerstand zu leisten vermögen, alle Gefahren einer Explosion zu beseitigen und dem Dampfe sich selbst einen Ausgang verschaffen zu lassen. Namentlich ist man zu wiederholten Malen darauf zurückgekommen, in die obere Kesselwand Platten von eigenthümlichen Metalllegirungen einsetzen zu lassen, deren Schmelzpunkt man genau bemessen konnte und die demnach eher auseinander gehen mußten, als der Dampf die eisernen Kesselplatten zerdrücken konnte. Indessen haben sich diese Vorrichtungen in praxi nicht so zweckmäßig erwiesen, als es scheinen möchte, und es bleibt das einfache Kegelventil, welches mit einem entsprechenden Gewicht von außen belastet und dadurch in eine genau anschließende Oeffnung gepreßt wird, das Sicherste, denn man hat es hier ganz in seiner Gewalt, jeden Augenblick durch Veränderung des Hebelarmes, an welchem das Gewicht wirkt, den Druck desselben den Umständen gemäß modifiziren zu können, und man wendet daher dasselbe fast ausschließlich an. Gerade die leichte Veränderbarkeit seines Widerstandes hat ihm zwar mancherlei Bedenken eingetragen, die darin ihre Stütze suchen, daß der für das Leben Anderer so wichtige Apparat, einer leichtsinnigen Behandlung preisgegeben, seinem Zwecke ganz und gar verloren gehen kann. Allein verwirft man das Messer, weil damit schon Menschen getödtet worden sind? Uebrigens beseitigt kein Sicherheitsventil alle Gefahren, welche möglicherweise bei einem Dampfkessel eintreten können. Kesselexplosionen, hervorgerufen durch das Bersten der sich aus den mineralischen Rückständen des verdampfenden Wassers absetzenden Schicht, wodurch dann der unterhalb glühende Kesselboden mit dem zutretenden Wasser in Berührung kommt und die Dampfentwickelung eine so plötzliche und ungeheure wird, daß die Kesselwände den Druck nicht auszuhalten vermögen, — sie entstehen trotz des Sicherheitsventiles, und die ängstlichste Vorsicht, die gewissenhafteste Beobachtung aller Umstände, der ernsteste Sinn ist nirgends mehr erforderlich, als wo sich der Mensch mit seinen schwachen Kräften zum Beherrscher eines Riesen aufwirft, wie der Dampf einer ist.

## Die Konkurrenten der Dampfmaschine.

Der gewaltige Umschwung, den die Benutzung des Dampfes und seiner Expansivkraft als Motor in allen Branchen des Lebens hervorgerufen hat, beruht theilweise, wenn wir so sagen dürfen, auf der Konzentration der Kraft, daß auf einmal eine Arbeitsleistung ermöglicht wurde, die man vordem nur nach und nach in langem Zeitraume vorbereiten konnte und durch welche sich der mechanischen Kraft alle jene Riesenaufgaben, über die wir nicht mehr erstaunen, als lösbar und in ihrer Lösung sogar als Bedingung der Fortentwickelung aufstellten, theilweise aber auch auf der zweckmäßigeren Gewinnung der Kraft, auf der direkten Umsetzung der Wärme in mechanische Bewegung und damit auf der größeren Billigkeit.

Trotzdem daß die besten Dampfmaschinen nur wenig mehr als 20 Prozent der von der verbrennenden Kohle gelieferten Wärme in Arbeitsleistung verwandeln, indem das fehlende Quantum theils mit dem entweichenden Wasserdampfe, theils mit der erhitzten Luft durch den Schornstein, theils geradezu als Wärme durch Ausstrahlung entweicht, also einen sehr geringen Nutzeffekt nur geben, ist derselbe im Verhältniß noch der billigste. Je kleiner aber die Dampfmaschinen ausgeführt werden sollen, um so mehr treten dann die an ihrer Leistung zehrenden Faktoren störend auf, das Anlagekapital verringert sich nicht entsprechend dem geringern Effekt, gewisse Einrichtungen, Bedienungen u. s. w. bleiben für jede Dampfmaschine, sie mag groß oder klein sein, in gleicher Weise nothwendig und vertheuern also den Effekt kleinerer Maschinen in unverhältnißmäßiger Weise. Außerdem ist die Anlage jeder Dampfmaschine wegen der Feuerungen, vorzüglich aber wegen der möglichen Kesselexplosionen, polizeilich derart beschränkt, daß die in den Städten in dichtbevölkerten Häusern arbeitenden Handwerker an eine Benutzung derselben nur selten denken können.

Nun verlangen aber viele Gewerbe eine Kraftmaschine, deren Leistung zunächst nicht über die Arbeitsleistung weniger Menschen hinauszugehen braucht, die aber diesen Effekt billiger als jene hervorbringt, die ferner in ihrer äußern Form mit einem möglichst geringen Raume sich begnügt, auf keinen Fall aber ausgedehnte Feuerungsanlagen, durch welche ihre Wirksamkeit auf einen nur schwierig zu verändernden Ort gebannt wird, nöthig macht, und die endlich ohne lange Vorbereitung rasch in Thätigkeit gesetzt werden kann, ebenso rasch aber auch und ohne Arbeitsverlust ihre Bewegung unterbrechen läßt, wenn dieselbe nicht gebraucht wird. Daß ein möglichst geringes Anlagekapital eigentlich die allererste Bedingung einer allgemeinen Verbreitung derartiger Maschinen ist, versteht sich von selbst.

Man hoffte lange Zeit in der elektromagnetischen Kraftmaschine einen entsprechenden Motor sich erziehen zu können, allein wie wir früher gesehen haben, konnten sich diese Hoffnungen nicht realisiren. Immer und immer bleibt es die direkte Benutzung der ausdehnenden Wirkung der Wärme, welche die geringsten Verluste im Gefolge hat, und die Dampfmaschine würde unbestritten in erster Reihe geblieben sein, wenn nicht darin der auszudehnende Körper erst erzeugt werden müßte. Die große Wärmemenge aber, welche in dem Dampfe als latente Wärme mit verloren geht, ließ den Gedanken aufkommen, anstatt des Wasserdampfes einen andern gasförmigen Körper durch die Wärme auszudehnen und seine Expansion als Quelle mechanischer Kraft zu benutzen, der sich überall in luftförmigem Zustande vorfindet.

Dieser Gedanke war ein fruchtbarer und er liegt sowol der Ericson'schen sogenannten **kalorischen** wie auch der Lenoir'schen **Knallgasmaschine** zu Grunde. In beiden ist es die atmosphärische Luft, welche durch die Wärme ausgedehnt und in Folge der dadurch erzeugten Spannung die Ursache der Bewegung eines in einem geschlossenen Cylinder verschiebbaren Kolbens wird; beide Maschinen führen also eigentlich falsche Namen. Denn eben so gut wie die Ericson'sche ist die Lenoir'sche, ja jede Dampfmaschine, überhaupt jede Maschine, in welcher Wärme direkt in mechanische Kraft umgesetzt wird, eine kalorische Maschine; ferner ist die Lenoir'sche Maschine im Grunde auch keine Knallgasmaschine, denn das Gasgemenge, welches darin verbrannt wird, ist kein Knallgas. Beide Maschinen könnten unter dem Gesammtnamen Heißluftmaschine oder blos Luftmaschine, welche Bezeichnung man der Ericson'schen zum Unterschiede von der Lenoir'schen fälschlicher Weise beilegen wollte, verstanden werden.

In der That beruht ihr prinzipieller Unterschied nur in der Anlage der Feuerung; bei der einen wird die Wärme durch Verbrennung von Kohle außerhalb des Cylinders, bei der andern dagegen durch Verbrennung eines brennbaren Gases innerhalb des Cylinders erzeugt. Die Verschiedenheiten in der praktischen Ausführung dagegen sind in Folge dessen so bedeutend, daß jede Maschine für sich eine eigene Erfindung nöthig machte.

**Die Lenoir'sche Gasmaschine.** Wenn man 8 Gewichtstheile Wasserstoff und 1 Gewichtstheil Sauerstoff oder 2 Volumentheile Wasserstoff und 1 Volumentheil Sauerstoff mit einander mischt, so erhält man Knallgas, so genannt von seiner Eigenschaft, bei Annäherung an eine Flamme mit einem ungemeinen Knalle zu explodiren.

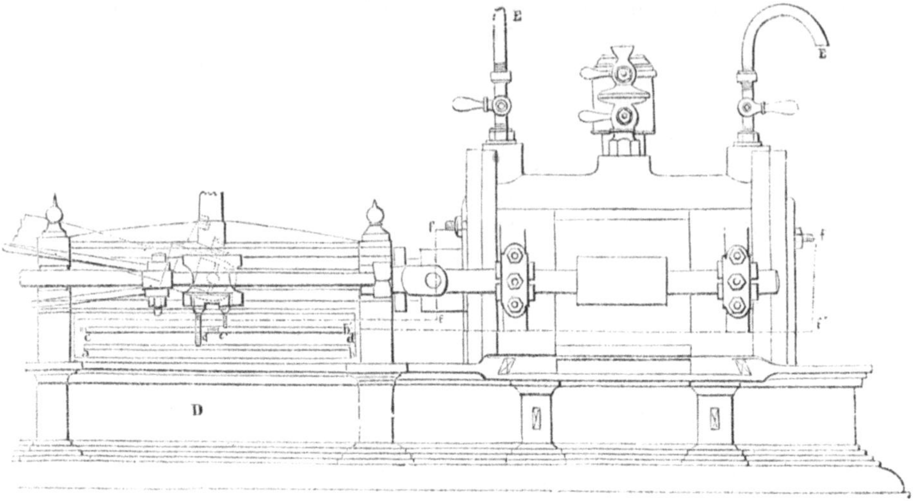


Fig. 404. Lenoir's Gasmaschine. Vorderansicht.

Die beiden Körper verbinden sich dabei plötzlich und auf einmal unter großer Hitzeentwickelung mit einander, und als Folge dieser Vereinigung entsteht Wasser, welches in dampfartiger Gestalt durch die dabei stattfindende bedeutende Temperaturerhöhung einen bei weitem größeren Raum einnimmt, als die Gase früher inne hatten. Durch die plötzliche Ausdehnung wird ein großer Druck geübt, der, wenn die Entzündung in einem geschlossenen Gefäße stattfand, dasselbe mit Gewalt zerschmettert.

Wie man die Wirkung des Schießpulvers, mit welcher die Explosion des Knallgases am ehesten zu vergleichen ist, für die mechanische Arbeitsgewinnung nutzbar zu machen versucht hat, so kam man auch bald darauf, Maschinen konstruiren zu wollen, durch welche die bei der Explosion des Knallgases entstehende Kraft nach den Bedürfnissen der Mechanik passend umgesetzt werden sollte. Indessen hatten alle auf diesem Gebiete gemachten Versuche keinen Erfolg, hauptsächlich deshalb, weil man Knallgas in reinem oder ziemlich reinem Zustande anwendete, welches zu augenblicklich verpuffte und durch die Gewaltsamkeit des Eintretens der Kraft die schädlichsten Einflüsse auf die Dauerhaftigkeit der Maschinentheile ausübte. Es galt daher zuerst die Wirkung zu verlangsamen, um einen ruhigen Gang des Kolbens zu ermöglichen.

Lenoir in Paris ist es gelungen, die Uebelstände zu beseitigen, indem er unter den Kolben nicht reines Knallgas allein leitet, sondern vielmehr ein Gemenge atmosphärischer Luft mit einer gewissen Quantität Leuchtgas. Das Leuchtgas ist Kohlenwasserstoff; im Verhältnisse ungefähr von 3 : 1 mit Sauerstoff vermischt verpufft es, wie häufige Gasexplosionen gezeigt haben, mit großer Gewalt. Lenoir fand aber, daß für die Maschinenzwecke ein Gemenge von 95 bis 98 Theilen atmosphärischer Luft und nur 5—9 Theilen Leuchtgas die zweckmäßigste Zusammensetzung habe. Unter dem Kolben der Lenoir'schen Maschine erfolgt dann nämlich nicht eine Explosion in der Art, wie bei einem Gemenge von Sauerstoff und Wasserstoff, wodurch die Gase erst ungeheuer ausgedehnt, gleich darauf aber durch die eintretende Verdichtung auf einen fast verschwindenden Raum gebracht werden, sondern vielmehr nur eine plötzliche Verbrennung des Leuchtgases in Luft. Die Wärme, die dabei erzeugt wird, dehnt die gebildeten Verbrennungsprodukte Wasser, Dampf und Kohlensäure allerdings auch sehr rasch aus, da sie aber zugleich auf die überschüssig mit zugeführte Luft übergehen muß, so ist ihre Wirkung doch keine so momentane, sondern eine allmälig erst bis auf den höchsten Effekt sich steigernde, und dadurch wird ein ruhigerer Gang des Kolbens hervorgerufen.

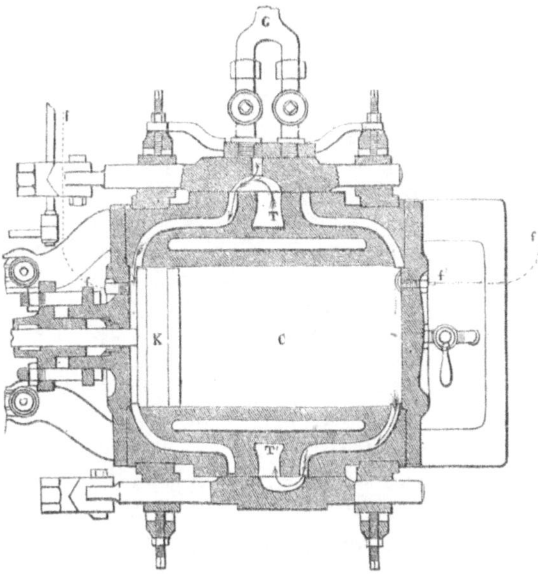

Fig. 405. Lenoir's Gasmaschine. Horizontaldurchschnitt.

Lenoir, dem diese Verbesserungen des Prinzips gelungen sind, war ursprünglich Arbeiter (Monteur) in einer Bronzefabrik, später beschäftigte er sich mit Galvanoplastik und gründete mit Herrn Gautier eine galvanoplastische Anstalt unter der Firma Société Genérale de Galvanoplastic. Diese Unternehmung konnte jedoch in ihrem materiellen Erfolge keine glückliche genannt werden, ebenso wenig ließ ihn die Idee, den Elektromagnetismus als bewegende Kraft nutzbar zu machen, das vorgesteckte Ziel erreichen. Es mußte ihm bald die Kostspieligkeit dieser Kraft als ein unüberwindliches Hinderniß sich in den Weg stellen; deshalb versuchte er statt des Elektromagnetismus die Explosivkraft des Knallgases als Motor zu benutzen und diese Untersuchungen führten ihn endlich zu der glücklichen Idee der Anwendung des Leuchtgases und der atmosphärischen Luft zu demselben Zwecke. Lenoir vereinigte sich mit dem Pariser Maschinenfabrikanten Hypolite Marinoni, mit welchem er vor einigen Jahren die praktische Lösung des Problems fand. Im Mai 1860 wurde die erste Lenoir'sche Maschine in der Rue Rousselet in der Werkstatt von Levèque aufgestellt.

Die Erfindung nahm rasch ihren Weg über die ganze civilisirte Welt. Für Spanien, Brasilien und die Havanna kaufte ein Herr Jean Poey in Madrid die Erfindung für 100,000 Francs; fast in allen Ländern sind Verbesserungen an der Lenoir'schen Maschine patentirt. Ein Beweis, daß dieselbe kein Spielzeug zur Aufstellung in einem physikalischen Kabinet mehr war, sondern daß in ihr die Befriedigung eines dringenden Bedürfnisses gegeben schien.

Unsere Zeichnungen stellen in Fig. 404 eine Lenoir'sche Maschine in Seitenansicht, in Fig. 405 einen Horizontallängen-Durchschnitt, in Fig. 406 einen Vertikaldurchschnitt dar, und Fig. 407 giebt uns eine schematische Darstellung der Unterbrechung des Stromes. Schon eine oberflächliche Betrachtung dieser Zeichnungen läßt uns als Hauptbestandtheile der Maschine jene Theile wiederfinden, die wir bereits von der Dampfmaschine her kennen. Ein Cylinder, in dessen Innern sich durch die Wirkung eines expandirenden Körpers ein Kolben bewegt; eine Steuerungsvorrichtung, durch welche die Bewegung des Kolbens umgesetzt wird; der bekannte Kurbelmechanismus endlich verwandelt die geradlinige Bewegung in die rotirende einer Hauptwelle und diese versetzt ein Schwungrad zur Hervorbringung einer möglichst gleichförmigen Bewegung in Umdrehung. Der horizontal liegende gußeiserne Cylinder ist in der Illustration Fig. 405 mit C bezeichnet, darin bewegt sich der Kolben K. Derselbe steht durch die Kolbenstange mit der Bleuelstange und durch diese mit der Hauptkurbel in Verbindung, welche die vor- und rückwärts gehende Bewegung auf das in der Zeichnung weggelassene Schwungrad überträgt. Von der Kurbelwelle aus werden durch ein Excentrik die beiden Schieber bewegt, welche an T und T′ vorbeischleifen. Der eine, über T, ist dazu da, die durch den Aufgang des Kolbens eingesaugte atmosphärische Luft und das Leuchtgas zu vermischen und in den Cylinder zu führen, und hat zu diesem Zweck eine ganz besondere Einrichtung, auf die wir später zurückkommen, der andere Schieber, über T′, regulirt den Austritt der durch die Verbrennung des Leuchtgases gebildeten Verbrennungsprodukte (Wasserdampf und Kohlensäure) sowie des Restes der an der Verbrennung selbst nicht betheiligt gewesenen Luft, die durch ihre Expansion den Auftrieb des Kolbens hervorrief. Die Erwärmung im Innern des Cylinders ist ziemlich bedeutend, um daher die Wände des Kolbens abzukühlen, umgiebt denselben ein Mantel, welcher einen leeren Raum E E (Fig. 406) rings um den Cylinder bildet. In diesen fließt Wasser aus einem höher gelegenen Reservoir, in das die Maschine selbst die Hebung bewerkstelligt, durch das links befindliche Rohr E (Fig. 404) ein und durch das rechts sichtbare, gebogene wieder ab, nachdem es dem Cylinder seine Wärme entzogen, und kann nun entweder zur Heizung von Räumlichkeiten oder sonstwie Verwendung finden.

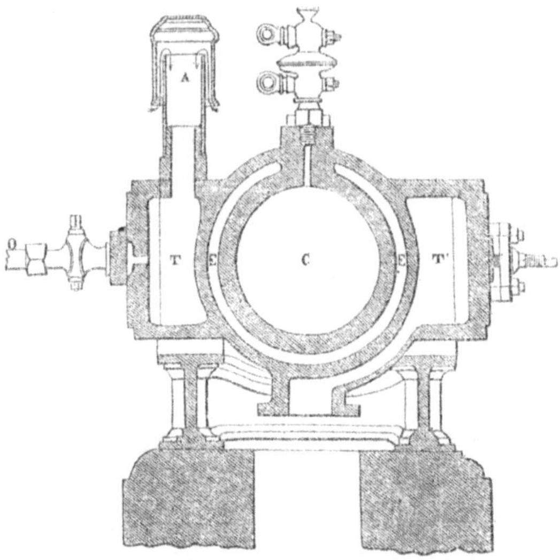

Fig. 406. Lenoir's Gasmaschine. Vertikaldurchschnitt.

Das Rohr, welches das Leuchtgas einführt, endigt in ein gabelförmiges Stück G. An jedem Zweige desselben hat es einen Hahn, und durch einen Gummischlauch ist es leicht mit jeder gewöhnlichen Gasleitungsröhre in Verbindung gesetzt. Durch den einen der beiden Hähne wird das Gas über, durch den andern unter den Cylinder geführt. Bei der in der Zeichnung (Fig. 405) abgebildeten Stellung des Schiebers kommt das Gas aus dem linken Schenkel, vereinigt sich in dem hohlen Raume T mit atmosphärischer Luft, welche durch A in Fig. 406 aufgesaugt wird, und tritt durch den Kanal hinter den Kolben. Hat der letztere nun eine genügende

Menge Gas gesogen, so wird das Gasrohr sowol als das Luftzuleitungsrohr abgesperrt. In demselben Augenblicke muß der elektrische Funke überspringen, damit nicht erst der Kolben unnöthige Arbeit durch die Verdünnung des Gemenges verrichte; andererseits aber auch, damit nicht ein Theil des expandirenden Gases noch Zeit und Raum finde, außerhalb des Cylinders zu treten, bevor es seine Arbeit an den Kolben abgegeben hat. Der andere, auf uns zu liegende, Schieber bleibt inzwischen unbewegt und läßt die von der letzten Explosion her vor dem Kolben noch befindlichen Verbrennungsprodukte ungehindert während des Rückganges des Kolbens durch den vor denselben befindlichen Kanal entweichen. Kurz vor Beendigung des Kolbenlaufes wird aber dieser Schieber umgesteuert, so daß er nun die andern beiden Kanäle mit einander in Kommunikation setzt. Die jetzt noch vor dem Kolben befindlichen und durch das Umsteuern des Schiebers am Austreten verhinderten Verbrennungsprodukte werden vom Kolben komprimirt und wirken so als elastisches Kissen im Augenblick des Bewegungswechsels. Der andere, über T gleitende Schieber intermittirt in seiner Bewegung, sobald der linke Gaskanal abgeschlossen ist, und nimmt dieselbe erst wieder auf, wenn der vor T′ liegende Schieber vollständig umgesteuert ist und der Kolben, einen neuen Lauf beginnend, den todten Punkt verläßt, indem er jetzt den rechtsliegenden Gaskanal mit dem entsprechenden Schenkel des Gaszuleitungsrohres in Verbindung setzt.

Der vor der Gaszuleitung G liegende Schieberkasten ist, wie wir schon erwähnten, auf eine eigenthümliche Weise eingerichtet, wodurch eine innige Vermengung des Leuchtgases mit der atmosphärischen Luft bezweckt wird. Er hat nämlich nicht blos eine einzige Durchbohrung, durch welche die Kommunikation mit den Gaszuleitern vermittelt wird, sondern statt deren bewegt sich vor den Gasröhren eine Art rechtwinkliger, hohlwandiger Messingplatte, welche nach der Richtung der Querachse mit mehreren Reihen kleiner Röhren oder kammartigen Spalten durchzogen ist und durch die das Gas in die nach dem Cylinder führenden Kanäle eintritt. Die atmosphärische Luft wird ebenfalls durch den hohlen Schieberkasten und zwar mittels Kanälen eingezogen, die, in der Längenachse des Schieberkastens liegend, in den beiden Querkanten desselben, rechts und links, einmünden und in den innern Raum des Cylinders durch eben solche kammartige Spalten ausmünden. Die letzteren kommuniziren mit den Gasleitungsröhrchen des Schieberkastens. Der erwähnte Kamm ist in den beiden Deckeln des Schiebers angebracht. Das Gas wird somit in feinzertheilten Strömen durch die Röhrchen, die Luft vermittelst der die Röhrchen umgebenden Hohlgänge durch die Wände des Cylinders in diesen eingeführt, so daß die unmittelbar bei dem Kontakte erfolgende Mischung eine ganz innige wird und durch die Entzündung mittels des Funkens keine stellenweise Detonation, sondern eine einfache, durch den ganzen Raum sich ausbreitende Verbrennung der Leuchtgaspartikelchen in atmosphärischer Luft stattfindet. Die Entzündung des Gasgemenges geschieht durch den elektrischen Funken, der durch einen Induktionsapparat hervorgerufen wird. Der eine Pol der Batterie, welche durch zwei Bunsen'sche Elemente gebildet wird, steht in konstanter Verbindung mit dem Cylinder. Der andere Poldraht ist isolirt durch die Wandung des Cylinders hindurchgeführt und steht im Innern oberhalb und unterhalb des Kolbens dem Metall des Cylinders mit seiner Spitze gegenüber, so daß bei jedesmaliger Unterbrechung oder Schließung, durch welche ein Induktionsstrom erzeugt wird, dieser in einem Funken überspringt und das Gas entzündet. In den Figuren 404 und 405 sind durch die punktirten Linien f f″ die Drahtleitungen, sowie in Fig. 404 durch a b c d der funkenerzeugende Apparat angedeutet. Durch das Spiel des Kolbens selbst wird die Unterbrechung des Stromes der Art geregelt, daß der Funke allemal überspringt, wenn durch den Kolbenhub das nöthige Gasquantum aufgenommen ist, und entsteht zwar bei jeder Unterbrechung ein Funke auf beiden Seiten des Kolbens, und springt von beiden Drahtenden auf den Cylinder über, gelangt aber nur abwechselnd einmal oberhalb, das andere Mal unterhalb des Kolbens zur Wirkung, wo sich gerade explosives Gas je nach der Stellung des Eintrittsschiebers befindet.

Die Art und Weise, auf welche dieser Effekt erreicht wird, wird uns durch Fig. 407 deutlich gemacht. a b, c d und e f sind Metallplatten, von denen die erstere mit dem einen Poldrahte der Batterie, die beiden letzteren mit dem andern Pole in Verbindung stehen. Die Kolbenstange geht zwischen den Metallplatten a b einerseits und c d und e f andererseits. c d und e f sind zwar unter einander leitend verbunden, aber doch so, daß die an der Kolbenstange sitzende und in unserer Zeichnung schraffirt angedeutete Metallfeder, welche auf den Metallplatten schleift und die Ueberleitung oder Schließung des Stromes bewirkt, nicht mit dem Drahtstücke d e in Verbindung treten kann. Zwischen c d und e f ist deshalb über dem Drahte eine Elfenbeinplatte angebracht, über welche die Feder hingleitet. Geht der Kolben also aufwärts, so wird der Strom augenblicklich unterbrochen, sobald die Feder das Stück c d verläßt; in demselben Momente wird in dem Induktions-Apparate ein Strom erregt, der durch die Drahtenden innerhalb des Cylinders überspringt, und ganz entsprechend verhält es sich beim Rückgange. Wie man sieht, hat man es vollständig in seiner Gewalt, durch Verlegung der beiden Stücke c d und e f das Eintreten des zündenden Funkens in jedem beliebigen Augenblicke zu bewirken; man braucht nur abzupassen, wenn die nöthige Gasmenge unter den Cylinder getreten ist.

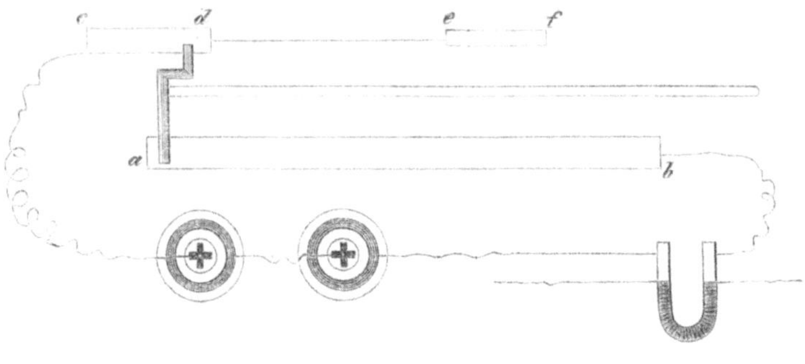


Fig. 407. Der Funken erzeugende Apparat.

Der Gang der ganzen Maschine ist nun folgender. Zuerst ist es erforderlich, daß man die Schwungradwelle um ein Stück drehe, damit zunächst auf der einen Seite des Kolbens (in Fig. 405 auf der linken) Gas und Luft sich mischen und hinter den Kolben treten kann. Das eingesaugte Gasgemenge wird, nachdem der Schieber die Zuführungsöffnung geschlossen hat, entzündet und von jetzt an erfolgt erst die selbständige Bewegung der Maschine. Der Austrittsschieber bleibt bis nahe an das Ende des Kolbenlaufs geöffnet, damit auf der rechten Seite des Kolbens die Luft, beziehentlich später die Verbrennungsgase der vorhergegangenen Explosion zu entweichen vermögen. Bei allen folgenden Kolbengängen wird das Einsaugen des Gases von selbst durch die forteilende Bewegung des Schwungrades besorgt. In der Ingangsetzung der Maschine liegt allerdings eine kleine Unbequemlichkeit.

Es kann ferner allerdings auch nicht geleugnet werden, daß der Gang des Kolbens im ersten Augenblicke eine ganz besonders heftige Beschleunigung erfahren wird, die sich um so mehr bemerklich machen muß, je größer das zugeführte Quantum Leuchtgas ist, je mehr sich also die Natur des Gemenges dem Knallgase nähert. Indessen wird diesem nachtheiligen Stoßen abgeholfen durch das Schwungrad einestheils, dem man deswegen nicht, wie von manchen Seiten gefürchtet wurde, übertrieben große Dimensionen zu geben braucht, anderntheils, wie schon erwähnt, durch Verringerung des zur Verbrennung jedesmal gelangenden Gasquantums. Da man die Maschine rasch arbeiten lassen kann, unterstützen sich sogar beide Umstände ganz vortheilhaft. Die Umdrehungsgeschwindigkeit des Schwungrades ist auf einfache Weise durch Drehung des Gashahnes zu reguliren, wodurch man dem explosiven Gemenge eine andere prozentische Zusammensetzung giebt.

Marinoni hat am Cylinder zwei Ventile angebracht, durch welche bei jedem Kohlenhube ein feiner Strahl erwärmtes Wasser in das Innere fällt; dasselbe wird sofort in Dampf verwandelt, welcher den Druck der ausgedehnten Gase erhöhen, ihre Expansion verlängern, einen Theil der Wärme binden und endlich mit dem Fette gleichsam als Schmiermittel zur Verminderung der Reibung innerhalb des Kolbens mit dienen soll. Diese Maschine mag die größte der bis jetzt in Gang gesetzten sein, sie repräsentirt 8 Pferdekräfte.

Die Berechnungen über die Leistungsfähigkeit der Lenoir'schen Maschine, sofern sie blos von rein theoretischen Voraussetzungen ausgehen, können natürlich nicht zur Beurtheilung der bis jetzt konstruirten Vorrichtungen dienen. Ein Theil der Kraft geht durch die Erwärmung des Cylinders verloren, ein anderer verschwindet in dem Druck zu Ende des Kolbenganges gegen das elastische Luftkissen, die Wirkung der Expansion kommt noch unvortheilhaft zur Geltung, weil der Kolben die während einer sehr kurzen Zeit erzeugte Kraft in einem viel längeren Zeitraume nur aufnehmen kann, kurz es sind diese Maschinen noch mit Mängeln behaftet, welche ihren vollen Werth noch nicht beurtheilen lassen.

Dagegen arbeitet die Lenoir'sche Maschine ruhig, ohne Lärm; sie bedarf nicht, wie die Dampfmaschine, eines besonderen Heizers, sondern es genügt, wenn alle Stunden einmal nachgesehen wird, ob die Schmiervorrichtungen in Ordnung geblieben sind; das ist aber Arbeit eines Kindes. Der Raum, den die Maschine beansprucht, ist gar nicht mit dem zu vergleichen, den eine Dampfmaschine von gleicher Kraft einnimmt; Feuerungsanlagen, Kesselhäuser, Essen u. s. w. fallen weg.

**Die Ericson'sche sogenannte kalorische Maschine.** Dieser Motor unterscheidet sich insofern wesentlich von der Lenoir'schen Maschine, als er, übereinstimmend mit der Einrichtung der Dampfmaschine, aus einem Cylinder besteht, in welchen von außenher ein expandirender Körper eingeführt wird, der durch Wärme von außerhalb des Cylinders zur Ausdehnung gebracht wird, kraft deren er den Kolbenschub bewirkt.

Die Maschine, von welcher wir sprechen und deren innere Einrichtung uns durch die Figuren 409 und 410 erläutert wird, ist die Erfindung des Kapitän Ericson, welcher damit eine schon vor ihm aufgetauchte Idee in einer Weise zur praktischen Ausführung brachte, daß sie für den mechanischen Betrieb entschiedene Vortheile darzubieten schien.

Der Erste, welcher demselben Projekte nachging, dürfte wol John Stirling in Glasgow gewesen sein. Derselbe setzte schon im Jahre 1827 eine Luftexpansionsmaschine in Thätigkeit und Ericson kam mit seinen ersten Vorschlägen erst 1833 hervor. Beider Maschinen machten aber anfänglich kein großes Aufsehen, jedenfalls weil sie den gerechten Ansprüchen nicht genügten. Später als jene Ingenieure soll noch der lauenburgische Amtmann Prehn das Problem zu lösen versucht haben, er scheint aber auch keinen Erfolg gehabt zu haben.

Ericson gab seine Bemühungen nicht auf. Er wandte sich nach Nordamerika, wo er Kapitalisten für das Unternehmen zu interessiren wußte, die kalorische Maschine als Schiffsbeweger einzuführen. Mit einer rastlosen Thätigkeit, einem hellen, durchdringenden Verstande, der die Achillesferse jeder Schwierigkeit bald entdeckt, und mit nie ersterbender Energie arbeitete er an seinem Werke und es gelang ihm, 1848 die erste nach verbessertem Systeme gebaute kalorische Maschine von 5 Pferdekräften aufzustellen; das Jahr darauf erfolgte die Aufstellung einer zweiten von angeblich 60 Pferdekräften und die große Londoner Ausstellung zeigte zum ersten Male in Europa 1851 eine solche Maschine in Betrieb.

Am 15. Februar 1853 machte der „Ericson", das erste Schiff, welches durch eine Heißluftmaschine bewegt wurde, seine Probefahrt nach Alexandria, dem Hafen von Washington. Das Schiff hatte eine Länge von 250 Fuß, war 42 Fuß breit und hatte 2200 Tonnen Gehalt. Die Schaufelräder waren 10 Fuß breit, 32 Fuß hoch und wurden von einer Maschine, angeblich von 600 Pferdekraft, in Bewegung gesetzt. Trotz der bedeutenden Kohlenersparniß (man wollte mit dem zehnten Theile desjenigen Kohlenquantums, welches eine gleich kräftige Dampfmaschine konsumirte, ausgekommen sein) und trotz der sehr günstigen Berichte, die allenthalben über den neuen Motor laut wurden, müssen aber doch die Vorrichtungen, wie sie damals angewandt wurden, nicht die geeigneten gewesen sein, denn der „Ericson" wurde im folgenden Jahre wieder in ein gewöhnliches Dampfschiff umgewandelt. Mit diesem seinen Schicksal schien „Vergessen" das Loos der Erfindung zu werden. Man hörte nichts mehr davon, im Stillen aber wurde an ihrer Vervollkommnung gearbeitet. Vor Allem bewahrte sich der Erfinder seine bewundernswürdige Ausdauer, da er zu der Ueberzeugung gekommen war, daß das Prinzip seine vortheilhafteste Anwendung auf Maschinen von geringerer Kraft findet, und die Maschine seines Namens, die vor drei, vier Jahren die Aufmerksamkeit der ganzen Welt auf sich zog, war in der That eine neue Erfindung mit ganz andern Einrichtungen als den früheren. Ihre Einrichtung beruht auf folgenden Grundzügen.

Wird ein gewisses Quantum gewöhnlicher atmosphärischer Luft um 100° C. erwärmt, so dehnt es sich um mehr als den dritten Theil seines ursprünglichen Volumens (genauer $^{12}/_{30}$) aus, oder übt, wenn es diesem Expansionsbestreben nicht folgen kann, auf die umschließenden Wände einen entsprechenden Druck. Das gilt nicht etwa blos zwischen 0—100°, sondern darüber und darunter hinaus, überhaupt für jede Temperaturveränderung; und es ergiebt sich hieraus, daß die Luft bei einer Erwärmung um 272° C. sich auf das Doppelte, bei einer solchen um 544° auf das Dreifache ihres Volumens ausdehnen muß, daß also ihre Spannung, die bei gewöhnlicher Temperatur ungefähr 15 Pfund (1 Atmosphäre) auf den Quadratzoll beträgt, bei jenen höheren Hitzegraden 30 Pfund (2 Atmosphären) respektive 45 Pfund (3 Atmosphären) auf den Quadratzoll sein wird. Daß sich dies für die Bewegung eines Kolbens nutzbar machen lassen muß, folgt ohne Weiteres. Für die praktische Ausführung einer Luftexpansionsmaschine würde also zunächst nur die Bedingung Berücksichtigung verlangen, die Luft unter den Kolben immer in derselben Menge und von derselben Spannung treten zu lassen, sodann aber diesem Luftquantum auch jedesmal dieselbe Wärmemenge zuzuführen, es auf dieselbe Temperatur zu erhöhen, um einen gleichmäßigen Kolbenhub und damit einen regelmäßigen Gang der Maschine zu erreichen.

Ihrer Einrichtung nach ist die Ericson'sche Maschine eine einfach wirkende, d. h. der Kolben wird nur in einer Richtung, vom Feuer abwärts, fortgetrieben, und der Rücklauf wird durch das ziemlich große Schwungrad bewirkt; es lassen sich indessen auch zwei Maschinen derart verbinden, daß sie abwechselnd ihren Antrieb auf eine Schwungradwelle abgeben. Der Cylinder ist, wie an den alten atmosphärischen Dampfmaschinen, am äußeren Ende offen und nur durch den arbeitenden

Kolben geschlossen; am anderen Ende ist der Feuerraum A so an den Cylinder an- oder vielmehr eingebaut, wie Fig. 409 im Längsdurchschnitt zeigt.

Es bildet sonach dieser Feuerraum einen walzenförmigen Körper mit zugerundetem Ende, und der gegenüberliegende Kolben B ist nicht nur in gleichem Sinne gewölbt, sondern tritt zu dem Hitzespender in noch nähere Berührung dadurch, daß ihm eine blecherne Hülse oder Stulpe cc′ angesetzt ist, welche, wenn der Kolben am weitesten nach links gegangen, den Heizraum wie einen Mantel umfaßt und in dieser Lage eine Quantität Hitze annimmt. Die Feuergase steigen vom Roste durch den gekrümmten Zug D empor, umziehen den hinteren Theil des Cylinders und entweichen dann durch das Rohr E in den Schornstein.

Fig. 408. Ericson's Heißluftmaschine. Vorderansicht.

Suchen wir uns deutlich zu machen, wie die Maschine arbeitet, d. h. wie sie vorn bei jedem Umgange des Schwungrades einen Schluck Luft faßt und dieselbe in den hinteren Theil des Cylinders schiebt, wo sie sich an den heißen Flächen schnell erhitzt, ausdehnt und dadurch den Kolben einen neuen Impuls giebt. Den Kolben sagen wir, denn wir haben es hier in der That mit zwei solchen Körpern (B und C) und ihrem eigenthümlichen Spiel zu thun. In unserer Durchschnittszeichnung (Fig. 409) sehen wir beide Kolben in ihrer äußersten Stellung dicht bei einander; in ihrem Hin- und Herlauf aber, den jeder selbständig für sich ausführt, ergeben sich mehrfach wechselnde Abstände, denn der äußere Kolben C, der sogenannte Arbeitskolben, bewegt sich weit langsamer und hat einen nur etwa halb so langen Weg zurückzulegen als der innere oder Speisekolben B; er setzt sich von der gezeichneten Endstellung aus einen Moment später als jener in Bewegung und kommt eben so etwas früher wieder an. Der Zweck dieser Einrichtung ist, wie wir später sehen werden, das Hineinschaffen der nöthigen Luft in den Cylinder. Der Speisekolben B dient aber auch einem andern Zwecke: er soll nämlich den äußeren Kolben vor zu großer Erhitzung schützen, die seiner Dichtung schaden würde, und ist zu dem Ende mit einer die Wärme schlecht leitenden Füllung, Asche und dergleichen versehen (a a).

Mit der Außenseite steht der Speisekolben durch eine Kolbenstange $\beta$ in Verbindung, welche in einer Stopfbüchse, also luftdicht, durch die Mitte des Arbeitskolbens hindurch in's Freie tritt. Für den letztern Kolben sind demzufolge zwei nebenstehende Stangen erforderlich, welche die Stange des Speisekolbens in die Mitte nehmen und deren Enden in der Hauptansicht mit o o bezeichnet sind.

Damit nun die äußere Luft von rechts her bis zum Heizraume gelangen könne, müssen in beiden Kolben Ventile vorhanden sein, die sich abwechselnd öffnen und schließen. Bei dem Arbeitskolben bestehen dieselben aus zwei nach innen schlagenden federnden Klappen g g; bei dem Speisekolben dagegen dient hierzu ein den Kolben nahe am hintern Ende reifenartig umgebender Stahlring. Dieser schleift mit seinem äußern Umfange an den Cylinderwänden immer luftdicht; aber er liegt lose in einer Nuth des Kolbens, die doppelt so breit ist als seine Dicke beträgt, kann also zweierlei Lagen annehmen, je nachdem der Luftdruck auf der einen oder andern Seite überwiegt. Die Lage, wo er rechts anstößt, nimmt er an, sobald das Einrücken des Speisekolbens beginnt, und in dieser Lage dichtet er, d. h. er läßt keine Luft von

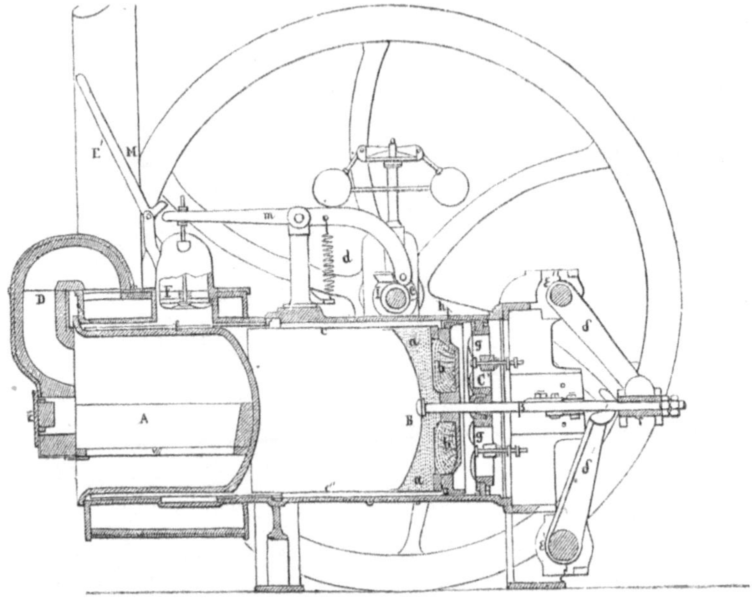

Fig. 409. Ericson's kalorische Maschine. Vertikaldurchschnitt.

links nach rechts treten, treibt vielmehr die vor ihm befindliche, schon in Arbeit gewesene durch das jetzt offene Auslaßventil F zum Cylinder hinaus; bei der Umkehr des Speisekolbens aber bleibt der Ring, da er nun einen Ueberdruck von rechts her erfährt, zurück, und legt sich links an die Nuthwand. In dieser Stellung aber läßt er die Enden einer Anzahl kleiner Luftkanäle frei, die auf dem Umfange des Kolbens eingeschnitten sind, und es besteht nun zwischen beiden Partien des Cylinders so lange eine offene Verbindung, bis der Speisekolben wieder einwärts rückt. In unserer Abbildung Fig. 409 ist die Nuth im Kolben unter h angedeutet. Gesetzt nun, es solle von der in der Zeichnung ersichtlichen Kolbenstellung aus ein neuer Umgang beginnen, so wird sich zunächst der Speisekolben nach links hin in Bewegung setzen, wobei das Ringventil sich schließt; weil aber nun zwischen beiden Kolben ein luftverdünnter Raum entstehen muß, so öffnen sich alsbald die Klappen des äußeren Kolbens, und es strömt so lange Luft von außen ein, als der Abstand zwischen beiden Kolben sich vergrößert. Nunmehr rückt auch der Arbeitskolben fort und strebt seinen Vorgänger einzuholen. Durch sein Fortgehen schließen sich natürlich seine Luftklappen sofort, und die Luft vor ihm erfährt eine Kompression, die sich vermehrt, wenn kurz darauf der Speisekolben seinen Rückweg antritt. Die Folge hiervon ist das Offenwerden des Ringventils und das Ueberströmen der kalten Luft in den Heizraum. Trotz ihres kurzen Aufenthalts hier erhitzt sie sich an den glühenden Wandungen auf etwa 300° C., und die damit verknüpfte Ausdehnung ist die Kraft, welche die Kolben nach dem äußeren Cylinderende hintreibt. Der jetzt offene Speisekolben hat bei diesem Heraustreiben weder etwas zu thun noch zu leiden; die Spannung setzt sich durch ihn hindurch bis zum Arbeitskolben fort, und dieser ist es, der den Antrieb empfängt. Schließlich gelangen die Kolben in ihre Anfangsstellung zurück, und ein Umgang des Schwungrades ist erfolgt, natürlich in kürzerer Zeit, als wir zur Beschreibung bedurften.

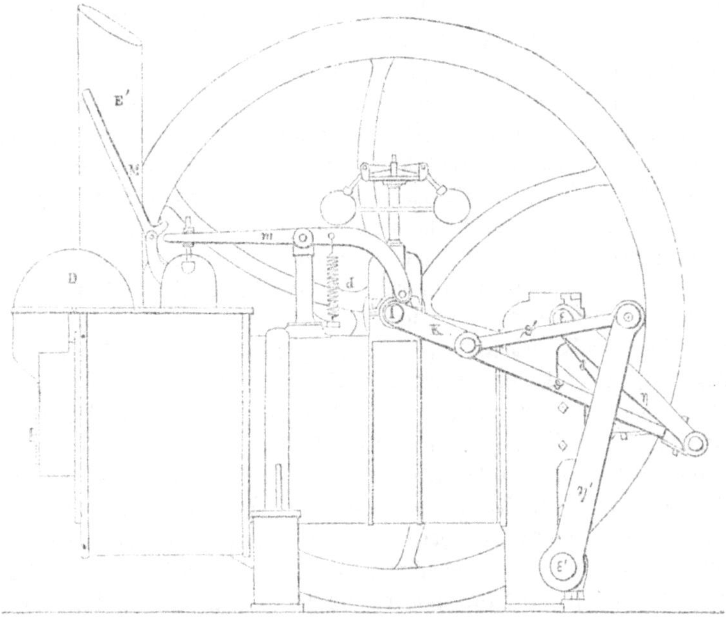

Fig. 410. Ericson's kalorische Maschine.

Der verschiedene Gang und Angriff der beiden Kolben hat seinen Grund in den Hebeleinrichtungen, durch welche jeder Kolben unabhängig vom andern mit der Kurbel der Triebwelle zusammenhängt. Hierfür müssen wir auf das Detail der Zeichnungen verweisen, und damit der Leser sich die ruhenden Stücke um so leichter im Gange denken könne, was nach aufmerksamer Betrachtung nicht schwer ist, deuten wir die Wege an, auf welchen die Maschine abwechselnd neuen Antrieb erhält und Kraft zur Direktion der Kolben zurückgiebt. Für die Doppelstange nämlich, also für den Arbeitskolben, geht dieser Weg zunächst nach unten, indem von den Stangen die beiden Speichen δ′δ′ in Hin- und Herbewegung gesetzt werden, welche Bewegung der auf derselben schwingenden Welle stehende längere Hebel η′ mitzumachen hat. Vom Kopfe dieses Hebels endlich geht die Zugstange ϑ′ nach dem Zapfen der Kurbel K. Dies ist die eigentliche Kraftleitung.

Eine ähnliche Einrichtung, natürlich mit nur einfachem Hebelstück δ, besteht für die mittlere Kolbenstange; hier liegt die schwingende Welle E oberhalb, ein Hebel η läuft von ihrem Außenende abwärts, und von dessen Ende geht die Zugstange 𝔇 an den Kurbelzapfen. Die verschiedene Länge der Hebel und Zugstangen $\eta$ 𝔇 und $\eta'$ 𝔇' veranlaßt die ungleichförmige Bewegung der Kolben. Zur Regelung des Ganges ist ein Kugelregulator vorhanden, der auf ein kleines Ventil wirkt, welches seinen Sitz oben im Cylinder zwischen den Kolben hat. Dasselbe soll etwas heiße Luft aus dem Cylinder lassen, wenn die Spannung in demselben in Folge zu starker Hitze zu groß wird. Der Hebel M dient zum Anhalten der Maschine, indem ein Druck auf denselben das Ventil F direkt öffnet.

Der interessanteste Theil der Ericson'schen Erfindung ist ohne Zweifel die Kombination der beiden Kolben, die wir das Scharfsinnigste nennen können, was die Mechanik seit lange hervorgebracht hat. Bei den früheren Maschinen war die unvollkommene Dichtung ein wesentlicher Mangel, bei der in unseren Zeichnungen dargestellten ist derselbe so gut wie ganz beseitigt. Für die Dichtung des Arbeitskolbens reicht eine einfache Ledermanschette hin und als Schmiermittel genügt Talg vollständig, da die Erhitzung dieses Maschinentheiles eine ganz unwesentliche ist.

Was aber für die neue Maschine als eine Unvollkommenheit angesehen werden muß, das ist die Feuerungsanlage, welche eine genügende Ausnutzung des Brennmaterials nicht möglich macht. Die Luft entweicht zu warm noch aus dem Innern, und wenn man sie auch nachträglich zum Heizen von Räumlichkeiten benutzen wollte, so ist doch damit nicht die zweckmäßigste Verwendung ihrer Wärme angedeutet, welche sie nur in der Maschine selbst finden kann. Dazu kommt, daß das Eisen, obwol man es zu seinem Schutze mit Lehm überstreicht, durch die Hitze eine ziemlich rasche Zerstörung erleidet, daß die trockene Luft auf das Material und damit auf die Dauerhaftigkeit des Speisekolbens einen nachtheiligen Einfluß ausübt, daß die Cylinder von einer ziemlichen Größe gebaut werden müssen, wodurch die Dichtung viel schwieriger zu erhalten ist, so daß man lieber zwei Cylinder zusammen arbeiten läßt, daß der Schmiereverbrauch ein sehr großer ist, endlich aber, daß die Maschine nicht ruhig genug arbeitet. Das Schlagen der Hebelwerke, vorzüglich das Oeffnen und Schließen des Ventils, verursachen einen Lärm und eine Erschütterung, die für die Umgebung sehr unbequem sind; man hat zwar das störende Geklapper durch geschickte Benutzung verschiedenartigen Metalles zur Herstellung der betreffenden Theile vermindert, allein im großen Ganzen sind die Unvollkommenheiten der Ericson'schen Maschine noch so laut sprechend, daß, so geistreich auch die Ideen sind, welche die Erfindung verkörpert, die Theilnahme dafür im Publikum die letzte Zeit wieder etwas geschwunden ist.

Daß damit der Heißluftmaschine überhaupt aber das Urtheil nicht gesprochen sein kann, versteht sich von selbst, eben so wenig wie das Prinzip der Lenoir'schen Maschine verworfen werden darf, weil sie bis jetzt nicht die hochfliegenden Pläne verwirklicht hat, welche die rasch erregte Phantasie an alles Neuauftauchende knüpft.

sich der andere hinzu, damit zugleich einen geordneten Ueberblick über das große Reich der Physik und einen Einblick in seine Gliederung und Gesetze zu geben. Es erschien deshalb bisweilen zweckmäßig, von einer gegebenen Erfindung ausgehend, die Theorie derselben so weit zu entwickeln, daß darin die hauptsächlichsten Sätze der Physik zur Erklärung gelangten, bisweilen aber auch den umgekehrten Weg einzuschlagen und an der Hand der Geschichte die Entwickelung fundamentaler wissenschaftlicher Begriffe zu verfolgen und ihre Bedeutung durch die Uebereinstimmung mit der Wirklichkeit oder durch die davon gemachte Anwendung zu erhärten.

Wenn man daher in einem Buche der Erfindungen zunächst nicht erwartet, zum Beispiel auf einen Abschnitt über das Wesen des Lichtes oder über Akustik zu stoßen, so wird man dies erklärlich finden, sobald man sieht, daß sich auf die klare Erkenntniß dieser Begriffe erst das Verständniß der Einrichtung eines Mikroskops oder der Konstruktion musikalischer Instrumente stützt. Jedenfalls aber wird man es nicht tadeln können, wenn daraus die Absicht spricht, den Blick von der Oberfläche der äußeren Erscheinung in die Tiefe der letzten Gründe und der ursachlichen Zusammenhänge zu führen und die Liebe zu dem bedeutsamsten Zweige der naturwissenschaftlichen Fächer zu erwecken, dadurch, daß direkt an dem grünen Baume des Lebens deren Fruchtbarkeit gezeigt wurde.

**Der Verfasser.**

## Berichtigung.

Durch ein Versehen sind die beiden Unterschriften der Figuren 40 und 41 (Seite 40) verwechselt worden. Es muß heißen Fig. 40 Lose Rolle, und Fig. 41 Feste Rolle.

GPSR Compliance

*The European Union's (EU) General Product Safety Regulation (GPSR) is a set of rules that requires consumer products to be safe and our obligations to ensure this.*

*If you have any concerns about our products, you can contact us on ProductSafety@springernature.com*

In case Publisher is established outside the EU, the EU authorized representative is:

Springer Nature Customer Service Center GmbH
Europaplatz 3
69115 Heidelberg, Germany

**Batch number: 10682323**

Printed by Printforce, the Netherlands